최신판

전기 · 전자 · 통신 · 제어공학도를 위한

전기전자수학

이준탁 지음

문운당

Preface

"사 34:16 너희는 여호와의 책에서 찾아 읽어보라
이것들 가운데서 빠진 것이 하나도 없고 제짝이 없는 것이 없으리니
이는 여호와의 입이 이를 명령하셨고 그의 영이 이것들을 모으셨음이라"

- **발간 취지** : 필자는 평소 수학적 기본 이론은 반드시 그림과 기호로 설명될 수 있어야 한다고 주장해 왔다. 이해하기 쉬운 그림과 약정된 기호를 사용한다면 수학은 한결 흥미롭고 쉽게 이해될 수 있는 것이다. 게다가 응용수학으로서 전기 및 전자, 통신, 제어공학 관련 분야에서 취급되는 물리적 개념을 포함하는 전기전자수학은 더욱 더 그러할 것이다. 전기전자수학은 허다한 물리적 법칙과 관련 이론에 근거하고 있으므로, 실제의 현상에 대한 물리적 개념을 이해하고 수학적으로 표현하는 것이 매우 중요하다. 또한, 그 수학적 모델링에 있어서 도식화된 그림이나 약정된 기호를 사용해야 한다는 것은 매우 중요한 의미를 갖게 된다. 따라서, 본서의 저자는 이러한 2개의 관점을 중요시하여 집필하려고 최선을 다하였다.

- **적용 과정** : 고등학교 '수리 가' 과정에서 학습하였던 행렬과 벡터, 미분과 적분, 급수에 이어, 대학 1학년 과정의 대학수학 I 및 II의 응용으로 취급될 수 있는 전기전자수학은 전기 및 전자 관련 학문분야의 근간을 이루고 있다. 따라서, 본 교재는 주로 4년제 대학이나 2, 3년제 대학의 경우 대학수학을 이수한 이후인 2학년 1학기 이후부터 학습해도 무방하다. 하지만, 각 장의 후반부에 포함된 일부 내용들은 학부 과정을 상회할 수도 있으므로 생략되어져도 좋으며, 3학년 이후나 대학원 과정에서 다루어질 수도 있을 것이다.

- **교재의 특징** : 이번 발간되는 전기전자수학의 서술체제 및 형식은 쉬운 내용부터 실제의 응용문제에 이르기까지 더욱 체계화시켰다. 이전에 발간되었던 교재와는 달리, 벽돌을 쌓아 올리듯이, 학생들이 보다 이해하기 쉽고, 더 많은 흥미를 갖고

자율적으로 학습할 수 있도록 하였으며, 기초 내용 및 응용문제를 상당히 많은 부분에 걸쳐서 보완하였다.

- **교과의 특징** : 전기전자수학은 다른 전공분야의 수학과는 달리 시간 영역과 주파수 영역에 대한 해석이 대단히 체계화되어 있는 편이며, 이들 상호 간의 전이 또한 변환이라는 이론을 통해서 쉽게 실행될 수 있는 것이다. 심지어, 시간 영역과 주파수 영역을 동시에 취급할 수 있는 Wavelet 변환 이론도 발전되고 있는 것이다. Wavelet 변환 이론이 학부 수준을 상회한다고 판단되므로 본서에는 포함시키지 않았다.

- **교과의 내용 및 학습방법** : 본서에서 주로 다루게 될 장별 개요 및 학습 요령을 살펴보면 다음과 같다. 제1장에서 소개될 행렬이론은 전력계통, 전기기기 및 자동제어 등의 대부분의 교과목과 관련되며, 제2장의 벡터나 제3장의 미분방정식 이론은 제5장 라플라스 변환 및 제6장의 라플라스 변환의 응용이라는 주제와 함께 전자기학, 신호 및 시스템, 회로이론, 통신이론, 자동제어, 신호처리 등의 교과목들과 매우 광범위한 영역에서 연결되어 있다. 특별히, 제4장 페이저법과 스파이럴 벡터, 대칭분법의 이론은 전기전자 분야의 전공 외에서는 거의 다루어지지 않는 이론들로서 교류이론 및 전력계통, 전기기기 등의 해석 및 설계에 있어서 대단히 유용하다. 그리고 제7장 푸리에 급수와 변환이론은 제5장 및 제6장의 라플라스 변환이론과 매우 밀접한 관련성을 갖도록 통일성 있게 서술하였다. 즉, 함수 $f(t)$에 대한 푸리에 변환이 $F(j\omega)$라면, 푸리에 변환의 특수한 경우 곧 $f(t)e^{-\sigma t}$에 대한 푸리에 변환 $F(\sigma+j\omega)$를 라플라스 변환으로 정의하였다. 그리고 라플라스 변환의 연산자 $s=\sigma+j\omega$를 $\sigma=0$로 두고 $s=j\omega$로 놓으면 푸리에 변환으로 된다는 점도 강조하였다. 또한, 함수가 주기적인 경우에 대한 고조파 해석 기법인 푸리에 급수를 주기가 무한대인 경우로 확장하면 푸리에 변환으로 된다는 것을 서술하고 있다. 제8장의 델타함수나 제9장의 z 변환 등은 디지털 제어나 디지털 신호처리, 필터이론 등과 함께 3학년 이후의 과정에서 다루어지면 좋을 것으로 생각되며, 제10장의 무한급수 이론은 전기, 전자, 통신, 제어공학 관련 전교과 과정에서 필수적으로 다루어져야 내용들이므로 제2장에 이어서 학습해도 무방할 것이다.

태평양을 바라보이는 승학산 기슭에서

저자씀

Contents

Chapter 01

행렬(Matrix)

1.1 서 론

1차 방정식들로 된 시스템을 표현할 때, 계수들과 이들의 관련 위치만이 중요하게 여겨진다. 이들 각 계수들을 '원소(element)' 또는 '요소(component)' 로 간주하고, 효과적으로 배치하면 "행렬(matrix)" 이라는 형태로 된다. 이러한 수의 배열은 전기회로, 제어공학, 구조역학, 통계학, 수송문제 등의 응용수학 분야에서 자주 나타나게 되며, 많은 수로 배열된 행렬을 하나의 기호로 표현하면 아주 복잡한 계산도 간단히 해결되므로 행렬의 개념은 대단히 유용하다. 행렬이란 말은 라틴어의 "mater", 즉 'mother' 의 의미가 있으며, 후기 라틴어에서는 'womb' 또는 'origin' 의 의미를 갖고 있다. 'Matrix' 라는 말은 1850년에 영국의 수학자 실베스터(James Joseph Sylvester, 1814~1897)가 행렬식(determinant)과 구별하기 위한 용어로 '행렬식의 모체(mother of determinant)' 라는 의미를 담아 처음으로 사용하였다.

1.2 정의와 표현

행렬의 개념을 소개하기 위한 한 가지 예를 들어보자.

도시 간의 거리를 나타내기 위해 가로축과 세로축에 도시명을 표기하면 표 1-1과 같은 행렬로 구성된다.

표 1-1 도시 간의 거리

(단위 : mile)

	Los Angeles	San Diego	San Francisco	Santa Babara
Los Angeles	0	115	390	95
San Diego	115	0	505	210
San Francisco	390	505	0	335
Santa Babara	95	210	335	0

정의 1 **행렬의 표현**

$m \times n$ 또는 m 행 n열의 크기를 갖는 행렬 $\boldsymbol{A}$는 식 (1.1)과 같이 직사각형 형태로 표현된다.

n개의 열

$$\boldsymbol{A} = \begin{bmatrix} a_{11} & a_{12} & \cdot & \cdot & \cdot & a_{1n} \\ a_{21} & a_{22} & \cdot & \cdot & \cdot & a_{2n} \\ a_{31} & a_{32} & \cdot & \cdot & \cdot & a_{3n} \\ \cdot & \cdot & \cdot & \cdot & \cdot & \cdot \\ a_{m1} & a_{m2} & \cdot & \cdot & \cdot & a_{mn} \end{bmatrix} \quad m \text{ 개의 행} \tag{1.1}$$

이때, 행렬 $\boldsymbol{A}$는 $m \times n$ 차원을 갖는다고 말하며, 행렬 $\boldsymbol{A}$의 임의요소 a_{ij}는 i행 j열의 요소로 정의한다.

만약, $m = n$ 이면 $\boldsymbol{A}$를 $n \times n$ 차원의 정방행렬(square matrix)이라고 하며, a_{ii} $[1 \leq i \leq n]$는 행렬 $\boldsymbol{A}$의 주대각(main diagonal 또는 leading diagonal) 요소가 된다.

표 1-1은 정의 1에 의해

$$\begin{bmatrix} 0 & 115 & 390 & 95 \\ 115 & 0 & 505 & 210 \\ 390 & 505 & 0 & 335 \\ 95 & 210 & 335 & 0 \end{bmatrix}$$

인 행렬로 표현가능하며 차원은 4×4이며, 주대각 요소들은 모두 0이다. 그리고 행렬 $\boldsymbol{A}$의 trace인 $\mathrm{tr}(\boldsymbol{A})$는 주대각 요소들의 합, 즉

$$\mathrm{tr}(\boldsymbol{A}) = a_{11} + a_{22} + \cdots + a_{nn} \tag{1.2}$$

로 정의한다.

정의 2 행벡터와 열벡터

식 (1.1)의 행렬 $\boldsymbol{A}$에서 n 개의 요소를 갖는 m 개의 수평상 조합, 즉

$$(a_{11}, a_{12}, \cdots, a_{1n}),\ (a_{21}, a_{22}, \cdots, a_{2n}), \cdots, (a_{m1}, a_{m2}, \cdots, a_{mn})$$

을 행렬 $\boldsymbol{A}$의 행들 또는 행벡터(row vector)로 정의하고, m 개의 요소를 갖는 n개의 수직상 조합, 즉

$$\begin{bmatrix} a_{11} \\ a_{21} \\ \vdots \\ a_{m1} \end{bmatrix}, \begin{bmatrix} a_{12} \\ a_{22} \\ \vdots \\ a_{m2} \end{bmatrix} \cdots \begin{bmatrix} a_{1n} \\ a_{2n} \\ \vdots \\ a_{mn} \end{bmatrix}$$

을 행렬 $\boldsymbol{A}$의 열들 또는 열벡터(column vector)로 정의한다.

예제 1

행렬이

$$\boldsymbol{B} = \begin{bmatrix} 1 & -3 & 4 \\ 0 & 5 & -2 \end{bmatrix}$$

로 주어진 경우 2×3의 차원을 가지며, 행벡터는

$$[1\ -3\ \ 4],\ [0\ \ 5\ -2]$$

이며, 열벡터는

$$\begin{bmatrix} 1 \\ 0 \end{bmatrix}, \begin{bmatrix} -3 \\ 5 \end{bmatrix}, \begin{bmatrix} 4 \\ -2 \end{bmatrix}$$

이다.

예제 2

각 열벡터들이

$$\boldsymbol{a}_1 = \begin{bmatrix} 1 \\ 3 \end{bmatrix}, \boldsymbol{a}_2 = \begin{bmatrix} 4 \\ 5 \end{bmatrix}, \boldsymbol{a}_3 = \begin{bmatrix} -1 \\ 7 \end{bmatrix}$$

로 주어지면

$$\boldsymbol{A} = [\boldsymbol{a}_1\ \boldsymbol{a}_2\ \boldsymbol{a}_3] = \begin{bmatrix} 1 & 4 & -1 \\ 3 & 5 & 7 \end{bmatrix}$$

로 된다.

정의 3 **행렬의 상등**

두 행렬 $\boldsymbol{A}$와 $\boldsymbol{B}$가 상등할 필요충분조건은 두 행렬의 차원이 동일하고, 대응요소가 각각 같아야 된다는 것이다. 즉, 모든 i, j에 대해

$$a_{ij} = b_{ij} \tag{1.3}$$

이어야 한다. a_{ij} 및 b_{ij}는 $\boldsymbol{A}$ 및 $\boldsymbol{B}$ 행렬의 i 행 j 열 요소를 나타내고 있다.

예제 3

다음 식에서 $\boldsymbol{A}=\boldsymbol{B}$일 때 x, y, z 및 w를 구하라.

$$\boldsymbol{A} = \begin{bmatrix} x+y & 2z+w \\ x-y & z-w \end{bmatrix} \qquad \boldsymbol{B} = \begin{bmatrix} 3 & 5 \\ 1 & 4 \end{bmatrix}$$

[풀이] $a_{ij} = b_{ij}$이므로 다음의 연립방정식을 쓸 수 있다.

$$x+y=3$$
$$x-y=1$$

$$2z+w=5$$
$$z-w=4$$

따라서 $x=2,\ y=1, z=3$ 및 $w=-1$을 얻는다.

1.3 행렬의 덧셈, 뺄셈

정의 4 **행렬의 덧셈**

행렬 $\boldsymbol{A}$와 $\boldsymbol{B}$가 $m \times n$ 차원을 갖고 있다면 이들의 합 $\boldsymbol{C}$도 $m \times n$ 차원인

$$\boldsymbol{C} = \boldsymbol{A} + \boldsymbol{B} \tag{1.4}$$

로 되고, $\boldsymbol{C}$의 각 요소는 $c_{ij} = a_{ij} + b_{ij}$로 된다. 이때

$$\text{교환법칙 : } \boldsymbol{A}+\boldsymbol{B} = \boldsymbol{B}+\boldsymbol{A} \tag{1.5}$$

$$\text{결합법칙 : } \boldsymbol{A}+(\boldsymbol{B}+\boldsymbol{C}) = (\boldsymbol{A}+\boldsymbol{B})+\boldsymbol{C} \tag{1.6}$$

가 성립한다.

예제 4

다음 행렬을 더하라.

$$\boldsymbol{A}=\begin{bmatrix} 2 & -1 & 3 \\ 4 & -5 & 0 \end{bmatrix} \quad \boldsymbol{B}=\begin{bmatrix} -1 & 0 & 5 \\ -5 & 2 & 7 \end{bmatrix}$$

[풀이] $\boldsymbol{C}=\boldsymbol{A}+\boldsymbol{B}=\begin{bmatrix} 2-1 & -1+0 & 3+5 \\ 4-5 & -5+2 & 0+7 \end{bmatrix}=\begin{bmatrix} 1 & -1 & 8 \\ -1 & -3 & 7 \end{bmatrix}$

그리고 실수 뿐만 아니라 복소수를 사용할 필요성도 있다. 간단히 하기 위해 실수 또는 복소수를 뜻하는 말로 "스칼라"라는 용어를 사용한다.

정의 5 상수배

$\boldsymbol{A}$가 $m\times n$행렬이고 s가 스칼라일 때, $\boldsymbol{A}$의 모든 요소에 스칼라 상수 s 를 곱하면 $s\boldsymbol{A}=[s_{aij}]$로 표현된다.

예제 5

$\boldsymbol{A}=\begin{bmatrix} 2 & -1 & 3 \\ 4 & -5 & 0 \end{bmatrix}$로 주어질 때 $5\boldsymbol{A}$를 구하라.

[풀이] $\boldsymbol{A}=5\begin{bmatrix} 2 & -1 & 3 \\ 4 & -5 & 0 \end{bmatrix}=\begin{bmatrix} 10 & -5 & 15 \\ 20 & -25 & 0 \end{bmatrix}$

예제 6

$\boldsymbol{A}=\begin{bmatrix} 1+j & j \\ 2+j3 & 4 \end{bmatrix}$와 $s=1-j2$일 때 $s\boldsymbol{A}$를 구하라.

[풀이] $s\boldsymbol{A}=(1-j2)\begin{bmatrix} 1+j & j \\ 2+j3 & 4 \end{bmatrix}$

$$=\begin{bmatrix} (1-j2)(1+j) & (1-j2)j \\ (1-j2)(2+j3) & (1-j2)4 \end{bmatrix}$$

$$=\begin{bmatrix} (3-j) & (2+j) \\ (8-j) & (4-j8) \end{bmatrix}$$

로 된다.

이상과 같이 행렬의 덧셈과 곱셈은 스칼라 상수 s와 k, v에 대해

$$1 \cdot \boldsymbol{A} = \boldsymbol{A}$$

$$s(\boldsymbol{A} + k\boldsymbol{B}) = s\boldsymbol{A} + sk\boldsymbol{B}$$

$$(s+v)\boldsymbol{A} = s\boldsymbol{A} + v\boldsymbol{A}$$

$$s(v\boldsymbol{A}) = (sv)\boldsymbol{A} = (vs)\boldsymbol{A} = v(s\boldsymbol{A})$$

와 같이 교환법칙과 결합법칙을 만족한다.

1.4 행렬의 곱셈

행렬 $\boldsymbol{A}$가 $m \times n$ 차원을 갖고 $\boldsymbol{B}$가 $r \times q$ 차원을 갖고 있다면, 이들의 곱 $\boldsymbol{C}$ 및 $\boldsymbol{D}$는

① $\boldsymbol{C} = \boldsymbol{A} \times \boldsymbol{B} = \boldsymbol{AB}$

② $\boldsymbol{D} = \boldsymbol{B} \times \boldsymbol{A} = \boldsymbol{BA}$

의 두 가지 경우가 있는데, ①의 경우 $(m \times n)(r \times q)$에서 반드시 $n = r$이어야 하며 이때 $\boldsymbol{C}$는 $m \times q$의 차원이 된다. ②의 경우 $(r \times q)(m \times n)$에서 반드시 $q = m$이어야 하고, $\boldsymbol{D}$의 차원은 $r \times n$이 된다. 그리고 곱셈의 경우 결합법칙은 성립하나 교환법칙은 서로 역행렬의 관계를 가질 때 성립한다. 즉, $u \times v$ 차원의 $\boldsymbol{C}$에 대해

$$\text{교환법칙 : } \boldsymbol{AB} \neq \boldsymbol{BA} \tag{1.7}$$

$$\text{결합법칙 : } \boldsymbol{ABC} = (\boldsymbol{AB})C = \boldsymbol{A}(\boldsymbol{BC}) = \boldsymbol{F} \ (\text{단, } n = r,\ q = u) \tag{1.8}$$

로 되며 $\boldsymbol{F}$는 $m \times v$ 차원을 갖는다. 곱셈의 방법은 다음과 같다.

경우 1 벡터와의 곱셈

$\boldsymbol{A}$가 n개의 요소를 갖는 $1 \times n$ 차원의 행벡터이고 $\boldsymbol{X}$가 $n \times 1$ 차원의 열벡터이면, 이들의 곱 $\boldsymbol{AX}$는 1×1 차원의 스칼라가 된다.

$$AX = [a_1\, a_2\, a_3 \cdots\, a_n]\begin{bmatrix} x_1 \\ x_2 \\ x_3 \\ \vdots \\ x_n \end{bmatrix} \tag{1.9}$$
$$= [a_1x_1 + a_2x_2 + a_3x_3 + \cdots + a_nx_n] = \sum_{i=1}^{n} a_i x_i$$

예제 7

다음과 같은 행렬에 대한 곱셈 $\boldsymbol{AX}$를 구하라.

$$A_{[1\times 4]} = [2\ \ -1\ \ 3\ \ 5], \qquad X_{[4\times 1]} = \begin{bmatrix} 3 \\ 2 \\ -3 \\ 4 \end{bmatrix}$$

[풀이] $AX = [2\ \ -1\ \ 3\ \ 5]\begin{bmatrix} 3 \\ 2 \\ -3 \\ 4 \end{bmatrix} = 15$

경우 2 행렬과 벡터의 곱셈

행렬 $\boldsymbol{A}$가 $m\times n$ 차원을 갖고 $\boldsymbol{X}$가 $n\times 1$ 차원을 갖고 있다면 이들의 곱 $\boldsymbol{AX}$는 $m\times 1$ 차원이 되고, $i[i=1,\ 2, \ldots,\ m]$번째 요소는 $\boldsymbol{A}$의 i 번째 행벡터 a_i와 $\boldsymbol{X}$를 곱한 것이 된다. 즉,

$$a_i = [a_{i1}\ a_{i2}\ a_{i3} \cdots\ a_{in}] \tag{1.10}$$

에 대해 $\boldsymbol{AX}$의 i 번째 요소는

$$a_i\boldsymbol{X} = (\boldsymbol{AX})_i = a_{i1}x_1 + a_{i2}x_2 + a_{i3}x_3 + \cdots + a_{in}x_n \tag{1.11}$$
$$= \sum_{k=1}^{n} a_{ik}x_k \qquad (\text{단},\ 1 \leq i \leq m)$$

로 된다. 즉, 전 요소는 다음과 같아진다.

$$\boldsymbol{AX} = \begin{bmatrix} a_{11} & a_{12} & a_{13} & \cdot & \cdot & a_{1n} \\ a_{21} & a_{22} & a_{23} & \cdot & \cdot & a_{2n} \\ \cdot & \cdot & \cdot & \cdot & \cdot & \cdot \\ a_{i1} & a_{i2} & a_{i3} & \cdot & \cdot & a_{in} \\ \cdot & \cdot & \cdot & \cdot & \cdot & \cdot \\ a_{m1} & a_{m2} & a_{m3} & \cdot & \cdot & a_{mn} \end{bmatrix}\begin{bmatrix} x_1 \\ x_2 \\ \cdot \\ x_k \\ \cdot \\ x_n \end{bmatrix} = \begin{bmatrix} (\boldsymbol{AX})_1 \\ (\boldsymbol{AX})_2 \\ \cdot \\ (\boldsymbol{AX})_i \\ \cdot \\ (\boldsymbol{AX})_m \end{bmatrix} \tag{1.12}$$

예제 8

다음의 경우에 대해 $\boldsymbol{AX}$를 계산하라.

$$\boldsymbol{A}=\begin{bmatrix}2 & 3 & -1\\1 & 4 & 6\\5 & -2 & 0\end{bmatrix} \qquad \boldsymbol{X}=\begin{bmatrix}7\\-3\\1\end{bmatrix}$$

[풀이] $$\boldsymbol{AX}=\begin{bmatrix}2 & 3 & -1\\1 & 4 & 6\\5 & -2 & 0\end{bmatrix}\begin{bmatrix}7\\-3\\1\end{bmatrix}=\begin{bmatrix}4\\1\\41\end{bmatrix}$$

행렬 $\boldsymbol{A}$가 $m\times n$ 차원을 갖고 $\boldsymbol{B}$가 $n\times 1$ 차원을 갖는 열벡터이면 이들의 곱 $\boldsymbol{AB}$는 $m\times 1$의 열벡터로 되며, 또한 $\boldsymbol{B}$가 $n\times p$차원을 갖는 경우는 곱 $\boldsymbol{AB}$가 $m\times p$ 행렬이 된다. 이때 중요한 사항은 $\boldsymbol{A}$의 열의 수와 $\boldsymbol{B}$의 행의 수가 반드시 같아야 한다는 것이다.

예제 9

다음 두 행렬의 곱을 구하라.

$$\boldsymbol{A}=\begin{bmatrix}1 & 3\\2 & 4\end{bmatrix}, \qquad \boldsymbol{B}=\begin{bmatrix}2 & -2 & 0\\1 & 5 & 3\end{bmatrix}$$

[풀이] $$\boldsymbol{AB}=\begin{bmatrix}1 & 3\\2 & 4\end{bmatrix}\begin{bmatrix}2 & -2 & 0\\1 & 5 & 3\end{bmatrix}$$

$$=\begin{bmatrix}5 & 13 & 9\\8 & 16 & 12\end{bmatrix}$$

예제 10

다음 두 행렬의 곱을 구하라.

$$\boldsymbol{A}=[1 \;\; 2 \;\; -1], \qquad \boldsymbol{B}=\begin{bmatrix}-1 & 1\\0 & 1\\1 & 2\end{bmatrix}$$

[풀이] $$\boldsymbol{AB}=[1 \;\; 2 \;\; -1]\begin{bmatrix}-1 & 1\\0 & 1\\1 & 2\end{bmatrix}=[-2 \;\; 1]$$

예제 11

다음 두 행렬의 곱을 구하라.

$$\boldsymbol{A}=\begin{bmatrix}1-j & j\\2+j & 1+j\end{bmatrix},\qquad \boldsymbol{B}=\begin{bmatrix}3+j2 & 1+j4\\j & -1+j2\end{bmatrix}$$

[풀이] $$AB=\begin{bmatrix}1-j & j\\2+j & 1+j\end{bmatrix}\begin{bmatrix}3+j2 & 1+j4\\j & -1+j2\end{bmatrix}$$

$$=\begin{bmatrix}4-j & 3+j2\\3+j8 & -5+j10\end{bmatrix}$$

한편, Kronecker 적(積)은 ⊗의 연산기호를 사용하며, $m\times n$ 차원의 행렬 $\boldsymbol{A}$와 임의 차원의 행렬 $\boldsymbol{B}$에 대해 다음과 같이 표시된다.

$$\boldsymbol{A}\otimes\boldsymbol{B}=\begin{bmatrix}a_{11}\boldsymbol{B} & a_{12}\boldsymbol{B} & \cdot\ \cdot\ \cdot & a_{1n}\boldsymbol{B}\\a_{21}\boldsymbol{B} & a_{22}\boldsymbol{B} & \cdot\ \cdot\ \cdot & a_{2n}\boldsymbol{B}\\\cdot & \cdot & \cdot\ \cdot\ \cdot\ \cdot & \cdot\\\cdot & \cdot & \cdot\ \cdot\ \cdot\ \cdot & \cdot\\a_{m1}\boldsymbol{B} & a_{m2}\boldsymbol{B} & \cdot\ \cdot\ \cdot & a_{mn}\boldsymbol{B}\end{bmatrix}\tag{1.13}$$

1.5 행렬의 종류

(1) **정방행렬**(square matrix) : 행의 수와 열의 수가 동일한 행렬로 $\boldsymbol{A}(m\times n)$에서 $m=n$이면 정방행렬이며, $m\neq n$이면 비정방행렬(nonsquare matrix)이다.

(2) **대각행렬**(diagonal matrix) : $i=j$인 a_{ij} 이외의 모든 요소가 영일 때, $\boldsymbol{A}=[a_{ij}\cdot\delta_{ij}]$ 또는 $\boldsymbol{A}=diag(a_{11},\ a_{22},\ \cdots,\ a_{nn})$로 표현된다. 여기서 δ_{ij}는 크로네커 델타(Kronecker Delta)로 다음과 같이 정의된다.

$$\delta_{ij}=\begin{cases}1 & i=j\\0 & i\neq j\end{cases}\tag{1.14}$$

즉, 다음과 같이 된다.

$$A = \begin{bmatrix} a_{11} & 0 & 0 & \cdot & 0 \\ 0 & a_{22} & 0 & \cdot & 0 \\ \cdot & \cdot & \cdot & \cdot & \cdot \\ 0 & \cdot & \cdot & 0 & a_{nn} \end{bmatrix} \tag{1.15}$$

(3) **단위행렬**(unit matrix 또는 identity matrix) : 대각행렬에서 요소 a_{ii}의 값이 전부 1인 행렬로 다음과 같이 표현된다.

$$I = \begin{bmatrix} 1 & 0 & 0 & \cdot & \cdot & 0 \\ 0 & 1 & 0 & \cdot & \cdot & 0 \\ 0 & 0 & 1 & 0 & \cdot & 0 \\ \cdot & \cdot & \cdot & \cdot & \cdot & \cdot \\ 0 & \cdot & \cdot & \cdot & \cdot & 1 \end{bmatrix} \tag{1.16}$$

(4) **스칼라 행렬**(scalar matrix) : 단위행렬에 스칼라 상수 K배 한 것과 같은 행렬을 말한다. 단, $K \neq 0$이다.

$$KI = \begin{bmatrix} K & 0 & 0 & \cdot & \cdot & \cdot & 0 \\ 0 & K & 0 & \cdot & \cdot & \cdot & 0 \\ 0 & 0 & K & 0 & \cdot & \cdot & 0 \\ \cdot & \cdot & \cdot & \cdot & \cdot & \cdot & \cdot \\ 0 & \cdot & \cdot & \cdot & \cdot & 0 & K \end{bmatrix} \tag{1.17}$$

(5) **영행렬**(zero matrix) : 모든 요소가 영인 행렬을 말한다.

$$O = \begin{bmatrix} 0 & 0 & 0 & \cdot & \cdot & \cdot & 0 \\ 0 & 0 & 0 & \cdot & \cdot & \cdot & 0 \\ 0 & 0 & 0 & 0 & \cdot & \cdot & 0 \\ \cdot & \cdot & \cdot & \cdot & \cdot & \cdot & \cdot \\ 0 & \cdot & \cdot & \cdot & \cdot & 0 & 0 \end{bmatrix} \neq 0 \tag{1.18}$$

(6) **대칭행렬**(symmetric matrix) : A의 요소들이 $a_{ij} = a_{ji}$로서 주대각선을 중심으로 대칭이 되는 행렬을 말한다. 첨자 "T" 또는 "$\prime$"은 식 (1. 21)에서 설명한다.

$$A = \begin{bmatrix} a & b & c \\ b & d & e \\ c & e & f \end{bmatrix} = A^T \text{or } A' \tag{1.19}$$

주대각선

(7) **역부호 대칭행렬**(skew symmetrical matrix) : 모든 주대각 요소는 0이고 주대각선 상하의 각 요소들의 크기는 같으나, 서로 상반된 부호를 가질 때, 즉 $a_{ii}=0$이고 $a_{ij}=-a_{ij}(i \neq j)$이면, $\boldsymbol{A}$를 역부호 대칭행렬이라고 한다.

$$\boldsymbol{A} = -\boldsymbol{A}^{T} \tag{1.20}$$

그리고 임의의 정방행렬 $\boldsymbol{A}$는 대칭행렬 $\boldsymbol{A}_S$와 역부호 대칭행렬 $\boldsymbol{A}_{SS}$의 합으로 표현될 수 있다. 즉,

$$\begin{aligned}\boldsymbol{A} &= \boldsymbol{A}_S + \boldsymbol{A}_{SS}\\ &= \boldsymbol{A} + \frac{\boldsymbol{A}^T}{2} - \frac{\boldsymbol{A}^T}{2}\\ &= \frac{\boldsymbol{A}+\boldsymbol{A}^T}{2} + \frac{\boldsymbol{A}-\boldsymbol{A}^T}{2}\end{aligned}$$

$$\boldsymbol{A}_S^T = \left(\frac{\boldsymbol{A}+\boldsymbol{A}^T}{2}\right)^T = \frac{\boldsymbol{A}^T+\boldsymbol{A}}{2} = \boldsymbol{A}_S$$

$$\boldsymbol{A}_{SS}^T = \left(\frac{\boldsymbol{A}-\boldsymbol{A}^T}{2}\right)^T = \frac{\boldsymbol{A}^T-\boldsymbol{A}}{2} = \frac{\boldsymbol{A}-\boldsymbol{A}^T}{2} = -\boldsymbol{A}_{SS}$$

로 됨을 알 수 있다. 예를 들면,

$$\begin{bmatrix} 0 & 1 & -2 \\ -1 & 0 & 3 \\ 2 & -3 & 0 \end{bmatrix}$$

은 역부호 대칭행렬이며, 행렬

$$\boldsymbol{A} = \begin{bmatrix} 2 & -4 & 7 \\ 3 & 1 & 9 \\ 8 & 6 & 9 \end{bmatrix}$$

는 대칭행렬

$$\boldsymbol{A}_S = \frac{\boldsymbol{A}+\boldsymbol{A}^T}{2} = \begin{bmatrix} 2 & -\frac{1}{2} & \frac{15}{2} \\ -\frac{1}{2} & 1 & \frac{15}{2} \\ \frac{15}{2} & \frac{15}{2} & 9 \end{bmatrix} = \boldsymbol{A}_S = \boldsymbol{A}_S'$$

와 역부호 대칭행렬

$$A_{SS}=\frac{A-A^T}{2}=\begin{bmatrix}0 & -\frac{7}{2} & -\frac{1}{2}\\ \frac{7}{2} & 0 & \frac{3}{2}\\ \frac{1}{2} & -\frac{3}{2} & 0\end{bmatrix}=A_{SS}=-A_{SS}$$

의 합인

$$A=A_S+A_{SS}=\frac{A+A^T}{2}+\frac{A-A^T}{2}$$

로 됨을 알 수 있다.

(8) **전치행렬**(transpose matrix) : A의 요소가 $(a_{ij})^T$ 또는 $(a_{ij})'$로 표현하는 경우, 즉 행과 열을 교환하면 전치행렬이 된다. 여기서, 첨자 "′" 또는 "T" 는 전치(transpose)를 나타낸다.

$$A=\begin{bmatrix}a_{11} & a_{12} & a_{13}\\ a_{21} & a_{22} & a_{23}\\ a_{31} & a_{32} & a_{33}\end{bmatrix}^T=\begin{bmatrix}a_{11} & a_{21} & a_{31}\\ a_{12} & a_{22} & a_{32}\\ a_{13} & a_{23} & a_{33}\end{bmatrix} \tag{1.21}$$

(9) **공액행렬**(conjugate matrix) : 복소수 행렬 A의 각 요소들이 공액의 요소들로 대치된 $\overline{A}$ 를 A의 공액행렬이라 한다.

$$A=\begin{bmatrix}1+j2 & j\\ j5 & 2-j\end{bmatrix}\qquad \overline{A}=\begin{bmatrix}1-j2 & -j\\ -j5 & 2+j\end{bmatrix}$$

(10) **에르미트 행렬**(Hermitian matrix) : 복소수 행렬 A와 이의 공액 $\overline{A}$ 의 전치행렬 $\overline{A}^T$가 상등, 즉 $A=\overline{A}^T$ 또는 $a_{ij}=\overline{a}_{ji}$일 때, 행렬 A는 '에르미트' 행렬이라 한다. 즉, 다음에서 $B=B^T$이며 $C=-C^T$로 된다.

$$A=\begin{bmatrix}1 & 4+j3\\ 4-j3 & 2\end{bmatrix}=\begin{bmatrix}1 & 4\\ 4 & 2\end{bmatrix}+j\begin{bmatrix}0 & 3\\ -3 & 0\end{bmatrix}=B+jC$$

(11) **역부호 에르미트 행렬**(skew Hermitian matrix) : 복소수행렬 $\boldsymbol{A}$가 $\boldsymbol{A}=\overline{\boldsymbol{A}}^T$이면, 복소수행렬 $\boldsymbol{A}$는 역부호 에르미트 행렬이라 한다. 즉, 다음에서 $\boldsymbol{B}=-\boldsymbol{B}^T$이며 $\boldsymbol{C}=\boldsymbol{C}^T$로 된다.

$$\boldsymbol{A}=\begin{bmatrix} j5 & -2+j3 \\ 2+j3 & j \end{bmatrix}=\begin{bmatrix} 0 & -2 \\ 2 & 0 \end{bmatrix}+j\begin{bmatrix} 5 & 3 \\ 3 & 1 \end{bmatrix}=\boldsymbol{B}+j\boldsymbol{C}$$

(12) **역행렬**(inverse matrix) : $\boldsymbol{AB}=\boldsymbol{BA}=\boldsymbol{I}$이면 $\boldsymbol{A}$와 $\boldsymbol{B}$는 상호 역행렬 관계에 있다.

$$\begin{aligned} \boldsymbol{A}^{-1}&=\boldsymbol{B} \\ \boldsymbol{B}^{-1}&=\boldsymbol{A} \end{aligned} \tag{1.22}$$

(13) **상삼각 및 하삼각행렬**(upper triangular and lower triangular matrix) : 행렬 $\boldsymbol{A}$의 요소들 중 다음 조건을 만족하면 상삼각행렬이라 하고

$$a_{ij}=0 \quad : \quad i>j \tag{1.23}$$

다음과 같은 형태가 된다.

$$\begin{bmatrix} a_{11} & a_{12} & \dots & a_{1n} \\ 0 & a_{22} & \dots & a_{2n} \\ \vdots & \vdots & \vdots & \vdots \\ 0 & 0 & \dots & a_{nn} \end{bmatrix}$$

또한 다음 조건을 만족하면 하삼각행렬이라 하며

$$a_{ij}=0 \quad : \quad i<j \tag{1.24}$$

다음과 같은 형태가 된다.

$$\begin{bmatrix} a_{11} & 0 & \dots & 0 \\ a_{21} & a_{22} & \dots & 0 \\ \vdots & \vdots & \vdots & \vdots \\ a_{n1} & a_{n2} & \dots & a_{nn} \end{bmatrix}$$

(14) **상 하센버그 행렬**(upper Hessenberg matrix) : 행렬 $\boldsymbol{A}$의 요소들 중 다음 조건을 만족하면 상 하센버그 행렬이라 한다.

$$a_{ij} = 0 \quad : \quad i > j+1 \tag{1.25}$$

(15) **직교행렬**(orthogonal matrix) : 행렬 $\boldsymbol{A}$와 이의 전치행렬 $\boldsymbol{A}'$의 곱이

$$\boldsymbol{AA}' = \boldsymbol{A}'\boldsymbol{A} = \boldsymbol{I} \tag{1.26}$$

와 같이 단위행렬이 되면, $\boldsymbol{A}^T = \boldsymbol{A}^{-1}$로 된다. 이처럼 전치행렬 $\boldsymbol{A}^T$가 역행렬 $\boldsymbol{A}^{-1}$과 같아지게 되는 행렬 $\boldsymbol{A}$를 직교행렬이라고 한다. 예를 들면,

$$\boldsymbol{A} = \begin{bmatrix} \cos\theta & -\sin\theta \\ \sin\theta & \cos\theta \end{bmatrix}$$

로 주어진 경우, $\boldsymbol{AA}' = \boldsymbol{A}'\boldsymbol{A} = \boldsymbol{I}$를 만족하므로 행렬 $\boldsymbol{A}$는 직교행렬이 된다.

(16) **크로네커**(Kronecker) **적**(積) : 크로네커 적은 $m \times n$ 차원의 행렬 $\boldsymbol{A}$와 행렬 $\boldsymbol{B}$에 대해 다음과 같이 표시된다.

$$\boldsymbol{A} \otimes \boldsymbol{B} = \begin{bmatrix} a_{11}\boldsymbol{B} & a_{12}\boldsymbol{B} & \cdot & \cdot & \cdot & a_{1n}\boldsymbol{B} \\ a_{21}\boldsymbol{B} & a_{22}\boldsymbol{B} & \cdot & \cdot & \cdot & a_{2n}\boldsymbol{B} \\ \cdot & \cdot & \cdot & \cdot & \cdot & \cdot \\ \cdot & \cdot & \cdot & \cdot & \cdot & \cdot \\ a_{m1}\boldsymbol{B} & a_{m2}\boldsymbol{B} & \cdot & \cdot & \cdot & a_{mn}\boldsymbol{B} \end{bmatrix} \tag{1.27}$$

1.6 행렬식

$\boldsymbol{A}$가 $n \times n$ 차원의 행렬이면, 행렬 $\boldsymbol{A}$인 요소들의 적절한 곱의 합 $|\boldsymbol{A}|$ 또는 $det(\boldsymbol{A})$을 행렬식(determinant)이라 한다.

먼저, 순열에 의해 행렬식의 개념을 고찰해 보자. n 개의 양의 정수인 1, 2, 3, …, n을 생각하자. 이들 정수를 정해진 순서로 배열하는 것을 "순열(permutation)" 이라 한다. 예를 들어, 정수 1, 2, 3은 다음과 같은 6개의 다른 순열을 갖는다.

$$(1\ 2\ 3),\ (1\ 3\ 2),\ (2\ 3\ 1),\ (2\ 1\ 3),\ (3\ 1\ 2),\ (3\ 2\ 1) \tag{1.28}$$

정리 1 **순열의 수**

n개의 정수가 1, 2, 3, ⋯, n 이면 순열의 수는 $n!$ 개가 된다.

순열 (1, 2, 3, ⋯, n)은 자연적으로 증가하는 순서로 배열되어 있다. 그런데 주어진 순열이 자연증가 순서로부터 얼마나 많이 벗어나 있는지를 나타내는 한 수를 소개한다. 순열 $(P_1, P_2, P_3, \ldots, P_n)$에서의 P_i와 P_j의 요소가 $i < j$ 에 대해 $P_i > P_j$이면, 자연증가 순서를 벗어났다고 하며 이를 간단히 "전위(inversion)" 되었다고 한다. 예를 들면, 순열 (4 3 2 1)에서 쌍 (4 2), (4 3), (4 1), (3 2), (2 1), (3 1)은 자연증가 순서를 벗어나고 있으며 이의 전위수는 6이 된다.

일반적으로 $(P_1, P_2, P_3, \ldots, P_n)$에서의 총 전위수를 $N(P_1, P_2, P_3, \ldots, P_n)$으로 나타낸다.

예제 12

순열 (1 3 2 4 5)와 (2 4 5 3 1)의 전위수를 구하라.

[풀이] 순열 (1 3 2 4 5)에서는 한 쌍 (3 2)만이 자연증가 순서를 벗어나므로, N(1 3 2 4 5)=1이 된다. 그리고 순열 (2 4 5 3 1)에서는 6쌍, 즉 (2 1), (4 3), (4 1), (5 3), (5 1), (3 1)가 전위되었으므로 전위수는 N(2 4 5 3 1)=6이 된다.

정의 6 **우순열과 기순열**

① 우순열(even permutation) : $N(P_1, P_2, P_3, \cdots, P_n)$이 짝수일 경우의 순열$(P_1, P_2, P_3, \cdots, P_n)$을 우순열이라 하며, 짝수 패리티(parity)를 갖는다.

② 기순열(odd permutation) : $N(P_1, P_2, P_3, \cdots, P_n)$이 홀수일 경우의 순열$(P_1, P_2, P_3, \cdots, P_n)$을 기순열이라 하며, 홀수 패리티를 갖는다.

순열이 짝수 패리티를 가지면 +1, 홀수 패리티를 가지면 −1로 되는데, 이를 순열 $(P_1, P_2, P_3, \ldots, P_n)$에 대해 표현하면

$$\sigma(P_1,\ P_2,\ P_3,\cdots,\ P_n) = \begin{cases} +1: & \text{짝수 패리티} \\ -1: & \text{홀수 패리티} \end{cases} \tag{1.29}$$

로 쓸 수 있으며, $\sigma(P_1, P_2, P_3, \ldots, P_n)$은 일종의 부호표시 연산자로서 전위수와 함께

$$\sigma(P_1,\ P_2,\ P_3,\cdots,\ P_n) = (-1)^{N(P_1,\ P_2,\ P_3,\cdots,\ P_n)} \tag{1.30}$$

로도 쓸 수 있다.

예제 13

예제 12에서 패리티 $\sigma(P_1, P_2, P_3, \ldots, P_n)$를 구하라.

[풀이] $\sigma(1\ 3\ 2\ 4\ 5) = (-1)^{N(1\ 3\ 2\ 4\ 5)} = (-1)^1 = -1$

$\sigma(2\ 4\ 5\ 3\ 1) = (-1)^{N(2\ 4\ 5\ 3\ 1)} = (-1)^6 = 1$

정의 7 행렬식

$n \times n$ 차원인 행렬 $\boldsymbol{A} = [a_{ij}]$ 의 행렬식은 $det(\boldsymbol{A})$로 나타내며

$$det(\boldsymbol{A}) = \sum \sigma(P_1,\ P_2,\ \cdots,\ P_n)\ a_{1P_1} a_{2P_2} \cdots a_{nP_n} \tag{1.31}$$

로도 표현 가능하다. 단, Σ는 정수 1, 2, 3, $\cdots$, n에 대한 n개의 순열$(P_1, P_2, P_3, \ldots, P_n)$을 망라한 전체합이며, $a_i P_k [i, k = 1, 2, \ldots, n]$는 행렬 $\boldsymbol{A}$의 i 행 P_k열의 요소들이다.

예제 14

3×3인 행렬 $\boldsymbol{A}$의 행렬식을 정의 7에 의하여 구하라.

$$\boldsymbol{A} = \begin{bmatrix} a_{11} & a_{12} & a_{13} \\ a_{21} & a_{22} & a_{23} \\ a_{31} & a_{32} & a_{33} \end{bmatrix}$$

[풀이] 우선 3×3인 경우 정수 1, 2, 3은 식 (1.28)과 같이 총 6개의 순열이 가능하므로

$$det(\boldsymbol{A}) = \sum_{j=1}^{3!} \sigma_j (P_1,\ P_2,\ P_3)\ a_{1P_1} a_{2P_2} a_{3P_3}$$

$$= \sigma_1(1\ 2\ 3) a_{11} a_{22} a_{33} + \sigma_2(1\ 3\ 2) a_{11} a_{23} a_{32}$$

$$+ \sigma_3(2\ 1\ 3) a_{12} a_{21} a_{33} + \sigma_4(2\ 3\ 1) a_{12} a_{23} a_{31}$$

$$+\sigma_5(3\ 1\ 2)a_{13}\,a_{21}\,a_{32}+\sigma_6(3\ 2\ 1)a_{13}\,a_{22}\,a_{31}$$

로 표현되며, 부호를 나타내는 연산자 $\sigma_j(P_1, P_2, P_3)$은

$$\sigma_1(1,\ 2,\ 3)=+1 \quad \sigma_2(1,\ 3,\ 2)=-1 \quad \sigma_3(2,\ 1,\ 3)=-1$$

$$\sigma_4(2,\ 3,\ 1)=+1 \quad \sigma_5(3,\ 1,\ 2)=+1 \quad \sigma_6(3,\ 2,\ 1)=-1$$

로 주어지므로 각 항을 부호별로 정리하여 다시 쓰면

$$\begin{aligned} det(\boldsymbol{A}) &= \begin{vmatrix} a_{11} & a_{12} & a_{13} \\ a_{21} & a_{22} & a_{23} \\ a_{31} & a_{32} & a_{33} \end{vmatrix} \\ &= a_{11}a_{22}a_{33}+a_{12}a_{23}a_{31}+a_{13}a_{21}a_{32} \\ &\quad -a_{11}a_{23}a_{32}-a_{12}a_{21}a_{33}-a_{13}a_{22}a_{31} \end{aligned}$$

로 된다.

한편, 3×3인 행렬의 행렬식은 다음과 같은 Sarrus의 전개법에 의해서도 편리하게 구해질 수 있다.

$$\begin{aligned} |\boldsymbol{A}| &= \begin{vmatrix} a_{11} & a_{12} & a_{13} \\ a_{21} & a_{22} & a_{23} \\ a_{31} & a_{32} & a_{33} \end{vmatrix} \\ &= (a_{11}a_{22}a_{33}+a_{13}a_{21}a_{32}+a_{12}a_{23}a_{31}) \\ &\quad -(a_{13}a_{22}a_{31}+a_{11}a_{23}a_{32}+a_{12}a_{21}a_{33}) \end{aligned} \tag{1.32}$$

이 경우 위와는 약간 다르게 두 행 또는 두 열을 우측 또는 하부에 복사하여 옮긴 후, 다음과 같은 연산에 의해 구해낼 수도 있다.

$$\begin{aligned} |\boldsymbol{A}| &= \left|\begin{matrix} a_{11} & a_{12} & a_{13} \\ a_{21} & a_{22} & a_{23} \\ a_{31} & a_{32} & a_{33} \end{matrix}\right|\left|\begin{matrix} a_{11} & a_{12} \\ a_{21} & a_{22} \\ a_{31} & a_{32} \end{matrix}\right| \\ &= \left|\begin{matrix} a_{11} & a_{12} & a_{13} \\ a_{21} & a_{22} & a_{23} \\ a_{31} & a_{32} & a_{33} \\ a_{11} & a_{12} & a_{13} \\ a_{21} & a_{22} & a_{23} \end{matrix}\right| \end{aligned} \tag{1.33}$$

예제 15

다음 행렬의 행렬식을 구하라.

$$\boldsymbol{A} = \begin{bmatrix} 1 & 2 & -3 \\ 4 & -1 & 2 \\ 0 & 3 & 1 \end{bmatrix}$$

[풀이] 예제 14의 결과를 이용하여

$$|\boldsymbol{A}| = \begin{vmatrix} 1 & 2 & -3 \\ 4 & -1 & 2 \\ 0 & 3 & 1 \end{vmatrix}$$

$$= +1 \cdot (-1) \cdot 1 + 2 \cdot 2 \cdot 0 + (-3) \cdot 4 \cdot 3$$

$$-0 \cdot (-1) \cdot (-3) - 3 \cdot 2 \cdot 1 - 1 \cdot 4 \cdot 2$$

$$= -51$$

로 구해진다.

1.7 연립방정식과 Cramer의 법칙

다음의 세 가지 경우는 연립방정식을 행렬의 곱과 행렬식의 개념을 이용하여 풀이하는 예를 소개한 것이다. 여기서 $\boldsymbol{A}$는 계수행렬, $\boldsymbol{B}$는 상수 열벡터, $\boldsymbol{x}$는 미지수 열벡터로 정의한다.

경우 1 $n=1$일 때

$$a_{11}x_1 = b_1 \text{ 또는 } \boldsymbol{Ax} = \boldsymbol{B} \tag{1.34}$$

에서 $\boldsymbol{A}$가 a_{11}의 계수만을 가지므로

$$det(\boldsymbol{A}) = |\boldsymbol{A}| = a_{11} \tag{1.35}$$

으로 표시되며, $x_1 = \dfrac{b_1}{a_{11}}$가 구해진다.

경우 1 $n=2$**일 때**

$$a_{11}x_1 + a_{12}x_2 = b_1 \quad \text{또는} \quad \boldsymbol{Ax} = \boldsymbol{B} \qquad (1.36)$$
$$a_{21}x_1 + a_{22}x_2 = b_2$$

에서

$$\boldsymbol{A} = \begin{bmatrix} a_{11} & a_{12} \\ a_{21} & a_{22} \end{bmatrix} \quad \boldsymbol{B} = \begin{bmatrix} b_1 \\ b_2 \end{bmatrix} \qquad (1.37)$$

로 되므로

$$det(\boldsymbol{A}) = \begin{vmatrix} a_{11} & a_{12} \\ a_{21} & a_{22} \end{vmatrix} = a_{11}\,a_{22} - a_{12}\,a_{21} \qquad (1.38)$$

가 되며 Cramer의 법칙에 의하여,

$$x_1 = \frac{\begin{vmatrix} b_1 & a_{12} \\ b_2 & a_{22} \end{vmatrix}}{det(\boldsymbol{A})} = \frac{a_{22}b_1 - a_{12}b_2}{a_{11}a_{22} - a_{12}a_{21}} \qquad (1.39\text{-}1)$$

$$x_2 = \frac{\begin{vmatrix} a_{11} & b_1 \\ a_{21} & b_2 \end{vmatrix}}{det(\boldsymbol{A})} = \frac{a_{11}b_2 - a_{21}b_1}{a_{11}a_{22} - a_{12}a_{21}} \qquad (1.39\text{-}2)$$

를 구한다.

경우 2 $n=3$**일 때**

$$a_{11}x_1 + a_{12}x_2 + a_{13}x_3 = b_1 \quad \text{또는} \quad \boldsymbol{Ax} = \boldsymbol{B} \qquad (1.40)$$
$$a_{21}x_1 + a_{22}x_2 + a_{23}x_3 = b_2$$
$$a_{31}x_1 + a_{32}x_2 + a_{33}x_3 = b_3$$

로 부터

$$\boldsymbol{A} = \begin{bmatrix} a_{11} & a_{12} & a_{13} \\ a_{21} & a_{22} & a_{23} \\ a_{31} & a_{32} & a_{33} \end{bmatrix} \qquad \boldsymbol{B} = \begin{bmatrix} b_1 \\ b_2 \\ b_3 \end{bmatrix}$$

로 되며 행렬식은

$$det(\boldsymbol{A}) = a_{11}a_{22}a_{33} + a_{12}a_{23}a_{31} + a_{13}a_{21}a_{32} - a_{11}a_{23}a_{32} - a_{12}a_{21}a_{33} - a_{13}a_{22}a_{31} \qquad (1.41)$$

로 되며 Cramer의 법칙에 의해

$$x_1 = \frac{\begin{vmatrix} b_1 & a_{12} & a_{13} \\ b_2 & a_{22} & a_{23} \\ b_3 & a_{32} & a_{33} \end{vmatrix}}{det(\boldsymbol{A})}, \quad x_2 = \frac{\begin{vmatrix} a_{11} & b_1 & a_{13} \\ a_{21} & b_2 & a_{23} \\ a_{31} & b_3 & a_{33} \end{vmatrix}}{det(\boldsymbol{A})}, \quad x_2 = \frac{\begin{vmatrix} a_{11} & a_{12} & b_1 \\ a_{21} & a_{22} & b_2 \\ a_{31} & a_{32} & b_3 \end{vmatrix}}{det(\boldsymbol{A})} \tag{1.42}$$

를 얻는다.

따라서

$$\boldsymbol{Ax} = \boldsymbol{B}$$

$$\boldsymbol{A} = \begin{bmatrix} a_{11} & a_{12} & \dots & a_{1n} \\ a_{21} & a_{22} & \dots & a_{2n} \\ \vdots & \vdots & \vdots & \vdots \\ a_{n1} & a_{n2} & \dots & a_{nn} \end{bmatrix} \quad \boldsymbol{B} = \begin{bmatrix} b_1 \\ b_2 \\ \vdots \\ b_n \end{bmatrix} \quad \boldsymbol{x} = \begin{bmatrix} x_1 \\ x_2 \\ \vdots \\ x_n \end{bmatrix}$$

와 같은 일반적인 형태의 연립방정식을 풀 때 Cramer의 법칙은 매우 유효한 방법의 하나로서, i 번째의 미지수 $x_i(i = 1, 2, \dots, n)$는

$$x_i = \frac{|\boldsymbol{A}_i|}{|\boldsymbol{A}|} \tag{1.43}$$

로 구해진다. 단, 행렬 $\boldsymbol{A}_i$는 행렬 $\boldsymbol{A}$에 i 번째의 열을 제거하고 그 위치에 상수 열벡터 $\boldsymbol{B}$를 대치한 행렬이다. 예를 들면, 경우 2의 식 (1.39-1)에서

$$|\boldsymbol{A}_1| = \begin{vmatrix} b_1 & a_{12} \\ b_2 & a_{22} \end{vmatrix} = \begin{vmatrix} a_{11}x_1 + a_{12}x_2 & a_{12} \\ a_{21}x_1 + a_{22}x_2 & a_{22} \end{vmatrix}$$

$$= x_1 \cdot \begin{vmatrix} a_{11} & a_{12} \\ a_{21} & a_{22} \end{vmatrix} + x_2 \cdot \begin{vmatrix} a_{12} & a_{12} \\ a_{22} & a_{22} \end{vmatrix}$$

$$= x_1 \cdot |\boldsymbol{A}|$$

$$x_1 = \frac{|\boldsymbol{A}_1|}{|\boldsymbol{A}|}$$

로 구해짐을 알 수 있고, 마찬가지 방법으로

$$x_2 = \frac{|\boldsymbol{A}_2|}{|\boldsymbol{A}|}$$

가 구해진다.

예제 16

다음의 연립방정식을 Cramer의 법칙에 의하여 풀어라.

$$x_1 + 4x_2 - 2x_3 = 10$$

$$2x_1 - 4x_2 - x_3 = 0$$

$$x_1 - 3x_2 + 4x_3 = 0$$

[풀이] $\begin{bmatrix} 1 & 4 & -2 \\ 2 & -4 & -1 \\ 1 & -3 & 4 \end{bmatrix} \begin{bmatrix} x_1 \\ x_2 \\ x_3 \end{bmatrix} = \begin{bmatrix} 10 \\ 0 \\ 0 \end{bmatrix}$

로부터

$$x_1 = \frac{\begin{vmatrix} 10 & 4 & -2 \\ 0 & -4 & -1 \\ 0 & -3 & 4 \end{vmatrix}}{\begin{vmatrix} 1 & 4 & -2 \\ 2 & -4 & -1 \\ 1 & -3 & 4 \end{vmatrix}} = \frac{10\begin{vmatrix} -4 & -1 \\ -3 & 4 \end{vmatrix}}{-51} = 3.725$$

$$x_2 = \frac{\begin{vmatrix} 1 & 10 & -2 \\ 2 & 0 & -1 \\ 1 & 0 & 4 \end{vmatrix}}{-51} = \frac{-10\begin{vmatrix} 2 & -1 \\ 1 & 4 \end{vmatrix}}{-51} = 1.765$$

$$x_3 = \frac{\begin{vmatrix} 1 & 4 & 10 \\ 2 & -4 & 0 \\ 1 & -3 & 0 \end{vmatrix}}{-51} = \frac{10\begin{vmatrix} 2 & -4 \\ 1 & -3 \end{vmatrix}}{-51} = 0.392$$

가 구해진다.

연립방정식의 또 다른 해법은 1-8 절에서 소개하는 성질 2를 이용해서 행렬 $\boldsymbol{A}$에 $\boldsymbol{B}$를 첨가한 다음, 수치해석적으로 가우스 소거법에 의해 상삼각행렬 또는 가우스-조단(Gauss-Jordan) 소거법에 의해 대각행렬로 변환해서 구하는 방법도 있다.

1.8 행렬식의 몇 가지 성질

성질 1 **행렬 A가 $n \times n$ 차원의 상 · 하삼각행렬 또는 대각행렬이면**

$$det(A) = a_{11} a_{22} a_{33} \cdots a_{nn} = \prod_{i=1}^{n} a_{ii} \tag{1.44}$$

로 계산된다. 즉, 주대각선 상의 요소들만을 곱한 결과와 같다.

예제 17

다음 행렬의 행렬식을 구하라.

$$A = \begin{bmatrix} 2 & 5 & -1 & 3 \\ 0 & -1 & 0 & 4 \\ 0 & 0 & 7 & 8 \\ 0 & 0 & 0 & 5 \end{bmatrix}$$

[풀이] $|A| = \begin{vmatrix} 2 & 5 & -1 & 3 \\ 0 & -1 & 0 & 4 \\ 0 & 0 & 7 & 8 \\ 0 & 0 & 0 & 5 \end{vmatrix} = 2 \cdot (-1) \cdot 7 \cdot 5 = -70$

성질 2 $n \times n$ **차원의 행렬 A에 대해**

① 행렬 A의 두 열 또는 두 행이 서로 교환된 행렬을 B라 하면,

$$det(A) = -det(B) \tag{1.45}$$

로서 행렬식은 부호만이 변환된다.

② 행렬 A의 한 열 또는 한 행을 0이 아닌 상수 k로 나눈 행렬을 B라 하면,

$$det(A) = k \cdot det(B) \tag{1.46}$$

로서, B의 행렬식은 A의 $1/k$ 배로 된다.

③ 행렬 $\boldsymbol{A}$의 한 행(또는 열)에 스칼라배한 요소들의 값을 다른 행(또는 열)에 더하거나 빼더라도 행렬식은 변하지 않는다.
④ 2개의 행(또는 열)이 같거나 비례한다면 행렬식은 0이 된다.
⑤ $\boldsymbol{A}$의 어느 한 행 또는 한 열의 모든 요소가 0이면 행렬식은 0이 된다.

예제 18

다음 행렬의 행렬식을 성질 2를 이용하여 구하라.

$$\boldsymbol{A}=\begin{bmatrix}-5 & 20\\ 3 & -2\end{bmatrix}\qquad \boldsymbol{B}=\begin{bmatrix}2 & -1 & 3 & 7\\ 1 & -2 & 4 & 3\\ 3 & 4 & 2 & -1\\ 2 & -2 & 8 & 4\end{bmatrix}$$

[풀이] $det(\boldsymbol{A})=\begin{vmatrix}-5 & 20\\ 3 & -2\end{vmatrix}=\begin{vmatrix}5\cdot(-1) & 5\cdot 4\\ 3 & -2\end{vmatrix}=5\begin{vmatrix}-1 & 4\\ 3 & -2\end{vmatrix}=-50$

$$|\boldsymbol{B}|=\begin{vmatrix}2 & -1 & 3 & 7\\ 1 & -2 & 4 & 3\\ 3 & 4 & 2 & -1\\ 2 & -2 & 8 & 4\end{vmatrix}$$

$$=-2\begin{vmatrix}1 & -2 & 4 & 3\\ 2 & -1 & 3 & 7\\ 3 & 4 & 2 & -1\\ 1 & -1 & 4 & 2\end{vmatrix}\quad (R_2\text{와 }R_1\text{의 교환, }R_4\text{의 2배})$$

$$=-2\begin{vmatrix}1 & -2 & 4 & 3\\ 0 & 3 & -5 & 1\\ 0 & 10 & -10 & -10\\ 0 & 1 & 0 & -1\end{vmatrix}$$

$(-2R_1+R_2\rightarrow R_2,\ -3R_1+R_3\rightarrow R_3,\ -R_1+R_4\rightarrow R_4)$

$$=20\begin{vmatrix}1 & -2 & 4 & 3\\ 0 & 1 & 0 & -1\\ 0 & 0 & -1 & 0\\ 0 & 0 & -5 & 4\end{vmatrix}$$

(R_4와 R_2의 교환, $R_3/10\rightarrow R_3,\ -R_2+R_3\rightarrow R_3,\ -3R_2+R_4\rightarrow R_4$)

$$=-20\begin{vmatrix}1 & -2 & 4 & 3\\ 0 & 1 & 0 & -1\\ 0 & 0 & 1 & 0\\ 0 & 0 & 0 & 4\end{vmatrix}=-80$$

성질 3 **행렬 A와 B가 $n \times n$ 차원일 때**

① $\boldsymbol{A}$의 행벡터를 $\boldsymbol{a}_1, \boldsymbol{a}_2, \ldots, \boldsymbol{a}_n$ 으로 두면 $\boldsymbol{A}$의 i 번째 행벡터 $\boldsymbol{a}_i$ 가 두 행벡터의 합. 즉 $\boldsymbol{a}_i = \boldsymbol{b}_i + \boldsymbol{c}_i$일 때는,

$$det(\boldsymbol{A}) = det(\boldsymbol{B}) + det(\boldsymbol{C}) \tag{1.47}$$

로 표현할 수 있다. 단

$$\boldsymbol{B} = \begin{bmatrix} \boldsymbol{b}_1 \\ \vdots \\ \boldsymbol{b}_{i-1} \\ \boldsymbol{b}_i \\ \boldsymbol{b}_{i+1} \\ \vdots \\ \boldsymbol{b}_n \end{bmatrix} \qquad \boldsymbol{C} = \begin{bmatrix} \boldsymbol{c}_1 \\ \vdots \\ \boldsymbol{c}_{i-1} \\ \boldsymbol{c}_i \\ \boldsymbol{c}_{i+1} \\ \vdots \\ \boldsymbol{c}_n \end{bmatrix} \tag{1.48}$$

이다. 이처럼 1개의 행(또는 열)이 두 항의 합으로 주어진 경우는 이 항들을 분리하여 구성한 서로 다른 2개의 행렬식의 합과 같다.

② 두 행렬의 곱에 대한 행렬식은 각 행렬의 행렬식의 곱과 같다.

$$det\,(\boldsymbol{A} \cdot \boldsymbol{B}) = det\,(\boldsymbol{A}) \cdot det\,(\boldsymbol{B}) \tag{1.49}$$

예제 19

성질 3의 ①을 이용하여 다음 행렬의 행렬식을 구하라.

$$\boldsymbol{A} = \begin{bmatrix} a_1 + b_1 & c_1 + d_1 \\ a_2 + b_2 & c_2 + d_2 \end{bmatrix}$$

[풀이] $det(\boldsymbol{A}) = \begin{vmatrix} a_1 + b_1 & c_1 + d_1 \\ a_2 + b_2 & c_2 + d_2 \end{vmatrix}$

$$= \begin{vmatrix} a_1 & c_1 \\ a_2 + b_2 & c_2 + d_2 \end{vmatrix} + \begin{vmatrix} b_1 & d_1 \\ a_2 + b_2 & c_2 + d_2 \end{vmatrix}$$

$$= \begin{vmatrix} a_1 & c_1 \\ a_2 & c_2 \end{vmatrix} + \begin{vmatrix} a_1 & c_1 \\ b_2 & d_2 \end{vmatrix} + \begin{vmatrix} b_1 & d_1 \\ a_2 & c_2 \end{vmatrix} + \begin{vmatrix} b_1 & d_1 \\ b_2 & d_2 \end{vmatrix}$$

예제 20

성질 3을 이용하여 다음 행렬의 행렬식을 구하라.

$$\boldsymbol{A} = \begin{bmatrix} 1 & 2 & -3 & 1 \\ -2 & 4 & 6 & 2 \\ -3 & -6 & 9 & 3 \\ 2 & 11 & -6 & 4 \end{bmatrix} \qquad \boldsymbol{B} = \begin{bmatrix} 2-4x & -4 & 2 \\ 5+3x & 3 & -3 \\ 1-2x & -2 & 1 \end{bmatrix}$$

[풀이] $|\boldsymbol{A}| = \begin{vmatrix} 1 & 2 & -3 & 1 \\ -2 & 4 & 6 & 2 \\ -3 & -6 & 9 & 3 \\ 2 & 11 & -6 & 4 \end{vmatrix} = -3\begin{vmatrix} 1 & 2 & 1 & 1 \\ -2 & 4 & -2 & 2 \\ -3 & -6 & -3 & 3 \\ 2 & 11 & 2 & 4 \end{vmatrix} = 0$

$$|\boldsymbol{B}| = \begin{vmatrix} 2-4x & -4 & 2 \\ 5+3x & 3 & -3 \\ 1-2x & -2 & 1 \end{vmatrix}$$

$$= \begin{vmatrix} 2 & -4 & 2 \\ 5 & 3 & -3 \\ 1 & -2 & 1 \end{vmatrix} + \begin{vmatrix} -4x & -4 & 2 \\ 3x & 3 & -3 \\ -2x & -2 & 1 \end{vmatrix}$$

$$= 2\begin{vmatrix} 1 & -2 & 1 \\ 5 & 3 & -3 \\ 1 & -2 & 1 \end{vmatrix} + x\begin{vmatrix} -4 & -4 & 2 \\ 3 & 3 & -3 \\ -2 & -2 & 1 \end{vmatrix}$$

$$= 0$$

예제 21

다음의 행렬

$$\boldsymbol{A} = \begin{bmatrix} \sin\phi & \cos\phi \\ -\cos\phi & \sin\phi \end{bmatrix} \qquad \boldsymbol{B} = \begin{bmatrix} \cos\theta & -\sin\theta \\ \sin\theta & \cos\theta \end{bmatrix}$$

에 대해

$$det(\boldsymbol{AB}) = 1$$

로 됨을 보여라.

[풀이] 성질 3의 ②를 이용하여

$$det(\boldsymbol{A} \cdot \boldsymbol{B}) = det(\boldsymbol{A}) \cdot det(\boldsymbol{B})$$

$$= (\sin^2\phi + \cos^2\phi)(\sin^2\theta + \cos^2\theta)$$

$$= 1$$

로 된다.

예제 22

다음을 만족하는 근 x 를 구하라.

$$det(\boldsymbol{A}) = \begin{vmatrix} x^2 & x & 1 \\ 1 & 1 & 1 \\ 4 & 2 & 1 \end{vmatrix} = 0$$

[풀이] $x = 1$일 때 제 1 행과 제 2 행이 동일하고, $x = 2$일 때 제 1 행과 제 3 행이 동일하므로 $det\ (\boldsymbol{A})=0$을 만족하는 두 근은 1과 2임을 알 수 있다.

1.9 소행렬식(minor)과 여인자 행렬(cofactor matrix), 수반행렬(adjoint matrix)

행렬식을 계산하기 위한 또 다른 한 가지 방법은 소행렬식과 여인자를 이용하는 것이다. 즉, n 차원의 행렬식을 $(n-1)$ 차원의 행렬식의 합으로 변환시키는 것인데 이를 계속 진행하면 결국은 $n!/2$ 개인 2차원 행렬식의 합으로 표현된다.

정의 8 **소행렬식**

$n \times n$ 차원의 행렬 $\boldsymbol{A}$에 대해 요소 a_{ij}의 소행렬식 M_{ij}는 i번째 행벡터와 j번째 열벡터를 제거한 $(n-1)\times(n-1)$ 차원인 행렬의 행렬식으로 정의한다.

예제 23

다음 행렬에서 a_{23}의 소행렬식 M_{23}를 구하라.

$$\boldsymbol{A}=\begin{bmatrix} a_{11} & a_{12} & a_{13} \\ a_{21} & a_{22} & a_{23} \\ a_{31} & a_{32} & a_{33} \end{bmatrix}$$

[풀이] a_{23}의 소행렬식 M_{23}는 제 2 행과 제 3 열을 제거한 행렬식이므로

$$M_{23}=\begin{vmatrix} a_{11} & a_{12} \\ a_{31} & a_{32} \end{vmatrix}=a_{11}\,a_{32}-a_{12}\,a_{31}$$

예제 24

다음 행렬 $\boldsymbol{A}$의 모든 소행렬식을 구하라.

$$\boldsymbol{A}=\begin{bmatrix} 2 & 1 & 3 \\ -1 & 4 & -2 \\ 3 & 1 & 5 \end{bmatrix}$$

[풀이] $M_{11}=\begin{vmatrix} 4 & -2 \\ 1 & 5 \end{vmatrix}=22$

$$M_{12}=\begin{vmatrix} -1 & -2 \\ 3 & 5 \end{vmatrix}=1$$

$$M_{13}=\begin{vmatrix} -1 & 4 \\ 3 & 1 \end{vmatrix}=-13$$

$$M_{21}=\begin{vmatrix} 1 & 3 \\ 1 & 5 \end{vmatrix}=2,\quad M_{22}=\begin{vmatrix} 2 & 3 \\ 3 & 5 \end{vmatrix}=1,\quad M_{23}=\begin{vmatrix} 2 & 1 \\ 3 & 1 \end{vmatrix}=-1$$

$$M_{31}=\begin{vmatrix} 1 & 3 \\ 4 & -2 \end{vmatrix}=-14,\quad M_{32}=\begin{vmatrix} 2 & 3 \\ -1 & -2 \end{vmatrix}=-1,\quad M_{33}=\begin{vmatrix} 2 & 1 \\ -1 & 4 \end{vmatrix}=9$$

정의 9 여인자(cofactor)

$n\times n$ 차원의 행렬 $\boldsymbol{A}$에 대해 요소 a_{ij}의 여인자 c_{ij}는 i번째 행벡터와 j 번째 열벡터를 제거한 $(n-1)\times(n-1)$ 차원의 소행렬식 M_{ij}에 대해 부호를 첨가한

$$c_{ij}=(-1)^{i+j}M_{ij} \tag{1.50}$$

로 정의한다.

예제 25

다음 행렬의 모든 여인자를 구하라.

$$A = \begin{bmatrix} 2 & 1 & 3 \\ -1 & 4 & -2 \\ 3 & 1 & 5 \end{bmatrix}$$

[풀이] 정의 9의 요소 a_{ij}의 소행렬식 M_{ij} 를 이용해서 다음과 같이 구한다.

$$c_{11} = (-1)^{1+1}M_{11} = 22$$

$$c_{12} = (-1)^{1+2}M_{11} = -1$$

$$c_{13} = (-1)^{1+3}M_{13} = -13$$

$$c_{21} = (-1)^{2+1}M_{21} = -2$$

$$c_{22} = (-1)^{2+2}M_{22} = 1$$

$$c_{23} = (-1)^{2+3}M_{23} = 1$$

$$c_{31} = (-1)^{3+1}M_{31} = -14$$

$$c_{32} = (-1)^{3+2}M_{32} = 1$$

$$c_{33} = (-1)^{3+3}M_{33} = 9$$

정의 10 여인자 전개정리

$n \times n$ 차원의 행렬 A의 행렬식은 행렬 A의 i 행 또는 j 열에 있는 각 요소 a_{ij}와 요소 a_{ij}에 대한 여인자 c_{ij}의 곱을 n개 합한 것과 같다. 즉, i 번째 행을 기준으로 전개하면

$$det(A) = a_{i1}c_{i1} + a_{i2}c_{i2} + a_{i3}c_{i3} + \cdots + a_{in}c_{in} = \sum_{j=1}^{n} a_{ij}c_{ij} \tag{1.51}$$

로 되고, j번째 열을 기준으로 전개하면

$$det(A) = a_{1j}c_{1j} + a_{2j}c_{2j} + a_{3j}c_{3j} + \cdots + a_{nj}c_{nj} = \sum_{i=1}^{n} a_{ij}c_{ij} \tag{1.52}$$

로 된다.

예제 26

다음 행렬에 대한 행렬식을 소행렬식 및 여인자 전개정리로 구하라.

$$A = \begin{bmatrix} a_{11} & a_{12} & a_{13} \\ a_{21} & a_{22} & a_{23} \\ a_{31} & a_{32} & a_{33} \end{bmatrix}$$

[풀이] 제 1 행을 기준으로 전개하면 다음과 같다.

$$\begin{aligned} det(A) &= (-1)^{1+1} a_{11} \begin{vmatrix} a_{22} & a_{23} \\ a_{32} & a_{33} \end{vmatrix} \\ &\quad + (-1)^{1+2} a_{12} \begin{vmatrix} a_{21} & a_{23} \\ a_{31} & a_{33} \end{vmatrix} + (-1)^{1+3} a_{13} \begin{vmatrix} a_{21} & a_{22} \\ a_{31} & a_{32} \end{vmatrix} \\ &= a_{11}a_{22}a_{33} + a_{12}a_{23}a_{31} + a_{13}a_{21}a_{32} \\ &\quad - a_{11}a_{23}a_{32} - a_{12}a_{21}a_{33} - a_{13}a_{22}a_{31} \end{aligned}$$

전개시의 부호는 식 (1.30)에서 설명한 순열의 σ 와 유사함에 유의하라.

예제 27

다음 행렬에 대하여 제 1 행 및 제 3 열을 기준으로 하여 행렬식을 계산하라.

$$A = \begin{bmatrix} 2 & 3 & 4 \\ 1 & -1 & 1 \\ 6 & 3 & 0 \end{bmatrix}$$

[풀이] 먼저, 제 1 행을 기준으로 하고 다음은 제 3 열을 기준으로 전개한다.

(a) $det(A) = 2\begin{vmatrix} -1 & 1 \\ 3 & 0 \end{vmatrix} - 3\begin{vmatrix} 1 & 1 \\ 6 & 0 \end{vmatrix} + 4\begin{vmatrix} 1 & 1 \\ 6 & 3 \end{vmatrix}$

$= -6 + 18 + 36 = 48$

(b) $det(A) = 4\begin{vmatrix} 1 & -1 \\ 6 & 3 \end{vmatrix} - 1\begin{vmatrix} 2 & 3 \\ 6 & 3 \end{vmatrix} + 0\begin{vmatrix} 2 & 3 \\ 1 & -1 \end{vmatrix} = 36 + 12 = 48$

위의 계산 (b)는 예제 25의 계산보다 훨씬 간편함을 알 수 있는데 이는 제 3 열에 영요소가 존재하기 때문이다.

예제 28

다음 행렬에 대한 행렬식을 계산하라.

$$\boldsymbol{A} = \begin{bmatrix} 3 & 0 & -1 & 0 \\ 0 & 5 & 8 & 2 \\ 2 & 7 & 5 & 4 \\ 1 & 6 & 7 & 0 \end{bmatrix}$$

[풀이] 제 1 행 또는 제 4 열에 영요소가 2개씩 포함되어 있으므로 둘 중 하나를 기준으로 계산하면 편리하다. 먼저, 제 1 행을 기준으로 전개하면 다음과 같다.

$$det(\boldsymbol{A}) = 3\begin{vmatrix} 5 & 8 & 2 \\ 7 & 5 & 4 \\ 6 & 7 & 0 \end{vmatrix} - 0 + (-1)\begin{vmatrix} 0 & 5 & 2 \\ 2 & 7 & 4 \\ 1 & 6 & 0 \end{vmatrix} - 0$$

그리고 첫 항은 영요소가 포함된 제 3 열, 그리고 둘째항은 제 1 행을 기준으로 전개하면 다음과 같아진다.

$$det(\boldsymbol{A}) = 3\left(2\begin{vmatrix} 7 & 5 \\ 6 & 7 \end{vmatrix} - 4\begin{vmatrix} 5 & 8 \\ 6 & 7 \end{vmatrix}\right) - \left(-5\begin{vmatrix} 2 & 4 \\ 1 & 0 \end{vmatrix} + 2\begin{vmatrix} 2 & 7 \\ 1 & 6 \end{vmatrix}\right) = 24$$

예제 29

다음 Vandermonde 행렬의 $n=3$ 및 $n=4$일 때의 행렬식을 구하라.

$$\boldsymbol{V} = \begin{bmatrix} 1 & 1 & \ldots & 1 \\ x_1 & x_2 & \ldots & x_n \\ x_1^2 & x_2^2 & \ldots & x_n^2 \\ \vdots & \vdots & \ldots & \vdots \\ x_1^{n-1} & x_2^{n-1} & \ldots & x_n^{n-1} \end{bmatrix}$$

[풀이] $n=3$일 때

$$|\boldsymbol{V}| = (x_3 - x_2)(x_3 - x_1)(x_2 - x_1)$$

이고, $n=4$일 때

$$|\boldsymbol{V}| = (x_4 - x_3)(x_4 - x_2)(x_4 - x_1)(x_3 - x_2)(x_3 - x_1)(x_2 - x_1)$$

로 된다.

예제 30

다음의 관계를 증명하라.

$$\begin{vmatrix} \boldsymbol{A} & \boldsymbol{B} \\ \boldsymbol{B} & \boldsymbol{A} \end{vmatrix} = |\boldsymbol{A}+\boldsymbol{B}| \cdot |\boldsymbol{A}-\boldsymbol{B}|$$

[풀이] 성질 2의 ③을 이용하여

$$\begin{vmatrix} A & B \\ B & A \end{vmatrix} = \begin{vmatrix} A+B & B+A \\ B & A \end{vmatrix} = \begin{vmatrix} A+B & 0 \\ B & A-B \end{vmatrix}$$

$$= |A+B| \cdot |A-B|$$

로 됨을 알 수 있다.

정의 11 **수반행렬(adjoint matrix)**

$n \times n$차원의 행렬 $\boldsymbol{A}$의 요소 a_{ij}에 대한 정의 9의 여인자 요소 c_{ij}로 구성되는 행렬로서

$$adj\,\boldsymbol{A} = [a_{ij}\text{의 여인자 행렬}]^T = \begin{bmatrix} c_{11} & c_{21} & \dots & c_{n1} \\ c_{12} & c_{22} & \dots & c_{n2} \\ c_{13} & c_{23} & \dots & c_{n3} \\ \vdots & \vdots & \dots & \vdots \\ c_{1n} & c_{2n} & \dots & c_{nn} \end{bmatrix}$$

로 정의된다. 그리고 다음과 같은 특징을 가진다.

$$\boldsymbol{A}(adj\,\boldsymbol{A}) = (adj\boldsymbol{A})\boldsymbol{A} = |\boldsymbol{A}|\mathrm{I} \tag{1.53}$$

예제 31

다음 행렬 $\boldsymbol{A}$의 수반행렬 $adj\boldsymbol{A}$를 구하라.

$$\boldsymbol{A} = \begin{bmatrix} 2 & 1 & 3 \\ -1 & 4 & -2 \\ 3 & 1 & 5 \end{bmatrix}$$

[풀이] $adj\boldsymbol{A} = \begin{bmatrix} c_{11} & c_{21} & c_{31} \\ c_{12} & c_{22} & c_{32} \\ c_{13} & c_{23} & c_{33} \end{bmatrix} = \begin{bmatrix} 22 & -2 & -14 \\ -1 & 1 & 1 \\ -13 & 1 & 9 \end{bmatrix}$

그리고

$$\boldsymbol{A}(adj\boldsymbol{A}) = \begin{bmatrix} 2 & 1 & 3 \\ -1 & 4 & -2 \\ 3 & 1 & 5 \end{bmatrix} \begin{bmatrix} 22 & -2 & -14 \\ -1 & 1 & 1 \\ -13 & 1 & 9 \end{bmatrix} = 4\begin{bmatrix} 1 & 0 & 0 \\ 0 & 1 & 0 \\ 0 & 0 & 1 \end{bmatrix} = |\boldsymbol{A}|\boldsymbol{I}$$

가 됨도 알 수 있다.

1.10 역행렬과 노름

[1] 역행렬

(1) 역행렬의 정의

스칼라 대수에서

$$ax = y \tag{1.54}$$

일 때,

$$x = \frac{1}{a}y \tag{1.55}$$

또는

$$x = a^{-1}y \tag{1.56}$$

가 되는 것을 알고 있다. 마찬가지로 행렬대수에서도

$$\boldsymbol{AX} = \boldsymbol{Y} \tag{1.57}$$

인 경우,

$$\boldsymbol{X} = \boldsymbol{A}^{-1}\boldsymbol{Y} \tag{1.58}$$

로 쓸 수 있다. 여기서 $\boldsymbol{A}^{-1}$를 행렬의 역행렬이라고 한다. 역행렬 $\boldsymbol{A}^{-1}$가 존재할 조건은 다음과 같다.

① $\boldsymbol{A}$는 $n \times n$인 정방행렬이어야 한다.

② $\boldsymbol{A}$는 정칙행렬(nonsingular matrix)이어야 한다(즉, $det \neq 0$).

이 경우, 역행렬은 식 (1.53)의 수반행렬 $adj\boldsymbol{A}$의 특성인

$$(adj\boldsymbol{A})\boldsymbol{A} = |\boldsymbol{A}|\boldsymbol{I}$$

에서 후부에 $\boldsymbol{A}^{-1}$를 곱하면

$$(adj\boldsymbol{A})\boldsymbol{A}\boldsymbol{A}^{-1} = |\boldsymbol{A}|\boldsymbol{A}^{-1}$$

로 되고, 결국 다음과 같이 구해진다.

$$\boldsymbol{A}^{-1} = \frac{adj\boldsymbol{A}}{det\boldsymbol{A}} \tag{1.59}$$

정의 12 **역행렬**

역행렬 $\boldsymbol{A}^{-1}$는

$$\boldsymbol{A}^{-1} = \frac{(a_{ij}\text{의 여인자 행렬})^T}{det\boldsymbol{A}} = \frac{adj\boldsymbol{A}}{det\boldsymbol{A}} \tag{1.60}$$

로 구해진다.

(2) 역행렬의 특성

역행렬에 관련된 몇 가지 특성들을 요약하면 다음과 같다.

① $\boldsymbol{A}\boldsymbol{A}^{-1} = \boldsymbol{A}^{-1}\boldsymbol{A} = \boldsymbol{I}$

② $\boldsymbol{A}(\boldsymbol{A}^{-1})^{-1} = \boldsymbol{A}$

③ $\boldsymbol{AB} = \boldsymbol{AC}$에서 $\boldsymbol{B} = \boldsymbol{C}$를 항상 만족하는 것은 아니다. $\boldsymbol{A}$가 정방행렬이 아니거나 정칙행렬이 아닐 경우에는 $\boldsymbol{B} \neq \boldsymbol{C}$가 된다.
만약 $\boldsymbol{A}$가 정방행렬이고 정칙행렬이면 다음과 같고,

$$\boldsymbol{AB} = \boldsymbol{AC} \tag{1.61}$$

$\boldsymbol{A}^{-1}$을 식 (1.61)의 좌 · 우변 각 항의 앞에 곱하면

$$\boldsymbol{A}^{-1}\boldsymbol{AB} = \boldsymbol{A}^{-1}\boldsymbol{AC}$$

$$\boldsymbol{IB} = \boldsymbol{IC}$$

$$\boldsymbol{B} = \boldsymbol{C} \tag{1.62}$$

로 됨을 확인할 수 있다.

④ $\boldsymbol{A}$와 $\boldsymbol{B}$가 정방행렬이고 정칙행렬이면 다음을 만족한다.

$$(\boldsymbol{AB})^{-1} = \boldsymbol{B}^{-1}\boldsymbol{A}^{-1} \tag{1.63}$$

(3) 의사 역행렬

1) 의사 역행렬의 개념

의사 역행렬(pseudo inverse matrix)의 개념은 역행렬의 개념을 일반화한 것으로 볼 수 있다. 즉, 이것은 미지수의 개수와 독립 선형방정식의 개수가 일치하지 않을 때, 일련의 대수 방정식의 해를 구하는 데 유용하게 사용된다. 행렬의 노름(norm)을 최소로 하는 해를 결정할 수 있게 하는 의사 역행렬에 대해 고찰해 보자. 먼저,

$$x_1 + 5x_2 = 1 \tag{1.64}$$

로 주어지는 선형방정식은 두 개의 변수를 가지므로 유일해는 존재하지 않고 무한히 많은 해의 쌍이 존재한다. 식 (1. 64)는 그림 1-1과 같이 직선으로 도시되는데, 가능한 해의 쌍은 이 직선 상에 무수히 존재한다.

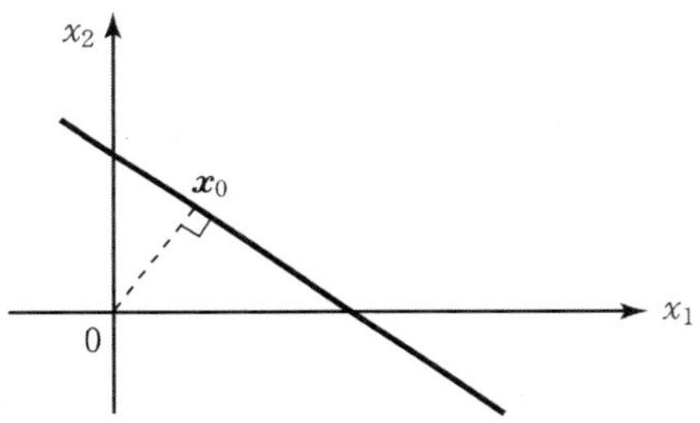

그림 1-1 $x_1+5x_2=1$**의 직선**

그러나 원점에 가장 가까운 한 점을 취하면 해는 유일해로 된다. 유일해를 얻기 위해 다음의 벡터 행렬식을 고찰해 보자.

$$\boldsymbol{Ax} = \boldsymbol{b} \tag{1.65}$$

여기서 $\boldsymbol{A}$는 $m \times n$의 비정방행렬(nonsquare matrix)이고 $\boldsymbol{x}$는 $n \times 1$, $\boldsymbol{b}$는 $m \times 1$ 행렬이다. 간단히 말하면 m은 방정식의 개수이고 n은 미지수의 개수로 이해하면 된다. m이 n보다 작으면, 미지수의 수가 방정식의 수보다 많으므로 방정식의 해는 무한히 많아진다. 그러나 n차원 공간의 원점에 가장 가까운 해, 즉 노름 $\|\boldsymbol{x}\|$를 최소로 하는 유일해 $\boldsymbol{x}$를 찾을 수 있다. 먼저 최소 노름의 해를 $\boldsymbol{x}_0$라 하자. 이때 $\boldsymbol{x}_0$는 식 (1. 64)를 만족하는 모든 $\boldsymbol{x}$에 대해 $\boldsymbol{Ax}_0 = \boldsymbol{b}$와 $\|\boldsymbol{x}_0\| \le \|\boldsymbol{x}\|$를 만족하는 값이다.

2) 우 의사 역행렬(Right Pseudo Inverse Matrix)

정의 12-1 **우 의사 역행렬 [$m < n$인 경우 또는 방정식이 많은 경우]**

식 (1. 65)에서 m이 n보다 작은 경우, 노름 $\|x\|$를 최소로 하는 유일해 x는

$$x_0 = A^{RM} b = A^T (AA^T)^{-1} b \tag{1.66}$$

로 주어진다. 여기서 우 의사 역행렬 A^{RM}은 $m \times n$ 차원을 갖는다.

3) 좌 의사 역행렬(Left Pseudo Inverse Matrix)

정의 12-1 **좌 의사 역행렬 [$m > n$인 경우 또는 미지수가 많은 경우]**

식 (1. 65)에서 m이 n보다 큰 경우, 노름 $\|x\|$를 최소로 하는 유일해 x는

$$x_0 = A^{LM} b = (A^T A)^{-1} A^T b \tag{1.67}$$

로 주어진다. 여기서 좌 의사 역행렬 A^{LM}은 $m \times n$ 차원을 갖는다.

예제 32

식 (1. 64)에 대해 원점에 가장 가까운 해를 구하라.

[풀이] 식 (1. 64)의 행렬 형태를 다음과 같이 정의하면

$$A = [1\ 5], \quad X = \begin{bmatrix} x_1 \\ x_2 \end{bmatrix}, \quad B = 1$$

행렬 A는 1×2 차원으로, $n = 2$인 두 개의 미지수에 대해 $m = 1$인 하나의 방정식만을 가진다. 노름 $\|X\|$를 최소로 하는 해는 $m < n$인 경우, 즉, 우 의사 역행렬로부터 구해지므로

$$\begin{aligned} A^{RM} &= A^{RM} B \\ &= A^T (AA^T)^{-1} B = \begin{bmatrix} 1 \\ 5 \end{bmatrix} \left([1\ 5] \begin{bmatrix} 1 \\ 5 \end{bmatrix} \right) = \begin{bmatrix} 1 \\ 5 \end{bmatrix} 26^{-1} = \begin{bmatrix} \frac{1}{26} \\ \frac{5}{26} \end{bmatrix} \end{aligned}$$

로부터

$$X_0 = \begin{bmatrix} x_{10} \\ x_{20} \end{bmatrix} = \begin{bmatrix} \frac{1}{26} \\ \frac{5}{26} \end{bmatrix}$$

가 구해진다. 한편, 식 (1.64)에 직교하는

$$x_1 - \frac{1}{5}x_2 = 0$$

인 방정식으로부터 구해지는 해도 우 의사 역행렬에 의해 구해진 값과 동일하다.

예제 33

다음 행렬방정식에서 원점에 가장 가까운 해를 구하라.

$$\boldsymbol{AX} = \boldsymbol{B}$$

$$\boldsymbol{A} = \begin{bmatrix} 1 & 1 \\ 1 & 2 \\ 1 & 4 \end{bmatrix}, \quad \boldsymbol{X} = \begin{bmatrix} x_1 \\ x_2 \end{bmatrix}, \quad \boldsymbol{B} = \begin{bmatrix} 1 \\ 2 \\ 2 \end{bmatrix}$$

[풀이] 행렬 $\boldsymbol{A}$는 3×2 차원으로 $n = 2$인 두 개의 미지수에 대해 $m = 3$인 세 개의 방정식을 가진다. 따라서 노름 $\|\boldsymbol{X}\|$를 최소로 하는 해는 좌 의사 역행렬로부터 구해지므로 다음과 같이 나타낼 수 있다.

$$\boldsymbol{X}_0 = \boldsymbol{A}^{LM}\boldsymbol{B} = (\boldsymbol{A}^T\boldsymbol{A})^{-1}\boldsymbol{A}^T\boldsymbol{B} = \left(\begin{bmatrix} 1 & 1 & 1 \\ 1 & 2 & 4 \end{bmatrix} \begin{bmatrix} 1 & 1 \\ 1 & 2 \\ 1 & 4 \end{bmatrix} \right)^{-1} \begin{bmatrix} 1 & 1 & 1 \\ 1 & 2 & 4 \end{bmatrix} \begin{bmatrix} 1 \\ 2 \\ 2 \end{bmatrix} = \begin{bmatrix} 1 \\ 2/7 \end{bmatrix}$$

---

[2] 벡터와 행렬의 노름

정의 13 벡터의 노름

벡터 노름의 개념은 거리의 개념을 일반화한 것이다. 즉, $n \times 1$의 차원을 갖는 벡터 $\boldsymbol{x}$가 다음과 같이 주어진다면,

$$\boldsymbol{x} = \begin{bmatrix} x_1 \\ x_2 \\ \vdots \\ x_n \end{bmatrix} \tag{1.68}$$

유클리드 노름 $\|\boldsymbol{x}\|_2$는 다음으로 정의된다.

$$\|\boldsymbol{x}\|_2 = (x_1^2 + x_2^2 + ... + x_n^2)^{\frac{1}{2}} \tag{1.69}$$

그리고 아래와 같은 조건이 성립한다.

① $\|\boldsymbol{x}\|_2 \geqq 0$ (1.70)

$\boldsymbol{x} = \boldsymbol{0}$일 때만 $\|\boldsymbol{x}\|_2 = 0$으로 된다.

② $\|\alpha \boldsymbol{A}\| = |\alpha| \|\boldsymbol{x}\|$: α는 상수이다. (1.71)

③ $\|\boldsymbol{x} + \boldsymbol{y}\|_2 \leqq \|\boldsymbol{x}\|_2 + \|\boldsymbol{y}\|_2$ (1.72)

그리고 일반화된 벡터의 노름은 홀더(Hölder) 또는 P 노름(P norm)의 정의인

$$\|\boldsymbol{x}\|_p = \left[|x_1|^p + |x_2|^p + \cdots + |x_n|^p\right]^{\frac{1}{p}} \tag{1.73}$$

로부터

$$\|\boldsymbol{x}\|_1 = \sum_{i=1}^{n} |x_i| \tag{1.74}$$

$$\|\boldsymbol{x}\|_2 = \left[\sum_{i=1}^{n} |x_i^2|\right]^{\frac{1}{2}} = (\boldsymbol{x}^T \boldsymbol{x})^{\frac{1}{2}} \tag{1.75}$$

$$\|\boldsymbol{x}\|_p = \left[\sum_{i=1}^{n} |x_i^p|\right]^{\frac{1}{p}} \tag{1.76}$$

$$\|\boldsymbol{x}\|_\infty = \max_{i} |x_i| \tag{1.77}$$

로 정의된다.

정의 14 행렬의 노름

요소 a_{ij}를 갖는 $m \times n$차원의 행렬 $\boldsymbol{A}$에 대한 노름은 일반적으로 다음과 같이 정의된다.

$$\|\boldsymbol{A}\|_1 = \max \sum_{i=1}^{m} |a_{ij}| \tag{1.78}$$

$$\|\boldsymbol{A}\|_{\infty} = \max_{i} \sum_{j=1}^{n} |a_{ij}| \tag{1.79}$$

그리고 프로베니우스 노름(Fröbenious norm) $\|\boldsymbol{A}\|_F$는

$$\|\boldsymbol{A}\|_F = \left(\sum_{i=1}^{m} \sum_{j=1}^{n} |a_{ij}|^2 \right)^{1/2} \tag{1.80}$$

로 되고, $\|\boldsymbol{A}\|_2$는

$$\|\boldsymbol{A}\|_2 = \text{특이값 행렬 } \boldsymbol{S}\text{의 가장 큰 특이값} = \max_{i} [\sigma_i] \tag{1.81}$$

와 같이 정의할 수 있다. 여기서 식 (1.81)은 행렬 $\boldsymbol{A}$가 서로 직교하는 행렬 $\boldsymbol{U}$ 및 $\boldsymbol{V}$와 특이값을 대각에 갖는 행렬 $\boldsymbol{S}$로 분해되는 경우, 즉 아래와 같은 관계가 성립되는 것에 근거하고 있다.

$$\boldsymbol{A} = \boldsymbol{USV}^T \tag{1.82}$$

이상에서 정의된 $\|\boldsymbol{A}\|_2$는 $\boldsymbol{A}$와 이의 공액 전치행렬 $\boldsymbol{A}^*$에 대한 $\boldsymbol{A}^*\boldsymbol{A}$의 최대 고유값 $\lambda_{\max}$를 이용해서 $\boldsymbol{A}^*\boldsymbol{A}$의 최대 고유값 $\lambda_{\max}$의 제곱근인

$$\|\boldsymbol{A}\|_2 = \max_{\|x\|=1} \|\boldsymbol{Ax}\| = \sqrt{\boldsymbol{A}^*\boldsymbol{A}\text{의 } \lambda_{\max}} \tag{1.83}$$

로 표현할 수도 있다. 여기서 $\lambda_{\max}$는 $\boldsymbol{A}^*\boldsymbol{A} - \lambda\boldsymbol{I}$가 특이가 되게 하는 최대 수를 의미하기도 한다. 또는 행렬 $\boldsymbol{A}$의 최대 특이값 $\sigma_{\max}$인

$$\|\boldsymbol{A}\|_2 = \max_{i} [\sigma_i] = \sigma_{\max} \tag{1.84}$$

와 같다. 반면, 이의 역행렬인 $\boldsymbol{A}^{-1}$의 유클리드 노름은 $\boldsymbol{A}^*\boldsymbol{A}$의 최소 고유값 $\lambda_{\min}$의 제곱근의 역수와 같다.

$$\|\boldsymbol{A}^{-1}\|_2 = \frac{1}{\sqrt{\boldsymbol{A}^*\boldsymbol{A}\text{의 } \lambda_{\min}}} \tag{1.85}$$

이상에서의 논의를 그림으로 표현하면 그림 1-2와 같다.

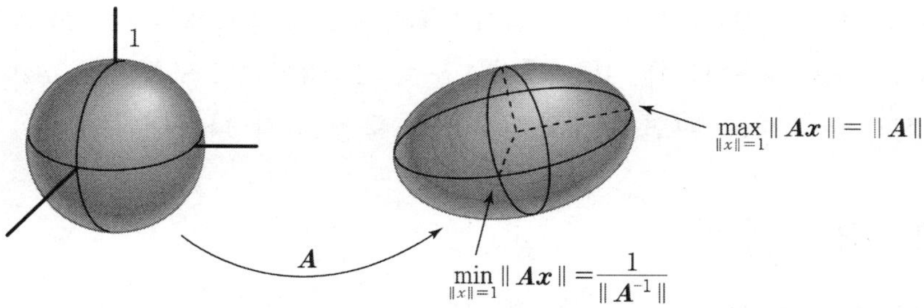

그림 1-2 유클리드 노름에 대한 도식적 표현

예제 34

라그랑주 승수법을 이용해서 $g(\boldsymbol{x}) = \boldsymbol{x}^T\boldsymbol{x} = 1$에 종속되는 $f(\boldsymbol{x}) = \| \boldsymbol{Ax} \|_2^2 = \boldsymbol{x}^T\boldsymbol{A}^T\boldsymbol{Ax}$의 최대값을 구하라.

[풀이] 새로운 변수인 라그랑제 승수 λ를 고려한 함수 $h(\boldsymbol{x}, \lambda) = f(\boldsymbol{x}) - \lambda g(\boldsymbol{x})$로부터 $g(\boldsymbol{x}) = \boldsymbol{x}^T\boldsymbol{x} = 1$일 때 $\partial h / \partial x_i = 0 (i = 0, 1, 2, \cdots, n)$, 곧 $(\boldsymbol{A}^T\boldsymbol{A} - \lambda \boldsymbol{I})\boldsymbol{x} = 0$를 만족하는 점들에서 $f(\boldsymbol{x})$는 최대가 될 것이다. 결국 $h(\boldsymbol{x}, \lambda) = f(\boldsymbol{x}) - \lambda g(\boldsymbol{x})$로부터 $\boldsymbol{A}^*\boldsymbol{A} - \lambda \boldsymbol{I}$가 특이가 되게 하는 λ는 $\boldsymbol{x}^T\boldsymbol{A}^T\boldsymbol{Ax} = \lambda \boldsymbol{x}^T\boldsymbol{x} = \lambda$로부터 $\| \boldsymbol{A} \|_2 = \max_{\| \mathbf{x} \| = 1} \| \boldsymbol{Ax} \| = \max_{\| \boldsymbol{x} \|^2 = 1} \| \boldsymbol{Ax} \|$로 됨을 알 수 있다.

예제 35

다음의 비특이행렬 $\boldsymbol{A}$에 대해 $\| \boldsymbol{A} \|_2$ 및 $\| \boldsymbol{A}^{-1} \|_2$을 구하라.

$$\boldsymbol{A} = \frac{1}{\sqrt{3}} \begin{pmatrix} 3 & -1 \\ 0 & \sqrt{8} \end{pmatrix}$$

[풀이] $\boldsymbol{A}^*\boldsymbol{A} - \lambda \boldsymbol{I}$가 특이가 되게 하는 λ를 구하기 위해 가우스(Gauss)의 소거법을 사용하면

$$\boldsymbol{A}^*\boldsymbol{A} - \lambda \boldsymbol{I} = \begin{bmatrix} 3-\lambda & -1 \\ -1 & 3-\lambda \end{bmatrix} \rightarrow \begin{bmatrix} -1 & 3-\lambda \\ 3-\lambda & -1 \end{bmatrix} \rightarrow \begin{bmatrix} -1 & 3-\lambda \\ 0 & -1+(3-\lambda)^2 \end{bmatrix}$$

로 되며, $-1 + (3-\lambda)^2 = 0$로부터 $\lambda_{\min} = 2$ 또는 $\lambda_{\max} = 4$를 구해내고, $\| \boldsymbol{A} \|_2 = 2$ 및 $\| \boldsymbol{A}^{-1} \|_2 = 1/\sqrt{2}$를 얻게 된다.

다음에서는 MATLAB을 이용한 노름에 대하여 고찰하고자 한다. MATLAB에서는 'norm(X,P)' 를 사용하는데, P=1이면 1노름, P=2이면 2노름, P=inf이면 무한대 노름, 그리고 P= 'fro' 이면 프로베니우스 노름을 각각 나타낸다.

(1) 벡터에 대해

1) 프로베니우스 노름

이 노름은 x가 벡터이고 P= 'fro' 이면 벡터 x의 요소의 절대값을 제곱해서 더한 값의 제곱근을 나타낸다. 예를 들면,

norm([3, 4], 'fro')

는 $\sqrt{3^2+4^2}$과 같은 내부 연산 결과로 '5' 를 출력한다.

2) 최대 노름

x가 벡터이고 P= 'inf' 이면, 벡터 x의 요소의 절대값 중 최대 요소를 나타낸다. 예를 들면,

norm([3, 4], inf)

로부터 '4' 가 출력된다.

3) 최소 노름

이는 최대 노름과 유사하다. x가 벡터이고 P=-inf이면, 벡터 x의 요소의 절대값 중 최소 요소를 나타낸다. 예를 들면,

norm([3,4], -inf)

로부터 '3' 이 출력된다.

4) P 노름

x가 벡터이고 $P \neq \infty$ 또는 $P \neq -\infty$이면,

$$\left[x_1^P + x_2^P + \cdots + x_n^P\right]^{\frac{1}{P}}$$

로 정의되는 값이다.

(2) 행렬의 노름

행렬의 노름은 벡터의 노름의 확장으로 볼 수 있는데, P 노름의 경우

$$\| \boldsymbol{A} \|_p = \left(\sum_{i=1}^{m} \sum_{j=1}^{n} | a_{ij} |^p \right)^{\frac{1}{P}} \tag{1.86}$$

로 표현된다.

1) 유클리드 노름(Euclidean norm)

$\boldsymbol{A}$가 벡터가 아니고 빈 행렬(empty matrix)도 아니면 p가 정의되지 않거나 $p=2$인 노름을 유클리드 노름이라고 한다. 그리고 스펙트럴 노름(spectral norm)은 $p=2$인 일종의 유클리드 노름에 해당하며, 준정정행렬(positive semidefinite matrix) $\boldsymbol{A}^*\boldsymbol{A}$의 최대 고유값 $\lambda_{\max}$의 제곱근으로 구해진다. 예제 35와 같이

$\boldsymbol{A} = \frac{1}{\sqrt{3}} \begin{pmatrix} 3 & -1 \\ 0 & \sqrt{8} \end{pmatrix}$ 로 주어질 경우, Matlab 명령어

n = norm(A, 2) = 2

로부터 '2' 가 출력된다.

2) 프로베니우스 노름(Frobenius norm)

$\boldsymbol{x}$가 벡터가 아니고 빈 행렬이 아니며 P= 'fro' 이면,

$$\| \boldsymbol{A} \|_F = \sqrt{\sum_{i=1}^{m} \sum_{j=1}^{n} | a_{ij} |^2} = \sqrt{\boldsymbol{A}^*\boldsymbol{A}\text{의 } trace} = \sqrt{\sum_{i=1}^{\min(m,n)} \sigma_i^2} \tag{1.87}$$

와 같이 각 행렬 $\boldsymbol{x}$의 각 요소의 절대값을 제곱해서 더한 값의 제곱근 또는 준정정행렬 $\boldsymbol{A}^*\boldsymbol{A}$의 trace에 대한 제곱근으로 나타내거나, 특이값의 제곱 합의 제곱근으로 나타낸다. 예를 들면, Matlab 명령어

norm([3 0 ; 0 4], 'fro')

로부터 '5' 가 출력된다.

3) 1 노름

x가 벡터가 아니고 빈 행렬도 아니며 P=1이면, 각 열에 있는 요소의 절대값 합 중 최대값을 나타낸다. 예를 들면, Matlab 명령어

```
norm([3 2 ; 2 4], 1)
```

에서 제1열의 합은 5이고 제2열의 합은 6이므로 합이 큰 수인 '6' 이 출력된다.

4) 무한대 노름

x가 벡터가 아니고 빈 행렬이 아니며 P= "inf" 이면, 각 행의 절대값을 합한 값들 중 최대값을 나타낸다. 예를 들면, Matlab 명령어

```
norm([3 4 ; 2 7], inf)
```

에서 제1행의 합은 7이고 제2행의 합은 9이므로 9가 된다.

1.11 특이값 분해

특이값 분해(SVD, Singular Value Decomposition)는 임의의 행렬을 그 행렬이 갖는 유용하고도 흥미있는 특성을 추정할 수 있도록 여러 개의 요소행렬로 분해하는데 널리 이용된다. 이러한 의미에서 보면 행렬의 특이값 분해는 함수의 인수분해와 같은 개념이다.

이상적으로 행렬은 어떤 특성지수에 최적인 여러 요소행렬들로 분해될 수 있는데, 대개의 경우 이 행렬들은 서로 직교적이며 독립적이다. 예를 들면, 특성지수는 분해된 행렬을 재구성하는데 이용될 수 있다. 이 같은 행렬의 특이값 분해 기법은 주어진 행렬이 특별히 정방(full rank)이 아닐 때 유용하다. 즉, 행렬의 열이나 행이 선형독립이 아닌 경우에 특이값 분해를 이용하면 여러 가지 면에서 편리하다. 이론적으로 행렬은 가우스(Gauss) 소거법에 의해 사다리꼴 모양의 행 요소들로 변환시킬 수 있으며, 행렬

식이 영이 아닌 열의 수로서 행렬의 랭크를 결정할 수도 있다. 그러나 이 특이값 분해 기법은 유한한 정도(精度)를 요구하는 산술 연산에서는 실제적이지 않다. 이와 유사한 경우는 LU 분해법(LU decomposition)을 들 수 있는데, L은 대각 요소에 1의 값을 갖는 하삼각형 행렬이며, U는 상삼각형 행렬로 정의된다. 열 또는 행의 선형 종속으로 인해 랭크가 작아지는 행렬은 원래 행렬의 차원보다 더 작은 요소행렬로 분해되지만 원래 행렬이 갖는 모든 중요 정보들은 다 내포하고 있다.

일반적으로 SVD란 원래의 데이터를 공분산행렬이 대각인 좌표계로 확장해서 나타낸 것으로 정의될 수 있다. 행렬의 랭크는 선형독립인 열 또는 행의 수와 같다. 이것을 종종 기저(basis)라고도 하는데, SVD를 이용해서 행렬의 랭크를 결정할 수도 있다. 그리고 SVD는 종종 선형 시스템의 동정에 따른 수치 오차를 정량화시킬 때나 역행렬을 구할 때 이용되기도 한다. 또한 행렬이 특이하거나 수치적으로 특이값에 가까운 최소제곱법 문제의 해를 구하는 데 이용될 수도 있다.

[1] 정방 대칭 행렬과 스펙트럼 분해

먼저, 정방형이면서 대칭형인 행렬을 분해하는 간단한 경우를 고찰해 본다. $m \times m$ 차원의 공분산행렬은 전형적인 정방 대칭 행렬의 한 예가 된다. 행렬 $\boldsymbol{A}$가 $\boldsymbol{A} = \boldsymbol{A}^T$이면 대칭이므로, 고유값 및 고유벡터를 이용하여 분해할 수 있다. 즉, $\boldsymbol{AP} = \boldsymbol{P\Lambda}$에서 $\boldsymbol{P} = [e_1\ e_2\ .\ .\ .\ e_n]$은 고유벡터 행렬이며, Λ는 주대각 이외의 모든 요소가 0인 고유값 행렬이다. 고유벡터는 직교성(즉, $ee^T = \boldsymbol{I}$)이라는 편리한 수학적 특성을 가지며, 행렬 $\boldsymbol{A}$의 전 공간으로 확대된다. 즉, 기저 또는 최소 확장 집합을 형성하게 된다.

고유값의 집합을 행렬 $\boldsymbol{A}$의 스펙트럼이라 한다. $\boldsymbol{A}$의 고유값 중 두 개 이상이 동일하면, 행렬의 스펙트럼은 중첩되어 나타난다. 여기서 사용하는 스펙트럼의 개념은 무지개에서 관찰할 수 있는 빛의 스펙트럼과 정확하게 일치한다. 즉, 스펙트럼이란 전자기파(빛은 전자기파의 일종)의 집단이 프리즘이나 그레이팅을 통과할 때 파장별 굴절률의 차이때문에 분산되어 파장, 즉 진동수에 따라 순차적으로 배열되는 것을 말한다. 스펙트럼의 선은 물질이 전자기파와 만날 때 양자화된 복사로 인해 생기므로 하나의 스펙트럼은 그 물질(물체)에 대한 각종 정보를 포함한다. 한 예로, 별의 스펙트럼선은 별의 광구와 별의 대기에 의해 생기므로 이들 스펙트럼선을 분석해 보면 별을 이루는 구성 물질의 성분과 운동 상태, 온도 등을 알 수 있다. 별의 각 스펙트럼 색의 밝기는 그 색이 산란하지 않고 빛 속에 얼마나 많이 존재하고 있는가에 대한 정보를 알려주는 것이다. 이런 의미에서 행렬 분해의 절차들을 일명 스펙트럼 분해라고 한다. 스펙트럼 분해는 주로 고유값과 고유벡터 쌍을 이용하여 실행된다. 한 가지 예를 들어 보자. 행렬 $\boldsymbol{A}$를 $m \times m$ 차원의 대칭행렬로 가정한다. 이의 성질로부터 행렬 $\boldsymbol{A}$는 m개의 고유값과 고유벡터 쌍 $(\lambda_i, \boldsymbol{e_i})$에 의해

$$\boldsymbol{A} = \sum_{i=1}^{m} \lambda_i \boldsymbol{e_i} \boldsymbol{e_i^T} \tag{1.88}$$

로 확장될 수 있다. 이것은 $\boldsymbol{A}^{-1}$ 및 $\boldsymbol{A}^{\frac{1}{2}}$, $\boldsymbol{A}^{-\frac{1}{2}}$의 계산을 가능하게 해주는 유용한 결과식이 된다. 먼저, 정규화된 고유벡터를 행렬 $\boldsymbol{P} = [e_1, e_2, \cdots, \boldsymbol{e_k}]$로 정의하고 있으므로

$$\boldsymbol{A} = \boldsymbol{P\Lambda P^T} = \sum_{i=1}^{m} \lambda_i \boldsymbol{e_i} \boldsymbol{e_i^T} \tag{1.89}$$

로도 쓸 수 있다. 단, $\boldsymbol{PP^T} = \boldsymbol{P^T P} = \boldsymbol{I}$이다. 따라서 역행렬을 계산하려면

$$\begin{aligned} \boldsymbol{A}^{-1} &= [\boldsymbol{P\Lambda P^T}]^{-1} = \boldsymbol{P\Lambda^{-1} P^T} \\ &= \sum_{i=1}^{k} \frac{1}{\lambda_i} e_i \boldsymbol{e_i^T} \end{aligned} \tag{1.90}$$

를 계산하면 된다. 동시에 $\boldsymbol{A}^{\frac{1}{2}}$ 및 $\boldsymbol{A}^{-\frac{1}{2}}$의 계산은

$$\begin{aligned} \boldsymbol{A}^{1/2} &= [\boldsymbol{P\Lambda P^T}]^{1/2} = \boldsymbol{P\Lambda^{1/2} P^T} \\ &= \sum_{i=1}^{k} \sqrt{\lambda_i}\, e_i \boldsymbol{e_i^T} \end{aligned} \tag{1.91}$$

및

$$\begin{aligned} \boldsymbol{A}^{-1/2} &= [\boldsymbol{P\Lambda P^T}]^{-1/2} = \boldsymbol{P\Lambda^{-1/2} P^T} \\ &= \sum_{i=1}^{m} \frac{1}{\sqrt{\lambda_i}} e_i \boldsymbol{e_i^T} \end{aligned} \tag{1.92}$$

로 주어진다. 정방 대칭 행렬에 대해 고유값을 구하는 과정은 다음과 같다.

$$\boldsymbol{Ax} = \lambda \boldsymbol{x} \tag{1.93}$$

인 고유값 방정식으로부터

$$(\boldsymbol{A} - \lambda \boldsymbol{I})\boldsymbol{x} = 0 \tag{1.94}$$

를 얻는 데, $x \neq 0$이므로

$$|\boldsymbol{A} - \lambda \boldsymbol{I}| = 0 \tag{1.95}$$

를 얻게 되는 것이다.

예제 36

정방 대칭 행렬의 역행렬

정방 대칭 공분산행렬 $\boldsymbol{A}$가

$$\boldsymbol{A} = \begin{bmatrix} 2.2 & 0.4 \\ 0.4 & 2.8 \end{bmatrix}$$

로 주어진다. 이를 분해하고, $\boldsymbol{A}^{-1}$ 및 $\boldsymbol{A}^{-1/2}$을 구하라.

[풀이] 행렬식 $|\boldsymbol{A}| = 6$이므로 특이행렬이 아니며 역행렬이 존재한다. 정방행렬이므로 고유값과 고유벡터도 행렬 $\boldsymbol{A}$로부터 직접 구해진다. 그리고 특별히 좌 및 우 특이행렬도 대칭이므로 동일하게 된다. 따라서 식 (1.95)로부터 고유값은 $\lambda_1 = 3$ 및 $\lambda_2 = 2$를 얻고, 식 (1.42)로부터 고유벡터

$\boldsymbol{e}_1^T = [1/\sqrt{5},\ 2/\sqrt{5}]$, $\boldsymbol{e}_2^T = [2/\sqrt{5},\ -1/\sqrt{5}]$를 얻는다. 마지막으로 행렬 $\boldsymbol{A}$는

$$\boldsymbol{A} = \boldsymbol{U}\boldsymbol{\Lambda}\boldsymbol{V}^T = \begin{bmatrix} 1/\sqrt{5} & 2/\sqrt{5} \\ 2/\sqrt{5} & -1/\sqrt{5} \end{bmatrix} \begin{bmatrix} 3 & 0 \\ 0 & 2 \end{bmatrix} \begin{bmatrix} 1/\sqrt{5} & 2/\sqrt{5} \\ 2/\sqrt{5} & -1/\sqrt{5} \end{bmatrix} = \begin{bmatrix} 2.2 & 0.4 \\ 0.4 & 2.8 \end{bmatrix}$$

로 구해지며, $\boldsymbol{A}^{-1}$ 및 $\boldsymbol{A}^{-1/2}$도 다음과 같이 쉽게 구할 수 있다.

$$\boldsymbol{A}^{-1} = \boldsymbol{U}\boldsymbol{\Lambda}^{-1}\boldsymbol{V}^T = \begin{bmatrix} 1/\sqrt{5} & 2/\sqrt{5} \\ 2/\sqrt{5} & -1/\sqrt{5} \end{bmatrix} \begin{bmatrix} 3 & 0 \\ 0 & 2 \end{bmatrix}^{-1} \begin{bmatrix} 1/\sqrt{5} & 2/\sqrt{5} \\ 2/\sqrt{5} & -1/\sqrt{5} \end{bmatrix}$$

$$= \begin{bmatrix} 1/\sqrt{5} & 2/\sqrt{5} \\ 2/\sqrt{5} & -1/\sqrt{5} \end{bmatrix} \begin{bmatrix} 1/3 & 0 \\ 0 & 1/2 \end{bmatrix} \begin{bmatrix} 1/\sqrt{5} & 2/\sqrt{5} \\ 2/\sqrt{5} & -1/\sqrt{5} \end{bmatrix}$$

$$= \begin{bmatrix} 0.47 & -0.07 \\ -0.07 & 0.37 \end{bmatrix}$$

$$\boldsymbol{A}^{-1/2} = \boldsymbol{U}\boldsymbol{\Lambda}^{-1/2}\boldsymbol{V}^T = \begin{bmatrix} 1/\sqrt{5} & 2/\sqrt{5} \\ 2/\sqrt{5} & -1/\sqrt{5} \end{bmatrix} \begin{bmatrix} 3 & 0 \\ 0 & 2 \end{bmatrix}^{-\frac{1}{2}} \begin{bmatrix} 1/\sqrt{5} & 2/\sqrt{5} \\ 2/\sqrt{5} & -1/\sqrt{5} \end{bmatrix}$$

$$= \begin{bmatrix} 1/\sqrt{5} & 2/\sqrt{5} \\ 2/\sqrt{5} & -1/\sqrt{5} \end{bmatrix} \begin{bmatrix} 1/\sqrt{3} & 0 \\ 0 & 1/\sqrt{2} \end{bmatrix} \begin{bmatrix} 1/\sqrt{5} & 2/\sqrt{5} \\ 2/\sqrt{5} & -1/\sqrt{5} \end{bmatrix}$$

$$= \begin{bmatrix} 0.68 & -0.05 \\ -0.05 & 0.60 \end{bmatrix}$$

[2] 비정방행렬의 특이값 분해

특이값 분해는 비정방행렬을 분해하는 중요한 방법 중의 하나이다. 신호처리와 통계학 분야에서 자주 응용된다. 스펙트럼 분해에 대한 개념은 정방행렬보다는 비정방행렬, 즉 $m \times n$ 차원의 행렬 $\boldsymbol{A}$에 대한 분해로 확장시키는 데 더욱 유리하다. 만약 $m \times n$ 차원의 행렬 $\boldsymbol{A}$가 실수 또는 복소수 집합의 원소를 가진다면,

$$\boldsymbol{A} = \boldsymbol{USV}' \tag{1.96}$$

와 같이 3개의 행렬의 곱으로 나타낼 수 있다. 특이값 행렬 $\boldsymbol{S}$는 $\boldsymbol{AA}'$ 또는 $\boldsymbol{A}'\boldsymbol{A}$의 고유값들의 제곱근을 대각성분으로 갖는 대칭행렬이다. 여기서 $\boldsymbol{U}$의 열벡터들은 $\boldsymbol{AA}'$ 행렬의 고유벡터들이며, 각 열벡터들은 행렬 $\boldsymbol{A}$의 좌측 특이벡터라고 한다. 이와 유사하게 $\boldsymbol{V}$의 열벡터들은 $\boldsymbol{A}'\boldsymbol{A}$ 행렬의 고유벡터들이며 각 열벡터들은 행렬 $\boldsymbol{A}$의 우측 특이벡터라고 한다.

이후에는 이와 같은 관점에서 행렬 $\boldsymbol{A}$의 특이값 분해 기법에 대해 구체적으로 고찰해 보자. 먼저, $m \geq n$인 행렬 $\boldsymbol{A}$가 분해될 수 있음을 보이고 $m < n$인 경우에 대해서도 앞서의 모든 결과들을 적용할 수 있음을 보이게 될 것이다. 행렬 $\boldsymbol{A}$를 확장할 때, 우측 및 좌측 특이벡터들은 정방행렬 $\boldsymbol{AA}^T$ 또는 $\boldsymbol{A}^T\boldsymbol{A}$의 고유벡터들로 나타나게 된다. 전자를 외적이라 하는데, 이는 행렬 $\boldsymbol{A}$의 행 공간으로 확장하는 행렬이 된다. 그리고 후자는 내적이라 하고, 행렬 $\boldsymbol{A}$의 열 공간으로 확장하는 행렬이 된다. 한편, 특이값 σ_i는 정방행렬 $\boldsymbol{AA}^T$ 또는 $\boldsymbol{A}^T\boldsymbol{A}$의 영이 아닌 고유값 λ_i들의 제곱근, 즉 $\sigma_i^2 = \lambda_i$로부터 $\sigma_i = \sqrt{\lambda_i}$으로 정의될 것이다.

일반적으로 $m \times n$ 차원의 행렬 $\boldsymbol{A}$에 대해

$$\boldsymbol{A}\boldsymbol{v}_i = \sigma_i \boldsymbol{u}_i \quad \text{및} \quad \boldsymbol{A}'\boldsymbol{u}_i = \sigma_i \boldsymbol{v}_i \tag{1.97}$$

와 같은 두 조건을 만족하는 벡터 $u_i \in \boldsymbol{K}^m$과 $v_i \in \boldsymbol{K}^n$이 존재할 때, $\sigma_1 > \sigma_2 \cdots > \sigma_{n \text{ 또는 } m}$와 같은 순으로 배열되는 음수가 아닌 실수 σ_i를 행렬 $\boldsymbol{A}$의 특이값이 된다. 또한 $\boldsymbol{u}_i$를 좌측 특이벡터[left singular vector]라 하고, $\boldsymbol{v}_i$를 우측 특이벡터[right singular vector]라고 부른다. 즉, $(\boldsymbol{u}_1, \boldsymbol{u}_2, \cdots, \boldsymbol{u}_{n \text{ 또는 } m})$ 및 $(\boldsymbol{u}_1, \boldsymbol{u}_2, \cdots, \boldsymbol{u}_{n \text{ 또는 } m})$ 들은 각 특이값 σ_1, σ_2, σ_3에 해당하는 좌측 특이벡터와 우측 특이벡터가 된다. 따라서

행렬 $\boldsymbol{A}$의 특이값 분해는 특이값 행렬 $\boldsymbol{S}=\mathrm{diag}\,(\sigma_1, \sigma_2, \cdots, \sigma_{n\ 또는\ m})$ 그리고 좌측 특이벡터로 구성된 모드 행렬 $\boldsymbol{U}=[\boldsymbol{u}_1, \boldsymbol{u}_2, \cdots, \boldsymbol{u}_{n\ 또는\ m}]$와 우측 특이벡터로 구성된 모드 행렬 $\boldsymbol{V}=[\boldsymbol{v}_1, \boldsymbol{v}_2, \cdots, \boldsymbol{v}_{n\ 또는\ m}]$로 구성된다. 이에 대해서는 다음과 같은 두 식이 성립한다.

$$\boldsymbol{A}'\boldsymbol{A}= \boldsymbol{V}\boldsymbol{S}'\boldsymbol{U}'\boldsymbol{U}\boldsymbol{S}\boldsymbol{V}'= \boldsymbol{V}(\boldsymbol{S}'\boldsymbol{S})\boldsymbol{V} \tag{1.98}$$

$$\boldsymbol{A}\boldsymbol{A}' = \boldsymbol{U}\boldsymbol{S}\boldsymbol{V}'\boldsymbol{V}\boldsymbol{S}'\boldsymbol{U}'= \boldsymbol{U}(\boldsymbol{S}\boldsymbol{S}')\boldsymbol{U}' \tag{1.99}$$

두 식의 우변 $\boldsymbol{V}(\boldsymbol{S}'\boldsymbol{S})\boldsymbol{V}$ 및 $\boldsymbol{U}(\boldsymbol{S}\boldsymbol{S}')\boldsymbol{U}'$은 각각 좌변 $\boldsymbol{A}'\boldsymbol{A}$와 $\boldsymbol{A}\boldsymbol{A}'$의 고유값 분해를 나타낸다. 즉, 행렬 $\boldsymbol{A}$의 0이 아닌 특이값 $\boldsymbol{S}$들의 제곱($\boldsymbol{S}\boldsymbol{S}'$ 또는 $\boldsymbol{S}'\boldsymbol{S}$)은 $\boldsymbol{A}'\boldsymbol{A}$과 $\boldsymbol{A}\boldsymbol{A}'$의 고유값들과 같다. 또한, $\boldsymbol{U}$는 $\boldsymbol{A}\boldsymbol{A}'$의 고유벡터로 구성된 모드 행렬이고 $\boldsymbol{V}$는 $\boldsymbol{A}'\boldsymbol{A}$의 고유벡터로 구성된 모드 행렬이 된다.

앞서 언급한 바와 같이, $\boldsymbol{A}\boldsymbol{A}^T$의 고유벡터들은 좌측 특이행렬이라 하고, $\boldsymbol{A}^T\boldsymbol{A}$의 고유벡터들은 우측 특이행렬이므로, 좌측 특이행렬의 i번째 열벡터 $\boldsymbol{u}_j$ 및 우측 특이벡터의 i번째 열벡터 v_j와의 관계는 다음과 같이 성립한다.

$$Av_j = \sigma_j \boldsymbol{u}_j \qquad j=1,\ 2, \ldots, n \tag{1.100}$$

또한

$$[\boldsymbol{A}]\ [v_1|v_2|\ldots|v_n|] = [u_1|u_2|\cdots|u_n|]\begin{bmatrix}\sigma_1 & & & & \\ & \sigma_2 & & & \\ & & \cdot & & \\ & & & \cdot & \\ & & & & \cdot \\ & & & & & \sigma_n\end{bmatrix} \tag{1.101}$$

로 표현되거나

$$\boldsymbol{A}\boldsymbol{V}= \hat{\boldsymbol{U}}\hat{\boldsymbol{S}} \tag{1.102}$$

로 된다. 이로부터 $\boldsymbol{V}^{-1}= \boldsymbol{V}^T$임을 고려하여 후부에 $\boldsymbol{V}^{-1}$를 곱하면,

$$\boldsymbol{A}= \boldsymbol{U}\boldsymbol{S}\boldsymbol{V}^T \tag{1.103}$$

로 되는 것을 알 수 있다. 여기서 영이 아닌 고유값이 $k=\min(m, n)$개 존재하면 특이

값 분해가 가능하다고 할 수 있다. 그리고 $\boldsymbol{U}$는 $m\times m$ 차원의 $\boldsymbol{UU}^T=\boldsymbol{I}$인 직교행렬이며, $\boldsymbol{V}$는 $n\times n$ 차원의 $\boldsymbol{V}^T\boldsymbol{V}=\boldsymbol{I}$인 직교행렬이다. $\boldsymbol{S}$는 주대각 이외의 모든 요소가 0이며, 대각 요소가

$$\sigma_1 \geqq \sigma_2 \geqq \cdots \geqq \sigma_n \geqq 0 \tag{1.104}$$

인 관계를 만족하는 특이값 행렬이다. 또한 $\boldsymbol{AA}^T$ 및 $\boldsymbol{A}^T\boldsymbol{A}$와 관련시키면,

$$\boldsymbol{AA}^T=(\boldsymbol{USV}^T)(\boldsymbol{VSU}^T)=\boldsymbol{USS}^T\boldsymbol{U}^T \tag{1.105}$$

로 되며, 이때 $\boldsymbol{U}$는 $\boldsymbol{AA}^T$의 고유벡터로 구성되는 모드 행렬이어야 한다. 유사하게

$$\boldsymbol{A}^T\boldsymbol{A}=(\boldsymbol{VS}^T\boldsymbol{U}^T)(\boldsymbol{USV}^T)=\boldsymbol{VS}^T\boldsymbol{SV}^T \tag{1.106}$$

가 성립하고, $\boldsymbol{V}$는 $\boldsymbol{A}^T\boldsymbol{A}$의 고유벡터로 구성된 모드 행렬이어야 한다. 그리고 행렬 $\boldsymbol{A}$의 랭크는 영이 아닌 특이값의 수와 일치하며, 영이 아닌 특이값의 크기는 행렬 $\boldsymbol{A}$가 이보다 낮은 랭크의 행렬과 얼마나 가까운 것이냐에 대한 척도가 된다. 만약 행렬 $\boldsymbol{A}$의 랭크가 감소하면 특이값은 작아질 것이다.

일반적으로 SVD는 원래의 행렬 $\boldsymbol{A}$를 대각인 공분산행렬 S_A의 좌표계로 확장시키는 것이다. 다음의 특성방정식을 만족시키거나 특이하게 하는 고유값이나 특성근을 발견해 내는 이러한 일련의 인수분해 작업을 SVD라 명명하며, 이를 일련의 절차에 의해 구해보고자 한다. 먼저, 고유값을 구하고 이로부터 고유벡터를 구하고, 특이값 행렬 $\boldsymbol{S}$을 구하는 순으로 진행된다.

비정방행렬 $\boldsymbol{A}$에 대한 의사 역행렬 $\boldsymbol{A}^+$은

$$\boldsymbol{A}^+=\boldsymbol{VS}^+\boldsymbol{U}' \tag{1.107}$$

로 되며 $\boldsymbol{S}=diag(\sigma_1,\sigma_2,\sigma_3)$일 때, 특이값 행렬은

$$\boldsymbol{S}^+=diag\left(\frac{1}{\sigma_1},\frac{1}{\sigma_2},\frac{1}{\sigma_3}\right) \tag{1.108}$$

로 된다.

(1) 적용 예 : 선형연립방정식의 해

먼저 $\boldsymbol{x}$를 구하고자 하는 선형연립방정식을 행렬

$$\boldsymbol{A}x = \boldsymbol{b} \tag{1.109}$$

와 같이 표현할 수 있다고 가정하자. 단, 행렬 $\boldsymbol{A}$는 $m \times n$ 차원이고, $\boldsymbol{b}$는 $m \times 1$ 차원을 갖는 출력 벡터이며 $\boldsymbol{x}$는 미지수 벡터이다. 첫째로 행렬 $\boldsymbol{A}$의 퇴화로 랭크가 부족한 경우와 둘째로 랭크가 행렬 $\boldsymbol{A}$의 열 또는 행과 같아지는 두 가지 경우로 크게 나누어 생각할 수 있다. 첫째의 경우는 SVD로 풀이하는 것이 유리하며, 둘째의 경우는 의사 역행렬을 이용하여 풀이하는 것이 좋다.

일반적으로 $m = n$이고 행렬의 랭크가 m이면, 미지수만큼의 방정식이 존재하므로 쉽게 $\boldsymbol{x}$를 구할 수 있다. 즉, $m = n$일 때 $\boldsymbol{x} = \boldsymbol{A}^{-1}\boldsymbol{b}$가 되지만 행렬 $\boldsymbol{A}$의 열 또는 행이 서로 종속적일 때를 포함하여 대부분의 경우 행렬은 퇴화하여 랭크가 감소하므로 $m \neq n$로 되며 $\boldsymbol{A}$의 역행렬이 존재하지 않는다. SVD는 이 같은 문제에 대해, 특이 문제를 비특이 문제로 변환해서 근사 역행렬을 구해내는 것이다.

1) 행렬 A의 퇴화로 랭크가 부족한 경우

① 경우 1 : 방정식의 수와 미지수의 수가 같은 경우

다음 행렬 $\boldsymbol{A}$는 정방행렬이지만 대칭은 아니다.

$$\boldsymbol{A} = \begin{bmatrix} 1 & 1 \\ 2 & 2 \end{bmatrix}$$

더욱이 제1행과 2행은 서로 종속이므로 $|\boldsymbol{A}| = 0$인 특이값을 갖는다. 이 경우, 원래의 행렬은 한 행이 퇴화하여 랭크는 1이 된다. 따라서 $\boldsymbol{A}^{-1}$는 존재하지 않는다. 그러나 SVD 기법을 이용하면 고유값과 고유벡터는 내적과 외적 행렬로부터 다음과 같이 얻게 되는데,

$$\boldsymbol{A}^T\boldsymbol{A} = \begin{bmatrix} 5 & 5 \\ 5 & 5 \end{bmatrix} \text{ 및 } \boldsymbol{A}\boldsymbol{A}^T = \begin{bmatrix} 2 & 4 \\ 4 & 8 \end{bmatrix}$$

이들은 모두 대칭 행렬이며 고유값은 $\lambda_1 = 0$ 및 $\lambda_2 = 10$을 갖는다.

결국 행렬 $\boldsymbol{A}$의 특이값은 $\sigma_1 = 0$ 및 $\sigma_2 = \sqrt{10}$이 된다. 따라서 행렬 $\boldsymbol{A}$의 랭크는 1이다. 결국 SVD 분해에 의해

$$A = USV^T = \begin{bmatrix} 2/\sqrt{5} & 1/\sqrt{5} \\ -1/\sqrt{5} & 2/\sqrt{5} \end{bmatrix} \begin{bmatrix} 0 & 0 \\ 0 & \sqrt{10} \end{bmatrix} \begin{bmatrix} 1/\sqrt{2} & 1/\sqrt{2} \\ -1/\sqrt{2} & 1/\sqrt{2} \end{bmatrix}^T = \begin{bmatrix} 1 & 1 \\ 2 & 2 \end{bmatrix}$$

로 표현될 수 있다.

② 경우 2 : 방정식의 수가 미지수의 수보다 작은 경우

다음 행렬 $\boldsymbol{B}$는 비정방이며 행렬의 랭크는 2이다.

$$\boldsymbol{B} = \begin{bmatrix} 3 & 1 & 1 \\ -1 & 3 & 1 \end{bmatrix}$$

제1행과 2행은 서로 종속이므로 $|\boldsymbol{B}| = 0$인 특이값을 갖는다. 이 경우 원래의 행렬은 한 행이 퇴화하여 랭크는 1이 된다. 따라서 $\boldsymbol{B}^{-1}$는 존재하지 않는다. 그러나 SVD 기법을 이용하면 고유값과 고유벡터는 내적과 외적 행렬로부터 다음을 얻게 되는데,

$$\boldsymbol{BB}^T = \begin{bmatrix} 10 & 0 & 2 \\ 0 & 10 & 4 \\ 2 & 4 & 2 \end{bmatrix} \text{ 및 } \boldsymbol{B}^T\boldsymbol{B} = \begin{bmatrix} 11 & 1 \\ 1 & 11 \end{bmatrix}$$

이들은 모두 대칭행렬이며 전자의 고유값은 $\lambda_1 = 12$ 및 $\lambda_2 = 10$, $\lambda_3 = 0$을 갖고, 후자의 고유값은 $\lambda_1 = 12$ 및 $\lambda_2 = 10$을 갖는다. 결국 행렬 $\boldsymbol{B}$의 특이값은 $\sigma_1 = \sqrt{12}$ 및 $\sigma_2 = \sqrt{10}$ 이 된다. 따라서 행렬 $\boldsymbol{B}$의 랭크는 2이다. 따라서 SVD 분해에 의하여

$$\boldsymbol{B} = \boldsymbol{USV}^T$$

$$= \begin{bmatrix} 1/\sqrt{2} & 1/\sqrt{2} \\ 1/\sqrt{2} & -1/\sqrt{2} \end{bmatrix} \begin{bmatrix} \sqrt{12} & 0 & 0 \\ 0 & \sqrt{10} & 0 \end{bmatrix} \begin{bmatrix} 1/\sqrt{6} & 2/\sqrt{5} & 1/\sqrt{30} \\ 2/\sqrt{6} & -1/\sqrt{5} & 2/\sqrt{30} \\ 1/\sqrt{6} & 0 & -5/\sqrt{30} \end{bmatrix} = \begin{bmatrix} 3 & 1 & 1 \\ -1 & 3 & 1 \end{bmatrix}$$

로 표현된다.

③ 경우 3 : 방정식의 수가 미지수의 수보다 큰 경우(랭크가 결여된 경우)

다음과 같이 주어지는 행렬 $\boldsymbol{C}$는 비정방행렬이다.

$$\boldsymbol{C} = \begin{bmatrix} 1 & 1 \\ 1 & 1 \\ 0 & 0 \end{bmatrix}$$

이 행렬에서 제1행과 2행은 서로 종속이며, 고유값과 고유벡터는 내적과 외적 행렬

로부터 다음을 얻게 된다.

$$C^TC = \begin{bmatrix} 2 & 2 \\ 2 & 2 \end{bmatrix} \text{ 및 } CC^T = \begin{bmatrix} 2 & 2 & 0 \\ 2 & 2 & 0 \\ 0 & 0 & 0 \end{bmatrix}$$

이들은 모두 대칭행렬이며 전자의 고유값은 $\lambda_1 = 4$ 및 $\lambda_2 = 0$을 갖고, 후자의 고유값은 $\lambda_1 = 4$ 및 $\lambda_2 = 0$, $\lambda_3 = 0$을 갖는다. 결국 행렬 $\boldsymbol{C}$의 특이값은 $\sigma_1 = \sqrt{4}$ 및 $\sigma_2 = 0$이 된다. 따라서 행렬 $\boldsymbol{C}$의 랭크는 1이다. 따라서 SVD 분해에 의해

$$\boldsymbol{C} = \boldsymbol{USV}^T = \begin{bmatrix} 1/\sqrt{2} & 1/\sqrt{2} & 0 \\ 1/\sqrt{2} & -1/\sqrt{2} & 0 \\ 0 & 0 & 1 \end{bmatrix} \begin{bmatrix} \sqrt{4} & 0 \\ 0 & 0 \\ 0 & 0 \end{bmatrix} \begin{bmatrix} 1/\sqrt{2} & 1/\sqrt{2} \\ 1/\sqrt{2} & -1/\sqrt{2} \end{bmatrix} = \begin{bmatrix} 1 & 1 \\ 1 & 1 \\ 0 & 0 \end{bmatrix}$$

로 표현된다.

④ 경우 4 : 랭크가 행렬 $\boldsymbol{A}$의 열 또는 행과 같아지는 경우

랭크가 행렬 $\boldsymbol{A}$의 열 또는 행과 같아지면, 다음과 같은 의사 역행렬을 이용하면 된다. 즉, 식 (1.109)의 미지수 벡터는 $m > n$일 때 다음과 같이 좌 의사 역행렬 $\boldsymbol{A}_{LM}^{-1}$에 의해 구할 수 있고,

$$\begin{aligned} &\boldsymbol{A}^T\boldsymbol{A}\boldsymbol{x} = \boldsymbol{A}^T\boldsymbol{b} \\ &\boldsymbol{x} = (\boldsymbol{A}^T\boldsymbol{A})^{-1}\boldsymbol{A}^T\boldsymbol{b} = \boldsymbol{A}_{LM}^{-1}\boldsymbol{b} \end{aligned} \tag{1.110}$$

$m < n$ 일 때는

$$\begin{aligned} &\boldsymbol{A}\boldsymbol{A}^T\boldsymbol{x} = \boldsymbol{A}^T\boldsymbol{b} \\ &\boldsymbol{x} = \boldsymbol{A}^T(\boldsymbol{A}\boldsymbol{A}^T)^{-1}\boldsymbol{b} = \boldsymbol{A}_{RM}^{-1}\boldsymbol{b} \end{aligned} \tag{1.111}$$

와 같이 우 의사 역행렬 $\boldsymbol{A}_{RM}^{-1}$에 의해 구할 수 있다.

일반적으로 1차 방정식이 미지수보다 많은 경우는 일종의 최소제곱법과 유사하게 좌 의사 역행렬을 이용하여

$$\boldsymbol{x} = (\boldsymbol{A}^T\boldsymbol{A})^{-1}\boldsymbol{A}^T\boldsymbol{b} = \boldsymbol{U}\Lambda^{-1}\boldsymbol{V}^T\boldsymbol{b} \tag{1.112}$$

로 구하고, 방정식의 수가 미지수보다 작은 경우는 우 의사 역행렬을 이용하여

$$x = A^T(AA^T)^{-1}b = A_{RM}^{-1}b \tag{1.113}$$

를 구하면 된다.

예제 37

다음과 같은 다항식에 대해

$$f(x) = c_1 + c_2x + c_3x^2 + \cdots + c_nx^{n-1} \tag{1.114}$$

$n < m$인 데이터 쌍 $[x_i, y_i]$를 피팅시키고자 한다. 단, $i = 1, \cdots, m$이다. 최소제곱법을 이용해서 계수 c_i를 결정하라.

[풀이] 주어진 식 (1.114)를 x의 멱승, 즉 1, x, x^2, ⋯, x^{n-1}로 구성되는 기저함수 $f_i(x)$의 선형결합으로 일반화시키면

$$f(x) = c_1f_1(x) + c_2f_2(x) + c_3f_3(x) + \cdots + c_nf_n(x) \tag{1.115}$$

로 표현할 수 있다.

미지수보다 데이터 쌍이 많은 경우는 결정 과잉(over determination) 연립방정식이라 하며, 이들을 정확하게 정합시키려면 데이터의 개수를 n개만 이용하는 방법을 고려할 수 있으나 이 경우에는 이용되지 않는 데이터 쌍에 정합되지 않고 상당한 오차가 발생할 수도 있다. 따라서 최적의 근사함수 $f_{app}(x)$에 대해 근사 오차 $y_i - f_{app}(x)$를 최소화시키는 전략을 구사할 수 있는데, 그 평가지표로써 다음 식을 이용하면 좋을 것이다.

$$\sqrt{\sum_{i=1}^{m} |y_i - f_{app}(x)|} \tag{1.116}$$

이 경우, 문제는

$$\begin{aligned} c_1 + c_2x_1 + c_3x_1^2 + \cdots + c_nx_1^{n-1} &\simeq y_1 \\ c_1 + c_2x_2 + c_3x_2^2 + \cdots + c_nx_2^{n-1} &\simeq y_2 \\ \cdot\ \cdot\ \cdot\ \cdot\ \cdot\ \cdot\ \cdot\ \cdot\ \cdot\ \cdot\ \cdot\ \cdot\ \cdot\ \cdot\ \cdot\ \cdot\ \cdot \\ c_1 + c_2x_m + c_3x_m^2 + \cdots + c_nx_m^{n-1} &\simeq y_m \end{aligned} \tag{1.117}$$

또는

$$y = AC \tag{1.118}$$

로 되고

$$A = \begin{bmatrix} 1 & x_1 & \cdots & x_1^{n-1} \\ 1 & x_2 & \cdots & x_2^{n-1} \\ \vdots & \vdots & & \vdots \\ 1 & x_m\ x_m^2 & \cdots & x_m^{n-1} \end{bmatrix} \quad C = \begin{bmatrix} c_1 \\ c_2 \\ \vdots \\ c_n \end{bmatrix} \quad y = \begin{bmatrix} y_1 \\ y_2 \\ \vdots \\ y_m \end{bmatrix} \tag{1.119}$$

로 표현되면, 오차 벡터 $\boldsymbol{r}$은

$$\boldsymbol{r} = \boldsymbol{y} - \boldsymbol{AC} \tag{1.120}$$

로 되며 유클리드 노름은

$$\| \boldsymbol{u} \|_2 = \sqrt{\sum_{i=1}^{m} u_i^2} \tag{1.121}$$

로 정의된다. 따라서 최소제곱 문제는

$$\min_{C} \| \boldsymbol{y} - \boldsymbol{AC} \|_2 \tag{1.122}$$

로 되며 기지의 해는 다음과 같은 법선 방정식으로부터 구해지는 해 $\boldsymbol{c}$가 될 것이다.

$$\boldsymbol{A}^T \boldsymbol{A} \boldsymbol{c} = \boldsymbol{A}^T \boldsymbol{y} \tag{1.123}$$

이로부터 해가 구해지지 않을 경우는 다음의 SVD 해석을 통해 구할 수 있다.

$$\| \boldsymbol{y} - \boldsymbol{AC} \|_2 = \| \boldsymbol{y} - \boldsymbol{U}^T \boldsymbol{\Lambda} \boldsymbol{VC} \|_2 = \| \boldsymbol{U}(\boldsymbol{y} - \boldsymbol{U}^T \boldsymbol{\Lambda} \boldsymbol{VC}) \|_2 = \| \boldsymbol{Uy} - \boldsymbol{\Lambda} \boldsymbol{VC}) \} \tag{1.124}$$

$\boldsymbol{Uy} \doteq \boldsymbol{d} = [d_{1,}\ d_2, \cdots, d_r]$, $\boldsymbol{VC} \doteq \boldsymbol{z}$ 및 $\text{rank}(\boldsymbol{A}) = r$로 정의하면 다음과 같으며

$$\| \boldsymbol{y} - \boldsymbol{AC} \|_2^2 = \| \boldsymbol{d} - \boldsymbol{\Lambda z} \|_2^2 = \left\| \begin{bmatrix} d_1 - \sigma_1 z_1 \\ d_2 - \sigma_2 z_3 \\ \vdots \\ d_r - \sigma_r z_r \end{bmatrix} \right\|_2^2 \tag{1.125}$$

$$= (d_1 - \sigma_1 z_1)^2 + (d_2 - \sigma_2 z_2)^2 + \cdots + (d_r - \sigma_r z_r)^2$$

이 식을 최소로 하기 위한 조건은 $z_i = \dfrac{d_i}{\sigma_i}$ $[i = 1, \cdots, \text{rank}(\boldsymbol{A})]$로 되며, 이로부터 구하고자 하는 해 $\boldsymbol{C}$는 다음과 같이 표현된다.

$$\boldsymbol{C} = \boldsymbol{V}^+ \boldsymbol{z} \tag{1.126}$$

여기서 $\boldsymbol{V}^+$는 행렬 $\boldsymbol{V}$의 의사 역행렬을 의미한다.

예제 38

다음 데이터는 1900년부터 1970년까지 미국의 인구성장(단위: 백만 명)을 나타낸다.

$$\begin{pmatrix} 1900 & 1910 & 1920 & 1930 & 1940 & 1950 & 1960 & 1970 \\ 75.99 & 91.97 & 105.71 & 122.75 & 131.67 & 150.69 & 179.32 & 203.21 \end{pmatrix}$$

이 데이터를 $i=1, 2, \cdots, 8$에 대한 연도 x_i 및 인구 y_i로 정의하고, 2차 다항식 $f(x)=c_1+c_2x+c_3x^2$으로 피팅하라.

[풀이] 주어진 문제가 2차 다항식으로 주어졌음을 고려하면, 연립방정식은 $\boldsymbol{y}=\boldsymbol{AC}$ 꼴로 되며,

$$\begin{bmatrix} 1 & 1900 & 3610000 \\ 1 & 1910 & 3648100 \\ 1 & 1920 & 3686400 \\ 1 & 1930 & 3724900 \\ 1 & 1940 & 3763600 \\ 1 & 1950 & 3802500 \\ 1 & 1960 & 3841600 \\ 1 & 1970 & 3880900 \end{bmatrix} \begin{bmatrix} c_1 \\ c_2 \\ c_3 \end{bmatrix} = \begin{bmatrix} 75.99 \\ 91.97 \\ 105.71 \\ 122.75 \\ 131.67 \\ 150.69 \\ 179.32 \\ 203.21 \end{bmatrix}$$

로 표현될 것이다. 행렬 $\boldsymbol{A}=\boldsymbol{U}^T\boldsymbol{\Lambda}\boldsymbol{V}$의 특이값 분해는 MATLAB 명령어 [U, S, V] = SVD(A)로부터

A = U*S*V'

을 만족하는 대각행렬 $\boldsymbol{S}$ 및 행렬 $\boldsymbol{U}$, $\boldsymbol{V}$를 얻게 된다. 그리고 S = SVD(A)의 명령으로는 특이값을 포함하는 벡터를 표시한다. 또한 [U, S, V] = SVD(X, 0)는 경제적 크기를 나타내는데, $\boldsymbol{A}$가 $m\times n[m>n]$일 경우는 $\boldsymbol{U}$의 처음 n열만이 계산되고, $\boldsymbol{S}$는 $n\times n$ 차원이 된다.

$$\boldsymbol{A}=\begin{bmatrix} 1 & 1900 & 3610001 \\ 1 & 1910 & 3648101 \\ 1 & 1920 & 3686401 \\ 1 & 1930 & 3724901 \\ 1 & 1940 & 3763601 \\ 1 & 1950 & 3802501 \\ 1 & 1960 & 3841601 \\ 1 & 1970 & 3880901 \end{bmatrix}$$

$$\boldsymbol{U}=\begin{pmatrix} -0.341 & -0.344 & -0.348 & -0.352 & -0.355 & -0.359 & -0.363 & -0.366 \\ -0.543 & -0.393 & -0.24 & -0.089 & -0.065 & -0.221 & -0.378 & -0.537 \\ -0.546 & -0.081 & -0.229 & -0.385 & -0.386 & -0.234 & -0.073 & -0.534 \end{pmatrix}$$

$$\boldsymbol{S}=\begin{pmatrix} 1.05947\cdot 10^7 & 0 & 0 \\ 0 & 64.7746 & 0 \\ 0 & 0 & 0.000346202 \end{pmatrix}$$

$$V = \begin{pmatrix} -2.66890 \cdot 10^{-7} & -0.000516579 & -1 \\ -0.00103368 & -0.999999 & 0.000516579 \\ 0.999999 & -0.00103368 & 2.67087 \cdot 10^{-7} \end{pmatrix}$$

를 구하고

$$Uy = d = \{-377.813, 104.728,\ 13.098\}^T$$

및 $z_i = \dfrac{d_i}{\sigma_i}$ $[i = 1, \cdots, \text{rank}(\boldsymbol{A})]$로부터 다음 값도 구할 수 있으며,

$$z = \{-0.0000356605,\ 1.61681,\ 37833.1\}^T$$

결과적으로 피팅 파라미터는

$$c = V^{+} z = \{37833.1,\ -40.7242, 0.0109756\}^T$$

로 구해진다.

한편, $u_i^T v_i$는 $\boldsymbol{U}$와 $\boldsymbol{V}$의 i번째 행과의 외적으로 정의될 수 있으며 $m \times n$(단, $m < n$) 차원의 행렬 $\boldsymbol{A}$는 다음과 같은 형태로 인수분해될 수 있다. 즉,

$$\boldsymbol{A} = [\boldsymbol{u}_1\, \boldsymbol{u}_2 \cdots\ \boldsymbol{u}_n] \begin{bmatrix} \sigma_1 & 0 & \cdots & 0 \\ 0 & \sigma_2 & \cdots & 0 \\ \vdots & \vdots & \cdots & \vdots \\ 0 & 0 & \cdots & \sigma_n \end{bmatrix} \begin{bmatrix} \boldsymbol{v}_1^T \\ \boldsymbol{v}_2^T \\ \vdots \\ \boldsymbol{v}_n^T \end{bmatrix} \tag{1.127}$$

$$\boldsymbol{A} = \boldsymbol{U}^T S V = \sum_{i=1}^{rank(A)} \sigma_i\, u_i^T v_i \tag{1.128}$$

로 표현 가능하므로 그 우 의사 역행렬은

$$\begin{aligned} \boldsymbol{A}^{-1} &= \boldsymbol{A}^T (\boldsymbol{A}\boldsymbol{A}^T)^{-1} \\ &= \left(\boldsymbol{V} \begin{bmatrix} \boldsymbol{S}_N \\ 0 \end{bmatrix} \boldsymbol{U}^T \right) (\boldsymbol{U} S_N^{-2}\, \boldsymbol{U}^T) \\ &= \boldsymbol{V} \begin{bmatrix} \boldsymbol{S}_N \\ 0 \end{bmatrix} \boldsymbol{S}_N^{-2}\, \boldsymbol{U}^T \\ &= \boldsymbol{V} \begin{bmatrix} \boldsymbol{S}_N^{-1} \\ 0 \end{bmatrix} \boldsymbol{U}^T \\ &= \sum_{i=1}^{N} \sigma_i^{-1}\, \boldsymbol{v}_i \boldsymbol{u}_i^T \end{aligned} \tag{1.129}$$

로 구해진다.

예제 39

$\boldsymbol{A} = \begin{bmatrix} 2 & 2 \\ -1 & 1 \end{bmatrix}$를 특이값 분해하라.

[풀이] 먼저 $\boldsymbol{AA}^T$를 계산하여 고유값을 구하고, 이에 상응하는 단위 고유 벡터를 구한다.

$$\boldsymbol{AA}^T = \begin{bmatrix} 8 & 0 \\ 0 & 2 \end{bmatrix} \Rightarrow det(\boldsymbol{AA}^T - \lambda \boldsymbol{I}) = (8-\lambda)(2-\lambda) = 0 \quad \Rightarrow \lambda_1 = 8,\ \lambda_2 = 2$$

$$\boldsymbol{AA}^T\boldsymbol{u}_1 = \lambda_1 \boldsymbol{u}_1 \Rightarrow \begin{bmatrix} 8 & 0 \\ 0 & 2 \end{bmatrix}\begin{bmatrix} u_{11} \\ u_{12} \end{bmatrix} = 8\begin{bmatrix} u_{11} \\ u_{12} \end{bmatrix} \Rightarrow \begin{cases} 8u_{11} = 8u_{11} \\ 2u_{12} = 8u_{12} \end{cases} \Rightarrow \begin{cases} u_{11} = 1 \\ u_{12} = 0 \end{cases}$$

$$\boldsymbol{AA}^T\boldsymbol{u}_2 = \lambda_2 \boldsymbol{u}_2 \Rightarrow \begin{bmatrix} 8 & 0 \\ 0 & 2 \end{bmatrix}\begin{bmatrix} u_{21} \\ u_{22} \end{bmatrix} = 8\begin{bmatrix} u_{21} \\ u_{22} \end{bmatrix} \Rightarrow \begin{cases} 8u_{21} = 2u_{21} \\ 2u_{22} = 2u_{22} \end{cases} \Rightarrow \begin{cases} u_{21} = 0 \\ u_{22} = 1 \end{cases}$$

$$\boldsymbol{U} = [\boldsymbol{u}_1\ \boldsymbol{u}_2] = \begin{bmatrix} 1 & 0 \\ 0 & 1 \end{bmatrix}$$

$$\boldsymbol{A}^T\boldsymbol{A} = \begin{bmatrix} 5 & 3 \\ 3 & 5 \end{bmatrix} \Rightarrow det(\boldsymbol{A}^T\boldsymbol{A} - \lambda \boldsymbol{I}) = (8-\lambda)(2-\lambda) = 0 \quad \Rightarrow \lambda_1 = 8,\ \lambda_2 = 2$$

$$\boldsymbol{A}^T\boldsymbol{A}\boldsymbol{v}_1 = \lambda_1 \boldsymbol{v}_1 \Rightarrow \begin{bmatrix} 5 & 3 \\ 3 & 5 \end{bmatrix}\begin{bmatrix} v_{11} \\ v_{12} \end{bmatrix} = 8\begin{bmatrix} v_{11} \\ v_{12} \end{bmatrix} \Rightarrow \begin{cases} 5v_{11} + 3v_{12} = 8v_{11} \\ 3v_{11} + 5v_{12} = 8v_{12} \end{cases} \Rightarrow \begin{cases} v_{11} = \dfrac{1}{\sqrt{2}} \\ v_{12} = \dfrac{1}{\sqrt{2}} \end{cases}$$

$$\boldsymbol{A}^T\boldsymbol{A}\boldsymbol{v}_2 = \lambda_2 \boldsymbol{v}_2 \Rightarrow \begin{bmatrix} 5 & 3 \\ 3 & 5 \end{bmatrix}\begin{bmatrix} v_{21} \\ v_{22} \end{bmatrix} = 2\begin{bmatrix} v_{21} \\ v_{22} \end{bmatrix} \Rightarrow \begin{cases} 5v_{21} + 3v_{22} = 2v_{21} \\ 3v_{22} + 5v_{22} = 2v_{22} \end{cases} \Rightarrow \begin{cases} v_{21} = -\dfrac{1}{\sqrt{2}} \\ v_{22} = \dfrac{1}{\sqrt{2}} \end{cases}$$

$$\boldsymbol{V} = [\boldsymbol{v}_1\ \boldsymbol{v}_2] = \begin{bmatrix} \dfrac{1}{\sqrt{2}} & -\dfrac{1}{\sqrt{2}} \\ \dfrac{1}{\sqrt{2}} & \dfrac{1}{\sqrt{2}} \end{bmatrix}$$

이때 $\boldsymbol{V}$는 각각의 $\boldsymbol{v}_1$ 및 $\boldsymbol{v}_2$의 노름이 1, 즉 $\| \boldsymbol{v}_i \| = \sqrt{v_{i1}^2 + v_{i2}^2} = 1$이 되도록 선택하였다. 그리고 특이행렬 $\boldsymbol{S}$는

$$\boldsymbol{S} = \begin{bmatrix} \sigma_1 & 0 \\ 0 & \sigma_2 \end{bmatrix} = \begin{bmatrix} \sqrt{\lambda_1} & 0 \\ 0 & \sqrt{\lambda_2} \end{bmatrix} = \begin{bmatrix} 2\sqrt{2} & 0 \\ 0 & \sqrt{2} \end{bmatrix}$$

로 구해지므로, 특이행렬에 의한 분해는

$$A = USV^T = \begin{bmatrix} 1 & 0 \\ 0 & 1 \end{bmatrix} \begin{bmatrix} 2\sqrt{2} & 0 \\ 0 & \sqrt{2} \end{bmatrix} \begin{bmatrix} \frac{1}{\sqrt{2}} & \frac{1}{\sqrt{2}} \\ -\frac{1}{\sqrt{2}} & \frac{1}{\sqrt{2}} \end{bmatrix}$$

가 된다.

예제 40

$A = \begin{bmatrix} 2 & 2 \\ 1 & 1 \end{bmatrix}$을 특이값 분해하라.

[풀이] 랭크는 퇴화해서 $r=1$이 된다. 먼저 AA^T을 계산하여 고유값을 구하고, 이에 상응하는 단위 고유 벡터를 구한다.

$$AA^T = \begin{bmatrix} 8 & 4 \\ 4 & 2 \end{bmatrix} \Rightarrow det(AA^T - \lambda I) = (10-\lambda)\lambda = 0 \;\Rightarrow\; \lambda_1 = 10,\ \lambda_2 = 0$$

$$AA^T u_1 = \lambda_1 u_1 \quad \Rightarrow \begin{bmatrix} 8 & 4 \\ 4 & 2 \end{bmatrix} \begin{bmatrix} u_{11} \\ u_{12} \end{bmatrix} = 10 \begin{bmatrix} u_{11} \\ u_{12} \end{bmatrix} \Rightarrow \begin{cases} 8u_{11} + 4u_{12} = 10u_{11} \\ 4u_{11} + 2u_{12} = 10u_{12} \end{cases} \Rightarrow \begin{cases} u_{11} = \frac{1}{\sqrt{5}} \\ u_{12} = \frac{2}{\sqrt{5}} \end{cases}$$

여기서 $\lambda_2 = 0$이므로 $AA^T u_2 = \lambda_2 u_2$는 구할 수가 없다. 단, 고유벡터 u_1 및 u_2는 직교하므로 $u_1^T u_2 = 0$이 된다. 이 성질을 이용하면 $u_{11}u_{21} + u_{21}u_{22} = 0$이 되고 $\| u_i \| = \sqrt{u_{i1}^2 + u_{i2}^2} = 1$을 만족해야 하므로,

$$u_2 = \begin{bmatrix} \frac{1}{\sqrt{5}} \\ -\frac{2}{\sqrt{5}} \end{bmatrix}$$

가 됨을 알 수 있다. 따라서 다음과 같아진다.

$$U = [u_1\, u_2] = \begin{bmatrix} \frac{1}{\sqrt{5}} & \frac{1}{\sqrt{5}} \\ \frac{2}{\sqrt{5}} & -\frac{2}{\sqrt{5}} \end{bmatrix}$$

또한 v_1은

$$A^T A = \begin{bmatrix} 5 & 5 \\ 5 & 5 \end{bmatrix} \Rightarrow$$

$$A^TAv_1 = \lambda_1 v_1 \Rightarrow \begin{bmatrix} 5 & 5 \\ 5 & 5 \end{bmatrix}\begin{bmatrix} v_{11} \\ v_{12} \end{bmatrix} = 10\begin{bmatrix} v_{11} \\ v_{12} \end{bmatrix} \Rightarrow \begin{cases} 5v_{11} + 5v_{12} = 10v_{11} \\ 5v_{11} + 5v_{12} = 10v_{12} \end{cases} \Rightarrow \begin{cases} v_{11} = \dfrac{1}{\sqrt{2}} \\ v_{12} = \dfrac{1}{\sqrt{2}} \end{cases}$$

로 된다. v_2는 v_1를 구하는 요령과 같이 하여

$$v_2 = \begin{bmatrix} -\dfrac{1}{\sqrt{2}} \\ \dfrac{1}{\sqrt{2}} \end{bmatrix}$$

로 구해지므로

$$V = [v_1\ v_2] = \begin{bmatrix} \dfrac{1}{\sqrt{2}} & -\dfrac{1}{\sqrt{2}} \\ \dfrac{1}{\sqrt{2}} & \dfrac{1}{\sqrt{2}} \end{bmatrix}$$

가 된다. 또한,

$$\Sigma = \begin{bmatrix} \sigma_1 & 0 \\ 0 & \sigma_2 \end{bmatrix} = \begin{bmatrix} \sqrt{\lambda_1} & 0 \\ 0 & \sqrt{\lambda_2} \end{bmatrix} = \begin{bmatrix} \sqrt{10} & 0 \\ 0 & 0 \end{bmatrix}$$

로부터 특이행렬에 의한 분해는

$$A = USV^T = \begin{bmatrix} \dfrac{1}{\sqrt{5}} & \dfrac{1}{\sqrt{5}} \\ \dfrac{2}{\sqrt{5}} & -\dfrac{2}{\sqrt{5}} \end{bmatrix}\begin{bmatrix} \sqrt{10} & 0 \\ 0 & 0 \end{bmatrix}\begin{bmatrix} \dfrac{1}{\sqrt{2}} & \dfrac{1}{\sqrt{2}} \\ -\dfrac{1}{\sqrt{2}} & \dfrac{1}{\sqrt{2}} \end{bmatrix}$$

가 된다.

예제 41

SVD를 이용하여 $A = [-1\ \ 2\ \ 2]$의 의사 역행렬을 구하라.

[풀이] 행렬 A의 SVD는

$$A = [-1\ \ 2\ \ 2] = USV^T = [1]\,[3\ \ 0\ \ 0]\begin{bmatrix} -\dfrac{1}{3} & \dfrac{2}{3} & \dfrac{2}{3} \\ \dfrac{2}{3} & -\dfrac{1}{3} & \dfrac{1}{3} \\ \dfrac{2}{3} & \dfrac{2}{3} & -\dfrac{1}{3} \end{bmatrix}$$

가 되고, 이로부터

$$A^{-1}=V^TS^{-1}U=\begin{bmatrix}-\frac{1}{3} & \frac{2}{3} & \frac{2}{3}\\ \frac{2}{3} & -\frac{1}{3} & \frac{1}{3}\\ \frac{2}{3} & \frac{2}{3} & -\frac{1}{3}\end{bmatrix}\begin{bmatrix}\frac{1}{3}\\ 0\\ 0\end{bmatrix}[1]=\begin{bmatrix}-\frac{1}{9}\\ \frac{2}{9}\\ \frac{2}{9}\end{bmatrix}$$

가 된다. 이는 MATLAB 명령어 B = pinv([−1 2 2])에 의해 구할 수도 있다.

예제 42

다음 문제는 행렬 A의 랭크가 부족한 경우이다. 랭크가 부족할 때 벡터 B를 약간만 변화시켜도 전혀 다른 회귀 벡터 x를 구할 수 있다. 이 경우, 의사 역행렬은 훨씬 안정한 값을 갖게 됨을 보여라.

$$A=\begin{bmatrix}1 & 2\\ 2 & 4\\ 3 & 6\\ 4 & 8.0001\end{bmatrix}\quad b=\begin{bmatrix}2\\ 4\\ 6\\ 8\end{bmatrix}$$

[풀이] 행렬 A의 제2열 및 제3열은 제1열의 2배, 3배의 값과 같으며 4열의 경우도 거의 2배 값과 같다. 따라서 A는 특이행렬에 가깝다. 최소제곱법에 의한 해는

$$x=(A^TA)^{-1}A^Tb=\begin{bmatrix}2\\ 0\end{bmatrix}$$

로 나타난다. 그러나 벡터 b의 세 번째 요소인 6을 5.9999 및 6.0001로 변화시키면 최소제곱법에 의한 각 해는

$$x=\begin{bmatrix}0.2857\\ 0.8571\end{bmatrix}$$

$$x=\begin{bmatrix}3.7143\\ -0.8571\end{bmatrix}$$

로 회귀벡터의 값이 크게 변화하며 안정성이 없다고 할 수 있다. 그러나 식 (1.112)의 SVD로부터 구해지는 의사 역행렬은

$$x^{+}=A^{-1}b=\begin{bmatrix}0.4000\\ 0.8000\end{bmatrix}$$

가 되며, 벡터 b의 세 번째 요소인 6을 5.9999 및 6.0001로 변화시키더라도 거의 동일한 값을 유지하게 되는 특징을 갖는다. 이로부터 구한 해는 벡터 b의 섭동에도 불구하고 높은 안정성을 갖게 됨을 알 수 있다.

예제 43

임의의 저차원 정방행렬에 대한 고유값 분해 및 특이값 분해의 상호 관계를 설명하라.

[풀이] 고유값 및 고유벡터, 그리고 특이값 분해의 관계를 설명하기 위해 먼저 저차원 행렬을 생성시킨다. 예를 들어, 저차원 (3×3)의 정방행렬은 MATLAB의 'gallery' 명령어로부터 선정된다.

```
A = gallery(3)

A =   -149    -50    -154
       537    180     546
       -27     -9     -25
```

주어진 행렬 $\boldsymbol{A}$에 대한 특성방정식은

$$det(A-\lambda \boldsymbol{I}) = \lambda^3 - 6\lambda^2 + 11\lambda - 6 = (\lambda-1)(\lambda-2)(\lambda-3) = 0$$

이 되며, 3개의 서로 다른 고유값 $\lambda_1 = 1,\ \lambda_2 = 2,\ \lambda_3 = 3$이 구해진다. 또는 MATLAB에 의해 고유벡터 모드(mode) 행렬 $\boldsymbol{V}$와 대각행렬 $\boldsymbol{D}$는

```
[V, D]=eig(A)

V =   0.3162   -0.4041   -0.1391
     -0.9487    0.9091    0.9740
     -0.0000    0.1010   -0.1789

D =   1.0000         0         0
           0    2.0000         0
           0         0    3.0000
```

를 얻게 된다. 여기서 고유벡터 행렬의 모든 요소들이 정수가 되도록 정규화시키면

```
V1 =   1    -4     7
      -3     9   -49
       0     1     9
```

로 되며, 행렬 $\boldsymbol{V}$의 역행렬도 정규화시키면

```
invV1 =   130   -43   133
           27     9   -49
           -3    -1     9
```

로 구해진다. 다음은 특이값 분해 명령어 svd를 실행한 결과이다.

```
[U, S, V] = svd(A)

U =  -0.2691   -0.6798    0.6822
      0.9620   -0.1557    0.2243
     -0.0463    0.7167    0.6959

S =  817.7597        0         0
            0   2.4750         0
            0        0    0.0030

V =   0.6823   -0.6671    0.2990
      0.2287   -0.1937   -0.9540
      0.6944    0.7193    0.0204
```

고유값 분해는 정방행렬만을 분해할 수 있는데 반하여, 특이값 분해는 훨씬 일반적인 행렬을 다룰 수 있다. 즉, 행렬 $\boldsymbol{A}$가 양의 정부호인 에르미트 행렬일 때 행렬 $\boldsymbol{A}$의 모든 고유값은 음이 아닌 실수가 된다. 이때 행렬 $\boldsymbol{A}$의 특이값 $\boldsymbol{S}$와 특이벡터 $\boldsymbol{U}$ 및 $\boldsymbol{V}$는 행렬 $\boldsymbol{A}$의 고유값 행렬 $\boldsymbol{D}$ 및 고유벡터 $\boldsymbol{V}$와 같아진다.

$$\boldsymbol{A} = \boldsymbol{V}\boldsymbol{D}\boldsymbol{V}'$$

더 일반적으로는 행렬 $\boldsymbol{A}$의 특이값 분해가

$$\boldsymbol{A} = \boldsymbol{U}\ \boldsymbol{S}\ \boldsymbol{V}'$$

로 주어진다. 일반적으로 3×3 차원의 행렬 $\boldsymbol{A}$에 대해

$$\boldsymbol{A}\boldsymbol{v}_i = \sigma_i \boldsymbol{u}_i \text{ 및 } \boldsymbol{A}'\boldsymbol{u}_i = \sigma_i \boldsymbol{v}_i \quad [i = 1, 2, 3]$$

와 같은 두 조건을 만족하는 벡터 $\boldsymbol{u}_i \in \boldsymbol{K}^m\,[m=3]$과 $\boldsymbol{v}_i \in \boldsymbol{K}^n\,[n=3]$이 존재할 때, $\sigma_1 > \sigma_2 > \sigma_3$와 같은 순으로 배열되는 음수가 아닌 실수 σ_i가 행렬 $\boldsymbol{A}$의 특이값과 같아질 것이다.

이처럼 특이값 분해는 비정방행렬을 분해하는 중요한 방법 중의 하나로서, 신호처리와 통계학 분야에서 자주 응용된다. $m \times n$ 차원의 행렬 $\boldsymbol{A}$가 실수 또는 복소수 집합의 원소를 가진다면,

$$\boldsymbol{A} = \boldsymbol{U}\boldsymbol{S}\boldsymbol{V}'$$

와 같이 3개의 행렬의 곱으로 나타낼 수 있다. 특이값 행렬 $\boldsymbol{S}$는 $\boldsymbol{A}\boldsymbol{A}'$ 또는 $\boldsymbol{A}'\boldsymbol{A}$의 고유값들의 제곱근을 대각성분으로 갖는 대칭행렬이다. $\boldsymbol{U}$의 열벡터들은 $\boldsymbol{A}\boldsymbol{A}'$ 행렬의 고유벡터들이며 각 열벡터들은 행렬 $\boldsymbol{A}$의 좌측 특이벡터라고 한다. 이와 유사하게 $\boldsymbol{V}$의 열벡터들은 $\boldsymbol{A}'\boldsymbol{A}$ 행렬의 고유벡터들이며 각 열벡터들은 행렬 $\boldsymbol{A}$의 우측 특이벡터라고 한다.

비정방행렬 $\boldsymbol{A}$에 대한 의사 역행렬 $\boldsymbol{A}^+$은 다음과 같이 되며

$$\boldsymbol{A}^+ = \boldsymbol{V}\boldsymbol{S}^+\boldsymbol{U}'$$

$\boldsymbol{S} = diag(\sigma_1, \sigma_2, \sigma_3)$일 때, 특이값 행렬은 다음으로 된다.

$$\boldsymbol{S}^+ = diag\left(\frac{1}{\sigma_1}, \frac{1}{\sigma_2}, \frac{1}{\sigma_3}\right)$$

예제 44

$\boldsymbol{x} = \begin{bmatrix} 2 \\ 0 \\ -1 \end{bmatrix}$로 주어지는 경우, 각 노름을 구하라.

[풀이] $\|\boldsymbol{x}\|_1 = 2 + 0 + 1 = 3 \qquad \|\boldsymbol{x}\|_2 = [2^2 + 0 + (-1)^2]^{\frac{1}{2}}$

$\|\boldsymbol{x}\|_\infty = \max(2,\ 0,\ -1) = 2$

예제 45

다음의 비정방행렬 $\boldsymbol{A}$에 대해 각 노름을 구하라.

$$\boldsymbol{A} = \begin{bmatrix} 3 & 7 \\ 2 & 1 \\ 5 & 4 \end{bmatrix}$$

[풀이] $\|\boldsymbol{A}\|_1 = \max[3 + 2 + 5,\ 7 + 1 + 4] = 12$

$\|\boldsymbol{A}\|_2 = \max[9.8601,\ 2.6035,\ 0] = 9.8601$

$\|\boldsymbol{A}\|_\infty = \max[3 + 7,\ 2 + 1,\ 5 + 4] = 10$

여기서 특이값 행렬 $\boldsymbol{S}$는 $\boldsymbol{AA}'$[또는 $\boldsymbol{A}'\boldsymbol{A}$]의 고유값에 대한 제곱근을 주대각선 상에 배치하여 표현한 것이며, 다음과 같이 구해졌다.

$$\boldsymbol{S} = \begin{bmatrix} 9.8601 & 0 & 0 \\ 0 & 2.6035 & 0 \\ 0 & 0 & 0 \end{bmatrix}$$

1.12 행렬의 랭크

정의 15 행렬의 랭크(rank)

행렬 $\boldsymbol{A}$의 랭크는 $\boldsymbol{A}$가 선형독립이 되는 최대 열(列)의 수, 또는 행렬 $\boldsymbol{A}$에 포함되는 최대 정칙 행렬의 차수로 정의된다.

$$\boldsymbol{A}_1 = \begin{bmatrix} 0 & 1 \\ 0 & 0 \end{bmatrix} \quad \text{Rank} = 1 \qquad \boldsymbol{A}_2 = \begin{bmatrix} 0 & 5 & 1 & 4 \\ 3 & 0 & 3 & 2 \end{bmatrix} \quad \text{Rank} = 2$$

$$\boldsymbol{A}_3 = \begin{bmatrix} 3 & 9 & 2 \\ 1 & 3 & 0 \\ 2 & 6 & 1 \end{bmatrix} \quad \text{제1열과 제2열이 서로 종속} \quad \therefore \text{Rank} = 2$$

$$\boldsymbol{A}_4 = \begin{bmatrix} 3 & 0 & 0 \\ 1 & 2 & 0 \\ 0 & 0 & 1 \end{bmatrix} \quad \text{Rank} = 3$$

행렬 $\boldsymbol{A}$가 복소수 또는 실수인 요소를 가지고, $f(\boldsymbol{x}) = \boldsymbol{A}\boldsymbol{x}$가 되게 하는 선형 사상(mapping) 함수 f를 정의하면 다음과 같은 성질을 얻을 수 있다.

① 영행렬만이 랭크가 0이 된다.

② $\text{rank}\ (\boldsymbol{A}) \leqq \min(m, n)$을 만족한다.

③ 행렬 $\boldsymbol{A}$의 랭크가 n과 같으면 f는 단사적(injective)이라고 한다. 이 경우, 행렬 $\boldsymbol{A}$는 전열(full column) 랭크를 갖는다. 단사란 정의역과 치역이 1대 1로 대응하는 사상 관계를 말한다.

④ 행렬 A의 랭크가 m과 같으면, f는 전사적(surjective)이라고 한다. 이 경우, 행렬 $\boldsymbol{A}$는 전행(full row) 랭크를 갖는다. 전사란 공역 전체가 치역이 되는 사상 관계를 말한다.

⑤ 정방행렬 $\boldsymbol{A}(m = n)$이 전 랭크(full rank)를 가질 경우에는 역행렬을 갖는다.

⑥ 임의의 행렬 $\boldsymbol{B}(n \times k)$가 주어질 경우 $\text{rank}(\boldsymbol{AB}) \leqq \min(\text{rank}\boldsymbol{A}, \text{rank}\boldsymbol{B})$로 된다. 단, 행렬 $\boldsymbol{B}$가 랭크 n이라면 $\text{rank}(\boldsymbol{AB}) = \text{rank}(\boldsymbol{A})$로 된다.

⑦ 임의의 행렬 $\boldsymbol{C}(l \times m)$가 랭크 m일 경우 $\text{rank}(\boldsymbol{CA}) = \text{rank}(\boldsymbol{A})$로 된다.

⑧ 행렬 $\boldsymbol{A}$의 랭크가 r과 같으며 행렬 $\boldsymbol{X}(m \times m)$와 $\boldsymbol{Y}(n \times n)$가 역행렬을 갖는다면,

$\boldsymbol{XAY} = \begin{bmatrix} \boldsymbol{L}_r & 0 \\ 0 & 0 \end{bmatrix}$로 된다. 단, $\boldsymbol{L}_r$은 $r \times r$ 차원의 단위행렬이다.

⑨ 행렬 $\boldsymbol{A}$와 행렬 $\boldsymbol{B}$에 대해, 다음의 실베스터 랭크 부등식이 성립한다.

$\text{rank}(\boldsymbol{A}) + \text{rank}(\boldsymbol{B}) - n \leqq \text{rank}\ (\boldsymbol{AB})$

이것은 다음의 프로베니우스 부등식의 특별한 경우에 해당된다.

$\text{rank}(\boldsymbol{AB}) + \text{rank}(\boldsymbol{BC}) \leq \text{rank}(\boldsymbol{B}) + \text{rank}(\boldsymbol{ABC})$

⑩ 행렬의 랭크와 행렬의 퇴화차수(nulity)를 합하면 행렬의 열 수와 같다. 이것을 '랭크 정리(rank theorem)' 또는 '랭크–퇴화차수 정리(rank nulity theorem)'라고 한다.

⑪ 행렬 $\boldsymbol{A}^*$를 행렬 $\boldsymbol{A}$의 공액 전치행렬로 정의하면, 다음이 성립한다.

$\text{rank}(\boldsymbol{A}) = \text{rank}(\overline{\boldsymbol{A}}) = \text{rank}(\boldsymbol{A}^T) = \text{rank}(\boldsymbol{A}^*) = \text{rank}(\boldsymbol{A}^*\boldsymbol{A})$

1.13 고유값과 고유벡터

[1] 고유값

정의 16 고유값(eigenvalue)

$\boldsymbol{A}$가 $n \times n$ 차원의 정방행렬이고 정칙행렬이면, 행렬 $\boldsymbol{A}$의 고유값은 다음과 같은 고유값 방정식을 만족하는 스칼라 λ 를 말한다.

$$\boldsymbol{AX} = \lambda \boldsymbol{X} \tag{1.130}$$

단, $\boldsymbol{X}$=0이면 자명해(trivial solution)가 되므로 고유값은 $\boldsymbol{X} \neq 0$인 경우의 비자명해(nontrivial solution) λ 이다. 즉,

$$(\boldsymbol{A} - \lambda \boldsymbol{I})\boldsymbol{X} = 0 \tag{1.131}$$

로부터 $\boldsymbol{X} \neq 0$이므로

$$det(\boldsymbol{A} - \lambda \boldsymbol{I}) = a_0\lambda^n + a_1\lambda^{n-1} + \ldots + a_n = 0 \tag{1.132}$$

인 특성방정식을 만족하는 특성근, 즉 주어진 행렬 $\boldsymbol{A}$의 고유값 λ 는 λ_1, λ_2, ..., λ_n으로 n개이고

$$\lambda_1 \lambda_2 \ldots \lambda_n = det(\boldsymbol{A}) \tag{1.133}$$

와 같이 모든 고유값의 곱은 행렬 $\boldsymbol{A}$의 행렬식과 같다.

예제 46

다음 행렬의 고유값을 구하라.

$$\boldsymbol{A} = \begin{bmatrix} 3 & 4 \\ 1 & 3 \end{bmatrix}$$

[풀이] 주어진 행렬에 대한 고유값 방정식은

$$\begin{bmatrix} 3 & 4 \\ 1 & 3 \end{bmatrix}\begin{bmatrix} x_1 \\ x_2 \end{bmatrix} = \lambda\begin{bmatrix} x_1 \\ x_2 \end{bmatrix}$$

$$\left(\begin{bmatrix} 3 & 4 \\ 1 & 3 \end{bmatrix} - \lambda\begin{bmatrix} 1 & 0 \\ 0 & 1 \end{bmatrix}\right)\begin{bmatrix} x_1 \\ x_2 \end{bmatrix} = \begin{bmatrix} 0 \\ 0 \end{bmatrix}$$

$$\begin{bmatrix} 3-\lambda & 4 \\ 1 & 3-\lambda \end{bmatrix}\begin{bmatrix} x_1 \\ x_2 \end{bmatrix} = \begin{bmatrix} 0 \\ 0 \end{bmatrix}$$

로 된다. 그러므로 특성방정식은

$$\begin{vmatrix} 3-\lambda & 4 \\ 1 & 3-\lambda \end{vmatrix} = 0$$

으로부터

$$(3-\lambda)(3-\lambda) - 4 = 0$$
$$\lambda^2 - 6\lambda + 5 = 0$$

으로 주어진다. 따라서 고유값은 $\lambda_1 = 1$과 $\lambda_2 = 5$로 된다. ∎

[2] 고유벡터

고유벡터(eigenvector)를 구하는 방법은 고유값이 단근을 갖는 경우와 중근을 갖는 경우에 서로 다르다.

(1) 고유값이 단근인 경우 $(\lambda_1 \neq \lambda_2 \neq \ldots \neq \lambda_n)$

정의 17　고유벡터 – 고유값이 단근인 경우

행렬 $\boldsymbol{A}$의 i번째 고유값 λ_i에 대해

$$\boldsymbol{A}\boldsymbol{X}_i = \lambda_i \boldsymbol{X}_i \quad (1.134)$$

을 만족하는 0이 아닌 벡터 $n \times 1$ 차원의 $\boldsymbol{X}_i$를 행렬 $\boldsymbol{A}$의 고유벡터라 한다. 그런데 이 식이 임의의 스칼라 상수 k에 대해

$$\boldsymbol{A}(k\boldsymbol{X}_i) = \lambda_i(k\boldsymbol{X}_i) \quad (1.135)$$

인 방정식도 만족한다. 이 경우 해 벡터는 $k\boldsymbol{X}_i$로 되므로, 고유벡터는 일의적이 아닌 임의의 길이를 갖는다.

예제 47

예제 46에 대한 고유벡터를 구하라.

[풀이] $\lambda_1 = 1$에 대한 고유벡터 $\boldsymbol{X}_1$은 다음과 같고,

$$\boldsymbol{A}\boldsymbol{X}_1 = \lambda_1 \boldsymbol{X}_1 = \boldsymbol{X}_1$$

로부터

$$(\boldsymbol{A} - \boldsymbol{I})\boldsymbol{X}_1 = 0$$

$$\begin{bmatrix} 3-1 & 4 \\ 1 & 3-1 \end{bmatrix} \begin{bmatrix} x_{11} \\ x_{12} \end{bmatrix} = \begin{bmatrix} 0 \\ 0 \end{bmatrix}$$

이 되므로

$$2x_{11} + 4x_{12} = 0$$
$$x_{11} + 2x_{12} = 0$$

인 식이 얻어지나 이는 선형종속이다. 따라서

$$x_{11} = -2x_{12}$$

인 관계를 만족하는 해는 무수히 많다. 이것은 앞서 설명한 바와 같이 고유벡터가 임의의 길이를 가지게 된다는 것이다. 대부분의 경우, 첫 번째 요소를 정규화(normalization)하여 $x_{11} = 1$로 고정하여

$$\boldsymbol{X}_1 = \begin{bmatrix} x_{11} \\ x_{12} \end{bmatrix} = \begin{bmatrix} 1 \\ -1/2 \end{bmatrix}$$

로 결정한다. 또한, 동일한 요령으로 $\lambda_2 = 5$에 대해서도

$$\boldsymbol{A}\boldsymbol{X}_2 = \lambda_2 \boldsymbol{X}_2 = 5\boldsymbol{X}_2$$

$$\begin{bmatrix} 3-5 & 4 \\ 1 & 3-5 \end{bmatrix}\begin{bmatrix} x_{21} \\ x_{22} \end{bmatrix} = \begin{bmatrix} 0 \\ 0 \end{bmatrix}$$

이 되므로

$$\begin{aligned} -2x_{21} + 4x_{22} &= 0 \\ x_{21} - 2x_{22} &= 0 \end{aligned}$$

으로부터

$$x_{21} = 2x_{22}$$

인 관계를 만족하는 해도 무수히 많다. 앞서 설명한 바와 같이 고유벡터 X_2는 $x_{21} = 1$로 고정하여

$$X_2 = \begin{bmatrix} x_{21} \\ x_{22} \end{bmatrix} = \begin{bmatrix} 1 \\ 1/2 \end{bmatrix}$$

로 결정한다. 또한 이들로부터 구성되는 모드 행렬은

$$\boldsymbol{T} = [\boldsymbol{X}_1 \boldsymbol{X}_2] = \begin{bmatrix} x_{11} & x_{21} \\ x_{12} & x_{22} \end{bmatrix} = \begin{bmatrix} 1 & 1 \\ -\frac{1}{2} & \frac{1}{2} \end{bmatrix}$$

로 정의되며, 다음 관계를 동시에 만족하는 특성을 갖는다.

$$\boldsymbol{T}^{-1}\boldsymbol{A}\boldsymbol{T} = \Lambda = \begin{bmatrix} \lambda_1 & 0 \\ 0 & \lambda_2 \end{bmatrix} = \begin{bmatrix} 1 & 0 \\ 0 & 5 \end{bmatrix}$$

이는 행렬 $\boldsymbol{A}$를 대각화시킨 것과 같으며 대각 요소에 고유값을 갖는다.

예제 48

다음 행렬의 고유값과 고유벡터, 모드 행렬을 구하라.

$$\boldsymbol{A} = \begin{bmatrix} 0 & 1 & 0 \\ -1 & -2 & 1 \\ -2 & 0 & 0 \end{bmatrix}$$

[풀이] 특성방정식인

$$det(\boldsymbol{A} - \lambda \boldsymbol{I}) = 0$$

$$\lambda^3 + 2\lambda^2 + \lambda + 2 = 0$$

로부터 $\lambda_1 = j$, $\lambda_2 = -j$, $\lambda_3 = -2$와 같은 고유값을 얻게 되고, $\lambda_1 = j$에 대한 고유벡터 $\boldsymbol{X}_1$은

$$(\boldsymbol{A} - j\boldsymbol{I})\boldsymbol{X}_1 = \begin{bmatrix} -j & 1 & 0 \\ -1 & -2-j & 1 \\ -2 & 0 & -j \end{bmatrix} \begin{bmatrix} x_{11} \\ x_{12} \\ x_{13} \end{bmatrix} = \begin{bmatrix} 0 \\ 0 \\ 0 \end{bmatrix}$$

즉,

$$\begin{aligned} -jx_{11} \qquad\qquad + x_{12} \qquad\qquad &= 0 \\ -x_{11} - (2+j)x_{12} + x_{13} &= 0 \\ -2x_{11} \qquad\qquad\qquad - jx_{13} &= 0 \end{aligned}$$

에서 $x_{11} = 1$로 두면 다음과 같이 얻어진다.

$$\boldsymbol{X}_1 = \begin{bmatrix} x_{11} \\ x_{12} \\ x_{13} \end{bmatrix} = \begin{bmatrix} 1 \\ j \\ 2j \end{bmatrix} = \begin{bmatrix} 1 \\ 0 \\ 0 \end{bmatrix} + j\begin{bmatrix} 0 \\ 1 \\ 2 \end{bmatrix} = \alpha + j\beta$$

고유값 λ_1과 λ_2가 서로 공액관계이므로 $\lambda_2 = -j$에 대한 고유벡터 $\boldsymbol{X}_2$는 고유벡터 $\boldsymbol{X}_1$의 공액이 된다. 따라서 $\boldsymbol{X}_2$는 다음과 같고,

$$\boldsymbol{X}_2 = \begin{bmatrix} x_{21} \\ x_{22} \\ x_{23} \end{bmatrix} = \begin{bmatrix} 1 \\ -j \\ -2j \end{bmatrix} = \begin{bmatrix} 1 \\ 0 \\ 0 \end{bmatrix} - j\begin{bmatrix} 0 \\ 1 \\ 2 \end{bmatrix} = \alpha - j\beta$$

$\lambda_3 = -2$에 대한 고유벡터 $\boldsymbol{X}_3$는

$$\boldsymbol{X}_3 = \begin{bmatrix} x_{31} \\ x_{32} \\ x_{33} \end{bmatrix} = \begin{bmatrix} 1 \\ -2 \\ 1 \end{bmatrix}$$

로 되며, 모드 행렬은

$$\boldsymbol{T} = [\boldsymbol{X}_1\ \boldsymbol{X}_2\ \boldsymbol{X}_3] = \begin{bmatrix} x_{11} & x_{21} & x_{31} \\ x_{12} & x_{22} & x_{32} \\ x_{13} & x_{23} & x_{33} \end{bmatrix} = \begin{bmatrix} 1 & 1 & 1 \\ j & -j & -2 \\ j2 & -j2 & 1 \end{bmatrix}$$

로 주어진다. 또한

$$\boldsymbol{T}^{-1}\boldsymbol{A}\boldsymbol{T} = \Lambda = \begin{bmatrix} \lambda_1 & 0 & 0 \\ 0 & \lambda_2 & 0 \\ 0 & 0 & \lambda_3 \end{bmatrix} = \begin{bmatrix} j & 0 & 0 \\ 0 & -j & 0 \\ 0 & 0 & -2 \end{bmatrix}$$

로 행렬 $\boldsymbol{A}$가 대각화되는 것도 알 수 있다.

(2) 고유값이 l 중근인 경우 $(\lambda_1 = \lambda_2 = \ldots = \lambda_l \neq \ldots \neq \lambda_n)$

정의 18 고유벡터 – 고유값이 중근을 갖는 경우

행렬 $\boldsymbol{A}$의 고유값이 중근을 가지면, 앞의 방법으로는 n개의 선형독립인 고유벡터를 구할 수 없으며 대각화도 불가능하다. 그러나 고유값이 l 중근인 경우, 즉 $\lambda_1 = \lambda_2 = \ldots = \lambda_l$ 로 주어지면 대각행렬과 유사한 다음과 같은 방법으로 표현하는 것이 가능하다.

$$\Lambda = \begin{bmatrix} \lambda_1 & 1 & 0 & 0 & \cdot & \cdot & \cdot & 0 \\ 0 & \lambda_2 & 1 & 0 & 0 & \cdot & \cdot & 0 \\ \cdot & \cdot & \cdot & \cdot & \cdot & \cdot & \cdot & \cdot \\ 0 & 0 & \cdot & \cdot & \lambda_{l-1} & 1 & \cdot & 0 \\ 0 & 0 & 0 & \cdot & 0 & \lambda_l & \cdot & 0 \\ \cdot & \cdot & \cdot & \cdot & \cdot & \cdot & \cdot & \cdot \\ 0 & \cdot & \cdot & \cdot & \cdot & \cdot & \cdot & \lambda_n \end{bmatrix} \tag{1.136}$$

한편, 고유값이 l 중근인 경우 $\lambda_1 = \lambda_2 = \ldots = \lambda_l$에 대한 고유벡터는 단근인 경우의 식 (1. 134)와 같이

$$\boldsymbol{A}\boldsymbol{X}_1 = \lambda_1 \boldsymbol{X}_1 \tag{1.137}$$

로부터 $\mathbf{X}_1$을 먼저 구한 다음,

$$\begin{aligned} \boldsymbol{A}\boldsymbol{X}_2 &= \boldsymbol{X}_1 + \lambda_1 \boldsymbol{X}_2 \\ \boldsymbol{A}\boldsymbol{X}_3 &= \boldsymbol{X}_2 + \lambda_1 \boldsymbol{X}_3 \\ &\vdots \\ &\vdots \\ \boldsymbol{A}\boldsymbol{X}_l &= \boldsymbol{X}_{l-1} + \lambda_1 \boldsymbol{X}_l \end{aligned} \tag{1.138}$$

또는

$$\begin{aligned} (\boldsymbol{A} - \lambda_1 \boldsymbol{I})\boldsymbol{X}_2 &= \boldsymbol{X}_1 \\ (\boldsymbol{A} - \lambda_1 \boldsymbol{I})\boldsymbol{X}_3 &= \boldsymbol{X}_2 \\ &\vdots \\ &\vdots \\ (\boldsymbol{A} - \lambda_1 \boldsymbol{I})\boldsymbol{X}_l &= \boldsymbol{X}_{l-1} \end{aligned} \tag{1.139}$$

로부터 순차적으로 구한다. 나머지 $(n-l)$개의 고유값은 단일 고유값을 구하는 요령과 같다.

예제 49

다음 행렬의 고유벡터와 모드 행렬을 구하라.

$$A = \begin{bmatrix} -1 & 0.5 \\ -2 & -3 \end{bmatrix}$$

[풀이] 이 행렬은 $\lambda_1 = \lambda_2 = -2$인 중복 고유값을 가지므로 $\lambda_1 = -2$에 대한 고유벡터는

$$(\boldsymbol{A} - (-2)\boldsymbol{I})\boldsymbol{X}_1 = 0$$

$$\begin{bmatrix} -1+2 & 0.5 \\ -2 & -3+2 \end{bmatrix}\begin{bmatrix} x_{11} \\ x_{12} \end{bmatrix} = \begin{bmatrix} 0 \\ 0 \end{bmatrix}$$

이 되므로 다음 식으로부터

$$\begin{aligned} x_{11} + 0.5x_{12} &= 0 \\ -2x_{11} \quad - x_{12} &= 0 \end{aligned}$$

첫 번째 요소를 정규화하여 $x_{11} = 1$로 고정하고

$$\boldsymbol{X}_1 = \begin{bmatrix} x_{11} \\ x_{12} \end{bmatrix} = \begin{bmatrix} 1 \\ -2 \end{bmatrix}$$

로 결정한다. 또한 중근 $\lambda_2 = -2$에 대한 고유벡터 $\boldsymbol{X}_2$는 다음과 같으므로

$$(\boldsymbol{A} - 2(-2)\boldsymbol{I})\boldsymbol{X}_2 = \boldsymbol{X}_1$$

$$\begin{bmatrix} -1+2 & 0.5 \\ -2 & -3+2 \end{bmatrix}\begin{bmatrix} x_{11} \\ x_{12} \end{bmatrix} = \begin{bmatrix} 1 \\ -2 \end{bmatrix}$$

$$\boldsymbol{X}_2 = \begin{bmatrix} x_{21} \\ x_{22} \end{bmatrix} = \begin{bmatrix} 1 \\ 0 \end{bmatrix}$$

모드 행렬은 다음과 같이 주어지고,

$$\boldsymbol{T} = [\boldsymbol{X}_1 \ \boldsymbol{X}_2] = \begin{bmatrix} x_{11} & x_{21} \\ x_{12} & x_{22} \end{bmatrix} = \begin{bmatrix} 1 & 1 \\ -2 & 0 \end{bmatrix}$$

다음 관계를 만족한다.

$$\boldsymbol{T}^{-1}\boldsymbol{A}\boldsymbol{T} = \Lambda = \begin{bmatrix} \lambda_1 & 1 \\ 0 & \lambda_1 \end{bmatrix} = \begin{bmatrix} -2 & 1 \\ 0 & -2 \end{bmatrix}$$

예제 50

다음 행렬의 고유벡터와 모드 행렬을 구하라.

$$\boldsymbol{A}=\begin{bmatrix}-3 & 1 & 0\\ 0 & -3 & 1\\ -4 & 0 & 0\end{bmatrix}$$

[풀이] 다음 특성방정식으로부터

$$det(\boldsymbol{A}-\lambda\boldsymbol{I})=0$$

$$\lambda^3+6\lambda^2+9\lambda+4=0$$

$\lambda_1=\lambda_2=-1,\ \lambda_3=-4$와 같은 고유값을 얻게 되고 $\lambda_1=-1$에 대한 고유벡터 $\boldsymbol{X}_1$은

$$(\boldsymbol{A}-(-1)\boldsymbol{I})\boldsymbol{X}_1=\begin{bmatrix}-2 & 1 & 0\\ 0 & -2 & 1\\ -4 & 0 & 0\end{bmatrix}\begin{bmatrix}x_{11}\\ x_{12}\\ x_{13}\end{bmatrix}=\begin{bmatrix}0\\ 0\\ 0\end{bmatrix}$$

즉,

$$\begin{aligned}-2x_{11}+x_{12}\quad &=0\\ -2x_{12}+x_{13}&=0\\ -4x_{11}\quad +x_{13}&=0\end{aligned}$$

로부터 $x_{11}=1$로 두면 다음과 같이 얻어진다.

$$\boldsymbol{X}_1=\begin{bmatrix}x_{11}\\ x_{12}\\ x_{13}\end{bmatrix}=\begin{bmatrix}1\\ 2\\ 4\end{bmatrix}$$

또한 고유벡터 $\boldsymbol{X}_2$는 고유값 λ_1과 λ_2가 중근이므로 고유벡터 $\boldsymbol{X}_1$으로부터 다음과 같이 되고,

$$(\boldsymbol{A}-(-1)\boldsymbol{I})\boldsymbol{X}_2=\boldsymbol{X}_1$$

$$\begin{bmatrix}-2 & 1 & 0\\ 0 & -2 & 1\\ -4 & 0 & 1\end{bmatrix}\begin{bmatrix}x_{11}\\ x_{12}\\ x_{13}\end{bmatrix}=\begin{bmatrix}1\\ 2\\ 4\end{bmatrix}$$

$$\boldsymbol{X}_2 = \begin{bmatrix} x_{21} \\ x_{22} \\ x_{23} \end{bmatrix} = \begin{bmatrix} 0 \\ 1 \\ 4 \end{bmatrix}$$

$\lambda_3 = -4$에 대한 고유벡터 $\boldsymbol{X}_3$는 다음과 같으며

$$\boldsymbol{X}_3 = \begin{bmatrix} x_{31} \\ x_{32} \\ x_{33} \end{bmatrix} = \begin{bmatrix} 1 \\ -1 \\ 1 \end{bmatrix}$$

모드 행렬은

$$\boldsymbol{T} = [\boldsymbol{X}_1 \boldsymbol{X}_2 \boldsymbol{X}_3] = \begin{bmatrix} x_{11} & x_{21} & x_{31} \\ x_{12} & x_{22} & x_{32} \\ x_{13} & x_{23} & x_{33} \end{bmatrix} = \begin{bmatrix} 1 & 0 & 1 \\ 2 & 1 & -1 \\ 4 & 4 & 1 \end{bmatrix}$$

로 주어진다. 또한,

$$\boldsymbol{T}^{-1} \boldsymbol{A} \boldsymbol{T} = \boldsymbol{\Lambda} = \begin{bmatrix} \lambda_1 & 1 & 0 \\ 0 & \lambda_1 & 0 \\ 0 & 0 & \lambda_3 \end{bmatrix} = \begin{bmatrix} -1 & 1 & 0 \\ 0 & -1 & 0 \\ 0 & 0 & -4 \end{bmatrix}$$

가 되는 것도 알 수 있다.

1.14 행렬의 미적분

요소 $a_{ij}(t)$를 갖는 행렬 $\boldsymbol{A}_{ij}(t)$의 미분 및 적분 방법은 다음과 같다.

$$\frac{d\boldsymbol{A}(t)}{dt} = \frac{d}{dt} \begin{bmatrix} a_{11}(t) & a_{12}(t) & \dots & a_{1n}(t) \\ a_{21}(t) & a_{22} & \dots & a_{n2}(t) \\ \vdots & \vdots & \dots & \vdots \\ a_{n1}(t) & a_{n2}(t) & \dots & a_{nn}(t) \end{bmatrix}$$

$$= \begin{bmatrix} \frac{da_{11}(t)}{dt} & \frac{da_{12}(t)}{dt} & \cdots & \frac{da_{1n}(t)}{dt} \\ \frac{da_{21}(t)}{dt} & \frac{a_{22}(t)}{dt} & \cdots & \frac{a_{n2}(t)}{dt} \\ \vdots & \vdots & \cdots & \vdots \\ \frac{da_{n1}(t)}{dt} & \frac{da_{n2}(t)}{dt} & \cdots & \frac{da_{nn}(t)}{dt} \end{bmatrix} \tag{1.140}$$

$$\int \boldsymbol{A}(t)dt = \begin{bmatrix} \int a_{11}(t)dt & \int a_{12}(t)dt & \cdots & \int a_{1n}(t)dt \\ \int a_{21}(t)dt & \int a_{22}dt & \cdots & \int a_{n2}(t)dt \\ \vdots & \vdots & \cdots & \vdots \\ \int a_{n1}(t)dt & \int a_{n2}(t)dt & \cdots & \int a_{nn}(t)dt \end{bmatrix} \tag{1.141}$$

예제 51

다음에 주어진 벡터 함수 $\boldsymbol{f}(t)$의 미분 및 $t_1 \leqq t \leqq t_2$ 구간의 정적분을 구하라.

$$\boldsymbol{f}(t) = \begin{bmatrix} e^t \\ \sin t \\ 1 \end{bmatrix}$$

[풀이] $\frac{d\boldsymbol{f}(t)}{dt} = \begin{bmatrix} e^t \\ \cos t \\ 0 \end{bmatrix}$

$$\int_{t_1}^{t_2} \boldsymbol{f}(\tau)d\tau = \begin{bmatrix} \int_{t_1}^{t_2} e^{\tau}d\tau \\ \int_{t_1}^{t_2} \sin\tau d\tau \\ \int_{t_1}^{t_2} 1d\tau \end{bmatrix} = \begin{bmatrix} e^{t_2} - e^{t_1} \\ -\cos t_2 + \sin t_1 \\ t_2 - t_1 \end{bmatrix}$$

두 행렬함수의 미분은 다음과 같이 되며

$$\frac{d}{dt}[\boldsymbol{A}(t)\boldsymbol{B}(t)] = \frac{d\boldsymbol{A}(t)}{dt}\boldsymbol{B}(t) + \boldsymbol{A}(t)\frac{d\boldsymbol{B}(t)}{dt} \tag{1.142}$$

이 두 함수가 서로 역행렬 관계, 즉 $\boldsymbol{B}(t)$가 $\boldsymbol{A}^{-1}(t)$로 된다면

$$\frac{d}{dt}[\boldsymbol{A}(t)\boldsymbol{A}^{-1}(t)] = \frac{d\boldsymbol{I}}{dt} = 0 = \frac{d\boldsymbol{A}(t)}{dt}\boldsymbol{A}^{-1}(t) + \boldsymbol{A}(t)\frac{dA^{-1}(t)}{dt} \tag{1.143}$$

로부터 다음과 같이 구해진다.

$$\frac{d\boldsymbol{A}^{-1}(t)}{dt} = -\boldsymbol{A}^{-1}(t)\frac{d\boldsymbol{A}(t)}{dt}\boldsymbol{A}^{-1}(t) \tag{1.144}$$

한편,

$$\boldsymbol{f}(\boldsymbol{x}) = \begin{bmatrix} f_1(x_1, x_2, x_3, \ldots, x_n) \\ f_2(x_1, x_2, x_3, \ldots, x_n) \\ \vdots \\ f_m(x_1, x_2, x_3, \ldots, x_n) \end{bmatrix} \tag{1.145}$$

일 때, x_i에 대한 f_j의 편미분으로부터 다음과 같이 계산된다.

$$\Delta\boldsymbol{f}(\boldsymbol{x}) \triangleq \begin{bmatrix} \frac{\partial \boldsymbol{f}(\boldsymbol{x})}{\partial x_1} & \frac{\partial \boldsymbol{f}(\boldsymbol{x})}{\partial x_2} & \cdots & \frac{\partial \boldsymbol{f}(\boldsymbol{x})}{\partial x_n} \end{bmatrix} = \begin{bmatrix} \frac{\partial f_1(\boldsymbol{x})}{\partial x_1} & \frac{\partial f_1(\boldsymbol{x})}{\partial x_2} & \cdots & \frac{\partial f_1(\boldsymbol{x})}{\partial x_n} \\ \vdots & \vdots & \cdots & \vdots \\ \frac{\partial f_m(\boldsymbol{x})}{\partial x_1} & \frac{\partial f_m(\boldsymbol{x})}{\partial x_2} & \cdots & \frac{\partial f_m(\boldsymbol{x})}{\partial x_n} \end{bmatrix} \tag{1. 146}$$

예를 들면, 다음의 행렬함수 $\boldsymbol{f}(\boldsymbol{x})$가

$$\boldsymbol{f}(\boldsymbol{x}) = \begin{bmatrix} f_1(\boldsymbol{x}) \\ f_2(\boldsymbol{x}) \end{bmatrix} = \begin{bmatrix} x_1^2 + x_2 \\ x_3^2 - x_2 \end{bmatrix} \tag{1.147}$$

로 주어진다면,

$$\Delta\boldsymbol{f}(\boldsymbol{x}) = \begin{bmatrix} \frac{\partial f_1(\boldsymbol{x})}{\partial x_1} & \frac{\partial f_1(\boldsymbol{x})}{\partial x_2} & \frac{\partial f_1(\boldsymbol{x})}{\partial x_3} \\ \frac{\partial f_2(\boldsymbol{x})}{\partial x_1} & \frac{\partial f_2(\boldsymbol{x})}{\partial x_2} & \frac{\partial f_2(\boldsymbol{x})}{\partial x_3} \end{bmatrix} = \begin{bmatrix} 2x_1 & 1 & 0 \\ 0 & -1 & 2x_3 \end{bmatrix} \tag{1.148}$$

로 구할 수 있다.

1.15 케일리-해밀턴 정리

케일리-해밀턴(Cayley-Hamilton) 정리는 행렬 이론에서 매우 중요하다. 이 정리는 다음과 같이 설명된다.

정리 2 **케일리–해밀턴 정리**

모든 $n \times n$ 차원의 행렬은 고유한 특성방정식을 갖는다. 특별히 $n \times n$ 차원의 행렬 $\boldsymbol{A}$에 대한 특성방정식을

$$|\boldsymbol{A} - \lambda \boldsymbol{I}| = 0$$

에서 다음과 같이 고쳐 쓰면,

$$g(\lambda) = \lambda^n + a_1 \lambda^{n-1} + a_2 \lambda^{n-2} + \cdots + a_{n-1} \lambda + a_n = 0 \quad (1.149)$$

λ 대신에 행렬 $\boldsymbol{A}$를 대입해서 식 (1.150)과 같은 행렬방정식을 만족한다는 것이 '케일리–해밀턴 정리' 이다.

$$g(\boldsymbol{A}) = \boldsymbol{A}^n + a_1 \boldsymbol{A}^{n-1} + a_2 \boldsymbol{A}^{n-2} + \cdots + a_{n-1} \boldsymbol{A} + a_n \boldsymbol{I} = \boldsymbol{0} \quad (1.150)$$

그리고 케일리–해밀턴 정리는 다음과 같은 두 개의 중요한 특성을 가진다.

- 특성 1 : 행렬의 멱승 계산

$n \times n$ 차원의 행렬 $\boldsymbol{A}$의 m멱승(m은 정수), 즉 $\boldsymbol{A}^m$은 행렬 $\boldsymbol{A}$의 p승 [p=0, 1, 2,⋯, (n − 1)]을 선형 조합한 값의 합으로 계산할 수 있다.

- 특성 2 : 역행렬의 계산

$n \times n$ 차원의 행렬 $\boldsymbol{A}$의 역행렬 $\boldsymbol{A}^{-1}$가 존재하면, 식 (1. 150)에 의해 역행렬 $\boldsymbol{A}^{-1}$를 계산할 수 있다.

예제 52

다음 행렬이 케일리–해밀턴 정리를 만족하고 있음을 보여라.

$$\boldsymbol{A} = \begin{bmatrix} 2 & 8 \\ 4 & 6 \end{bmatrix}$$

[풀이] 특성방정식은 다음과 같이 주어지고,

$$|\boldsymbol{A} - \lambda \boldsymbol{I}| = \begin{vmatrix} 2-\lambda & 8 \\ 4 & 6-\lambda \end{vmatrix} = 0$$

$$g(\lambda) = \lambda^2 - 8\lambda - 20 = 0$$

고유값은 $\lambda_1 = 10$, $\lambda_2 = -2$이므로 다음을 만족한다.

$$g(\boldsymbol{A}) = \boldsymbol{A}^2 - 8\boldsymbol{A} - 20\boldsymbol{I}$$

$$= \begin{bmatrix} 2 & 8 \\ 4 & 6 \end{bmatrix} - 8\begin{bmatrix} 2 & 8 \\ 4 & 6 \end{bmatrix} - 20\begin{bmatrix} 1 & 0 \\ 0 & 1 \end{bmatrix}$$

$$= \begin{bmatrix} 36 & 64 \\ 32 & 68 \end{bmatrix} + \begin{bmatrix} -16 & -64 \\ -32 & -48 \end{bmatrix} + \begin{bmatrix} -20 & 0 \\ 0 & -20 \end{bmatrix}$$

$$= \begin{bmatrix} 0 & 0 \\ 0 & 0 \end{bmatrix}$$

예제 53

다음 행렬이 케일리-해밀턴 정리를 만족함을 보여라.

$$\boldsymbol{B} = \begin{bmatrix} 0 & 1 \\ -1 & -2 \end{bmatrix}$$

[풀이] 특성방정식은 다음과 같이 주어지고,

$$|\boldsymbol{B} - \lambda\boldsymbol{I}| = \begin{vmatrix} 0-\lambda & -1 \\ 1 & -2-\lambda \end{vmatrix} = 0$$

$$g(\lambda) = \lambda^2 + 2\lambda + 1 = (\lambda+1)^2 = 0$$

고유값은 $\lambda = -1$인 이중근이므로,

$$g(\boldsymbol{B}) = (\boldsymbol{B} + \boldsymbol{I})^2 = \left(\begin{bmatrix} 0 & 1 \\ -1 & -2 \end{bmatrix} + 1\begin{bmatrix} 1 & 0 \\ 0 & 1 \end{bmatrix}\right) = \begin{bmatrix} 0 & 0 \\ 0 & 0 \end{bmatrix}$$

로 되어 케일리-해밀턴 정리를 만족한다.

예제 54

예제 52의 행렬 $\boldsymbol{A}$에 대해 특성 1이 만족됨을 보여라.

[풀이] 행렬 $\boldsymbol{A}$의 특성방정식으로부터

$$g(\boldsymbol{A}) = \boldsymbol{A}^2 - 8\boldsymbol{A} - 20\boldsymbol{I} = O$$

을 만족하므로,

$$\boldsymbol{A}^2 = \begin{bmatrix} 2 & 8 \\ 4 & 6 \end{bmatrix} = \begin{bmatrix} 36 & 64 \\ 32 & 68 \end{bmatrix}$$

$$8\boldsymbol{A}+20\boldsymbol{I}=\begin{bmatrix}16 & 64\\32 & 48\end{bmatrix}+\begin{bmatrix}20 & 0\\0 & 20\end{bmatrix}$$

$$\therefore \boldsymbol{A}^2=8\boldsymbol{A}+20\boldsymbol{I}$$

가 됨을 알 수 있다.

예제 55

예제 52의 행렬 $\boldsymbol{A}$에 대해 특성 2를 이용하여 역행렬 $\boldsymbol{A}^{-1}$를 구하라.

[풀이] 행렬 $\boldsymbol{A}$의 특성방정식으로부터

$$g(\boldsymbol{A})=\boldsymbol{A}^2-8\boldsymbol{A}-20\boldsymbol{I}=O$$

$$\boldsymbol{I}=\frac{1}{20}\boldsymbol{A}^2-\frac{8}{20}\boldsymbol{A}$$

을 만족하고, 역행렬의 특성으로부터 $\boldsymbol{A}\boldsymbol{A}^{-1}=\boldsymbol{I}$이므로 양변에 $\boldsymbol{A}^{-1}$를 곱하면

$$\boldsymbol{A}^{-1}=\frac{1}{20}\boldsymbol{A}-\frac{8}{20}\boldsymbol{I}$$

$$=\frac{1}{20}\begin{bmatrix}2 & 8\\4 & 6\end{bmatrix}-\frac{8}{20}\begin{bmatrix}1 & 0\\0 & 1\end{bmatrix}$$

$$=\frac{1}{20}\begin{bmatrix}-6 & 8\\4 & -2\end{bmatrix}$$

다음은 위의 정리를 이용하여 임의로 주어지는 행렬함수의 효과적인 계산법을 소개한다. 이 경우도 고유값이 단근만을 갖는 경우 및 중근을 갖는 경우로 나누어 설명한다.

(1) 각기 다른 고유값을 갖는 경우

정의 19 행렬 함수의 계산–고유값이 단근인 경우

$n\times n$ 차원인 행렬 $\boldsymbol{A}$의 멱승항의 무한급수 합으로 표현되는 임의 행렬함수 $f(\boldsymbol{A})$를

$$f(\boldsymbol{A})=\zeta_0\boldsymbol{I}+\zeta_1\boldsymbol{A}+\cdots+\zeta_n\boldsymbol{A}^n+\cdots=\sum_{k=0}^{\infty}\zeta_k\boldsymbol{A}^k \tag{1.151}$$

로 정의하면, n승 이상의 멱승항은 특성 1로부터

$$f(\boldsymbol{A})=\gamma_0 \boldsymbol{I}+\gamma_1 \boldsymbol{A}+\cdots+\gamma_{n-1}\boldsymbol{A}^{n-1}=\sum_{k=0}^{n-1}\gamma_k \boldsymbol{A}^k \tag{1.152}$$

로 표현하는 것이 가능하다. 따라서 $e^{\mathrm{A}t}$도 맥로린(McLaurin) 전개에 의해 무한급수의 합으로 주어지나 특성 1로부터 $(n-1)$ 멱승을 초과하지 않는 다항식으로 다음과 같이 표현할 수 있다.

$$e^{\mathrm{A}t}=\boldsymbol{I}+\frac{1}{1!}\boldsymbol{A}t+\frac{1}{2!}(\boldsymbol{A}t)^2+\cdots+\frac{1}{n!}(\boldsymbol{A}t)^n+\cdots$$

$$=\gamma_0 \boldsymbol{I}+\gamma_1 \boldsymbol{A}+\cdots+\gamma_{n-1}\boldsymbol{A}^{n-1} \tag{1.153}$$

여기서 γ_i는 시간 t의 함수이다. 그리고 t의 함수 γ_i를 구하기 위해 행렬 $\boldsymbol{A}$의 특성방정식인

$$|\boldsymbol{A}-\lambda \boldsymbol{I}|=0 \tag{1.154}$$

로부터

$$\mathrm{g}(\lambda)=\lambda^n+a_1\lambda^{n-1}+a_2\lambda^{n-2}+\cdots+a_{n-1}\lambda+a_n=0 \tag{1.155}$$

로 되고 λ_n, λ_{n+1}, ...는 λ, λ_2, ..., λ_{n-1}의 합, 즉

$$\lambda^n=-a_1\lambda^{n-1}-a_2\lambda^{n-2}-\cdots-a_{n-1}\lambda-a_n \tag{1.156}$$

$$\lambda^{n+1}=\lambda\lambda^n=-a_1\lambda^n-a_2\lambda^{n-1}-\cdots-a_{n-1}\lambda^2-a_n\lambda$$

등으로 나타낼 수 있다. 따라서 임의의 다항식 $f(\lambda)$가 식 (1.151)로부터

$$f(\lambda)=\zeta_0+\zeta_1\lambda+\cdots+\zeta_n\lambda^n+\cdots=\sum_{k=0}^{\infty}\zeta_k\lambda^k \tag{1. 157}$$

로 주어진 경우, 위의 관계들을 이용하여

$$f(\lambda)=\gamma_0+\gamma_1\lambda+\cdots+\gamma_{n-1}\lambda^{n-1}=\sum_{k=0}^{n-1}\gamma_k\lambda^k \tag{1. 158}$$

로 쓸 수 있으며, 고유값 λ_i가 n개이므로 구해진 고유값들을 식 (1. 158)에 대입하여 연립해서 풀면 n개의 미지수인 γ_i를 다음 식들에 의해 결정할 수 있다.

$$f(\lambda_1)=\gamma_0+\gamma_1\lambda_1+\cdots+\gamma_{n-1}\lambda_1^{n-1}=\sum_{k=0}^{n-1}\gamma_k{\lambda_1}^k$$

$$f(\lambda_2)=\gamma_0+\gamma_2\lambda+\cdots+\gamma_{n-1}{\lambda_2}^{n-1}=\sum_{k=0}^{n-1}\gamma_k{\lambda_2}^k$$

$$\vdots$$

$$f(\lambda_n) = \gamma_0 + \gamma_n\lambda + \cdots + \gamma_{n-1}\lambda_2{}^{n-1} = \sum_{k=0}^{n-1}\gamma_k\lambda_n{}^k \tag{1. 159}$$

예제 56

다음 행렬 $\boldsymbol{A}$의 멱승항의 행렬함수 $f(\boldsymbol{A}) = \boldsymbol{A}^{25}$를 구하라.

단, $\boldsymbol{A} = \begin{bmatrix} 0 & -3 \\ 1 & -4 \end{bmatrix}$이다.

[풀이] 특성방정식은

$$|\boldsymbol{A} - \boldsymbol{\lambda I}| = 0$$

$$g(\lambda) = \lambda^2 + 4\lambda + 3 = 0$$

이 되므로 고유값은 $\lambda_1 = -1$과 $\lambda_2 = -3$이다. 따라서 식 (1. 159)에 의해

$$f(\lambda) = \lambda^{25} = \gamma_0 + \gamma_1\lambda$$

로 정의하면, 미지수 γ_0 및 γ_1는 고유값 λ_1 및 λ_2에 대해

$$f(-1) = (-1)^{25} = \gamma_0 + \gamma_1(-1)$$
$$f(-3) = (-3)^{25} = \gamma_0 + \gamma_1(-3)$$

로 주어지는 두 개의 선형연립방정식에서 다음과 같이 구해진다.

$$\gamma_0 = -1\frac{1}{2} + \frac{1}{2}(-3)^{25}$$
$$\gamma_1 = -\frac{1}{2} + \frac{1}{2}(-3)^{25}$$

따라서 식 (1. 152)로부터

$$\begin{aligned} f(\boldsymbol{A}) &= \boldsymbol{A}^{25} \\ &= \gamma_o\boldsymbol{I} + \gamma_1\boldsymbol{A} \\ &= \left[-1\frac{1}{2} + \frac{1}{2}(-3)^{25}\right]\begin{bmatrix} 1 & 0 \\ 0 & 1 \end{bmatrix} + \left[-\frac{1}{2} + \frac{1}{2}(-3)^{25}\right]\begin{bmatrix} 0 & -3 \\ 1 & -4 \end{bmatrix} \end{aligned}$$

$$= \begin{bmatrix} -1\frac{1}{2}+\frac{1}{2}(-3)^{25} & -3\left(-\frac{1}{2}+\frac{1}{2}(-3)^{25}\right) \\ -\frac{1}{2}+\frac{1}{2}(-3)^{25} & -4\left(-\frac{1}{2}+\frac{1}{2}(-3)^{25}\right) \end{bmatrix}$$

의 결과를 얻게 된다.

예제 57

다음 행렬 $\boldsymbol{A}$의 함수 $f(\mathrm{A})=e^{-\mathrm{A}t}$를 구하라.

$$\boldsymbol{A}=\begin{bmatrix} 2 & 0 \\ 1 & 1 \end{bmatrix}$$

[풀이] 특성방정식은

$$g(\lambda)=(2-\lambda)(1-\lambda)=0$$

이므로, 고유값은 $\lambda_1=1$과 $\lambda_2=2$이다. 따라서 다음과 같이 정의하면,

$$f(\lambda)=e^{-\lambda t}=\gamma_0+\gamma_1\lambda$$

미지수 γ_0 및 γ_1은 고유값 $\lambda_1=1$ 및 $\lambda_2=2$에 대해

$$f(1)=e^{-t}=\gamma_0+\gamma_1\cdot 1$$
$$f(2)=e^{-2t}=\gamma_0+\gamma_1\cdot 2$$

로 주어지는 두 개의 선형연립방정식에서 다음과 같이 구해진다.

$$\gamma_0=2e^{-t}-e^{-2t}$$
$$\gamma_1=-e^{-t}+e^{-2t}$$

따라서 $f(\mathrm{A})=e^{-\boldsymbol{A}t}$는

$$\begin{aligned} \boldsymbol{f}(\boldsymbol{A}) &= e^{-\boldsymbol{A}t} \\ &= \gamma_0\boldsymbol{I}+\gamma_1\boldsymbol{A} \\ &= (2e^{-t}-e^{-2t})\begin{bmatrix} 1 & 0 \\ 0 & 1 \end{bmatrix}+(-e^{-t}+e^{-2t})\begin{bmatrix} 2 & 0 \\ 1 & 1 \end{bmatrix} \\ &= \begin{bmatrix} e^{-2t} & 0 \\ -e^{-t}+e^{-2t} & e^{-t} \end{bmatrix} \end{aligned}$$

의 결과를 얻게 된다.

---

(2) 고유값이 k 중근을 갖는 경우

정의 20 행렬 함수의 계산 – 고유값이 중근인 경우

이상에서는 고유값이 각기 다른 단근인 경우에 해당하고, $n \times n$ 차원의 행렬 $\boldsymbol{A}$가 k 중근을 갖는 경우는 임의로 정의되는 다항식 $f(\lambda)$와 등가다항식 식 (1. 152)에 의해 다음의 방정식을 만족한다.

$$f(\lambda)|_{\lambda=\lambda_i} = \text{식}(1.158)|_{\lambda=\lambda_i} \tag{1.160}$$

$$\left.\frac{df(\lambda)}{d\lambda}\right|_{\lambda=\lambda_i} = \left.\frac{d\,\text{식}(1.158)}{d\lambda}\right|_{\lambda=\lambda_i}$$

$$\vdots$$

$$\left.\frac{d^{k-1}f(\lambda)}{d\lambda^{k-1}}\right|_{\lambda=\lambda_i} = \left.\frac{d^{k-1}\,\text{식}(1.158)}{d\lambda^{k-1}}\right|_{\lambda=\lambda_i}$$

예제 58

다음 행렬 $\boldsymbol{A}$의 함수 $f(\boldsymbol{A})=e^{-At}$를 구하라.

$$\boldsymbol{A} = \begin{bmatrix} 1 & 0 & 4 \\ 0 & 2 & 0 \\ 0 & 1 & 2 \end{bmatrix}$$

[풀이] 특성방정식은

$$g(\lambda)= (2-\lambda)^2(1-\lambda)=0$$

이므로 고유값은 $\lambda_1 = 1$과 $\lambda_2 = 2$(이중근)이다. 따라서 케일리–해밀턴 정리에 의해 다음과 같이 된다.

$$f(\lambda_i) = e^{-\lambda_{it}} \tag{1.161}$$

식 (1.152) 및 식 (1.158)에 의해 다음과 같이 정의하면

$$\boldsymbol{f}(\boldsymbol{A}) = \gamma_0\boldsymbol{I} + \gamma_1\boldsymbol{A} + \gamma_2\boldsymbol{A}^2 \tag{1.162}$$

$$\boldsymbol{f}(\lambda) = \gamma_0 + \gamma_1\lambda + \gamma_2\lambda^2 \tag{1.163}$$

로 되므로 3개의 고유값 $\lambda = \lambda_i[i=1,\ 2,\ 3]$을 식 (1.163)에 대입하면

$$f(\lambda)|_{\lambda_1=1} = f(1) = e^{-\lambda_1 t} = e^{-t}$$
$$= \gamma_0 + \gamma_1 \cdot 1 + \gamma_2 \cdot 1^2$$
$$f(\lambda)|_{\lambda_2=2} = f(2) = e^{-\lambda_2 t} = e^{-2t}$$
$$= \gamma_0 + \gamma_1 \cdot 2 + \gamma_2 \cdot 2^2$$
$$\left.\frac{d \text{ 식 } (1.162)}{d\lambda}\right|_{\lambda_2=2} = \left.\frac{d \text{ 식 } (2.163)}{d\lambda}\right|_{\lambda_2=2}$$
$$-te^{-2t} = \gamma_1 + 4\gamma_2$$

로 주어진다. 세 개의 선형연립방정식으로부터 미지수 γ_0 및 γ_1, γ_2는

$$\begin{aligned}\gamma_0 &= e^{-t} - (2t+3)e^{-2t} \\ \gamma_1 &= -4e^{-t} + (3t+4)e^{-2t} \\ \gamma_2 &= e^{-t} - (t+1)e^{-2t}\end{aligned}$$

와 같이 구해진다. 따라서 $f(\boldsymbol{A}) = e^{-\boldsymbol{A}t}$는 식 (1. 163)과 같아지므로

$$\begin{aligned} f(\boldsymbol{A}) &= e^{-\boldsymbol{A}t} \\ &= \gamma_0 \boldsymbol{I} + \gamma_1 \boldsymbol{A} + \gamma_2 \boldsymbol{A}^2 \\ &= \gamma_0 \begin{bmatrix} 1&0&0 \\ 0&1&0 \\ 0&0&1 \end{bmatrix} + \gamma_1 \begin{bmatrix} 1&0&4 \\ 0&2&0 \\ 0&1&2 \end{bmatrix} + \gamma_2 \begin{bmatrix} 1&4&12 \\ 0&4&0 \\ 0&4&4 \end{bmatrix} \\ &= \begin{bmatrix} \gamma_0+\gamma_1+\gamma_2 & 4\gamma_2 & 4\gamma_1+12\gamma_2 \\ 0 & \gamma_0+2\gamma_1+4\gamma_2 & 0 \\ 0 & \gamma_1+4\gamma_2 & \gamma_0+2\gamma_1+4\gamma_2 \end{bmatrix} \end{aligned}$$

의 결과를 얻게 된다.

1.16 행렬방정식의 해

리아퓨노프(Lyapunov) 방정식은 제어 이론에서 다음과 같은 두 가지 형태로 주어진다. MATLAB에 의해 해를 구하는 방법은 연속시간 시스템에서는 'lyap' 로 주어지고, 이산 시간 시스템에서는 'dlyap' 로 주어진다.

[1] 연속시간 시스템

(1) 일반적 형태 : AY + YB = −C (lyap(A, B, C))
(2) 특수한 형태 : AY + YA' = −C (lyap(A, C))

[2] 이산시간 시스템

(1) 일반적인 형태

$$APA^T - P = -Q \qquad P = \text{dlyap}(A, Q)$$

행렬 A와 Q는 $n \times n$ 차원의 행렬이다.

(2) 특수한 형태 I

$$APB^T - P = -Q \qquad P = \text{dlyap}(A, B, Q) :$$

실베스터(Sylvester) 방정식이라 하며 A, B, C는 양립되는 차원을 가져야 하지만 정방일 필요는 없다. 행렬 Q가 대칭이면 해 P도 대칭이며, 행렬 Q가 정정(正定)이면 해 P도 정정이 된다. 그리고 행렬 A의 모든 고유값은 단위원 내에 존재해야 한다.

(3) 특수한 형태 II

$$APA^T - EPE^T = -Q \qquad P = \text{dlyap}(A, Q, [], E)$$

Q는 대칭행렬이다. 여기서 대괄호는 반드시 기술되어야 하는데, 이를 기술하지 않으면 에러가 발생한다. 이상의 방정식은 가장 일반화된 리아퓨노프 방정식이라 부른다.

선형 연속시간 제어 시스템에서 리아퓨노프 함수를 이용하여 안정한 제어기를 설계할 때 종종 나타나는 다음의 행렬방정식을 리아퓨노프 방정식이라고도 하는데,

$$A'Y + YA = -I \tag{1.164}$$

좌변은 일반적으로 단위행렬 또는 대칭 정정행렬(symmetric positive definite matrix)로 정의된다. 행렬의 정정(positive definitness) 또는 부정(negative definitness)의 판정은 다음 실베스터 정리에 의해 정의될 수 있다.

행렬 $\boldsymbol{A}$가

$$\boldsymbol{A} = \begin{bmatrix} a_{11} & a_{12} & \dots & a_{1n} \\ a_{21} & a_{22} & \dots & a_{n2} \\ \vdots & \vdots & \dots & \vdots \\ a_{n1} & a_{n2} & \dots & a_{nn} \end{bmatrix} \tag{1.165}$$

로 주어지고,

$$|a_{11}| > 0 \quad \begin{vmatrix} a_{11} & a_{12} \\ a_{21} & a_{22} \end{vmatrix} > 0 \quad \begin{vmatrix} a_{11} & a_{12} & a_{13} \\ a_{21} & a_{22} & a_{23} \\ a_{31} & a_{32} & a_{33} \end{vmatrix} > 0 \cdots\cdots\cdots\cdots \tag{1.166}$$

$$|\boldsymbol{A}| = \begin{vmatrix} a_{11} & a_{12} & \dots & a_{1n} \\ a_{21} & a_{22} & \dots & a_{n2} \\ \vdots & \vdots & \dots & \vdots \\ a_{n1} & a_{n2} & \dots & a_{nn} \end{vmatrix} > 0 \tag{1.167}$$

이면 행렬 $\boldsymbol{A}$를 정정행렬이라고 한다. 그리고 이들 부호가 음이 되면 부정행렬이라고 한다.

예제 59

다음 행렬방정식을 풀어라.

$$\boldsymbol{A}'\boldsymbol{Y} + \boldsymbol{Y}\boldsymbol{A} = -\boldsymbol{I} \tag{1.168}$$

단, $\boldsymbol{A} = \begin{bmatrix} -3 & -7 \\ 0 & -4 \end{bmatrix} \qquad \boldsymbol{Y} = \begin{bmatrix} a & b \\ b & c \end{bmatrix}$

[풀이] $\boldsymbol{A}$와 $\boldsymbol{Y}$를 주어진 식에 대입하면

$$\begin{bmatrix} -3 & -7 \\ 0 & -4 \end{bmatrix} \begin{bmatrix} a & b \\ b & c \end{bmatrix} + \begin{bmatrix} a & b \\ b & c \end{bmatrix} \begin{bmatrix} -3 & -7 \\ 0 & -4 \end{bmatrix} = -\begin{bmatrix} 1 & 0 \\ 0 & 1 \end{bmatrix}$$

$$\begin{bmatrix} -3a - 3a & -3b - 7a - 4b \\ -7a - 4b - 3b & -7b - 4c - 7b - 4c \end{bmatrix} = -\begin{bmatrix} 1 & 0 \\ 0 & 1 \end{bmatrix}$$

를 얻고, 이로부터 다음과 같은 관계를 얻는다.

$$-6a = -1$$

$$-3b - 7a - 4b = 0$$

$$-14b-8c=-1$$

따라서 $a=\frac{1}{6}$, $b=-\frac{1}{6}$, $c=\frac{5}{12}$ 로부터 다음 값을 얻을 수 있다.

$$\boldsymbol{Y}=\begin{bmatrix} \frac{1}{6} & -\frac{1}{6} \\ -\frac{1}{6} & \frac{5}{12} \end{bmatrix}$$

$\boldsymbol{Y}$는 정정행렬이 된다.

```
Y = lyap(A', I)

Y =  0.1667   -0.1667

   -0.1667    0.4167
```

예제 60

다음과 같이 정의되는 리아퓨노프 행렬방정식에 대해 해 $\boldsymbol{P}$를 구하라.

$$\boldsymbol{AP}+\boldsymbol{PA'}=-\boldsymbol{Q} \tag{1.169}$$

$$\boldsymbol{A}=\begin{bmatrix} 0 & 1 & 0 \\ 0 & 0 & 1 \\ -1 & -2 & -3 \end{bmatrix} \quad \text{및} \quad \boldsymbol{Q}=\boldsymbol{I}\,(\text{단위행렬})$$

[풀이] P = lyap(A, Q)

```
P =  2.3000    2.1000    0.5000

     2.1000    5.6000    1.3000

     0.5000    1.3000    0.6000
```

Chapter 02

벡터(Vector)

2.1 벡터와 스칼라의 정의

벡터 또는 변위는 크기와 방향을 가진다. 길이나 시간, 질량, 온도, 전하, 에너지 등과 같이 그 크기만으로 정해지는 양을 스칼라량이라고 하고 힘, 속도, 가속도, 전계, 자계 등과 같이 크기 및 방향을 동시에 갖는 양을 일반적으로 벡터량이라고 정의한다.

2.2 벡터의 표현

한편, 정현파 교류에서 복소수량으로 주어지는 교류전압, 교류전류, 임피던스, 어드미턴스 등과 같이 크기 외에도 작용하는 방향 또는 위상 등을 고려할 필요가 있는 양은 제 4 장에서 설명하게 될 벡터 기호법, 즉 페이저 표현법(phasor representation method)을 사용해서 표현할 수 있다.

즉, 벡터는 스칼라량과는 달리 $\boldsymbol{A}$ 또는 $\overrightarrow{A}$, $\dot{\boldsymbol{A}}$로 표현하고 스칼라량은 $|A|$, $|\dot{A}|$, 또는 A 등의 기호로 표시한다.

그러나 이 책에서는 $\boldsymbol{A}$ 또는 $\overrightarrow{A}$는 교류량에 관련되지 않은 모든 벡터를 나타낼 때 사용하기로 하고, 교류 복소수량에 관련된 것은 페이저 $\dot{\boldsymbol{A}}$로 구분하여 표시하기로 한다.

페이저법에서 편각은 반시계 방향을 양의 각으로 하고, 시계방향을 음의 각으로 한다. 이와 같이 페이저법은 페이저 $\dot{\boldsymbol{A}}$의 절대값과 편각을 명시하여

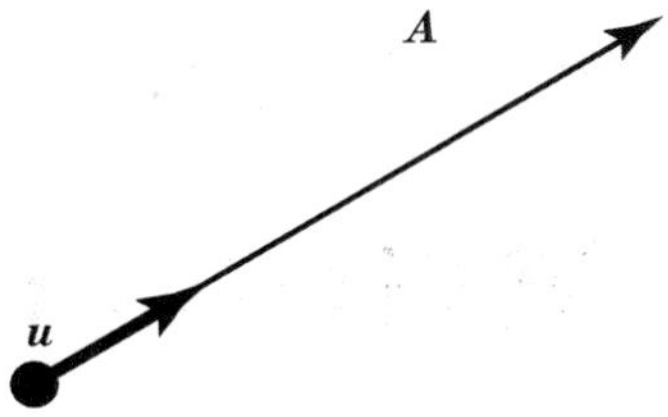

그림 2-1 벡터의 표시법

$$\dot{\boldsymbol{A}} = A \angle \phi = Ae^{j\phi} \tag{2.1}$$

로 표시한다. 그리고 벡터 $\boldsymbol{A}$를 도시하는 방법은 크기와 방향을 나타내기 위하여 그림 2-1과 같이 $\boldsymbol{A}$의 크기 또는 절대값 $|\boldsymbol{A}|$은 선분의 길이 $\boldsymbol{A}$로, 방향은 기준점 O에 대해서 '→' 로 나타낸다.

다음은 그림 2-1에 나타낸 단위벡터를 이용한 표현방법에 대해 고찰해 보자. 이처럼 크기가 1인 벡터를 단위벡터라 하고 $\boldsymbol{u}$로 표현한다. 따라서 벡터 $\boldsymbol{A}$는 동일 방향의 단위벡터 $\boldsymbol{u}$에 의해

$$\boldsymbol{A} = A\boldsymbol{u} \tag{2.2}$$

로 쓸 수 있다. 한편, 벡터 $\boldsymbol{A}$를 그림 2-2와 같은 직교좌표계로 나타내기 위해 X, Y, Z축 정방향의 단위벡터를 각각 $\boldsymbol{i}, \boldsymbol{j}, \boldsymbol{k}$로 정의하고 각 방향의 크기를 A_x, A_y, A_z로 두면

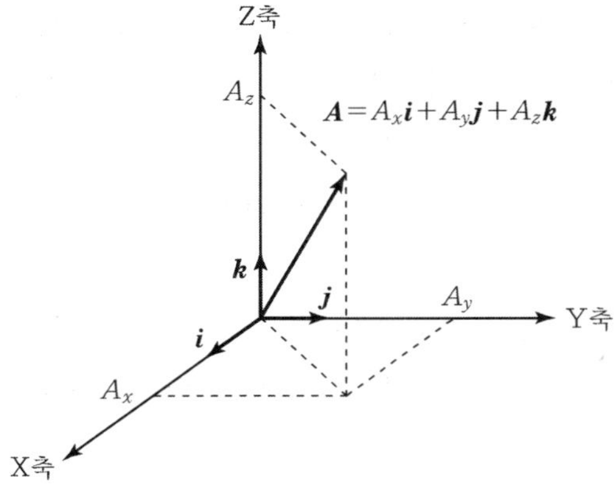

그림 2-2 직교 좌표계에서의 벡터 A

$$\boldsymbol{A} = \boldsymbol{i}A_x + \boldsymbol{j}A_y + \boldsymbol{k}A_z \tag{2.3}$$

로 표현된다. 즉, 각 방향의 크기성분은 벡터 $\boldsymbol{A}$의 각 축에 정사영이므로

$$A_x = \overline{OP_1} \tag{2.4}$$
$$A_y = \overline{OP_2}$$
$$A_z = \overline{OP_3}$$

로 되며 이들을 각각 x, y, z 축 방향의 성분이라고 한다. 또한,

$$\lambda = \cos\alpha = \frac{A_x}{\mathrm{A}} \tag{2.5}$$
$$\mu = \cos\beta = \frac{A_y}{\mathrm{A}}$$
$$\nu = \cos\gamma = \frac{A_z}{\mathrm{A}}$$

을 각 축방향의 방향여현(方向余弦)이라고 하며, 크기 $\boldsymbol{A}$는

$$\boldsymbol{A} = |\boldsymbol{A}| = \sqrt{A_x^2 + A_y^2 + A_z^2} = A\sqrt{\lambda^2 + \mu^2 + \nu^2} \tag{2.6}$$

로 표현되며, 여기서

$$\lambda^2 + \mu^2 + \nu^2 = 1 \tag{2.7}$$

이다.

예제 1

다음 벡터의 크기 및 방향여현을 구하라.

① $\boldsymbol{A} = \boldsymbol{i} + \boldsymbol{j} + \boldsymbol{k}$　　　② $\boldsymbol{B} = \boldsymbol{i}2 + \boldsymbol{j}3 - \boldsymbol{k}$

[풀이] ① $|\boldsymbol{A}| = \sqrt{1^2 + 1^2 + 1^2} = \sqrt{3}$,　$\lambda = \mu = \nu = \frac{1}{\sqrt{3}}$

② $|\boldsymbol{B}| = \sqrt{2^2 + 3^2 + (-1)^2} = \sqrt{14}$

$$\lambda = \frac{2}{\sqrt{14}},\ \mu = \frac{3}{\sqrt{14}},\ \nu = -\frac{1}{\sqrt{14}}$$

2.3 벡터의 가 · 감산

그림 2-3과 같이 2개의 벡터 $\boldsymbol{A}$, $\boldsymbol{B}$가 주어지면 이들의 합은 이들 벡터를 두 변으로 하는 평행사변형을 그려서 그 대각선 $\boldsymbol{C}$를 구하면 된다.

또는 그림 2-3 (b)와 같이 $\boldsymbol{A}$의 끝단에 $\boldsymbol{B}$를 평행이동하여 $\boldsymbol{C}$를 구할 수도 있다. 벡터 $\boldsymbol{A}$와 $\boldsymbol{B}$의 합성값은

$$\boldsymbol{A} + \boldsymbol{B} = \boldsymbol{C} \tag{2.8}$$

로 된다. 그리고 벡터 $\boldsymbol{A}$ 및 벡터 $\boldsymbol{B}$를 x, y, z축을 갖는 직교좌표, 즉

$$\boldsymbol{A} = \boldsymbol{i}A_x + \boldsymbol{j}A_y + \boldsymbol{k}A_z \tag{2.9}$$

$$\boldsymbol{B} = \boldsymbol{i}B_x + \boldsymbol{j}B_y + \boldsymbol{k}B_z \tag{2.10}$$

로 표현한 경우는 다음과 같다.

$$\boldsymbol{C} = \boldsymbol{A} + \boldsymbol{B} = \boldsymbol{i}(A_x + B_x) + \boldsymbol{j}(A_y + B_y) + \boldsymbol{k}(A_z + B_z) \tag{2.11}$$

다음에 벡터 $\boldsymbol{A}$와 $\boldsymbol{B}$의 차인 $\boldsymbol{D}$는

$$\boldsymbol{D} = \boldsymbol{A} - \boldsymbol{B} = \boldsymbol{A} + (-\boldsymbol{B}) \tag{2.12}$$

로부터 그림 2-4와 같이 두 벡터의 감산은 실제 벡터 $\boldsymbol{B}$와 반대방향의 벡터 $-\boldsymbol{B}$를 벡터 $\boldsymbol{A}$와 합산하는 경우와 같다.

그리고 벡터 $\boldsymbol{A}$ 및 벡터 $\boldsymbol{B}$를 앞에서와 같이 x, y, z축을 갖는 직교좌표로 표현하는 경우는

$$\boldsymbol{D} = \boldsymbol{A} - \boldsymbol{B} = \boldsymbol{i}(A_x - B_x) + \boldsymbol{j}(A_y - B_y) + \boldsymbol{k}(A_z - B_z) \tag{2.13}$$

로 된다.

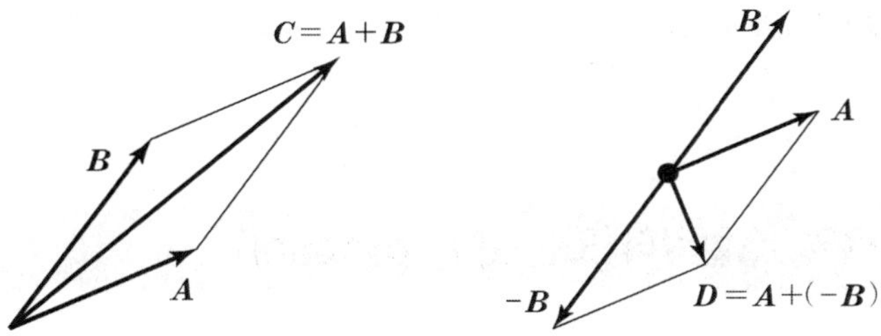

그림 2-3 벡터의 가 · 감산(기준을 A로 함)

2.4 벡터의 스칼라배

벡터를 스칼라배할 수 있다. 스칼라 a가 양수라면, 벡터 $\boldsymbol{A}$를 a배 한 결과는 그림 2-4(a)와 같다. 새로운 벡터는 $a|\boldsymbol{A}|$인 크기를 가지며 벡터 $\boldsymbol{A}$와 동일 방향을 갖는다. a가 음수이면, 새로운 벡터는 그림 2-4(b)와 같이 a$|\boldsymbol{A}|$인 크기를 가지고 벡터 $\boldsymbol{A}$와 반대 방향을 갖는다.

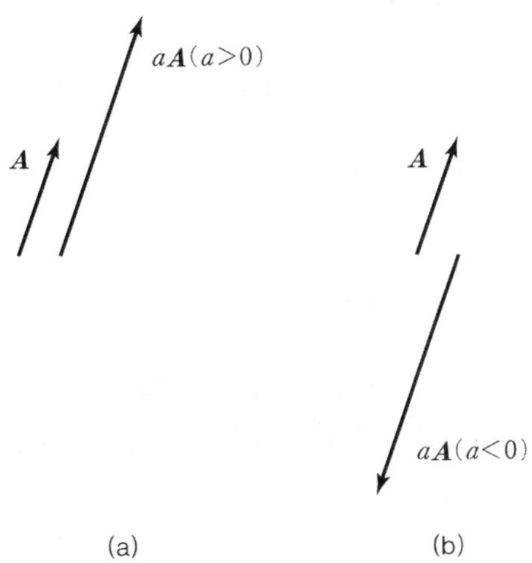

그림 2-4 벡터의 스칼라배

스칼라배는 분배법칙이 성립하며, 벡터 $\boldsymbol{A}$와 $\boldsymbol{B}$의 합의 a배는 각 벡터를 a배 한 결과인 $a|\boldsymbol{A}|$와 $a|\boldsymbol{B}|$를 합한 것과 같아진다.

$$a(\boldsymbol{A}+\boldsymbol{B}) = a\boldsymbol{A}+a\boldsymbol{B} \tag{2.14}$$

2.5 벡터의 스칼라적(또는 dot product)

벡터 $\boldsymbol{A}$ 및 벡터 $\boldsymbol{B}$가 각 θ를 이루고 있을 때

$$C = \boldsymbol{A}\cdot\boldsymbol{B} = \boldsymbol{B}\cdot\boldsymbol{A} = AB\cos\theta_{AB} \tag{2.15}$$

로 정의되는 스칼라 C를 벡터 $\boldsymbol{A}$와 $\boldsymbol{B}$의 스칼라적, 또는 내적(inner product)이라고 하고 교환법칙이 성립한다. 한편, 각 축방향의 기본 벡터의 내적은

$$\begin{aligned} &\boldsymbol{i}\cdot\boldsymbol{i} = \boldsymbol{j}\cdot\boldsymbol{j} = \boldsymbol{k}\cdot\boldsymbol{k} = 1 \\ &\boldsymbol{i}\cdot\boldsymbol{j} = \boldsymbol{j}\cdot\boldsymbol{k} = \boldsymbol{k}\cdot\boldsymbol{i} \\ &\quad = \boldsymbol{j}\cdot\boldsymbol{i} = \boldsymbol{k}\cdot\boldsymbol{j} \\ &\quad = \boldsymbol{i}\cdot\boldsymbol{k} = 0 \end{aligned} \tag{2.16}$$

로 되며, 직교좌표성분으로 나타내면

$$\begin{aligned} C &= \boldsymbol{A}\cdot\boldsymbol{B} = (\boldsymbol{i}A_x + \boldsymbol{j}A_y + \boldsymbol{k}A_z)\cdot(\boldsymbol{i}B_x + \boldsymbol{j}B_y + \boldsymbol{k}B_z) \\ &= A_xB_x + A_yB_y + A_zB_z \\ &= AB\cos\theta_{AB} \end{aligned} \tag{2.17}$$

로 되므로 두 벡터가 이루는 사이각은

$$\cos\theta_{AB} = \frac{\boldsymbol{A}\cdot\boldsymbol{B}}{AB} = \frac{A_xB_x + A_yB_y + A_zB_z}{\sqrt{(A_x^2 + A_y^2 + A_z^2)(B_x^2 + B_y^2 + B_z^2)}} \tag{2.18}$$

로부터 구해진다. 또한 $\boldsymbol{A}\cdot\boldsymbol{B} = 0$이면, 두 벡터는 서로 직교하게 됨을 알 수 있다. 이를 도시하면 그림 2-5와 같다.

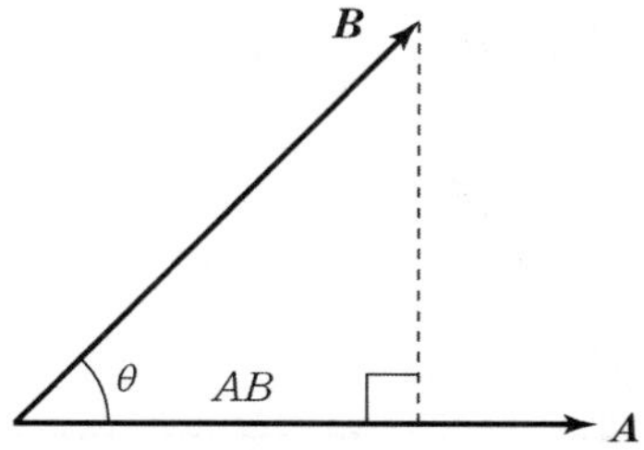

그림 2-5 벡터의 내적

2.6 벡터적 (또는 cross product)

벡터 $\boldsymbol{A}$ 및 벡터 $\boldsymbol{B}$가 각 θ를 이루고 있을 때,

$$\boldsymbol{C} = \boldsymbol{A} \times \boldsymbol{B} = -\boldsymbol{B} \times \boldsymbol{A} = AB\sin\theta_{AB}\boldsymbol{n} \tag{2.19}$$

로 정의되는 벡터 $\boldsymbol{C}$를 벡터 $\boldsymbol{A}$와 $\boldsymbol{B}$의 벡터적, 또는 외적(outer product)이라고 하고 교환법칙은 성립하지 않는다. 여기서 벡터 $\boldsymbol{n}$은 그림 2-6과 같이 벡터 $\boldsymbol{A}$와 $\boldsymbol{B}$에 의해 정해지는 평면에 수직인 법선 벡터를 의미한다. 한편, 각 축방향의 기본 벡터의 외적은

$$\boldsymbol{i} \times \boldsymbol{i} = \boldsymbol{j} \times \boldsymbol{j} = \boldsymbol{k} \times \boldsymbol{k} = 0 \tag{2.20}$$

$$\boldsymbol{i} \times \boldsymbol{j} = -\boldsymbol{j} \times \boldsymbol{i} = \boldsymbol{k}$$

$$\boldsymbol{j} \times \boldsymbol{k} = -\boldsymbol{k} \times \boldsymbol{j} = \boldsymbol{i}$$

$$\boldsymbol{k} \times \boldsymbol{i} = -\boldsymbol{i} \times \boldsymbol{k} = \boldsymbol{j}$$

로 되며 직교좌표성분으로 나타내면,

$$\begin{aligned} \boldsymbol{C} = \boldsymbol{A} \times \boldsymbol{B} &= (\boldsymbol{i}A_x + \boldsymbol{j}A_y + \boldsymbol{k}A_z) \times (\boldsymbol{i}B_x + \boldsymbol{j}B_y + \boldsymbol{k}B_z) \\ &= \boldsymbol{i}(A_yB_z - B_yA_z) - \boldsymbol{j}(A_xB_z - B_xA_z) + \boldsymbol{k}(A_xB_y - B_xA_y) \\ &= \begin{vmatrix} \boldsymbol{i} & \boldsymbol{j} & \boldsymbol{k} \\ A_x & A_y & A_z \\ B_x & B_y & B_z \end{vmatrix} = AB\sin\theta_{AB}\boldsymbol{n} \end{aligned} \tag{2.21}$$

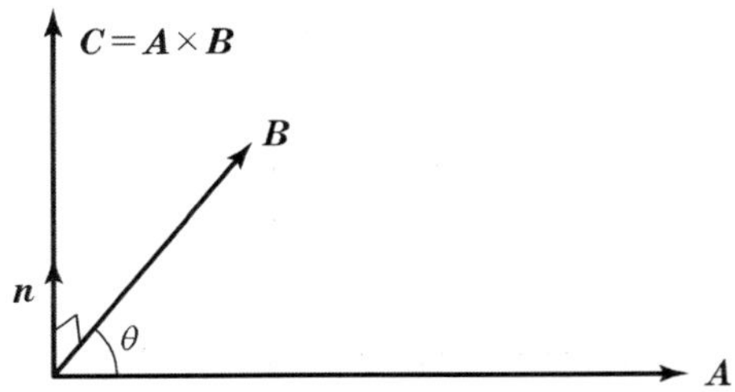

그림 2-6 벡터의 외적

로 된다. 그림 2-6에서와 같이 벡터 $\boldsymbol{C}$는 두 벡터 $\boldsymbol{A}$와 $\boldsymbol{B}$로 구성되는 평면에 수직, 곧 법선 방향 $\boldsymbol{n}$이고 그 길이는 두 벡터의 크기를 각 변으로 하는 평행사변형의 면적에 상응한다. 그리고 두 벡터가 이루는 사이각 θ_{AB}는 $\boldsymbol{A}$와 $\boldsymbol{B}$ 사이각 중 작은 각이며, 벡터 $\boldsymbol{C}$의 방향은 오른손 또는 오른나사의 법칙으로 결정된다. 즉, 오른나사를 잠글 때 진행하는 방향이 벡터 $\boldsymbol{C}$의 방향이 된다. 벡터 $\boldsymbol{A}$와 $\boldsymbol{B}$를 교환하면 그 결과는 반대 방향의 벡터로 된다.

$$\begin{aligned}|\sin\theta_{AB}| &= \frac{|\boldsymbol{A}\times\boldsymbol{B}|}{AB} \\ &= \frac{\sqrt{(A_yB_z-B_yA_z)^2+(A_xB_z-B_xA_z)^2+(A_xB_y-B_xA_y)^2}}{\sqrt{(A_x^2+A_y^2+A_z^2)(B_x^2+B_y^2+B_z^2)}}\end{aligned} \tag{2.22}$$

로부터 구해진다. 따라서

$$\boldsymbol{A}\times\boldsymbol{B}=0 \tag{2.23}$$

이면, 두 벡터는 서로 평행하다고 유추할 수 있다.

예제 2

외적은 결합법칙이 성립하는가? 이를 증명하라. 그렇지 않다면, 예를 들어서 설명하라.

[풀이] 두 벡터가 다음과 같이 표현된다면 결합법칙은 성립한다.

$$(\boldsymbol{A}\times\boldsymbol{B})\times\boldsymbol{C}=\boldsymbol{A}\times(\boldsymbol{B}\times\boldsymbol{C})$$

그러나 $\boldsymbol{A}=\boldsymbol{B}$ 또는 $\boldsymbol{A}=-\boldsymbol{B}$이며 $\boldsymbol{C}$가 $\boldsymbol{A}$와 $\boldsymbol{B}$에 수직인 경우에는, $\boldsymbol{A}$와 $\boldsymbol{B}$의 외

적이 영벡터이므로 방정식의 좌변은 영벡터가 된다. 한편, 우변에서 $\boldsymbol{B}$와 $\boldsymbol{C}$의 외적은 새로운 벡터로서 $\boldsymbol{B}$와 $\boldsymbol{C}$가 이루는 평면에 수직이고 그 길이는 $|\boldsymbol{B}|\ |\boldsymbol{C}|$와 같게 된다. 따라서 우변의 $\boldsymbol{A}$와 $\boldsymbol{B}\times\boldsymbol{C}$의 외적은 새로운 벡터가 된다. 즉, $\boldsymbol{A}$와 $\boldsymbol{B}\times\boldsymbol{C}$ 또한 수직이므로 이들의 외적 크기는 영이 아닌 $|\boldsymbol{A}||\boldsymbol{B}|\ |\boldsymbol{C}|$와 같게 된다. 따라서 $(\boldsymbol{A}\times\boldsymbol{B})\times\boldsymbol{C}$는 $\boldsymbol{A}\times(\boldsymbol{B}\times\boldsymbol{C})$와 같지 않으며, 결합법칙이 성립되지 않음을 알 수 있다.

예제 3

다음 두 벡터의 합, 차, 스칼라적, 벡터적, 그리고 사이각 θ를 구하라.

$$\boldsymbol{A}=\boldsymbol{i}+\boldsymbol{j}+\boldsymbol{k},\ \boldsymbol{B}=\boldsymbol{i}2+\boldsymbol{j}3-\boldsymbol{k}$$

[풀이] ① $\boldsymbol{A}+\boldsymbol{B}=(\boldsymbol{i}+\boldsymbol{j}+\boldsymbol{k})+(\boldsymbol{i}2+\boldsymbol{j}3-\boldsymbol{k})$
$=\boldsymbol{i}3+\boldsymbol{j}4$

② $\boldsymbol{A}-\boldsymbol{B}=(\boldsymbol{i}+\boldsymbol{j}+\boldsymbol{k})-(\boldsymbol{i}2+\boldsymbol{j}3-\boldsymbol{k})$
$=-\boldsymbol{i}-\boldsymbol{j}2+\boldsymbol{k}2$

③ $\boldsymbol{A}\cdot\boldsymbol{B}=(\boldsymbol{i}+\boldsymbol{j}+\boldsymbol{k})\cdot(\boldsymbol{i}2+\boldsymbol{j}3-\boldsymbol{k})$
$=2+3-1=4$

④
$$\begin{aligned}\boldsymbol{A}\times\boldsymbol{B}&=(\boldsymbol{i}+\boldsymbol{j}+\boldsymbol{k})\times(\boldsymbol{i}2+\boldsymbol{j}3-\boldsymbol{k})\\&=\boldsymbol{i}(A_yB_z-B_yA_z)-\boldsymbol{j}(A_xB_z-B_xA_z)+\boldsymbol{k}(A_xB_y-B_xA_y)\\&=\begin{vmatrix}\boldsymbol{i}&\boldsymbol{j}&\boldsymbol{k}\\1&1&1\\2&3&-1\end{vmatrix}\\&=\boldsymbol{i}(-1-3)-\boldsymbol{j}(-1-2)+\boldsymbol{k}(3-2)\\&=-\boldsymbol{i}4+\boldsymbol{j}3+\boldsymbol{k}\end{aligned}$$

⑤ 사이각

$$\cos\theta_{AB}=\frac{\boldsymbol{A}\cdot\boldsymbol{B}}{AB}=\frac{4}{\sqrt{(1^2+1^2+1^2)(2^2+3^2+(-1)^2)}}=\frac{4}{\sqrt{42}}$$

$$\therefore\ \theta_{AB}=\cos^{-1}2\sqrt{\frac{2}{21}}\simeq 51.89°$$

예제 4

그림 2-7과 같이 변 b와 변 c가 이루는 각도가 θ인 삼각형에 대한 여현공식 $a^2=b^2+c^2-2bc\cos\theta$가 성립하는 것을 벡터의 내적연산을 이용해서 증명하라.

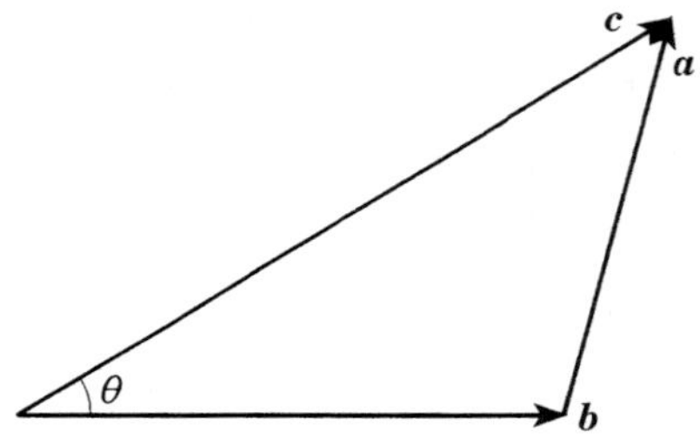

그림 2-7 삼각형의 도시

[풀이] 삼각형의 각 변을 벡터 $\boldsymbol{a}, \boldsymbol{b}, \boldsymbol{c}$로 두면 $\boldsymbol{a}+\boldsymbol{b}=\boldsymbol{c}$로부터 $\boldsymbol{a}=\boldsymbol{c}-\boldsymbol{b}$이므로

$$a^2 = \boldsymbol{a}\cdot\boldsymbol{a} = (\boldsymbol{c}-\boldsymbol{b})\cdot(\boldsymbol{c}-\boldsymbol{b})$$
$$= \boldsymbol{c}\cdot(\boldsymbol{c}-\boldsymbol{b}) - \boldsymbol{b}\cdot(\boldsymbol{c}-\boldsymbol{b})$$
$$= c^2 - bc\ \cos\theta - bc\ \cos\theta + b^2$$
$$= b^2 + c^2 - 2bc\cos\theta$$

로 된다.

예제 5

삼각함수에 대한 다음 함수의 가법정리를 벡터의 내적 또는 외적 연산을 이용하여 구하라.

① $\cos(\theta_1+\theta_2) = \cos\theta_1\cos\theta_2 - \sin\theta_1\sin\theta_2$

② $\sin(\theta_1+\theta_2) = \sin\theta_1\cos\theta_2 + \sin\theta_2\cos\theta_1$

[풀이] 그림 2-8과 같은 xy 평면 상에 있는 2개의 기본 단위벡터를

$$\boldsymbol{u}_1 \triangleq \boldsymbol{i}\cos\theta_1 + \boldsymbol{j}\sin\theta_1$$
$$\boldsymbol{u}_2 \triangleq \boldsymbol{i}\cos\theta_2 - \boldsymbol{j}\sin\theta_2$$

로 정의한다.

① $\boldsymbol{u}_1\cdot\boldsymbol{u}_2 \triangleq (\boldsymbol{i}\cos\theta_1 + \boldsymbol{j}\sin\theta_1)\cdot(\boldsymbol{i}\cos\theta_2 - \boldsymbol{j}\sin\theta_2)$
$= \cos\theta_1\cos\theta_2 - \sin\theta_1\sin\theta_2$

또한, 벡터 내적의 정의식에서

$$\boldsymbol{u}_1\cdot\boldsymbol{u}_2 = u_1 u_2\cos\theta = \cos(\theta_1+\theta_2)$$
$$\therefore \cos(\theta_1+\theta_2) = \cos\theta_1\cos\theta_2 - \sin\theta_1\sin\theta_2$$

로 됨을 알 수 있다. 여기서 u_1 및 u_2는 단위벡터 $\boldsymbol{u}_1$ 및 $\boldsymbol{u}_2$의 크기를 나타낸다.

② $\boldsymbol{u}_2 \times \boldsymbol{u}_1 \triangleq (\boldsymbol{i}\cos\theta_2 - \boldsymbol{j}\sin\theta_2) \times (\boldsymbol{i}\cos\theta_1 + \boldsymbol{j}\sin\theta_1)$

$$= \begin{vmatrix} \boldsymbol{i} & \boldsymbol{j} & \boldsymbol{k} \\ \cos\theta_2 & -\sin\theta_2 & 0 \\ \cos\theta_1 & \sin\theta_1 & 0 \end{vmatrix}$$

$$= \boldsymbol{k}(\cos\theta_2\sin\theta_1 + \sin\theta_2\cos\theta_1)$$

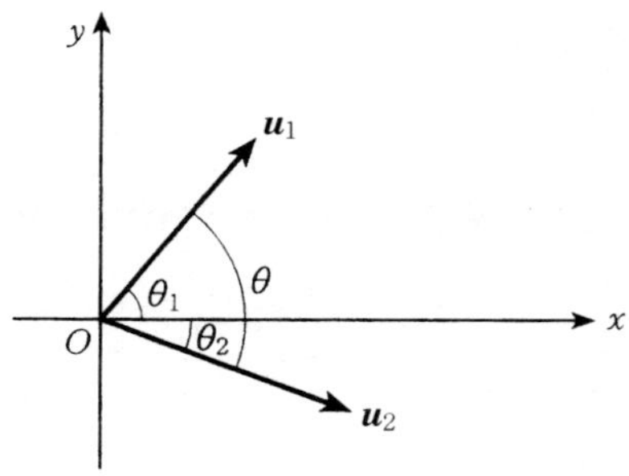

그림 2-8 기본벡터의 도시

로 되며, 또한 벡터 외적의 정의식에서

$$\boldsymbol{u}_1 \times \boldsymbol{u}_2 = u_1 u_2 \sin\theta \boldsymbol{k} = \sin(\theta_1 + \theta_2)\boldsymbol{k}$$

$$\therefore \sin(\theta_1 + \theta_2) = \sin\theta_1\cos\theta_2 + \cos\theta_1\sin\theta_2$$

로 됨을 알 수 있다.

예제 5

그림 2-9와 같이 벡터적을 이용하여 평면에 수직인 법선 단위벡터 $\boldsymbol{n}$을 구하라.

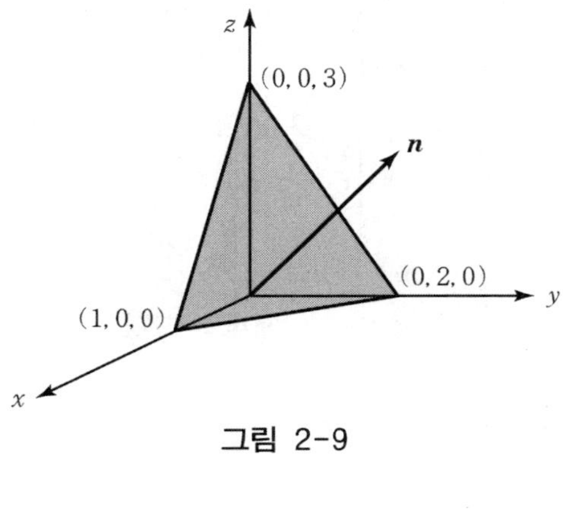

그림 2-9

[풀이] 3차원 평면의 방향은 먼저 이 평면에 평행인 두 벡터를 정의함으로써 결정될 수 있다. 벡터 $\boldsymbol{A}$는 (1, 0, 0)과 (0, 2, 0)을 연결한 벡터로 가정하고, $\boldsymbol{B}$는 (1, 0, 0)과 (0, 0, 3)을 연결한 벡터로 가정하자. 이렇게 하면 $\boldsymbol{A}$와 $\boldsymbol{B}$의 외적인 벡터 $\boldsymbol{C}$는 법선 $\boldsymbol{n}$과 동일한 방향을 가질 것이다. 따라서 벡터 $\boldsymbol{A}$와 $\boldsymbol{B}$의 외적으로부터 벡터 $\boldsymbol{C}$를 얻을 수 있다.

$$\boldsymbol{C} = \boldsymbol{A} \times \boldsymbol{B} = \begin{vmatrix} \boldsymbol{i} & \boldsymbol{j} & \boldsymbol{k} \\ -1 & 2 & 0 \\ -1 & 0 & 3 \end{vmatrix} = 6\boldsymbol{i} + 3\boldsymbol{j} + 2\boldsymbol{k}$$

벡터 $\boldsymbol{C}$의 길이는 다음과 같으며,

$$|\boldsymbol{C}| = \sqrt{6^2 + 3^2 + 2^2} = 7$$

식 (2-23)에서와 같이 $\boldsymbol{C}$에 평행인 법선 단위벡터 $\boldsymbol{n}$은 단위 크기를 가져야 하므로 다음과 같이 구할 수 있다.

$$\boldsymbol{n} = \frac{1}{7}\boldsymbol{C} = \frac{6}{7}\boldsymbol{i} + \frac{3}{7}\boldsymbol{j} + \frac{2}{7}\boldsymbol{k}$$

예제 6

그림 2-10과 같이 원점 O 에서 d [m]만큼 떨어진 점 P에 외력 $\boldsymbol{F}$ [N]이 인가될 때 원점에 대한 모멘트 $\boldsymbol{M}$ [Nm]을 구하라. 단, 거리 벡터는 $\boldsymbol{d} = \boldsymbol{i}5 + \boldsymbol{j}3$ [m]이고, 외력은 $\boldsymbol{F} = \boldsymbol{i} - \boldsymbol{j}2$ [N]로 주어진다.

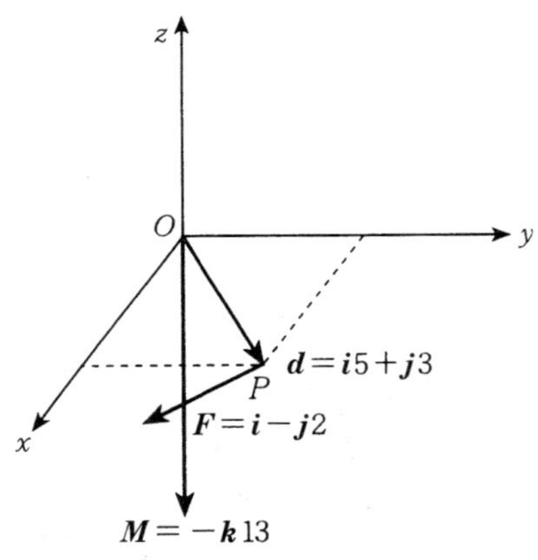

그림 2-10 예제의 그림

[풀이] 모멘트는 벡터의 외적인

$$\boldsymbol{M} = \boldsymbol{d} \times \boldsymbol{F}\,[\mathrm{Nm}]$$

로 주어지므로

$$\boldsymbol{M} = \boldsymbol{d} \times \boldsymbol{F} = (\boldsymbol{i}\,5 + \boldsymbol{j}\,3) \times (\boldsymbol{i} - \boldsymbol{j}\,2)$$

$$= \boldsymbol{k}\,(-10-3) = -\boldsymbol{k}\,13\,[\mathrm{Nm}]$$

로 된다. 또는 벡터 외적의 연산으로부터

$$\boldsymbol{M} = d\,F\sin\theta_{AB}\boldsymbol{k} = \sqrt{5^2+3^2}\,\sqrt{1^2+(-2)^2}\sin\theta_{AB}\,\boldsymbol{k}$$

$$= \sqrt{170}\sin\theta_{AB}\,\boldsymbol{k}$$

로도 된다. 이것이 앞에서 구한 결과와 다른 이유는 $\sin\theta$ 항의 연산을 필요로 하기 때문이다. 즉,

$$|\sin\theta_{AB}| = \frac{|\boldsymbol{A} \times \boldsymbol{B}|}{AB}$$

$$= \frac{\sqrt{(A_yB_z - B_yA_z)^2 + (A_xB_z - B_xA_z)^2 + (A_xB_y - B_xA_y)^2}}{\sqrt{(A_x^2 + A_y^2 + A_z^2)(B_x^2 + B_y^2 + B_z^2)}}$$

로부터 θ_{AB}를 구할 수도 있으나 절대값 연산이 행해지는 관계로 사이각의 부호 결정이 어렵다. 물론, 내적에 의해 사이각 연산을 행할 수도 있다.

여기서는 다소 까다롭게 보일지 모르나 물리적인 의미파악이 중요하므로 벡터적의 개념으로부터 사이각 θ_{AB}을 연산하고자 한다.

벡터적이 시계방향으로 행해지므로 모멘트 $\boldsymbol{M}$은 지면 아래방향으로 작용하게 되고, 외력 $\boldsymbol{F} = \boldsymbol{i} - \boldsymbol{j}2\,[\mathrm{N}]$와 이루는 각도는 $\boldsymbol{d} = \boldsymbol{i}5 + \boldsymbol{j}3\,[\mathrm{m}]$를 기준으로 하여 음의 각이 되므로

$$\theta_{AB} = \theta_2 - \theta_1$$

$$= \tan^{-1}\left(\frac{-2}{1}\right) - \tan^{-1}\left(\frac{3}{5}\right)$$

$$= -63.44^\circ - 30.97^\circ \doteqdot -94.40^\circ_{AB}$$

로 구해져서,

$$\boldsymbol{M} = \sqrt{170}\,\sin\theta_{AB}\,\boldsymbol{k}$$

$$= \sqrt{170}\,\sin(-94.40^\circ)\,\boldsymbol{k} = -13\boldsymbol{k}$$

로 되어 앞의 결과와 같게 된다.

2.7 벡터 좌표계의 회전

벡터의 방향과 크기를 나타내는 데 필요한 3개의 좌표계는 하나로 정의되지 않는다. 하나의 벡터가 좌표계에 따라 다른 좌표로 표현된다. 통상 좌표축의 선택에 따라서도 영향을 받지만 좌표계를 선택하는 방법은 여러 가지가 있다. 그림 2 -11은 y축과 z축을 두 가지 방식으로 선택할 수 있음을 보인 것이다. 좌표계 S는 x, y, z축으로 정의하고, x축을 기점으로 ϕ만큼 회전한 좌표계 S'은 x', y', z'축으로 정의하자.

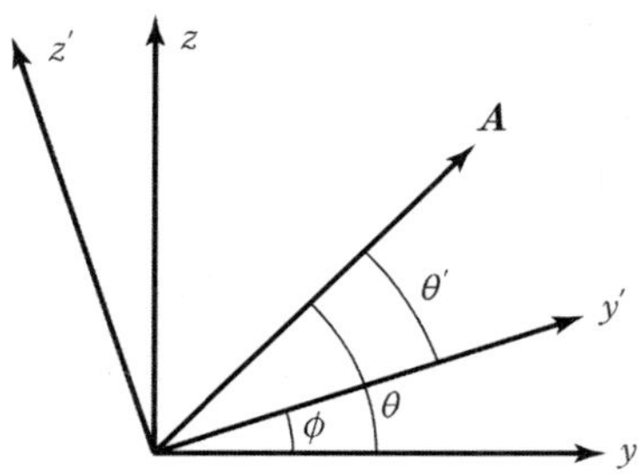

그림 2-11 좌표계의 회전

벡터 $\boldsymbol{A}$와 y축과의 각도는 θ_{AB}와 같고, 벡터 $\boldsymbol{A}$의 y 및 z 좌표는 다음과 같다.

$$\begin{aligned} A_y &= |\boldsymbol{A}|\cos\theta \\ A_z &= |\boldsymbol{A}|\sin\theta \end{aligned} \tag{2.24}$$

벡터 $\boldsymbol{A}$와 y'축과의 각도는 $\theta = \theta - \phi$와 같다. 그리고 벡터 $\boldsymbol{A}$의 y'과 z'좌표는 다음과 같아진다.

$$\begin{aligned} A_y{}' &= |\boldsymbol{A}|\cos\theta' = |\boldsymbol{A}|\cos(\theta - \phi) \\ A_z{}' &= |\boldsymbol{A}|\sin\theta' = |\boldsymbol{A}|\sin(\theta - \phi) \end{aligned} \tag{2.25}$$

삼각함수 공식을 적용하고, S' 좌표계의 벡터 $\boldsymbol{A}$의 성분은 좌표계 S의 벡터 $\boldsymbol{A}$의 성분으로 다음과 같이 표현할 수 있다

$$\begin{aligned} A'_y &= |\boldsymbol{A}|[\cos\theta\cos\phi + \sin\theta\sin\phi] = A_y\cos\phi + A_z\sin\phi \\ A'_z &= |\boldsymbol{A}|[-\cos\theta\sin\phi + \sin\theta\cos\phi] = -A_y\sin\phi + A_z\cos\phi \end{aligned} \tag{2.26}$$

이들 관계는 S 좌표계의 벡터 $\boldsymbol{A}$ 좌표가 S' 좌표계의 벡터 $\boldsymbol{A}$와 밀접하다는 것을 보여준다. 이들 관계를 행렬로 표현하면 다음과 같다.

$$\begin{pmatrix} A'_y \\ A'_z \end{pmatrix} = \begin{pmatrix} \cos\phi & \sin\phi \\ -\sin\phi & \cos\phi \end{pmatrix} \begin{pmatrix} A_y \\ A_z \end{pmatrix} \tag{2.27}$$

x축을 기점으로 한 좌표계 S의 회전은 x축 성분을 변화시키지 않는다. 즉, 어떤 벡터의 x 좌표는 S 좌표계에서나 S'좌표계에서 동일하다는 것이다. 따라서 좌표계의 회전에 의한 벡터를 3차원으로 표현하면 다음과 같다.

$$\begin{pmatrix} A'_x \\ A'_y \\ A'_z \end{pmatrix} = \begin{pmatrix} 1 & 0 & 0 \\ 0 & \cos\phi & \sin\phi \\ 0 & -\sin\phi & \cos\phi \end{pmatrix} \begin{pmatrix} A_x \\ A_y \\ A_z \end{pmatrix} \tag{2.28}$$

x축을 기점으로 한 좌표계 S의 회전은 벡터 $\boldsymbol{A}$의 길이를 변화시키지 않는다. 이를 증명해 보자. 좌표계 S의 벡터 $\boldsymbol{A}$의 길이는 다음과 같이 계산된다.

$$|\boldsymbol{A_s}| = \sqrt{A_x^2 + A_y^2 + A_z^2} \tag{2.29}$$

그리고 S'좌표계에서의 벡터 $\boldsymbol{A}$가 다음으로 정의되므로

$$\begin{pmatrix} A'_x \\ A'_y \\ A'_z \end{pmatrix} = \begin{pmatrix} A_x \\ A_y\cos\phi + A_z\sin\phi \\ -A_y\sin\phi + A_z\cos\phi \end{pmatrix} \tag{2.30}$$

벡터 $\boldsymbol{A}$의 길이는

$$|\boldsymbol{A_s}'| = \sqrt{A'^2_x + A'^2_y + A'^2_z} \tag{2.31}$$

로 정의되며, 좌표계 S와 좌표계 S'와의 관계를 적용하면

$$\begin{aligned} |\boldsymbol{A_s}'| &= \sqrt{A_x^2 + (A_y\cos\phi + A_z\sin\phi)^2 + (-A_y\sin\phi + A_z\cos\phi)^2} \\ &= \sqrt{A_x^2 + A_y^2 + A_z^2} = |\boldsymbol{A_s}| \end{aligned} \tag{2.32}$$

로 됨을 알 수 있다. 이처럼 임의 축을 기점으로 회전된 좌표 변환을 일반화시키면 다음과 같이 쓸 수 있다.

$$\begin{pmatrix} A_x{}' \\ A_y{}' \\ A_z{}' \end{pmatrix} = \begin{pmatrix} R_{xx} & R_{xy} & R_{xz} \\ R_{yx} & R_{yy} & R_{yz} \\ R_{zx} & R_{zy} & R_{zz} \end{pmatrix} \begin{pmatrix} A_x \\ A_y \\ A_z \end{pmatrix} = \begin{pmatrix} R_{xx}A_x + R_{xy}A_y + R_{xz}A_z \\ R_{yx}A_x + R_{yy}A_y + R_{yz}A_z \\ R_{zx}A_x + R_{zy}A_y + R_{zz}A_z \end{pmatrix} \tag{2.33}$$

또는 $i, j = x,\ y$ 및 z로 정의하면 다음과 같이 간략하게 표현할 수도 있다.

$$A_i{}' = \sum_{j=x}^{z} R_{ij} A_i \tag{2.34}$$

여기서 $R_{ij}[i, j = x, y, z]$는 i축과 j축의 상관 행렬 요소로 정의한다.

2.8 벡터의 삼중적(triple product)

3개의 벡터를 이용한 적(積)으로

$$(\boldsymbol{A} \cdot \boldsymbol{B})\ \boldsymbol{C} \tag{2.35}$$

$$\boldsymbol{A} \cdot (\boldsymbol{B} \times \boldsymbol{C}) \tag{2.36}$$

$$\boldsymbol{A} \times (\boldsymbol{B} \times \boldsymbol{C}) \tag{2.37}$$

를 들 수 있다.

먼저, 벡터 내적연산 $\boldsymbol{A} \cdot \boldsymbol{B}$의 결과는 스칼라이므로 식 (2.35)은 단순히 벡터 $\boldsymbol{C}$의 상수배에 불과함을 알 수 있다. 그리고 식 (2.37)은 연산결과가 스칼라이므로 '스칼라 삼중적' 이라고 한다.

일반적으로 외적연산을 우선 행하므로 괄호를 생략해서 $\boldsymbol{A} \cdot \boldsymbol{B} \times \boldsymbol{C}$로 쓰며, 이 스칼라 삼중적 연산의 결과는 3개의 벡터를 한 변으로 하는 평행육면체의 체적이 된다.

$\boldsymbol{B} \times \boldsymbol{C}$는 그 크기가 그림 2-9와 같은 평행육면체의 밑면 면적이고 그 방향은 밑면에 수직, 즉 지면 위로 향하는 방향이다. 더욱이 평행육면체의 높이는 밑면에 수직인 법선 벡터방향의 벡터 $\boldsymbol{B} \times \boldsymbol{C}$에 벡터 $\boldsymbol{A}$를 투영한 정사영과 같으므로 $\boldsymbol{A} \cdot \boldsymbol{B} \times \boldsymbol{C}$ 연산의 결과는 평행육면체의 체적이 된다. 따라서

$$\begin{aligned} \boldsymbol{A} \cdot \boldsymbol{B} \times \boldsymbol{C} = \boldsymbol{B} \cdot \boldsymbol{C} \times \boldsymbol{A} &= \boldsymbol{C} \cdot \boldsymbol{A} \times \boldsymbol{B} \\ &= -\boldsymbol{A} \cdot \boldsymbol{C} \times \boldsymbol{B} \end{aligned}$$

$$= -\boldsymbol{B} \cdot \boldsymbol{A} \times \boldsymbol{C}$$
$$= -\boldsymbol{C} \cdot \boldsymbol{B} \times \boldsymbol{A} \qquad (2.38)$$

는 모두 동일한 결과를 갖는다. 그리고 직교좌표계로 나타내면,

$$\boldsymbol{A} \cdot (\boldsymbol{B} \times \boldsymbol{C})$$
$$= (\boldsymbol{i}A_x + \boldsymbol{j}A_y + \boldsymbol{k}A_z) \cdot [\boldsymbol{i}(B_yC_z - C_yB_z) - \boldsymbol{j}(B_xC_z - C_xB_z) + \boldsymbol{k}(B_xC_y - C_xB_y)]$$
$$= A_x(B_yC_z - C_yB_z) - A_y(B_xC_z - C_xB_z) + A_z(B_xC_y - C_xB_y) \qquad (2.39)$$
$$= \begin{vmatrix} A_x & A_y & A_z \\ B_x & B_y & B_z \\ C_x & C_y & C_z \end{vmatrix}$$

로 쓸 수 있다. 이는 또한, 그림 2-12와 같이 $\boldsymbol{A}$, $\boldsymbol{B}$, $\boldsymbol{C}$를 세 변으로 하는 평행육면체의 체적과 같다.

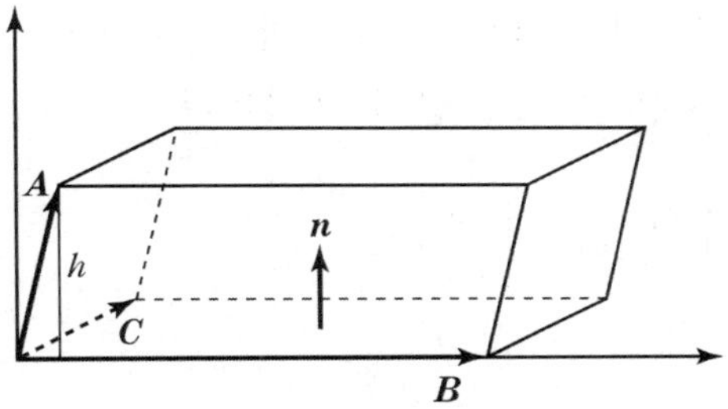

그림 2-12 평행육면체

예제 7

다음에 주어진 세 벡터에 대해 식 (2.37)의 벡터 3중적을 구하라.

$$\boldsymbol{A} = 2\boldsymbol{i} + 3\boldsymbol{j} - 4\boldsymbol{k},\ \boldsymbol{B} = \boldsymbol{i} - 2\boldsymbol{j} + 2\boldsymbol{k},\ \boldsymbol{C} = 3\boldsymbol{i} - 3\boldsymbol{j} - \boldsymbol{k}$$

[풀이] 벡터 3중적 $\boldsymbol{A} \times (\boldsymbol{B} \times \boldsymbol{C})$는 $\boldsymbol{A} \times (\boldsymbol{B} \times \boldsymbol{C}) = (\boldsymbol{A} \cdot \boldsymbol{C})\boldsymbol{B} - (\boldsymbol{A} \cdot \boldsymbol{B})\boldsymbol{C}$와 같으므로 먼저,

$$\boldsymbol{A} \cdot \boldsymbol{C} = 2 \times 3 + 3 \times (-3) - 4 \times (-1) = 1$$

및

$$\boldsymbol{A} \cdot \boldsymbol{B} = 2 \times 1 + 3 \times (-2) - 4 \times 2 = -10$$

를 구해낸다. 따라서

$$A\times(B\times C) = i(1+30)+j(-2-30)+k(2-10) = 31i-32j-8k$$

를 얻는다.

2.9 벡터의 도함수

[1] 스칼라 함수의 미분

스칼라 함수 $f(x)$의 도함수 df/dx는 x값의 미소 변위 dx에 대해 함수 $f(x)$가 얼마나 큰 값으로 변화하는가를 나타내는 것이다.

$$df = \left[\frac{df}{dx}\right]dx \tag{2.40}$$

3차원 직각좌표계에서 위치를 나타내는 스칼라 함수 $f(x, y, z)$는 3개의 변수를 가지므로 $f(x, y, z)$의 편도함수는 다음과 같이 표현된다.

$$df = \left[\frac{\partial f}{\partial x}\right]dx + \left[\frac{\partial f}{\partial y}\right]dy + \left[\frac{\partial f}{\partial z}\right]dz \tag{2.41}$$

[2] 벡터 함수의 미분

시간 t가 스칼라의 독립변수이고 벡터 V가 시간 t의 함수로서

$$V(t) = iV_x(t) + jV_y(t) + kV_z(t) \tag{2.42}$$

로 표현되는 연속함수이면, 스칼라 t의 증분 Δt에 대해 벡터 증분은

$$\begin{aligned} \Delta V(t) &= V(t+\Delta t) - V(t) \\ &= iV_x(t+\Delta t) + jV_y(t+\Delta t) + kV_z(t+\Delta t) \\ &\quad - iV_x(t) + jV_y(t) + kV_z(t) \\ &= i\Delta V_x(t) + j\Delta V_y(t) + k\Delta V_z(t) \end{aligned} \tag{2.43}$$

로 된다. 따라서 이것의 시간도함수는

$$\frac{d\boldsymbol{V}(t)}{dt} = \lim_{\Delta t \to 0} \frac{\boldsymbol{V}(t+\Delta t) - \boldsymbol{V}(t)}{\Delta t}$$

$$= \lim_{\Delta t \to 0} \frac{\Delta \boldsymbol{V}(t)}{\Delta t}$$

$$= \lim_{\Delta t \to 0} \frac{\Delta V_x(t)}{\Delta t}\boldsymbol{i} + \lim_{\Delta t \to 0} \frac{\Delta V_y(t)}{\Delta t}\boldsymbol{j} + \lim_{\Delta t \to 0} \frac{\Delta V_z(t)}{\Delta t}\boldsymbol{k}$$

$$= \frac{dV_x(t)}{dt}\boldsymbol{i} + \frac{dV_y(t)}{dt}\boldsymbol{j} + \frac{dV_z(t)}{dt}\boldsymbol{k} \tag{2.44}$$

로 되므로 벡터 $\boldsymbol{V}(t)$의 미분은

$$d\boldsymbol{V}(t) = dV_x(t)\boldsymbol{i} + dV_y(t)\boldsymbol{j} + dV_z(t)\boldsymbol{k} \tag{2.45}$$

로 쓰거나 또는 간단히

$$d\boldsymbol{V} = dV_x\boldsymbol{i} + dV_y\boldsymbol{j} + dV_z\boldsymbol{k} \tag{2.46}$$

로 표현할 수 있다.

다음은 이에 기초한 몇 가지의 벡터 도함수 공식을 기술한다.

① 벡터의 합 또는 차의 도함수

$$\frac{d(\boldsymbol{U} \pm \boldsymbol{V})}{dt} = \frac{d\boldsymbol{U}}{dt} \pm \frac{d\boldsymbol{V}}{dt} \tag{2.47}$$

② 스칼라적 벡터의 도함수

$$\frac{d(\phi\boldsymbol{V})}{dt} = \phi\frac{d\boldsymbol{V}}{dt} + \boldsymbol{V}\frac{d\phi}{dt} \tag{2.48}$$

③ 벡터 내적의 도함수

$$\frac{d(\boldsymbol{U} \cdot \boldsymbol{V})}{dt} = \frac{d\boldsymbol{U}}{dt} \cdot \boldsymbol{V} + \boldsymbol{U} \cdot \frac{d\boldsymbol{V}}{dt} \tag{2.49}$$

④ 벡터 외적의 도함수

$$\frac{d(\boldsymbol{U} \times \boldsymbol{V})}{dt} = \frac{d\boldsymbol{U}}{dt} \times \boldsymbol{V} + \boldsymbol{U} \times \frac{d\boldsymbol{V}}{dt} \tag{2.50}$$

⑤ 스칼라 삼중적의 도함수

$$\frac{d(\boldsymbol{U} \cdot \boldsymbol{V} \times \boldsymbol{W})}{dt} \tag{2.51}$$

$$= \frac{d\boldsymbol{U}}{dt} \cdot \boldsymbol{V} \times \boldsymbol{W} + \boldsymbol{U} \cdot \frac{d\boldsymbol{V}}{dt} \times \boldsymbol{W} + \boldsymbol{U} \cdot \boldsymbol{V} \times \frac{d\boldsymbol{W}}{dt}$$

⑥ 벡터 삼중적의 도함수

$$\frac{d[\boldsymbol{U} \times (\boldsymbol{V} \times \boldsymbol{W})]}{dt} \tag{2.52}$$

$$= \frac{d\boldsymbol{U}}{dt} \times (\boldsymbol{V} \times \boldsymbol{W}) + \boldsymbol{U} \times \left(\frac{d\boldsymbol{V}}{dt} \times \boldsymbol{W}\right) + \boldsymbol{U} \times \left(\boldsymbol{V} \times \frac{d\boldsymbol{W}}{dt}\right)$$

[3] 벡터계

두 변수 또는 세 변수의 벡터 함수를 벡터계라고 한다.

$$\boldsymbol{V}(x, y) = P(x, y)\boldsymbol{i} + Q(x, y)\boldsymbol{j} \tag{2.53}$$

$$\boldsymbol{V}(x, y, z) = P(x, y, z)\boldsymbol{i} + Q(x, y, z)\boldsymbol{j} + R(x, y, z)\boldsymbol{k} \tag{2.54}$$

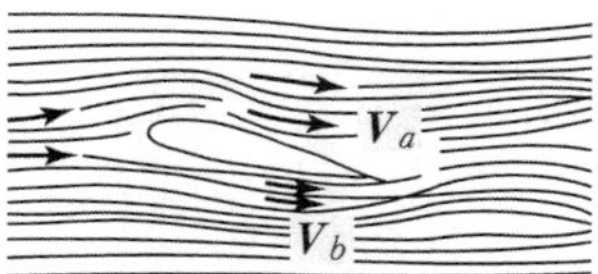

(a) 비행기 날개 주위의 기류 $\|\boldsymbol{V}_a\| > \|\boldsymbol{V}_b\|$

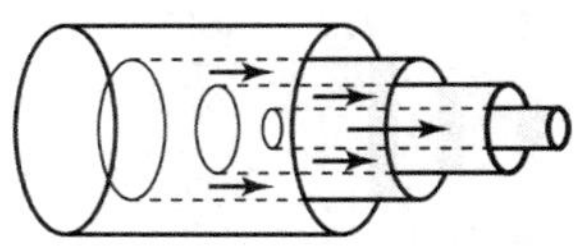

(b) 동맥형의 층류: 동맥의 중심부 더욱 빠르다

(c) 역자승의 합계: 흡인력의 크기가 입자 가까이에서 크다

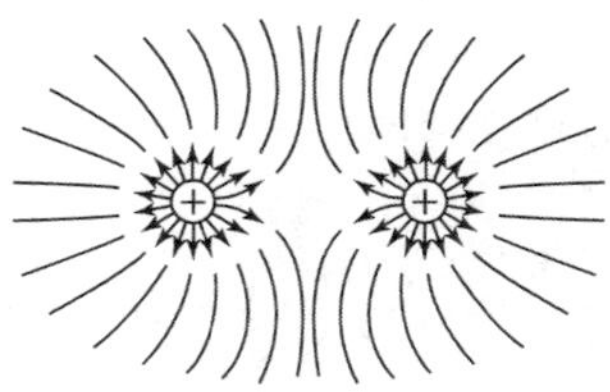

(d) 동일한 양전하 주위의 전기력선

그림 2-13 벡터계의 예

예를 들면, 바람과 유체의 운동은 한 점에서의 입자 속도를 나타내는 개개의 벡터에 의존하므로 속도계로 기술될 수 있다. 이는 그림 2-13의 (a)와 (b)를 통해 알 수 있다. 또한 속도계의 개념이 역학과 전기, 자기에서 중요한 역할을 한다. 이는 (c)와 (d)를 보면 알 수 있을 것이다.

예제 8

2차원의 벡터계 $\boldsymbol{F}(x, y) = -y\boldsymbol{i} + x\boldsymbol{j}$를 그림으로 나타내라.

[풀이] xy 평면상의 점을 선택하여 그 점에서 벡터 $\boldsymbol{F}$를 그리면 된다.

예를 들면, 점 (1, 1)에서 벡터 $\boldsymbol{F}(1, 1) = -\boldsymbol{i} + \boldsymbol{j}$는 $\|\boldsymbol{F}\| = (x^2 + y^2)1/2 = \sqrt{2}$, 즉 $x^2 + y^2 = 2$인 원을 그린다. 그리고 점 (-1, 1), (1, -1) 및 (-1, -1)에 상응하는 벡터들은 각각 $-\boldsymbol{i} - \boldsymbol{j}$, $\boldsymbol{i} + \boldsymbol{j}$, $\boldsymbol{i} - \boldsymbol{j}$로 길이는 $\sqrt{2}$가 된다.

또한, $x^2 + y^2 = 1$ 및 $x^2 + y^2 = 4$ 등에 대해서도 유사하게 된다. 따라서 이들 점에 상응하는 벡터는 그림 2-14와 같다.

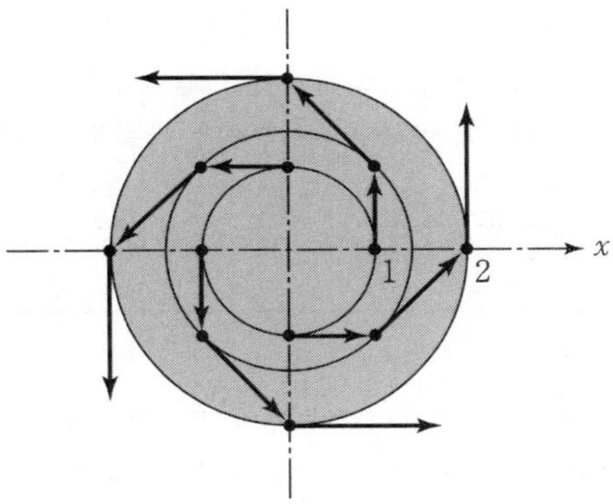

그림 2-14 벡터계의 도시

2.10 편미분의 일반화 : 경도(gradient), 발산(divergence), 회전(curl)

[1] 경 도

어떤 스칼라 함수의 경도는 그 함수의 최대 공간변화율을 말한다. 스칼라 함수 ϕ 가 공간의 온도를 나타내면 $\nabla\phi = \mathrm{grad}\,\phi$ 는 온도경도, 즉 거리에 따른 온도의 최대변화율을 나타낸다. 온도함수 ϕ 는 분명히 크기만을 갖는 스칼라량이지만 온도경도 $\nabla\phi$ 는 온도가 가장 급격히 변화하는 방향에서의 벡터량이다. 이 벡터는 직교좌표 x, y, z각 축방향의 변화성분, 즉 $\partial\phi/\partial x$, $\partial\phi/\partial y$, $\partial\phi/\partial z$ 로 표현할 수 있다. 결과적으로 온도 경도 grad ϕ 는 이들 세 축방향의 벡터합으로

$$\nabla\phi = \frac{\partial\phi}{\partial x}\boldsymbol{i} + \frac{\partial\phi}{\partial y}\boldsymbol{j} + \frac{\partial\phi}{\partial z}\boldsymbol{k} = \text{grad}\ \phi \tag{2.55}$$

와 같이 표현된다. 또한, 스칼라 함수 ϕ가 전위 [V]이면 $\nabla\phi$ 는 [V/m]로 표시되는 전위경도 또는 전계의 세기가 된다.

정의 1 경도

일반적인 스칼라 함수 $\phi(x, y, z)$의 경도는 다음과 같다.

$$\text{grad}\,\phi = \frac{\partial\phi}{\partial x}\boldsymbol{i} + \frac{\partial\phi}{\partial y}\boldsymbol{j} + \frac{\partial\phi}{\partial z}\boldsymbol{k} = \nabla\phi \tag{2.56}$$

여기서 ∇ 연산자는 벡터 미분 연산자로 해밀턴 연산자로도 불리며, '델(del)' 또는 '나블라(nabla)'라고 읽는다. 이는 직교좌표계에서 다음과 같이 정의된다. x축, y축, z축의 각 방향에 대한 기본 단위벡터 $\boldsymbol{i}, \boldsymbol{j}, \boldsymbol{k}$를 고려하면 다음과 같다.

$$\nabla = \boldsymbol{i}\frac{\partial}{\partial x} + \boldsymbol{j}\frac{\partial}{\partial y} + \boldsymbol{k}\frac{\partial}{\partial z} \tag{2.57}$$

연산자 ∇는 직교좌표에서 x, y 및 z축에 관한 편도함수인 $\partial/\partial x$, $\partial/\partial y$, $\partial/\partial z$와 같은 형식으로 표현되는 벡터로 영국의 W.R. 해밀턴이 처음으로 사용한 연산자(演算子)이며, 그 모양이 히브리 족속의 현악기와 비슷하여 그 그리스말을 따서 '나블라' 라고 읽는다. ∇가 벡터 연산에서 사용할 수 있는 벡터로 정의된다면 ∇를 이용한 세 종류의 벡터 연산은 다음과 같게 된다.

① 스칼라 함수 f와의 스칼라 곱셈인 ∇f는 함수 f의 경도(gradient)라고 부른다.
② 벡터 함수 $\boldsymbol{v}$와의 내적 $\nabla\cdot\boldsymbol{v}$은 벡터 $\boldsymbol{v}$의 발산(divergence)이라고 한다.
③ 벡터 함수 $\boldsymbol{v}$와의 외적 $\nabla\times\boldsymbol{v}$은 벡터 $\boldsymbol{v}$의 회전(curl 또는 rotation)이라고 한다.

이처럼 어떤 스칼라 함수의 경도는 그 함수의 최대 공간변화율을 말한다. 스칼라 함

수 ϕ 가 공간의 온도를 나타내면 $\nabla\phi = \text{grad}\,\phi$ 는 온도경도, 즉 거리에 따른 온도의 최대변화율을 나타낸다. 온도함수 ϕ 는 분명히 크기만을 갖는 스칼라량이지만, 온도경도 $\nabla\phi$ 는 온도가 가장 급격히 변화하는 방향에서의 벡터량이다. 이 벡터는 직교좌표 $\boldsymbol{x}$, $\boldsymbol{y}$, $\boldsymbol{z}$ 각 축방향의 변화성분 $\partial\phi/\partial x$, $\partial\phi/\partial y$, $\partial\phi/\partial z$ 로 표현될 수 있다. 결과적으로, 온도경도 grad ϕ 는 이들 세 축방향의 벡터합으로 다음과 같이 표현된다.

$$\nabla\phi = \frac{\partial\phi}{\partial x}\boldsymbol{i} + \frac{\partial\phi}{\partial y}\boldsymbol{j} + \frac{\partial\phi}{\partial z}\boldsymbol{k} = grad\ \phi \tag{2.58}$$

함수 $f(x, y, z)$에 ∇의 연산을 가한 ∇f는 각 성분이 $\boldsymbol{i}\partial/\partial x + \boldsymbol{j}\partial/\partial y + \boldsymbol{k}\partial/\partial z$인 벡터, 즉 함수 $f(x, y, z)$의 경도를 나타낸다. 또한 벡터 $\boldsymbol{A}$에도 적용시킬 수 있는데 '$\nabla\cdot\boldsymbol{A}$' 는 벡터 $\boldsymbol{A}$의 발산이라고 하고, $\nabla\times\boldsymbol{A}$는 벡터 $\boldsymbol{A}$의 회전이라고 한다. 스칼라 함수 ϕ가 전위 [V]이면, $\nabla\phi$ 는 [V/m]로 표시되는 전위경도 또는 전계의 세기가 된다.

(1) 두 변수 함수일 때 구배의 기하학적 해석

미분가능한 두 변수 $x(t)$ 및 $y(t)$의 함수 $z = f[x(t), y(t)]$에 의해 기술되는 곡선 상에 존재하는 $t = t_0$ 시점에서의 특수한 점 $P(x_0, y_0)$를 생각하자. 이 점의 좌표값을 대입하면 레벨 곡선으로 정의되는 $f(x, y) = c$가 얻어지고 $z = f(x, y)$는 매개변수 t에 대해 미분 가능한 함수이므로, 이것의 시간도함수는

$$\frac{dz}{dt} = \frac{\partial f}{\partial x}\frac{dx}{dt} + \frac{\partial f}{\partial y}\frac{dy}{dt} = 0 \tag{2.59}$$

로 된다. 이 식을 유의해서 고찰하면,

$$\frac{\partial f}{\partial x}\boldsymbol{i} + \frac{\partial f}{\partial y}\boldsymbol{j}$$

과

$$\frac{dx}{dt}\boldsymbol{i} + \frac{dy}{dt}\boldsymbol{j}$$

의 내적의 결과로 유추될 수 있으므로, 다음의 두 벡터를 각각

$$\nabla f(x, y) = \left(\frac{\partial}{\partial x}\boldsymbol{i} + \frac{\partial}{\partial y}\boldsymbol{j}\right) f(x, y) = \frac{\partial f}{\partial x}\boldsymbol{i} + \frac{\partial f}{\partial y}\boldsymbol{j} \tag{2.60}$$

와 같이 f의 경도 및

$$r'(t)=\frac{dx}{dt}i+\frac{dy}{dt}j \tag{2.61}$$

인 접선 벡터로 정의하면, 함수 f의 경도와 접선 벡터의 내적은

$$\nabla f \cdot r' = 0$$

으로 표현될 수 있다. 특별히 $t=t_0$에서

$$\nabla f(x_0,\ y_0)\cdot r'(t_0)=0 \tag{2.62}$$

도 만족한다. 따라서 $r'(t_0)\neq 0$이면 $\nabla f(x_0,\ y_0)$는 $P(x_0,\ y_0)$에서 정접 벡터 $r'(t_0)$에 직교한다. 이것은 ∇f 는 임의 시각 t 일 때의 임의의 점 P에서 언제나 곡선 $f(x,\ y)$에 수직인 법선 벡터라는 것을 의미한다. 그림 2-15를 보라.

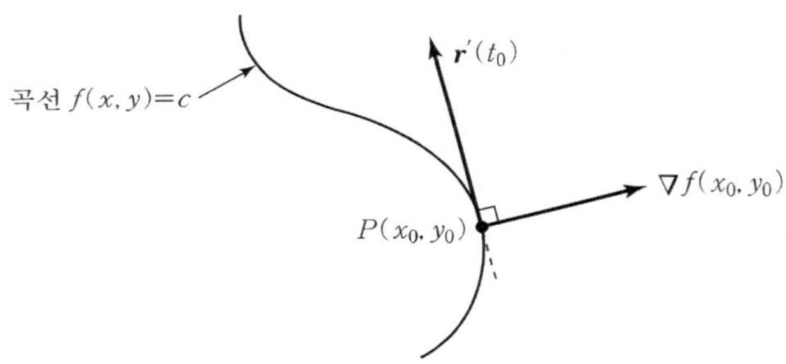

그림 2-15 곡선 $f(x,\ y)$와 경도 ∇f

예제 9

점 (2, 3)을 지나는 $z=f(x,\ y)=-x^2+y^2$의 레벨 곡선을 구하라. 또 그 점에서의 경도를 구하라.

[풀이] $f(2,\ 3)=-4+9=5$이므로, 레벨 곡선은 $-x^2+y^2=5$이다. $\nabla f(x,\ y)=-2xi+2yj$와 $\nabla f(2,\ 3)=-4i+6j$이다. 그림 2-16은 레벨 곡선과 $\nabla f(2,\ 3)$을 나타내고 있다.

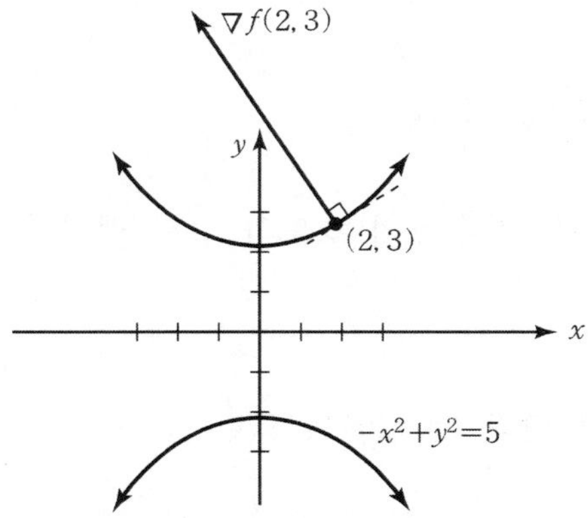

그림 2-16 레벨 곡선과 $\nabla f(2,3)$

(2) 세 변수 함수일 때 경도의 기하학적 해석

앞에서와 같이 미분가능한 세 변수 $x(t)$ 및 $y(t)$, $z(t)$의 함수 $w=F(x(t), y(t), z(t))$에 의해 기술되는 곡선상에 존재하는 $t=t_0$ 시점에서의 특수한 점 $P(x_0, y_0, z_0)$를 생각해 보자. 이 점의 좌표값을 대입하면 레벨 곡면으로 정의되는 $F(x, y, z)=c$가 얻어지고, $w=F(x(t), y(t), z(t))$는 매개변수 t에 대해 미분 가능한 함수이므로 이것의 시간도함수는

$$\frac{dw}{dt}=\frac{\partial F}{\partial x}\frac{dx}{dt}+\frac{\partial F}{\partial y}\frac{dy}{dt}+\frac{\partial F}{\partial z}\frac{dz}{dt}=0 \tag{2.63}$$

로 된다. 이 식을 유의해서 고찰하면 다음 두 식, 즉

$$\frac{\partial F}{\partial x}\boldsymbol{i}+\frac{\partial F}{\partial y}\boldsymbol{j}+\frac{\partial F}{\partial y}\boldsymbol{k}$$

$$\frac{dx}{dt}\boldsymbol{i}+\frac{dy}{dt}\boldsymbol{j}+\frac{dz}{dt}\boldsymbol{k}$$

의 내적의 결과로 유추될 수 있으므로 다음의 두 벡터를 각각

$$\begin{aligned}\nabla F(x, y, z)&=\left(\frac{\partial}{\partial x}\boldsymbol{i}+\frac{\partial}{\partial y}\boldsymbol{j}+\frac{\partial}{\partial z}\boldsymbol{k}\right)F(x, y, z) \\ &=\frac{\partial F}{\partial x}\boldsymbol{i}+\frac{\partial F}{\partial y}\boldsymbol{j}+\frac{\partial F}{\partial z}\boldsymbol{k}\end{aligned} \tag{2.64}$$

와 같이 f 의 경도 및

$$r'(t) = \frac{dx}{dt}\boldsymbol{i} + \frac{dy}{dt}\boldsymbol{j} + \frac{dz}{dt}\boldsymbol{k} \tag{2.65}$$

인 접선 벡터로 정의하면, 함수 f의 경도와 접선 벡터의 내적은

$$\nabla f \cdot \boldsymbol{r}' = 0$$

으로 표현될 수 있다. 특별히 $t = t_0$에서 또한

$$\nabla F(x, y, z) \cdot \boldsymbol{r}'(t) = \left(\frac{\partial F}{\partial x}\boldsymbol{i} + \frac{\partial F}{\partial y}\boldsymbol{j} + \frac{\partial F}{\partial z}\boldsymbol{k}\right) \cdot \left(\frac{dx}{dt}\boldsymbol{i} + \frac{dy}{dt}\boldsymbol{j} + \frac{dz}{dt}\boldsymbol{k}\right) = 0 \tag{2.66}$$

로 되며, 특히 $t = t_0$에서 식 (2.66)은

$$\nabla F(x_0, y_0, z_0) \cdot \boldsymbol{r}'(t_0) = 0 \tag{2.67}$$

와 같이 만족된다. 따라서 $\boldsymbol{r}'(\boldsymbol{t}_0) \neq \boldsymbol{0}$일 때 $\nabla F(x_0, y_0, z_0)$는 정접 벡터 $\boldsymbol{r}'(\boldsymbol{t}_0)$에 직교한다. 이것은 ∇F는 임의 시각 t 일 때의 임의의 점 $P(x, y, z)$에서 언제나 곡면 $w = F(x, y, z)$에 수직인 벡터라는 것을 의미한다. 이에 대한 관계를 그림 2-17에 나타내었다.

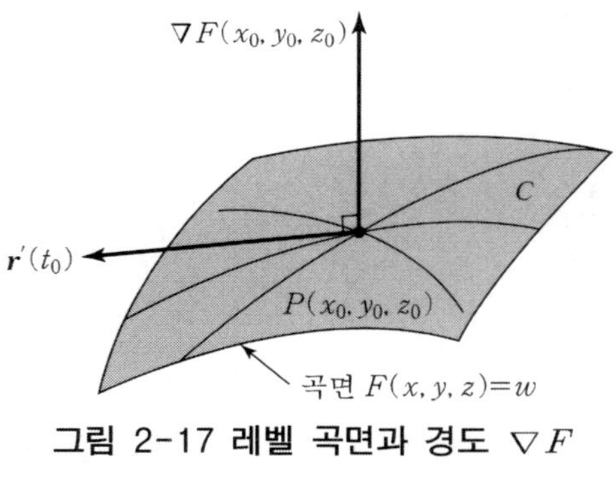

그림 2-17 레벨 곡면과 경도 ∇F

예제 10

점 (1, 1, 1)을 지나는 $F(x, y, z) = x^2 + y^2 + z^2$의 레벨 곡면을 구하라. 또 그 점에서의 경도를 그림으로 나타내어라.

[풀이] $F(1, 1, 1)=3$이므로 점 $(1, 1, 1)$을 지나는 레벨 곡면은 $x^2+y^2+z^2=3$인 구이며, 함수의 경도는 $\nabla F(x, y, z)= 2x\boldsymbol{i}+2y\boldsymbol{j}+2z\boldsymbol{k}$로부터 $\nabla F(1,1,1)= 2\boldsymbol{i}+2\boldsymbol{j}+2\boldsymbol{k}$로 된다. 그림 2-18에 레벨 곡면과 $\nabla \boldsymbol{F}(1, 1, 1)$을 나타내고 있다.

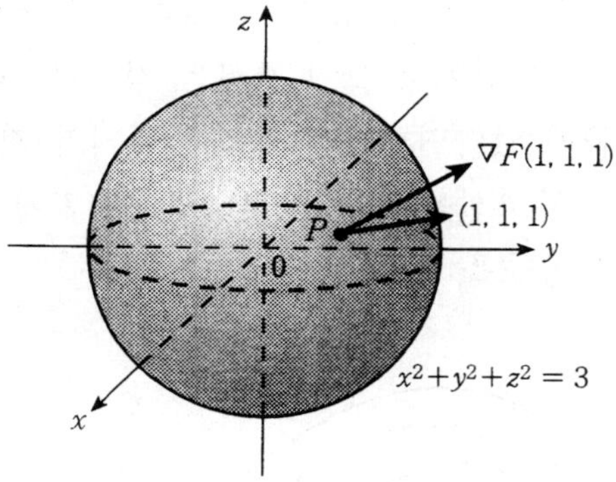

그림 2-18 레벨 곡면과 $\nabla F(1, 1, 1)$

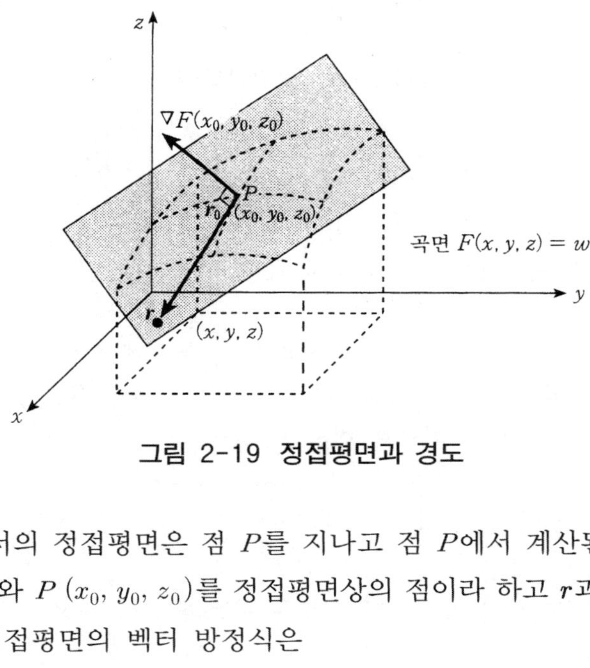

그림 2-19 정접평면과 경도

그리고 점 P에서의 정접평면은 점 P를 지나고 점 P에서 계산된 ∇F에 수직이다. 따라서 $P(x, y, z)$와 $P(x_0, y_0, z_0)$를 정접평면상의 점이라 하고 $\boldsymbol{r}$과 $\boldsymbol{r}_0$를 각 점의 위치 벡터라고 하면, 정접평면의 벡터 방정식은

$$\nabla F(x_0, y_0, z_0) \cdot (\boldsymbol{r} - \boldsymbol{r}_0) = 0 \tag{2.68}$$

로 된다. 이 관계를 그림 2-19에 나타내었다. 또한 점 $P(x_0, y_0, z_0)$에서의 법선은 $F(x, y, z) = w$ 의 그래프 상에 있는 한 점 $P(x_0, y_0, z_0)$를 포함하고 $\nabla F(x_0, y_0, z_0)$에 평행인 직선을 말한다. 이것은 산에서 물이 흐르는 경우로부터 쉽게 이해될 수 있다. 산에서 흐르는 물은 방해물이 없다면 고도변화의 기울기가 최대인 방향으로 흘러내릴 것이다. 그림 2-20은 산의 등고선을 나타낸 것으로, 점 P에서 흘러내리는 물은 등고선에 수직인 경로, 즉 법선방향을 취하게 된다.

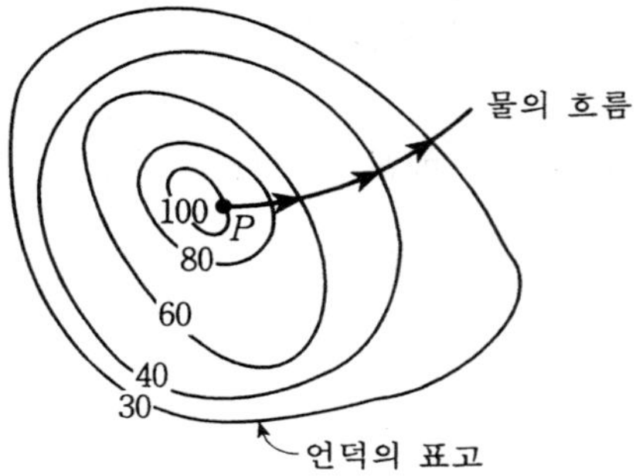

그림 2-20 등고선과 물

예제 11

함수 f는 두 개의 변수 y와 z의 함수이다. 경도 ∇f가 x축을 기점으로 회전하였을 때의 벡터와 같이 변환됨을 증명하라.

[풀이] x, y, z축으로 된 좌표계 S를 고려하자. 좌표계 S는 x축을 기점으로 ϕ만큼 회전한 새로운 좌표계 S'을 생성한다. S에서의 벡터에 대한 y와 z 좌표를 S'에서의 벡터에 대한 y'과 z' 좌표로 변환시킨다.

$$\begin{bmatrix} y' \\ z' \end{bmatrix} = \begin{bmatrix} \cos\phi & \sin\phi \\ -\sin\phi & \cos\phi \end{bmatrix} \begin{bmatrix} y \\ z \end{bmatrix} = \begin{bmatrix} y\cos\phi + z\sin\phi \\ -y\sin\phi + z\cos\phi \end{bmatrix}$$

(y, z) 좌표평면에서의 함수 f의 경도는 다음과 같이 되고,

$$\nabla f = \frac{\partial f}{\partial y}\boldsymbol{j} + \frac{\partial f}{\partial z}\boldsymbol{k}$$

(y', z') 좌표평면에서의 함수 f의 경도 $\nabla f'$는 다음과 같다.

$$\nabla f' = \frac{\partial f}{\partial y'}\boldsymbol{j} + \frac{\partial f}{\partial z'}\boldsymbol{k}$$

만약 ∇f를 $\nabla f'$와 관계시키면

$$\frac{\partial f}{\partial y'} = \frac{\partial f}{\partial y}\cos\phi + \frac{\partial f}{\partial z}\sin\phi$$

$$\frac{\partial f}{\partial z'} = -\frac{\partial f}{\partial y}\sin\phi + \frac{\partial f}{\partial z}\cos\phi$$

의 관계를 얻을 수 있을 것이다. 이로부터 표준 미분식을 사용하면 $\partial f/\partial y'$과 $\partial f/\partial z'$을 얻을 수 있게 된다.

$$\frac{\partial f}{\partial y'} = \frac{\partial f}{\partial y}\frac{\partial y}{\partial y'} + \frac{\partial f}{\partial z}\frac{\partial z}{\partial y'}$$

$$\frac{\partial f}{\partial z'} = \frac{\partial f}{\partial y}\frac{\partial y}{\partial z'} + \frac{\partial f}{\partial z}\frac{\partial z}{\partial z'}$$

$\partial y/\partial y'$, $\partial y/\partial z'$, $\partial z/\partial y'$ 및 $\partial z/\partial z'$의 값을 얻기 위해 y와 z를 y'와 z'으로 표현한다. 따라서

$$y' = y\cos\phi + z\sin\phi$$

$$z' = -y\sin\phi + z\cos\phi$$

의 관계로부터 y와 z는 다음과 같이 되는 것이다.

$$y = y'\cos\phi - z'\sin\phi$$

$$z = y'\sin\phi + z'\cos\phi$$

이들 두 관계로부터 y와 z에 관한 여러 가지 상황의 도함수를 구할 수 있다.

$$\frac{\partial y}{\partial y'} = \cos\phi \qquad \frac{\partial y}{\partial z'} = -\sin\phi$$

$$\frac{\partial z}{\partial y'} = \sin\phi \qquad \frac{\partial z}{\partial z'} = \cos\phi$$

이들 편도함수를 이용하면 $\nabla f'$를 ∇f로 표현할 수 있게 된다.

$$\nabla f'_y = \frac{\partial f}{\partial y'} = \cos\phi\frac{\partial f}{\partial y} + \sin\phi\frac{\partial f}{\partial z} = \cos\phi(\nabla f_y) + \sin\phi(\nabla f_z)$$

$$\nabla f'_z = \frac{\partial f}{\partial z'} = -\sin\phi\frac{\partial f}{\partial y} + \cos\phi\frac{\partial f}{\partial z} = -\sin\phi(\nabla f_y) + \cos\phi(\nabla f_z)$$

위의 두 식은 ∇f가 벡터처럼 분명히 회전한 것과 같아진다.

[2] 발 산

먼저 그림 2-21과 같은 유체 내에 있는 무한소의 직육면체를 가정한다. 이 직육면체는 Δx, Δy, Δz를 각 변으로 하고 있다. 유체의 질량밀도가 ρ_m이고 v_x, v_y 및 v_z가 각각 x, y, z축 방향의 평균유속이라면 그림 2-21에서 유체의 속도를 나타내는 벡터계가

$$\boldsymbol{V}(x, y, z) = v_x(x, y, z)\boldsymbol{i} + v_y(x, y, z)\boldsymbol{j} + v_z(x, y, z)\boldsymbol{k} \tag{2.69}$$

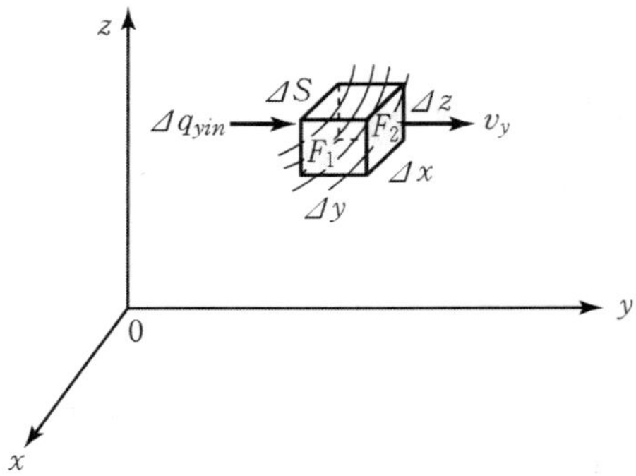

그림 2-21 유체 내의 직육면체

단위시간당 면적 ΔS를 통해 흐르는 유체의 체적, 즉 벡터속도계 $\boldsymbol{V}$로 면적 ΔS를 통과하는 유량은

$$\begin{aligned} \text{통과유량} &= (\text{밀도}) \times (\text{유속}) \times (\text{면적}) \\ &= \rho_m \, v_{x,y,z} \, \Delta S \end{aligned} \tag{2.70}$$

로 된다. 단, $v_{x,y,z}$는 미소직육면체의 단면적 ΔS에 수직인 각 축방향 성분 V의 크기, 즉 v_x 또는 v_y, v_z 중 어느 한 요소의 값을 의미한다. 식 (2.70)에 기초하여 왼쪽 면에서 미소직육면체 내로 유입되는 유량 Δq_{yin}은

$$\Delta q_{yin} = \rho_m v_y \Delta x \, \Delta z \tag{2.71}$$

가 된다. 그리고 y축 방향의 미소길이 분 Δy 내를 통과하는 중 속도 변화분에 의해 발생되는 유량 $\Delta q_{y+\Delta y}$는

$$\begin{aligned} \Delta q_{y+\Delta y} &= \rho_m [v_y(x, y+\Delta y, z)\Delta x \Delta z - v_y(x, y, z)\Delta x \Delta z] \\ &= \frac{\partial(\rho_m v_y)}{\partial y} \Delta y \cdot \Delta x \Delta z \end{aligned} \tag{2.72}$$

로 된다. 따라서 오른쪽면 y 방향에서 유출되는 유량 $\Delta q_{y\text{out}}$는 속도의 변화분에 해당되는 유량에만 기인하므로

$$\Delta q_{y\text{out}} = \Delta q_{y+\Delta y} \tag{2.73}$$

과 같으며, 이와 유사하게 x 및 z 방향에 대해서도

$$\Delta q_{x\text{out}} = \frac{\partial(\rho_m v_x)}{\partial x}\Delta x \Delta y \Delta z, \qquad \Delta q_{z\text{out}} = \frac{\partial(\rho_m v_z)}{\partial z}\Delta x \Delta y \Delta z \tag{2.74}$$

로 됨을 알 수 있다. 결과적으로 무한소의 직육면체에서 유출되는 총량 $\Delta q(x, y, z)$는 각 축방향을 고려하여

$$\begin{aligned}\Delta q_{\text{out}}(x, y, z) &= \Delta q_{x\text{out}} + \Delta q_{y\text{out}} + \Delta q_{z\text{out}} \\ &= \left[\frac{\partial(\rho_m v_x)}{\partial x} + \frac{\partial(\rho_m v_y)}{\partial y} + \frac{\partial(\rho_m v_z)}{\partial z}\right]\Delta x \Delta y \Delta z\end{aligned} \tag{2.75}$$

로 되므로, 단위체적당 총 유출량은

$$\begin{aligned}dq_{\text{out}}(x,y,z) &= \frac{\Delta q_{\text{out}}(x,y,z)}{\Delta x\, \Delta y\, \Delta z} \\ &= \frac{\partial(\rho_m v_x)}{\partial x} + \frac{\partial(\rho_m v_y)}{\partial y} + \frac{\partial(\rho_m v_z)}{\partial z} \\ &= \text{div}(\rho_{\text{m}}\mathbf{V}) = \nabla \cdot (\rho_{\text{m}}\mathbf{V})\end{aligned} \tag{2.76}$$

로 된다. 이 같은 계산은 다음과 같이 정의되어 질 수도 있다. 즉, 여섯 개의 면들을 통해서 밖으로 나가는 총유량을 계산하기 위해 각 평행면을 통해서 빠져 나가는 유량을 먼저 계산한다. 면 F_1의 면적은 $\Delta x \Delta z$이며 이에 대한 단위법선은 $-j$이다. 따라서 면 F_1에서 유출되는 유량은 근사적으로

$$\rho_m \boldsymbol{V} \cdot (-j)\Delta x \Delta z = -\rho_m v_y(x,y,z)\Delta x \Delta z \tag{2.77}$$

이다. 또 면 F_2에서 유출되는 유량은 근사적으로

$$\rho_m \boldsymbol{V} \cdot (j)\Delta x \Delta z = \rho_m v_y(x, y+\Delta y, z)\Delta x \Delta z \tag{2.78}$$

이므로 결국 이들 평행면을 통한 유출량 $\Delta q_{y\text{out}}$은 식 (2.75)과 같아진다. 즉, 식 (2.78)

에서 식 (2.77)을 뺀 다음 다시 $\Delta y/\Delta y$를 곱하면, 편도함수의 정의에 의하여

$$\Delta q_{yout} = \rho_m \frac{[v_y(x, y+\Delta y, z) - v_y(x, y, z)]}{\Delta y} \Delta x \Delta y \Delta z \tag{2.79}$$

$$\approx \rho_m \frac{\partial v_y}{\partial y} \Delta x \Delta y \Delta z$$

로 된다. 또한 yz 평면 및 xy 평면에 대해서도 유사하게 구해서 정리하면 식 (2.76)과 동일한 결과를 얻을 수 있다.

정의 2 발 산

벡터계 $\boldsymbol{V} = v_x \boldsymbol{i} + v_y \boldsymbol{j} + v_z \boldsymbol{k}$의 발산은

$$\nabla \cdot \boldsymbol{V} = \left[\boldsymbol{i}\frac{\partial}{\partial x} + \boldsymbol{j}\frac{\partial}{\partial y} + \boldsymbol{k}\frac{\partial}{\partial z} \right] \cdot (v_x \boldsymbol{i} + v_y \boldsymbol{j} + v_z \boldsymbol{k}) \tag{2.80}$$
$$= \frac{\partial v_x}{\partial x} + \frac{\partial v_y}{\partial y} + \frac{\partial v_z}{\partial z}$$

로 된다. 여기서 ∇ 연산자는

$$\nabla = \frac{\partial}{\partial x}\boldsymbol{i} + \frac{\partial}{\partial y}\boldsymbol{j} + \frac{\partial}{\partial z}\boldsymbol{k} \tag{2.80}$$

로 정의되며, 발산 div는

$$\mathrm{div} = \nabla \cdot = \frac{\partial}{\partial x} + \frac{\partial}{\partial y} + \frac{\partial}{\partial z} \tag{2.81}$$

로 된다.

이것은 x, y, z 점에서의 유체의 발산이 된다. 연산자 "$\nabla \cdot$"를 div 또는 발산(divergence)이라 하며, $\nabla \cdot \boldsymbol{V}$를 "벡터 $\boldsymbol{V}$의 발산"이라고 읽는다. 또한 비압축성 유체이면 $\nabla \cdot \boldsymbol{V}$는 분명히 0이 된다. 즉, 유입된 양만큼 유출되므로 발산은 없다는 의미이다. 그 이유는 비압축성 유체는 한 점을 기점으로 하여 유출되고 유입되는 양이 서로 같게 되므로 미소 체적 내에서도 결코 발산하지도 수렴하지도 않는다는 것이다. 반면, 압축성 유체나 증기와 같은 기체의 경우는 각 점에서의 발산 또는 수렴의 특성이 존재하므로 각 점마다의 유입량과 유출량이 서로 다르게 나타나므로 0이 아닌 발산이 행해지게 된다.

이상에서 임의의 점 $P(x, y, z)$에서의 속도계 $\boldsymbol{V}$의 발산은 단위체적당 유출되는 유량임을 고찰하였다. 이들 결과로부터 div $\boldsymbol{V}$(P) > 0 이면 벡터계는 외부로 흘러 나가는 소스이며 div $\boldsymbol{V}$(P) < 0 이면 내부로 흘러 들어 오는 싱크가 되며, div $\boldsymbol{V}$(P) = 0이면 점 P 근방에서 유출되거나 유입되는 유량의 변화가 없다는 사실을 알 수 있다. 그림 2-22를 보라.

한편, 벡터계의 발산은 어떤 점에서의 유체밀도의 변화율의 측도가 되기도 한다. 즉, div $\boldsymbol{V}$는 유체의 압축성 정도를 나타낸다. $\nabla \cdot \boldsymbol{V} = 0$이면 비압축성 유체이며 전자장 이론에서는 솔레노이적이라고 한다.

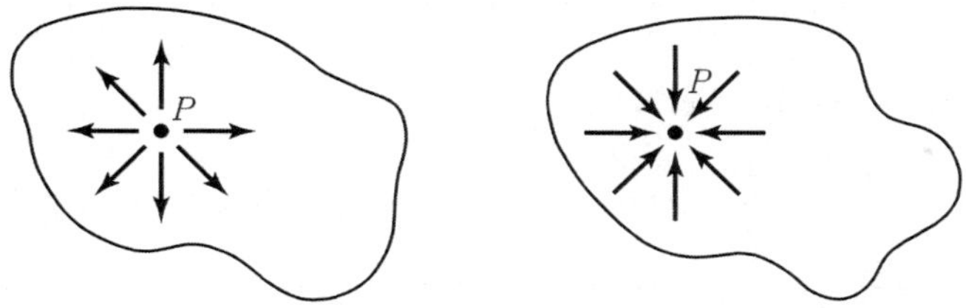

(a) div V$(P) > 0$ 원천 P (b) div V$(P) < 0$ 흡입 P

그림 2-22

예제 12

2차원에서 발산은 좌표축을 회전한 스칼라로 변환되어짐을 증명하라.

힌트: [예제 12]의 방법을 사용하여 도함수를 계산하라.

[풀이] 벡터 함수 $\boldsymbol{V}$의 발산이 회전한 스칼라로 변환된다면, 좌표계 $S(x, y, z)$에서의 $\boldsymbol{V}$의 발산은 좌표계 $S'(x', y', z')$에서의 $\boldsymbol{V}'$의 발산과 같아야 한다. 즉, 다음 관계가 만족되어야 한다.

$$\nabla \cdot \boldsymbol{V} = \frac{\partial v_x}{\partial x} + \frac{\partial v_y}{\partial y} + \frac{\partial v_z}{\partial z} = \frac{\partial v'_x}{\partial x'} + \frac{\partial v'_y}{\partial y'} + \frac{\partial v'_z}{\partial z'} = \nabla \cdot \boldsymbol{V}'$$

x축에 대한 회전을 살펴보자. 이 경우에 $x = x'$, $v_x = v_x'$이며 결과적으로 다음과 같이 될 것이다.

$$\frac{\partial v_x}{\partial x} = \frac{\partial v'_x}{\partial x'}$$

벡터 $\boldsymbol{V}'$의 y' 및 z' 성분은 다음과 같이 벡터 $\boldsymbol{v}$의 y 및 z 성분으로 주어진다.

$$v'_y = v_y \cos\phi + v_z \sin\phi$$
$$v'_z = -v_y \sin\phi + v_z \cos\phi$$

y'에 대한 $v_y{}'$의 도함수는 다음과 같다.

$$\frac{\partial v'_y}{\partial y'} = \left(\frac{\partial v_y}{\partial y}\frac{\partial y}{\partial y'} + \frac{\partial v_y}{\partial z}\frac{\partial z}{\partial y'}\right)\cos\phi + \left(\frac{\partial v_z}{\partial y}\frac{\partial y}{\partial y'} + \frac{\partial v_z}{\partial z}\frac{\partial z}{\partial y'}\right)\sin\phi$$

[예제 11]에서 구한 $\partial y/\partial y'$ 및 $\partial z/\partial y'$에 대한 식을 사용하여 다시 정리해서 쓰면 다음과 같이 된다.

$$\frac{\partial v'_y}{\partial y'} = \frac{\partial v_y}{\partial y}\cos^2\phi + \frac{\partial v_y}{\partial z}\cos\phi\sin\phi + \frac{\partial v_z}{\partial y}\cos\phi\sin\phi + \frac{\partial v_z}{\partial z}\sin^2\phi$$

z'에 대한 $v_z{}'$에 대한 도함수도 동일하게 다음과 같이 구할 수 있다.

$$\frac{\partial v'_z}{\partial z'} = \frac{\partial v_y}{\partial y}\sin^2\phi - \frac{\partial v_y}{\partial z}\cos\phi\sin\phi - \frac{\partial v_z}{\partial y}\cos\phi\sin\phi + \frac{\partial v_z}{\partial z}\cos^2\phi$$

따라서 이들 두 식을 결합하면

$$\frac{\partial v'_y}{\partial y'} + \frac{\partial v'_z}{\partial z'} = \frac{\partial v_y}{\partial y}(\cos^2\phi + \sin^2\phi) + \frac{\partial v_z}{\partial z}(\cos^2\phi + \sin^2\phi) = \frac{\partial v_y}{\partial y} + \frac{\partial v_z}{\partial z}$$

로 되므로 벡터 함수 $\boldsymbol{v}$의 발산은 좌표축을 회전한 스칼라와 같다.

---

[3] 회 전(curl)

curl이라는 말은 스코틀랜드의 물리학자 James Clerk Maxwell(1831~1879)이 전자장에 대한 연구에서 소개한 것이다. 그러나 curl이라는 말을 유체의 흐름과 관련지으면 쉽게 이해할 수 있을 것이다. 그림 2-23과 같은 패들 장치를 유체 내에 삽입하면, 속도계 $\boldsymbol{V}$의 curl은 수직축 w를 중심으로 유체가 패들 장치를 회전시키려는 경향의 양이다. 만약 curl $\boldsymbol{V}=0$이면 유체의 흐름은 비회전적이라고 하며, 패들을 회전시키는 와류나 소용돌이가 없다는 것을 의미한다. 그림 2-24 (b)에서 비회전적이라는 말은 유체가 회전하지 않는다는 것을 의미하지는 않는다.

또한 벡터량의 curl 또는 회전이라는 개념은 냇물의 흐름에서도 찾을 수 있다. 그림 2-25는 나뭇잎이 냇물에 떠 있는 모습을 나타낸 것이다. 표면에서의 속도는 전적으로 y 축방향으로만 작용하고 전 표면에서 동일한 속도를 유지하고 있다면, 잎의 회전운동은 없을 것이고 아래로만 떠내려 갈 것이다.

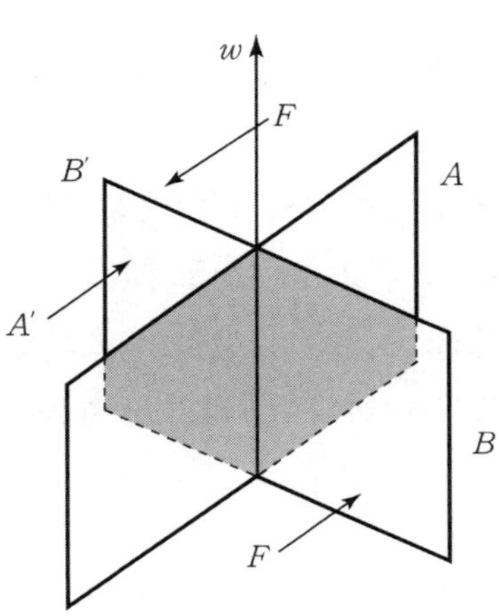

그림 2-23 패들장치의 모형

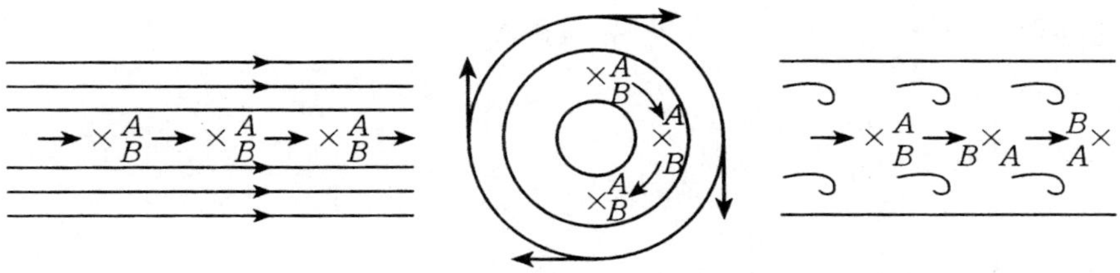

(a) 비회전적 흐름 (b) 비회전적 흐름 (c) 회전적 흐름

그림 2-24 흐름의 형태

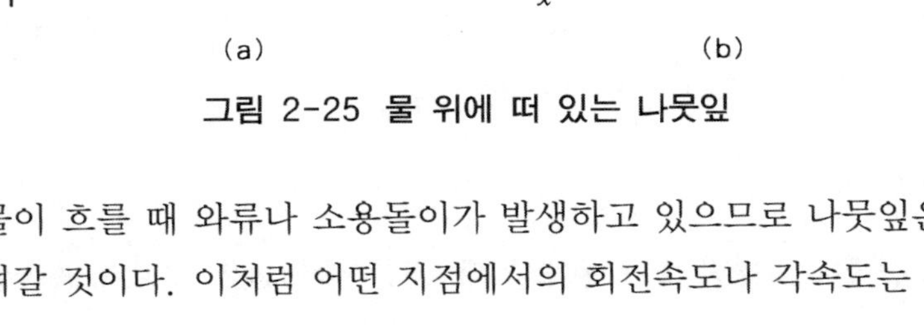

(a) (b)

그림 2-25 물 위에 떠 있는 나뭇잎

그러나 냇물이 흐를 때 와류나 소용돌이가 발생하고 있으므로 나뭇잎은 실제로 회전하면서 떠내려갈 것이다. 이처럼 어떤 지점에서의 회전속도나 각속도는 그 지점에서의

유속에 대한 curl이 발생하고 있음을 말하는 것이다. 이 경우 나뭇잎의 회전방향은 z 축을 기준하여 일어나므로 떠내려가는 속도 $\boldsymbol{V}$의 curl은 $\boldsymbol{z}$축방향이고 $(\nabla \times \boldsymbol{V})_z$로 표현할 수 있다.

$(\nabla \times \boldsymbol{V})_z$가 양의 값을 가지면 x축에서 y축 방향, 즉 z축을 중심으로 반시계 방향의 회전운동을 일으킨다. 이것은 그림 2-24 (b)로부터 $\partial v_y/\partial x$가 양이면 x 축에서 y축 방향, 즉 반시계 방향으로 그리고 $\partial v_x/\partial y$가 양이면 y 축에서 x 축 방향, 즉 시계 방향으로 회전운동을 일으키는 것을 의미한다. 그리고 z 축을 기준하여 일어나는 회전운동의 속도는 이들 두 양의 차분, 즉

$$(\nabla \times \boldsymbol{V})_z = \left(\frac{\partial v_y}{\partial x} - \frac{\partial v_x}{\partial y}\right)\boldsymbol{k} \tag{2.83}$$

에 비례한다.

이를 더욱 일반화시켜 유체 내의 한 점을 생각하면 x 축 및 y 축방향으로도 유사한 회전이 발생하게 되므로 앞의 경우와 유사하게

$$(\nabla \times \boldsymbol{V})_x = \left(\frac{\partial v_z}{\partial y} - \frac{\partial v_y}{\partial z}\right)\boldsymbol{i} \tag{2.84}$$

$$(\nabla \times \boldsymbol{V})_y = \left(\frac{\partial v_x}{\partial z} - \frac{\partial v_z}{\partial x}\right)\boldsymbol{j}$$

로 된다. 따라서 임의축을 기준으로 하는 전체 회전운동은 x축, y축 및 z 축을 기준한 각 회전성분의 합으로 결정됨을 알 수 있다. 결국 나뭇잎의 전체 회전운동은 크기와 방향을 고려하여 x 축, y 축 및 z축에 대하여

$$\begin{aligned}\nabla \times \boldsymbol{V} &= (\nabla \times \boldsymbol{V})_x\boldsymbol{i} + (\nabla \times \boldsymbol{V})_y\boldsymbol{j} + (\nabla \times \boldsymbol{V})_z\boldsymbol{k} \\ &= \left(\frac{\partial v_z}{\partial y} - \frac{\partial v_y}{\partial z}\right)\boldsymbol{i} + \left(\frac{\partial v_x}{\partial z} - \frac{\partial v_z}{\partial x}\right)\boldsymbol{j} + \left(\frac{\partial v_y}{\partial x} - \frac{\partial v_x}{\partial y}\right)\boldsymbol{k}\end{aligned} \tag{2.85}$$

로 주어진다. 연산자 "$\nabla \times$"는 회전(rotation) 또는 "curl" 이라 하며 $\nabla \times \boldsymbol{V}$를 "벡터 $\boldsymbol{V}$의 회전" 이라고 읽는다. 그리고

$$\boldsymbol{A} = rot \ \ \boldsymbol{B} \tag{2.86}$$

와 같은 관계를 만족하는 벡터 $\boldsymbol{A}$가 존재할 때, $\boldsymbol{B}$를 벡터 $\boldsymbol{A}$의 "벡터 포텐셜" 이라 한다.

정의 3 **회전(curl or rot)**

벡터계 $\boldsymbol{V}=v_x\boldsymbol{i}+v_y\boldsymbol{j}+v_z\boldsymbol{k}$의 curl은

$$\nabla\times\boldsymbol{V}=\left(\frac{\partial v_y}{\partial y}-\frac{\partial v_y}{\partial z}\right)\boldsymbol{i}+\left(\frac{\partial v_x}{\partial z}-\frac{\partial v_z}{\partial x}\right)\boldsymbol{j}+\left(\frac{\partial v_y}{\partial x}-\frac{\partial v_x}{\partial y}\right)\boldsymbol{k}$$
$$=rot\ \boldsymbol{V} \tag{2.87}$$

의 벡터계로 된다.

실제로 curl $\boldsymbol{V}$는 ∇ 연산자와 벡터 $\boldsymbol{V}$의 외적으로 다음과 같이 계산할 수 있다.

$$\text{curl}\,\boldsymbol{V}=\nabla\times\boldsymbol{V}=\begin{vmatrix}\boldsymbol{i}&\boldsymbol{j}&\boldsymbol{k}\\ \frac{\partial}{\partial x}&\frac{\partial}{\partial y}&\frac{\partial}{\partial z}\\ P&Q&R\end{vmatrix} \tag{2.88}$$

예제 13

벡터계 $\boldsymbol{V}=(x^2y^3-z^4)\boldsymbol{i}+4x^5y^2z\boldsymbol{j}-y^4z^6\boldsymbol{k}$가 주어질 때, curl $\boldsymbol{V}$와 div $\boldsymbol{V}$를 구하라.

[풀이] 식 (2.86)으로부터

$$\text{curl}\,\boldsymbol{V}=\nabla\times\boldsymbol{V}=\begin{vmatrix}\boldsymbol{i}&\boldsymbol{j}&\boldsymbol{k}\\ \frac{\partial}{\partial x}&\frac{\partial}{\partial y}&\frac{\partial}{\partial z}\\ (x^2y^3-z^4)&4x^5y^2z&-y^4z^6\end{vmatrix}$$
$$=(-4y^3z^6-4x^5y^2)\boldsymbol{i}-4z^3\boldsymbol{j}+(20x^4y^2z-3x^2y^2)\boldsymbol{k}$$

를 얻는다. 한편, div $\boldsymbol{V}$는 식 (2.78)로부터

$$\text{div}\,\boldsymbol{V}=\nabla\cdot\boldsymbol{V}=\frac{\partial}{\partial x}(x^2y^3-z^4)+\frac{\partial}{\partial y}4x^5y^2z+\frac{\partial}{\partial z}(-y^4z^6)$$
$$=2xy^3+8x^5yz-6y^4z^5$$

를 얻는다.

f가 연속 2계 편도함수를 갖는 스칼라 함수이면

$$\text{curl}(\text{grad}\,f)=\nabla\times\nabla f=0 \tag{2.89}$$

로 되며, $\boldsymbol{V}$ 또한 연속 2계 편도함수를 갖는 벡터 함수이면

$$\mathrm{div}(\mathrm{curl}\,\boldsymbol{V}) = \nabla \cdot (\nabla \times \boldsymbol{V}) = 0 \tag{2.90}$$

이 된다.

[4] 방향도함수

그림 2-26과 같이 편도함수 $\partial z/\partial x$ 와 $\partial z/\partial y$ 는 각각 곡면 $z = f(x, y)$가 x 축과 y 축에 평행인 수직평면으로 주어지는 표면의 자취 또는 교점의 곡선에 대한 접선의 기울기와 같다.

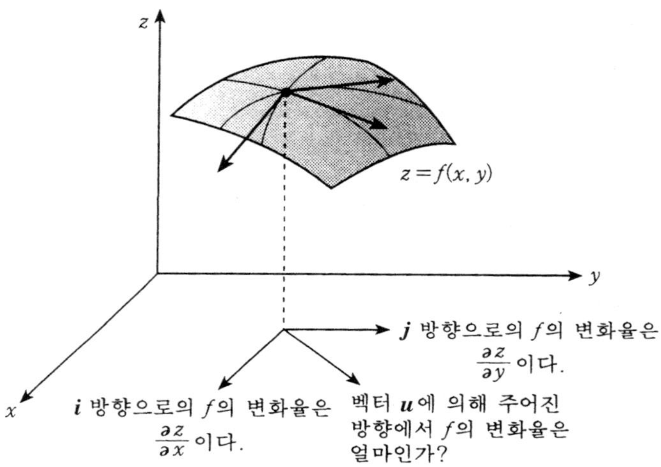

그림 2-26 단위벡터와 방향변화율

따라서 $\partial z/\partial x$ 는 벡터 $\boldsymbol{i}$ 방향에서의 함수 $z = f(x, y)$의 변화율이며, $\partial z/\partial y$는 벡터 $\boldsymbol{j}$ 방향에서의 함수 $z = f(x, y)$의 변화율이다. 여기서 반드시 두 방향에 국한할 이유는 없으며, 어떠한 방향에서도 미분 가능한 함수의 변화율을 구할 수 있다.

그림 2-27과 같이 $\boldsymbol{u} = \cos\theta\boldsymbol{i} + \sin\theta\boldsymbol{j}$는 양의 x 축과 θ의 각도를 이루며 점 $(x, y, 0)$에서 $(x+\Delta x, y+\Delta y, 0)$에 이르는 벡터 $\boldsymbol{v}$ 에 평행, 즉 $\boldsymbol{v} = h\boldsymbol{u}$인 xy 평면의 단위벡터로 정의하자. 또한 이 점들이 포함되는 xy 평면에 수직인 평면이 곡선 C의 표면 $z = f(x, y)$를 분할하고 있다고 가정하자. 좌표 $[x, y, f(x, y)]$에 해당되는 한 점 P 에서의 곡선 C의 $\boldsymbol{v}$ 방향에 대한 접선기울기는 어떻게 될까? 그림 2-27로부터 $\Delta x = h\cos\theta$, $\Delta y = h\sin\theta$이므로 할선의 기울기는 다음과 같게 된다.

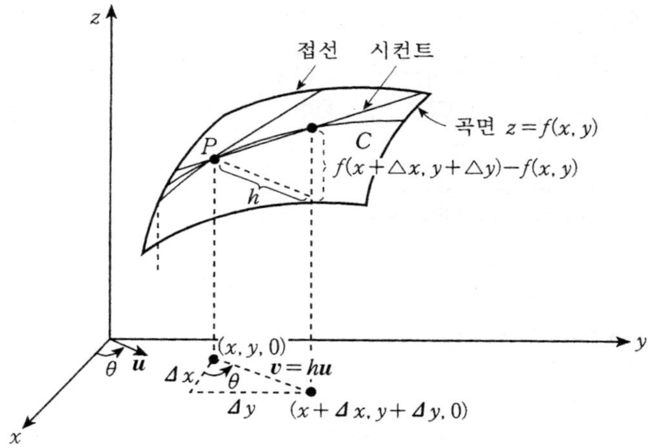

그림 2-27 방향 벡터와 접선의 기울기

$$\frac{f(x+\Delta x,\ y+\Delta y)-f(x,\ y)}{h}=\frac{f(x+h\cos\theta,\ y+h\sin\theta)-f(x,\ y)}{h} \tag{2.91}$$

여기서 $h \to 0$일 때의 식 (2.89)의 극한은 점 P에서의 접선의 기울기가 됨을 알 수 있다. 이 기울기는 단위벡터 $\boldsymbol{u}$ 방향에 대한 P점에서의 함수 f의 변화율이다. 이로부터 다음의 정의가 유도된다.

정의 4 **방향도함수**

단위벡터 $u = cos\theta i + \sin\theta j$ 방향으로의 $z=f(x,\ y)$의 방향도함수는 극한이 존재할 때 다음 식이 성립된다.

$$D_{\mathrm{u}}f(x,\ y)=\lim_{h\to 0}\frac{f(x+h\cos\theta,\ y+h\sin\theta)-f(x,\ y)}{h} \tag{2.92}$$

$\theta=0$일 때는

$$D_{\mathrm{i}}f(x,\ y)=\lim_{h\to 0}\frac{f(x+h\cos\theta,\ y+h\sin\theta)-f(x,y)}{h}=\frac{\partial z}{\partial x} \tag{2.93}$$

로 되고, $\theta=\pi/2$일 때는

$$D_{\mathrm{j}}f(x,\ y)=\lim_{h\to 0}\frac{f(x+h\cos\theta,\ y+h\sin\theta)-f(x,\ y)}{h}=\frac{\partial z}{\partial y} \tag{2.94}$$

로 되므로 식 (2.76)은 편미분을 일반화시킨 것임을 알 수 있다.

방향도함수의 계산식 (2.91)은 주어진 함수에 대해 $D_i f(x, y)$를 계산하는 데 사용될 수 있으나 더욱 효과적인 방법이 필요하다. 다음의 정리를 통하여 함수의 경도 개념이 방향도함수를 계산하는 데 어떤 중요한 역할을 하게 되는지 알게 될 것이다.

정의 5　두 변수 함수에 대한 방향도함수

$z=f(x, y)$가 x, y 및 $\boldsymbol{u}=\cos\theta\boldsymbol{i}+\sin\theta\boldsymbol{j}$에 대해 미분 가능한 함수이면, 방향도함수는

$$D_{\boldsymbol{u}} f(x, y)=\nabla f(x, y)\cdot\boldsymbol{u} \tag{2.95}$$

로 된다.

증명

다음의 식 (2.95)가 한 변수의 함수가 되도록 x, y 및 θ를 정의하자.

$$g(t)=f(x+t\cos\theta, y+t\sin\theta) \tag{2.96}$$

다음의 두 가지 다른 방법에 의해 계산되어지는 $g'(0)$의 값을 비교해 보자. 먼저, 도함수의 정의에 의하여

$$g'(0)=\lim_{h\to 0}\frac{g(0+h)-g(0)}{h}=\lim_{h\to 0}\frac{f(x+h\cos\theta, y+h\sin\theta)-f(x, y)}{h} \tag{2.97}$$

로 된다. 두번째는 연쇄규칙에 의하여

$$\begin{aligned} g'(t)&=f_1(x+t\cos\theta, y+t\sin\theta)\frac{d}{dt}(x+t\cos\theta)\\ &\quad+f_2(x+t\cos\theta, y+t\sin\theta)\frac{d}{dt}(x+t\sin\theta)\\ &=f_1(x+t\cos\theta, y+t\sin\theta)\cos\theta\\ &\quad+f_2(x+t\cos\theta, y+t\sin\theta)\sin\theta \end{aligned} \tag{2.98}$$

로 된다. 여기서 첨자 1 및 2는 $x+t\cos\theta$, $y+t\sin\theta$에 대한 $f(x+t\cos\theta, y+t\sin\theta)$의 편미분을 나타낸다. $t=0$일 때 $x+t\cos\theta$, $y+t\sin\theta$는 간단히 x 및 y로 되며, 식 (2.97)은

$$g'(0)=f_x(x, y)\cos\theta+f_y(x, y)\sin\theta \tag{2.99}$$

로 됨을 알 수 있다. 식 (2.95), (2.97) 및 (2.99)를 비교하면

$$D_u f(x, y) = f_x(x, y)\cos\theta + f_y(x, y)\sin\theta$$
$$= [f_x(x, y)\boldsymbol{i} + f_y(x, y)\boldsymbol{j}] \cdot [\cos\theta\boldsymbol{i} + \sin\theta\boldsymbol{j}]$$
$$= \nabla f(x, y) \cdot \boldsymbol{u}$$

로 된다.

예제 14

양의 x축과 이루는 각도가 $\pi/6$인 단위벡터 방향에 대한 점 (1, 1)에서의 $f(x, y) = 2x^2y^3 + 6xy$의 방향도함수를 구하라.

[풀이] $\dfrac{\partial f}{\partial x} = 4xy^3 + 6y$, $\dfrac{\partial f}{\partial y} = 6x^2y^2 + 6x$이므로

$$\nabla f(x, y) = (4xy^3 + 6y)\boldsymbol{i} + (6x^2y^2 + 6x)\boldsymbol{j}$$
$$\nabla f(1, 1) = 10\boldsymbol{i} + 12\boldsymbol{j}$$

로 됨을 알 수 있다. $\theta = \pi/6$일 때, $\boldsymbol{u} = \cos\theta\,\boldsymbol{i} + \sin\theta\,\boldsymbol{j}$는

$$\boldsymbol{u} = \frac{\sqrt{3}}{2}\boldsymbol{i} + \frac{1}{2}\boldsymbol{j}$$

로 되므로

$$D_u f(1, 1) = \nabla f(1, 1) \cdot \boldsymbol{u} = (10\boldsymbol{i} + 12\boldsymbol{j}) \cdot \left(\frac{\sqrt{3}}{2}\boldsymbol{i} + \frac{1}{2}\boldsymbol{j}\right) = 5\sqrt{3} + 6$$

로 된다.

예제 15

xy 평면에 수직이며 점 $P(2, 1)$과 점 $Q(3, 2)$를 지나는 평면을 생각하자. Q방향의 점 (2, 1, 17)에서의 표면 $f(x, y) = 4x^2 + y^2$과 이 평면이 만나는 곡선의 접선 기울기는 얼마인가?

[풀이] 벡터 $\overrightarrow{PQ} = \boldsymbol{i} + \boldsymbol{j}$로 주어지는 방향에서의 $D_u f(2, 1)$을 구하면 된다. $\overrightarrow{PQ}$는 단위벡터가 아니므로 $\boldsymbol{u} = (1/\sqrt{2})\boldsymbol{i} + (1/\sqrt{2})\boldsymbol{j}$로 나타내면

$$\nabla f(x, y) = 8x\boldsymbol{i} + 2y\boldsymbol{j} \text{ 및 } \nabla f(2, 1) = 16\boldsymbol{i} + 2\boldsymbol{j}$$

로 된다. 따라서 구하고자 하는 기울기는

$$\mathrm{Du} f(2, 1) = (16\boldsymbol{i} + 2\boldsymbol{j}) \cdot \left(\frac{1}{\sqrt{2}}\boldsymbol{i} + \frac{1}{\sqrt{2}}\boldsymbol{j}\right) = 9\sqrt{2}$$

로 된다.

정의 6 세 변수 함수에 대한 방향도함수

세 변수의 함수 $w = F(x, y, z)$에 대해 방향도함수는

$$D_{\mathrm{u}} F(x, y, z)$$

$$= \lim_{h \to 0} \frac{F(x + h\cos\alpha,\ y + h\cos\beta, z + h\cos\gamma) - F(x, y, z)}{h}$$

로 정의된다. 여기서 α, β 및 γ는 양의 x, y 및 z 축에 대해 측정한 $\boldsymbol{u}$의 방향각들이다. 그러나 앞에서와 같이

$$D_u F(x, y, z) = \nabla F(x, y, z) \cdot \boldsymbol{u} \tag{2.100}$$

으로 됨을 알 수 있다. $\boldsymbol{u}$는 단위벡터이므로

$$D_u F(x, y, z) = \mathrm{comp}_{\mathrm{u}} \nabla F(x, y, z) \tag{2.101}$$

로 된다. 여기서 $\mathrm{comp}_{\mathrm{u}}$는 단위벡터 $\boldsymbol{u}$의 각 방향요소에 대한 $\nabla F(x, y, z)$의 크기를 말한다. 따라서 $\boldsymbol{z}$ 방향에 대해 식 (2.99)는

$$D_k F(x, y, z) = \frac{\partial w}{\partial z} \tag{2.102}$$

로 된다.

예제 16

$6\boldsymbol{i} + 2\boldsymbol{j} + 3\boldsymbol{k}$ 방향의 점 $(1, -1, 2)$에서의 $F(x, y, z) = xy^2 - 4x^2y + z^2$의 방향도함수를 구하라.

[풀이] $\frac{\partial F}{\partial x} = y^2 - 8xy$, $\frac{\partial F}{\partial y} = 2xy - 4x^2$ 및 $\frac{\partial F}{\partial z} = 2z$이므로

$$\nabla F(x, y, z) = (y^2 - 8xy)\boldsymbol{i} + (2xy - 4x^2)\boldsymbol{j} + 2z\boldsymbol{k}$$

$$\nabla F(1, -1, 2) = 9\boldsymbol{i} - 6\boldsymbol{j} + 4\boldsymbol{k}$$

로 된다. 또한, $\|6\boldsymbol{i} - 2\boldsymbol{j} + 3\boldsymbol{k}\| = 7$이므로 $\boldsymbol{u} = \frac{6}{7}\boldsymbol{i} + \frac{2}{7}\boldsymbol{j} + \frac{3}{7}\boldsymbol{k}$는 지시된 방향의 단위벡터이다. 따라서 식 (2.100)으로부터 다음을 얻는다.

$$D_u F(1, -1, 2) = (9\boldsymbol{i} - 6\boldsymbol{j} + 4\boldsymbol{k}) \cdot \left(\frac{6}{7}\boldsymbol{i} + \frac{2}{7}\boldsymbol{j} + \frac{3}{7}\boldsymbol{k}\right) = \frac{54}{7}$$

방향도함수의 최대값 f를 두 변수 또는 세 변수의 함수라 하자. 식 (2.95) 및

(2.100)은 방향도함수를 내적으로 표현하고 있으므로, 정의 4는

$$D_u f = \|\nabla f\| \, \|\boldsymbol{u}\| \cos\phi = \|\nabla f\| \cos\phi \quad (\|\boldsymbol{u}\| = 1) \tag{2.103}$$

로 된다. 여기서 ϕ는 ∇f와 $\boldsymbol{u}$ 사이의 각이다. $0 \le \phi \le \pi$ 이므로 $-1 \le \cos\phi \le 1$이 된다. 따라서

$$-\|\nabla f\| \le D_u f \le \|\nabla f\| \tag{2.104}$$

로 된다. 이를 달리 표현하면 다음과 같다. 방향도함수의 최대값은 $\|\nabla f\|$이며 이는 $\boldsymbol{u}$와 Δf가 동일방향, 즉 $\cos\phi = 1$일 때이다. 그리고 방향도함수의 최소값은 $-\|\nabla f\|$이며 이는 $\boldsymbol{u}$와 Δf가 반대방향, 즉 $\cos\phi = -1$일 때이다.

예제 17

예제 16에서 (1, −1, 2)에서의 $\boldsymbol{F}$의 방향도함수의 최대값을 구하라.

[풀이] $\|\nabla \boldsymbol{F}(1, -1, 2)\| = \sqrt{133}$ 이다. 반면, $D_u\boldsymbol{F}(1, -1, 2)$의 최소값은 $-\sqrt{133}$ 이다.

경도는 f가 가장 급격히 증가하는 방향으로 향한다. 식 (2.104)를 다르게 설명하면, 경도 벡터 Δf는 f가 가장 급격히 증가하는 방향으로 향하고, 경도 벡터 $-\nabla f$는 f가 가장 급격히 감소하는 방향으로 향한다는 것이다.

예제 18

로스앤젤레스(Los Angeles)에서는 매년 도시에서 가장 가파른 길을 따라 언덕 꼭대기까지 올라가는 자전거 경주를 개최한다. 자전거 경주자가 길을 오를 때 왜 지그재그로 올라가야 하는지를 설명하라. 단, 그림 2-28(a)와 같은 $f(x, y) = 4 - \frac{2}{3}\sqrt{x^2 + y^2}$, $0 \le z \le 4$의 그래프가 언덕의 수학적 모델이라고 가정한다.

[풀이] f의 경도는 다음과 같다.

$$\nabla f(x, y) = \frac{2}{3}\left[\frac{-x}{\sqrt{x^2 + y^2}} i + \frac{-y}{\sqrt{x^2 + y^2}} j\right] = \frac{2}{3} \frac{1}{\sqrt{x^2 + y^2}} \boldsymbol{r}$$

여기서 $\boldsymbol{r} = -xi - yj$는 원뿔의 중심을 향하는 벡터이다. 따라서 언덕을 오르는 최대경사는 xy 평면에서의 사영이 원뿔의 반지름이 되는 직선도로이다. $D_u f = \text{comp}_u \nabla f$ 이므로 자전거 경주자는 이 성분을 감소시키기 위하여 Δf 방향이 아닌 $\boldsymbol{u}$ 방향으로 지그재그로 오르려고 할 것이다.

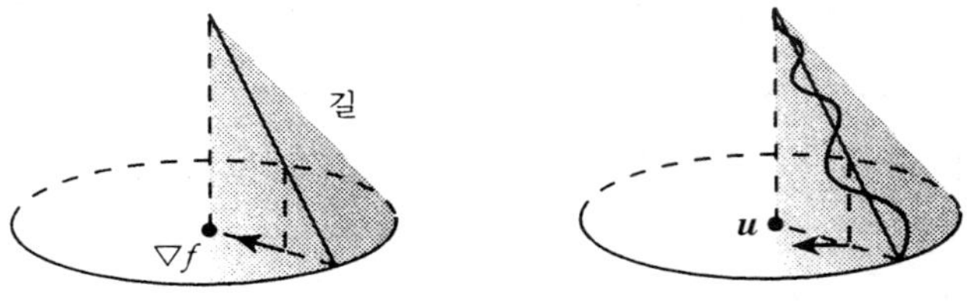

(a) (b)

그림 2-28 언덕의 모형과 ∇f

예제 19

사각형 박스 내의 온도가

$$T(x, y, z) = xyz(1-x)(2-y)(3-z)$$
$$0 \leqq x \leqq 1,\ 0 \leqq y \leqq 2,\ 0 \leqq z \leqq 3$$

로 근사화된다. 모기가 (1/2, 1, 1)에 있다면 어느 방향으로 날아야 가장 시원한 지점에 도달하는가?

[풀이] T의 경도는

$$\begin{aligned}\nabla T(x, y, z) &= yz(2-y)(3-z)(1-2x)\boldsymbol{i}\\ &+ xz(1-x)(3-z)(2-2y)\boldsymbol{j}\\ &+ xy(1-x)(2-y)(3-2z)\boldsymbol{k}\end{aligned}$$

로 된다. 따라서

$$\nabla T(1/2, 1, 1) = 1/4\boldsymbol{k}$$

이다. 가장 빨리 시원하게 되려면 모기는 $-1/4\boldsymbol{k}$ 방향으로 날아야 한다. 즉, 온도가 $T(x, y, 0)=0$인 박스의 바닥으로 향해 날아야 한다.

[5] 스칼라 함수의 경도(gradient)와 스칼라 포텐셜

주어진 스칼라 함수 $\phi(x, y, z)$의 음의 경도로서

$$\boldsymbol{A} = -\operatorname{grad}\phi = -\nabla\phi = -\boldsymbol{i}A_x - \boldsymbol{j}A_y - \boldsymbol{k}A_z$$
$$A_x = \frac{\partial\phi}{\partial x},\ A_y = \frac{\partial\phi}{\partial y},\ A_z = \frac{\partial\phi}{\partial z} \tag{2.105}$$

를 만족하는 벡터 $\boldsymbol{A}$가 존재할 때, ϕ를 벡터 $\boldsymbol{A}$의 '스칼라 포텐셜' 이라 한다.

예제 20

점 (1, 2, −1)에서의 스칼라 함수 $\phi = 2xy + e^z - x^2 z$의 경도를 구하라.

[풀이] $A_x = \dfrac{\partial(2xy + e^z - x^2 z)}{\partial x} = 2y - 2xz$

$$A_y = \frac{\partial(2xy + e^z - x^2 z)}{\partial y} = 2x$$

$$A_z = \frac{\partial(2xy + e^z - x^2 z)}{\partial z} = e^z - x^2$$

$A = -\operatorname{grad}\phi = -\nabla\phi = -iA_x - jA_y - kA_z$로부터 ϕ는 벡터 A의 '스칼라 포텐셜' 이라 된다. 그리고, 점 (1, 2, −1)에서의 경도는

$$\begin{aligned}\nabla\phi &= \boldsymbol{i}(2y - 2xz) + \boldsymbol{j}(2x) + \boldsymbol{k}(e^z - x^2) \\ &= \boldsymbol{i}[2\times 2 - 2\times 1\times(-1)] + \boldsymbol{j}(2\times 1) + \boldsymbol{k}(e^{-1} - 1^2)3 \\ &= 6\boldsymbol{i} + \boldsymbol{j} - 0.632\boldsymbol{k}\end{aligned}$$

로 구해진다.

2.11 벡터의 2계 도함수

벡터 ∇가 두 번 곱해지는 다음의 2계 도함수들에는 6가지 종류가 있다.

[1] 경도의 발산 : 라플라시안 ∇^2

두 벡터 ∇의 내적, 즉

$$\begin{aligned}\nabla\cdot\nabla &= \left[\frac{\partial}{\partial x}\boldsymbol{i} + \frac{\partial}{\partial y}\boldsymbol{j} + \frac{\partial}{\partial z}\boldsymbol{k}\right]\cdot\left[\frac{\partial}{\partial x}\boldsymbol{i} + \frac{\partial}{\partial y}\boldsymbol{j} + \frac{\partial}{\partial z}\boldsymbol{k}\right] \\ &= \frac{\partial^2}{\partial x^2} + \frac{\partial^2}{\partial y^2} + \frac{\partial^2}{\partial z^2} = \nabla^2\end{aligned} \tag{2.106}$$

로 되는 스칼라 연산자 ∇^2을 '라플라시안(Laplacian)' 또는 '라플라스 연산자(Laplace operator)' 라고 한다. 한편, 스칼라 함수 $\phi(x, y, z)$의 경도의 발산인

$$\text{div grad } \phi = \nabla \cdot (\nabla \phi) \tag{2.107}$$

$$= \frac{\partial^2 \phi}{\partial x^2} + \frac{\partial^2 \phi}{\partial y^2} + \frac{\partial^2 \phi}{\partial z^2} = \nabla^2 \phi$$

을 "스칼라의 라플라시안" 이라 하고, 특히 벡터 함수 $\boldsymbol{V} = \boldsymbol{V}(x, y, z)$에 대한

$$(\nabla \cdot \nabla)\boldsymbol{V} = \frac{\partial^2 \boldsymbol{V}}{\partial x^2} + \frac{\partial^2 \boldsymbol{V}}{\partial y^2} + \frac{\partial^2 \boldsymbol{V}}{\partial z^2} \tag{2.108}$$

$$= \boldsymbol{i}\nabla^2 v_x + \boldsymbol{j}\nabla^2 v_y + \boldsymbol{k}\nabla^2 v_z$$

또는

$$\nabla^2 \boldsymbol{V} = \left(\frac{\partial^2}{\partial x^2} + \frac{\partial^2}{\partial y^2} + \frac{\partial^2}{\partial z^2}\right)\boldsymbol{V}$$

$$= \left(\frac{\partial^2}{\partial x^2} + \frac{\partial^2}{\partial y^2} + \frac{\partial^2}{\partial z^2}\right)v_x \boldsymbol{i} + \left(\frac{\partial^2}{\partial x^2} + \frac{\partial^2}{\partial y^2} + \frac{\partial^2}{\partial z^2}\right)v_y \boldsymbol{j} + \left(\frac{\partial^2}{\partial x^2} + \frac{\partial^2}{\partial y^2} + \frac{\partial^2}{\partial z^2}\right)v_z \boldsymbol{k} \tag{2.109}$$

을 "벡터의 라플라시안" 이라 부른다.

[2] 경도의 curl(항상 영이다)

$$\nabla \times (\nabla \phi) = 0 \tag{2.110}$$

이는 다음과 같이 되므로

$$\text{curl } \boldsymbol{V} = \nabla \times \boldsymbol{V} = \begin{vmatrix} \boldsymbol{i} & \boldsymbol{j} & \boldsymbol{k} \\ \frac{\partial}{\partial x} & \frac{\partial}{\partial y} & \frac{\partial}{\partial z} \\ (x^2y^3 - z^4) & 4x^5y^2z & -y^4z^6 \end{vmatrix} \tag{2.111}$$

$$= (-4y^3z^6 - 4x^5y^2)\boldsymbol{i} - 4z^3\boldsymbol{j} + (20x^4y^2z - 3x^2y^2)\boldsymbol{k}$$

$$\text{curl } \nabla \phi = \nabla \times (\nabla \phi) = \begin{vmatrix} \boldsymbol{i} & \boldsymbol{j} & \boldsymbol{k} \\ \frac{\partial}{\partial x} & \frac{\partial}{\partial y} & \frac{\partial}{\partial z} \\ \frac{\partial \phi}{\partial x} & \frac{\partial \phi}{\partial y} & \frac{\partial \phi}{\partial z} \end{vmatrix} \tag{2.112}$$

$$\nabla \times (\nabla \phi)|_i = \left(\frac{\partial}{\partial y}(\nabla \phi) - \frac{\partial}{\partial z}(\nabla \phi)\right)\boldsymbol{i} = \left[\frac{\partial}{\partial y}\left(\frac{\partial}{\partial z}\phi\right) - \frac{\partial}{\partial z}\left(\frac{\partial}{\partial y}\phi\right)\right]\boldsymbol{i} = 0 \tag{2.113}$$

이와 유사하게 $\boldsymbol{j}$ 및 $\boldsymbol{k}$ 성분에 대해서도 0이 됨을 유추할 수 있다. 예를 들면,

$\phi=x^3y^5z^2$에 대해 $\nabla\phi$는 다음과 같이 주어지므로

$$\nabla\phi=3x^2y^5z^2\boldsymbol{i}+5x^3y^4z^2\boldsymbol{j}+2x^3y^5z\boldsymbol{k}=\frac{\partial\phi}{\partial x}\boldsymbol{i}+\frac{\partial\phi}{\partial y}\boldsymbol{j}+\frac{\partial\phi}{\partial x}\boldsymbol{k} \tag{2.114}$$

다음과 같이 성립함을 알 수 있다.

$$\begin{aligned}\text{curl }\nabla\phi=\nabla\times(\nabla\phi)&=\begin{vmatrix}\boldsymbol{i} & \boldsymbol{j} & \boldsymbol{k}\\ \dfrac{\partial}{\partial x} & \dfrac{\partial}{\partial y} & \dfrac{\partial}{\partial z}\\ 3x^2y^5z^2 & 5x^3y^4z^2 & 2x^3y^5z\end{vmatrix}\\ &=0\end{aligned} \tag{2.115}$$

[3] 발산의 경도

$$\nabla(\nabla\cdot\boldsymbol{V})=0 \tag{2.116}$$

[4] curl의 발산(항상 영이다)

$$\nabla\cdot(\nabla\times\boldsymbol{V})=0 \tag{2.117}$$

이는 다음의 연산으로부터 쉽게 증명될 수 있다.

$$\begin{aligned}\nabla\cdot(\nabla\times\boldsymbol{V})&=\frac{\partial}{\partial x}(\nabla\times\boldsymbol{V})_x+\frac{\partial}{\partial y}(\nabla\times\boldsymbol{V})_y+\frac{\partial}{\partial z}(\nabla\times\boldsymbol{V})_z\\ &=\frac{\partial}{\partial x}\left(\frac{\partial v_z}{\partial y}-\frac{\partial v_y}{\partial z}\right)+\frac{\partial}{\partial y}\left(\frac{\partial v_x}{\partial z}-\frac{\partial v_z}{\partial x}\right)+\frac{\partial}{\partial z}\left(\frac{\partial v_y}{\partial x}-\frac{\partial v_x}{\partial y}\right)\end{aligned} \tag{2.118}$$

[5] 벡터 함수 $\boldsymbol{V}$의 curl

curl은 라플라시안과 벡터 $\boldsymbol{V}$의 발산의 경도에 의해서 표현될 수 있다.

$$\nabla\times(\nabla\times\boldsymbol{V})=\nabla(\nabla\cdot\boldsymbol{V})-\nabla^2\boldsymbol{V} \tag{2.119}$$

2.12 좌표계와 벡터

폐곡선 좌표는 일반적으로 원통형 좌표계와 구좌표계로 크게 나눌 수 있다. 직교좌표계는 대칭이 아닌 시스템을 포함하는 계산에 통용된다. 시스템을 기술하려면 구 또는 원통형

대칭인 구좌표계나 원통형 좌표계를 사용하는 것이 편리하다. 이들 두 좌표 간의 관계에 대하여 설명한다.

[1] 원통좌표계

(1) 원통좌표계의 표현

원통좌표계는 고려하고자 하는 계가 원통형 대칭을 이룰 때 사용된다. z축은 원통의 중심축이 된다. 원통좌표계는 그림 2-29와 같이 서로 직교하는 3개의 면—z축을 중심축으로 하는 반지름 r의 원통면, z축을 포함하는 평면과 z축에 수직인 평면—의 교점으로서 좌표점 $P(r, \phi, z)$로 표현되며 각 변수는 다음과 같이 정의된다.

① r : 점 P와 z축 간의 거리
② ϕ : 방위각은 $x-y$ 평면의 벡터 $\boldsymbol{P}$와 x축 간의 방위각
③ z : 점 P의 z 좌표

이로부터 원통좌표계의 각 변수의 변화 범위는 다음과 같다.

$$u_1 = r, \quad u_2 = \phi, \quad u_3 = z \tag{2.120}$$

$$0 \le r < \infty, \ 0 \le \phi \le 2\pi, \ -\infty < z < \infty$$

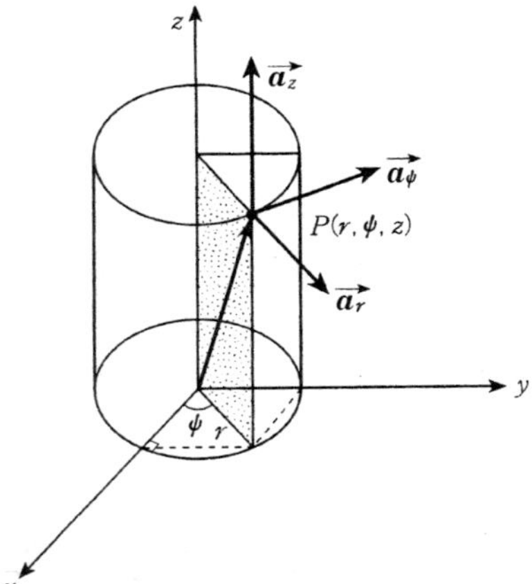

(a)

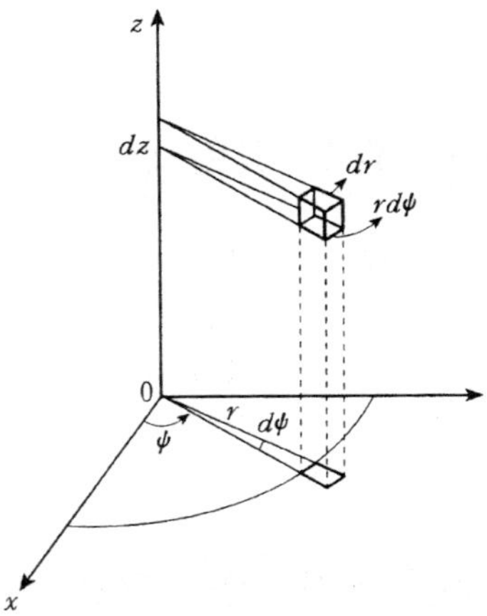

(b)

그림 2-29 원통좌표계

점 P의 원통좌표축 (r, ϕ, z)와 직교좌표축 (x, y, z)는 그림 2-33으로부터 다음과 같은 관계가 있음을 알 수 있다.

$$x = r\cos\phi,\ \ y = r\sin\phi,\ \ z = z \tag{2.121}$$

$$r = \sqrt{x^2 + y^2},\ \ \phi = \tan^{-1}\left(\frac{y}{x}\right),\ \ z = z$$

한편 직교좌표계에서의 길이 요소는 $(dl)^2 = (dx)^2 + (dy)^2 + (dz)^2$이 되는 반면, 원통좌표계의 길이 요소는 $(dl)^2 = (dr)^2 + r^2(d\phi)^2 + (dz)^2$이 된다. 그리고 직교좌표계에서의 체적 요소는 $d\tau = dx\ dy dz$와 같으나, 원통좌표계의 체적 요소는 $d\tau = rdr\ d\phi dz$와 같아진다.

(2) 원통좌표계의 벡터 표시

벡터 $\boldsymbol{A} = \boldsymbol{A}(x, y, z) = \boldsymbol{A}(r, \phi, z)$를 표현하기 위해 직교좌표계 $P(x, y, z)$의 각 축방향의 단위벡터를 $\boldsymbol{i}, \boldsymbol{j}, \boldsymbol{k} = \boldsymbol{a}_z$로 두고 원통좌표계 $P(r, \psi, z)$의 각 축방향의 단위벡터를 $\boldsymbol{a}_r, \boldsymbol{a}_\varphi, \boldsymbol{a}_z$로 두면 다음과 같이 쓸 수 있다.

$$\boldsymbol{A} = \boldsymbol{i}A_x + \boldsymbol{j}A_y + \boldsymbol{k}A_z \tag{2.122}$$

$$= \boldsymbol{a}_r A_r + \boldsymbol{a}_\phi A_\phi + \boldsymbol{a}_z A_z$$

여기서 단위벡터 $\boldsymbol{a}_r$과 $\boldsymbol{a}_\phi$는 일정하지 않은데, 이는 점 $\boldsymbol{P}$의 움직임에 따라 달라지기 때문이다. 그리고 다음 관계를 이용하면,

$$x = r\cos\phi,\quad y = r\sin\phi\quad z = z \tag{2.123}$$

$$r^2 = x^2 + y^2,\quad \psi = \tan^{-1}\frac{y}{x} \tag{2.124}$$

$$A_r = \boldsymbol{A}\cdot\boldsymbol{a}_r,\quad A_\phi = \boldsymbol{A}\cdot\boldsymbol{a}_\phi,\quad A_z = \boldsymbol{A}\cdot\boldsymbol{a}_z = A_z \tag{2.125}$$

$$\boldsymbol{i}\cdot\boldsymbol{a}_r = \cos\phi \qquad \boldsymbol{j}\cdot\boldsymbol{a}_r = \sin\phi$$

$$\boldsymbol{i}\cdot\boldsymbol{a}_\phi = -\sin\phi \quad \boldsymbol{j}\cdot\boldsymbol{a}_\phi = \cos\phi \tag{2.126}$$

로 되고, 원통좌표계 $P(r, \phi, z)$의 각 축의 크기는

$$A_r = \boldsymbol{A}(x, y, z)\cdot\boldsymbol{a}_r = A_x\cos\phi + A_y\sin\phi \tag{2.127}$$

$$A_\phi = \boldsymbol{A}(x, y, z)\cdot\boldsymbol{a}_\phi = -A_x\sin\phi + A_y\cos\phi$$

$$A_z = \boldsymbol{A}(x, y, z)\cdot\boldsymbol{a}_z = A_z$$

로 표현하거나, 또는

$$\begin{bmatrix} A_r \\ A_\phi \\ A_z \end{bmatrix} = \begin{bmatrix} \cos\phi & \sin\phi & 0 \\ -\sin\phi & \cos\phi & 0 \\ 0 & 0 & 1 \end{bmatrix} \begin{bmatrix} A_x \\ A_y \\ A_z \end{bmatrix}$$

로 표현할 수 있다. 따라서, 직교좌표계 $A(x, y, z)$를 원통좌표계 $A(r, \phi, z)$로 표현하면

$$\begin{aligned} \boldsymbol{A}(r, \phi, z) &= A_r\boldsymbol{a_r} + A_\phi\boldsymbol{a_\phi} + A_z\boldsymbol{a_z} \\ &= (A_x\cos\phi + A_y\sin\phi)\mathbf{a}_r \\ &\quad + (-A_x\sin\phi + A_y\cos\phi)\boldsymbol{a}_\phi + A_z\boldsymbol{a}_z \end{aligned} \tag{2.128}$$

로 된다. 이의 역으로 원통좌표계를 직교좌표계로 변환할 때는

$$r = \sqrt{x^2 + y^2}, \qquad \phi = \tan^{-1}\frac{y}{x}, \qquad z = z \tag{2.129}$$

$$\begin{aligned} A_x &= \frac{1}{\sqrt{x^2+y^2}}(A_r x - A_\phi y) \\ A_y &= \frac{1}{\sqrt{x^2+y^2}}(A_r y + A_\phi x) \\ A_z &= A_z \end{aligned} \tag{2.130}$$

로부터, 직교좌표계 $A(x, y, z)$의 각 축방향의 크기는 다음과 같이 구해진다.

$$A_x = \boldsymbol{A}(r, \phi, z) \cdot \boldsymbol{i} = A_r\cos\phi - A_\phi\sin\phi \tag{2.131}$$

$$A_y = \boldsymbol{A}(r, \phi, z) \cdot \boldsymbol{j} = A_r\sin\phi + A_\phi\cos\phi$$

$$A_z = \boldsymbol{A}(r, \phi, z) \cdot \boldsymbol{k} = A_z$$

$$\begin{bmatrix} A_x \\ A_y \\ A_z \end{bmatrix} = \begin{bmatrix} \cos\phi & -\sin\phi & 0 \\ \sin\phi & \cos\phi & 0 \\ 0 & 0 & 1 \end{bmatrix} \begin{bmatrix} A_r \\ A_\phi \\ A_z \end{bmatrix} \tag{2.132}$$

한편 r, ϕ, z의 미소 변화 $dr, d\phi, dz$는 다음과 같은 미소 변위 dl_r, dl_ϕ, dl_z를 생성한다.

$$\begin{aligned} dl_r &= dr \\ dl_\phi &= r d\phi = \sqrt{x^2+y^2}\, d\phi \\ dl_z &= dz \end{aligned} \tag{2.133}$$

다음 미소 변위 벡터는 구좌표계에서 선적분을 계산할 때 이용될 것이다.

$$dl = dl_r \boldsymbol{a}_r + dl_\phi \boldsymbol{a}_\phi + dl_z \boldsymbol{a}_z = dr\boldsymbol{a}_r + rd\phi\boldsymbol{a}_\phi + dz\boldsymbol{a}_z \tag{2.134}$$

그리고 다음의 미소 체적 요소 $d\tau$는 체적적분에서 사용될 것이다.

$$d\tau = dl_r dl_\phi dl_z = rdrd\phi dz \tag{2.135}$$

미소면적 벡터 $\vec{da}$는 반경 r인 원통의 표면에 대해 다음과 같아지고

$$\vec{da} = rd\phi dz \hat{\boldsymbol{r}} \tag{2.136}$$

이는 표면적분에서 사용될 것이며, 표면의 방향에 따라 달라지므로 하나로 결정되지는 않는다.

이상에서의 관계를 이용하여 원통좌표계에서의 스칼라 함수 $T(r, \phi, z)$ 및 벡터 함수 $\boldsymbol{V}(r, \phi, z)$에 대해 경도, 발산 및 회전, 그리고 라플라시안을 구하면 다음과 같다.

① 원통좌표계에서의 경도 ∇T는 다음과 같다.

$$\nabla T = \text{grad}\, T = \frac{\partial T}{\partial r}\boldsymbol{a}_r + \frac{\partial T}{r\partial\phi}\boldsymbol{a}_\phi + \frac{\partial T}{\partial z}\boldsymbol{a}_z \tag{2.137}$$

② 원통좌표계의 발산 $\nabla \cdot \boldsymbol{V}$의 표현은 다음과 같다.

$$\nabla \cdot \boldsymbol{V} = \frac{1}{r}\frac{\partial}{\partial r}(rV_r) + \frac{1}{r}\frac{\partial}{\partial\phi}V_\phi + \frac{\partial}{\partial z}V_z \tag{2.138}$$

③ 원통좌표계의 회전 curl$(=\nabla \times \boldsymbol{V})$의 표현은 다음과 같다.

$$\nabla \times \boldsymbol{V} = \begin{vmatrix} \boldsymbol{a}_r & \boldsymbol{a}_\phi & \boldsymbol{a}_z \\ \frac{\partial}{\partial r} & \frac{\partial}{r\partial\phi} & \frac{\partial}{\partial z} \\ V_r & V_\phi & V_z \end{vmatrix} \tag{2.139}$$

$$= \left(\frac{\partial V_z}{r\partial\phi} - \frac{\partial V_\phi}{\partial z}\right)\boldsymbol{a}_r + \left(\frac{\partial V_r}{\partial z} - \frac{\partial V_z}{\partial r}\right)\boldsymbol{a}_\phi + \frac{1}{r}\left(\frac{\partial(rV_\phi)}{\partial r} - \frac{\partial V_r}{\partial\phi}\right)\boldsymbol{a}_z$$

④ 원통좌표계의 스칼라 함수에 대한 라플라시안$(\nabla^2\Phi)$ 표현은 다음과 같다.

$$\nabla^2 = \frac{1}{r}\frac{\partial}{\partial r}\left(r\frac{\partial}{\partial r}\right) + \frac{1}{r^2}\frac{\partial^2}{\partial\phi^2} + \frac{\partial^2}{\partial z^2} \tag{2.140}$$

$$\nabla^2 T = \frac{1}{r}\frac{\partial}{\partial r}\left(r\frac{\partial T}{\partial r}\right) + \frac{1}{r^2}\frac{\partial^2 T}{\partial \phi^2} + \frac{\partial^2 T}{\partial z^2} \tag{2.141}$$

⑤ 벡터 함수의 라플라시안의 표현은 다음과 같다.

$$\nabla^2 \boldsymbol{V} = \nabla \cdot \nabla \boldsymbol{V} = \left(\frac{1}{r}\frac{\partial}{\partial r}(r\frac{\partial}{\partial r}) + \frac{1}{r^2}\frac{\partial^2}{\partial \phi^2} + \frac{\partial^2}{\partial z^2}\right)\boldsymbol{V} \tag{2.142}$$

예제 21

직교좌표계의 스칼라 계가 $f(x,y,z) = 5xy + zy^3$로 주어질 때, 원통좌표계에서의 경도를 구하라.

[풀이] 해법 1

$x = r\cos\phi,\ y = r\sin\phi,\ z = z$를 대입하면,

$$f(r,\phi,z) = 5r^2\cos\phi\sin\phi + zr^3\sin^3\phi$$

로 되고, 이 함수의 경도는 식 (2-137)로부터

$$\nabla f = \frac{\partial f}{\partial r}\boldsymbol{a}_r + \frac{\partial f}{r\partial \phi}\boldsymbol{a}_\phi + \frac{\partial f}{\partial z}\boldsymbol{a}_z$$
$$= [10r\cos\phi\sin\phi + 3r^2 z\sin^3\phi]\,\boldsymbol{a}_r + [5r\cos 2\phi + 3zr^2\sin^2\phi\cos\phi]\boldsymbol{a}_\phi + r^3\sin^3\phi\,\boldsymbol{a}_\phi$$

가 구해진다.

해법 2 직교좌표계에서의 경도인

$$\nabla f(x,y,z) = \frac{\partial f}{\partial x}\boldsymbol{i} + \frac{\partial f}{\partial y}\boldsymbol{j} + \frac{\partial f}{\partial z}\boldsymbol{k} = 5y\boldsymbol{i} + (5x + 3y^2 z)\boldsymbol{j} + y^3\boldsymbol{k}$$

를 먼저 구해서

$$\begin{bmatrix} A_r \\ A_\phi \\ A_z \end{bmatrix} = \begin{bmatrix} \cos\phi & \sin\phi & 0 \\ -\sin\phi & \cos\phi & 0 \\ 0 & 0 & 1 \end{bmatrix}\begin{bmatrix} 5y \\ 5x + 3y^2 z \\ y^3 \end{bmatrix} = \begin{bmatrix} 5y\cos\phi + (5x + 3y^2 z)\sin\phi \\ -5y\sin\phi + (5x + 3y^2 z)\cos\phi \\ y^3 \end{bmatrix}$$
$$= \begin{bmatrix} 10r\cos\phi\sin\phi + 3r^2 z\sin^3\phi \\ 5r\cos 2\phi + 3zr^2\sin^2\phi\cos\phi \\ r^3\sin^3\phi \end{bmatrix}$$

로부터, 해법 1의 결과와 동일하게

$$\nabla f(r,\phi,z) = A_x\boldsymbol{a}_r + A_\phi\boldsymbol{a}_\phi + A_z\boldsymbol{a}_z$$

를 얻을 수도 있다.

[2] 구좌표계

(1) 구좌표계의 표현

구좌표계는 그림 2-30과 같이 중심이 원점인 반지름 r의 구상에 z축과는 각도 θ를, x 축과는 각도 ϕ를 이루는 위치에 있는 점을 $P(r, \theta, \phi)$로 잡아 표현한다.

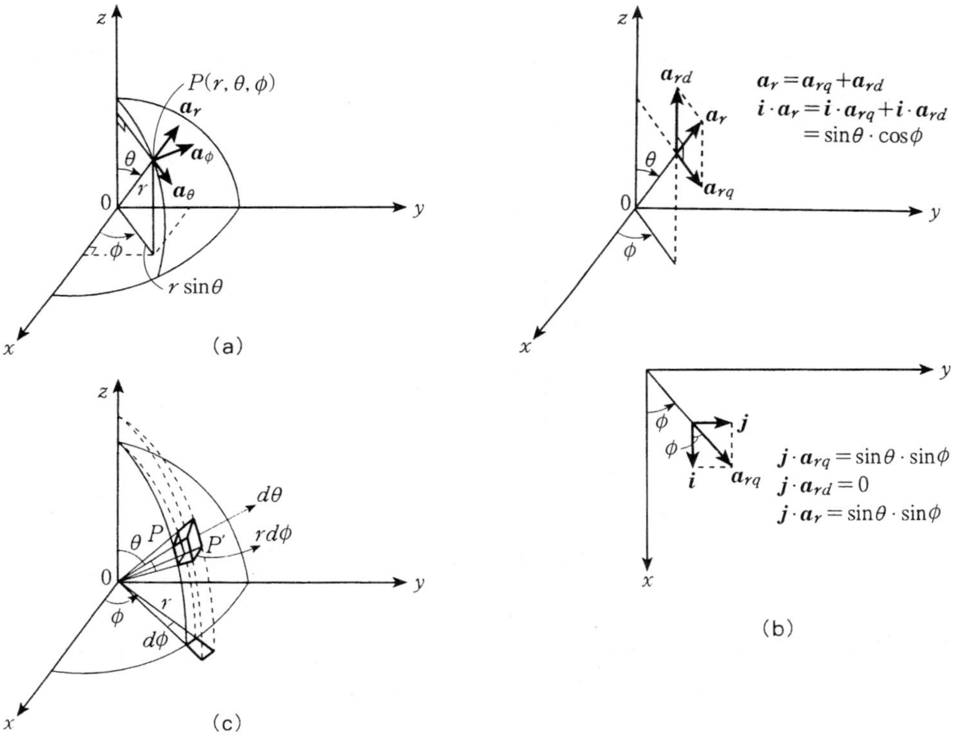

그림 2-30 구좌표계

구좌표계에서는 다음과 같이 주어지고,

$$u_1 = r,\ u_2 = \theta,\ u_3 = \phi \tag{2.143}$$

$$0 \leqq r < \infty,\ 0 \leqq \theta,\ \phi \leqq 2\pi$$

점 P의 구좌표축 (r, θ, ϕ)와 직교좌표축 (x, y, z)의 관계는 그림 2-30으로부터 다음과 같은 관계가 있음을 알 수 있다.

$$x = r\sin\theta\cos\phi \qquad (2.144)$$
$$y = r\sin\theta\sin\phi$$
$$z = r\cos\theta$$

$$r = \sqrt{x^2+y^2+z^2}, \quad \theta = \cos^{-1}\frac{z}{\sqrt{x^2+y^2+z^2}}, \quad \phi = \tan^{-1}\frac{y}{x} \qquad (2.145)$$

(2) 구좌표계의 벡터 표시

그림 2-31에서 직교좌표계에서의 x, y, z와 구좌표계에서의 r, θ, ϕ 사이의 관계식은 다음과 같다.

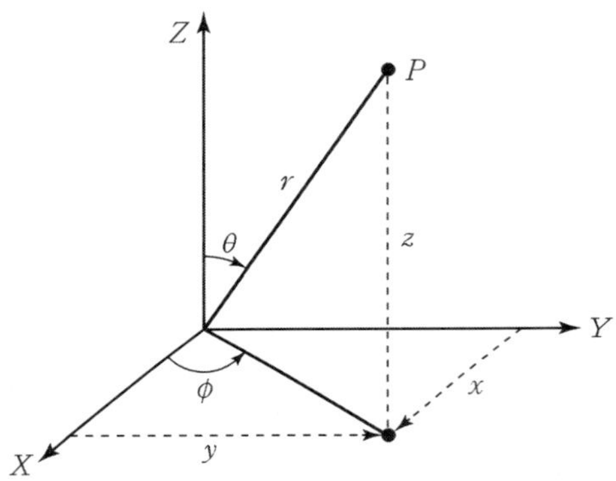

그림 2-31 구좌표계의 도시

보통 구좌표계는 고려 중인 시스템이 구형 대칭일 때 사용된다. 그림 2-31에서 점 P의 위치는 다음 세 좌표를 정의함으로써 결정될 수 있다.

① r : 원점과 점 P 간의 거리
② θ : 벡터 P와 z축 간의 각(그림 2-31)
③ ϕ : xy 평면의 벡터 P의 사영과 x축 간의 각

일반적으로 구좌표계에서의 임의 벡터 $\boldsymbol{A}$는 다음과 같이 표현된다.

$$\boldsymbol{A} = A_r\boldsymbol{a}_r + A_\theta\boldsymbol{a}_\theta + A_\phi\boldsymbol{a}_\phi \qquad (2.146)$$

구좌표계에서 단위벡터 $\boldsymbol{a}_r$, $\boldsymbol{a}_\theta$, $\boldsymbol{a}_\phi$는 일정하지 않다. 즉, 점 P의 움직임에 따라서 방향이 변하게 될 것이다. 그림 2-31에서 세 개의 구좌표 변수 (r, θ, ϕ)에 의해 점 P가

움직일 때, 상응하는 직교좌표계는 다음과 같은 관계를 갖는다.

$$x = r\sin\theta\cos\phi \qquad (2.147)$$
$$y = r\sin\theta\sin\phi$$
$$z = r\cos\theta$$

$$r^2 = x^2 + y^2 + z^2,\ \theta = \cos^{-1}\frac{z}{\sqrt{x^2+y^2+z^2}},\ \phi = \tan^{-1}\frac{y}{x} \qquad (2.148)$$

$$A_r = \boldsymbol{A}(x,y,z)\cdot\boldsymbol{a}_r,\ A_\theta = \boldsymbol{A}(x,y,z)\cdot\boldsymbol{a}_\theta,\ A_\phi = \boldsymbol{A}(x,y,z)\cdot\boldsymbol{a}_\phi \qquad (2.149)$$

$$\boldsymbol{i}\cdot\boldsymbol{a}_r = \sin\theta\cos\phi \qquad \boldsymbol{j}\cdot\boldsymbol{a}_r = \sin\theta\sin\phi \qquad \boldsymbol{k}\cdot\boldsymbol{a}_r = \cos\theta$$
$$\boldsymbol{i}\cdot\boldsymbol{a}_\theta = \cos\theta\cos\phi \qquad \boldsymbol{j}\cdot\boldsymbol{a}_\theta = \cos\theta\sin\phi \qquad \boldsymbol{k}\cdot\boldsymbol{a}_\theta = -\sin\theta$$
$$\boldsymbol{i}\cdot\boldsymbol{a}_\phi = -\sin\phi \qquad \boldsymbol{j}\cdot\boldsymbol{a}_\phi = \cos\phi \qquad \boldsymbol{k}\cdot\boldsymbol{a}_\phi = 0 \qquad (2.150)$$

로부터, 직교좌표계 $A(x, y, z)$를 구좌표계 $A(r, \theta, \phi)$로 표현하면 직각좌표계

$$\begin{bmatrix} A_r \\ A_\theta \\ A_\phi \end{bmatrix} = \begin{bmatrix} \sin\theta\cos\phi & \sin\theta\sin\phi & \cos\theta \\ \cos\theta\cos\phi & \cos\theta\sin\phi & -\sin\theta \\ -\sin\phi & \cos\phi & 0 \end{bmatrix}\begin{bmatrix} A_x \\ A_y \\ A_z \end{bmatrix} \qquad (2.151)$$

와 같고,

$$A_x = \boldsymbol{A}(r,\theta,\phi)\cdot\boldsymbol{i}, \qquad A_y = \boldsymbol{A}(r,\theta,\phi)\cdot\boldsymbol{j}, \qquad A_z = \boldsymbol{A}(r,\theta,\phi)\cdot\boldsymbol{k}$$

$$\boldsymbol{i} = \sin\theta\cos\phi\boldsymbol{a}_r + \cos\theta\cos\phi\boldsymbol{a}_\theta - \sin\phi\boldsymbol{a}_\phi \qquad (2.152)$$
$$\boldsymbol{j} = \sin\theta\sin\phi\boldsymbol{a}_r + \cos\theta\sin\phi\boldsymbol{a}_\theta + \cos\phi\boldsymbol{a}_\phi$$
$$\boldsymbol{k} = \cos\theta\boldsymbol{a}_r - \sin\theta\boldsymbol{a}_\theta$$

로부터, 구좌표계 $\boldsymbol{A}(r, \theta, \phi)$를 직교좌표계 $\boldsymbol{A}(x, y, z)$로 표현하면

$$\begin{bmatrix} A_x \\ A_y \\ A_z \end{bmatrix} = \begin{bmatrix} \sin\theta\cos\phi & \cos\theta\cos\phi & -\sin\phi \\ \sin\theta\sin\phi & \cos\theta\sin\phi & \cos\phi \\ \cos\theta & -\sin\theta & 0 \end{bmatrix}\begin{bmatrix} A_r \\ A_\theta \\ A_\phi \end{bmatrix} \qquad (2.153)$$

로 된다.

예제 22

직교좌표계 $\boldsymbol{A}(x, y, z) = \boldsymbol{A}(3, 4, 5) = 3\boldsymbol{i} + 4\boldsymbol{j} + 5\boldsymbol{k}$ 를 원통형좌표계 및 구좌표계로 표현하라.

[풀이] 원통형 좌표계는

$$r = \sqrt{x^2+y^2} = 5,\ \phi = \tan^{-1}\left(\frac{y}{x}\right) = 53.13^o,\ z = 5$$

로부터, $\boldsymbol{A}(r, \phi, z) = \boldsymbol{A}(5, 53.13^o, 5)$로 되고,

$$\begin{bmatrix} A_r \\ A_\phi \\ A_z \end{bmatrix} = \begin{bmatrix} \cos\phi & \sin\phi & 0 \\ -\sin\phi & \cos\phi & 0 \\ 0 & 0 & 1 \end{bmatrix} \begin{bmatrix} A_x \\ A_y \\ A_z \end{bmatrix} = \begin{bmatrix} 5 \\ 8.9\times 10^{-6} \\ 5 \end{bmatrix} \tag{2.154}$$

$$\begin{aligned} \boldsymbol{A}(r,\ \phi,\ z) &= A_r \boldsymbol{a_r} + A_\phi \boldsymbol{a_\phi} + A_z \boldsymbol{a_z} \\ &= 5\boldsymbol{a_r} + 8.9\times 10^{-6}\boldsymbol{a_\phi} + 5\boldsymbol{a_z} \end{aligned}$$

가 된다. 따라서, 구좌표계는

$$r = \sqrt{x^2+y^2+z^2} = 7.07$$

$$\theta = \cos^{-1}\frac{z}{\sqrt{x^2+y^2+z^2}} = 45^o$$

$$\phi = \tan^{-1}\frac{y}{x} = 53.13^o$$

로부터 $\boldsymbol{A}(r,\theta,\phi) = \boldsymbol{A}(7.07, 45^o, 53.13^o)$ 로 됨을 알 수 있고,

$$\begin{bmatrix} A_r \\ A_\theta \\ A_\phi \end{bmatrix} = \begin{bmatrix} \sin\theta\cos\phi & \sin\theta\sin\phi & \cos\theta \\ \cos\theta\cos\phi & \cos\theta\sin\phi & -\sin\theta \\ -\sin\phi & \cos\phi & 0 \end{bmatrix} \begin{bmatrix} A_x \\ A_y \\ A_z \end{bmatrix} = \begin{bmatrix} 7.07 \\ -5.64\times 10^{-12} \\ 8.9\times 10^{-6} \end{bmatrix}$$

$$\begin{aligned} \boldsymbol{A}(r,\theta,\phi) &= A_r \boldsymbol{a}_r + A_\theta \boldsymbol{a}_\theta + A_\phi \boldsymbol{a}_\phi \\ &= 7.07\boldsymbol{a}_r - 5.64\times 10^{-12}\boldsymbol{a}_\theta + 8.9\times 10^{-6}\boldsymbol{a}_\phi \end{aligned}$$

로 된다.

예제 23

구좌표계 $\boldsymbol{A}(r,\theta,\phi) = \boldsymbol{A}(10, 30^o, 60^o)$를 직각좌표계 및 원통형좌표계로 표현하라.

[풀이] 구좌표계 $\boldsymbol{A}(r,\ \theta,\ \phi)$로부터 직교좌표계는

$$\begin{bmatrix} A_x \\ A_y \\ A_z \end{bmatrix} = \begin{bmatrix} \sin\theta\cos\phi & \cos\theta\cos\phi & -\sin\phi \\ \sin\theta\sin\phi & \cos\theta\sin\phi & \cos\phi \\ \cos\theta & -\sin\theta & 0 \end{bmatrix} \begin{bmatrix} A_r \\ A_\theta \\ A_\phi \end{bmatrix} = \begin{bmatrix} 2.5 \\ 4.33 \\ 8.66 \end{bmatrix}$$

에 의해 직각좌표계로 표현하면

$$\begin{aligned} \boldsymbol{A}(x, y, z) &= A_x \boldsymbol{i} + A_y \boldsymbol{j} + A_z \boldsymbol{k} \\ &= 2.5\boldsymbol{i} + 4.33\boldsymbol{j} + 8.66\boldsymbol{k} \end{aligned}$$

로 된다.

원통형좌표계 $\boldsymbol{A}(r, \phi, z)$는 앞서 구해진 직각좌표계로부터

$$r=\sqrt{x^2+y^2}=5,\ \phi=\tan^{-1}\left(\frac{y}{x}\right)=60^o,\ z=8.66$$

로부터, $\boldsymbol{A}(r,\phi,z)=\boldsymbol{A}(5,60^o,8.66)$로 되고,

$$\begin{bmatrix}A_r\\A_\phi\\A_z\end{bmatrix}=\begin{bmatrix}\cos\phi & \sin\phi & 0\\-\sin\phi & \cos\phi & 0\\0 & 0 & 1\end{bmatrix}\begin{bmatrix}A_x\\A_y\\A_z\end{bmatrix}=\begin{bmatrix}5\\-6.35\times10^{-6}\\8.66\end{bmatrix}$$

$$\begin{aligned}\boldsymbol{A}(r,\ \phi,\ z)&=A_r\boldsymbol{a_r}+A_\phi\boldsymbol{a_\phi}+A_z\boldsymbol{a_z}\\&=5\boldsymbol{a_r}-6.35\times10^{-6}\boldsymbol{a_\phi}+8.66\boldsymbol{a_z}\end{aligned}$$

가 된다.

그리고 벡터 $\boldsymbol{A}=\boldsymbol{A}(x,\ y,\ z)=\boldsymbol{A}(r,\ \theta,\ \phi)$를 표현하기 위해 이상의 관계를 이용하면 점 $P(r,\ \theta,\ \phi)$에 대한 구좌표계의 벡터 $\boldsymbol{A}(r,\ \theta,\ \phi)$는 다음과 같이 쓸 수 있다.

$$\begin{aligned}\boldsymbol{A}(r,\ \theta,\ \phi)&=\boldsymbol{i}A_x+\boldsymbol{j}A_y+\boldsymbol{k}A_z\\&=\boldsymbol{a}_rA_r+\boldsymbol{a}_\theta A_\phi+\boldsymbol{a}_\psi A_\phi\end{aligned}\tag{2.155}$$

그리고 이상의 관계들을 이용하면, 점 $P(r,\ \theta,\ \phi)$에 이르는 각 축의 크기 및 단위벡터에 의해 구좌표계의 벡터 $\boldsymbol{A}(r,\ \theta,\ \phi)$는 다음과 같이 표현된다.

$$\begin{aligned}\boldsymbol{A}(r,\ \theta,\ \phi\ )&=A_r\boldsymbol{a}_r+A_\theta\boldsymbol{a}_\theta+A_\phi\boldsymbol{a}_\phi\\&=(A_x\sin\theta\cos\phi+A_y\sin\theta\sin\phi+A_z\cos\theta)\boldsymbol{a}_r\\&\quad+(A_x\cos\theta\cos\phi+A_y\cos\theta\sin\phi-A_z\sin\theta)\boldsymbol{a}_\theta\\&\quad+(-A_x\sin\phi+A_y\cos\phi)\boldsymbol{a}_\phi\end{aligned}\tag{2.156}$$

또한, 구좌표계를 직교좌표계로 변환할 때는

$$r=\sqrt{x^2+y^2+z^2},\ \theta=\frac{z}{\sqrt{x^2+y^2+z^2}},\ \phi=\tan^{-1}\frac{y}{x}\tag{2.157}$$

의 관계를 이용하면, 직교좌표계 상의 점 $P(x,\ y,\ z)$에 이르기까지의 각 축방향의 크기는 다음과 같이 구해진다.

$$A_x=\frac{1}{\sqrt{x^2+y^2+z^2}}\left[A_rx+\frac{A_\theta xz}{\sqrt{x^2+y^2}}\right]-\frac{A_\phi y}{\sqrt{x^2+y^2}}$$

$$A_y = \frac{1}{\sqrt{x^2+y^2+z^2}}\left[A_r y + \frac{A_\theta yz}{\sqrt{x^2+y^2}}\right] + \frac{A_\phi x}{\sqrt{x^2+y^2}} \tag{2.158}$$

$$A_z = \frac{1}{\sqrt{x^2+y^2+z^2}}\left[A_r z - A_\theta \sqrt{x^2+y^2}\right]$$

다음은 단위벡터의 계산 방법에 대하여 설명하고자 한다.

① $\boldsymbol{a}_r$: 원점에서 점 P에 이르는 단위벡터의 방향

$$\boldsymbol{a}_r = \frac{1}{r}(x\boldsymbol{i}+y\boldsymbol{j}+z\boldsymbol{k}) = (\sin\theta\cos\phi)\boldsymbol{i}+(\sin\theta\sin\phi)\boldsymbol{j}+(\cos\theta)\boldsymbol{k} \tag{2.159}$$

② $\boldsymbol{a}_\theta$: 피치(pitch) 각의 변화량 $d\theta$는 길이의 변화는 없고 벡터 $\boldsymbol{P}$의 방향만이 변한 것과 같다는 것이다.

$$d\boldsymbol{P} = (r\cos\theta\cos\phi d\theta)\boldsymbol{i}+(r\cos\theta\sin\phi d\theta)\boldsymbol{j}-(r\sin\theta d\theta)\boldsymbol{k} \tag{2.160}$$

단, 단위벡터 $\boldsymbol{a}_\theta$는 다음과 같이 정의된다.

$$\boldsymbol{a}_\theta = \frac{d\boldsymbol{P}}{|d\boldsymbol{P}|} = (\cos\theta\cos\phi)\boldsymbol{i}+(\cos\theta\sin\phi)\boldsymbol{j}-(\sin\theta)\boldsymbol{k} \tag{2.161}$$

③ $\boldsymbol{a}_\phi$: xy 평면에서 방위각 ϕ의 미소 변화 $d\phi$는 길이의 변화는 없고 벡터 $\boldsymbol{P}$의 방향만이 변화되었음을 의미한다.

$$d\boldsymbol{P} = -(r\sin\theta\sin\phi\, d\phi)\boldsymbol{i}+(r\sin\theta\cos\phi\, d\phi)\boldsymbol{j} \tag{2.162}$$

단위벡터 $\boldsymbol{a}_\phi$는 다음과 같이 정의된다.

$$\boldsymbol{a}_\phi = \frac{d\boldsymbol{P}}{|d\boldsymbol{P}|} = -(\sin\phi)\boldsymbol{i}+(\cos\phi)\boldsymbol{j} \tag{2.163}$$

이상과 같이 $\boldsymbol{a}_r$, $\boldsymbol{a}_\theta$, $\boldsymbol{a}_\phi$에 대한 표현은 이들 단위벡터의 방향이 해당되는 점의 위치 변화에 종속됨을 보였다. 반면, 직교좌표계에서 세 단위벡터의 방향은 고정되어 있으며, 점의 위치 변화와는 무관하다. 직교좌표계에서의 단위벡터와 $\boldsymbol{i}$, $\boldsymbol{j}$, $\boldsymbol{k}$와 구좌표계의 단위벡터 $\boldsymbol{a}_r$, $\boldsymbol{a}_\theta$, $\boldsymbol{a}_\phi$ 사이의 관계식을 정리하면 다음과 같다.

$$\begin{aligned}\boldsymbol{a}_r &= \sin\theta\cos\phi\boldsymbol{i}+\sin\theta\sin\phi\boldsymbol{j}+\cos\theta\boldsymbol{k}\\ \boldsymbol{a}_\theta &= -\cos\theta\cos\phi\boldsymbol{i}+\cos\theta\sin\phi\boldsymbol{j}-\sin\theta\boldsymbol{k}\\ \boldsymbol{a}_\phi &= -\sin\phi\boldsymbol{i}+\cos\phi\boldsymbol{j}\end{aligned} \tag{2.164}$$

$$\begin{aligned}\boldsymbol{i} &= \sin\theta\cos\phi\boldsymbol{a}_r+\cos\theta\cos\phi\boldsymbol{a}_\theta-\sin\phi\boldsymbol{a}_\phi\\ \boldsymbol{j} &= \sin\theta\sin\phi\boldsymbol{a}_r+\cos\theta\sin\phi\boldsymbol{a}_\theta+\cos\phi\boldsymbol{a}_\phi\\ \boldsymbol{k} &= \cos\theta\boldsymbol{a}_r-\sin\theta\boldsymbol{a}_\theta\end{aligned} \tag{2.165}$$

다음은 각 단위벡터 방향에서의 미소 변화에 대한 미소 길이 요소 dl 및 미소 면적 벡터 $d\boldsymbol{a}$, 미소 체적 $d\tau$의 표현에 대하여 설명하고자 한다.

① $\boldsymbol{a}_r$ 방향의 미소 길이 요소 dl_r은 dr이다.

$$dl_r = dr \tag{2.166}$$

② $\boldsymbol{a}_\theta$ 방향의 미소 길이 요소 dl_θ는 피치(pitch) 각의 변화 $d\theta$의 결과로 다음과 같다.

$$dl_\theta = \sqrt{(r\cos\theta\cos\phi)^2 + (rcos\theta\sin\phi)^2 + (-r\sin\theta)^2}\,d\theta = r\,d\theta \tag{2.167}$$

③ $\boldsymbol{a}_\phi$ 방향의 미소 길이 요소 $d\overrightarrow{l_\phi}$는 방위각의 변화 $d\phi$의 결과로 다음과 같다.

$$dl_\phi = \sqrt{(-r\sin\theta\sin\phi)^2 + (r\sin\theta\cos\phi)^2}\,d\phi = r\sin\theta\,d\phi \tag{2.168}$$

이상에서와 같이 일반적인 미소 변위는 다음과 같이 나타낸다.

$$d\boldsymbol{l} = dr\boldsymbol{a}_r + rd\theta\,\boldsymbol{a}_\theta + r\sin\theta d\phi\,\boldsymbol{a}_\phi \tag{2.169}$$

그리고 이 변위는 구좌표계에서 선적분을 계산할 때 사용된다. 구좌표계에서의 미소 체적 $d\tau$은 dl_r, dl_θ, dl_ϕ을 벡터적으로 표현한 것이다.

$$d\tau = r^2\sin\theta\,drd\theta\,d\phi \tag{2.170}$$

미소 면적 요소 $d\boldsymbol{a}$에 대해서는 일반적인 표현이 존재하지 않는다. 왜냐하면 그것은 전적으로 표면의 방향에 종속되기 때문이다. 예를 들면, 반지름이 r인 구 표면을 생각해 보자. 이 표면에서 r은 상수이고 표면의 방향은 $\boldsymbol{a}_r$에 수직이다. 이 경우 $d\boldsymbol{a}$는 다음과 같다.

$$d\boldsymbol{a} = dl_\theta dl_\phi \boldsymbol{a}_r = (r^2\sin^2\theta\,d\theta\ \ d\phi)\boldsymbol{a}_r \tag{2.171}$$

(3) 구좌표계에서의 벡터 도함수 요약

구좌표계에서 대부분의 계산에는 다음과 같은 벡터 도함수가 응용된다. 그러므로 구좌표계에서의 벡터 도함수를 요약하면 다음과 같다.

① 구좌표계의 길이 요소 : $(dl)^2 = (dr)^2 + (rd\theta)^2 + (r\sin\theta\, d\phi)^2$

단, 직교좌표계에서의 길이 요소는 $(dl)^2 = (dx)^2 + (dy)^2 + (dz)^2$과 같다.

② 구좌표계의 부피 요소 : $d\tau = r^2\sin\theta\, drd\theta d\phi$

단, 직교좌표계에서의 부피 요소는 $d\tau = dx\ dydz$와 같다.

③ 구좌표계에서 경도(∇T)의 표현

$$\nabla T = \frac{\partial T}{\partial r}\boldsymbol{a}_r + \frac{1}{r}\frac{\partial T}{\partial \theta}\boldsymbol{a}_\theta + \frac{1}{r\sin\theta}\frac{\partial T}{\partial \phi}\boldsymbol{a}_\phi \tag{2.172}$$

④ 구좌표계에서 벡터 함수 $\boldsymbol{V}$의 발산

$$\nabla \cdot \boldsymbol{V} = \frac{1}{r^2}\frac{\partial}{\partial r}(r^2 V_r) + \frac{1}{r\sin\theta}\frac{\partial}{\partial \theta}(\sin\theta V_\theta) + \frac{1}{r\sin\theta}\frac{\partial}{\partial \phi}(V_\phi) \tag{2.173}$$

⑤ 구좌표계에서 라플라시안 ($\nabla^2 T$)의 표현

$$\nabla^2 = \nabla \cdot \nabla = \left(\frac{\partial}{\partial r}\boldsymbol{a}_r + \frac{1}{r}\frac{\partial}{\partial \theta}\boldsymbol{a}_\theta + \frac{1}{r\sin\theta}\frac{\partial}{\partial \phi}\boldsymbol{a}_\phi\right) \cdot \left(\frac{\partial}{\partial r}\boldsymbol{a}_r + \frac{1}{r}\frac{\partial}{\partial \theta}\boldsymbol{a}_\theta + \frac{1}{r\sin\theta}\frac{\partial}{\partial \phi}\boldsymbol{a}_\phi\right)$$

$$= \frac{\partial^2}{\partial r^2} + \frac{1}{r^2}\frac{\partial^2}{\partial \theta^2} + \frac{1}{r^2\sin^2\theta}\frac{\partial^2}{\partial \phi^2} \tag{2.174}$$

$$\nabla^2 T = \frac{1}{r^2}\frac{\partial}{\partial r}\left(r^2\frac{\partial T}{\partial r}\right) + \frac{1}{r^2\sin\theta}\frac{\partial}{\partial \theta}\left(\sin\theta\frac{\partial T}{\partial \theta}\right) + \frac{1}{r^2\sin^2\theta}\frac{\partial^2 T}{\partial \phi^2} \tag{2.175}$$

⑥ 구좌표계의 회전 ($\nabla \times \boldsymbol{V}$)의 표현

$$\nabla \times \boldsymbol{V} = \frac{1}{r^2\sin\theta}\begin{vmatrix} \boldsymbol{a}_r & r\boldsymbol{a}_\theta & r\sin\theta\boldsymbol{a}_\phi \\ \dfrac{\partial}{\partial r} & \dfrac{\partial}{\partial \theta} & \dfrac{\partial}{\partial \phi} \\ V_r & rV_\theta & r\sin\theta V_\phi \end{vmatrix}$$

$$= \frac{1}{r\sin\theta}\left(\frac{\partial}{\partial \theta}(\sin\theta V_\phi) - \frac{\partial}{\partial \phi}(V_\theta)\right)\boldsymbol{a}_r + \frac{1}{r}\left(\frac{1}{r}\frac{1}{\sin\theta}\frac{\partial}{\partial \phi}(V_r) - \frac{\partial}{\partial r}(rV_\phi)\right)\boldsymbol{a}_\theta + \frac{1}{r}\left(\frac{\partial}{\partial r}(rV_\theta) - \frac{\partial}{\partial \theta}(V_r)\right)\boldsymbol{a}_\phi \tag{2.176}$$

⑦ 벡터 함수 $\boldsymbol{V}$의 라플라시안

$$\nabla^2 \boldsymbol{V} = \nabla \cdot \nabla \boldsymbol{V} \tag{2.177}$$

예제 24

1) 원통형 좌표계에서의 ∇ 연산자를 구하라.
2) 구좌표계에서의 ∇ 연산자를 구하라.

[풀이] 1) 먼저 직각좌표계의 기저 벡터는 다음과 같이 원통형의 기저벡터로 표현할 수 있다.

$$\boldsymbol{i} = \cos\phi\,\boldsymbol{a}_r - \sin\phi\,\boldsymbol{a}_\phi \qquad (예24-1)$$
$$\boldsymbol{j} = \sin\phi\,\boldsymbol{a}_r + \cos\phi\,\boldsymbol{a}_\phi$$
$$\boldsymbol{k} = \boldsymbol{a}_z$$

그리고,

$$x^2 + y^2, \phi = \tan^{-1}\frac{y}{x}$$

$$x = r\cos\phi, y = r\sin\phi, r = \sqrt{x^2+y^2} \qquad (예24-2)$$

의 관계로부터, 원통형 좌표계에서의 ∇ 연산자 표현인 $\nabla(\boldsymbol{a}_r, \boldsymbol{a}_\phi, \boldsymbol{a}_z)$을 구하기 위해 먼저,

$$\frac{\partial}{\partial x} = \frac{\partial}{\partial r}\frac{\partial r}{\partial x} + \frac{\partial}{\partial \phi}\frac{\partial \phi}{\partial x} \qquad (예24-3)$$

와 같은 Chain Rule을 이용하여,

$$\frac{\partial r}{\partial x} = \frac{\partial}{\partial x}\left[\sqrt{x^2+y^2}\right] = \frac{x}{\sqrt{x^2+y^2}} = \cos\phi \qquad (예24-4)$$

$$\frac{\partial \phi}{\partial x} = \frac{\partial}{\partial x}\left[\tan^{-1}\frac{y}{x}\right] = -\frac{y}{x^2+y^2} = -\frac{y}{\sqrt{x^2+y^2}}\frac{1}{\sqrt{x^2+y^2}} = -\frac{\sin\phi}{r}$$

(예24-5)

가 된다. 따라서,

$$\frac{\partial}{\partial x} = \frac{\partial}{\partial r}\frac{\partial r}{\partial x} + \frac{\partial}{\partial \phi}\frac{\partial \phi}{\partial x} = \cos\phi\frac{\partial}{\partial r} - \frac{\sin\phi}{r}\frac{\partial}{\partial \phi} \qquad (예24-6)$$

가 얻어지며, 유사하게,

$$y = r\sin\phi,\ r = \sqrt{x^2+y^2}$$

$$\frac{\partial r}{\partial y} = \frac{\partial}{\partial y}[\sqrt{x^2+y^2}] = \frac{y}{\sqrt{x^2+y^2}} = \sin\phi \qquad (\text{예}24-7)$$

$$\frac{\partial \phi}{\partial y} = \frac{\partial}{\partial y}\left[\tan^{-1}\frac{y}{x}\right] = \frac{x}{x^2+y^2} = \frac{x}{\sqrt{x^2+y^2}}\frac{1}{\sqrt{x^2+y^2}} = \frac{\cos\phi}{r} \qquad (\text{예}24-8)$$

로부터

$$\frac{\partial}{\partial y} = \frac{\partial}{\partial r}\frac{\partial r}{\partial y} + \frac{\partial}{\partial \phi}\frac{\partial \phi}{\partial y} = \sin\phi\frac{\partial}{\partial r} + \frac{\cos\phi}{r}\frac{\partial}{\partial\phi} \qquad (\text{예}24-9)$$

를 얻는다.

* 별해 : 원통형 좌표계에서의 ∇ 연산자 표현인 $\nabla(\boldsymbol{a}_r, \boldsymbol{a}_\phi, \boldsymbol{a}_z)$을 어떻게 구할 수가 있는지를 알아보자. 먼저, 직교좌표계의 원통형 좌표계로의 스칼라 변환식인

$$\begin{bmatrix} x \\ y \\ z \end{bmatrix} = \begin{bmatrix} r\cos\phi \\ r\sin\phi \\ z \end{bmatrix} \qquad (\text{예}24-11)$$

로부터, 이의 전 도함수를 구하면 앞의 방법보다 원통형 좌표계의 ∇ 연산자 표현식을 매우 쉽게 얻을 수 있다. 즉,

$$\begin{bmatrix} dx \\ dy \\ dz \end{bmatrix} = \begin{bmatrix} \cos\phi\, dr - r\sin\phi\, d\phi \\ \sin\phi\, dr + \cos\phi\, d\phi \\ dz \end{bmatrix} \qquad (\text{예}24-12)$$

$$= \begin{bmatrix} \cos\phi & -r\sin\phi & 0 \\ \sin\phi & r\cos\phi & 0 \\ 0 & 0 & 1 \end{bmatrix}\begin{bmatrix} dr \\ d\phi \\ dz \end{bmatrix}$$

로부터, 이의 역행렬 연산을 구하면

$$\begin{bmatrix} dr \\ d\phi \\ dz \end{bmatrix} = \begin{bmatrix} \cos\phi & \sin\phi & 0 \\ -\dfrac{\sin\phi}{r} & \dfrac{\cos\phi}{r} & 0 \\ 0 & 0 & 1 \end{bmatrix}\begin{bmatrix} dx \\ dy \\ dz \end{bmatrix} \qquad (\text{예}24-13)$$

가 얻어진다. 따라서,

$$\begin{aligned}\nabla &= \frac{\partial}{\partial x}\boldsymbol{i} + \frac{\partial}{\partial y}\boldsymbol{j} + \frac{\partial}{\partial z}\boldsymbol{k} \\ &= \left[\cos\phi\frac{\partial}{\partial r} - \frac{\sin\phi}{r}\frac{\partial}{\partial\phi}\right][\cos\phi\boldsymbol{a}_r - r\sin\phi\boldsymbol{a}_\phi] \\ &\quad + \left[\sin\phi\frac{\partial}{\partial r} + \frac{\cos\phi}{r}\frac{\partial}{\partial\phi}\right][\sin\phi\boldsymbol{a}_r + \cos\phi\boldsymbol{a}_\phi] \\ &\quad + \frac{\partial}{\partial z}\boldsymbol{a}_z\end{aligned}$$

$$= [\cos^2\phi + \sin^2\phi]\frac{\partial}{\partial r}\boldsymbol{a}_r + [\cos^2\phi + \sin^2\phi]\frac{\partial}{r\partial r}\boldsymbol{a}_\phi + \frac{\partial}{\partial z}\boldsymbol{a}_z \qquad \text{(예24-10)}$$

로부터, $\cos^2\phi + \sin^2\phi = 1$임을 고려하면, 원통형 좌표계에서의 ∇ 연산자는

$$\nabla = \frac{\partial}{\partial r}\boldsymbol{a}_r + \frac{\partial}{r\partial r}\boldsymbol{a}_\phi + \frac{\partial}{\partial z}\boldsymbol{a}_z \qquad \text{(예24-11)}$$

로 얻어지게 된다.

2) 구 좌표계에서 ∇ 연산자를 얻는 방법은 다음과 같다. 먼저 직각좌표계의 기저 벡터는 다음과 같이 구좌표계의 기저벡터로 표현할 수 있다.

$$\begin{aligned}\boldsymbol{i} &= \sin\theta\cos\phi\boldsymbol{a}_r + \cos\theta\cos\phi\boldsymbol{a}_\theta - \sin\phi\boldsymbol{a}_\phi \\ \boldsymbol{j} &= \sin\theta\sin\phi\boldsymbol{a}_r + \cos\theta\sin\phi\boldsymbol{a}_\theta + \cos\phi\boldsymbol{a}_\phi \\ \boldsymbol{k} &= \cos\theta\boldsymbol{a}_r - \sin\theta\boldsymbol{a}_\theta\end{aligned} \qquad \text{(예24-12)}$$

그리고,

$$\begin{aligned}x &= r\sin\theta\cos\phi \\ y &= r\sin\theta\sin\phi \\ z &= r\cos\theta\end{aligned} \qquad \text{(예24-13)}$$

$$r^2 = x^2 + y^2 + z^2, \theta = \cos^{-1}\frac{z}{\sqrt{x^2+y^2+z^2}}\phi = \tan^{-1}\frac{y}{x} \qquad \text{(예24-14)}$$

의 관계로부터, 구 좌표계에서의 ∇ 연산자 표현인 $\nabla(\boldsymbol{a}_r, \boldsymbol{a}_\theta, \boldsymbol{a}_\phi)$을 구하기 위해 먼저,

$$\frac{\partial}{\partial x} = \frac{\partial}{\partial r}\frac{\partial r}{\partial x} + \frac{\partial}{\partial\theta}\frac{\partial\theta}{\partial x} + \frac{\partial}{\partial\phi}\frac{\partial\phi}{\partial x} \qquad \text{(예24-15)}$$

$$\frac{\partial}{\partial y} = \frac{\partial}{\partial r}\frac{\partial r}{\partial y} + \frac{\partial}{\partial\theta}\frac{\partial\theta}{\partial y} + \frac{\partial}{\partial\phi}\frac{\partial\phi}{\partial y} \qquad \text{(예24-16)}$$

$$\frac{\partial}{\partial z} = \frac{\partial}{\partial r}\frac{\partial r}{\partial z} + \frac{\partial}{\partial\theta}\frac{\partial\theta}{\partial z} + \frac{\partial}{\partial\phi}\frac{\partial\phi}{\partial z} \qquad \text{(예24-17)}$$

와 같은 Chain Rule을 이용하여,

$$\frac{\partial}{\partial x} = \cos\theta\sin\phi\frac{\partial}{\partial r} - \frac{\sin\theta}{r\sin\phi}\frac{\partial}{\partial\theta} + \frac{\cos\theta\cos\phi}{r}\frac{\partial}{\partial\phi} \qquad \text{(예24-18)}$$

$$\frac{\partial}{\partial y}=\sin\theta\sin\phi\frac{\partial}{\partial r}+\frac{\cos\theta}{r\sin\phi}\frac{\partial}{\partial\theta}+\frac{\sin\theta\cos\phi}{r}\frac{\partial}{\partial\phi} \qquad \text{(예24-19)}$$

$$\frac{\partial}{\partial z}=\cos\phi\frac{\partial}{\partial r}-\frac{\sin\phi}{r}\frac{\partial}{\partial\phi} \qquad \text{(예24-20)}$$

가 얻게 된다. 그리고, 직각좌표계의 기저 벡터는 다음과 같이 구좌표계의 기저벡터로 표현할 수 있다.

$$\begin{aligned} \boldsymbol{i} &= \sin\theta\cos\phi\boldsymbol{a}_r+\cos\theta\cos\phi\boldsymbol{a}_\theta-\sin\phi\boldsymbol{a}_\phi \\ \boldsymbol{j} &= \sin\theta\sin\phi\boldsymbol{a}_r+\cos\theta\sin\phi\boldsymbol{a}_\theta+\cos\phi\boldsymbol{a}_\phi \\ \boldsymbol{k} &= \cos\theta\boldsymbol{a}_r-\sin\theta\boldsymbol{a}_\theta \end{aligned} \qquad \text{(예24-21)}$$

따라서, ∇ 연산자는

$$\begin{aligned} \nabla &= \frac{\partial}{\partial x}\boldsymbol{i}+\frac{\partial}{\partial y}\boldsymbol{j}+\frac{\partial}{\partial z}\boldsymbol{k} \\ &= \left[\cos\theta\sin\phi\frac{\partial}{\partial r}-\frac{\sin\theta}{r\sin\phi}\frac{\partial}{\partial\theta}+\frac{\cos\theta\cos\phi}{r}\frac{\partial}{\partial\phi}\right][\sin\theta\cos\phi\boldsymbol{a}_r+\cos\theta\cos\phi\boldsymbol{a}_\theta-\sin\phi\boldsymbol{a}_\phi] \\ &\quad+\left[\sin\theta\sin\phi\frac{\partial}{\partial r}+\frac{\cos\theta}{r\sin\phi}\frac{\partial}{\partial\theta}+\frac{\sin\theta\cos\phi}{r}\frac{\partial}{\partial\phi}\right][\sin\theta\sin\phi\boldsymbol{a}_r+\cos\theta\sin\phi\boldsymbol{a}_\theta+\cos\phi\boldsymbol{a}_\phi] \\ &\quad+\left[\cos\phi\frac{\partial}{\partial r}-\frac{\sin\phi}{r}\frac{\partial}{\partial\phi}\right][\cos\theta\boldsymbol{a}_r-\sin\theta\boldsymbol{a}_\theta] \end{aligned} \qquad \text{(예24-22)}$$

로부터, $\cos^2\theta+\sin^2\theta=1$ 및 $\cos^2\phi+\sin^2\phi=1$임을 고려하면,

$$\nabla=\frac{\partial}{\partial r}\boldsymbol{a}_r+\frac{1}{r}\frac{\partial}{\partial\theta}\boldsymbol{a}_\theta+\frac{1}{r\sin\theta}\frac{\partial}{\partial\phi}\boldsymbol{a}_\phi \qquad \text{(예24-23)}$$

가 얻어지게 된다.

* 별해 : 앞의 경우와 유사하게 구 좌표계에서 ∇ 연산자를 얻는 방법은 다음과 같다. 먼저, 직교좌표계의 구좌표계로의 스칼라 변환식인

$$\begin{bmatrix} x \\ y \\ z \end{bmatrix}=\begin{bmatrix} r\cos\theta\sin\phi \\ r\sin\theta\sin\phi \\ r\cos\phi \end{bmatrix} \qquad \text{(예24-24)}$$

로부터, 이의 전 도함수를 구하면 앞의 방법보다 구좌표계의 ∇ 연산자 표현식을 쉽게 얻을 수 있다. 즉,

$$\begin{aligned} \begin{bmatrix} dx \\ dy \\ dz \end{bmatrix} &= \begin{bmatrix} \cos\theta\sin\phi\, dr-r\sin\theta\sin\phi\, d\theta+r\cos\theta\cos\phi\, d\phi \\ \sin\theta\sin\phi\, dr+r\cos\theta\sin\phi\, d\theta+r\sin\theta\cos\phi\, d\phi \\ \cos\phi\, dr-r\sin\phi\, d\phi \end{bmatrix} \\ &= \begin{bmatrix} \cos\theta\sin\phi & -r\sin\theta\sin\phi & r\cos\theta\cos\phi \\ \sin\theta\sin\phi & r\cos\theta\sin\phi & r\sin\theta\cos\phi \\ \cos\phi & 0 & -r\sin\phi \end{bmatrix}\begin{bmatrix} dr \\ d\theta \\ d\phi \end{bmatrix} \end{aligned} \qquad \text{(예24-25)}$$

로부터, 이의 역행렬 연산을 구하면

$$\begin{bmatrix} dr \\ d\theta \\ d\phi \end{bmatrix} = \begin{bmatrix} \cos\theta\sin\phi & \sin\theta\sin\phi & \cos\phi \\ -\dfrac{\sin\theta}{r\sin\phi} & \dfrac{\cos\theta}{r\sin\phi} & 0 \\ \dfrac{\cos\theta\cos\phi}{r} & \dfrac{\sin\theta\cos\phi}{r} & -\dfrac{\sin\phi}{r} \end{bmatrix} \begin{bmatrix} dx \\ dy \\ dz \end{bmatrix} \quad \text{(예24-26)}$$

가 얻어진다. 그리고, 직각좌표계의 기저 벡터는 다음과 같이 구좌표계의 기저벡터로 표현할 수 있다.

$$\boldsymbol{i} = \sin\theta\cos\phi\,\boldsymbol{a}_r + \cos\theta\cos\phi\,\boldsymbol{a}_\theta - \sin\phi\,\boldsymbol{a}_\phi$$
$$\boldsymbol{j} = \sin\theta\sin\phi\,\boldsymbol{a}_r + \cos\theta\sin\phi\,\boldsymbol{a}_\theta + \cos\phi\,\boldsymbol{a}_\phi$$
$$\boldsymbol{k} = \cos\theta\,\boldsymbol{a}_r - \sin\theta\,\boldsymbol{a}_\theta$$

따라서, ∇ 연산자는

$$\begin{aligned} \nabla &= \frac{\partial}{\partial x}\boldsymbol{i} + \frac{\partial}{\partial y}\boldsymbol{j} + \frac{\partial}{\partial z}\boldsymbol{k} \\ &= \left[\cos\theta\sin\phi\frac{\partial}{\partial r} - \frac{\sin\theta}{r\sin\phi}\frac{\partial}{\partial\theta} + \frac{\cos\theta\cos\phi}{r}\frac{\partial}{\partial\phi}\right][\sin\theta\cos\phi\,\boldsymbol{a}_r + \cos\theta\cos\phi\,\boldsymbol{a}_\theta - \sin\phi\,\boldsymbol{a}_\phi] \\ &\quad + \left[\sin\theta\sin\phi\frac{\partial}{\partial r} + \frac{\cos\theta}{r\sin\phi}\frac{\partial}{\partial\theta} + \frac{\sin\theta\cos\phi}{r}\frac{\partial}{\partial\phi}\right][\sin\theta\sin\phi\,\boldsymbol{a}_r + \cos\theta\sin\phi\,\boldsymbol{a}_\theta + \cos\phi\,\boldsymbol{a}_\phi] \\ &\quad + \left[\cos\phi\frac{\partial}{\partial r} - \frac{\sin\phi}{r}\frac{\partial}{\partial\phi}\right][\cos\theta\,\boldsymbol{a}_r - \sin\theta\,\boldsymbol{a}_\theta] \end{aligned} \quad \text{(예24-27)}$$

로부터, $\cos^2\theta + \sin^2\theta = 1$ 및 $\cos^2\phi + \sin^2\phi = 1$임을 고려하면,

$$\nabla = \frac{\partial}{\partial r}\boldsymbol{a}_r + \frac{1}{r}\frac{\partial}{\partial\theta}\boldsymbol{a}_\theta + \frac{1}{r\sin\theta}\frac{\partial}{\partial\phi}\boldsymbol{a}_\phi \quad \text{(예24-28)}$$

가 구해진다.

예제 25

직교좌표계의 스칼라 계가 $f(x,y,z) = 5xy + zy^3$로 주어질 때, 원통좌표계에서의 경도를 구하라.

[풀이]

해법 1 원통좌표계로 표현하기 위해 $x = r\cos\phi, y = r\sin\phi, z = z$ 를 대입하면,

$$f(r,\phi,z) = 5r^2\cos\phi\sin\phi + zr^3\sin^3\phi$$

로 되고, 이 함수의 경도는

$$\nabla f = \frac{\partial f}{\partial r} a_r + \frac{\partial f}{r\partial \phi} a_\phi + \frac{\partial f}{\partial z} a_z$$
$$= [10r\cos\phi\sin\phi + 3r^2 z\sin^3\phi]\, a_r + [5r\cos 2\phi + 3zr^2\sin^2\phi\cos\phi] a_\phi + r^3\sin^3\phi\, a_\phi$$

가 구해진다.

해법 2 주어진 직교좌표계 함수 $f(x,y,z) = 5xy + zy^3$의 경도

$$\nabla f(x,y,z) = \frac{\partial f}{\partial x} i + \frac{\partial f}{\partial y} j + \frac{\partial f}{\partial z} k = 5y i + (5x + 3y^2 z) j + y^3 k$$

를 먼저 구해서, 다음의 원통좌표계로의 변환식

$$\begin{bmatrix} A_r \\ A_\phi \\ A_z \end{bmatrix} = \begin{bmatrix} \cos\phi & \sin\phi & 0 \\ -\sin\phi & \cos\phi & 0 \\ 0 & 0 & 1 \end{bmatrix} \begin{bmatrix} 5y \\ 5x + 3y^2 z \\ y^3 \end{bmatrix} = \begin{bmatrix} 5y\cos\phi + (5x + 3y^2 z)\sin\phi \\ -5y\sin\phi + (5x + 3y^2 z)\cos\phi \\ y^3 \end{bmatrix}$$
$$= \begin{bmatrix} 10r\cos\phi\sin\phi + 3r^2 z\sin^3\phi \\ 5r\cos 2\phi + 3zr^2\sin^2\phi\cos\phi \\ r^3\sin^3\phi \end{bmatrix}$$

으로부터, 해법 1의 결과와 동일하게

$$\nabla f(r, \phi, z) = A_x a_r + A_\phi a_\phi + A_z a_z$$

를 얻을 수도 있다.

예제 26

주어진 벡터에 대해 다음을 각각 구하라.

$$A = xz i + (x^2 + y^2) j + \frac{x}{z} k$$

① 벡터 A를 직교좌표계의 기저 벡터와 구좌표계를 이용해서 표현하라.

$$A_x = xz = (r\sin\theta\cos\phi)(r\cos\theta) = r^2\sin\theta\cos\theta\cos\phi$$

$$A_y = x^2 + y^2 = (r\sin\theta\cos\phi)^2 + (r\sin\theta\sin\phi)^2 = r^2\sin^2\theta(\cos^2\phi + \sin^2\phi) = r^2\sin^2\theta$$

$$A_z = \frac{x}{z} = \frac{r\sin\theta\cos\phi}{r\cos\theta} = \tan\theta\cos\phi$$

$$A = r^2\sin\theta\cos\theta\cos\phi\, i + r^2\sin\theta\, j + \tan\theta\cos\phi\, k$$

② 벡터 A를 구좌표계의 기저벡터와 원통좌표계를 이용해서 표현하라.

$$\boldsymbol{A} = (\boldsymbol{A} \cdot \boldsymbol{a}_r)\boldsymbol{a}_r + (\boldsymbol{A} \cdot \boldsymbol{a}_\theta)\boldsymbol{a}_\theta + (\boldsymbol{A} \cdot \boldsymbol{a}_\phi)\boldsymbol{a}_\phi$$

$$\boldsymbol{A} \cdot \boldsymbol{a}_r = xz(\boldsymbol{i} \cdot \boldsymbol{a}_r) + (x^2+y^2)(\boldsymbol{j} \cdot \boldsymbol{a}_r) + \frac{x}{z}(\boldsymbol{k} \cdot \boldsymbol{a}_r)$$

$$= xz(\sin\theta\cos\phi) + (x^2+y^2)(\sin\theta\sin\phi) + \frac{x}{z}(\cos\theta)$$

$$= xz\frac{\sqrt{x^2+y^2}}{\sqrt{x^2+y^2+z^2}}\frac{x}{\sqrt{x^2+y^2}} + [x^2+y^2]\frac{\sqrt{x^{2+}y^2}}{\sqrt{x^2+y^2+z^2}}\frac{y}{\sqrt{x^{2+}y^2}} + \frac{x}{z}\frac{z}{\sqrt{x^2+y^2+z^2}}$$

$$= \frac{x^2z + x^2y + y^3 + x}{\sqrt{x^2+y^2+z^2}}$$

$$\boldsymbol{A} \cdot \boldsymbol{a}_\theta = xz(\boldsymbol{i} \cdot \boldsymbol{a}_\theta) + (x^2+y^2)(\boldsymbol{j} \cdot \boldsymbol{a}_\theta) + \frac{x}{z}(\boldsymbol{k} \cdot \boldsymbol{a}_\theta)$$

$$= xz(\cos\theta\cos\phi) + (x^2+y^2)(\cos\theta\sin\phi) - \frac{x}{z}(\sin\theta)$$

$$= xz\frac{z}{\sqrt{x^2+y^2+z^2}}\frac{x}{\sqrt{x^2+y^2}} + [x^2+y^2]\frac{z}{\sqrt{x^2+y^2+z^2}}\frac{y}{\sqrt{x^{2+}y^2}}$$

$$-\frac{x}{z}\frac{\sqrt{x^{2+}y^2}}{\sqrt{x^2+y^2+z^2}} = \frac{x^2z^3 + x^2yz^2 + y^3z - xy^2}{\sqrt{x^2+y^2+z^2}\sqrt{x^2+y^2}}$$

$$\boldsymbol{A} \cdot \boldsymbol{a}_\phi = xz(\boldsymbol{i} \cdot \boldsymbol{a}_\phi) + (x^2+y^2)(\boldsymbol{j} \cdot \boldsymbol{a}_\phi) + \frac{x}{z}(\boldsymbol{k} \cdot \boldsymbol{a}_\phi)$$

$$= xz(-\sin\phi) + (x^2+y^2)(\cos\phi) + \frac{x}{z}0$$

$$= xz\frac{y}{\sqrt{x^2+y^2}} + [x^2+y^2]\frac{y}{\sqrt{x^{2+}y^2}}$$

$$= \frac{-xyz + x^3 + xy^2}{\sqrt{x^2+y^2}}$$

$$\boldsymbol{A} = \frac{x^2z+x^2y+y^3+x}{\sqrt{x^2+y^2+z^2}}\boldsymbol{a}_r + \frac{x^2z^3+x^2yz^2+y^3z-x^3-xy^2}{z\sqrt{x^2+y^2+z^2}\sqrt{x^2+y^2}}\boldsymbol{a}_\theta + \frac{-xyz+x^3+xy^2}{\sqrt{x^2+y^2+z^2}\sqrt{x^2+y^2}}\boldsymbol{a}_\phi$$

③ 벡터 $\boldsymbol{A}$를 원통좌표계의 기저 벡터와 원통좌표계를 이용해서 표현하라.

$$\boldsymbol{A} = (\boldsymbol{A} \cdot \boldsymbol{a}_r)\boldsymbol{a}_r + (\boldsymbol{A} \cdot \boldsymbol{a}_\phi)\boldsymbol{a}_\phi + (\boldsymbol{A} \cdot \boldsymbol{k})\boldsymbol{a}_z$$

$$A \cdot a_r = xz(i \cdot a_r) + (x^2+y^2)(j \cdot a_r) + \frac{x}{z}(k \cdot a_r)$$
$$= xz(\cos\phi) + (x^2+y^2)(\sin\phi) + \frac{x}{z}(0)$$
$$= \rho\cos\phi\, z(\cos\phi) + r^2(\sin\phi)$$
$$= r\cos^2\phi\, z + r^2\sin\phi$$

$$A \cdot a_\phi = xz(i \cdot a_\phi) + (x^2+y^2)(j \cdot a_\phi) + \frac{x}{z}(k \cdot a_\phi)$$
$$= xz(-\sin\phi) + (x^2+y^2)(\cos\phi) + \frac{x}{z}(0)$$
$$= -rcos\phi\, z(\sin\phi) + r^2(\sin\phi)$$
$$= rcos\phi\ z(r - z\sin\phi)$$

$$A \cdot k = xz(i \cdot k) + (x^2+y^2)(j \cdot k) + \frac{x}{z}(k \cdot k)$$
$$= xz(0) + (x^2+y^2)(0) + \frac{x}{z}(1)$$
$$= \frac{x}{z}$$
$$= \frac{r\cos\phi}{z}$$

$$A = [rcos^2\phi\, z + r^2\sin\phi]a_r + rcos\phi[r - z\cos\phi]a_\phi + \frac{r\cos\phi}{z}a_z$$

2.13 전자계 응용

이상 설명한 경도, 발산 및 회전, 그리고 라플라시안의 개념은 전자계에서 대단히 중요한 의미들이며, 이들에 대한 물리적 의미의 파악을 통하여 Maxwell 방정식과 Poynting 벡터를 중심으로 하여 전자계에 적용시켜 보기로 한다.

[1] 헬름홀츠 정리

해석학의 응용적인 측면에서, 헬름홀츠 정리는 독일의 물리학자 헤르만 폰 헬름홀츠(Hermann Ludwig Ferdinand von Helmholtz)가 제시한 정리들 중 하나로, 헬름홀츠 분해정리(Helmholtz Decomposition) 혹은 벡터 미적분학의 기본정리(Fundamental

Theorem of Vector Calculus)로도 불린다. 이것은 어떤 벡터 함수를 다른 방식으로 서술하는 근본적인 방법을 제시하는데, 이의 따름정리는 고전 역학과 전자기학 등에서 매우 중요하게 이용된다.

정리

3차원 유클리드 공간에서 거리 $\boldsymbol{R}$에 대한 어떤 벡터 함수 $\boldsymbol{F}(R)$의 발산 $D(R)$과 회전 $\boldsymbol{C}(R)$이 다음과 같이 정의되고,

$$\nabla \cdot \boldsymbol{F} = D \tag{2.178}$$

$$\nabla \times \boldsymbol{F} = \boldsymbol{C} \tag{2.179}$$

거리 $|\boldsymbol{R}| = r$이 무한대로 가는 극한에서 이 둘이 모두 보다 빨리 0으로 접근하며, $\boldsymbol{F}(R)$ 역시 0으로 접근한다고 가정하자. 그러면 $\boldsymbol{F}(R)$은 다음과 쓸 수 있다.

$$\boldsymbol{F} = \nabla U + \nabla \times \boldsymbol{W} \tag{2.180}$$

여기서 $U(R)$은 임의의 스칼라 함수이며, $\boldsymbol{W}(R)$은 임의의 벡터 함수이다.

증명 **벡터와의 곱셈**

이에 대한 증명은 다음과 같다. 먼저, 다음 문제를 고려해 보자. 벡터 함수 $\boldsymbol{F}$의 발산이 $\nabla \cdot \boldsymbol{F} = D$와 같이 스칼라 함수 D로 정의되는 경우, 벡터 함수 $\boldsymbol{F}$의 회전은 $\nabla \times \boldsymbol{F} = \boldsymbol{C}$로 벡터 함수 $\boldsymbol{C}$와 같아질까? 또, 벡터 함수 $\boldsymbol{F}$가 위의 두 식을 만족할 때, 벡터 함수 $\boldsymbol{F}$의 충분조건은 무엇일까?

$\boldsymbol{C}$의 발산은 벡터 함수 $\boldsymbol{F}$의 회전에 대한 발산과 같아지고 결국 0이 되므로 다음 식으로부터,

$$\nabla \cdot (\nabla \times \boldsymbol{F}) = \nabla \cdot \boldsymbol{C} = 0 \tag{2.181}$$

다음과 같은 관계를 만족하는 해가 구해질 수 있을 것이다.

$$\boldsymbol{F} = \nabla U + \nabla \times \boldsymbol{W} \tag{2.182}$$

단,

$$U(r) = \frac{1}{4\pi}\int \frac{D(r')}{r' - r} d\tau' \tag{2.183}$$

$$\boldsymbol{W}(r)=\frac{1}{4\pi}\int\frac{\boldsymbol{C}(r')}{r'-r}dr' \tag{2.184}$$

와 같다고 가정한다. 또한, 앞서 정의한 바와 같이 $\boldsymbol{F}$가 정확한 해이면 $\boldsymbol{F}$의 발산은 D와 같아야 한다. 즉, 다음과 같이 되어야 한다.

$$\begin{aligned}\nabla\cdot\boldsymbol{F}&=-\nabla\cdot\nabla U+\nabla\cdot(\nabla\times\boldsymbol{W})=-\nabla^2 U \\ &=\frac{1}{4\pi}\int D(r')\nabla^2\left(\frac{1}{r'-r}\right)dr'=\int D(r')\delta^3(r'-r)dr'=D(r)\end{aligned} \tag{2.185}$$

단, 임의의 벡터 함수 $\boldsymbol{W}$에 대한 2계 도함수의 특징 중의 하나인 $\nabla\cdot(\nabla\times\boldsymbol{W})=0$이 적용되었다. 만약 $\boldsymbol{F}$가 정확한 해라면 $\boldsymbol{F}$의 회전은 $\boldsymbol{C}$와 같아져야 할 것이다.

$$\nabla\times\boldsymbol{F}=-\nabla\times\nabla U+\nabla\times(\nabla\times\boldsymbol{W})=\nabla\times(\nabla\times\boldsymbol{W})=-\nabla\boldsymbol{W}^2+\nabla(\nabla\cdot\boldsymbol{W}) \tag{2.186}$$

여기서는 임의의 스칼라 함수 U에 대해 $\nabla\times\nabla U=\boldsymbol{0}$으로 되는 2계 도함수의 특성 중 하나를 사용하였다. 그리고 벡터 함수 $\boldsymbol{W}$의 라플라시안은 다음과 같다.

$$\nabla^2\boldsymbol{W}(r)=\frac{1}{4\pi}\int\boldsymbol{C}(r')\nabla^2\left(\frac{1}{r'-r}\right)dr'=-\int\boldsymbol{C}(r')\delta^3(r'-r)dr'=-\boldsymbol{C}(r) \tag{2.187}$$

그리고 $\boldsymbol{W}$의 발산은 다음과 같이 되고,

$$\begin{aligned}\nabla\cdot\boldsymbol{W}(r)&=\frac{1}{4\pi}\int_{\mathrm{v}}\boldsymbol{C}(r')\cdot\nabla\left(\frac{1}{r'-r}\right)dr'=-\frac{1}{4\pi}\int_{\mathrm{v}}\boldsymbol{C}(r')\cdot\nabla\left(\frac{1}{r'-r}\right)dr' \\ &=-\frac{1}{4\pi}\int_{\mathrm{v}}\nabla\cdot\left(\frac{1}{r'-r}\boldsymbol{C}(r')\right)dr'+\frac{1}{4\pi}\int_{\mathrm{v}}\frac{1}{r'-r}[\nabla\cdot\boldsymbol{C}(r')]\,dr' \\ &=-\frac{1}{4\pi}\int_{s}\frac{1}{r'-r}\boldsymbol{C}(r')\cdot d\boldsymbol{a}'\end{aligned} \tag{2.188}$$

발산에 대한 곱셈규칙을 적용하면 발산정리에 따라 $\boldsymbol{C}$의 발산이 0이 된다는 사실을 알 수 있다. $r\to\infty$로 가는 극한에서 $\boldsymbol{C}$가 $1/r^2$보다 더 빠르게 0으로 접근하며, $\boldsymbol{C}/(r'-r)$의 면적분 역시 0과 같아질 것이므로 결국 $\boldsymbol{W}$의 발산은 0이 될 것이다. 즉,

$$\nabla\times\boldsymbol{F}=-\nabla^2\boldsymbol{W}+\nabla(\nabla\cdot\boldsymbol{W})=\boldsymbol{C}+\boldsymbol{0}=\boldsymbol{C} \tag{2.189}$$

지금까지 벡터 함수 $\boldsymbol{F}$에 대한 발산과 회전이 주어질 경우 벡터 함수 $\boldsymbol{F}$를 구해낼 수 있음을 보였다. 그렇다면 벡터 함수의 발산과 회전이 0이 되게 하는 벡터 함수 $\boldsymbol{A}$는 무엇일까? 벡터 함수의 회전은 분배법칙이 성립하므로, $\boldsymbol{F}$의 회전과 $\boldsymbol{A}$의 회전의 합에 의하여 새로운 벡터 함수를 표현할 수 있다.

$$\nabla\times(\boldsymbol{F}+\boldsymbol{A})=\nabla\times\boldsymbol{F}+\nabla\times\boldsymbol{A}=\nabla\times\boldsymbol{F}=\boldsymbol{C} \tag{2.190}$$

유사하게 발산은 분배법칙이 성립하므로 $\boldsymbol{F}$의 발산과 $\boldsymbol{A}$의 발산의 합에 의하여 새로운 벡터 함수를 표현할 수 있다.

$$\nabla \cdot (\boldsymbol{F}+\boldsymbol{A}) = \nabla \cdot \boldsymbol{F} + \nabla \cdot \boldsymbol{A} = \nabla \cdot \boldsymbol{F} = \mathrm{D} \tag{2.191}$$

그러나 발산이 0이고 회전도 0이며 $r \to \infty$ 에서 0으로 수렴하는 함수는 없다. 한편, 전계와 자계는 거리가 멀어지면 0이 될 수 있으므로, 거리가 멀어질 때 $\boldsymbol{F}$가 0으로 가기 위한 조건을 찾아낼 수는 있을 것이다. 이 조건에 의해 발산과 회전이 정의되면 $\boldsymbol{F}$를 유일하게 구할 수 있게 된다. 이러한 결론을 헬름홀츠 정리라고 한다.
즉, $\boldsymbol{F}(r)$로부터 정의되는 발산 $D(r)$과 회전 $\boldsymbol{C}(r)$이 주어지고 두 값이 모두 $r \to \infty$일 때 $1/r^2$보다 더 빠르게 0에 접근한다면 $\boldsymbol{F}(r)$을 다음과 같이 구할 수 있다.

$$\boldsymbol{F} = -\nabla U + \nabla \times \boldsymbol{W} \tag{2.192}$$

단, 다음과 같다.

$$U(r) = \frac{1}{4\pi}\int \frac{D(r')}{r'-r}dr' \tag{2.193}$$

$$\boldsymbol{W}(r) = \frac{1}{4\pi}\int \frac{\boldsymbol{C}(r')}{r'-r}dr' \tag{2.194}$$

이상과 같이 헬름홀츠의 정리는 벡터 함수 $\boldsymbol{F}(r)$이 식 (2.192)와 같이 어떤 스칼라 함수 $U(r)$의 경도 및 어떤 벡터 함수 $\boldsymbol{W}(r)$의 회전으로 주어진다는 것으로 요약될 수 있다. 이와 같은 헬름홀츠의 정리로부터 다음과 같은 두 개의 따름정리가 발생한다.

- 제 1 따름정리 : 벡터 함수 $\boldsymbol{F}(r)$의 회전이 0이면, 어떤 스칼라 함수 $U(r)$이 존재하며 $\boldsymbol{F} = \nabla U$이다.
- 제 2 따름정리 : 벡터 함수 $\boldsymbol{F}(r)$의 발산이 0이면, 어떤 벡터 함수 $\boldsymbol{W}(r)$이 존재하며 $\boldsymbol{F} = \nabla \times \boldsymbol{W}$이다.

이들 두 개의 따름정리는 임의의 스칼라 함수에 경도를 취하고 회전을 취하면 0이 되며, 임의 벡터 함수에 회전을 취하고 발산을 취하면 0이 된다는 관계식으로부터 헬름홀츠 정리를 적용한 결과이다. 그리고 이 따름정리들은 전자기학에서 바로 응용된다. 즉, 맥스웰 방정식에 의하여 각각 정전계와 정자계에서 전기장의 회전이 0이고 자기장의 발산이 0이라는 것으로부터 포텐셜과 자위를 정의할 수 있는데, 이때 위의 따름정리들이 사용된다.

[2] 맥스웰 방정식

전기장과 자기장은 어떠한 관계를 갖고 있을까? 1864년 물리학자인 맥스웰(James Clerk Maxwell)은 'Electricity and Manetism' 이란 책을 통해 둘의 상호 관계를 설명할 수 있는 4개의 전자기 기본방정식을 제안하였다. 이 4개의 식이 뜻하는 바는 각각 다음과 같다.

① 전기장은 전하로부터 발산하는 것으로 쿨롱힘으로 표현된다.
② 자석의 극은 N극과 S극이 서로 분리되어 존재하지 않으며 양극 사이에는 자기력이 작용한다.
③ 자기장의 세기를 변화시키면 전기장이 발생된다. 이것은 패러데이의 유도법칙(Faraday' s law of induction)으로 표현된다.
④ 전기장을 변화시키거나 도선에 전류가 흐르면 회전하는 자기장이 생긴다. 이는 앙페르 법칙(Ampère' s circuital law)을 확장하여 전기장 변화에 따르는 효과를 포함시킨 것이다.

맥스웰은 전계 및 자계와 같은 벡터계의 개념으로 전환시켰다. 그는 가우스의 법칙, 패러데이의 유도법칙, 앙페르의 주회적분의 법칙과 자계 원천의 특성 등 이전에 알려진 법칙과 변위전류라는 개념을 도입하여 전계 및 자계에 관한 4개의 방정식으로 조합하였다.

정전계 이론에서 정지된 전하 Q에 의해 전계가 발생됨을 알았고, 정자계 이론에서는 도선전류 IC에 의해 자계가 발생됨을 알았다. 그러나 전자유도 현상으로부터 자계가 시간적으로 변하면 폐회로에 기전력이 유기되어 이로 인해 새로운 전계가 발생된다. 또한 변위전류 개념으로부터 전계가 시간적으로 변하면 변위전류가 생겨나 이로 인해 새로운 자계가 발생된다. 이처럼 맥스웰 방정식은 전계와 자계의 상호 작용 및 관계를 설명하고, 전자기파(electromagnetic wave)의 해석 및 이론의 기본이 되었을 뿐만 아니라 전자기파의 존재를 예견하였다. 또한, 빛의 전자기파설을 제기함으로써 전기와 광학의 통합도 가능하게 하였다.

맥스웰 방정식을 MKS 단위계에서 수학적으로 표현하면 벡터 연산자인 curl($\nabla\times$)과 divergence($\nabla\cdot$)를 이용하여 나타낼 수 있다. 즉 자계의 세기 $\boldsymbol{H}$, 전계의 세기 $\boldsymbol{E}$, 자속밀도 $\boldsymbol{B}$, 전속밀도 $\boldsymbol{D}$, 전류밀도 $\boldsymbol{J}$ 및 전하밀도 ρ, 도전률 σ, 전하의 이동속도 v_ρ,

유전률 ε, 투자률 μ에 대해 시변 전자계일 경우 다음과 같은 4개의 맥스웰 방정식이 성립한다.

$$\nabla \times \boldsymbol{H} = \boldsymbol{J} + \varepsilon \frac{\partial \boldsymbol{E}}{\partial t} \tag{2.195}$$

$$\nabla \times \boldsymbol{E} = - \frac{\partial \boldsymbol{B}}{\partial t} \tag{2.196}$$

$$\nabla \cdot \boldsymbol{B} = 0 \tag{2.197}$$

$$\nabla \cdot \boldsymbol{D} = \rho \tag{2.198}$$

이들 4개의 방정식을 맥스웰 방정식이라고 한다. 단, $\boldsymbol{B} = \mu \boldsymbol{H}$이며, $\boldsymbol{D} = \varepsilon \boldsymbol{E}$이고 $\boldsymbol{J} = \sigma \boldsymbol{E} = \rho \boldsymbol{v}_\rho$의 관계가 있다. 그리고 주어진 식들을 한 번 더 미분하게 되면 라플라시안 연산자에 의해

$$\nabla^2 \boldsymbol{E} = \mu\varepsilon \frac{\partial^2 \boldsymbol{E}}{\partial t^2} \tag{2.199}$$

$$\nabla^2 \boldsymbol{H} = \mu\varepsilon \frac{\partial^2 \boldsymbol{H}}{\partial t^2} \tag{2.200}$$

로 표현된다. 그리고 전자파의 전파속도는

$$v = \frac{1}{\sqrt{\mu\varepsilon}} \tag{2.201}$$

로 정의된다. 진공 중에서는 빛의 속도인

$$v_o = \frac{1}{\sqrt{\mu_o \epsilon_o}} = 3 \times 10^8 [\mathrm{m/s}]$$

와 일치한다. 단, $\varepsilon_o = 1/36\pi \times 10^{-9}[\mathrm{Farad/m}] = 8{,}854 \times 10^{-12}[\mathrm{Farad/m}]$ 및 $\mu_o = 4\pi \times 10^{-7}[\mathrm{H/m}]$이다.

[3] 전기장에서의 가우스의 법칙

가우스의 법칙은 쿨롱의 법칙에 근거하고 있는데, 전계가 작용하고 있는 공간 내의 어떤 폐곡면을 통해서 밖으로 향하는 모든 전속은 그 폐곡면 내의 모든 전하량에 비례한다는 법칙이다. 이는 쿨롱의 법칙의 다른 표현이기도 하며 전하가 있을 때 전기장의

세기를 구하는 경우에 자주 쓰인다. 1785년 프랑스 물리학자 C.A. 쿨롱은 비틀림 저울을 사용하여 두 전하 사이에 작용하는 힘을 실험적으로 구해냈다. 즉, 두 전하 q_1 및 q_2가 주어지고 두 전하 사이의 거리를 r이라 하면, 이들 전하 사이에 작용하는 전기력 F는 다음과 같이 표시된다는 것이다.

$$F = k\frac{q_1 \cdot q_2}{r^2} \tag{2.202}$$

여기서 k는 비례상수이다. 전기량, 거리, 힘의 단위를 각각 [C], [m], [N]으로 하여 힘을 구하면 $k = 8.98742 \times 10^9 [\mathrm{N \cdot m^2/C^2}]$이며, 일반적으로 근사값인 $k = 9 \times 10^9$ $[\mathrm{N \cdot m^2/C^2}]$으로 쓴다. 전기력 F는 전하 q_1 및 q_2가 같은 부호일 때는 반발력이 작용하고 서로 다른 부호일 때는 흡인력이 작용한다.

쿨롱의 법칙은 전자기학의 기본법칙으로 전하를 자하(磁荷)와 바꾸면 자기에도 적용할 수 있다. 가우스는 쿨롱의 법칙에 근거하여 점전하 Q가 놓여 있는 공간에는 전기력선이 방출되며, 이들 전기력선에 의해 전계 $\boldsymbol{E}$가 형성됨을 규명하였다. 물론 전계 $\boldsymbol{E}$는 전하 Q로부터 떨어진 거리 r의 제곱에 반비례한다.

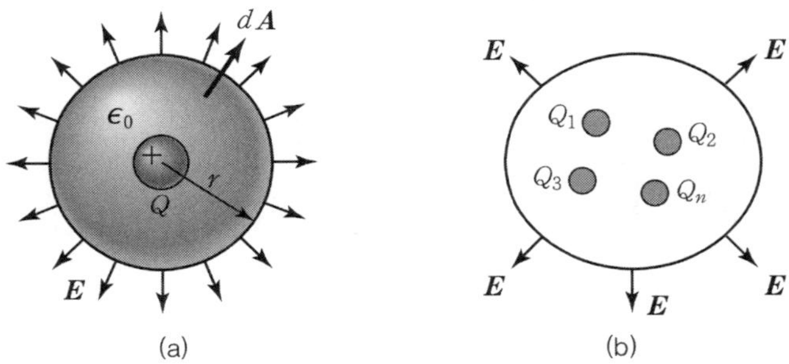

그림 2-32 폐곡면에서의 전속밀도

가우스는 그림 2-32(a)에서와 같이 전하량 Q가 유전율이 ϵ_0인 진공에 놓여 있을 때, 폐곡면(가우스 곡면이라고도 함)으로 발산되는 단위면적당 전기력선의 수, 곧 전속밀도는 $\boldsymbol{D}=\epsilon_o\boldsymbol{E}$ 이므로 임의의 전체 폐곡면을 통과하는 전체 전기력선의 수는

$$\oint \boldsymbol{D} \cdot d\boldsymbol{A} = \epsilon_o \oint \boldsymbol{E} \cdot d\boldsymbol{A} \tag{2.203}$$

로 되며, 이는 전하량 Q와 같다는 사실을 증명하였다. 그리고 그림 2-32(b)와 같이

폐곡면 내에 n개의 전하가 존재하면, 각 전하로부터 발산되는 전기력선의 수를 합하면 폐곡면에서 발산되는 전기력선이 수와 같아 질 것이다. 이는 곧 전체 전하량의 합인 $Q_{net} = Q_1 + Q_2 + \cdots + Q_n$에 해당되는 전기력선이 발산된다는 의미와도 같은 것이다. 단, 임의 폐곡면의 단위면적을 $d\boldsymbol{A}$로 정의하였다. 따라서 가우스 법칙의 적분형은 다음과 같이 되며,

$$\oint \boldsymbol{D} \cdot d\boldsymbol{A} = Q \tag{2.204}$$

미분형은 다음으로 주어진다.

$$\nabla \cdot \boldsymbol{D} = \rho \tag{2.205}$$

여기서 $\nabla \cdot$ 는 발산(divergence), $\boldsymbol{D}$는 전속밀도(C/m^2), ρ는 전하밀도(C/m^3)를 나타낸다. CGS 단위계의 자속밀도를 나타내는 1[Gauss]는 1[cm^2] 당 1개의 자기력선 또는 6.45[line/inch^2]이 발산될 때의 양에 해당되며, 다음과 같다.

$$1[T] = 10^4[G] = 1[\mathrm{Wb/m^2}] = 1[\mathrm{kg/s^2 \cdot A}] = 1[\mathrm{N/A \cdot m}] = 1[\mathrm{Kg/s \cdot C}]$$

이는 1930년 국제전기표준회의에서 결정된 것으로, 명칭은 독일의 가우스의 업적을 기념하기 위한 것이다.

[4] 자기장에서의 가우스의 법칙

일반적으로 자계는 연속적이며 폐루프를 형성한다. 이는 그림 2-33에서 보는 바와 같이 솔레노이드로 표현된다.

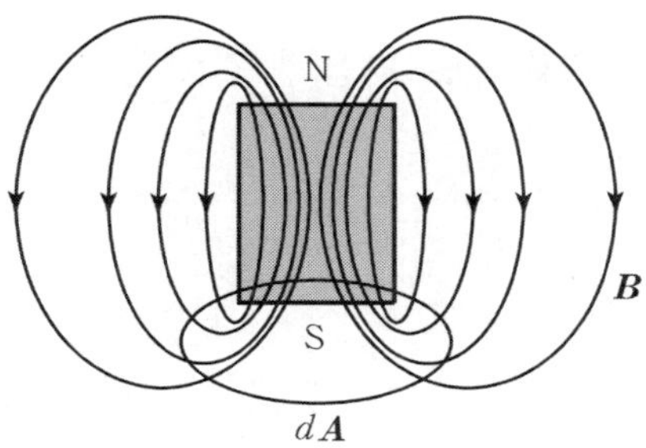

그림 2-33 폐곡면에서의 자속밀도

전계 공간에서의 가우스 법칙과 같으나 자계가 작용하고 있는 공간 내 임의의 폐곡면에서 들어오는 자기력선의 수는 나가는 자기력선의 수와 같으므로 임의 폐곡면에서의 모든 자속의 합은 0이 된다. 왜냐하면 전하와는 달리 자석은 N 또는 S극 단독으로 존재할 수 없기 때문이다. 즉, 적분형은 다음과 같이 주어지고

$$\oint \boldsymbol{B} \cdot d\boldsymbol{A} = 0 \tag{2.206}$$

자속 밀도의 발산도 0이 되므로 미분형은 어떤 점에서의 자속의 발산을 의미하며 다음과 같이 표현된다.

$$\nabla \cdot \boldsymbol{B} = 0 \tag{2.207}$$

이는 자속의 연속성을 설명하는 데 사용되며, 공간의 한 점에서 자속밀도가 새로이 발생되거나 소멸되지 않는다는 것이다. 그리고 자계 내에는 자하가 존재할 수 없다고 가정한다.

[5] 앙페르의 법칙

앙페르의 법칙은 도체에 흐르는 전류를 전도전류라고 하며, 전도전류가 흐르는 도체 주위에는 자기장이 형성된다는 내용을 포함한다. 그림 2-34와 같이 전도전류와 자기장 사이에 다음과 같은 앙페르의 법칙이 성립한다. 임의의 폐루프 C에 대해, 도체의 미소 길이 dl과 자계 $\boldsymbol{H}$의 내적을 폐루프에 대해 적분한 값은 폐루프의 접선 방향으로 흐르는 전류 I와 같다.

$$\oint_C \boldsymbol{H} \cdot dl = I \tag{2.208}$$

또는 공간의 투자율 μ_o을 고려하면 다음과 같이 된다.

$$\oint_C \boldsymbol{B} \cdot dl = \mu_o I \tag{2.209}$$

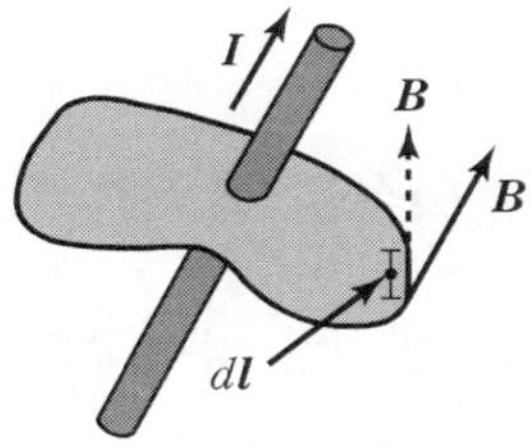

그림 2-34 폐루프에서의 전류와 자계

이것의 미분형은 자계의 회전에 의해 전류밀도가 생성되므로 다음과 같이 된다.

$$\nabla \times \boldsymbol{H} = \boldsymbol{J} \quad \text{또는} \quad \nabla \times \boldsymbol{B} = \mu_o \boldsymbol{J} \tag{2.210}$$

그러나 전기장 $\boldsymbol{E}$가 시간적으로 변화하면 그 공간에는 변위전류가 흐르게 됨을 맥스웰이 제안하였다. 이로 인해, 그림 2-35에서와 같이 앙페르의 법칙에서의 전체 전류는 전도전류와 변위전류의 합으로 나타나게 된다. 즉, 맥스웰-앙페르의 법칙은 다음과 같은 적분형과

$$\oint_C \boldsymbol{H} \cdot dl = \int \boldsymbol{J} \cdot d\boldsymbol{A} + \frac{d}{dt} \int_s \boldsymbol{D} \cdot d\boldsymbol{A} \tag{2.211}$$

다음과 같은 미분형을 얻게 된다.

$$\nabla \times \boldsymbol{H} = \boldsymbol{J} + \frac{\partial \boldsymbol{D}}{dt} \tag{2.212}$$

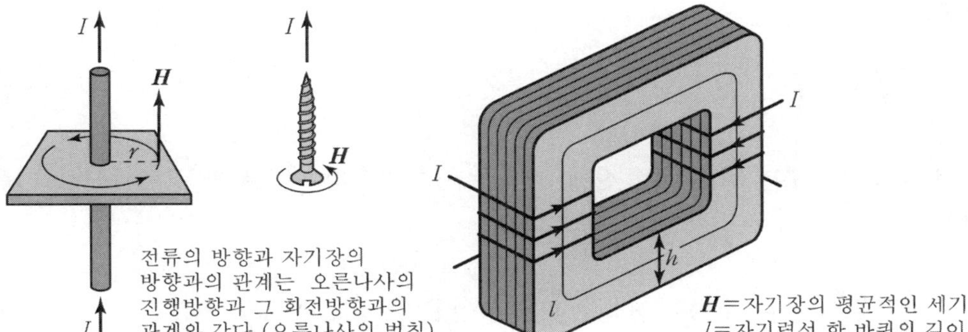

그림 2-35 앙페르의 법칙

[6] 패러데이 법칙(패러데이 주회적분 법칙)

전기장에서 패러데이의 전자유도 법칙은 자속 Φ의 시간적 변화율은 자속의 변화를 방해하는 방향으로 전압 $\int \boldsymbol{E} \cdot dl$이 유도된다는 것이다. 즉, 다음과 같이 된다.

$$\int \boldsymbol{E} \cdot dl = -\frac{d\Phi}{dt} \tag{2.213}$$

이로부터 자기장에서의 패러데이 법칙은 자계 $\boldsymbol{H}$가 시간적으로 변화할 때, 자계와 직각인 평면상에는 전계 $\boldsymbol{E}$의 회전이 일어난다는 것이다.

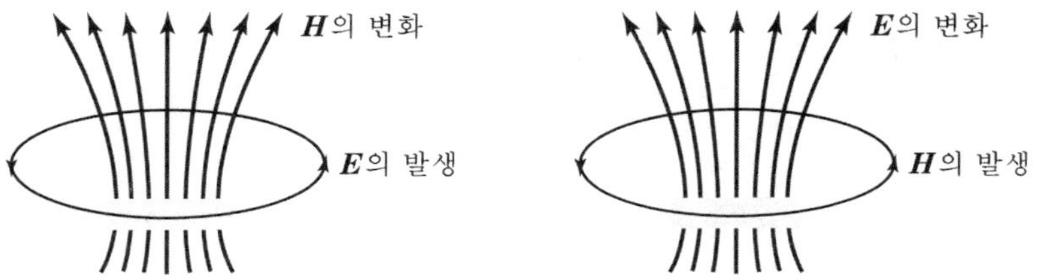

(a) 자계($\boldsymbol{H}$)에 의한 전계($\boldsymbol{E}$) 발생　　(b) 전계($\boldsymbol{E}$)에 의한 자계($\boldsymbol{H}$) 발생

그림 2-36 전계 및 자계의 발생

곧 그림 2-36과 같이 자기장 $\boldsymbol{H}$가 변화하면 전기장 $\boldsymbol{E}$가 유도된다는 것이다. 이의 역도 성립한다. 패러데이 법칙에 스토크스의 정리를 적용하면 다음과 같이 선적분이 면적분으로 되고,

$$\int \boldsymbol{E} \cdot dl = \int \nabla \times \boldsymbol{E} \cdot d\boldsymbol{A} \tag{2.214}$$

또한 폐경로로부터 발산되는 전체 자속은 자속밀도의 면적분과 같아지므로 다음으로 되고,

$$-\frac{d\Phi}{dt} = -\frac{d}{dt}\int \boldsymbol{B} \cdot d\boldsymbol{A} = -\int \frac{\partial \boldsymbol{B}}{\partial t} \cdot d\boldsymbol{A} \tag{2.215}$$

다음과 같은 미분형을 얻게 된다.

$$\nabla \times \boldsymbol{E} = -\frac{\partial \boldsymbol{B}}{\partial t} \tag{2.216}$$

이상에서 살펴본 바와 같이 맥스웰 방정식은 시간에 따라 변하는 전계와 자계 사이의 관계식으로 전자파 해석을 하는데 기본식으로 활용된다. 주어진 조건에 따라 맥스웰 방정식은 여러 가지 형태로 표현할 수 있는데 이를 아래의 표 2-1에 정리하였다.

표 2-1 여러 가지 경우의 맥스웰 방정식

일반식	자유공간 ($J_c=0,\ \rho=0$)	정현파적 변화 ($D=D_o e^{j\omega t},\ B=B_o e^{j\omega t}$)	정전계, 정자계
$\nabla \times \boldsymbol{E} = -\frac{\partial \boldsymbol{B}}{\partial t}$	$\nabla \times \boldsymbol{E} = -\frac{\partial \boldsymbol{B}}{\partial t}$	$\nabla \times \boldsymbol{E} = -j\omega\mu \boldsymbol{H}$	$\nabla \times \boldsymbol{E} = 0$
$\nabla \times \boldsymbol{H} = J_c + \frac{\partial \boldsymbol{D}}{\partial t}$	$\nabla \times \boldsymbol{H} = \frac{\partial \boldsymbol{D}}{\partial t}$	$\nabla \times \boldsymbol{H} = (\sigma + j\omega\epsilon)\boldsymbol{E}$	$\nabla \times \boldsymbol{H} = J_c$
$\nabla \cdot \boldsymbol{D} = \rho$	$\nabla \cdot \boldsymbol{D} = \rho$	$\nabla \cdot \boldsymbol{D} = \rho$	$\nabla \cdot \boldsymbol{D} = \rho$
$\nabla \cdot \boldsymbol{B} = 0$	$\nabla \cdot \boldsymbol{B} = 0$	$\nabla \cdot \boldsymbol{B} = 0$	$\nabla \cdot \boldsymbol{B} = 0$

[7] 포인팅 벡터

평면전자파는 전계 및 자계에 직각인 방향으로 식 (2.201)과 같은 속도로 전파할 때, 단위시간에 단위면적을 통과하는 전자파의 에너지 $\boldsymbol{P}$는

$$\boldsymbol{P} = \boldsymbol{E} \times \boldsymbol{H} \tag{2.217}$$

로 정의되는 벡터 $\boldsymbol{P}$를 포인팅 벡터(Poynting vector)라 한다. 이 벡터의 크기는 전자파에 의해 전달되는 에너지 밀도와 같고, 방향은 전자기파가 진행하는 방향과 일치한다. 그림 2-37과 같이 평면 전자파가 전계 및 자계로 이루어진 평면과 법선 방향으로 식 (2.197)과 같은 속도로 전파될 때, 단위시간당 단위면적을 통과하는 전자파의 에너지 또는 전자파의 에너지 선속(energy flux of an electromagnetic wave)은 포인팅 벡터 $\boldsymbol{P}$와 같다.

한편, 복소전계 $\dot{\boldsymbol{E}}$ 및 자계 $\dot{\boldsymbol{H}}$일 경우 복소전력은 다음과 같이 된다.

$$\begin{aligned}\dot{\boldsymbol{P}} &= \frac{1}{2}\dot{\boldsymbol{E}}\times\dot{\boldsymbol{H}}^{*} \\ &= (\mathrm{P}_{av}+j\mathrm{P}_{react})_{\mathrm{n}} \\ &= (\text{유효전력}+j\,\text{무효전력})_{n} \\ &= \frac{1}{2}Re\,(\dot{\boldsymbol{E}}\times\dot{\boldsymbol{H}}^{*})_{\mathrm{n}}+jIm\,(\dot{\boldsymbol{E}}\times\dot{\boldsymbol{H}}^{*})_{\mathrm{n}} \\ &= (Re\,(\dot{\boldsymbol{V}}\dot{\boldsymbol{I}}^{*})+jIm(\dot{\boldsymbol{V}}\dot{\boldsymbol{I}}^{*}))_{\mathrm{n}} \\ &= (\boldsymbol{VI}\cos\theta+j\,\boldsymbol{VI}\sin\theta)_{\mathrm{n}}\end{aligned} \tag{2.218}$$

여기서 첨자 *는 복소벡터의 공액을 나타낸다.

끝으로 그림 2-37로부터 전자파에 대한 포인팅 벡터를 시각적으로 이해할 수 있을 것이다. 교류 전원을 공급하는 두 가닥의 송전선에 코사인 함수의 전류가 흘러 반파장 안테나에 공급되고 있을 때, 안테나로부터 전파되는 전기장 $\boldsymbol{E}$와 자기장 $\boldsymbol{H}$ 그리고 포인팅 벡터 $\boldsymbol{P}$의 관계를 나타낸 것이다. 전자파는 $+z$축에 대해서만 그렸으나 yz평면에서도 동일하게 전파된다.

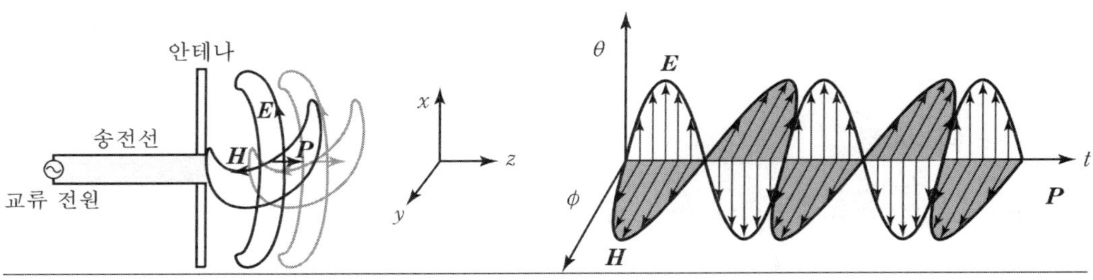

그림 2-37 포인팅 벡터의 개념 : 반파장 안테나의 전자파 복사

Chapter 03

미분방정식 (Differential Equation)

독립변수가 1개 또는 복수개 이상의 미지함수 및 도함수를 포함하는 방정식을 미분방정식이라고 한다. 미분방정식 중에는 미지함수에 대한 도함수의 최고계수가 n 이면 n 계 미분방정식이 되며, 특별히 1개의 독립변수를 가지게 되면 상미분방정식이라고 한다. 미분방정식은 자연계의 물리적 현상을 기술하는 수학적 모델이라고 한다. 방사능 감쇠, 인구성장, 화학반응, 물체의 냉각, 직렬회로 해석 등의 물리적 현상들이 미분방정식이라는 수학적 모델로 기술되어 지며, 그 현상의 다양한 해석을 위해서는 미분방정식의 해를 구하는 것이 대단히 중요하다.

3.1 미분방정식의 기본정의 및 관련용어

[1] 미분방정식의 정의

우리는 미적분에 관련된 지금까지의 학습을 통해 1개의 독립변수 x 에 대한 종속함수 $y=f(x)$의 x 에 대한 도함수는

$$\frac{dy}{dx}=f'(x) \tag{3.1}$$

로 됨을 배워왔다. 가령, $y=f(x)=e^{mx}$ 이면 $f'(x)=me^{mx}$ 이므로

$$\frac{dy}{dx}=my \tag{3.2}$$

로 되는 것을 알 수 있다. 식 (3.2)를 미분방정식이라 하고 식 (3.2)로부터 해

$y=f(x)=e^{mx}$를 구해내는 것을 "미분방정식을 푼다" 라고 하며, $y=e^{mx}$를 미분방정식인 식 (3.2)의 '해' 라고 한다.

정의 1 미분방정식

1개 또는 2개 이상의 독립변수에 대한 종속변수의 1회 또는 2회 이상 미분한 도함수들을 포함한 방정식을 미분방정식이라고 정의한다.

따라서 n 계의 고계 상미분방정식은 다음과 같이 기술될 수 있다.

$$a_n(x)\frac{d^n y}{dx^n}+a_{n-1}(x)\frac{d^{n-1}y}{dx^{n-1}}+\cdots+a_1(x)\frac{dy}{dx}+a_0(x)y=g(x) \tag{3.3}$$

식 (3.3)에서는 하나의 독립변수 x 에 대한 종속변수의 최고계 도함수 $d^n y/dx^n$의 계수가 n 이므로 n계 상미분방정식(ordinary differential equation)이라고 명명한다. 즉 $n=1$이면 1계 미분방정식, $n=2$이면 2계 상미분방정식이라고 한다. 그리고 2계 이상이면 고계 상미분방정식이라고 한다. 식 (3.3)을 일반형인

$$F\left(x,y,\frac{dy}{dx},\ldots,\frac{d^n y}{dx^n}\right)=g(x) \tag{3.4}$$

로도 표현할 수 있다. 한편 식 (3.3)과는 달리

$$\frac{\partial^2 w}{\partial x^2}+a(x,y)\frac{\partial w}{\partial x}\frac{\partial w}{\partial y}+\frac{\partial^2 w}{\partial y^2}=g(x,y) \tag{3.5}$$

와 같이 2개 이상의 독립변수에 대한 편미분항으로 구성되어 있으면 이를 편미분방정식(partial differential equation)이라고 한다. 그러나 이 책에서는 상미분방정식을 미분방정식이라고 통칭한다.

[2] 선형 및 비선형 미분방정식

식 (3.3)에서와 같이 종속변수 y 와 그의 모든 도함수들이 1차이고 이것에 대한 각 계수 $a_i(x)\,[i=0,1,2,\cdots,n]$가 독립변수 x 만의 함수로 되어 있으면 "선형" 이라고 하고, 그렇지 않으면 "비선형" 이라고 한다. 즉,

$$5x^2\frac{d^2y}{dx^2}+x^5\frac{dy}{dx}+(\sin x)y=e^{3x}$$

는 선형 미분방정식이고,

$$xy\frac{dy}{dx}+3y=g(x)$$

는 비선형 미분방정식이다.

[3] 제차 및 비제차 미분방정식

식 (3.3) 또는 식 (3.4)에서 $g(x)=0$인 미분방정식을 제차 미분방정식(Homogeneous D.E.)이라고 하고, $g(x)\neq 0$인 미분방정식을 비제차 미분방정식(Non Homogeneous D.E.)이라고 한다.

정의 2　미분방정식의 해

임의 구간에서 정의되는 함수 f를 주어진 미분방정식에 대입하였을 때, 항등식이 된다면 f는 주어진 "미분방정식의 해"라고 정의한다.

식 (3.3) 또는 (3.4)에 $y=f(x)\neq 0$를 대입해서

$$a_n(x)\frac{d^nf}{dx^n}+a_{n-1}(x)\frac{d^{n-1}f}{dx^{n-1}}+\cdots+a_1(x)\frac{df}{dx}+a_0(x)f=g(x)$$

$$F\left(x, f, \frac{df}{dx}, \ldots, \frac{d^nf}{dx^n}\right)=g(x)$$

와 같이 항등식이 된다면 $y=f(x)$는 미분방정식 식 (3.3) 또는 (3.4)의 해가 된다.

[4] 자명해와 비자명해

한편, $y=f(x)=0$를 식 (3.3) 또는 (3.4)에 대입해도 항등식이 된다. 그러나 이 해는 자명해(trivial solution)라고 하며, 일반적으로 미분방정식을 푼다는 것은 $g\neq 0$인 비자명해(nontrivial solution)를 구하는 것이다.

[5] 양함수 해와 음함수 해

또한 해가 $y = f(x)$와 같이 독립변수와 종속변수가 분리된 해를 양함수 해(explicit solution)라고 하고, $f(x, y) = c$ 와 같은 형식의 해를 음함수 해(implicit solution)라고 한다.

[6] 보조해와 특수해, 일반해, 완전해

식 (3.3) 또는 (3.4)에서 $g(x) \neq 0$인 비제차 미분방정식의 해를 구할 때, 먼저 $g(x) = 0$라고 가정한 관련 제차 미분방정식에서 구한 해 $y_c(x)$를 보조해(complementary solution)라 하고, $g(x)$의 형태를 고려하여 매개변수가 없는 해 $y_p(x)$를 특수해(particular solution)라고 한다. 그리고 보조해 $y_c(x)$와 특수해 $y_p(x)$를 대수적으로 합한 $y(x)$를 일반해(general solution) 또는 완전해(complete solution)라고 한다. 예를 들면, $d^2y/dx^2 + 3dy/dx + 2y = 4x^2$의 비제차 미분방정식이 주어진 경우, 먼저 제차인 관련 제차방정식 미분방정식 $d^2y/dx^2 + 3dy/dx + 2y = 0$의 해 $y_c(x) = c_1e^{-x} + c_2e^{-2x}$ 는 주어진 미분방정식의 보조해가 되고, 주어진 비제차 미분방정식에서 소정의 해법에 의해서 구해진 $y_p(x) = 7 - 6x + 2x^2$ 은 특수해가 되며, 일반해 또는 완전해는 $y(x) = y_c(x) + y_p(x)$가 된다.

[7] 선형독립·종속과 Wronskian

앞의 [6] 항에서 보조해는 2개의 항, 즉 e^{-x} 및 e^{-2x} 는 상이하여 서로 다른 해함수의 상수배와 같지 않으므로 1차 독립이라고 하며, 이 두 항을 "해의 기본계" 라고 한다. 그렇지 않은 경우에는 1차 종속이라고 한다. 이처럼 구해야 할 해는 1차 독립인 조건을 만족하는 해의 기본계임을 명심해야 한다. 다음에서 정의되는 Wronskian은 얻어진 해함수의 1차 독립의 여부를 판정할 수 있는 충분조건을 제공한다.

식 (3.3) 또는 식 (3.4)에서 얻어진 해 함수가 $f_1(x), f_2(x), \ldots, f_n(x)$이고, $n-1$회 미분가능하다면 이들에 대한 Wronskian은

$$W[f_1(x), f_2(x), \ldots, f_n(x)] = \begin{vmatrix} f_1 & f_2 & ,\ldots, & f_n \\ f'_1 & f'_2 & ,\ldots, & f'_n \\ \vdots & \vdots & & \vdots \\ f_1^{(n-1)} & f_2^{(n-1)} & ,\ldots, & f_n^{(n-1)} \end{vmatrix} \tag{3.6}$$

로 정의되며 Wronskian $W[f_1(x), f_2(x), ..., f_n(x)] \neq 0$이면 1차독립이라고 하며, $W[f_1(x), f_2(x), ..., f_n(x)] = 0$이면 1차종속이 된다.

[8] 특이해

매개변수로 구성된 해에 어떠한 매개변수의 값을 할당하더라도 미분방정식을 만족하지 못하는 경우 이 해를 특이해(singular solution)라고 한다.

한편 $y' - xy^{1/2} = 0$의 매개변수 c를 포함하는 일반해는 $y = (x^2/4 + c)^2$ 이다. 매개변수 $c = 0$ 으로 택하면, 매개변수가 소거된 특수해는 $y = x^4/16$ 이다. 그러나 자명해 $y = 0$는 일반해로부터 어떠한 c값을 선택한다해도 결코 얻어질 수가 없다. 따라서 $y = 0$는 주어진 미분방정식의 특이해가 된다.

[9] 초기값 및 경계값 문제

(1) 초기값 문제

식 (3.3) 또는 (3.4)의 n 계 미분방정식에 대해

$$a_n(x)\frac{d^n y}{dx^n} + a_{n-1}(x)\frac{d^{n-1}y}{dx^{n-1}} + \cdots + a_1(x)\frac{dy}{dx} + a_0(x)y = g(x)$$

$$y(x_0) = y_0,\ y'(x_0) = y_0', \cdots, y^{(n-1)}(x_0) = y_0^{(n-1)} \tag{3.7}$$

를 초기값 문제라고 한다. 단 $y_0, y'_0, \cdots, y_0^{(n-1)}$는 임의의 상수들이다. 규정된 값 $y(x_0) = y_0,\ y'(x_0) = y_0',\ \cdots,\ y^{(n-1)}(x_0) = y_0^{(n-1)}$를 초기조건이라고 한다. 점 $x = x_0$을 포함하는 임의 구간 I에서 해를 구한다.

선형 2계 미분방정식의 경우, 초기값 문제

$$a_2(x)\frac{d^2 y}{dx^2} + a_1(x)\frac{dy}{dx} + a_0(x)y = g(x)$$

$$y(x_0) = y_0,\ y'(x_0) = y_0' \tag{3.8}$$

의 해는 점 (x_0, y_0)에서의 곡선의 기울기가 y_0'인 그래프가 그 점을 지나는 구간에서 정의되는 함수이다.

예제 1

$y=3e^{2x}+e^{-2x}-3x$가 다음의 초기값 문제에 대한 해임을 쉽게 증명할 수 있다.

$$y''-4y=12x,\quad y(0)=4,\quad y'(0)=1$$

예제 2

함수 $y=\frac{1}{4}\sin 4x$는 다음의 초기값 문제

$$y''+16y=0,\quad y(0)=0,\quad y'(0)=1$$

의 해이다.

예제 3

함수 $y=cx^2+x+3$는 어떠한 c의 값에 대해서도 $(-\infty,\infty)$인 구간에서 다음의 초기값 문제의 해가 됨을 보여라.

$$x^2y''-2xy'+2y=6,\quad y(0)=3,\quad y'(0)=1$$

[풀이] $y'=2cx+1$ 및 $y''=2c$이므로

$$x^2y''-2xy'+2y=x^2(2c)-2x(2cx+1)+2(cx^2+x+3)=6$$

로 된다. 또한,

$$y(0)=c(0)^2+0+3=3$$

$$y'(0)=2c(0)+1=1$$

로 된다.

(2) 경계값 문제

또 다른 형태의 문제는 종속 변수 y 또는 이의 도함수들이 각기 다른 점들에서 지정되는 2계 이상의 미분방정식을 풀이하는 것이다. 다음과 같은

$$a_2(x)\frac{d^2y}{dx^2}+a_1(x)\frac{dy}{dx}+a_0(x)y=g(x)$$

$$y(a)=y_0,\ y(b)=y_1$$

의 문제를 2점, 곧 $x=a$ 및 $x=b$에서의 경계값 문제, 또는 단순히 경계값 문제라고 한다. 지정값 $y(a)=y_0$와 $y(b)=y_1$을 경계조건이라고 한다. 2계 미분방정식의 경우 각기 다른 경계조건의 값들이 다음과 같이 쌍으로 주어질 수 있다.

$$y'(a)=y_0', \quad y(b)=y_1$$
$$y(a)=y_0, \quad y'(b)=y_1'$$
$$y'(a)=y_0', \quad y'(b)=y'_1$$

단, y_0, y_0', y_1 및 y_1'은 임의의 상수들이다.

경계값 문제는 편미분방정식의 응용시에 자주 나타난다.

예제 4

다음의 경계값 문제

$$x^2y''-2xy'+2y=6, \quad y(1)=0, \quad y(2)=3$$

에 대해 $x=1$ 및 $x=2$를 포함하는 구간에서 정의되는 함수로서 주어진 미분방정식을 만족하며, 해의 그래프가 두 점 (1, 0) 및 (2, 3)을 지나는 함수를 찾는 것이다.

3.2 변수분리형

변수분리형은 모든 미분방정식들 중에서 가장 간단한 형태의 일계 미분방정식이다.

정의 1 변수분리형 방정식

$$g(x)dx+h(y)dy=0 \tag{3.9}$$

또는

$$\frac{dy}{dx}=-\frac{g(x)}{h(y)} \tag{3.10}$$

와 같이 dx 및 dy 의 각 계수가 각각 x 및 y만의 함수로 표현될 수 있는 미분방정식을 변수분리형이라고 한다.

식 (3.9)의 변수분리형의 해는 각 항을 바로 적분해서

$$\int g(x)dx + \int h(y)dy = c \tag{3.11}$$

로 된다. 만약, 식 (3.11)에서 $h(y)=1$ 이고, $g(x)$가 연속함수이면

$$\frac{dy}{dx} = -g(x) \tag{3.12}$$

도 적분에 의해 간단히 풀이될 수 있다. 식 (3.12)의 해를 $y=f(x)$로 나타내면 $h[f(x)]f'(x) = -g(x)$로 되어야 하며, 따라서

$$\int h[f(x)]f'(x)dx = -\int g(x)dx + c \tag{3.13}$$

로 된다. 결국 식 (3.12)의 해는

$$y = -\int g(x)dx + c \tag{3.14}$$

로 구해진다.

예제 5

다음의 미분방정식을 풀어라.

① $\dfrac{dy}{dx} = x + e^{2x}$ ② $\dfrac{dy}{dx} = \cos x$

[풀이] ① $y = \int (x + e^{2x})dx = \frac{1}{2}(x^2 + e^{2x}) + c$

② $y = \int \cos x\, dx = \sin x + c$

예제 6

$(1+x^2)(y^2-1)dx + xy\,dy = 0$를 풀어라.

[풀이] $x(y^2-1)$로 나누면

$$\frac{(1+x^2)}{x}dx+\frac{y}{(y^2-1)}dy=0$$

로 쓸 수 있으며, 이로부터

$$\int\left(\frac{1}{x}+x\right)dx+\frac{1}{2}\int\left(\frac{1}{y+1}+\frac{1}{y-1}\right)dy=c'$$

$$\ln|x|+\frac{1}{2}x^2+\frac{1}{2}\ln|y+1|+\frac{1}{2}\ln|y-1|=c'$$

$$\ln|x|+\frac{1}{2}x^2+\frac{1}{2}\ln|(y^2-1)|=c'$$

$$y^2=1+c\frac{e^{-x^2}}{x^2}\quad(c=e^{c'})$$

를 얻는다.

예제 7

$y(0)=3$인 $\dfrac{dy}{dx}=\dfrac{1+y}{1+x}$를 풀어라.

[풀이] 분명히

$$\frac{dy}{1+y}=\frac{dx}{1+x}$$

로 되므로

$$\int\frac{dy}{1+y}=\int\frac{dx}{1+x}$$

$$\ln|1+y|=\ln|1+x|+\ln|c|$$

$$(1+y)=c(1+x)$$

로 되며, $y(0)=3$인 초기값 조건으로부터

$$1+3=c\qquad\therefore c=4$$

가 구해지므로 결국

$$y=4x+3$$

로 된다.

예제 8

$xe^{-y}\sin x\ dx - y\ dy = 0$를 풀어라.

[풀이] e^{y}를 곱한 후

$$x\sin x\ dx = ye^{y}\ dy$$

를 얻는다. 양변을 부분적분하면

$$-x\cos x + \sin x = ye^{y} - e^{y} + c$$

로 된다.

예제 9

다음을 풀어라.

$$xy^{4}dx + (y^{2}+2)e^{-3x}dy = 0$$

[풀이] 주어진 식에 e^{3x}를 곱하고, y^{4}으로 나누면

$$xe^{3x}dx + \frac{y^{2}+2}{y^{4}}dy = 0$$

또는

$$xe^{3x}dx + (y^{-2}+2y^{-4})dy = 0$$

을 얻는다. 제 1 항을 부분적분하면

$$\frac{1}{3}xe^{3x} - \frac{1}{9}e^{3x} - y^{-1} - \frac{2}{3}y^{-3} = c_1$$

로 되고

$$e^{3x}(3x-1) = \frac{9}{y} + \frac{6}{y^{3}} + c$$

로 정리된다. 단, 상수 $9c_1$ 는 c로 표현한다.

예제 10

$y(0) = -2$인 $\frac{dy}{dx} = (y+2)(y-2)$를 풀어라.

[풀이] 주어진 식을

$$\frac{dy}{(y+2)(y-2)} = dx$$

의 꼴로 고쳐쓰고, 좌변을 부분분수 전개하면

$$\frac{1}{4}\left[\frac{1}{y+2} + \frac{1}{y-2}\right]dy = dx$$

로 되므로

$$-\frac{1}{4}\ln|y+2| + \frac{1}{4}\ln|y-2| = x + c_1 \tag{3.15}$$

로 된다. 따라서

$$\ln\left|\frac{y-2}{y+2}\right| = 4x + c_2 \qquad [c_2 = 4c_1]$$

$$\frac{y-2}{y+2} = ce^{4x}$$

로 된다. 여기서 e^{c_2}는 c로 대치하였다. 결국 다음을 얻는다.

$$y = 2\frac{1+ce^{4x}}{1-ce^{4x}}$$

$x=0$, $y=-2$를 대입하면

$$-2 = 2\frac{1+c}{1-c}$$

$$-1+c = 1+c \quad \text{또는} \quad -1 = 1$$

과 같이 모순에 이른다. $y=\pm 2$이면 주어진 미분방정식이 0이 되고, 특히 $y=-2$인 경우는 어떠한 c의 값을 할당해도 구해낼 수가 없다. 이 상수해는 주어진 초기값 문제에 대한 특이해이다.

예제 11

$\dfrac{dy}{dx} = \dfrac{1}{x+y+1}$ 를 풀어라.

[풀이] $u = x+y+1$로 두면, $du/dx = 1 + dy/dx$ 가 되므로 주어진 방정식은

$$\frac{du}{dx} - 1 = \frac{1}{u} \quad \text{또는} \quad u\frac{du}{1+u} = dx$$

로 된다. 각 항을 적분하면

$$\left(1-\frac{1}{1+u}\right)du = dx$$

$$u - \ln|1+u| = x + c_1$$

로 되고

$$x+y+1-\ln|x+y+2| = x + c_1$$

$$y+1-\ln|x+y+2| = c_1$$

$$x+y+2 = ce^y$$

를 얻는다. 단, e^{1-c_1}은 c로 대치되었다.

3.3 동차 미분방정식

$$M(tx,\ ty) = t^n M(x,\ y) \tag{3.16}$$

와

$$N(tx,\ ty) = t^n N(x,\ y) \tag{3.17}$$

로 되는 동차함수를 갖는 다음의 미분방정식

$$M(x,\ y)dx + N(x,y)dy = 0 \tag{3.18}$$

을 동차 미분방정식이라 한다. 동차 미분방정식은 $y=ux$ 또는 $x=vy$와 같은 간단한 대수적 치환에 의해 변수분리형으로 된다.

정의 2 동차함수

만약 어떤 실수 n에 대해 $f(tx,\ ty) = t^n f(x,\ y)$이 성립하면, $f(x,\ y)$를 차수 n의 동차함수라 한다.

예제 12

다음 함수가 동차함수인지를 조사하라.

① $f(x, y) = x - 3\sqrt{xy} + 5y$

$f(tx, ty) = (tx) - 3\sqrt{(tx)(ty)} + 5(ty) = t(x - 3\sqrt{xy} + 5y) = tf(x, y)$

이 함수는 차수 1의 동차함수이다.

② $f(x, y) = \sqrt{x^3 + y^3}$

$f(tx, ty) = \sqrt{(tx)^3 + (ty)^3} = t^{3/2}\sqrt{x^3 + y^3} = t^{3/2} f(x, y)$

이 함수는 차수 3/2의 동차함수이다.

③ $f(x, y) = x^2 + y^2 + 1$

$f(tx, ty) = (tx)^2 + (ty)^2 + 1 \neq t^2 f(x, y)$

이 함수는 동차함수가 아니다.

④ $f(x, y) = \dfrac{x}{2y} + 4$

$f(tx, ty) = \dfrac{tx}{2ty} + 4 = \dfrac{x}{2y} + 4 = t^0 f(x, y)$

이 함수는 차수 0의 동차함수이다.

만약 $f(x, y)$가 차수 n의 동차함수이면,

$$f(x, y) = x^n f\left(1, \frac{y}{x}\right) \tag{3.19}$$

또는

$$f(x, y) = y^n f\left(\frac{x}{y}, 1\right) \tag{3.20}$$

로 쓸 수 있다. 단, $f(1, y/x)$와 $f(x/y, 1)$은 차수가 0이다.

예제 13

$f(x, y) = x^2 + 3xy + y^2$는 차수 2인 동차함수이다.

$$f(x, y) = x^2\left[1 + 3\left(\frac{y}{x}\right) + \left(\frac{y}{x}\right)^2\right]$$

$$f(x,\, y) = y^2\left[\left(\frac{x}{y}\right)^2 + 3\left(\frac{x}{y}\right) + 1\right]$$

[풀이] $y = ux$ 또는 $x = vy$를 대입하여 변수분리형으로 만들 수 있다. 단, u와 v는 새로운 종속변수이다. 특히 $y = ux$를 택하면

$$dy = udx + xdu \tag{3.21}$$

또는

$$\frac{dy}{dx} = u + x\frac{du}{dx} \tag{3.22}$$

로 된다. 따라서 식 (3.18)의 미분방정식은

$$M(x,\, ux)dx + N(x,\, ux)[udx + xdu] = 0 \tag{3.23}$$

로 되고, 식 (3.19)의 동차특성에 의해

$$x^n M(1,u)\,dx + x^n N(1,u)\ [udx + xdu] = 0$$

또는

$$M(1,\, u)\,dx + N(1,\, u)\ [udx + xdu] = 0$$

로 된다. 따라서

$$\frac{dx}{x} + \frac{N(1,\, u)du}{M(1,\, u) + uN(1,\, u)} = 0 \tag{3.24}$$

를 얻는다. 이는 변수분리형이 되므로 3-2 절의 해법으로 구하면 된다. 한편, 식 (3.18)에서 $x = uy$를 대입하여 변수분리형으로 만들 수도 있다.

예제 14

$(x^2 + y^2)dx - 2xy\,dy = 0$를 풀어라.

[풀이] $M(x,\, y)$ 및 $N(x,\, y)$는 차수 2의 동차이다. $y = ux$로 두면

$$(x^2 + u^2x^2)dx - 2ux^2(udx + xdu) = 0$$

$$x^2(1 - u^2)dx - 2ux^3du = 0$$

$$\frac{dx}{x} - \frac{2u}{1-u^2}du = 0$$

$$\frac{dx}{x}+\left\{\frac{1}{1-u^2}\right\}d(-u^2)=0$$

$$\ln|x|+\ln|1-u^2|=\ln|c|$$

$$x(1-u^2)=c$$

로 된다. $u=\frac{y}{x}$를 대입해서 정리하면

$$x^2-y^2=cx$$

를 얻게 된다.

예제 15

$(2\sqrt{xy}-y)dx-xdy=0$를 풀어라.

[풀이] $M(x, y)$ 및 $N(x, y)$는 차수 1의 동차이다. $y=ux$ 로 두어 정리하면

$$\frac{du}{2u-2u^{1/2}}+\frac{dx}{x}=0$$

로 된다. 제 1 항을 $t=u^{1/2}$로 치환해서 계산하면

$$\frac{dt}{t-1}+\frac{dx}{x}=0$$

$$\ln|t-1|+\ln|x|=\ln|c|$$

$$\ln\left|\sqrt{\frac{y}{x}}-1\right|+\ln|x|=\ln|c|$$

로 되고, 이를 간단히 하면 다음과 같다.

$$\sqrt{xy}-x=c$$

그리고 $x=vy$ 를 대입해야 하는 경우는 동차함수 $M(x, y)$가 $N(x, y)$보다 간단한 형태로 주어질 때이다. 예를 들면, $(x^2+y^2)dx+(x^2-xy)dy=0$인 문제에서는 함수 $M(x, y)$와 $N(x, y)$는 큰 차이가 없기 때문에 $y=ux$ 또는 $x=vy$로 두어도 무방하다.

$x=vy$로 둔 경우는

$$dx=vdy+ydv \tag{3.25}$$

또는

$$\frac{dx}{dy} = v + x\frac{dv}{dy} \tag{3.26}$$

를 대입해서 풀이하면 된다.

예제 16

$2x^3ydx + (x^4 + y^4)dy = 0$를 풀어라.

[풀이] 각 계수가 차수 4의 동차함수이다. dx의 계수가 dy의 계수보다 약간 간단하므로 $x = vy$ 를 대입한 후

$$2v^3y^4[vdy + ydv] + (v^4y^4 + y^4)dy = 0$$

를 정리하면

$$\frac{1}{6}\cdot\frac{d(3v^4)}{3v^4+1} + \frac{dy}{y} = 0$$

로 된다. 적분하면

$$\frac{1}{6}\ln(3v^4+1) + \ln|y| = \ln|c|$$

$$3x^4y^2 + y^6 = c$$

로 된다. 그러나 $y = ux$를 사용한 경우는

$$\frac{dx}{x} + \frac{u^4+1}{u^5+3u}du = 0$$

로 되므로 제 2 항의 적분이 매우 어렵게 된다.

한편, 동차 미분방정식은

$$\frac{dy}{dx} = F\left(\frac{y}{x}\right) \tag{3.27}$$

와 같은 형태로도 표현될 수 있다. 즉, 식 (3.18)에서

$$f(x, y) = \frac{-M(x, y)}{N(x, y)} \tag{3.28}$$

로 정의하는 경우, $dy/dx = f(x, y)$의 형태로도 쓸 수 있다. 즉, M과 N이 차수 n의 동차함수이면 함수 $f(x, y)$는 반드시 차수 0의 동차함수가 되는 것을 알 수 있다. 식 (3.19)를 사용해서

$$f(x, y) = -\frac{x^n M\left(1, \frac{y}{x}\right)}{x^n N\left(1, \frac{y}{x}\right)} = -\frac{M\left(1, \frac{y}{x}\right)}{N\left(1, \frac{y}{x}\right)}$$

를 얻는다. 이 함수는 $F(y/x)$ 형으로 표현된다. 그리고 동차 미분방정식은 $dy/dx = G(x/y)$의 형태로도 쓰여질 수 있다.

예제 17

$y(1) = 1$를 만족하는 $x\frac{dy}{dx} = y + xe^{y/x}$를 풀어라.

[풀이] 주어진 식을

$$\frac{dy}{dx} = \frac{y}{x} + e^{y/x}$$

로 고쳐 쓰면 등식의 우변함수는 차수 0의 동차이다. $u = y/x$를 이용하는 것이 편리하므로 $y = ux$로 두면,

$$u + x\frac{du}{dx} = u + e^u$$

$$e^{-u}du = \frac{dx}{x}$$

를 얻는다. 따라서

$$-e^{-u} + c = \ln|x|, \quad -e^{-y/x} + c = \ln|x|$$

로 되고, $x = 1$일 때 $y = 1$이므로 $-e^{-1} + c = 0$ 또는 $c = -e^{-1}$를 얻는다. 결국

$$e^{-1} - e^{-y/x} = \ln|x|$$

로 된다.

3.4 완전 미분방정식

방정식

$$y\,dx + x\,dy = d(x\,y) = 0$$

이 변수분리형이고 동차이므로 직접 적분에 의해

$$xy = c$$

를 얻는다. 이를 참고로 하여 $z = f(x,\ y)$가 연속 1계 편도함수를 갖는다면, 전미분은

$$d\,z = \frac{\partial f}{\partial x}dx + \frac{\partial f}{\partial y}dy \tag{3.29}$$

로 된다. 그리고 $f\,(x,\ y) = c$ 이면, 식 (3.29)는

$$\frac{\partial f}{\partial x}dx + \frac{\partial f}{\partial y}dy = 0 \tag{3.30}$$

로 된다.

예제 18

$x^2 - 5xy + y^3 = c$ 이면, 식 (3.30)은

$$(2x - 5y)dx + (-5x + 3y^2)dy = 0$$

또는

$$\frac{dy}{dx} = \frac{5y - 2x}{-5x + 3y^2}$$

가 되므로

$$d(x^2 - 5xy + y^3) = 0$$

인 방정식과 등가임을 알 수 있고 이것은 변수분리형도 동차형도 아니다. 해는 직접 적분에 의해

$$x^2 - 5xy + y^3 = c$$

로 된다.

정의 3 **완전 미분방정식**

미분방정식

$$M(x,\ y)dx + N(x,\ y)dy = 0 \tag{3.31}$$

의 좌변이 어떤 함수 $f(x,\ y)$의 전미분에 상응하고,

$$\frac{\partial M}{\partial y} = \frac{\partial N}{\partial x} \tag{3.32}$$

인 관계를 만족한다면 완전 미분방정식이라 한다.

[필요충분조건 $\partial M/\partial y = \partial N/\partial x$의 증명] 간단히 하기 위해 $M(x,\ y)$ 및 $N(x,\ y)$가 모든 $(x,\ y)$에 대해 연속 일계 편도함수를 갖는다고 가정하면

$$M(x,y)dx + N(x,y)dy = \frac{\partial f}{\partial x}dx + \frac{\partial f}{\partial y}dy$$

를 만족하는 어떤 함수 f가 존재한다. 따라서

$$M(x,\ y) = \frac{\partial f}{\partial x}, \qquad N(x,\ y) = \frac{\partial f}{\partial y} \tag{3.33}$$

로부터

$$\begin{aligned}\frac{\partial M(x,\ y)}{\partial y} &= \frac{\partial}{\partial y}\left(\frac{\partial f}{\partial x}\right) = \frac{\partial^2 f}{\partial y \partial x} \\ &= \frac{\partial}{\partial x}\left(\frac{\partial f}{\partial y}\right) = \frac{\partial N(x,\ y)}{\partial x}\end{aligned}$$

로 됨을 알 수 있다. 예를 들어, 미분방정식 $x^2y^3dx + x^3y^2dy = 0$은

$$\frac{\partial M}{\partial y} = \frac{\partial (x^2y^3)}{\partial y} = 3x^2y^2 = \frac{\partial N}{\partial x} = \frac{\partial (x^3y^2)}{\partial x}$$

인 관계를 만족하므로 완전 미분방정식이 된다.

$$d\left(\frac{1}{3}x^3y^3\right)=x^2y^3dx+x^3y^2dy=0$$

로부터 해는

$$\frac{1}{3}x^3y^3=c \text{ 또는 } x^3y^3=3C=C_1$$

으로 된다.

[해법] 식 (3.31)의 미분방정식은 식 (3.33)의

$$\frac{\partial f}{\partial x}=M(x,\ y)$$

로부터 y는 상수로 보고, x에 관해 $M(x,\ y)$를 적분하면

$$f(x,\ y)=\int M(x,\ y)dx+g(y) \tag{3.34}$$

와 같이 f를 찾을 수 있다. 여기서 임의 함수 $g(y)$는 적분상수이다. 또한 식 (3.33)의

$$\frac{\partial f}{\partial y}=N(x,\ y)$$

로부터 식 (3.34)를 y에 관해 미분하면

$$\frac{\partial f}{\partial y}=\frac{\partial}{\partial y}\int M(x,\ y)dx+g'(y)=N(x,\ y)$$

로 되며, y 만으로 된 함수

$$g'(y)=N(x,\ y)-\frac{\partial}{\partial y}\int M(x,\ y)dx$$

를 얻는다.

$$\frac{\partial}{\partial x}\left[N(x,\ y)-\frac{\partial}{\partial y}\int M(x,\ y)dx\right]=\frac{\partial N}{\partial x}-\frac{\partial}{\partial y}\left[\frac{\partial}{\partial x}\int M(x,\ y)dx\right]$$

$$= \frac{\partial N}{\partial x} - \frac{\partial M}{\partial y} = 0$$

이므로

$$N(x, y) - \frac{\partial}{\partial y}\int M(x, y)dx \tag{3.35}$$

는 y만의 함수이다. 따라서 y에 관해 식 (3.35)을 적분하고 그 결과 $g(y)$를 식 (3.34)에 대입하면,

$$f(x, y) = \int M(x, y)dx + g(y) \tag{3.36}$$

$$= \int M(x, y)dx + \int \left[N(x, y) - \frac{\partial}{\partial} y \int M(x, y)dx \right] dy$$

와 같이 해 $f(x, y) = c$로 구해진다.

예제 19

$2xy\,dx + (x^2 - 1)dy = 0$를 풀어라.

[풀이] $M(x, y) = 2xy$ 및 $N(x, y) = x^2 - 1$로 두면

$$\frac{\partial M}{\partial y} = 2x = \frac{\partial N}{\partial x}$$

를 얻는다. 완전 미분방정식이므로

$$\frac{\partial f}{\partial x} = 2xy \text{ 및 } \frac{\partial f}{\partial y} = x^2 - 1$$

를 만족하는 함수 $f(x, y)$가 존재한다. 첫번째 식을 x에 대해 적분하면

$$f(x,y) = x^2 y + g(y)$$

로 되고, 이 식을 다시 y에 관해 편미분하여 그 결과를 $N(x, y)$와 같게 두면

$$\frac{\partial f(x, y)}{\partial y} = x^2 + g'(y) = x^2 - 1$$

와 같이 x만의 함수로 된다. 따라서 $g'(y) = -1$, 즉 $g(y) = -y$로 된다. 따라서 구하고자 하는 해는

$$f(x, y) = x^2 y + g(y) = x^2 y - y = c$$

로 된다.

예제 20

$(e^{2y} - y\cos xy)dx + (2xe^{2y} - x\cos xy + 2y)dy = 0$을 풀어라.

[풀이] $\dfrac{\partial M}{\partial y} = 2e^{2y} - \cos xy + xy\ \sin xy = \dfrac{\partial N}{\partial x}$

이므로 완전 미분방정식이다. 따라서

$$\begin{aligned} f(x, y) &= \int M(x, y)dx + g(y) \\ &= \int (e^{2y} - y\cos xy)dx + g(y) \\ &= xe^{2y} - \sin xy + g(y) \end{aligned}$$

$$\begin{aligned} f(x, y) &= \int N(x, y)dy + h(x) \\ &= 2x\int e^{2y}dy - x\int \cos xydy + 2\int ydy + h(x) \\ &= xe^{2y} - \sin xy + y^2 + h(x) \end{aligned}$$

가 얻어지므로 이들 두 항으로부터 $g(y) = h(x) = 0$임을 알 수 있고, 공통항과 독립항들을 정리하면

$$f(x, y) = \underbrace{xe^{2y} - \sin xy}_{\text{공통항}} + \underset{\text{독립항}}{\underset{\downarrow}{y^2}} = c$$

로 구해진다.

예제 21

$(\cos x \cdot \sin x - xy^2)dx + y(1 - x^2)dy = 0$을 풀어라. 단, $y(0) = 2$이다.

[풀이] 이 방정식은

$$\frac{\partial M}{\partial y} = -2xy = \frac{\partial N}{\partial x}$$

로 되므로 완전 미분방정식이다. 따라서

$$f(x, y) = \int Mdx$$

$$= \int (\cos x \cdot \sin x - xy^2)\,dx$$

$$= \int (-\cos x)\,d(\cos x) - \int xy^2 dx$$

$$= -\frac{1}{2}cos^2 x - \frac{1}{2}x^2 y^2 + g(y)$$

$$f(x, y) = \int N dy$$

$$= \int y(1-x^2)\,dy$$

$$= \frac{1}{2}y^2(1-x^2) + h(x)$$

가 얻어지므로 이들 두 항으로부터

$$g(y) = \frac{1}{2}y^2$$

$$h(x) = -\frac{1}{2}\cos^2 x$$

임을 고려하여 공통항과 독립항들을 정리하면

$$\frac{y^2}{2}(1-x^2) - \frac{1}{2}\cos^2 x = c_1$$

또는

$$y^2(1-x^2) - \cos^2 x = c$$

이 된다. $x=0$일 때 $y=2$인 초기조건에 의해 $4(1)-\cos^2 0 = c$ 로부터 $c=3$이 된다. 따라서 해는

$$y^2(1-x^2) - \cos^2 x = 3$$

이 된다.

3.5 선형 미분방정식

계수 n의 선형 미분방정식의 일반형인

$$a_n(x)\frac{d^n y}{dx^n}+a_{n-1}(x)\frac{d^{n-1}y}{dx^{n-1}}+\cdots+a_1(x)\frac{dy}{dx}+a_0(x)y=g(x) \quad \cdots\cdots\cdots(3.3)$$

을 정의한다. 앞에서 언급한 바와 같이 미분방정식의 선형성은 모든 계수가 x 만의 함수이고, y와 이의 모든 도함수가 1승만으로 되어야 한다. 이제 3.1절의 식 (3.3)에서 $n=1$이면, 다음의 일계 선형 미분방정식을 얻는다.

$$a_1(x)\frac{dy}{dx}+a_0(x)y=g(x) \tag{3.37}$$

식 (3.37)을 $a_1(x)$로 나누면,

$$\frac{dy}{dx}+P(x)y=f(x) \tag{3.38}$$

와 같이 일반 형태로 된다.

[해법] 식 (3.38)은 다음과 같은 형태

$$dy+[P(x)y-f(x)]dx=0 \tag{3.39}$$

로 변형된다. 식 (3.38)에 완전 미분방정식이 되게 하는 함수 $\mu(x)$를 곱하면

$$\mu(x)dy+\mu(x)[P(x)y-f(x)]dx=0 \tag{3.40}$$

로 되며, 식 (3.40)의 좌변은 완전 미분방정식의 조건에 의해

$$\frac{\partial}{\partial x}\mu(x)=\frac{\partial}{\partial y}\mu(x)[P(x)y-f(x)] \tag{3.41}$$

또는

$$\frac{d\mu}{dx}=\mu P(x) \tag{3.41}$$

로부터 변수분리형 미분방정식이므로 $\mu(x)$를 구하기 위해

$$\frac{d\mu}{\mu}=P(x)dx$$

로부터

$$\ln|\mu|=\int P(x)dx \tag{3.42}$$

로 되고

$$\mu(x) = e^{\int P(x)dx} \tag{3.43}$$

을 얻는다. 식 (3.43)으로 정의되는 함수 $\mu(x)$를 선형 미분방정식의 적분인자라고 부른다. 식 (3.40)에 $\mu(x)$를 대입하면,

$$e^{\int P(x)dx}dy + e^{\int P(x)dx}P(x)ydx = e^{\int P(x)dx}f(x)dx$$

의 형으로 되고

$$d[e^{\int P(x)dx}y] = e^{\int P(x)dx}f(x)dx$$

로 변형된다. 최종식을 적분하면

$$e^{\int P(x)dx}y = \int e^{\int P(x)dx}f(x)dx + c$$

로 되며, 구하고자 하는 해

$$y = e^{-\int P(x)dx}\int e^{\int P(x)dx}f(x)dx + ce^{-\int P(x)dx} \tag{3.44}$$

를 얻게 된다.

예제 22

$x\dfrac{dy}{dx} - 4y = x^6e^x$ 을 풀어라.

[풀이] 방정식을

$$\frac{dy}{dx} - \frac{4}{x}y = x^5e^x \tag{3.45}$$

로 고쳐 쓰고, 적분인자 $\mu(x)$는

$$\mu(x) = e^{-4\int dx/x} = e^{-4\ln|x|} = x^{-4}$$

로 되며 $b^{\log_b N} = N$ 인 등식이 사용되었다. 이제 식 (3.45)에 이 항을 곱하여

$$x^{-4}\frac{dy}{dx} - 4x^{-5}y = xe^x$$

을 얻고, $x^{-4}dy - 4x^{-5}ydx = xe^x dx$ 로부터

$$\frac{d}{dx}[x^{-4}y] = xe^x \quad \text{또는} \quad d[x^{-4}y] = xe^x dx$$

를 얻고, 부분적분을 행하면

$$x^{-4}y = xe^x - e^x + c$$

$$y = x^5e^x - x^4e^x + cx^4$$

이 된다.

예제 23

$\dfrac{dy}{dx} - 3y = 0$을 풀어라

[풀이] 적분인자 $\mu(x)$는

$$\mu(x) = e^{\int(-3)dx} = e^{-3x}$$

이 되므로

$$e^{-3x}\frac{dy}{dx} - 3e^{-3x}y = 0$$

$$\frac{d}{dx}[e^{-3x}y] = 0$$

로 되고, 또한 $e^{-3x}y = c$ 로부터

$$y = ce^{3x}$$

이 된다.

예제 24

$(x^2+9)\dfrac{dy}{dx} + xy = 0$의 일반해를 구하라.

[풀이] $\dfrac{dy}{dx} + \dfrac{x}{x^2+9}y = 0$로 고쳐 쓴다. 적분인자 $\mu(x)$는

$$\mu(x) = e^{\int P(x)dx} = e^{\int \frac{x}{x^2+9}dx} = e^{\frac{1}{2}\int \frac{1}{x^2+9}d(x^2)}$$

$$= e^{\frac{1}{2}\ln(x^2+9)} = \sqrt{x^2+9}$$

로 되므로

$$\sqrt{x^2+9}\,\frac{dy}{dx}+\frac{x}{\sqrt{x^2+9}}y=0$$

$$\frac{d}{dx}\left[\sqrt{x^2+9}\,y\right]=0$$

$$\sqrt{x^2+9}\,y=c$$

가 얻어진다. 따라서 일반해는

$$y=\frac{c}{\sqrt{x^2+9}}$$

가 된다.

예제 25

$y(0)=-3$을 만족하는 $\frac{dy}{dx}+2xy=x$를 풀어라.

[풀이] 적분인자 $\mu(x)$를 구하면

$$\mu(x)=e^{2\int x\,dx}=e^{x^2}$$

로 되므로

$$e^{x^2}\frac{dy}{dx}+2xe^{x^2}y=xe^{x^2}$$

$$\frac{d}{dx}\left[e^{x^2}y\right]=xe^{x^2}$$

$$e^{x^2}y=\int xe^{x^2}dx=\frac{1}{2}e^{x^2}+c$$

가 얻어지고, 이 구간에서의 일반해는

$$y=\frac{1}{2}+ce^{-x^2}$$

가 된다. 조건 $y(0)=-3$에 의해 $c=-7/2$로 되므로 이 구간에서의 초기값 문제의 해는 아래와 같다.

$$y=\frac{1}{2}-\frac{7}{2}e^{-x^2}$$

예제 26

$y(-2)=0$를 만족하는 $\dfrac{dy}{dx}=\dfrac{1}{x+y^2}$을 풀어라.

[풀이] 미분방정식은 변수분리형도 아니고 동차형도 아니며, 완전 미분방정식도 아니고 변수 y에 대해 선형도 아니다. 그러나 역을 취해 정리하면

$$\frac{dx}{dy}=x+y^2$$

또는

$$\frac{dx}{dy}-x=y^2$$

로 x에 대해 선형이므로 상응하는 적분인자는 $\mu(y)=e^{-\int dy}=e^{-y}$로 된다. 따라서

$$\frac{d}{dy}[e^{-y}x]=y^2e^{-y}$$

$$e^{-y}x=\int y^2e^{-y}dy=-y^2e^{-y}-2ye^{-y}-2e^{-y}+c$$

$$x=-y^2-2y-2+ce^y$$

로 되고, $x=-2,\ y=0$일 때 $c=0$이므로

$$x=-y^2-2y-2$$

로 된다.

3.6 Bernoulli 및 Ricatti 미분방정식

[1] Bernoulli 미분방정식

임의 어떤 실수 n 에 대해

$$\frac{dy}{dx}+P(x)y=f(x)y^n \tag{3.46}$$

인 미분방정식을 Bernoulli 미분방정식이라고 한다. $n=0$이면 1계 선형 미분방정식이고, $n=1$이면 변수분리형의 미분방정식이 된다. $y\neq 0$인 경우 식 (3.46)은

$$y^{-n}\frac{dy}{dx}+P(x)y^{1-n}=f(x) \tag{3.47}$$

로 쓸 수 있다. $w=y^{1-n}$, $n\neq 0$, $n\neq 1$로 두면

$$\frac{dw}{dx}=(1-n)y^{-n}\frac{dy}{dx}$$

이 된다. 이것을 식 (3.47)에 대입하면 다음과 같은 선형 미분방정식이 된다.

$$\frac{dw}{dx}+(1-n)P(x)w=(1-n)f(x) \tag{3.48}$$

식 (3.48)을 w에 대해 풀고 $y^{1-n}=w$를 사용해서 식 (3.46)의 해를 구한다.

예제 27

$\frac{dy}{dx}+\frac{1}{x}y=xy^2$을 풀어라

[풀이] 식 (3.46)에서 $P(x)=1/x$, $f(x)=x$ 및 $n=2$로 둔다. $w=y^{-1}$을 대입하면,

$$\frac{dw}{dx}-\frac{1}{x}w=-x \tag{3.49}$$

로 된다. 선형 미분방정식에 대한 적분인자는

$$\mu(x)=e^{-\int\frac{1}{x}dx}=e^{-\ln|x|}=e^{\ln|x|^{-1}}=x^{-1}$$

이므로 식 (3.49)에 대입하면,

$$\frac{d}{dx}[x^{-1}\omega]=-1$$

로 된다. 이를 적분하면

$$x^{-1}\omega=-x+c$$

$$\omega=-x^2+cx$$

를 얻는다. $\omega=y-1$이므로 $y=1/\omega$ 또는

$$y = \frac{1}{cx - x^2}$$

를 얻는다.

$n > 0$ 일 경우 자명해 $y = 0$는 식 (3.46)의 해임을 유의해야 한다. 예제 27에서 $y = 0$는 주어진 미분방정식의 특이해이다.

【2】 Ricatti 미분방정식

비선형 미분방정식

$$\frac{dy}{dx} = P(x) + Q(x)y + R(x)y^2 \tag{3.50}$$

을 Ricatti 미분방정식이라 한다. y_1이 식 (3.50)의 기지의 해이면 미분방정식의 다른 해는 $y = y_1 + u$로 주어진다. 단, u 는

$$\frac{du}{dx} - (Q + 2y_1 R)u = Ru^2 \tag{3.51}$$

의 해이다. 식 (3.51)이 $n = 2$인 Bernoulli 미분방정식이므로 $\omega = u^{-1}$로 치환하면

$$\frac{dw}{dx} + (Q + 2y_1 R)w = -R \tag{3.52}$$

인 선형 미분방정식으로 변환시킬 수 있다.

예제 27에서와 같이 Ricatti 미분방정식의 해는 초등함수로 표현할 수 없는 경우가 많다.

예제 28

$\frac{dy}{dx} = 2 - 2xy + y^2$을 풀어라

[풀이] 이 미분방정식의 특수해가 $y_1 = 2x$ 임은 쉽게 알 수 있다. 식 (3.50)로부터 $P(x) = 2$, $Q(x) = -2x$ 및 $R(x) = 1$로 두고 선형 미분방정식 (3.52)를 푼다.

$$\frac{dw}{dx}+(-2x+4x)w=-1$$

$$\frac{dw}{dx}+2xw=-1$$

최종식의 적분인자는 $\mu(x)=e^{x^2}$이므로

$$\frac{d}{dx}[e^{x^2}w]=-e^{x^2}$$

로 된다. 그런데 적분 $\int_{x_0}^{x} e^{t^2}dt$는 초등함수로 표현할 수 없다. 따라서

$$e^{x^2}w=-\int_{x_0}^{x} e^{t^2}dt+c$$

$$e^{x^2}\frac{1}{u}=-\int_{x_0}^{x} e^{t^2}dt+c$$

로 되므로

$$u(x)=\frac{e^{x^2}}{c-\int_{x_0}^{x} e^{t^2}dt}$$

로 된다. 결국, 이 미분방정식의 해는 $y=2x+u$가 된다.

적분 $\int f(x)dx$가 초등함수로 계산될 수 없을 때, $\int_{x_0}^{x} e^{t^2}dt$ 로 쓰는 것이 관례이다. 초기조건이 규정되면 당연히 이 형태가 사용된다.

3.7 상수계수의 제차 선형 미분방정식

[1] 2계 미분방정식

a를 상수로 하는 선형 1계 미분방정식 $dy/dx+ay=0$이 지수해 $y=c_1e^{-ax}$를 가진다고 3.5절에서 고찰하였다. 따라서

$$a_n y^{(n)} + a_{n-1} y^{(n-1)} + \cdots + a_2 y'' + a_1 y' + a_0 y = 0 \tag{3.53}$$

와 같은 고계 미분방정식도 지수해를 갖게 된다. 단, a_i, $i = 0, 1, \cdots, n$ 은 상수이다. 식 (3.53)으로부터 다음의 2계 미분방정식의 경우에 대해 고찰해 보자.

$$ay'' + by' + cy = 0 \tag{3.54}$$

식 (3.54)에 대한 지수해를 $y = e^{mx}$ 로 두면 $y' = me^{mx}$ 및 $y'' = m^2 e^{mx}$ 로 되므로

$$e^{mx}(am^2 + bm + c) = 0$$

로 된다. e^{mx} 가 실수값 x 에 대해 0이 아니므로 지수함수가 미분방정식을 만족시키려면 다음의 2차방정식

$$am^2 + bm + c = 0 \tag{3.55}$$

의 근 m 을 구하면 된다. 이 식을 미분방정식 (3.54)의 보조방정식 또는 특성방정식이라고 한다. 구하고자 하는 해는 식 (3.55)의 근이 취할 수 있는 다음의 세 가지 경우, 즉 서로 다른 실근을 갖는 경우, 실수 중근을 갖는 경우, 공액 복소근을 갖는 경우로 분류된다.

경우 1 서로 다른 실근을 갖는 경우

$b^2 - 4ac > 0$일 때, 보조방정식 (3.55)가 서로 다른 실근 m_1 과 m_2 를 갖는다면 2개의 해는

$$y_1 = e^{m_1 x} \text{ 및 } y_2 = e^{m_2 x}$$

로 된다. 이들 함수는 $(-\infty, \infty)$ 구간에서 선형독립이므로 해의 기본계가 되며 식 (3.54)의 일반해는 다음과 같다.

$$y = c_1 e^{m_1 x} + c_2 e^{m_2 x} \tag{3.56}$$

경우 2 실수 중근을 갖는 경우

$b^2 - 4ac = 0$ 즉, $m_1 = m_2$ 일 때 1개의 지수해 $y_1 = e^{m_1 x}$ 에 의해 일반해는 다음과 같다.

$$y = e^{m_1 x}(c_1 + xc_2) \tag{3.57}$$

다음은 식 (3.57)이 얻어지는 과정을 해설한 것이다. 먼저, 일반해를 얻어진 하나의 지수해 $y_1(x)=e^{m_1 x}$로부터 구하고자 하는 두번째의 해 $y_2(x)$가 포함된 일반해를 $y(x) = u(x)\ y_1(x)$로 정의하자.

$$y' = uy_1{}' + y_1 u' \tag{3.58}$$

$$y'' = uy_1{}'' + 2y_1{}'u' + y_1 u''$$

$$a\left[y'' + \frac{b}{a}y' + \frac{c}{a}y\right] = 0$$

$$a\left[u\left\{y_1{}'' + \frac{b}{a}y_1{}' + \frac{c}{a}y_1\right\} + y_1 u'' + (2y_1{}' + \frac{b}{a}y_1)u'\right] = 0$$

이로부터

$$y_1 u'' + (2y_1{}' + \frac{b}{a}y_1)u' = 0$$

로 된다. $w = u'$로 두면, $u'' = dw/dx$를 얻고, dx/y_1를 곱하면,

$$\frac{dw}{w} + 2\frac{y_1{}'}{y_1}dx + \frac{b}{a}dx = 0$$

$$\ln|w| + 2\ln|y_1| = -\int \frac{a}{b}dx + c$$

$$\ln|wy_1{}^2| = c_1 e^{-\int \frac{a}{b}dx} \tag{3.59}$$

$$w = u' = c_1 \frac{e^{-\int \frac{a}{b}dx}}{y_1{}^2}$$

$$u = c_1 \int \frac{e^{-\int \frac{a}{b}dx}}{y_1{}^2}dx + c_2$$

로 되므로 구하고자 하는 일반해 $y(x) = u(x)\ y_1(x)$는

$$y(x) = c_1 y_1(x) \int \frac{e^{\int -\frac{a}{b}dx}}{y_1^2(x)} + c_2 y_1(x)$$

로 된다. 결국, 두번째 해는 다음과 같아진다.

$$y_2 = y_1(x) \int \frac{e^{\int -\frac{a}{b}dx}}{y_1{}^2(x)} = e^{m_1 x} \int \frac{e^{-\frac{b}{a}x}}{e^{2m_1 x}}dx \tag{3.60}$$

그러나 근의 공식에서 $m_1 = m_2$ 인 경우는 $b^2 - 4ac = 0$ 이므로 $m_1 =- b/2a$ 가 된다. 즉, $2m_1 =- b/a$ 인 관계로부터 식 (3.60)은

$$y_2 = e^{m_1 x} \int \frac{e^{2m_1 x}}{e^{2m_1 x}} dx = e^{m_1 x} \int dx = x e^{m_1 x}$$

로 쓸 수 있다. 따라서 일반해는 식 (3.57)과 같다.

경우 3 공액 복소근을 갖는 경우

$b^2 - 4ac < 0$일 때, 즉 m_1 과 m_2 가 복소수, 즉

$$m_1 = \alpha + j\beta \text{ 및 } m_1 = \alpha - j\beta$$

의 형태이면 일반해는 다음과 같다.

$$y = e^{ax}(c_1 \cos\beta x + c_2 \sin\beta x) \tag{3.61}$$

단, α 및 β >0는 실수이며 $j^2 =- 1$이다. 이의 유도과정은 다음과 같다. 먼저 해의 형태는 경우 1과 같으므로 Euler의 공식

$$e^{j\theta} = \cos\theta + j\sin\theta \tag{3.62}$$

을 이용하여 정리하면

$$y = C_1 e^{(\alpha + j\beta)x} + C_2 e^{(\alpha - j\beta)x} = e^{ax}\left[C_1 e^{j\beta x} + C_2 e^{-j\beta x}\right]$$

$$= e^{ax}\left[C_1(\cos\beta x + j\sin\beta x) + C_2(\cos\beta x + j\sin\beta x)\right]$$

$$= e^{ax}\left[(C_1 + C_2)\cos\beta x + j(C_1 - C_2)\sin\beta x\right]$$

$$= e^{ax}(c_1\cos\beta x + c_2\sin\beta x)$$

의 일반해가 구해진다. 단, $c_1 \equiv C_1 + C_2$ 및 $c_2 \equiv j(C_1 - C_2)$이다.

예제 29

다음의 미분방정식을 풀어라.

① $2y'' - 5y' - 3y = 0$ ② $y'' - 10y' + 25y = 0$

③ $y'' + y' + y = 0$

[풀이] ① $2m^2 - 5m - 3 = (2m+1)(m-3) = 0$

$$m_1 = -\frac{1}{2},\ m_2 = 3$$

$$y = c_1 e^{-x/2} + c_2 e^{3x}$$

② $m^2 - 10m + 25 = (m-5)^2 = 0$

$$m_1 = m_2 = 5$$

$$y = c_1 e^{5x} + c_2 x e^{5x} = e^{5x}(c_1 + c_2 x)$$

③ $m^2 + m + 1 = 0$

$$m_1 = -\frac{1}{2} + j\frac{\sqrt{3}}{2} \quad m_2 = -\frac{1}{2} - j\frac{\sqrt{3}}{2}$$

$$y = e^{-x/2}\left(c_1 \cos\frac{\sqrt{3}}{2}x + c_2 \sin\frac{\sqrt{3}}{2}x\right) = De^{-\frac{x}{2}}\sin\left(\frac{\sqrt{3}}{2}x + \theta\right)$$

단, $D \equiv \sqrt{c_1^2 + c_2^2}$ 이고, $\theta \equiv \tan^{-1}\dfrac{c_1}{c_2}$

예제 30

$y(0) = -1$ 및 $y'(0) = 2$ 를 만족하는 $y'' - 4y' + 13y = 0$ 을 풀어라.

[풀이] 보조방정식 $m^2 - 4m + 13 = 0$ 의 두 근은 $m_1 = 2 + 3i$ 및 $m_2 = 2 - 3i$ 로 되므로 일반해

$$y = e^{2x}(c_1 \cos 3x + c_2 \sin 3x)$$

를 얻는다. 조건 $y(0) = -1$ 은

$$-1 = e^0(c_1 \cos 0 + c_2 \sin 0) = c_1$$

이 됨을 의미하고,

$$y = e^{2x}(-\cos 3x + c_2 \sin 3x)$$

로 쓸 수 있다. 이 식을 미분하면,

$$y' = e^{2x}(3\sin 3x + 3c_2 \cos 3x) + 2e^{2x}(-\cos 3x + c_2 \sin 3x)$$

$$2 = 3c_2 - 2$$

를 얻게 되고 $c_2 = 4/3$ 가 된다. 따라서 다음을 얻는다.

$$y = e^{2x}\left(-\cos 3x + \frac{4}{3}\sin 3x\right)$$

예제 31

다음의 두 미분방정식

$$y'' + k^2 y = 0 \tag{3.63}$$

$$y'' - k^2 y = 0 \tag{3.64}$$

은 제동이 없는 전자발진 또는 자유공진현상 등을 나타내는 것으로 응용수학 분야에서 자주 나타난다. 식 (3.63)의 미분방정식에 대한 보조방정식 $m^2 + k^2 = 0$은 $m_1 = kj$ 및 $m_2 = -kj$ 인 근을 갖는다. 식 (3.62)으로부터 식 (3.63)의 일반해는 다음과 같다.

$$y = c_1 \cos kx + c_2 \sin kx \tag{3.65}$$

한편, 미분방정식 (3.64)에 대한 보조방정식은 $m^2 - k^2 = 0$ 으로 되며 2개의 실근 k 및 $-k$ 를 갖는다. 따라서 일반해는 다음과 같다.

$$y = c_1 e^{kx} + c_2 e^{-kx} \tag{3.66}$$

여기서, $c_1 = c_2 = \frac{1}{2}$ 로 두면

$$y = \frac{e^{kx} + e^{-kx}}{2} = \cosh kx$$

더욱이 $c_1 = \frac{1}{2}$ 및 $c_2 = -\frac{1}{2}$ 일 때 식 (3.66)은 다음과 같다.

$$y = \frac{e^{kx} - e^{-kx}}{2} = \sinh kx$$

이상으로부터 얻어진 선형독립인 해의 기본계 $\cosh kx$ 및 $\sinh kx$ 에 의해 다음을 얻는다.

$$y = c_1 \cosh kx + c_2 \sinh kx \tag{3.67}$$

---

[2] 고계 미분방정식

일반적으로 다음의 n 계 미분방정식

$$a_n y^{(n)} + a_{n-1} y^{(n-1)} + \cdots + a_2 y'' + a_1 y' + a_0 y = 0 \tag{3.68}$$

을 풀려면, 다음의 n 차 보조방정식을 풀어야 한다. 단, a_i $[i = 0, 1, 2, \cdots, n]$은 실상수이다.

$$a_n m^n + a_{n-1} m^{n-1} + \cdots + a_2 m^2 + a_1 m + a_0 = 0 \tag{3.69}$$

식 (3.69)의 모든 근이 서로 다른 실근을 가지면, 식 (3.68)의 일반해는 다음과 같다.

$$y = c_1 e^{m_1 x} + c_2 e^{m_2 x} + \cdots + c_n e^{m_n x} \tag{3.70}$$

2차 이상인 보조방정식의 근들이 다양하게 조합되어 나타나므로 경우 1, 경우 2 및 경우 3이라고 한정할 수는 없다. 예를 들면, 5차 방정식은 5개의 다른 실근, 또는 3개의 다른 실근과 2개의 복소근, 1개의 실근과 4개의 복소근, 5개의 실중근 등을 가질 수 있다. m_1 이 n 차 방정식의 k 중근(k 개의 근이 m_1 이다)이면, 선형독립인 해의 기본계들은

$$e^{m_1 x},\ x e^{m_1 x},\ x^2 e^{m_1 x},\ \cdots,\ x^{k-1} e^{m_1 x}$$

로 되고, 일반해는 다음과 같다.

$$c_1 e^{m_1 x} + c_2 e^{m_1 x} + c_3 x^2 e^{m_1 x} + \cdots + c_k x^{k-1} e^{m_1 x}$$

마지막으로 보조방정식에서 복소근이 얻어지면 이들은 항상 공액쌍으로 나타나므로 보조방정식의 차수가 3인 경우는 최대 2개의 복소근을 가질 수 있다.

예제 32

$y''' + 3y'' - 4y = 0$ 을 풀어라.

[풀이] 다음의 보조방정식

$$m^3 + 3m^2 - 4 = (m-1)(m^2 + 4m + 4) = (m-1)(m+2)^2 = 0$$

은 $m_1 = 1$ 인 1개의 실근과 $m_2 = m_3 = -2$ 인 중근을 갖는다. 따라서 일반해는 다

음과 같다.

$$y = c_1 e^{x} + c_2 e^{-2x} + c_3 x e^{-2x}$$

예제 33

$\dfrac{d^4 y}{dx^4} + 2\dfrac{d^2 y}{dx^2} + y = 0$를 풀어라.

[풀이] 보조방정식

$$m^4 + 2m^2 + 1 = (m^2+1)^2 = 0$$

은 $m_1 = m_3 = j$ 및 $m_2 = m_4 = -j$인 공액허근을 갖는다. 따라서 경우 2의 결과를 이용하면 해는 다음과 같다.

$$y = C_1 e^{jx} + C_2 e^{-jx} + C_3 x e^{jx} + C_4 x e^{-jx}$$

또는 Euler의 공식에 의해 다음과 같게 된다.

$$y = c_1 \cos x + c_2 \sin x + c_3 x \cos x + c_4 x \sin x$$

$$= \cos x (c_1 + c_3 x) + \sin x (c_2 + c_4 x)$$

보조방정식이 복소근 $m_1 = \alpha + i\beta$와 이의 공액인 $m_2 = \alpha - i\beta$로써 k중근인 경우, 이에 대응하는 미분방정식의 일반해는 다음과 같이 선형독립인 해의 기본계가 선형결합된 값으로 표현된다.

$$\begin{array}{lllll} e^{ax}\cos\beta x, & xe^{ax}\cos\beta x, & x^2 e^{ax}\cos\beta x, & \cdots, & x^{k-1}e^{ax}\cos\beta x \\ e^{ax}\sin\beta x, & xe^{ax}\sin\beta x, & x^2 e^{ax}\sin\beta x, & \cdots, & x^{k-1}e^{ax}\sin\beta x \end{array}$$

3.8 특수해 : 미정계수법

[1] 2계 미분방정식의 특수해

상수계수의 선형 2계 미분방정식의 일반해는 관련 제차 미분방정식의 보조해 y_c와 비제차 미분방정식의 특수해 y_p의 합으로 표현된다. 특수해 y_p는 미분방정식을 만족하는 어떤 상수를 갖는 함수이다. 그리고 상수 a, b 및 c에 대해

$$ay'' + by' + cy = g(x) \tag{3.71}$$

와 같은 비제차 미분방정식의 일반해는 $y = y_c + y_p$ 이다. 이 절에서 제시되는 미정계수법은 2계 미분방정식에 국한되지 않고 $g(x)$가 상수, 다항식의 함수, 지수함수, 사인함수, 코사인함수 또는 이들 함수의 유한 합 및 곱, 즉

$$g(x) = 10\ (\text{상수}), \qquad g(x) = x^2 - 5x\, g(x) = 15x - 6 + 8e^{-4x}$$
$$g(x) = \sin 3x - 5x\cos 2x, \qquad g(x) = e^x\cos x - (3x^2 - 1)e^{-x}$$

의 형태로 주어지는 경우에 대한 것이다. 이 함수들은 이들 함수의 합과 곱을 미분하면 상수, 다항식의 함수, 지수함수, 사인함수 및 코사인함수의 유한 합 및 곱으로 나타나게 되는 특이한 성질을 갖고 있다. 그러나 식 (3.71)의 $g(x)$가 $g(x) - \ln x$, $g(x) = \tan x$ 그리고 $g(x) = \sin^{-1}x$ 등등인 형태로 나타나는 미분방정식의 경우는 그러하지 아니하므로 미정계수법이 적용될 수 없다. 즉, $g(x)$를 유추해보면 $x^k e^{\alpha x}\cos\beta x$ 및 $x^k e^{\alpha x}\sin\beta x$ 인 함수의 변형된 형태로 주어지는 것을 알 수 있으며, 이에 대응하는 특수해 y_p 의 형태는 표 3-1과 같이 숙련된 추측이나 어림짐작에 의해 가정한다.

표 3-1 특수해의 형태

$g(x)$	y_p의 형태
1. A (임의의 상수)	1. a
2. $a_n x^n + a_{n-1}x^{n-1} + \ldots,\ a_1 x + a_0$	2. $A_n x^n + A_{n-1}x^{n-1} + \ldots + A_1 x + A_0$
3. $A\sin Bx$ (또는 $C\cos Bx$)	3. $a\cos Bx + b\sin Bx$
4. Ae^{Bx}	4. ae^{Bx}
5. $(Ax+B)e^{Cx}$	5. $(ax+b)e^{Cx}$
6. $Axe^{Bx}\cos Cx$	6. $(ax+b)e^{Bx}(c\sin Cx + d\cos Cx)$

예제 34

$y'' + 4y' - 2y = 2x^2 - 3x + 6$ 을 풀어라.

[풀이] 먼저 관련 제차 미분방정식 $y'' + 4y' - 2y = 0$ 으로부터 얻어지는 보조방정식

$m^2-4m-2=0$ 의 근은 $m_1=-2-\sqrt{6}$ 및 $m_1=-2+\sqrt{6}$ 으로부터 보조해

$$y_c=c_1e^{-(2+\sqrt{6})x}+c_2e^{-(2-\sqrt{6})x}$$

를 얻고, $g(x)$가 2차 다항식이므로 특수해는 표 3-1로부터 2차 방정식의 일반형인

$$y_p=Ax^2+Bx+C$$

로 되고 이를 미분하여 주어진 미분방정식에 대입하면,

$$y'_p=2Ax+B,\ y_p''=2A$$

$$y_p''+4y_p'-2y_p=-2Ax^2+(8A-2B)x+2A+4B-2C$$

$$=2x^2-3x+6$$

와 같이 항등식이 되어야 하므로

$$-2A=2$$

$$8A-2B=-3$$

$$2A+4B-2C=6$$

의 연립방정식을 풀어 $A=-1$, $B=-\dfrac{5}{2}$ 및 $C=-9$를 얻는다. 따라서 특수해는 다음과 같이 된다.

$$y_p=-x^2-\frac{5}{2}x-9$$

따라서 주어진 미분방정식의 일반해는 다음과 같다.

$$y=y_c+y_p=c_1e^{-(2+\sqrt{6})x}+c_2e^{-(2-\sqrt{6})}x-x^2-\frac{5}{2}x-9 \qquad (3.72)$$

예제 35

$y''-2y'-3y=4x-5+6xe^{2x}$ 를 풀어라.

[풀이] 먼저 관련 제차방정식 $y''-2y'-3y=0$ 의 해는 $y_c=c_1e^{-x}+c_2e^{3x}$ 로 된다. 다음 $g(x)$항 $4x-5$에 대한 특수해 y_{p1} 및 항 $6xe^{2x}$에 대한 특수해 y_{p2}는 표 3-1로부터, 특수해 $y_p=y_{p1}+y_{p2}$의 형태는

$$y_p=Ax+B+(Cx+D)e^{2x}$$

로 된다. 이 식을 미분하여 주어진 미분방정식에 대입하면

$$y''_p - 2y'_p - 3y_p = -3Ax - 2A - 3B - 3Cxe^{2x} + (2C - 3D)e^{2x}$$

$$= 4x - 5 + 6xe^{2x}$$

로부터 이 등식에서 주어지는 연립방정식을 풀면 $A = -\frac{4}{3}$, $B = \frac{23}{9}$, $C = -2$, $D = -\frac{4}{3}$ 로 되므로 특수해는

$$y_p = -\frac{4}{3}x + \frac{23}{9} - (2x + \frac{4}{3})e^{2x}$$

로 되고, 이 미분방정식의 일반해는 다음과 같다. 한편, 비제차 미분방정식에 대한 중첩의 원리를 이용하여 특수해는 2개의 미분방정식 문제로부터 구해질 수 있다. 즉, $y'' - 2y' - 3y = 4x - 5$로부터 $y_{p1} = -4/3x + 23/9$의 해를 구하고, $y'' - 2y' - 3y = 6xe^{2x}$로부터는 $y_{p2} = -(2x + 4/3)e^{2x}$를 구해 $y_p = y_{p1} + y_{p2}$로 해도 된다.

$$y = y_c + y_p = c_1e^{-x} + c_2e^{3x} - \frac{4}{3}x + \frac{23}{9} - \left(2x + \frac{4}{3}\right)e^{2x}$$

예제 36

$y'' - y' + y = 2\sin 3x$ 의 특수해를 구하라.

[풀이] 특수해는

$$y_p = A\cos 3x + B\sin 3x$$

로 가정한다. y_p를 미분해서 주어진 미분방정식에 대입하면 다음을 얻는다.

$$y''_p - y'_p + y_p = (-8A - 3B)\cos 3x + (3A - 8B)\sin 3x = 2\sin 3x$$

윗식으로부터 얻어지는 다음의 연립방정식

$$-8A - 3B = 0$$

$$3A - 8B = 2$$

으로부터 $A = \frac{6}{73}$ 및 $B = -\frac{16}{73}$을 얻는다. 따라서 특수해는 다음과 같다.

$$y_p = \frac{6}{73}\cos 3x - \frac{16}{73}\sin 3x$$

이상에서 언급한 바와 같이 특수해 y_p 의 형태에 대한 가정은 보조해 y_c 의 형태와 중복되지 않도록 숙련된 어림짐작에 의해 얻어야 한다.

예제 37

$y'' - 5y' + 4y = 8e^x$ 의 특수해를 구하라.

[풀이] 보조해 $y_c = c_1e^x + c_2e^{4x}$ 와 $g(x)$를 비교해 보면 항 e^x 가 중복되고 있으므로 특수해를 $y_p = Ae^x$ 로 가정할 것이 아니라 x가 곱해진 $y_p = Axe^x$ 인 형태의 특수해를 가정하여야 한다. 이를 미분하여 주어진 미분방정식에 대입하면,

$$y'_p = Axe^x + Ae^x$$

$$y''_p = Axe^x + 2Ae^x$$

$$y''_p - 5y'_p + 4y_p = Axe^x + 2Ae^x - 5Ae^x - 5Axe^x + 4Axe^x = 8e^x$$

또는

$$-3Ae^x = 8e^x$$

를 얻는다. 따라서 $A = -8/3$ 으로 구해지므로 주어진 미분방정식의 특수해는 다음과 같다.

$$y_p = -\frac{8}{3}xe^x$$

예제 38

다음 미분방정식의 특수해 형태를 결정하라.

① $y'' - 8y' + 25y = 5x^3e^{-x} - 7e^{-x}$

② $y'' + 4y = x\cos x$

③ $y'' - 9y' + 14y = 3x^2 - 5\sin 2x + 7xe^{6x}$

[풀이] ① $g(x) = (5x^3 - 7)e^{-x}$ 로 쓸 수 있다. 표 3-1의 4와 5에 해당되므로 특수해의 형태를

$$y_p = (Ax^3 + Bx^2 + Cx + D)e^{-x}$$

로 가정한다. y_p 의 항과 보조함수 $y_c = e^{4x}(c_1\cos 3x + c_2\sin 3x)$ 의 항이 일치하지 않는다.

② 함수 $g(x) = x\cos x$ 는 표 3-1에서 제시된 y_p 와 유사하게 되므로 $y_p = (Ax+B)\cos x + (Cx+D)\sin x$ 가 된다. 다시 y_p 와 $y_c = c_1\cos 2x + c_2\sin 2x$ 로부터 겹치는 항이 없음을 알 수 있다.

③ $3x^2$ 상응하는 특수해 : $y_{p1} = Ax^2 + Bx + C$

$-5\sin 2x$ 에 상응하는 특수해 : $y_{p2} = D\cos 2x + E\sin 2x$

$7xe^{6x}$ 에 상응하는 특수해 : $y_{p3} = (Fx+G)e^{6x}$

따라서 특수해의 형태는 다음과 같이 가정된다.

$$y_p = y_{p1} + y_{p2} + y_{p3}$$
$$= Ax^2 + Bx + C + D\cos 2x + E\sin 2x + (Fx+G)e^{6x}$$

이 가정의 어떤 항도 $y_c = c_1e^{2x} + c_2e^{7x}$ 의 항과 중복되지 않는다.

예제 39

$y'' - 2y' + y = e^x$ 의 특수해를 구하라.

[풀이] 보조해 $y_c = c_1e^x + c_2xe^x$ 는 예제 36에서와 같이 $y_p = Ae^x$ 로 가정하는 것은 e^x 가 y_c 의 일부이므로 적절하지 않으며, $y_p = Axe^x$ 로 가정하는 것도 xe^x 항이 y_c 의 항과 중복되므로 적절하지 않다. 따라서

$$y_p = Ax^2e^x$$

로 가정한다. 이처럼 어떤 특수해가 y_c 의 항과 중복되는 경우 y_p 에 x^n 배 만큼 곱한다. 여기서 n 은 특수해가 보조해와 중복되지 않게 하는 최소의 양인 정수이다. 이를 미분해서 주어진 미분방정식에 대입하면 $2Ae^x = e^x$ 이므로

$$A = \frac{1}{2}$$

가 된다. 결국, 특수해는 다음과 같아진다.

$$y_p = \frac{1}{2}x^2e^x$$

예제 40

$y'' + y = 4x + 10\sin x$ 를 풀어라.

[풀이] 관련 제차 미분방정식 $y''+y=0$ 의 해는

$$y_c = c_1\cos x + c_2\sin x$$

이다. $g(x)$는 선형 다항식과 사인함수의 합이므로 표 3-1의 요소 2 및 3으로부터 y_p는 $y_{p1}=Ax+B$ 및 $y_{p2}=C\cos x+D\sin x$의 합, 즉

$$y_p = Ax+B+C\cos x+D\sin x \tag{3.73}$$

으로 가정될 것이다. 그러나 가정된 해의 형태인 $\cos x$ 및 $\sin x$ 항과 보조해의 두 항이 서로 중첩되고 있다. y_{p2}에 x를 곱하기만 하면 이러한 중첩은 제거될 수 있다. 식 (3.73)대신 다음을 사용한다.

$$y_p = Ax+B+Cx\cos x+Dx\sin x \tag{3.74}$$

이를 미분해서 주어진 미분방정식에 대입하면

$$y''_p+y_p = Ax+B-2C\sin x+2D\cos x = 4x+10\sin x$$

로 되므로

$$A=4,\quad B=0,\quad C=-5,\quad D=0$$

가 얻어지게 되고, 따라서 식 (3.74)로부터 다음을 얻는다.

$$y_p = 4x-5x\cos x$$

따라서 일반해는 다음과 같다.

$$y = y_c+y_p = c_1\cos x+c_2\sin x+4x-5x\cos x$$

예제 41

$y''-6y'+9y=6x^2+2-12e^{3x}$ 을 풀어라.

[풀이] 보조해는 다음과 같다.

$$y_c = c_1e^{3x}+c_2xe^{3x}$$

그리고 표 3-1에 기초하여 특수해는

$$y_p = \underbrace{Ax^2+Bx+C}_{y_{p1}}+\underbrace{De^{3x}}_{y_{p2}}$$

로 가정된다. 이들 함수를 조사해보면 y_{p2}가 y_c와 중복되고 있다. y_{p2}에 x를 곱하더라도 여전히 xe^{3x}가 y_c의 일부이므로 y_{p2}에 x^2을 곱하면 중복항이 사라진다.

따라서 특수해는 다음과 같다.

$$y_p = Ax^2 + Bx + C + Dx^2e^{3x}$$

이 식을 미분해서 주어진 미분방정식에 대입하면

$$9Ax^2 + (-12A + 9B)x + 2A - 6B + 9C + 2De^{3x}$$

$$= 6x^2 + 2 - 12e^{3x}$$

로 된다. 등식으로부터 $A = 2/3$, $B = 8/9$, $C = 2/3$, $D = -6$을 얻는다. 따라서 일반해는 다음과 같다.

$$y = c_1e^{3x} + c_2xe^{3x} + \frac{2}{3}x^2 + \frac{8}{9}x + \frac{2}{3} - 6x^2e^{3x}$$

---

[2] 고계 미분방정식

여기서 언급한 미정계수법은 2계 미분방정식에만 한정되는 것이 아니라 다음의 상수계수 고계 미분방정식

$$a_ny^{(n)} + a_{n-1}y^{(n-1)} + \cdots + a_1y' + a_0y = g(x) \tag{3.75}$$

에도 사용할 수 있다. 다만 $g(x)$가 이상에서 논의한 적절한 함수로 표현되기만 하면 된다.

예제 42

$y''' + y'' = e^x\cos x$을 풀어라.

[풀이] 보조방정식 $m^3 + m^2 = 0$으로부터 $m_1 = 0$(중근), $m_2 = -1$을 얻는다. 따라서 이 미분방정식의 보조해는 $y_c = c_1 + c_2x + c_3e^{-x}$가 된다. $g(x) = e^x\cos x$는 표 3-1로부터

$$y_p = Ae^x\cos x + Be^x\sin x$$

로 가정한다. y_p의 함수가 보조해 y_c와 중복되지 않으므로 정상적인 방법으로 처리한다. y_p를 미분해서 주어진 미분방정식에 대입하면

$$(-2A + 4B)e^x\cos x + (-4A - 2B)e^x\sin x = e^x\cos x$$

로 되며,

$$-2A+4B=1$$

$$-4A-2B=0$$

의 연립방정식으로부터 $A=-0.1$ 및 $B=0.2$가 되므로 일반해는

$$y=y_c+y_p=c_1+c_2x+c_3e^{-x}-0.1e^x\cos x+0.2e^x\sin x$$

로 된다.

---

[3] 소멸연산자법에 의한 상수계수의 미분방정식 해법

(1) 소멸연산자

상수계수의 미분방정식은 적분을 이용하지 않고 순수하게 미분만을 이용하는 소멸연산자 기법에 의하여 매우 쉽게 풀이될 수도 있다. 소멸연산자(Annihilation Operator)라고 함은 임의의 함수를 0으로 만드는 도함수의 연산자 L을 말한다. 예를 들면, $D=d/dt$로 정의할 때, 임의의 함수 $y(t)=5t+3$를 시간변수 t에 대한 2계 도함수 즉, $D^2[y(t)]$을 구하면 0이 되므로, 주어진 함수에 대한 소멸연산자는 $L=D^2$로 된다. 따라서, D^n은 $1,t,t^{2,}\cdots,t^{n-1}$와 같은 모든 함수들을 소멸시키는 연산자가 된다. 그리고, 지수함수 $y(t)=e^{at}$에 대한 소멸연산자는 이의 도함수인 $Dy(t)=ae^{at}=ay$ 또는 $(D-a)y=0$로부터 $L=D-a$임을 알 수 있다. 지수함수 $e^{at},te^{at},\cdots,t^{n-1}e^{at}$ 들에 대한 소멸연산자는 $L=(D-a)^n$이 될 것이다.

예제 43

다음의 상수계수 미분방정식과 해를 고찰해 보라.

1) $(D-1)y=0$: $y=Ce^x$
2) $(D+1)y=0$: $y=Ce^{-x}$
3) $(D-2)y=0$: $y=Ce^{2x}$
4) $(D+2)y=0$: $y=Ce^{-2x}$
5) $(D+2-\sqrt{3})y=0$: $y=Ce^{(-2+\sqrt{3})t}$
6) $Dy=0$: $y=Ce^{0x}=C$

예제 44

함수 $y = f(x) = 3x^3 - 2x^2 + 5x + 3$의 소멸연산자를 구하라.

[풀이] 주어진 함수는 최고차수가 3차이므로, 4회 미분하면 0이 되므로, $D = d/dx$로 정의하면, 소멸연산자는 $L = D^4$이 된다.

예제 45

함수 $y(t) = 3e^{-5t}$에 대한 소멸연산자를 구하라.

[풀이] 주어진 지수함수에 대해, $D = \dfrac{d}{dt}$로 정의하면,

$(D+5)[3e^{-5t}] = -15e^{-5t} + 15e^{-5t} = 0$

이 되므로 소멸연산자는 $L = D+5$이 된다.

예제 46

함수 $y(t) = 3t + te^{-2t}$ 에 대한 소멸연산자를 구하라.

[풀이] 주어진 두 항의 함수 각각에 대한 소멸연산자는 예제 1 및 2로부터 각각 $L_1[3t] = D^2[3t] = 0$ 및 $L_2[te^{-2t}] = (D+2)^2[te^{-2t}] = 0$ 로 되므로, 주어진 함수 $y(t)$에 대한 소멸연산자는 $L = L_1L_2 = D^2(D+2)^2$이 된다.

(2) 기초적인 함수에 대한 소멸연산자

대표적인 함수들에 대한 소멸연산자를 정리하면 표 3-1과 같다.

표 3-1 주요 함수들에 대한 소멸연산자

경우	함수 $y(t)$: 해의 형태	소멸연산자 L	비 고
1	상수	D	
2	$at+b$	D^2	
3	ce^{-at} $c_1e^{at}+c_2e^{bt}$	$D+a$ $(D-a)(D-b)$	
4	cte^{-at}	$(D+a)^2$	경우 3의 확장
5	ce^{-jat}	$D+ja$	〃
6	$c_1\cos bt+c_2\sin bt$	D^2+b^2	경우 5의 확장으로 Euler 공식 적용
7	$c_1e^{-at}+c_2\cos bt+c_3\sin bt$	$(D+a)(D^2+b^2)$	
8	$e^{-at}[c_1\cos bt+c_2\sin bt]$	$(D+a)^2+b^2$	
9	$t^m[c_1\cos bt+c_2\sin bt]$	$[D^2+b^2]^{m+1}$	경우 4와 6의 확장
10	$t^m e^{-at}[c_1\cos bt+c_2\sin bt]$	$[(D+a)^2+b^2]^{m+1}$	

표 3-1에서와 같이, 상수계수를 갖는 제차형의 상수계수 미분방정식 문제는 미분만을 이용해서 풀이될 수 있다. 예를 들어, $(D+3)y(t)=0$로 주어진다면, 표 1의 경우 3과 같으므로 해 $y(t)=ce^{-3t}$가 쉽게 구해진다.

예제 47

다음의 미분방정식 $2y'''+7y''+13y'+5y=0$ 의 해를 소멸연산자법을 이용해서 구하라.

[풀이] 주어진 미분방정식은 미분연산자를 이용해서

$$(2D^3+7D^2+13D+5)y(t)=(2D+1)(D^2+3D+5)y(t)=0$$

로 고쳐 쓸 수 있다. 그리고 이는 다시 $(2D+1)y(t)=0$ 과$(D^2+3D+5)y(t)=0$로 쓸 수 있는 데, 주어진 미분방정식의 해는 두 개의 해를 선형결합한 것과 같다. 얻어진 두 개의 미분방정식은 다시 $2(D+1/2)y(t)=0$와 $[(D+3/2)^2+(\sqrt{11/4})^2]y(t)=0$와 같이 표준꼴로 고쳐쓰는 것이 좋다. 따라서 주어진 미분방정식의 해는 표 1의 경우 3과 경우 8의 확장임을 알 수가 있고,

$$y(t)=c_1e^{-\frac{1}{2}t}+e^{-\frac{3}{2}t}[c_2\cos\sqrt{\frac{11}{4}}t+c_3\cos\sqrt{\frac{11}{4}}t]$$

와 같이 쉽게 구해진다.

예제 48

다음의 미분방정식 $y''(t)+7y'(t)+12y(t)=3t^2+5$ 에 대한 일반해를 구하라.

[풀이] 주어진 미분방정식에 대한 관련제차미분방정식 $y''+7y'+12y=(D^2+7D+12)y=0$의 보조해는 보조방정식 $m^2+7m+12=0$으로부터

$$y_c = c_1 e^{-3t} + c_2 e^{-4t}$$

로 됨을 알 수 있다. 그러나 우측의 함수에 대한 소멸연산자는 D^3이므로, 주어진 미분방정식은

$$D^3(D^2+7D+12)y = D^3[3t^2+5] = 0$$

로 되고, 소멸연산자는 $L = D^3(D^2+7D+12)$로 된다. 위와 같은 새로운 형태의 제차형 미분방정식에 대한 일반해는

$$y = c_1 e^{-3t} + c_2 e^{-4t} + c_3 + c_4 t + c_5 t^2 = y_c + y_p$$

와 같이 보조해 y_c와 특수해 y_p의 합으로 표현된다. 위의 식에서 특수해 y_p에 대한 계수 c_3, c_4, c_5를 결정하기 위해서, y_p, y'_p, y''_p를 주어진 미분방정식에 대입하면

$$\begin{aligned} y''_p + 7y'_p + 12y_p &= 2c_5 + 7(c_4 + 2c_5 t) + c_3 + c_4 t + c_5 t^2 \\ &= c_5 t^2 + (c_4 + 14c_5)t + c_3 + 7c_4 + 2c_5 = 3t^2 + 5 \end{aligned}$$

로 되고, 이로부터 $c_3 = 293, c_4 = -42, c_5 = 3$이 구해진다. 따라서, 주어진 미분방정식의 일반해는

$$y = y_c + y_p = c_1 e^{-3t} + c_2 e^{-4t} + 293 - 42t + 3t^2$$

로 된다.

예제 49

미분방정식 $y''(t)+6y'(t)+y(t) = e^{3t} - \sin t$ 의 일반해를 구하라.

[풀이] 주어진 미분방정식에 대한 관련 제차미분방정식은

$$y'' + 6y' + 8y = L_1 y(t) = (D^2+6D+8)y = 0$$

로 되고, 우변 항을 소멸시킬 수 있는 연산자 L_2는

$$L_2[y''+6y'+8y] = L_2[e^{3t} - \sin t] = (D-3)(D^2+1^2)[e^{3t} - \sin t] = 0$$

로부터 $L_2 = (D-3)(D^2+1^2)$임을 알 수 있다. 따라서,

$$L[y(t)] = L_1L_2[y(t)] = (D^2+6D+8)(D-3)(D^2+1^2)y = 0$$

로부터, 일반해는

$$y(t) = y_c(t) + y_p(t) = c_1e^{-2t} + c_2e^{-4t} + c_3e^{3t} + c_4\cos t + c_5\sin t$$

와 같이 보조해 y_c와 특수해 y_p의 합으로 표현된다. 위의 식에서 특수해 y_p에 대한 계수 c_3, c_4, c_5를 결정하기 위해서, y_p, y'_p, y''_p를 주어진 미분방정식에 대입하면

$$9c_3e^{3t} - c_4\cos t - c_5\sin t + 6(3c_3e^{3t} - c_4\sin t + c_5\cos t)$$
$$+ 8(c_3e^{3t} + c_4\cos t + c_5\sin t) = e^{3t} - \sin t$$
$$35c_3e^{3t} + (7c_4 + 6c_5)\cos t + (-6c_4 + 7c_5)\sin t = e^{3t} - \sin t$$

로 되고, $c_3 = 1/35, c_4 = -7/85, c_5 = 6/65$가 구해진다. 따라서, 주어진 미분방정식의 해는

$$y(t) = y_c(t) + y_p(t) = c_1e^{-2t} + c_2e^{-4t} + \frac{1}{35}e^{3t} - \frac{7}{85}\cos t + \frac{6}{65}\sin t$$

가 된다.

예제 50

미분방정식 $y''' + 9y' = 4x^2 + \cos x + e^{2x}$을 풀어라

[풀이] 먼저 미분방정식을

$$(D^3 + 9D)y = 4x^2 + \cos x + e^{2x},$$

와 같은 형식으로 고쳐 쓰고, 우변을 소멸시키는 연산자는

$$D^3(D^2+1)(D-2)[4x^2 + \cos x + e^{2x}] = 0$$

로부터 $D^3(D^2+1)(D-2)$임을 알 수 있고

$$D^3(D^2+1)(D-2)[D(D^2+9)]y = D^4(D^2+1)(D-2)(D^2+9)y = 0$$

로 된다. 따라서, 미분방정식의 일반해는

$$y = A + I\sin 3x + J\cos 3x + Bx + Cx^2 + Ex^3 + F\sin x + G\cos x + He^{2x}$$

로 되고, 특수해 y_p는

$$y_p = Bx + Cx^2 + Ex^3 + F\sin x + G\cos x + He^{2x}$$

로 되므로,

$$y'_p = B + 2Cx + 3Ex^2 + F\cos x - G\sin x + 2He^{2x}$$

$$y''_p = 2C + 6Ex - F\sin x - G\cos x + 4He^{2x}$$

$$y'''_p = 6E - F\cos x + G\sin x + 8He^{2x}.$$

를 주어진 미분방정식에 대입해서 정리하면,

$$y''_p + 9y'_p = 4x^2 + \cos x + e^{2x}$$

$$\begin{aligned} &6E - F\cos x + G\sin x + 8He^{2x} \\ &\quad + 9(B + 2Cx + 3Ex^2 + F\cos x - G\sin x + 2He^{2x}) = 4x^2 + \cos x + e^{2x} \end{aligned}$$

로 되고 이를 정리하면

$$\begin{aligned} &x^2 : 27E = 4 \\ &x : 18C = 0 \\ &1 : 6E + 9B = 0 \\ &\sin x : G - 9G = 0 \\ &\cos x : -F + 9F = 1 \\ &e^{2x} : 8H + 18H = 1 \end{aligned}$$

로부터

$$E = 4/27;\ C = 0;\ 9B = -6E = -6(4/27) = -8/9$$

$$B = -8/81; -8G = 0\quad G = 0;\ 8F = 1\quad F = 1/8;\ 26H = 1\quad H = 1/26$$

를 구해내고, 이를 대입하면.

$$y_p = -\frac{8}{81}x + \frac{4}{27}x^3 + 18\sin x + \frac{1}{26}e^{2x}$$

를 얻게 된다.

$$y = y_p + y_c = -\frac{8}{81}x + \frac{4}{27}x^3 + 18\sin x + \frac{1}{26}e^{2x} + A + I\sin 3x + J\cos 3x$$

예제 51

비감쇠 자유진동계 : 스프링에 매달려 있는 질량이 m이고 스프링 상수가 k이며 각도의 변위가 θ인 스프링-질량계의 비감쇠 자유진동의 운동방정식의 해를 구하라.

[풀이] 운동방정식은

$$m\frac{d^2\theta}{dt^2} + k\theta = 0$$

로 된다. 양변을 m으로 나누고, $w^2 = k/m$로 두면

$$\ddot{\theta} + w^2\theta = 0$$

로 된다. 소멸연산자기법에 의해

$$(D^2 + w^2)\theta(t) = 0$$

로부터 변위 $\theta(t)$는

$$\theta(t) = a\cos wt + b\sin wt$$

가 된다. 여기서, a 및 b는 미정계수로 변위각이나 속도 등의 초기조건이나 경계조건에 의해 일의적으로 결정될 수 있다.

예제 52

감쇠 자유진동계 : 예제 51에서 댐퍼가 있는 경우는 스프링-댐퍼-질량계의 감쇠 자유진동의 운동방정식은

$$m\frac{d^2\theta}{dt^2} + c\frac{d\theta}{dt} + k\theta = 0$$

로 된다. 이의 해를 구하라.

[풀이] 주어진 운동방정식에서 양변을 m으로 나누고, $c/m = 2hw$, $w^2 = k/m$로 두면

$$\ddot{\theta} + 2hw\dot{\theta} + w^2\theta = 0$$

로 된다. 그리고

$$(D^2 + 2hw + w^2)\theta(t) = [(D+h)^2 + (w^2 - h^2)]\theta(t) = 0$$

로부터 소멸연산자 기법에 의해 변위 $\theta(t)$는

$$\theta(t) = e^{-hwt}[a\cos\sqrt{1-h^2}\,wt + b\sin\sqrt{1-h^2}\,wt]$$

가 된다. 여기서, 통상 $h < 1$임을 적용하였으며, a 및 b는 미정계수로 예제 9의 경우와 같이 일의적으로 결정될 수 있다.

예제 53

감쇠 조화진동계 : 예제 52에서 조화진동이 있는 경우는 스프링-댐퍼-질량계의 운동방

정식은

$$m\frac{d^2\theta}{dt^2}+c\frac{d\theta}{dt}+k\theta= A_m\cos(\Omega t)$$

로 된다. 이의 해를 구하라.

[풀이] 주어진 운동방정식에서 양변을 m으로 나누고, $c/m=2hw$, $w^2=k/m$로 두면

$$\ddot{\theta}+2hw\dot{\theta}+w^2\theta=A\cos\Omega t$$

로 된다. 그리고

$$[(D+h)^2+(w^2-h^2)]\theta(t)=A\cos\Omega t= A\,Re[e^{j\Omega t}]$$

로부터 소멸연산자 기법에 의해 변위 $\theta(t)$의 보조해는

$$\theta_c(t)=e^{-hwt}[a\cos\sqrt{1-h^2}\,wt+b\sin\sqrt{1-h^2}\,wt]$$

가 되고, 특수해는

$$\theta_p(t)=\frac{A}{D^2+2hwD+w^2}Re[e^{j\Omega t}]=Re\left[\frac{A}{w^2-\Omega^2+2jhw\Omega}e^{j\Omega t}\right]$$

로 되므로, 변위 $\theta(t)$는

$$\theta(t)=\theta_c(t)+\theta_p(t)$$

로 된다.

3.9 상수계수의 선형연립 미분방정식

[1] 연산자의 이용

연립 상미분방정식은 하나의 독립변수로 된 2개 이상의 미지함수의 도함수를 포함하는 2개 이상의 방정식을 말한다. 즉, x, y 및 z가 독립변수 t의 함수이면

$$\frac{d^2x}{dt^2}+7\frac{dx}{dt}=-3x+y \tag{3.76}$$

$$2\frac{d^2y}{dt^2}=x-5y$$

과

$$x' - 3x + y' + z' = 5 \qquad (3.77)$$
$$x' - y' + 2z' = t^2$$
$$x + y' - 6z' = t - 1$$

는 연립방정식의 두 가지 예를 나타낸 것이다. 여기서 미분연산자를

$$D = \frac{d}{dt}$$

로 정의하면, 양의 정수 m 에 대해서는

$$D^m = \frac{d^m}{dt^m}$$

로 된다. 따라서 식 (3.76) 및 (3.77)는 미분연산자를 이용해서

$$(D^2 + 7D + 3)x - y = 0$$
$$-x + (2D^2 + 5)y = 0$$

과

$$(D-3)x + Dy + Dz = 5$$
$$Dx - Dy + 2Dz = t^2$$
$$x - Dy - 6Dz = t - 1$$

로 변형된다.

예제 54

다음의 연립 미분방정식을 연산자로 표기하라.

$$x'' + 2x' + y'' = x + 3y + \sin t$$
$$x' + y' = -4x + 2y + e^{-t}$$

[풀이] 주어진 연립 미분방정식은 다음과 같이 쓰여진다.

$$(D^2+2D-1)x+(D^2-3)y=\sin t$$

$$(D+4)x+(D-2)y=e^{-t}$$

예제 55

다음의 선형연립 미분방정식을 풀어라.

$$Dy=2x \tag{3.78}$$

$$Dx=3y$$

[풀이] 좌변으로 이항해서 정리하면

$$2x-Dy=0 \tag{3.79}$$

$$Dx-3y=0$$

로 된다. 식 (3.79)의 처음 방정식에 D를 곱하고 두 번째 식에 2를 곱해서 빼면 x 항이 소거된다. 이로부터

$$-D^2y+6y=0 \quad \text{또는} \quad D^2y-6y=0$$

로 된다. 보조방정식의 근이 $m_1=\sqrt{6}$ 및 $m_2=-\sqrt{6}$ 이므로 y 에 대한 보조해를 얻는다.

$$y(t)=c_1e^{\sqrt{6}t}+c_2e^{-\sqrt{6}t} \tag{3.80}$$

반면, 식 (3.79)의 처음 식에 -3을 곱하고 두 번째 식에 D를 곱해서 서로 더하면 x 에 대한 미분방정식 $D^2x-6x=0$ 을 얻게 되고, 이로부터

$$x(t)=c_3e^{\sqrt{6}t}+c_4e^{-\sqrt{6}t} \tag{3.81}$$

를 얻는다. 식 (3.80) 및 (3.81)은 c_1, c_2, c_3 및 c_4 를 어떻게 택하더라도 식 (3.78)을 만족시키지 못한다. $x(t)$ 와 $y(t)$ 를 원래의 연립방정식 (3.79)에 대입해서 간단하게 하면

$$(-\sqrt{6}c_1+2c_3)e^{\sqrt{6}t}+(\sqrt{6}c_2+2c_4)e^{-\sqrt{6}t}=0$$

로 된다. 이 식은 t 의 값에 관계없이 0이 되므로

$$c_3=\frac{\sqrt{6}}{2}c_1 \quad \text{및} \quad c_4=-\frac{\sqrt{6}}{2}c_2 \tag{3.82}$$

로 되어

$$x(t) = \frac{\sqrt{6}}{2} c_1 e^{\sqrt{6}t} - \frac{\sqrt{6}}{2} c_2 e^{-\sqrt{6}t}$$

$$y(t) = c_1 e^{\sqrt{6}t} + c_2 e^{-\sqrt{6}t}$$

와 같이 연립방정식의 한 해가 구해진다.

예제 56

다음 연립 미분방정식을 풀어라.

$$Dx + (D+2)y = 0 \tag{3.83}$$

$$(D-3)x - 2y = 0$$

[풀이] 첫째 방정식에 $D-3$을 곱하고 두 번째 방정식에 D를 곱해서 빼면, x에 대한 항은 소거된다. y에 대한 미분방정식은

$$[(D-3)(D+2)+2D]y = 0 \ \text{ 또는 } \ (D^2 + D - 6)y = 0$$

로 된다. 이 미분방정식의 보조방정식은 $m^2 + m - 6 = (m+3)(m-2) = 0$ 이므로 보조해는

$$y(t) = c_1 e^{2t} + c_2 e^{-3t} \tag{3.84}$$

인 해를 얻는다. 유사한 방법으로 y를 소거하면, $(D^2 + D - 6)x = 0$ 으로 되고 이로부터 다음을 얻는다.

$$x(t) = c_3 e^{2t} + c_4 e^{-3t} \tag{3.85}$$

이상의 논의에서와 같이 식 (3.83)의 해는 연립방정식 자체가 임의로 택할 수 있는 실제 계수의 수에 제약을 두고 있으므로 4개의 독립적인 상수를 포함하지 않는다. 식 (3.84) 및 (3.85)을 첫째 식에 대입하면

$$(4c_1 + 2c_3)e^{2t} + (-c_2 - 3c_4)e^{-3t} = 0$$

로 되므로 $c_3 = -2c_1$과 $c_4 = -1/3c_2$을 얻는다. 따라서 연립방정식의 해는 다음과 같다.

$$x(t) = -2c_1 e^{2t} - \frac{1}{3} c_2 e^{-3t}$$

$$y(t) = c_1 e^{2t} + c_2 e^{-3t}$$

c_1 과 c_2 에 의해 c_3 과 c_4 를 쉽게 풀이할 수 있으므로 해는 다른 형태로 쓰여질 수 있다.

$$x(t) = c_3 e^{2t} + c_4 e^{-3t}$$

$$y(t) = -\frac{1}{2} c_3 e^{2t} - 3c_4 e^{-3t}$$

또한, 연립 미분방정식은 먼저 x 에 대해 풀고 다음에 상수 사이의 관계에 의해 식 (3.81)의 두번째 식을 이용하여 간단히 하면

$$y = \frac{1}{2}(Dx - 3x)$$

$$= \frac{1}{2}[D(-2c_1 e^{2t} - \frac{1}{3}c_2 e^{-3t}) - 3(-2c_1 e^{2t} - \frac{1}{3}e^{-3t})]$$

또는

$$y(t) = -\frac{1}{2} c_3 e^{2t} - 3c_4 e^{-3t}$$

와 같이 y 를 구할 수 있다.

예제 57

다음 연립 미분방정식을 풀어라.

$$x' - 4x + y'' = t^2 \qquad (3.86)$$

$$x' + x + y' = 0$$

[풀이] 먼저 다음과 같이 미분연산자로 표기한다.

$$(D-4)x + D^2 y = t^2 \qquad (3.87)$$

$$(D+1)x + Dy = 0$$

x 를 소거하면,

$$[(D+1)D^2 - (D-4)D]y = (D+1)t^2 - (D-4)0 = 0$$

또는

$$(D^3 + 4D)y = t^2 + 2t$$

를 얻는다. 보조방정식 $m(m^2+4) = 0$ 의 근은 $m_1 = 0$ 및 $m_2 = 2j$, $m_3 = -2j$ 를 얻게 되므로 보조해는 다음과 같다.

$$y_c = c_1 + c_2\cos 2t + c_3\sin 2t$$

특수해 y_p를 결정하기 위해 $y_p = At^3 + Bt^2 + Ct$로 가정해서 미정계수법을 이용한다. 따라서 다음을 얻는다.

$$y_p' = 3At^2 + 2Bt + C,\ y_p'' = 6At + 2B,\ y_p''' = 6A$$

$$y_p''' + 4y_p' = 12At^2 + 8Bt + 6A + 4C = t^2 + 2t$$

이 식은

$$12A = 1,\quad 8B = 2,\quad 6A + 4C = 0$$

임을 의미하므로 $A = 1/12$, $B = 1/4$, $C = -1/8$이 된다. 따라서

$$y = y_c + y_p = c_1 + c_2\cos 2t + c_3\sin 2t + \frac{1}{12}t^3 + \frac{1}{4}t^2 - \frac{1}{8}t \tag{3.88}$$

로 되고, 식 (3.87)에서 y를 소거하면

$$[(D-4) - D(D+1)]x = t^2 \text{ 또는 } (D^2+4)x = -t^2$$

로 된다. 분명히

$$x_c = c_4\cos 2t + c_5\sin 2t \tag{3.89}$$

이므로 $x_p = At^2 + Bt + C$인 형태의 특수해를 얻기 위해 미정계수법을 이용할 수 있다. 이 경우 통상의 미분과 대수연산으로부터

$$x_p = -\frac{1}{4}t^2 + \frac{1}{8}$$

를 얻게 되므로

$$x = x_c + x_p = c_4\cos 2t + c_5\sin 2t - \frac{1}{4}t^2 + \frac{1}{8}$$

로 된다.

c_4와 c_5는 식 (3.86)의 또 다른 식에 식 (3.88) 및 (3.89)를 대입해서 c_2 및 c_3로 표현될 수 있다. 두번째의 방정식을 이용해서 항을 결합시키면

$$(c_5 - 2c_4 - 2c_2)\sin 2t + (2c_5 + c_4 + 2c_3)\cos 2t = 0$$

로 되므로

$$(c_5 - 2c_4 - 2c_2) = 0 \text{ 과 } (2c_5 + c_4 + 2c_3) = 0$$

로 된다. c_2 및 c_3에 의해 c_4와 c_5를 풀면

$$c_4 = \frac{1}{5}(4c_2 + 2c_3)$$

$$c_5 = \frac{1}{5}(2c_2 - 4c_3)$$

로 된다. 결국 식 (3.86)의 해는 다음과 같다.

$$x(t) = -\frac{1}{5}(4c_2 + 2c_3)\cos 2t + \frac{1}{5}(2c_2 - 4c_3)\sin 2t - \frac{1}{4}t^2 + \frac{1}{8}$$

$$y = y_c + y_p = c_1 + c_2\cos 2t + c_3\sin 2t + \frac{1}{12}t^3 + \frac{1}{4}t^2 - \frac{1}{8}t$$

[2] 행렬식의 이용

기호에서 L_1, L_2, L_3 및 L_4가 상수계수의 선형 미분연산자를 나타낸다면, x와 y의 두 변수로 된 선형연립방정식은 다음과 같이 쓸 수 있다.

$$L_1 x + L_2 y = g_1(t) \qquad (3.90)$$

$$L_3 x + L_4 y = g_2(t)$$

대수적인 방정식에서와 같이 변수를 소거하면

$$(L_1L_4 - L_2L_3)x = f_1(t) \text{ 과 } (L_1L_4 - L_2L_3)y = f_2(t) \qquad (3.91)$$

로 된다. 단, $f_1(t) = L_4 g_1(t) - L_2 g_2(t)$와 $f_2(t) = L_1 g_2(t) - L_3 g_1(t)$이다. 한편, 식 (3.91)의 결과를 Cramer의 법칙에서 사용한 것과 유사하게 행렬식을 이용해서 구할 수 있다.

$$\begin{vmatrix} L_1 & L_2 \\ L_3 & L_4 \end{vmatrix} x = \begin{vmatrix} g_1 & L_2 \\ g_2 & L_4 \end{vmatrix} \qquad (3.92)$$

$$\begin{vmatrix} L_1 & L_2 \\ L_3 & L_4 \end{vmatrix} y = \begin{vmatrix} L_1 & g_1 \\ L_3 & g_2 \end{vmatrix}$$

예제 58

다음 연립 미분방정식을 풀어라.

$$x' = 3x - y - 1 \tag{3.93}$$

$$y' = x + y + 4e^{t}$$

[풀이] 연립방정식을 다음과 같이 미분연산자로 표기한다.

$$(D-3)x + y = -1$$

$$-x + (D-1)y = 4e^{t}$$

그리고 행렬식 및 Cramer의 법칙을 사용해서

$$\begin{vmatrix} D-3 & 1 \\ -1 & D-1 \end{vmatrix} x = \begin{vmatrix} -1 & 1 \\ 4e^{t} & D-1 \end{vmatrix}$$

$$\begin{vmatrix} D-3 & 1 \\ -1 & D-1 \end{vmatrix} y = \begin{vmatrix} D-3 & -1 \\ -1 & 4e^{t} \end{vmatrix}$$

로 전개하면,

$$(D-2)^2 x = 1 - 4e^{t}$$

$$(D-2)^2 y = -1 - 8e^{t}$$

로 된다. 통상적인 방법에 의해

$$x = x_c + x_p = c_1 e^{2t} + c_2 t e^{2t} + \frac{1}{4} - 4e^{t} \tag{3.94}$$

$$y = y_c + y_p = c_3 e^{2t} + c_4 t e^{2t} - \frac{1}{4} - 8e^{t} \tag{3.95}$$

로 되며 식 (3.94) 및 (3.95)를 식 (3.93)의 두번째 식에 대입하면

$$(c_3 - c_1 + c_4)e^{2t} + (c_4 - c_2)te^{2t} = 0$$

로 된다. 이로부터 $c_4 = c_2$과 $c_3 = c_1 - c_4 = c_1 - c_2$을 의미하므로 식 (3.93)의 해는 다음과 같게 된다.

$$x(t) = x_c + x_p = c_1 e^{2t} + c_2 t e^{2t} + \frac{1}{4} - 4e^{t}$$

$$y(t) = y_c + y_p = (c_1 - c_2)e^{2t} + c_2 t e^{2t} - \frac{1}{4} - 8e^{t}$$

예제 59

다음의 연립 미분방정식

$$Dx + Dz = t^2$$

$$2x + D^2 y = e^t$$

$$-2Dx - 2y + (D+1)z = 0$$

에서 변수 y에 대한 미분방정식을 구하라.

[풀이] 행렬식에 의해 다음과 같이 쓸 수 있다.

$$\begin{vmatrix} D & 0 & D \\ 2 & D^2 & 0 \\ -2D & -2 & D+1 \end{vmatrix} y = \begin{vmatrix} D & t^2 & D \\ 2 & e^t & 0 \\ -2D & 0 & D+1 \end{vmatrix}$$

행렬식을 계산하면

$$D(3D^3 + D^2 - 4)y = 4e^t - 2t^2 - 4t$$

를 얻는다. 또한, 좌변의 기호 D는 대수량으로 취급되나 우변의 경우는 그렇지 않다.

3.10 전기회로와 기타의 유사계

[1] *RL* 직렬회로

저항과 인덕터만을 포함하는 그림 3-1의 RL 직렬회로에서 Kirchhoff의 제 2 법칙으로부터 인덕터에서의 전압강하 $L\,di/dt$와 저항에서의 전압강하 iR의 합은 회로에 인가되는 전압 $E(t)$와 같다. 따라서 전류 $i(t)$에 대한 선형 미분방정식은

$$L\frac{di}{dt} + Ri = E(t) \tag{3.96}$$

로 된다. 여기서 L과 R은 각각 인덕턴스와 저항으로 알려진 상수이다. 간혹 전류 $i(t)$를 시스템의 응답이라고 한다.

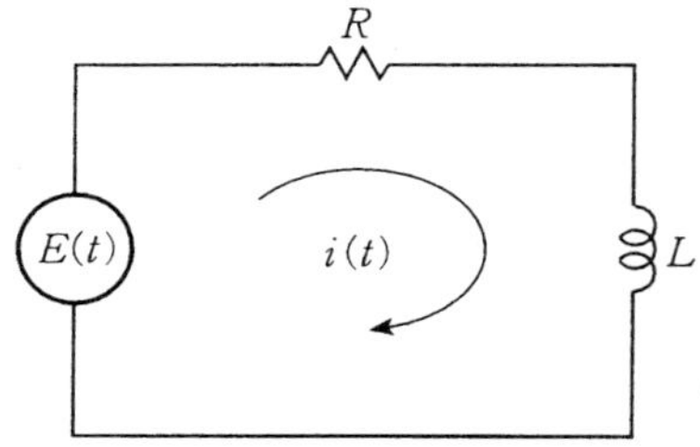

그림 3-1 RL 직렬회로

식 (3.96)의 해는

$$\frac{di}{dt}+\frac{R}{L}i(t)=\frac{E(t)}{L}$$

로 고쳐쓰고, 다음으로부터 제차형과

1) $\frac{di_c}{dt}+\frac{R}{L}i_c(t)=0 \qquad (D+R/L)i_c(t)=0 \qquad i_c(t)=c_1e^{-\frac{R}{L}t}$

2) $\frac{di_p}{dt}+\frac{R}{L}i_p(t)=\frac{V}{L} \qquad i_p(t)=c_2$

로부터 전류의 일반해는

$$i(t)=i_c(t)+i_p(t)=c_1e^{-\frac{R}{L}t}+c_2$$

로 된다. 그런데 두 개의 미지 파라미터 c_1과 c_2를 소거하려면 다음과 같은 물리적인 의미를 파악해야 한다. 즉, 직류 전압 $E(t)=V[V]$가 그림 3-1의 RL 직렬회로에 인가되는 $t=0$인 순간, 인덕터는 전류 $i(t)$를 급격하게 변화시킬 수가 없으므로, 회로는 마치 개방되어진 경우와 같아지며, $i(t)|_{t\to 0}=0$ 로 되고, $t=\infty$로 되면, 인덕터에는 $Li^2(t)/2$의 자기에너지로 포화되므로, 인덕터는 단락된 상태와 같아지므로 $i(t)|_{t\to\infty}=V/R$가 됨을 알아야 한다. 이를 적용하면, $c_1=-c_2=V/R$를 얻게 되며

$$i(t)=i_c(t)+i_p(t)=\frac{V}{R}\left(1-e^{-\frac{R}{L}t}\right)$$

로 된다. 여기서, e^{-1}되게 하는 시각 $t=L/R$을 시정수(Time Constant)라고 하며, 이 시각에서 전류 $i(t)$는 최종치 V/R의 63.2%에 도달한다.

[2] RC 직렬회로

커패시턴스 C 인 커패시터에서의 전압강하는 $q(t)/C$로 주어진다. 여기서 q는 커패시터의 전하이다. 따라서 그림 3-2의 직렬회로에 대해 Kirchhoff의 제 2 법칙을 적용하면

$$Ri + \frac{1}{C}q = E(t) \tag{3.97}$$

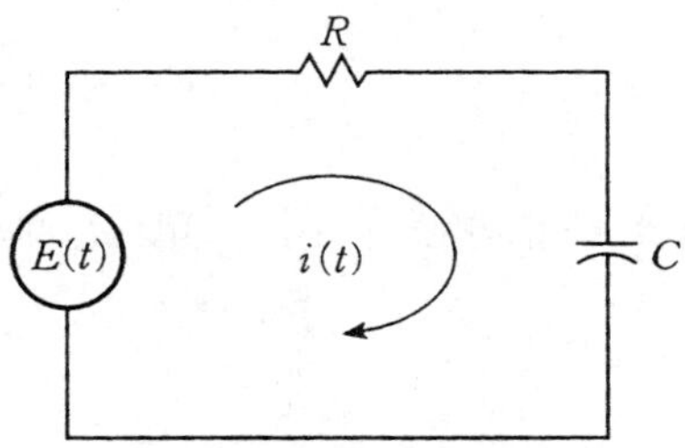

그림 3-2 RC 직렬회로

로 된다. 그러나 전류 i와 전하 q는 $i = dq/dt$인 관계를 가지므로 식 (3.97)은

$$R\frac{dq}{dt} + \frac{1}{C}q = E(t) \tag{3.98}$$

와 같은 선형 미분방정식이 된다.

예제 60

12 [V]의 밧데리가 인덕턴스가 1/2 [H]이고 저항이 10 [Ω]인 직렬회로에 연결되어 있다. 초기전류가 0일 때 전류 i를 결정하라.

[풀이] 식 (3.96)에서 $i(0) = 0$에 종속되는

$$\frac{1}{2}\frac{di}{dt} + 10i = 12$$

를 풀어야 한다. 먼저 미분방정식에 2를 곱하고 적분인자 e^{20t}를 구해낸다. 따라서

$$\frac{d}{dt}[e^{20t}i] = 24e^{20t}$$

$$e^{20t}i = \frac{24}{20}e^{20t} + c$$

$$i = \frac{6}{5} + ce^{-20t}$$

를 얻고 $i(0) = 0$ 으로부터 $0 = 6/5 + c$ 또는 $c = -6/5$를 구하면, 응답은

$$i(t) = \frac{6}{5} - \frac{6}{5}e^{-20t}$$

로 구해진다.

[3] 과도항과 정상상태항

그림 3-1의 RL 회로에 대한 미분방정식 식 (3.96)의 해는 3.5절의 1계 선형 미분방정식의 해

$$y = e^{-\int p(x)\,dx} \int e^{\int p(x)dx} f(x)\,dx + ce^{-\int p(x)\,dx}$$

의 형태로부터 전류 $i(t)$는

$$i(t) = \frac{e^{-(R/L)t}}{L} \int e^{(R/L)t} E(t)dt + ce^{-(R/L)t} \tag{3.99}$$

로 쓰여 진다. 특히 $E(t) = E_0$가 상수일 때 식 (3.99)는

$$i(t) = \frac{E_0}{R} + ce^{-(R/L)t} \tag{3.100}$$

로 된다. $t \to \infty$ 일 때 식 (3.100)의 두번째 항은 0이 된다. 이런 항을 일반적으로 과도항이라 하며 잔류하는 항을 해의 정상상태항이라 한다. 이 경우, E_0/R은 정상상태전류라고도 한다. RL 회로에서는 시간이 커지게 되면 인덕터는 자기 에너지의 포화로 인해 단락된 상태와 같아지므로 회로의 전류는 단순히 옴의 법칙(Ohm's Law : $E = iR$)에 따르게 됨을 알 수 있다.

[4] RLC 직렬회로

$i(t)$가 그림 3-3과 같은 RLC 직렬회로의 전류이면 인덕터와 저항, 커패시터에 걸리는 각 전압강하는 표 3-2와 같다.

표 3-2 회로소자와 전압강하

저항기	인덕터	커패시터
저항 $R[\Omega]$ 전압강하 : Ri	인덕턴스 $L[\mathrm{H}]$ 전압강하 : $L\dfrac{di}{dt}$	커패시턴스 $C[\mathrm{F}]$ 전압강하 : $\dfrac{1}{C}\int idt$

Kirchhoff 제 2 법칙에 의해 이들 전압의 합은 회로에 인가되는 전압 $E(t)$와 같다. 즉

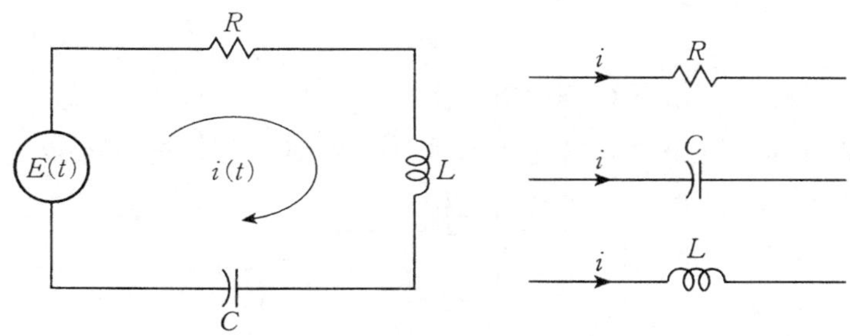

그림 3-3 RLC 직렬회로

$$L\frac{di}{dt}+Ri+\frac{1}{C}q=E(t) \tag{3.101}$$

로 된다. 그러나 커패시터의 전하 $q(t)$는 전류 $i(t)$와 $i=dq/dt$의 관계가 있으므로 식 (3.101)은 다음의 선형 2계 미분방정식으로 된다.

$$L\frac{d^2q}{dt^2}+R\frac{dq}{dt}+\frac{1}{C}q=E(t) \tag{3.102}$$

회로의 해석시에 사용되는 기호는 스프링-질량계에서 사용한 것과 유사하다. $E(t)=0$이면 회로의 전기적 진동은 자유진동한다. 식 (3.102)의 보조방정식이 $Lm^2+Rm+1/C=0$이므로 해는 $R\neq 0$일 때 판별식의 값 R^2-4L/C에 따라 세 가지의 형태를 갖는다. 즉, 회로가

① $R^2-\dfrac{4L}{C}>0$이면 과제동

② $R^2-\dfrac{4L}{C}=0$이면 임계제동

③ $R^2-\dfrac{4L}{C}<0$이면 부족제동

이 된다. 이들 세 가지 경우에서 식 (3.102)의 일반해는 $e^{-\frac{R}{2L}t}$ 의 인자를 가지므로 $t \to \infty$ 일 때 $q(t) \to 0$ 로 된다. 부족제동의 경우 $q(0) = q_0$ 일 때 커패시터의 전하는 감소하면서 진동하게 된다. 즉 커패시터는 충전하다가 $t \to \infty$ 일 때 방전한다. $E(t) = 0$ 이고 $R = 0$ 이면 회로는 부족제동 상태이며, $t \to \infty$ 로 증가되더라도 전기적 진동은 0이 되지 않는다. 즉, 회로의 응답은 단순조화운동을 일으킨다.

예제 61

$E(t) = 0$ 인 그림 3-4의 LC 직렬회로를 고찰하자. 초기전하가 q_0 이고 회로에 흐르는 초기전류가 없다면, $t > 0$ 에서의 커패시터의 전하 $q(t)$ 를 구하라.

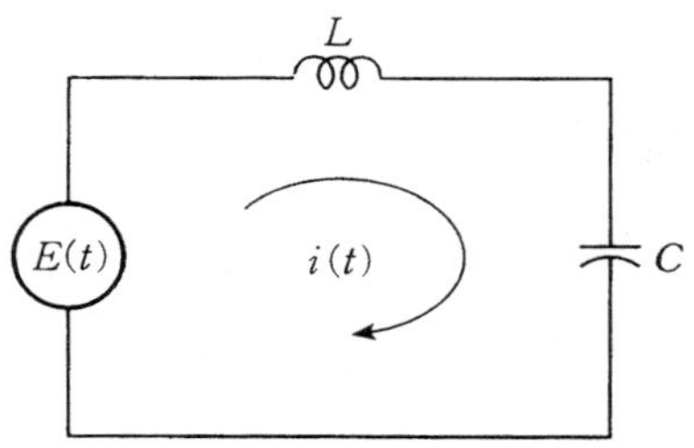

그림 3-4 LC **직렬회로**

[풀이] LC 직렬회로에서 저항이 없으므로 식 (3.102)로부터

$$L\frac{d^2q}{dt^2} + \frac{1}{C}q = E(t)$$

을 얻는다. 초기조건은 $q(0) = q_0$ 이며 $i(0) = 0$ 이다. $q'(t) = i(t)$ 이므로 두번째 조건은 $q'(0) = 0$ 과 같다. 미분방정식의 일반해는 다음과 같다.

$$q(t) = c_1 \cos\frac{1}{\sqrt{LC}}t + c_2 \sin\frac{1}{\sqrt{LC}}t$$

초기조건에서 $c_1 = q_0$, $c_2 = 0$ 이 되므로

$$q(t) = q_0 \cos\frac{1}{\sqrt{LC}}t$$

로 되고, 회로의 전류를 구하고자 하는 경우 $i(t) = q'(t)$ 를 이용하면 다음과 같다.

$$i(t) = -\frac{q_0}{\sqrt{LC}}\sin\frac{1}{\sqrt{LC}}t$$

예제 62

$L=0.25\,[\mathrm{H}]$, $R=10\,[\Omega]$, $C=0.001\,[\mathrm{F}]$, $E(t)=0$, $q(0)=q_0$ 및 $i(0)=0$ 인 RLC 직렬회로에서 커패시터의 전하 $q(t)$를 구하라.

[풀이] $1/C=1000$ 이므로 식 (3.102)는 다음과 같다.

$$\frac{1}{4}q''+10q'+1000q=0 \quad \text{또는} \quad q''+40q'+4000q=0$$

통상적인 방법으로 제차 미분방정식을 풀면 회로는 부족제동이며

$$q(t)=e^{-20t}(c_1\cos 60t+c_2\sin 60t)$$

를 구할 수 있다. 초기조건을 대입하면 $c_1=q_0$, $c_2=q_0/3$을 얻는다. 따라서 해는 다음과 같다.

$$q(t)=q_0e^{-20t}\left(\cos 60t+\frac{1}{3}\sin 60t\right)$$

예제 62의 해는 하나의 사인함수로 합성해서 쓸 수도 있다.

$$q(t)=\frac{q_0\sqrt{10}}{3}e^{-20t}\sin(60t+1.249)$$

회로의 인가전압 $E(t)$가 있으면 전기회로는 강제진동한다. 예제 49에서 전기적 자유진동은 $2\pi(1/\sqrt{LC})=2\pi\sqrt{LC}$의 주기와 $1/2\pi\sqrt{LC}$의 주파수로 단순조화운동을 한다.

인가되는 주기적 전압 $E(t)$의 주파수가 회로의 주파수와 동일하면 시스템은 공진을 일으킨다. 이 경우 $R\neq 0$일 때 식 (3.102)의 보조해 $q_c(t)$는 과도해가 된다. 그리고 $E(t)$가 주기적이거나 상수이면, 식 (3.102)의 특수해 $q_p(t)$는 정상해가 된다.

예제 63

RLC 직렬회로에 $E(t)=E_0\sin\gamma t$가 인가될 때 정상해 $q_p(t)$와 정상상태 전류를 구하라.

[풀이] 정상해 $q_p(t)$는 다음 미분방정식의 특수해이다.

$$L\frac{d^2q}{dt^2}+R\frac{dq}{dt}+\frac{1}{C}q=E_0\sin\gamma t$$

미정계수법을 사용하여

$$q_p(t) = A\sin\gamma t + B\cos\gamma t$$

와 같은 형태의 특수해를 가정한다. 이를 미분방정식에 대입하여 정리한 후 계수를 비교하면

$$A = \frac{E_0\left(L\gamma - \dfrac{1}{C\gamma}\right)}{-\gamma\left[L^2\gamma^2 - \dfrac{2L}{C} + \dfrac{1}{C^2\gamma^2} + R^2\right]}$$

$$B = \frac{E_0 R}{-\gamma\left[L^2\gamma^2 - \dfrac{2L}{C} + \dfrac{1}{C^2\gamma^2} + R^2\right]}$$

를 얻는다. A와 B를 새로운 기호로 표시하면 편리하다.

$X = L\gamma - \dfrac{1}{C\gamma}$로 두면 $X^2 = L^2\gamma^2 - \dfrac{2L}{C} + \dfrac{1}{C^2\gamma^2}$이 되고, $z = \sqrt{R^2 + X^2}$로 두면 $Z^2 = L^2\gamma^2 - \dfrac{2L}{C} + \dfrac{1}{C^2\gamma^2} + R^2$이 되므로 $A = E_0X/(-\gamma Z^2)$ 및 $B = E_0R/(-\gamma Z^2)$이 된다. 따라서 정상상태의 전하는 다음과 같다.

$$q_p(t) = -\frac{E_0X}{\gamma Z^2}\sin\gamma t - \frac{E_0R}{\gamma Z^2}\cos\gamma t$$

그리고 정상상태의 전류는 $i_p(t) = q_p{}'(t)$에 의해 다음과 같다.

$$i_p(t) = \frac{E_0}{Z}\left(\frac{R}{Z}\sin\gamma t - \frac{X}{Z}\cos\gamma t\right)$$

예제 63에서 정의된 양 $X = L\gamma - (1/C\gamma)$ 및 $Z = \sqrt{X^2 + R^2}$를 각각 회로의 리액턴스 및 임피던스라고 한다. 리액턴스 및 임피던스는 [Ω]의 단위를 갖는다.

예제 64

L[H] 및 R[Ω]이 직렬로 연결된 회로에서 L에 축적된 에너지를 R에서 소비하는 경우의 미분방정식을 풀어라.

[풀이] 회로를 흐르는 전류가 $i(t)$일 경우의 미분방정식은 $L\dfrac{di}{dt} + Ri = 0$이다. 이것

을 변형하면,

$$\frac{di}{i} = -\frac{R}{L}dt$$

와 같이 변수분리형이 되므로 적분을 행하면

$$\int \frac{di}{i} = -\frac{R}{L}\int dt + c_1 \qquad \log|i(t)| = -\frac{R}{L}t + c_1$$

$$i(t) = ce^{-\frac{R}{L}t}\,[\mathrm{A}]$$

가 구해진다. 인덕터 L에 저장된 자기 에너지에 의해 초기에 흐르고 있던 전류는 시간과 함께 지수함수적으로 0으로 감소하게 된다.

예제 65

그림 3-5의 회로에 교류전압 $E(t) = V_m \sin(\omega t + \theta)u(t)$ [V]가 인가될 때, 커패시터 C에 가해지는 전하량 $q(t)$ [C]의 변화를 조사하라.

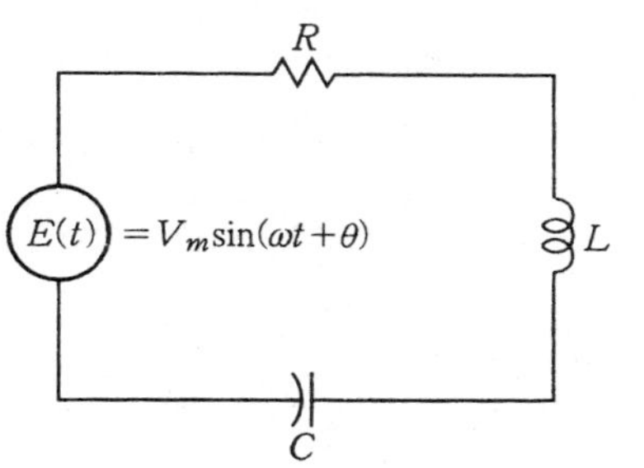

그림 3-5 RLC **직렬회로**

[풀이] 회로전류를 $i(t)$로 하면 회로의 방정식은

$$L\frac{di}{dt} + R_i + \frac{1}{C}\int i dt = V_m \sin(\omega t + \theta)$$

로 된다. 양변을 L로 나누고 $i(t) = \frac{dq}{dt}$인 관계를 이용해서 다시 고쳐쓰면

$$\frac{dq^2}{dt^2} + \frac{R}{L}\frac{dq}{dt} + \frac{q(t)}{CL} = \frac{V_m}{L}\sin(\omega t + \theta)$$

$R/L = 2\alpha$ 및 $1/CL = \beta^2$으로 두면,

$$\frac{dq^2}{dt^2} + 2\alpha\frac{dq}{dt} + \beta^2 qt = \frac{V_m}{L}\sin(\omega t + \theta)$$

로 되며 이를 제 5 장에서 언급할 라플라스 변환을 이용하면

$$[s^2 Q(s) - sq(0) - q'(0)] + 2\alpha[sQ(s) - q(0)] + \beta^2 Q(s)$$

$$= \frac{V_m}{L}\frac{s\sin\theta + \omega\cos\theta}{s^2 + \omega^2}$$

로 되며, $t = 0$에서의 초기조건 $q(0) = q'(0) = 0$로 두면

$$Q(s)(s^2 + 2\alpha s + \beta^2) = \frac{V_m}{L}\frac{s\sin\theta + \omega\cos\theta}{s^2 + \omega^2}$$

$$Q(s) = \frac{V_m}{L}\frac{s\sin\theta + \omega\cos\theta}{(s^2 + 2\alpha s + \beta^2)(s^2 + \omega^2)} = \frac{As + B}{s^2 + \omega^2} + \frac{Cs + d}{s^2 + 2\alpha s + \beta^2}$$

로 되고, 미정계수법에 의해 A, B, C, D를 구하면

$$A = -\frac{I_m}{\omega}\cos(\theta - \phi), \qquad B = I_m \sin(\theta - \phi)$$

$$C = \frac{I_m}{\omega}\cos(\theta - \phi), \qquad D = \frac{2\alpha}{\omega}\cos(\theta - \phi) - I_m \sin(\theta - \phi)$$

로 되며,

$$I_m = \frac{V_m}{\sqrt{R^2 + (\omega L - \frac{1}{\omega C})^2}} = \frac{\omega V_m}{L\sqrt{(\omega^2 - \beta^2)^2 + 4\alpha^2\omega^2}}$$

$$\phi = \tan^{-1}\frac{\omega L - \frac{1}{\omega C}}{R}$$

이다. 따라서 C에 가해지는 전하량 $q(t)$는

$$q(t) = \mathcal{L}^{-1}Q(s) = \mathcal{L}^{-1}\left(\frac{As + B}{s^2 + B^2}\right) + \mathcal{L}^{-1}\left(\frac{Cs + D}{s^2 + 2\alpha s + \beta^2}\right)$$

에서 첫 항은

$$\mathcal{L}^{-1}\left(\frac{As + B}{s^2 + B^2}\right) = -\frac{I_m}{\omega}cos(\omega t + \theta - \phi)$$

로 되나 제 2 항은 $\beta^2 - \alpha^2$의 부호에 따라 다음의 세 가지로 구분하여 구한다.

① $\beta^2 - \alpha^2 > 0$인 경우 $\gamma^2 = \beta^2 - \alpha^2$로 두면,

$$\mathcal{L}^{-1}\left(\frac{Cs+D}{s^2+2\alpha s+\beta^2}\right)=\mathcal{L}^{-1}\left[\frac{C(s+\alpha)+D-C\alpha}{s^2+2\alpha s+\beta^2}\right]$$

$$=Ce^{-\alpha t}\cos\gamma t+(D-C\alpha)\frac{1}{\gamma}e^{-\alpha t}\sin\gamma t$$

$$=\frac{I_m}{\omega}e^{-\alpha t}\cos(\theta-\phi)\cos(\gamma t)$$

$$+\frac{1}{\gamma}\left[\frac{\alpha I_m}{\omega}cos(\theta-\phi)-I_m\sin(\theta-\phi)\right]e^{-\alpha t}\sin\gamma t$$

로 되므로 전하량 $q(t)$는

$$q(t)=\frac{I_m}{\omega}e^{-\alpha t}\left[\cos(\theta-\phi)\cos\gamma t+\frac{\alpha}{\gamma}\cos(\theta-\phi)\sin\gamma t-\frac{\omega}{\gamma}\sin(\theta-\phi)\sin\gamma t\right]$$

$$-\frac{I_m}{\omega}\cos(\omega t+\theta-\phi)$$

로 된다.

② $\beta^2-\alpha^2<0$인 경우 $\xi^2=\alpha^2-\beta^2$로 두면,

$$\mathcal{L}^{-1}\left(\frac{Cs+D}{s^2+2\alpha s+\beta^2}\right)$$

$$=\mathcal{L}^{-1}\left[\frac{C(s+\alpha)+D-C\alpha}{(s+\alpha)^2-\xi^2}\right]$$

$$=Ce^{-\alpha t}\cosh\xi t+(D-C\alpha)\frac{1}{\xi}e^{-\alpha t}\sinh\xi t$$

$$=\frac{I_m}{\omega}e^{-\alpha t}\cos(\theta-\phi)\cosh\xi t$$

$$+\frac{1}{\xi}\left[\frac{\alpha I_m}{\omega}cos(\theta-\phi)-I_m\sin(\theta-\phi)\right]e^{-\alpha t}\sinh\xi t$$

가 얻어지고

$$q(t)=\frac{I_m}{\omega}e^{-\alpha t}\left[\cos(\theta-\phi)\cosh\xi t+\frac{\alpha}{\xi}\cos(\theta-\phi)\sinh\xi t-\frac{\omega}{\xi}\sin(\theta-\phi)\sinh\xi t\right]$$

$$-\frac{I_m}{\omega}\cos(\omega t+\theta-\phi)$$

로 된다.

③ $\beta^2-\alpha^2=0$인 경우

$$\mathcal{L}^{-1}\left(\frac{Cs+D}{s^2+2\alpha s+\beta^2}\right)$$

$$= \mathcal{L}^{-1}\left[\frac{Cs+D}{(s+\alpha)^2}\right]$$

$$= e^{-\alpha t}\left[C+(D-\alpha C)t\right]$$

$$= \frac{I_m}{\omega}e^{-\alpha t}\left[(1+\alpha t)\cos(\theta-\phi)-\omega t\sin(\theta-\phi)\right]$$

로 되며

$$q(t) = \frac{I_m}{\omega}e^{-\alpha t}\left[(1+\alpha t)\cos(\theta-\phi)-\omega t\sin(\theta-\phi)\right]$$

$$-\frac{I_m}{\omega}\cos(\omega t+\theta-\phi)$$

로 구해진다.

---

[5] 기 계 계

그림 3-6과 같은 스프링 질량계는 제동이 있는 강제운동의 미분방정식

$$m\frac{d^2x}{dt^2}+\beta\frac{dx}{dt}+kx = f(t) \tag{3.103}$$

으로 선형 2계 미분방정식에 의해 기술될 수 있다. 여기서 $f(t)$는 추에 가해지는 외력이고 m 은 추의 질량, β 는 마찰계수, k 는 스프링 상수이고 평형점으로부터의 변위 x 는 아랫방향일 때 양의 값을 가진다.

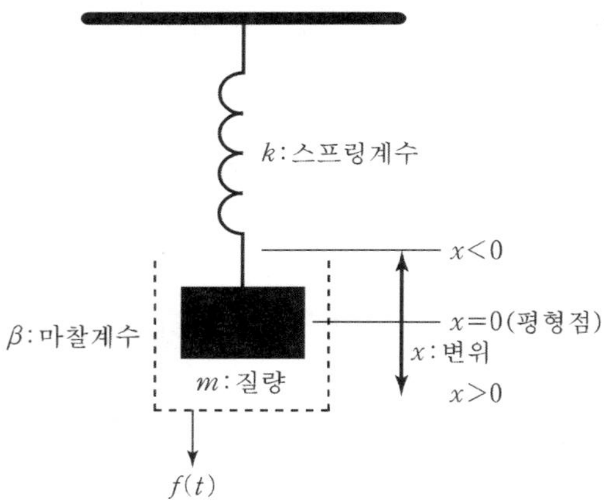

그림 3-6 스프링 질량계

[6] 비틀림운동

탄성축의 단부에 매달린 질량의 비틀림운동을 지배하는 미분방정식은 다음과 같다.

$$I\frac{d^2\theta}{dt^2}+c\frac{d\theta}{dt}+k\theta(t)=\tau(t) \tag{3.104}$$

그림 3-7에서와 같이 함수 $\theta(t)$는 임의 시각에서의 질량에 의해 비틀린 양을 나타낸다. 식 (3.102) 및 (3.103)을 식 (3.104)와 비교해 보면, 용어를 제외하면 진동하는 스프링, 단순직렬회로 및 비틀림진동은 전혀 차이가 없음을 알게 된다. 다음의 표 3-3은 이들 세 종류의 시스템의 유사 부분들을 비교한 것이다.

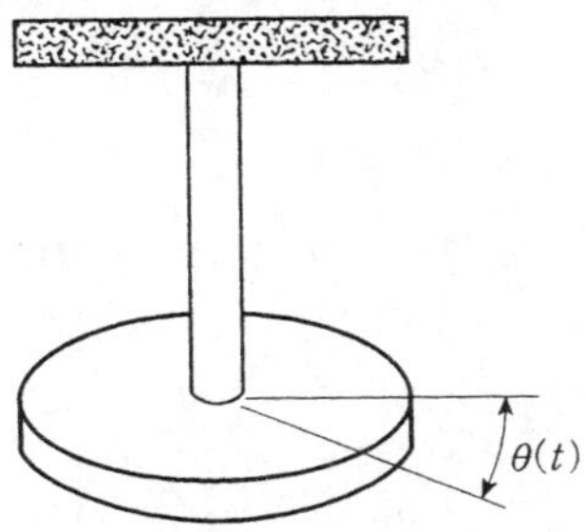

그림 3-7 비틀림운동

표 3-3 물리량의 비교

기 계 계	직 렬 전 기 계	비 틀 림 계
m 질량	L 인덕턴스	I 관성 모멘트
β 제동상수	R 저항	c 제동상수
k 스프링 상수	$1/C$ 커패시턴스의 역수 : elastance라 부름	k 탄성축 상수
x 변위	$q(t)$ 전하량	$\theta(t)$ 각변위
$f(t)$ 인가외력	$E(t)$ 인가전압	$\tau(t)$ 인가토크

3.11 비선형 시스템에 대한 미분방정식

앞서 정의한 바와 같이 종속변수 y 혹은 그 모든 도함수 $(y, y', y'', \cdots, y^{(n)})$를 포함하는 항이 모두 1차이고 계수가 상수를 포함한 독립변수로만 나타나는 미분방정식을 선형 미분방정식이라고 한다. 이에 반하여 $(y')^{1/2}$ 및 y^3y'은 종속변수가 1차가 아니거나 종속변수에 대한 계수가 독립변수만으로 표현되지 않으므로 비선형이 된다. 예를 들면, 다음은 2계 및 3계 선형 상미분방정식이고

$$(1-x)y''-4xy'+5y=\cos x$$

$$x^3\frac{d^3y}{dx^3}-x^2\frac{d^2y}{dx^2}+3x\frac{dy}{dx}+5y=e^x$$

다음 방정식들은 비선형 미분방정식이다.

- 1계 비선형 미분방정식 : $(x+y)dx-xy\,dy=0$, $yy'+2y=1+x^2$
- 2계 비선형 미분방정식 : $yy''-2y'=x$
- 3계 비선형 미분방정식 : $y'''+y^2=0$
- 4계 비선형 미분방정식 : $x^3y^{(4)}-x^2y''+4xy'-3y=0$

[1] 비선형 스프링 질량계

선형인 스프링 질량계의 수학적 모델은 다음과 같은 형식으로 주어질 것이다.

$$m\frac{d^2x}{dt^2}+F(x)=0 \tag{3.105}$$

후크(Hooke)의 법칙에 의해 $F(x)=kx$로 표현하면 이 힘에 의해 질량은 평형점으로 복귀하려고 할 것이다. x는 질량이 평형점으로부터 얼마나 이탈되어 있는가를 나타내는 변위이며, k는 스프링 상수이다. 이처럼 변위에 비례하는 선형 복원력 $F(x)=kx$이 작용하면 스프링은 선형 스프링이 된다. 그러나 대부분의 일반적인 스프링은 비선형성을 갖는다. 제조시의 공정 및 사용 재료에 따라 경(硬)스프링(hard spring) 또는 연(軟)스프링(soft spring)으로 구분된다.

복원력이

$$F(x)=k_1x+k_3x^3,\ k>0 \tag{3.106}$$

으로 주어지는 경우에 해당하는 식 (3.105)의 미분방정식을 자세히 관찰해 보자. $k_3>0$이면 경스프링이라고 하며, $k_3<0$이면 연스프링이라고 한다. 따라서 스프링의

복원력은 선형 스프링으로 가정한 경우에 비해 커질 수도 있고 작아질 수도 있다. 통상 경년 변화가 없는 비선형 스프링의 경우, 스프링의 복원력은 변위의 3제곱에 비례한다고 가정한다. 이 경우 스프링의 복원력은 비선형 함수인 $F(x)=kx+k_1x^3$과 같이 표현될 것이다. 즉,

$$m\frac{d^2x}{dt^2}+kx^3=0 \text{ 또는 } m\frac{d^2x}{dt^2}+kx+k_1x^3=0 \tag{3.107}$$

이처럼 비선형 복원력을 가지는 비선형 스프링의 경우,

$$m\frac{d^2x}{dt^2}+\beta\left|\frac{dx}{dt}\right|\frac{dx}{dt}+kx=0 \tag{3.108}$$

와 같이 감쇠 또한 변위의 순시속도 dx/dt의 2승에 비례할 수 있다. 비선형 모델은 다양하게, 선형 감쇠와 비선형 복원력 또는 비선형 감쇠와 비선형 복원력 등등의 조합을 갖는 여러 종류의 수학적 모델도 얻어질 수 있다. 이같은 관점은 물리적 시스템의 비선형 특성이 수학적 모델을 비선형이 되게 한다는 것이다.

그렇다면 식 (3.106)의 경우에서와 같이 스프링의 복원력이 x에 대한 기수 함수로만 주어질까? 이에 대한 이해를 돕기 위해 비선형항 $F(x)$를 평형점 $x=0$ 근방에서 멱급수로 전개하면

$$F(x)=k_0+k_1x+k_2x^2+k_3x^3+\cdots, \tag{3.109}$$

로 될 것이다. 만약 변위 x가 아주 작고 n이 충분히 클 경우 고차의 항 x^n의 값들은 무시될 수 있다. 넷째 항 이후를 무시하면 다음과 같이 된다.

$$F(x)=k_0+k_1x+k_2x^2+k_3x^3 \tag{3.110}$$

신장시 $x>0$일 때의 힘과 신축시 $-x<0$일 때의 힘을 비교해 보자.

$$F(x)=k_0+k_1x+k_2x^2+k_3x^3 \tag{3.111}$$

$$F(-x)=k_0-k_1x+k_2x^2-k_3x^3 \tag{3.112}$$

이 경우 서로 반대 방향이나 힘의 크기는 동일해야 하므로 $F(-x)=-F(x)$가 되어야 한다. 따라서 $k_0=0$, $k_2=0$, $F(x)=k_1x+k_3x^3$이 되어야 한다.

예제 66

다음 두 미분방정식은 경스프링과 연스프링을 나타낸 것이다. 그 진동특성을 중심으로 설명하라.

$$경스프링 : m\frac{d^2x}{dt^2}+x+x^3=0 \tag{3.113}$$

$$연스프링 : m\frac{d^2x}{dt^2}+x-x^3=0 \tag{3.114}$$

[풀이] 그림 3-8 (a)는 식 (3.113)의 해이며 그림 3-8 (b)는 식 (3.114)의 해인데, 이들은 MATLAB으로 풀이한 결과이다. 실선은 초기조건 $x(0)=2$와 $x'(0)=-3$을 만족하며 점선은 $x(0)=2$와 $x'(0)=0$을 만족하는 해들이다. 이들 해 곡선으로부터 경스프링의 운동은 진동적임을 암시하고 있는 반면, 연스프링에 매달린 질량의 운동은 비진동적임을 알 수 있다.

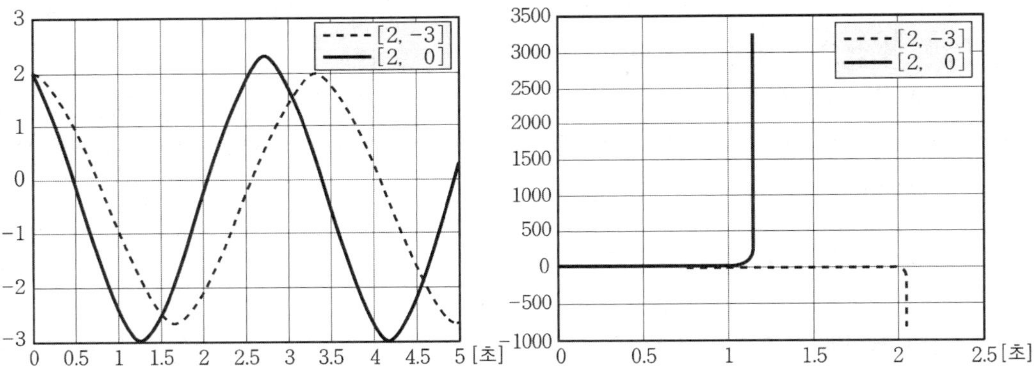

(a) 경스프링 (b) 연스프링

그림 3-8 예제 54의 해곡선들

[2] 비선형 단진자 운동

한 점에 길이가 l인 줄에 질량 m이 매달려 있는 경우 평형점은 중력의 방향인 수직점, 곧 수직축에서의 진자 변위각 $\theta=0$인 위치이다. 단진자의 운동에 대한 미분방정식은 통상적으로 감쇠력과 막대의 질량은 무시한 경우에 대한 것이다. 진자의 변위각

$\theta > 0$은 진자가 오른쪽으로 치우쳤을 때의 각으로 정의하면 원호의 길이는 $s = l\theta$로 표현할 수 있다. 따라서 진자의 운동방정식은 뉴턴의 제2법칙으로부터 다음과 같아진다.

$$F = ma = m\frac{d^2s}{dt^2} = ml\frac{d^2\theta}{dt^2} \tag{3.115}$$

한편, 진자는 그림 3-9로부터 앞에서와는 달리 평형점으로 복귀하려는 힘, 곧 접선 방향으로 작용하는 힘 $mg\sin\theta$도 갖고 있다. 이 힘은 $\theta > 0$일 때는 좌측으로 끌리게 할 것이고, $\theta < 0$일 때는 우측으로 끌리게 할 것이다. 따라서 접선방향으로 작용하는 힘은 $-mg\sin\theta$가 되므로

$$ml\ \frac{d^2\theta}{dt^2} = -mg\sin\theta \tag{3.116}$$

로부터

$$\frac{d^2\theta}{dt^2} + \frac{g}{l}\sin\theta = 0 \tag{3.117}$$

로 될 것이다.

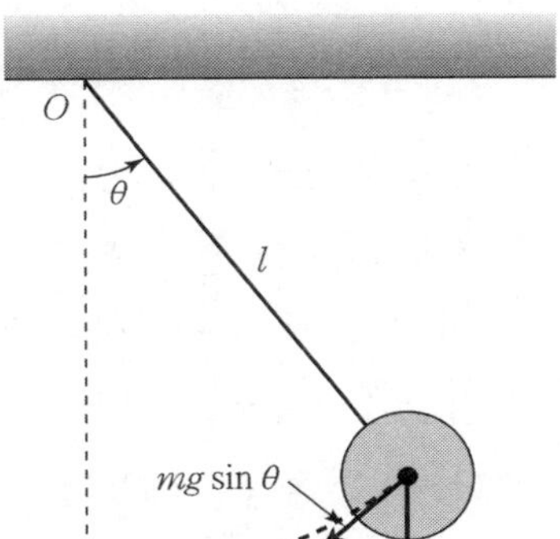

그림 3-9 길이 l인 줄에 질량 m의 단진자 운동

[3] 선형화 모델링

식 (3.126)에서 $\sin\theta$ 항이 존재하므로 비선형 미분방정식이 된다. 비선형 항을 선형화시키기 위해 먼저 $\sin\theta$를 맥로린(McLaurin) 급수로 전개하면 다음과 같이 된다.

$$\sin\theta = \theta - \frac{\theta^3}{3!} + \frac{\theta^5}{5!} - \cdot\cdot\cdot \tag{3.118}$$

두 항까지

$$\sin\theta \fallingdotseq \theta - \theta^3/6 \tag{3.119}$$

로 근사시키면, 식 (3.117)은 다음과 같다.

$$d^2\theta/dt^2 + (g/l)\theta - (g/6l)\theta^3/6 = 0 \tag{3.120}$$

그러나 변위각 θ가 충분히 작다면 $\sin\theta \fallingdotseq \theta$로 둘 수 있다. 따라서 식 (3.120)은

$$\frac{d^2\theta}{dt^2} + \frac{g}{l}\theta = 0 \tag{3.121}$$

와 같이 선형 근사화된다. 식 (3.121)의 해를 구하기 위해 $\omega^2 = g/l$[rad/sec]로 두면 일반해는 $\theta(t) = c_1\cos\omega t + c_2\sin\omega t$로 주어진다. 식 (3.121)을 선형 스프링/질량계의 자유 무감쇠 진동 모델이라고 한다.

[4] 가공전선의 모델링

자체 하중을 갖는 가공전선에 대해 생각해 보자. 그림 3-10(a)의 물리적 모델은 두 전주 사이에 걸려 있는 긴 전력 전송에 대한 경우로 볼 수 있다. 논의의 목적은 가공전선의 형태를 표현할 수 있는 수학적 모델을 구성하는 것이다. 그림 3-10(b)에서 곡선상의 최저점 P_1을 통과하는 수직선을 y축으로 선택하였고, P_1점에서 a 단위만큼 아래인 수평선을 x축으로 선택하였다. 최저점 P_1과 임의 점 P_2 사이에 놓여있는 전선의 일부분만을 조사해 보도록 하자. 세 가지의 힘이 전선에 작용하는데 원호 P_1P_2 간의 무게, 그리고 P_1과 P_2의 각 점에 작용하는 두 개의 장력 $\boldsymbol{T}_1$ 및 $\boldsymbol{T}_2$가 그것이다.

w를 전선의 선형 밀도(kg/cm의 단위로 측정됨)라 하고, s를 원호 P_1P_2의 길이로 두면 그 중량은 ws가 된다. 장력 $\boldsymbol{T}_2$를 스칼라의 수평성분과 수직성분으로 분해하면 $T_2\cos\theta$와 $T_2\sin\theta$가 된다. 이는 평형을 이루고 있으므로

$$|\boldsymbol{T}_1| = T_1 = T_2\cos\theta \quad \text{및} \quad ws = T_2\sin\theta$$

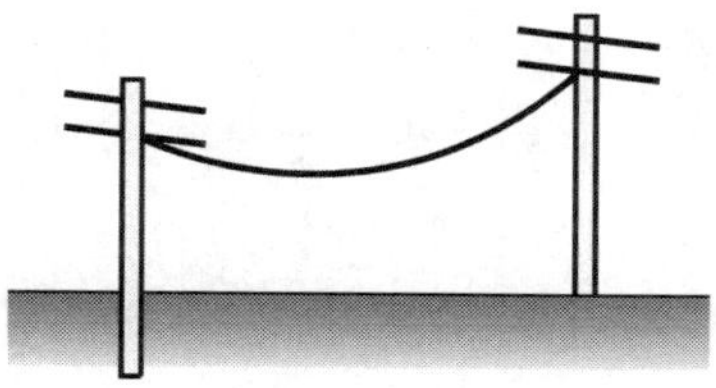

(a)

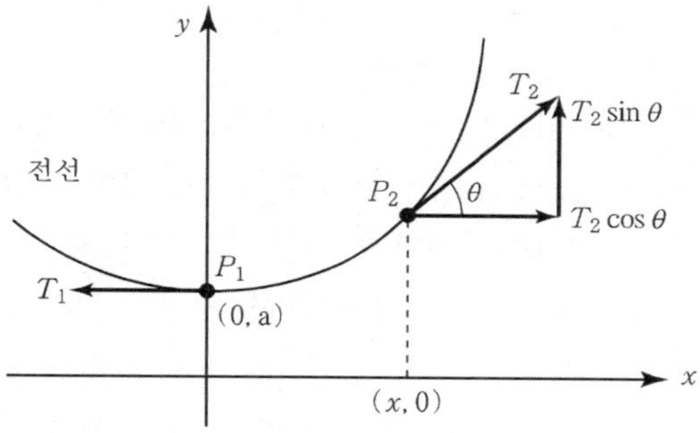

(b)

그림 3-10 가공전선 모델

로 쓸 수 있다. 두 식을 나누면 $\tan\theta = ws/T_1$을 얻는다. 즉,

$$\frac{dy}{dx} = \frac{ws}{T_1} \tag{3.122}$$

P_1 및 P_2 점 사이의 원호는

$$s = \int_0^x \sqrt{1 + \left(\frac{dy}{dx}\right)^2}\, dx \tag{3.123}$$

로 주어지므로 미적분의 기본 정리로부터 식 (3.123)의 도함수는 다음과 같이 된다.

$$\frac{ds}{dx} = \sqrt{1 + \left(\frac{dy}{dx}\right)^2} \tag{3.124}$$

식 (3.122)을 x에 대하여 미분하고 식 (3.124)을 이용하면 다음과 같다.

$$\frac{d^2y}{dx^2} = \frac{w}{T_1}\frac{ds}{dx} \quad \text{또는} \quad \frac{d^2y}{dx^2} = \frac{w}{T_1}\sqrt{1 + \left(\frac{dy}{dx}\right)^2} \tag{3.125}$$

예제 67

그림 3-10과 같은 자체 하중을 갖는 가공전선의 운동에 대해 수학적으로 모델링하고

그 해를 구하라.

[풀이] 그림 3-10(b)에서 전선의 자체 하중으로 처져있는 전선의 최저점 P_1을 통과하는 수직선을 y축으로 선택하고, P_1 점에서 a만큼 아래에 위치한 수평선을 x축으로 선택하자. 최저점 P_1과 임의 점 P_2 사이에 놓여있는 전선의 일부분에 대해 세 가지 힘이 작용한다. 즉, 원호 P_1P_2 간의 전선자체 무게, 그리고 P_1과 P_2의 각 점에 작용하는 두 개의 수평 장력 $\boldsymbol{T}_1$ 및 $\boldsymbol{T}_2$이다. w를 전선의 선형 밀도(lb/ft의 단위로 측정됨)라 하고, s를 원호 P_1P_2의 길이로 두면 그 중량은 ws가 된다. 한편, 장력 T_2를 스칼라의 수평성분과 수직성분으로 분해하면 $T_2\cos\theta$ 및 $T_2\sin\theta$로 된다. 두 개의 힘이 평형을 이루고 있으므로

$$T_1 = T_2\cos\theta \quad \text{및} \quad ws = T_2\sin\theta$$

두 식을 나누면 $\tan\theta = ws/T_1$을 얻는다. 즉,

$$\frac{dy}{dx} = \frac{ws}{T_1} \tag{3.126}$$

P_1 및 P_2 점 사이의 원호는

$$s = \int_0^x \sqrt{1+\left(\frac{dy}{dx}\right)^2}\,dx \tag{3.127}$$

로 주어지므로 미적분의 기본 정리로부터 식 (3.127)의 도함수는

$$\frac{ds}{dx} = \sqrt{1+\left(\frac{dy}{dx}\right)^2} \tag{3.128}$$

로 된다. 식 (3.127)을 x에 대하여 미분하고 식 (3.128)을 이용하면,

$$\frac{d^2y}{dx^2} = \frac{w}{T_1}\frac{ds}{dx}$$

또는

$$\frac{d^2y}{dx^2} = \frac{w}{T_1}\sqrt{1+\left(\frac{dy}{dx}\right)^2} \tag{3.129}$$

와 같은 2계 비선형 미분방정식이 구해진다.

$u = y'$로 두면 식 (3.129)는 $dy/dx = w/T_1\sqrt{1+u^2}$으로 된다. 변수 분리하면,

$$\int \frac{dy}{\sqrt{1+u^2}} = \frac{w}{T_1}\int dx$$

로부터

$$\sinh^{-1}u = \frac{w}{T_1}x + c_1$$

로 된다. $y'(0)$는 $u(0)=0$과 등가이다. $\sinh^{-1}0 = 0$이므로 $c_1 = 0$ 및 $u = \sinh(wx/T_1)$을 얻는다. 따라서

$$\frac{dy}{dx} = \sinh\frac{w}{T_1}x$$

의 양변을 적분하면

$$y = \frac{T_1}{w}\cosh\frac{w}{T_1}x + c_2$$

를 얻는다. $y(0)=a$, $\cosh 0 = 1$이므로 마지막 식에서 $c_2 = a - T_1/w$를 얻는다. 따라서 가공전선의 형태는

$$y = \frac{T_1}{w}\cosh\frac{w}{T_1}x + a - \frac{T_1}{w}$$

로 정의된다.

예제 68

일정한 힘에 의해 위쪽으로 끌어 올려지는 체인이 있다. 균일한 10[m] 길이의 체인이 지상에 느슨하게 감겨져 있다. 체인의 한 끝은 일정한 5 [lb]의 힘에 의해 수직 윗방향으로 당겨지고 있다. 체인은 1 [ft]당 1 [lb]의 무게를 갖는다. 임의시각 t[sec]에서의 지표면 위로 끌려 올라간 높이 x[m]를 결정하라. 단, 위쪽으로의 변위를 양으로 두며 $t=0$에서의 초기 변위는 0과 같다.

[풀이] 시각 t에서 공중으로 끌려 올려진 체인의 높이를 $x = x(t)$로 나타내면 끌려 올라가는 속도는 $v = dx/dt$가 된다. 위쪽을 양의 방향으로 두자. 시각 t에서 끌려 올려간 체인에 대해 다음 관계가 성립한다.

무게 : $W = x[m] \cdot 1[lb] = x$

질량 : $m = W/g = x/32$

전체 힘 : $F = 5 - W = 5 - x$

따라서

$$\frac{d}{dt}(\frac{x}{32}v) = 5 - x$$

또는

$$x\frac{dv}{dt} + v\frac{dx}{dt} = 160 - 32x \tag{3.130}$$

를 얻는다. $v = dx/dt$이므로 다음과 같은 비선형 2계 미분방정식을 얻게 된다.

$$x\frac{d^2x}{dt^2} + \frac{dx}{dt}^{2} + 32x = 160 \tag{3.131}$$

식 (3.131)은 차수감소법으로 풀이될 수 있다. 즉, 연쇄규칙과 함께 $v = x'$로 두면,

$$\frac{dv}{dt} = \frac{dv}{dx}\frac{dx}{dt} = v\frac{dv}{dt}$$

로부터 식 (3.131)은 다음과 같이 된다.

$$xv\frac{dv}{dx} + v^2 = 160 - 32x \tag{3.132}$$

식 (3.132)을 $M(x, v)dx + N(x, v)dv = 0$과 같은 미분형으로 고쳐 쓰면 다음을 얻을 수 있고,

$$(v^2 + 32x - 160)dx + xvdv = 0 \tag{3.133}$$

적분인자를 구하면 완전 미분방정식으로 변환될 수 있다. 즉, 식 (3.133)에 $\mu(x) = x$를 곱하면 완전 미분방정식이 된다.

$M(x, y) = \partial f/\partial x = xv^2 + 32x^2 - 160x$ 및 $N(x, y) = \partial f/\partial v = xv^2$로 두면 다음과 같이 된다.

$$\frac{1}{2}x^2v^2 + \frac{32}{3}x^3 - 80x^2 = c_1 \tag{3.134}$$

초기조건 $x(0) = 0$으로부터 $c_1 = 0$을 얻는다. $v = dx/dt > 0$에 대해 $1/2x^2v^2 + 32/3x^3 - 80x^2 = 0$을 풀면 다른 형태의 미분방정식

$$\frac{dx}{dt} = \sqrt{160 - \frac{64}{3}x}$$

을 얻는다. 이는 다시 변수 분리법으로 풀이될 수 있다. 즉,

$$-\frac{3}{32}(160 - \frac{64}{3}x)^{1/2} = t + c_2 \tag{3.135}$$

로 구해진다. 초기조건 $x(0)=0$으로부터 $c_2=-3\sqrt{10}/8$을 얻게 된다. 마지막으로 식 (3.135)의 양변에 제곱을 취하고 x에 대해 풀면 다음을 얻게 된다.

$$x(t)=\frac{15}{2}-\frac{15}{2}\left(1-\frac{4\sqrt{10}}{15}t\right)^2 \tag{3.136}$$

예제 69

다음 $yy''+(y')^2+1=0$을 풀어라.

[풀이] $y'=p$라 하면

$$\frac{d^2y}{dx^2}=\left(\frac{dp}{dy}\right)p$$

가 되므로 이 미분방정식은

$$y\frac{dp}{dy}p+p^2+1=0 \quad \text{즉,} \quad \frac{dy}{y}+\frac{pdp}{p^2+1}=0$$

으로 변형되고 이것을 적분하여 다음과 같이 된다.

$$y^2(p^2+1)=a^2$$

여기서

$$p=\frac{dy}{dx}=\pm\frac{\sqrt{a^2-y^2}}{y}$$

로 두면,

$$\pm\frac{ydy}{\sqrt{a^2-y^2}}=dx$$

로 되며 적분하여 다음 값을 얻는다.

$$\pm\sqrt{a^2-y^2}=x+c$$

따라서 다음과 같은 일반해를 얻게 된다.

$$(x+c)^2+y^2=a^2$$

Chapter 04

페이저법과 스파이럴 벡터 (Phasor Method and Spiral Vector)

4.1 교류 (AC : alternating current)

방향과 크기가 시간의 흐름에 따라 변화하는 전압·전류를 교류라고 하며, 그림 4-1 (a)와 같은 정현파 교류와 그림 4-1 (b)~(f)와 같은 왜형파 교류가 있다.

교류는 크기(또는 진폭 E_m), 파형(sin), 변화의 속도(각속도 ω) 및 위상(phase ϕ)의 네 가지 요소로 구성되고 이상의 네 가지 요소에 의해 포함되는 식 (4.1)을 순시값을 나타내는 식이라고 하며, 어떤 시각 t에서의 정현파 교류전압의 순시값은 식 (4.1)과 같다.

$$e(t) = E_m \sin(\omega t + \phi) \tag{4.1}$$

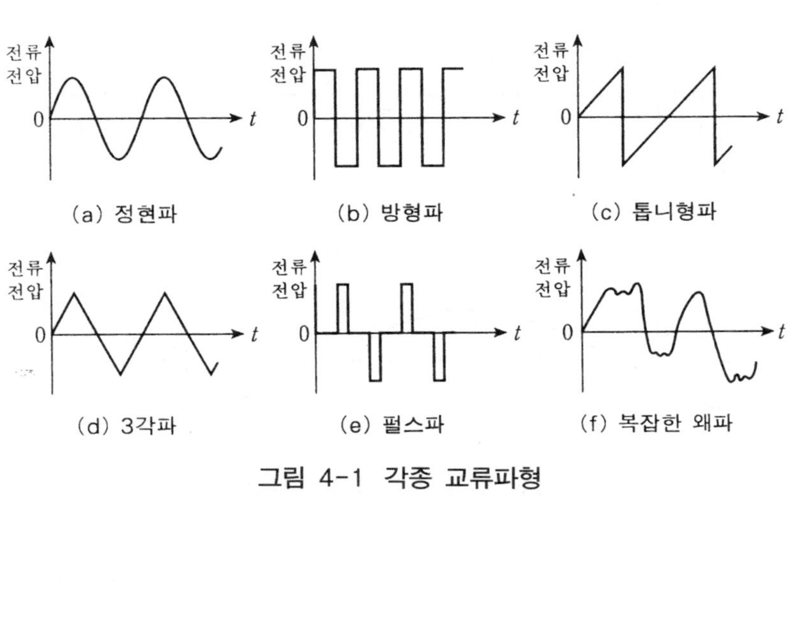

그림 4-1 각종 교류파형

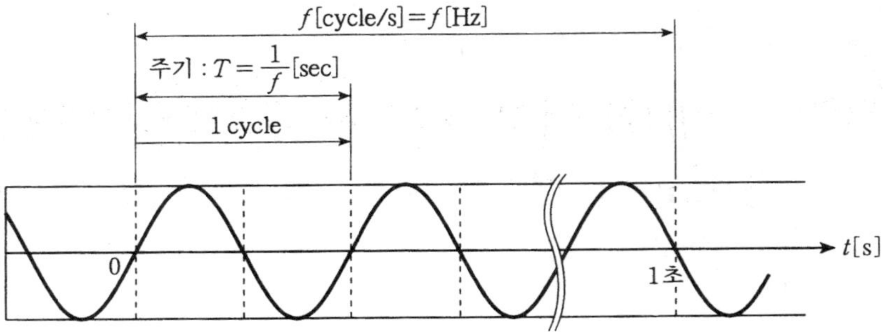

그림 4-2 교류정현파

식 (4.1)은 그림 4-2와 같이 나타낼 수 있다.

주파수 f [Hz]는 단위시간 1초 간에 반복적으로 변화되는 사이클(cycle) 수를 말하며, 60 [Hz]는 1초 간에 60번 반복적으로 변화하는데 60 [cycle/s]로도 표현된다. 그리고 주기 T [s]는

$$T = \frac{1}{f} \tag{4.2}$$

의 관계가 있으며 각속도 또는 각주파수 ω[rad/s]는

$$\omega = 2\pi f \tag{4.3}$$

로 표현되므로 60 [Hz]인 경우, 각속도는 $\omega = 2\pi 60 \doteqdot 377$ [rad/s]로 된다. 한편,

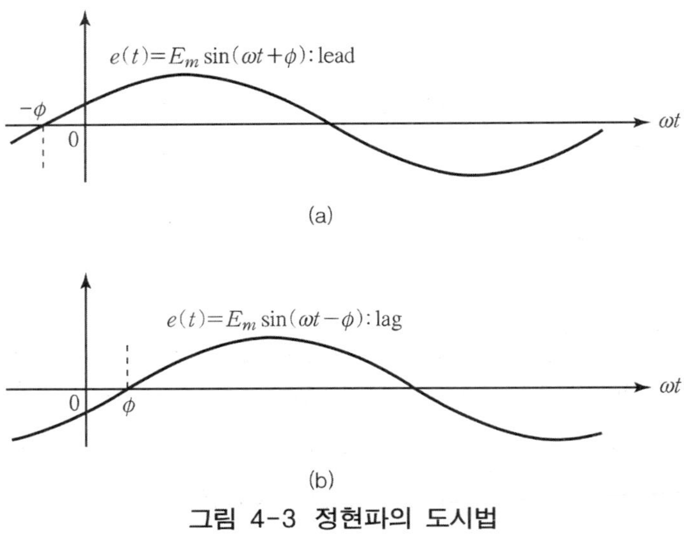

그림 4-3 정현파의 도시법

$$\omega T = 2\pi f\, T = 2\pi f \frac{1}{f} = 2\pi\ [\text{rad}] = 360^{\circ} \tag{4.4}$$

의 관계가 유지되며 정현파를 도시할 때 그림 4-2와 같이 독립변수를 t가 아닌 ωt 를 이용하는 경우 그림 4-3과 같이 나타낼 수 있다.

4.2 정현파의 페이저 표현

교류, 교류전압, 교류전류 등의 물리량은 크기와 위상을 갖는 데 이들 양을 그림으로 표시하기 위해 평면상을 회전하는 직선, 곧 회전벡터를 사용하는 것이 편리하다. 그리하여 미국의 표준협회의 과학 및 공학분야의 기호 및 약자 분과위원회(Sectional Committee on Letter Symbols and Abbreviations for Science and Engineering of the American Standards Association)에서 크기와 기준선으로부터의 방향에 의해 정현파의 진폭과 위상을 나타내는 양을 회전벡터 대신 페이저(phasor)로 명명할 것을 제안하여, 1949년 미국 표준규격 Z 10·5−1949 전기량에 대한 문자기호(American Standard Z 10·5−1949, Letter Symbols for Electrical Quantities)에 등록하였다.

시간 t 에 대해 각주파수 ω를 갖는 정현함수를

$$x(t) = A_m \sin(\omega t + \phi) \tag{4.5}$$

로 정의하자. 단 A_m, ω, ϕ는 식 (4.5)로 주어진 정현파의 진폭, 각주파수 및 위상이다. 일반적으로 동일한 각주파수를 갖는 복수개의 정현파 또는 주어진 함수를 미분한 형태의 정현파 도함수들이 포함되는 경우 그들의 합도 동일한 각주파수 ω를 갖는다.

예를 들면, 다음의 $f(t)$처럼 $\omega = 2$ [rad/s]인 각주파수를 갖는 파형들의 합으로 주어진 경우

$$\begin{aligned} f(t) &= 2\cos 2t \cos 60^{\circ} - 2\sin 2t \sin 60^{\circ} - 4\sin 2t + 4\cos 2t \\ &= \cos 2t - \sqrt{3}\sin 2t - 4\sin 2t + 4\cos 2t \\ &= 5\cos 2t - (4 + \sqrt{3})\sin 2t \end{aligned}$$

$$= \sqrt{5^2 + (4+\sqrt{3})^2} \cos\left[2t + \tan^{-1}\frac{-(4+\sqrt{3})}{5}\right] \tag{4.6}$$

$$= 7.6\cos(2t - 48.8^\circ)$$

의 결과와 같이 동일한 각주파수를 갖는 1개의 정현파형으로 표현된다는 것을 알 수 있다. 이처럼 각주파수 ω를 갖는 정현파는 진폭 A_m 과 위상 ϕ로 특징지을 수 있다. 즉, 복소수에 의해 페이저를

$$\dot{A} \triangleq A_m e^{j\phi} = A_m \angle \phi \tag{4.7}$$

로 정의하면, A_m은 복소수 $\dot{A}$의 크기이며 ϕ는 이의 위상이 된다. 따라서 식 (4.5)의 정현파 $x(t)$는

$$\begin{aligned} x(t) &= Im(\dot{X}) \\ &= Im(\dot{A}e^{j\omega t}) \\ &= Im(A_m e^{j(\omega t+\phi)}) \\ &= Im[A_m \cos(\omega t+\phi) + jA_m \sin(\omega t+\phi)] \\ &= A_m \sin(\omega t+\phi) \end{aligned} \tag{4.8}$$

로 표현됨도 알 수 있다. 그러나 주파수가 동일한 2개 이상의 상대적인 양을 표시하는 경우는 평면상에서 그 양들이 크기와 상대적인 위상의 값으로만 기술하면 대단히 편리해질 것이다. 예를 들면, $\dot{X} = \dot{A}\,e^{j\omega t}$에서 t가 변화함에 따라 좌표축이 ω 라는 일정한 각속도로 회전하게 된다면 페이저 $\dot{X}$는 마치 정지된 것과 같아진다. 따라서 $t=0$로 두면 $e^{j\omega t} = e^0 = 1$, 즉 좌표축은 정지되어 있는 것과 같아지게 되므로 $x(t)$는 $t=0$일 때의 크기 및 위상 만에 의해

$$\dot{X} = A_m e^{j\phi} = \dot{A}$$

와 같이 단순히 페이저 $\dot{A}$에 의해 표현할 수도 있다.

예제 1

다음 정현파를 페이저를 이용하여 표현하라.

① $v(t)=\sqrt{2}\,110\cos\left(2\pi 60t+\dfrac{\pi}{3}\right)$

② $y(t)=B_m\sin(\omega t+\phi)$

[풀이] ① 페이저 $\dot{A}=\sqrt{2}\,110e^{j\left(\frac{\pi}{3}\right)}$ $\quad\therefore v(t)=Re(\dot{A}\,e^{j2\pi 60t})$

② 페이저 $\dot{B}=B_m e^{j\phi}$ $\therefore y(t)=Im(\dot{B}\,e^{j\omega t})$

이상에서 $Re(\bullet)$ 및 $Im(\bullet)$은 주어진 함수의 실수부 및 허수부를 취하는 함수이다. 그림 4-4는 반시계방향으로 회전하는 회전페이저 $\dot{A}\,e^{j\omega t}$를 나타내고 있다. (a)는 각속도 ω로 회전하는 벡터로 간주되고 있음을 보여 주고 있으며 (b)는 허수부를, (c)는 실수부를 시간축 상에 각각 나타낸 것이다. 이처럼 임의의 회로에서 교류전압 및 전류의 순시값이

$$e(t)=E_m\sin(\omega t+\phi_1)=\sqrt{2}E\sin(\omega t+\phi_1)$$

$$i(t)=I_m\sin(\omega t+\phi_2)=\sqrt{2}I\sin(\omega t+\phi_2)$$

로 주어지는 경우는 간단히(수정) 실효치로서(최대치 E_m 또는 I_m)으로 표현해도 무방함)

$$\dot{E}=Ee^{j\phi_1}$$
$$\dot{I}=Ie^{j\phi_2}$$

와 같은 페이저로 표현할 수 있다. 이는 다시 전압 $\dot{E}$를 기준페이저($\dot{I}$를 기준페이저로 해도 된다)로 택하여

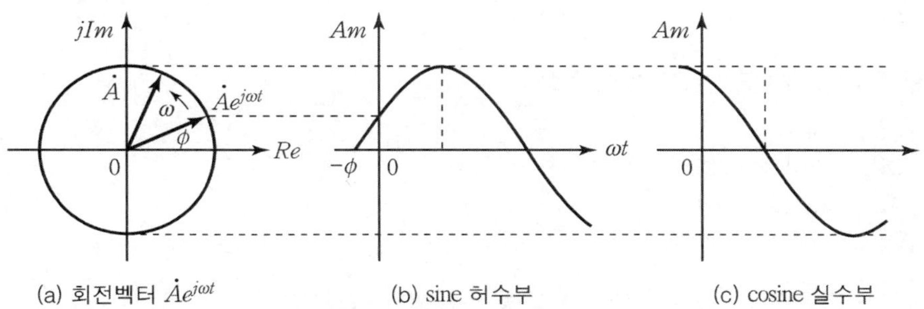

(a) 회전벡터 $\dot{A}e^{j\omega t}$ (b) sine 허수부 (c) cosine 실수부

그림 4-4 회전페이저 $\dot{A}e^{j\omega t}$

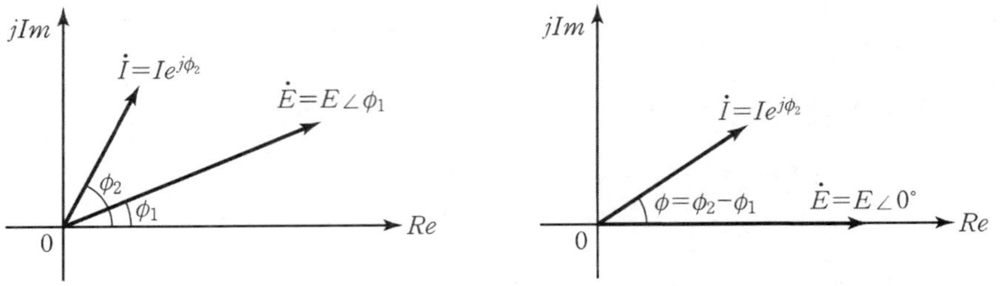

(a) 페이저　　(b) 기준 페이저를 $\dot{E}$로 한 경우

그림 4-5 페이저의 도시

$$\dot{E} = E \angle 0^{\circ}$$

$$\dot{I} = I \angle \phi$$

로 표현해도 된다. 여기서 $\phi = \phi_1 - \phi_2$ $(\phi_1 < \phi_2)$이다. 이를 나타내면 그림 4-5와 같다.

한편, 순시값 정현파의 페이저 표현을 이용하여 강제함수가 정현파로 주어지는 선형 상미분방정식의 특수해도 용이하게 구해낼 수 있다. 즉, $\alpha_i (i = 0, 1, 2, \cdots, n)$, A_m, ω, ϕ가 각각 실상수인 선형 상미분방정식이

$$\alpha_0 \frac{d^n x}{dt^n} + \alpha_1 \frac{d^{n-1} x}{dt^{n-1}} + \cdots + \alpha_{n-1} \frac{dx}{dt} + \alpha_n x = A_m \cos(\omega t + \phi) \tag{4.9}$$

로 주어지는 경우의 특수해인 $x(t)$는 우변과 같은 각주파수 ω를 갖는다. $x(t)$는 우변의 강제함수와는 다른 진폭과 위상을 갖게 된다. 따라서 문제는 진폭과 위상만을 구해냄으로써 $x(t)$의 특수해를 얻게 된다. 해를 구하기 위해 우변의 강제함수를

$$\begin{aligned} A_m \cos(\omega t + \phi) &= Re\left[A_m e^{j(\omega t + \phi)}\right] \\ &= Re\left(\dot{A}\, e^{j\omega t}\right) \\ \dot{A} = A_m e^{j\phi} & \end{aligned} \tag{4.10}$$

로 두면 특수해 $x(t)$도 같은 형식으로

$$\begin{aligned} x(t) \triangleq X_m \cos(\omega t + \theta) &= Re\left[X_m e^{j(\omega t + \theta)}\right] \\ &= Re\left(\dot{X}\, e^{j\omega t}\right) \\ \dot{X} = X_m e^{j\theta} & \end{aligned} \tag{4.11}$$

로 둘 수 있으므로 이들을 주어진 미분방정식에 대입하면

$$\alpha_0 \frac{d^n}{dt^n} Re(\dot{X} e^{j\omega t}) + \alpha_1 \frac{d^{n-1}}{dt^{n-1}} Re(\dot{X} e^{j\omega t}) + \cdots \\ + \alpha_{n-1} \frac{d}{dt} Re(\dot{X} e^{j\omega t}) + \alpha_n Re(\dot{X} e^{j\omega t}) = Re(\dot{A} e^{j\omega t}) \tag{4.12}$$

로부터

$$\frac{d}{dt} Re(\dot{X} e^{j\omega t}) = Re[j\omega \dot{X} e^{j\omega t}] \tag{4.13}$$

이고, i 계 도함수는

$$\frac{d^i}{dt^i} Re(\dot{X} e^{j\omega t}) = Re[(j\omega)^i \dot{X} e^{j\omega t}] \tag{4.14}$$

로 되므로 식 (4.12)는

$$Re\left[\alpha_0 (j\omega)^n \dot{X} e^{j\omega t}\right] + Re\left[\alpha_1 (j\omega)^{n-1} \dot{X} e^{j\omega t}\right] + \cdots + Re\left(\alpha_n \dot{X} e^{j\omega t}\right) \\ = Re\left(\dot{A} e^{j\omega t}\right) \\ Re\left[\left\{\alpha_0 (j\omega)^n + \alpha_1 (j\omega)^{n-1} + \cdots + \alpha_n\right\} \dot{X} e^{j\omega t}\right] = Re\left(\dot{A} e^{j\omega t}\right) \tag{4.15}$$

로 정리되고, 이를 다시 $e^{j\omega t}$ 로 나누면

$$\left[\alpha_0 (j\omega)^n + \alpha_1 (j\omega)^{n-1} + \cdots + \alpha_n\right] \dot{X} = \dot{A} \tag{4.16}$$

로 되므로

$$\dot{X} = \frac{\dot{A}}{\alpha_0 (j\omega)^n + \alpha_1 (j\omega)^{n-1} + \cdots + \alpha_n} = \frac{\dot{A}}{\text{실수} + j\text{허수}} = \frac{\dot{A}}{\text{크기} \angle \psi}$$

$$= X_m e^{j\theta}$$

$$= \frac{A_m e^{j\phi}}{\sqrt{[(\alpha_n - \alpha_{n-2}\omega^2 + \cdots)^2 + (\alpha_{n-1}\omega - \alpha_{n-3}\omega^3 + \cdots)^2]}\, e^{j\psi}}$$

$$X_m = \frac{A_m}{\sqrt{[(\alpha_n - \alpha_{n-2}\omega^2 + \cdots)^2 + (\alpha_{n-1}\omega - \alpha_{n-3}\omega^3 + \cdots)^2]}}$$

$$\phi = \tan^{-1}\frac{(\alpha_{n-1}\omega - \alpha_{n-3}\omega^3 + \cdots)}{(\alpha_n - \alpha_{n-2}\omega^2 + \cdots)}$$

$$\begin{aligned}\theta &= \phi - \psi \\ &= \phi - \tan^{-1}\frac{(\alpha_{n-1}\omega - \alpha_{n-3}\omega^3 + \cdots)}{(\alpha_n - \alpha_{n-2}\omega^2 + \cdots)}\end{aligned} \tag{4.17}$$

로 구해지게 된다. 결국 $x(t)$는

$$\begin{aligned}x(t) &= Re(\dot{X}e^{j\omega t}) = Re[X_m e^{j(\omega t + \theta)}] \\ &= X_m \cos(wt + \theta)\end{aligned} \tag{4.18}$$

로 표현된다.

예제 2

다음의 RLC 직렬회로에 대해 C에 걸리는 전압 $v_c(t)$의 크기 및 위상을 구하라.

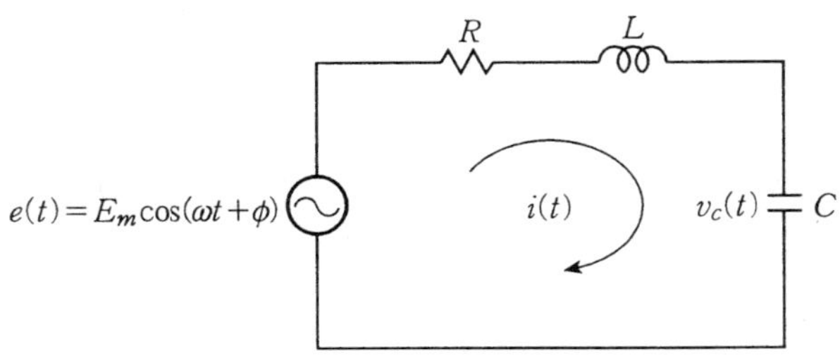

그림 4-6 RLC **직렬회로**

[풀이] 정현파 입력전압을

$$\begin{aligned}e(t) &= E_m \cos(\omega t + \phi) \\ &= Re\left[E_m e^{j(\omega t + \phi)}\right]\end{aligned}$$

$$= Re\left(\dot{E}\, e^{j\omega t}\right) \tag{4.19}$$

로 나타내고, C 에 걸리는 전압은

$$\begin{aligned} v_c(t) &\triangleq V_c \cos(\omega t + \theta) \\ &= Re\left[V_c e^{j(\omega t + \theta)}\right] \\ &= Re\left(\dot{V}_c e^{j\omega t}\right) \end{aligned} \tag{4.20}$$

로 표현되므로 주어진 회로의 미분방정식에 대입하면

$$LC\frac{d^2 v_c(t)}{dt^2} + RC\frac{dv_c(t)}{dt} + v_c(t) = e_s(t) \tag{4.21}$$

$$\left[(j\omega)^2 LC + (j\omega)RC + 1\right]\dot{V}_c = \dot{E}$$

로 된다. 따라서

$$\begin{aligned} \dot{V}_c &= \frac{\dot{E}}{[(j\omega)^2 LC + (j\omega)RC + 1]} \\ &= \frac{E_m}{\sqrt{(1-\omega^2 LC)^2 + (\omega RC)^2}} e^{j\theta} \end{aligned}$$

$$\therefore V_c = \frac{E_m}{\sqrt{(1-\omega^2 LC)^2 + (\omega RC)^2}}$$

$$\theta = \phi - \tan^{-1}\frac{\omega RC}{(1-\omega^2 LC)}$$

로 구해진다.

4.3 전압, 전류, 임피던스의 페이저 표현

앞에서 정현파 교류는 페이저로 표현 가능하다고 설명하였다. 일반적으로 회로에 정현파 교류전압이 인가되면 교류전류가 흐르게 되는데, 직류회로와는 달리 이 전류의 위상은 전압과 위상이 같거나(동상 : in-phase) 또는 앞서거나(진상 : leading phase), 뒤지게(지상 : lagging phase) 된다. 이 절에서는 제 4.2 절에서 소개한 이론 특히, 미분방정식에 관한 해법을 주로 이용하여 풀이될 수 있는 몇 가지의 간단한 기본회로에 대한 해석만을 시도하고, 임피던스 및 어드미턴스의 개념에 대해서도 설명하기로 한다.

[1] 저항회로

그림 4-7 (a)와 같이 정현파 교류전압 $e(t) = \sqrt{2}E\sin(\omega t + \phi)$를 인가할 때 흐르는 전류는

$$i = \frac{\sqrt{2}E}{R}\sin(\omega t + \phi) = \sqrt{2}I\sin(\omega t + \phi) \tag{4.22}$$

로 표현되며, 이는 전압과 동상이 된다. 이상의 관계를 전압의 페이저 $\dot{V}$와 전류의 페이저 $\dot{I}$로 나타내면 $\dot{V} = R\dot{I}$ 로서 그림 4-7 (b)와 같다.

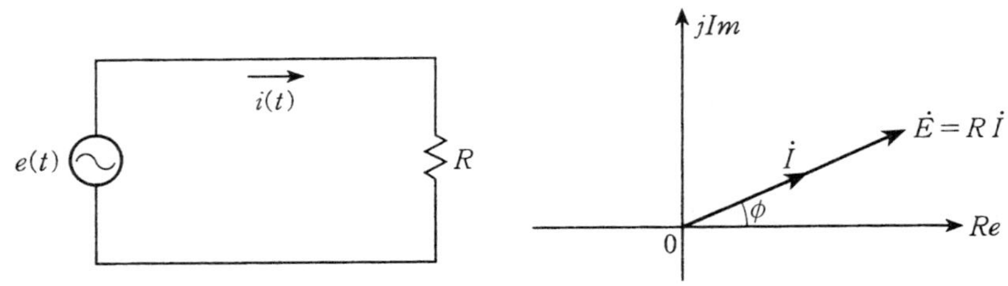

(a) 저항회로 (b) 페이저도

그림 4-7 저항회로와 페이저도

[2] 인덕턴스 회로

그림 4-8 (a)와 같은 L 회로에 정현파 교류전압 $e = \sqrt{2}E\sin(\omega t + \phi)$를 인가할 때, 인덕턴스 L에 유기되는 역기전력은 인덕터에 발생하는 자속의 시간적 변화량, 즉

$$e_L = -\frac{d\Phi}{dt} = -L\frac{di_L}{dt} \tag{4.23}$$

로 주어지므로 전류 $i_L(t)$는 KVL로부터 $\dot{E} = \sqrt{2}Ee^{j\phi}$로 정의하면

$$L\frac{di_L}{dt} = e(t) = \sqrt{2}E\sin(\omega t + \phi) \triangleq Im(\dot{E}e^{j\omega t}) \quad (4.24)$$

$$i_L(t) \triangleq Im(\dot{I}e^{j\omega t})$$

로 된다.

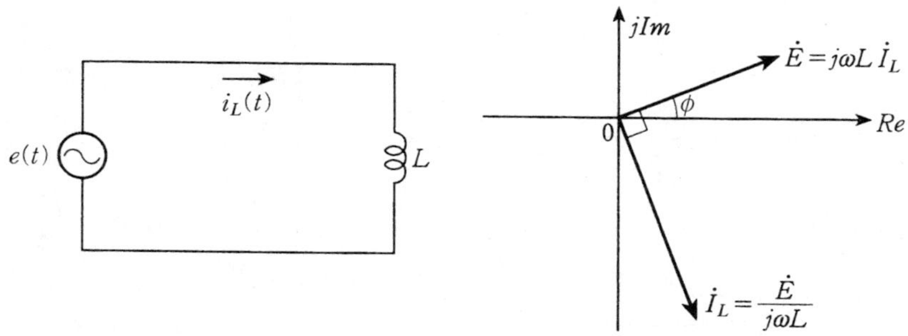

(a) 인덕턴스 회로 (b) 페이저도

그림 4-8 인덕턴스 회로와 페이저도

따라서 페이저 $\dot{I}$ 및 $\dot{E}$를 식 (4.24)의 미분방정식에 대입하면

$$j\omega L\dot{I}_L = \dot{E}$$

$$\therefore \dot{I}_L = \frac{\dot{E}}{j\omega L}$$

$$= \frac{\sqrt{2}Ee^{j\phi}}{\omega Le^{j\frac{\pi}{2}}}$$

$$i_L(t) = Im\left(\frac{\sqrt{2}Ee^{j(\omega t + \phi - \frac{\pi}{2})}}{\omega L}\right)$$

$$= \sqrt{2}\frac{E}{\omega L}\sin\left(\omega t + \phi - \frac{\pi}{2}\right)$$

$$= \sqrt{2}I_L\sin(\omega t + \phi - \frac{\pi}{2}) \quad (4.25)$$

로 구해짐을 알 수 있고, 이는 그림 4-8 (b)와 같이 전류 $i_L(t)$는 인가전압에 비해 90° 만큼 늦어진다.

[3] 커패시턴스 회로

그림 4-9 (a)와 같이 정현파 교류전압 $e(t)=\sqrt{2}E\sin(\omega t+\phi)$를 인가할 때 커패시턴스 C에 흐르는 전류는 전하의 시간의 변화량, 즉

$$i_C(t)=\frac{dQ}{dt}=C\frac{de}{dt} \quad [\because Q=Ce(t)] \tag{4.26}$$

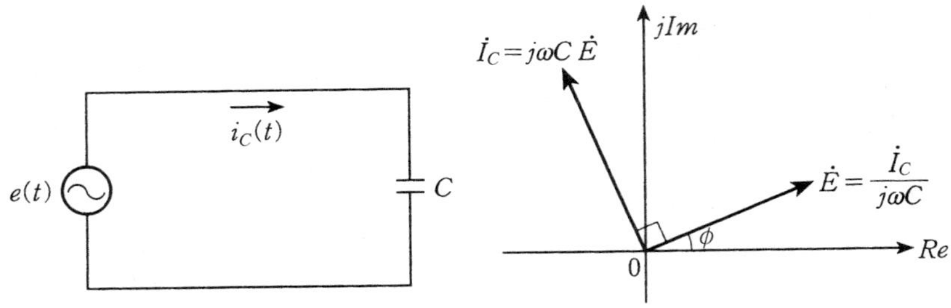

(a) 커패시턴스 회로 (b) 페이저도

그림 4-9 커패시턴스 회로와 페이저도

로 주어지므로 전류 $i_C(t)$는 KVL로부터

$$\begin{aligned}
i_C(t)&=C\frac{de}{dt}\\
&=C\frac{d}{dt}[\sqrt{2}E\sin(\omega t+\phi)]\\
&\triangleq CIm(j\omega\dot{E}e^{j\omega t})
\end{aligned}$$

$$\begin{aligned}
\therefore \dot{I}_C&=j\omega C\dot{E} \qquad (4.27)\\
&=\omega Ce^{j\frac{\pi}{2}}\sqrt{2}Ee^{j\phi}\\
&=\sqrt{2}\omega CEe^{j(\phi+\frac{\pi}{2})}\\
&=\sqrt{2}I_Ce^{j(\phi+\frac{\pi}{2})}
\end{aligned}$$

로 표현되므로

$$i_C(t) \triangleq Im(\dot{I}e^{j\omega t}) \tag{4.28}$$
$$= Im[\sqrt{2}\,\omega CEe^{j(\phi+\frac{\pi}{2})}e^{j\omega t}]$$
$$= \sqrt{2}\,\omega CE\sin(\omega t+\phi+\frac{\pi}{2})$$
$$= \sqrt{2}\,I\sin(\omega t+\phi+\frac{\pi}{2})$$

로 구해지게 된다. 따라서 이상의 페이저 관계를 나타내면 그림 4-9 (b)와 같이 전류는 인가전압에 비해 90° 만큼 빠르게 된다.

[4] 임피던스 $\dot{Z}$와 어드미턴스 $\dot{Y}$

교류회로에서 취급되는 이들 양은 직류회로의 저항 $R[\Omega]$과 컨덕턴스 (conductance) $G[\mho]$에 상응하는 것들로서, 임피던스 $\dot{Z}$는 교류전압 페이저 $\dot{V}$와 교류전류 페이저 $\dot{I}$의 비, $\dot{Z}=\dot{V}/\dot{I}$ 로 정의되며 어드미턴스 $\dot{Y}$는 교류전류 페이저 $\dot{I}$와 교류전압 페이저 $\dot{V}$와의 비, $\dot{Y}=\dot{I}/\dot{V}$ 또는 임피던스의 역수인

$$\dot{Y}=\frac{1}{\dot{Z}} \tag{4.29}$$

로 표현되는 교류량이다. 이상의 기본개념에 근거하여 R, L, C의 회로 소자들에 대한 임피던스 및 어드미턴스를 구하면 표 4-1과 같다.

표 4-1 소자의 임피던스와 어드미턴스

w : 각주파수	임피던스	어드미턴스
저 항 R	R	$G=1/R$
커패시턴스 C	$\frac{1}{j\omega C}$	$j\omega C$
인 덕 턴 스 L	$j\omega L$	$\frac{1}{j\omega L}$

그리고 인덕턴스에 대한 설명 중에서

$$e(t) = L\frac{di}{dt} \qquad (4.30)$$

의 관계는

$$e(t) \triangleq Re(\dot{E}e^{j\omega t}), \qquad i(t) \triangleq Re(\dot{I}e^{j\omega t}) \qquad (4.31)$$

또는

$$e(t) \triangleq Im(\dot{E}e^{j\omega t}), \qquad i(t) \triangleq Im(\dot{I}e^{j\omega t}) \qquad (4.32)$$

의 정의로부터

$$\dot{E} = j\omega L\dot{I} \qquad (4.33)$$

로 표현되고, 커패시턴스에 대해서는

$$i = C\frac{de}{dt} \qquad (4.34)$$

또는

$$e(t) = \frac{1}{C}\int i(t)dt \qquad (4.35)$$

의 표현이

$$\dot{I} = j\omega C\dot{E} \qquad (4.36)$$

또는

$$\dot{E} = \frac{\dot{I}}{j\omega C} \qquad (4.37)$$

와 같이 표현되므로 미분과 적분연산자에 대한 페이저 표현은 유추하여

$$\frac{d}{dt} \Rightarrow j\omega \qquad (4.38)$$

$$\int dt \Rightarrow \frac{1}{j\omega}$$

로 각각 대치됨을 알 수 있다. 이는 헤비사이드 연산자법에서

$$\frac{d}{dt} = p \tag{4.39}$$

$$\int dt = \frac{1}{p} = p^{-1}$$

로 되는 것과 유사하다.

예제 3

전원이 주어진 다음 회로의 임피던스 $\dot{Z}$ 및 전류 $i(t)$를 구하라.

① RL 직렬회로 : $e_1(t) = E_{1m}\sin\omega t$

② RC 직렬회로 : $e_2(t) = 100\cos(5t + 30°)$

③ RLC 직렬회로 : $e_3(t) = 100\sqrt{2}\,\sin(377t - 45°)$

[풀이] ① 먼저 전압 및 전류를 다음과 같은 페이저로 정의하면

$$e_1(t) = E_{1m}\sin\omega t$$

$$= Im(E_{1m}e^{j0}e^{j\omega t})$$

$$= Im(\dot{E}_1 e^{j\omega t})$$

$$\dot{E}_1 \triangleq E_{1m}e^{j0}$$

$$\dot{I}_1 \triangleq I_{1m}e^{j\phi}$$

로 되며 이들을 KVL로부터 얻어지는 다음의 미분방정식에 대입하면,

$$Ri_1(t) + L\frac{di_1}{dt} = e_1(t)$$

$$(R + j\omega L)\dot{I}_1 = \dot{E}_1$$

$$\therefore \dot{I}_1 = \frac{\dot{E}_1}{\dot{Z}}$$

$$= \frac{\dot{E}_1}{(R + j\omega L)}$$

$$= \frac{E_{1m}}{\sqrt{(R^2 + (\omega L)^2)}}e^{j\phi}$$

$$= I_{1m}e^{j\phi}$$

가 얻어진다. 따라서 임피던스 $\dot{Z}$ 및 전류 $i_1(t)$는 다음과 같이 구해진다.

$$i_1(t) = I_{1m}\sin(\omega t+\phi) \quad i_1(t) = I_{1m}\sin(\omega t+\phi)$$

$$= Im(I_{1m}e^{j\phi}e^{j\omega t})$$

$$= Im(\dot{I}_1 e^{j\omega t})$$

단,

$$I_{1m} = \frac{E_{1m}}{\sqrt{R^2+(\omega L)^2}}$$

$$\phi = -\tan^{-1}\frac{\omega L}{R}$$

이다. 또한

$$\dot{Z} = R + j\omega L$$

이다.

② ①에서 정의된 전압 및 전류의 페이저 표현으로부터

$$e_2(t) = 100\cos(5t+30°)$$

$$= Re(100e^{j30°}e^{j5t})$$

$$= Re(\dot{E}_2 e^{j5t})$$

$$\dot{E}_2 \triangleq 100e^{j30°}$$

$$i_2(t) = I_{2m}\cos(5t+\phi)$$

$$= Re(I_{2m}e^{j\phi}e^{j5t})$$

$$= Re(\dot{I}_2 e^{j5t})$$

$$\dot{I}_2 \triangleq I_{2m}e^{j\phi}$$

로 되며, 이들을 KVL로부터 얻어지는 다음의 미분방정식에 대입하면

$$Ri_2(t) + C\int\frac{di_2}{dt} = e_2(t)$$

$$\left(R+\frac{1}{j\omega C}\right)\dot{I}_2=\dot{E}_2$$

$$\therefore\ \dot{I}_2=\frac{\dot{E}_2}{\dot{Z}}$$

$$=\frac{\dot{E}_2}{(R+\frac{1}{j5C})}$$

$$=100\frac{e^{j30^o}}{\sqrt{R^2+\frac{1}{25C^2}}}e^{j\theta}$$

$$=I_{2m}e^{j\phi}$$

가 얻어진다. 따라서 임피던스 $\dot{Z}$ 및 전류 $i_2(t)$는 다음과 같이 구해진다.

$$i_2(t)=I_{2m}\cos(5t+\phi)$$

단,

$$I_{2m}=\frac{100}{\sqrt{R^2+\frac{1}{25C^2}}}$$

$$\phi=30^o+\theta=30^o-\tan^{-1}\frac{1}{5RC}$$

$$\theta=-\tan^{-1}\frac{1}{5RC}$$

이다. 또한

$$\dot{Z}=R+\frac{1}{j\omega C}=R+\frac{1}{j5C}$$

이다.

③ ①에서 정의된 전압 및 전류의 페이저 표현으로부터

$$e_3(t)=100\sqrt{2}\ \sin(377t-45^o)$$

$$e_3(t)=100\sqrt{2}\ \sin(377t-45^o)=Im(100\sqrt{2}\,e^{-j45^o}e^{j377t})=Im(\dot{E}_3e^{j377t})$$

$$\dot{E}_3\triangleq 100\sqrt{2}\,e^{-j45^o}$$

$$i_3(t) = I_{2m}\cos(377t + \phi) = Im(I_{3m}e^{j\phi}e^{j377t}) = Im(\dot{I}_3 e^{j377t})$$

$$\dot{I}_3 \triangleq I_{3m}\, e^{j\phi}$$

로 되며, 이들을 KVL로부터 얻어지는 다음의 미분방정식에 대입하면

$$Ri_3(t) + L\frac{di_3}{dt} + \frac{1}{C}\int \frac{di_3}{dt} = e_3(t)$$

$$(R + j\omega L + \frac{1}{j\omega C})\dot{I}_3 = \dot{E}_3$$

$$\therefore\ \dot{I}_3 = \frac{\dot{E}_3}{\dot{Z}} = \frac{\dot{E}_3}{R + j\,377L + \dfrac{1}{j\,377C}}$$

$$= 100\sqrt{2}\,\frac{e^{-j45^o}}{\sqrt{R^2 + \left(377L - \dfrac{1}{377C}\right)^2}}\,e^{j\theta} = I_{3m}\,e^{j\phi}$$

가 얻어진다. 따라서 임피던스 $\dot{Z}$ 및 전류 $i_3(t)$는 다음과 같이 구해진다.

$$i_3(t) = I_{3m}\cos(377t + \phi)$$

단,

$$I_{3m} = \frac{100\sqrt{2}}{\sqrt{R^2 + \left(377L - \dfrac{1}{377C}\right)^2}}$$

$$\phi = -45^o + \theta$$

$$= -45^o - \tan^{-1}\frac{377L - \dfrac{1}{377C}}{R}$$

이며

$$\theta = -\tan^{-1}\frac{377L - \dfrac{1}{377C}}{R}$$

이다. 또한

$$\dot{Z} = R + j\left(\omega L - \frac{1}{\omega C}\right) = R + j\left(377L - \frac{1}{377C}\right)$$

이다.

4.4 대칭좌표법(the method of symmetrical coordinates)

[1] 서 론

대칭좌표법은 일명 대칭분법이라고도 하며, 비대칭 또는 불평형 3상 회로의 전류 및 전압을 평형한 대칭분으로 분해시켜 해석하는 기법이다. 이 이론은 1895년 Ferraris 등에 의해 기초가 형성되었는데, 이들은 단상 유도전동기의 자계가 서로 반대방향으로 회전하는 두 종류의 회전자계, 즉 양방향의 자계 및 음방향의 자계로 나누어 해석하였다. 이들이 제시한 정방향의 자계는 대칭분법에서 정상분(positive sequence)에 해당되며, 역방향의 자계는 역상분(negative sequence)에 해당되는 것이다. 그러나 1918년 Fortescue에는 영상분(zero sequence)을 포함시켜 불평형회로의 문제들을 풀이하는 데 성공함으로써 불평형전압이 인가되는 다상전동기, 동기발전기, 전력전송선로의 단락 또는 지락회로의 고장전류 계산 및 안정도 문제, 전력계통에서의 회로차단기 및 보호계전기의 설계, 불평형 부하에 대한 다상계측기의 데이터 해석 등 불평형 회로의 전류 및 전압, 전력 등의 계산에 필수적이다.

[2] 페이저 연산자의 특성

대칭분법은 페이저 연산자 a를 이용하여 표현되고 있다. 페이저 연산자 a는 그림 4-10과 같이 크기 1인 단위 페이저를 $120^\circ = 2\pi/3$ [rad] 만큼 반시계방향으로 회전시킨 것과 같으며 1의 세제곱근 중 하나와 같다.

그리고 a^2은 a를 2번 곱한 것과 같으며 크기 1인 페이저를 $240^\circ = 4\pi/3$ [rad] 만큼 반시계방향으로 회전시킨 것과 같고, a^3은 반시계방향으로 $360^\circ = 2\pi$만큼 회전시킨 것과 같다.

이들을 수식으로 표현하면 다음과 같다.

$$1 = e^{j\,0} = 1 + j\,0 = 1\angle 0^\circ \tag{4.40}$$

$$a = e^{j\,120^\circ} = -\frac{1}{2} + j\frac{\sqrt{3}}{2} = -0.5 + j\,0.866 \tag{4.41}$$
$$= 1\angle 120^\circ = 1\angle -240^\circ$$

$$a^2 = e^{j\,240^\circ} = -\frac{1}{2} - j\frac{\sqrt{3}}{2} = -0.5 - j\,0.866 \tag{4.42}$$
$$= 1\angle 240^\circ = 1\angle -120^\circ$$

$$a^3 = a^2 \times a = e^{j\,360^\circ} = e^{j\,0^\circ} = 1 \angle 0^\circ \tag{4.43}$$

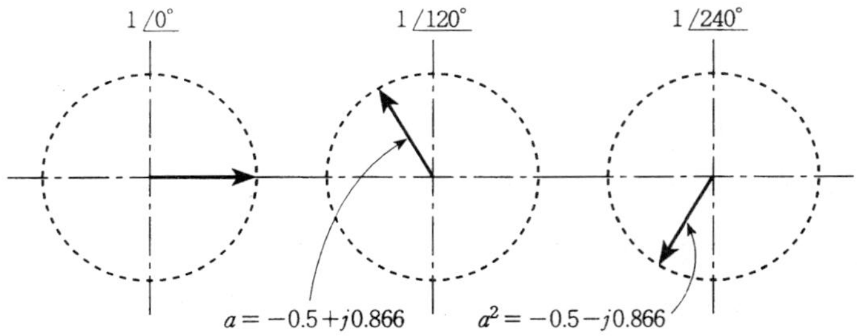

그림 4-10 페이저 연산자 a

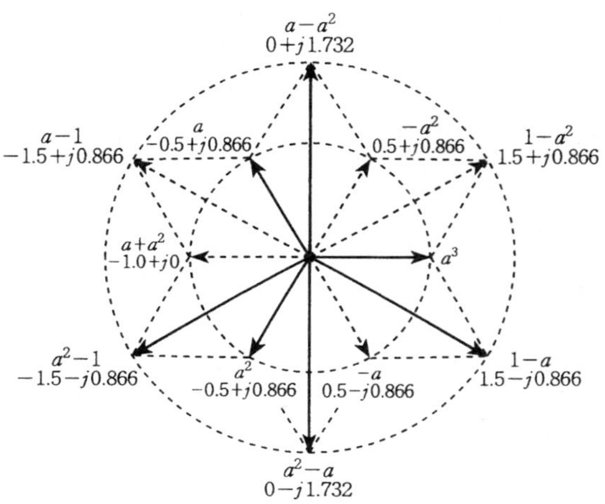

그림 4-11 a 연산 관련도면

이상의 관계를 이용하여 a의 몇 가지 성질을 정리하면 다음과 같다.

$$-a = 0.5 - j\,0.866 = 1\angle{-60^\circ} \tag{4.44}$$

$$-a^2 = 0.5 + j\,0.866 = 1\angle 60^\circ \tag{4.45}$$

$$1 + a + a^2 = 0, \qquad a + a^2 + a^3 = 0 \tag{4.46}$$

$$a^2 = -(1 + a) \tag{4.47}$$

$$a^2 - 1 = -1.5 - 0.866 = \sqrt{3}\angle{-150^\circ} \tag{4.48}$$

$$1 - a = j\sqrt{3}\,a^2 = 1.5 - j\,0.866 = \sqrt{3}\angle{-30^\circ} \tag{4.49}$$

$$a^2 - a = 0 - j1.733 = \sqrt{3}\angle{-90^\circ} \tag{4.50}$$

$$e^{j\,270^\circ} = -j = \frac{a^2 - a}{\sqrt{3}} \tag{4.51}$$

또한 이의 주요 관계를 그림으로 나타내면 그림 4-11과 같다.

[3] 대칭분의 표현과 결정

대칭분법에 의해 불평형 3상회로의 전류 또는 전압을 이와 상회전 방향이 같은 대칭분의 정상분과 반대방향인 역상분, 그리고 동상인 영상분의 세 가지 성분으로 분해할 수 있다.

먼저 대칭 3상전압은 일반적으로 다음의 페이저 표현, 즉

$$\begin{aligned} e_{a1}(t) &= E_{m1}\sin(\omega t + \phi_1) = Im(\dot{E}_{m1}e^{j\omega t}) \\ e_{b1}(t) &= E_{m1}\sin(\omega t + \phi_1 - 120^\circ) = Im(\dot{E}_{m1}e^{-j120^\circ}e^{j\omega t}) \\ e_{c1}(t) &= E_{m1}\sin(\omega t + \phi_1 - 240^\circ) = Im(\dot{E}_{m1}e^{-j240^\circ}e^{j\omega t}) \end{aligned} \tag{4.52}$$

로부터

$$\begin{aligned} \dot{E}_{a1} &= E_{m1}e^{j\phi_1} = \dot{E}_{m1} \\ \dot{E}_{b1} &= a^2\dot{E}_{m1} \\ \dot{E}_{c1} &= a\dot{E}_{m1} \end{aligned} \tag{4.53}$$

로 표현되는데, 이는 상회전방향이 $c-b-a$ 로 회전하는 정상분이고

$$\begin{aligned} e_{a2}(t) &= E_{m2}\sin(\omega t - \phi_2) = Im(\dot{E}_{m2}e^{j\omega t}) \\ e_{b2}(t) &= E_{m2}\sin(\omega t - \phi_2 + 120^\circ) = Im(\dot{E}_{m2}e^{j120^\circ}e^{j\omega t}) \\ e_{c2}(t) &= E_{m2}\sin(\omega t - \phi_2 + 240^\circ) = Im(\dot{E}_{m2}e^{j240^\circ}e^{j\omega t}) \end{aligned} \tag{4.54}$$

로부터

$$\begin{aligned} \dot{E}_{a2} &= E_{m2}e^{j\phi_2} = \dot{E}_{m2} \\ \dot{E}_{b2} &= a\dot{E}_{m2} \end{aligned} \tag{4.55}$$

$$\dot{E}_{c2} = a^2 \dot{E}_{m2}$$

는 상회전 방향이 $c-a-b$로 회전하는 역상분이다. 이를 그림 4-12에 나타내었다.

그리고 그림 4-13과 같이 주어지는 3상회로의 불평형전류에 대해 대칭분법을 적용해서 해석해보자.

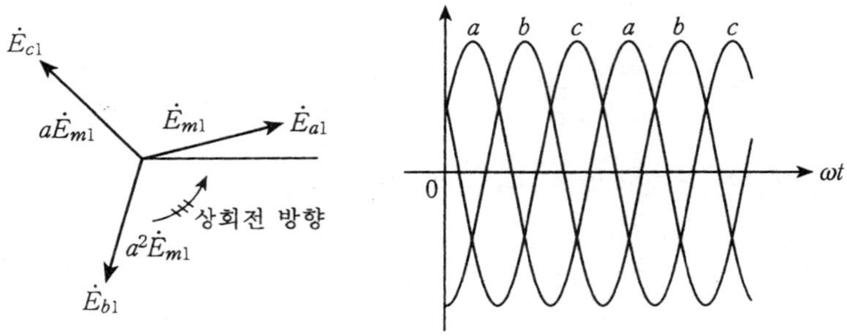

(a) 정 상 분(상회전 방향 c-b-a)

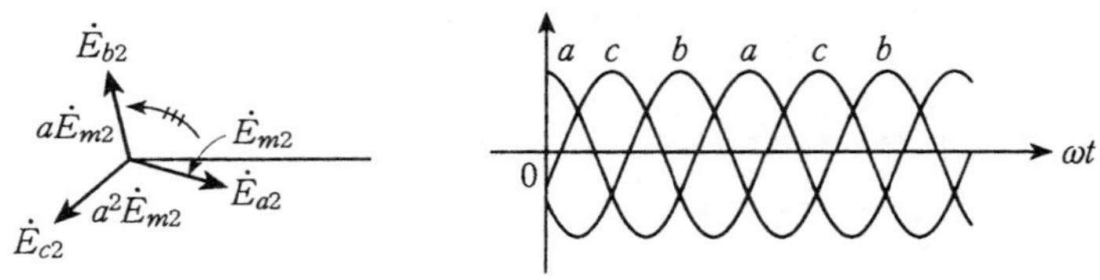

(b) 역 상 분(상회전 방향 c-a-b)

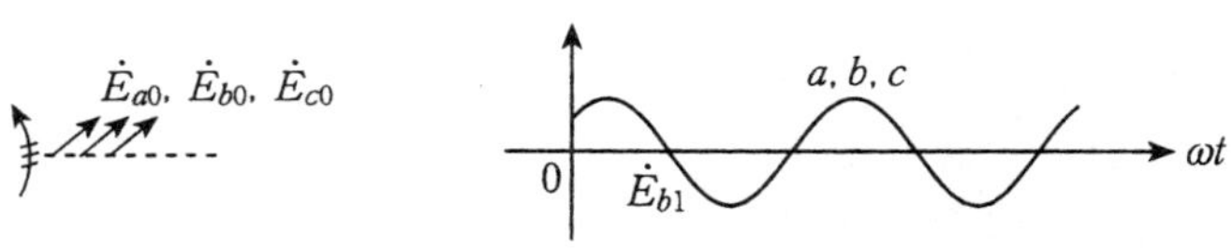

(c) 영 상 분

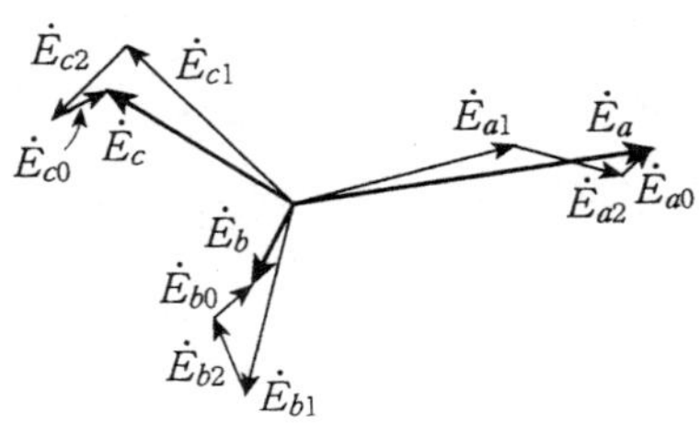

(d) (a)+(b)+(c)

그림 4-12 불평형 교류전압

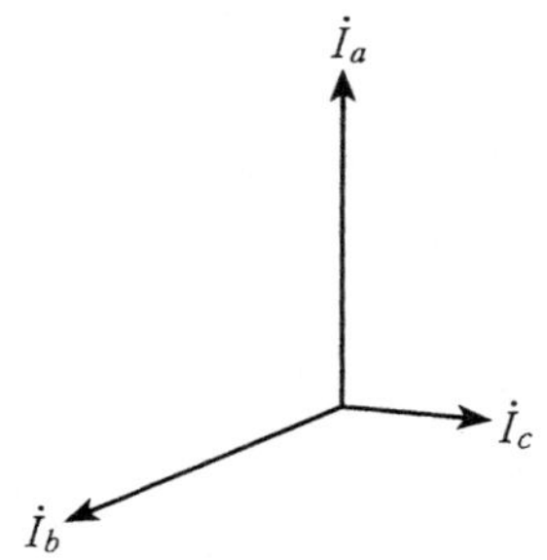

그림 4-13 불평형 3상전류

3상 평형전류이면 각상의 전류는 크기가 동일하고 120° 의 위상차를 가지게 되어

$$\dot{I}_0 = \frac{1}{3}(\dot{I}_a + \dot{I}_b + \dot{I}_c) = \frac{1}{3}(\dot{I}_a + a^2\dot{I}_a + a\dot{I}_a) \tag{4.56}$$

$$= \frac{1}{3}(1 + a^2 + a)\dot{I}_a = 0$$

로 영상분 전류 $\dot{I}_0$ 는 0이 되나, 각상의 크기 또는 위상이 다르거나 둘다 상이할 경우는

$$\begin{aligned} \dot{I}_0 &= \frac{1}{3}(\dot{I}_a + \dot{I}_b + \dot{I}_c) \\ \dot{I}_1 &= \frac{1}{3}(\dot{I}_a + a\dot{I}_b + a^2\dot{I}_c) \\ \dot{I}_2 &= \frac{1}{3}(\dot{I}_a + a^2\dot{I}_b + a\dot{I}_c) \end{aligned} \tag{4.57}$$

로 되며, 그림 4-14와 같이 나타난다.

단, $a\dot{I}_b$는 $\dot{I}_b$ 를 120° 만큼 반시계방향으로 회전시킨 성분이며 $a^2\dot{I}_c$는 $\dot{I}_c$ 를 240° 만큼 반시계방향으로 회전시킨 성분이고, $\dot{I}_1$은 정상분 전류이며 $\dot{I}_2$는 역상분 전류이다. 또한

$$\begin{aligned} &\dot{I}_0 + \dot{I}_1 + \dot{I}_2 \\ &\quad = \frac{1}{3}(\dot{I}_a + \dot{I}_b + \dot{I}_c) + \frac{1}{3}(\dot{I}_a + a\dot{I}_b + a^2\dot{I}_c) + \frac{1}{3}(\dot{I}_a + a^2\dot{I}_b + a\dot{I}_c) \\ &\quad = \dot{I}_a \end{aligned}$$

$$\begin{aligned} &\dot{I}_0 + a^2\dot{I}_1 + a\dot{I}_2 \\ &\quad = \frac{1}{3}(\dot{I}_a + \dot{I}_b + \dot{I}_c) + \frac{1}{3}a^2(\dot{I}_a + a\dot{I}_b + a^2\dot{I}_c) + \frac{1}{3}a(\dot{I}_a + a^2\dot{I}_b + a\dot{I}_c) \end{aligned}$$

$$= \dot{I}_b$$

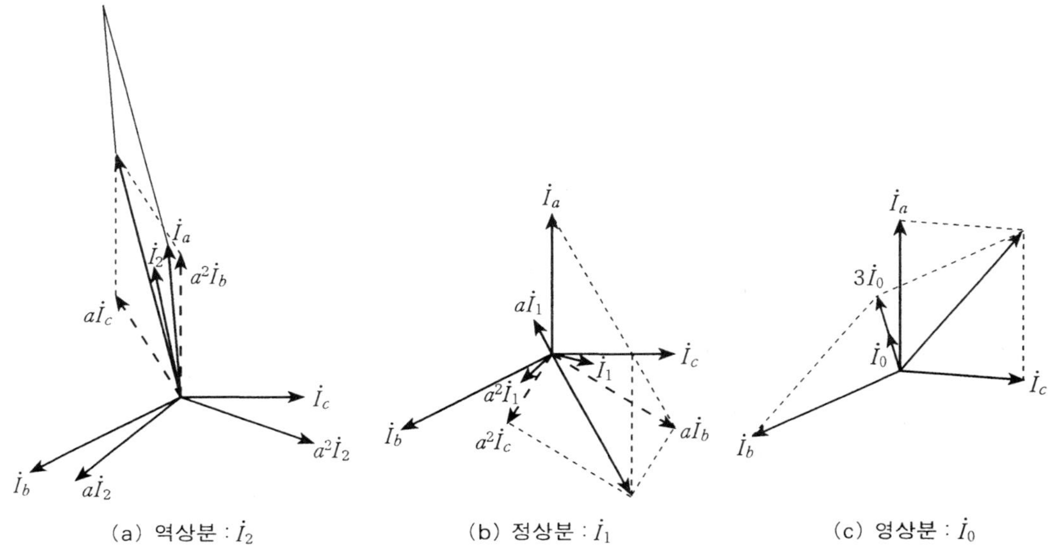

그림 4-14

$$\begin{aligned}
&\dot{I}_0 + a\dot{I}_1 + a^2\dot{I}_2 \\
&\qquad = \frac{1}{3}(\dot{I}_a + \dot{I}_b + \dot{I}_c) + \frac{1}{3}a(\dot{I}_a + a\dot{I}_b + a^2\dot{I}_c) + \frac{1}{3}a^2(\dot{I}_a + a^2\dot{I}_b + a\dot{I}_c) \\
&\qquad = \dot{I}_c
\end{aligned} \tag{4.58}$$

로도 되어지므로 이를 행렬형태로 정리해서 표현하면

$$\begin{bmatrix} \dot{I}_a \\ \dot{I}_b \\ \dot{I}_c \end{bmatrix} = \begin{bmatrix} 1 & 1 & 1 \\ 1 & a^2 & a \\ 1 & a & a^2 \end{bmatrix} \begin{bmatrix} \dot{I}_0 \\ \dot{I}_1 \\ \dot{I}_2 \end{bmatrix} \tag{4.59}$$

로 되며, 이로부터 역행렬을 계산하면

$$\begin{bmatrix} \dot{I}_0 \\ \dot{I}_1 \\ \dot{I}_2 \end{bmatrix} = \frac{1}{3}\begin{bmatrix} 1 & 1 & 1 \\ 1 & a & a^2 \\ 1 & a^2 & a \end{bmatrix} \begin{bmatrix} \dot{I}_a \\ \dot{I}_b \\ \dot{I}_c \end{bmatrix} \tag{4.60}$$

로 된다.

예제 4

대칭분 전류로서 $\dot{I}_0 = 5.67 + j8.34$ [A], $\dot{I}_1 = 49.6 - j0.42$ [A], $\dot{I}_2 = -5.27 - j7.91$ [A]가 주어질 때, 각상의 전류를 구하라.

[풀이] $\dot{I}_a = \dot{I}_0 + \dot{I}_1 + \dot{I}_2 = 50$ [A]

$$\dot{I}_b = \dot{I}_0 + a^2\dot{I}_1 + a\dot{I}_2 = -10 - j\,35 \text{ [A]}$$

$$\dot{I}_c = \dot{I}_0 + a\dot{I}_1 + a^2\dot{I}_2 = -23 + j\,63 \text{ [A]}$$

예제 5

각상의 전압으로서 $\dot{E}_a = 60 + j0$ [V], $\dot{E}_b = 45 - j75$ [V], $\dot{E}_c = -21 + j120$ [V]가 주어질 때, 각 대칭분 전압을 구하라.

[풀이] $\dot{E}_0 = \dfrac{1}{3}(\dot{E}_a + \dot{E}_b + \dot{E}_c) = 28 + j\,15$

$$\dot{E}_1 = \frac{1}{3}(\dot{E}_a + a\dot{E}_b + a^2\dot{E}_c) = 72.2 + j\,11.5$$

$$\dot{E}_2 = \frac{1}{3}(\dot{E}_a + a^2\dot{E}_b + a\dot{E}_c) = -40.2 - j\,26.5$$

---

[4] 대칭 또는 평형 3상회로의 경우

만약 $\dot{I}_a, \dot{I}_b, \dot{I}_c$ 및 $\dot{E}_a, \dot{E}_b, \dot{E}_c$가 3상 대칭전류·전압이라면, $\dot{E}_b = a^2\dot{E}_a$, $\dot{E}_c = a\dot{E}_a$ 및 $\dot{I}_b = a^2\dot{I}_a$, $\dot{I}_c = a\dot{I}_a$이므로

$$\dot{E}_0 = \frac{1}{3}(\dot{E}_a + \dot{E}_b + \dot{E}_c) = 0$$
$$\dot{E}_1 = \frac{1}{3}(\dot{E}_a + a^2\dot{E}_b + a\dot{E}_c) = \frac{3\dot{E}_a}{3} = \dot{E}_a$$
$$\dot{E}_2 = \frac{1}{3}(\dot{E}_a + a\dot{E}_b + a^2\dot{E}_c) = \frac{\dot{E}_a}{3}(1 + a + a^2) = 0$$
$$\dot{I}_0 = \frac{1}{3}(\dot{I}_a + \dot{I}_b + \dot{I}_c) = 0$$
$$\dot{I}_1 = \frac{1}{3}(\dot{I}_a + a^2\dot{I}_b + a\dot{I}_c) = \frac{3\dot{I}_a}{3} = \dot{I}_a$$

$$\dot{I}_2 = \frac{1}{3}(\dot{I}_a + a\dot{I}_b + a^2\dot{I}_c)$$

$$= \frac{\dot{I}_a}{3}(1 + a + a^2) = 0$$

로 된다.

[5] 상전압과 선간전압의 비교

$\dot{E}_a, \dot{E}_b, \dot{E}_c$를 성형전압 또는 단자와 중성점 간의 상전압이라 하면 삼각형 전압, 즉 선간전압 $\dot{E}_{ab}, \dot{E}_{bc}, \dot{E}_{ca}$ 는

$$\begin{aligned} \dot{E}_{ab} &= \dot{E}_a - \dot{E}_b \\ \dot{E}_{bc} &= \dot{E}_b - \dot{E}_c \\ \dot{E}_{ca} &= \dot{E}_c - \dot{E}_a \end{aligned} \tag{4.61}$$

로 되며, 이를 대칭분 전압으로 분해하면

$$\dot{E}_{ab0} = \frac{1}{3}(\dot{E}_{ab} + \dot{E}_{bc} + \dot{E}_{ca})$$

$$= \left[(\dot{E}_a - \dot{E}_b) + (\dot{E}_b - \dot{E}_c) + (\dot{E}_c - \dot{E}_a)\right] = 0$$

$$\begin{aligned} \dot{E}_{ab1} &= \frac{1}{3}(\dot{E}_{ab} + a\dot{E}_{bc} + a^2\dot{E}_{ca}) \\ &= \frac{1}{3}\left[(\dot{E}_a - \dot{E}_b) + a(\dot{E}_b - \dot{E}_c) + a^2(\dot{E}_c - \dot{E}_a)\right] \\ &= \frac{1}{3}\left[(1 - a^2)\dot{E}_a + a(1 - a^2)\dot{E}_b + (a^2 - a)\dot{E}_c\right] \\ &= \frac{1 - a^2}{3}(\dot{E}_a + a\dot{E}_b + a^2\dot{E}_c) \end{aligned} \tag{4.62}$$

$$\begin{aligned} \dot{E}_{ab2} &= \frac{1}{3}(\dot{E}_{ab} + a^2\dot{E}_{bc} + a\dot{E}_{ca}) \\ &= \frac{1}{3}\left[(\dot{E}_a - \dot{E}_b) + a^2(\dot{E}_b - \dot{E}_c) + a(\dot{E}_c - \dot{E}_a)\right] \\ &= \frac{1}{3}\left[(1 - a)\dot{E}_a + (a^2 - 1)\dot{E}_b + (a - a^2)\dot{E}_c\right] \\ &= \frac{1 - a}{3}(\dot{E}_a + a^2\dot{E}_b + a\dot{E}_c) \end{aligned}$$

로 되며, 한편 상전압에 대한 대칭성분은

$$\begin{aligned}\dot{E}_{a0} &= \frac{1}{3}(\dot{E}_a + \dot{E}_b + \dot{E}_c) \\ \dot{E}_{a1} &= \frac{1}{3}(\dot{E}_a + a\dot{E}_b + a^2\dot{E}_c) \\ \dot{E}_{a2} &= \frac{1}{3}(\dot{E}_a + a^2\dot{E}_b + a\dot{E}_c)\end{aligned} \tag{4.63}$$

로 된다. 그리고 이 관계는

$$\begin{aligned}\dot{E}_{ab0} &= 0 \\ \dot{E}_{ab1} &= (1-a^2)\dot{E}_{a1} = \sqrt{3}\,\dot{E}_{a1}e^{j\frac{\pi}{6}} \\ \dot{E}_{ab2} &= (1-a)\dot{E}_{a2} = \sqrt{3}\,\dot{E}_{a1}e^{-j\frac{\pi}{6}}\end{aligned} \tag{4.64}$$

와 같다.

4.5 스파이럴 벡터

[1] 서 론

전기회로의 교류이론은 페이저와 실수값이라는 두 개의 상태변수를 사용함으로써 하나의 통일된 체계로 취급되지 않는 단점이 있다. 즉, 정상상태 해석시에는 페이저 해석법을 적용하고, 과도상태 해석시에는 실수값으로 표현해 왔다. 이 때문에 정상상태 해와 과도상태 해가 양립되지도 않고, 두 개의 해들을 서로 결합해서 회로방정식의 일반해로 통일적으로 표현하거나 컴퓨터 시뮬레이션을 수행하는 것도 곤란하다.

종래의 교류이론에서 사용되는 페이저 해석법은 복소수로 표현하고 있고, 시간의 함수가 아니라 복소평면 상에서 정지한 벡터로 취급되고 있기 때문에 과도상태를 충분히 표현할 수가 없다. 이처럼 정상상태 해석시에는 페이저 해석법을 이용하는 것이 대단히 편리하다. 그러나 과도현상 해석시에는 정상상태 해석시와는 다른 변수표현법을 사용하여야 하므로 2개의 이론 간에 장벽이 생겨 불편함을 초래함은 물론 불일치되는 현상도 나타난다. 상태변수를 통일되게 표현하고 정상상태 해와 과도상태 해를 포함하는 일반해를 양립시킬 수 있는 해석법이 스파이럴 벡터 이론이다.

스파이럴 벡터 이론에서는 회로방정식의 일반해를 복소 지수함수형으로 표현한다. 즉, 스파이럴 벡터 해석법은 정상상태에 대해서는 고정되어 있는 페이저를 동적으로 표현하고, 과도상태에 대해서는 종래의 변수표현을 복소 지수함수로 변형시킨다. 이로 인해 정상상태 해와 과도상태 해를 통일적으로 취급하는 것이 가능해진다. 동시에 정상상태 해에 대해서는 종래의 수학적인 기호법 체계에 기초를 두고 있으므로 페이저 해석법에 의해 해석된 수많은 성과들을 그대로 이용할 수 있다. 그리고 이후에 설명하겠지만 과도현상 해석에 대해서는 스파이럴 벡터 이론을 적용하는 것이 매우 효과적이다. 향후 회로이론에서 새로운 개념의 스파이럴 벡터 회로이론을 접목시킨다면, 교류기기의 과도현상의 해석과 제어 뿐만 아니라 전력계통 해석에 자주 이용되는 상분리법이나 대칭좌표법 등도 매우 효율적으로 처리될 수 있을 것이다. [Spiral Vector Theory of Electric Circuit By Sakae YAMAMURA, M. J. A. (Communicated Nov. 12, 1993)]

[2] 스파이럴 벡터의 정의

스파이럴 벡터(이하에서는 SV라 함)는 다음 식으로 표시되는 복소 지수함수로 표현된다.

$$i = Ae^{\delta t}, \quad \delta = -\lambda + j\omega \ (\lambda \geqq 0) \tag{4.65}$$

여기서 A는 i의 크기를 나타낸다. 이는 그림 4-15와 같이 시간 t의 경과와 함께 i는 복소평면 상에서 스파이럴을 그리므로 이를 SV라고 한다. 특별히 $\lambda = 0$일 때 i 는

$$i = Ae^{j\omega t} \tag{4.66}$$

로 되며, 복소평면 상에서 원으로 나타나며 이때의 i 를 반경이 A인 '원벡터(circular vector)' 라고 한다. 식 (4.66)은 정상상태의 교류를 나타낸다. 그리고 $\omega = 0$ 일 때는 i가

$$i = Ae^{-\lambda t} \tag{4.67}$$

로 되어 감쇠되는 직류를 나타낸다. $\lambda = 0$이며 $\omega = 0$ 일 때는 $i = A$가 되어 크기가 일정한 직류가 된다. 이와 같이 SV는 전기공학에서 나타나는 여러 종류의 변수들을 일괄적으로 취급할 수 있다.

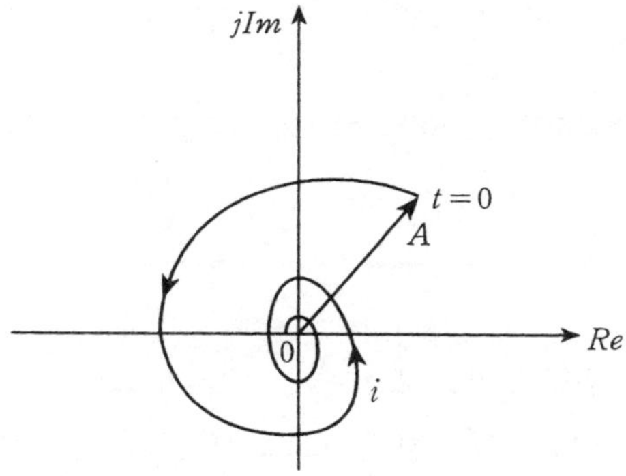

그림 4-15 복소평면 상의 스파이럴 벡터

[3] SV와 실수값의 대응

식 (4.65)의 SV는 복소수 $\dot{A}$에 대해 다음과 같이 고쳐쓸 수 있다.

$$i = |\dot{A}|e^{j\psi_A}e^{(-\lambda + j\omega)t} = |\dot{A}|e^{-\lambda t}\left[\cos(\omega t + \psi_A) + j\sin(\omega t + \psi_A)\right] \tag{4.68}$$

여기서 $|\dot{A}|$는 복소수 $\dot{A}$의 크기인 A와 같으며 이에 대응하는 실수부 및 허수부와의 관계는

$$i_{real} = |\dot{A}|e^{-\lambda t}\cos(\omega t + \psi_A) \tag{4.69}$$

$$= i\text{의 실수부}$$

또는

$$i_{im} = |\dot{A}|e^{-\lambda t}\sin(\omega t + \psi_A) \tag{4.70}$$

$$= i\text{의 허수부}$$

로 표현할 수 있다. 일반적으로 SV에서는 식 (4.69)의 관계를 이용하지만 이것은 복소평면 상에서 SV의 실수축에 투영한 것과 같은 실수 순시값이 된다. 이것으로부터 다음의 정리를 얻게 된다.

SV정리 1 **실수 순시값**

SV에 대응하는 실수 순시값은 스파이럴 벡터의 실수분이다.

$$i_{real} = Re\,(i) \tag{4.71}$$

즉 (4.71)에서 cos항은 우함수이므로 $Ae^{(-\lambda+j\omega)t}$과 $Ae^{(-\lambda-j\omega)t}$는 이 정리에 의해 동일한 실수 순시값을 나타내나 SV는 일반적으로 반시계 방향으로 회전되도록 한다. 실수 표현일 때 $\sin\omega t$와 $\cos\omega t$에서의 ω는 양으로 정의하며, 정현파와 여현파는 좌표의 양의 방향으로 진행하는 것과 같다고 간주한다. 따라서 SV정리 2가 얻어진다.

SV정리 2 **회전방향**

스파이럴 벡터는 복소평면 상에서 반시계 방향으로 회전한다.

정리 2는 식 (4.65)에서 $w \geq 0$ 이어야 한다는 것을 의미한다. 그리고 특별한 단서가 없는 한 SV 표현법에서는 상태변수의 순시값을 소문자로 나타내고, 원벡터는 대문자 위에 "˙"를 붙여서 표현한다. 예를 들면, 전류의 SV는 순시값이 i일 때 이것의 원벡터는 $\dot{I}$로 나타낸다. 즉,

$$\dot{I} = Ie^{j\omega t} \qquad |\dot{I}\,| = I \tag{4.72}$$

의 관계가 있다. 여기서 $\dot{I}$는 크기 I와 위상 ωt를 갖는 페이저로 볼 수 있으며, $t=0$일 때 $\dot{I} = I$가 된다. SV에서는 $p\dot{I} = j\omega\dot{I}$ 또는 $\dot{I}/p = \dot{I}/j\omega$와 같은 표현이 수학적으로 정확하나, 페이저 해석법에서는 이같은 관계가 성립하지 않는다. 단, p는 $p = d/dt$로 정의되는 미분연산자이다.

예제 6

다음에 주어진 시간함수들을 $v_i(t) = |\dot{A}|e^{j\psi}e^{(-\lambda+j\omega)t}$와 같은 형식의 SV로 표현할 때, 각 파라미터들을 구하라.

① $v_1(t)=5[V]$ ② $v_2(t)=150\sin(377t+30^o)$ ③ $v_3(t)=200e^{-3t}\cos(20t-45^o)$

[풀이] $v_1(t): A=5,\ \lambda=0,\ \omega=0,\ \psi=0$

$v_2(t): A=150,\ \lambda=0,\ \omega=377,\ \psi=30^o$로 되고, $Im[v_2(t)]$를 취하면 된다.

$v_3(t): A=200,\ \lambda=3,\ \omega=20,\ \psi=-45^o$로 되고, $Re[v_2(t)]$를 취하면 된다.

[4] *RLC* 직렬회로 해석에의 응용

인가되는 교류전압이 $v(t)$이고, 회로에 흐르는 전류가 $i(t)$인 RLC직렬회로의 KVL 방정식

$$L\frac{di}{dt}+Ri+\frac{1}{C}\int idt=v(t)$$

으로부터 한번 미분하면

$$L\frac{d^2i}{dt^2}+R\frac{di}{dt}+\frac{1}{C}i=\frac{d}{dt}v \tag{4.73}$$

로 되며 미분연산자 $p=d/dt$를 이용하여

$$ap^2i+bpi+ci=pv \tag{4.74}$$

로 고쳐 쓸 수 있다. 그리고 인가전압 v 를 복소 지수형인은 $v=|\dot{V}|e^{j\psi}e^{(-\lambda+j\omega)t}$로 표현할 수 있는 데, 교류전압이므로 $\lambda=0$이다. 따라서

$$v=\sqrt{2}\ |\ \dot{V}\ |\ e^{j(\omega t+\psi)}=\sqrt{2}\ \dot{V}e^{j\omega t} \tag{4.75}$$

로 두면, 식 (4.75)는 반경의 크기가 $\sqrt{2}\ V$인 원벡터이며 정상상태의 교류를 나타낸다. 그리고 식 (4.74)의 해 i를 다음과 같은 SV로 가정한다.

$$i=Ae^{\delta t} \tag{4.76}$$

정상상태 해 i_s를 구하기 위해서는 δ를 $j\omega(\lambda=0)$로 두면 $p=j\omega$와 같고, 식 (4.74)는 다음과 같이 된다.

$$[(j\omega)^2 a + (j\omega)b + c]\, i_s = \sqrt{2}\ |\dot{V}|\, j\omega\, e^{j(\omega t + \psi)} \tag{4.77}$$

이로부터 정상상태 해 i_s는 다음과 같이 구해진다.

$$i_s = \frac{\sqrt{2}\ |\dot{V}|\, j\omega}{-\omega^2 a + c + j\omega b} e^{j(\omega t + \psi)} \tag{4.78}$$

$$= \sqrt{2}\ \dot{I}_s e^{j\omega t}$$

따라서 원벡터는 다음과 같다.

$$\sqrt{2}\,\dot{I}_s = \frac{\sqrt{2}|\dot{V}|\, j\omega}{-\omega^2 a + c + j\omega b} e^{j\psi} \tag{4.79}$$

한편, 과도상태 해는 식 (4.74)를 제차형으로 고쳐쓰고, 식 (4.76)를 대입해서 정리하면

$$a\delta^2 + b\delta + c = 0 \tag{4.80}$$

로 된다. 위의 특성방정식이 서로 다른 실근을 가질 때는

$$\delta_1,\ \delta_2 = \frac{-b \pm \sqrt{b^2 - 4ac}}{2a} \tag{4.81}$$

로 주어진다. 따라서 과도상태 해는

$$i_t = K_1 e^{\delta_1 t} + K_2 e^{\delta_2 t} \tag{4.82}$$

로 되며, K_1과 K_2는 초기조건에 의해 결정되는 임의의 상수이다. 일반해 i는

$$i = i_s + i_t = \frac{\sqrt{2}\ |\ \dot{V}\ |\ j\omega}{-\omega^2 a + c + j\omega b} e^{j(\omega t + \psi)} + K_1 e^{\delta_1 t} + K_2 e^{\delta_2 t} \tag{4.83}$$

와 같이 통일적으로 표현된다. 이 해의 각 항들은 SV로 표현되고 있다. 만약 교류 전원 전압 $v(t)$가 정현파이면 식 (4.75)와 식 (4.83)의 허수분 만을 취하면 될 것이고, $v(t)$가 여현파이면 식 (4.75)와 식 (4.83)의 실수분 만을 취하면 될 것이다.

이상에서 살펴 본 바와 같이 SV 해석법은 과도상태 해 및 정상상태 해를 통일적으로 표현할 수 있으며, 실용상 대단히 유리함을 알 수 있다. 페이저 표현이 갖는 특징의 하나는 복소평면 상에 정지벡터로서 그려지는데, 이것은 식 (4.83)의 SV 해에서 $t=0$로 둔 결과와 같다. 즉, 우변의 세 항들 모두가 정지벡터로서 그림 4-16과 같이 복소평면 상에 도시될 수 있다. 이처럼 정상상태 해 및 과도상태 해를 동시에 그릴 수 있다는 것이 SV의 특징이다.

이상의 예에서, $b^2-4ac>0$ 인 경우에는 식 (4.81)은 서로 다른 실근을 가지므로 식 (4.83)은 일반해이며 과도항은 감쇠 직류가 된다.

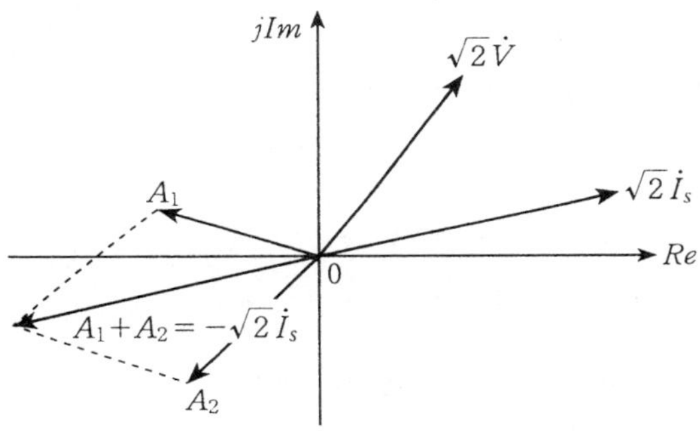

그림 4-16 복소평면 상의 정지벡터

한편, $b^2-4ac=0$ 인 경우는 이중근이므로 식 (4.82)의 과도상태 해는

$$i_t = K_1e^{\delta_1 t} + K_2te^{\delta_2 t} \tag{4.84}$$

로 표현된다. 그리고 $b^2-4ac<0$인 경우는 공액복소근, 즉

$$\delta_1 =-\lambda+j\omega,\ \delta_2 =-\lambda-j\omega \tag{4.85}$$

을 갖는데, $-\omega$항은 시계방향으로 회전하게 되므로 정리 2를 만족하지 못한다. 따라서 $K_2=0$로 두어 이 항을 제거하여

$$i_t = K_1e^{\delta_1 t} \tag{4.86}$$

로 쓴다. 이것은 수학적으로 무리가 없으며 실용상으로도 불편함이 없다. 왜냐하면 공액 벡터는 부가되는 정보량을 갖지 않고, K_1이 복소수이므로 2개의 초기조건을 포함하

고 있기 때문이다.

이상에서 과도현상에 의한 전류의 일반해가 얻어지므로 이를 이용해서 전력의 과도현상도 해석할 수 있다. 전력은 스칼라로서 다음과 같이 표현된다.

$$P = Re(v) \cdot Re(i) \tag{4.87}$$

식 (4.75)로부터

$$Re(v) = \sqrt{2}\,|\dot{V}|\cos(\omega t + \psi) \tag{4.88}$$

로 두면, 전류의 일반해는 식 (4.83) 및 (4.86)으로부터 다음의 형태로 쓰여진다.

$$i = \sqrt{2}\,|\dot{I}|\,e^{j(\omega t + \psi_1)} + |K_1|\,e^{(-\lambda + j\omega')t + j\psi'} \tag{4.89}$$

그러므로

$$Re(i) = \sqrt{2}\,|\dot{I}|\cos(\omega t + \psi_1) + |K_1|e^{-\lambda t}\cos(\omega' t + \psi') \tag{4.90}$$

로 되며 식 (4.89) 및 (4.90)을 식 (4.87)에 대입하면

$$\begin{aligned} P &= \sqrt{2}\,|\dot{V}|\cos(\omega t + \psi) \cdot [\sqrt{2}\,|\dot{I}|\cos(\omega t + \psi_1) \\ &\qquad + |K_1|e^{-\lambda t}\cos(\omega' t + \psi')] \\ &= |\dot{V}|\,|\dot{I}|\,[\cos(\psi - \psi_1) + \cos(2\omega t + \psi + \psi_1)] \\ &\qquad + |\dot{V}|\,|K_1|e^{-\lambda t}\,[\cos((\omega - \omega')t + \psi - \psi') \\ &\qquad + \cos((\omega + \omega')t + \psi + \psi')]\frac{1}{\sqrt{2}} \end{aligned}$$

로 된다. 이것으로부터

$$P = \frac{1}{2} Re\,[vi^* + vi] \tag{4.91}$$

로 쓸 수 있다. 여기서 *는 공액을 표시한다. 식 (4.91)의 제 1 항은 주파수 차 $(\omega - \omega')$에 대한 전력이고, 이것에는 주파수가 0인 DC 전력이 포함된다. 제 2 항은 주파수 합 $(\omega + \omega')$에 대한 전력이다.

3상전력에 대해 생각해 보자. 대칭 3상전력은 $3\times P$는 아니다. 위상각 ψ, ψ_1, ψ'에는 각 상 간에 $2\pi/3$의 위상차가 있고 $\psi+\psi_1$, $\psi+\psi'$에는 $4\pi/3$의 위상차가 있다. 즉, 주파수 합의 전력은 3상 간에서 소멸되어 0이 되며 결국 대칭 3상전력은

$$P_3 = \frac{3}{2}Re\,[vi^*] \tag{4.92}$$

로 된다. 이처럼 주파수 합의 전력이 되지 않는 것은 3상방식의 큰 장점이다. 식 (4.92)의 정상값은

$$P_3 = 3|V||I|[\cos(\psi-\psi_1)] \tag{4.93}$$

로 된다. 식 (4.92)에서 Re를 제거한 정상값은

$$P_3 = 3|V||I|[\cos(\psi-\psi_1)+j\sin(\psi-\psi_1)] \tag{4.94}$$

로 되어 제 1 항은 3상유효전력, 제 2 항은 3상무효전력(단위는 var)이 되고 전력이 벡터로 표현된다. SV에서 전력을 나타내는 식 (4.91)은 여러 가지의 전력성분을 동시에 표현하고 있다.

[5] 일반 스파이럴 벡터 회로이론

앞 절에서 제시된 2계 미분방정식의 예에서 얻어진 결론을 확장하여, 일반 스파이럴 벡터 회로이론을 고찰한다. 2단자 회로망에서 여러 개의 Mesh를 갖는 집중정수계의 회로방정식은 다음 식의 형태로 고쳐 쓸 수 있다.

$$A(p)i = B(p)v \tag{4.95}$$

여기서 p는 $\dfrac{d}{dt}$를 나타내고 $A(p)$, $B(p)$는 p의 다항식으로 다음과 같다.

$$A(p) = a_0 + a_1p + a_2p^2 + \cdots + a_np^n \tag{4.96}$$

$$B(p) = b_0 + b_1p + b_2p^2 + \cdots + b_np^n$$

식 (4.95)의 v가 식 (4.75)의 원벡터인 경우, 전류의 정상상태 해 i_s도 원벡터이므

로 $e^{j\omega t}$의 인자를 가지며 $\pi_s = j\omega i_s$가 되고 $pv = j\omega v$가 된다. 따라서 정상상태 해에 대해 식 (4.95)는 다음과 같다.

$$A(j\omega)i_s = B(j\omega)v \tag{4.97}$$

이것에 의해 정상상태 해는

$$i_s = \frac{B(j\omega)}{A(j\omega)}v = \frac{B(j\omega)}{A(j\omega)}\sqrt{2}|\dot{V}|e^{j(\omega t+\psi)} = \sqrt{2}\dot{I}_s e^{j\omega t} \tag{4.98}$$

로 되고, 원벡터는 $\sqrt{2}\dot{I}_s$이다. 여기서 $A(j\omega)/B(j\omega)$는 입력교류 임피던스이다. 과도상태 해를 구하기 위한 특성방정식은

$$A(p) = 0 \tag{4.99}$$

와 같으며 n 개의 각기 다른 특성근 $\delta_1, \delta_2, \ldots, \delta_n$을 갖는다고 가정하자. 그러면 과도상태 해는

$$i_t = K_1 e^{\delta_1 t} + K_2 e^{\delta_2 t} + \cdots + K_n e^{\delta_n t} \tag{4.100}$$

로 된다. 여기서 $K_1, K_2, \ldots, K_n$은 임의의 상수로서 n개의 초기조건으로부터 결정된다. 만약 특성근 δr 이 r 중근이면

$$i_t = K_1 e^{\delta_1 t} + K_2 e^{\delta_2 t} + \cdots + (K_{r1} + K_{r2}t + \cdots + K_{rr}t^{r-1})e^{\delta_r t} \tag{4.101}$$
$$+ K_{r+1}e^{\delta_{r+1}t} + \cdots + K_{n-r}e^{\delta_{n-r}t}$$

식 (4.101)의 계수가 실수일 때, 특성근이 복소근으로 되는 경우는 앞 절의 예제에서와 같이 공액근을 가진다. 그러나 SV 법에서는 성립되지 않는 음의 주파수 항이 존재하는데, 시계방향으로 회전하는 항은 제외된다. 따라서 일반해는 다음의 정리로 주어진다.

SV정리 3 일반해

회로방정식이

$$A(p)i = B(p)v \tag{4.95}$$

로 주어지고, 단자전압 v가 식 (4.75)의 원벡터로 주어질 때 일반해는 다음 식으로 주어진다.

$$i = \frac{B(j\omega)}{A(j\omega)}v = \frac{B(j\omega)}{A(j\omega)}\sqrt{2}\,|\dot{V}|e^{j(\omega t+\psi)} + K_1 e^{\delta_1 t} + \cdots + K_n e^{\delta_n t} \tag{4.102}$$

정리 3에서는 일반해의 모든 항이 SV로 나타난다. 종래 따로따로 취급되던 정상상태 해와 과도상태 해가 일괄적으로 취급되므로 정리 3은 통일적 해석이론을 제공한다. SV 법에 의한 이러한 통일적인 해석이론은 더욱 확장될 수 있다. 즉, 페이저 $\dot{V} = |\dot{V}|e^{j\psi}$로 정의할 때 식 (4.95)의 입력전압 v가

$$v = \sqrt{2}\,|\dot{V}|e^{j(\omega t+\psi)} = \sqrt{2}\,\dot{V}e^{\delta t} \tag{4.103}$$

로 주어지면, 다음과 같은 정리 4를 얻을 수 있다.

SV정리 4　일반해

식 (4.95)의 일반해는 다음과 같다.

$$i = \frac{B(\delta)}{A(\delta)}\sqrt{2}\,\dot{V}e^{\delta t} + A_1 e^{\delta_1 t} + A_2 e^{\delta_2 t} + \cdots + A_n e^{\delta_n t} \tag{4.104}$$

식 (4.104) 우변의 제 2 항 이하는 일반 과도상태 해이고 정리 3과 동일한 의미를 갖게 된다. 제 1 항은 정상상태 해와 같은 것으로 보여지나 원벡터는 아니며 스파이럴 특수해라고 한다. 이는 정리 3에서 단순하게 $j\omega$ 대신 δ로 대치된 것으로 볼 수 있는데, $i = \frac{B(\delta)}{A(\delta)}v$가 식 (4.95)의 스파이럴 특수해임을 다음과 같이 증명할 수 있다. 이를 식 (4.95)에 대입하면,

$$A(p)\frac{B(\delta)}{A(\delta)}v = B(p)v$$

로 되고

$$\frac{A(p)}{A(\delta)}v = \frac{B(p)}{B(\delta)}v \xrightarrow{p \to \delta} \frac{A(\delta)}{A(\delta)}v = \frac{B(\delta)}{B(\delta)}v \to v = v \tag{4.105}$$

로 되므로 $i = \frac{B(\delta)}{A(\delta)}v$가 특수해임을 알 수 있다. 또한 $\delta = j\omega$인 경우도 성립하므로 식 (4.102) 우변의 제1항이 특수해라는 것이 증명되었다. 그리고 원벡터 및 SV의 입력전압에 대해서 전류의 일반해는 각각 식 (4.102) 및 (4.104)로 구해졌다. 이것에 대한 전력에 대한 과도현상의 해는 식 (4.91) 및 (4.92)로부터 귀납적으로 구해지며 이로부터 다음의 정리가 얻어진다.

SV정리 5　3상전력

전력의 순시값 P는 다음 식으로 주어진다.

$$P = Re(v) \cdot Re(i) = \frac{1}{2}Re(vi^* + vi) \tag{4.106}$$

대칭 3상의 순시값 전력 P_s는 다음과 같다.

$$P_s = \frac{3}{2}Re(vi^*) \tag{4.107}$$

예제 7

그림 4-17과 같은 RL 직렬회로에 $v(t) = \sqrt{2}\,|\dot{V}|e^{j\psi}e^{(-\lambda + j\omega)t}\,[V]$가 인가될 때, 전류 $i(t)$[A]를 SV에 의하여 구하고 전압과 전류의 벡터도를 그려라.

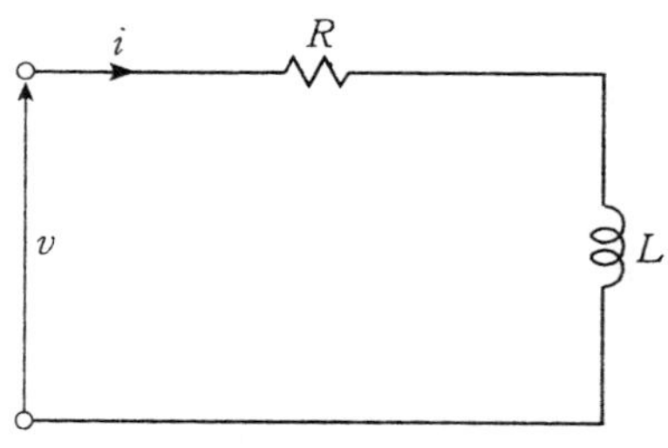

그림 4-17　RL 직렬회로

[풀이] RL 직렬회로에 SV 전압이 가해진 경우의 회로방정식은 다음과 같다.

$$Ri + Lpi = \sqrt{2}|\dot{V}|e^{(-\lambda + j\omega)t + j\psi} \tag{4.108}$$

이의 일반해는 SV 정리 4에 의하여 다음 식으로 주어진다.

$$i(t) = \frac{\sqrt{2}|\dot{V}|e^{(-\lambda + j\omega)t + j\psi}}{R + (-\lambda + j\omega)L} + Ae^{-\left(\frac{R}{L}\right)t} \tag{4.109}$$

$$= i_s + i_t$$

제1항의 특수해 i_s 는 다음 방정식을 만족한다.

$$Ri_s + (-\lambda + j\omega)Li_s = \sqrt{2}|\dot{V}|e^{(-\lambda + j\omega)t + j\psi} \tag{4.110}$$

따라서 식 (4.110)을 기초로 $t=0$일 때의 전압 및 전류의 벡터도를 그리면 그림 4-18과 같다. 실효저항이 $R-\lambda L$이 되고 인덕턴스는 L 값 그대로이다. $R=\lambda L$일 때는 실효저항이 0이 되고 일종의 공진현상이 발생한다. 스파이럴 벡터에 관한 정리 5는 회전기기의 회로 방정식에서 중요한 역할을 한다.

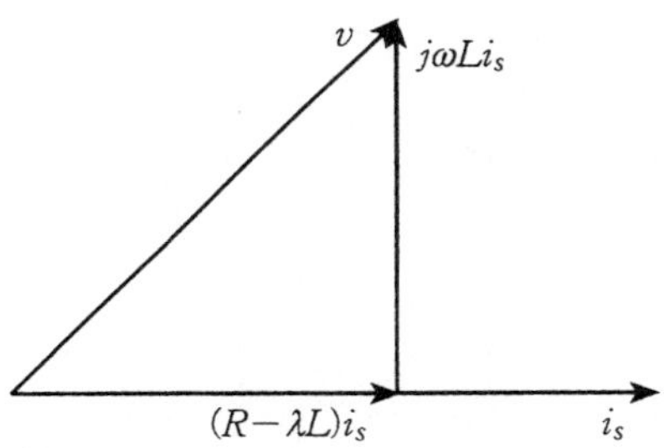

그림 4-18 전압 및 전류의 벡터도

[6] 상태변수와 회로방정식

상태변수의 표현형식이 다르면 회로방정식의 변형여부가 문제시된다. 즉, 변수를 SV로 표현할 때와 실수로 표현하고자 할 때, 회로방정식을 변형할 것인지를 결정해야 한다. 예를 들면, 다음과 같다. 정리 1에서 다음의 관계가 얻어진다.

$$\frac{di_{\text{real}}}{dt} = \frac{d[Re(i)]}{dt} = Re\left[\frac{di}{dt}\right]$$

특히

$$p^n i_{\mathrm{real}} = p^n Re(i) = Re(p^n i) \tag{4.111}$$

로 된다. 여기서 $p = d/dt$이며 식 (4.95)의 일반 회로방정식에서 다음의 관계가 얻어진다.

$$Re[A(p)\, i] = Re[B(p)\, v] \tag{4.112}$$

이로부터

$$A(p)\, i_{\mathrm{real}} = \mathrm{B}(\mathrm{p})\, \mathrm{v}_{\mathrm{real}} \tag{4.113}$$

가 얻어진다. 이로부터 식 (4.95)과 (4.113)로부터 일반 회로방정식의 SV는 페이저를 이용한 복소평면 상에서의 표현은 물론, 실수 표현에서도 성립됨을 알 수 있다. 특히 정리 3과 정리 4에서 알 수 있듯이 SV로 쓰여진 쪽이 실수 표현에 의한 것보다 일반해를 구하는 데 대단히 편리함을 알 수 있다.

Chapter 05

라플라스 변환 (Laplace Transform)

5.1 서 론

라플라스 변환은 프랑스의 물리학자요 천문학자이며, 수학자 Laplace(1749 ~ 1827)에 의해 미분방정식의 해법에 적용될 수 있다는 사실이 발표된 이후, 일반에게 보급되어 적극 이용되고 있는 것은 그리 오래지 않다.

라플라스 변환의 모체가 되는 Heaviside 연산자법은 영국의 전기공학자인 O.Heaviside가 전기회로의 과도현상을 해석하기 위해 주어진 미분방정식을 Heaviside 연산자 p를 이용하여 대수적 연산자 방정식으로 변환시켜 풀이하는 획기적인 미분방정식의 해법이다.

라플라스 변환은 이러한 연산자법에서 Heaviside가 제안한 단위 계단 함수와 Heaviside 전개정리를 이용하여 발전시킨 것으로, 시간함수 t로 표현된 미분방정식을 복소변수 s의 대수적 방정식으로 변환시키는 기법이다. 따라서 전기회로의 과도현상 해석론, 자동제어이론 등에서 폭넓게 사용되고 있으며, 복잡한 파형과 무효성분을 갖는 전자공학 분야의 전자회로의 정상상태 응답특성 해석 및 각종 필터의 설계시에도 적극 활용되고 있다.

그리고 라플라스 변환의 완전한 이해를 위해서 복소함수론의 지식이 필요하나 상미분방정식의 문제는 이러한 지식이 없어도 라플라스 변환의 기본법칙과 변환표를 이용해서 비교적 쉽게 풀이될 수 있다.

5.2 라플라스 변환의 정리

라플라스 변환은 상미분방정식을 대수방정식으로 변환하여 풀 수 있는 대단히 유력한 수학적인 도구 중의 하나로 많은 분야에서 응용되고 있다. 라플라스 변환의 정의는 다음과 같다. $-\infty < t < +\infty$인 구간에서 정의되는 연속함수 $f(t)$의 푸리에 변환은

$$F(j\omega) = \mathcal{F}[f(t)] = \int_{-\infty}^{\infty} f(t)e^{-j\omega t}dt \tag{5.1}$$

로 된다. 한편 구간 $-\infty < \sigma < +\infty$에 대해 연속이며 다음과 같은 수렴조건

$$\int_{0}^{\infty} \left| f(t)e^{-\sigma t} \right| dt < \infty \tag{5.2}$$

를 만족한다면, $t < 0$에서 $f(t) \triangleq 0$인 함수에 대한 푸리에 변환은

$$F(j\omega) = \mathcal{F}[f(t)] = \int_{0}^{\infty} f(t)e^{-j\omega t}dt \tag{5.3}$$

로 되므로 $f(t)e^{-\sigma t}$의 푸리에 변환은

$$\begin{aligned} \mathcal{F}[f(t)\ e^{-\sigma t}] &= \int_{0}^{\infty} f(t)e^{-\sigma t}e^{-j\omega t}dt \\ &= \int_{0}^{\infty} f(t)e^{-(\sigma + j\omega)t}dt \end{aligned} \tag{5.4}$$

로 된다. 이 식에서 $s = \sigma + j\omega$로 두고 $f(t)$의 라플라스 변환 $\mathcal{L}f(t)$를

$$\mathcal{L}f(t) \triangleq \int_{0}^{\infty} f(t)e^{-st}dt \bigg|_{s=\sigma+j\omega} \triangleq F(s) \tag{5.5}$$

로 정의하면 $F(s)$는 $f(t)$의 '라플라스 변환'이 된다. 또한 $F(j\omega)$의 역푸리에 변환은

$$f(t) = \mathcal{F}^{-1}[F(j\omega)] = \frac{1}{2\pi}\int_{-\infty}^{\infty} F(j\omega)e^{j\omega t}d\omega \tag{5.6}$$

로 되므로 $F(\sigma + j\omega) = F(s)$의 역푸리에 변환은

$$f(t)e^{-\sigma t} = \frac{1}{2\pi}\int_{-\infty}^{\infty} F(\sigma + j\omega)e^{j\omega t}\, d\omega \tag{5.7}$$

로 되며, 양변을 $e^{-\sigma t}$로 나누면서 라플라스 변환에서와 같이 $s=\sigma+j\omega$로 두면 $ds=jd\omega$이므로

$$f(t)=\frac{1}{2\pi j}\int_{\sigma-j\infty}^{\sigma+j\infty}F(s)e^{st}ds \triangleq \mathcal{L}^{-1}F(s) \tag{5.8}$$

를 얻는다. 이 식을 '역 라플라스 변환'이라고 한다.

5.3 각종 기본함수의 정의와 라플라스 변환

[1] 단위 계단 함수(Unit Step Function) : $u_s(t)$

공학에서 'on' 또는 'off' 로 되는 함수가 자주 출현한다. 예를 들면, $t=0$에서 기계계에 가해지는 외력이나, 전기회로에 인가되는 전압은 임의 시간 후에 제거될 수 있다. 이런 경우 다음과 같이 정의되는 특수한 함수를 이용하는 것이 편리하다. 이 함수는 일명 헤비사이드 함수(Heaviside Unit Function)라고도 하며, 대단히 중요한 함수 중의 하나이다. 그림 5.1과 같이 도시되고, 식 (5.9)와 같이 정의되는 함수로서,

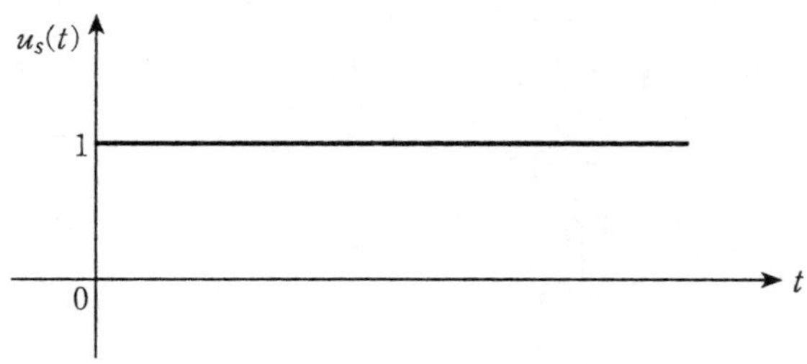

그림 5-1 단위 계단 함수

$$u_s(t)=\begin{cases}1 & t\geq 0\\ 0 & t<0\end{cases} \tag{5.9}$$

이의 라플라스 변환은 식 (5.10)과 같다.

$$\mathcal{L}\ u_s(t) = \int_0^\infty u_s(t)e^{-st}dt = \int_0^\infty 1 \cdot e^{-st}dt \tag{5.10}$$

$$= -\frac{1}{s}e^{-st}\Big|_0^\infty = \frac{1}{s}$$

예제 1

(a) $2u_s(t)$와 (b) $u_s(t-2)$를 도시하라.

[풀이] 각각의 그래프는 그림 5-2와 같다.

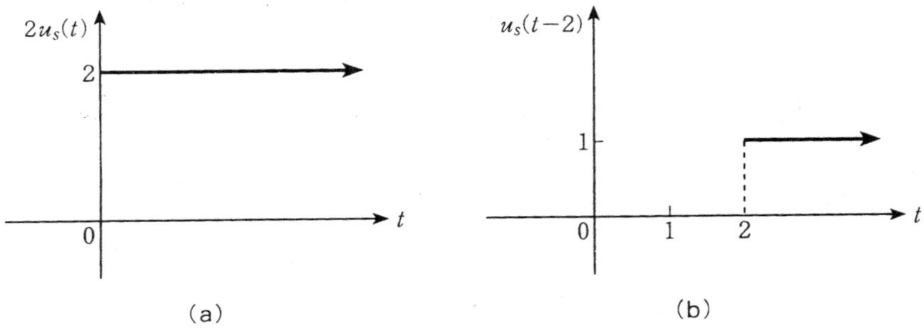

그림 5-2 $u_s(t)$와 $u_s(t-2)$

$t \geq 0$에 대해 정의되는 다른 함수들과 결합되면, 단위 계단 함수는 그들의 그래프 일부를 'turn off' 시킨다. 예를 들면, 그림 5-3은 $y = f(t)$의 그래프를 도시한 것이다. 단,

$$f(t) = \sin t\, u_s(t-2\pi) = \begin{cases} 0 & t < 2\pi \\ \sin t & t \geqq 2\pi \end{cases}$$

이다.

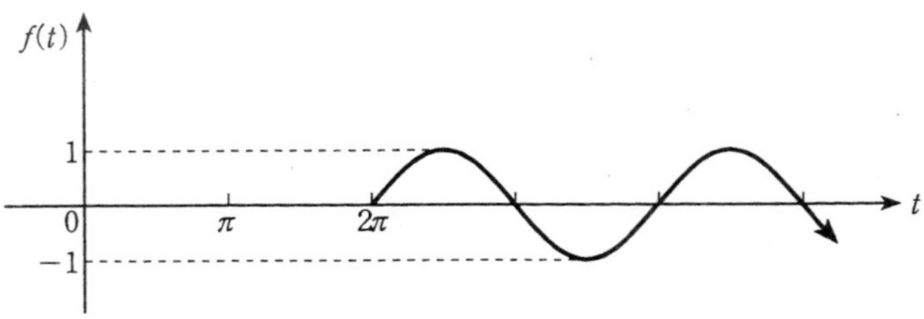

그림 5-3 $y = f(t)$

단위 계단 함수는 구간 정의 함수를 이용하여 간결하게 표현하고자 할 때도 사용된다. 예를 들면, 구간 정의 함수

$$f(t)=\begin{cases} g(t) & 0 \leqq t < a \\ h(t) & t \geqq a \end{cases} \tag{5.11}$$

를

$$f(t)=g(t)-g(t)\,u_s(t-a)+h(t)\,u_s(t-a) \tag{5.12}$$

로 쓸 수 있다.

이를 증명하기 위해 $u_s(t-a)$의 정의를 이용하여

$$f(t)=\begin{cases} g(t)-g(t)\cdot 0+h(t)\cdot 0, & t<a \\ g(t)-g(t)\cdot 1+h(t)\cdot 1, & t \geqq a \end{cases}$$

로 쓸 수 있다. 이와 유사하게

$$f(t)=\begin{cases} 0 & 0 \leqq t < a \\ g(t) & a \leqq t < b \\ 0 & t \geqq b \end{cases}$$

인 형의 함수는

$$f(t)=g(t)\,[u_s(t-a)-u_s(t-b)]$$

로 쓸 수 있다.

예제 2

회로의 전압이

$$e(t)=\begin{cases} 20t & 0 \leqq t < 5 \\ 0 & t \geqq 5, t < 0 \end{cases}$$

로 주어진다. $e(t)$를 도시하라. 그리고, $e(t)$를 단위 계단 함수로 표현하라.

[풀이] 구간 정의 함수의 그래프는 그림 5-4와 같다.

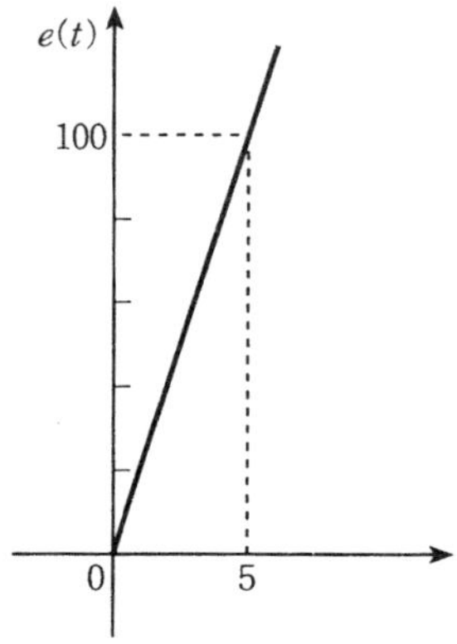

그림 5-4 구간 정의 함수 $e(t)$

식 (5.11) 및 식 (5.12)로부터 $g(t)=20t$ 및 $h(t)=0$로 두면,

$$e(t)=20t\cdot u_s(t)-20t\cdot u_s(t-5)$$

를 얻는다.

예제 3

$f(t)=t^3$으로 정의되는 함수 $y=f(t)$가 주어진다. 다음 함수들의 그래프를 비교하라.

(a) $f(t)=t^3$ (b) $f_1(t)=t^3,\ t\geq 0$

(c) $f_2(t)=f(t-2),\ t\geq 0$ (d) $f(t-2)\cdot u_s(t-2)$

[풀이] 각각의 그래프는 그림 5-5에 도시되어 있다.

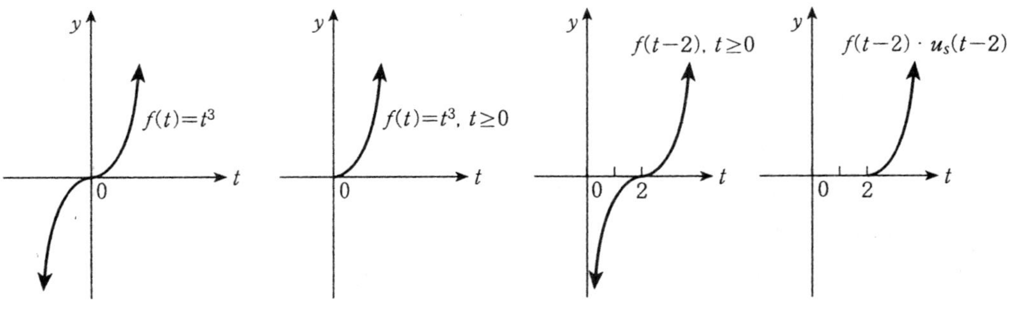

그림 5-5 $f(t)=t^3$**과 관련된 그래프들**

일반적으로 $a>0$이면 $y=f(t-a)$의 그래프는 t축 상에서 $y=f(t)$의 그래프를 a 만큼 우측으로 이동시킨 것이 된다. 그러나 $y=f(t-a)$를 예제 3의 (d)와 같은 방법으로 단위 계단 함수 $u_s(t-a)$와 결합하면

$$y=f(t-a)\cdot u_s(t-a) \tag{5.13}$$

의 그래프는 $t\geq 0$에 대한 $y=f(t-a)$의 그래프와 일치하나 $t<a$인 경우에 대해서는 일치하지 않는다. 그림 5-5를 보라.

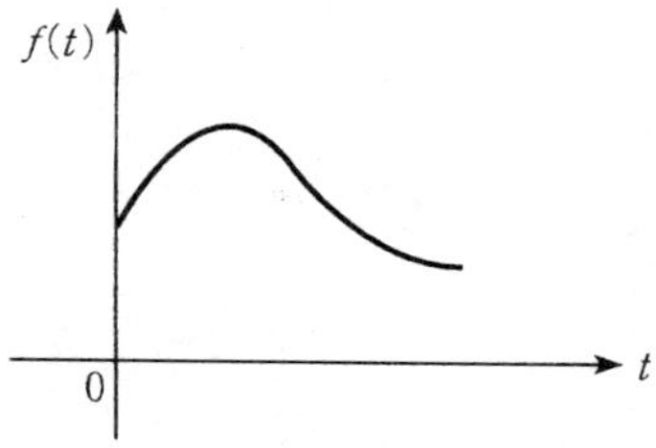

(a) $f(t)$

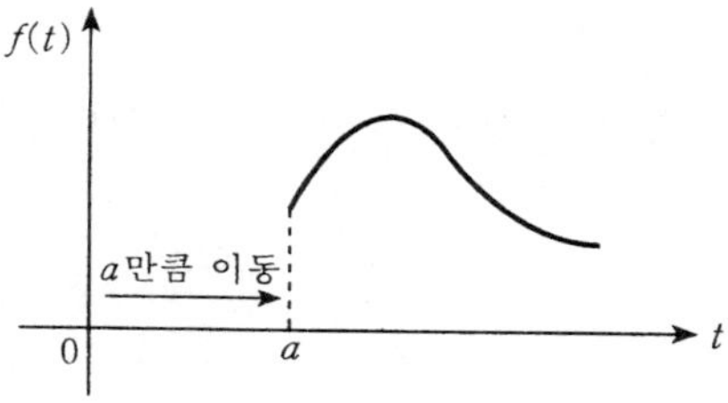

(b) $f(t-a)\cdot u_s(t-a)$

그림 5-6 t축 상에서의 추이

$f(t)$의 지수배는 s축 상에서 변환 $F(s)$를 추이시킨 결과와 같게 됨을 알 수 있다. $F(s)$에 적절한 지수함수가 곱해지는 경우 이 곱의 역변환은 식 (5.14)로 주어진 함수로 표현된다.

$$e^{-as}F(s)=e^{-as}\mathcal{L}[f(t)]=\mathcal{L}\left[f(t-a)u_s(t-a)\right] \tag{5.14}$$

이는 제 5.4절에서 설명하게 될 실추이 정리에 해당된다.

[2] Dirac 델타함수 : $\delta(t)=u'_s(t)$

델타(Delta)함수는 영국의 물리학자 P.A.M.Dirac이 고안한 것이다. Max Plank, Werner Heisenberg, Erwin Schrodinger 및 Albert Einstein과 더불어 Dirac은 양자역학이라 불리는 원자와 분자 및 기본 입자의 특성을 기술하는 새로운 방법에 기초를 세운 1900~1930년대의 대가 중 한 사람이었다. 이 분야에서의 이들의 선구자적 업적으로 Dirac와 Schrodinger는 1933년에 물리학 분야의 노벨상을 수상하였다. Dirac 델타함수는 1932년의 '양자역학의 원리' 라는 그의 논문에서 심도있게 취급되었으며 일명

임펄스 함수로도 불린다.

단위 임펄스 : 기계계는 종종 아주 짧은 순간에만 작용하는 큰 외력(전기회로계에서는 기전력)의 영향을 받는다. 예를 들면, 비행기의 날개가 번개의 충격으로 인해 떨리는 현상이나, 스프링에 매달린 질량체를 뾰족한 쇠망치로 가격하는 현상이나, 초기 휴지 상태에 있던 골프공을 강타하여 공중으로 치솟게 하는 현상 등이다. 이런 함수는 그림 5-7(a)와 같으며, 충격력을

$$\delta_a(t-t_0)=\begin{cases}\dfrac{1}{2a} & t_0-a<t<t_0+a\\ 0 & t\leq t_0-a\end{cases} \tag{5.15}$$

와 같은 수학적 모델로 나타낼 수 있다.

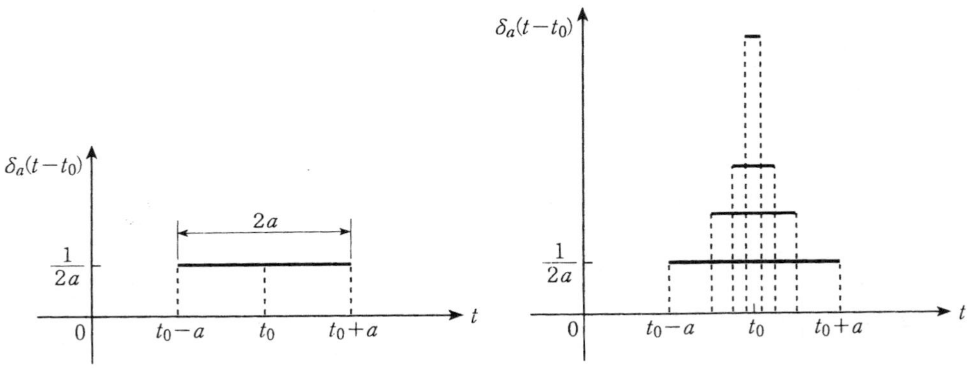

(a)

(b) $a\to 0$일 때의 $\delta_a(t-t_0)$

그림 5-7 임펄스 함수

a의 값이 작아지면 $\delta_a(t-t_0)$는 t_0근방에서 짧은 기간 동안 'on' 이 되는 매우 큰 상수함수로 된다. $a\to 0$일 때 $\delta_a(t-t_0)$의 특성은 그림 5-7 (b)와 같다. 함수 $\delta_a(t-t_0)$는

$$\int_{-\infty}^{\infty}\delta_a(t-t_o)dt=1 \tag{5.16}$$

와 같은 적분 특성을 가지므로 단위 임펄스 함수라고 한다.

Dirac 델타함수 : 실제로 단위 임펄스 함수의 또 다른 형태인 함수, 즉 $\delta_a(t-t_0)$를 근사하고 극한에 의해

$$\delta(t-t_0)=\lim_{a\to 0}\delta_a(t-t_0) \tag{5.17}$$

와 같이 정의되는 함수를 이용하는 것이 편리하다.
위의 표현을 요약하면 다음의 두 가지 특성을 갖는다.

$$\text{특성 (i)} : \delta(t-t_0)=\begin{cases}\infty & t=t_0\\ 0 & t\neq t_0\end{cases} \tag{5.18}$$

$$\text{특성 (ii)} : \int_{-\infty}^{\infty}\delta_a(t-t_0)dt=1 \tag{5.19}$$

$\delta(t-t_0)$가 일반적인 의미의 함수이면 특성 (i)은 $\int_{-\infty}^{\infty}\delta(t-t_0)dt=1$이 아니라 도리어 $\int_{-\infty}^{\infty}\delta(t-t_0)dt=0$의 의미를 가질 것이다. 그러나 Dirac 델타함수는 보통의 함수와는 다른 특성을 가지므로 이를 사용하는 사람이 정확한 결과를 얻어낸다 해도 아주 우스꽝스런 것으로 인식되고 말 것이다. 그러나 1940년 논쟁의 대상이 되어 오던 Dirac의 함수는 프랑스의 수학자 Laurent Schwartz의 저서 '분포의 이론' 에서 확고한 토대를 마련하였으며, 분포의 이론 또는 일반화된 함수로 알려져서 전혀 새로운 수학의 한 분야로 정착되기에 이르렀다. 현대의 일반화된 함수이론에서는 식 (5.17)을 $\delta(t-t_0)$에 대한 공인된 정의로 인정하지 않으며, 함수의 값이 0 또는 ∞으로 되는 함수를 지칭하지도 않는다. 이 이론은 본 교과서의 범주를 벗어나는 것이지만 Dirac 델타함수가 다른 함수에 미치는 작용이나 영향을 중심으로 정의되고 있다고 말하기에는 충분하다. 이를 이해하기 위해 먼저 $(-\infty,\infty)$ 상의 연속함수 f를 생각해 보자. 적분의 평균값 정리로부터

$$\int_{-\infty}^{\infty}f(t)\ \delta_a(t-t_0)dt=\int_{t_0-a}^{t_0+a}f(t)\frac{1}{2a}dt=\frac{1}{2a}\int_{t_0-a}^{t_0+a}f(t)dt \tag{5.20}$$

$$=\frac{1}{2a}(2af(c))=f(c)$$

로 된다. 여기서 c는 구간 $t_0-a<t<t_0+a$에서 정의되는 수이다. $a\to 0$일 때 $c\to t_0$가 되므로

$$\int_{-\infty}^{\infty}f(t)\ \delta(t-t_0)dt=\lim_{a\to 0}\int_{-\infty}^{\infty}f(t)\ \delta_a(t-t_0)dt=\lim_{a\to 0}f(c) \tag{5.21}$$

$$\int_{-\infty}^{\infty} f(t)\ \delta(t-t_0)dt = f(t_0) \tag{5.22}$$

를 의미한다. 식 (5.22)의 결과는 $\delta_a(t-t_0)$의 정의에서 얻어 낼 수 있다. $\delta_a(t-t_0)$는 f의 값들 중 값 $f(t_0)$를 샘플링해 내는 효과를 가지고 있다. 델타함수의 성질 (ii)는 $f(t)=1(-\infty < t < \infty)$ 일 때 식 (5.22)와 같게 된다. 수 $f(t_0)$를 함수 f에 상응시키는 적분 연산식 (5.14)와 결국 선형 범함수의 개념과 같아진다. 이상의 $\delta_a(t-t_0)$를 Dirac 델타함수라고 한다. 다음의

$$\mathcal{L}\left[\delta(t-t_0)\right] = \lim_{a\to 0}\mathcal{L}\left[\delta_a(t-t_0)\right] \tag{5.23}$$

과 같은 가정에 의해 $\delta(t-t_0)$의 라플라스 변환을 얻을 수 있다. 단위 계단 함수를 이용하여

$$\delta_a(t-t_0) = \frac{1}{2a}\left[u_s(t-(t_0-a)) - u_s(t-(t_0+a))\right] \tag{5.24}$$

로 표현할 수 있다. 제 5.3절에서 설명할 실추이 정리로부터

$$\mathcal{L}\left[\delta_a(t-t_0)\right] = \frac{1}{2a}\left[\frac{e^{-s(t_0-a)}}{s} - \frac{e^{-s(t_0+a)}}{s}\right] \tag{5.25}$$

또는

$$\mathcal{L}\left[\delta_a(t-t_0)\right] = e^{-st_0}\left(\frac{e^{as}-e^{-as}}{2as}\right) \tag{5.26}$$

를 얻는다. 식 (5.26)은 $a \to 0$일 때, 0/0의 부정형이므로 L'Hôpital의 정리를 적용한다.

$$\lim_{a\to 0}\mathcal{L}\left[\delta_a(t-t_0)\right] = e^{-st_0}\lim_{a\to 0}\left(\frac{e^{as}+e^{-as}}{2}\right) = e^{-st_0} \tag{5.27}$$

따라서

$$\mathcal{L}\left[\delta(t-t_0)\right] = e^{-st_0} \tag{5.28}$$

로 정의된다. $t_0=0$일 때 식 (5.28)으로부터

$$\mathcal{L}\left[\delta(t)\right] = 1 \tag{5.29}$$

로 됨을 유추할 수 있다.

예제 4

임의 상수 c에 대한 함수 $f(t)\delta(t-c)$의 라플라스 변환을 구하라.

[풀이] 라플라스 변환의 정의식으로부터

$$\begin{aligned}\mathcal{L}\,[f(t)\delta(t-c)] &= \int_0^{\infty} f(t)\delta(t-c)e^{-st}dt \qquad \text{(a)}\\ &= f(c)e^{-sc}\int_0^{\infty}\delta(t-c)dt\\ &= f(c)e^{-sc}\end{aligned}$$

로 구해진다. 이 문제의 풀이 과정을 그림으로 도시하면 그림 5-7과 같다. 라플라스 변환의 식 (a) 내에서 먼저 $f(t)e^{-st}$를 도시하고, c만큼 추이된 임펄스 함수 $\delta(t-c)$를 도시한 후, $t=c$에서의 $f(t)e^{-st}$의 값인 $f(c)e^{-cs}$를 취하면 된다.

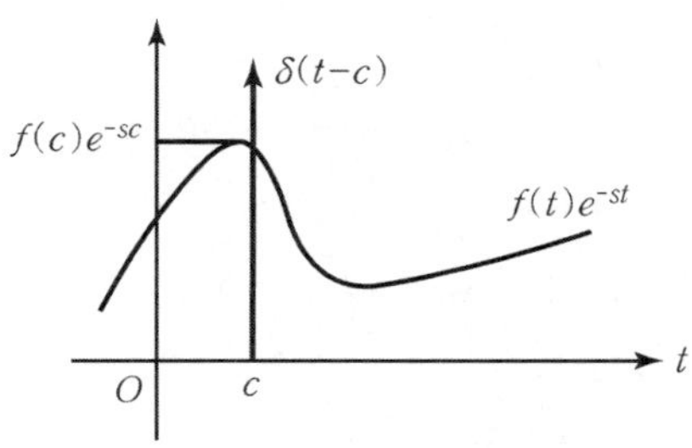

그림 5-8 예제 4의 풀이 과정 도해

단위 임펄스 함수에 대해서는 제7장에서 상세히 설명되겠으나 여기서는 앞서 설명한 단위 계단 함수에 의한 관련성을 중심으로 기술한다. 먼저 단위 계단 함수인 그림 5-1은 $\varepsilon \rightarrow 0$인 경우 그림 5-9(a)와 같이 변형될 수 있다.

그림 5-9 (b)에서 $\varepsilon \rightarrow 0$인 경우 $1/\varepsilon \rightarrow \infty$로 되므로

$$\begin{aligned}\delta(t) &= \lim_{\epsilon\to 0}\frac{du_s(t)}{dt}\\ &= \lim_{\epsilon\to 0}\frac{1}{\epsilon}[u_s(t)-u_s(t-\epsilon)]\end{aligned}$$

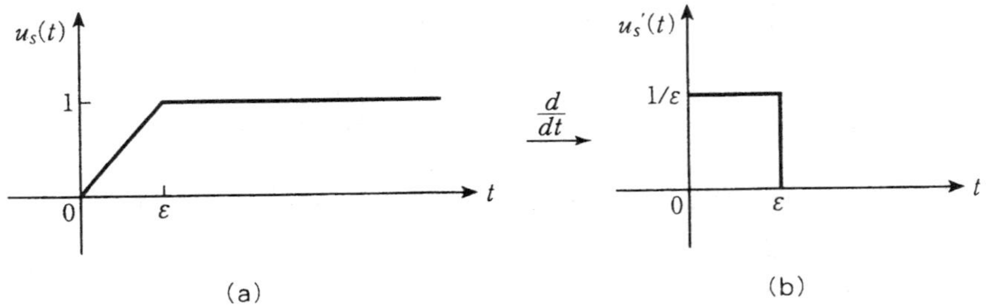

그림 5-9 단위 임펄스 함수의 다른 형태

으로도 표현가능하며, 식 (5.30)과 같이 정의될 수 있다.

$$\delta(t) = \begin{cases} \infty & t = 0 \\ 0 & t \neq 0 \end{cases} \tag{5.30}$$

이 식의 라플라스 변환은

$$\begin{aligned}
\mathcal{L}\ \delta(t) &= \mathcal{L}\ \lim_{\epsilon \to 0} \frac{1}{\epsilon}[u_s(t) - u_s(t-\epsilon)] \\
&= \lim_{\epsilon \to 0} \frac{1}{\epsilon} \int_0^{\infty} [u_s(t) - u_s(t-\epsilon)] e^{-st} dt \\
&= \lim_{\epsilon \to 0} \frac{1}{\epsilon} \left[\int_0^{\infty} 1 \cdot e^{-st} dt - \int_{-\epsilon}^{\infty - \epsilon} u_s(\tau) \cdot e^{-s(\tau+\epsilon)} d\tau \right] \\
&\quad (\therefore\ t - \epsilon \triangleq \tau,\ d\tau = dt) \\
&= \lim_{\epsilon \to 0} \frac{1}{\epsilon} \left[-\frac{1}{s} e^{-st} \Big|_0^{\infty} + \frac{e^{-s\epsilon}}{s} e^{-st} \Big|_0^{\infty} \right] \\
&= \lim_{\epsilon \to 0} \frac{1 - e^{-\epsilon s}}{\epsilon s} \\
&= \lim_{\epsilon \to 0} \frac{\dfrac{d(1 - e^{-\epsilon s})}{d\epsilon}}{\dfrac{d(\epsilon s)}{d\epsilon}} \quad (\because \text{L'Hôpital의 정리}) \\
&= \lim_{\epsilon \to 0} \frac{(-se^{-\epsilon s})}{s} \\
&= 1
\end{aligned} \tag{5.31}$$

로 구해진다.

[3] Unit Doublet 함수 : $\delta'(t) = us''(t)$

이 함수는 앞의 Dirac 델타함수를 한 번 미분 또는 단위 계단 함수를 두 번 미분한 경우에 해당된다. 따라서 그림 5-9 (b)를 ε →0인 경우로 생각하여, 약간 변경시켜 다시 그리면 그림 5-10 (a)와 같게 된다.

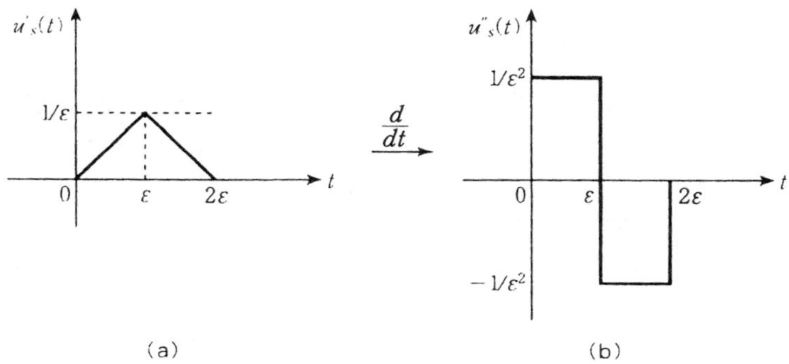

그림 5-10 Unit Doublet 함수

그림 5-10 (b)로부터 Unit Doublet 함수는

$$\delta'(t) = u_s''(t)$$

$$= \lim_{\epsilon \to 0} \frac{du_s^2(t)}{dt^2}$$

$$= \lim_{\epsilon \to 0} \frac{1}{\epsilon^2}[\delta'(t) - \delta'(t-\epsilon)]$$

$$= \lim_{\epsilon \to 0} \frac{1}{\epsilon^2}[u_s(t) - u_s(t-\epsilon)] - \lim_{\epsilon \to 0} \frac{1}{\epsilon^2}[u_s(t-\epsilon) - u_s(t-2\epsilon)]$$

로 정의하거나

$$\delta'(t) = \begin{cases} +\infty & t = 0_- \\ -\infty & t = 0_+ \\ 0 & t \neq 0 \end{cases} \tag{5.32}$$

로 정의될 수 있으며, 이의 라플라스 변환은 제 5.3.2절의 식 (5.29)로부터 유추해서

$$\mathcal{L}\,\delta'(t) = \mathcal{L}\lim_{\epsilon\to 0}\frac{1}{\epsilon^2}[u_s(t)-u_s(t-\epsilon)] - \mathcal{L}\lim_{\epsilon\to 0}\frac{1}{\epsilon^2}[u_s(t-\epsilon)-u_s(t-2\epsilon)]$$

$$= \lim_{\epsilon\to 0}\frac{1}{\epsilon^2}\left[\frac{1-e^{-\epsilon s}}{s} - \frac{e^{-s\epsilon}-e^{-2s\epsilon}}{s}\right]$$

$$= \lim_{\epsilon\to 0}\frac{1-2e^{-\epsilon s}+e^{-2\epsilon s}}{\epsilon^2 s}$$

$$= \lim_{\epsilon\to 0}\frac{\dfrac{d(1-2e^{-\epsilon s}+e^{-2\epsilon s})}{d\epsilon}}{\dfrac{d(\epsilon^2 s)}{d\epsilon}} \qquad (\because \text{L'Hôpital의 정리})$$

$$= \lim_{\epsilon\to 0}\frac{-2s^2e^{-\epsilon s}+4s^2e^{-2\epsilon s}}{2s}$$

$$= \frac{2s^2}{2s}$$

$$= s$$

로 됨을 알 수 있다. 또는 이후 제 5.4.5절에서 설명하게 될 미분정리를 이용하여

$$\begin{aligned}\mathcal{L}\,u_s'(t) &= \mathcal{L}\,\delta(t)\\ &= 1 \qquad (\text{미분정리 이용})\end{aligned} \tag{5.33}$$

$$\begin{aligned}\mathcal{L}\,u_s''(t) &= \mathcal{L}\,\delta'(t)\\ &= s\cdot 1 \qquad (\text{미분정리 이용})\end{aligned}$$

으로도 구할 수 있다.

[4] 경사 함수(Ramp Function) : $r(t) = \int_0^t u_s(t)dt$

경사 함수는 단위 계단 함수를 한 번 적분한 함수와 같으며 기울기가 1이며, 그림 5-11과 같이 도시된다.

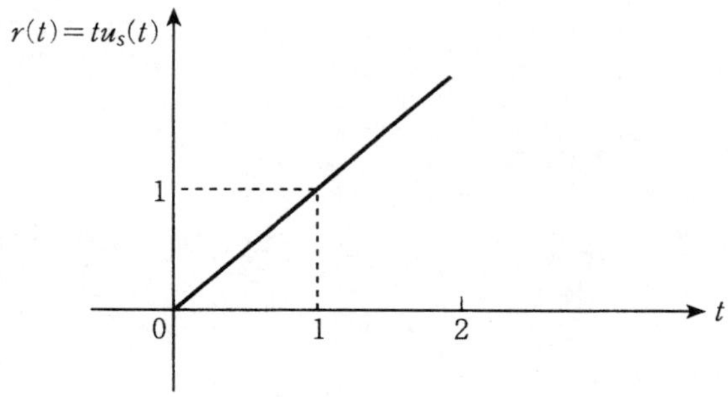

그림 5-11 단위 경사 함수

이 함수는

$$r(t) = tu_s(t) = \begin{cases} t & t \geq 0 \\ 0 & t < 0 \end{cases}$$

로 정의될 수 있으며, 이의 라플라스 변환은

$$\begin{aligned}
\mathcal{L}\, t &= \mathcal{L}\left[\int_0^t u_s(t)dt\right] \\
&= \mathcal{L}\left[tu_s(t)\right] \\
&= \int_0^\infty t \cdot e^{-st}dt \\
&= -\left.\frac{t \cdot e^{-st}}{s}\right|_0^\infty + \frac{\int_0^\infty 1 \cdot e^{-st}dt}{s} \qquad \left(\because \int u \cdot v' = u \cdot v - \int u' \cdot v\right) \\
&= 0 + \frac{\mathcal{L}\, u_s(t)}{s} \\
&= \frac{1}{s^2} \qquad \text{(제 5.3.1절의 식 (5.10)의 결과 이용)}
\end{aligned}$$

로 계산된다. 또는 이 후에 설명하게 될 적분정리를 이용하여

$$\begin{aligned}
\mathcal{L}\, t &= \mathcal{L}\left[\int_0^t u_s(t)dt\right] = \frac{\mathcal{L}\, u_s(t)}{s} \\
&= \frac{1}{s^2}
\end{aligned}$$

으로도 구할 수 있다.

[5] 지수함수 : $f(t)=e^{at}\cdot u_s(t)$

$a>0$인 경우, 그림 5-12와 같이 도시되며, 라플라스 변환의 정의식에서

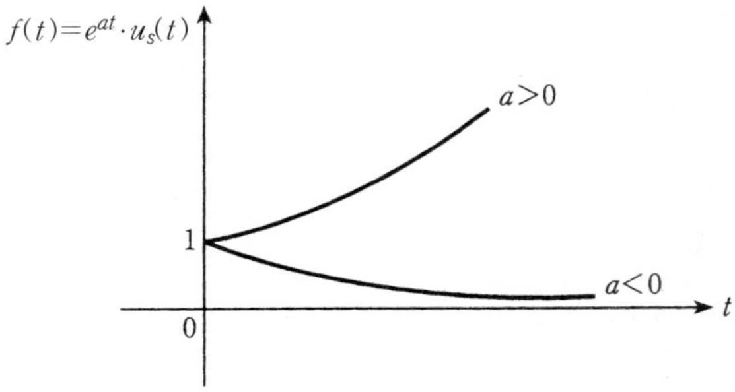

그림 5-12 지수함수

$$\begin{aligned}\mathcal{L}\,f(t) &= \int_0^\infty e^{at}e^{-st}dt \\ &= \int_0^\infty e^{-(s-a)t}dt \\ &= -\frac{1}{s-a}e^{-st}\Big|_0^\infty \\ &= \frac{1}{s-a}\end{aligned}$$

로 주어진다.

[6] 삼각함수 : $f(t)=\sin\omega t\cdot u_s(t)$

삼각함수는 그림 5-13과 같이 도시되고 Euler의 공식에 의해 지수함수꼴로 전개되므로

$$\sin\omega t=\frac{1}{2j}(e^{j\omega t}-e^{-j\omega t})$$

로부터 라플라스 변환의 정의식에 의하여

$$\mathcal{L}\ \sin\omega t = \mathcal{L}\left[\frac{1}{2j}(e^{j\omega t} - e^{-j\omega t})\right]$$

$$= \int_0^\infty \frac{1}{2j}(e^{j\omega t} - e^{-j\omega t})e^{-st}dt$$

$$= \frac{1}{2j}\int_0^\infty [e^{-(s-j\omega)t} - e^{-(s+j\omega)t}]dt$$

$$= \frac{1}{2j}\left[\frac{1}{s-j\omega} - \frac{1}{s+j\omega}\right]$$

$$= \frac{1}{2j}\frac{2j\omega}{s^2+\omega^2}$$

$$= \frac{\omega}{s^2+\omega^2} \tag{5.34}$$

가 얻어진다.

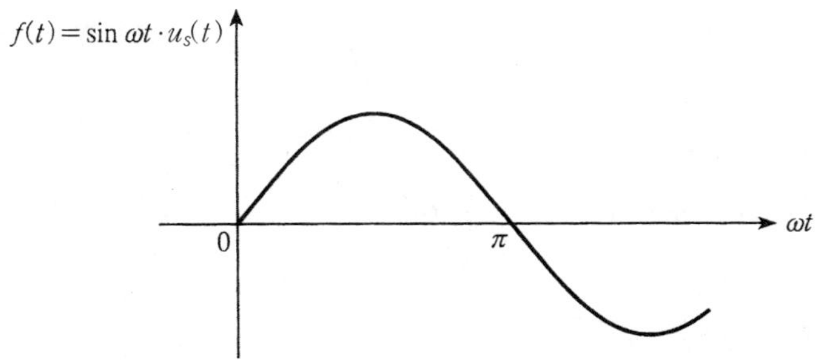

그림 5-13 삼각함수 $f(t) = \sin\omega t \cdot u_s(t)$

한편, 코사인함수 $f(t) = \cos\omega t$도 사인함수와 유사하게 Euler의 공식에 의해 지수함수꼴로 전개되므로

$$\cos\omega t = \frac{1}{2}(e^{j\omega t} + e^{-j\omega t})$$

로부터 라플라스 변환의 정의식에 의하여

$$\mathcal{L}\ \cos\omega t = \mathcal{L}\left[\frac{1}{2}(e^{j\omega t} + e^{-j\omega t})\right]$$

$$= \int_0^\infty \frac{1}{2}(e^{j\omega t} + e^{-j\omega t})e^{-st}dt$$

$$= \frac{1}{2}\int_0^{\infty}[e^{-(s-j\omega)t} + e^{-(s+j\omega)t}]dt$$

$$= \frac{1}{2}[\frac{1}{s-j\omega} + \frac{1}{s+j\omega}]$$

$$= \frac{1}{2}\frac{2s}{s^2+\omega^2} \tag{5.35}$$

$$= \frac{s}{s^2+\omega^2}$$

가 얻어진다.

[7] 쌍곡선함수 : $f(t) = \sinh at \cdot u_s(t)$

쌍곡선함수는 그림 5-14와 같이 도시되고, Euler의 공식에 의해 지수함수꼴로 전개된다.

$$e^{j\omega t} = \cos\omega t + j\sin\omega t \tag{5.36}$$

$$e^{-j\omega t} = \cos\omega t - j\sin\omega t \tag{5.37}$$

$$e^{j(-j\omega t)} = \cos(j\omega t) + j\sin(-j\omega t) \tag{5.38}$$

$$e^{-j(-j\omega t)} = \cos(-j\omega t) - j\sin(-j\omega t) \tag{5.39}$$

$$\cos(j\omega t) = \cos(-j\omega t) = \cosh\omega t \tag{5.40}$$

$$-j\sin(j\omega t) = \sinh\omega t \tag{5.41}$$

의 공식으로부터

$$\sinh at = \frac{1}{2}(e^{at} - e^{-at}) \tag{5.42}$$

를 얻을 수 있고, 이를 도시하면 그림 5-14와 같다.

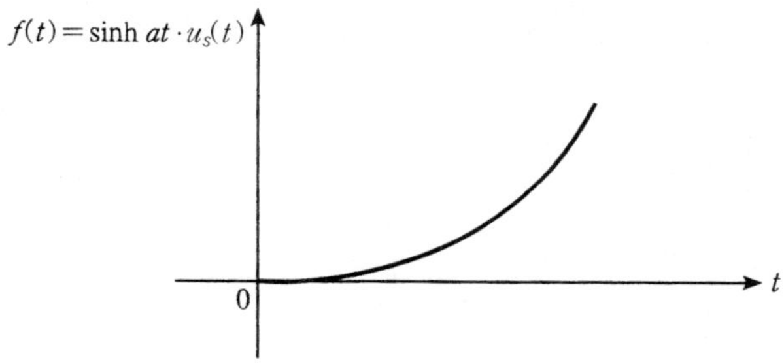

그림 5-14 쌍곡선함수 $:f(t) = \sinh at \cdot u_s(t)$

라플라스 변환의 정의식에 의하여

$$
\begin{aligned}
\mathcal{L} \sinh at &= \mathcal{L}\left[\frac{1}{2}(e^{at} - e^{-at})\right] \\
&= \int_0^\infty \frac{1}{2}(e^{at} - e^{-at})e^{-st}dt \\
&= \frac{1}{2}\int_0^\infty [e^{-(s-a)t} - e^{-(s+a)t}]dt \\
&= \frac{1}{2}[\frac{1}{s-a} - \frac{1}{s+a}] \\
&= \frac{1}{2}\frac{2a}{s^2 - a^2} \\
&= \frac{a}{s^2 - a^2} \qquad (5.43)
\end{aligned}
$$

가 얻어진다.

한편, 여현함수 $f(t) = \cosh at$도 정현함수와 유사하게, Euler의 공식에 의해 지수함수꼴로 전개되므로

$$\cosh at = \frac{1}{2}(e^{at} + e^{-at}) \qquad (5.44)$$

로부터 라플라스 변환의 정의식에 의하여

$$
\begin{aligned}
\mathcal{L} \cosh at &= \mathcal{L}\left[\frac{1}{2}(e^{at} + e^{-at})\right] \\
&= \int_0^\infty \frac{1}{2}(e^{at} + e^{-at})e^{-st}dt
\end{aligned}
$$

$$= \frac{1}{2}\int_0^\infty [e^{-(s-a)t} + e^{-(s+a)t}]dt$$

$$= \frac{1}{2}[\frac{1}{s-a} + \frac{1}{s+a}]$$

$$= \frac{1}{2}\frac{2s}{s^2-a^2} \tag{5.45}$$

$$= \frac{s}{s^2-a^2}$$

가 얻어진다.

5.4 라플라스 변환의 제정리

[1] 가·감산 및 상수배

$t=0$와 $t=\infty$사이의 구간에서 연속인 $f_1(t)$와 $f_2(t)$의 가 · 감산에 대한 라플라스 변환은

$$\mathcal{L}[f_1(t) \pm f_2(t)] = \mathcal{L}f_1(t) \pm \mathcal{L}f_2(t) = F_1(s) \pm F_2(s) \tag{5.46}$$

로 된다. 그리고, 임의의 실수 a에 대하여, $a \cdot f(t)$로 주어지는 함수의 라플라스 변환은

$$\mathcal{L}[a \cdot f(t)] = a\mathcal{L}f(t) = aF(s) \tag{5.47}$$

가 성립한다. 덧셈의 성질(additivity)인 식 (5.46)과 곱셈에 대한 성질(multiplicity)인 식 (5.47)이 성립하므로 라플라스 변환의 연산자 $\mathcal{L}$은 선형 연산자가 된다. 즉,

$$\begin{aligned}\mathcal{L}[af(t) \pm bg(t)] &= a\mathcal{L}[f(t)] \pm b\,\mathcal{L}[g(t)] \\ &= aF(s) \pm bG(s)\end{aligned} \tag{5.48}$$

로 되며, 역 라플라스 변환에 대해서도 식 (5.49)와 같이 선형성은 성립된다.

$$\begin{aligned}\mathcal{L}^{-1}[aF(s) \pm bG(s)] &= a\mathcal{L}^{-1}[F(s)] \pm b\,\mathcal{L}^{-1}[G(s)] \\ &= af(t) \pm bg(t)\end{aligned} \tag{5.49}$$

예제 5

$f(t)=\cosh at \cdot u_s(t)$의 라플라스 변환을 구하라.

[풀이] 먼저 오일러의 공식과 식 (5.48)에 의해

$$\begin{aligned}\mathcal{L}[f(t)] &= \mathcal{L}\left[\frac{e^{at}+e^{-at}}{2}\right] \\ &= \frac{1}{2}\mathcal{L}[e^{at}]+\frac{1}{2}\mathcal{L}[e^{-at}] \\ &= \frac{1}{2}\frac{1}{s-a}+\frac{1}{2}\frac{1}{s+a} \\ &= \frac{s}{s^2-a^2}\end{aligned}$$

가 구해진다.

예제 6

다음 함수의 라플라스 변환을 구하라.

$$f(t)=\sin\frac{\omega}{T}t$$

[풀이] $$\begin{aligned}\mathcal{L}f(t) &= \mathcal{L}\sin\frac{\omega}{T}t = [\mathcal{L}\sin\omega_1 t]\Big|_{w_1=T/w} \\ &= \frac{\omega/T}{s^2+\left(\frac{\omega}{T}\right)^2}\end{aligned}$$

로 구해진다.

[2] 실추이 정리

임의의 실수 a에 대해 $f(t)$와 $f(t-a)$와 관계를 도시하면 그림 5-15 (a)와 같다. 즉, a만큼 시간축으로 추이된 $f(t-a)$의 라플라스 변환은

$$\mathcal{L}[f(t-a)\cdot u_s(t-a)]=\int_0^{\infty} f(t-a)\cdot u_s(t-a)e^{-st}dt$$

$$= \int_{0}^{\infty} f(t-a)e^{-(t-a)s}d(t-a)e^{-as} \tag{5.50}$$

$$= e^{-as}\int_{-a}^{\infty} f(t_1)e^{-t_1 s}dt_1 \qquad [\because t_1 = t-a\ ]$$

$$= \ e^{-as}\int_{0}^{\infty} f(t_1)e^{-t_1 s}dt_1$$

$$= \ e^{-as}F(s)$$

로 된다. 그리고 실추이 정리의 역형식은

$$f(t-a)u_s(t-a) = \mathcal{L}^{-1}[e^{-as}F(s)] \tag{5.51}$$

로 된다. 단, $a > 0$ 및 $f(t) = \mathcal{L}^{-1}[F(s)]$이다.

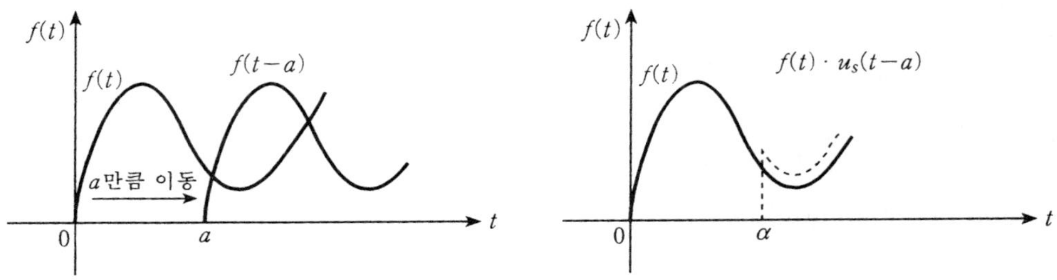

(a) $f(t)$와 $f(t-a)$의 그래프 (b) $f(t)$와 $f(t)\cdot u_s(t-a)$의 그래프

그림 5-15 추이된 그래프들

만약 그림 5-15 (b)와 같이 주어지는 경우, 라플라스 변환은

$$\mathcal{L}\,[f(t)\cdot u_s(t-a)] = \int_{0}^{\infty} f(t)\cdot u_s(t-a)e^{-st}dt \tag{5.52}$$

$$= \int_{0}^{\infty} f(t)\cdot u_s(t-a)e^{-st}dt \quad [\because \tau = t-a,\ t = \tau + a]$$

$$= \int_{-a}^{\infty} f(\tau+a)\cdot u_s(\tau)e^{-s(\tau+a)}d\tau$$

로 계산된다.

예제 7

$\mathcal{L}[u_s(t-5)]$를 계산하라.

[풀이] $f(t)=1$ 및 $a=5$로 두면, 실추이 정리로부터

$$\mathcal{L}[u_s(t-5)]=e^{-5s}\mathcal{L}[1]=\frac{e^{-5s}}{s}$$

를 얻는다.

예제 8

$\mathcal{L}[(t-2)^3 \ u_s(t-2)]$를 계산하라.

[풀이] 식 (5.50)에서 $a=2$로 두면, 실추이 정리로부터

$$\mathcal{L}\left[(t-2)^3 u_s(t-2)\right]=e^{-2s}\mathcal{L}\left[t^3\right]=e^{-2s}\frac{3!}{s^4}=\frac{6}{s^4}e^{-2s}$$

를 얻는다.

예제 9

다음 함수의 라플라스 변환을 구하라.

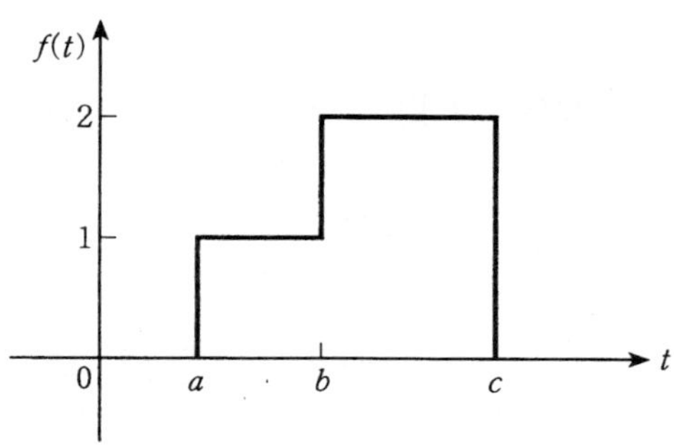

그림 5-16 예제 9의 그래프

[풀이] 주어진 함수는

$$f(t)=u_s(t-a)+u_s(t-b)-2u_s(t-c)$$

로 표현되므로 이의 라플라스 변환은

$$\mathcal{L} f(t) = \mathcal{L} u_s(t-a) + \mathcal{L} u_s(t-b) - 2\mathcal{L} u_s(t-c)$$

$$= \frac{e^{-as} + e^{-bs} - 2e^{-cs}}{s}$$

로 구해진다.

예제 10

다음 그림의 함수를 라플라스 변환하라.

[풀이] 그림 5-17의 함수는 gate 함수를 이용하여

$$f(t) = \sin(\pi t/a) \cdot [u_s(t) - u_s(t-a)]$$

로 쓸 수 있고,

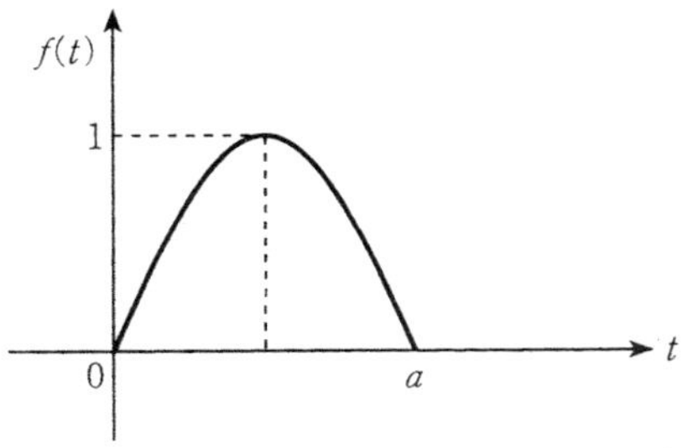

그림 5-17 예제 10의 함수

$$\mathcal{L} f(t) = \mathcal{L}\left[\sin(\pi t/a) \cdot u_s(t)\right] - \mathcal{L}\left[\sin(\pi t/a) \cdot u_s(t-a)\right]$$

$$= \frac{1}{s^2+\omega^2} - \mathcal{L}\left[-\sin\omega(t-a) \cdot u_s(t-a)\right] \quad [\because w = \pi/a]$$

$$= w\frac{1+e^{-as}}{s^2+\omega^2}$$

로 계산된다.

예제 11

그림 5-18로 표현되는 함수의 라플라스 변환을 구하라.

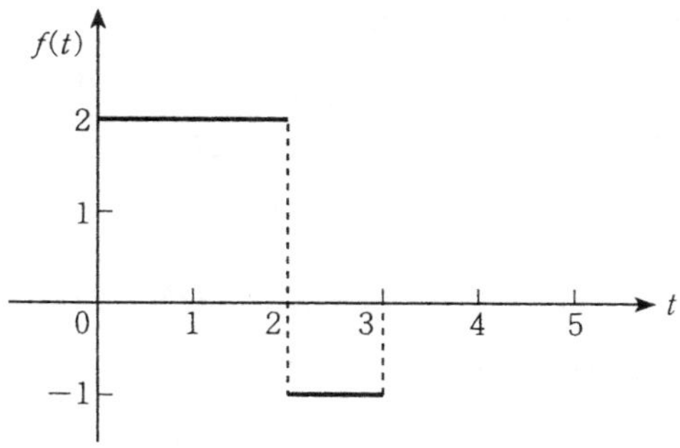

그림 5-18 예제 11의 함수

[풀이] 단위 계단 함수를 이용하여

$$f(t) = 2 - 3u_s(t-2) + u_s(t-3)$$

로 표현할 수 있다. 실추이 정리로부터

$$\mathcal{L}[f(t)] = \mathcal{L}[2] - 3\mathcal{L}[u_s(t-2)] + \mathcal{L}[u_s(t-3)]$$

$$= \frac{2}{s} - 3\frac{e^{-2s}}{s} + \frac{e^{-3s}}{s}$$

를 얻는다.

예제 12

그림 5-19로 표현되는 함수의 라플라스 변환을 구하라.

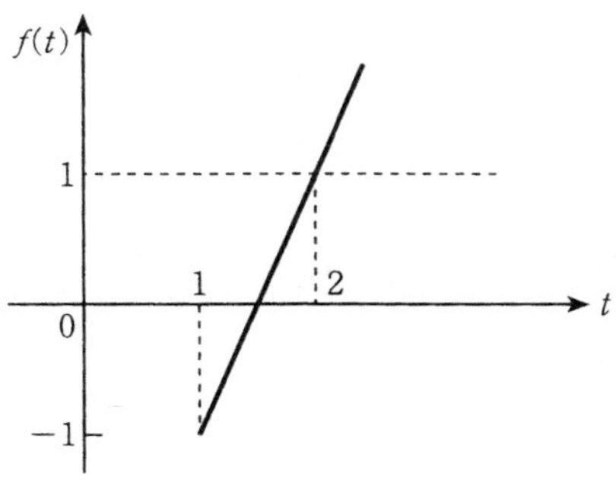

그림 5-19 예제 12의 함수

[풀이] 직선의 방정식은 $y=2t-3$으로 된다. $0 \le t < 1$인 구간에서의 그래프를 처리하기 위해 $(2t-3)u_s(t-1)$로 표현한다. $\mathcal{L}[(2t-3)u_s(t-1)]$의 계산은 $f(t-a)u_s(t-a)$와 같은 간결한 형이 아니므로

$$2t-3=2(t-1)-1$$

와 같이 조작하면 $f(t-1)=2(t-1)-1$ 및 $f(t)=2t-1$은 결과적으로 같은 식이 된다. 실추이 정리를 적용하면

$$\begin{aligned}\mathcal{L}[(2t-3)u_s(t-1)] &= \mathcal{L}[(2(t-1)-1)\cdot u_s(t-1)]\\ &= e^{-s}\mathcal{L}[2t-1]\\ &= e^{-s}\left(\frac{2}{s^2}-\frac{1}{s}\right)\end{aligned}$$

를 얻는다.

예제 13

$\mathcal{L}[\sin t \cdot u_s(t-2\pi)]$를 계산하라.

[풀이] $a=\pi$로 두면, 실추이 정리로부터

$$\begin{aligned}\mathcal{L}[\sin t \cdot u_s(t-2\pi)] &= \mathcal{L}[\sin(t-2\pi)\cdot u_s(t-2\pi)]\\ &= e^{-2\pi s}\mathcal{L}[\sin t]\\ &= \frac{e^{-2\pi s}}{s^2+1}\end{aligned}$$

를 얻는다.

예제 14

다음 함수들의 라플라스 변환을 구하라.

① $f_1(t)=7e^{-4(t-3)}\cdot u_s(t-3)$

② $f_2(t)=7e^{-4t}\cdot u_s(t-3)$

[풀이] ① 먼저

$$f(t)=e^{-4t}u_s(t)$$

의 라플라스 변환이

$$F(s) = 7\frac{1}{s+4}$$

이므로 주어진 문제에 대한 라플라스 변환은 실추이 정리를 이용하여

$$F_1(s) = 7\frac{e^{-3s}}{s+4}$$

로 된다.

② 실추이 정리를 이용하기 위해

$$f_2(t) = 7e^{-4t} \cdot u_s(t-3) = 7e^{-4t} \cdot u_s(t-3)[e^{-4(3)} \cdot e^{-4(3)}]$$

$$= 7e^{-4(3)}[e^{-4(t-3)} \cdot u_s(t-3)]$$

$$= 7e^{-4(3)} \cdot f_1(t)$$

로 고쳐쓰고 라플라스 변환을 시행하면

$$F_2(s) = \frac{7e^{-3(s+4)}}{s+4}$$

로 된다.

---

[3] 복소추이정리

임의의 실수 a에 대해 그림 5-20과 같이 복소 變量 $e^{\pm at}$ 만큼 진폭이 추이된 $f(t)$의 라플라스 변환은

$$\mathcal{L}[e^{\pm at}f(t)] = \int_0^\infty e^{\pm at} \cdot f(t)e^{-st}dt \tag{5.53}$$

$$= \int_0^\infty f(t) \cdot e^{-(s \mp at)}dt$$

$$= \int_0^\infty f(t) \cdot e^{-s_1 t}dt \quad [\because s_1 = s \mp a]$$

$$= F(s_1)|_{s_1 = s \mp a} = F(s \mp a)$$

로 주어진다.

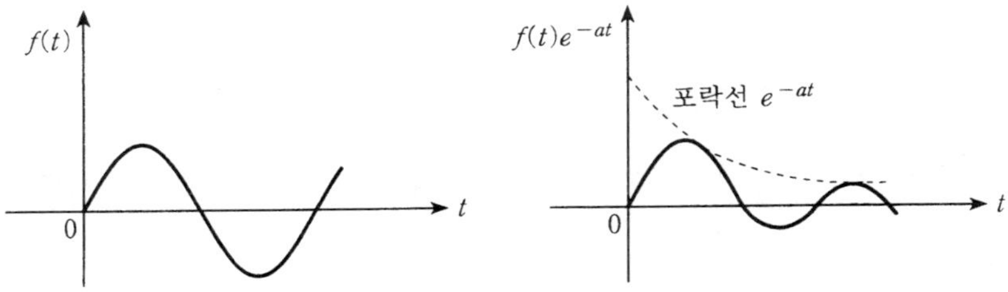

(a) $f(t)$ (b) $f(t)e^{-at}$

그림 5-20 복소추이된 그래프

[4] 미분정리

$f(t)$의 제 1계 시간도함수 즉, $df(t)/dt = f'(t)$의 라플라스 변환은

$$\mathcal{L} f'(t) = \int_0^\infty f'(t) e^{-st} dt \quad [\because \int_a^b u dv = uv|_a^b - \int_a^b v du] \tag{5.54}$$

$$= f(t)e^{-st}|_0^\infty - (-s)\int_0^\infty f(t)e^{-st}dt$$

$$= -f(0) + sF(s)$$

로 된다. 또한 $f(t)$의 2계 도함수 즉, $\frac{d^2}{dt^2}f(t) = \frac{d}{dt}f'(t) = f''(t)$의 라플라스 변환은

$$\mathcal{L} f''(t) = \int_0^\infty f''(t) e^{-st} dt \tag{5.55}$$

$$= f'(t)e^{-st}\Big|_0^\infty - (-s)\int_0^\infty f'(t)e^{-st}dt$$

$$= -f'(0) + s\int_0^\infty f'(t) \cdot e^{-st}dt$$

로 되므로 식 (5.54)를 이용하면 우측 두 번째 항은 쉽게 계산될 수 있다.

따라서 식 (5.55)는

$$\mathcal{L} f''(t) = s[sF(s) - f(0)] - f'(0) \tag{5.56}$$

$$= s^2F(s) - sf(0) - f'(0)$$

로 된다. 이를 $f(t)$의 n계 도함수에 대해 일반화시키면

$$\mathcal{L}\, f^{(n)}(t) = s^n F(s) - s^{n-1} f(0) - s^{n-2} f'(0) - \cdots - f^{(n-1)}(0) \tag{5.57}$$

로 됨을 알 수 있다.

[5] 적분정리

$f(t) = \int f(\tau)d\tau$의 라플라스 변환은

$$\begin{aligned}\mathcal{L}\,[f(t)] &= \int_0^\infty f(t)e^{-st}dt \\ &= e^{-st}\int f(\tau)d\tau\Big|_0^\infty + s\int_0^\infty \Big[\int f(\tau)d\tau\Big]e^{-st}dt \\ &\quad [\because\ u = e^{-st},\ v' = f(t)]\end{aligned} \tag{5.58}$$

로 된다. 식 (5.58)의 우변 제1항의 적분 상한의 값은

$$\lim_{t\to\infty}\Big[\int f(\tau)d\tau \cdot e^{-st}\Big] = 0 \tag{5.59}$$

되고 적분 하한의 값은

$$\lim_{t\to 0}\Big[\int f(\tau)d\tau\Big]e^{-st} = \Big[\int f(\tau)d\tau\Big]_{t=0} = f^{(-1)}(0_+) \tag{5.60}$$

로 주어진다. 단, $f^{(-1)}(0_+)$는 $f^{(-1)}(t) = \int f(t)dt$ 의 $t = 0_+$에서의 초기값을 나타낸다. 따라서 식 (5.58)은

$$\begin{aligned}\mathcal{L}\,[f(t)] &= F(s) \\ &= e^{-st}\int f(\tau)d\tau\Big|_0^\infty + s\int_0^\infty \Big[\int f(\tau)d\tau\Big]e^{-st}dt \\ &= f^{(-1)}(0_+) + s\,\mathcal{L}\Big[\int f(\tau)d\tau\Big]\end{aligned} \tag{5.61}$$

$$\begin{aligned}\therefore\ \mathcal{L}\Big[\int f(\tau)d\tau\Big] &= \mathcal{L}\,[f^{(-1)}(t)] \\ &= \frac{F(s) - f^{(-1)}(0_+)}{s}\end{aligned} \tag{5.62}$$

로 된다. 이를 n 중적분에 대해 일반화시키면

$$\mathcal{L}\left[\int\int f(\tau)d\tau\right] = \mathcal{L}\left[f^{(-2)}(t)\right] = \frac{F(s)}{s^2} + \frac{f^{(-1)}(0_+)}{s^2} + \frac{f^{(-2)}(0_+)}{s} \tag{5.63}$$

$$\vdots$$

$$\mathcal{L}\left[\int\cdots\int f(\tau)d\tau\cdots\ d\tau\right] = \mathcal{L}\left[f^{(-n)}(t)\right] = \frac{F(s)}{s^n} + \frac{f^{(-1)}(0_+)}{s^n} + \cdots + \frac{f^{(-n)}(0_+)}{s} \tag{5.64}$$

로 된다. 한편, $f(t)$의 정적분 함수 $\int_0^t f(\tau)d\tau$의 라플라스 변환은 식 (5.62)에서 $t=0_+$에서의 초기값을 0으로 둔 경우와 같은데 정의식으로부터

$$\begin{aligned}\mathcal{L}\left[\int_0^t f(\tau)d\tau\right] &= \int_0^\infty [f(\tau)d\tau]e^{-st}dt \\ &= -\frac{1}{s}e^{-st}\int_0^t f(\tau)d\tau\Big|_0^\infty + \frac{1}{s}\int_0^\infty f(t)e^{-st}dt \\ &= 0 + \frac{1}{s}F(s) \\ &= \frac{1}{s}F(s)\end{aligned} \tag{5.65}$$

로 되고, n 중적분에 대해 일반화시키면

$$\mathcal{L}\left[\int_0^t\int_0^{\tau_{n-1}}\cdots\int_0^{\tau_1} f(\tau)d\tau d\tau_1\cdots\ d\tau_{n-1}\right] = \frac{1}{s^n}F(s) \tag{5.66}$$

로 되어, 정적분의 라플라스 변환에는 초기값이 포함되지 않음을 알 수 있다. 예를 들면, 초기전하 q_0가 0인 콘덴서 C에 $t=0_+$부터 충전전류 $i(t)$가 흐르면 시간 t에서의 콘덴서 단자전압은

$$v_c(t) = \frac{1}{C}\int_{0_+}^t i(t)dt \tag{5.67}$$

와 같은 정적분으로 표시되고, 이의 라플라스 변환은

$$\mathcal{L}\,v_c(t) = V_c(s) = \frac{1}{sC}I(s) \tag{5.68}$$

로 된다. 그러나 초기전하 q_0가 영이 아닌 콘덴서 C에 $t=0_+$부터 충전전류 $i(t)$가 흐르면, 시간 t에서의 콘덴서 단자전압은

$$v_c(t) = \frac{1}{C}\left[\int_{0_+}^{t} i(t)dt + q_0\right] \tag{5.69}$$

와 같이 표시되고, 이의 라플라스 변환은

$$\mathcal{L}\,v_c(t) = V_c(s) = \frac{1}{sC}[I(s) + q_0] \tag{5.70}$$

로 된다. 일반적으로

$$v_c(t) = \frac{1}{C}\int_{0_+}^{t} i(t)dt$$

와 같은 부정적분으로 표시하면, 초기값을 고려한 것이 되므로 편리한 점이 있다.

한편, $f(t)$를 t로 나눈 $f(t)/t$의 라플라스 변환

$$\begin{aligned}
\mathcal{L}\left[\frac{f(t)}{t}\right] &= \int_0^\infty \frac{f(t)}{t}e^{-st}dt \\
&= \int_0^\infty f(t)\frac{e^{-st}}{t}dt \\
&= \int_0^\infty f(t)\left[\int_s^\infty e^{-st}ds\right]dt \quad \left[\because \int_s^\infty e^{-st}ds = \left.\frac{e^{-st}}{-t}\right|_s^\infty = \frac{e^{-st}}{t}\right] \\
&= \int_s^\infty \left[\int_0^\infty f(t)e^{-st}dt\right]ds \\
&= \int_s^\infty F(s)ds
\end{aligned} \tag{5.71}$$

로부터

$$\mathcal{L}\left[\frac{f(t)}{t}\right] = \int_s^\infty F(s)ds \tag{5.72}$$

로 됨을 알 수 있다.

예제 15

$f(t)=\frac{1}{t}\cdot\sin\omega t$의 라플라스 변환을 구하라.

[풀이] 식 (5.72)을 이용하면

$$\begin{aligned}\mathcal{L}\left[\frac{f(t)}{t}\right] &= \int_s^{\infty}[\mathcal{L}\sin\omega t]ds \\ &= \int_s^{\infty}\frac{\omega}{s^2+\omega^2}ds \\ &= \tan^{-1}\frac{s}{\omega}\Big|_s^{\omega} \quad \left[\because \int\frac{1}{a^2+x^2}dx=\frac{1}{a}\tan^{-1}\frac{x}{a}\right] \\ &= \frac{\pi}{2}-\tan^{-1}\frac{s}{\omega} \\ &= \cot^{-1}\frac{s}{\omega} \\ &= \tan^{-1}\frac{\omega}{s}\end{aligned}$$

로 된다.

[6] 시간 스케일 변경 정리

임의의 함수 $f(t)$가 시간 t에 실수 스케일 a만큼 곱해진 $f(at)$로 주어진 경우에 대한 라플라스 변환

$$\mathcal{L}[f(at)]=\int_0^{\infty}f(at)e^{-st}dt\Big|_{\tau=at,\ d\tau=dt,\ t=\frac{1}{a}t}=\frac{1}{a}\int_0^{\infty}f(\tau)e^{-\frac{s}{a}t}d\tau=\frac{1}{a}F\left(\frac{s}{a}\right) \tag{5.73a}$$

을 '시간 스케일 변경 정리' 라고 한다. 시간 스케일 a만큼 나누어진 $f(t/a)$로 주어진 경우에 대한 라플라스 변환은

$$\begin{aligned}\mathcal{L}\left[f\left(\frac{t}{a}\right)\right] &= \int_0^{\infty}f\left(\frac{t}{a}\right)e^{-st}dt \\ &= a\int_0^{\infty}f(\tau)e^{-as\tau}d\tau \quad [\because \tau=t/a \quad d\tau=dt/a] \\ &= a\cdot F(as) \end{aligned} \tag{5.73b}$$

로 된다.

예제 16

$\mathcal{L}\,[e^{\frac{a}{T}t}]$를 구하라.

[풀이] 먼저

$$\mathcal{L}\,[f(t)] = F(s) = \mathcal{L}\,[e^{at}] = \frac{1}{s-a}$$

로 되고, 시간 스케일 변경 정리인 식 (5.73b)에 의하여

$$\mathcal{L}\,e^{\frac{a}{T}t} = T \cdot F(sT) = T \cdot \left.\frac{1}{s-a}\right|_{s=sT} = \frac{T}{Ts-a}$$

로 구해진다.

예제 17

다음 함수의 라플라스 변환을 구하라.

$$f(t) = \sin\frac{\omega}{T}t$$

[풀이] $\mathcal{L}\,f(t) = \mathcal{L}\sin\frac{\omega}{T}t = T \cdot \left.[\mathcal{L}\sin\omega t]\right|_{s=sT}$

$$= \frac{\omega/T}{s^2 + \left(\frac{\omega}{T}\right)^2}$$

로 구해진다.

예제 18

$f(at-b) \cdot u(at-b)$의 라플라스 변환을 구하라.

[풀이] 시간 스케일 정리인 식 (5.73a)를 이용하면

$$\mathcal{L}\,[f(at-b) \cdot u(at-b)] = \left.\int_0^{\infty} f(at-b) \cdot u(at-b) \cdot e^{-st}dt\right|_{\tau = at-b,\ t = \frac{\tau+b}{a},\ d\tau = a\,dt}$$

$$= \frac{1}{a}\int_{-\tau}^{\infty-\tau} f(\tau) \cdot u(\tau) \cdot e^{-s\frac{b}{a}-\frac{s}{a}\tau}d\tau$$

$$= \frac{1}{a} e^{-s\frac{b}{a}} \int_0^{\infty} f(\tau) \cdot e^{-\frac{s}{a}\tau} d\tau$$

$$= \frac{1}{a} e^{-s\frac{b}{a}} F(\frac{s}{a})$$

로 된다.

예제 19

$f(t) = \sin(9t - \frac{\pi}{3}) \cdot u(3t - \frac{\pi}{9})$의 라플라스 변환을 구하라.

[풀이] 시간 스케일 정리를 이용하기 위해

$$f(t) = \sin[3(3t - \frac{\pi}{9})] \cdot u(3t - \frac{\pi}{9})$$

로 고쳐 쓰면, 예제 17의 결과에서 $a = 3,\ b = \pi/9$이므로

$$F(s) = \mathcal{L} f(t) = \mathcal{L}\left[\sin[3(3t - \frac{\pi}{9})] \cdot u(3t - \frac{\pi}{9})\right]$$

$$= \frac{e^{-\frac{\pi}{27}s}}{3} \mathcal{L}[\sin 3t]_{s => \frac{s}{3}}$$

$$= \frac{e^{-\frac{\pi}{27}s}}{3} \frac{3}{s^2+9}\bigg|_{s => \frac{s}{3}}$$

$$= \frac{e^{-\frac{\pi}{27}s}}{3} \frac{3}{(s/3)^2+9}$$

$$= \frac{9}{s^2+81} e^{-\frac{\pi}{27}s}$$

로 된다.

[7] 합성적분정리

합성정리는 1951년 폴란드의 Mikusinski에 의해 제안되어졌는데, $t < 0$에서 $f(t) = 0$ 및 $g(t) = 0$인 경우, 라플라스 변환 가능한 함수 $f(t)$와 $g(t)$의 합성적은

$$f(t) * g(t) \triangleq \int_0^t f(t-\tau) g(\tau) d\tau \tag{5.74}$$

로 되므로 이의 라플라스 변환은

$$\mathcal{L}[f(t)*g(t)] = \mathcal{L}f(t)\cdot\mathcal{L}g(t) = F(s)\cdot G(s) \tag{5.75}$$

로 된다. 이의 증명은 아래에서 따로 쓴다.

증명 : 먼저 라플라스 변환의 정의식에 의해 식 (5.74)의 라플라스 변환은

$$\mathcal{L}\left[\int_0^t f(t-\tau)g(\tau)d\tau\right] = \int_0^\infty [f(t-\tau)g(\tau)d\tau]e^{-st}dt \tag{5.76}$$

로 쓸 수 있다. 단위 계단 함수 $u_s(t)$에 대해

$$u_s(t-\tau) = \begin{cases} 1 & \tau < t \\ 0 & \tau \geq t \end{cases} \tag{5.77}$$

이므로

$$f(t-\tau)g(\tau)u_s(t-\tau) = \begin{cases} f(t-\tau)g(\tau) & \tau < t \\ 0 & \tau > t \end{cases} \tag{5.78}$$

를 얻는다. 식 (5.76)에서 적분의 순서를 교환할 수 있으므로

$$\mathcal{L}\left[\int_0^t f(t-\tau)g(\tau)d\tau\right] \tag{5.79}$$

$$= \int_0^\infty \left[\int_0^\infty f(t-\tau)g(\tau)u_s(t-\tau)\right]e^{-st}dtd\tau$$

로 되고, 내부 적분항은 $u_s(t-\tau)$가 존재하므로 적분구간은 τ부터 시작한다. 즉,

$$\mathcal{L}\left[\int_0^t f(t-\tau)g(\tau)d\tau\right] = \int_0^\infty [f(t-\tau)\cdot e^{-st}dt]\cdot g(\tau)\,d\tau \tag{5.80}$$

로 쓸 수 있으며 $t-\tau=\lambda$로 두면

$$\mathcal{L}\left[\int_0^t f(t-\tau)g(\tau)d\tau\right] = \int_0^{\infty} g(\tau)\cdot\left[\int_0^{\infty} f(\lambda)e^{-s(\tau+\lambda)}d\lambda\right]d\tau$$

$$= \left[\int_0^{\infty} g(\tau)\cdot e^{s\tau}\,d\tau\right]\cdot\left[\int_0^{\infty} f(\lambda)e^{-s\lambda}d\lambda\right]$$

$$= \left[\int_0^{\infty} f(\lambda)e^{-s\lambda}d\lambda\right]\cdot\left[\int_0^{\infty} g(\tau)e^{-s\tau}\,d\tau\right]$$

$$= \mathcal{L}\,[f(t)]\cdot\mathcal{L}\,[g(t)]$$

$$= F(s)\cdot G(s) \tag{5.81}$$

로 된다. 식 (5.81)을 일명 'falting 적분' 이라고도 한다. 'falting' 이란 독일어로서 영어의 'folding' 에 상응한다. 이후에 설명하겠지만 어떤 선형 시스템의 전달함수가 $G(s)$로 주어지면 이의 임펄스 응답은 역 라플라스 변환으로부터 $g(t)$를 얻게 되며, 임의의 입력 $f(t)$에 대한 제어 시스템 응답도 식 (5. 81)로부터 구할 수 있다. 그리고 여기서는 상세하게 다루지 않겠으나 자기상관이나 상호상관의 개념도 합성적분의 식들과 유사하다는 것에 유의하기 바란다.

자기상관 : $\int_0^t f(\tau-t)f(\tau)d\tau$

상호상관 : $\int_0^t f(\tau-t)g(\tau)d\tau$

예제 20

시스템의 임펄스 응답이 $h(t)=e^{-t}u_s(t)$이고 입력이 $x(t)=t\cdot u_s(t)$일 때, 시스템의 전달함수를 구하고 출력 $y(t)$를 구하라.

[풀이] 먼저 시스템의 전달함수는 임펄스 응답을 라플라스 변환한 값인

$$\mathcal{L}\,h(t)=H(s)=\frac{1}{s+1}$$

과 같고, 출력 $y(t)$는 합성적분 $h(t)*x(t)$의 라플라스 변환 $H(s)X(s)$에 의하여

$$y(t)=\mathcal{L}^{-1}Y(s)=\mathcal{L}^{-1}[H(s)\cdot X(s)]$$

$$= \mathcal{L}^{-1}\left[\frac{1}{s^2(s+1)}\right] = [t + e^{-t} - 1]u_s(t)$$

를 얻게 된다.

예제 21

다음 함수 $g(t)$로부터 라플라스 변환 $\mathcal{L} f(t) = F(s)$를 구하라.

$$g(t) = e^{-2t}\frac{\sin 3t}{3}$$

$$f(t) = g(t) * g(t)$$

[풀이] 먼저

$$\mathcal{L} g_1(t) = \mathcal{L}\frac{\sin 3t}{3} = \frac{1}{s^2+3^2}$$

로 되고, 복소추이정리로부터

$$\mathcal{L} g(t) = \mathcal{L}\left[e^{-2t}\frac{\sin 3t}{3}\right] = \frac{1}{(s+2)^2+3^2}$$

로 되므로 이의 합성적에 대한 라플라스 변환은 식 (5.81)로부터

$$\mathcal{L} f(t) = F(s) = \mathcal{L}\,[g(t) * g(t)] = G(s) \cdot G(s)$$
$$= \left[\frac{1}{(s+2)^2+3^2}\right]^2 = \left[\frac{1}{s^2+4s+13}\right]^2$$

로 구해진다.

예제 22

다음의 함수를 합성적분정리에 의해 라플라스 변환하라.

$$f(t) = 2\cos at - 3\int_0^{\infty}(t-\tau)f(\tau)d\tau$$

[풀이] 먼저 $F(s) = \mathcal{L} f(t)$로 정의하고, $\mathcal{L}\, t = \frac{1}{s^2}$이므로 합성적분정리를 적용하면

$$F(s) = \frac{2s}{s^2 + a^2} - 3\frac{1}{s^2}F(s)$$

를 얻고

$$F(s) + \frac{3}{s^2}F(s) = \frac{2s}{s^2 + a^2}$$

$$F(s) = \frac{2s^3}{(s^2 + a^2)(s^2 + 3)}$$

를 구해낸다.

---

[8] 초기값정리

$t \to 0$ 에서의 $f(0)$, 즉 초기값정리는 미분정리로부터

$$\int_0^\infty f'(t)e^{-st}dt = sF(s) - f(0) \tag{5.82}$$

이다. 이 식에서 $f(0)$를 얻으려면 좌변이 0이 되어야 하므로 좌변이 0이 되기 위한 조건은 $s \to \infty$로 된다. 따라서

$$\int_0^\infty f'(t) \cdot 0 \ dt = \lim_{s \to \infty} sF(s) - f(0) \tag{5.83}$$

$$f(0) = \lim_{s \to \infty} sF(s)$$

$$= \lim_{t \to 0} f(t)$$

로 된다.

[9] 최종값정리

$t \to \infty$에서의 $f(\infty)$ 즉, 최종값도 미분정리로부터 구해질 수 있다.

즉, $f(\infty)$를 얻으려면 좌변에서 $f(\infty)$의 항이 나타나야 하므로 이를 만족하는 조건은 $s \to 0$인 경우이다. 따라서

$$\int_0^{\infty} f'(t)|dt = f(t)\Big|_0^{\infty} = f(\infty) - f(0) \tag{5.84}$$

$$= \lim_{s\to 0} s\ F(s) - f(0)$$

$$f(\infty) = \lim_{s\to 0} sF(s) = \lim_{t\to 0} f(t) \tag{5.85}$$

와 같아진다.

[10] 편미분정리

이는 일명 복소 미분정리로도 불리는데, $t^n f(t)$로 주어진 경우의 라플라스 변환을 구하는 것이다. $n=1$인 경우, $tf(t)$의 라플라스 변환은

$$\mathcal{L}[t\ f(t)] = \int_0^{\infty} f(t)(t\ e^{-st})dt \tag{5.86}$$

$$= \int_0^{\infty} f(t)(-1)\frac{\partial}{\partial s}e^{-st}dt$$

$$= (-1)\frac{d}{ds}F(s)$$

로 되므로 이를 일반화시키면

$$t^n e^{-st} = (-1)^n \frac{d^n}{ds^n}e^{-st}$$

이므로

$$\mathcal{L}[t^n f(t)] = (-1)^n \frac{d^n}{ds^n}F(s) \tag{5.87}$$

가 얻어진다.

예제 23

$f(t)=t$의 라플라스 변환 $F(s)=1/s^2$으로부터 편미분정리를 이용하여 $t^2, t^3, \ldots, t^n$의 라플라스 변환을 구하라.

[풀이] 식 (5.85)에 의해

$$\mathcal{L}[t^2] = \mathcal{L}[t \cdot f(t)] = (-1)^1 \frac{d^1}{ds^1} F(s)$$

$$= (-1) \frac{d}{ds}\left[\frac{1}{s^2}\right]$$

$$= \frac{2 \cdot 1}{s^3}$$

$$\mathcal{L}[t^3] = \mathcal{L}[t^2 \cdot f(t)] = (-1)^2 \frac{d^2}{ds^2} F(s)$$

$$= (+1) \frac{d^2}{ds^2}[\frac{1}{s^2}]$$

$$= \frac{3 \cdot 2 \cdot 1}{s^4}$$

$$\vdots$$

$$\mathcal{L}[t^n] = \mathcal{L}[t^{n-1} \cdot f(t)] = (-1)^{n-1} \frac{d^{(n-1)}}{ds^{(n-1)}} F(s)$$

$$= \frac{n!}{s^{n+1}}$$

로 주어진다. 여기서 $n > 0$이다.

예제 24

$f(t) = t\cos\omega t$의 라플라스 변환을 구하라.

[풀이] 먼저

$$\mathcal{L}\cos\omega t = \frac{s}{s^2+\omega^2}$$

로부터 식 (5.86)을 적용하면

$$\mathcal{L}[t \cdot \cos\omega t] = (-1)\frac{d}{ds}\left[\frac{s}{s^2+\omega^2}\right]$$

$$= \frac{s^2-\omega^2}{(s^2+\omega^2)^2}$$

를 구할 수 있다.

예제 25

다음은 베셀(Bessel) 함수를 나타낸 것이다. 이들의 라플라스 변환을 구하라.

$$J_o(t) = 1 - \frac{t^2}{2^2} + \frac{t^4}{2^2 4^2} - \frac{t^4}{2^2 4^2 6^2} + \cdots$$

$$J_1(t) = -\frac{2t}{2^2} + 4\frac{t^3}{2^2 4^2} - 6\frac{t^5}{2^2 4^2 6^2} + \cdots$$

[풀이] 먼저

$$\begin{aligned} \mathcal{L}[J_o(t)] &= \frac{1}{s} - \frac{1}{2^2}\frac{2!}{s^3} + \frac{1}{2^2 4^2}\frac{4!}{s^5} - \frac{t^4}{2^2 4^2 6^2}\frac{6!}{s^7} + \cdots \\ &= \frac{1}{s}\left[1 - \frac{1}{2}\frac{1}{s^2} + \frac{1}{2}\frac{3}{4}\frac{1}{s^4} - \frac{1}{2}\frac{3}{4}\frac{5}{6}\frac{1}{s^6} + \cdots\right] = \frac{1}{s}\left[1 + \frac{1}{s^2}\right]^{-\frac{1}{2}} \\ &= \frac{1}{\sqrt{s^2+1}} \end{aligned}$$

로 되고

$$\mathcal{L}[J_1(t)] = -\frac{1}{2}\frac{1}{s^2} + \frac{1}{2^2 4}\frac{3!}{s^4} - \cdots$$

를 얻는다.

[11] 주기함수

주기 T를 갖는 함수 $f(t) = f(t+T)$의 라플라스 변환은 기본 한 주기의 적분에 의해 얻어진다. 즉,

$$\begin{aligned} \mathcal{L}f(t) &= \int_0^T e^{-st}f(t)dt + \int_T^{2T} e^{-st}f(t)dt + \cdots + \\ &= \int_0^T e^{-st}f(t)dt + \int_T^{\infty} e^{-st}f(t)dt \end{aligned} \tag{5.88}$$

로부터 $t = \tau + T$로 두면, 우변 제 2항의 적분은

$$\int_{T}^{\infty} e^{-st} f(t)dt = \int_{0}^{\infty} e^{-s(\tau+T)} f(\tau+T)d\tau \qquad (5.89)$$

$$= e^{-sT}\int_{0}^{\infty} e^{-s\tau} f(\tau)d\tau$$

$$= e^{-sT} \cdot \mathcal{L} f(t)$$

로 주어지므로

$$\mathcal{L} f(t) = \int_{0}^{T} e^{-st} f(t)dt + e^{-sT} \cdot \mathcal{L} f(t) \qquad (5.90)$$

$$= \frac{1}{1-e^{-sT}}\int_{0}^{T} e^{-st} f(t)dt$$

로 계산된다.

예제 26

다음 그림 5-21의 함수에 대한 라플라스 변환을 구하라.

[풀이] 기본주기 $0 \leqq t < 2$ 에서

$$f(t) = \begin{cases} t & 0 \leqq t < 1 \\ 0 & 1 \leqq t < 2 \end{cases}$$

로 표현되고, $f(t) = f(t+2)$이므로

$$\mathcal{L} f(t) = \frac{1}{1-e^{-2s}}\int_{0}^{2} e^{-st} \cdot t \ dt$$

$$= \frac{1}{1-e^{-2s}}\left[\int_{0}^{1} e^{-st} \cdot t \ dt + \int_{1}^{2} e^{-st} \cdot 0 \ dt\right]$$

$$= \frac{1}{1-e^{-2s}}\left[-\frac{e^{-s}}{s} + \frac{1-e^{-s}}{s^2}\right]$$

$$= \frac{1-(s+1)e^{-s}}{s^2(1-e^{-2s})}$$

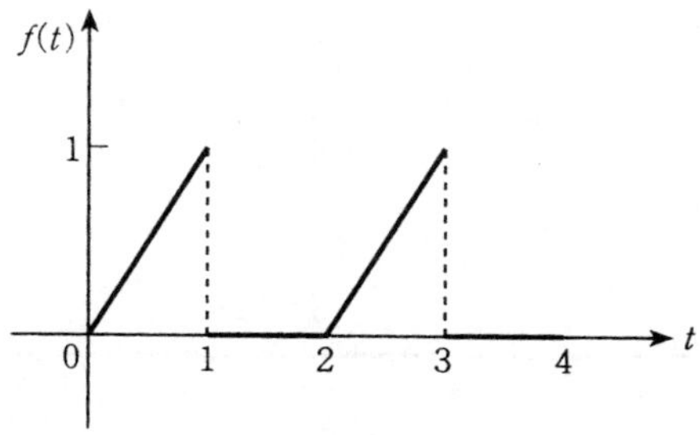

그림 5-21 예제 26의 주기함수

로 구할 수 있다. 또는 실추이 정리 및 gate 함수를 이용해서

$$f_1(t)=\begin{cases} t & 0 \leqq t < 1 \\ 0 & 1 \leqq t \end{cases}$$

또는

$$f_1(t)=t[u_s(t)-u_s(t-1)]=tu_s(t)-(t-1)u_s(t-1)-u_s(t-1)$$

로 표현할 수 있으므로 적분의 수행없이

$$\mathcal{L} f(t)=\frac{1}{1-e^{-2s}}\mathcal{L} f_1(t)$$

$$=\frac{1}{1-e^{-2s}}\mathcal{L}\left[tu_s(t)-(t-1)u_s(t-1)-u_s(t-1)\right]$$

$$=\frac{1}{1-e^{-2s}}\left[\frac{1}{s^2}-\frac{e^{-s}}{s^2}-\frac{e^{-s}}{s}\right]$$

$$=\frac{1-(s+1)e^{-s}}{s^2(1-e^{-2s})}$$

로도 구해진다.

예제 27

다음 그림 5-22의 함수에 대한 라플라스 변환을 구하라.

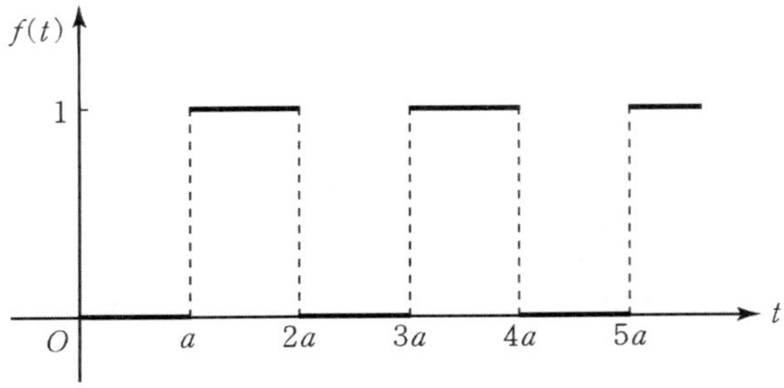

그림 5-22 예제 27의 주기함수

[풀이] 기본주기 $0 \leqq t < 2a$ 에서

$$F_1(s) = \int_0^{2a} f_1(t)e^{-st}\,dt = \int_a^{2a} 1\,e^{-st}\,dt = \frac{1}{s}(e^{-as} - e^{-2as})$$

로 주어지고, $f(t) = f(t+2a)$이므로

$$F(s) = \mathcal{L}\,f(t) = \frac{1}{1-e^{-2as}}F_1(s) = \frac{1}{1-e^{-2as}}\frac{1}{s}(e^{-as} - e^{-2as}) = \frac{1}{s(1+e^{as})}$$

가 구해진다.

예제 28

다음 그림 5-23의 반파 정류 파형에 대한 라플라스 변환을 구하라.

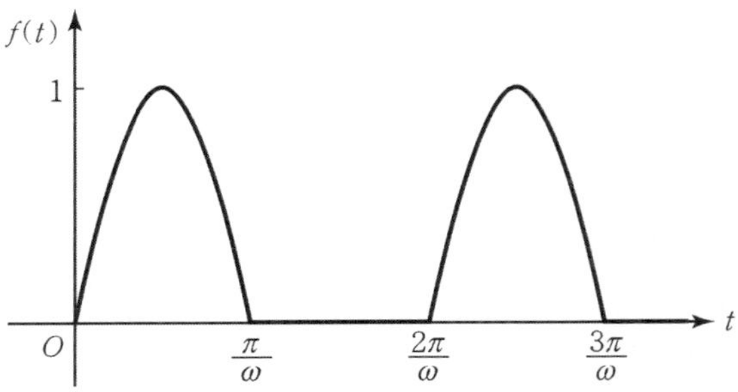

그림 5-23 예제 28의 주기함수

[풀이] 기본주기 $0 \leqq t < \frac{\pi}{\omega}$ 에서

$$F_1(s) = \int_0^{\frac{2\pi}{\omega}} f_1(t)e^{-st}\,dt = \int_0^{\frac{\pi}{\omega}} \sin\omega t\,e^{-st}\,dt$$

$$= \frac{\omega}{s^2+\omega^2}(-s\sin\omega t - \omega\cos\omega t)\Big|_0^{\frac{\pi}{\omega}}$$

$$= \frac{\omega}{s^2+\omega^2}(1+e^{-\frac{\pi s}{\omega}})$$

로 주어지고, $f(t)=f(t+2\pi/\omega)$이므로

$$F(s) = \mathcal{L}f(t) = \frac{1}{1-e^{-\frac{2\pi}{\omega}s}}F_1(s) = \frac{1}{1-e^{-\frac{2\pi}{\omega}s}}\frac{\omega}{s^2+\omega^2}(1+e^{-\frac{\pi s}{\omega}})$$

$$= \frac{1}{1+e^{-\frac{\pi}{\omega}s}}\frac{\omega}{s^2+\omega^2}$$

가 구해진다.

5.5 역라플라스 변환

역변환 $\mathcal{L}^{-1}$도 선형 변환임을 가정할 것이다. 즉, 상수 α와 β에 대해

$$\mathcal{L}^{-1}[\alpha F(s) \pm \beta G(s)] = \alpha\mathcal{L}^{-1}[F(s)] \pm \beta\mathcal{L}^{-1}[G(s)] \tag{5.91}$$

로 된다. 여기서 F와 G는 함수 f와 g의 라플라스 변환이다. 함수의 역라플라스 변환은 유일하지 않을 수도 있다. $\mathcal{L}[f_1(t)] = \mathcal{L}[f_2(t)]$이나 $f_1(t) \neq f_2(t)$로 될 수 있다. 목적상 이런 경우가 잘못된 것만은 아니다. f_1과 f_2가 $[0, \infty]$인 구간에서 구간연속이며 $t>0$에 대해 지수위(exponential order)이고, $\mathcal{L}[f_1(t)] = \mathcal{L}[f_2(t)]$이면 함수 f_1과 f_2는 반드시 동일하게 된다. 즉, 이들 두 함수는 불연속점에서만 상이할 뿐이다. 그러나 f_1과 f_2가 $[0, \infty]$인 구간에서 연속이며 $\mathcal{L}[f_1(t)] = \mathcal{L}[f_2(t)]$이면 그 구간에서 $f_1 = f_2$로 된다. F(s)로부터 역라플라스 변환인 $f(t)$를 구하기 위해 제 5.2절의 식 (5.8)에 의해 구할 수도 있으나, 절차 및 방법이 까다로운 관계로 부분분수 전개법을 이용한 역라플라스 변환이 편리하다. 즉, 유리함수 $F(s)$가 $n>m$에 대해

$$F(s) = \frac{N(s)}{D(s)} = \frac{a_m s^m + a_{m-1}s^{m-1} + \cdots + a_1 s + a_0}{s^n + b_{n-1}s^{n-1} + \cdots + b_1 s + b_0} \tag{5.92}$$

로 될 때, 분모 $D(s)$가 $s_1, s_2, \cdots, s_n$의 n개의 서로 다른 근을 가진다면

$$D(s) = (s-s_1)(s-s_2)\cdots(s-s_n) \tag{5.93}$$

로 표현할 수 있다. 만약, 식 (5.93)에서 $s_1 = s_2 = \cdots = s_q$인 q개의 중근을 갖는다면, 식 (5.93)은

$$D(s) = (s-s_1)^q(s-s_{q+1})\cdots(s-s_{n-q}) \tag{5.94}$$

로 표현된다.

[1] $F(s)$의 모든 극점이 상이할 때

$F(s) = \dfrac{N(s)}{D(s)}$의 모든 극점이 상이할 경우, $F(s)$는 식 (5.93)에서

$$\begin{aligned} F(s) &= \frac{N(s)}{(s-s_1)(s-s_2)\cdots(s-s_n)} \\ &= \frac{A_1}{s-s_1} + \frac{A_2}{s-s_2} + \cdots + \frac{A_n}{s-s_n} \end{aligned} \tag{5.95}$$

로 된다. 따라서

$$\begin{aligned} f(t) &= \mathcal{L}^{-1}\left[\frac{A_1}{s-s_1}\right] + \mathcal{L}^{-1}\left[\frac{A_2}{s-s_2}\right] + \cdots + \mathcal{L}^{-1}\left[\frac{A_n}{s-s_n}\right] \\ &= A_1e^{s_1t} + A_2e^{s_2t} + \cdots + A_ne^{s_nt} \end{aligned} \tag{5.96}$$

로 된다. 단, 이때 계수 $A_1, A_2, \cdots A_k, A_n$은

$$F(s) = \frac{A_1}{s-s_1} + \frac{A_2}{s-s_2} + \cdots + \frac{A_n}{s-s_n}$$

$$(s-s_1)F(s) = A_1 + (s-s_1)\left[\frac{A_2}{s-s_2} + \cdots + \frac{A_n}{s-s_n}\right]$$

에서 $s \to s_1$이면, 계수 A_1이 구해지므로 k번째의 계수는

$$A_k = (s - s_k)F(s)\Bigg|_{s=s_k} = \left[\frac{\frac{N(s)}{D(s)}}{(s-s_k)}\right]_{s=s_k} \tag{5.97}$$

로 구해진다.

예제 29

다음 함수의 역라플라스 변환을 구하라.

① $F_1(s) = \dfrac{1}{(s-a)(s-b)}$ ② $F_2(s) = \dfrac{s-2}{s^2+3s+2}$ ③ $F_3(s) = \dfrac{1}{s(s^2+a^2)}$

[풀이] ① 식 (5.97)로부터

$$F_1(s) = \frac{A_1}{s-a} + \frac{A_2}{s-b}$$

$$A_1 = \left[\frac{1}{s-b}\right]_{s=a} = \frac{1}{a-b}$$

$$A_2 = \left[\frac{1}{s-a}\right]_{s=b} = -\frac{1}{a-b}$$

로 구해지므로

$$f_1(t) = \mathcal{L}^{-1}F_1(s) = \mathcal{L}^{-1}\left[\frac{1}{a-b}\left(\frac{1}{s-a} - \frac{1}{s-b}\right)\right] = \frac{1}{a-b}(e^{at} - e^{bt})$$

로 된다.

② 마찬가지로

$$F_2(s) = \frac{A_1}{s+1} - \frac{A_2}{s+2}$$

$$A_1 = \left[\frac{s-2}{s+2}\right] = -3$$

$$A_2 = \left[\frac{s-2}{s+1}\right] = 4$$

$$f_2(t) = \mathcal{L}^{-1}F_2(s) = \mathcal{L}^{-1}\left[\frac{-3}{s+1} + \frac{4}{s+2}\right] = -3e^{-t} + 4e^{-2t}$$

로 구해진다.

③ $s_1 = 0,\ s_2 = ja,\ s_3 = -ja$ 인 단근을 가지므로

$$F_3(s) = \frac{A_1}{s} + \frac{A_2}{s-ja} + \frac{A_3}{s+ja}$$

$$A_1 = \left[\frac{1}{s^2+a^2}\right]_{s=0} = \frac{1}{a^2}$$

$$A_2 = \left[\frac{1}{s(s+ja)}\right]_{s=ja} = \frac{1}{ja(ja+ja)} = -\frac{1}{2a^2}$$

$$A_3 = \left[\frac{1}{s(s-ja)}\right]_{s=-ja} = \frac{1}{-ja(-ja-ja)} = -\frac{1}{2a^2} = A_2$$

$$f_3(t) = \mathcal{L}^{-1}F_3(s) = \mathcal{L}^{-1}\left[\frac{1}{a^2}\left(\frac{1}{s} - \frac{1}{2}\frac{1}{s-ja} - \frac{1}{2}\frac{1}{s+ja}\right)\right]$$

$$= \frac{1}{a^2}\left[1 - \frac{1}{2}(e^{jat} + e^{-jat})\right] = \frac{1}{a^2}(1-\cos at)$$

로 구해진다.

• **헤비사이드(Heaviside)의 전개정리** : 식 (5.97)은

$$A_k = \lim_{s\to s_k}(s-s_k)F(s) = \lim_{s\to s_k}\left[(s-s_k)\frac{N(s)}{D(s)}\right] \tag{5.98}$$

과 같이 극한값을 구하는 것과 동일하다고 볼 수 있다. 따라서 식 (5.97)에서 처럼 $D(s)$를 $(s-s_k)$로 나누지 않고, 0/0 꼴의 극한 문제에 대한 L'Hôpital의 정리를 적용할 수 있으므로 식 (5.98)을 변형하면,

$$A_k = \lim_{s\to s_k}\left[\frac{(s-s_k)N(s)}{D(s)}\right] \tag{5.99}$$

$$= \lim_{s\to s_k}\left[\frac{\dfrac{d[(s-s_k)N(s)]}{ds}}{\dfrac{dD(s)}{ds}}\right] \quad [\because \text{L'Hôpital 정리}]$$

로 되는데 식 (5.99)의 분모 분자는

$$\text{분자} : \frac{d[(s-s_k)N(s)]}{ds} = (s-s_k)N'(s) + N(s) \tag{5.100}$$

$$\text{분모} : \frac{dD(s)}{ds} = D'(s) \tag{5.101}$$

로 정리되므로 결국, 계수 A_k는

$$A_k = \lim_{s \to s_k}\left[\frac{(s-s_k)N'(s)+N(s)}{D'(s)}\right] \tag{5.102}$$

$$= \frac{N(s_k)}{D'(s_k)}$$

로 구해진다. 이를 헤비사이드 전개정리라고 한다. 따라서 다음과 같이 $f(t)$를 쉽게 얻을 수 있다. 즉,

$$f(t) = \mathcal{L}^{-1}\left[\frac{N(s)}{D(s)}\right] = \sum_{k=1}^{n}\left[\frac{N(s)}{D'(s)}e^{st}\right]_{s=s_k} \tag{5.103}$$

$$= \sum_{k=1}^{n}\left[\frac{N(s_k)}{D'(s_k)}e^{s_k t}\right]$$

로 정의되는 헤비사이드 전개정리를 얻는다.

예제 30

다음 함수의 역라플라스 변환을 구하라.

$$F(s) = \left[\frac{2s^2-4}{(s+1)(s-2)(s-3)}\right]$$

[풀이] 식 (5.98)로부터

$$\mathcal{L}^{-1}F(s) = \mathcal{L}^{-1}\frac{N(s)}{D(s)}$$

$$N(s) = 2s^2 - 4$$

$$D(s) = (s+1)(s-2)(s-3) = s^3 - 4s^2 + s + 6$$

$$D'(s) = 3s^2 - 8s + 1$$

$$s_1 = -1, s_2 = 2, \ s_3 = 3$$

로 주어지므로,

$$\mathcal{L}^{-1}F(s) = \mathcal{L}^{-1}\frac{N(s)}{D(s)}$$

$$= \frac{N(-1)}{D'(-1)}e^{-t} + \frac{N(2)}{D'(2)}e^{2t} + \frac{N(3)}{D'(3)}e^{3t}$$

$$= -\frac{1}{6}e^{-t} - \frac{4}{3}e^{2t} + \frac{7}{2}e^{3t}$$

를 얻는다.

예제 31

다음 함수의 역라플라스 변환을 구하라.

$$F(s) = \left[\frac{3s+1}{(s-1)(s^2+1)}\right]$$

[풀이] $\mathcal{L}^{-1}F(s) = \mathcal{L}^{-1}\frac{N(s)}{D(s)}$

$$N(s) = 3s+1$$

$$D(s) = (s-1)(s^2+1) = s^3 - s^2 + s - 1$$

$$D'(s) = 3s^2 - 2s + 1$$

$$s_1 = 1, \ s_2 = j, \ s_3 = -j$$

로 주어지므로

$$\mathcal{L}^{-1}F(s) = \mathcal{L}^{-1}\frac{N(s)}{D(s)}$$

$$= \frac{N(1)}{D'(1)}e^{t} + \frac{N(j)}{D'(j)}e^{jt} + \frac{N(-j)}{D'(-j)}e^{-jt}$$

$$= \frac{4}{2}e^{t} + \frac{1+j3}{-2-j2}e^{jt} + \frac{1-j3}{-2+j2}e^{-jt}$$

$$= 2e^{t} + (-1-j\frac{1}{2})e^{jt} + (-1+j\frac{1}{2})e^{-jt}$$

$$= 2e^{t} - (e^{jt} + e^{-jt}) + \frac{e^{jt} - e^{-jt}}{j2}$$

$$= 2e^{t} - 2\cos t + \sin t$$

를 얻는다.

예제 32

다음의 함수를 합성적분정리에 의해 역라플라스 변환하라.

$$r(t) = \mathcal{L}^{-1}\left[\frac{s}{(s^2 + a^2)^2}\right]$$

[풀이] 먼저

$$F(s) = \frac{1}{s^2 + a^2} \quad 및 \quad G(s) = \frac{s}{s^2 + a^2}$$

로 두고,

$$f(t) = \mathcal{L}^{-1}F(s) = \frac{1}{a}\sin at \;\; 및 \;\; g(t) = \mathcal{L}^{-1}G(s) = \cos at$$

를 얻는다. 합성적분정리에 의하여

$$r(t) = \mathcal{L}^{-1}[F(s) \cdot G(s)] = f(t) * g(t) = \int_0^t \frac{1}{a}\sin a\tau \cdot \cos a(t-\tau)\, d\tau$$

$$= \frac{1}{2a}\int_0^t 2\sin a\tau \cdot \cos a(t-\tau)\, d\tau$$

$$= \frac{1}{2a}\int_0^t [\sin at + \sin(2a\tau - at)]\, d\tau$$

$$= \frac{1}{2a}\tau \sin at\Big|_0^t + \frac{1}{2a}\,\frac{-\cos(2a\tau - at)}{2a}\Big|_0^t$$

$$= \frac{1}{2a} t \sin at$$

가 얻어진다.

- **변형된 헤비사이드의 전개정리** : 또 다른 형태의 헤비사이드 전개정리를 생각해 볼 수 있다. 즉, 식 (5.100)에서 하나의 인수 $(s - s_1)$을 택해서 분모 $D(s)$를

$$D(s) = (s - s_1)M(s) \tag{5.104}$$

로 두면,

$$M(s) = (s - s_2)(s - s_3)\cdots(s - s_n) \tag{5.105}$$

로 된다. 식 (5.104)을 s에 대해 미분하면

$$D'(s) = M(s) + (s - s_1)M'(s) \tag{5.106}$$

로 되며, $s = s_1$을 대입하면 우변의 제2항은 0으로 되며 기타의 근 $s_2, s_3, \cdots, s_n$을 대입하면 제1항이 0으로 된다. 따라서 식 (5.103)의 헤비사이드 전개정리를 적용하면

$$\mathcal{L}^{-1}F(s) = f(t) = \left[\frac{N(s)}{D'(s)}e^{st}\right]_{s=s_1} + \sum_{i=2}^{n}\left[\frac{N(s)}{D'(s)}e^{st}\right]_{s=s_i} \tag{5.107}$$

$$= \left[\frac{N(s)}{M(s)}e^{st}\right]_{s=s_1} + \sum_{i=2}^{n}\left[\frac{N(s)}{(s-s_1)M'(s)}e^{st}\right]_{s=s_i}$$

와 같이 변형된 헤비사이드 전개정리를 얻게 된다.

예제 33

다음 함수의 역라플라스 변환을 구하라.

① $F_1(s) = \dfrac{1}{s(s^2+a^2)}$ ② $F_2(s) = \dfrac{1}{(s-j\omega)(s+a)}$

③ $F_3(s) = \dfrac{s}{(s-a)(s-b)(s-c)}$

[풀이] ① 특성근은 $0, -ja, ja$이고 $D(s) = sM(s)$, $M(s) = s^2 + a^2$로부터 $M'(s) = 2s$로 되므로, 식 (5.107)으로부터

$$f_1(t) = \mathcal{L}^{-1}F_1(s)$$

$$= \left[\frac{1}{s^2+a^2}e^{st}\right]_{s=0} + \left[\frac{1}{s\cdot 2s}e^{st}\right]_{s=-ja} + \left[\frac{1}{s\cdot 2s}e^{st}\right]_{s=ja}$$

$$= \frac{1}{a^2} - \frac{1}{2a^2}e^{-jat} - \frac{1}{2a^2}e^{jat} = \frac{1}{a^2}(1-\cos at)$$

를 얻게 된다.

② 특성근은 $j\omega$, $-a$이고 $D(s)=(s-j\omega)M(s)$, $M(s)=s+a$로부터 $M'(s)=1$로 되므로 식 (5.107)로부터

$$f_2(t)=\mathcal{L}^{-1}F_2(s)$$

$$=\left[\frac{1}{s+a}e^{st}\right]_{s=j\omega}+\left[\frac{1}{(s-j\omega)\cdot 1}e^{st}\right]_{s=-a}$$

$$=\frac{1}{j\omega+a}e^{j\omega t}-\frac{1}{a+j\omega}e^{-at}=\frac{1}{a+j\omega}(e^{j\omega t}-e^{-at})$$

$$=\frac{e^{-j\phi}}{\sqrt{a^2+\omega^2}}(e^{j\omega t}-e^{-at})$$

$$=\frac{1}{\sqrt{a^2+\omega^2}}(e^{j(\omega t-\phi)}-e^{-at}e^{-j\phi})$$

를 얻게 된다. 단, $\phi=\tan^{-1}\dfrac{\omega}{a}$이다.

③ a, b, c가 단근이므로 식 (5.107)로부터

$$f_3(t)=\mathcal{L}^{-1}F_3(s)$$

$$=\left[\frac{s}{(s-b)(s-c)}e^{st}\right]_{s=a}+\left[\frac{s}{(s-a)[2s-(b+c)]}e^{st}\right]_{s=b}$$

$$+\left[\frac{s}{(s-a)[2s-(b+c)]}e^{st}\right]_{s=c}$$

$$=\frac{a}{(a-b)(a-c)}e^{at}+\frac{b}{(b-a)(b-c)]}e^{bt}$$

$$+\frac{c}{(c-a)(c-b)}e^{ct}$$

로 구해진다.

[2] $F(s)$가 q개의 중복극점을 가질 때

식 (5.93)과 같이 s_1이 q중근인 경우는

$$F(s)=\frac{N(s)}{(s-s_1)^q(s-s_2)\cdots(s-s_{n-q})} \tag{5.108}$$

$$=\frac{A_{qq}}{(s-s_1)^q}+\cdots+\frac{A_{q2}}{(s-s_1)^2}+\frac{A_{q1}}{(s-s_1)}$$

$$+\frac{A_2}{(s-s_2)}+\cdots+\frac{A_{n-q}}{(s-s_{n-q})}$$

와 같이 부분분수 전개될 수 있다. 식 (5.104)에서 q중근의 계수를 구하기 위해 양변에 $(s-s_1)^q$를 곱하게 되면,

$$(s-s_1)^qF(s)=\frac{N(s)}{(s-s_2)\cdots(s-s_{n-q})} \tag{5.109}$$

$$=A_{qq}+\cdots+(s-s_1)^{q-2}A_{q2}+(s-s_1)^{q-1}A_{q1}$$

$$+(s-s_1)^q\left[\frac{A_2}{(s-s_2)}+\cdots+\frac{A_{n-q}}{(s-s_{n-q})}\right]$$

로 된다. 그리고 $s=s_1$을 대입하면 계수 A_{qq} 항 이외는 모두 0이 되므로

$$A_{qq}=\left[\frac{N(s)}{(s-s_2)\cdots(s-s_{n-q})}\right]_{s=s_1} \tag{5.110}$$

$$=\left[\frac{N(s_1)}{(s_1-s_2)\cdots(s_1-s_{n-q})}\right]$$

$$=\lim_{s\to s_1}[(s-s_1)^qF(s)]$$

로 되며, A_{qq-1}을 구하기 위해 식 (5.109)의 양변을 s에 대해 미분한

$$\frac{d}{ds}\left[(s-s_1)^qF(s)\right]=\frac{d}{ds}\left[\frac{N(s)}{(s-s_2)\cdots(s-s_{n-q})}\right]$$

$$=0+A_{qq-1}+\cdots+(q-2)(s-s_1)^{q-3}A_{q2}$$

$$+(q-1)(s-s_1)^{q-2}A_{q1}$$

$$+\frac{d}{ds}\left((s-s_1)^q\left[\frac{A_2}{(s-s_2)}+\cdots+\frac{A_{n-q}}{(s-s_{n-q})}\right]\right)$$

에 $s=s_1$을 대입하면 계수 A_{qq-1}항 이외는 모두 0이 되므로

$$\begin{aligned}A_{qq-1}&=\left(\frac{d}{ds}\left[(s-s_1)^qF(s)\right]\right)_{s=s_1} \qquad (5.111)\\&=\left(\frac{d}{ds}\left[\frac{N(s)}{(s-s_2)\cdots(s-s_{n-q})}\right]\right)_{s=s_1}\\&=\frac{1}{(q-(q-1))!}\lim_{s\to s_1}\frac{d^1}{ds^1}[(s-s_1)^qF(s)]\end{aligned}$$

를 구할 수 있으며, 유추하여 q중근의 k번째 계수 A_{qk}는

$$\begin{aligned}A_{qk}&=\frac{1}{(q-k)!}\left(\frac{d^{q-k}}{ds^{q-k}}[(s-s_1)^qF(s)]\right)_{s=s_1} \qquad (5.112)\\&=\frac{1}{(q-k)!}\lim_{s\to s_1}\frac{d^{q-k}}{ds^{q-k}}[(s-s_1)^qF(s)]\end{aligned}$$

로 구해짐을 알 수 있다. 단, $k=q, q-1, \cdots, 3, 2, 1$이다. 따라서 역라플라스 변환 $f(t)$는

$$\begin{aligned}f(t)&=\mathcal{L}^{-1}F(s) \qquad (5.113)\\&=A_{qq}\cdot\frac{t^{q-1}}{(q-1)!}e^{s_1t}+\cdots+A_{q2}\frac{t^{q-2}}{(q-2)!}e^{s_1t}+A_{q1}e^{s_1t}\\&\quad+A_2\cdot e^{s_2t}+\cdots+A_{n-q}\cdot e^{s_{n-q}t}\end{aligned}$$

로 된다.

[3] $F(s)$가 공액 복소극점을 가질 때

$F(s)$가 $s_i=a+jb$, $s_i^*=a-jb$인 공액 복소근을 갖게 된다면 공액 근에 대응하는 부분의 역라플라스 변환 $f_i(t)$는 헤비사이드 전개정리에 의해

$$\begin{aligned}
f_i(t) &= \frac{N(s_i)}{D'(s_i)}e^{s_i t} + \frac{N(s_i^*)}{D'(s_i^*)}e^{s_i^* t} \\
&= \left[\frac{N(s_i)}{D'(s_i)}e^{jbt} + \frac{N(s_i^*)}{D'(s_i^*)}e^{-jbt}\right]e^{at} \qquad (5.114) \\
&= \left[\dot{A}e^{jbt} + \dot{A}^* e^{-jbt}\right]e^{at}
\end{aligned}$$

로 된다. 여기서 $\dot{A}^*$는 복소수 $\dot{A} \triangleq C+jD$의 공액이다. 따라서 식 (5.114)의 괄호 내 항을 더하면

$$\begin{aligned}
\dot{A}e^{jbt} + \dot{A}^* e^{-jbt} &= (C+jD)(\cos bt + j\sin bt) + (C-jD)(\cos bt - j\sin bt) \qquad (5.115) \\
&= 2C\cos bt - 2D\sin bt \\
&= 2Re\left[\dot{A}e^{jbt} + \dot{A}^* e^{-jbt}\right]
\end{aligned}$$

로 된다. 한편,

$$\frac{N(s_i)}{D'(s_i)}e^{s_i t} = \frac{N(s_i)}{D'(s_i)}e^{jbt}e^{jat} \qquad (5.116)$$

의 관계를 가지므로 이를 기초로 식 (5.114)을 다시

$$\begin{aligned}
f_i(t) &= 2Re\left[\frac{N(s_i)}{D'(s_i)}e^{s_i t}\right] \qquad (5.117) \\
&= 2\left[Re\left(\frac{N(s_i)}{D'(s_i)}e^{jbt}\right)\right]e^{at}
\end{aligned}$$

로 고쳐 쓰면, 결과는 반드시 정현 또는 여현을 포함하는 실수의 함수로 된다.

예제 34

$\mathcal{L}^{-1}\left[\frac{1}{(s+a)(s^2+b^2)}\right]$을 계산하라.

[풀이] $D(s) = (s+a)(s-jb)(s+jb)$의 근은 $s_1 = -a$, $s_2 = jb$, $s_3 = -jb$이고

$$D'(s) = (s^2+b^2) + 2s(s+a) = 3s^2 + 2as + b^2$$

에서 근은 공액 복소근을 포함하고 있으므로 이 공액근에 대응하는 부분의 시간함수 $f_i(t)$는 공액근의 하나인 $s_2 = jb$에 대해 식 (5.116)을 이용해서

$$\frac{N(s_2)}{D'(s_2)}e^{s_2 t} = \frac{1}{3(jb)^2 + 2a(jb) + b^2}e^{jbt}$$

$$= \frac{1}{-3b^2 + j2ab + b^2}e^{jbt}$$

$$= \frac{1}{-2b(b-ja)}(\cos bt + j\sin bt)$$

$$= \frac{1}{-2b(a^2+b^2)}[(b\cos bt - a\sin bt) + j(a\cos bt + b\sin bt)]$$

로 되고, 식 (5.117)의 결과로부터

$$f_{2,3}(t) = 2Re\left[\frac{N(s_2)}{D'(s_2)}e^{s_2 t}\right]$$

$$= -\frac{1}{-2b(a^2+b^2)}[(b\cos bt - a\sin bt) + j(a\cos bt + b\sin bt)]$$

$$= \frac{1}{(a^2+b^2)}\left[\frac{a}{b}sinbt - \cos bt\right]$$

를 얻고, $s_1 = -a$에 대한 부분의 시간함수 $f_1(t)$는

$$f_1(t) = \frac{N(-a)}{D'(-a)}e^{-at}$$

$$= \frac{1}{3a^2 - 2a^2 + b^2}e^{-at}$$

$$= \frac{1}{a^2+b^2}e^{-at}$$

가 얻어지므로 이들 결과를 종합하면 시간함수 $f(t)$는

$$f(t) = f_1(t) + f_{2,3}(t)$$

$$= \frac{1}{(a^2+b^2)}\left[e^{-at} + \frac{a}{b}\sin bt - \cos bt\right]$$

로 된다.

[4] 역변환의 기본공식

중요한 몇가지의 역변환의 기본 공식을 정의하면 다음과 같다.

역변환의 기본 공식	
1. $u_S(t) = \mathcal{L}^{-1}\left\{\frac{1}{s}\right\}$	2. $t^n = \mathcal{L}^{-1}\left\{\frac{n!}{s^{n+1}}\right\}$
3. $e^{\pm at} = \mathcal{L}^{-1}\left(\frac{1}{s \mp a}\right)$	4. $\sin at = \mathcal{L}^{-1}\left\{\frac{a}{s^2+a^2}\right\}$
5. $\cos at = \mathcal{L}^{-1}\left\{\frac{s}{s^2+a^2}\right\}$	6. $\sinh at = \mathcal{L}^{-1}\left\{\frac{a}{s^2-a^2}\right\}$
7. $\cosh at = \mathcal{L}^{-1}\left\{\frac{s}{s^2-a^2}\right\}$	8. $\frac{1}{s^2+2bs+\omega^2}$ $= \mathcal{L}^{-1}\frac{1}{\sqrt{\omega^2-b^2}}e^{-bt}$ $= \sin\sqrt{\omega^2-b^2}\,t \quad [\omega^2 > b^2]$

예제 35

$\mathcal{L}^{-1}\left[\frac{1}{(s-1)^3}+\frac{1}{s^2+2s-8}\right]$을 계산하라.

[풀이] $\mathcal{L}^{-1}\left[\frac{1}{(s-1)^3}+\frac{1}{s^2+2s-8}\right] = \mathcal{L}^{-1}\left[\frac{1}{(s-1)^3}+\frac{1}{(s+1)^2-9}\right]$

$$= \frac{1}{2!}\mathcal{L}^{-1}\left[\frac{2!}{(s-1)^3}\right]+\frac{1}{3}\mathcal{L}^{-1}\left[\frac{3}{(s+1)^2-9}\right]$$

$$= \frac{1}{2!}\mathcal{L}^{-1}\left[\frac{2!}{s_1^3}\right]+\frac{1}{3}\mathcal{L}^{-1}\left[\frac{3}{s_2^2-9}\right]$$

$$= \frac{1}{2}e^t t^2 + \frac{1}{3}e^{-t}\sinh 3t$$

단, $s_1 = s-1$, $s_2 = s+1$이다.

예제 36

$\mathcal{L}^{-1}[1/s^5]$을 계산하라.

[풀이] $t^n = n!/s^{n+1}$이므로, 이 형과 일치시키기 위해 $n=4$로 두고 $4!$를 곱하고 나눈다. 따라서

$$\mathcal{L}^{-1}\left[\frac{1}{s^5}\right]=\frac{1}{4!}\mathcal{L}^{-1}\left[\frac{4!}{s^5}\right]=\frac{1}{24}t^4$$

로 된다.

예제 37

$\mathcal{L}^{-1}\left[\dfrac{1}{s^2+64}\right]$을 계산하라.

[풀이] 분자에 8을 곱하고 나눈다. 따라서

$$\mathcal{L}^{-1}\left[\frac{1}{s^2+64}\right]=\frac{1}{8}\mathcal{L}^{-1}\left[\frac{8}{s^2+64}\right]=\frac{1}{8}\sin 8t$$

로 된다.

예제 38

$\mathcal{L}^{-1}\left[\dfrac{3s+5}{s^2+7}\right]$을 계산하라.

[풀이] 항을 분리하고 역변환의 선형성을 이용한다.

$$\begin{aligned}\mathcal{L}^{-1}\left[\frac{3s+5}{s^2+7}\right]&=3\mathcal{L}^{-1}\left[\frac{s}{s^2+7}\right]+\frac{5}{\sqrt{7}}\mathcal{L}^{-1}\left[\frac{\sqrt{7}}{s^2+7}\right]\\&=3\cos\sqrt{7}\,t+\frac{5}{\sqrt{7}}\sin\sqrt{7}\,t\end{aligned}$$

로 된다.

예제 39

$\mathcal{L}^{-1}\left[\dfrac{1}{(s-1)(s+2)(s+4)}\right]$을 계산하라.

[풀이] 정리 상수 A, B, C가 존재하므로

$$\begin{aligned}\frac{1}{(s-1)(s+2)(s+4)}&=\frac{A}{s-1}+\frac{B}{s+2}+\frac{C}{s+4}\\&=\frac{A(s+2)(s+4)+B(s-1)(s+4)+C(s-1)(s+2)}{(s-1)(s+2)(s+4)}\end{aligned}$$

로 쓸 수 있다. 분모가 동일하므로

$$1 = A(s+2)(s+4) + B(s-1)(s+4) + C(s-1)(s+2)$$

로 되어야 한다. 등식의 양변을 s의 멱승 계수별로 비교하면, 최종식은 세 개의 미지수 A, B, C에 대한 3개의 연립방정식이 주어진다. 그러나 이들 미지수를 결정하기 위해 다음의 간편법을 써도 좋다.

공통분모 $(s-1)(s+2)(s+4)$의 영점인 $s = 1, -2, -4$를 순차대로 대입하면

$$1 = A(3)(5), \qquad A = \frac{1}{15}$$

$$1 = B(-3)(2), \qquad B = -\frac{1}{6}$$

$$1 = C(-5)(-2), \quad C = \frac{1}{10}$$

로 된다.

$$\mathcal{L}^{-1}\left[\frac{1}{(s-1)(s+2)(s+4)}\right] = \frac{1}{15}e^{t} - \frac{1}{6}e^{-2t} + \frac{1}{10}e^{-4t}$$

로 된다. 이 방법을 일명 미정계수법이라고 한다.

예제 40

다음 함수의 역라플라스 변환을 구하라.

$$F(s) = \left[\frac{5s^2 - 15s - 11}{(s+1)(s-2)^3}\right]$$

[풀이] 헤비사이드의 전개공식을 이용하면

$$F(s) = \frac{N(s)}{(s-s_1)^3(s-s_2)}$$

$$= \frac{A_{33}}{(s-2)^3} + \frac{A_{32}}{(s-2)^2} + \frac{A_{31}}{(s-2)} + \frac{A_2}{(s+1)}$$

로 쓸 수 있고, 식 (5.112)에서 각 계수는

$$A_{33} = \frac{1}{(3-3)!}\lim_{s\to 2}\frac{d^{3-3}}{ds^{3-3}}[(s-2)^3F(s)] = -7$$

$$A_{32} = \frac{1}{(3-2)!}\lim_{s\to 2}\frac{d^{3-2}}{ds^{3-2}}[(s-2)^3F(s)] = 4$$

$$A_{31} = \frac{1}{(3-1)!}\lim_{s\to 2}\frac{d^{3-1}}{ds^{3-1}}[(s-2)^3 F(s)] = \frac{1}{3}$$

$$A_2 = \lim_{s\to -1}[(s+1)F(s)] = -\frac{1}{3}$$

로 주어지므로

$$\mathcal{L}^{-1}F(s) = \mathcal{L}^{-1}\frac{N(s)}{D(s)}$$

$$= -\frac{1}{3}e^{-t} - \left(\frac{7}{2}t^2 - 4t - \frac{1}{3}\right)e^{2t}$$

를 얻는다.

예제 41

$\mathcal{L}^{-1}\left[\dfrac{s+1}{s^2(s+2)^3}\right]$을 계산하라.

[풀이] $\dfrac{s+1}{s^2(s+2)^3} = \dfrac{A}{s^2} + \dfrac{B}{s} + \dfrac{C}{(s+2)^3} + \dfrac{D}{(s+2)^2} + \dfrac{E}{s+2}$

로 가정하면 헤비사이드의 전개공식으로부터 $s=0$ 및 $s=-2$로 두면 $A=1/8$과 $C=-1/4$를 각각 얻게 되며, 각각

$$B = \frac{1}{(2-1)!}\lim_{s\to 0}\frac{d}{ds^{2-1}}[s^2 F(s)] = -\frac{1}{16}$$

$$D = \frac{1}{(3-2)!}\lim_{s\to -2}\frac{d^{3-2}}{ds^{3-2}}[(s+2)^3 F(s)] = 0$$

$$E = \frac{1}{(3-1)!}\lim_{s\to -2}\frac{d^{3-1}}{ds^{3-1}}[(s+2)^3 F(s)] = \frac{1}{16}$$

로 주어진다. 이로부터 $B=-1/16$ 및 $D=0$, $E=1/16$을 각각 얻는다. 따라서 역변환의 기본공식으로부터

$$\mathcal{L}^{-1}\left[\frac{s+1}{s^2(s+2)^3}\right] = \mathcal{L}^{-1}\left[\frac{1}{8s^2} - \frac{1}{16s} - \frac{1}{4(s+2)^3} + \frac{1}{16(s+2)}\right]$$

$$= \frac{1}{8}t - \frac{1}{16} - \frac{1}{8}t^2 e^{-2t} + \frac{1}{16}e^{-2t}$$

로 된다.

예제 42

$\mathcal{L}^{-1}\left[\dfrac{3s-2}{s^3(s^2+4)}\right]$를 계산하라.

[풀이] $\dfrac{3s-2}{s^3(s^2+4)}=\dfrac{A}{s^3}+\dfrac{B}{s^2}+\dfrac{C}{s}+\dfrac{Ds+E}{s^2+4}$

로 가정하면

$$A=\frac{1}{(3-3)!}\lim_{s\to 0}\frac{d}{ds^{3-3}}[s^3F(s)]=-\frac{1}{2}$$

$$B=\frac{1}{(3-2)!}\lim_{s\to 0}\frac{d^{3-2}}{ds^{3-2}}[s^3F(s)]=\frac{3}{4}$$

$$C=\frac{1}{(3-1)!}\lim_{s\to 0}\frac{d^{3-1}}{ds^{3-1}}[s^3F(s)]=\frac{1}{8}$$

로 된다. 이를 주어진 식에 대입해서 정리하면, $D=-1/8$ 및 $E=-3/4$를 각각 얻는다. 따라서 역변환 기본 공식으로부터

$$\mathcal{L}^{-1}\left[\frac{3s-2}{s^3(s^2+4)}\right]=\mathcal{L}^{-1}\left[-\frac{1}{2}\frac{1}{s^3}+\frac{3}{4}\frac{1}{s^2}+\frac{1}{8}\frac{1}{s}-\frac{1}{8}\frac{s}{s^2+4}-\frac{3}{4}\frac{1}{s^2+4}\right]$$

$$=\left\{-\frac{1}{4}t^2+\frac{3}{4}t+\frac{1}{8}-\frac{1}{8}\cos 2t-\frac{3}{8}\sin 2t\right\}u_s(t)$$

로 된다.

5.6 양측 라플라스 변환

이제까지의 논의 즉, 편측 라플라스 변환에서는 신호 $f(t)$가 $t<0$에서 영이라고 가정하였다. 그러나 $f(t)$에 대한 제한을 제거하면 제 5.2절의 식 (5.5)는 다음과 같이 신호 $f(t)$의 양측 라플라스 변환으로 된다.

$$F(s)=\int_{-\infty}^{\infty}f(t)e^{-st}dt \tag{5.118}$$

이 식은

$$\int_{-\infty}^{\infty} | f(t)e^{-st} | dt < \infty \tag{5.119}$$

로 되면 절대 수렴한다. 그러나

$$|f(t)e^{-st}| = |fx(t)|e^{-\sigma t} \tag{5.120}$$

이고

$$\int_{-\infty}^{\infty} | f(t) | e^{-st} dt < \infty \tag{5.121}$$

이면 양측 라플라스 변환은 절대 수렴한다. 식 (5.121)이 성립되기 위한 충분 조건은 임의의 실수 b와 c에 대해 $|f(t)|$가

$$| f(t) | \leqq \begin{cases} Ae^{ct}, & t > 0 \\ Ae^{bt}, & t < 0 \end{cases} \tag{5.122}$$

로 제약되게 하는 양의 실수 A가 존재한다는 것이다. 식 (5.122)는

$$c < \sigma < b \tag{5.123}$$

일 때 절대 수렴한다. 양측 역라플라스 변환을 계산하기 위해 칸투어 적분을 사용할 때 적분 경로는 수렴대 내에서 선택되며 $t > 0$인 좌측 및 $t < 0$인 우측의 반원 상으로 닫혀진다. 식 (5.122)의 증명을 위해 적분 식 (5.118)을

$$F(s) = \int_{-\infty}^{0} f(t)e^{-st}dt + \int_{0}^{\infty} f(t)e^{-st}dt \tag{5.124}$$

와 같이 두 부분으로 나누고, 식 (5.123)을 이용하여 $|F(s)|$를

$$\begin{aligned} | F(s) | &\leqq \int_{-\infty}^{0} f(t)Ae^{(b-s)t}dt + \int_{0}^{\infty} Ae^{(c-s)t}dt \\ &\leqq A\left[\frac{e^{(b-s)t}}{b-s} \Big| + \frac{e^{(c-s)t}}{c-s} \Big| \right] \end{aligned} \tag{5.125}$$

로 제약시킨다. 첫 항의 적분은 $Re(s) < b$일 때 수렴하며 두번째 항은 $Re(s) > c$일 때

수렴한다. $f(t)$의 양의 시간부에 기인한 $F(s)$의 특이성은 $s=c$인 직선의 좌측에 위치하나 $f(t)$의 음의 시간부에 기인한 $F(s)$의 특이성은 $s=b$인 직선의 우측에 위치한다. 편측 라플라스 변환과는 대조적으로 상응하는 역변환을 유일하게 하기 위하여 양측 라플라스 변환의 수렴 영역이 동시에 규정되어야 한다. 이를 실증하기 위해 다음의 신호 즉,

$$f_1(t)=e^{\alpha t}u_s(t) \tag{5.126}$$

과

$$f_2(t)=-e^{\alpha t}u_s(-t) \tag{5.127}$$

에 대한 양측 라플라스 변환을 고찰해 보자. 양측 라플라스 변환은 두 신호 모두 $1/(s-\alpha)$로 된다. 그러나 이들의 수렴영역은 상이하다. 즉,

$$F_1(s)=\frac{1}{s-\alpha},\ \text{단},\sigma>\alpha \tag{5.128}$$

및

$$F_2(s)=\frac{1}{s-\alpha},\ \text{단},\sigma<\alpha \tag{5.129}$$

로 되며, $F_1(s)$와 $F_2(s)$는 각각 $f_1(t)$과 $f_2(t)$의 라플라스 변환이다.

신호를 양의 시간부와 음의 시간부로 나누어 라플라스 변환하여 양측 라플라스 변환을 얻을 수 있다. 특히 $f(t)$가 $-\infty<t<\infty$인 구간에서 정의된다고 가정하자. 그러면

$$f(t)=f_1(t)+f_2(t) \tag{5.130}$$

로 표현할 수 있는데 단,

$$f_1(t)=f(t)u_s(t) \tag{5.131a}$$

및

$$f_2(t)=f(t)u_s(-t) \tag{5.131b}$$

이다. $f(t)$의 양측 라플라스 변환은 다음과 같다.

$$\begin{aligned}\mathcal{L}_d[f(t)] &= \int_{-\infty}^{\infty} f(t)e^{-st}dt \\ &= \int_{-\infty}^{0} f_2(t)e^{-st}dt + \int_{0}^{\infty} f_1(t)e^{-st}dt\end{aligned} \tag{5.132}$$

여기서 $\mathcal{L}_d[\cdot]$는 양측 라플라스 변환을 나타낸다. 첫 항의 적분에서 변수를 $t'=-t$로 바꾸면 다음과 같아진다.

$$\begin{aligned}\mathcal{L}_d[f(t)] &= \int_{0}^{\infty} f_2(-t')e^{st'}dt' + \int_{0}^{\infty} f_1(t)e^{-st}dt \\ &= F_2(-s) + F_1(s)\end{aligned} \tag{5.133}$$

단,

$$F_1(s) = \mathcal{L}_s[f_1(t)] \tag{5.134a}$$

$$F_2(s) = \mathcal{L}_s[f_2(-t)] \tag{5.134b}$$

이다. 기호 $\mathcal{L}_s[\cdot]$는 편측 라플라스 변환을 나타내며, 신호 $f_2(-t)$는 $t=0$축에 관한 $f(t)$의 음의 시간부의 影像이다. 식 (5.132)는 이 신호의 편측 라플라스 변환을 취해 $-s$대신 s를 대입하고, $f(t)$의 양의 시간부 함수인 $f_1(t)$의 편측 라플라스 변환에 s에 관한 새로운 함수를 더한 것과 같다.

예제 43

다음 함수를 양측 라플라스 변환하라.

$$f(t) = e^{-3t}u_s(t) + e^{2t}u_s(-t)$$

[풀이] 함수 $f_1(t)$와 $f_2(t)$는

$$f_1(t) = e^{-3t}u_s(t)$$

$$f_2(t) = e^{2t}u_s(-t)$$

와 같다. 이들의 편측 라플라스 변환은

$$F_1(s) = \frac{1}{s+3} \quad \sigma > -3$$

$$F_2(s) = \frac{1}{s+2} \quad \sigma > 2$$

로 된다. $F_2(s)$에 s대신 $-s$를 대입하면

$$F_2(-s) = \frac{1}{-s+2} \quad Re(-s) = -\sigma > 2 \text{ 또는 } \sigma < -2$$

얻는다. 따라서 식 (5.15)로부터

$$F(s) = \frac{1}{s+3} + \frac{1}{-s+2} = \frac{-5}{s^2+s-6} \quad -3 < \sigma < -2$$

로 된다.

예제 44

다음 함수의 양측 역라플라스 변환을 구하라.

$$F(s) = \frac{2s}{(s+3)(s+1)} \quad -3 < \sigma \leftarrow 1$$

[풀이] $F(s)$를 부분 분수 전개하면 다음과 같다.

$$F(s) = \frac{3}{s+3} - \frac{1}{s+1} \quad -3 < \sigma \leftarrow 1$$

$s = -3$인 극점은 수렴 영역의 좌측에 있으므로 $3/(s+3)$항은 $\mathcal{L}^{-1}[F(s)]$의 양의 시간부 함수에 대한 라플라스 변환에 상응한다. 마찬가지로 $s = -1$인 극점은 수렴영역의 우측에 있으므로 $-1/(s+1)$ 항은 $\mathcal{L}^{-1}[F(s)]$의 음의 시간부 함수에 대한 라플라스 변환과 같다. 식 (5.122), (5.134a) 및 (5.134b)를 이용하여

$$f_1(t) = \mathcal{L}_s^{-1}\left[\frac{3}{s+3}\right] = 3e^{-3t}u_s(t)$$

과

$$f_2(t) = \mathcal{L}_s^{-1}\left[-\frac{1}{-s+1}\right] = -e^{t}u_s(t)$$

이들 결과를 대입해서

$$f(t) = f_1(t) + f_2(t) = 3e^{-3t}u_s(t) - e^{-t}u_s(-t)$$

를 얻는다.

Chapter 06

라플라스 변환의 응용 (Applications of Laplace Transform)

6.1 상미분방정식에의 응용

$y(t)$의 도함수들로 구성되는 초기값 문제의 미분방정식을 라플라스 변환하여 $Y(s)=\mathcal{L}y(t)$를 갖는 대수방정식으로 변환하여, 해 $Y(s)=\mathcal{L}y(t)$를 구해낸 다음 다시 역라플라스 변환에 의해 주어진 미분방정식의 해 $y(t)=\mathcal{L}^{-1}Y(s)$를 구하는 과정을 설명하고자 한다.

$$a_n\frac{d^ny}{dt^n}+a_{n-1}\frac{d^{n-1}y}{dt^{n-1}}+\cdots+a_1\frac{dy}{dt}+a_0y=g(t) \tag{6.1}$$

단, $y(0)=y_0$, $y'(0)=y_0{}'$, $y_0{}''(0)=y_0{}''$, $\cdots$, $y^{(n-1)}(0)=y_0^{(n-1)}$이다. 이와 같은 미분방정식이 주어지는 경우, 라플라스 변환의 선형특성을 이용하여 라플라스 변환하면

$$\begin{aligned}&a_n[s^nY(s)-s^{n-1}y_0-\cdots-y_0^{(n-1)}]\\&\quad+a_{n-1}[s^{n-1}Y(s)-s^{n-2}y_0-\cdots-y_0^{(n-2)}]\\&\quad+\cdots+a_2[s^2Y(s)-sy_0-y_0{}']\\&\quad+a_1[sY(s)-y(0)]+a_0Y(s)=G(s)\end{aligned} \tag{6.2}$$

또는

$$\begin{aligned}&[a_ns^n+a_{n-1}s^{n-1}+\cdots+a_2s^2+a_1s+a_0]\,Y(s)\\&\quad=a_n[s^{n-1}y_0+\cdots+y_0^{(n-1)}]+a_{n-1}[s^{n-2}y_0+\cdots+y_0^{(n-2)}]\\&\qquad+\cdots+a_2[sy_0+y_0{}']+a_1y(0)+G(s)\end{aligned} \tag{6.3}$$

로부터

$$P(s)Y(s) = Q(s) + G(s)$$
$$P(s) = a_n s^n + a_{n-1} s^{n-1} + \cdots + a_2 s^2 + a_1 s + a_0$$
$$Q(s) = a_n [s^{n-1} y_0 + \cdots + y_0^{(n-1)}]$$
$$+ a_{n-1} [s^{n-2} y_0 + \cdots + y_0^{(n-2)}]$$
$$+ \cdots + a_2 [s y_0 + y_0{}'] + a_1 y(0)$$

로 고쳐 쓰면, 이로부터 $Y(s)$는

$$Y(s) = \frac{Q(s)}{P(s)} + \frac{G(s)}{P(s)} \tag{6.4}$$

구할 수 있으며 이로부터 역라플라스 변환해서 $y(t) = \mathcal{L}^{-1} Y(s)$를 구하면 된다. 즉,

$$y(t) = \mathcal{L}^{-1} Y(s) = \mathcal{L}^{-1}\left[\frac{Q(s)}{P(s)}\right] + \mathcal{L}^{-1}\left[\frac{G(s)}{P(s)}\right] \tag{6.5}$$

로부터

$$\mathcal{L}^{-1}\left[\frac{1}{P(s)}\right] \triangleq p(t),\ \mathcal{L}^{-1}[Q(s)] \triangleq q(t),\ \mathcal{L}^{-1}[G(s)] \triangleq g(t) \tag{6.6}$$

및 합성정리를 이용하면

$$\mathcal{L}^{-1}\left[\frac{1}{P(s)} \cdot F(s)\right] = \int_0^t f(\tau) p(t-\tau)\, d\tau \tag{6.7}$$

로 구해질 수 있다.

예제 1

다음 미분방정식을 풀어라.

$$\frac{dy}{dt} - 3y = e^{2t}, \quad y_0 = 1$$

[풀이] 먼저 라플라스 변환을 취하면,

$$[sY(s) - y_0] - 3Y(s) = \frac{1}{s-2}$$

$$Y(s) = \frac{s-1}{(s-2)(s-3)} = \frac{A}{s-2} + \frac{B}{s-3} = -\frac{1}{s-2} + \frac{2}{s-3}$$

로 되므로

$$y(t) = \mathcal{L}^{-1}Y(s) = -e^{2t} + 2e^{3t}$$

를 얻는다.

예제 2

다음 미분방정식을 풀어라.

$$x'' + 16x = \cos 4t, \quad x_0 = 0, \quad x_0' = 1$$

[풀이] 먼저 라플라스 변환을 취하면,

$$[s^2X(s) - sx_0 - x_0'] + 16X(s) = \frac{s}{s^2 + 4^2}$$

$$(s^2 + 4^2)X(s) = 1 + \frac{s}{s^2 + 4^2}$$

$$X(s) = \frac{1}{s^2 + 4^2} + \frac{s}{(s^2 + 4^2)^2}$$

로 되므로

$$x(t) = \mathcal{L}^{-1}X(s) = \frac{1}{4}\mathcal{L}^{-1}\left[\frac{4}{s^2 + 4^2}\right] + \frac{1}{8}\mathcal{L}^{-1}\left[\frac{8s}{(s^2 + 4^2)^2}\right]$$

$$= \frac{1}{4}\sin 4t + \frac{1}{8}t \cdot \sin 4t$$

를 얻는다.

예제 3

다음 미분방정식을 풀어라.

$$y'' + ay' + by = f(t), \quad y'(0) = y_0, \quad y(0) = v$$

[풀이] 먼저 라플라스 변환을 취하면,

$$[s^2 Y(s) - sy_0 - v] + a[s Y(s) - y_0] + b Y(s) = F(s)$$

$$Y(s) = \frac{y_0 s + v + a y_0}{s^2 + as + b} + \frac{F(s)}{s^2 + as + b}$$

로 되며 이로부터 특성방정식 $s^2 + as + b = 0$의 두 근 α 및 β는 다음의 세 가지 경우를 갖는다.

① 두 근 α 및 β가 상이한 실근일 때

$$\frac{1}{s^2 + as + b} = \frac{1}{\alpha - \beta}\left(\frac{1}{s-\alpha} - \frac{1}{s-\beta}\right)$$

임을 이용하면

$$\frac{y_0 s + v + a y_0}{s^2 + as + b} = \frac{y_0 \alpha + v + a y_0}{\alpha - \beta}\frac{1}{s-\alpha} - \frac{y_0 \beta + v + a y_0}{\alpha - \beta}\frac{1}{s-\beta}$$

로 되므로 역라플라스 변환하면,

$$y\,(t) = \frac{y_0 \alpha + v + a y_0}{\alpha - \beta}\mathcal{L}^{-1}\left(\frac{1}{s-\alpha}\right) - \frac{y_0 \beta + v + a y_0}{\alpha - \beta}\mathcal{L}^{-1}\frac{1}{s-\beta}$$

$$+ \frac{1}{\alpha - \beta}\mathcal{L}^{-1}\left[\left(\frac{1}{s-\alpha}F(s)\right) - \mathcal{L}^{-1}\frac{1}{s-\beta}F(s)\right]$$

$$= \frac{y_0 \alpha + v + a y_0}{\alpha - \beta}e^{\alpha t} - \frac{y_0 \beta + v + a y_0}{\alpha - \beta}e^{\beta t}$$

$$+ \frac{1}{\alpha - \beta}\left(\int_0^t f\,(\tau) e^{\alpha(t-\tau)} d\tau - \int_0^t f\,(\tau) e^{\beta(t-\tau)} d\tau\right)$$

를 얻는다.

② 두 근 α 및 β가 같을 때

$$\frac{y_0 s + v + a y_0}{s^2 + as + b} = \frac{y_0 (s-\alpha) + y_0 \alpha + v + a y_0}{(s-\alpha)^2}$$

$$= \frac{y_0}{s-\alpha} + \frac{y_0 \alpha + v + a y_0}{(s-\alpha)^2}$$

이므로 이를 역라플라스 변환하면,

$$y\,(t) = y_0 \mathcal{L}^{-1}\left(\frac{1}{s-\alpha}\right) + [y_0 \alpha + v + a y_0]\,\mathcal{L}^{-1}\left[\frac{1}{(s-\alpha)^2}\right]$$

$$+\mathcal{L}^{-1}\left[\frac{1}{(s-\alpha)^2}F(s)\right]$$

$$=y_0e^{\alpha t}+[y_0\alpha+v+ay_0]te^{\alpha t}+\int_0^t \tau e^{\alpha\tau}f(t-\tau)d\tau$$

로 된다.

③ 두 근 α 및 β가 복소근 $p\pm jq$일 때, 즉

$$s^2+as+b=(s-p)^2+q^2$$

로부터

$$\frac{y_0s+v+ay_0}{s^2+as+b}=\frac{y_0(s-p)}{(s-p)^2+q^2}+\frac{y_0p+v+ay_0}{q}\frac{q}{(s-p)^2+q^2}$$

로 되고 이를 역라플라스 변환하면,

$$y(t)=y_0\mathcal{L}^{-1}\frac{y_0(s-p)}{(s-p)^2+q^2}+\frac{y_0p+v+ay_0}{q}\mathcal{L}^{-1}\left[\frac{q}{(s-p)^2+q^2}\right]$$

$$+\frac{1}{q}\mathcal{L}^{-1}\left[\frac{q}{(s-p)^2+q^2}F(s)\right]$$

$$=y_0e^{pt}\cos qt+\frac{y_0p+v+ay_0}{q}e^{pt}\sin qt+\frac{1}{q}\int_0^t e^{p\tau}f(t-\tau)\sin q\tau d\tau$$

로 된다.

6.2 연립 미분방정식

초기값 $x(0)=\alpha$ 및 $y(0)=\beta$ 인 연립 미분방정식이

$$\frac{dx}{dt}=-y,\qquad \frac{dy}{dt}=x \tag{6.8}$$

와 같은 제차 미분방정식으로 주어질 때, 이의 해는 라플라스 변환한

$$X(s)=\frac{s}{s^2+1}\alpha-\frac{1}{s^2+1}\beta$$

$$Y(s) = \frac{s}{s^2+1}\alpha + \frac{1}{s^2+1}\beta$$

로부터 주어진 미분방정식의 해

$$x(t) = \alpha\cos t - \beta\sin t$$
$$y(t) = \alpha\sin t + \beta\cos t$$

를 얻는다. 그러나 초기값이 $x(0) = 0$ 및 $y(0) = 0$인

$$\frac{dx}{dt} = -y + g(t), \qquad \frac{dy}{dt} = x + w(t) \tag{6.9}$$

의 비제차 미분방정식으로 주어진 경우 라플라스 변환하면

$$X(s) = \frac{s}{s^2+1}G(s) - \frac{1}{s^2+1}H(s)$$
$$Y(s) = \frac{1}{s^2+1}G(s) + \frac{s}{s^2+1}H(s)$$

로 되며, 이를 역라플라스 변환하면

$$x(t) = \int_0^t \cos(t-\tau)g(\tau)d\tau - \int_0^t \sin(t-\tau)h(\tau)d\tau$$
$$y(t) = \int_0^t \sin(t-\tau)g(\tau)d\tau + \int_0^t \cos(t-\tau)h(\tau)d\tau$$

를 얻게 된다. 한편, 식 (6.8)을 행렬로 나타내면

$$\frac{d}{dt}\begin{bmatrix} x \\ y \end{bmatrix} = \begin{bmatrix} 0 & -1 \\ 1 & 0 \end{bmatrix}\begin{bmatrix} x \\ y \end{bmatrix} \qquad \begin{bmatrix} x(0) \\ y(0) \end{bmatrix} = \begin{bmatrix} \alpha \\ \beta \end{bmatrix}$$

또는

$$\dot{\boldsymbol{x}} = \boldsymbol{A}x \tag{6.10}$$

로 된다. 단,

$$\boldsymbol{x} = \begin{bmatrix} x \\ y \end{bmatrix}, \qquad \boldsymbol{A} = \begin{bmatrix} 0 & -1 \\ 1 & 0 \end{bmatrix}, \qquad \boldsymbol{x}(0) = \begin{bmatrix} \alpha \\ \beta \end{bmatrix}$$

이다. 식 (6.10)을 라플라스 변환하면

$$\begin{aligned} s\boldsymbol{X}(s) - \boldsymbol{x}(0) &= \boldsymbol{A}\boldsymbol{X}(s) \\ \boldsymbol{X}(s) &= (s\boldsymbol{I} - \boldsymbol{A})^{-1}\boldsymbol{x}(0) \end{aligned} \tag{6.11}$$

로 되므로

$$\boldsymbol{x}(t) = \mathcal{L}^{-1}[(s\boldsymbol{I} - \boldsymbol{A})^{-1}]\boldsymbol{x}(0) \tag{6.12}$$

를 얻는다. 단,

$$(s\boldsymbol{I} - \boldsymbol{A})^{-1} = \frac{1}{s^2+1}\begin{bmatrix} s & -1 \\ 1 & s \end{bmatrix} = \mathcal{L}\begin{bmatrix} \cos t & -\sin t \\ \sin t & \cos t \end{bmatrix}$$

이다. 한편, 식 (6.9)와 같이 비제차형으로 주어지면

$$\frac{d}{dt}\begin{bmatrix} x \\ y \end{bmatrix} = \begin{bmatrix} 0 & -1 \\ 1 & 0 \end{bmatrix}\begin{bmatrix} x \\ y \end{bmatrix} + \begin{bmatrix} g(t) \\ h(t) \end{bmatrix}$$

또는

$$\dot{\boldsymbol{x}} = \boldsymbol{A}\boldsymbol{x} + \boldsymbol{f}(t) \tag{6.13}$$

로 된다. 단,

$$\boldsymbol{x} = \begin{bmatrix} x \\ y \end{bmatrix},\ \boldsymbol{A} = \begin{bmatrix} 0 & -1 \\ 1 & 0 \end{bmatrix},\ \boldsymbol{f}(t) = \begin{bmatrix} g(t) \\ h(t) \end{bmatrix},\ \boldsymbol{x}(0) = \begin{bmatrix} \alpha \\ \beta \end{bmatrix} \tag{6.14}$$

이다. 식 (6.12)를 라플라스 변환하면

$$\begin{aligned} s\boldsymbol{X}(s) - \boldsymbol{x}(0) &= \boldsymbol{A}\boldsymbol{X}(s) + \boldsymbol{F}(s) \\ \boldsymbol{X}(s) &= (s\boldsymbol{I} - \boldsymbol{A})^{-1}[\boldsymbol{x}(0) + \boldsymbol{F}(s)] \end{aligned} \tag{6.15}$$

로 되므로

$$\boldsymbol{x}(t) = \mathcal{L}^{-1}[(s\boldsymbol{I} - \boldsymbol{A})^{-1}]\boldsymbol{x}(0) + \mathcal{L}^{-1}[(s\boldsymbol{I} - \boldsymbol{A})^{-1}\boldsymbol{F}(s)] \tag{6.16}$$

를 얻는다. 단, $(s\boldsymbol{I} - \boldsymbol{A})^{-1}$는 식 (6.12)의 값과 동일하다.
그리고 $(s\boldsymbol{I} - \boldsymbol{A})^{-1}$는

$$(s\boldsymbol{I}-\boldsymbol{A})^{-1}=\frac{[(s\boldsymbol{I}-\boldsymbol{A})\text{의 여인자 행렬}]'}{|s\boldsymbol{I}-\boldsymbol{A}|} \tag{6.17}$$

로부터

$$P(s)=det(s\boldsymbol{I}-\boldsymbol{A})=s^n+a_1s^{n-1}+a_2s^{n-2}+\cdots+a_n \tag{6.18}$$

및

$$\begin{aligned}\text{Adj}\,(s\boldsymbol{I}-\boldsymbol{A})&=\boldsymbol{B}(s)\\&=\boldsymbol{B}_0s^{n-1}+\boldsymbol{B}_1s^{n-2}+\boldsymbol{B}_2s^{n-3}+\cdots+\boldsymbol{B}_{n-1}\end{aligned} \tag{6.19}$$

로 두면

$$\begin{aligned}
&\boldsymbol{B}_0=\boldsymbol{I} && a_1=-\text{tr}\,(\boldsymbol{AB}_0)\\
&\boldsymbol{B}_1=\boldsymbol{AB}_0+a_1\boldsymbol{I} && a_2=-\frac{1}{2}\text{tr}\,(\boldsymbol{AB}_1)\\
&\boldsymbol{B}_2=\boldsymbol{AB}_1+a_2\boldsymbol{I} && a_3=-\frac{1}{3}\text{tr}\,(\boldsymbol{AB}_2)\\
&\quad\vdots && \quad\vdots\\
&\boldsymbol{B}_{n-2}=\boldsymbol{AB}_{n-3}+a_{n-2}\boldsymbol{I} && a_{n-2}=-\frac{1}{n-2}\text{tr}\,(\boldsymbol{AB}_{n-3})\\
&\boldsymbol{B}_{n-1}=\boldsymbol{AB}_{n-2}+a_{n-1}\boldsymbol{I} && a_{n-1}=-\frac{1}{n-1}\text{tr}\,(\boldsymbol{AB}_{n-2})\\
& && a_n=-\frac{1}{n}\text{tr}\,(\boldsymbol{AB}_{n-1})
\end{aligned} \tag{6.20}$$

의 관계들이 성립한다.

예제 4

다음 행렬에 대해 $\mathcal{L}^{-1}[(s\boldsymbol{I}-\boldsymbol{A})^{-1}]$를 구하라.

$$\boldsymbol{A}=\begin{bmatrix}0&0&1\\0&1&1\\1&0&0\end{bmatrix}$$

[풀이] $P(s)=det(s\boldsymbol{I}-\boldsymbol{A})=s^3+a_1s^2+a_2s+a_3$

이므로

$$B_0 = I, \qquad a_1 = -\text{tr}\,(AB_0) = -1$$

$$B_1 = AB_0 + a_1 I = A - I = \begin{bmatrix} 1 & 0 & -1 \\ 1 & 0 & 0 \\ -1 & 0 & 1 \end{bmatrix}$$

$$a_2 = -\frac{1}{2}\text{tr}\,(AB_1) = -1$$

$$B_2 = AB_1 + a_2 I = AB_1 - I = \begin{bmatrix} 0 & 0 & -1 \\ 1 & -1 & 0 \\ -1 & 0 & 0 \end{bmatrix}$$

$$a_3 = -\frac{1}{3}\text{tr}\,(AB_2) = 1$$

로 주어지므로

$$N(s) = det\,(sI - A) = s^3 + a_1 s^2 + a_2 s + a_3 = s^3 - s^2 - s + 1$$
$$= (s-1)^2(s+1)$$

$$B(s) = B_0 s^2 + B_1 s + B_2$$

$$= \begin{bmatrix} 1 & 0 & 0 \\ 0 & 1 & 0 \\ 0 & 0 & 1 \end{bmatrix} s^2 + \begin{bmatrix} 1 & 0 & -1 \\ 1 & 0 & 0 \\ -1 & 0 & 1 \end{bmatrix} s + \begin{bmatrix} 0 & 0 & -1 \\ 1 & -1 & 0 \\ -1 & 0 & 0 \end{bmatrix}$$

$$= \begin{bmatrix} s^2 - s & 0 & s-1 \\ 1 & s^2 - 1 & s \\ s-1 & 0 & s^2 - s \end{bmatrix}$$

$$\therefore\ [(sI - A)^{-1}] = \frac{B(s)}{P(s)} = \begin{bmatrix} \dfrac{s}{(s-1)(s+1)} & 0 & \dfrac{1}{(s-1)(s+1)} \\ \dfrac{1}{(s-1)^2(s+1)} & \dfrac{1}{s-1} & \dfrac{s}{(s-1)^2(s+1)} \\ \dfrac{1}{(s-1)(s+1)} & 0 & \dfrac{s}{(s-1)(s+1)} \end{bmatrix}$$

로 계산되므로

$$\mathcal{L}^{-1}[(sI - A)^{-1}] = \begin{bmatrix} \dfrac{1}{2}(e^t + e^{-t}) & 0 & \dfrac{1}{2}(e^t - e^{-t}) \\ \dfrac{1}{4}[(2t-1)e^t + e^{-t}] & e^t & \dfrac{1}{4}[(2t+1)e^t - e^{-t}] \\ \dfrac{1}{2}(e^t - e^{-t}) & 0 & \dfrac{1}{2}(e^t + e^{-t}) \end{bmatrix}$$

로 구해진다.

또한 식 (6.13)에 대한 해가 식 (6.16)과는 달리 라플라스 연산자를 포함하지 않는 순수한 시간함수의 형태로 구해낼 수도 있다. 즉, 식 (6.13)을 완전 미분방정식이 되게 하는 적분인자 $\boldsymbol{x}(t) \triangleq e^{\boldsymbol{A}t}\boldsymbol{y}(t)$를 대입하면,

$$\frac{d\boldsymbol{x}}{dt} = \boldsymbol{A}e^{\boldsymbol{A}t}\boldsymbol{y}(t) + e^{\boldsymbol{A}t}\frac{d\boldsymbol{y}}{dt} = \boldsymbol{A}e^{\boldsymbol{A}t}\boldsymbol{y}(t) + \boldsymbol{f}(t) \tag{6.21}$$

$$e^{\boldsymbol{A}t}\frac{d\boldsymbol{y}}{dt} = \boldsymbol{f}(t)$$

$$\therefore \frac{d\boldsymbol{y}}{dt} = e^{-\boldsymbol{A}t}\boldsymbol{f}(t)$$

로 되고 이를 풀면

$$\boldsymbol{y}(t) = \boldsymbol{y}(t_0) + \int_{t_0}^{t} e^{-\boldsymbol{A}\tau}\boldsymbol{f}(\tau)d\tau \tag{6.22}$$

가 얻어지고 각 항의 왼쪽에 $e^{\boldsymbol{A}t}$를 곱하면,

$$e^{\boldsymbol{A}t}\boldsymbol{y}(t) = \boldsymbol{x}(t) = e^{\boldsymbol{A}t}\boldsymbol{y}(t_0) + \int_{t_0}^{t} e^{\boldsymbol{A}(t-\tau)}\boldsymbol{f}(\tau)d\tau \tag{6.23}$$

로 된다. 다시 이 식을 $t = t_0$로 두면

$$\boldsymbol{x}_0 = e^{\boldsymbol{A}t_0}\boldsymbol{y}(t_0)$$

$$\boldsymbol{y}(t_0) = e^{-\boldsymbol{A}t_0}\boldsymbol{x}_0 \tag{6.24}$$

를 식 (6.23)에 대입하면,

$$\boldsymbol{x}(t) = e^{\boldsymbol{A}(t-t_0)}\boldsymbol{x}_0 + \int_{t_0}^{t} e^{-\boldsymbol{A}(t-\tau)}\boldsymbol{f}(\tau)d\tau \tag{6.25}$$

를 얻게 된다. 그런데 식 (6.16)과 (6.24)를 비교해서 $t_0 = 0$이면

$$\mathcal{L}^{-1}[(s\boldsymbol{I} - \boldsymbol{A})^{-1}] = e^{\boldsymbol{A}t} \tag{6.26}$$

로 됨을 알 수 있다. 제 1 장에서 논의된 케일리-해밀턴(Cayley-Hamilton) 정리로부터 $e^{\boldsymbol{A}t}$를 구할 수 있었다. 즉, 케일리-해밀턴 정리를 이용하게 된다면 앞의 라플라스

변환에 의한 방법과 같이 복잡한 절차를 따르지 않더라도 쉽게 $\mathcal{L}^{-1}[(s\boldsymbol{I}-\boldsymbol{A})^{-1}]$를 계산할 수 있다는 사실을 알게 될 것이다.

예제 5

다음 연립 미분방정식을 풀어라.

$$\frac{dx}{dt}=3x-2y$$

$$\frac{dy}{dt}=-x+2y$$

$$x_0=6,\ y_0=3$$

[풀이] 먼저 라플라스 변환을 취하면

$$[sX(s)-6]=3X(s)-2Y(s)$$

$$[sY(s)-3]=-X(s)+2Y(s)$$

가 되므로 연립해서 풀면

$$X(s)=\frac{6s-18}{s^2-5s+4}=\frac{4}{s-1}+\frac{2}{s-4}$$

$$Y(s)=\frac{3s-15}{s^2-5s+4}=\frac{4}{s-1}-\frac{1}{s-4}$$

로 주어지므로 역라플라스 변환하면,

$$x(t)=\mathcal{L}^{-1}X(s)=4e^t+2e^{4t}$$

$$y(t)=\mathcal{L}^{-1}Y(s)=4e^t-e^{4t}$$

를 얻는다.

6.3 편미분방정식에의 응용

편미분방정식의 해법에 대한 상세한 설명은 까다로우므로 실례의 방정식을 통해서 고찰해 본다. x, t를 독립변수로 하는 u에 대한 선형 편미분방정식

$$\frac{\partial^i u}{\partial t^i} = a(x)\frac{\partial^2 u}{\partial x^2} + b(x)\frac{\partial u}{\partial x} + c(x)u + \varphi(x,t) \quad (i = 1,2) \tag{6.27}$$

은 열전도 $i=1$ 및 현의 진동 $i=2$의 문제를 해석하기 위해 사용되는 방정식이다. 변수 x 는 유한 또는 무한 구간에서 정의되지만 시간 t 는 $0 \leq t < \infty$ 인 구간에 한정된다. 이때 $u(x, t)$의 x 를 고정해서 t 에 관한 라플라스 변환을

$$U(x, s) = \int_0^{\infty} e^{-st} u(x, t) dt \tag{6.28}$$

로 표시한다. 미분과 적분의 순서교환이 가능하다면 t 및 x 에 대한 편도함수의 라플라스 변환은 다음과 같이 된다.

$$\begin{aligned} &\mathcal{L}\left[\frac{\partial}{\partial t} u(x, t)\right] = sU(x, s) - u(x, 0_+) \\ &\mathcal{L}\left[\frac{\partial^2}{\partial t^2} u(x, t)\right] = s^2 U(x, s) - su(x, 0_+) - u_t(x, 0_+) \\ &\mathcal{L}\left[\frac{\partial^i}{\partial t^i} u(x, t)\right] = \frac{\partial^i}{\partial x^i} U(x, s) \quad (i = 1,2) \end{aligned} \tag{6.29}$$

여기서 $u(x, 0_+)$ 및 $u_t(x, 0_+)$는 해석하고자 하는 물리적 대상의 초기값이다. 한편, 편미분방정식에 부과되는 중요한 조건은 경계조건이다. 예를 들면,

$$\begin{aligned} &u(0_+, t) = f(t) \\ &\lim_{x \to \infty} u(x, t) = 0 \end{aligned}$$

등이 성립하도록 하는 것이다. 이들에 대해 라플라스를 시행하면

$$\begin{aligned} &U(0_+, s) = F(s) \\ &\lim_{x \to \infty} U(x, s) = 0 \end{aligned}$$

가 얻어진다. 이하에서 취급하는 방정식은 상수계수에 한정된다.

두께 l 인 판($l = \infty$) 또는 반지름 c인 직원주의 열전도에 관한 편미분방정식을 생각한다. 앞에서 논의한 바와 같이 여러 형태의 초기값, 경계값이 생각될 수 있으며 이들에 대해서는 다음의 예제를 통해 설명될 수 있다.

예제 6

$\dfrac{\partial u}{\partial t} = k\dfrac{\partial^2 u}{\partial x^2}$ $(0 < x < l,\ 0 < t < \infty)$을 풀어라. 경계조건은 다음과 같다.

$$u(x, 0) = 0 \qquad (0 \leqq x \leqq l)$$

$$u(0, t) = a_0(t), \qquad u(l, t) = a_1(t) \qquad (0 \leqq t < \infty)$$

[풀이] 문제를 간단히 하기 위해 $k = 1$로 두면, 주어진 편미분방정식과 경계조건을 라플라스하면

$$sU(x, s) = \frac{\partial^2}{\partial x^2} U(x, s)$$

$$U(0, s) = A_0(s), \qquad U(l, s) = A_1(s)$$

로 된다. U에 대해 풀면 일반해는

$$U(x, s) = \varphi(s)\cosh\sqrt{s}\,x + \psi(s)\sinh\sqrt{s}\,x$$

$$(s > 0\,;\varphi,\ \phi \text{ 는 임의함수})$$

로 되고 $x = 0, l$로 두면 각각

$$A_0(s) = \varphi(s) A_1(s) = \varphi(s)\cosh\sqrt{s}\,l + \psi(s)\sinh\sqrt{s}\,l$$

$$\therefore\ \psi(s) = \frac{A_1(s) - A_0(s)\cosh\sqrt{s}\,l}{\sinh\sqrt{s}\,l}$$

로 되며 $\varphi(s), \psi(s)$를 대입해서 계산하면

$$U(x, s) = A_0(s)\frac{\sinh\sqrt{s}\,(l-x)}{\sinh\sqrt{s}\,l} + A_1(s)\frac{\sinh\sqrt{s}\,x}{\sinh\sqrt{s}\,l}$$

$$U_0(x, s) = \frac{\sinh\sqrt{s}\,(l-x)}{\sinh\sqrt{s}\,l}$$

$$= \left[e^{-x\sqrt{s}} - e^{-(2l-x)\sqrt{s}}\right]\sum_{n=0}^{\infty} e^{-2nl\sqrt{s}}$$

$$= \sum_{n=0}^{\infty} e^{-(2nl+x)\sqrt{s}} - \sum_{n=1}^{\infty} e^{-(2nl-x)\sqrt{s}}$$

로 되므로 역라플라스 변환하면

$$u_0(x, t) = \mathcal{L}^{-1}\{\mathrm{U}_0(x, s)\}$$

$$= \sum_{n=0}^{\infty} \mathcal{L}^{-1}[e^{-(2nl+x)\sqrt{s}}] - \sum_{n=1}^{\infty} \mathcal{L}^{-1}[e^{-(2nl-x)\sqrt{s}}]$$

로 된다. 여기서 $a > 0$일 때,

$$\mathcal{L}^{-1}[e^{-a\sqrt{s}}] = \frac{a}{2\sqrt{\pi}\,t^{3/2}} e^{-a^2/4t} \qquad [\equiv \psi(a, t)]$$

임을 이용하면

$$u_0(x, t) = \sum_{n=0}^{\infty} \psi(2nl + x, t) - \sum_{n=1}^{\infty} \psi(2nl - x, t)$$

로 된다. 그런데 $\psi(a, t)$는 a에 대해 기함수, 즉

$$-\psi(2nl - x, t) = \psi(-2nl + x, t)$$

가 성립하므로 $u(x, t)$에 대한 표시는 다음과 같게 된다.

$$u_0(x, t) = \sum_{n=-\infty}^{\infty} \psi(2nl + x, t)$$

유사하게

$$U_1(x, s) = \frac{\sinh\sqrt{s}\,(l - x)}{\sinh\sqrt{s}\,l} = \sum_{n=0}^{\infty} e^{-((2n+1)l - x)\sqrt{s}} - \sum_{n=0}^{\infty} e^{-((2n+1)l + x)\sqrt{s}}$$

이므로 역라플라스 변환을 구하면

$$u_1(x, t) = \sum_{n=0}^{\infty} \psi[(2n+1)l - x, t] - \sum_{n=0}^{\infty} \psi[(2n+1)l + x, t]$$

$$= \sum_{n=-\infty}^{\infty} \psi[(2n+1)l - x, t]$$

가 성립한다. 따라서 합성적분을 이용해서

$$u_1(x, t) = \mathcal{L}^{-1}[A_0(s)U_0(x, s)] + \mathcal{L}^{-1}[A_1(s)U_1(x, s)]$$

$$= a_0(t) * u_0(x, t) + a_1(t) * u_1(t)$$

$$= \sum_{n=-\infty}^{\infty} a_0(t) * \psi(2nl + x, t) + \sum_{n=-\infty}^{\infty} a_1(t) * \psi[(2n+1)l - x, t]$$

$$= \sum_{n=-\infty}^{\infty} \frac{2nl + x}{2\sqrt{\pi}} \int_0^t a_o(t - \tau) \frac{1}{\tau^{3/2}} e^{-(2nl + x)^2/4\tau} d\tau$$

$$+\sum_{n=-\infty}^{\infty}\frac{(2n+1)l-x}{2\sqrt{\pi}}\int_0^t a_1(t-\tau)\frac{1}{\tau^{3/2}}e^{-((2n+1)l-x)^2/4\tau}d\tau$$

와 같은 해를 얻는다.

예제 7

L, R, C, G가 음이 아닌 상수일 때, 다음의 전송선 방정식

$$\frac{\partial u}{\partial x}+Ri+L\frac{\partial i}{\partial t}=0$$

$$\frac{\partial i}{\partial x}+Gu+C\frac{\partial u}{\partial t}=0 \quad (0<x,\ t<\infty)$$

이 주어질 때, 경계 및 초기조건 : $u_s(0,t)=f(t)$, 및 $\lim_{x\to\infty}u_s(x,t)=0$
$0\leq x,\ t<\infty$에 대해 다음의 각 경우에 대한 해를 구하라.

① $R=G=0$(무손실 케이블인 경우)

② $RC=LG$(무왜 케이블인 경우)

③ $L=G=0$ 및 $f(t)\equiv u_0$(상수)(누설과 자기 인턱턴스가 없는 이상 케이블인 경우)

[풀이] 주어진 방정식과 경계조건을 이용해서 라플라스 변환하면,

$$\frac{\partial}{\partial x}U(x,s)+RI(x,s)+LsI(x,s)=0$$

$$\frac{\partial}{\partial x}I(x,s)+GU(x,s)+CsU(x,s)=0$$

$$U(0,s)=F(s),\quad \lim_{x\to\infty}U(x,s)=0$$

가 얻어진다. 따라서

$$\frac{\partial U}{\partial x}=-(Ls+R)I$$

$$\frac{\partial I}{\partial x}=-(Cs+G)U$$

로부터 I를 소거하면

$$\frac{\partial^2 U}{\partial x^2}=(Ls+R)(Cs+G)U$$

로 되고 U에 대해서 풀면,

$$U(x,\ s) = \varphi(s)e^{\lambda x} + \psi(s)e^{-\lambda x}$$

$$\lambda = \sqrt{(Ls+R)(Cs+G)}$$

로 된다. $x \to \infty$일 때 $U(x,\ s) \to 0$이므로 $\varphi(s) \equiv 0$로 되어야 한다. 더욱이 $x=0$로 두면 경계조건으로부터 $\psi(s) = F(s)$이므로

$$U(x,\ s) = F(s)e^{-\lambda x}$$

$$I(x,\ s) = \frac{1}{Ls+R}\frac{\partial U}{\partial x} = \frac{\lambda}{Ls+R}F(s)e^{-\lambda x}$$

$$= \sqrt{\frac{Cs+G}{Ls+R}}F(s)e^{-\lambda x}$$

로 된다.

① $R = G = 0$일 때 $\lambda = \sqrt{LC}s\ \ (s>0)$이므로

$$U(x,\ s) = F(s)e^{-x\sqrt{LC}s}$$

$$I(x,\ s) = \sqrt{\frac{C}{L}}F(s)e^{-x\sqrt{LC}s}$$

을 역라플라스 변환하면

$$u(x,\ t) = f(t - x\sqrt{LC}) \cdot u_s(t - x\sqrt{LC})$$

$$i(x,\ t) = \sqrt{\frac{C}{L}}f(t - x\sqrt{LC}) \cdot u_s(t - x\sqrt{LC})$$

로 된다.

② $RC = LG$일 때,

$$\lambda^2 = (Ls+R)(Cs+G) = (\sqrt{LC}s + \sqrt{RG})^2$$

및

$$\sqrt{\frac{Cs+G}{Ls+R}} = \sqrt{\frac{C}{L}}$$

이므로

$$U(x,\ s) = e^{-x\sqrt{RG}}F(s)e^{-x\sqrt{LC}s}$$

$$I(x,\ s) = \sqrt{\frac{C}{L}}e^{-x\sqrt{RG}}F(s)e^{-x\sqrt{LC}s}$$

로부터 역라플라스 변환을 구하면 다음과 같다.

$$u(x,\, t) = e^{-x\sqrt{RG}} f\,(t - x\sqrt{LC}\,) \cdot u_s(t - x\sqrt{LC}\,)$$

$$i\,(x,\, t) = \sqrt{\frac{C}{L}}\, e^{-x\sqrt{RG}} f\,(t - x\sqrt{LC}) \cdot u_s(t - x\sqrt{LC}\,)$$

③ $L = G = 0$ 및 $f\,(t) \equiv u_0$일 때,

$$\lambda = \sqrt{RC}\,\sqrt{s}\,, \qquad F(s) = \frac{u_0}{s}$$

로부터

$$U(x,\, s) = \frac{u_0}{s} e^{-x\sqrt{RC}\,\sqrt{s}}$$

$$I(x,\, s) = \sqrt{\frac{C}{R}}\, \frac{u_0}{\sqrt{s}} e^{-x\sqrt{RC}\,\sqrt{s}}$$

이므로 역라플라스 변환을 구하면

$$u\,(x,\, t) = u_0\left[1 - erf\left(\frac{x\sqrt{RC}}{2\sqrt{t}}\right)\right]$$

$$i\,(x,\, t) = \sqrt{\frac{C}{R}}\, \frac{u_0}{\sqrt{\pi t}} e^{-RCx^2/4t}$$

로 된다.

예제 8

다음 편미분방정식을 풀어라.

$$\frac{\partial z}{\partial x} = 2\frac{\partial z}{\partial t} + z$$

단, $z\,(x,\, 0) = 6e - 3x,\ x > 0,\ t > 0$에서 유계이다.

[풀이] $\mathcal{L}\, z\,(x,\, t) \triangleq Z(x,\, s)$로 정의하면

$$\frac{dZ}{dx} = 2\{sZ - z\,(x,\, 0)\} + Z$$

$$\frac{dZ}{dx} - (2s+1)Z = -12e^{-3x}$$

로 라플라스 변환되므로 마지막 식을 1계 선형 상미분방정식의 해 공식에 대입하면

$$Z(x,\, s) = e^{\int (2s+1)dx}\left[\int (-12)e^{-3x} e^{\int -(2s+1)dx}\, dx + K\right]$$

$$= e^{(2s+1)x}\left[\int (-12)e^{-3x} e^{-(2s+4)x}\, dx + K\right]$$

$$= e^{(2s+1)x}\left[\frac{6}{s+2} e^{-(2s+4)x} + K\right]$$

$$= \frac{6}{s+2} e^{-3x} + Ke^{(2s+1)x}$$

가 되는데 문제의 조건에서 $x \to \infty$ 일 때, 유계여야 하고 윗식의 우변의 제 2 항은 0이 되어야 하므로 K는 0이다. 결국 구하고자 하는 해는

$$Z(x,\, s) = \frac{6}{s+2} e^{-3x}$$

로 되므로

$$z(x,\, t) = \mathcal{L}^{-1} Z(x,\, s) = 6e^{-2t} e^{-3x}$$

를 얻게 된다.

6.4 적분방정식에의 응용

적분방정식의 해법은 앞에서 기술한 적분정리를 이용하면 된다. 상세한 설명은 생략하고 다음의 예제를 통해서 고찰해 본다.

예제 9

다음 적분방정식을 풀어라.

$$y(t) = 2t + \int_0^t y(\tau) \cdot \sin(t-\tau)\, d\tau$$

[풀이] $\mathcal{L}\, y(t) \triangleq Y(s)$로 정의하면, 제 2 항은 합성정리의 적용이 가능하므로

$$Y(s) = \frac{2}{s^2} + \frac{Y(s)}{s^2+1}$$

$$\therefore\ \ Y(s)=\frac{2s^2+2}{s^4}=\frac{2}{s^2}+\frac{2}{s^4}$$ 가 얻어지고 다시 역변환하면

$$y(t)=\mathcal{L}^{-1}Y(s)=2t-\frac{1}{3}t^3$$

를 얻는다.

예제 10

$f(t)=3t^2-e^{-t}-\int_0^{t_0} f(\tau)e^{t-\tau}d\tau$ 를 풀어라.

[풀이] $\mathcal{L}[f(t)]=3\mathcal{L}[t^2]-\mathcal{L}[e^{-t}]-\mathcal{L}[f(t)]\cdot\mathcal{L}[e^t]$

$$F(s)=3\cdot\frac{2}{s^3}-\frac{1}{s+1}-F(s)\cdot\frac{1}{s-1}$$

$$\left[1+\frac{1}{s-1}\right]F(s)=\frac{6}{s^3}-\frac{1}{s+1}$$

$$\frac{s}{s-1}F(s)=\frac{6}{s^3}-\frac{1}{s+1}$$

$$\begin{aligned}F(s)&=\frac{6(s-1)}{s^4}-\frac{s-1}{s(s+1)}\\&=\frac{6}{s^3}-\frac{6}{s^4}+\frac{1}{s}-\frac{2}{s+1}\end{aligned}$$

로 된다. 따라서 다음과 같다.

$$\begin{aligned}f(t)&=3\mathcal{L}^{-1}\left(\frac{2!}{s^3}\right)-\mathcal{L}^{-1}\left(\frac{3!}{s^4}\right)+\mathcal{L}^{-1}\left(\frac{1}{s}\right)-2\mathcal{L}^{-1}\left(\frac{1}{s+1}\right)\\&=3t^2-t^3+1-2e^{-t}\end{aligned}$$

6.5 차분방정식에의 응용

차분방정식의 해법은 Z 변환을 이용하는 것이 편리하다. 이들 차분방정식의 해법은 Z 변환의 장에서 상세히 설명할 것이나 예제를 통하여 라플라스 변환에 의한 해법을

고찰해 본다.

예제 11

다음 차분방정식을 풀어라.

$$2y(t)-3y(t-1)+y(t-2)=t$$

단, $t<0$에서 $y(t)=0$이다.

[풀이] $\mathcal{L}\,y(t) \triangleq Y(s)$로 정의하면 실추이 정리에 의하여

$$2Y(s)-3e^{-s}Y(s)+e^{-2s}Y(s)=\frac{1}{s^2}$$

$$\begin{aligned}
\therefore\ Y(s) &= \frac{1}{s^2(2-3e^{-s}+e^{-2s})} \\
&= \frac{1}{s^2(1-e^{-s})(2-e^{-s})} \\
&= \frac{1}{s^2}\left[\frac{1}{1-e^{-s}}-\frac{1}{2-e^{-s}}\right] \\
&= \frac{1}{s^2}\left[(1+e^{-s}+e^{-2s}+e^{-3s}+\cdots)\right. \\
&\qquad \left.-\frac{1}{2}\left(1+\frac{e^{-s}}{2}+\frac{e^{-2s}}{2^2}+\frac{e^{-3s}}{2^3}+\cdots\right)\right] \\
&= \frac{1}{2s^2}+\sum_{n=1}^{\infty}\left(1-\frac{1}{2^{n+1}}\right)\frac{e^{-ns}}{s^2}
\end{aligned}$$

가 얻어지고, 다시 역변환하면

$$y(t)=\mathcal{L}^{-1}Y(s)=\frac{t}{2}+\sum_{n=1}^{(t_n)}\left(1-\frac{1}{2^{n+1}}\right)(t-n)$$

를 얻는다. 단, 위 식에서 (t_n)는 t와 같거나 이보다 작은 최대 정수(整數)이다.

6.6 전기회로에의 응용

[1] 서 론

라플라스 변환을 알면 전압과 전류에 대한 완전해를 구하는 전기회로 해석문제를 풀 수 있다. 먼저 시간영역의 전기회로를 라플라스 회로로 변환시킨다. 다음에는 직류해석과 같은 기법으로 풀이하면 된다. 라플라스 전압이나 전류가 구해지면 시간영역의 값으로 역변환시키면 된다.

[2] 초기전압과 전류

회로는 물리적 스위치나 전형적인 트랜지스터 등의 전자 스위치에 의해 개폐된다. 따라서 회로는 해석하기 원하는 시각에서 시작되는 초기조건을 갖게 마련이다. 이제 $t=0$인 임의의 시각에서 시작되는 회로를 해석해 보자. 등가회로를 구성하기 위해 $t=0$로 선정된 시각에서 회로소자가 어떤 초기조건에 있는지를 알아야 한다. 라플라스 변환은 초기조건을 구하는 데도 이용될 수 있으나 시간영역에서 초기조건을 정의하는 것이 편리하다.

각 소자는 에너지를 저장하거나 방출하기도 하는데 초기조건은 이들 소자에 따라 결정된다. 예를 들면, 저항은 에너지를 저장하지 못하므로 이들은 초기조건을 갖지 않는다.

소자의 초기조건을 구하려면 임의시각(예 $t=0$)에서의 조건이 어떠한지 파악해야 한다. 각 소자의 조건은 $t=0_-$, 0, 0_+에서 동일하다. 이 시각에서 인덕터를 흐르는 전류는 일정하게 유지될 것이며, 이 전류가 초기조건을 기술하는데 이용된다. 커패시터에 걸리는 전압도 이 시각에서 일정히 유지되므로 커패시터의 초기조건을 기술하는데는 전압이 이용된다.

따라서 주어지는 회로는 초기조건과 스위치 대신 단위 계단 함수 $u_s(t)$를 이용해서 재구성된다. 그림 6-1 (a)는 6 V의 전압이 $t=0$에서 인가되고 있으므로 스위치를 그림 6-2 (b)와 같이 $6u_s(t)$로 표현할 수 있다. 이것은 물리적 스위치를 수학적으로 표현한 것이다.

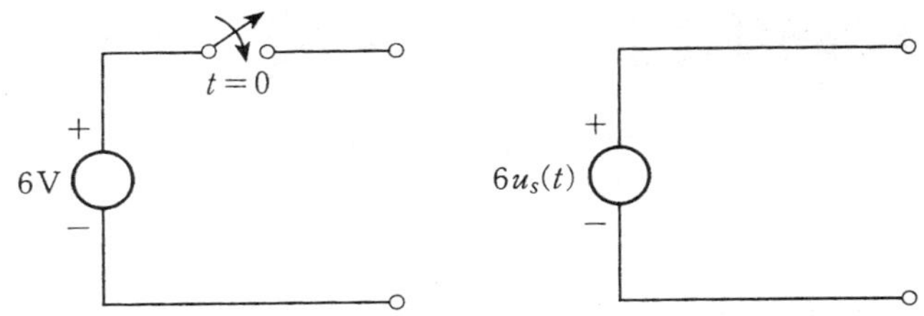

그림 6-1 SPST(single pole single throw)

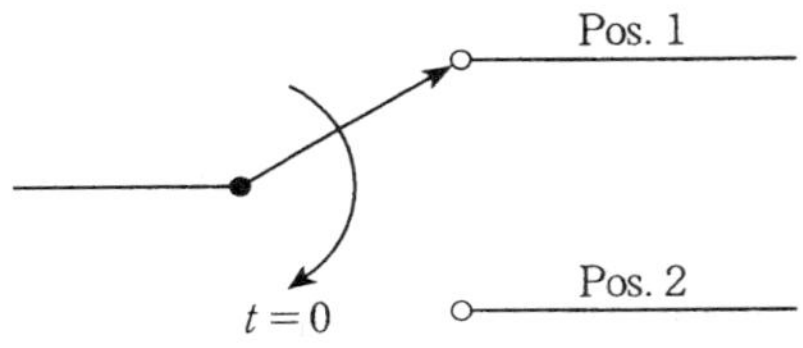

그림 6-2 SPDT

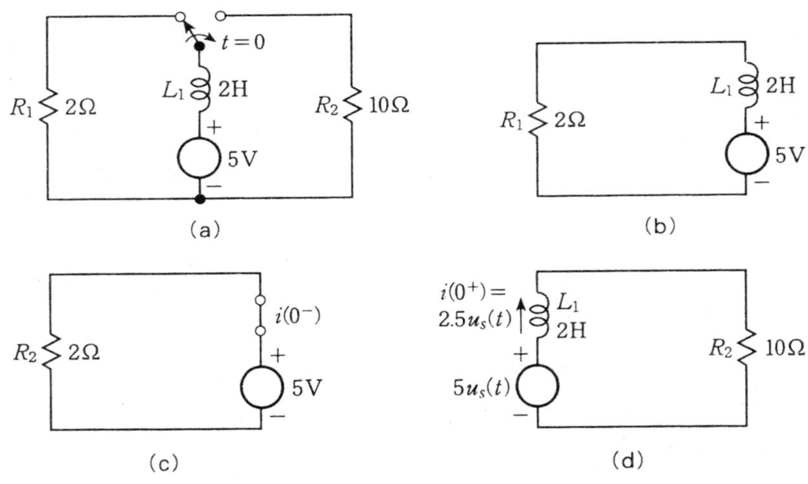

그림 6-3 인덕터에 대한 등가회로

그림 6-2는 위치 1에 $-\infty$로부터 $t = 0_-$까지 접속되어 있다가 $t = 0_+$인 순간에 위치 2로 접속되는 2단 스위치(SPDT : single pole double throw)이다.

그림 6-3은 인덕터에 대한 초기조건을 구하기 위한 회로이다.

그림 6-3 (b)는 $-\infty$에서의 회로를 나타내고 있으며 그림 6-3 (c)는 $t = 0_-$ 즉, 정상

상태의 회로를 나타내고 있다. 그림 6-3 (d)는 $t=0_+$ 이후의 상태를 나타내는 회로로서 이 인덕터를 통해 회로를 흐르는 전류는 순간적으로 변화할 수 없으므로

$$i(0_-)=i(0_+)=\frac{5}{2}=2.5\text{ A}$$

로 된다. 그리고 $t=0$에서 5 V의 전원이 R_2L_1 회로에 인가되므로 $5u_s(t)$와 같다. 따라서 스위치가 없는 등가회로는 그림 6-3 (d)와 같게 된다.

다음은 그림 6-4와 같이 커패시터가 있는 회로에 대해 고찰해 보자.

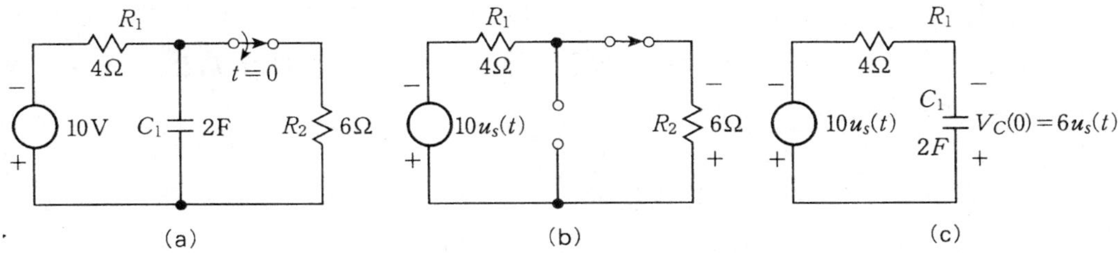

그림 6-4 커패시터에 대한 등가회로

그림 6-4 (a)는 $-\infty$로부터 $t=0_-$까지는 R_2에 접속되어 있다가 $t=0$인 시각에서 R_1C_1 회로로 접속되는 것을 나타내고 있다. 그림 6-4 (b)는 직류 정상상태에서의 커패시터는 전원전압으로 완전히 충전되어 C_1 지로(枝路)로는 전류가 흐르지 못하므로 개방되어 있음을 나타내고 있다. 그림 6-4 (c)는 $t=0_+$ 이후의 상태를 나타낸 것이다.

여기서 커패시터의 전압은 순간적으로 변할 수 없으므로 초기조건은

$$V_c(0_-)=V_c(0_+)=\frac{ER_2}{R_1+R_2}=\frac{10(6)}{4+6}=6\,V$$

로 된다. 전원은 인덕터의 경우와 같이 $10u_s(t)$로 되고 있다.

예제 12

그림 6-5를 스위치가 없는 등가회로로 변환하라.

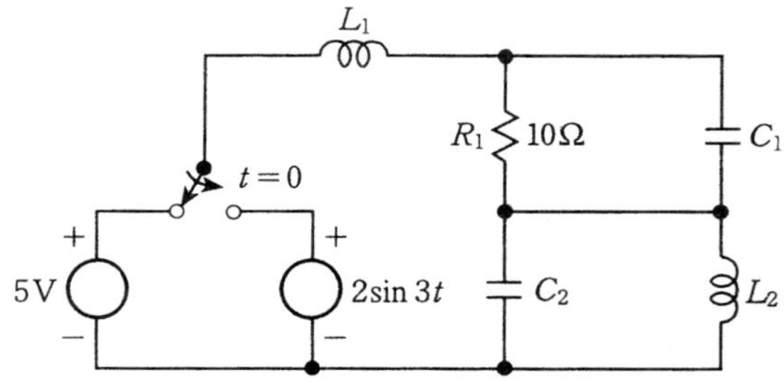

그림 6-5

[풀이] 그림 6-6 (a)는 스위치가 절환되기 직전, 즉 $t=0_-$에서의 회로의 정상상태를 나타내고 있다. 커패시터는 개방되고 인덕터는 단락된 상태이다. 인덕터 L_2는 단락상태이므로 커패시터 C_2에는 전압이 걸리지 않는다. 따라서 $L_1R_1L_2$ 루프로 흐르는 전류는

$$i_{L_1}(0_-)=i_{L_2}(0_-)=\frac{5}{10}=0.5\text{ A}$$

이다. 그리고 C_1에 걸리는 전압은 R_1에 걸리는 전압과 동일하다.

다음 스위치가 교류전원쪽으로 절환되면, 인덕터에 흐르는 전류 및 커패시터에 걸리는 전압은 순간적으로 변화할 수 없으므로 $t=0_-$ 및 $t=0_+$에서의 각 값들은 동일하다. 결국 등가회로는 그림 6-6 (b)와 같이 된다.

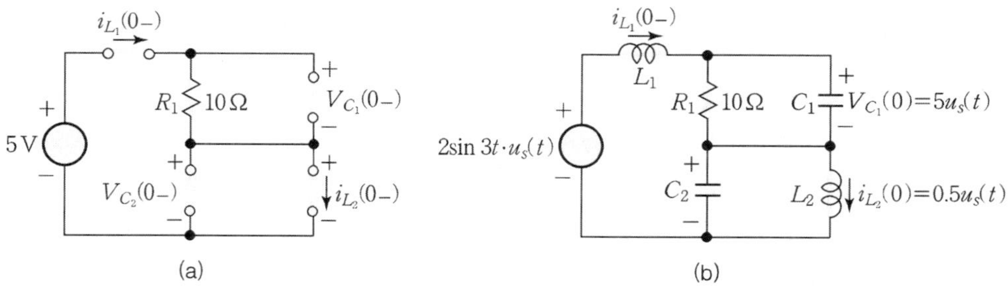

그림 6-6

[3] 라플라스 임피던스

회로의 기본소자 R, L 및 C는 라플라스 영역에서 라플라스 임피던스를 갖고 있다.

라플라스 임피던스는 식 (6.30)과 같이 라플라스 전압과 라플라스 전류의 비로 정의된다.

$$Z(s) = \frac{V(s)}{I(s)} \tag{6.30}$$

(1) 라플라스 저항

그림 6-7은 임의의 전압이 인가되는 저항회로이다.
옴(Ohm)의 법칙에 의하여 회로의 전류는

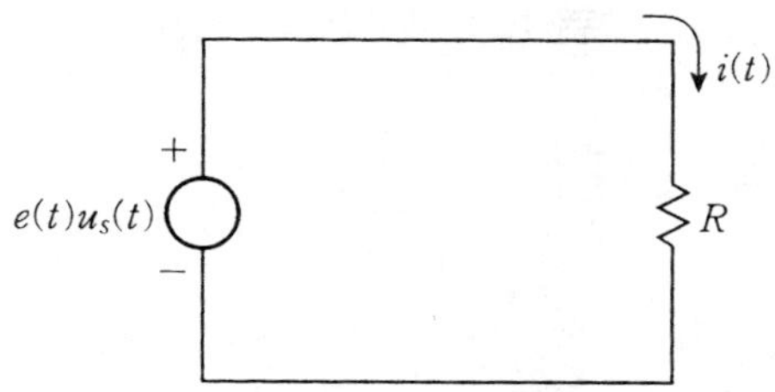

그림 6-7 저항회로

$$i(t) = \frac{e(t)}{R} \tag{6.31}$$

로 된다. 저항은 에너지를 방출하기만 하는 소자이므로 초기조건은 무시되고 상수로 취급된다. 따라서 이를 라플라스 변환하면

$$I(s) = \frac{E(s)}{R} \tag{6.32}$$

또는

$$R = \frac{E(s)}{I(s)} \tag{6.33}$$

로 된다. 그러므로 저항에 대한 라플라스 임피던스는 식 (6.30)과 같이

$$Z_R(s) = R \tag{6.34}$$

로 된다.

(2) 라플라스 인덕턴스

그림 6-8은 인덕턴스 회로를 나타내고 있다.

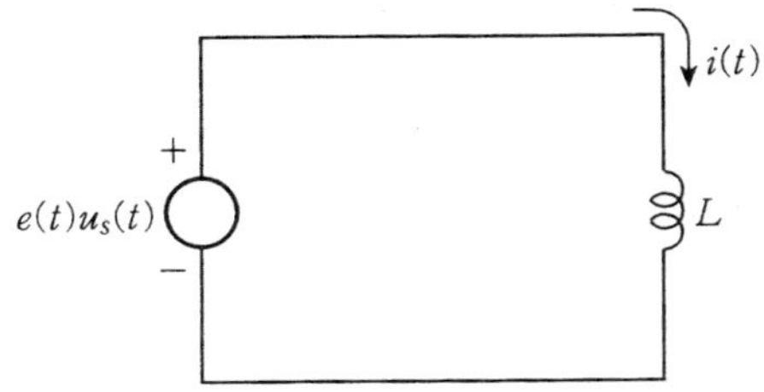

그림 6-8 인덕턴스 회로

인덕터를 흐르는 전류는

$$i(t) = \frac{1}{L}\int_{0}^{t} e(t)u_s(t)dt \tag{6.35}$$

로 되며 이를 라플라스 변환하면,

$$I(s) = \frac{1}{L}\left[\frac{E(s)}{s}\right] = \frac{E(s)}{sL} \tag{6.36}$$

로 되므로 인덕턴스의 라플라스 임피던스는

$$Z_L(s) = sL \tag{6.37}$$

로 된다. 한편, 인덕터는 자기형태의 에너지를 축적하고 방출하는 기능이 있으므로 초기전류 $i(0)$가 영향을 미치게 된다. 시간영역에서의 회로전류는

$$\begin{aligned} i(t) &= \frac{1}{L}\int_{-\infty}^{t} e(t)dt \\ &= \frac{1}{L}\int_{0_+}^{t} e(t)dt + \frac{1}{L}\int_{-\infty}^{0_-} e(t)dt \\ &= \frac{1}{L}\int_{0_+}^{t} e(t)dt + i(0_-)u_s(t) \end{aligned} \tag{6.38}$$

와 같으며, 이의 라플라스 변환은

$$I(s) = \frac{E(s)}{sL} + \frac{i(0_-)}{s} \quad \text{또는} \quad E(s) = sLI(s) - Li(0_-) \tag{6.39}$$

로 된다. 이를 그림으로 나타내면 그림 6-9와 같다.

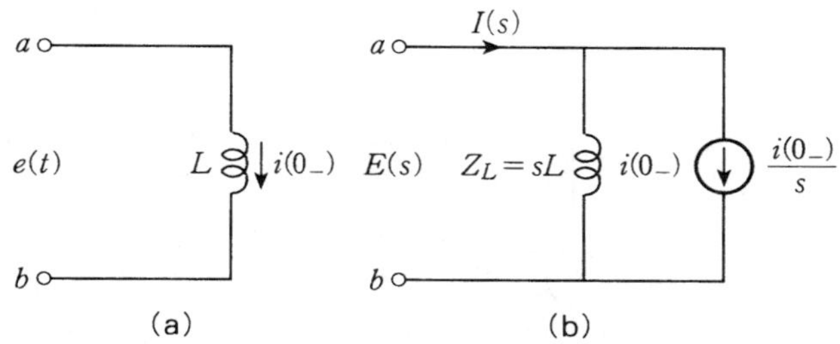

그림 6-9 라플라스 변환 L 등가회로

(3) 라플라스 커패시턴스

그림 6-10은 커패시터 회로이다.

커패시터를 통해 흐르는 전류는 전하 $q(t)$에 의해

$$e(t) = \frac{q(t)}{C} = \frac{1}{C}\int_0^t i(t)dt \tag{6.40}$$

의 관계가 있으므로 이것의 미분으로부터

$$i(t) = C\frac{d}{dt}[e(t)u_s(t)] \tag{6.41}$$

로 되며, 이를 라플라스 변환하면

$$I(s) = CsE(s) \tag{6.42}$$

로 된다. 따라서 커패시터의 라플라스 임피던스는

$$Z_C(s) = \frac{1}{sC} \tag{6.43}$$

이 된다. 한편, 초기조건 $v(0)$를 고려한 경우는 미분에 대한 라플라스 변환이

$$\mathcal{L}[f'(t)] = sF(s) - f(0) \tag{6.44}$$

이므로

$$E(t) = \frac{q(t)}{C} = \frac{1}{C}\int_{-\infty}^{t} i(t)dt \tag{6.45}$$

$$= \frac{1}{C}\int_{-\infty}^{0_-} i(t)dt + \frac{1}{C}\int_{0_+}^{t} i(t)dt = v(0_-) + \frac{1}{C}\int_{0_+}^{t} i(t)dt$$

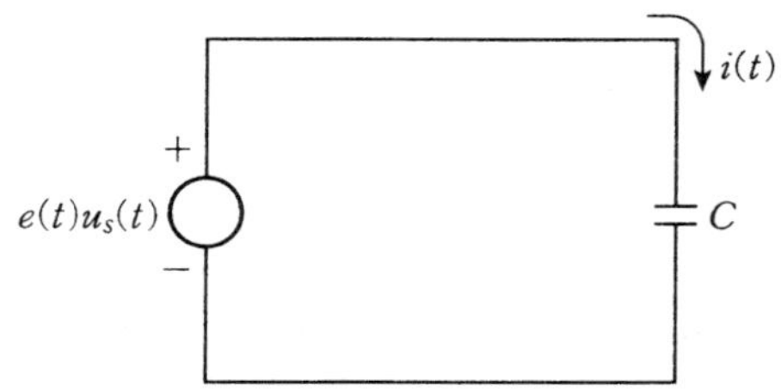

그림 6-10 커패시터 회로

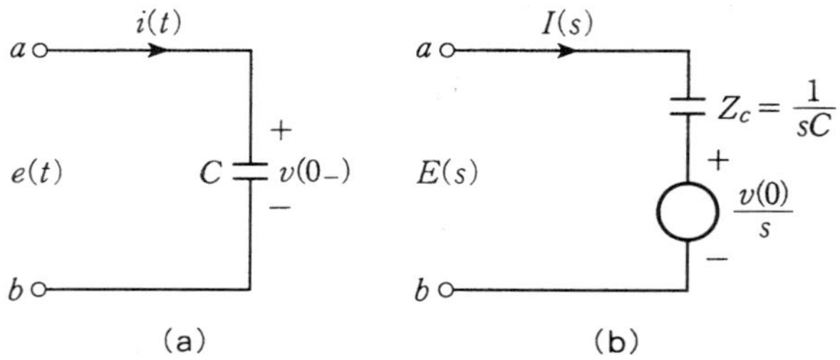

그림 6-11 라플라스 변환 C 등가회로

로부터 라플라스 변환하면

$$E(s) = \frac{v(0_-)}{s} + \frac{1}{Cs}I(s) \tag{6.46}$$

$$I(s) = E(s)Cs - Cv(0_-) \tag{6.47}$$

를 얻을 수 있으며 이것의 등가회로는 그림 6-11과 같다.

이상을 요약하여 커패시터 및 인덕터에 대한 라플라스 KVL 등가회로 및 라플라스 KCL 등가회로를 나타내면 그림 6-12와 같다.

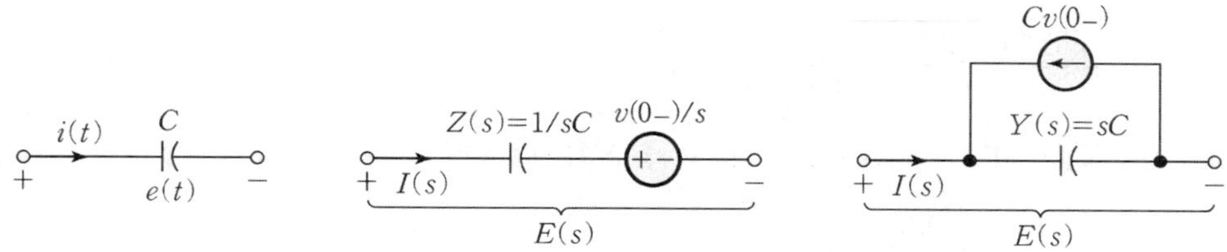

(a) 커패시터의 라플라스 변환 등가회로

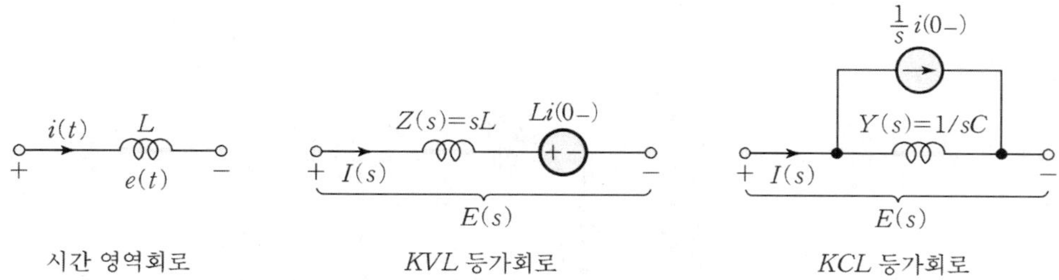

(b) 인덕터의 라플라스 변환 등가회로

그림 6-12 라플라스 변환 등가회로

예제 13

그림 6-13에서 전원 $e(t) = (-0.5\cos t + 2.5\sin t)u_s(t)$가 인가될 때, 라플라스 변환 등가회로를 이용하여 회로의 전류 $i(t)$를 구하라. 단, $R = 1$ [ohm], $L = 1/10$ [H], $C = 5/8$ [F], $i_L(0_-) = 0$, $v_c(0_-) = -2$ [V]이다.

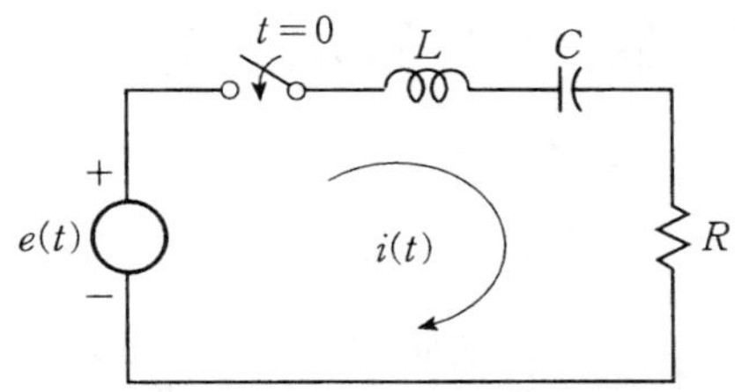

그림 6-13 *RLC* **직렬회로**

[풀이] 강제함수인 전원을 라플라스 변환하면

$$E(s) = \frac{-0.5s}{s^2+1} + \frac{2.5}{s^2+1} = \frac{-0.5s+2.5}{s^2+1}$$

가 된다. 한편, 회로를 라플라스 변환하면 그림 6-14와 같아진다.

그림 6-14에 KVL을 적용하면

$$\frac{-0.5s+2.5}{s^2+1}=\left(\frac{s}{10}+\frac{8}{5s}+1\right)I(s)-\frac{2}{s}$$

로 되고, 이를 라플라스 전류 $I(s)$에 대해 풀면

$$I(s)=\frac{\dfrac{-0.5s+2.5}{s^2+1}+\dfrac{2}{s}}{\dfrac{s}{10}+\dfrac{8}{5s}+1}=\frac{15s^2+25s+20}{(s^2+1)(s^2+10s+16)}$$

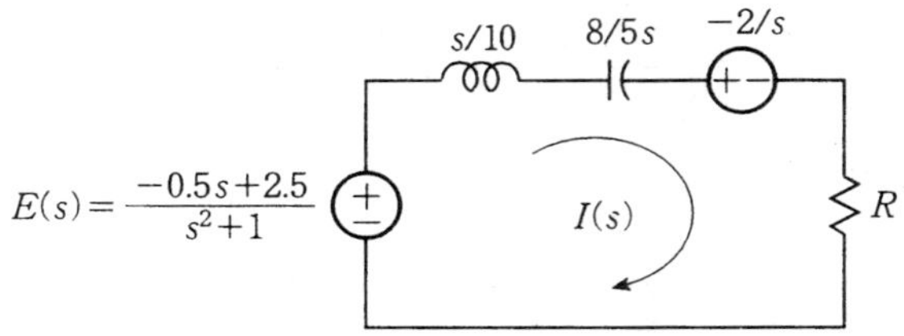

그림 6-14 라플라스 변환 등가회로

를 얻는다. 이를 역라플라스 변환하면

$$\begin{aligned}i(t)&=\mathcal{L}^{-1}\left[\frac{15s^2+25s+20}{(s+j)(s-j)(s+2)(s+8)}\right]\\&=\mathcal{L}^{-1}\left[\frac{0.5-j0.5}{s+j}\right]+\mathcal{L}^{-1}\left[\frac{0.5+j0.5}{s-j}\right]\\&\quad+\mathcal{L}^{-1}\left[\frac{1}{s+2}\right]+\mathcal{L}^{-1}\left[\frac{-2}{s+8}\right]\\&=[\cos t+\sin t+e^{-2t}-2e^{-8t}]u_s(t)\end{aligned}$$

로 된다. 단,

$$\mathcal{L}^{-1}\left[\frac{0.5-j\,0.5}{s+j}\right]+\mathcal{L}^{-1}\left[\frac{0.5+j\,0.5}{s-j}\right]=\mathcal{L}^{-1}\left[\frac{s+1}{s^2+1}\right]$$

이다.

예제 14

그림 6-15에서 $i_R(t)$와 $v_R(t)$를 구하라. 그리고 $t=\infty$일 때의 정상상태 전류를 구

하라. 단, 스위칭에 앞서 1 A의 전류가 흐르고 있었다.

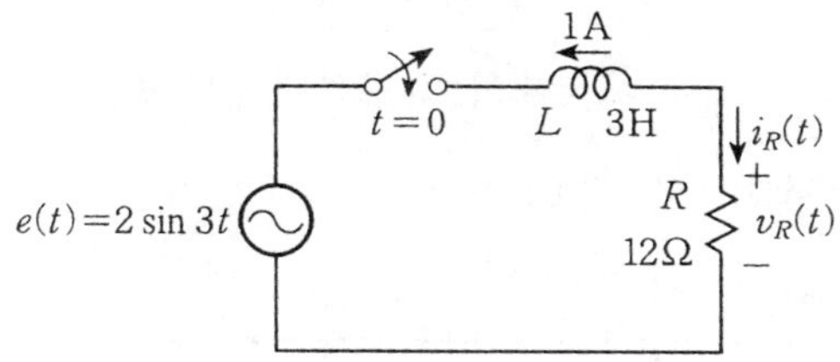

그림 6-15 RL 회로

[풀이] 그림 6-16 (a)와 같이 시간영역의 회로를 라플라스 등가회로로 변환한다. 그리고 다시 초기조건의 전류원은 그림 6-16 (b)와 같이 직렬전압원으로 변환된다. 초기전압원이 전원전압과 반대극성의 전압이므로 합하면 그림 6-16 (c)와 같게 된다.

저항 R에 걸리는 라플라스 전압 $VR(s)$는 전압의 분배법칙에 의해

$$V_R(s)=\frac{E(s)Z_R(s)}{Z_R(s)+Z_L(s)}=\left\{\frac{6}{s^2+9}-3\right\}\frac{12}{3s+12=}\frac{-12(s^2+7)}{(s^2+9)(s+4)}$$

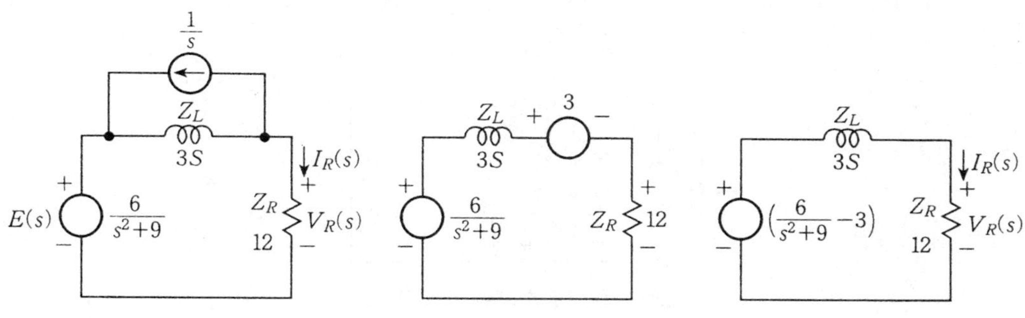

그림 6-16 라플라스 변환 등가회로

로 주어지므로 이를 역라플라스 변환하면

$$v_R(t)=-11.04e^{-4t}u_s(t)+1.6\sin(3t-36.870^{\circ})$$

가 얻어진다. 그리고 라플라스 전류 $IR(s)$는

$$I_R(s)=\frac{V_R(s)}{R}=\frac{\frac{-12(s^2+7)}{(s^2+9)(s+4)}}{12}=\frac{-(s^2+7)}{(s^2+9)(s+4)}$$

로 되며 이를 역라플라스 변환하면

$$i_R(t) = -0.92e^{-4t}u_s(t) + 0.1333\sin(3t - 36.870^{\circ})$$

를 얻게 된다. 따라서 t =∞일 때의 정상상태 전류는

$$i_{R_{ss}}(t) = 0.1333\sin(3t - 36.870^{\circ})$$

로 구해진다.

(4) *RLC* 직렬회로

저항 $R[\Omega]$과 인덕턴스 L [H] 및 커패시턴스 C [F]와 같은 소자에 의해 구성되는 간단한 RLC 직렬회로에 대해 고찰해 본다.

$e(t)$는 발전기 또는 배터리로서 기전력을 일으키는 교류 또는 직류전원이다. 그리고 저항 R 및 인덕터 L과 커패시터 C에 걸리는 전압강하는 회로를 흐르는 전류 $i(t)$ [A]에 대해, 각각

$$v_R(t) = Ri(t), \quad v_L(t) = L\frac{di(t)}{dt}, \quad v_C(t) = \frac{1}{C}\int i(t)dt \tag{6.48}$$

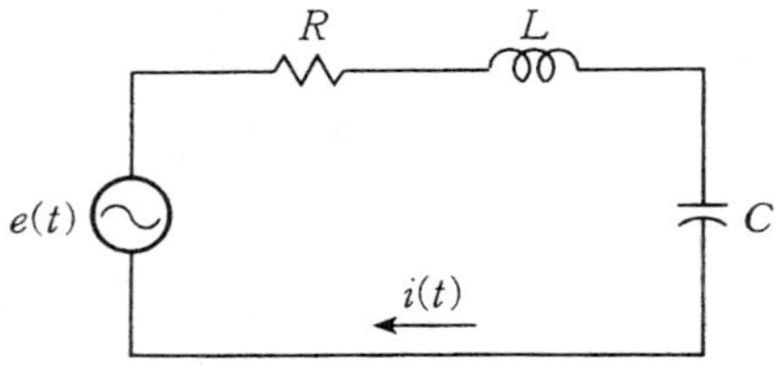

그림 6-17 *RLC* 직렬회로

로 표현된다. 또한 KVL에 의하여

$$\begin{aligned} e(t) &= v_R(t) + v_L(t) + v_C(t) \\ &= Ri(t) + L\frac{di(t)}{dt} + \frac{1}{C}\int i(t)dt \end{aligned} \tag{6.49}$$

로 쓰여지는 미적분방정식이다. 이에 대한 해도 바로 구할 수 있으나 적분항을 소거하기 위해 전하량 $q(t)$ [C]은

$$i(t) \triangleq \frac{dq(t)}{dt} \tag{6.50}$$

로 정의되므로 식 (6.49)는

$$e(t) = R\frac{dq(t)}{dt} + L\frac{d^2q(t)}{dt^2} + \frac{1}{C}q(t) \qquad (6.51)$$

로 다시 쓸 수 있다.

예제 15

그림 6-17의 회로에 대한 전류 $i(t)$를 구하라. 단, 저항 $R = 20\ \Omega$, 인덕턴스 $L = 0.1\,\mathbf{H}$ 및 커패시턴스 $C = 10^{-3}\,\mathbf{F}$이다.

$$e(t) = 120t \cdot u_s(t) - 120t \cdot u_s(t-1)\ [\mathrm{V}]$$

[풀이] $t \geq 1$인 경우, 전압은 0이 되므로 고쳐 표현하면

$$e(t) = 120t \cdot u_s(t) - 120(t-1) \cdot u_s(t-1) - 120u_s(t-1)$$

로 되고 KVL에 의해

$$e(t) = v_R(t) + v_L(t) + v_C(t) = 20i(t) + 0.1\frac{di(t)}{dt} + 10^3\int_0^t i(t)\,dt$$

로 되며 이를 라플라스 변환하면,

$$0.1sI(s) + 20I(s) + 10^3\frac{I(s)}{s} = 120\left(\frac{1}{s^2} - \frac{1}{s^2}e^{-s} - \frac{1}{s}e^{-s}\right)$$

$$(s+100)^2 I(s) = 1200\left(\frac{1}{s} - \frac{1}{s}e^{-s} - e^{-s}\right)$$

$$I(s) = \frac{1}{(s+100)^2} \cdot 1200\left(\frac{1}{s} - \frac{1}{s}e^{-s} - e^{-s}\right)$$

가 구해진다. 따라서 부분분수 전개하면

$$I(s) = 1200\left[\frac{\frac{1}{10^4}}{s}(1-e^{-s}) - \frac{\frac{1}{10^4}}{s+100}(1-e^{-s}) - \frac{\frac{1}{10^2}}{(s+100)^2}(1-e^{-s}) - \frac{1}{(s+100)^2}e^{-s}\right]$$

가 얻어지고 이를 다시 역변환하면

$$i(t) = \mathcal{L}^{-1}I(s)$$

$$= \frac{3}{25}[u_s(t) - u_s(t-1)] - \frac{3}{25}[e^{-100t}u_s(t) - e^{-100(t-1)}u_s(t-1)]$$

$$- 12te^{-100t}u_s(t) - 1188(t-1)e^{-100(t-1)}u_s(t-1)$$

를 얻는다.

예제 16

그림 6-18에서 $E = 60$ [V], $L = 1$[H], $R = 50$ [Ω], $C = 10^{-4}$[F]이며 i_1과 i_2의 초기값이 0인 조건 하에서 다음을 풀어라.

$$L\frac{di_1}{dt} + Ri_2 = E(t)$$

$$RC\frac{di_2}{dt} + i_2 - i_1 = 0$$

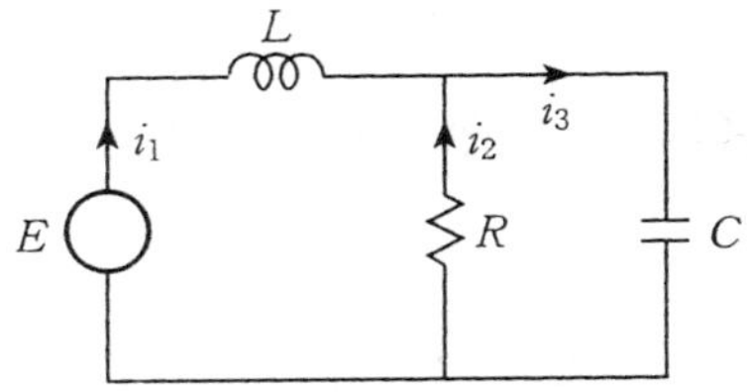

그림 6-18 RLC **회로**

[풀이] 다음을 풀어야 한다.

$$\frac{di_1}{dt} + 50i_2 = 60$$

$$50(10^{-4})\frac{di_2}{dt} + i_2 - i_1 = 0$$

단, $i_1(0) = 0$ 및 $i_2(0) = 0$이다. 미분방정식을 라플라스 변환하여 정리하면 다음을 얻는다.

$$sI_1(s) + 50I_2(s) = \frac{60}{s}$$

$$-200I_1(s) + (s+200)I_2(s) = 0$$

단, $I_1(s) = \mathcal{L}[i_1(t)]$ 및 $I_2(s) = \mathcal{L}[i_2(t)]$이다. $I_1(s)$및 $I_2(s)$에 대해 풀면

$$I_1(s) = \frac{60s + 12{,}000}{s(s+100)^2}$$

$$I_2(s) = \frac{12{,}000}{s(s+100)^2}$$

로 된다. 부분분수에 의해

$$I_1(s) = \frac{6}{5s} - \frac{6}{5(s+100)} - \frac{60}{(s+100)^2}$$

$$I_2(s) = \frac{6}{5s} - \frac{6}{5(s+100)} - \frac{120}{(s+100)^2}$$

로 쓸 수 있으며 다음을 얻는다.

$$i_1(t) = \frac{6}{5} - \frac{6}{5}e^{-100t} - 60te^{-100t}$$

$$i_2(t) = \frac{6}{5} - \frac{6}{5}e^{-100t} - 120te^{-100t}$$

예제 16에서 $i_1(t)$와 $i_2(t)$는 $t \to \infty$일 때 $E/R = 6/5$의 값이 됨을 유의하라. 더욱이 커패시터에 흐르는 전류는 $i_3(t) = i_1(t) - i_2(t) = 60te^{-100t}$와 같으므로 $t \to \infty$일 때 $i_3(t) \to 0$이 됨을 알 수 있다.

[4] 전달함수

일반적으로 전달함수는 입력에 대한 출력의 비로 표현된다. 전달함수는 전압이나 전류에만 국한되지 않는다. 제어 시스템에서는 전동기의 회전수를 출력으로 하고 전압을 입력으로 간주한다. 그러나 전달함수는 반드시 입력함수와 출력함수의 비이다. 특수한 경우 입력전압과 출력전압의 비는 무차원의 전압이득이라고도 한다. 차원이 있는 경우를 가정하여 이득이라 하지 않고 전달함수라고 한다. 라플라스 변환에서 전달함수는 입력 $R(s)$, 출력 $C(s)$ 일 때, $G(s)$로 표현한다. 즉,

$$G(s) = \frac{C(s)}{R(s)} \tag{6.52}$$

로 된다. 일단 전달함수가 구해지면 임의의 입력에 대한 출력은 전달함수와 입력의 곱에 의해

$$C(s) = G(s)R(s) \tag{6.53}$$

와 같이 계산될 수 있다. 회로의 전달함수를 이용하면 전류나 전압 등의 임의 입력에

대한 출력(전압 또는 전류 등)을 쉽게 구해 낼 수 있다. 기타 자동제어 시스템에서의 출력의 안정도 및 동특성, 제어계의 설계 등을 S 영역에서 실행할 수 있는 장점이 있다. 그리고 정상상태의 사인파 교류에서는 s 대신 $j\omega$를 전달함수 $G(s)$에 대입하여 주파수 전달함수인 $G(j\omega)$의 진폭 및 위상특성 등을 Bode 선도, Nyquist 선도, 이득 위상 선도, Nichols 선도 등의 다양한 주파수 영역해석법으로 평가할 수 있다. 일반적으로 두 종류의 입력, 즉 단위 계단 함수와 임펄스 입력을 시험 입력으로 선택하게 되는데, 이들 각 경우를 단위 계단 응답 및 임펄스 응답이라고 한다. 계단 응답은 실험실에서 쉽게 발생시킬 수 있으나 전달함수를 결정할 때 입력에 의해 발생되는 영인 극점은 무시되어야 한다. 따라서 계단 입력에 의한 출력은 영인 극점이 부가된 전달함수와 같아진다.

임펄스 응답은 출력이 바로 전달함수가 되지만 실험실에서는 근사적으로 만들어질 뿐이다. 임펄스 입력에 대해서는 극·영점이 부가되지 않으므로 전달함수를 역변환시켜 임펄스 응답을 구할 수 있다. 즉, $R(s) = \mathcal{L}[\delta(t)] = 1$이므로

$$C(s) = G(s) \tag{6.54}$$

$$c(t) = \mathcal{L}^{-1}[G(s)] = g(t) \tag{6.55}$$

로 된다.

예제 17

그림 6-19에서 $V_{in}(s)$를 입력, $V_c(s)$를 출력이라고 할 때 단위 계단 응답을 구하라.

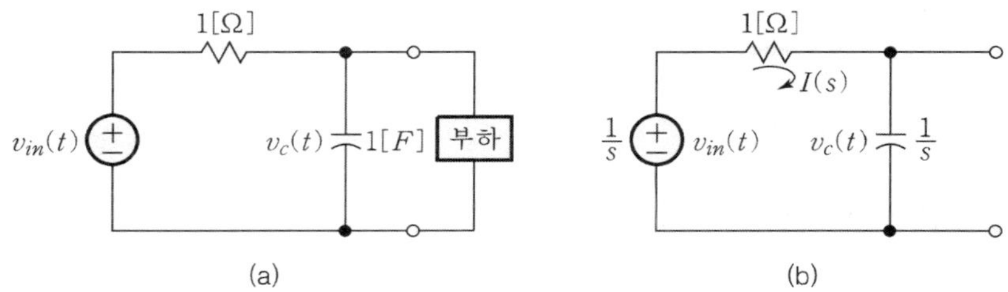

그림 6-19 RC **회로**

[풀이] 커패시터에 걸리는 전압은 분배법칙에 의하여

$$V_c(s) = \frac{V_{in}(s)\frac{1}{s}}{1+\frac{1}{s}}$$

로 되며 전달함수는

$$G(s) = \frac{V(s)}{V_{in}(s)}$$

로 된다. 단위 계단 입력은

$$R(s) = \mathcal{L}\,[u_s(t)] = \frac{1}{s} = V_{in}(s)$$

이므로 출력은

$$C(s) = G(s)R(s) = V(s) = \frac{1}{s(s+1)}$$

로부터

$$c(t) = [1-e^{-t}]u_s(t)$$

가 얻어진다.

---

[5] 복소주파수 s를 이용한 응답의 계산

라플라스 변환에서의 s는 물리적으로 대단히 중요한 의미를 갖는다. 일명 복소주파수라고도 하며,

$$s = \sigma + j\omega \tag{6.56}$$

로 정의되는 파라미터 s는 실수($\omega = 0$), 순허수($\sigma = 0$) 및 복소수 중 임의의 값을 가질 수 있으므로 임피던스·어드미턴스뿐만 아니라 시간영역상의 직류와 교류의 전압·전류도 쉽게 표현할 수 있다. 특히 제 5 장의 $e^{j\omega t}$를 이용한 페이저법과 결합하면 임의입력이 인가되는 선형회로의 응답해석이 대단히 용이해진다. 모든 선형회로의 입력은 e^{st}으로 표현할 수 있을 뿐만 아니라 주어진 회로의 응답 또한 반드시 e^{st} 형식을 갖게 되는 것이다. 이 항은 미분 또는 적분을 거듭하더라도 같은 항을 계속 유지하는 특성을 지니는 함수이므로 회로의 상태에 부합하는 파라미터 s의 값만을 정확하게 정의하기만 하면 된다.

그림 6-20은 s의 대표적인 값에 대한 파형을 나타내고 있다.

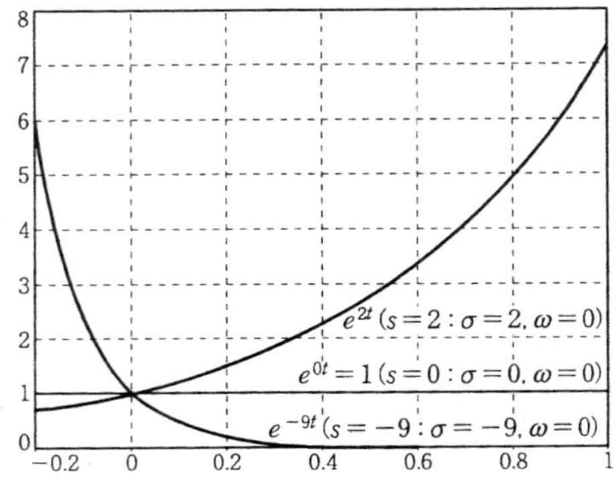

(a)

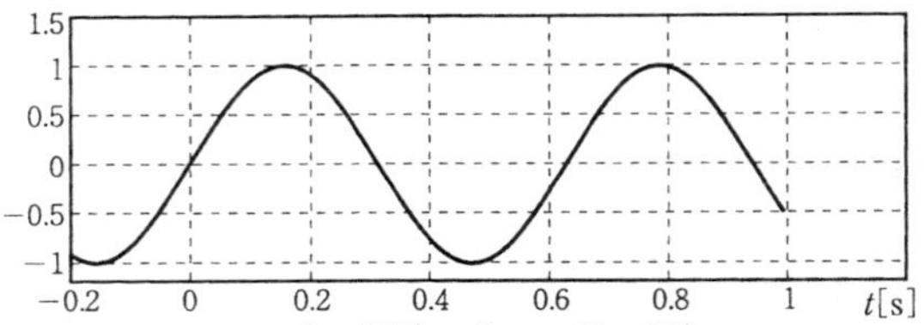

$S = j10\ (\sigma = 0,\ \omega = 10\text{rad/s})$

$\sin 10t$

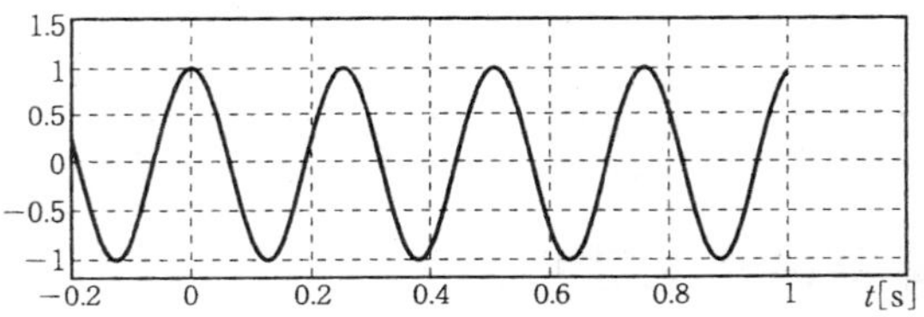

$S = j25\ (\sigma = 0,\ \omega = 25\text{rad/s})$

$\cos 25t$

(b)

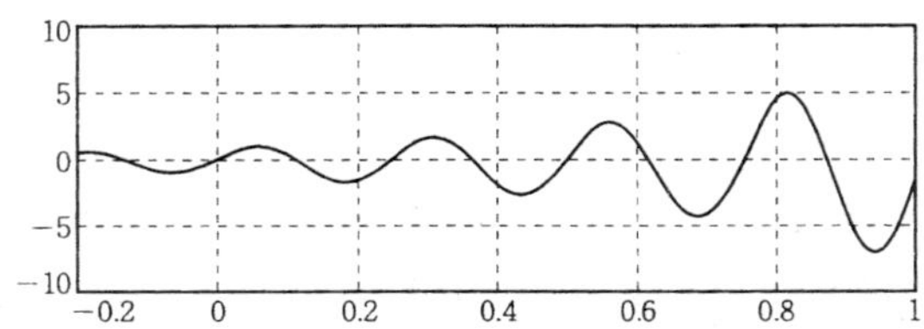

$e^{2t} \sin 25t = Im[e^{st}|_{s=2+j25}]$

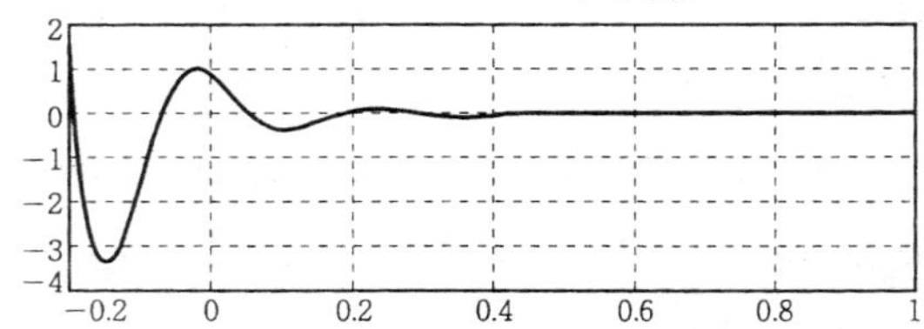

$e^{-9t} \cos 25t = Re[e^{st}|_{s=-9+j25}]$

(c)

그림 6-20 s 의 값에 따른 파형

그림 6-20 (a)에서 보는 바와 같이 s 가 $\omega=0$인 실수만인 경우는 직류를 표현하며, σ 의 부호가 양이면 지수적으로 증가할 것이고 음이면 지수적으로 감소하는 형태를 갖는다. 그리고 그림 (b)의 경우는 $\sigma=0$ 즉, 감쇠나 증가 없이 일정진폭으로 진동하는 정현파 및 여현파를 나타내고 있는데, e^{st} 는 동일한 형태를 취하나 Euler의 공식으로부터 정현파는

$$Im\left[e^{st}\mid_{s=j10}\right]=\sin 10t \tag{6.57}$$

와 같이 허수부를 취하고 여현파는

$$Re\left[e^{st}\mid_{s=j25}\right]=\cos 25t \tag{6.58}$$

와 같이 실수부를 취해 표현하면 된다. 마지막으로 그림 (c)의 경우는 그림 (a)와 (b)를 결합한 형태로 볼 수 있는데, 그림 (c-1) 및 (c-2)는 각각

$$Im\left[e^{st}\mid_{s=2+j25}\right]=e^{2t}\sin 25t \tag{6.59}$$

$$Re\left[e^{st}\mid_{s=-9+j25}\right]=e^{-9t}\cos 25t \tag{6.60}$$

로 표현할 수 있게 된다. 이상으로부터 직류 및 교류의 함수는 일괄적으로 e^{st} 라는 함수 하나로 표현할 수 있다는 것을 알 수 있다. 예를 들면,

$$8(\text{직류})=8\cdot e^{st}\mid_{s=0}$$

$$5e^{-4t}=5\cdot e^{st}\mid_{s=-4}$$

$$2\sin 10\pi t=2Im\left[e^{st}\mid_{s=j10\pi}\right]$$

$$15\cos 50t=15Re\left[e^{st}\mid_{s=j50}\right]$$

$$3e^{-t}\sin 25t=3Im\left[e^{st}\mid_{s=-1+j25}\right]$$

로 된다. 한편, 위상을 갖는 경우는 주어진 시간함수를 다음과 같이 페이저의 개념과 함께 표현하면 간단해진다. 즉,

$$v(t)=3e^{-t}\sin(25t-\theta)=3Im\left[e^{st}\mid_{s=-1+j25}e^{-j\theta}\right]$$

$$=Im\left[3e^{-j\theta}e^{(-1+j25)t}\right]=Im\left[\dot{V}e^{(-1+j25)t}\right]$$

단 $\dot{V}=3e^{-j\theta}$와 같다. 이상의 관계를 이용하여 다음의 예제를 풀어보자.

예제 18

$R=10\,[\Omega]$, $L=1\,[\mathrm{H}]$인 직렬회로에 다음의 전원 $v(t)\,[\mathrm{V}]$들이 인가될 때, 회로의 전류 $i(t)\,[\mathrm{A}]$를 구하라.

① 8 (직류) ② $5e^{-4t}$ ③ $200\sin 10t$

④ $150\cos 50t$ ⑤ $300e^{-5t}\sin(25t-\theta)$

[풀이] 먼저, RL 직렬회로의 전압방정식

$$Ri+L\frac{di}{dt}=v(t)$$

로부터 인가전압의 위상을 고려하여 $v(t)\rightarrow\dot{V}e^{st}$로 두게 되면, 전류도 동일한 형태를 취하므로 $i(t)\rightarrow\dot{I}e^{st}$로 표현된다. 따라서

$$(R+sL)\dot{I}e^{st}=\dot{V}e^{st}$$

$$\dot{I}=\frac{\dot{V}}{R+sL} \tag{6.61}$$

로부터 페이저 전류 $\dot{I}$를 먼저 계산하고 이상에서의 논의를 따라 s 값을 대입해서 $i(t)$를 구해내면 된다.

① $s=0$이므로 $v(t)\rightarrow\dot{V}e^{st}|_{s=0}=8$로 되고, 식 (6.61)에서 $\dot{I}=I=8/10=0.8$로 주어지므로, 회로의 전류는 직류로서 $i(t)=0.8\,[\mathrm{A}]$가 된다.

② $s=-4$이므로

$$v(t)\rightarrow\dot{V}e^{st}|_{s=-4}=5e^{st}|_{s=-4}$$

로 되고, 식 (6.61)에 이를 대입하면

$$\dot{I}=I=\left.\frac{5}{R+sL}\right|_{s=-4}=\frac{5}{10-4\times1}=0.833$$

로 되므로

$$i(t)=Ie^{st}|_{s=-4}=0.833e^{-4t}\,[\mathrm{A}]$$

가 구해진다.

③ 정현파이고 $s=j10$이므로

$$v(t)\rightarrow Im\left[\dot{V}e^{st}|_{s=j10}\right]=Im\left[200e^{st}|_{s=j10}\right]$$

로 되고 식 (6.61)에 이를 대입하면

$$\dot{I}=\frac{200}{R+sL}\bigg|_{s=j10}=\frac{200}{10+j10}=14.1421e^{-j\frac{\pi}{4}}$$

로 되므로

$$i(t)=Im\left[\dot{I}e^{st}\,|_{s=j10}\right]=14.1421\sin\left(10t-\frac{\pi}{4}\right)\,[\mathrm{A}]$$

가 구해진다.

④ 여현파이고 $s=j5$이므로

$$v(t)\to Re\left[\dot{V}e^{st}\,|_{s=j5}\right]=Re\left[150e^{st}\,|_{s=j5}\right]$$

로 되고, 식 (6.61)에 이를 대입하면

$$\dot{I}=\frac{150}{R+sL}\bigg|_{s=j5}=\frac{150}{10+j5}=10e^{-j26.565^{\circ}}$$

로 되므로

$$i(t)=Re\left[\dot{I}e^{st}\,|_{s=j5}\right]=10\cos(10t-26.565^{\circ})\,[\mathrm{A}]$$

가 구해진다.

⑤ 위상 θ를 갖는 정현파이고 $s=-5+j25$이므로

$$v(t)\to Im\left[\dot{V}e^{st}\,|_{s=-5+j25}\right]=Im\left[300e^{-j\theta}e^{st}\,|_{s=-5+j25}\right]$$

로 되고, 식 (6.61)에 이를 대입하면

$$\dot{I}=300\frac{e^{-j\theta}}{R+sL}\bigg|_{s=-5+j25}=300\frac{e^{-j\theta}}{5+j25}=11.767e^{-j}\theta+78.6901^{\circ}$$

로 되므로

$$i(t)=Im\left[\dot{I}e^{st}\,|_{s=-5+j25}\right]=11.767\sin(25t-\theta-78.6901^{\circ})\,[\mathrm{A}]$$

가 구해진다.

6.7 풀이가 있는 응용문제

문제 1

$f(t) = ce^{at}\sinh\omega t$의 라플라스 변환을 구하라.

[풀이] $\mathcal{L}(\sinh\omega t) = \frac{1}{2}\left(\frac{1}{s-\omega} - \frac{1}{s+\omega}\right) = \frac{\omega}{s^2 - \omega^2}$

이므로 복소추이정리를 이용하면

$$\mathcal{L}\{f(t)\} = \mathcal{L}(ce^{at}\sinh\omega t)$$

$$= c\mathcal{L}(e^{at}\sinh\omega t) = \frac{c\omega}{(s-a)^2 - \omega^2}$$

로 된다.

문제 2

$\mathcal{L}\{f(t)\} = \frac{5}{s^2 + 4s + 13}$를 구하라.

[풀이] 라플라스 역변환에

$$f(t) = \mathcal{L}^{-1}\left(\frac{5}{s^2 + 4s + 13}\right) = \mathcal{L}^{-1}\left(\frac{5}{s^2 + 4s + 4 + 9}\right)$$

$$= \mathcal{L}^{-1}\left\{\frac{5}{(s+2)^2 + 9}\right\}$$

$$= \mathcal{L}^{-1}\left\{\frac{5}{(s+2)^2 + 3^2}\right\} = \frac{5}{3}\mathcal{L}^{-1}\left\{\frac{3}{(s+2)^2 + 3^2}\right\}$$

로 되므로

$$f(t) = \mathcal{L}^{-1}\left(\frac{5}{s^2 + 4s + 13}\right) = \frac{5}{3}e^{-2t}\sin 3t$$

를 얻는다.

문제 3

$\mathcal{L}\{f(t)\}=\dfrac{s-4}{s^2-8s+25}$를 구하라.

[풀이] $f(t)=\mathcal{L}^{-1}\left(\dfrac{s-4}{s^2-8s+25}\right)=\mathcal{L}^{-1}\left\{\dfrac{s-4}{(s-4)^2+9}\right\}$

$$=\mathcal{L}^{-1}\left\{\frac{s-4}{(s-4)^2+3^2}\right\}$$

로 되므로

$$f(t)=\mathcal{L}^{-1}\left(\frac{s-4}{s^2-8s+25}\right)=e^{4t}\cos 3t$$

를 얻는다.

문제 4

$\mathcal{L}\{f(t)\}=\mathcal{L}\dfrac{s+14}{s^2+10s+34}$를 구하라.

[풀이] $f(t)=\mathcal{L}^{-1}\left(\dfrac{s+14}{s^2+10s+34}\right)=\mathcal{L}^{-1}\left\{\dfrac{s+14}{(s+5)^2+3^2}\right\}$

$$=\mathcal{L}^{-1}\left\{\frac{s+5+9}{(s+5)^2+3^2}\right\}$$

$$=\mathcal{L}^{-1}\left\{\frac{s+5}{(s+5)^2+3^2}\right\}+3\mathcal{L}^{-1}\left\{\frac{3}{(s+5)^2+3^2}\right\}$$

로 되므로

$$f(t)=\mathcal{L}^{-1}\left(\frac{s+14}{s^2+10s+34}\right)=e^{-5t}\cos 3t+3e^{-5t}\sin 3t$$

를 얻는다.

문제 5

$\mathcal{L}\{cf(t)\}=cF(s)$일 때 $\mathcal{L}\{ctf(t)\}=-c\dfrac{dF(s)}{ds}$임을 증명하라.

[풀이] 라플라스 변환의 정의로부터

$$cF(s) = c\mathcal{L}\{f(t)\} = c\int_0^\infty e^{-st}f(t)dt$$

양변을 s 에 대해서 미분하면

$$c\frac{dF(s)}{ds} = c\frac{d}{ds}\int_0^\infty e^{-st}f(t)dt = c\int_0^\infty \frac{d}{ds}\{e^{-st}f(t)\}dt$$

$$= c\int_0^\infty \{-te^{-st}f(t)\}dt = c\int_0^\infty e^{-st}\{-tf(t)\}dt$$

$$= -c\int_0^\infty e^{-st}\{tf(t)\}dt = -c\,\mathcal{L}\{tf(t)\}$$

$$\therefore \mathcal{L}\{ctf(t)\} = c\,\mathcal{L}\{tf(t)\} = -c\frac{dF(s)}{ds}$$

가 된다. 또한, 미분을 반복해서 실시하면 일반적으로

$$c\,\mathcal{L}\{f(t)\} = cF(s)$$

일 때

$$c\,\mathcal{L}\{t^n f(t)\} = c(-1)^n\frac{d^{(n)}F(s)}{ds^{(n)}}$$

가 된다.

문제 6

$f(t) = t\sin kt$ 의 라플라스 변환을 구하라.

[풀이] 문제 5의 결과로부터

$$\mathcal{L}\{f(t)\} = \mathcal{L}(t\sin kt) = -\frac{d}{ds}\left(\frac{k}{s^2+k^2}\right)$$

$$= -\frac{-2sk}{(s^2+k^2)^2} = \frac{2ks}{(s^2+k^2)^2}$$

를 얻는다.

문제 7

$f(t) = t\cos kt$ 의 라플라스 변환을 구하라.

[풀이] 문제 5의 결과로부터

$$\mathcal{L}\{f(t)\}=\mathcal{L}(t\cos kt)=-\frac{d}{ds}\left(\frac{s}{s^2+k^2}\right)=\frac{s^2-k^2}{(s^2+k^2)^2}$$

를 얻는다.

문제 8

$f(t)=t^2\cos kt$ 의 라플라스 변환을 구하라.

[풀이] 문제 5의 결과로부터

$$\mathcal{L}\{f(t)\}=\mathcal{L}(t^2\cos kt)=(-1)^2\frac{d^2}{ds^2}\left(\frac{s}{s^2+k^2}\right)$$

$$=\frac{-2s(s^2+k^2)^2-2(s^2+k^2)\cdot 2s\cdot(k^2-s^2)}{(s^2+k^2)^4}$$

$$=\frac{(s^2+k^2)\{-2s(s^2+k^2)-4s(k^2-s^2)\}}{(s^2+k^2)^4}$$

$$=\frac{(s^2+k^2)(-2s^3-2sk^2-4sk^2+4s^3)}{(s^2+k^2)^4}$$

$$=\frac{(2s^3-6sk^2)}{(s^2+k^2)^3}=\frac{2s(s^2-3k^2)}{(s^2+k^2)^3}$$

를 얻는다.

문제 9

$f(t)=t^2\sin kt$ 의 라플라스 변환을 구하라.

[풀이] 문제 5의 결과로부터

$$\mathcal{L}\{f(t)\}=\mathcal{L}(t^2\sin kt)$$

$$=(-1)^2\frac{d^2}{ds^2}\left(\frac{k}{s^2+k^2}\right)=\frac{2k(3s^2-k^2)}{(s^2+k^2)^3}$$

를 얻는다.

문제 10

$\mathcal{L}\{cf(t)\}=cF(s)$이고, $\lim_{t\to+0} cf(t)/t$ 의 값이 존재할 때

$$\mathcal{L}\left\{\frac{cf(t)}{t}\right\}=c\int_s^\infty F(s)ds$$

임을 증명하라.

[풀이] 라플라스 변환의 정의로부터

$$\mathcal{L}\{cf(t)\}=c\mathcal{L}\{f(t)\}=cF(s)=c\int_0^\infty e^{-st}f(t)dt$$

가 되지만 양변을 s부터 ∞까지 적분하면

$$\int_s^\infty cF(s)=\int_s^\infty\left\{c\int_0^\infty e^{-st}f(t)dt\right\}ds=\int_0^\infty\left\{c\int_s^\infty e^{-st}f(t)ds\right\}dt$$

$$=\int_0^\infty\left\{\left[-\frac{c}{t}e^{-st}f(t)\right]_s^\infty\right\}dt=\int_0^\infty\left\{0-\left[-\frac{c}{t}e^{-st}f(t)\right]\right\}dt$$

$$=\int_0^\infty\frac{c}{t}e^{-st}f(t)dt=c\int_0^\infty e^{-st}\frac{f(t)}{t}dt$$

$$=c\mathcal{L}\left\{\frac{f(t)}{t}\right\}=\mathcal{L}\left\{\frac{cf(t)}{t}\right\}$$

를 얻는다.

문제 11

$f(t)=\dfrac{c\sin kt}{t}$의 라플라스 변환을 구하라.

[풀이] 앞의 문제 10의 결과에서

$$\mathcal{L}\left(\frac{c\sin kt}{t}\right)=c\mathcal{L}\left(\frac{\sin kt}{t}\right)$$

$$=c\int_s^\infty\frac{k}{s^2+k^2}ds=\frac{1}{k}\left[c\tan^{-1}\frac{s}{k}\right]_s^\infty$$

$$=\frac{1}{k}\left(\frac{\pi}{2}c-c\tan^{-1}\frac{s}{k}\right)$$

$$= \frac{c}{k}\left(\frac{\pi}{2} - \tan^{-1}\frac{s}{k}\right) = \frac{c}{k}\cot^{-1}\frac{s}{k}$$

를 얻는다.

문제 12 ●

$f(t) = ct - \sin kt$ 의 라플라스 변환을 구하라.

[풀이] $\mathcal{L}\{f(t)\} = \mathcal{L}(ct - \sin kt) = c\mathcal{L}(t) - \mathcal{L}(\sin kt)$로 되므로

$$F(S) = \frac{c}{s^2} - \frac{k}{s^2 + k^2}$$

를 얻는다.

문제 13 ●

$f(t) = ct + \cos kt$의 라플라스 변환을 구하라.

[풀이] $\mathcal{L}\{f(t)\} = \mathcal{L}(ct + \cos kt) = c\mathcal{L}(t) + \mathcal{L}(\cos kt)$

$$F(s) = \frac{c}{s^2} + \frac{s}{s^2 + k^2}$$

를 얻는다.

문제 14 ●

$f(t) = ce^{-j\omega t}$의 라플라스 변환을 구하라.

[풀이] $\mathcal{L}\{f(t)\} = \mathcal{L}\left(ce^{-j\omega t}\right) = c\mathcal{L}\left(e^{-j\omega t}\right)$

$$= \int_0^\infty e^{-st} \cdot e^{-j\omega t} dt$$

$$= c\int_0^\infty e^{-(s+j\omega)t} \cdot e^{-j\omega t} dt$$

$$= c \cdot \left[-\frac{1}{(s+j\omega)} e^{-(t+j\omega)t}\right]_0^\infty$$

$$= c \cdot \left\{0 - \left(-\frac{1}{s+j\omega}\right)\right\} = \frac{c}{s+j\omega}$$

를 얻는다.

문제 15

$f(t) = ce^{j\omega t}$의 라플라스 변환을 구하라.

[풀이] $\mathcal{L}\{f(t)\} = c\mathcal{L}(e^{-j\omega t})$

$$= c\int_0^{\infty} e^{-(s-j\omega)t}dt = \left[-\frac{c}{s-j\omega}e^{-(s-j\omega)t}\right]_0^{\infty}$$

$$= 0 - \left(-\frac{c}{s-j\omega}\right) = \frac{c}{s-j\omega}$$

를 얻는다.

문제 16

$f(t) = \dfrac{t^2}{5}$의 라플라스 변환을 구하라.

[풀이] 임의함수 $f(t)$의 도함수에 대한 라플라스 변환은 $f(t)$의 라플라스 변환에 s를 곱한 것이 된다. 즉,

$$c\mathcal{L}\{f'(t)\} = cs\,\mathcal{L}\{f(t)\} - cf(0_+)$$

$$cf(0_+) = \lim_{t\to 0} cf(t)$$

와 같은 미분정리에서 $cf(0_+)$는 유한 확정값을 나타낸다. 또한, 일반적으로

$$c\mathcal{L}\{f''(t)\} = cs^2\mathcal{L}\{f(t)\} - csf(0_+) - cf'(0_+)$$

이므로 n 계 미분은

$$c\mathcal{L}\{f^{(n)}(t)\} = cs^n\mathcal{L}\{f(t)\} - cs^{n-1}f(0_+)$$

$$- cs^{n-2}f'(0_+) - \ldots - cf^{(n-1)}(0_+)$$

로 된다. $f(t) = t^2/5$이므로

$$f(0) = f'(0) = 0, \quad f''(t) = \frac{2}{5}$$

$$\mathcal{L}\{f''(t)\} = \mathcal{L}\left(\frac{2}{5}\right) = s^2\mathcal{L}\left(\frac{t^2}{5}\right)$$

로 되고

$$\mathcal{L}\left(\frac{2}{5}\right)=\frac{2}{5s} \qquad \therefore \frac{2}{5s}=s^2\mathcal{L}\left(\frac{t^2}{5}\right)$$

$$\therefore \mathcal{L}\left(\frac{t^2}{5}\right)=\frac{1}{s^2}\cdot\frac{2}{5s}=\frac{2}{5s^3}$$

를 얻는다.

문제 17

$f(t)=3t^2$의 제 1 계 도함수의 라플라스 변환을 구하라.

풀이 $f(0)=f'(0)=0$이다. 또 $f'(t)=6t$

$$\mathcal{L}\{f'(t)\}=\mathcal{L}(6t)=s\mathcal{L}\{f(t)\}=s\mathcal{L}(3t^2)$$

$$=3s\mathcal{L}(t^2)=3s\cdot\frac{2}{s^3}=\frac{6}{s^2}$$

를 얻는다.

문제 18

앞의 문제에서의 $f(t)$의 제 2 계 도함수를 구해 그 라플라스 변환을 구하라.

[풀이] $f(t)=3t^2$이므로 $f'(t)=6t,\ f''(t)=6$

$$\therefore \mathcal{L}\{f''(t)\}=\mathcal{L}(6)=6\int_0^\infty e^{-st}dt$$

$$=\left[6\cdot\left(-\frac{1}{s}e^{-st}\right)\right]_0^\infty=0-\left(-\frac{6}{s}\right)=\frac{6}{s}$$

를 얻는다.

[별해] $\mathcal{L}\{f''(t)\}=s^2\mathcal{L}\{f(t)\}=s^2\mathcal{L}(3t^2)$

$$=3s^2\mathcal{L}(t^2)=3s^2\cdot\frac{2}{s^3}=\frac{6}{s}$$

문제 19

$f(t)=\sin kt$의 제 1 계 도함수의 라플라스 변환을 구하라.

[풀이] $\mathcal{L}\{f'(t)\}=s\mathcal{L}\{f(t)\}=s\cdot\dfrac{k}{s^2+k^2}=\dfrac{sk}{s^2+k^2}$

문제 20

$f(t)=\cos kt$ 의 제 1 계 도함수의 라플라스 변환을 구하라.

[풀이] $c\mathcal{L}\{f'(t)\}=cs\mathcal{L}\{f(t)\}-cf(0_+)$이므로

$$\mathcal{L}\{f'(t)\}=s\cdot\frac{s}{s^2+k^2}-\lim_{t\to 0_+}(\cos kt)*$$

$$\left[\because \mathcal{L}\{f(t)\}=\mathcal{L}(\cos kt)=\frac{s}{s^2+k^2}\right]$$

$$F(s)\frac{s^2}{s^2+k^2}-1=\frac{s^2-s^2-k^2}{s^2+k^2}=-\frac{k^2}{s^2+k^2}$$

를 얻는다.

문제 21

$f(t)=4t^2+3t+6$의 제 1 계 도함수의 라플라스 변환을 구하라.

[풀이] $\mathcal{L}\{f'(t)\}=s\mathcal{L}\{f(t)\}-f(0_+)$, $f(0)=6$

$$s\mathcal{L}\{f(t)\}=s\mathcal{L}(4t^2+3t+6)=s\left(\frac{8}{s^3}+\frac{3}{s^2}+\frac{6}{s}\right)=\frac{8}{s^2}+\frac{3}{s}+6$$

가 되므로

$$\mathcal{L}\{f'(t)\}=\frac{8}{s^2}+\frac{3}{s}+6-6\equiv\frac{8}{s^2}+\frac{3}{s}$$

를 얻는다.

문제 22

앞 문제의 함수 $f(t)$의 제 2 계 도함수의 라플라스 변환을 구하라.

[풀이] $\mathcal{L}\{f''(t)\}=cs^2\mathcal{L}\{f(t)\}-csf(0_+)-cf'(0_+)$

이므로 앞의 문제에서 얻어진 결과를 이용하여

$$s^2\mathcal{L}\{f(t)\}=s^2\left(\frac{8}{s^3}+\frac{3}{s^2}+\frac{6}{s}\right)=\frac{8}{s}+3+6s$$

를 얻고 또한, $sf(0_+)=6s$ 및 $f'(0_+)=3$이므로

$$\mathcal{L}\{f''(t)\}=\frac{8}{s}+3+6s-6s-3=\frac{8}{s}$$

를 얻는다.

문제 23

$f(t)=e^{kt}$의 제 1 계 도함수의 라플라스 변환을 구하라.

[풀이] $\mathcal{L}\{f'(t)\}=s\mathcal{L}\{f(t)\}-1=\dfrac{s}{s-k}-1$

$$=\frac{s-(s-k)}{s-k}=\frac{s-s+k}{s-k}=\frac{k}{s-k}$$

문제 24

$\mathcal{L}\{f(t)\}=\dfrac{5}{s(s+5)}$일 때 $f(t)$를 구하라.

[풀이] 라플라스 역변환을 행한다.

$$f(t)=\mathcal{L}^{-1}\left\{\frac{5}{s(s+5)}\right\}$$

일반적으로 함수 $f(t)$가 연속함수이며

$$\lim_{t\to\infty}e^{-st}\int_a^t cf(t)dt=0$$

이면

$$\mathcal{L}\left\{c\int_a^t f(t)dt\right\}=\frac{1}{s}c\mathcal{L}\{f(t)\}+\frac{1}{s}c\int_a^0 f(t)dt$$

이다. 또한,

$$\mathcal{L}(e^{-5t})=\frac{1}{s+5}$$

이므로, 이상에서 얻어진 적분의 라플라스 변환의 공식에 의해

$$\mathcal{L}\left(\int_0^t e^{-5t}dt\right)=\frac{1}{s}\mathcal{L}(e^{-5t})+\frac{1}{s}\int_0^0 e^{-5t}dt$$

$$=\frac{1}{s}\mathcal{L}(e^{-5t})+0$$

$$=\frac{1}{s}\mathcal{L}(e^{-5t})=\frac{1}{s}\cdot\frac{1}{s+5}$$

$$=\frac{1}{s(s+5)}$$

로 되므로

$$\mathcal{L}\left(\int_0^t e^{-5t}dt\right)=\mathcal{L}\left\{\left[-\frac{1}{5}e^{-5t}\right]_0^t\right\}$$

$$=\mathcal{L}\left\{\frac{1}{5}(1-e^{-5t})\right\}=\frac{1}{5}\mathcal{L}(1-e^{-st})$$

$$\therefore \mathcal{L}(1-e^{-5t})=5\mathcal{L}\left\{\int_0^t e^{-5t}dt\right\}=5\cdot\frac{1}{s(s+5)}=\frac{5}{s(s+5)}$$

$$\therefore f(t)=\mathcal{L}^{-1}\left\{\frac{5}{s(s+5)}\right\}=1-e^{-5t}$$

를 얻는다.

문제 25

$f(t)=\mathcal{L}^{-1}\left(\dfrac{4s^2-40s-100}{s^3-25s}\right)$를 구하라.

[풀이] 일반적으로 함수

$$F(s)=\frac{N(s)}{Q(s)}$$

이 주어질 경우, $Q(s)$가 $N(s)$보다 차수가 높으므로 $Q(s)$가 $Q(s)=0$를 만족하는 단근 $s_1,\ s_2,\ s_3,\ \ldots,\ s_n$를 가지고 있을 때

$$f(t)=\mathcal{L}^{-1}\{F(s)\}=\sum_{i=0}^{n}\frac{P(s_i)}{Q'(s_i)}e^{s_i t}$$

이다. 문제의 의도에 따라

$$N(s)=4s^2-40s-100=4(s^2-10s-25)$$
$$Q(s)=s^3-25s=s(s+5)(s-5)$$

이므로 $Q(s)=0$의 근은

$$s_1=0,\quad s_2=5,\quad s_3=-5$$

로 되고, 또한

$$Q'(s)=3s^2-25$$

이다. 따라서 $f(t)$를 부분분수로 전개하였을 때의 각 항의 계수를 c_1, c_2, c_3라 하면

$$c_1=\frac{P(s_1)}{Q'(s_1)}=\frac{-100}{-25}=4$$
$$c_2=\frac{P(s_2)}{Q'(s_2)}=\frac{-200}{50}=-4$$
$$c_3=\frac{P(s_3)}{Q'(s_3)}=\frac{200}{50}=4$$

가 얻어지므로

$$\begin{aligned}f(t)&=4e^0-4e^{5t}+4e^{-5t}\\&=4-8\sinh 5t=4(1-2\sinh 5t)\end{aligned}$$

를 얻는다.

문제 26

$\mathcal{L}\{f(t)\}=\dfrac{c}{s^2(s^2+k^2)}$ 일 때 $f(t)$를 구하라.

[풀이] 함수 $F(s)=\dfrac{N(s)}{Q(s)}$가 주어졌을 때, $Q(s)$가 $N(s)$보다 차수가 높으며 $Q(s)=0$이 m 중근 α를 가진다고 하면

$$f(t)=\left\{\frac{R^{(m-1)}(\alpha)}{(m-1)!}+\frac{R^{(m-2)}(\alpha)}{(m-2)!}\cdot\frac{t}{1!}+\cdots+\frac{R''(\alpha)}{2!}\cdot\frac{t^{m-3}}{(m-3)!}+\frac{R'(\alpha)}{1!}\cdot\frac{t^{m-2}}{(m-2)!}\right.$$
$$\left.+R(\alpha)\frac{t^{m-1}}{(m-1)!}\right\}e^{at}+\mathcal{L}^{-1}\{T(s)\}\qquad(6.61)$$

로 되고, 함수 $T(s)$는 $F(s)$를 부분분수 전개하였을 때

$$\frac{K_i}{(s-\alpha)^i} \qquad (i=1,\ 2,\ 3,\ \ldots,\ m)$$

를 제외한 항의 합으로 나타낸다. 또 함수 $R(s)$은

$$R(s)=\frac{(s-\alpha)^m N(s)}{Q(s)}$$

로 정의한다. 문제의 의도에 따라

$$Q(s)=s^2(s^2+k^2)=0$$

라 하면 $s=0$은 2중근이다. 즉 $\alpha=0$, $m=2$가 된다.

$$R(s)=\frac{c}{\dfrac{s^2(s^2+k^2)}{s^2}}=\frac{c}{s^2+k^2}$$

$$R'(s)=-\frac{2cs}{(s^2+k^2)}$$

따라서 $Q(s)$의 s^2의 항에 대한 t 함수 $f_{s^2}(t)$는

$$f_{s^2}(t)=\left\{\frac{R'(0)}{1!}\cdot\frac{t^0}{0!}+R(0)\frac{t}{1!}\right\}e^0$$

$$=0+\frac{c}{k^2}t=\frac{c}{k^2}t$$

로 되며, 또 함수

$$F(s)=\frac{N(s)}{Q(s)}$$

이 주어졌을 때, $Q(s)$가 $N(s)$보다 차수가 높고 2차의 인수 $\{(s-a)^2+b^2\}$를 가지면 $f(t)$는

$$f(t)=\{R_t\cos bt+R_r\sin bt\}\frac{e^{at}}{b}+\mathcal{L}^{-1}\{T(s)\}$$

로 나타낼 수 있다. 여기서 $T(s)$는 $N(s)/Q(s)$를 부분분수로 전개하였을 때의

$$\frac{cs+Q}{(s-a)^2+b}$$

의 항이 외의 항의 합이다. 또 R_r, R_t는 $R(a+jb)$라 하였을 때의 실수부와 허수부이며 $R(s)$은

$$R(s) = \frac{N(s)}{\dfrac{Q(s)}{(s-a)^2+b^2}}$$

이다. 이상의 이론은 헤비사이드의 전개정리이다. 문제의 의도에 따라 (s^2+k^2)는 2차 인수이고

$$a=0, \quad b=k, \quad R(s)=\frac{c}{s^2}$$

$$R(a+jb)=R(jk)=\frac{c}{(jk)^2}=-\frac{c}{k^2}$$

이므로

$$R_r=-\frac{c}{k^2}, \quad R_i=0$$

이다. 따라서 (s^2+k^2)의 항에 대응하는 t 함수는

$$f_{(s^2+k^2)}(t)=\left(0\cdot\cos kt-\frac{c}{k^2}\sin kt\right)\frac{e^0}{k}$$

$$=-\frac{c}{k^3}\sin kt$$

로 되므로

$$f(t)=f_{s^2}(t)+f_{(s^2+k^2)}(t)$$

$$=\frac{c}{k^2}t-\frac{c}{k^2}\sin kt=\frac{c}{k^2}\left(t-\frac{\sin kt}{k}\right)$$

를 얻는다.

문제 27

$f(t)=c(t+1)^2$의 라플라스 변환을 구하라.

[풀이] $F(s)=\mathcal{L}\{f(t)\}=\int_0^\infty e^{-st}\cdot c(t+1)^2dt$

$$=c\int_0^\infty e^{-st}\cdot t^2dt+c\int_0^\infty e^{-st}\cdot 2tdt+c\int_0^\infty e^{-st}dt$$

가 되지만 먼저 우변의 제 1 항 $c\int_0^\infty e^{-st}\cdot t^2dt$ 항은 부분적분법에 의해

$$c\int_0^{\infty} e^{-st}\cdot t^2 dt = c\left[-\frac{e^{-st}}{x}\right]_0^{\infty} - c\int_0^{\infty}\left(-\frac{e^{-st}}{s}\right)2t\,dt$$

$$= c\left[-\frac{e^{-st}}{s}\cdot t^2\right]_0^{\infty} + \frac{2c}{s}\int_0^{\infty} e^{-st}\cdot tdt$$

$$= \frac{2c}{s}\int_0^{\infty} e^{-st}\cdot tdt$$

로 되고, 다음으로

$$\int_0^{\infty} e^{-st}\cdot tdt = \left[-\frac{e^{-st}}{s}t\right]_0^{\infty} + \int_0^{\infty}\frac{e^{-st}}{s}dt$$

$$= \frac{1}{s}\int_0^{\infty} e^{-st}dt$$

과

$$\int_0^{\infty} e^{-st}dt = \left[-\frac{e^{-st}}{s}\right]_0^{\infty} = 0-\left(-\frac{1}{s}\right) = \frac{1}{s}$$

가 얻어지고

$$\int_0^{\infty} e^{-st}\cdot tdt = \frac{1}{s}\cdot\frac{1}{s} = \frac{1}{s^2}$$

이므로

$$c\int_0^{\infty} e^{-st}\cdot t^2\cdot dt = \frac{2c}{s}\cdot\frac{1}{s^2} = \frac{2c}{s^3}$$

를 얻는다. 즉, 우변 제 1 항은 $2c/s^3$이지만 제 1 항과 같이 계산하면

$$\text{우변 제 2 항} = c\int_0^{\infty} e^{-st}\cdot 2tdt = \frac{2c}{s^2}$$

$$\text{우변 제 3 항} = c\int_0^{\infty} e^{-st}dt = \frac{c}{s}$$

가 되므로 결국 구하는 $F(s)$는

$$F(s) = \frac{2c}{s^3} + \frac{2c}{s^2} + \frac{c}{s} = c\left(\frac{2}{s^3} + \frac{2}{s^2} + \frac{1}{s}\right)$$

로 된다.

[별해]

$$c\mathcal{L}(t^n)=\begin{cases} c\dfrac{n!}{s^{n+1}} & (n\text{이 양의 정수일 때}) \\ c\dfrac{\Gamma(n+1)}{s^{n+1}} & (n\text{이 임의의 양의 수일 때}) \end{cases}$$

임을 상기해서 문제에 접근하면

$$f(t)=c(t+1)^2=c(t^2+2t+1)=ct^2+2ct+c$$

이므로

$$\mathcal{L}\{f(t)\}=\mathcal{L}\{c(t+1)^2\}=c\mathcal{L}(t^2)=2c\mathcal{L}(t)+\mathcal{L}(c)$$

$$=c\frac{2}{s^2}+2c\frac{1}{s^2}+\frac{c}{s}=c\left(\frac{2}{s^3}+\frac{2}{s^2}+\frac{1}{s}\right)$$

를 얻는다.

문제 28 ●

$f(t)=t\cosh kt$의 라플라스 변환을 구하라.

[풀이] $F(s)=\displaystyle\int_0^\infty e^{-st}\cdot t\cosh kt dt=\int_0^\infty te^{-st}\cdot\frac{e^{kt}+e^{-kt}}{2}dt$

$$=\frac{1}{2}\int_0^\infty t(e^{-(s-k)t}+e^{-(s+k)t})dt$$

$$=\frac{1}{2}\int_0^\infty te^{-(s-k)t}dt+\frac{1}{2}\int_0^\infty te^{-(s+k)t}dt$$

로 되고, 다음

$$\int_0^\infty te^{-(s-k)t}dt=\left[-\frac{e^{-(s-k)t}}{s-k}\right]_0^\infty+\frac{1}{s-k}\int_0^\infty e^{-(s-k)t}dt$$

$$=\frac{1}{s-k}\left[-\frac{e^{-(s-k)t}}{s-k}\right]_0^\infty=\frac{1}{(s-k)^2}$$

로부터

$$\frac{1}{2}\int_0^\infty te^{-(s-k)t}dt=\frac{1}{2}\cdot\frac{1}{(s-k)^2}$$

을 얻고 마찬가지로

$$\frac{1}{2}\int_0^\infty te^{-(s+k)t}dt=\frac{1}{2}\cdot\frac{1}{(s+k)^2}$$

로 되므로 결국

$$F(s)=\frac{1}{2}\left\{\frac{1}{(s-k)^2}+\frac{1}{(s+k)^2}\right\}$$

$$=\frac{1}{2}\frac{2s^2+2k^2}{(s^2-k^2)^2}=\frac{s^2+k^2}{(s^2-k^2)^2}$$

를 얻는다.

문제 29

$f(t)=\frac{1}{k^2}(1-\cos kt)$의 라플라스 변환을 구하라.

[풀이] $F(s)=\int_0^\infty e^{-st}\cdot\frac{1}{k^2}(1-\cos kt)dt$

$$=\frac{1}{k^2}\int_0^\infty e^{-st}dt-\frac{1}{k^2}\int_0^\infty e^{-st}\cdot\frac{e^{jkt}+e^{-jkt}}{2}$$

$$=\frac{1}{k^2}\cdot\frac{1}{s}-\frac{1}{2k^2}\left(\frac{1}{s-jk}+\frac{1}{s+jk}\right)$$

$$=\frac{1}{k^2}\cdot\frac{1}{s}-\frac{1}{2k^2}\left(\frac{2s}{s^2+k^2}\right)+\frac{1}{k^2s}-\frac{s}{k^2(s^2+k^2)}$$

$$=\frac{(s^2+k^2)-s^2}{k^2s(s^2+k^2)}=\frac{k^2}{k^2s(s^2+k^2)}=\frac{1}{s(s^2+k^2)}$$

문제 30

$f(t)=\mathcal{L}^{-1}\left\{\frac{6s+14}{s^2+5s+6}\right\}$를 구하라.

[풀이] $\frac{6s+14}{s^2+5s+6}=\frac{2(3s+7)}{s^2+5s+6}=2\left(\frac{1}{s+2}+2\cdot\frac{1}{s+3}\right)$

로부터

$$f(t)=\mathcal{L}^{-1}\left\{\frac{6s+14}{s^2+5s+6}\right\}=2\mathcal{L}^{-1}\left\{\frac{1}{s+2}+\frac{2}{s+3}\right\}$$

로 되고,

$$\mathcal{L}\{ce^{-kt}\}=c\mathcal{L}\{e^{-kt}\}=c\int_0^\infty e^{-st}\cdot e^{-kt}dt$$

$$=c\int_0^\infty e^{-(s+k)t}dt\left[c\cdot\left(-\frac{e^{-(s+k)t}}{s+k}\right)\right]_0^\infty$$

$$=0-\left(-\frac{c}{s+k}\right)=\frac{c}{s+k}$$

이다. 이 문제에서는 제 1 항은 $c=2$, $k=2$이고 제 2 항은 $c=4$, $k=3$이므로

$$f(t)=2e^{-2t}+4e^{-3t}$$

를 얻는다.

문제 31

$f(t)=\mathcal{L}^{-1}\left\{\dfrac{6s^2+18s+10}{(s+3)(s^2+2s+2)}\right\}$를 구하라.

[풀이] $\dfrac{6s^2+18s+10}{(s+3)(s^2+2s+2)}=\dfrac{2(3s^2+9s+5)}{(s+3)(s^2+2s+2)}$

$$=2\left(\frac{1}{s+3}+2\right)\cdot\frac{s+1}{(s+1)^2+1^2}-\frac{1}{(s+1)^2+1^2}$$

이므로

$$F(s-\alpha)=\int_0^\infty e^{-(s-\alpha)t}f(t)dt=\int_0^\infty e^{-st}\{e^{\alpha t}f(t)\}dt$$

$$=\mathcal{L}\{e^{\alpha t}f(t)\}$$

와 같은 복소추이정리에 의해

$$f(t)=\mathcal{L}^{-1}\frac{6s^2+18s+10}{(s+3)(s^2+2s+2)}$$

$$=2\mathcal{L}^{-1}\left\{\frac{1}{s+3}+2\cdot\frac{s+1}{(s+1)^2+1^2}-\frac{1}{(s+1)^2+1^2}\right\}$$

$$= 2e^{-3t} + 4e^{-t}\cos t - 2e^{-t}\sin t$$

를 얻는다.

문제 32

$\mathcal{L}^{-1}\left\{\left(\frac{1}{s}\right)\cdot\left(\frac{s-c_1}{s+c_1}\right)\cdot\left(\frac{s-c_2}{s+c_2}\right)\right\}$를 구하라.

[풀이] $\left(\frac{1}{s}\right)\cdot\left(\frac{s-c_1}{s+c_1}\right)\cdot\left(\frac{s-c_2}{s+c_2}\right) = \frac{1}{s}\cdot\left(\frac{2s}{s+c_1}-1\right)\cdot\left(\frac{2s}{s+c_2}-1\right)$

$$= \frac{1}{s}\left\{\frac{4s^2}{(s+c_1)(s+c_2)} - \frac{2s}{s+c_1} - \frac{2s}{s+c_2} + 1\right\}$$

$$= \frac{1}{s}\left\{\frac{4s}{s+c_1}\cdot\frac{-c_1}{-c_1+c_2} + \frac{4s}{s+c_2}\cdot\frac{-c_2}{-c_2+c_1} - \frac{2s}{s+c_1} - \frac{2s}{s+c_2} + 1\right\}$$

$$= \frac{4}{s+c_1}\cdot\frac{-c_1}{-c_1+c_2} + \frac{4}{s+c_2}\cdot\frac{-c_2}{-c_2+c_1} - \frac{2}{s+c_1} - \frac{2}{s+c_2} + \frac{1}{s}$$

$$= \frac{4}{s+c_1}\cdot\frac{c_1}{c_1-c_2} + \frac{4}{s+c_2}\cdot\frac{c_2}{c_2-c_1} - \frac{2}{s+c_1} - \frac{2}{s+c_2} + \frac{1}{s}$$

로부터 $f(t)$는

$$f(t) = \mathcal{L}^{-1}\left\{\left(\frac{1}{s}\right)\cdot\left(\frac{s-c_1}{s+c_1}\right)\cdot\left(\frac{s-c_2}{s+c_2}\right)\right\}$$

$$= \frac{4c_1}{c_1-c_2}e^{-c_1t} + \frac{4c_2}{c_2-c_1}e^{-c_2t} - 2e^{-c_1t} - 2e^{-c_2t} + 1$$

$$= \frac{2(c_1+c_2)}{c_1-c_2}e^{-c_1t} + \frac{2(c_2+c_1)}{c_2-c_1}e^{-c_2t} + 1$$

를 얻는다.

문제 33

$f(t) = \mathcal{L}^{-1}\left\{\frac{3}{s^2+6s+10}\right\}$를 구하라.

[풀이] $\dfrac{3}{s^2+6s+10} = \dfrac{3}{s^2+6s+3^2-3^2+10} = \dfrac{3}{(s+3)^2+1^2}$

로부터 $f(t)$는

$$f(t) = 3e^{-3t}\sin t$$

를 얻는다.

문제 34

$f(t) = \sin(kt+\alpha)$의 라플라스 변환을 구하라.

[풀이] 부분적분법을 사용하여 적분계산을 행한다.

$$\mathcal{L}\{f(t)\} = \int_0^\infty e^{-st}\sin(kt+\alpha)dt$$

$$= \left[\left(-\frac{1}{s}e^{-st}\right)\sin(kt+\alpha)\right]_0^\infty - \int_0^\infty \left(-\frac{1}{s}e^{-st}\right)k\cos(kt+\alpha)dt$$

$$= \frac{\sin\alpha}{s} + \frac{k}{s}\int_0^\infty e^{-st}\cos(kt+\alpha)dt \quad *$$

로부터

$$\int_0^\infty e^{-st}\cos(kt+\alpha)dt$$

를 다시 부분적분법을 사용하여

$$\int_0^\infty e^{-st}\cos(kt+\alpha)dt = \left[\left(-\frac{1}{s}e^{-st}\right)\cos(kt+\alpha)\right]_0^\infty$$

$$-\int_0^\infty \left(-\frac{1}{s}e^{-st}\right)\{-k\sin(kt+\alpha)\}dt$$

$$= \frac{\cos\alpha}{s} - \frac{k}{s}\int_0^\infty \sin(kt+\alpha)e^{-st}dt$$

$$= \frac{\cos\alpha}{s} - \frac{k}{s}\mathcal{L}\{f(t)\}$$

을 얻게 되고

$$\mathcal{L}\{f(t)\}=\frac{\sin\alpha}{s}+\frac{k}{s}\left[\frac{\cos\alpha}{s}-\frac{k}{s}\mathcal{L}\{f(t)\}\right]$$

$$=\frac{\sin\alpha}{s}+\frac{k\cos\alpha}{s^2}-\frac{k^2}{s^2}\mathcal{L}\{f(t)\}$$

로부터

$$\mathcal{L}\{f(t)\}\left(1+\frac{k^2}{s^2}\right)=\frac{\sin\alpha}{s}+\frac{k\cos\alpha}{s^2}$$

로 주어지므로

$$\mathcal{L}\{f(t)\}=\frac{s^2}{s^2+k^2}\left(\frac{\sin\alpha}{s}+\frac{k\cos\alpha}{s^2}\right)=\frac{s\sin\alpha+k\cos\alpha}{s^2+k^2}$$

를 얻는다.

문제 35

$f(t)=ct^{-1/2}$의 라플라스 변환을 구하라.

[풀이] $\mathcal{L}\{f(t)\}=\int_0^\infty e^{-st}ct^{-1/2}dt=c\int_0^\infty e^{-st}t^{-1/2}dt$

로 되는데

$$\int_0^\infty e^{-st}t^{-1/2}dt$$

를 먼저 계산한다. $x=st$ 라 두면

$$dx=s\,dt,\qquad dt=\frac{dx}{s},\qquad t=\frac{x}{s}$$

이므로

$$\int_0^\infty e^{-st}t^{-1/2}dt=\int_0^\infty e^{-x}\left(\frac{x}{s}\right)^{-1/2}\frac{dx}{s}$$

$$=\frac{1}{s^{1-1/2}}\int_0^\infty e^{-x}\cdot x^{-1/2}dx$$

$$=\frac{\Gamma\left(\frac{-1}{2}+1\right)}{s^{1-1/2}}=\frac{\Gamma\left(\frac{1}{2}\right)}{s^{1/2}}$$

를 얻는다.

[주] $\int_0^{\infty} x^n e^{-x} dx$는 감마함수라 부르며

$$\int_0^{\infty} x^n e^{-x} dx = \Gamma(n+1)$$

로 정의되는 함수이다.

위에서 얻어진 결과를 $\mathcal{L}\{f(t)\}$의 계산식에 대입하면

$$F(s) = c\frac{\Gamma(1/2)}{s^{1/2}} = c\frac{\sqrt{\pi}}{\sqrt{s}} \qquad \left[\because\ \Gamma\left(\frac{1}{2}\right) = \sqrt{\pi} \text{ 이다}\right]$$

를 얻는다.

문제 36

$f(t) = 2\sin t \cdot \cos t$ 의 라플라스 변환을 구하라.

[풀이] 삼각함수의 공식에 의해 $2\sin t \cos t = \sin 2t$이다.

따라서 $f(t) = \sin 2t$ 라 두면

$$f(0) = \sin 0 = 0, \qquad f'(t) = 2\cos 2t$$

로 되며,

$$f'(0) = 2\cos 0 = 2, \quad f''(t) = -4\sin 2t$$

이다. 문제 22의 미분정리로부터

$$c\mathcal{L}\{f''(t)\} = cs^2\mathcal{L}\{f(t)\} - csf(0_+) - cf'(0_+)$$

이므로

$$-4\mathcal{L}\{\sin 2t\} = s^2\mathcal{L}\{\sin 2t\} - s\cdot 0 - 2 = s^2\mathcal{L}\{\sin 2t\} - 2$$

$$\therefore \mathcal{L}\{\sin 2t\}(s^2+4) = 2 \qquad \therefore\ \mathcal{L}\{\sin 2t\} = \frac{2}{s^2+2^2}$$

로 된다. 따라서

$$\mathcal{L}\{f(t)\} = \mathcal{L}\{2\sin t \cdot \cos t\} = \mathcal{L}\{\sin 2t\} = \frac{2}{s^2+2^2}$$

를 얻는다.

문제 37 •

$f(t)=4\cos^2 t$ 의 라플라스 변환을 구하라.

[풀이] 삼각함수 공식에 의하여 $\cos 2t = 2\cos^2 t - 1$ 이므로

$$\cos^2 t = \frac{1+\cos 2t}{2}$$

를 얻는다. 따라서

$$\mathcal{L}\{f(t)\} = \mathcal{L}\{4\cos^2 t\} = 4\mathcal{L}\{\cos^2 t\} = 4\mathcal{L}\left(\frac{1+\cos 2t}{2}\right)$$

로 되는데, $\mathcal{L}\left(\frac{1+\cos 2t}{2}\right)$를 구하면

$$\mathcal{L}\left(\frac{1+\cos 2t}{2}\right) = \mathcal{L}\left(\frac{1}{2}\right) + \frac{1}{2}\mathcal{L}(\cos 2t) = \frac{1}{2s} + \frac{1}{2}\cdot\frac{s}{s^2+2^2}$$

이므로 〔$\because\ \mathcal{L}(n) = \frac{n}{s}$ (n은 상수)〕

$$F(s) = 4\left(\frac{1}{2s} + \frac{1}{2}\cdot\frac{s}{s^2+2^2}\right) = \frac{2}{s} + 2\cdot\frac{s}{s^2+2^2}$$

$$= \frac{2(s^2+4)+2s^2}{s(s^2+4)} = \frac{4(s^2+2)}{s(s^2+4)}$$

를 얻는다.

문제 38 •

$f(t)=3\cos 2t \cdot \cos 3t$ 의 라플라스 변환을 구하라.

[풀이] 삼각함수 공식에 의해

$$\cos 2t \cdot \cos 3t = \frac{1}{2}(\cos 5t + \cos t)$$

이므로

$$\mathcal{L}\{f(t)\} = \mathcal{L}\{3\cos 2t \cdot \cos 3t\} = 3\mathcal{L}\{\cos 2t \cdot \cos 3t\}$$

로부터 먼저, $\mathcal{L}\{\cos 2t \cdot \cos 3t\}$를 구하면

$$\mathcal{L}\{\cos 2t \cdot \cos 3t\} = \mathcal{L}\left\{\frac{1}{2}(\cos 5t + \cos t)\right\}$$

$$= \frac{1}{2}\mathcal{L}\{\cos 5t\} + \frac{1}{2}\mathcal{L}\{\cos t\}$$

$$= \frac{1}{2}\cdot\frac{s}{S^2+5^2} + \frac{1}{2}\cdot\frac{s}{s^2+1^2}$$

가 얻어지므로 결국,

$$F(s) = 3\left(\frac{1}{2}\cdot\frac{s}{s^2+25} + \frac{1}{2}\cdot\frac{s}{s^2+1}\right)$$

$$= \frac{3}{2}\left(\frac{s}{s^2+25} + \frac{s}{s^2+1}\right) = \frac{3}{2}\cdot\frac{s(s^2+1)+s(s^2+25)}{(s^2+25)(s^2+1)}$$

$$= \frac{3}{2}\frac{s^3+s+s^3+25s}{(s^2+25)(s^2+1)} = \frac{3(2s^3+26s)}{2(s^2+25)(s^2+1)} = \frac{3(s^3+13s)}{(s^2+25)(s^2+1)}$$

를 얻는다.

문제 39

$f(t) = t^3 \cdot u_s(t)$를 $a(a>0)$만큼 오른쪽으로 추이시킨 함수의 라플라스 변환을 구하라.

[풀이] 일반적으로 $\mathcal{L}\{f(t)\} = F(s)$일 때 실추이 정리에 의해

$$\mathcal{L}\{f(t-m)\} = e^{-ms}F(s) \qquad (t>m)$$

로 된다. 이 관계를 이용하면 $m=a$이므로

$$\mathcal{L}\{f(t-a)\} = e^{-as}F(s) = e^{-as}\mathcal{L}\{f(t)\} = e^{-as}\mathcal{L}(t^3)$$

로 되며, $\mathcal{L}(t^3)$은

$$\mathcal{L}(t^3) = \frac{3!}{s^{3+1}} = \frac{6}{s^4}$$

이므로

$$\mathcal{L}\{f(t-a)\} = e^{-as}F(s) = e^{-as}\cdot\frac{6}{s^4} = \frac{6e^{-as}}{s^4}$$

를 얻는다.

문제 40

$f(t) = \cos kt$ 를 오른쪽으로 $\pi/2$ 만큼 이동시킨 함수의 라플라스 변환을 구하라.

[풀이] 문제 39에서와 같이

$$\{f(t-m)\} = e^{-ms}F(s) \qquad (t > a)$$

에서 $m = \pi/2$이므로

$$F(s) = \mathcal{L}\{f(t)\} = \mathcal{L}(\cos kt) = \int_0^\infty e^{-st}\cos kt\,dt = \frac{s}{s^2+k^2}$$

로 되고,

$$\mathcal{L}\{f(t-m)\} = \mathcal{L}\left\{\cos\left(kt - \frac{\pi}{2}\right)\right\} = e^{-s\pi/2}\cdot\frac{s}{s^2+k^2}$$

$$= \frac{s}{s^2+k^2}e^{-s\pi/2} \qquad (t > \frac{\pi}{2})$$

를 얻는다.

문제 41

$\{f(t)\} = \mathcal{L}(\sin t) = \dfrac{1}{s^2+1} = F(s)$일 때 $\mathcal{L}(\sin mt)$를 구하라.

[풀이] 일반적으로 $\mathcal{L}\{f(t)\} = F(s)$일 때, 상사정리에 의해

$$\mathcal{L}\{f(mt)\} = \frac{1}{m}F\left(\frac{s}{m}\right)$$

및

$$\mathcal{L}\left\{f\left(\frac{t}{m}\right)\right\} = mF(ms)$$

$$\mathcal{L}\{f(mt-a)\} = \mathcal{L}\left\{f\left[m\left(t-\frac{a}{m}\right)\right]\right\} = \frac{1}{m}e^{-as/m}F\left(\frac{s}{m}\right)$$

(단, $m < 0$)

이 성립한다. 따라서

$$\mathcal{L}(\sin mt) = \frac{1}{m}\cdot\frac{1}{\left(\frac{s}{m}\right)^2+1} = \frac{1}{m}\cdot\frac{1}{\frac{s^2}{m^2}+1}$$

$$= \frac{1}{m}\cdot\frac{m^2}{s^2+m^2} = \frac{m}{s^2+m^2}$$

를 얻는다.

문제 42

$\mathcal{L}\{f(t)\}\{=\mathcal{L}(\cos t)\}=\dfrac{s}{s^2+1}=F(s)$임을 이용해서 $\mathcal{L}(\cos \pi t)$를 구하라.

[풀이] 앞의 문제로부터

$$\mathcal{L}\{f(mt)\}=\frac{1}{m}F\left(\frac{s}{m}\right)$$

을 이용하면 된다. $m=\pi$이므로

$$\mathcal{L}(\cos \pi t)=\frac{1}{\pi}\cdot\frac{\frac{s}{\pi}}{\left(\frac{s}{\pi}\right)^2+1}=\frac{1}{\pi}\cdot\frac{\frac{s}{\pi}}{\frac{s^2}{\pi^2}+1}=\frac{1}{\pi}\cdot\frac{\pi s}{s^2+\pi^2}=\frac{s}{s^2+\pi^2}$$

를 얻는다.

문제 43

$\mathcal{L}\{f(t)\}=\mathcal{L}(\sinh kt)=\dfrac{k}{s^2-k^2}=F(s)$임을 이용해서 $\mathcal{L}(\sinh t)$를 구하라.

[풀이] $\mathcal{L}\left\{f\left(\dfrac{t}{m}\right)\right\}=mF(ms)$인 것을 이용하면

$$\mathcal{L}(\sinh t)=\mathcal{L}\left(\sinh\frac{m}{m}t\right)=m\cdot\frac{m}{(ms)^2-m^2}=\frac{m^2}{m^2s^2-m^2}=\frac{1}{s^2-1}$$

를 얻는다.

문제 44

$\mathcal{L}\{f(t)\}=\mathcal{L}(\sin t)=\dfrac{1}{s^2+1}=F(s)$임을 이용해서 $\mathcal{L}(e^{-mt}\sin t)$를 구하라.

[풀이] 일반적으로 $\mathcal{L}\{f(t)\}=F(s)$일 때,

$$\mathcal{L}\{e^{-mt}f(t)\}=F(s+m)$$

가 성립한다. 이 관계를 이용하면

$$\mathcal{L}(e^{-mt}\sin t)=\frac{1}{(s+m)^2+1}$$

를 얻는다.

문제 45

$\mathcal{L}\{f(t)\} = \mathcal{L}(1-e^{-mt}-mte^{-mt}) = \dfrac{m^2}{s(s+m)^2} = F(s)$임을 이용해서 $\mathcal{L}\left\{e^{-mt}(1-e^{-mt}-mte^{-mt})\right\}$를 구하라.

[풀이] $\mathcal{L}\left\{e^{-mt}f(t)\right\} = F(s+m)$이므로

$$\mathcal{L}\left\{e^{-mt}(1-e^{-mt}-mte^{-mt})\right\} = \frac{m^2}{(s+m)(s+m+m)^2} = \frac{m^2}{(s+m)(s+2m)^2}$$

를 얻는다.

문제 46

$\mathcal{L}\{f(t)\} = \mathcal{L}(t^4) = \dfrac{4!}{s^5} = \dfrac{24}{s^5} = F(s)$임을 이용해서 $\mathcal{L}(e^{-t}t^4)$을 구하라.

[풀이] $\mathcal{L}\left\{e^{-mt}f(t)\right\} = F(s+m)$이므로 문제의 의도에 따라 $m=1$이므로

$$\mathcal{L}(e^{-t}t^4) = \frac{24}{(s+1)^5}$$

문제 47

$\mathcal{L}\{f(t)\} = \mathcal{L}(t\cos pt) = \dfrac{s^2-p^2}{(s^2+p^2)^2} = F(s)$임을 이용해서 $\mathcal{L}(e^{pt}t\cos pt)$를 구하라.

[풀이] $\mathcal{L}\left\{e^{-mt}f(t)\right\} = F(s+m)$이므로 m을 $-m$이라 하면

$$\mathcal{L}\left\{e^{mt}f(t)\right\} = F(s-m)$$

로 된다. 문제에서는 $m=p$이므로

$$\mathcal{L}(e^{pt}t\cos pt) = \frac{(s-p)^2-P^2}{\{(s-p)^2+p^2)\}^2} = \frac{s^2-2sp+p^2-p^2}{(s^2-2sp+p^2+p^2)^2}$$

$$= \frac{s^2-2sp}{(s^2-2sp+2p^2)^2} = \frac{s(s-2p)}{(s^2-2sp+2p^2)^2}$$

를 얻는다.

문제 48

$\mathcal{L}^{-1}\left(\dfrac{2}{2s^2+0.5s}\right)$를 구하라.

[풀이] 헤비사이드의 전개정리를 이용하여 풀면 된다.

$$\frac{2}{2s^2+0.5s}=\frac{2}{2s(s+0.25)}=\frac{1}{s(s+0.25)}$$

로 부분분수 전개할 수 있으므로

$$\mathcal{L}^{-1}\left(\frac{2}{2s^2+0.5s}\right)=\mathcal{L}^{-1}\left\{\frac{1}{s(s+0.25)}\right\}=\mathcal{L}^{-1}\left\{\frac{N(s)}{Q(s)}\right\}$$

라 둘 수 있다. 여기서

$$N(s)=1, \quad D(s)=s(s+0.25)$$

$D(s)=0$라 두면 $s=0$ 또는 $s=-0.25$ 또, $D'(s)=2s+0.25$이므로 $D'(0)=0.25$ 및$D'(-0.25)=-0.25$로 된다. 따라서,

$$f(t)=\mathcal{L}^{-1}(2s^2+0.5s)=\sum_{1=1}^{n}\left\{\frac{N(s_i)}{D'(s_i)}e^{s_it}\right\}$$

$$=\frac{1}{2\times0+0.25}e^{0\times t}+\frac{1}{2\times(-0.25)+0.25}e^{-0.25t}$$

$$=4-4e^{-0.25t}=4(1-e^{-0.25t})$$

를 얻는다.

문제 49

$\mathcal{L}^{-1}\left\{\dfrac{14s+24}{s(s+2)(s+3)}\right\}$를 구하라.

[풀이] 헤비사이드 전개정리를 이용하여 풀면 된다.

$$\mathcal{L}^{-1}\left\{\frac{14s+24}{s(s+2)(s+3)}\right\}=\mathcal{L}^{-1}\left\{\frac{N(s)}{D(s)}\right\}$$

라 두면

$$N(s)=14s+24s, \qquad D(s)=s(s+2)(s+3)$$

로부터

$$D'(s)=(s+2)(s+3)+s(s+3)+s(s+2)=3s^2+10s+6$$

를 얻고 $D(s)=0$에서 $s=0$, $s=-2$, $s=-3$의 3개의 근을 구한다.

$$D'(0)=6, \quad D'(-2)=3\times(-2)^2+10\times(-2)+6=-2$$

$$D'(-3)=3\times(-3)^2+10\times(-3)+6=3$$

$$N(0)=24, \quad N(-2)=-4, \quad N(-3)=-18$$

가 되므로

$$f(t)=\mathcal{L}^{-1}\left\{\frac{14s+24}{s(s+2)(s+3)}\right\}=\sum_{i=1}^{n}\frac{N(s_i)}{D'(s_i)}e^{s_i t}$$

$$=\frac{24}{6}e^{0\times t}+\frac{(-4)}{(-2)}e^{-2t}+\frac{(-18)}{3}e^{-3t}=4+2e^{-2t}-6e^{-3t}$$

를 얻는다.

문제 50

$\mathcal{L}^{-1}\left\{\dfrac{8s}{s(s^2+6s+5)}\right\}$를 구하라.

[풀이] 헤비사이드의 전개정리를 이용하여 풀면 된다.

$$\mathcal{L}^{-1}\left\{\frac{8s}{s(s^2+6s+5)}\right\}=\mathcal{L}^{-1}\left\{\frac{N(s)}{D(s)}\right\}\}$$

라 두면

$$N(s)=8s, \quad D(s)=s(s^2+6s+5)=s(s+5)(s+1)$$

$$D'(s)=(s+5)(s+1)+s(s+1)+s(s+5)=3s^2+12s+5$$

로 되고 $D(s)=0$에서 $s=0,\ s=-1,\ s=-5$의 근을 구한다.

$$D'(0)=3\times0^2+12\times0+5=5$$

$$D'(-1)=3\times(-1)^2+12\times(-1)+5=-4$$

$$D'(-5)=3\times(-5)^2+12\times(-5)+5=20$$

$$N(0)=0, \quad P(-1)=-8, \quad P(-5)=-40$$

가 되므로

$$f(t)=\mathcal{L}^{-1}\left\{\frac{8s}{s(s^2+6s+5)}\right\}=\sum_{i=1}^{n}\frac{N(s_i)}{D'(s_i)}e^{s_i t}$$

$$=\frac{0}{5}e^{0\times t}+\frac{(-8)}{(-4)}e^{-t}+\frac{(-40)}{20}e^{-5t}$$

$$= 2e^{-t} - 2e^{-5t} = 2(e^{-t} - e^{-5t})$$

문제 51 ●

$\mathcal{L}^{-1}\left\{\dfrac{2s+8}{s^3+4s^2+4s}\right\}$를 구하라.

[풀이] 헤비사이드 전개정리를 이용하여 풀면 된다.

$$\mathcal{L}^{-1}\left\{\frac{2s+8}{s^3+4s^2+4s}\right\} = \mathcal{L}^{-1}\left\{\frac{2s+8}{s(s+2)^2}\right\}$$

$$= \mathcal{L}^{-1}\left\{\frac{N(s)}{(s-\alpha)^i}\right\} = \mathcal{L}^{-1}\left\{\frac{N(s)}{D(s)}\right\}$$

로부터, $D(s) = s(s+2)^2 = 0$로 두면 $s=0$는 단근이고 -2는 중근이다. 즉 $\alpha = 0$, $m = 1$이므로 $s=0$에 대해서는

$$R(s) = (s-0)^1 \cdot \frac{2s+8}{s(s+2)} = \frac{2s+8}{(s+2)^2}$$

$$\therefore\ R(0) = \frac{2\times 0+8}{(0+2)^2} = \frac{8}{4} = 2$$

로 된다. 따라서

$$\mathcal{L}^{-1}\left\{\frac{R(s)}{D(s)}\right\} = 2e^{0\times t} = 2e^0 = 2$$

로 되고, $s=-2$인 경우에는 $(s+2)^2$는 $(s+\alpha)^i = (s+2)^2$라 두면 $i=2$, $\alpha=-2$가 되므로

$$R(s) = (s+2)^2 \cdot \frac{2s+8}{s(s+2)^2} = \frac{2s+8}{s}$$

$$\therefore\ R'(s) = \frac{2s-(2s+8)}{s^2} = -\frac{8}{s^2}$$

$$R(-2) = \frac{2\times(-2)+8}{-2} = \frac{-4+8}{-2} = -2$$

$$R'(-2) = \frac{-8}{(-2)^2} = -2$$

를 얻는다. 따라서

$$\mathcal{L}^{-1}\left\{\frac{R(s)}{(s-\alpha)^i}\right\} = \{R'(\alpha) + R(\alpha)t\}e^{\alpha t} = (-2-2t)e^{-2t}$$

로 되므로

$$f(t) = \mathcal{L}^{-1}\left\{\frac{2s+8}{s^3+4s^2+4s}\right\} = 2-2e^{-2t}-2te^{-2t} = 2(1-e^{-2t}-te^{-2t})$$

를 얻는다.

문제 52

$\mathcal{L}^{-1}\left(\frac{4s+12+8\sqrt{3}}{s^2+6s+13}\right)$를 구하라.

[풀이] 헤비사이드 전개정리를 이용하여 풀면 된다.

$$\mathcal{L}^{-1}\left(\frac{4s+12+8\sqrt{3}}{s^2+6s+13}\right) = \mathcal{L}^{-1}\left(\frac{4s+(12+8\sqrt{3})}{(s+3)^2+2^2}\right)$$

$$= \mathcal{L}^{-1}\left\{\frac{cs+d}{(s-a)^2+b^2}\right\}$$

라 두면 $a=-3$, $b=2$, $c=4$, $d=12+8\sqrt{3}$ 이다.

문제 26의 풀이에서 나타낸 것처럼

$$R(s) = \frac{N(s)}{\dfrac{D(s)}{(s-a)^2+b^2}} = \frac{cs+d}{\dfrac{(s-a)^2+b^2}{(s-a)^2+b^2}}$$

$$= cs+d = 4s+(12+8\sqrt{3})$$

이므로

$$R(a+jb) = R(-3+j2) = 4(-3+j2)+(12+8\sqrt{3})$$

$$= -12+j8+12+8\sqrt{3} = 8\sqrt{3}+j8$$

로 된다. 즉, $R(-a+jb)$의 실수부 $R_r = 8\sqrt{3}$, 허수부 $R_i = 8$에 대해

$$\sqrt{R_r^2+R_i^2} = \sqrt{192+64} = \sqrt{256} = 16 \qquad \text{〔복소벡터 } R(s)\text{의 길이〕}$$

로 된다. 복소수 $R(s)$의 편각을 θ라 하면

$$\theta = \tan^{-1}\frac{R_i}{R_r} = \tan^{-1}\frac{8}{8\sqrt{3}} = \tan^{-1}\frac{1}{\sqrt{3}} = \frac{\pi}{6}$$

가 얻어지므로

$$f(t) = \mathcal{L}^{-1}\left(\frac{4s+12+8\sqrt{3}}{s^2+6s+13}\right) = \frac{1}{b}e^{at}\sqrt{R_r^2+R_i^2}\,\sin(bt+\theta)$$

$$= \frac{1}{2}e^{3t} \cdot 16 \cdot \sin(2t + \frac{\pi}{6}) = 8e^{-3t}\sin(2t + \frac{\pi}{6})$$

를 얻는다.

문제 53

$f(t) = c\sin t$의 파형을 반파정류한 경우의 라플라스 변환을 구하라.

[풀이] 반파정류된 파형의 일부를 $f_1(t)$라 생각하고 $f_1(t)$를 그림 6-21에 나타내도록 한다. 즉, $(\pi > t > 0)$에서는 $f_1(t) = c\sin t$이고 $(2\pi > t > \pi)$에서는 $f_1(t) = 0$이므로 먼저 $t = 0$에서 2π까지의 $f_1(t) = c\sin t$ 의 라플라스 변환을 구한다. 즉,

$$\mathcal{L}\{f_1(t)\} = \int_0^{\pi} e^{-st} c\sin t\, dt + \int_{\pi}^{2\pi} e^{-st} \cdot 0 \cdot dt = c\int_0^{\pi} e^{-st}\sin t\, dt \ *$$

로부터 다시 $\int_0^{\pi} e^{-st}\sin t\, dt$를 부분적분법에 의해 구하면

$$\int_0^{\pi} e^{-st}\sin t\, dt = \left[-\frac{1}{s}e^{-st}\sin t\right]_0^{\pi} - \int_0^{\pi}\left(-\frac{1}{s}e^{-st}\right)\cos t\, dt$$

$$= 0 + \frac{1}{s}\int_0^{\pi} e^{-st}\cos t\, dt = \frac{1}{s}\int_0^{\pi} e^{-st}\cos t\, dt$$

$$= \frac{1}{s}\left\{\left[-\frac{1}{s}e^{-st}\cos t\right]_0^{\pi} - (-\frac{1}{s})\int_0^{\pi}(-\sin t)dt\right\}$$

$$= \frac{1}{s}\left\{\frac{1}{s}e^{-\pi t} - \left(-\frac{1}{s}\right) - \frac{1}{s}\int_0^{\pi} e^{-st}\sin t\, dt\right\}$$

$$= \frac{1}{s^2}e^{-\pi^s} + \frac{1}{s^2} - \frac{1}{s^2}\int_0^{\pi} e^{-st}\sin t\, dt$$

가 되므로 우변의 마지막 항을 좌변의 처음 항에 이항하면

$$\left(1 + \frac{1}{s^2}\right)\int_0^{\pi} e^{-st}\sin t\, dt = \frac{1}{s^2}e^{-\pi^s} + \frac{1}{s^2}$$

$$\therefore \int_0^{\pi} e^{-st}\sin t\, dt = \frac{s^2}{s^2+1}\left(\frac{1}{s^2}e^{-\pi^s} + \frac{1}{s^2}\right) = \frac{1 + e^{-\pi^s}}{s^2+1}$$

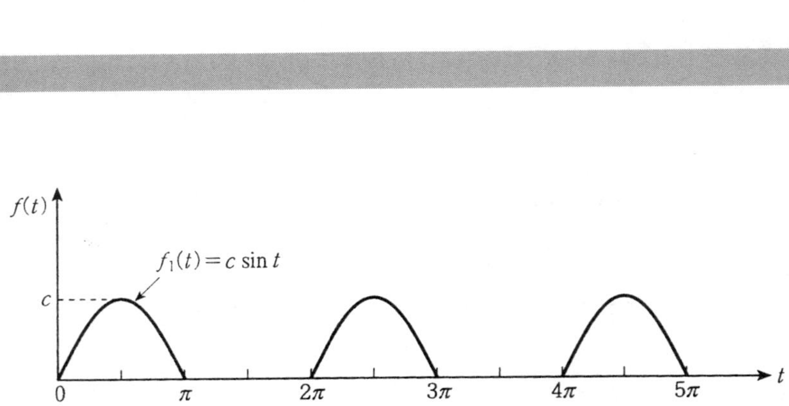

그림 6-21 $f(t)$ 및 $f_1(t)$

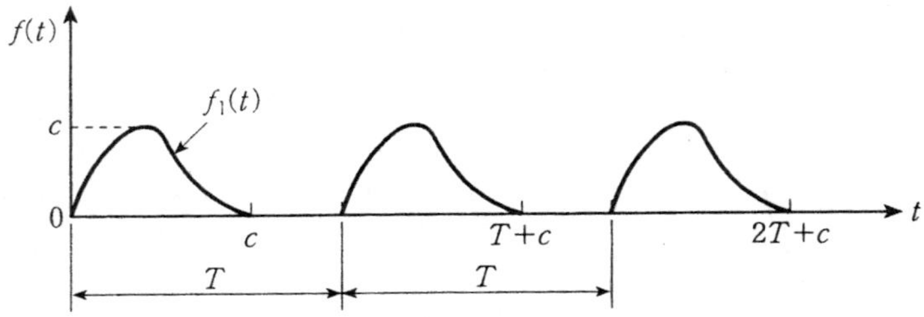

그림 6-22

$$F_1(s)=c\frac{1+e^{-\pi s}}{s^2+1}$$

를 구한다. 일반적으로 함수 $f(t)$가 $t=0$에서 시작하는 주기 T의 함수이면

$$f(t+T)=f(t) \qquad (t>0)$$

가 성립한다. 그림 6-22에 나타낸 것처럼 $(c>t>0)$의 구간에서 연속일 때

$$F(s)=\mathcal{L}\{f(t)\}=\frac{\int_0^{\pi} e^{-st}f_1(t)dt}{1-e^{-Ts}}=\frac{F_1(s)}{1-e^{-Ts}}$$

도 성립한다. $0<t<c$ 에서의 $f(t)$의 값을 그림 6-22와 같이 $f_1(t)$로 한다. 따라서

$$F(s)=\mathcal{L}\{f(t)\}=\frac{F_1(s)}{1-e^{-2\pi}s}=\frac{1}{1-e^{2\pi s}}\cdot c\frac{1+e^{-\pi s}}{s^2+1}$$

$$=c\frac{1+e^{-\pi s}}{(s^2+1)(1-e^{-2\pi s})}=c\frac{1+e^{-\pi s}}{(s^2+1)(1-e^{-\pi s})(1+e^{\pi s})}$$

$$=c\frac{1}{(s^2+1)(1-e^{-\pi s})}$$

를 얻는다.

문제 54

$f_1(t) = c\sin t$의 파형을 이용하여 전파정류한 경우의 라플라스 변환을 구하라.

[풀이] 전파정류한 파형은 그림 6-23에 (a)와 (b)를 합쳐서 만든 (c)와 같다고 본다. 그림 6-23 (b)는 (a)를 π 만큼 지연시킨 것이다. 따라서 $f_1(t)$를 π 만큼 오른쪽으로 이동시킨다는 것은 s 함수에서는 $f_1(t)$의 s 함수 $F(s)$에 $e^{-\pi s}$를

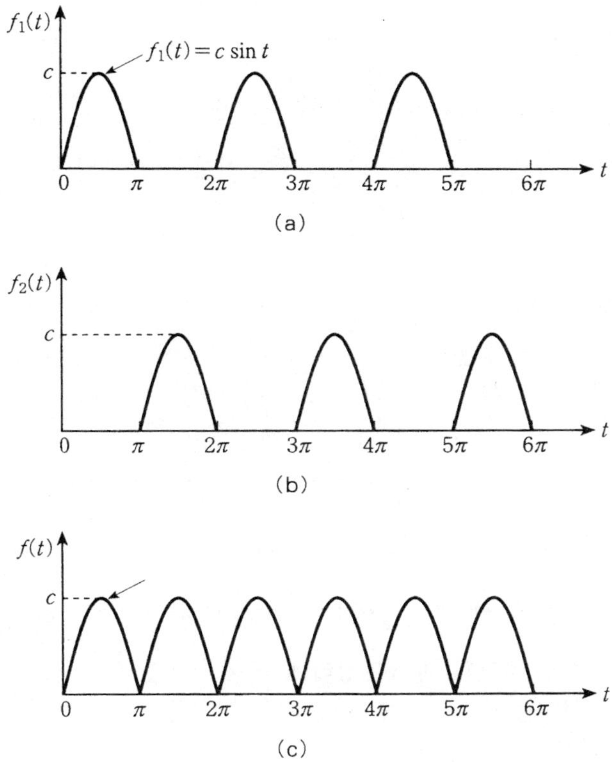

그림 6-23 $f(t)$: 전파 정류 파형

곱하는 것이므로 구하는 라플라스 변환을 $F(s)$라 하면

$$F(s) = F_1(s) + e^{-\pi s} \cdot F_1(s) = F(s) + F_2(s)$$

로 된다. 따라서 $F_1(s)$는 앞 문제에서 얻어진 결과에 의해

$$F_1(s) = \frac{c}{(s^2+1)(1-e^{\pi s})}$$

로 되고

$$F(s)=\frac{c}{(s^2+1)(1-e^{-\pi s})}+\frac{ce^{-\pi s}}{(s^2+1)(1-e^{-\pi s})}$$

$$=\frac{c(1+e^{-\pi s})}{(s^2+1)(1-e^{-\pi s})}=\frac{c}{s^2+1}\cdot\frac{1+e^{-\pi s}}{1-e^{-\pi s}}=\frac{c}{s^2+1}\coth\frac{\pi s}{2}$$

를 얻는다.

문제 55

$\mathcal{L}\,(\cos qt)=\dfrac{s}{s^2+q^2}$ 일 때 $\mathcal{L}\,(t\cos qt)$를 구하라.

[풀이] 일반적으로 $c\,\{f\,(t)\}=cF(s)$일 때 편미분정리에 의해

$$c\,\{t^n f\,(t)\}=(-1)^n c\,\frac{d^{(n)}F(s)}{ds^{(n)}}$$

의 관계가 성립하므로 주어진 문제는 $n=1$이므로

$$\mathcal{L}\,(t\cos qt)=-\frac{d}{ds}\left(\frac{s}{s^2+q^2}\right)=-\frac{(s^2+q^2)-2s^2}{(s^2+q^2)^2}=\frac{s^2-q^2}{(s^2+q^2)^2}$$

를 얻는다.

문제 56

$\mathcal{L}\,(\cos qt)=\dfrac{s}{s^2+q^2}$ 일 때 $\mathcal{L}\,(t^2\cos qt)$를 구하라.

[풀이] 앞의 문제 55에서의 편미분정리에 의해

$$\mathcal{L}\,(t\cos qt)=\frac{s^2-q^2}{(s^2+q^2)^2}$$

로 되고

$$\mathcal{L}\,(t^2\cos qt)=-\frac{d}{ds}\left\{\frac{s^2-q^2}{(s^2+q^2)^2}\right\}$$

$$=-\frac{2s(s^2+q^2)-2(s^2+q^2)\cdot 2s(s^2-q^2)}{(s^2+q^2)^4}$$

$$=-\frac{2s(s^2+q^2)\{(s^2+q^2)-2(s^2-q^2)\}}{(s^2+q^2)^4}$$

$$= \frac{-2s(s^2+q^2)(-s^2+3q^2)}{(s^2+q^2)^3}$$

$$= \frac{2s(s^2-3q^2)}{(s^2+q^2)^3}$$

를 얻는다.

문제 57

$\mathcal{L}(e^{-pt}-e^{-qt}) = \dfrac{1}{s+p} - \dfrac{1}{s+q}$ 일 때 $\mathcal{L}\left(\dfrac{e^{-pt}-e^{-qt}}{t}\right)$를 구하라.

[풀이] 함수 $\dfrac{e^{-pt}-e^{-qt}}{t}$는 함수 $e^{-pt}-e^{-qt}$에 t^{-1}를 곱한 것과 같다. 일반적으로 t 함수 $f(t)$를 t로 n회 나눈 경우에 대해 고찰해 본다. 이것은 t^{-n}을 곱한다는 의미이다. 즉, 이 경우는 s 함수를 s에서 ∞까지 n회 적분하는 것으로

$$\mathcal{L}\{t^{-n}f(t)\} = \underbrace{\int\int \cdots\cdots \int_s^\infty}_{n\text{회 적분}} F(s)(ds)^n$$

가 성립한다. 주어진 문제는 $n=1$이므로

$$\mathcal{L}\left(\frac{e^{-pt}-e^{-qt}}{t}\right) = \int_s^\infty \left\{\frac{1}{s+p} - \frac{1}{s+q}\right\} ds$$

$$= \int_s^\infty \frac{ds}{s+p} - \int_s^\infty \frac{ds}{s+q}$$

$$= \left[\log\frac{s+p}{s+q}\right]_s^\infty = \log\frac{s+p}{s+q}$$

를 얻는다.

문제 58

앞의 문제에서 $p=0$, $q=1$일 때의 해를 구하라.

[풀이] $p=0$, $q=1$이므로

$$\mathcal{L}\left(\frac{e^{-0}-e^{-t}}{t}\right) = \mathcal{L}\left(\frac{1-e^{-t}}{t}\right)$$

$$= \int_s^\infty \left(\frac{1}{s} - \frac{1}{s+1}\right) ds$$

$$= \int_s^\infty \frac{ds}{s} - \int_s^\infty \frac{ds}{s+1}$$

$$= \left[\log \frac{s}{s+1}\right]_s^\infty = \log\left(1 + \frac{1}{s}\right)$$

를 얻는다.

문제 59 •

$\mathcal{L}(\sin pt) = \dfrac{p}{s^2+p^2}$ 일 때 $\mathcal{L}\left(\dfrac{\sin pt}{t}\right)$를 구하라.

[풀이] $\sin pt$를 t로 나눈 것이 $(\sin pt)/t$ 이므로 문제 57에서 언급된 적분에 관한 정리를 이용하여 계산하면

$$\mathcal{L}\left(\frac{\sin pt}{t}\right) = \int_s^\infty \frac{p}{s^2+p^2} ds = \left[\tan^{-1}\frac{s}{p}\right]_s^\infty$$

$$= \frac{\pi}{2} - \tan^{-1}\frac{s}{p} = \cot^{-1}\frac{s}{p}$$

로 된다.

문제 60 •

$\mathcal{L}\left(t\dfrac{d^3y}{dt^3}\right)$를 구하라. 단, $\mathcal{L}\{y(t)\} = Y(s)$이다.

[풀이] 미분정리에 의해 $f(t)$의 n계 도함수는 상수 c일 때,

$$c\mathcal{L}\{f^{(n)}(t)\} = cs^n \mathcal{L}\{f(t)\}$$

$$- cs^{n-1}f(0_+) - cs^{n-2}f'(0_+) - \cdots - cf^{(n-1)}(0_+)$$

가 성립한다. 주어진 문제에서는 $n=3$이므로

$$\mathcal{L}\left(\frac{d^3y}{dt^3}\right) = s^3\mathcal{L}(y) - s^2y(0) - s^2y(0) - sy'(0) - y''(0)$$

로 되고, $\mathcal{L}\{y(t)\} = Y(s)$이므로

$$\mathcal{L}\left(\frac{d^3y}{dt^3}\right) = s^2Y(s) - s^2y(0) - sy'(0) - y''(0)$$

가 얻어진다. 따라서 문제 55에서 언급된 편미분정리의 결과를 이용하면

$$\mathcal{L}\{tf(t)\} = -dF\frac{(s)}{ds}$$

로 된다. 따라서 다음 식을 얻는다.

$$\mathcal{L}\left(t\frac{d^3y}{dt^3}\right) = -\frac{d}{ds}\{s^3Y(s) - s^2y(0) - sy'(0) - y''(0)\}$$

$$= -s^3\frac{dY(s)}{ds} - 3s^2Y(s) + 2sy(0) + y'(0)$$

문제 61 •

$\mathcal{L}\left(t^2\frac{d^3y}{dt^3}\right)$를 구하라. 단, $\mathcal{L}\{y(t)\} = Y(s)$이다.

[풀이] 앞의 문제에서 구해진 $\mathcal{L}(td^3y/dt^3)$의 값을 이용하면 된다.

$$\mathcal{L}\left(t^2\frac{d^3y}{dt^3}\right) = \mathcal{L}\left(t \cdot t\frac{d^3y}{dt^3}\right)$$

이다. 앞의 문제의 결과로부터

$$\mathcal{L}\left(t\frac{d^3y}{dt^3}\right) = -s^3\frac{dY(s)}{ds} - 3s^2Y(s) + 2sy(0) + y'(0)$$

이므로

$$\mathcal{L}\left(t^2\frac{d^3y}{dt^3}\right) = \mathcal{L}\left(t \cdot t\frac{d^3y}{dt^3}\right)$$

$$= -\frac{d}{ds}\left\{-s^3\frac{dY(s)}{ds} - 3s^2Y(s) + 2sy(0) + y'(0)\right\}$$

$$= s^3\frac{d^2Y(s)}{ds^2} + 3s^2\frac{dY(s)}{ds} + 3s^2\frac{dY(s)}{ds} + 6sY(s) - 2y(0)$$

$$= s^3\frac{d^2Y(s)}{ds^2} + 6s^2\frac{dY(s)}{ds} + 6sY(s) - 2y(0)$$

를 얻는다.

문제 62 •

$\mathcal{L}\left(t^3\frac{d^3y}{dt^3}\right)$를 구하라. 단, $\mathcal{L}\{y(t)\} = Y(s)$이다.

[풀이] 앞의 문제와 똑같이 실행한다. 앞의 문제 61에서 구한 $\mathcal{L}(t^2 d^3y/dt^3)$를 이용한다.

$$\mathcal{L}\left(t^3\frac{d^3y}{dt^3}\right)=\mathcal{L}\left(t\cdot t^2\frac{d^3y}{dt^3}\right)=-\frac{d}{ds}\left[\mathcal{L}\left\{t^2\frac{d^3y}{dt^3}\right\}\right]$$

$$=-\frac{d}{ds}\left\{s^3\frac{d^2Y(s)}{ds^2}+6s^2\frac{dY(s)}{ds}+6sY(s)-2y(0)\right\}$$

$$=-\left\{s^3\frac{d^3Y(s)}{ds^3}+3s^2\frac{d^2Y(s)}{ds^2}+6s^2\frac{d^2Y(s)}{ds^2}\right.$$

$$\left.+12s\frac{dY(s)}{ds}+6s\frac{dY(s)}{ds}+6Y(s)\right\}$$

$$=-\left\{s^3\frac{d^3Y(s)}{ds^3}+9s^2\frac{d^2Y(s)}{ds^2}+18s\frac{dY(s)}{ds}+6Y(s)\right\}$$

문제 63

$\mathcal{L}\{f(t)\}=F(s)=\dfrac{20s+6}{2s+3s^2+3s^3}$일 때, $\lim\limits_{t\to 0}f(t)$ 및 $\lim\limits_{t\to\infty}f(t)=3$임을 증명하라.

[풀이] 일반적으로 $\mathcal{L}\{f(t)\}=F(s)$일 때,

$$\lim_{t\to 0}f(t)=\lim_{s\to\infty}sF(s)$$

$$\lim_{t\to\infty}f(t)=\lim_{s\to 0}sF(s)$$

가 성립한다. 이로부터

$$\lim_{t\to 0}f(t)=\lim_{t\to\infty}sF(s)=\lim_{s\to\infty}s\cdot\frac{20s+6}{2s+3s^2+3s^2}$$

$$=\lim_{s\to\infty}\frac{20s+6}{2+3s+3s^2}=\lim_{s\to\infty}\frac{\frac{20}{s}+\frac{6}{s^2}}{\frac{2}{s^2}+\frac{3}{s}+3}=\frac{0}{3}=0$$

를 얻는다. 또한

$$\lim_{t\to\infty}f(t)=\lim_{s\to 0}sF(s)=\lim_{s\to 0}s\cdot\frac{20s+6}{2s+3s^2+3s^2}$$

$$=\lim_{s\to 0}\frac{20s+6}{2+3s+3s^2}=\frac{6}{2}=3$$

를 얻는다.

문제 64

$\mathcal{L}(\cos pt) = \dfrac{s}{s^2+p^2}$ 일 때 $\lim_{t\to 0} \cos pt$ 를 구하라.

[풀이] 앞의 문제 63에서

$$\lim_{t\to 0}\cos pt = \lim_{s\to\infty} sF(s)$$

$$= \lim_{s\to\infty} s\cdot\frac{s}{s^2+p^2} = \lim_{s\to\infty}\frac{s^2}{s^2+p^2}$$

$$= \lim_{s\to\infty}\frac{1}{1+\dfrac{p^2}{s^2}} = \frac{1}{1+0} = 1$$

를 얻는다.

문제 65

두 함수 $f_1(t) = t$ 와 $f_2(t) = e^{kt}$ 의 합성적분을 구하라.

[풀이] 일반적으로 두 함수의 합성적분의 라플라스 변환은

$$F_1(s)\cdot F_2(s) = \mathcal{L}\{f_1(t) * f_2(t)\}$$

가 성립한다. 주어진 문제는 $f_1(t) = t$ 및 $f_2(t) = e^{kt}$ 이므로

$$f_1(t) * f_2(t) = \int_0^t \tau e^{k(t-\tau)} d\tau = \int_0^t \tau e^{k\tau} d\tau$$

로 되고, $\int_0^t \tau e^{-k\tau} d\tau$ 를 부분적분법에 의해 구하면

$$\int_0^t \tau e^{-k\tau} d\tau = \left[\tau\left(-\frac{1}{k}e^{-k\tau}\right)\right]_0^t - \int_0^t \left(-\frac{1}{k}\right)e^{-k\tau}$$

$$= -\frac{te^{-kt}}{k} + \frac{1}{k}\cdot\left(-\frac{1}{k}\right)\left[e^{-k\tau}\right]_0^t$$

$$= -\frac{te^{-kt}}{k} - \frac{1}{k^2}(e^{-kt}-1) = -\frac{te^{-kt}}{k} - \frac{e^{-kt}}{k^2} + \frac{1}{k^2}$$

로 되므로

$$f_1(t) * f_2(t) = e^{kt}\left(-\frac{te^{-kt}}{k} - \frac{e^{-kt}}{k^2} + \frac{1}{k^2}\right) = \frac{1}{k^2}(e^{kt} - kt - 1)$$

를 얻는다.

문제 66 ●

$f_1(t) = 2,\ f_2(t) = 3e^{-t}$일 때 $f_1(t) * f_2(t)$를 구하라.

[풀이] 앞의 문제 65에서와 같이 $f_1(t) = 2$ 및 $f_2(t) = 3e^{-t}$이므로

$$f_1(t) * f_2(t) = \int_0^t 2 \cdot 3e^{-(t-\tau)} d\tau = 6\int_0^t e^{-t} \cdot e^{\tau} d\tau$$

$$= 6e^{-t}\int_0^t e^{\tau} d\tau = 6e^{-t} \cdot (e^t - 1) = \tau(1 - e^t)$$

를 얻는다.

문제 67 ●

$g(t)$의 적분 $\int_0^t g(t)dt$ 의 라플라스 변환을 구하라.

[풀이] 주어진 함수의 라플라스 변환은

$$\mathcal{L}\left\{\int_0^t g(t)\,dt\right\} = \int_0^t e^{-st}\{g(t)dt\}dt$$

로 되고

$$g^{(-1)}(t) = g^{(-1)}(0) + \int_0^t g(t)dt$$

를 정의하면, 부분적분법에 의해

$$\mathcal{L}\left\{\int_0^t g(t)dt\right\} = \left[\int_0^t g(t)dt \cdot \left(-\frac{1}{s}e^{-st}\right)\right]_0^{\infty} - \int_0^{\infty}\left(-\frac{1}{s}e^{-st}\right)g(t)dt$$

$$= \left[0 - \left(-\frac{1}{s}\int_0^0 g(t)dt\right)\right] - \left(\frac{-1}{s}\right)\int_0^{\infty} e^{-st}g(t)dt$$

$$= \frac{1}{s}\mathcal{L}\{g(t)\} = \frac{1}{s}G(s)$$

를 얻고

$$\mathcal{L}\{g^{(-1)}(t)\} = \mathcal{L}\left\{\int_0^t g(t)dt\right\} = \frac{1}{s}G(s) + \frac{1}{s}g^{(-1)}(0)$$

로 되며, 이를 확장하면

$$\mathcal{L}\{g^{(-2)}(t)\} = \frac{1}{s^2}G(s) + \frac{1}{s^2}g^{(-1)}(0) + \frac{1}{s}g^{(-2)}(0)$$

$$\mathcal{L}[g^{(-n)}] = s^{-n}G(s) + s^{-n}g^{(-1)}(0)$$
$$+ s^{-(n-1)}g^{(-2)}(0) + \cdot\cdot\cdot + s^{-1}g^{(-n)}(0)$$

를 얻을 수 있다. 여기서

$$g^{(-n)}(t) = g^{(-n)}(0) + \int_0^t g^{(-n+1)}(t)dt$$

로 정의될 수 있다. 만약

$$g^{(-1)}(0) = g^{(-2)}(0) = \cdot\cdot\cdot = g^{(-n)}(0) = 0$$

이면

$$\mathcal{L}\left[\int_0^t\int_0^t \cdot\cdot\cdot \int_0^t g(t)(dt)^n\right] = \mathcal{L}\{g^{(-n)}(t)\} = s^{-n}G(s)$$

로 된다.

문제 68

그림 6-24 함수 $g(t)$의 라플라스 변환을 구하라.

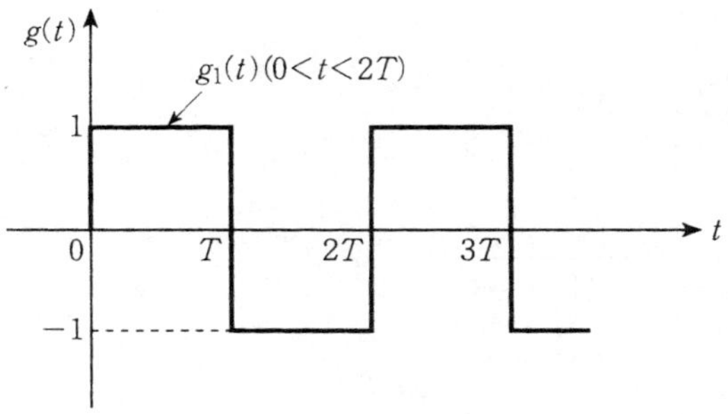

그림 6-24

[풀이] 먼저 $t=0$에서 $t=2T$까지의 함수를 $g_1(t)$라 정의하고, 라플라스 변환을 구한다.

$$\mathcal{L}\{g_1(t)\} = \int_0^T e^{-st} g(t)dt - \int_T^{2T} e^{-st} g(t)dt$$

로 된다. 그림에서 $|g(t)| = 1$이므로

$$\mathcal{L}\{g_1(t)\} = \int_0^T e^{-st} dt - \int_T^{2T} e^{-st} dt$$

$$= \left[-\frac{1}{s}e^{-st}\right]_0^T - \left[-\frac{1}{s}e^{-st}\right]_T^{2T}$$

$$= -\frac{1}{s}e^{-sT} + \frac{1}{s} + \frac{1}{s}e^{-2sT} - \frac{1}{s}e^{-st}$$

$$= \frac{1}{s}(1 - 2e^{-sT} + e^{-2sT})$$

$$= \frac{1}{s}(1 - e^{-sT})^2 = G_1(s)$$

를 얻는다. 그림 6-24의 함수는 주기 $2T$의 구형파 주기함수이다.
일반적으로 t 의 함수 $f(t)$에서 시작하는 주기 T의 주기함수이면

$$f(t+T) = f(t) \quad (t > 0)$$

가 성립하며 $(c > t > 0)$의 구간에서 연속이면 $f(t)$의 $(0 < t < c)$에서의 값을 $f_1(t)$라 하였을 때, $f(t)$의 라플라스 변환은

$$\mathcal{L}\{f(t)\} = F(s) = \frac{\int_0^e e^{-st} f_1(t)dt}{1 - e^{-sT}} = \frac{F_1(s)}{1 - e^{-sT}}$$

가 성립한다. 따라서 구하고자 하는 라플라스 변환을 $\mathcal{L}\{g(t)\} = G(s)$라 하면 주기가 $2T$이므로 T 대신에 $2T$라고 쓰면 되므로

$$G(s) = \mathcal{L}\{g(t)\}$$

$$= \frac{G_1(s)}{1 - e^{-2sT}} = \frac{1}{s} \cdot \frac{(1 - e^{sT})^2}{1 - e^{-2sT}}$$

$$= \frac{(1 - e^{sT})^2}{s(1 + e^{-st})(1 - e^{-sT})}$$

$$= \frac{1}{s} \cdot \frac{1 - e^{-sT}}{1 + e^{-sT}} = \frac{1}{s}\tanh\frac{sT}{2}$$

를 얻는다.

문제 69

미분방정식 $2\frac{d^2y}{dt^2}+6y=0$를 풀어라.

단, $\{\mathcal{L}\{y(t)\}=Y(s),\ t=0,\ y(0)=c_1,\ y'(0)=c_2$이다.

[풀이] 주어진 미분방정식의 양변을 2로 나누면

$$\frac{d^2y}{dt^2}+3y=0$$

로 되고, 라플라스 변환하면

$$\mathcal{L}\left(\frac{d^2y}{dt^2}+3y\right)=0,\ \mathcal{L}\left(\frac{d^2y}{dt^2}\right)+3\mathcal{L}(y)=0$$

$$\mathcal{L}\left(\frac{d^2y}{dt^2}\right)=s^2Y(s)-sy(0)-y'(0)$$

로 되고 $y(0)=c_1,\ y'(0)=c_2$이므로 이들을 이용하면

$$\mathcal{L}\left(\frac{d^2y}{dt^2}\right)=s^2Y(s)-c_1s-c_2$$

$$\therefore\ s^2Y(s)-c_1s-c_2+3Y(s)=0,\qquad Y(s)(s^2+3)=c_1s+c_2$$

$$\therefore\ Y(s)=\frac{c_1s+c_2}{s^2+3}=\frac{c_1s}{s^2+3}+\frac{c_2}{s^2+3}$$

로 되며, 이것을 라플라스 역변환하여

$$y(t)=\mathcal{L}^{-1}\left(\frac{c_1s}{s^2+3}+\frac{c_2}{s^2+3}\right)$$

$$=c_1\mathcal{L}^{-1}\left\{\frac{s}{s^2+(\sqrt{3})^2}\right\}+\frac{c_2}{\sqrt{3}}\mathcal{L}^{-1}\left\{\frac{\sqrt{3}}{s^2+(\sqrt{3})}\right\}$$

$$=c_1\cos\sqrt{3}+\frac{c_2}{\sqrt{3}}\sin\sqrt{3}\,t$$

를 얻는다.

문제 70

미분방정식 $\frac{d^2y}{dt^2}-\frac{dy}{dt}-6y=2$를 풀어라.

단, $\mathcal{L}\{y(t)\} = Y(s)$, $t=0$에서 $y(0)=1$, $y'(0)=0$이라 한다.

[풀이] $\mathcal{L}\left(\dfrac{d^2y}{dt^2} - \dfrac{dy}{dt} - 6y\right) = \mathcal{L}(2)$

에서

$$\mathcal{L}\left(\frac{d^2t}{dt^2}\right) = s^2 Y(s) - sy(0) - y'(0)$$

로 되며, $y(0)=1, y'(0)=0$를 윗식에 대입하면

$$\mathcal{L}\left(\frac{d^2t}{dt^2}\right) = s^2 Y(s) - s$$

및

$$\mathcal{L}\left(\frac{dy}{dt}\right) = s\,Y(s) - y(0) \qquad ①$$

로부터 $y(0)=1$를 위 식에 대입하면

$$\mathcal{L}\left(\frac{dy}{dt}\right) = s\,Y(s) - 1 \qquad ②$$

$$\mathcal{L}(6y) = 6\mathcal{L}(y) = 6\,Y(s) \qquad ③$$

$$\mathcal{L}(2) = \frac{2}{s} \qquad ④$$

를 얻는다. 따라서 식 ①, ②, ③, ④에서

$$s^2 Y(s) - s - s\,Y(s) + 1 - 6\,Y(s) = \frac{2}{s}$$

$$\therefore\ Y(s)(s^2 - s - 6) = \frac{2}{s} + s - 1 = \frac{s^2 - s + 2}{s}$$

로 되고

$$Y(s) = \frac{s^2 - s + 2}{s(s-3)(s+2)} = \frac{A}{s} + \frac{B}{s-3} + \frac{C}{s+2}$$

와 같이 부분분수 전개하여 미정계수법에 의해 A, B, C를 구하면

$$\frac{s^2 - s + 2}{s(s-3)(s+2)} = \frac{A(s-3)(s+2) + Bs(s+2) + Cs(s-3)}{s(s-3)(s+2)}$$

$$\therefore\ s^2 - s + 2 = A(s^2 - s - 6) + B(s^2 + 2s) + C(s^2 - 3s)$$

$$\therefore\ s^2 - s + 2 = (A + B + C)s^2 + (2B - 3C - A)s - 6A$$

$$A + B + C = 1$$

$$2B - 3C - A = -1$$

$$-6A = 2$$

$$A = -1/3,\ B = 8/15,\ C = 4/5$$

를 얻는다. 얻어진 A, B, C의 값을 $Y(s)$의 식에 대입하면

$$Y(s) = \frac{-\frac{1}{3}}{s} + \frac{\frac{8}{15}}{s-3} + \frac{\frac{4}{5}}{s+2}$$

를 얻는다. 따라서 역변환에 의해 $y(t)$를 구하면

$$y(t) = \mathcal{L}^{-1}\{Y(s)\}$$

$$= \mathcal{L}^{-1}\left(\frac{-\frac{1}{3}}{3}\right) + \mathcal{L}^{-1}\left(\frac{\frac{8}{15}}{s-3}\right) + \mathcal{L}^{-1}\left(\frac{\frac{4}{5}}{s+2}\right)$$

$$= -\frac{1}{3} + \frac{8}{15}e^{3t} + \frac{4}{5}e^{-2t}$$

를 얻는다.

문제 71

미분방정식 $\frac{1}{(\sqrt{a}+\sqrt{b})} \cdot \frac{d^2y}{dt^2} - \frac{dy}{dt} + \frac{\sqrt{ab}}{(\sqrt{a}+\sqrt{b})}y = 0$을 풀어라. 단, $t = 0$에서 $y(0) = 1$, $y'(0) = 0$, $\mathcal{L}(y) = Y(s)$이다.

[풀이] 먼저 주어진 미분방정식의 양변에 $(\sqrt{a}+\sqrt{b})$를 곱하면

$$\frac{d^2y}{dt^2} - (\sqrt{a}+\sqrt{b})\frac{dy}{dt} + \sqrt{ab}\,y = 0$$

로 되고, 이 식에 라플라스 변환을 적용하면

$$\{s^2Y(s) - sy(0) - y'(0)\} - (\sqrt{a}+\sqrt{b})\{sY(s) - y(0)\} + \sqrt{ab}\,Y(s) = 0$$

로 되며, 초기조건 $y(0) = 1$, $y'(0) = 0$를 대입하여

$$Y(s)(s^2 - (\sqrt{a}+\sqrt{b})s + \sqrt{ab}) - s + (\sqrt{a}+\sqrt{b}) = 0$$

$$\therefore\quad Y(s) = \frac{s - (\sqrt{a}+\sqrt{b})}{(s-\sqrt{a})(s-\sqrt{b})}$$

를 얻는다. 여기서

$$\frac{s-(\sqrt{a}+\sqrt{b})}{(s-\sqrt{a})(s-\sqrt{b})}=\frac{A}{s-\sqrt{a}}+\frac{B}{s-\sqrt{b}}$$

로 두면

$$s-(\sqrt{a}+\sqrt{b})=As-A\sqrt{b}+Bs-B\sqrt{a}$$
$$=(A+B)s-(A\sqrt{b}+B\sqrt{a})$$

$$\begin{cases} A+B=1 \\ a\sqrt{b}+B\sqrt{a}=\sqrt{a}+\sqrt{b} \end{cases}$$

를 얻는다. 이 연립방정식을 A와 B에 대해서 풀면

$$A=-\frac{\sqrt{b}}{\sqrt{a}-\sqrt{b}},\quad B=\frac{\sqrt{a}}{\sqrt{a}-\sqrt{b}}$$

를 얻으므로

$$Y(s)=\frac{-\dfrac{\sqrt{b}}{\sqrt{a}-\sqrt{b}}}{s-\sqrt{a}}+\frac{\dfrac{\sqrt{a}}{\sqrt{a}-\sqrt{b}}}{s-\sqrt{b}}$$

$$y(t)=\mathcal{L}^{-1}\{Y(s)\}=\frac{\sqrt{b}}{\sqrt{a}-\sqrt{b}}e^{\sqrt{a}t}+\frac{\sqrt{a}}{\sqrt{a}-\sqrt{b}}e^{\sqrt{b}t}$$

를 얻는다.

문제 72

미분방정식 $\dfrac{d^2y}{dt^2}+3y=\sin t$ 를 풀어라.

단, $t=0$에서 $y(0)=0$, $y'(0)=0$ 또 $\mathcal{L}(y)=Y(s)$라 한다.

[풀이] 주어진 미분방정식의 라플라스 변환을 구하면

$$s^2Y(s)-sy(0)-y'(0)+3Y(s)=\frac{1}{s^2+1}$$

로 되고, 초기조건을 대입하면

$$s^2Y(s)+3Y(s)=\frac{1}{s^2+1}\qquad \therefore\ Y(s)=\frac{1}{(s^2+1)(s^2+3)}$$

를 얻고

$$\frac{1}{(s^2+1)(s^2+3)}=\frac{A}{s^2+1}+\frac{B}{s^2+3}$$

라 두고 A, B를 구하면

$$As^2+3A+Bs^2+B=1 \qquad \therefore\ (A+B)s^2+3A+B=1$$

$$3A+B=1$$

$$A+B=0$$

로부터 $A=1/2$, $B=-1/2$를 얻는다. 따라서

$$Y(s)=\frac{\frac{1}{2}}{s^2+1}-\frac{\frac{1}{2}}{s^2+3}=\frac{\frac{1}{2}}{d^2+1}-\frac{\frac{1\cdot\sqrt{3}}{2\sqrt{3}}}{s^2+(\sqrt{3})^2}$$

$$y(t)=\mathcal{L}^{-1}\{Y(s)\}=\frac{1}{2}\text{sin}t-\frac{1}{2\sqrt{3}}\sin\sqrt{3}t$$

를 얻는다.

문제 73

미분방정식 $\dfrac{d^2y}{dt^2}-2\dfrac{dy}{dt}+y=2e^t$을 풀어라.

단, $t=0$에서 $y(0)=0$, $y'(0)=0$이며 $\mathcal{L}(y)=Y(s)$이다.

[풀이] 주어진 미분방정식의 라플라스 변환을 구하면

$$\mathcal{L}\left(\frac{d^2y}{dt^2}-2\frac{dy}{dt}+y\right)=2\mathcal{L}(e^t)$$

$$\{s^2Y(s)-sy(0)-y'(0)\}-2\{sY(s)-y(0)\}+Y(s)=\frac{2}{s-1}$$

로 되고, 초기조건을 대입하면

$$s^2Y(s)-2sY(s)+Y(s)=\frac{2}{s-1}$$

$$\therefore\ Y(s)(s^2-2s+1)=\frac{2}{s-1}$$

$$\therefore\ Y(s)=\frac{2}{(s^2-2s+1)(s-1)}=\frac{2}{(s-1)^2(s-1)}$$

$$=\frac{2}{(s-1)^3}=2\cdot\frac{1}{(s-1)^3}$$

$$\therefore\ \mathcal{L}^{-1}\{Y(s)\}=\mathcal{L}^{-1}\left\{2\cdot\frac{1}{(s-1)^3}\right\}=\frac{1}{3}t^2e^t$$

를 얻는다. 참고로

$$\mathcal{L}\,(ce^{\alpha t}t^n) = \frac{cI^n(n+1)}{(s-\alpha)^{n+1}}$$

임을 유념해 두기 바란다.

문제 74

미분방정식 $\dfrac{d^3y}{dt^3} + \dfrac{dy}{dt} = e^{3t}$를 풀어라.

단, $t=0$에서 $y\,(0) = y'(0) = y''(0) = 0$, $\mathcal{L}\,(y) = Y(s)$이다.

[풀이] 주어진 미분방정식의 라플라스 변환을 구한다.

$$\mathcal{L}\left(\frac{d^3y}{dt^3} + \frac{dy}{dt}\right) = \mathcal{L}\,(e^{3t})$$

$$\{s^3Y(s) - s^2y(0) - sy'(0) - y''(0)\} + s\,Y(s) - y(0) = \frac{1}{s-3}$$

$$y\,(0) = y'(0) = y''(0) = 0$$

$$Y(s)(s^3+s) = \frac{1}{s-3}$$

$$\therefore\ \ Y(s) = \frac{1}{(s^3+s)(s-3)} = \frac{1}{s\,(s-3)(s^2+1)}$$

로부터

$$\frac{1}{s\,(s-3)(s^2+1)} = \frac{N(s)}{D(s)}$$

라 두면

$$D(s) = s\,(s-3)(s^2+1)$$

이므로

$$D'(s) = 4s^3 - 9s^2 + 2s - 3$$

$$D'(0) = -3,\quad D'(3) = 30,\quad D'(j) = 6 - j2,\quad D'(-j) = 6 + j2$$

로 된다. 그런데 $D(s)$가 $N(s)$보다 더 고차이고 $D(s)$가 $D(s)=0$를 만족하는 단근 $s_1, s_2, s_3, \cdots, s_n$을 가지게 되면

$$f\,(t) = \mathcal{L}^{-1}\{F(s)\} = \sum_{i=1}^{n} \frac{P(s_i)}{D'(s_i)} e^{-jt} \quad *$$

로 되므로

$$f(t) = -\frac{1}{3}e^{0\cdot t} + \frac{1}{30}e^{3t} + \frac{3+j}{20}e^{jt} + \frac{3-j}{20}e^{-jt}$$

$$= -\frac{1}{3} + \frac{1}{30}e^{3t} + \frac{j}{20}(e^{jt} - e^{-jt}) + \frac{3}{20}(e^{jt} + e^{-jt})$$

$$= -\frac{1}{3} + \frac{1}{30}e^{3t} + \frac{2j^2}{20}\left(\frac{e^{jt} - e^{-jt}}{2j}\right)\frac{6}{20}\left(\frac{e^{jt} + e^{-jt}}{2}\right)$$

$$= -\frac{1}{3} + \frac{1}{30}e^{3t} - \frac{1}{10}\sin t + \frac{3}{10}\cos t$$

를 얻는다.

문제 75

미분방정식 $t\frac{d^2y}{dt^2} + (3t+1)\frac{dy}{dt} - (4t+1) = 0$를 풀어라.

단, $t=0$에서 $y(0) = y'(s) = c$, $\mathcal{L}(y) = Y(s)$이다.

[풀이] 편미분정리에 의해 시간함수에 t 를 곱한다는 것은 s 함수를 미분하여 (-1) 를 곱한다는 것이다. 초기조건 $y(0) = y'(0) = c$ 를 이용해서 라플라스 변환하면,

$$\mathcal{L}\left(t\frac{d^2y}{dt^2}\right) = (-1)\frac{d}{ds}\{s^2Y(s) - sy(0) - y'(0)\}$$

$$= (-1)\frac{d}{ds}\{s^2Y(s) - cs - c\}$$

$$= -2sY(s) - s^2Y'(s) + c \quad ①$$

$$\mathcal{L}\left\{3t\frac{dy}{dt}\right\} = (-1)\cdot 3\cdot\frac{d}{ds}\{sY(s) - y(0)\}$$

$$= (-)\cdot 3\cdot\frac{d}{ds}\{sY(s) - c\}$$

$$= (-3)\{Y(s) + sY'(s)\} = -3Y(s) - 3sY'(s) \quad ②$$

$$\mathcal{L}\left(\frac{dy}{dt}\right) = sY(s) - y(0) = sY(s) - c \quad ③$$

$$\mathcal{L}(-4ty) = -(-1)\cdot 4\cdot\frac{d}{ds}\{Y(s)\} = 4Y'(s) \quad ④$$

$$\mathcal{L}(-y) = -Y(s) \quad ⑤$$

로 된다. 우변의 라플라스 변환은 $\mathcal{L}(0)=0$이므로 식 ①, ②, ③, ④, ⑤로부터

$$-2sY(s)-s^2Y'(s)+c-3Y(s)-3sY'(s)+sY(s)-c+4Y'(s)-Y(s)$$

$$=-Y'(s)(s^2+3s-4)-Y(s)(2s+3-s+1)=0$$

$$Y'(s)(s^2+3s-4)=Y(s)(s+4)$$

$$-Y'(s)(s+4)(s-1)=Y(s)(s+4)$$

$$-Y'(s)(s-1)=Y(s)$$

$$\frac{Y'(s)}{Y(s)}=-\frac{1}{s-1},\quad \log|Y(s)|=-c\log|(s-1)|$$

$$\therefore\ Y(s)=\frac{c}{s-1}$$

를 얻고

$$y(t)=\mathcal{L}^{-1}\{Y(s)\}=\mathcal{L}^{-1}\left\{\frac{c}{s-1}\right\}=ce^t$$

를 얻는다.

문제 76

미분방정식 $t\frac{d^2y}{dt^2}-2t\frac{dy}{dt}+ty=0$를 풀어라.

단, $t=0$에서 $y(0)=0$, $y'(0)=1$, $y''(0)=2$, $\mathcal{L}(y)=Y(s)$이다.

[풀이] 라플라스 변환하면

$$\mathcal{L}\left(t\frac{d^2y}{dt^2}\right)=(-1)\frac{d}{ds}\{d^2Y(s)-sy(0)-y'(0)\}=(-1)\frac{d}{ds}\{s^2Y(s)-1\}$$

$$=-2sY(s)-s^2Y'(s) \qquad ①$$

$$\mathcal{L}\left(-2t\frac{dy}{dt}\right)=-(-1)\cdot 2\cdot\frac{d}{ds}\{sY(s)-y(0)\}=2\{Y(s)+sY'(s)\}$$

$$=sY(s)+2sY'(s) \qquad ②$$

$$\mathcal{L}(ty)=(-1)\frac{d}{ds}\{Y(s)\}=-Y'(s) \qquad ③$$

로 되고, 우변의 라플라스 변환은 $\mathcal{L}(0)=0$이므로 식 ①, ②, ③으로부터

$$-2sY(s)-s^2Y(s)+2Y(s)+2sY'(s)-Y'(s)=0$$

$$\therefore -Y(s)(s^2-2s+1)-Y(s)(2s-2)=0$$

$$\therefore -Y'(s)(s^2-2s+1)=Y(s)(2s-2)$$

$$\therefore \frac{Y'(s)}{Y(s)}=-\frac{2s-2}{s^2-2s+1}=-\frac{2(s-1)}{(s-1)^2}=-\frac{2}{s-1}$$

를 얻고, 양변을 적분하면

$$\int \frac{Y'(s)}{Y(s)}ds=-\int \frac{2}{s-1}ds$$

$$\therefore \log Y(s)=-2c\log(s-1) \qquad \therefore \ Y(s)=\frac{c}{(s-1)^2}$$

를 얻는다. 따라서

$$y(t)=\mathcal{L}^{-1}\{Y(s)\}=\mathcal{L}^{-1}\left\{\frac{c}{(s-1)^2}\right\}=c'te^t \qquad \left(c'=\frac{c}{2}\right)$$

를 얻는다.

문제 77

2계 선형 상미분방정식

$$\frac{d^2y}{dt^2}=\frac{1}{t}\frac{dy}{dt}+(1+\frac{n^2}{t^2})y=0$$

의 기본해를 n차의 Bessel 함수라 한다. 이제 $n=0$의 경우를 생각하면

$$\frac{d^2y}{dt}+\frac{1}{t}\frac{dy}{dt}+y=0$$

로 되는 미분방정식을 영차의 Bessel 미분방정식이라 한다. 이 Bessel 미분방정식을 풀어라. 단, $t=0$에서 $y(0)=1$, $y'(0)=0$, $\mathcal{L}(y)=Y(s)$이다.

[풀이] 먼저 주어진 영차 Bessel 미분방정식의 양변에 t를 곱하면

$$t\frac{d^2y}{dt^2}+\frac{dy}{dt}+ty=0$$

로 되고, 양변을 라플라스 변환하고 $y(0)=1$, $y'(0)=0$를 이용하면

$$\mathcal{L}\left(t\frac{d^2y}{dt^2}\right)=(-1)\frac{d}{ds}\{d^2Y(s)-sy(0)-y'(0)\}$$

$$=(-1)\frac{d}{ds}\{s^2Y(s)-s\}=-2sY(s)-s^2y'(s)+1 \qquad ①$$

$$\mathcal{L}\left(\frac{dy}{dt}\right) = s\,Y(s) - y\,(0) = s\,Y(s) - y\,(0) = s\,Y(s) - 1 \qquad ②$$

$$\mathcal{L}\,(ty) = (-1)\frac{d}{ds}\{Y(s)\} = -\,Y'(s) \qquad ③$$

로 되며 $\mathcal{L}\,(0) = 0$이므로 식 ①, ②, ③ 에서

$$-2s\,Y(s) - s^2\,Y'(s) + 1 + s\,Y(s) - 1 - Y'(s) = 0$$

$$-\,Y'(s)(s^2+1) - Y(s)(2s - s) = 0 \qquad \therefore -\,Y'(s)(s^2+1) = s\,Y(s)$$

$$\therefore\ \frac{Y'(s)}{Y(s)} = -\frac{s}{s^2+1} = -\frac{1}{2}\cdot\frac{2s}{s^2+1}$$

를 얻고, 양변을 적분하면

$$\int \frac{Y'(s)}{Y(s)}ds = -\frac{1}{2}\int\frac{2s}{s^2+1}$$

$$\therefore\ \log Y(s) = -\frac{1}{2}c\log(s^2+1)$$

$$\therefore\ Y(s) = \frac{c}{\sqrt{s^2+1}}$$

를 얻는다. $s > 1$인 경우에는

$$Y(s) = \frac{c}{s}(1+\frac{1}{s^2})^{-1/2} = \frac{c}{s}(1 - \frac{1}{2}\cdot\frac{1}{s^2} + \frac{1}{2^2}\cdot\frac{3}{2!}\cdot\frac{1}{s^4} - \ldots\ldots)$$

$$= c\sum_{n=0}^{\infty}\frac{(-1)^n}{(2^n!)^2}\cdot\frac{(2n)!}{s^{2n+1}}$$

로 된다. 따라서

$$y\,(t) = \mathcal{L}^{-1}\{Y(s)\} = c\sum_{n=0}^{\infty}\frac{(-1)^n}{(2^n n!)^2}t^{2n}$$

를 얻으며, 초기조건에 의해 $t = 0$에서 $y\,(0) = 1$이므로 $c = 1$이어야 한다.
결국

$$y = \sum_{n=0}^{\infty}\frac{(-1)^n}{(2^n n!)^2}t^{2n}$$

를 얻는다. 이것을 영차의 Bessel 함수라 하며 $J_0(t)$로 나타낸다.

문제 78

그림 6-25에 나타낸 자기인덕턴스 L [H]와 저항 R [Ω]과의 직렬접속회로에 기전력 V [V]를 가해 $t=0$라 두고 스위치를 닫았을 때 생기는 전류 $i(t)$를 구하라.

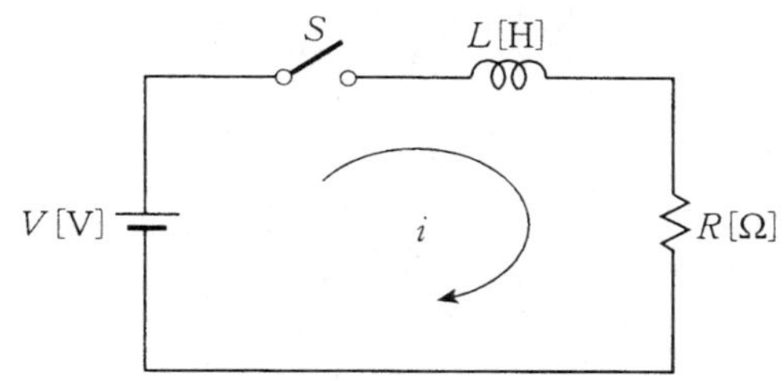

그림 6-25

[풀이] Kirchhoff의 법칙에 의해 회로의 미분방정식은

$$L\frac{di}{dt}+Ri=V$$

로 되며, 기전력은 $t>0$ 에서 V이며 $t<0$에서 0이다. 양변을 라플라스 변환한다. $\mathcal{L}\{i(t)\}=I(s)$로 정의한다.

$$\mathcal{L}\left(L\frac{di}{dt}\right)=L\,\mathcal{L}\left(\frac{di}{dt}\right)$$

$$\mathcal{L}(Ri)=R\mathcal{L}(i)=RI(s)$$

$$=L\{I(s)-i(0)\}$$

$$\mathcal{L}(V)=\frac{V}{s}$$

위 식들을 취합하면

$$L\{sI(s)-i(0)\}+RI(s)=\frac{V}{s}$$

를 얻는다. $t=0$에서 $i=0$, 즉 $i(0)=0$이므로

$$LsI(s)+RI(s)=\frac{V}{s}$$

$$\therefore\ I(s)(Ls+R)=\frac{V}{s}$$

$$\therefore I(s)=\frac{\frac{V}{s}}{Ls+R}$$

를 얻는다. 따라서

$$I(s)=\frac{V}{s(Ls+R)}=\frac{V}{L}\cdot\frac{1}{s\left(s+\dfrac{R}{L}\right)}$$

$$=\frac{V}{L}\cdot\frac{L}{R}\left(\frac{1}{s}-\frac{1}{s+\dfrac{R}{L}}\right)=\frac{V}{R}\left(\frac{1}{s}-\frac{1}{s+\dfrac{R}{L}}\right)$$

를 역변환하면 $i(t)$를 얻을 수 있다.

$$i(t)=\mathcal{L}^{-1}\left\{\frac{V}{R}\left(\frac{1}{s}-\frac{1}{s+\dfrac{R}{L}}\right)\right\}=\frac{V}{R}-\frac{V}{R}\cdot e^{-Rt/L}$$

$$=\frac{V}{R}(1-e^{-Rt/L})$$

전류 $i(t)$의 변화상태를 도시하면 그림 6-26에 나타낸 것과 같다. 그림에 나타낸 것처럼 회로를 흐르는 전류는 영에서 차츰 증가하여 정상상태전류 $i_s=V/R$에 접근한다. $t=0$에서 이 전류곡선에 접선을 긋고 점근선과 교차하는 시간을 τ라 한다. 전류곡선의 기울기 $\tan\theta$는

$$\tan\theta=\left(\frac{di}{dt}\right)_{t=0}=\left[\frac{d}{dt}\left\{\frac{V}{R}(1-e^{-Rt/L})\right\}\right]_{t=0}$$

$$=\left(0+\frac{V}{R}\cdot\frac{R}{L}e^{-Rt/L}\right)_{t=0}=\left(\frac{V}{L}e^{-Rt/L}\right)_{t=0}=\frac{V}{L}$$

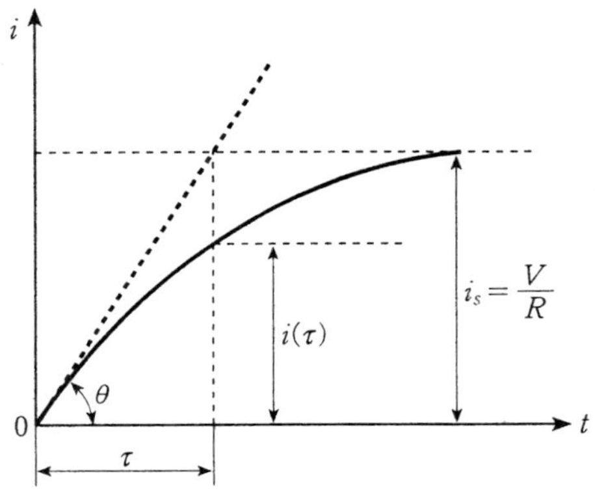

그림 6-26

로 된다. 또 그림 6-26에서 보는 바와 같이

$$\tan\theta = \frac{i_s}{\tau}$$

로 된다. 따라서

$$\frac{V}{L} = \frac{i_s}{\tau}$$

$$\therefore\ \tau = \frac{L}{V} i_s = \frac{L}{V} \cdot \frac{V}{R} = \frac{L}{R}$$

를 얻게 되며, 여기서의 τ를 시정수(time constant)라 한다.
$t = \tau$ 일 때의 전류는

$$i(\tau) = \frac{V}{R}(1 - e^{-Rt/L}) = \frac{V}{R}\{1 - e^{-(R/L)\cdot(L/R)}\} = \frac{V}{R}(1 - e^{-1})$$

$$= 0.6321\frac{V}{R}$$

로 된다. 시정수 τ가 작은 경우에는 큰 경우에 비해 전류가 정상상태에 달할 때까지 필요한 시간이 짧아지는 것을 의미한다.

문제 79

그림 6-27의 회로에 전류가 흐른다고 한다. 갑자기 스위치 S_1를 닫음과 동시에 S_2를 열고, 이 회로에 가해진 기전력을 제거하였을 때 전류 $i(t)$가 어떻게 되는가를 나타내어라.

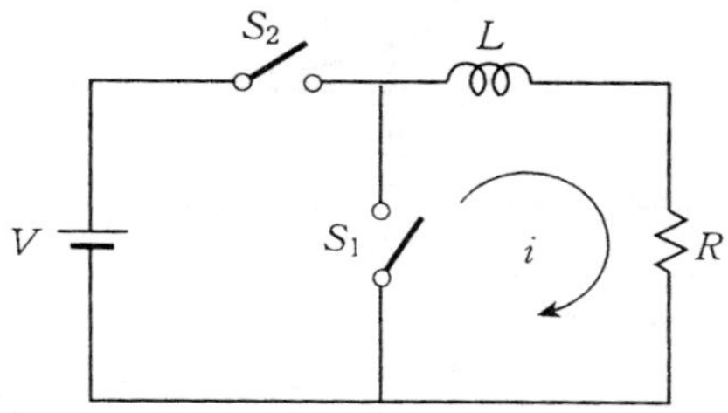

그림 6-27

[풀이] $t = 0$에서 스위치 S_1이 닫히고 S_2가 열린 순간 회로의 방정식은 다음과 같다.

$$L\frac{di}{dt} + Ri = 0$$

미분방정식의 양변을 라플라스 변환한다. $\mathcal{L}\{i(t)\}=I(s)$로 정의하면

$$\mathcal{L}\left(L\frac{di}{dt}\right)=L\,\mathcal{L}\left(\frac{di}{dt}\right)=L\{sI(s)-i(0)\}$$

$$\mathcal{L}(Ri)=R\mathcal{L}(i)=RI(s)$$

$$\mathcal{L}(0)=0$$

$$L\{sI(s)-i(0)\}+RI(s)=0$$

로 된다. 주어진 문제는

$$I(s)(sL+R)=LI$$

$$\therefore I(s)=\frac{LI}{sL+R}=\frac{I}{s+\dfrac{R}{L}}$$

로 된다. 이를 역라플라스 변환하면 $i(t)$가 결정된다.

$$i=\mathcal{L}^{-1}\{I(s)\}=Ie^{-Rt/L}$$

즉, 전류 $i(t)$는 그림 6-28에 나타낸 것처럼 시간과 함께 감소하고 결국 영이 된다. 이 경우 감쇠 시정수는 $\tau=L/R$이다.

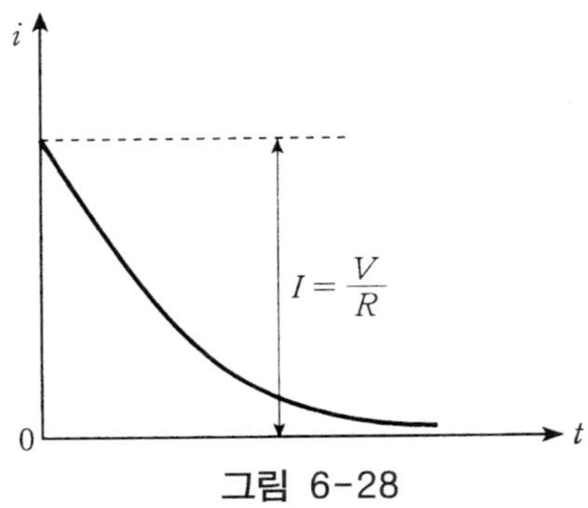

그림 6-28

문제 80

그림 6-29에 나타낸 것처럼 RC 직렬회로에 직류기전력을 가했을 경우, 회로를 흐르는 전류와 콘덴서의 C에 축적된 전하를 구하라.

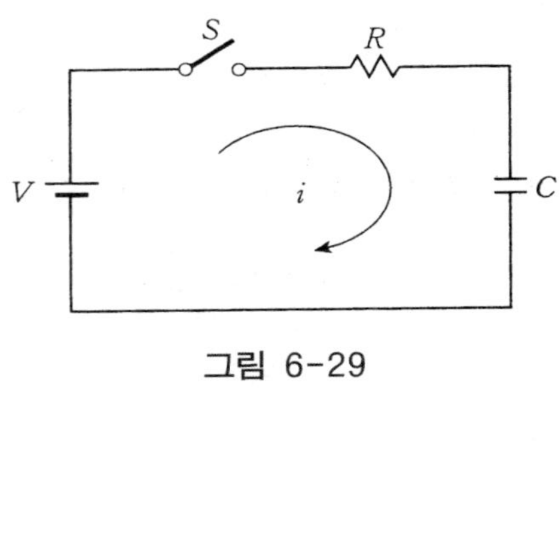

그림 6-29

[풀이] 스위치 S를 닫았을 경우의 회로의 방정식은

$$Ri+\frac{1}{C}\int idt=V$$

로 된다. 이것을 라플라스 변환하면

$$RI(s)+\frac{1}{C}\left\{I\frac{(s)}{x}+\frac{i^{(-1)}(0)}{s}\right\}=\frac{V}{s}$$

로 되고, 초기조건은 $t=0$에서 $i=0,\ \int idt=0$이므로

$$RI(s)+\frac{1}{C}\cdot\frac{I(s)}{s}=\frac{V}{s}\qquad\therefore\ I(s)=\frac{\frac{V}{s}}{R+\frac{1}{Cs}}$$

를 얻는다. 이를 부분분수 전개하면

$$I(s)=\frac{\frac{V}{s}}{R+\frac{1}{Cs}}=\frac{V}{s\left(R+\frac{1}{Cs}\right)}=\frac{\frac{V}{R}}{s\left(1+\frac{1}{RCs}\right)}$$

$$=\frac{\frac{V}{R}s}{s\left(s+\frac{1}{RC}\right)}=\frac{\frac{V}{R}}{s+\frac{1}{RC}}$$

로 되고, 역라플라스 변환하면

$$i(t)=\mathcal{L}^{-1}\{I(s)\}=\frac{V}{R}e^{-t/RC}$$

로 된다. 한편, 회로의 방정식을 전하 $q(t)$로 바꾸면

$$R\frac{dq}{dt}+\frac{1}{C}q=V$$

로 되며, 이것을 라플라스 변환하면

$$R\{s\,Q(s)-q(0)\}+\frac{1}{C}Q(s)=\frac{V}{s}$$

로 된다. $t=0$일 때 $q=0$이면

$$Rs\,Q(s)+\frac{1}{C}Q(s)=\frac{V}{s}$$

로 되고

$$Q(s)=\frac{\dfrac{V}{s}}{Rs+\dfrac{1}{C}}=\frac{\dfrac{V}{sR}}{s+\dfrac{1}{RC}}$$

$$=\frac{\dfrac{V}{R}}{s\left(s+\dfrac{1}{RC}\right)}=\frac{V}{R}\cdot RC\left(\frac{1}{s}-\frac{1}{s+\dfrac{1}{RC}}\right)=CV\left(\frac{1}{s}-\frac{1}{s+\dfrac{1}{RC}}\right)$$

을 역라플라스 변환하면

$$q(t)=\mathcal{L}^{-1}\{Q(s)\}=CV\left(1-e^{-t/RC}\right)$$

를 얻는다. 전류의 변화는 그림 6-30에 나타낸 것과 같다. 콘덴서 C의 전하 q의 변화는 그림 6-31에 나타내었다.

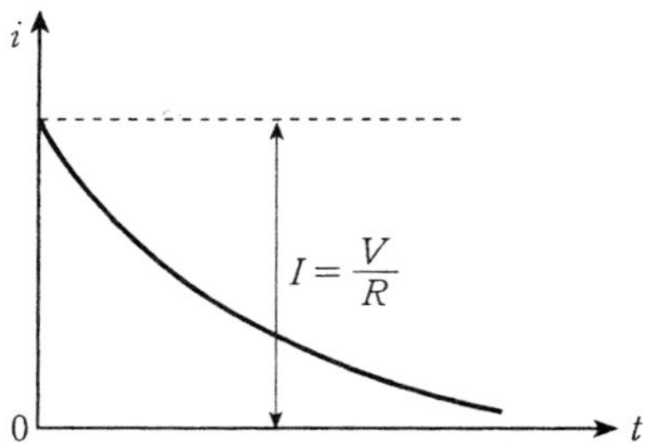

그림 6-30

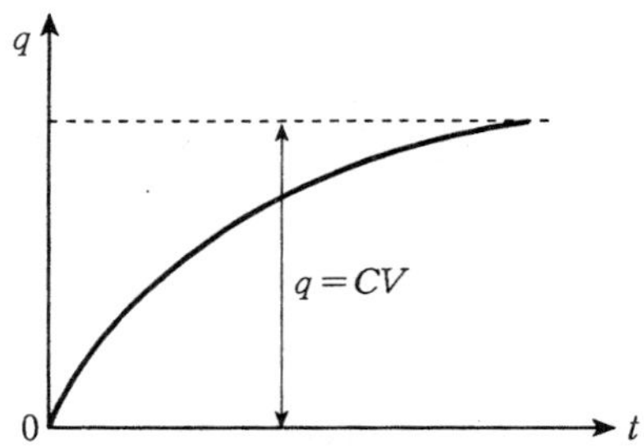

그림 6-31

문제 81

그림 6-32에 나타낸 L과 C가 직렬로 접속되어 있는 회로에서 직류기전력 V를 가했을 때의 $t=0$에서의 과도현상을 설명하라.

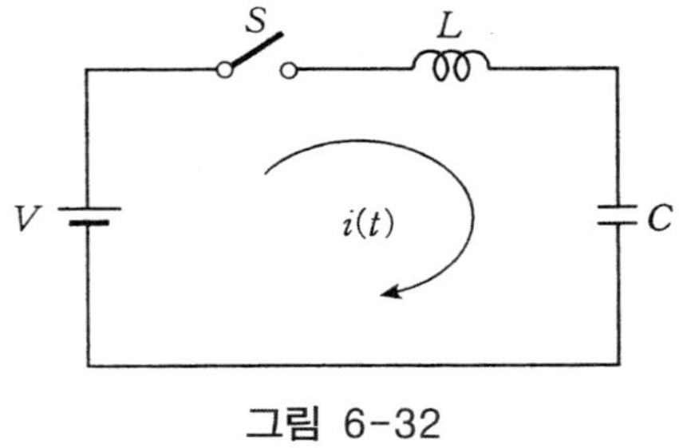

그림 6-32

[풀이] 전류 i는 전하 q를 시간 t로 미분한 것으로 $i=dq/dt$이며 L에 의한 전압강

하는 Ldi/dt, C에 의한 전압강하는 q/C이므로 그림 6-32의 회로방정식은

$$L\frac{di}{dt}+\frac{1}{C}\int idt=V$$

로 되며 이를 라플라스 변환하면

$$L\{sI(s)-i(0)\}+\frac{1}{C}\left\{\frac{1}{s}I(s)+\frac{1}{s}i^{(-1)}(0)\right\}=\frac{V}{s}$$

로 된다. 초기조건은 $t=0$에서 $i=0$, $\int idt=0$이므로

$$LsI(s)+\frac{1}{sC}I(s)=\frac{V}{s}$$

$$\therefore I(s)=\frac{\frac{V}{L}}{s^2+\frac{1}{LC}}=\frac{\frac{V}{L}}{\left(s+j\frac{1}{\sqrt{LC}}\right)\left(s-j\frac{1}{\sqrt{LC}}\right)}$$

를 얻는다. 이것을 역라플라스 변환하면 $i(t)$를 얻을 수 있다. 그런데 분모의 두 근은

$$s=-j\frac{1}{\sqrt{LC}},\qquad s=j\frac{1}{\sqrt{LC}}$$

이므로

$$N(s)=\frac{V}{L},\qquad Q(s)=\left(s+j\frac{1}{\sqrt{LC}}\right)\left(s-j\frac{1}{\sqrt{LC}}\right)$$

로 두면

$$Q'(s)=\left(s+j\frac{1}{\sqrt{LC}}\right)+\left(s-j\frac{1}{\sqrt{LC}}\right)$$

를 얻는다. 따라서 한 근

$$s=-j\frac{1}{\sqrt{LC}}$$

에 대한 역라플라스 항 $f_1(t)$는

$$f_1(t)=\frac{P\left(-j\frac{1}{\sqrt{LC}}\right)}{D'\left(-j\frac{1}{\sqrt{LC}}\right)}e^{-\frac{j}{\sqrt{LC}}t}$$

가 되고

$$f_1(t) = \left[\frac{\frac{V}{L}}{s - j\frac{1}{\sqrt{LC}}}\right]_{s=-j/\sqrt{LC}} e^{-\frac{j}{\sqrt{LC}}t} = \frac{\frac{V}{L}}{-2j\frac{1}{\sqrt{LC}}} e^{-\frac{j}{\sqrt{LC}}t}$$

를 얻는다. 또한 $s = j/\sqrt{LC}$ 라는 근에 대해서도 마찬가지로

$$f_2(t) = \frac{P\left(j\frac{1}{\sqrt{LC}}\right)}{D'\left(j\frac{1}{\sqrt{LC}}\right)} e^{\frac{j}{\sqrt{LC}}t}$$

를 얻으면 된다. 즉,

$$f_2(t) = \left[\frac{\frac{V}{L}}{s + j\frac{1}{\sqrt{LC}}}\right]_{s=j/\sqrt{LC}} e^{\frac{j}{\sqrt{LC}}t} = \frac{\frac{V}{L}}{2j\frac{1}{\sqrt{LC}}} e^{\frac{j}{\sqrt{LC}}t}$$

따라서

$$\begin{aligned} i(t) &= f_1(t) + f_2(t) \\ &= \mathcal{L}^{-1}\{I(s)\} = \frac{V}{\sqrt{L/C}}\left\{\frac{e^{jt/\sqrt{LC}} - e^{-jt/\sqrt{LC}}}{2j}\right\} \\ &= \frac{V}{\sqrt{L/C}} \sin\frac{t}{\sqrt{LC}} \end{aligned}$$

를 얻게 된다. 또한 전하 $q(t)$에 대해서 쓰면

$$L\frac{d^2q}{dt^2} + \frac{1}{C}q = V$$

로 된다. 라플라스 변환하면

$$L\{s^2Q(s) - sq(0) - q'(0)\} + \frac{1}{C}Q(s) = \frac{V}{s}$$

$$\therefore \{s^2Q(s) - sq(0) - q'(0)\} + \frac{1}{LC}Q(s) = \frac{V}{SL}$$

로 되고, 초기조건 $q = 0$, $dq/dt = i = 0$를 대입하면

$$Q(s)\left\{s^2 + \frac{1}{CL}\right\} = \frac{V}{sL}$$

$$\therefore Q(s) = \frac{\frac{V}{L}}{s\left(s + j\frac{1}{\sqrt{LC}}\right)\left(s - j\frac{1}{\sqrt{LC}}\right)}$$

를 얻는다. 최종식을 역라플라스 변환하면 $q(t)$를 얻을 수 있다. 분모는

$$s = 0, \qquad s = -j/\sqrt{LC}, \qquad s = j/\sqrt{LC}$$

의 3개의 근을 가지므로

$$N(s) = \frac{V}{L}, \qquad D(s) = s\left(s + j\frac{1}{\sqrt{LC}}\right)\left(s - j\frac{1}{\sqrt{LC}}\right)$$

로 정의하면, $s = 0$이라는 근에 대한 역라플라스 항 $f_1(t)$은

$$f_1(t) = \frac{N(0)}{D'(0)}e^{0 \cdot t}$$

이므로

$$f_1(t) = \left[\frac{\frac{V}{L}}{\left(s + j\frac{1}{\sqrt{LC}}\right)\left(s - j\frac{1}{\sqrt{LC}}\right)}\right]_{s=0} e^0 = \frac{\frac{V}{L}}{\frac{1}{LC}}$$

로 되고, $s = -j/\sqrt{LC}$ 및 $s = j/\sqrt{LC}$ 의 두 근에 대해서도 각각

$$f_2(t) = \frac{P\left(-j\frac{1}{\sqrt{LC}}\right)}{Q'\left(-j\frac{1}{\sqrt{LC}}\right)}e^{-\frac{j}{\sqrt{LC}}t}$$

$$f_2(t) = \left[\frac{\frac{V}{L}}{s\left(s - j\frac{1}{\sqrt{LC}}\right)}\right]_{s=-j/\sqrt{LC}} e^{-\frac{j}{\sqrt{LC}}t}$$

$$= \frac{\frac{V}{L}}{\left(-j\frac{1}{\sqrt{LC}}\right)\left(-2j\frac{1}{\sqrt{LC}}\right)}e^{-\frac{j}{\sqrt{LC}}t}$$

$$= -\frac{\frac{V}{L}e^{-\frac{j}{\sqrt{LC}}t}}{2\frac{1}{\sqrt{LC}}} = -\frac{CVe^{-\frac{j}{\sqrt{LC}}t}}{2}$$

$$f_3(t) = \frac{P\left(j\frac{1}{\sqrt{LC}}\right)}{Q'\left(j\frac{1}{\sqrt{LC}}\right)}e^{\frac{j}{\sqrt{LC}}t}$$

$$f_3(t) = \left[\frac{\frac{V}{L}}{s\left(s+j\frac{1}{\sqrt{LC}}\right)}\right]_{s=j/\sqrt{LC}} e^{\frac{j}{\sqrt{LC}}t}$$

$$= \frac{\frac{V}{L}}{\left(j\frac{1}{\sqrt{LC}}\right)\left(2j\frac{1}{\sqrt{LC}}\right)} e^{\frac{j}{\sqrt{LC}}t} = -\frac{\frac{V}{L}e^{\frac{j}{\sqrt{LC}}t}}{2\frac{1}{\sqrt{LC}}} = -\frac{CVe^{\frac{j}{\sqrt{LC}}t}}{2}$$

를 얻고, 이들을 취합하면

$$q(t) = f_1(t) + f_2(t) + f_3(t)$$

$$= CV\left[1-\left\{\frac{e^{-\frac{j}{\sqrt{LC}}t} + e^{\frac{j}{\sqrt{LC}}t}}{2}\right\}\right]$$

$$= CV\left(1-\cos\frac{t}{\sqrt{LC}}\right)$$

를 얻는다.

문제 82

그림 6-33에 나타낸 RLC 직렬회로에서 스위치 S를 닫은 후의 회로의 전류 및 콘덴서 C의 전하가 어떻게 변화하는가를 나타내어라.

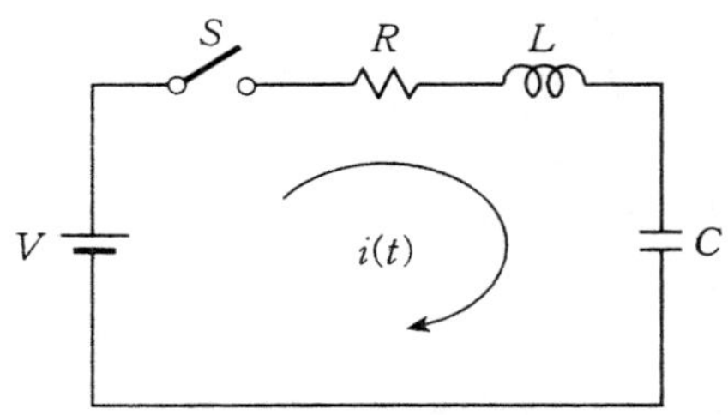

그림 6-33

[풀이] 그림 6-33의 회로에서 KVL 방정식은

$$L\frac{dt}{dt} + Ri + \frac{1}{C}\int idt = V$$

로 된다. di/dt의 계수 L로 양변을 나누면

$$\frac{di}{dt}+\frac{R}{L}+\frac{1}{CL}\int idt=\frac{V}{L}$$

로 되며, $R/L=2\alpha$ 라 두면

$$\frac{di}{dt}+2\alpha i+\frac{1}{CL}\int idt=\frac{V}{L}$$

로 된다. 이를 라플라스 변환하면

$$\{sI(s)-i(0)\}+2\alpha I(s)+\frac{1}{CL}\left\{\frac{1}{s}I(s)+\frac{1}{s}i^{(-!)}(0)\right\}=\frac{V}{sL}$$

로 된다. 초기조건

$$i=0,\quad \frac{di}{dt}=0,\quad \int idt=0$$

을 대입하면

$$sI(s)+2\alpha I(s)+\frac{1}{CLs}I(s)=\frac{V}{sL}$$

$$\therefore I(s)\left(s+2\alpha+\frac{1}{CLs}\right)=\frac{V}{sL}$$

를 얻고, 양변에 s를 곱하면

$$I(s)\left(s^2+2\alpha s+\frac{1}{CL}\right)=\frac{V}{L}$$

$$\therefore I(s)=\frac{\frac{V}{L}}{s^2+2\alpha s+\frac{1}{CL}}$$

로 된다. 분모는 다음의 세 가지 경우로 나누어 생각할 수 있다.

① $\frac{1}{LC}-\frac{R^2}{4L^2}>0$인 경우

$R/L=2\alpha$이고 $\alpha=R/2L,\ \alpha^2=R^2/4L^2$이므로

$$I(s)=\frac{\frac{V}{L}}{(s+\alpha)^2+\left(\frac{1}{LC}-\frac{R^2}{4L^2}\right)}$$

로부터 $\beta^2=\frac{1}{LC}-\frac{R^2}{4L^2}$라 두면

$$I(s) = \frac{\frac{V}{L}}{(s+\alpha)^2 + \beta^2}$$

로 되므로 역라플라스 변환하면

$$i(t) = \mathcal{L}^{-1} I(s) = \frac{V}{\beta L} e^{-\alpha t} \sin\beta t$$

를 얻는다. 이는 감쇠진동을 나타내는 식이다.

② $\frac{1}{LC} - \frac{R^2}{4L^2} < 0$ 인 경우

$$I(s) = \frac{\frac{V}{L}}{(s+\alpha)^2 - \left(\frac{R^2}{4L^2} - \frac{1}{LC}\right)} \quad *$$

에서 $\gamma^2 = \frac{R^2}{4L^2} - \frac{1}{LC}$라 두면

$$I(s) = \frac{\frac{V}{L}}{(s+\alpha)^2 - \gamma^2}$$

를 얻고, 역라플라스 변환하면

$$i(t) = \mathcal{L}^{-1}\{I(s)\} = \frac{V}{\gamma L} e^{-\alpha t} \sinh\gamma t$$

를 얻는다. 이는 전류 $i(t)$가 비진동적이라는 것을 나타낸다.

③ $\frac{1}{LC} - \frac{R^2}{4L^2} = 0$일 경우

이 경우에는 $I(s)$는

$$I(s) = \frac{\frac{V}{L}}{(s+\alpha)^2}$$

로 되고, 이것을 역라플라스 변환하면

$$i(t) = \mathcal{L}^{-1}\{I(s)\} = \frac{V}{L} t e^{-\alpha t}$$

로 된다. 이 경우의 전류 $i(t)$는 비진동적임을 나타낸다.

다음에 콘덴서 C에 축적되는 전하의 q의 변화를 조사해 본다.

$$i = \frac{dq}{dt}, \qquad \int i\,dt = q$$

인 관계를 이용해서 전하 q 에 대한 식으로 고쳐보면

$$L\frac{d^2q}{dt^2}+R\frac{dq}{dt}+\frac{q}{C}=V$$

로 된다. 이 식의 양변을 L로 나누면

$$\frac{d^2q}{dt^2}+\frac{R}{L}\frac{dq}{dt}+\frac{q}{LC}=\frac{V}{L}$$

로 되고, $R/L=2\alpha$이므로

$$\frac{d^2q}{dt^2}+2\alpha\frac{dq}{dt}+\frac{q}{LC}=\frac{V}{L}$$

을 라플라스 변환하면

$$\mathcal{L}\left(\frac{d^2q}{dt^2}\right)=s^2Q(s)-sq(0)-Q'(0)$$

$$\mathcal{L}\left(2\alpha\frac{dq}{dt}\right)=2\alpha\left(\frac{dq}{dt}\right)=2\alpha\{sQ(s)-q(0)\}$$

$$\mathcal{L}\left(\frac{q}{LC}\right)=\frac{1}{LC}\mathcal{L}(q)=\frac{1}{LC}Q(s)$$

$$\mathcal{L}\left(\frac{V}{L}\right)=\frac{V}{Ls}$$

$$\{s^2Q(s)-sq(0)-Q'(0)\}+2\alpha\{sQ(s)-q(0)\}+\frac{1}{LC}Q(s)=\frac{V}{sL}$$

로 된다. 초기조건 $q=0$, $dq/dt=0$을 대입하면

$$Q(s)\left(s^2+2\alpha s+\frac{1}{LC}\right)=\frac{V}{sL}$$

$$\therefore Q(s)=\frac{\dfrac{V}{sL}}{s^2+2\alpha s+\dfrac{1}{LC}}$$

를 얻는다. 앞에서와 같이 다음의 세 가지 경우로 나누어 해를 구할 수 있다.

① $\dfrac{1}{LC}-\dfrac{R^2}{4L^2}>0$인 경우

$$Q(s)=\frac{\dfrac{V}{sL}}{(s+\alpha)^2+\left(\dfrac{1}{LC}-\dfrac{R^2}{4L^2}\right)}=\frac{\dfrac{V}{L}}{s\{(s+\alpha)^2+\beta^2\}}$$

$$q(t)=\mathcal{L}^{-1}\{Q(s)\}=\mathcal{L}^{-1}\left[\frac{\frac{V}{L}}{s\{(s+\alpha)^2+\beta^2\}}\right]$$

$$N(s)=\frac{V}{L},\qquad D(s)=s\{(s+\alpha)^2+\beta^2\}\alpha$$

로부터 $D(s)$의 근은 $s=0$, $s=-\alpha-j\beta$, $s=-\alpha+\beta$이다.

$$D'(s+\alpha+j\beta)(s+\alpha-j\beta)+s(s+\alpha-j\beta)+s(s+\alpha+j\beta)$$

따라서 $s=0$이라는 근에 대한 항 f_1은

$$f_1(t)=\frac{P(0)}{Q'(0)}=\left[\frac{\frac{V}{L}}{(s+\alpha+j\beta)(s+\alpha-j\beta)}\right]_{s=0}e^0$$

$$=\frac{\frac{V}{L}}{\alpha^2+\beta^2}=\frac{\frac{V}{L}}{\frac{R^2}{4L^2}+\left(\frac{1}{LC}-\frac{R^2}{4L^2}\right)}$$

$$=\frac{V}{L}\cdot LC=CV$$

로 된다. $s=-\alpha-j\beta$ 근에 대한 항 $f_2(t)$도 마찬가지로

$$f_2(t)=\frac{N(-\alpha-j\beta)}{D'(-\alpha-j\beta)}e^{(-\alpha-j\beta)t}$$

$$f_2(t)=\left[\frac{\frac{V}{L}}{s(s+\alpha-j\beta)}\right]_{s=-\alpha-j\beta}e^{(-\alpha-j\beta)t}$$

$$=\frac{\frac{V}{L}}{(-\alpha-j\beta)(-2j\beta)}e^{(-\alpha-j\beta)}$$

$$=-\frac{(j\alpha+\beta)\frac{V}{L}}{2\beta(\alpha^2+\beta^2)}e^{(-\alpha-j\beta)t}$$

로 되고, $s=-\alpha+j\beta$ 근에 대한 항 $f_3(t)$에 대해서도 마찬가지로

$$f_3(t)=\frac{P(-\alpha+j\beta)}{Q'(-\alpha+j\beta)}e^{(-\alpha+j\beta)t}$$

$$f_3(t)=\left[\frac{\frac{V}{L}}{s(s+\alpha+j\beta)}\right]_{s=-\alpha+j\beta}e^{(-\alpha+j\beta)t}$$

$$= \frac{\frac{V}{L}}{(-\alpha+j\beta)(-2j\beta)} e^{(-\alpha+j\beta)}$$

$$= -\frac{(-j\alpha+\beta)\frac{V}{L}}{2\beta(\alpha^2+\beta^2)} e^{(-\alpha+j\beta)t}$$

로 구할 수가 있으므로

$$q(t) = f_1 + f_2 + f_3$$

$$= CV - \frac{1}{2\beta} CV\{(j\alpha+\beta)e^{(-\alpha-j\beta)t} - (j\alpha-\beta)e^{(-\alpha+j\beta)t}\}$$

$$= CV - CV\left[\frac{\alpha}{\beta}e^{-\alpha t}\left\{\frac{e^{j\beta t}-e^{-j\beta t}}{2j}\right\} + e^{-\alpha t}\left\{\frac{e^{-j\beta t}+e^{j\beta t}}{2}\right\}\right]$$

$$= CV\left[1 - e^{\alpha t}\left\{\frac{\alpha}{\beta}\sin\beta t + \cos\beta t\right\}\right]$$

를 얻는다.

② $\frac{1}{LC} - \frac{R^2}{4L^2} < 0$ 인 경우

이 경우는

$$Q(s) = \frac{\frac{V}{L}}{s\left\{(s+\alpha)^2 - \left(\frac{R^2}{4L^2} - \frac{1}{LC}\right)\right\}}$$

$$= \frac{\frac{V}{L}}{s\{(s+\alpha)^2 - \gamma\}}$$

$$q(t) = \mathcal{L}^{-1}\{Q(s)\} = \mathcal{L}^{-1}\left\{\frac{\frac{V}{L}}{s\{(s+\alpha)^2 - \gamma^2\}}\right\}$$

에서

$$N(s) = \frac{V}{L}, \qquad Q(s) = s\{(s+\alpha)^2 - \gamma^2\}$$

로 정의하면, 이상에서와 같이

$$q(t) = CV\left\{1 - e^{-\alpha t}\left(\frac{\alpha}{\gamma}\sinh\gamma t + \cosh\gamma t\right)\right\}$$

를 얻는다.

③ $\dfrac{1}{LC}-\dfrac{R^2}{4L^2}=0$일 경우

이 경우

$$Q(s)=\frac{\frac{V}{L}}{s(s+\alpha)^2}$$

를 역라플라스 변환하면

$$q(t)=\mathcal{L}^{-1}\{Q(s)\}=\mathcal{L}^{-1}\left\{\frac{\frac{V}{L}}{s(s+\alpha)^2}\right\}$$

$$=CV(1-e^{-\alpha t}-\alpha te^{-\alpha t})$$

를 얻는다.

문제 83

그림 6-34에 나타낸 RL 직렬회로에 교류전압 $e(t)=V_m\sin(\omega t+\theta)$를 가했을 때 흐르는 전류를 구하라.

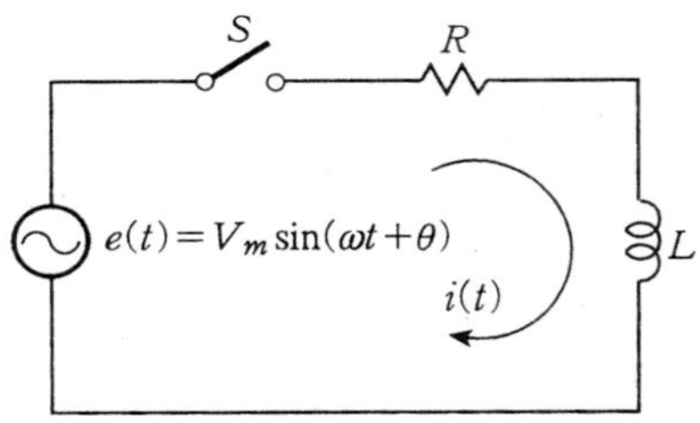

그림 6-34

[풀이] 스위치 S를 닫았을 때 회로의 방정식은

$$L\frac{dt}{dt}+Ri=V_m\sin(\omega t+\theta)$$

로 된다. $\sin(\omega t+\theta)$ 대신에 복소기호 $e^{j(\omega t+\theta)}$를 사용하면 $\sin(\omega t+\theta)$는 그 허수부이므로 라플라스 변환한 후의 값의 허수부를 취하면 구하는 값을 얻을 수 있다. 따라서 i를 복소전류라 하면

$$\frac{di}{dt}+\frac{R}{L}i=\frac{V_m}{L}\sin(\omega t+\theta)=\frac{V_m}{L}e^{j\theta}e^{j\omega t}$$

로 변환되고, 이 식의 라플라스 변환을 구하면

$$\{sI(s)-i(0)\}+\frac{R}{L}I(s)=\frac{V_m}{L}e^{j\theta}\frac{1}{s-j\omega}$$

로 된다. 초기조건 $i=0$을 대입하면

$$I(s)=\frac{V_m}{L(s-jm)\left(s+\frac{R}{L}\right)}e^{j\theta}$$

를 얻고, 역라플라스 변환하기 위해

$$N(s)=V_m e^{j\theta}, \qquad D(s)=L(s-j\omega)\left(s+\frac{R}{L}\right)$$

로 두고, $D(s)=0$이라 두면 $s=j\omega$, $s=R/L$의 두 근을 얻는다. 또한

$$D'(s)=L\left(s+\frac{R}{L}\right)+L(s-j\omega)$$

로 된다. $I(s)$를 역라플라스 변환한 식의 제 1 항, 즉 $s=j\omega$에 대한 항 f_1는

$$f_1(t)=\frac{N(j\omega)}{D'(j\omega)}e^{j\omega t}$$

$$f_1(t)=\left[\frac{V_m e^{j\theta}}{L\left(s+\frac{R}{L}\right)}\right]_{s=j\omega}e^{j\omega t}=\frac{V_m e^{j\theta}}{L\left(j\omega+\frac{R}{L}\right)}e^{j\omega t}$$

로 되고 마찬가지로 제 2 항, 즉 $s=-R/L$에 대한 항 f_2는

$$f_2(t)=\frac{N\left(-\frac{R}{L}\right)}{D'\left(-\frac{R}{L}\right)}e^{-Rt/L}$$

$$f_2(t)=\left[\frac{V_m e^{j\theta}}{L(s-j\omega)}\right]e^{-Rt/L}=\frac{V_m e^{j\theta}}{-L\left(j\omega+\frac{R}{L}\right)}e^{-Rt/L}$$

로 된다. 따라서

$$i(t)=\mathcal{L}^{-1}\{I(s)\}=f_1(t)+f_2(t)$$

$$=\frac{V_m e^{j\theta}}{L\left(j\omega+\frac{R}{L}\right)}\left(e^{j\omega t}-e^{-Rt/L}\right)$$

$$= \frac{V_m e^{j\theta}}{R + j\omega L}(e^{j\omega t} - e^{-Rt/L})$$

$$= \frac{V_m e^{j\theta}(R - j\omega L)}{R^2 + \omega^2 L^2}(e^{j\omega t} - e^{-Rt/L})$$

$$= \frac{V_m}{R^2 + \omega^2 L^2}(Re^{j(\omega t + \theta)} - j\omega L e^{j(\omega t + \theta)}$$

$$- Re^{-Rt/L} \cdot e^{j\theta} + j\omega L e^{-Rt/L} \cdot e^{j\theta})$$

로 된다. 구하고자 하는 전류는 위에서 구한 i 의 허수부이므로 허수부만을 취하면,

$$i(t) = \frac{V_m}{R^2 + \omega^2 L^2}[\{R\sin(\omega t + \theta) - \omega L\cos(\omega t + \theta)\}]\}$$

$$- \{Re^{-Rt/L}\sin\theta - \omega L e^{-Rt/L}\cos\theta\}]$$

$$= \frac{V_m}{R^2 + \omega^2 L^2}[\sqrt{R^2 + \omega^2 L^2}\sin(\omega t + \theta - \phi)$$

$$- \sqrt{R^2 + \omega^2 L^2}\, e^{-Rt/L}\sin(\theta - \phi)]$$

$$= \frac{V_m}{\sqrt{R^2 + \omega^2 L^2}}\{\sin(\omega t + \theta - \phi) - e^{Rt/L}\sin(\theta - \phi)\}$$

$$\left(\text{단 } \phi = \tan^{-1}\frac{\omega L}{R}\right)$$

로 된다. 위에서 구한 제 2 항은 과도항으로 시간과 함께 감쇠한다. 감쇠시 정수는 L/R이다. i 는 e (전압)에 대해서 위상은 ϕ 만큼 늦어진다고 할 수 있다.

문제 84

그림 6-35에 나타낸 RC 직렬회로에 교류전압 $e(t) = V_m\sin(\omega t + \theta)$를 가한 경우에 회로를 흐르는 전류의 변화를 설명하라.

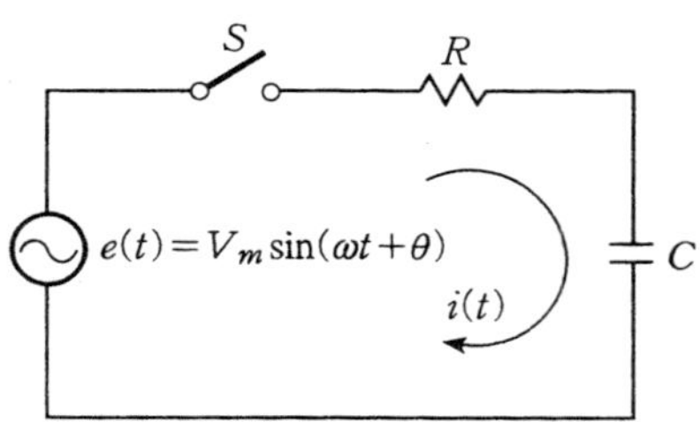

그림 6-35

[풀이] 회로방정식은

$$Ri+\frac{1}{C}\int idt = V_m \sin(\omega t+\theta)$$

로 된다. 앞의 문제와 마찬가지로 $\sin(\omega t+\theta)$ 대신에 $e^{j(\omega t+\theta)}$라 두고 i 대신에 복소전류 i 를 생각하면

$$Ri+\frac{1}{C}\left\{\frac{1}{s}I(s)+\frac{1}{s}i^{(-1)}(0)\right\}= V_m e^{j\theta}\frac{1}{s-j\omega}$$

로 되고 초기조건 $\int idt = 0$이므로

$$I(s)+\frac{1}{CR}\left\{\frac{1}{s}I(s)\right\}= V_m e^{j\theta}\frac{1}{s-j\omega}$$

$$\therefore I(s)=\frac{V_m s}{R\left(s+\dfrac{1}{CR}\right)(s-j\omega)}e^{j\theta}$$

로 되고 이를 역라플라스 변환하면 $i(t)$를 구할 수 있다.

$$N(s)=V_m s e^{j\theta},\qquad D(s)=R\left(s+\frac{1}{CR}\right)(s-j\omega)$$

로 두고, $D(s)=0$이라 두면 $s=j\omega$, $s=-1/CR$의 2근을 얻는다.

$$D'(s)=R(s-j\omega)+R\left(s+\frac{1}{CR}\right)$$

$I(s)$를 라플라스 역변환하여 얻을 수 있는 식의 제 1 항, 즉 $s=j\omega$에 대한 항 f_1은

$$f_1(t)=\frac{N(j\omega)}{D'(j\omega)}e^{j\omega t}$$

$$f_1=\left[\frac{V_m e^{j\theta}s}{R\left(s+\dfrac{1}{CR}\right)}\right]_{s=j\omega}e^{j\omega t}=\frac{V_m e^{j\theta}j\omega}{R\left(j\omega+\dfrac{1}{CR}\right)}e^{j\omega t}$$

로 된다. 마찬가지로 제 2 항, 즉 $s=-1/CR$ 에 대한 항 f_2는

$$f_2(t)=\frac{N\left(-\dfrac{1}{CR}\right)}{D'\left(-\dfrac{1}{CR}\right)}e^{-t/CR}$$

$$f_2(t)=\left[\frac{V_m e^{j\theta}s}{R(s-j\omega)}\right]_{s=-1/CR}e^{-t/CR}$$

$$= \frac{V_m e^{j\theta}\left(-\frac{1}{CR}\right)}{-R\left(j\omega + \frac{1}{CR}\right)} e^{-t/CR}$$

로 된다. 따라서

$$i(t) = \mathcal{L}^{-1}\{I(s)\} = f_1 + f_2$$

$$= \frac{V_m}{R} \cdot \frac{\left(\frac{1}{CR} - j\omega\right)e^{j\theta}}{\left(\frac{1}{CR}\right)^2 + \omega^2}\left(j\omega e^{j\omega t} + \frac{1}{CR}e^{-t/CR}\right)$$

$$= \frac{V_m}{R} \cdot \frac{1}{\left(\frac{1}{CR}\right)^2 + \omega^2}\left(j\omega\frac{1}{CR}e^{j(\omega t+\theta)} + \omega^2 e^{j(\omega t+\theta)}\right.$$

$$\left. + \frac{1}{C^2R^2}e^{-t/CR} \cdot e^{j\theta} - j\omega\frac{1}{CR}e^{-t/CR} \cdot e^{j\theta}\right)$$

를 얻는다. 구하고 하는 전류 $i(t)$는 위에서 구한 $i(t)$의 식의 허수부이므로

$$i(t) = \frac{V_m}{R} \cdot \frac{1}{\left(\frac{1}{CR}\right)^2 + \omega^2}\left\{\frac{\omega}{CR}\cos(\omega t + \theta) + \omega^2 \sin(\omega t + \theta) + \frac{1}{C^2R^2}e^{-t/CR}\sin\theta\right.$$

$$\left. - \frac{\omega}{CR}e^{-t/CR}\cos\theta\right\}$$

$$= \frac{V_m}{R\left\{\left(\frac{1}{CR}\right)^2 + \omega^2\right\}}\left\{\omega\sqrt{\left(\frac{1}{CR}\right)^2 + \omega^2} + \sin(\omega t + \theta + \phi)\right)$$

$$\left. - \frac{1}{CR}e^{-t/CR}\sqrt{\left(\frac{1}{CR}\right)^2 + \omega^2}\cos(\theta + \phi)\right\}$$

$$= \frac{V_m}{R\sqrt{\left(\frac{1}{CR}\right)^2 + \omega^2}}\left\{\omega\sin(\omega t + \theta + \phi) - \frac{1}{CR}e^{-t/CR}\cos(\theta + \phi)\right\}$$

$$= \frac{V_m}{\sqrt{R^2 + \left(\frac{1}{\omega C}\right)^2}}\left\{\sin(\omega t + \theta + \phi) - \frac{1}{\omega CR}e^{-t/CR}\cos(\theta + \phi)\right\}$$

$$\left(단,\ \tan\phi = \frac{1}{\omega CR}\right)$$

를 얻는다. 위에서 얻어진 i 의 식의 제 1 항은 정상항, 제 2 항은 과도항으로 시간과 함께 감쇠한다. 그림 6-35의 전압 e 의 식과 비교해 보면 전류 i 의 위상은 전압보다도 ϕ 만큼 앞서게 됨을 알 수 있다.

문제 85

그림 6-36에 나타낸 LC 직렬회로에 $e(t) = V_m \sin(\omega + \theta)$의 교류전압을 가했을 때 회로를 흐르는 전류의 변화는 어떻게 되는가?

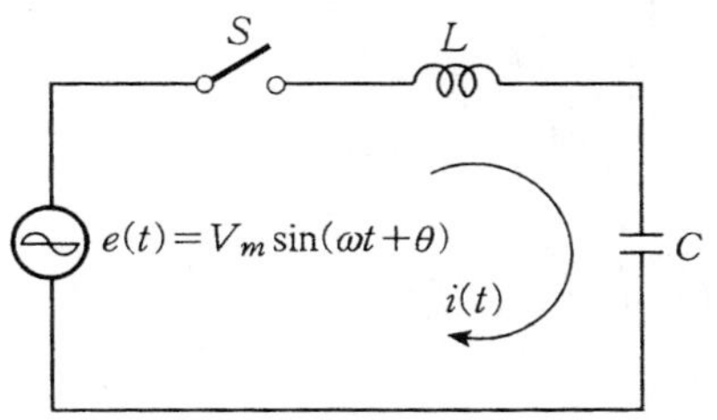

그림 6-36

[풀이] 스위치 s 를 닫은 후의 이 회로의 방정식은

$$L\frac{di}{dt} + \frac{1}{C}\int i dt = V_m \sin(\omega t + \theta)$$

앞의 문제와 마찬가지로 복소전류 i, 복소전압 $V_m e^{j(\omega t+\theta)}$를 가정하여 라플라스 변환하면

$$L\{sI(s) - i(0)\} + \frac{1}{C}\left\{\frac{1}{s}I(s) + \frac{1}{s}i^{(-1)}(0)\right\} = V_m e^{j\theta}\frac{1}{s - j\omega}$$

로 된다. 초기조건 $i = 0$, $\int i dt = 0$을 대입하면

$$I(s) = \frac{V_m s e^{j\theta}}{L(s - j\omega)\left(s^2 + \frac{1}{LC}\right)}$$

로 되고, 이를 역라플라스 변환하면 i 를 얻을 수 있다. 즉,

$$N(s) = V_m e^{j\theta} s, \qquad D(s) = L(s - j\omega)\left(s^2 + \frac{1}{LC}\right)$$

로 두면 특성근은

$$s = j\omega, \quad s = j\frac{1}{\sqrt{LC}}, \quad s = -j\frac{1}{\sqrt{LC}}$$

이고

$$D'(s) = L\left(s^2 + \frac{1}{LC}\right) + 2sL(s - j\omega)$$

이므로 $I(s)$를 역라플라스 변환하여 얻을 수 있는 i 의 식의 제 1 항, 즉 $s = j\omega$에 대한 항 f_1은

$$f_1(t) = \frac{N(j\omega)}{D'(j\omega)}e^{j\omega t}$$

$$f_1 = \left[\frac{V_m e^{j\theta}s}{L\left(s^2 + \frac{1}{LC}\right)}\right]_{s = j\omega} e^{j\omega t} = \frac{V_m e^{j\theta}j\omega}{L\left(\frac{1}{LC} - \omega^2\right)}e^{j\omega t}$$

로 되고, $s = j/\sqrt{LC}'$에 대한 항 f_2는

$$f_2(t) = \frac{P\left(j\frac{1}{\sqrt{LC}}\right)}{Q'\left(j\frac{1}{\sqrt{LC}}\right)}e^{\frac{j}{\sqrt{LC}}t}$$

$$f_2(t) = \left[\frac{V_m e^{j\theta}s}{L\left(s + j\frac{1}{\sqrt{LC}}\right)(s - j\omega)}\right]_{s = j/\sqrt{LC}} e^{\frac{j}{\sqrt{LC}}t}$$

$$= \frac{V_m e^{j\theta}j\frac{1}{\sqrt{LC}}}{2Lj\frac{1}{\sqrt{LC}}j\left(\frac{1}{\sqrt{LC}} - \omega\right)}e^{\frac{j}{\sqrt{LC}}t} = -\frac{V_m e^{j\theta}\left(\frac{1}{\sqrt{LC}} + \omega\right)j}{2L\left(\frac{1}{LC} - \omega^2\right)}e^{\frac{j}{\sqrt{LC}}t}$$

로 된다. $s = -j/\sqrt{LC}$ 에 대한 항 f_3은

$$\frac{P\left(-j\frac{1}{\sqrt{LC}}\right)}{Q'\left(-j\frac{1}{\sqrt{LC}}\right)}e^{\frac{j}{\sqrt{LC}}t}$$

이므로

$$f_3(t) = \left[\frac{V_m e^{j\theta}s}{L\left(s - j\frac{1}{\sqrt{LC}}\right)(s - j\omega)}\right]_{s = j/\sqrt{LC}} e^{-\frac{j}{\sqrt{LC}}t}$$

$$= \frac{V_m e^{j\theta} j \frac{1}{\sqrt{LC}}}{-2Lj\frac{1}{\sqrt{LC}}(-j)\left(\frac{1}{\sqrt{LC}}+\omega\right)} e^{-\frac{j}{\sqrt{LC}}t}$$

$$= \frac{V_m e^{j\theta}\left(\frac{1}{\sqrt{LC}}-\omega\right)j}{2L\left(\frac{1}{LC}-\omega^2\right)} e^{-\frac{j}{\sqrt{LC}}t}$$

로 된다. 이들을 취합하면 $\mathcal{L}^{-1}\{I(s)\}$가 되므로

$$i(t) = \mathcal{L}^{-1}\{I(s)\} = f_1 + f_2 + f_3$$

$$= \frac{V_m e^{j\theta} j\omega}{L\left(\frac{1}{LC}-\omega^2\right)} e^{j\omega t} - \frac{V_m e^{j\theta}\left(\frac{1}{\sqrt{LC}}+\omega\right)j}{2L\left(\frac{1}{LC}-\omega^2\right)} e^{-\frac{j}{\sqrt{LC}}t}$$

$$+ \frac{V_m e^{j\theta}\left(\frac{1}{\sqrt{LC}}-\omega\right)j}{2L\left(\frac{1}{LC}-\omega^2\right)} e^{-\frac{j}{\sqrt{LC}}t}$$

$$= \frac{V_m \omega}{L\left(\frac{1}{LC}-\omega^2\right)} \left\{ je^{j(\omega+\theta)} - \frac{\left(\frac{1}{\sqrt{LC}}+\omega\right)je^{j\theta}}{2\omega} e^{\frac{j}{\sqrt{LC}}t} + \frac{\left(\frac{1}{\sqrt{LC}}-\omega\right)je^{j\theta}}{2\omega} e^{-\frac{j}{\sqrt{LC}}t} \right\}$$

$$= \frac{V_m \omega}{L\left(\frac{1}{LC}-\omega^2\right)} \left[je^{j(\omega t+\theta)} - * \right]$$

$$* = -je^{j\theta} \left\{ \frac{\frac{1}{\sqrt{LC}} e^{jt/\sqrt{LC}} - \frac{1}{\sqrt{LC}} e^{-jt/\sqrt{LC}} + \omega\left(e^{jt/\sqrt{LC}} + e^{-jt/\sqrt{LC}}\right)}{2\omega} \right\}$$

$$= \frac{V_m \omega C}{1-\omega^2 LC} \left[je^{j(\omega t+\theta)} + \frac{\frac{1}{\sqrt{LC}}\left(e^{jt/\sqrt{LC}} - e^{-jt/\sqrt{LC}}\right)}{j2\omega} - \frac{je^{j\theta}\omega\left(e^{jt/\sqrt{LC}} + e^{-jt/\sqrt{LC}}\right)}{2\omega} \right]$$

로 된다. 구하고자 하는 전류 i 는 i 의 허수부이므로

$$i(t) = \frac{V_m \omega C}{1-\omega^2 LC} \left\{ \cos(\omega t+\theta) + \frac{1}{\omega\sqrt{LC}} \sin\theta \sin\left(\frac{t}{\sqrt{LC}}\right) - \cos\theta \cos\left(\frac{t}{\sqrt{LC}}\right) \right\}$$

를 얻는다. 위에서 구한 i의 식에서 알 수 있듯이 회로에 가해진 전압 e와 같은 각

주파수로 진동하는 정상항과 회로에 고유의 각주파수 $1/\sqrt{LC}$ 로 진동하는 부분이 있다. 전자는 전원에서 공급되는 전원주파수 성분이며 후자는 자유진동 주파수 성분이다.

문제 86

그림 6-37에 나타낸 RL 직렬회로의 A, B 단자에 100 V의 직류전압을 가한 경우, 스위치 S를 닫고 몇 초가 경과하면 회로를 흐르는 전류는 최종값의 90 %의 값에 달하는가? 단, $R=20\ \Omega$, $L=100$ H이다.

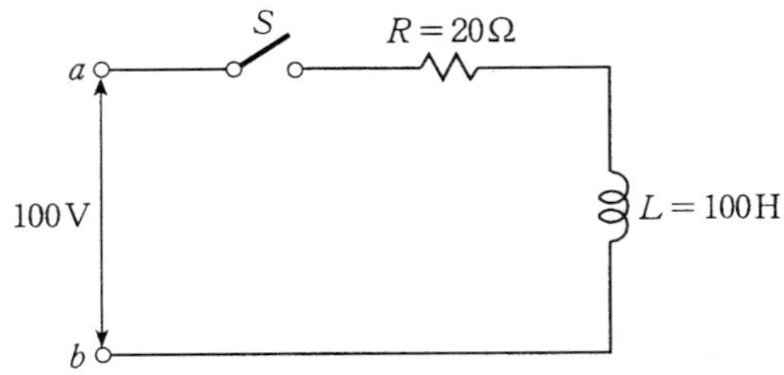

그림 6-37 문제 86의 회로

[풀이] 회로의 스위치 S를 닫았을 때, 회로에 흐르는 전류를 i 라 하면 회로의 방정식은

$$100\frac{di}{dt}+20i=100$$

$$\therefore \frac{di}{dt}+\frac{1}{5}i=1$$

로 된다. 위 식을 라플라스 변환하면

$$[sI(s)-i(0)]+\frac{1}{5}I(s)=\frac{1}{s}$$

로 되고 초기조건 $i=0$을 대입하면

$$I(s)=\frac{1}{s\left(s+\frac{1}{5}\right)}$$

로 되고, 이를 역라플라스 변환하면 i를 구할 수 있다.

$$N(s)=1, \qquad D(s)=s\left(s+\frac{1}{5}\right)$$

로부터 $D(s)=0$이라 하면 $s=0$, $s=-1/5$의 2근을 얻는다.

$$D'(s)=\left(s+\frac{1}{5}\right)+s$$

이므로 $I(s)$를 라플라스 역변환하여 얻을 수 있는 식의 제 1 항, 즉 $s=0$에 대한 항 f_1은

$$f_1(t)=\frac{N(0)}{D'(0)}e^0$$

$$f_1(t)=\left[\frac{1}{s+\frac{1}{5}}\right]_{s=0}e^0=5$$

로 되고 제 2 항, 즉 $s=-1/5$에 대한 항 f_2는

$$f_2(t)=\frac{N\left(-\frac{1}{5}\right)}{D'\left(-\frac{1}{5}\right)}e^{-t/5}$$

$$f_2(t)=\left[\frac{1}{s}\right]_{s=-1/5}e^{-t/5}=-5e^{-t/5}$$

로 된다. 따라서

$$i(t)=\mathcal{L}^{-1}\{I(s)\}=f_1+f_2=5-5e^{-t/5}=5(1-e^{-t/5})$$

를 얻는다. 즉, 전류 i의 최종값은 위 식에서도 알 수 있듯이 5 [A]이다. 이것의 50 %에 달할 때까지 필요한 시간을 t_0라고 하면

$$5\times 0.9=5(1-e^{-t_0/5})$$

로 되고, 따라서

$$0.9=1-e^{-t_0/5}$$

$$\therefore -\frac{1}{5}t_0\log_{10}e=\log_{10}0.1 \qquad \therefore t_0=11.5 \text{ 초}$$

를 얻는다.

문제 87

어떤 시스템의 임펄스 응답 $h(t)$가 그림 6-38과 같고 입력 $x(t)=u_s(t)$가 인가될 때, 출력 $y(t)$를 구하고 도시하라.

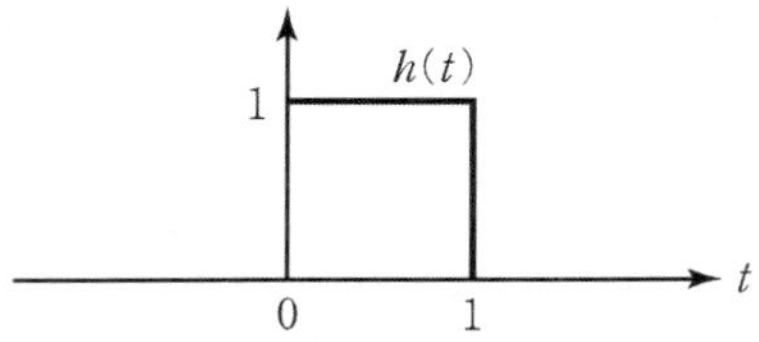

그림 6-38 임펄스 응답 파형 $h(t)$

[풀이] 임펄스 응답 파형은 $h(t)=u_s(t)-u_s(t-1)$로 표현할 수 있으므로 이의 라플라스 변환 $H(s)$를 구하면

$$H(s)=\frac{1}{s}-\frac{e^{-s}}{s}$$

로 되고, 출력 $y(t)$는 임펄스 응답 $h(t)$와 입력 $x(t)$의 합성적분 $h(t)*x(t)$를 라플라스 변환한 다음 다시 역라플라스 변환함으로써 구해진다. 즉,

$$Y(s)=\mathcal{L}\,[h(t)*x(t)]=H(s)\cdot X(s)=\frac{1-e^{-s}}{s^2}$$

로부터

$$y(t)=\mathcal{L}^{-1}Y(s)=t[u_s(t)-u_s(t-1)]$$

를 구해낸다. 이를 도시하면 그림 6-39와 같다.

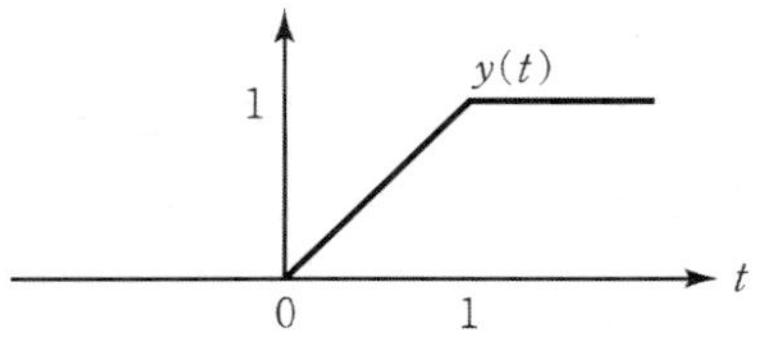

그림 6-39 출력파형 $y(t)$

Chapter 07

델타함수

7.1 델타함수의 정의와 성질

그림 7-1과 같이 $t=0$에서 ∞의 값을 가지며 기타의 t 에서 0으로 되는 함수를 $\delta(t)$로 쓰고 델타함수라고 한다.

이는 응용수학 분야 등에서 단위 계단 함수 $u_s(t)$와 더불어 극히 유용하게 사용되고 있다. 즉, $\delta(t)$는 식 (7.1)과 같은 성질을 가지며 단위 충격파 함수, 단위 임펄스 함수, 델타함수 또는 Dirac 함수 등으로 불린다.

$$\delta(t) = \begin{cases} 0 & t \neq 0 \\ \infty & t = 0 \end{cases} \tag{7.1a}$$

$$\int_{-\infty}^{\infty} \delta(t) dt = 1 \tag{7.1b}$$

식 (7.1b)는 제 6 장에서 언급하였듯이 영국의 물리학자 Dirac에 의해 양자역학을 수학적으로 설명하기 위해 사용한 것으로 이 델타함수 곡선 아래의 면적이 1이 된다는 것을 의미하고 있다.

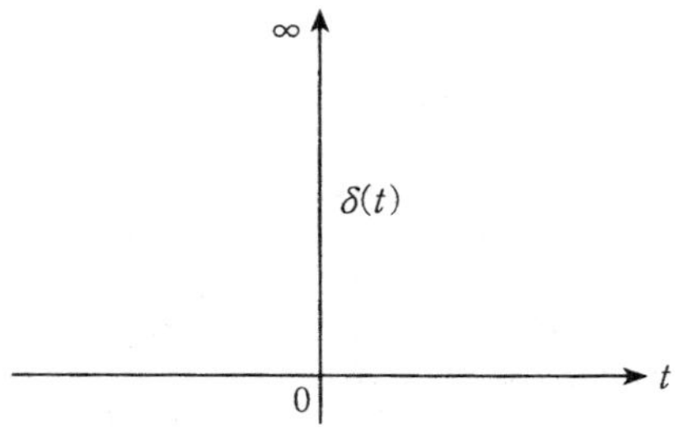

그림 7-1 $\delta(t)$ 함수의 그래프

식 (7.1a)의 델타함수는 보통의미의 함수가 아니고, 수학적으로는 초함수로 취급되고 있다. 이 경우 시험함수 $\psi(t)$에 대해 $\delta(t)$는

$$\int_{-\infty}^{\infty} \delta(t)\psi(t)\,dt = \psi(0) \tag{7.2a}$$

$$\int_{-\infty}^{\infty} \delta(t-t_0)\psi(t)dt = \psi(t_0) \tag{7.2b}$$

를 만족한다. 또한, 이 함수는 근사적으로 펄스폭이 매우 좁은 실재하는 펄스파형으로 볼 수도 있다. 특히 식 (7.2b)는 "추이정리" 라고 한다.

7.2 델타함수를 나타내는 극한함수

식 (7.1a) 및 (7.1b)의 성질을 갖는 $\delta(t)$는 다음에 정의하는 함수의 극한으로 표현될 수 있다.

그림 7-2와 같은 가우스 분포파형에서 표준편차 $\sigma \rightarrow 0$ 으로 취한 극한파형은 다음과 같이 $\delta(t)$로 될 수 있다.

$$g(t) = \frac{1}{\sigma\sqrt{2\pi}}\, e^{-\frac{1}{2}\left(\frac{t-\mu}{\sigma}\right)^2} \tag{7.3}$$

$$\lim_{\sigma\rightarrow 0} g(t) = \delta(t) \tag{7.4}$$

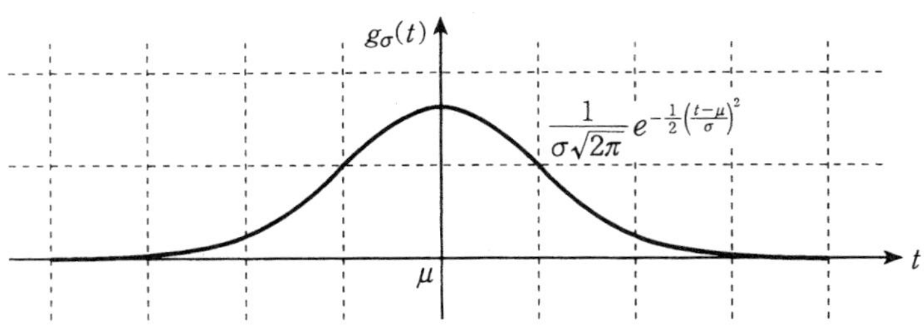

그림 7-2 가우스 분포파형

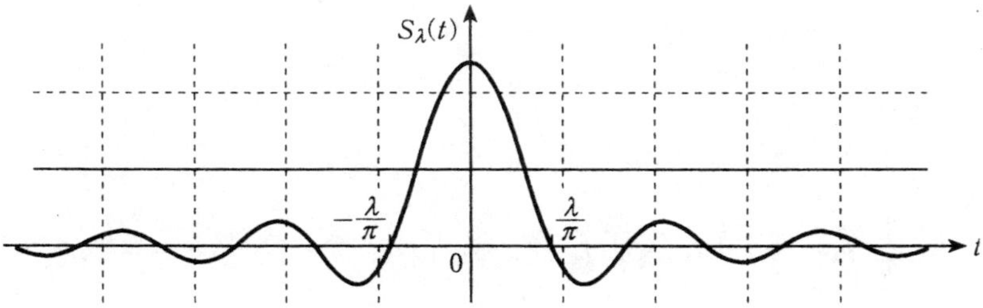

그림 7-3 샘플링 함수 $S_\lambda(t)$

단, σ^2은 분산이고 μ는 분포의 평균을 나타낸다. 또는 그림 7-3과 같이 함수는

$$S_\lambda(t) = \frac{\sin\lambda t}{\pi t} \tag{7.5}$$

로 쓰여지므로 극한을 취하면

$$\lim_{\lambda\to\infty} S_\lambda(t) = \delta(t) \tag{7.6}$$

가 얻어진다. 또한 $S_\lambda(t)$는

$$S_\lambda(t) = \frac{\sin\lambda t}{\pi t} = \int_{-\lambda}^{\lambda} \frac{1}{2\pi} e^{j\omega t} d\omega \tag{7.7}$$

로 표현되므로 식 (7.7)을 식 (7.6)에 대입하여 계산하면 다음과 같은 $\delta(t)$의 새로운 표현식이 얻어진다.

$$\delta(t) = \lim_{\lambda\to\infty} \int_{-\lambda}^{\lambda} \frac{1}{2\pi} e^{j\omega t} d\omega \tag{7.8a}$$

$$= \frac{1}{2\pi}\int_{-\lambda}^{\lambda} e^{j\omega t} d\omega$$

$$= \frac{1}{2\pi}\int_{-\infty}^{\infty} (\cos\omega t + j\sin\omega t) d\omega$$

$$= \frac{1}{\pi}\int_{0}^{\infty} \cos\omega t d\omega$$

또는

$$\delta(t) = \int_{-\infty}^{\infty} \cos 2\pi ft \ df$$

$$= \int_{-\infty}^{\infty} \frac{e^{j2\pi ft} + e^{-j2\pi ft}}{2} df$$

$$= \frac{1}{2}\int_{-\infty}^{\infty} e^{j2\pi ft} df + \frac{1}{2}\int_{-\infty}^{\infty} e^{-j2\pi ft} df \tag{7.8b}$$

$$= \int_{-\infty}^{\infty} e^{j2\pi ft} df$$

로 되는데 식 (7.8a)의 $\delta(t)$ 표현식은 대단히 중요하다.

7.3 초함수로서의 델타함수

앞에서 설명한 바와 같이 $\delta(t)$와 같은 특수함수는 초함수로 생각하는 것이 합리적임을 알 수 있다. 이하에서는 초함수의 공학적 해석을 시도한다.

[1] 초함수의 개념

초함수 또는 일반적인 함수 $f(t)$는 임의차수의 도함수를 가지며, 이때 0에 근접하는 함수족 $\{\psi(t)\}$에 대해 $[N_f \psi(t)]$를 할당하는 연산으로 생각한다. $\psi(t)$를 앞에서 시험함수로 정의하였다. 보통의 함수 $f(t)$는 임의 t의 값에 대해 그 함수값이 정해지므로 $f(t)$는 t와 그 때의 함수값과의 사상에 의해 정의되는 것이다. 그러나 $f(t)$가 물리량, 즉 임의 시각 t_1에서의 저항 $R\,[\Omega]$에 걸리는 전압 등을 나타내는 물리량 $f_1(t)$인 경우, 이를 직접 아는 것은 불가능하다.

이런 물리량은 전압계 등의 측정기기를 통해서 알 수 있는데 측정기기는 '원인 $f(t)$" 가 "시험함수 $\psi(t)$" 에 작용한 결과로서 선형계기인 경우, 다음과 같은 함수 N_f로 표시된다.

$$\int_{-\infty}^{\infty} f(\tau)\psi(t-\tau)\, d\tau = N_f\,[\psi(t)] \tag{7.9}$$

여기서 $\psi(t)$는 원인과 결과 간의 물리계를 표현하는 함수이고 일종의 임펄스응답에 해당되며, 측정계기 고유의 성질을 가진 것으로 계기의 종류에 따라 $\psi(t)$가 달라지게 된다.

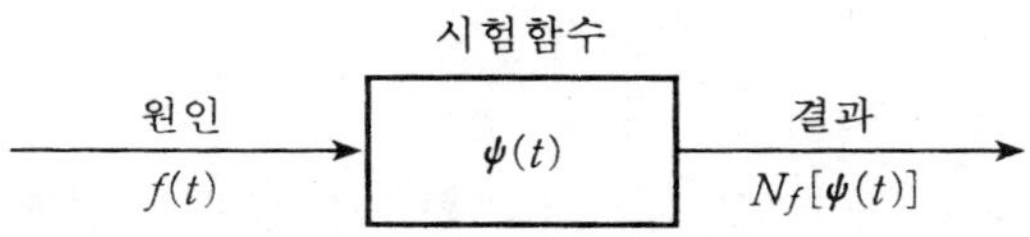

그림 7-4

[2] 델타함수의 초함수론적 정의

$\delta(t)$는 시험함수 $\psi(t)$에 $\psi(0)$을 할당하는 것으로 식 (7.10)과 같이 정의될 수 있다. 즉 $\delta(t)$는

$$\int_{-\infty}^{\infty} \delta(t)\psi(t)dt = \psi(0) \tag{7.10}$$

로 정의된다. 또한 초함수 $f(t)$의 n계 도함수에 대해서는

$$\int_{-\infty}^{\infty} \frac{d^n f(t)}{dt^n}\psi(t)dt = (-1)^n \int_{-\infty}^{\infty} f(t)\frac{d^n \psi(t)}{dt^n}dt \tag{7.11}$$

로 정의된다. 즉, 초함수 $f(t)$는 무한회의 미분이 가능하다.

예제 1

$\delta(t)$의 미분 $\delta'(t)$는 $-\psi'(t)$가 된다. 즉,

$$\int_{-\infty}^{\infty} \delta'(t)\psi(t)dt = \psi'(0) \tag{7.12}$$

로 됨을 증명하라.

[풀이] 미분에 대한 정의식 (7.11)과 정의식 (7.10)을 이용하여

$$\int_{-\infty}^{\infty} \delta'(t)\psi(t)dt = -\int_{-\infty}^{\infty} \delta(t)\psi'(t)dt = -\psi'(0) \tag{7.13}$$

가 구해진다. 즉, $\delta(t)$는 $\psi(t)$에 $\psi(0)$의 값을 부여하는 조작을 의미하지만 이의

도함수 $\delta'(t)$는 $\psi(t)$에 $-\psi'(t)$인 값을 부여하는 조작을 의미한다.

예제 2

식 (7.11)이 성립됨을 증명하라.

[풀이] $n=1$인 경우를 생각하자. 식 (7.11)의 좌변을 부분적분하면

$$\int_{-\infty}^{\infty}\frac{df(t)}{dt}\psi(t)dt=[f(t)\psi(t)]_{-\infty}^{\infty}-\int_{-\infty}^{\infty}f(t)\frac{d\psi(t)}{dt}dt \tag{7.14}$$

로 된다. $\psi(\infty)$도 $\psi(-\infty)$도 0이 되므로

$$\int_{-\infty}^{\infty}\frac{df(t)}{dt}\psi(t)dt=-\int_{-\infty}^{\infty}f(t)\frac{d\psi(t)}{dt}dt \tag{7.15}$$

로 되며, $n\geq 2$인 경우에 대해서도 성립한다.

7.4 델타함수에 대한 공식

$\delta(t)$에 관한 중요한 몇 가지 공식을 열거한다.

▌공식 ①▌ $\delta(t)=\delta(-t)$ [$\because$ $\delta(t)$ 는 우함수]

- **증명** : 좌변의 $\delta(t)$에 시험함수 $\psi(t)$를 적용시키면 7-3 절의 식 (7.10)으로부터

$$\int_{-\infty}^{\infty}\psi(t)\delta(t)dt=\psi(0)$$

로 되며, 우변 $\delta(-t)$에 $\psi(t)$를 적용시켜 $-t=\tau$로 두면 $-dt=d\tau$로부터

$$\begin{aligned}\int_{-\infty}^{\infty}\psi(t)\delta(t)dt&=-\int_{+\infty}^{-\infty}\psi(-\tau)\delta(\tau)d\tau\\&=\int_{-\infty}^{\infty}\psi(-t)\delta(t)dt\\&=\psi(-0)\\&=\psi(0)\end{aligned}$$

로 된다.

▮공식 ②▮ $h(t)\delta(t)=h(0)\delta(t)$

- **증명** : $h(t)\delta(t)=\int_{-\infty}^{\infty}h(t)\psi(t)\delta(t)dt$

$$=\int_{-\infty}^{\infty}h(t)\psi(t)\delta(t)dt$$

$$=h(0)\psi(0)$$

$$h(0)\delta(t)=\int_{-\infty}^{\infty}h(0)\delta(t)\psi(t)dt$$

$$=h(0)\int_{-\infty}^{\infty}\psi(t)\delta(t)dt$$

$$=h(0)\psi(0)$$

▮공식 ③▮ $t\delta(t)=0$

- **증명** : $\int_{-\infty}^{\infty}t\delta(t)\psi(t)dt=\int_{-\infty}^{\infty}t\psi(t)\delta(t)dt=t\psi(t)|_{t=0}=0$

▮공식 ④▮ $\int_{-\infty}^{\infty}\delta^{(n)}(t)\psi(t)dt=(-1)^n\psi^{(n)}(0)$

- **증명** : 좌변을 n 회 부분적분한다.

$$\int_{-\infty}^{\infty}\delta^{(n)}(t)\psi(t)dt=\delta^{(n-1)}(t)\psi(t)\Big|_{-\infty}^{\infty}-\int_{-\infty}^{\infty}\delta^{(n-1)}(t)\psi'(t)dt$$

$$=-\int_{-\infty}^{\infty}\delta^{(n-1)}(t)\psi'(t)dt$$

$$=-\delta^{(n-2)}(t)\psi'(t)|_{-\infty}^{\infty}+\int_{-\infty}^{\infty}\delta^{(n-2)}(t)\psi''(t)dt$$

$$=(-1)^2\int_{-\infty}^{\infty}\delta^{(n-2)}(t)\psi''(t)dt$$

$$\vdots$$

$$=(-1)^n\int_{-\infty}^{\infty}\delta(t)\psi^{(n)}tdt$$

$$= (-1)^n \psi^{(n)}(0)$$

단, $\psi(i)(\infty) = \psi(i)(-\infty) = 0,\ i = 0, 1, 2, 3, \cdots, n-1$이다.

▮공식 ⑤▮ $h(t)\delta(t) = h(0)\delta(t)$

- **증명** : $h(t)\,\delta'(t) = \int_{-\infty}^{\infty} h(t)\delta'(t)\psi(t)dt$

$$= -\int_{-\infty}^{\infty} \delta(t)[h(t)\psi(t)]' dt$$

$$= -\int_{-\infty}^{\infty} \delta(t)[h(t)\psi'(t) - h'(t)\psi(t)]dt$$

$$= -h(0)\psi'(0) - h'(0)\psi(0)$$

$$= h(0)\psi(0)$$

$$h(0)\delta'(t) - h'(0)\delta(t) = \int_{-\infty}^{\infty} [h(0)\delta'(t) - h'(0)\delta(t)]\psi(t)dt$$

$$= h(0)\int_{-\infty}^{\infty} \psi(t)\delta'(t)dt - h'(0)\int_{-\infty}^{\infty} \psi(t)\delta(t)dt$$

$$= -h(0)\int_{-\infty}^{\infty} \delta(t)\psi'(t)dt - h'(0)\psi(0)$$

$$= -h(0)\psi'(0) - h'(0)\psi(0)$$

▮공식 ⑥▮ $h(t)\delta(t-\tau) = h(\tau)\delta(t-\tau)$

- **증명** : 좌변 $= \int_{-\infty}^{\infty} h(t)\delta(t-\tau)\psi(t)dt$

$$= \int_{-\infty}^{\infty} h(t)\psi(t)\delta(t-\tau)dt$$

$$= h(\tau)\psi(\tau)$$

우변 $= \int_{-\infty}^{\infty} h(\tau)\delta(t-\tau)\psi(t)dt$

$$= h(\tau)\int_{-\infty}^{\infty} \psi(t)\delta(t-\tau)dt$$

$$= h(\tau)\psi(\tau)$$

▌공식 ⑦▌ $t\delta'(t) = -\delta(t)$

- **증명** : $t\,\delta'(t) = \int_{-\infty}^{\infty} t\delta'(t)\psi(t)dt$

$$= -\int_{-\infty}^{\infty} \delta(t)[t\psi(t)]'dt$$

$$= -\int_{-\infty}^{\infty} \delta(t)[t\psi'(t) + \psi(t)]dt$$

$$= -t\psi'(t)\mid_{t=0} - \psi(0)$$

$$= -\psi(0)$$

$$-\delta(t) = \int_{-\infty}^{\infty} [-\delta(t)]\psi(t)dt$$

$$= -\int_{-\infty}^{\infty} \delta(t)\psi(t)dt$$

$$= -\psi(0)$$

▌공식 ⑧▌ $th_1(t) = th_2(t)$ 일 때 $h_1(t) = h_2(t) + c\delta(t)$이다.

- **증명** : $th_1(t) = th_2(t)$에 $h_2(t) = h_1(t) - c\delta(t)$를 대입하면

$$th_1(t) = th_1(t) - c\delta(t)$$

로 되는데, 우변의 두 번째 항은 공식 ③에 의해 0이 되므로

$$h_1(t) = h_2(t) + c\delta(t)$$

가 된다.

▌공식 ⑨▌ $h(t) = \int_{-\infty}^{\infty} h(t-\tau)\delta(\tau)d\tau$

$$= \int_{-\infty}^{\infty} h(\tau)\delta(t-\tau)d\tau$$

- **증명** : $h(t) = \int_{-\infty}^{\infty} h(\tau)\delta(t-\tau)d\tau$ 의 정의에 의해

$$h(t)=\int_{-\infty}^{\infty} h(\tau)\delta(t-\tau)d\tau$$

$$=\int_{+\infty}^{-\infty} h(t-\tau')\delta(\tau')(-d\tau') \quad [\because\ t-\tau=\tau']$$

$$=\int_{-\infty}^{\infty} h(t-\tau')\delta(\tau')d\tau'$$

$$=\int_{-\infty}^{\infty} h(t-\tau)\delta(\tau)d\tau$$

로 된다.

▌공식 ⑩▌ $h(t)\cdot\delta^{(n)}(t)=\sum_{k=0}^{n}(-1)^k\frac{n!}{k!(n-k)!}\cdot h^{(k)}(0)\cdot\delta^{(n-k)}(t)$

- **증명** : [공식 ⑥]의 확장이므로

$$\text{좌변}=\int_{-\infty}^{\infty} h(t)\delta^{(n)}(t)\psi(t)dt$$

$$=(-1)^n\int_{-\infty}^{\infty}\delta(t)[h(t)\psi(t)]^{(n)}dt$$

$$=(-1)^n[h(t)\psi(t)]^{(n)}\big|_{t=0}$$

로 되고

$$\text{우변}=\int_{-\infty}^{\infty}\sum_{k=0}^{n}(-1)^k\frac{n!}{k!(n-k)!}\cdot h^{(k)}(0)\cdot\delta^{(n-k)}(t)\cdot\psi(t)\,dt$$

$$=\sum_{k=0}^{n}(-1)^k\frac{n!}{k!(n-k)!}\cdot h^{(k)}(0)\cdot\int_{-\infty}^{\infty}\delta^{(n-k)}(t)\cdot\psi(t)\ dt$$

$$=\sum_{k=0}^{n}(-1)^k\frac{n!}{k!(n-k)!}\cdot h^{(k)}(0)\cdot(-1)^{(n-k)}\cdot\psi^{(n-k)}(0)$$

$$=(-1)^n\sum_{k=0}^{n}\frac{n!}{k!(n-k)!}\cdot h^{(k)}(0)\cdot\psi^{(n-k)}(0)$$

$$=(-1)^n\left[\left\{\delta^{(n-k)}(t)\cdot\psi(t)\right\}^{(n)}\right]_{t=0}$$

로 된다.

▌공식 ⑪▌

$$\delta(t-t_1)\cdot\delta(t-t_2)=\int_{-\infty}^{\infty}\delta(t-t_1)\cdot\delta(t-t_2-\tau)d\tau=\delta\{t-[t_1+t_2]\}$$

• **증명** : 좌변 $=\int_{-\infty}^{\infty}\delta(t-t_1)\cdot\delta(t-t_2-\tau)\cdot\psi(t)\,dt$

$$=\int_{-\infty}^{\infty}\int_{-\infty}^{\infty}\delta(\tau-t_1)\cdot\delta(t-t_2-\tau)d\tau\cdot\psi(t)\,dt$$

$$=\int_{-\infty}^{\infty}\delta(\tau-t_1)\cdot\psi(\tau+t_2)\,dt$$

$$=\psi(t_1+t_2)$$

중변 $=\int_{-\infty}^{\infty}\int_{-\infty}^{\infty}\delta(\tau-t_1)\cdot\delta(t-t_2-\tau)d\tau\cdot\psi(t)\,dt$

$$=\int_{-\infty}^{\infty}\delta(\tau-t_1)\int_{-\infty}^{\infty}\psi(t)\,\delta(t-t_2-\tau)dt\ \ d\tau$$

$$=\int_{-\infty}^{\infty}\delta(\tau-t_1)\cdot\psi(\tau+t_2)\,dt$$

$$=\psi(t_1+t_2)$$

우변 $=\int_{-\infty}^{\infty}\delta(t-t_1-t_2)\cdot\psi(t)\,dt$

$$=\psi(t_1+t_2)$$

▌공식 ⑫▌ $\delta(at)=|a|^{-1}\,\delta(t)$

• **증명** : i) $a>0$일 때 $at=\tau$로 두면, $dt=\dfrac{1}{a}d\tau$ 이고 $t=-\infty$ 이므로

좌변 $=\int_{-\infty}^{\infty}\delta(at)\cdot\psi(t)\,dt$

$$= \int_{-\infty}^{\infty} \delta(\tau) \cdot \psi\left(\frac{\tau}{a}\right) d\frac{\tau}{a}$$

$$= \frac{1}{a}\int_{-\infty}^{\infty} \delta(\tau) \cdot \psi\left(\frac{\tau}{a}\right) d\tau$$

$$= \frac{1}{a}\psi(0)$$

$$= \frac{1}{|a|}\psi(0)$$

ii) $a > 0$일 때 $a = -a'$ [$a' > 0$]이면

$$좌변 = \int_{-\infty}^{\infty} \delta(at) \cdot \psi(t)\, dt$$

$$= \int_{-\infty}^{\infty} \delta(-a't) \cdot \psi(t)\, d\tau$$

$$= \int_{-\infty}^{\infty} \delta(a't) \cdot \psi(t)\, dt \qquad [\because \quad \delta(-a't) = \delta(a't)\ ]$$

$$= \frac{1}{a'}\int_{-\infty}^{\infty} \delta(\tau') \cdot \psi\left(\frac{\tau'}{a}\right) d\tau \qquad [\because \quad a't = \tau\ ]$$

$$= \frac{1}{a'}\psi(0)$$

$$= \frac{1}{|a|}\psi(0)$$

로 된다.

▌공식 ⑬▌ $\delta(t) = \dfrac{du(t)}{dt}$ [$u(t)$는 단위 계단 함수]

• **증명** : $좌변 = \int_{-\infty}^{\infty} \dfrac{du(t)}{dt\ \psi(t)} dt$

$$= -\int_{-\infty}^{\infty} u(t) \cdot \frac{d\psi(t)}{dt} dt$$

$$= -\psi(t)\big|_0^{\infty} \qquad [\because \quad \psi(\infty) = 0\ ]$$

$$= \psi(0)$$

$$우변=\int_{-\infty}^{\infty}\delta(t)\cdot\psi(t)\,dt=\psi(0)$$

▌공식 ⑭▌ $\delta[h(t)]=\sum_{i}\frac{\delta(t-t_1)}{|h'(t)|}$

- **증명** : $h(t)=0$인 단근 t_i 만을 포함하는 구간을 $[a_i, b_i]$로 하여

$$J=\int_{a_i}^{b_i}\delta[h(t)]\cdot\psi(t)\ dt$$

인 적분에서 $y=h(t)$로 두면, $h'(t)dt=dy$ 또는 $dt=dy/h'(t)$로 된다.

i) $h(a_i)<h(b_i)$일 때 그림 7-5 (a)에서 적분 J는

$$J=\int_{h(a_i)}^{h(b_i)}\delta(y)\cdot\psi[t(y)]\ \frac{dy}{h'(t)}$$

로 쓸 수 있다.

ii) $h(a_i)>h(b_i)$일 때 그림 7-5 (b)에서 $h'(t)<0$ 이므로

$$h'(t)=-g(t)\qquad [단,\ g(t)>0]$$

로 두면, 앞의 적분식은

$$J=-\int_{h(a_i)}^{h(b_i)}\delta(y)\cdot\psi[t(y)]\frac{dy}{-g(t)}=\int_{h(a_i)}^{h(b_i)}\delta(y)\cdot\psi[t(y)]\frac{dy}{g(t)}$$

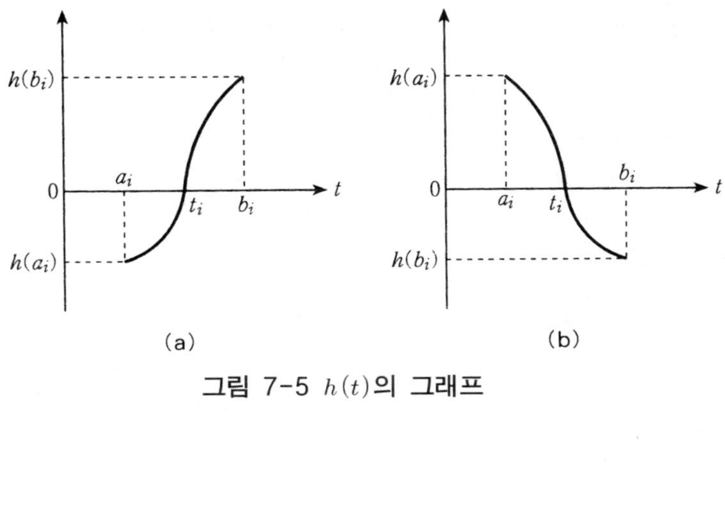

그림 7-5 $h(t)$의 그래프

로 쓸 수 있다. 이 식은 다시

$$J = -\int_{a_i}^{b_i} \delta[h(t)] \cdot \psi(t)\, dt = \int_{h(a_i)}^{h(b_i)} \delta(y) \cdot \psi[t(y)] \frac{dy}{|h'(t)|}$$

로 쓰여지므로

$$I = \sum_i \int_{h(a_i)}^{h(b_i)} \delta(y) \cdot \psi[t(y)] \frac{dy}{|h'(t)|} = \sum_i \psi(t_i) \frac{1}{|h'(t_i)|}$$

$$= \sum_i \int_{-\infty}^{\infty} \frac{\delta(t-t_i) \cdot \psi(t)}{|h'(t_i)|} dt = \int_{-\infty}^{\infty} \sum_i \frac{\delta(t-t_i)}{|h'(t_i)|} \cdot \psi(t)\, dt$$

로 된다.

7.5 2차원 델타함수

2차원 델타함수 $\delta(x, y)$는 시험함수 $\psi(x, y)$에 할당하는 것으로

$$\int_{-\infty}^{\infty} \int_{-\infty}^{\infty} \delta(x, y) \cdot \psi(x, y)\, dx\, dy = \psi(0, 0) \tag{7.16}$$

로 되며, 7-1절 식 (7.2b)의 추이정리로부터

$$\int_{-\infty}^{\infty} \int_{-\infty}^{\infty} \delta(x - x_0, y - y_0) \cdot h(x, y)\, dx\, dy = h(x_0, y_0) \tag{7.17}$$

로 된다.

Chapter

08 푸리에 급수와 푸리에 변환 (Fourier Series and Fourier Transform)

8.1 푸리에 급수

[1] 푸리에 급수의 정의

푸리에 급수는 푸리에가 1822년에 출간한 "Analytical Theory of Heat" 라는 책을 통해 소개한 이론으로서 유한구간 내에서 정의되는 어떠한 주기적인 함수 $f(t)$를

$$f(t) = a_o + \sum_{n=1}^{\infty} (a_n \cos n\omega_o t + b_n \sin n\omega_o t) \tag{8.1}$$

와 같이 직류성분 a_0, 그리고 진폭이 a_n인 여현항 $\cos n\omega_o t$과 진폭이 b_n인 정현항 $\sin n\omega_o t$의 합인 무한 삼각 멱급수로 표현하는 것이다. 여기서, $n=1$이면 기본파를 나타내며 $n=2$ 이상을 n차 고조파라고 한다. 이 급수는 연속이나 불연속의 주기함수를 표현하는데 주로 사용되며, 상미분방정식 및 편미분방정식, 기타 진동학, 광학, 전기역학, 열역학 등의 많은 해석 분야에서도 대단히 편리하게 적용된다.

푸리에 급수와 테일러 급수가 임의의 함수 $f(t)$를 무한급수의 항으로 분해하는 데 공히 사용되어 질 수 있다. 즉, 테일러 급수의 경우는 임의의 t 근방에서 $1, t, t^2, t^3 \cdots$의 항으로 전개하며, 각 항의 계수들은 n계의 고계 도함수에 의해 계산되어 진다. 반면, 푸리에 급수의 경우는 전 주기에 걸친 함수 $f(t)$를 $a_o, \sin(\omega_o t), \cos(\omega_o t), \sin(2\omega_o t), \cos(2\omega_o t) \cdots$ 등의 항으로 전개되며, 각 항의 계수들은 삼각함수의 직교 성질을 이용하여 구해낸다. 따라서, 테일러 급수는 불연속점에서는 미분이 불가능하므로, 불연속을 포함하는 함수를 표현할 수 없게 된다. 이에 비해 푸리에 급수는 특정한 주기를 갖는 불연속 함수도 표현할 수 있다.

[2] 푸리에 급수의 물리적인 의미

푸리에 급수는 주기성을 갖고 있는 임의의 파형 $f_T(t)$을 직류항 a_o 및 크기와 주파수가 다른 수많은 여현항의 계수 a_n과 정현항의 계수 b_n으로 분해하는 것과 같다. 예를 들어, 방형파를 푸리에 급수로 전개하는 경우 제1항에서 제3항까지 근사하면 다음 그림 8-1과 같아질 것이다.

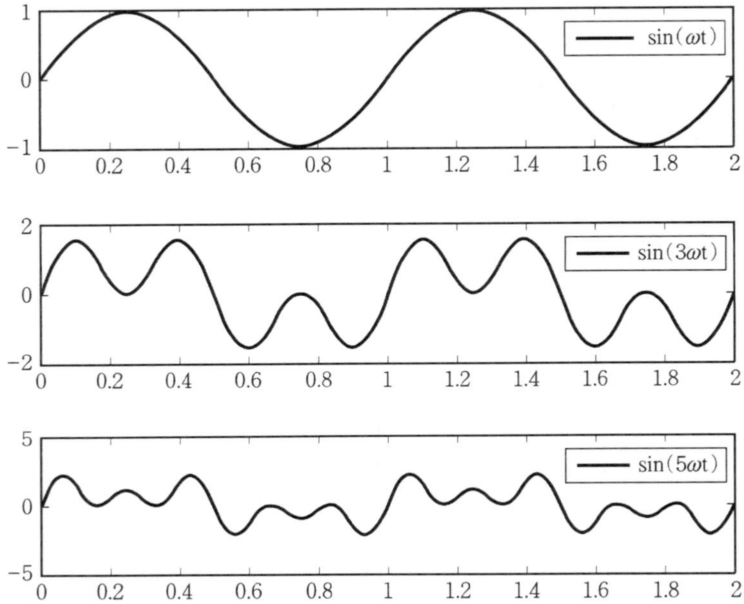

그림 8-1 방형파와 방형파의 근사

이 경우,

$$f_T(t) = a_o + \sum_{n=1}^{\infty} [a_n \cos nw_o t + b_n \sin nw_o t] = a_o + \sum_{n=1}^{\infty} \sqrt{a_n^2 + b_n^2} \cos(n w_o t + \phi_n)$$

(8.2)

로 표현할 수 있으며, 이들의 관계들을 도시하면 그림 8-2와 같다.

고조파항 $w_n = nw_o$는 기본파 각 주파수 w_o에 비해 회전속도가 n배인 것으로 이해하면 될 것이고, 이들에 대한 보다 구체적인 의미를 파악하려면, 방형파와 톱니파에 대한 푸리에 전개 모형을 도시한 http://en.wikipedia.org/wiki/Fourier_series의 사이트를 방문해서 추가로 학습할 것이 권장된다.

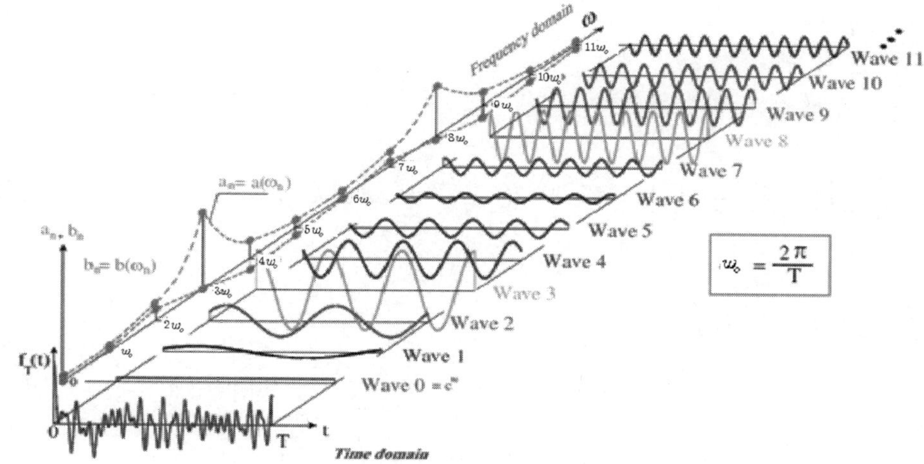

그림 8-2 함수 $f_T(t)$와 푸리에 급수의 물리적 도해

[3] 푸리에 급수의 여러 가지 형태

푸리에 급수는 전개 방법에 따라 일반적으로 기본형, 여현급수형, 정현급수형, 지수형, 복소수형, 실수형으로 구분한다. 8.1절의 식 (8.1)과 같은 급수는 실 푸리에 급수로서 삼각함수 공식을 이용하여 이 형태 외의 몇 가지 다른 꼴로도 변환될 수 있으며 또한, 오일러의 공식을 이용하면 "복소 푸리에 급수"도 얻을 수 있다.

(1) 형태 1 : 기본형

8.1절의 식 (8.1)에서 비정현적인 주기적인 함수 $f(t) = f(t+T)$의 기본 각주파수를 ω_0로 두면

$$f(t) = a_o + \sum_{n=1}^{\infty} (a_n \cos n\omega_0 t + b_n \sin n\omega_0 t) \qquad (8.3)$$

로 된다. 여기서, 푸리에 급수의 계수는 다음과 같다.

$$a_0 = \frac{1}{T}\int_{-T/2}^{T/2} f(t)\,dt$$

$$a_n = \frac{2}{T}\int_{-T/2}^{T/2} f(t)\cdot\cos nw_o t\,dt$$

$$b_n = \frac{2}{T}\int_{-T/2}^{T/2} f(t)\cdot\sin nw_o t\, dt \tag{8.4}$$

이 계수들이 구해지는 과정을 열거하면 다음과 같다.

(1) 계수 a_o : 먼저 a_o를 구하기 위해 식 (8.3)을 $t=d$에서 $t=d+T$까지 적분하면

$$\begin{aligned}\int_{-T/2}^{T/2} f(t)dt = a_o\int_{-T/2}^{T/2} dt \\ + a_1\int_{-T/2}^{T/2}\cos w_o t\, dt + \cdots + a_n\int_{-T/2}^{T/2}\cos nw_o t\, dt + \cdots \\ + b_1\int_{-T/2}^{T/2}\sin w_o t\, dt + \cdots + b_n\int_{-T/2}^{T/2}\sin nw_o t\, dt + \cdots\end{aligned}$$

(8.5)

로 되는데, 식 (8.5)에서 cos항 및 sin항에 관련된 적분항은 모두 0이 되므로 다음 값이 구해진다.

$$\int_{-T/2}^{T/2} f(t)dt = a_o\int_{-T/2}^{T/2} dt$$

$$a_0 = \frac{1}{T}\int_{-T/2}^{T/2} f(t)dt \tag{8.6}$$

(2) 계수 a_n : $n=1, 2, 3, \cdots$ 일 때의 a_n을 구하기 위해 식 (8.3)에 $\cos mw_o t$를 곱한 후 적분하면

$$\begin{aligned}&\int_{-T/2}^{T/2} f(t)\cos mw_o t\, dt \\ &= a_o\int_{-T/2}^{T/2}\cos mw_o t\, dt \\ &\quad + a_1\int_{-T/2}^{T/2}\cos w_o t\cos mw_o t\, dt + \cdots \\ &\quad + a_n\int_{d}^{d+T}\cos nw_o t\cos mw_o t\, dt + \cdots\end{aligned}$$

$$+b_1\int_{d}^{d+T}\sin w_o t\cos m w_o t\,dt+\cdots \tag{8.7}$$

$$+b_n\int_{d}^{d+T}\sin n w_o t\cos m w_o t\,dt+\cdots$$

로 되는데, 다음의 삼각함수의 공식

$$\cos a\cdot\cos b=\frac{1}{2}[\cos(a+b)+\cos(a-b)] \tag{8.8}$$

$$\sin a\cdot\cos b=\frac{1}{2}[\sin(a+b)+\sin(a-b)] \tag{8.9}$$

으로부터, 식 (8.7)은

$$\begin{aligned}&\int_{-T/2}^{T/2}f(t)\cos m w_o t\,dt\\&=\frac{a_0}{2}\int_{-T/2}^{T/2}\cos m w_o t\,dt\\&\quad+\frac{a_1}{2}\int_{-T/2}^{T/2}\Big[\cos(1+m)w_o t+\cos(1-m)w_o t\Big]dt+\cdots\\&\quad+\frac{a_n}{2}\int_{-T/2}^{T/2}\Big[\cos(n+m)w_o t+\cos(n-m)w_o t\Big]dt+\cdots\\&\quad+\frac{b_1}{2}\int_{-T/2}^{T/2}\Big[\sin(1+m)w_o t+\cos(1-m)w_o t\Big]dt+\cdots\\&\quad+\frac{b_n}{2}\int_{-T/2}^{T/2}\Big[\sin(n+m)w_o t+\cos(n-m)w_o t\Big]dt+\cdots\end{aligned}$$

로 되며, $n=k$이면 a_n항 이외의 우변 항은 모두 0이 된다. 따라서, a_n은

$$\int_{-T/2}^{T/2}f(t)\cos m w_o t|_{n=m}\,dt=\frac{a_n}{2}\int_{-T/2}^{T/2}\cos(n-m)w_o t|_{n=m}\,dt$$

로부터

$$a_n=\frac{2}{T}\int_{-T/2}^{T/2}f(t)\cos n w_o t\,dt \tag{8.10}$$

가 구해진다.

(3) 계수 b_n : b_n은 식 (8.3)의 양변에 $\sin m w_o t$를 곱한 후 적분하면

$$\int_{-T/2}^{T/2} f(t)\sin m w_o t\, dt$$
$$= \frac{a_0}{2}\int_{-T/2}^{T/2} \sin m w_o t\, dt \tag{8.11}$$
$$+ a_1\int_{-T/2}^{T/2} \cos w_o t \cdot \sin m w_o t\, dt + \cdots$$
$$+ a_n\int_{-T/2}^{T/2} \cos n w_o t \cdot \sin m w_o t\, dt + \cdots$$
$$+ b_1\int_{-T/2}^{T/2} \sin w_o t \cdot \sin m w_o t\, dt + \cdots$$
$$+ b_n\int_{-T/2}^{T/2} \sin n w_o t \cdot \sin m w_o t\, dt + \cdots$$

로 되며, 삼각함수의 공식

$$\cos a \cdot \sin b = \frac{1}{2}[\sin(a+b) - \sin(a-b)] \tag{8.12}$$

$$\sin a \cdot \sin b = \frac{1}{2}[\cos(a-b) - \cos(a+b)] \tag{8.13}$$

로부터 식 (8.11)은

$$\int_{-T/2}^{T/2} f(t)\sin m w_o t\, dt$$
$$= \frac{a_0}{2}\int_{-T/2}^{T/2} \sin m w_o t\, dt$$
$$+ \frac{a_1}{2}\int_{-T/2}^{T/2} \Big[\sin(1+m)w_o t - \sin(1-m)w_o t\Big] dt + \cdots$$
$$+ \frac{a_n}{2}\int_{-T/2}^{T/2} \Big[\sin(n+m)w_o t - \sin(n-m)w_o t\Big] dt + \cdots$$
$$+ \frac{b_1}{2}\int_{-T/2}^{T/2} \Big[\cos(1-m)w_o t - \cos(1+m)w_o t\Big] dt + \cdots$$

$$+\frac{b_n}{2}\int_{-T/2}^{T/2}\left[\cos(n-m)w_o t-\cos(n+m)w_o t\right]dt+\cdots \tag{8.14}$$

로 되며, $n=m$이면 b_n항 이외의 우변 항은 모두 0이 된다. 따라서 b_n은

$$\int_{-T/2}^{T/2} f(t)\sin m w_o t dt = \frac{b_n}{2}\int_{-T/2}^{T/2}\cos(n-m)w_o t|_{n=m}dt$$

$$b_n = \frac{2}{T}\int_{-T/2}^{T/2} f(t)\sin n w_o t\, dt \tag{8.15}$$

로 구해진다. 이상에서 논의된 바와 같이 여현파와 정현파에 대한 푸리에 급수의 계수, 곧 a_n 및 b_n를 구하기 위해서는 정현파나 여현파의 한 주기에 대한 적분이 0이 되는 성질을 이용하였다. 푸리에 급수의 계수인 식 (8.6)의 a_o, 식 (8.10)의 a_n, 식 (8.15)의 b_n을 "오일러의 공식" 또는 "오일러-푸리에 공식" 이라고도 한다. 그리고 푸리에 급수 전개식인 식 (8.3)의 계수들을 구해 식 (8.6), (8.10) 및 (8.15)의 값으로 표현할 때, $f(t)$를 '푸리에 급수로 전개하였다' 고 한다.

(2) 형태 2 : 여현 급수형

그림 8-3을 참조하면

$$f(t) = a_o + \sum_{n=1}^{\infty}\sqrt{a_n^2+b_n^2}\left(\frac{a_n}{\sqrt{a_n^2+b_n^2}}\cos n\omega_0 t + \frac{b_n}{\sqrt{a_n^2+b_n^2}}\sin n\omega_0 t\right)$$

$$= A_0 + \sum_{n=1}^{\infty} A_n(\cos n\omega_0 t\cdot\cos\phi_n + \sin n\omega_0 t\cdot\sin\phi_n)$$

$$= A_0 + \sum_{n=1}^{\infty} A_n\cos(n\omega_0 t-\phi_n) \tag{8.16}$$

로 된다.

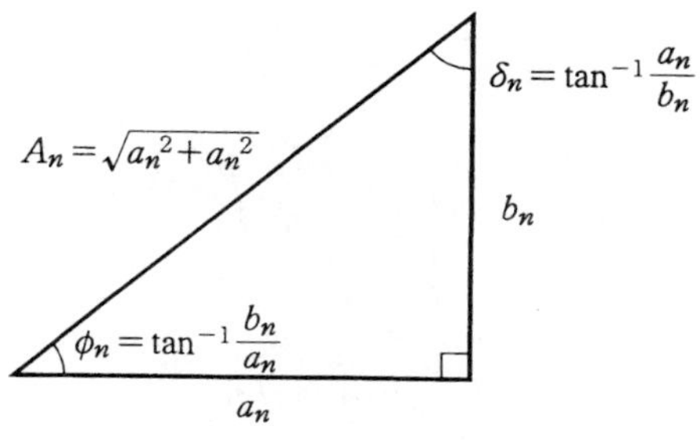

그림 8-3 삼각함수 관계도

(3) 형태 3 : 정현 급수형

$$f(t) = A_0 + \sum_{n=1}^{\infty} A_n \sin(n\omega_0 t - \delta_n) \tag{8.17}$$

그림 8-3으로부터 $\phi_n + \delta_n = 90^{\circ}$로 둔 것과 같다.

(4) 형태 4 : 복소수형 I

$$f(t) = \sum_{n=-\infty}^{\infty} C_n e^{jn\omega_0 t} \tag{8.18}$$

$$C_n = \frac{1}{T}\int_{-\frac{T}{2}}^{\frac{T}{2}} f(t) e^{-jn\omega_0 t} dt \tag{8.19}$$

식 (8.19)은 식 (8.3)에 오일러의 공식을 대입하여

$$f(t) = a_o + \sum_{n=1}^{\infty}\left(a_n \frac{e^{jn\omega_0 t} + e^{-jn\omega_0 t}}{2} + b_n \frac{e^{jn\omega_0 t} - e^{-jn\omega_0 t}}{2j}\right)$$

$$= a_o + \sum_{n=1}^{\infty}\left(\frac{a_n - jb_n}{2} e^{jn\omega_0 t} + \frac{a_n + jb_n}{2} e^{-jn\omega_0 t}\right)$$

로부터, $C_0 = a_0$, $C_n = (a_n - jb_n)/2$, $C_{-n} = (a_n + jb_n)/2 = C_n^*$로 둔 것과 같다. 여기서, C_n^*는 C_n의 공액복소수 계수이다. 각 계수는 8.1.3절의 식 (8.6), (8.8) 및 (8.15)로부터

$$C_0 = a_o = \frac{1}{T}\int_{-\frac{T}{2}}^{\frac{T}{2}} f(t) dt \tag{8.20}$$

$$C_n = \frac{a_n - jb_n}{2}$$

$$= \frac{1}{2}\left[\frac{2}{T}\int_{-\frac{T}{2}}^{\frac{T}{2}} f(t)\cos n\omega_0 t\, dt - j\frac{2}{T}\int_{-\frac{T}{2}}^{\frac{T}{2}} f(t)\sin n\omega_0 t\, dt\right]$$

$$= \frac{1}{T}\int_{-\frac{T}{2}}^{\frac{T}{2}} f(t)(\cos n\omega_0 t - j\sin n\omega_0 t) dt$$

$$= \frac{1}{T}\int_{-\frac{T}{2}}^{\frac{T}{2}} f(t)e^{-jn\omega_0 t}dt \tag{8.21}$$

$$C_{-n} = C_n^* = \frac{a_n + jb_n}{2} = \frac{1}{2}\left[\frac{2}{T}\int_{-\frac{T}{2}}^{\frac{T}{2}} f(t)\cos n\omega_0 t dt + j\frac{2}{T}\int_{-\frac{T}{2}}^{\frac{T}{2}} f(t)\sin n\omega_0 t\, dt\right]$$

$$= \frac{1}{T}\int_{-\frac{T}{2}}^{\frac{T}{2}} f(t)(\cos n\omega_0 t + j\sin n\omega_0 t)dt$$

$$= \frac{1}{T}\int_{-\frac{T}{2}}^{\frac{T}{2}} f(t)e^{jn\omega_0 t}dt \tag{8.22}$$

로 되므로, 식 (8.19)와 (8.20)은 하나의 식인

$$C_n = \frac{1}{T}\int_{-\frac{T}{2}}^{\frac{T}{2}} f(t)e^{-jn\omega_0 t}dt \tag{8.23}$$

로 표현 가능하다. 그리고

$$C_n = |C_n| e^{j\phi_n}$$

$$|C_n| = |C_{-n}| = \frac{1}{2}\sqrt{a_n^2 + b_n^2}$$

$$\phi_n = \tan^{-1}\left(-\frac{b_n}{a_n}\right)$$

의 관계로 정리될 수 있다.

(5) 형태 5 : 복소수형 II

식 (8.11)로부터 Euler의 공식에 의해

$$f(t) = A_0 + \sum_{n=1}^{\infty} A_n \cos(n\omega_0 t - \phi_n)$$

$$= A_0 + \sum_{n=1}^{\infty} A_n \frac{e^{j(n\omega t - \phi_n)} + e^{-j(n\omega t - \phi_n)}}{2}$$

$$= A_0 + \sum_{n=1}^{\infty} \frac{1}{2} A_n e^{-j\phi n} e^{jn\omega_0 t} + \sum_{n=1}^{\infty} \frac{1}{2} A_n e^{-j\phi n} e^{jn\omega_0 t}$$

$$= D_0 + \sum_{n=1}^{\infty} D_n e^{jn\omega_0 t} + \sum_{n=1}^{\infty} D_n^* e^{-jn\omega_0 t} \tag{8.24}$$

로 쓸 수 있다. 여기서, $D_n^* = A_n/2e^{-j\Psi n}$이다. 이 결과를 형태 4와 비교하기 위해

$$\sum_{n=1}^{\infty} D_n^* e^{-jn\omega_0 t} = \sum_{n=1}^{\infty} D_{-n} e^{-jn\omega_0 t} \tag{8.25}$$

$$= \sum_{n=-1}^{-\infty} D_n e^{-jn\omega_0 t}$$

임을 고려하면,

$$f(t) = \sum_{n=-\infty}^{\infty} D_n e^{jn\omega_0 t} \tag{8.26}$$

로 되어 결국 식 (8.18)과 같아진다.

(6) 형태 6 : 실수형

식 (8.26)는 식 (8.18)과 같은 형태이므로, 식 (8.26)에서

$$f(t) = \sum_{n=-\infty}^{\infty} D_n [\cos n\omega_0 t + j\sin n\omega_0 t]$$

$$= 식\ (8.16) = \sum_{n=0}^{\infty} A_n \cos(n\omega_0 t - \phi_n)$$

$$= A_0 \cos\phi_0 + \sum_{n=1}^{\infty} A_n \cos(n\omega_0 t + \phi_n)$$

$$= a_0 + \sum_{n=1}^{\infty} [A_n \cos n\omega_0 t \cdot \cos\phi_n + A_n \sin n\omega_0 t \cdot \sin\phi_n]$$

$$= a_0 + \sum_{n=1}^{\infty} a_n \cos n\omega_0 t + \sum_{n=1}^{\infty} b_n \sin n\omega_0 t \tag{8.27}$$

가 얻어진다. 단,

$$a_0 = A_0 \cos\phi_0$$

$$a_n = A_n \cos\phi_n = 2Re(D_n)$$

$$b_n = A_n \sin\phi_n = -2Im(D_n)$$

이므로 식 (8.26)는

$$\begin{aligned} f(t) &= \sum_{n=0}^{\infty} A_n \cos(n\omega_0 t - \phi_n) \quad (8.28) \\ &= \sum_{n=0}^{\infty} 2Re\left[A_n e^{j(n\omega_0 t - \phi_n)}\right] \\ &= D_0 + \sum_{n=1}^{\infty} 2Re\left(D_n e^{jn\omega_0 t}\right) \end{aligned}$$

으로 표현된다. 이 결과는 기본형과 대단히 유사하다.

[4] 푸리에 급수의 특성들

주기적인 신호 $x(t)$와 $y(t)$에 대한 복소 푸리에 급수의 계수가 각각 c_n 및 d_n일 때, 다음의 성질을 갖는다.

① 선형성 : $Ax(t) + By(t) = A\sum_{n=-\infty}^{\infty} c_n e^{jnw_o t} + B\sum_{n=-\infty}^{\infty} d_n e^{jnw_o t}$ (8.29)

② 신호의 곱 : $x(t) \cdot y(t) = \sum_{n=-\infty}^{\infty} c_n e^{jnw_o t} \sum_{k=-\infty}^{\infty} d_k e^{jkw_o t}$ (8.30)

$$= \sum_{n=-\infty}^{\infty}\sum_{k=-\infty}^{\infty} c_n d_k e^{j(n+k)w_o t}$$

$$= \sum_{m=-\infty}^{\infty}\sum_{k=-\infty}^{\infty} c_{m-k} d_k e^{jmw_o t}$$

③ 시간 스케일링 : $x(at) = \sum_{n=-\infty}^{\infty} c_n e^{jnaw_o t}$ (8.31)

푸리에 계수는 시간 스케일 이전의 경우와 동일하지만 주파수가 a배로 된다.

④ 시간 반전 : 시간 반전된 신호의 푸리에 계수는 c_{-n}과 같다. :

$$x(-t) = \sum_{n=-\infty}^{\infty} c_{-n} e^{-jnaw_o t} \quad (8.32)$$

⑤ 시간 추이 : τ 만큼 추이된 경우의 푸리에 계수는 $c_n e^{-jnw_o\tau}$로 된다.

$$x(t-\tau)=\sum_{n=-\infty}^{\infty}[c_n e^{-jnw_o\tau}]e^{-jnw_o t} \tag{8.33}$$

⑥ 공액 관계 : 공액 복소 신호의 푸리에 계수는 c_{-n}^{*}과 같다. :

$$x^*(t)=\sum_{n=-\infty}^{\infty}c_{-n}^{*}e^{jnw_o t} \tag{8.34}$$

⑦ Parseval의 등식 :

$$\frac{1}{T}\int_{-T/2}^{T/2}[x(t)]^2dt=\sum_{n=-\infty}^{\infty}|c_n|^2 \tag{8.35}$$

이는 주기적인 신호의 전체 평균전력은 모든 고조파 성분의 평균전력의 합과 같다는 것을 의미한다.

증명 : 1주기 구간인 $0 \leqq t \leqq T$ 에서,

$$\begin{aligned}\int_0^T[f(t)]^2dt &= \sum_{m=1}^{\infty}\sum_{n=1}^{\infty}\int_0^T[b_m\sin\frac{2\pi m}{T}t \cdot b_n\sin\frac{2\pi n}{T}t]dt \\ &= \sum_{m=1}^{\infty}\sum_{n=1}^{\infty}b_m b_n\int_0^T[\sin\frac{2\pi m}{T}t \cdot \sin\frac{2\pi n}{T}t]dt \\ &= \sum_{m=1}^{\infty}\sum_{n=1}^{\infty}\frac{b_m b_n}{2}\int_0^T[\cos(m-n)\frac{2\pi}{T}t-\cos(m+n)\frac{2\pi}{T}t]dt \\ &= \sum_{n=1}^{\infty}\frac{b_m^2}{2}T\end{aligned}$$

로 되며,

$$\frac{2}{T}\int_0^T[f(t)]^2dt=\sum_{n=1}^{\infty}b_n^2$$

와 같은 여호와의 관계식이 얻어진다. 그리고,

$$f(t)=a_o+\sum_{n=1}^{\infty}a_n\cos\frac{2\pi n}{T}t+\sum_{n=1}^{\infty}b_n\sin\frac{2\pi n}{T}t$$

로 주어진 경우에는

$$\frac{2}{T}\int_{0}^{T} f(t)^2\,dt = a_o^2 + \sum_{n=1}^{\infty}[a_n^2 + b_n^2]$$

로 됨을 유추할 수 있고,

$$f(t) = a_o + \sum_{n=1}^{\infty} a_n \cos\frac{2\pi n}{T}t + \sum_{n=1}^{\infty} b_n \sin\frac{2\pi n}{T}t$$

로 주어진 경우에는

$$\frac{2}{T}\int_{0}^{T} [f(t)]^2\,dt = a_o^2 + \sum_{n=1}^{\infty}[a_n^2 + b_n^2]$$

로 됨을 알 수 있다. 그리고, 복소지수 함수형인

$$f(t) = \sum_{n=-\infty}^{\infty} c_n e^{j\frac{2\pi n}{T}t}$$

로 주어진 경우에는

$$\frac{2}{T}\int_{0}^{T} [f(t)]^2\,dt = \sum_{n=-\infty}^{\infty} |c_n|^2$$

로 됨도 알 수 있다.

다음은 Parseval의 관계식으로부터 유도되는 등식에 대해 알아보자. 1주기가 $T=4$ 의 구간인 $-2 \leqq t \leqq 2$ 에서,

$$f(t) = t \tag{8.36}$$

로 정의되는 기함수에 대해 푸리에 급수로 전개하면,

$$f(t) = \sum_{n=1}^{\infty} b_n \sin\frac{2\pi n}{T}t \tag{8.37}$$

로 표현될 것이고, 푸리에 계수는

$$b_n = \frac{4}{\pi}\sum_{n=1}^{\infty}\frac{(-1)^{n+1}}{n}$$

로 구해지므로,

$$f(t)=t=\frac{4}{\pi}\sum_{n=1}^{\infty}\frac{(-1)^{n+1}}{n}\sin\frac{n\pi}{2}t$$

로 된다. 한편, 식 (8.35)와 같은 Parseval의 정리로부터

$$\frac{2}{T/2}\int_0^{T/2}[f(t)]^2dt=\frac{2}{2}\int_0^2 t^2dt=\frac{t^3}{3}\Big|_0^2=\frac{8}{3}$$
$$=\sum_{n=1}^{\infty}b_n^2=\frac{4^2}{\pi^2}\sum_{n=1}^{\infty}\frac{1}{n^2}$$

로 되며

$$\frac{\pi^2}{6}=\sum_{n=1}^{\infty}\frac{1}{n^2}$$

와 같은 등식을 얻을 수 있다. 그리고,

$$\sum_{n=1}^{\infty}\frac{1}{(2n)^2}=\frac{1}{4}\sum_{n=1}^{\infty}\frac{1}{n^2}=\frac{\pi^2}{24} \tag{8.38}$$

와 같음도 유추할 수 있고

$$\sum_{n=1}^{\infty}\frac{1}{n^2}=\sum_{m=1}^{\overset{odd}{\infty}}\frac{1}{(2m)^2}+\sum_{m=1}^{\overset{even}{\infty}}\frac{1}{(2m+1)^2}=\frac{\pi^2}{24}+\sum_{m=1}^{\overset{even}{\infty}}\frac{1}{(2m+1)^2} \tag{8.39}$$
$$\sum_{m=1}^{\overset{even}{\infty}}\frac{1}{(2m+1)^2}=\frac{\pi^2}{6}-\frac{\pi^2}{24}=\frac{\pi^2}{8}$$

로 됨도 유추할 수 있다.

⑧ Gibbs 현상 : Gibbs 현상은 1848년 Henry Wilbraham에 처음으로 발견되었으며, 1899년 J. Willard Gibbs에 의해 재발견되었다. 점프성 불연속을 포함하는 신호 파형을 Fourier 급수로 합성하였을 때, 불연속점 근처에서 약 9% 정도의 오차가 발생하는 현상을 말한다. 예를 들면, 주기 $T=4$이고, 진폭이 2인 그림 8-4(a)와 같은 방형파 $y(t)$의 N항까지의 근사 $y_N(t)$는 다음과 같이 주어진다.

$$y_N(t)=1+\sum_{n=1}^{N}\frac{2\sin(n\pi/2)}{n\pi}\cos(n\pi t/2) \tag{8.40}$$

이것을 N항까지 도시하면 그림 8-4(b)와 같이, N이 커지면, 불연속 시점인 $t=\pm 1$

근방에서 점프성 오차가 발생함을 알 수 있다. 이것을 'Gibbs 현상'이라고 한다.

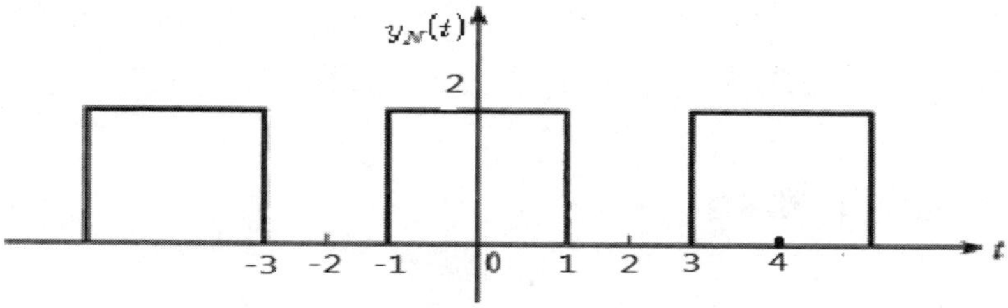

(a) 방형파 $y(t)$

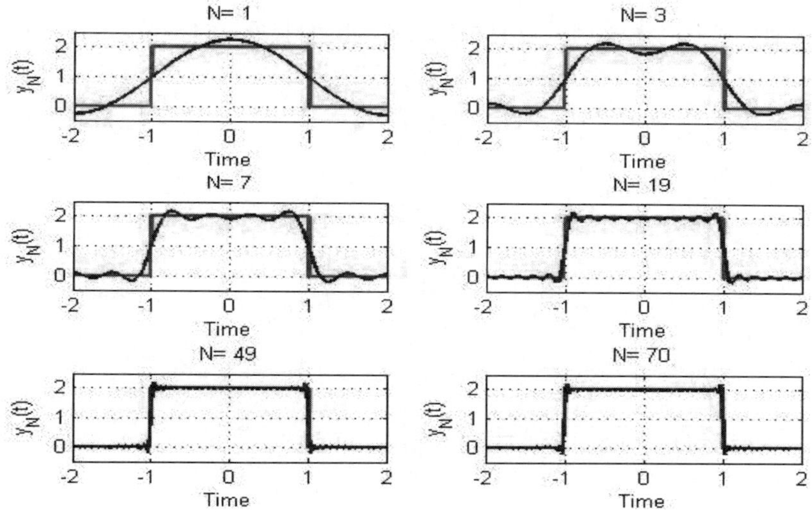

(b) N항까지의 방형파 근사 $y_N(t)$

그림 8-4 방형파와 방형파의 근사

[5] 푸리에 급수 전개시의 요점

푸리에 급수는 주기적인 신호의 해석에 사용되며, 푸리에 급수의 계수를 구할 때, 다음과 같은 요점들을 이해하면 매우 편리할 것이다.

① 기함수 신호의 경우, 우함수 성분의 푸리에 계수는 항상 0이 된다. : $a_n = 0$

② 우함수 신호의 경우, 기함수 성분의 푸리에 계수는 항상 0이 된다. : $b_n = 0$

③ 실수 시간 신호에 대한 푸리에 급수의 계수는 공액 대칭을 이룬다. : $c_n = c^*_{-n}$

i) 우함수일 경우는 실수 계수를 갖고, 짝수 성분만을 갖는다.

ii) 기함수일 경우는 순 허수 성분만을 갖고, $a_0 = 0$이며, 홀수 성분만을 갖는다.

④ 삼각파 펄스의 신호에 대한 푸리에 급수의 계수는 교번하는 특성을 갖는다.

⑤ 방형파는 sinc 함수 형태의 무한 주파수 성분을 갖는다.

[6] 푸리에 급수의 예제들

예제 1

1주기 구간인 $-1 \le t \le 1$에서 $f(t) = e^{-t}$로 정의될 때 이를 복소 푸리에 급수로 전개하라.

[풀이] 복소 푸리에 급수형인

$$f(t) = \sum_{n=-\infty}^{\infty} C_n e^{jn\omega_0 t}$$

로 전개될 때, 계수는

$$C_n = \frac{1}{T}\int_{-1}^{1} f(t) e^{-jn\omega_0 t} dt = \frac{1}{2}\int_{-1}^{1} e^{-(1+jn\omega_0)t} dt$$

$$= \frac{1}{2}\left[\frac{e^{(1+jn\omega_0)t}}{-(1+jn\omega_0)}\right]_{-1}^{1}$$

$$= \frac{ee^{jn\pi} - e^{-1}e^{jn\pi}}{2(1+jn\omega_0)}$$

인데,

$$e^{jn\pi} = \cos n\pi + j\sin n\pi = (-1)^n = e^{-jn\pi}$$

이므로

$$C_n = \frac{(-1)^n}{(1+jn\pi)^2} \cdot \frac{(-1)^n(1-jn\pi)}{1+(n\pi)^2} \cdot \sinh 1$$

$$\therefore f(t) = \sum_{n=-\infty}^{\infty} (-1)^n \frac{1-jn\pi}{1+(n\pi)^2} \sinh 1 \cdot e^{jn\omega_0 t}$$

가 얻어진다.

예제 2

다음을 실 푸리에 급수로 변환하라.

$$f(t) = \sum_{n=-\infty}^{\infty} \frac{e^{jnt}}{1+jn}$$

[풀이] 식 (8.26)으로부터

$$f(t) = D_0 + \sum_{n=1}^{\infty} 2Re(D_n e^{jn\omega_0 t})$$

$$= 1 + \sum_{n=1}^{\infty} 2Re\left(\frac{e^{jnt}}{\sqrt{1+n^2} \angle \tan^{-1} n} \bigg|_{w_o = 1} \right) = 2$$

$$= 1 + \sum_{n=1}^{\infty} \frac{2}{\sqrt{1+n^2}} \cos(nt - \tan^{-1} n)$$

또는,

$$f(t) = 1 + 2\sum_{n=1}^{\infty} \left(\frac{\cos nt}{1+n^2} + \frac{n}{1+n^2} \sin nt \right)$$

로 되거나

$$D_n = \frac{1}{1+jn} = \frac{1-jn}{1+n^2} = \frac{1}{1+n^2} - j\frac{n}{1+n^2} = \frac{a_n}{2} + j\frac{b_n}{2}$$

로부터

$$\frac{a_0}{2} = D_0 = 1$$

$$a_n = 2Re(D_n) = \frac{2}{1+k^2}$$

$$b_n = -2Im(D_n) = \frac{2k}{1+k^2}$$

가 얻어질 수도 있다.

예제 3

주기 펄스열이 그림 8-5와 같이 주어질 때, 이 신호를 (a) 복소수형의 푸리에 급수, (b) 여현급수, (c) 실수형의 푸리에 급수로 표현하고 이의 이산 스펙트럼도 그려라.

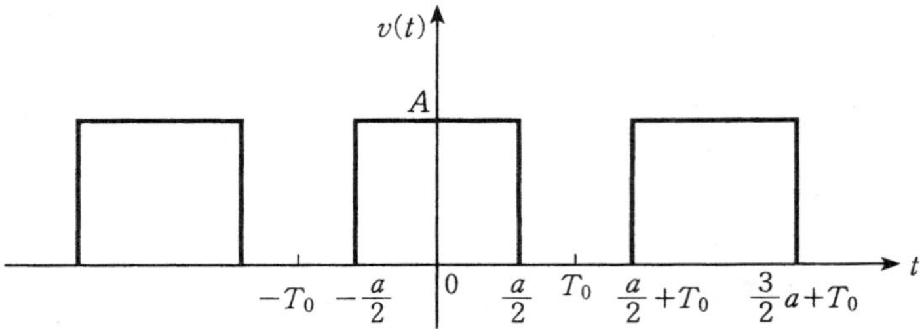

그림 8-5 예제 3의 주기 펄스열

[풀이] ① 복소 푸리에 계수는

$$V_K = \frac{1}{T_0}\int_{-\frac{a}{2}}^{\frac{a}{2}} Ae^{-jK\omega_0 t}dt = \frac{A}{T_0}\left[\frac{e^{-jK\omega_0(\frac{a}{2})} - e^{-jK\omega_0(-\frac{a}{2})}}{-jK\omega_0}\right]$$

로부터

$$V_K = \frac{A}{\pi K}\cdot \sin\frac{K\omega_0 a}{2} \qquad (-\infty \le K \le \infty)$$

로 구해지며, 주기 T_0에 대해

$$V_K = \frac{A}{\pi K}\cdot \sin\frac{K\pi a}{T_0}$$

이므로 지수형의 푸리에 급수는

$$v(t) = \sum_{K=-\infty}^{\infty}\left\{\frac{A}{\pi K}\cdot \sin\frac{K\pi a}{T_0}\right\}e^{jK\omega_0 t}$$

로 된다. 단, $K=0$일 때의 V_0는 L'Hôpital의 정리에 의해

$$V_0 = \frac{A}{\pi}\cdot\frac{\omega_0 a}{2}\cdot\cos\left(\frac{K\omega_0 a}{2}\right)\bigg|_{k=0} = \frac{Aa}{T_0}$$

로 구해진다.

② 여현급수는 오일러의 공식으로부터

$$v(t) = \frac{Aa}{T_0} + \sum_{K=1}^{\infty}\left(\frac{2A}{\pi K}\cdot \sin\frac{K\pi a}{T_0}\right)\cos(k\omega_0 t)$$

가 구해진다.

③ 실수형의 푸리에 급수식은

$$v(t) = \sum_{K=-\infty}^{\infty} V_K\, e^{jK\omega_0 t}$$

로부터

$$v(t) = V_0 + \sum_{K=1}^{\infty} 2\,|V_K|\,\cos(K\omega_0 t + \angle V_K)$$

와 같고, 이의 크기 및 위상 이산 스펙트럼을 그림으로 나타내면 그림 8-6과 같다.

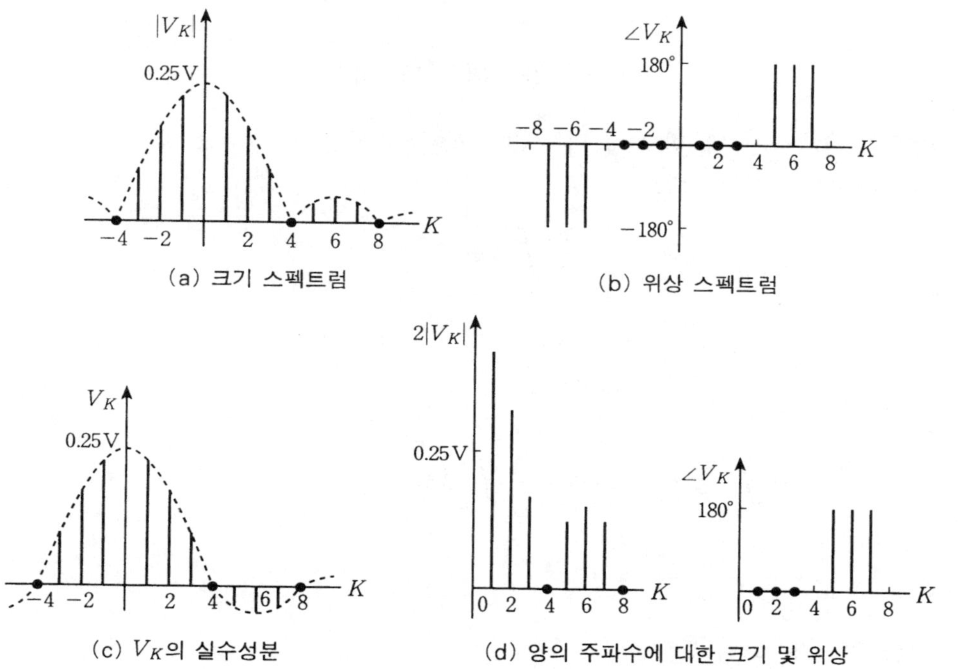

그림 8-6 주파수 스펙트럼

예제 4

그림 8-7에 나타낸 함수 $g(t)$를 푸리에 급수로 전개하라.

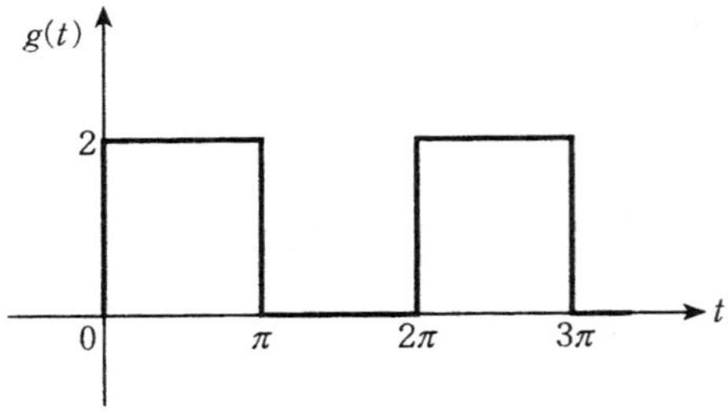

그림 8-7 예제 4의 파형

[풀이] 그림 8-7의 함수 $g(t)$는 $0 \leqq t \leqq \pi$ 에서는 $g(t)=2$, $\pi \leqq t \leqq 2\pi$ 에서는 $g(t)=0$로 정의되므로

$$a_0 = \frac{1}{2\pi}\int_0^{2\pi} g(t)dt = \frac{1}{2\pi}\int_0^{\pi} 2dt$$

$$= \frac{1}{2\pi}[2t]_0^{\pi} = \frac{2\pi}{2\pi} = 1$$

를 얻고, a_n은

$$a_n = \frac{1}{\pi}\int_0^{2\pi} g(t)\cos nt\,dt = \frac{1}{\pi}\int_0^{\pi} 2\cos nt\,dt$$

$$= \frac{2}{\pi}\left[\frac{\sin nt}{n}\right]_0^{\pi} = 0$$

를 얻는다. 그리고,

$$b_n = \frac{1}{\pi}\int_0^{2\pi} g(t)\sin nt\,dt$$

$$= \frac{1}{\pi}\int_0^{\pi} 2\sin nt\,dt$$

$$= \frac{2}{\pi}\left[-\frac{\cos nt}{n}\right]_0^{\pi}$$

$$= \frac{2}{\pi}\left(-\frac{\cos n\pi}{n} + \frac{1}{n}\right)$$

$$= \frac{2}{\pi}\cdot\frac{(-1)^{n+1}+1}{n}$$

로 된다. 그리고 n이 짝수이면

$$(-1)^{n+1} = -1 \qquad \therefore b_n = 0$$

로 되고, n이 홀수이면

$$(-1)^{n+1} = 1 \qquad \therefore b_n = \frac{4}{\pi} \cdot \frac{1}{n}$$

로 된다. 따라서

$$g(t) = 1 + \frac{4}{\pi}\left(\sin t + \frac{1}{3}\sin 3t + \frac{1}{5}\sin 5t + \cdots\right)$$

를 얻는다.

예제 5

그림 8-8에 나타낸 함수 $g(t)$를 푸리에 급수로 전개하라.

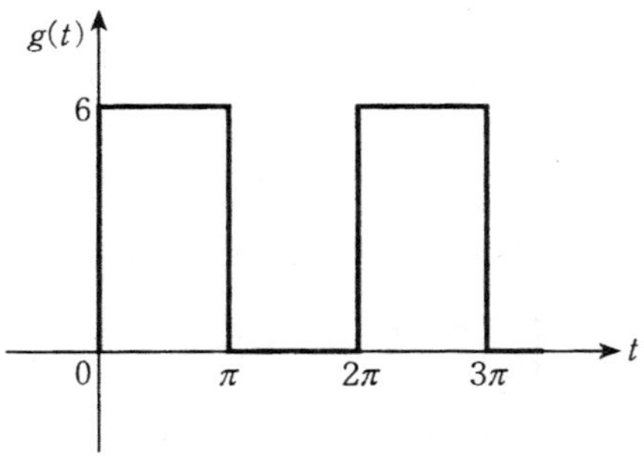

그림 8-8 예제 5의 파형

[풀이] 주어진 함수 $g(t)$는 $0 \leqq t \leqq \pi$에서는 $g(t) = 6$, $\pi \leqq t \leqq 2\pi$에서는 $g(t) = 0$으로 정의되므로 a_0를 구하면

$$a_0 = \frac{1}{2\pi}\int_0^{2\pi} g(t) = \frac{1}{2\pi}\int_0^{\pi} 6dt$$

$$= \frac{1}{2\pi}[6t]_0^{\pi} = \frac{6\pi}{2\pi} = 3$$

와 같고, 기함수이므로 $a_n = 0$이고, b_n을 구하면

$$b_n = \frac{1}{\pi}\int_0^{\pi} g(t)\sin nt\, dt = \frac{1}{\pi}\int_0^{\pi} \sin nt\, dt$$

$$= \frac{6}{\pi}\left[-\frac{\cos nt}{n}\right]_0^{\pi} = \frac{6}{\pi}\cdot\frac{1-\cos npi}{n}$$

$$= \frac{6}{\pi}\cdot\frac{1+(-1)^{n+1}}{n}$$

로 된다. n이 짝수이면

$$1+(-1)^{n+1}=0 \qquad \therefore a_n = 0$$

이고, n이 홀수이면

$$1+(-1)^{n+1}=2 \qquad \therefore b_n = \frac{12}{\pi}\cdot\frac{1}{n}$$

로 된다. 따라서

$$g(t) = 3+\frac{12}{\pi}\left(\sin t+\frac{1}{3}\sin 3t+\frac{1}{5}\sin 5t+\ldots\right)$$

를 얻는다.

예제 6

그림 8-9에 나타낸 파형을 푸리에 급수로 전개하라.

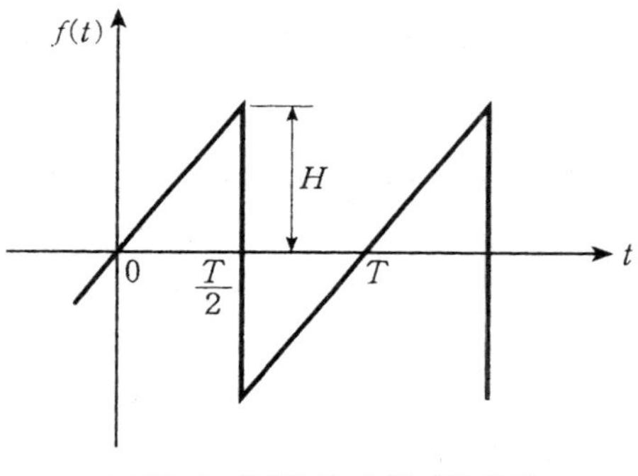

그림 8-9 예제 6의 톱니파

[풀이] 그림에 나타낸 함수는

$$f(t) = -f(-t), \qquad f\left(t+\frac{T}{2}\right) = -f(t)$$

와 같이 기함수이므로 $a_n = a_0 = 0$이다. $f(t)$의 모양은 $f(t) = 2Ht/T$이므로

$$b_n = \frac{4}{T}\int_0^{T/2} f(t)\sin n\omega_o t\,dt = \frac{8}{T^2}H\int_0^{T/2} t\cdot\sin n\omega_o t\,dt$$

$$= \frac{8H}{T^2}\left[t \cdot \frac{-\cos n\omega_o t}{n\omega_o}\right]_0^{T/2} - \frac{8H}{T^2}\int_0^{T/2}\frac{-\cos n\omega_o t}{n\omega_o}dt$$

$$= -\frac{8}{T^2}H \cdot \frac{T}{2} \cdot \frac{1}{n\omega_o}\cos\left(n\frac{w_o T}{2}\right)$$

$$= \frac{2}{\pi}H(-1)^{n+1}\frac{1}{n}$$

$$\therefore f(t) = \sum_{n=1}^{\infty} a_n \sin n\omega_o t$$

$$= \frac{2}{\pi}H\left(\sin\omega_o t - \frac{\sin 2\omega_o t}{2} + \frac{\sin 3\omega_o t}{3} - \frac{\sin 4\omega_o t}{4} + \cdots\right)$$

예제 7

그림 8-10에 나타낸 파형을 푸리에 급수로 전개하라.

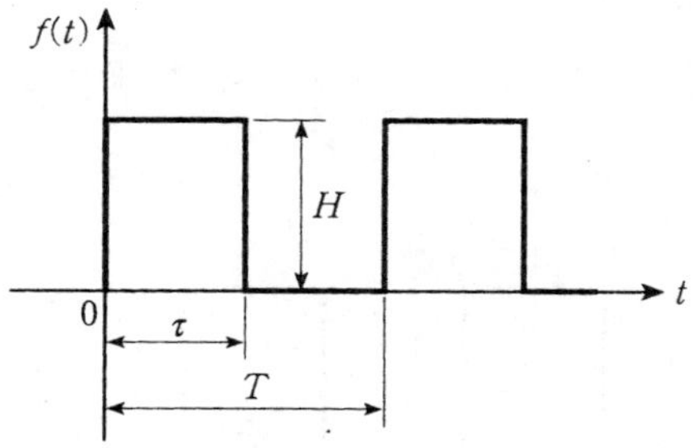

그림 8-10 예제 7의 방형파

[풀이] $0 \leqq t \leqq \tau$ 일 때 $f(t) = H$, $\tau \leqq t \leqq T$ 일 때 $f(t) = 0$이므로

$$a_n = \frac{2}{T}\int_0^T f(t)\cos n\omega_o t dt = \frac{2}{T}\int_0^\tau H\cos n\omega_o t dt$$

$$= \frac{2}{T}H \cdot \frac{1}{n\omega}[\sin n\omega t]_0^\tau = \frac{H}{n\pi}\sin n\omega\tau$$

$$a_0 = \frac{1}{T}\int_0^T f(t)dt = \frac{1}{T}\int_0^\tau H dt = \frac{H}{T}\tau$$

$$b_n = \frac{2}{T}\int_0^T f(t)\sin n\omega_o t dt = \frac{2}{T}\int_0^\tau H\sin n\omega_o t dt$$

$$= \frac{2}{T}H \cdot \frac{1}{n\omega_o}\left[-\cos n\omega_o t\right]_0^\tau = \frac{H}{n\pi}(1-\cos n\omega_o \tau)$$

를 얻게 된다. 따라서

$$f(t) = \sum_{n=1}^{\infty} b_n \sin n\omega_o t + a_0 + \sum_{n=1}^{\infty} a_n \cos n\omega_o t$$

$$= \frac{H}{\pi}\left((1-\cos\omega_o\tau)\sin\omega_o t + \frac{(1-\cos 2\omega_o\tau)}{2}\sin 2\omega_o t + \cdots\right)$$

$$+ \frac{H}{T}\tau + \frac{H}{\pi}\left(\sin\omega_o\tau\cos\omega_o t + \frac{\sin 2\omega_o\tau}{2}\cos 2\omega_o t + \cdots\right)$$

를 얻는다.

예제 8

그림 8-11에 나타낸 함수 $f(t)$를 푸리에 급수로 전개하라.

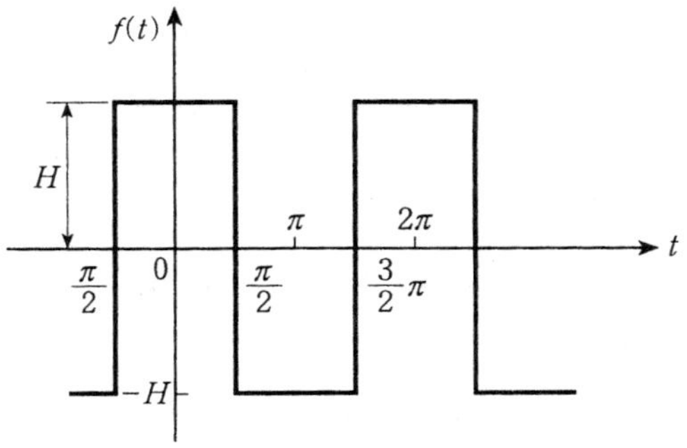

그림 8-11 예제 8의 방형파

[풀이] 주어진 함수 $f(t)$는 우함수이다. 따라서 $a_0 = b_n = 0$이며 a_n은 기수항만 존재한다. $n = 2m+1\,(m = 0, 1, 2, 3, \ldots)$이라 두면

$$a_n = \frac{2}{\pi}\int_0^\pi f(t)\cos(2m+1)t\,dt$$

$$= \frac{2}{\pi}\left\{\int_0^{\pi/2} H\cos(2m+1)t\,dt + \int_{\pi/2}^{\pi}(-H)\cos(2m+1)t\,dt\right\}$$

$$= \frac{2}{\pi}H\left\{\left[\sin\frac{(2n+1)t}{2m+1}\right]_0^{\pi/2} - \left[\sin\frac{(2n+1)t}{2m+1}\right]_{\pi/2}^{\pi}\right\}$$

$$= \frac{2H}{(2m+1)\pi}\left\{\sin(2m+1)\frac{\pi}{2} + \sin(2m+1)\frac{\pi}{2}\right\}$$

$$= \frac{4H}{(2m+1)\pi}(-1)^m$$

로 된다. 따라서

$$f(t) = \frac{4}{\pi}H\left(\cos t - \frac{1}{3}\cos 3t + \frac{1}{5}\cos 5t - \ldots\right)$$

를 얻는다.

예제 9

그림 8-12에 나타낸 방형파를 푸리에 급수로 전개하라.

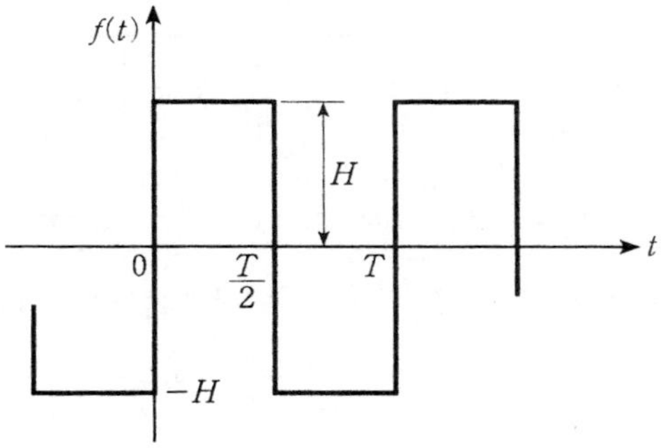

그림 8-12 예제 9의 방형파

[풀이] 주어진 함수 $f(t)$는 $f(t) = -f(-t)$로 기함수이므로

$$a_n = a_0 = 0$$

$$b_n = \frac{4}{T}\int_0^{T/2} f(t)\sin n\omega_o t dt$$

$$= \frac{4}{T}\int_0^{T/2} H\sin n\omega_o t dt = \frac{4}{T\omega_o}\cdot\frac{H}{n}\left[-\cos n\omega_o t\right]_0^{T/2}$$

$$= \frac{4}{T\omega_o} \cdot \frac{H}{n}\left(-\cos n\omega_o \frac{T}{2} + \cos 0\right)$$

$$= \frac{4}{T \cdot \frac{2\pi}{T}} \cdot \frac{H}{n}\left(-\cos n \cdot \frac{2\pi}{T} \cdot \frac{T}{2} + 1\right)$$

$$= \frac{2}{\pi} \cdot \frac{H}{n} \cdot (1 - \cos n\pi)$$

로 되고, n이 짝수일 때 $\cos n\pi = 1$이므로

$$b_n = 0$$

로 되며, n이 홀수일 때 $\cos n\pi = -1$이므로

$$b_n = \frac{2}{\pi} \cdot \frac{H}{n} \cdot 2 = \frac{4}{\pi} H \cdot \frac{1}{n}$$

를 얻는다. 따라서

$$f(t) = \frac{4}{\pi} H\left(\sin\omega_o t + \frac{1}{3}\sin 3\omega_o t + \frac{1}{5}\sin 5\omega_o t + \cdots\right)$$

를 얻는다.

예제 10

그림 8-13에 나타낸 삼각파의 푸리에 급수 전개를 구하라.

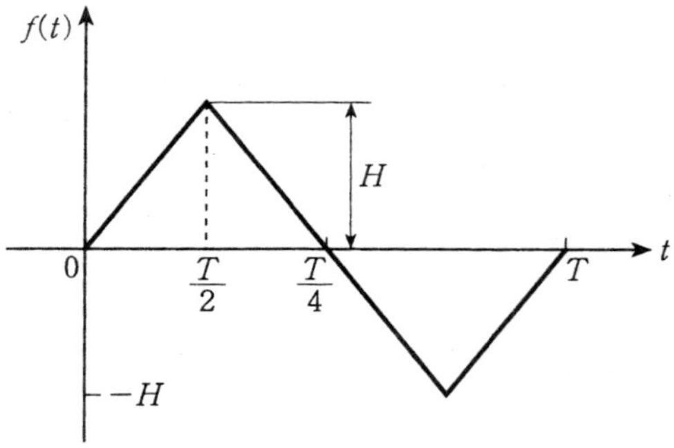

그림 8-13 예제 10의 삼각파

[풀이] 그림에 나타낸 함수$f(t)$는 $f(t) = -f(-t)$, 즉 기함수이므로 $a_0 = a_n = 0$ 이

다. 또 $f(t+T/2)=-f(t)$이므로 b_n의 짝수항은 영이 되고 기수항만 남는다. 따라서

$$b_{2n+1}=\frac{8}{T}\int_0^{T/4} f(t)\sin(2n+1)\omega_o t dt$$

로 되며, $0 \leqq t \leqq T/4$에서 $f(t)=4Ht/T$이므로

$$b_{2n+1}=\frac{8}{T}\int_0^{T/4}\frac{4}{T}Ht\cdot\sin(2n+1)\omega_o t dt$$

$$=\frac{32}{T^2}H\int_0^{T/4} t\cdot\sin(2n+1)\omega_o t dt$$

$$=\frac{32}{T^2}H\int_0^{T/4} t\cdot\left(-\frac{\cos(2n+1)\omega_o t}{(2n+1)\omega_o}\right)' dt$$

$$=\frac{32}{T^2}H\left\{\left[t\cdot\left(-\frac{\cos(2n+1)\omega_o t}{(2n+1)\omega_o}\right)\right]_0^{T/4}-\int_0^{T/4} t'\cdot\left(-\frac{\cos(2n+1)\omega_o t}{(2n+1)\omega_o}\right)dt\right\}$$

$$=\frac{32}{T^2}H\left\{-\frac{\frac{T}{4}\cos(2n+1)\omega_o\frac{T}{4}}{(2n+1)\omega_o}+\int_0^{T/4}\frac{\cos(2n+1)\omega_o t}{(2n+1)\omega_o}dt\right\}$$

$$=\frac{32}{T^2}H\left\{-\frac{\frac{T}{4}\cos(2n+1)\frac{2\pi}{T}\cdot\frac{T}{4}}{(2n+1)\omega+o}+\left[\frac{\sin(2n+1)\omega_o t}{\{(2n+1)\omega_o\}^2}\right]_0^{T/4}\right\}$$

$$=\frac{32}{T^2}H\left\{-\frac{-\frac{T}{4}\cos\frac{(2n+1)}{2}\pi}{(2n+1)\omega_o}+\frac{\sin(2n+1)\frac{2\pi}{T}\cdot\frac{T}{4}}{\{(2n+1)\omega_o\}^2}\right\}$$

$(n=0, 1, 2, 3, \cdots)$

로 된다. 여기서

$$\cos\frac{(2n+1)}{2}\pi=0$$

$$\sin(2n+1)\frac{2\pi}{T}\cdot\frac{T}{4}=\sin\left(\frac{2n+1}{2}\right)\pi=(-1)^n$$

이므로

$$b_n=\frac{32H}{T^2\cdot\{(2n+1)\omega_o\}^2}(-1)^n$$

$$= \frac{32H}{T^2 \cdot \left(\frac{2\pi}{T}\right)^2} \cdot \frac{(-1)^n}{(2n+1)^2}$$

$$= \frac{8}{\pi^2} H \cdot \frac{(-1)^n}{(2n+1)^2}$$

$$\therefore f(t) = \frac{8}{\pi^2}\left(\sin\omega_o t - \frac{1}{3^2}\sin 3\omega_o t + \frac{1}{5^2}\sin 5\omega_o t - \cdots\right)$$

를 얻는다.

예제 11

그림 8-14에 나타낸 대형파를 푸리에 급수로 전개하라.

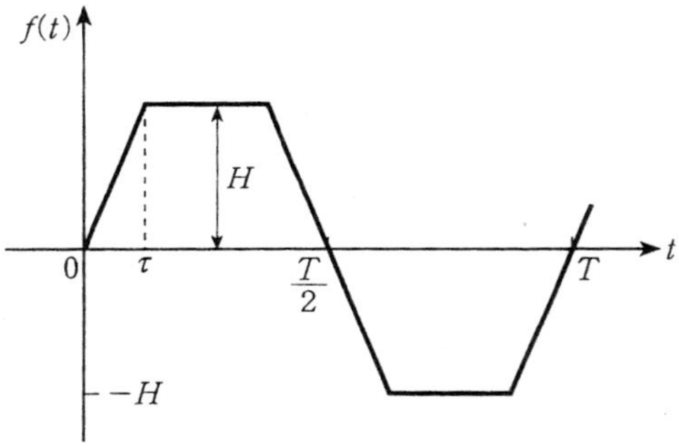

그림 8-14 예제 11의 대형파

[풀이] 그림에 나타낸 함수는

$$f(t) = -f(-t), \qquad f\left(t + \frac{T}{2}\right) = -f(t)$$

로 되어 기함수이므로 $a_0 = a_n = 0$ 이며, b_n은 홀수항만을 갖는다. 즉 $0 \leqq t \leqq \tau$ 에서는 $f(t) = \frac{H}{\tau}t$, $\tau \leqq t \leqq \frac{T}{4}$ 에서는 $f(t) = H$이다. 따라서

$$b_n = \frac{8}{T}\left\{\int_0^\tau \frac{H}{\tau}\sin n\omega_o t dt + \int_0^{T/4} H\sin n\omega_o t dt\right\}$$

$$= \frac{8}{T}\left\{\frac{H}{\tau}\int_0^\tau t\left(-\frac{\cos n\omega_o t}{n\omega_o}\right)' dt + H\left[-\frac{\cos n\omega_o t}{n\omega_o}\right]_0^\tau\right\}$$

$$= \frac{8}{T}\left\{\frac{H}{\tau}t\left[-\frac{\cos n\omega_o t}{n\omega_o}\right]_0^{\tau}\right.$$

$$\left. + \frac{H}{\tau}\int_0^{\tau}\frac{\cos n\omega_o t}{n\omega_o}dt - H\left(\frac{\cos n\frac{2\pi}{T}\cdot\frac{T}{4}}{n\omega_o} - \frac{\cos n\omega_o\tau}{n\omega_o}\right)\right\}$$

$$= \frac{8}{T}\left\{-\frac{H}{\tau}\cdot\frac{\tau\cos n\omega_o\tau}{n\omega_o}\right.$$

$$\left. + \frac{H}{\tau}\left[\frac{\sin n\omega_o t}{(n\omega_o)^2}\right]_0^{\tau} - H\left(\frac{\cos\frac{n\pi}{2}}{n\omega_o} - \frac{\cos n\omega_o\tau}{n\omega_o}\right)\right\}$$

$$= \frac{8}{T}\left\{-\frac{H\cos n\omega_o\tau}{n\omega_o} + \frac{H}{\tau}\cdot\frac{\sin n\omega_o\tau}{(n\omega_o)^2} - H\cdot\frac{\cos\frac{n}{2}\pi}{n\omega_o} + \frac{H\cos n\omega_o\tau}{n\omega_o}\right\}$$

를 얻는다. 또한 n 은 홀수항 뿐이므로

$$\cos\frac{n}{2}\pi = 0$$

$$\therefore b_n = \frac{8}{T}\cdot\frac{H}{\tau}\cdot\frac{\sin n\omega_o\tau}{(n\omega_o)^2}$$

$$= \frac{8H}{T\tau\frac{2}{T}\pi\omega_o}\cdot\frac{\sin n\omega_o\tau}{n^2} = \frac{4H}{\pi\tau\omega_o}\cdot\frac{\sin n\omega_o\tau}{n^2}$$

$$\therefore f(t) = \frac{4H}{\pi\tau\omega_o}\left(\sin\omega_o\tau\sin\omega_o t + \frac{\sin 3\omega_o\tau}{3^2}\sin 3\omega_o t + \frac{\sin 5\omega_o\tau}{5^2}\sin 5\omega_o t + \cdots\right)$$

를 얻는다.

예제 12

그림 8-15에 나타낸 반파정류 파형을 푸리에 급수로 전개하라.

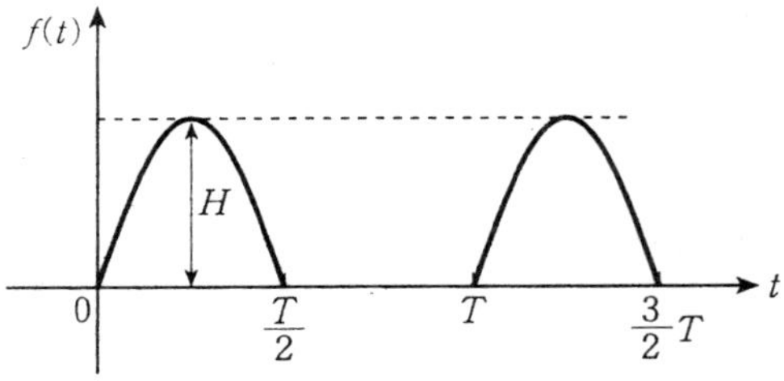

그림 8-15 예제 12의 반파정류 파형

[풀이] $0 \leqq t \leqq \dfrac{T}{2}$ 에서는 $f(t) = H\sin\omega_o t$, $\dfrac{T}{2} \leqq t \leqq T$ 에서는 $f(t) = 0$이므로

$$a_0 = \frac{1}{T}\int_0^T f(t)dt = \frac{1}{T}\left(\int_0^{T/2} H\sin\omega_o t dt + \int_{T/2}^T 0dt\right)$$

$$= \frac{1}{T}H\left[-\frac{\cos\omega t}{\omega}\right]_0^{T/2} = \frac{H}{T}\left(-\frac{\cos\frac{2\pi}{T}\cdot\frac{T}{2}}{\omega} + \frac{1}{\omega}\right)$$

$$= \frac{H}{T}\left(\frac{-\cos\pi + 1}{\omega}\right) = \frac{2H}{\omega T} = \frac{2H}{T\cdot\frac{2\pi}{T}} = \frac{H}{\pi}$$

$$a_n = \frac{2}{T}\int_0^{T/2} f(t)\cos n\omega_o t dt = \frac{2}{T}\int_0^{T/2H} \sin\omega_o t\cos n\omega_o t dt$$

$$= \frac{2}{T}H\int_0^{T/2}\frac{1}{2}\{\sin(\omega_o t + n\omega_o t) + \sin(\omega_o t - n\omega_o t)\}dt$$

$$= \frac{H}{T}\int_0^{T/2}\{\sin(n+1)\omega_o t - \sin(n-1)\omega_o t\}dt$$

$$= \frac{H}{T}\left[-\frac{\cos(n+1)\omega_o t}{(n+1)\omega_o} + \frac{\cos(n-1)\omega_o t}{(n-1)\omega_o}\right]_0^{T/2}$$

$$= \frac{H}{\omega_o T}\left\{-\frac{\cos(n+1)\pi}{n+1} + \frac{\cos(n-1)\pi}{n-1} + \frac{\cos 0}{n+1} - \frac{\cos 0}{n-1}\right\}$$

$$= \frac{H}{\omega_o T}\left\{\frac{\cos(n-1)\pi}{n-1} - \frac{\cos(n+1)\pi}{n+1} + \frac{1}{n+1} - \frac{1}{n-1}\right\}$$

로부터, n이 기수이면

$$\cos(n-1)\pi = 1, \qquad \cos(n+1)\pi = 1$$

로 된다. 따라서

$$a_n = \frac{H}{\omega_o T}\left(\frac{1}{n-1} - \frac{1}{n+1} + \frac{1}{n+1} - \frac{1}{n-1}\right) = 0$$

이므로 n이 짝수일 때

$$\cos(n-1)\pi = -1, \qquad \cos(n+1)\pi = -1$$

로 된다. 따라서

$$a_n = \frac{2H}{\omega_o T}\left\{\frac{1}{(n+1)} - \frac{1}{(n-1)}\right\}$$

$$= -\frac{2H}{T\cdot\frac{2\pi}{T}}\cdot\frac{2}{(n-1)(n+1)}$$

$$= -\frac{2H}{\pi}\cdot\frac{1}{(n-1)(n+1)}$$

를 얻는다. 또한,

$$b_n = \frac{2}{T}\int_0^{T/2} f(t)\sin n\omega_o t\,dt = \frac{2}{T}\int_0^{T/2} H\sin\omega_o t\sin n\omega_o t\,dt$$

를 얻고, 위의 적분은 $n=1$일 때만 값을 가지며 $n \neq 1$의 경우에는 영이 된다. 즉,

$$b_1 = \frac{2}{T}\int_0^{T/2} H\sin\omega_o t\sin\omega_o t\,dt = \frac{2}{t}\int_0^{T/2} H\sin^2\omega_o t\,dt$$

$$= \frac{2}{T}H\int_0^{T/2}\frac{1}{2}(1-\cos 2\omega_o t)dt = \frac{H}{T}\left[t - \frac{\sin 2\omega_o t}{2\omega_o}\right]_0^{T/2}$$

$$= \frac{H}{T}\left(\frac{T}{2} - \frac{\sin 2\frac{2\pi}{T}\cdot\frac{T}{2}}{2\omega_o}\right) = \frac{H}{2}$$

를 얻게 된다. 단, $b_2 = b_3 = b_4 = \cdots = 0$이다. 따라서,

$$\therefore f(t) = -\frac{2H}{\pi}\left(\frac{1}{1\cdot 3}\cos 2\omega_o t + \frac{1}{3\cdot 5}\cos 4\omega_o t + \frac{1}{5\cdot 7}\cos 6\omega_o t + \cdots\right) + \frac{H}{\pi} + \frac{H}{2}\sin\omega_o t$$

를 얻는다.

예제 13

그림 8-16에 나타낸 전파 정류를 푸리에 급수로 전개하라.

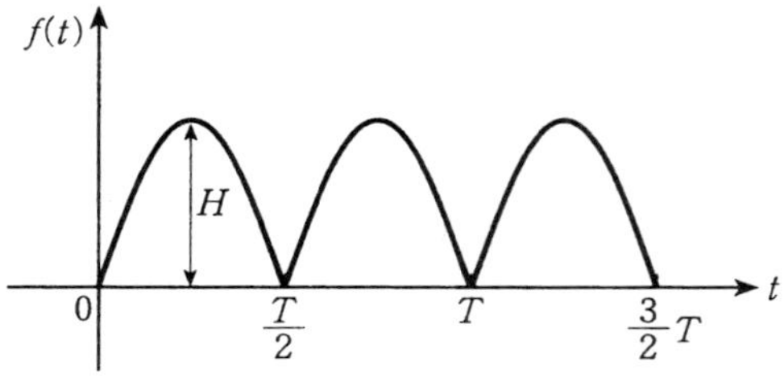

그림 8-16 예제 13의 전파 정류 파형

[풀이] $0 \leq t \leq \frac{T}{2}$에서는 $f(t) = H\sin\omega_o t$이고, $\frac{T}{2} \leq t \leq T$에서는 $f(t) = -H\sin\omega_o t$이고, $f(t) = f(-t)$이므로 $f(t)$는 우함수이며, $b_n = 0$이다.

$$a_n = \frac{4}{T}\int_0^{T/2} f(t)\cos n\omega_o t dt = \frac{4H}{T}\int_0^{T/2} \sin\omega_o t \cos n\omega_o t dt$$

여기서

$$c = \int_0^{T/2} \sin\omega_o t \cdot \cos n\omega_o t dt$$

로 두면

$$c = \frac{1}{2}\int_0^{T/2} \{\sin(\omega_o t + n\omega_o t) - \sin(\omega_o t - n\omega_o t)\}dt$$

$$= \frac{1}{2}\int_0^{T/2} \{\sin(n+1)\omega_o t - \sin(n-1)\omega_o t\}dt$$

$$= \frac{1}{2}\left[-\frac{\cos(n+1)\omega_o t}{(n+1)\omega_o} + \frac{\cos(n-1)\omega_o t}{(n-1)\omega_o}\right]_0^{T/2}$$

$$= \frac{1}{2\omega_o}\left\{-\frac{\cos(n+1)\pi - 1}{n+1} + \frac{\cos(n-1)\pi - 1}{n-1}\right\}$$

를 얻고, n이 홀수이면

$$\cos(n+1)\pi = 1, \qquad \cos(n-1)\pi = 1$$

로 된다. 따라서

$$c = 0$$

이고, n이 짝수이면

$$\cos(n+1)\pi=-1, \qquad \cos(n-1)\pi=-1$$

로 된다. 따라서

$$c=\frac{1}{2\omega_o}\left(\frac{2}{n+1}-\frac{2}{n-1}\right)$$

$$=\frac{-2}{(n-1)(n+1)\omega_o}=-\frac{2}{\omega_o}\cdot\frac{1}{(n-1)(n+1)}$$

로 된다. 이상의 결과를 이용하여 재정리하면, n이 홀수일 때

$$a_n=0$$

를 얻는다. 그리고 n이 짝수일 때

$$a_n=\frac{4}{T}H\left\{\frac{-2}{\omega_o}\cdot\frac{1}{(n+1)(n-1)}\right\}$$

$$=-\frac{8H}{T\cdot\dfrac{2\pi}{T}}\cdot\frac{1}{(n-1)(n+1)}$$

$$=-\frac{4H}{\pi}\cdot\frac{1}{(n-1)(n+1)}$$

$$a_0=\frac{2}{T}\int_0^{T/2}H\sin\omega_o t\,dt=\frac{2}{\pi}H$$

로 되므로 이상의 결과를 종합하면

$$f(t)=\frac{2}{\pi}H-\frac{4}{\pi}H\left(\frac{\cos 2\omega_o t}{1\cdot 3}+\frac{\cos 4\omega_o t}{3\cdot 5}+\frac{\cos 6\omega_o t}{5\cdot 7}+\cdots\right)$$

를 얻는다.

예제 14

그림 8-17에 나타낸 함수 $f(t)=3t$ 을 푸리에 급수로 전개하라.

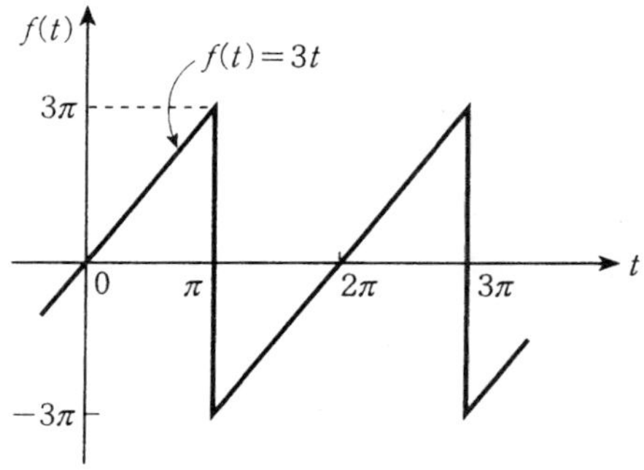

그림 8-17 예제 14의 톱니파

[풀이] 함수 $f(t)$는 $f(t)=-f(-t)$ 즉, 기함수이므로 $a_0=a_n=0$이다. 한편 b_n은

$$b_n=\frac{2}{\pi}\int_0^{\pi}f(t)\sin nt\,dt=\frac{2}{\pi}\int_0^{\pi}3t\cdot\sin nt dt$$

$$=\frac{6}{\pi}\int_0^{\pi}t\left(-\frac{\cos nt}{n}\right)'dt$$

$$=\frac{6}{\pi}\left[t\cdot\left(-\frac{\cos nt}{n}\right)\right]_0^{\pi}-\frac{6}{\pi}\int_0^{\pi}\left(-\frac{\cos nt}{n}\right)dt$$

$$=\frac{6}{\pi}\cdot\pi\cdot(-\cos n\pi)\cdot\frac{1}{n}+\frac{6}{\pi}\left[\frac{\sin nx}{n^2}\right]_0^{\pi}=\frac{6}{n}(-1)^{n+1}$$

로 되므로

$$f(t)=6\left(\frac{\sin t}{1}-\frac{\sin 2t}{2}+\frac{\sin 3t}{3}-\cdots\right)$$

를 얻는다.

예제 15

그림 8-18에 나타낸 함수 $f(t)$를 푸리에 급수로 전개하라.

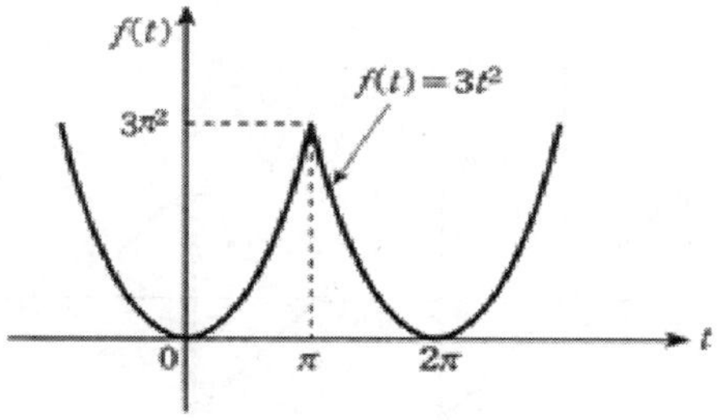

그림 8-18 예제 15의 파형

[풀이] 주어진 함수는 $f(t)=f(-t)$ 즉, 우함수이므로 $b_n=0$이다. 또 a_0 및 a_n는

$$a_0=\frac{1}{\pi}\int_0^{\pi}f(t)dt=\frac{1}{\pi}\int 3t^2dt$$

$$=\frac{1}{\pi}\left[t^3\right]_0^{\pi}=\pi^2$$

$$a_n=\frac{2}{\pi}\int_0^{\pi}3t^2\cos nt\,dt$$

$$=\frac{6}{\pi}\left\{\left[\frac{t^2\sin nt}{n}\right]_0^{\pi}-\frac{2}{n}\int_0^{\pi}t\sin nt dt\right\}$$

$$=\frac{6}{\pi}\left\{\frac{2}{n}\left[t\cdot\frac{\cos nt}{n}\right]_0^{\pi}-\frac{2}{n^2}\int_0^{\pi}\cos nt\,dt\right\}$$

$$=\frac{6}{n^2}(2\cos n\pi)=(-1)^n\frac{12}{n^2}$$

로 된다. 따라서

$$f(t)=\pi^2+12\left(-\cos t+\frac{\cos 2t}{2^2}-\frac{\cos 3t}{3^2}+\ldots\right)$$

를 얻는다.

예제 16

그림 8-19에 나타낸 함수 $g(t)$를 푸리에 급수로 전개하라.

[풀이] 주어진 함수는 $g(t)=-g(-t)$ 즉, 기함수이므로 $a_0=a_n=0$이다. b_n을 구하면 $g(t)=-t$이므로

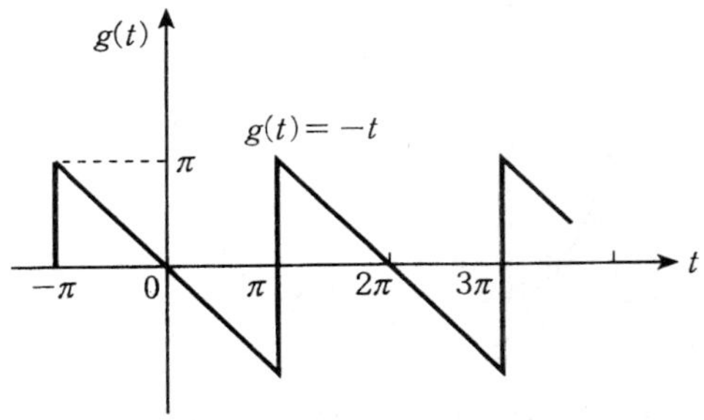

그림 8-19 예제 16의 톱니파

$$b_n = \frac{2}{\pi}\int_0^{\pi} g(t)\sin nt\,dt$$

$$= \frac{2}{\pi}\int_0^{\pi} (-t)\sin nt\,dt$$

$$= \frac{2}{\pi}\int_0^{\pi} t\cdot\left(\frac{\cos nt}{n}\right)' dt$$

$$= \frac{2}{\pi}\left[t\cdot\frac{\cos nt}{n}\right]_0^{\pi} - \frac{2}{\pi}\int_0^{\pi}\frac{\cos nt}{n}dt$$

$$= \frac{2}{\pi}\cdot\pi\cdot\cos n\pi\cdot\frac{1}{n} - \frac{2}{\pi}\left[\frac{\sin nt}{n^2}\right]_0^{\pi}$$

$$= \frac{2}{n}\cos n\pi = \frac{2}{n}(-1)^n$$

를 얻고

$$g(t) = 2\left(-\sin t + \frac{\sin 2t}{2} - \frac{\sin 3t}{3} + \ldots\right)$$

를 얻는다.

예제 17

그림 8-20에 나타낸 함수 $f(t)$를 푸리에 급수로 전개하라.

[풀이] 주어진 함수 $f(t)$는 $0 \leqq t \leqq \pi$ 에서는 $f(t) = \frac{H}{\pi}t$이고, $\pi \leqq t \leqq 2\pi$ 에서는 $f(t)=0$로 되므로

$$a_0 = \frac{1}{2\pi}\int_0^{2\pi} f(t)dt = \frac{1}{2\pi}\int_0^{\pi} \frac{H}{\pi} t\,dt$$

$$= \frac{H}{2\pi^2}\left[\frac{t^2}{2}\right]_0^{\pi} = \frac{H}{2\pi^2}\cdot\frac{\pi^2}{2} = \frac{H}{4}$$

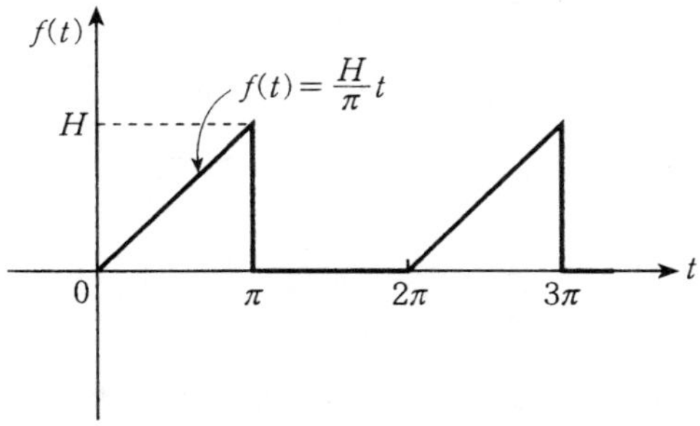

그림 8-20 예제 17의 파형

$$b_n = \frac{2}{2\pi}\int_0^{2\pi} f(t)\sin nt\,dt = \frac{1}{\pi}\int_0^{\pi}\frac{H}{\pi} t\sin nt\,dt$$

$$= \frac{H}{\pi^2}\int_0^{\pi} t\cdot\left(-\frac{\cos nt}{n}\right)' dt$$

$$= \frac{H}{\pi^2}\left[t\cdot\left(-\frac{\cos nt}{n}\right)\right]_0^{\pi} - \frac{H}{\pi^2}\int_0^{\pi}\left(-\frac{\cos nt}{n}\right)dt$$

$$= \frac{H}{\pi^2}\pi(-\cos n\pi)\frac{1}{n} - \frac{H}{\pi^2}\left[-\frac{\sin nt}{n^2}\right]_0^{\pi}$$

$$= \frac{H}{\pi}\cdot\frac{1}{n}(-1)^{n+1}$$

$$a_n = \frac{1}{\pi}\int_0^{2\pi} f(t)\cos nt\,dt = \frac{1}{\pi}\int_0^{2\pi}\frac{H}{\pi} t\cdot\cos nt\,dt$$

$$= \frac{H}{\pi^2}\int_0^{\pi} t\left(\frac{\sin nt}{n}\right)' dt = \frac{H}{\pi^2}\left[t\cdot\frac{\sin nt}{n}\right]_0^{\pi} - \frac{H}{\pi^2}\int_0^{\pi}\frac{\sin nt}{n}dt$$

$$= -\frac{H}{\pi^2}\cdot\left[-\frac{\cos nt}{n^2}\right]_0^{\pi} = \frac{H}{\pi^2}\cdot\frac{1}{n^2}(\cos n\pi - 1)$$

를 얻는다. 그런데 n이 짝수일 때 $\cos n\pi = 1$, 즉 $a_n = 0$로 되며 n이 홀수일 때

$\cos n\pi = -1$, 즉 $a_n = -\dfrac{2H}{\pi^2 n^2}$이 되므로

$$f(t) = \frac{H}{4} + \frac{H}{\pi}\left(\sin t - \frac{\sin 2t}{2} + \frac{\sin 3t}{3} - \dots\right)$$

$$- \frac{2}{\pi^2} H \left(\cos t + \frac{\cos 3t}{3^2} + \frac{\cos 5t}{5^2} + \dots\right)$$

를 얻는다.

예제 18

그림 8-21에 나타낸 함수 $f(t)$를 푸리에 급수로 전개하라.

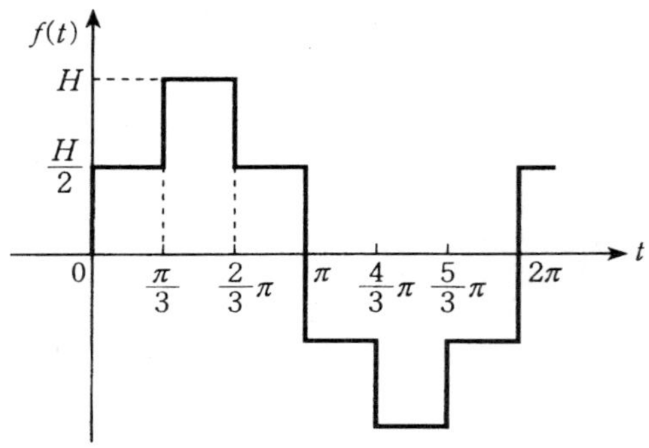

그림 8-21 예제 18의 파형

[풀이] 주어진 함수 $f(t)$는 $f(t) = -f(-t)$로 기함수이므로 $a_0 = a_n = 0$가 된다. 또 $f(t+\pi) = -f(t)$이므로, b_n의 짝수항은 영이 되고 홀수항만 남는다. 이제 $n = 2m+1\ (m = 0, 1, 2, 3, \cdots)$이라 두면 $0 \leqq t \leqq \dfrac{\pi}{3}$에서 $f(t) = \dfrac{H}{2}$, $\dfrac{\pi}{3} \leqq t \leqq \dfrac{2}{3}\pi$에서 $f(t) = H$, $\dfrac{2}{3} \leqq t \leqq \pi$ 에서 $f(t) = \dfrac{H}{2}$이므로

$$b_n = b_{2m+1} = \frac{2}{\pi}\int_0^{\pi} f(t)\sin nt\,dt$$

$$= \frac{2}{\pi}\int_0^{\pi/2} \frac{H}{2}\sin nt\,dt$$

$$+ \frac{2}{\pi}\int_{\pi/3}^{2\pi/3} H\sin nt\,dt + \frac{2}{\pi}\cdot\frac{H}{2}\int_{2\pi/3}^{\pi} \frac{H}{2}\sin nt\,dt$$

$$= \frac{2}{\pi} \cdot \frac{H}{2}\left[-\frac{\cos nt}{n}\right]_0^{\pi/3}$$

$$+\frac{2}{\pi} \cdot H\left[-\frac{\cos nt}{n}\right]_{\pi/3}^{2\pi/3} + \frac{2}{\pi} \cdot \frac{H}{2}\left[-\frac{\cos nt}{n}\right]_{2\pi/3}^{\pi}$$

$$= \frac{H}{n}\pi\left(1-\cos\frac{n}{3}\pi + 2\cos\frac{n}{3}\pi - 2\cos\frac{2}{3}n\pi + \cos\frac{2}{3}n\pi - \cos n\pi\right)$$

$$= \frac{H}{n\pi}\left\{1+(-1)^{n+1} + \cos\frac{n}{3}\pi - \cos\frac{2}{3}n\pi\right\}$$

$$= \frac{H}{n\pi}\left\{1+(-1)^{n+1} + 2\sin\frac{n}{2}\pi\sin\frac{n}{6}\pi\right\}$$

를 얻는다. 그런데 n이 짝수일 때

$$1+(-1)^{n+1} = 1-1 = 0$$

$$\sin\frac{n}{2}\pi = 0 \qquad \therefore b_n = 0$$

로 되고, n이 홀수일 때 $n = 2m+1\,(m = 0, 1, 2, 3, \cdots)$이라 두면

$$1+(-1)^{n+1} = 1+1 = 2$$

$$\sin\frac{n}{2}\pi = \sin\frac{(2m+1)}{2}\pi = \sin\left(m\pi + \frac{\pi}{2}\right)$$

$$= (-1)^m$$

$$\therefore b_n = \frac{H}{n\pi}\left\{2+2(-1)^m\sin\frac{n}{6}\pi\right\} = \frac{2H}{n\pi}\left\{1+(-1)^m\sin\frac{n}{6}\pi\right\}$$

로 된다. 따라서

$$f(t) = \frac{2}{\pi}H\left[\left\{1+(-1)^0\sin\frac{\pi}{6}\right\}\sin t + \frac{1}{3}\left\{1+(-1)^1\sin\frac{3}{6}\pi\right\}\sin 3t\right.$$

$$+\frac{1}{5}\left\{1+(-1)^2\sin\frac{5}{6}\pi\right\}\sin 5t$$

$$\left.+\frac{1}{7}\left\{1+(-1)^3\sin\frac{7}{6}\pi\right\}\sin 7t + \cdots\right]$$

$$= \frac{2}{\pi}H\left[\left(1+\frac{1}{2}\right)\sin t + \frac{1}{3}(1-1)\sin 3t\right.$$

$$+\frac{1}{5}\left(1+\frac{1}{2}\right)\sin 5t+\frac{1}{7}\left(1+\frac{1}{2}\right)\sin 7t+\cdots\Bigg]$$

$$=\frac{3}{\pi}H\left(\sin t+\frac{1}{5}\sin 5t+\frac{1}{7}\sin 7t+\cdots\right)$$

를 얻는다.

예제 19

그림 8-22에 나타낸 함수 $g(t)$를 푸리에 급수로 전개하라.

[풀이] a_0를 구하면

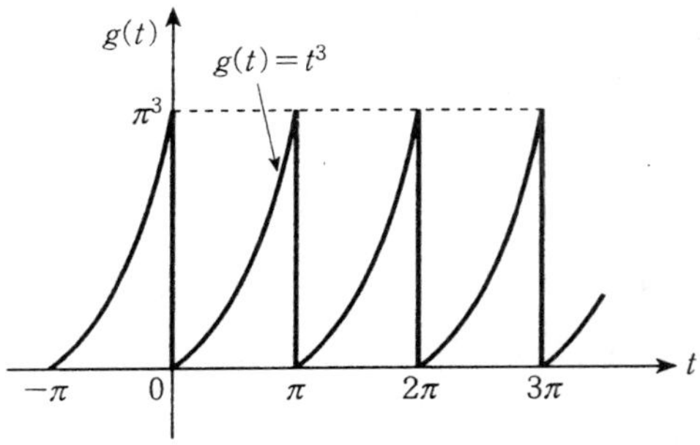

그림 8-22 예제 19의 파형

$$a_0=\frac{1}{\pi}\int_0^{\pi}g(t)dt=\frac{1}{\pi}\int_0^{\pi}x^3dt$$

$$=\frac{1}{\pi}\left[\frac{t^4}{4}\right]_0^{\pi}=\frac{\pi^3}{4}$$

로 되고, a_n을 구하면

$$a_n=\frac{2}{\pi}\int_0^{\pi}g(t)\cos ntdt=\frac{2}{\pi}\int_0^{\pi}t^3\cos ntdt$$

$$=\frac{2}{\pi}\left[t^3\cdot\frac{\sin nt}{n}\right]_0^{\pi}-\frac{2}{\pi}\int_0^{\pi}3t^2\cdot\frac{\sin nt}{n}dt$$

$$=-\frac{2}{\pi}\left[3t^2\cdot\left(-\frac{\cos nt}{n^2}\right)\right]_0^{\pi}+\frac{2}{\pi}\int_0^{\pi}3\cdot 2\cdot t\left(-\frac{\cos nt}{n^2}\right)dt$$

$$=-\frac{2}{\pi}\cdot 3\pi^2\cdot(-\cos n\pi)\cdot\frac{1}{n^2}$$

$$+\frac{2}{\pi}\left[6t\cdot\left(-\frac{\sin nt}{n^3}\right)\right]_0^{\pi}-\frac{2}{\pi}\int_0^{\pi}6\left(-\frac{\sin nt}{n^3}\right)dt$$

$$=(-1)^{n+1}\cdot 6\pi\cdot\frac{1}{n^2}-\frac{2}{\pi}\left[6\cdot\frac{\cos nt}{n^4}\right]_0^{\pi}$$

$$=(-1)^n\frac{6\pi}{n^2}-\frac{12}{\pi n^4}(\cos n\pi-1)$$

가 된다. n이 짝수이면

$$a_n=\frac{6\pi}{n^2}-\frac{12}{\pi n^4}(1-1)=\frac{6\pi}{n^2}$$

로 되고, n이 홀수이면

$$a_n=-\frac{6\pi}{n^2}-\frac{12}{\pi n^4}(-1-1)=-\frac{6\pi}{n^2}+\frac{24}{\pi n^4}$$

로 된다. 그리고 b_n을 구하면

$$b_n=\frac{2}{\pi}\int_0^{\pi}g(t)\sin nt\,dt=\frac{2}{\pi}\int t^3\sin nt\,dt$$

$$=\frac{2}{\pi}\left[t^3\left(-\frac{\cos nt}{n}\right)\right]_0^{\pi}-\frac{2}{\pi}\int_0^{\pi}3t^2\left(-\frac{\cos nx}{n}\right)dt$$

$$=\frac{2}{\pi}\left\{\pi^3\left(-\frac{\cos nt}{n}\right)\right\}+\frac{2}{\pi}\left[3t^2\cdot\frac{\sin nt}{n^2}\right]_0^{\pi}-\frac{2}{\pi}\int_0^{\pi}3\cdot 2t\cdot\frac{\sin nt}{n^2}dt$$

$$=(-1)^{n+1}\cdot 2\pi^2\cdot\frac{1}{n}-\frac{2}{\pi}\left[3\cdot 2t\left(-\frac{\cos nt}{n^3}\right)\right]_0^{\pi}$$

$$+\frac{2}{\pi}\int_0^{\pi}3\cdot 2\cdot\left(-\frac{\cos nt}{n^3}\right)dt$$

$$=(-1)^{n+1}\cdot 2\pi^2\cdot\frac{1}{n}-\frac{12}{\pi}\cdot\pi(-\cos n\pi)\cdot\frac{1}{n^3}-\frac{2}{\pi}\left[6\cdot\frac{\sin nt}{n^4}\right]_0^{\pi}$$

$$=(-1)^{n+1}\cdot 2\pi^2\cdot\frac{1}{n}+12(-1)^n\cdot\frac{1}{n^3}$$

로 된다. 따라서

$$g(t) = 6\pi\left(-\cos t + \frac{\cos 2t}{2^2} - \frac{\cos 3t}{3^2} + \frac{\cos 4t}{4^2} - \cdots\right)$$

$$+ \frac{24}{\pi}\left(\cos t + \frac{1}{3^4}\cos 3t + \frac{1}{5^4}\cos 5t + \cdots\right)$$

$$+ \frac{\pi^2}{4} + \left\{(2\pi^2 - 12)\sin t + \left(\frac{-2}{2}\pi^2 + \frac{12}{2^3}\right)\sin 2t\right.$$

$$\left. + \left(\frac{2}{3}\pi^2 - \frac{12}{3^2}\right)\sin 3t + \cdots\right\}$$

를 얻는다.

예제 20

그림 8-23에 나타낸 함수 $f(t)$를 푸리에 급수로 전개하라.

[풀이] 먼저 a_0를 구하면

$$a_0 = \frac{2}{\pi}\int_0^{\pi} f(t)dt = \frac{2}{\pi}\int_0^{\pi} H\sin t\,dt = \frac{2}{\pi}H\left[-\cos t\right]_0^{\pi/2} = \frac{2}{\pi}H$$

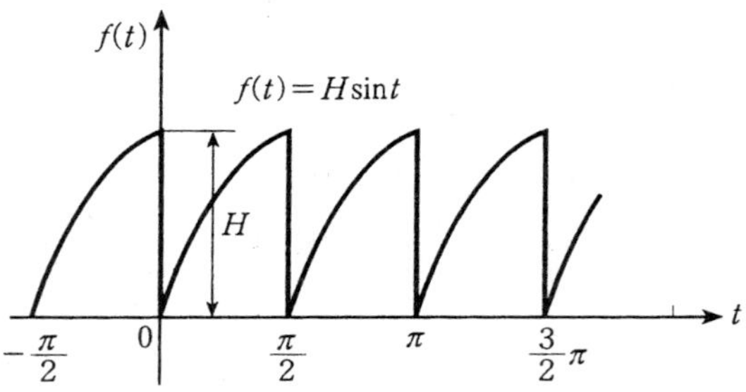

그림 8-23 예제 20의 파형

로 되고, a_n을 구하면

$$a_n = \frac{4}{\pi}\int_0^{\pi/2} f(t)\cos nt\,dt$$

$$= \frac{4}{\pi}\int_0^{\pi/2} H\sin t\cos nt\,dt$$

$$= \frac{4}{\pi}H\int_0^{\pi/2}\frac{1}{2}\{\sin(n+1)t + \sin(1-n)t\}dt$$

로 된다. 한편, $n=1$일 때

$$a_1 = \frac{2}{\pi}H\int_0^{\pi/2}(\sin 2x + \sin 0)dt$$

$$= \frac{2}{\pi}H\left[-\frac{\cos 2x}{2}\right]_0^{\pi/2}$$

$$= \frac{2}{H}\left(\frac{1}{2}+\frac{1}{2}\right) = \frac{2}{\pi}H$$

이고, $n \neq 1$일 때

$$a_n = \frac{2}{\pi}H\int_0^{\pi/2}\{\sin(n+1)t + \sin(1-n)t\}dt$$

$$= \frac{2}{\pi}H\left[-\frac{\cos(n+1)t}{n+1} - \frac{\cos(1-n)t}{1-n}\right]_0^{\pi/2}$$

$$= \frac{2}{\pi}H\left[\frac{\cos(n-1)t}{n-1} - \frac{\cos(n+1)t}{n+1}\right]_0^{\pi/2}$$

$$= \frac{2}{\pi}H\left\{\frac{\cos(n-1)t\frac{\pi}{2}-1}{n-1} - \frac{\cos(n+1)t\frac{\pi}{2}-1}{n+1}\right\}$$

이며, n이 짝수일 때

$$\cos(n-1)\frac{\pi}{2} = \cos(n+1)\frac{\pi}{2} = 0$$

로 된다. 따라서

$$a_n = \frac{2}{\pi}H\left(-\frac{1}{n-1}+\frac{1}{n+1}\right)$$

$$= \frac{2}{\pi}H\cdot\frac{-2}{(n-1)(n+1)}$$

$$= -\frac{4H}{\pi(n-1)(n+1)}$$

로 되며, n이 홀수일 때 $n=2m+1(m=0,\ 1,\ 2,\ 3,\ \ldots)$이라 하면

$$\cos(n-1)\frac{\pi}{2} = \cos(2m+1-1)\frac{\pi}{2}$$

$$= \cos m\pi = (-1)^m$$

$$\cos(n+1)\frac{\pi}{2} = \cos(2m+1+1)\frac{\pi}{2}$$

$$= \cos(m+1)\pi = (-1)^{m+1}$$

로 된다. 그리고 $m=2k$일 때, 즉 $n=4k+1(k=0, 1, 2, 3, ...)$일 때

$$a_n = a_{4k+1}$$

$$= \frac{2}{\pi}H\left(-\frac{-1-1}{n+1}\right) = \frac{4}{\pi}H\cdot\frac{1}{n+1}$$

이며 $m=2k+1$일 때, 즉 $n=2(2k+1)+1=4k+3$일 때

$$a_n = a_{4k+3}$$

$$= \frac{2}{\pi}H\left(\frac{-1-1}{n-1}\right) = -\frac{4}{\pi}H\cdot\frac{1}{n-1}$$

이다. 그리고 b_n은

$$b_n = \frac{4}{\pi}\int_0^{\pi/2} f(t)\sin nt\,dt$$

$$= \frac{4}{\pi}\int_0^{\pi/2} H\sin t\sin nt\,dt$$

$$= \frac{4}{\pi}H\int_0^{\pi/2}\frac{1}{2}\{\cos(n-1)t-\cos(n+1)t\}dt$$

로 된다. $n=1$일 때

$$b_1 = \frac{2}{\pi}H\int_0^{\pi/2}(\cos 0-\cos 2t)dt$$

$$= \frac{2}{\pi}H\int_0^{\pi/2}(1-\cos 2t)dt$$

$$= \frac{2}{\pi}H\left[t-\frac{\sin 2t}{2}\right]_0^{\pi/2}$$

$$= \frac{2}{\pi}H\left(\frac{\pi}{2}-\frac{\sin 2\cdot\frac{\pi}{2}}{2}\right) = H$$

로 되고, $n\neq 1$일 때

$$b_n = \frac{2}{\pi}H\int_0^{\pi/2}\{\cos(n-1)t-\cos(n+1)t\}dt$$

$$= \frac{2}{\pi} H \left[\frac{\sin(n-1)t}{(n-1)} - \frac{\sin(n+1)t}{(n+1)} \right]_0^{\pi/2}$$

$$= \frac{2}{\pi} H \left\{ \frac{\sin(n-1)\frac{\pi}{2}}{(n-1)} - \frac{\sin(n+1)\frac{\pi}{2}}{(n+1)} \right\}$$

로 되며, n이 홀수일 때

$$\sin(n-1)\frac{\pi}{2} = 0, \quad \sin(n+1)\frac{\pi}{2} = 0, \quad \therefore a_n = 0$$

로 되고, n이 짝수일 때 $n = 2m\,(m = 1, 2, 3, \ldots)$이라 하면

$$\sin(n-1)\frac{\pi}{2} = \sin(2m-1)\frac{\pi}{2} = \sin\left(m\pi - \frac{\pi}{2}\right)$$

$$= (-1)^{m+1}$$

$$\sin(n+1)\frac{\pi}{2} = \sin(2m+1)\frac{\pi}{2} = \sin\left(m\pi + \frac{\pi}{2}\right)$$

$$= (-1)^m$$

로 된다. 따라서 b_n은

$$b_n = b_{2m} = \frac{2}{\pi} H \left\{ \frac{(-1)^{m+1}}{n-1} - \frac{(-1)^m}{n+1} \right\}$$

$$= \frac{2}{\pi} H \frac{(-1)^{m+1} \cdot 2n}{(n-1)(n+1)}$$

$$= \frac{4}{\pi} H \cdot \frac{(-1)^{m+1} \cdot n}{(n-1)(n+1)}$$

로 된다. 따라서

$$f(t) = \frac{2}{\pi} H + \frac{2}{\pi} H\cos t - \frac{4}{\pi} H \left(\frac{\cos 2t}{1 \cdot 3} + \frac{\cos 4t}{3 \cdot 5} + \frac{\cos 6t}{5 \cdot 7} + \frac{\cos 8t}{7 \cdot 9} + \cdots \right)$$

$$+ \frac{4}{\pi} H \left(\frac{\cos 5t}{6} + \frac{\cos 9t}{10} + \frac{\cos 13t}{14} + \cdots \right)$$

$$- \frac{4}{\pi} H \left(\frac{\cos 3t}{2} + \frac{\cos 7t}{6} + \frac{\cos 11t}{10} + \cdots \right)$$

$$+ H\sin t + \frac{4}{\pi} H \left(\frac{2}{1 \cdot 3} \sin 2t - \frac{4}{3 \cdot 5} \sin 4t + \frac{6}{5 \cdot 7} \sin 6t - \frac{8}{7 \cdot 9} \sin 8t + \cdots \right)$$

를 얻는다.

[7] 단위 임펄스 함수를 이용한 푸리에 계수의 계산

앞의 예제들에서는 비교적 복잡하고 긴 적분을 통하여 푸리에 계수 a_0, a_n, b_n 등을 계산하여 왔다. 그러나 임펄스 함수의 특성을 이용하면 대단히 편리하게 복소 푸리에 계수를 구할 수 있다. 임펄스 함수가 얻어질 때까지 주어진 함수를 미분하는 것이므로, 이 방법을 적용할 수 있는 함수는 직선함수로 주어진 것으로 한정됨에 유의하기 바란다. 즉, 주기가 T인 임의의 주기 함수 $f(t)$를 가정하면 임펄스 함수 $\delta(t)$의 Sifting 특성에 의해

$$\int_{-\infty}^{\infty} f(t)\delta(t-T_1) = f(T_1) \tag{8.41}$$

로 된다. 이를 그림 8-24와 같이 진폭 A 및 $A/2$ 이고 주기가 T인 임펄스 열에 적용하여 $g(t) \triangleq e^{-jn\omega_o t}$ 및 $T_1 \triangleq T/2$로 두면 식 (8.41)로부터

$$C_n = \frac{1}{T}\int_0^T [A\,\delta(t) + \frac{A}{2}\delta\left(t-\frac{T}{2}\right)]\cdot e^{-jn\omega_o t}dt = \frac{A}{T}[1+e^{-jn\omega_o T/2}/2] \tag{8.42}$$

로 된다. 여기서 임펄스 함수의 복소 푸리에 계수는 $e^{-jn\omega_o t}$의 식에 t대신 임펄스 함수가 존재하는 시각인 0 및 $T/2$를 대입함에 의해 쉽게 계산됨을 알 수 있다. 이처럼, 미분에 의해 임펄스 함수가 얻어질 수 있는 임의 함수의 푸리에 급수 전개를 보다 용이하게 하려면, 주어진 함수 $f(t)$를 임펄스 함수가 나타날 때까지 미분하면 된다.

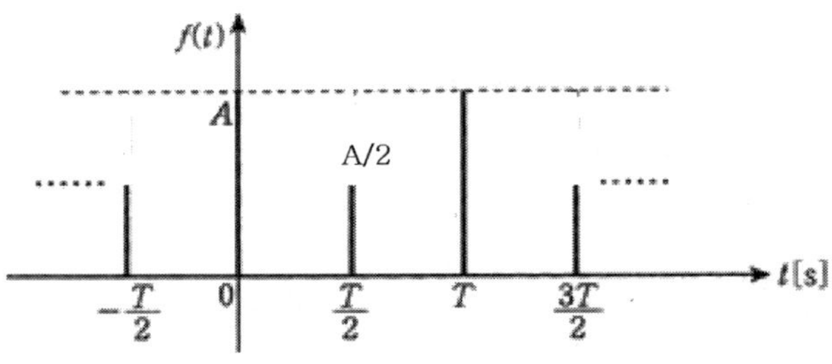

그림 8-24 임펄스 열

예를 들어, 그림 8-25 (a)와 같은 1 주기 만에 대한 삼각파를 생각해 보자. $f(t)$는

$$f(t) = \sum_{n=-\infty}^{\infty} C_n e^{jn\omega_o t} \tag{8.43}$$

로 표현된다. 그림 8-25(a)와 같은 삼각파의 경우는 임펄스 함수를 이용하여 1회 미분으로는 임펄스 함수가 나타나지 않지만, 2회 미분하면 임펄스 함수가 얻어진다.

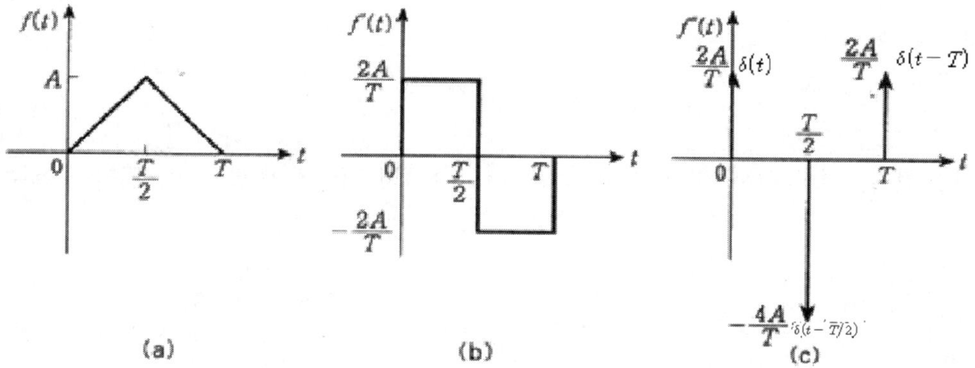

그림 8-25 삼각파와 1계 및 2계 도함수

즉, 그림 8-25(a)를 미분한 파형 $f'(t)$는 그림 8-25(b)와 같으며, 도함수 $f'(t)$의 푸리에 급수는

$$f'(t) = \sum_{n=-\infty}^{\infty} jn\omega_o C_n e^{jn\omega_o t} \tag{8.44}$$

로 표현될 수 있다. 따라서 $\gamma_n \triangleq jn\omega_o C_n$ 로 정의하면

$$C_n = \frac{\gamma_n}{jn\omega_o}$$

로 쓸 수 있다. 한편, 그림 8-25(c)에서 2계 도함수 $f''(t)$는

$$f''(t) = \frac{2A}{T}\delta(t) - \frac{4A}{T}\delta\left(t - \frac{T}{2}\right) + \frac{2A}{T}\delta(t - T)$$

로 되므로

$$f''(t) = \sum_{n=-\infty}^{\infty} \lambda_n e^{jn\omega_o t} = \sum_{n=-\infty}^{\infty} jnw_o \gamma_n e^{jn\omega_o t} = \sum_{n=-\infty}^{\infty} (jnw_o)^2 C_n e^{jn\omega_o t} \tag{8.45}$$

로 될 것이다. 따라서, $f''(t)$의 복소 푸리에 급수의 계수 λ_n 은

$$\lambda_n = \frac{1}{T}\int_0^T f''(t)e^{jn\omega_o t}dt = \frac{2A}{T^2}(1-2e^{-jn\omega_o \frac{T}{2}} + e^{-jn\omega_o T})$$

와 같이 쉽게 구해지고, 방형파 그림 8-25 (b)의 푸리에 계수 γ_n은 식 (8-31)의 관계로부터

$$\gamma_n = \frac{\lambda_n}{jn\omega_o} = \frac{2A}{jn\omega_o T^2}\left(1-2+e^{-jn\omega_o T}\right) \tag{8.46}$$

로 구해진다. 결국, 주어진 삼각파 그림 8-25 (a)의 $f(t)$에 대한 복소 푸리에 계수 C_n은

$$C_n = \frac{\gamma_n}{jn\omega_o} = \frac{\lambda_n}{(jn\omega_o)^2} = \frac{2A}{(jn\omega_o T)^2}\left(1-2e^{-jn\omega_o \frac{T}{2}} + e^{-jn\omega_o T}\right) \tag{8.47}$$

로 주어질 것이다. 혹은 식 (8-47)의 관계로부터 $\lambda_n = (jn\omega_o)^2 C_n$과 같은 관계를 바로 적용해도 될 것이다. $w_o T = 2\pi$임을 고려하여, 다시 정리해서 쓰면,

$$\begin{aligned} C_n &= \frac{A}{2n^2\pi^2}(-1+2(-1)^n-1) \\ &= \begin{cases} \dfrac{-2A}{n^2\pi^2} & n\text{이 홀수일 때} \\ 0 & n\text{이 짝수일 때} \end{cases} \end{aligned} \tag{8.48}$$

를 얻게 된다.

한편, 도함수를 이용해서 임펄스 함수를 구하는 도중 계단 함수와 임펄스 함수가 공존하면, 1회 더 미분함에 의해, 임펄스 함수의 도함수가 얻어질 수 있는 데, 이 경우에는

$$\int_{-\infty}^{\infty} f(t)\delta'(t-T)dt = -f'(T)$$

의 특성을 이용해서

$$\int_{-\infty}^{\infty} \delta'(t-T)e^{-jn\omega_o t}dt = jn\omega_o e^{-jn\omega_o T} \tag{8.49}$$

인 관계를 얻으면 된다. 예를 들어, 임의의 함수 $f(t)$에 대한 1계 도함수가

$$f'(t) = \frac{2}{T}\left[u_s(t) - u_s\left(t - \frac{T}{2}\right)\right] + \delta(t) - 2\delta(t-T) \qquad (8.50)$$

로 주어지는 경우에는, 단위 계단함수와 임펄스 함수가 공존한다. 따라서, 다시 미분하면

$$f''(t) = \frac{2}{T}\left[\delta(t) - \delta\left(t - \frac{T}{2}\right)\right] + \delta'(t) - 2\delta'(t-T) \qquad (8.51)$$

가 얻어진다. 이것으로부터

$$\lambda_n = \frac{1}{T}\int_0^T f''(t)e^{-jn\omega_o t}dt$$

$$= \frac{2}{T^2}\left(1 - e^{-jn\omega_o\frac{T}{2}}\right) + \frac{jn\omega_o}{T}\left(1 - 2e^{-jn\omega_o T}\right)$$

$$\gamma_n = \frac{\lambda_n}{jn\omega_o}$$

$$C_n = \frac{\gamma_n}{jn\omega_o} = \frac{\lambda_n}{(jn\omega_o)^2} \qquad (8.52)$$

$$= \frac{2}{(jn\omega_o T)^2}\left(1 - e^{jn\omega_o T/2}\right) + \frac{1}{jn\omega_o T}\left(1 - 2e^{-jn\omega_o T}\right)$$

$$= -\frac{1}{(n^2\pi^2)} - \frac{1}{j2\pi n} : \ n\text{이 홀수일경우}$$

$$= -\frac{1}{j2\pi n} \qquad : \ n\text{이 짝수일경우}$$

가 구해진다.

8.2 푸리에 변환

[1] 푸리에 변환의 정의

푸리에 변환은 푸리에 급수와는 달리 주기 T가 무한대인 함수 $f(t)$에 대해 다음과

같이 정의된다.

$$F(jw) = Ff(t) = \int_{-\infty}^{\infty} f(t) e^{-jwt} dt \qquad (8.53)$$
$$= Re[F(w)] + j\,Im[F(w)]$$
$$= |F(jw)| \angle F(jw)$$

단, $|F(w)| = \sqrt{(Re[F(w)])^2 + (Im[F(w)])^2}$ 이며, $\angle F(jw) = \tan^{-1}(Im[F(w)]/Re[F(w)])]$ 이다. 그리고 역 푸리에 변환은

$$f(t) = F^{-1}F(w) = \frac{1}{2\pi}\int_{-\infty}^{\infty} F(jw) e^{jwt} dw \qquad (8.54)$$

와 같이 정의된다. 이 책의 일부에서는 $w = 2\pi f$의 관계로부터

$$F(f) = F[f(t)] = \int_{-\infty}^{\infty} f(t) e^{-j2\pi ft} dt \qquad (8.55)$$
$$= |F(f)| \angle F(f)$$

$$f(t) = F^{-1}[F(f)] = \int_{-\infty}^{\infty} F(f) e^{j2\pi ft} df \qquad (8.56)$$

로도 표현하고 있음에 유의하기 바란다. 여기서 "$\mathscr{F}$" 기호는 푸리에 변환 연산자이다. 식 (8.55)의 $F(\omega)$를 신호 $f(t)$의 "푸리에 변환" 이라고 하며, 식 (8.56)은 "역 푸리에 변환" 이라고 한다. 푸리에 변환은 비주기적인 신호 속에 포함된 주파수 정보를 추출하는 '해석(Analysis)'이라고 하며, 역 푸리에 변환은 주파수 정보로부터 신호를 재구성하는 '합성(Synthesis)'이라고 한다.

[2] 푸리에 급수와 푸리에 변환의 관계

제8.1절에서 논의한 푸리에 급수는 주기가 유한한 주기함수에 한정된 것이었다. 제8.2절에서 소개하고자 하는 푸리에 변환은 무한주기를 갖거나 반무한 구간에서 정의되는 비주기 함수를 해석하는 것이다. 비주기 함수 $f(t)$는 연속적인 주파수 ω를 갖는 고조파 함수로 나타낼 수 있다. 앞서 논의한 바와 같이 푸리에 급수에서는 유한한 주기를 갖게 되지만, 비주기 함수는 유한한 주기 T를 무한히 증가시켜서 주기가 무한대인 함수로 간주될 수 있다. $f(t)$의 주기가 무한대이면 함수 $f(t)$ 내에는 모든 주파수 성분이 포함되어 있으므로 기본파 주파수 ω_0는 존재하지 않으며 $-\infty$부터 ∞에 이르는 연속적인 주파수

ω가 존재하게 된다. $T \to \infty$ 즉, 주기가 무한대로 되면 기본파 주파수는 $\omega_0 = 2\pi / T \to dw$가 되고 n차의 고조파는 $n\omega_0 \to \omega$로 될 것이다. 그리고 푸리에 급수에서 기본파 주파수 ω_0 및 $n\omega_0$ $[n = -\infty \cdots -2, -1, 0, 1, 2, \cdots \infty]$ 에 의해 이산적으로 나타나던 주파수 스펙트럼은 주파수 변수 ω에 의해 연속적인 주파수 스펙트럼으로 주어지게 된다.

즉, 제8.1절에서 정의한 복소형 푸리에 급수의 정의식

$$f(t) = \sum_{n=-\infty}^{\infty} C_n e^{jw_o t} \tag{8.57}$$

$$C_n = \frac{1}{T}\int_{-T/2}^{T/2} f(t) e^{-jnw_o t} dt \tag{8.58}$$

에서 $TC_n = F(jw)$로 두고, $T = \infty$ 및 $nw_o \to w$, $w_o \to dw$로 정의하면, 식 (8.53)의 푸리에 변환 및 식 (8.54)의 역 푸리에 변환이 얻어진다. 이상에서의 설명으로부터 푸리에 급수로부터 푸리에 변환으로 변화되는 과정을 수식적으로 고찰해보자. 앞서 고찰한 바와 같이 복소 푸리에 급수의 정의식은 다음과 같이 주어졌다.

$$f(t) = \sum_{n=-\infty}^{\infty} C_n e^{jn\omega_0 t} = \sum_{n=-\infty}^{\infty} C_n e^{j2\pi nt/T} \tag{8.59}$$

$$C_n = \frac{1}{T}\int_{-T/2}^{T/2} f(t) e^{-jn\omega_0 t} dt \tag{8.60}$$

먼저, 주기 $T \to \infty$이므로 지수함수 항에서 $k_n = 2\pi n / T$로 두면

$$e^{j2\pi nt/T} = e^{jk_n t} \tag{8.61}$$

로 될 것이다. 이때 $k_n [n = 0, \pm 1, \pm 2, \cdots]$를 파수(wave number)라고 한다. 그리고

$$k_n = \Delta k \cdot n = 2\pi / T \cdot n \tag{8.62}$$

와 같이 등간격의 미소 파수 $\Delta k = 2\pi / T$를 정의하였다. 그러나 $(-T/2, T/2)$에서 $(-T, T)$까지의 기본적인 간격을 두 배로 잡으면, 새로운 파수 $k_n = \pi n / T$ $[n = 0, \pm 1, \pm 2, \cdots]$ 및 파수 간격 $\Delta k = \pi / T$를 얻을 수 있다. 아무튼 주기 $T \to \infty$가 됨에 따라 k_n값 간의 간격 Δk는 점점 좁아져 갈 것이다. $TC_n = C(k_n)$ 및 $k_n = 2\pi n / T$로 두면 식 (8.57)는 다음과 같이 되고,

$$f(t)=\sum_{n=-\infty}^{\infty} C_n e^{j2\pi nt/T}=\frac{1}{T}\sum_{n=-\infty}^{\infty} C(k_n)e^{jk_n t} \tag{8.63}$$

리만(Riemann)의 적분공식에서 다음으로 정의될 수 있다.

$$\int f(k)dk=\lim_{\Delta k\to 0}\sum f(k_n)\Delta k \tag{8.64}$$

단, $k_n=\pi n/T[n=0,\pm 1,\pm 2,\cdots]$이고 $\Delta k=2\pi/T$이다. 따라서 $\Delta k\to 0$ 및 $T\to\infty$임을 고려하면 다음과 같이 표현될 것이다.

$$2\pi f(t)=\frac{2\pi}{T}\sum_{n=-\infty}^{\infty} C(k_n)e^{jk_n t}=\sum_{n=-\infty}^{\infty} C(k_n)e^{jk_n t}\Delta k=\int_{-\infty}^{\infty} C(k)e^{jkt}dk \tag{8.65}$$

이로부터 주기 $T\to\infty$가 됨에 따라 $k_n\to k$로 되고 $C(k_n)\to C(k)$가 됨을 알 수 있다. 다시 파수(wave number) k는 연속적인 주파수 변수 ω로 둘 수 있고, $\Delta k\to d\omega$로 둘 수 있으므로 푸리에 급수로부터 푸리에 변환은

$$\begin{aligned}2\pi f(t)&=\lim_{T\to\infty}\frac{2\pi}{T}\sum_{n=-\infty}^{\infty} C_n e^{j2\pi nt/T}\\&=\lim_{T\to\infty}\sum_{n=-\infty}^{\infty} C(k_n)e^{jk_n t}\Delta k=\lim_{k\to\omega}\int_{-\infty}^{\infty} C(k)e^{jkt}dk\\&=\int_{-\infty}^{\infty} C(\omega)e^{j\omega t}d\omega\end{aligned} \tag{8.66}$$

$$C(\omega)=\lim_{T\to\infty} TC_n=\lim_{T\to\infty}\int_{-\frac{T}{2}}^{\frac{T}{2}} f(t)e^{-j2\pi nt/T}dt=\int_{-\infty}^{\infty} f(t)e^{-j\omega t}dt \tag{8.67}$$

와 같게 된다. 따라서 비주기 함수 $f(t)$의 푸리에 변환 $F(\omega)=\mathcal{F}[f(t)]$ 및 $F(\omega)$의 역푸리에 변환 $f(t)=\mathcal{F}^{-1}[F(\omega)]$는 다음과 같이 정의된다.

$$F(\omega)=\int_{-\infty}^{\infty} f(t)e^{-j\omega t}dt \tag{8.68}$$

$$\mathcal{F}^{-1}[F(\omega)]=f(t)=\frac{1}{2\pi}\int_{-\infty}^{\infty} F(\omega)e^{j\omega t}d\omega \tag{8.69}$$

이상의 관계들을 정리하면 표 8-1과 같다.

표 8-1 푸리에 변환과 푸리에 급수의 관계

푸리에 급수	변수의 변환 관계	푸리에 변환
주기 함수 $f(t)$	$T \to \infty$	비주기 함수 $f(t)$
$f(t) = \sum_{n=-\infty}^{\infty} C_n e^{j\frac{2\pi n}{T}t}$	$k_n = 2\pi n/T = nw_o \to w$ $\Delta k = w_o \to d\omega$ $TC_n \to F(\omega)$	$f(t) = \frac{1}{2\pi}\int_{-\infty}^{\infty} F(\omega)\, e^{j\omega t} d\omega$
$C_n = \frac{1}{T}\int_{-\frac{T}{2}}^{\frac{T}{2}} f(t) e^{-jn\omega_0 t} dt$		$F(\omega) = \int_{-\infty}^{\infty} f(t) e^{-j\omega t} dt$

[3] 푸리에 여현 적분 및 정현 적분

푸리에 여현 변환 및 푸리에 정현 변환은 푸리에 급수의 실수형에서 유도된다. 즉, 함수 $f(t)$가 $\lim_{T\to\infty}(-T, T)$ 구간에서 정의된다면 푸리에 계수들을 대입하여

$$
\begin{aligned}
f(t) &= a_0 + \sum_{n=1}^{\infty} a_n \cos\frac{2\pi n}{T} t + \sum_{n=1}^{\infty} b_n \sin\frac{2\pi n}{T} t \\
&= \frac{1}{T}\int_{-\frac{T}{2}}^{\frac{T}{2}} f(t) dt \qquad (8.70) \\
&\quad + \frac{1}{T}\sum_{n=1}^{\infty}\int_{-\frac{T}{2}}^{\frac{T}{2}} f(\tau)\cos\frac{2\pi n}{T}\tau d\tau \cdot \cos\frac{2\pi n}{T} t\, dt \\
&\quad + \frac{1}{T}\sum_{n=1}^{\infty}\int_{-\frac{T}{2}}^{\frac{T}{2}} f(\tau)\sin\frac{2\pi n}{T}\tau d\tau \cdot \sin\frac{2\pi n}{T} t dt
\end{aligned}
$$

로부터 $\alpha_n = 2n\pi/T,\ \Delta\alpha = \alpha_{n+1} - \alpha_n = 2\pi/T$로 두면

$$f(t)=\frac{1}{2\pi}\left\{\int_{-\frac{T}{2}}^{\frac{T}{2}} f(t)dt\right\}\Delta\alpha$$
$$+\frac{1}{\pi}\sum_{n=1}^{\infty}\left[\int_{-\frac{T}{2}}^{\frac{T}{2}} f(\tau)\cos\alpha_n\tau d\tau\cdot\cos\alpha_n t\,dt+\int_{-\frac{T}{2}}^{\frac{T}{2}} f(\tau)\sin\alpha_n\tau d\tau\cdot\sin\alpha_n t\,dt\right] \tag{8.71}$$

로 되고, 다시 $T\to\infty$로 하면 $\alpha_n\to\alpha,\ \Delta\alpha\to d\alpha$로 되므로 식 (8.56)의 우변 제1항은 0이 되고

$$f(t)=\frac{1}{\pi}\int_0^{\infty}\left[\int_{-\infty}^{\infty} f(\tau)[\cos\alpha\tau d\tau\cdot\cos\alpha t+\sin\alpha\tau d\tau\cdot\sin\alpha t]\right]d\alpha \tag{8.72}$$
$$=\frac{1}{\pi}\int_0^{\infty}[A(\alpha)\cdot\cos\alpha t+B(\alpha)\sin\alpha t]\,d\alpha$$

$$A(\alpha)=\int_{-\infty}^{\infty} f(\tau)\cos\alpha\tau d\tau \tag{8.73}$$

$$B(\alpha)=\int_{-\infty}^{\infty} f(\tau)\sin\alpha\tau d\tau \tag{8.74}$$

의 결과를 얻게 된다. 그런데 후반부에서 설명하겠지만 $\alpha=\omega$ 및 $\tau=t$로 두고 식 (8.73)과 (8.74)를 다시 쓰면 푸리에 여현 및 정현 변환식인 식 (8.80)이 된다. 식 (8.72)에서 $f(t)$가 우함수이면 $f(t)\cos\omega t$ 또한 우함수이고 $f(t)\sin\omega t$는 기함수로 되므로 식 (8.74)는 0이 된다. 이때의 푸리에 여현 적분은

$$f(t)=\frac{2}{\pi}\int_0^{\infty}A(\omega)\cdot\cos\omega t d\omega \tag{8.75}$$

$$A(\omega)=2\int_0^{\infty} f(t)\cos\omega t\,dt \tag{8.76}$$

과 같아진다. 반면, $\sin\alpha\tau$는 기함수이므로 $f(t)$가 기함수이면 $f(t)\sin\omega t$는 우함수로 되므로 식 (8.73)은 0이 된다. 이때의 푸리에 정현 적분은

$$f(t)=\frac{2}{\pi}\int_0^{\infty}B(\omega)\sin\omega t d\omega \tag{8.77}$$

$$B(\omega)=2\int_0^{\infty} f(t)\sin\omega t\,dt \tag{8.78}$$

로 된다. 또한 푸리에 변환

$$F(\omega)=\int_{-\infty}^{\infty} f(t)e^{-j\omega t}dt \tag{8.79}$$

의 다른 형태로 오일러의 공식을 적용하여

$$F(\omega)=\int_{-\infty}^{\infty} f(t)e^{-j\omega t}dt=\int_{-\infty}^{\infty} f(t)\cos\omega t dt+j\int_{-\infty}^{\infty} f(t)\sin\omega t dt=①+j②$$

와 같이 전개하는 경우, ①항과 ②항의 푸리에 적분(Fourier integral)을 각각 푸리에 여현 변환(Fourier cosine transform) $A(\omega)$과 정현변환(Fourier sine transform) $B(\omega)$라고 한다.

$$A(\omega)=\int_{-\infty}^{\infty} f(t)\cos\omega t dt \qquad B(\omega)=\int_{-\infty}^{\infty} f(t)\sin\omega t dt \tag{8.80}$$

[4] 적분변환과 푸리에 변환

커널함수 $K(u,v)$에 대한 함수 $f(u)$의 변환 함수 $F(v)$로의 적분 변환(Integral Transform)은

$$T[f(u)]=\int_{u_1}^{u_2} K(u,v)f(u)du=F(v) \tag{8.81}$$

로 정의된다. 푸리에 변환과 라플라스 변환도 $u\to t$ 및 $v\to s$ 또는 $v\to w$의 변수들과 커널함수 $K(u,v)$를 시간과 주파수의 복수지수함수 e^{-st} 또는 e^{-jwt}로 치환한 적분 변환의 일종이다. 즉, "식 (8.51)과 같은 적분을 이용하여 시간 영역의 함수 $f(t)$를 주파수 영역의 함수 $F(s)$ 또는 $F(w)$로 변환시키는 사상(mapping)" 과 같다. 이 경우, 변환 연산자 'T' 는 라플라스 변환 연산자 '$\mathcal{L}$' 또는 푸리에 변환 연산자 'F' 로 치환될 수 있다.

[5] 라플라스 변환과 푸리에 변환의 관계

$$\mathcal{L}[f(t)]=\int_{-\infty}^{\infty} e^{-st}f(t)dt=\int_{-\infty}^{\infty}[e^{-\sigma t}f(t)]e^{-jwt}dt=F[f(t)e^{-\sigma t}] \tag{8.82}$$

$$f(t) = \frac{1}{2\pi j}\int_{c-j\infty}^{c+j\infty} e^{st}F(s)ds \mid_{s=jw} = \frac{1}{2\pi}\int_{-\infty}^{\infty} e^{jwt}F(w)dw = F^{-1}[F(w)] \quad (8.83)$$

시간함수 $f(t)$의 라플라스 변환 $F(s)$는 $f(t)$에 강제 수렴인자 e-σ t를 곱하여 푸리에 변환을 확장한 것과 같다고 표현하거나, $f(t)$의 푸리에 변환 $F(w)$는 라플라스 변환의 특수한 경우 즉, e^{-st}에서 $\sigma=0$인 $s=jw$ 및 $ds=jdw$로 두고, w가 $-\infty$로부터 ∞로 변화하는 경우와 같다.

[6] 푸리에 변환 및 역 푸리에 변환 결과의 도시

푸리에 평면은 일반적으로 주파수 w에 대한 푸리에 변환의 크기 $|F(w)|$ 및 위상 $\angle F(w)$와 도시된다. 예를 들어, 식 (8.84)로 정의되는

$$f(t) = A\,\mathrm{Rect_T}(\mathrm{t/T}) = \begin{cases} A & -T/2 \leq t \leq T/2 \\ 0 & -T/2 > t, t > T/2 \end{cases} \quad (8.84)$$

방형파 펄스의 푸리에 변환은

$$\begin{aligned} F(\omega) &= \int_{-\infty}^{\infty} A\,Rect_T(t/T)e^{-j\omega t}dt = \int_{-T/2}^{T/2} A\,e^{-j\omega t}dt \quad (8.85) \\ &= \frac{A}{j\omega}[e^{j\omega T/2} - e^{-j\omega T/2}] = = \frac{2A}{\omega}\sin(\omega T/2) \\ &= TA\,\mathrm{sinc}(\omega T/2) \end{aligned}$$

와 같이 sinc 함수로 주어진다. $A=1$ 및 $T=1$인 그림 8-26과 같은 방형파의 임의 시점에서의 푸리에 변환 파형이 어떻게 나타나는 지를 고찰해 보자. 임의 시점 즉, $t_i[0, 0.25, 0.5, 0{,}75, 1.0, 2.0]$에서의 푸리에 변환은

$$F_{t_i}(w) = \sin(w/2)/w \cdot \cos(wt_i) \quad (8.86)$$

로 도시될 것이며, 그림 8-27와 같다. 이는 전 시간영역에서 주파수 성분을 고찰하는 것과는 달리, 임의 시점 t_i에서의 주파수 성분이 어떠한 가를 밝히는 중요한 의미를 갖는다.

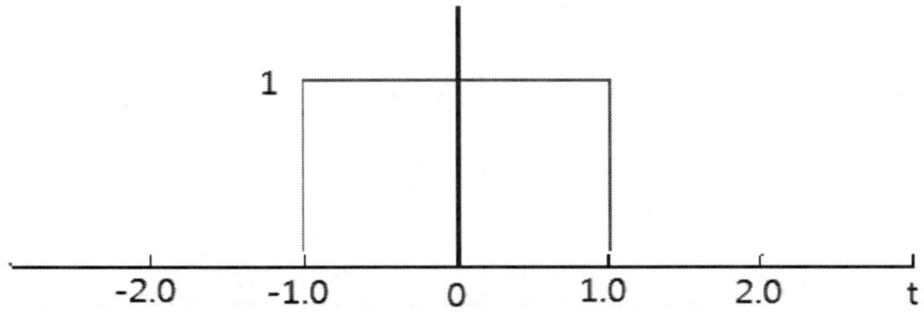

그림 8-26 주기 $T=\infty$인 방형파 펄스

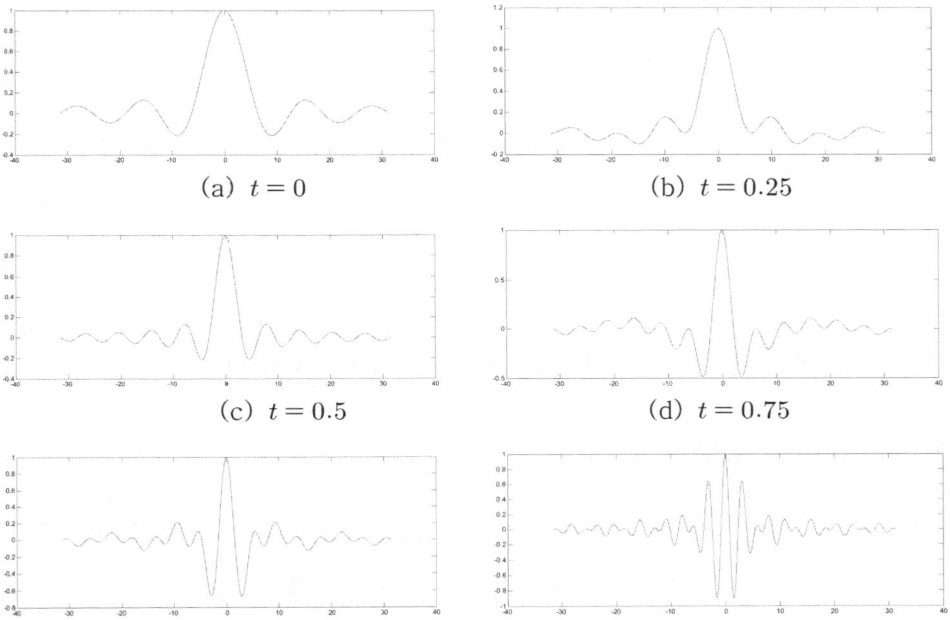

(a) $t=0$ (b) $t=0.25$

(c) $t=0.5$ (d) $t=0.75$

(e) $t=1.0$ (f) $t=2.0$

그림 8-27 방형파의 임의 시점 t에서의 푸리에 변환 파형

그리고 그림 8-26의 방형파를 푸리에 변환한 그림 8-28과 같은 sinc 파형의 임의 주파수 w_i에서의 역 푸리에 변환인 시간 함수의 파형은 그림 8-29와 같다. 이의 역 푸리에 변환은 $f(t)=2\pi \cdot rect_1(t)$ 이므로, $F(w)$의 임의 주파수 점 $w_i\,[0, 0.25\pi . 0.5\pi . 0.75\pi, 1.0\pi, 2.0\pi]$에서의 시간 함수 파형 $f_{w_i}(t)=2\pi rect_1(t) \cdot \cos w_i t$이 어떻게 나타나는 지를 보이고 있다.

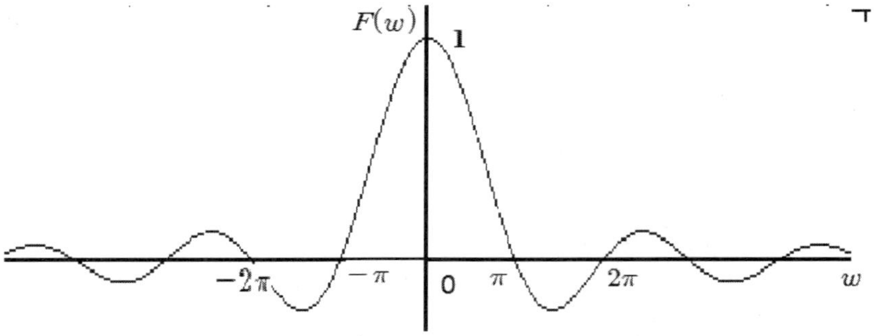

그림 8-28 방형파의 푸리에 변환 Sinc 파형

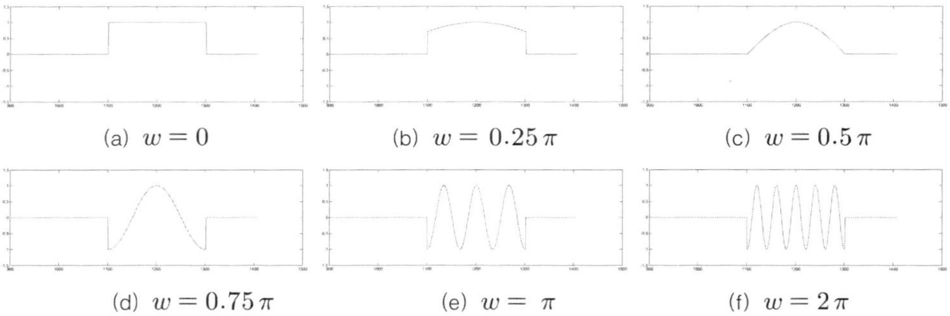

그림 8-29 Sinc 파형의 임의 주파수 w에서의 시간 함수 파형

[7] 푸리에 변환의 개념적 모형

푸리에 변환은 1개의 수치 X를 1개의 수치인 $\log X$로 변환하는 것과 유사하며, $-\infty$에서 $+\infty$ 범위의 변수에 의해 전파되는 함수를 $-\infty$에서 $+\infty$까지의 범위에서 정의되는 다른 변수의 함수로 변환하는 것과 같다. 예를 들면, 그림 8-30과 같은 비정현 신호 $f(t)$

$$f(t) = A\cos 2\pi \cdot \frac{t}{T} + \frac{A}{2}\cos 2\pi \cdot \frac{t}{T/3}$$
$$= f_1(t) + f_2(t)$$

에 대한 푸리에 변환은 각각의 정현신호 $f_1(t)$와 $f_2(t)$의 푸리에 변환 결과를 합한 것과 같다.

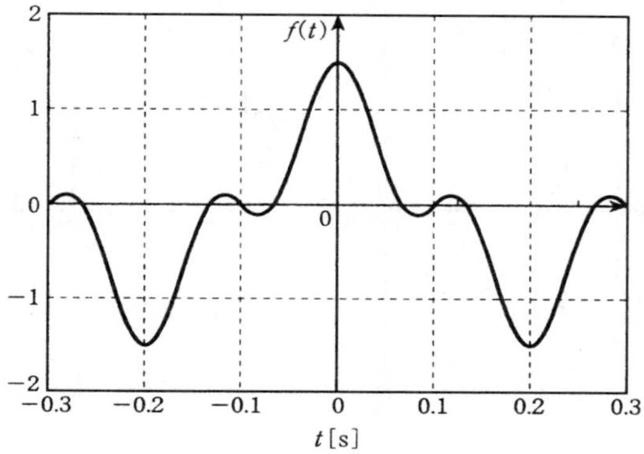

그림 8-30 비정현신호 $f(t)$

이를 확장한 푸리에 변환의 개념은 그림 8-31과 같이 간단한 모형으로 나타낼 수 있다.

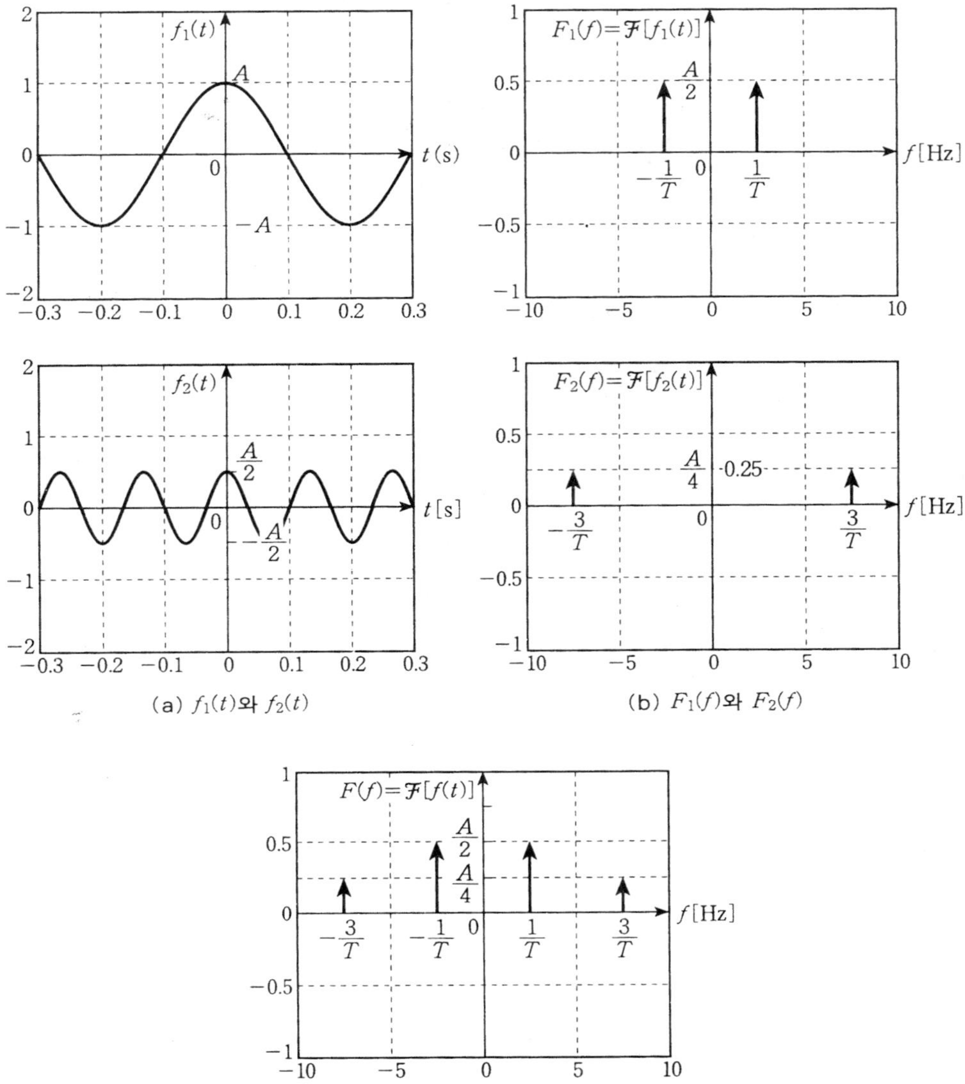

(a) $f_1(t)$와 $f_2(t)$ (b) $F_1(f)$와 $F_2(f)$

(c) $F(f)=F_1(f)+F_2(f)$

그림 8-31 비정현신호 $f(t)$의 푸리에 변환과정

즉, 푸리에 변환은 그림 8-31(b)와 같이 주어진 파형을 각기 다른 2개의 주파수로 기술되는 정현파 합으로 분해해서 그림 8-31(c)와 같이 각 정현파의 진폭과 주파수를 나타내면 된다. 일반적으로 양과 음의 각 주파수에 해당되는 정현파 성분이 존재하는 것으로 하고, 진폭은 각기 1/2로 줄어든다. 이처럼 푸리에 변환을 이용하면 임의의 시간계 파형을 다른 주파수의 정현파로 분해시킬 수 있는데 이를 수학적으로 표현하면 $f(t)$의 푸리에 변환 $\mathcal{F}(f)$는

$$\mathcal{F}[f(t)] = \int_{-\infty}^{+\infty} f(t) e^{-j2\pi ft} dt \tag{8.87}$$

와 같다. $f(t)$는 푸리에 급수 전개 가능, 즉 몇 개의 정현파 성분의 합으로 분해될 수 있는 파형이다. 즉, $f(t)$의 푸리에 변환은 푸리에 급수로 전개하여 얻어진 그림 8-31 (a)의 각 함수에 대한 푸리에 변환인 그림 8-31(b)의 결과를 합한 그림 8-31(c)와 같아진다.

이처럼 주기함수를 대상으로 하는 푸리에 급수는, 비주기 함수를 주된 대상으로 하는 푸리에 변환의 특수한 경우에 지나지 않는다. 즉, 주기함수에 대한 일반적인 푸리에 급수의 계수는 푸리에 변환에 의해 구해지는 계수와 동일하다는 것은, 그림 8-32를 통해 고찰해 볼 수 있다.

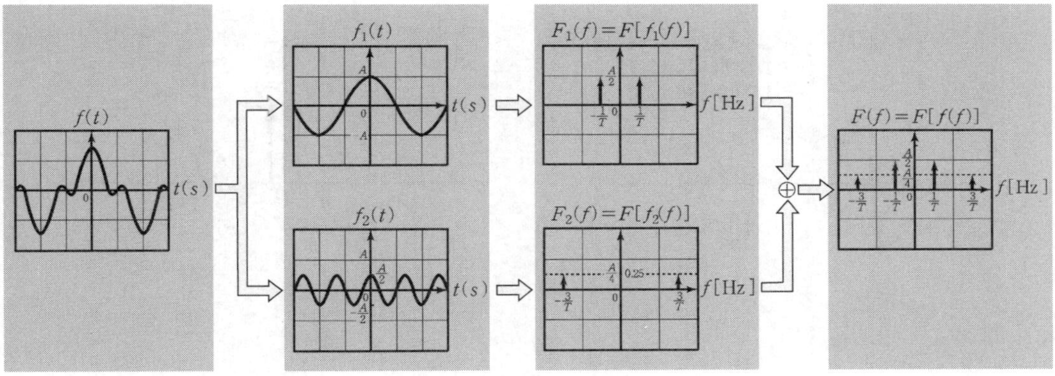

(a) 주어진 함수구간 :[-∞~∞]　(b) 정현파로 분해 :푸리에 급수전개　(c) 푸리에 변환 :진폭의 $\frac{1}{2}$크기 및 주파수를 도시함　(d) 푸리에 변환의 합

그림 8-32 푸리에 변환의 모형

그림 8-33은 주기적인 방형파를 3차, 5차, 7차 고조파 항까지의 푸리에 급수로 근사한 형태를 도시하고 있다.

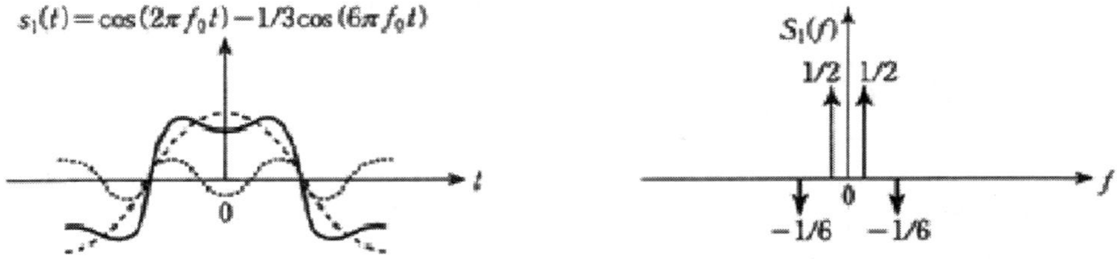
$s_1(t) = \cos(2\pi f_0 t) - 1/3\cos(6\pi f_0 t)$
t
0
$S_1(f)$
1/2
1/2
f
0
−1/6
−1/6

(a)

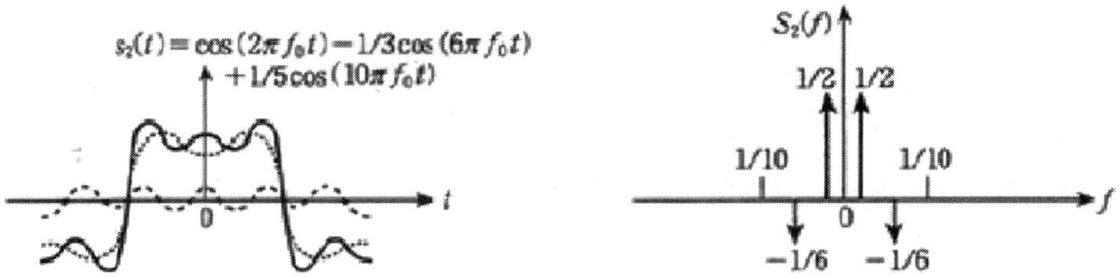
$s_2(t) = \cos(2\pi f_0 t) - 1/3\cos(6\pi f_0 t) + 1/5\cos(10\pi f_0 t)$
t
0
$S_2(f)$
1/2
1/2
1/10
1/10
f
0
−1/6
−1/6

(b)

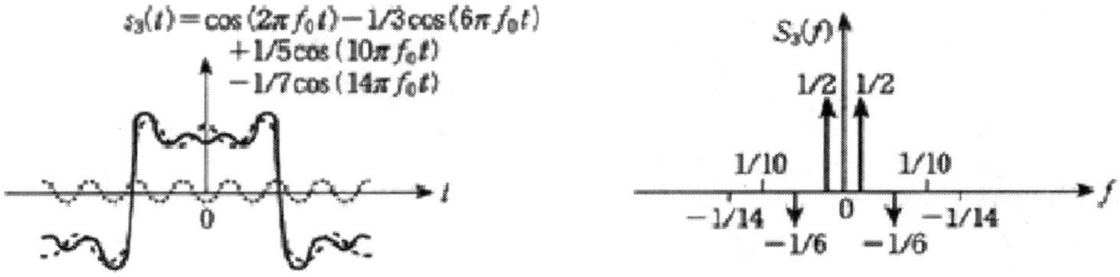
$s_3(t) = \cos(2\pi f_0 t) - 1/3\cos(6\pi f_0 t) + 1/5\cos(10\pi f_0 t) - 1/7\cos(14\pi f_0 t)$
t
0
$S_3(f)$
1/2
1/2
1/10
1/10
f
−1/14
0
−1/14
−1/6
−1/6

(c)

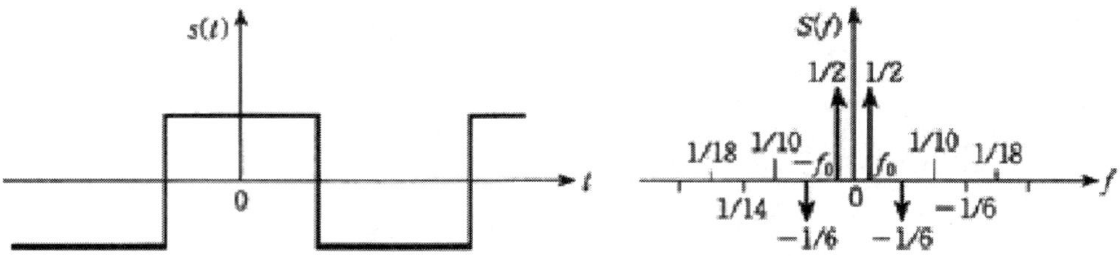
$s(t)$
t
0
$S(f)$
1/2
1/2
1/18
1/10
$-f_0$
f_0
1/10
1/18
f
1/14
0
−1/6
−1/6
−1/6

(d)

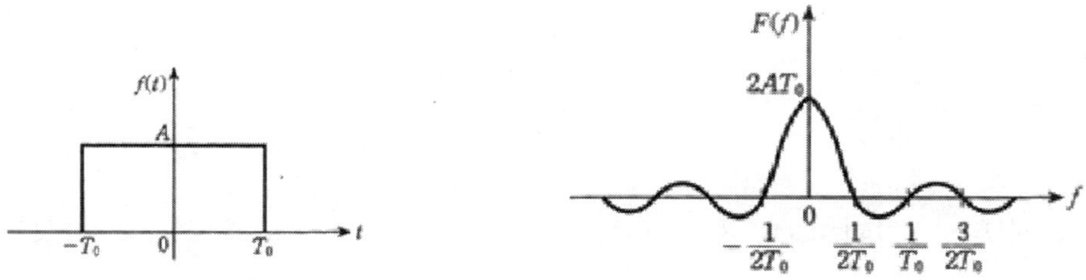

(e)

그림 8-33 방형파의 푸리에 변환

그리고

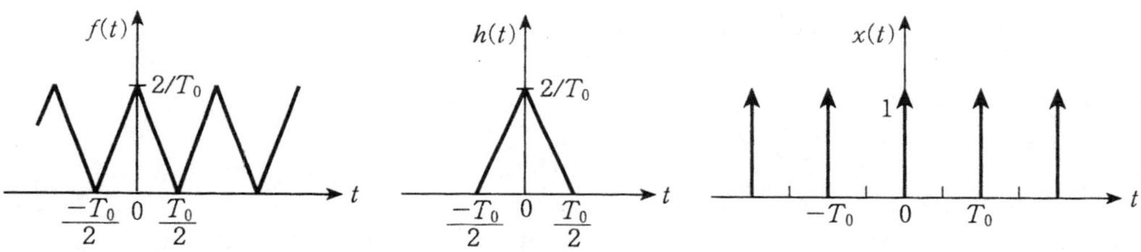

그림 8-34 주기적인 삼각파 펄스

식 (8.67)로부터

$$a_n = \begin{cases} \dfrac{1}{T_0}\displaystyle\int_{-\frac{T_0}{2}}^{\frac{T_0}{2}} f(t)\cos(2\pi n f_0 t)\,dt \\ \dfrac{1}{T_0}\displaystyle\int_{-\frac{T_0}{2}}^{0}\left(\dfrac{2}{T_0}+\dfrac{4}{T_0^2}t\right)\cos(2\pi n f_0 t)\,dt \\ \quad +\dfrac{1}{T_0}\displaystyle\int_{0}^{\frac{T_0}{2}}\left(\dfrac{2}{T_0}-\dfrac{4}{T_0^2}t\right)\cos(2\pi n f_0 t)\;dt \\ \qquad (n=0,\,1,\,3,\,5,\,\cdots) \\ 0 \qquad (n=2,\,4,\,6,\,\cdots) \end{cases}$$

$$a_n = \begin{cases} \dfrac{4}{\pi^2 T_0} \dfrac{1}{n^2} & n = 1, 3, 5, \cdots \\ \dfrac{1}{T_0} & n = 0 \end{cases} \tag{8.88}$$

을 얻게 된다. 한편, 그림 8-34 (a)는 그림 8-34 (b)의 $h(t)$와 $x(t)$의 합성적분에 의해

$$f(t) = h(t) * x(t) \tag{8.89}$$

와 같이 표현될 수 있으므로

$$\begin{aligned} \mathcal{F}\{f(t)\} &= \mathcal{F}\{h(t) * x(t)\} = H(f)X(f) \\ &= H(f)\frac{1}{T_0}\sum_{n=-\infty}^{\infty}\delta\left(f - \frac{n}{T_0}\right) \\ &= \frac{1}{T_0}\sum_{n=-\infty}^{\infty} H\left(\frac{n}{T_0}\right)\delta\left(f - \frac{n}{T_0}\right) \end{aligned} \tag{8.90}$$

로 된다. 이처럼 주기함수의 푸리에 변환은 진폭이 $H(n/T_0)$인 무한개의 등간격 임펄스열인 정현파의 집합으로 표현된다. 그러나 푸리에 급수에서 a_n은 $-\dfrac{T_0}{2}$에서 $\dfrac{T_0}{2}$까지의 범위에서

$$a_n = \frac{1}{T_0}\int_{-\frac{T_0}{2}}^{\frac{T_0}{2}} f(t) e^{-j2\pi n f_0 t}\, dt \tag{8.91}$$

로 되며, 단 $n = 0, \pm 1, \pm 2, \ldots$이다. 그러므로

$$h(t) = f(t) \quad -\frac{T_0}{2} < t < \frac{T_0}{2} \tag{8.92}$$

로 정의하면

$$\begin{aligned} a_n &= \frac{1}{T_0}\int_{-\frac{T_0}{2}}^{\frac{T_0}{2}} h(t) e^{-j2\pi n f_0 t}\, dt \\ &= \frac{1}{T_0} H(nf_0) = \frac{1}{T_0} H\left(\frac{n}{T_0}\right) \end{aligned} \tag{8.93}$$

로 된다. 따라서 $f(t)$의 푸리에 계수 a_n은 푸리에 변환 $H(n/T_0)=H(f)$의 $\frac{1}{T_0}$ 배이며 $f=\frac{n}{T_0}$에서의 값과 동일하게 된다.

[7] 푸리에 변환의 존재 조건들

Papoulis의 이론을 기반으로 하여 푸리에 변환 및 푸리에 역변환의 존재 조건에 대해 몇몇 예제를 통해 고찰하고자 한다.

[조건 1] $f(t)$가 가적분, 즉

$$\int_{-\infty}^{\infty}|f(t)|dt < \infty \tag{8.94}$$

이면, 이의 푸리에 변환 $F(w)$가 존재하고 역 푸리에 변환 $f(t)$도 존재한다.

[조건 1]은 푸리에 변환이 존재하기 위한 충분조건이지 필요조건은 아니다. 따라서 조건 1을 만족하지 않고도 푸리에 변환이 존재할 수도 있다. 이런 류의 함수는 조건 2에서 명시된다.

예제 21

[조건 1]에 대한 예제로서 다음과 같은 방형파 펄스 파형에 의한 푸리에 변환의 존재여부를 밝혀라.

$$h(t)=\begin{cases} A & |t|<T_0 \\ \frac{A}{2} & t=\pm T_0 \\ 0 & |t|>T_0 \end{cases} \tag{8.95}$$

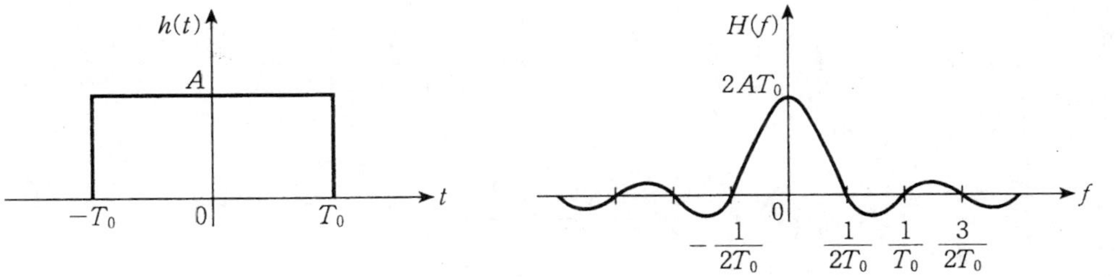

그림 8-35 펄스파형

[풀이] 그림 8-35 (a)는 식 (8.95)의 파형이며, 이는 식 (8.94)의 조건을 만족하고 있다. 따라서 푸리에 변환이 존재하고

$$H(f) = \int_{-T_c}^{Tc} Ae^{-2\pi ft}dt$$

$$= A\int_{-T_c}^{Tc} \cos(2\pi ft)dt - jA\int_{-T_c}^{Tc} \sin(2\pi ft)dt$$

로 된다. 여기서 제 2 항의 적분은 피적분함수가 기함수이므로 0이다. 결국

$$H(f) = \frac{A}{2\pi f}\sin(2\pi ft)\Big|_{-T_0}^{T_0} \tag{8.96}$$

$$= 2AT_0\frac{\sin(2\pi T_0 f)}{\pi T_0 f}$$

로 된다. 여기서 $2T_0$는 분자와 분모항에 존재하므로 펄스 파형의 푸리에 변환은 $\sin(af)/(af)$의 형으로 된다. [조건 1]이 만족하므로 식 (8.96)으로 주어지는 $H(f)$는 식 (8.94)를 만족한다. 즉,

$$h(t) = \int_{-\infty}^{\infty} 2AT_0\frac{\sin(2\pi ft)}{2\pi T_0 f}e^{j2\pi ft}df \tag{8.97}$$

$$= 2AT_0\int_{-\infty}^{\infty}\frac{\sin(2\pi ft)}{2\pi T_0 f}[\cos(2\pi ft) + j\sin(2\pi ft)]df$$

이다. 여기서 피적분함수의 허수부는 기함수이므로

$$h(t) = \frac{A}{\pi}\int_{-\infty}^{\infty}\frac{\sin(2\pi T_0 f)\cos(2\pi ft)}{f}df \tag{8.98}$$

로 된다. 여기서 삼각함수의 공식

$$\sin(x)\cos(y) = \frac{1}{2}[\sin(x+y) + \sin(x-y)] \tag{8.99}$$

을 이용하면 $h(t)$는

$$h(t) = \frac{A}{2\pi}\int_{-\infty}^{\infty}\left[\frac{\sin(2\pi T_0 + t)}{f}\right]df + \frac{A}{2\pi}\int_{-\infty}^{\infty}\left[\frac{\sin(2\pi T_0 - t)}{f}\right]df$$

로 되고, 더욱이

$$h(t) = A(T_0+t)\int_{-\infty}^{\infty}\frac{\sin[2\pi(T_0+t)]}{2\pi(T_0+t)}df \tag{8.100}$$

$$+ A(T_0-t)\int_{-\infty}^{\infty}\frac{\sin[2\pi(T_0-t)]}{2\pi(T_0-t)}df$$

로 고쳐쓸 수 있다. 그러나

$$\int_{-\infty}^{\infty} \frac{\sin(2\pi ax)}{2\pi ax} dx = \frac{1}{2|a|} \tag{8.101}$$

가 성립하므로

$$h(t) = \frac{A}{2}\frac{T_0+t}{|T_0+t|} + \frac{A}{2}\frac{T_0-t}{|T_0-t|} \tag{8.102}$$

가 얻어진다. 식 (8.102)의 각항을 그림 8-36에 나타내었다.

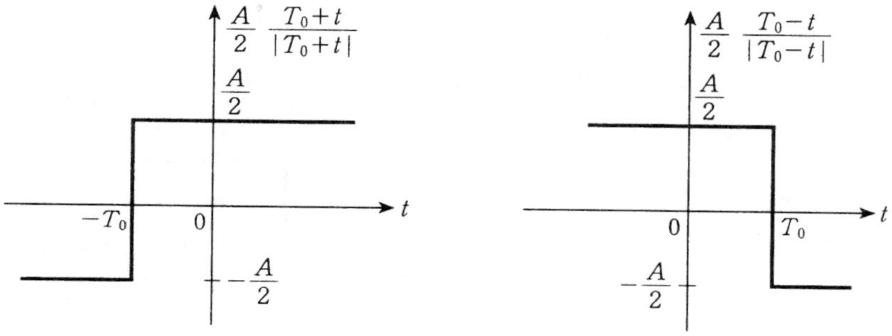

그림 8-36 식 (8.102)의 파형

시찰에 의해 이들 각항에서

$$h(t) = \begin{cases} A & |t| < T_0 \\ \dfrac{A}{2} & t = \pm T_0 \\ 0 & |t| > T_0 \end{cases} \tag{8.103}$$

가 얻어진다. [조건 1]을 만족하는 함수의 일례에 대해서 푸리에 변환의 존재와 푸리에 역변환이 존재함을 알 수 있다. 이와 같이하여 두 함수가 서로 푸리에 변환쌍을 이루고 있다.

$$h(t) = A, \quad |t| < T_0 \quad \Leftrightarrow \quad 2AT_0\frac{\sin(2\pi T_0 f)}{2\pi T_0 f} \tag{8.104}$$

[조건 2] 만약 $h(t)=\beta(t)\sin(2\pi ft+\alpha)$ 에서 $\beta(t+k)<\beta(t)$ 이면 $|t|>\lambda>0$인 t에 대해 함수 $h(t)/t$ 가 가적분함수이면, $H(f)$가 존재하고, 식 (8.94), 즉 역 푸리에 변환이 존재할 조건을 만족한다. 이 조건을 만족하는 함수의 한 예는 $\sin at/at$ 함수이다. 이

함수는 [조건 1]의 가적분 조건을 만족하지 않지만 [조건 2]는 만족한다.

예제 22

다음의 sinc 함수

$$h(t)=2Af_0\frac{\sin(2\pi f_0 t)}{2\pi f_0 t}$$

는 그림 8-37 (a)와 같다. [조건 2]가 만족함을 보여라.

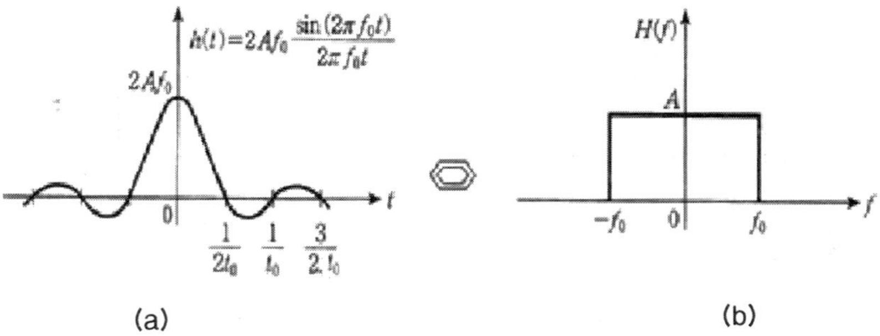

그림 8-37 sinc 주파수 함수

[풀이] $h(t)$의 푸리에 변환은 존재하며

$$H(f)=\int_{-\infty}^{\infty}2Af_0\frac{\sin(2\pi f_0 t)}{2\pi t_0 t}e^{-j2\pi ft}dt \tag{8.105}$$

$$=\frac{A}{\pi}\int_{-\infty}^{\infty}\frac{\sin(2\pi f_0 t)}{t}[\cos(2\pi ft)-j\sin(2\pi ft)]dt$$

$$=\frac{A}{\pi}\int_{-\infty}^{\infty}\frac{\sin(2\pi f_0 t)\cos(2\pi ft)}{t}dt$$

로 주어진다. 허수부는 적분항이 기함수이므로 0이다. 따라서 삼각함수의 공식 $\sin(x)\cos(y)=1/2[\sin(x+y)+\sin(x-y)]$ 로부터

$$H(f)=\frac{A}{2\pi}\int_{-\infty}^{\infty}\frac{\sin[2\pi t(f_0+f)]}{t}dt+\frac{A}{2\pi}\int_{-\infty}^{\infty}\frac{\sin[2\pi t(f_0-f)]}{t}dt \tag{8.106}$$

로 된다. 식 (8.106)을 식 (8.100)과 유사한 형태로 변형시키면 다음과 같다.

$$H(f)=\frac{A}{2\pi}\int_{-\infty}^{\infty}\frac{\sin[2\pi t(f_0+f)]}{t}dt+\frac{A}{2\pi}\int_{-\infty}^{\infty}\frac{[\sin[2\pi t(f_0-f)]}{t}dt$$

$$=A(f_0+f)\int_{-\infty}^{\infty}\frac{\sin[2\pi t(f_0+f)]}{2\pi t(f_0+f)}dt$$

$$+A(f_0-f)\int_{-\infty}^{\infty}\frac{\sin[2\pi t(f_0-f)]}{2\pi t(f_0-f)}dt \tag{8.107}$$

이 예제에서는 [조건 2]가 만족하므로 식 (8.107)의 $H(f)$는 식 (8.94)을 만족한다. 따라서

$$H(f)=\begin{cases}A & |f|<f_0\\ \dfrac{A}{2} & f=\pm f_0\\ 0 & |f|>f_0\end{cases} \tag{8.108}$$

가 얻어진다. 또한

$$h(t)=\int_{-f_0}^{f_0}Ae^{j2\pi ft}df \tag{8.109}$$

$$=A\int_{-f_0}^{f_0}\cos(2\pi ft)df=A\frac{\sin(2\pi ft)}{2\pi t}\bigg|_{-f_0}^{f_0}$$

$$=2Af_0\frac{\sin(2\pi f_0 t)}{2\pi f_0 t}$$

이므로 다음과 같은 푸리에 변환쌍의 관계를 얻는다.

$$2Af_0\frac{\sin(2\pi f_0 t)}{2\pi f_0 t}\quad\Leftrightarrow\quad H(f)=A,\ |f|<f_0 \tag{8.110}$$

그림 8-37은 이들의 함수관계를 나타내고 있다.

[조건 3] 구체적으로 설명할 수는 없으나 [조건 1] 및 [조건 2]가 성립하는 모든 함수는 유계변동이라고 가정한다. 유계변동이란 어느 유한시간 동안 유한길이의 곡선으로 된다는 것을 의미한다.

[조건 3]에 의해 이 이론은 임펄스 함수까지 확장된다. 즉, $h(t)$가 주기함수 또는 임펄스인 경우에는 초함수의 이론을 참조하면 $H(f)$가 존재하게 된다. 임펄스 함수의 푸리에 변환을 도입하게 되면 많은 푸리에 변환쌍의 도출이 매우 용이해진다.

임펄스 함수 $\delta(t)$는 다음과 같은 관계를 만족하는 함수로서 정의된다.

$$\int_{-\infty}^{\infty} \delta(t-t_0)x(t)dt = x(t_0) \tag{8.111}$$

여기서 $x(t)$는 t_0에서 연속인 임의의 함수이다. 식 (8.111)의 정의에 의해 많은 중요함수의 푸리에 변환이 극히 간단하게 얻어진다.

[9] 특수 함수의 푸리에 변환 및 그 결과의 도시

(1) 임펄스 함수 : $\delta(t)$

임펄스 함수는 Dirichlet의 극한형식인

$$\delta(x) = \lim_{\epsilon \to 0} \frac{\sin(x/\epsilon)}{\pi x} \tag{8-112}$$

을 이용해서

$$\delta(t) = \lim_{\omega \to \infty} \frac{\sin \omega t}{\pi t} \tag{8-113}$$

로 둘 수 있으므로,

$$2\pi \times \delta(t) = 2\pi \lim_{\Omega \to \infty} \frac{\sin \Omega t}{\pi t} = \lim_{\Omega \to \infty} \int_{-\Omega}^{\Omega} e^{j\omega t} d\omega$$

로 쓰는 것이 가능하다. 따라서,

$$\delta(t) = \frac{1}{2\pi} \int_{-\infty}^{\infty} \cos \omega t \ d\omega$$

$$= \frac{1}{2\pi} \int_{-\infty}^{\infty} \frac{e^{j\omega t} + e^{-j\omega t}}{2} d\omega$$

$$= \frac{1}{4\pi}\int_{-\infty}^{\infty} e^{j\omega t} df + \frac{1}{4\pi}\int_{-\infty}^{\infty} e^{-j\omega t} d\omega \qquad (8.114)$$
$$= \frac{1}{2\pi}\int_{-\infty}^{\infty} e^{j\omega t} d\omega$$

와 같이 정의될 수 있고, 그리고

$$\text{성질 1 : } \int_{-\infty}^{\infty} \delta(t)\,dt = 1 \qquad (8.115)$$

$$\text{성질 2 : } \int_{-\infty}^{\infty} \delta(t)f(t)\,dt = f(0) \qquad (8.116)$$

$$\text{성질 3 : } \int_{-\infty}^{\infty} \delta(t-t_o)f(t)\,dt = f(t_o) \qquad (8.117)$$

가 성립한다. 임펄스 함수의 푸리에 변환은 성질 2에서 $f(t)=e^{-j\omega t}$로 두면

$$f(t) = \delta(t) \to F[f(t)] = \int_{-\infty}^{\infty} f(t)e^{-jwt}dt = 1 \qquad (8.118)$$

로 된다. d; 결과를 도시하면 그림 8-38과 같다. 그리고, $F(w)=2\pi\delta(w)$에 대한 역 푸리에 변환은

$$F(w) = 2\pi\delta(w) \to F^{-1}[F(w)] = \frac{1}{2\pi}\int_{-\infty}^{\infty} 2\pi\delta(w)e^{jwt}dw \qquad (8.119)$$
$$= e^{j0t} = 1 = f(t)$$

로 됨을 알 수 있다.

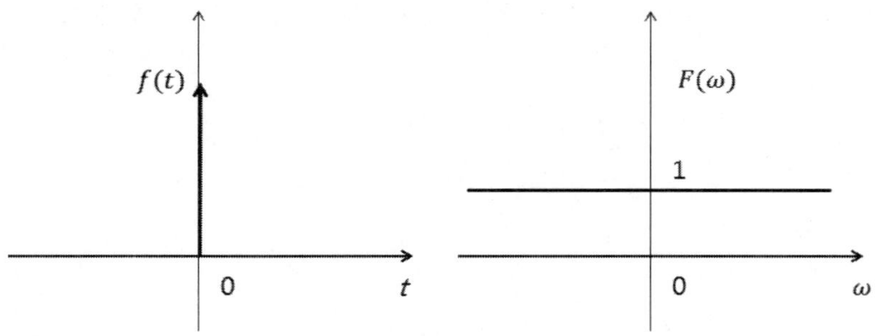

그림 8-38 델타함수와 이의 푸리에 변환

따라서, $f(t)=1$에 대한 푸리에 변환은

$$F[1]=F[u_s(t)+u_s(-t)]=\int_{-\infty}^{\infty}1\cdot e^{-jwt}dt=2\pi\delta(w) \qquad (8.120)$$

로 됨을 알 수 있고, 이를 도시하면 그림 8-39와 같다.

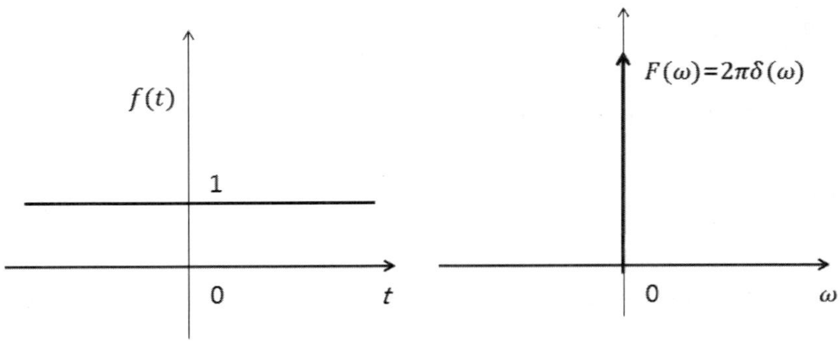

그림 8-39 함수 $f(t)=1$과 이의 푸리에 변환

1) 추이된 델타함수 $\delta(t\pm t_o)$

추이된 델타함수 $\delta(t-t_o)$의 푸리에 변환은

$$f(t)=\delta(t\pm t_o)\rightarrow F[f(t]=\int_{-\infty}^{\infty}\delta(t\pm t_o)e^{-jwt}dt=e^{\mp jwt_o} \qquad (8.121)$$

로 되는데, 이는 성질 3에서 $f(t)=e^{-j\omega}$로 두고 계산한 결과와 같다. 이 결과를 도시하면 그림 8-40과 같다.

또한, $\delta(\omega-\omega_o)$의 역푸리에 변환은 성질 3의 식 (8.117)을 이용해서

$$\mathfrak{I}^{-1}[\delta(\omega-\omega_o)]=\frac{1}{2\pi}\int_{-\infty}^{\infty}\delta(\omega-\omega_o)e^{j\omega t}d\omega=\frac{1}{2\pi}e^{j\omega_o t} \qquad (8.122)$$

로 되고, $\omega_0=0$일 때는

$$\mathfrak{I}^{-1}[\delta(\omega)]=\frac{1}{2\pi}\int_{-\infty}^{\infty}\delta(\omega)e^{j\omega t}d\omega=\frac{1}{2\pi} \qquad (8.123)$$

로 된다. 이로부터, $f(t)=e^{j\omega t}$의 푸리에 변환은

$$\Im[e^{j\omega_o t}] = \int_{-\infty}^{\infty} e^{j\omega_o t} e^{-j\omega t} dt = 2\pi\delta(\omega - \omega_o) \tag{8.124}$$

로 되고, $f(t) = 1$에 대한 푸리에 변환 곧 $\omega_0 = 0$일 때는

$$\Im[1] = \int_{-\infty}^{\infty} 1 e^{-j\omega t} dt = 2\pi\delta(\omega)$$

로 됨을 알 수 있다. 그리고, 식 (8.123)으로부터도

$$\Im[1] = 2\pi\delta(\omega) \tag{8.125}$$

가 얻어짐도 알 수 있다. 식 (8.125)에서 $|f(t)| = 1$ 및 위상과 푸리에 변환 결과를 도시하면 그림 8-40과 같다.

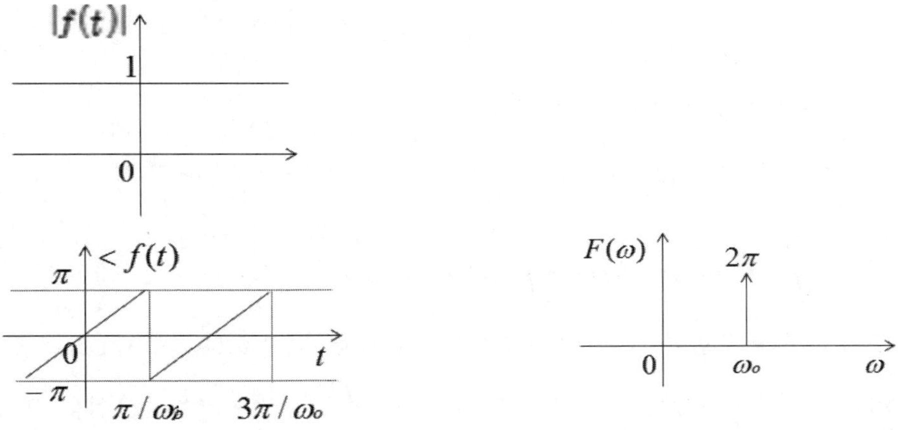

(a)

(b) $\Im[1] = 2\pi\delta(\omega)$

그림 8-40 $f(t) = e^{j\omega_o t}$ **및 이의 푸리에 변환**

예제 23

다음의 함수에 대해 그림 8-41과 같은 푸리에 변환과 푸리에 역변환의 관계를 고찰해 보라.

$$h(t) = K\delta(t)$$

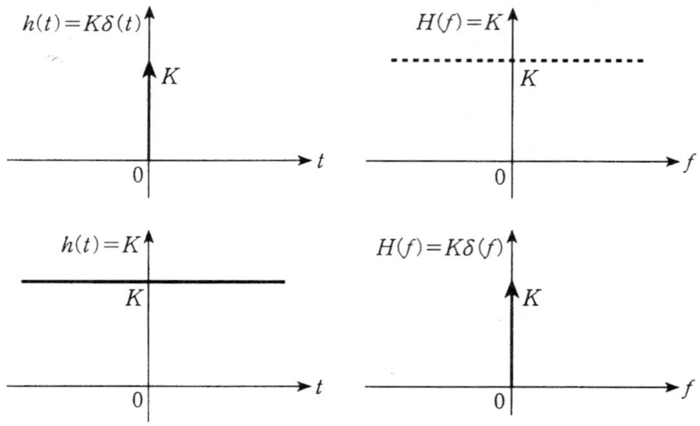

그림 8-41 임펄스 함수와 일정 진폭 파형의 푸리에 변환

[풀이] $h(t)$의 푸리에 변환은 식 (8.125)의 정리에서 용이하게 유도된다. 즉,

$$H(f) = \int_{\infty}^{\infty} K\delta(t)e^{-j2\pi ft}dt = Ke^{0} = K \tag{8.126}$$

으로 되고 $H(f)$의 역푸리에 변환은

$$H(f) = \int_{\infty}^{\infty} [K]e^{-j2\pi ft}df \tag{8.127}$$

$$= \int_{\infty}^{\infty} K\cos(2\pi ft)df + j\int_{\infty}^{\infty} K\sin(2\pi ft)df$$

로 주어진다. 두번째 적분항은 피적분함수가 기함수이므로 0이다. 제 1 항은 초함수의 이론을 이용하지 않으면 무의미해진다. 즉, $\int_{-\infty}^{\infty} e^{-j2\pi ft}dt \triangleq \delta(f)$ 임을 고려하면,

$$h(t) = \int_{\infty}^{\infty} e^{-j2\pi ft}df \tag{8.128}$$

$$= K\int_{\infty}^{\infty} \cos(2\pi ft)df = K\delta(t)$$

로 되므로 이들의 결과로부터 다음의 푸리에 변환쌍이 얻어진다.

$$K\delta(t) \Leftrightarrow H(f) = K \tag{8.129}$$

그림 8-41은 이들의 관계를 도시하고 있다. 그리고 변환쌍은

$$h(t) = K \Leftrightarrow K\delta(f) \tag{8.130}$$

로 구해진다.

예제 24

함수 $f(t) = \frac{1}{2}\delta(t+t_o) + \frac{1}{2}\delta(t-t_o)$ 의 푸리에 변환을 구하라.

[풀이] 식 (8.121)의 결과에 의해

$$F(w) = \frac{1}{2}[e^{jwt_o} + e^{-jwt_o}] = \cos wt_o$$

로 된다.

2) 임펄스 함수열

임펄스 함수열의 푸리에 변환은 식 (8.121)의 결과를 이용하여

$$f(t) = \sum_{k=0}^{\infty}\delta(t-kt_o) \rightarrow F[f(t] = \sum_{k=0}^{\infty}\int_{-\infty}^{\infty}\delta(t-kt_o)e^{-jwt}dt = \sum_{k=0}^{\infty}e^{-jkwt_o} \qquad (8.131)$$

가 구해진다.

예제 25

그림 8-42와 같은 델타 함수열로 구성되는 함수 $f(t)$의 푸리에 변환을 구하라.

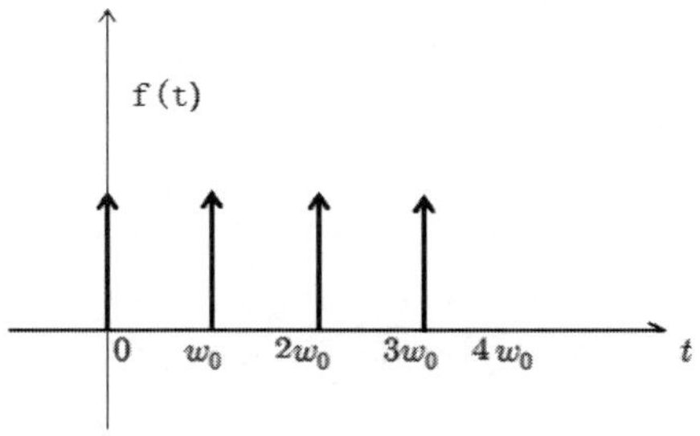

그림 8-42 델타 함수열 $f(t)$

[풀이] 그림 8-31의 함수는

$$f(t) = \delta(t) + \delta(t-t_o) + \delta(t-2t_o) + \delta(t-3t_o) = \sum_{n=0}^{3}\delta(t-kt_o)$$

로 표현되고, 푸리에 변환은

$$F[f(t)] = \sum_{n=0}^{3} e^{-jkw_o} = \frac{1-e^{-j4w_o}}{1-e^{-jw_o}}$$

로 되고, 이를 재정리하면

$$\begin{aligned} F(w) &= 1+e^{-jw_o}+e^{-j2w_o}+e^{-j3w_o} \\ &= \frac{(e^{j2w_o}-e^{-j2w_o})/j2}{(e^{jw_o/2}-e^{-jw_o/2})/j2}\frac{e^{-j2w_o}}{e^{-jw_o/2}} \\ &= 4\frac{\sin(2w_o)/2w_o}{\sin(w_o/2)/(w_o/2)}e^{-j3w_o/2} \\ &= 4\frac{\mathrm{sinc}(2w_o)}{\mathrm{sinc}(w_o/2)}e^{-j3w_o/2} \end{aligned}$$

로 표현 가능하과, 이의 크기를 도시하면 그림 8-43과 같다.

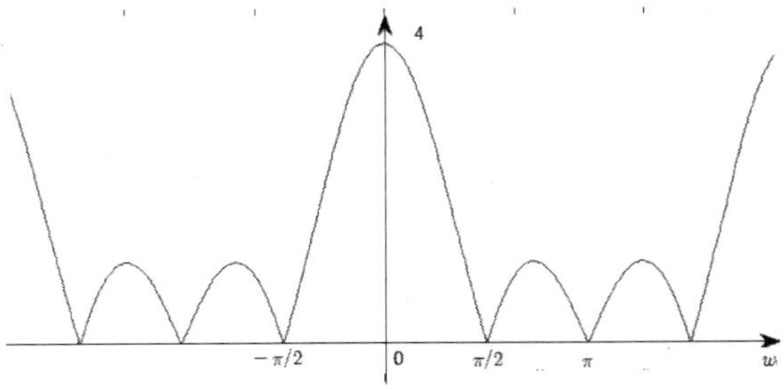

그림 8-43 델타 함수열 $f(t)$의 푸리에 변환 $F(w)$

(2) 지수함수

1) 실 지수함수

$$e^{-at}u_s(t) \Leftrightarrow \int_0^\infty e^{-at}e^{-jwt}dt = \frac{1}{a+jw} \quad [a>0] \tag{8.132}$$

예제 26

다음의 그림 8-44와 같은 함수 $f(t)$의 푸리에 변환을 구하라.

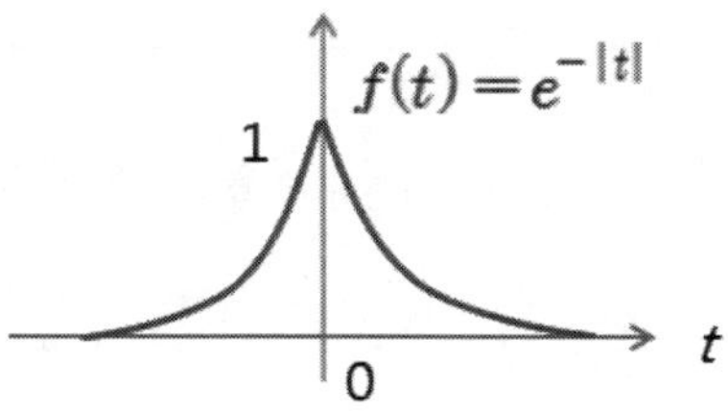

그림 8-44 $f(t)=e^{-|t|}$의 도시

[풀이] 주어진 함수 $f(t)=e^{-|t|}$는 그림 8-45와 같이 두 함수의 합인 $f(t)=f_1(t)+f_2(t)$로 표현할 수 있다.

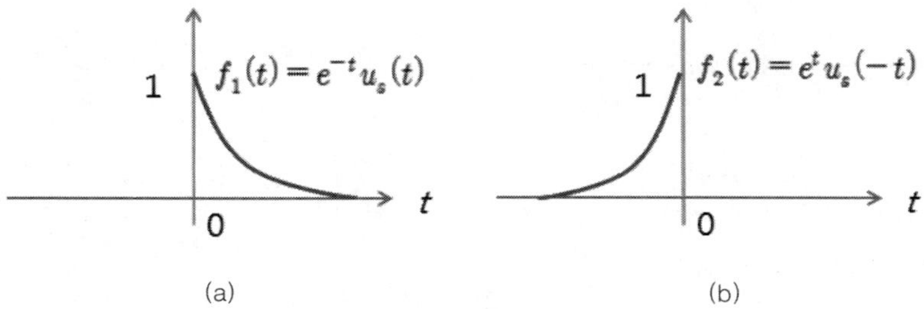

그림 8-45 $f_1(t)$과 $f_2(t)$의 도시

각 함수를 푸리에 변환해서 정리하면,

$$f_1(t)=e^{-t}u_s(t) \Leftrightarrow F_1(w)=\int_0^{\infty} e^{-t}e^{-jwt}dt=\frac{1}{1+jw} \tag{8.133}$$

$$f_2(t)=e^{t}u_s(-t) \Leftrightarrow F_2(w)=\int_{-\infty}^{0} e^{t}e^{-jwt}dt=\frac{1}{1-jw} \tag{8.134}$$

$$\begin{aligned} f(t)=f_1(t)+f_2(t)=e^{-|t|} \Leftrightarrow F(w)&=\int_{-\infty}^{\infty} e^{-|t|}e^{-jwt}dt=\frac{1}{1+jw}+\frac{1}{1-jw} \\ &=F_1(w)+F_2(w) \\ &=\frac{1}{1+jw}+\frac{1}{1-jw}=\frac{2}{1+w^2} \end{aligned} \tag{8.135}$$

가 얻어진다.

예제 27

다음의 시간함수를 푸리에 변환하고 그 결과를 도시하라.

$$h(t) = \beta e^{-at} \qquad t \geq 0$$
$$= 0t < 0$$

[풀이] 식 (8.74)로부터

$$H(w) = \int_0^\infty \beta e^{-\alpha t} e^{-jwt} dt = \beta \int_0^\infty e^{-(\alpha + jw)t} dt$$

$$= \frac{-\beta}{\alpha + jw} e^{-(\alpha + jw)t} \Big|_0^\infty = \frac{\beta}{\alpha + jw}$$

$$= \frac{\beta\alpha}{\alpha^2 + (w)^2} - jw \frac{\beta}{\alpha^2 + (w)^2}$$

$$= \frac{\beta}{\sqrt{\alpha^2 + (w)^2}} e^{j\tan^{-1}[-w/a]}$$

가 얻어진다. 따라서

$$\mathcal{F}[F(w)] = \frac{\beta\alpha}{\alpha^2 + w^2}$$

$$Im[F(w)] = \frac{-w\beta}{\alpha^2 + w^2}$$

$$|Re[F(w)| = \frac{\beta}{\sqrt{\alpha^2 + w^2}}$$

$$\theta(w) = \tan^{-1}\left[-\frac{w}{\alpha}\right]$$

가 얻어진다. 이들의 관계를 나타내면 그림 8-46과 같다.

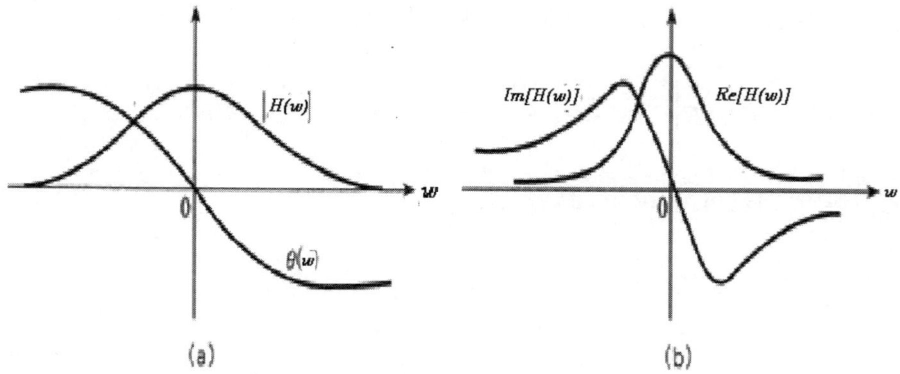

그림 8-46 예제 35의 결과

2) 복소 지수함수 : $e^{jw_o t}$ 와 $e^{-jw_o t}$

$$f(t) = e^{\pm jw_o t} \Leftrightarrow F(w) = 2\pi\delta(w \mp w_o) \tag{8.136}$$

[증명] 복소 지수함수 $f(t) = e^{\pm jw_o t}$에 대한 푸리에 변환은

$$F[e^{\pm jw_o t}] = \int_{-\infty}^{\infty} e^{\pm jw_o t} \cdot e^{-jwt} dt = \int_{-\infty}^{\infty} e^{-j(w \mp w_o)t} dt = 2\pi\delta(w \mp w_o)$$

가 됨도 알 수 있다. 그리고 주기함수 $f(t)$의 푸리에 급수 전개식인

$$f(t) = \sum_{n=-\infty}^{\infty} C_n e^{jnw_o t}$$

에 대한 푸리에 변환은

$$F(w) = 2\pi \sum_{n=-\infty}^{\infty} C_n \delta(w - nw_o) \tag{8.137}$$

로 된다.

(3) 삼각함수

1) 정현 함수 : $\sin w_o t$

주기 $T=2\pi/w_o$인 정현함수에 대한 푸리에 변환을 유도해 낼 수 있다.

$$F[\sin w_o t]=F\left[\frac{e^{jw_o t}-e^{-jw_o t}}{j2}\right]=-j\pi[\delta(w-w_o)-\delta(w+w_o)] \tag{8.138}$$

이 결과를 도시하면 그림 8-47과 같다.

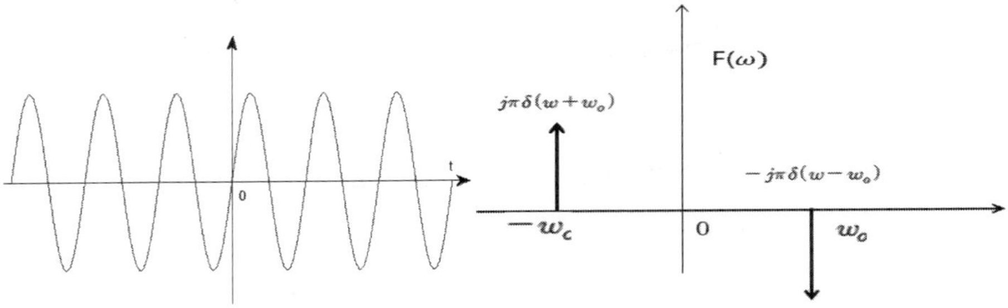

그림 8-47 정현파 $\sin w_o t$와 이의 푸리에 변환

2) 여현 함수 : $\cos w_o t$

주기 $T=2\pi/w_o$인 여현함수에 대한 푸리에 변환을 유도해 낼 수 있다.

$$F[\cos w_o t]=F\left[\frac{e^{jw_o t}+e^{-jw_o t}}{2}\right]=\pi[\delta(w-w_o)+\delta(w+w_o)] \tag{8.139}$$

이 결과를 도시하면 그림 8-48과 같다.

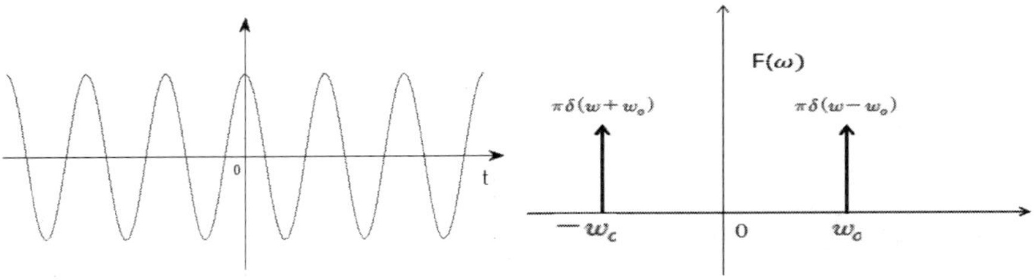

그림 8-48 여현파 $\cos w_o t$와 이의 푸리에 변환

예제 28

다음의 여현 함수애 대한 푸리에 변환 및 역 푸리에 변환을 고찰하여라.

$$h(t)=A\cos(2\pi f_0 t) \tag{8.140}$$

[풀이] 이 함수의 푸리에 변환은

$$H(f)=\int_{-\infty}^{\infty} A\cos(2\pi f_0 t)\, e^{-j2\pi f t}dt \tag{8.141}$$

$$=\frac{A}{2}\int_{-\infty}^{\infty}\left[e^{j2\pi f_0 t}+e^{-j2\pi f_0 t}\right]e^{-j2\pi f t}dt$$

$$=\frac{A}{2}\int_{-\infty}^{\infty}\left[e^{j2\pi(f-f_0)t}+e^{-j2\pi(f+f_0)t}\right]dt$$

$$=\frac{A}{2}\delta(f-f_0)+\frac{A}{2}\delta(f+f_0)$$

로 주어진다. 여기서 식 (8.105)를 유도할 때 이용한 것과 같이

$$h(t)=\int_{-\infty}^{\infty}\left[\frac{A}{2}\delta(f-f_0)+\frac{A}{2}\delta(f+f_0)\right]e^{j2\pi f t}df \tag{8.142}$$

$$=\frac{A}{2}e^{j2\pi f t}+\frac{A}{2}e^{-j2\pi f t}$$

$$=A\cos(2\pi f_0 t)$$

을 얻는다. 따라서 다음의 푸리에 변환쌍이 얻어진다.

$$A\cos(2\pi f_0 t) \Leftrightarrow \frac{A}{2}\delta(f-f_0)+\frac{A}{2}\delta(f+f_0) \tag{8.143}$$

그림 8-49는 이들의 관계를 나타내고 있다. 유사하게 그림 8-64의 함수는

$$A\sin(2\pi f_0 t) \Leftrightarrow \frac{jA}{2}\delta(f+f_0)-\frac{jA}{2}\delta(f-f_0) \tag{8.144}$$

와 같이 허수로 주어진다.

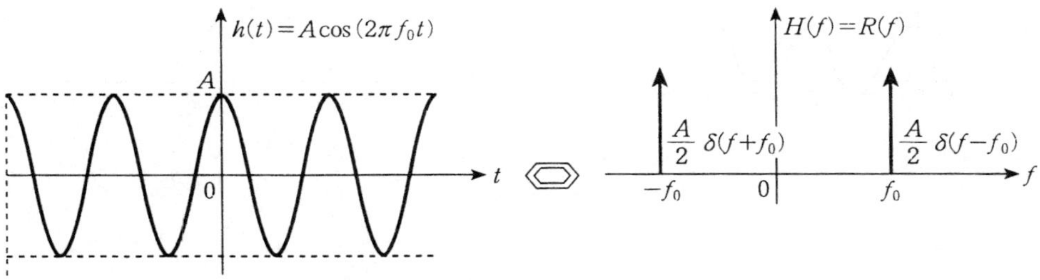

그림 8-49 $A\cos(2\pi f_0 t)$**의 푸리에 변환**

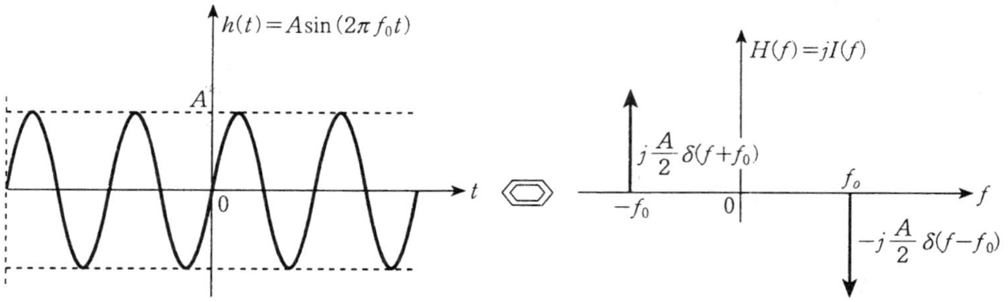

그림 8-50 $A\sin(2\pi f_0 t)$의 푸리에 변환

예제 29

등간격의 임펄스 함수열의 푸리에 변환은

$$h(t)=\sum_{n=-\infty}^{\infty}\delta(t-nT) \quad \Leftrightarrow \quad H(f)=\frac{1}{T}\sum_{n=-\infty}^{\infty}\delta\left(f-\frac{n}{T}\right) \tag{8.145}$$

와 같이 푸리에 변환쌍을 이루며, 그림 8-51과 같은 등간격의 임펄스열, 즉 이산 푸리에 변환 형태로 주어짐을 고찰하라.

[풀이] 임펄스 함수열 $h(t)$는 우함수로서 무한대 항까지의 근사 $h_\infty(t)$로 간주될 수 있다. 그림 8-51에서는 제1고조파 항까지의 근사 $h_1(t)$로부터, 근사의 정밀도를 높이기 위해 3항까지의 근사 $h_3(t)$ 및 5항까지의 근사 $h_5(t)$ 그리고 $h_\infty(t)$를 도시하고, 이의 푸리에 변환은 모두 주기함수이므로 임펄스 함수열로 나타남을 알 수 있다.

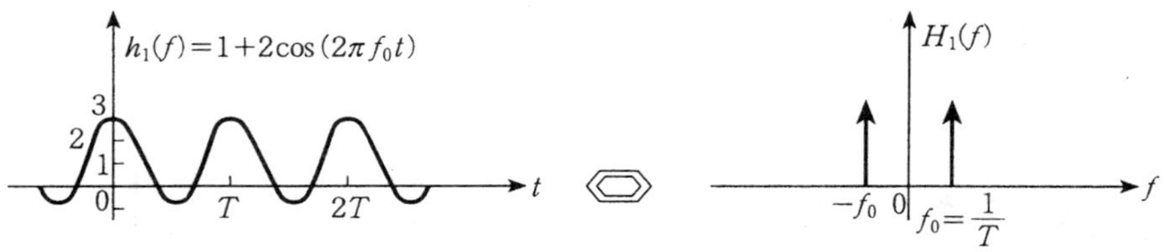

(a)

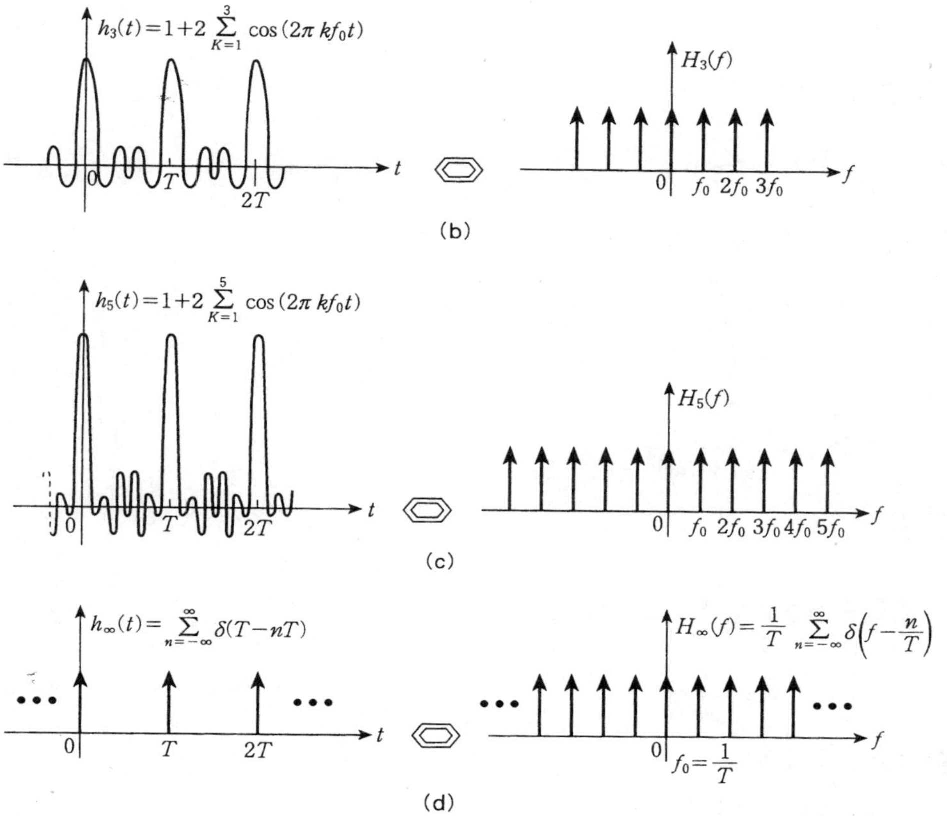

그림 8-51 등간격 임펄스 함수열의 푸리에 변환의 도식적 계산

3) 여현 감쇠함수

$$f_{ca}(t) = e^{-at}\cos w_o t \quad [a > 0) \tag{8.146}$$

지수함수 및 여현함수의 푸리에 변환을 이용해서

$$\begin{aligned} F[f_{ca}(t)] &= \int_{-\infty}^{\infty} e^{-at}\cos w_o t\, e^{-jwt}\, dt \\ &= \frac{1}{2}\int_{-\infty}^{\infty} [e^{-[a+j(w-w_o)t]} + e^{-[a+j(w+w_o)t]}]\, dt \\ &= \frac{a+jw}{(a+jw)^2 + w_o^2} \end{aligned} \tag{8.147}$$

로 된다.

4) 정현 감쇠함수

$$f_{sa}(t) = e^{-at}\sin w_o t \quad [a > 0) \tag{8.148}$$

지수함수 및 정현함수의 푸리에 변환을 이용해서

$$\begin{aligned} F[f_{ca}(t)] &= \int_{-\infty}^{\infty} e^{-at}\sin w_o t e^{-jwt}dt \\ &= \frac{1}{2j}\int_{-\infty}^{\infty}[e^{-[a+j(w-w_o)t]} - e^{-[a+j(w+w_o)t]}]dt \\ &= \frac{w_o}{(a+jw)^2 + w_o^2} \end{aligned} \tag{8.149}$$

로 된다.

(4) 부호함수(Signum Function)

$$F[sgn(t)] = \frac{2}{jw} \tag{8.150}$$

[증명] 부호함수는

$$sgn(t) = \begin{cases} -1 & t < 0 \\ 1 & t > 0 \end{cases} \tag{8.151}$$

로 정의되며, $sgn(t) = u_s(t) + u_s(-t)$로 둘 수 있으며, 단위 계단 함수는 또한 $a \to 0$일 때 양측의 지수함수는 $e^{-at}u_s(t) \to u_s(t)$로 되고, 음측의 지수함수는 $-e^{at}u_s(t) \to -u_s(-t)$로 됨을 알 수 있다. 따라서 실 지수 함수 $\lim_{a\to 0} e^{-at}u_s(t) = u_s(t)$의 푸리에 변환으로부터

$$\lim_{a\to 0}[e^{-at}u_s(t)] \Leftrightarrow \lim_{a\to 0}\int_0^{\infty} e^{-at}e^{-jwt}dt = \lim_{a\to 0}[\frac{1}{a+jw}] = \frac{1}{jw}$$

$$\lim_{a\to 0}[-e^{at}u_s(-t)] \Leftrightarrow \lim_{a\to 0}\int_{-\infty}^{0} e^{at}e^{-jwt}dt = \lim_{a\to 0}[-\frac{1}{a-jw}] = \frac{1}{jw}$$

로부터, 부호함수의 푸리에 변환은

$$F[sgn(t)] = \frac{2}{jw} \tag{8.152}$$

가 된다.

(5) 단위 계단함수(Unit Step Function) : $u_s(t)$

$$F[u_s(t)] = U_s(w) = \pi\delta(w) + \frac{1}{jw} \tag{8.153}$$

[증명] 단위 계단함수는 그림 8-52와 같이 분해할 수 있으며, 이의 수식적 표현은

$$u_s(t) = \frac{1}{2} + \frac{1}{2}sgn(t) \tag{8.154}$$

로 된다.

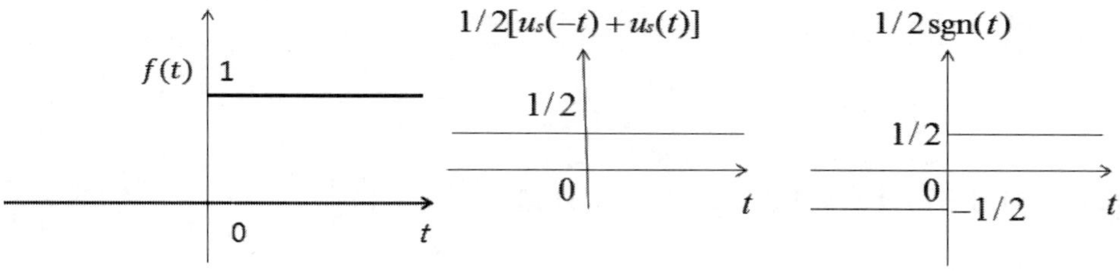

(a) $u_s(t)$ (b) $1/2$ (c) $1/2\,sgn(t)$

그림 8-52 단위 계단 함수의 분해

따라서 $f(t)=1$에 대한 푸리에 변환인 식 (4-1) 및 부호함수 $sgn(t)$의 푸리에 변환인 식 (8.68)로부터

$$F[u_s(t)] = F\left[\frac{1}{2} + \frac{1}{2}sgn(t)\right] = \pi\delta(w) + \frac{1}{jw} \tag{8.155}$$

가 얻어진다.

(6) 방형파 펄스(Square Waveform) : $Rect_T(t)$

$$F[Rect_T(t)] = T\frac{\sin(wT/2)}{wT/2} \tag{8.156}$$

[증명] 그림 8-38과 같은 방형파 함수 $f(t)$

$$f(t) = Rect_T(t) = \begin{cases} 1 & |t| < T/2 \\ 0 & |t| > T/2 \end{cases}$$

와 같은 방형파 함수 $f(t)$에 대한 푸리에 변환은

$$\begin{aligned} F(w) &= \int_{-\infty}^{\infty} f(t) \cdot e^{-jwt} dt = \int_{-T/2}^{T/2} 1 \cdot e^{-jwt} dt \\ &= \frac{e^{-jwT/2} - e^{jwT/2}}{-jw} = T\frac{\sin(wT/2)}{wT/2} \end{aligned} \tag{8.157}$$

와 같이 sinc 함수로 된다. 또는 임펄스 함수 및 적분관계를 이용한다. 먼저 주어진 함수를 미분한다.

$$f'_1(t) = A\delta(t + T/2) - A\delta(t - T/2)$$

그리고 이의 푸리에 변환은 임펄스 함수의 성질 3을 이용해서

$$\begin{aligned} F'_1(\omega) &= A\left[e^{j\omega T/2} - e^{-j\omega T/2}\right] \\ &= 2jA\left[e^{j\omega T/2} - e^{-j\omega T/2}\right]/2j \\ &= j\omega TA\sin[\omega T/2]/[\omega T/2] \end{aligned}$$

와 같이 구한다. 다음은 적분관계를 이용해서

$$\therefore F(\omega) = \frac{F_1{}'(\omega)}{j\omega} = AT\mathrm{sinc}[\omega T/2]$$

로 됨을 알 수 있고, $A = 1$인 경우의 결과를 도시하면 그림 8-53과 같다.

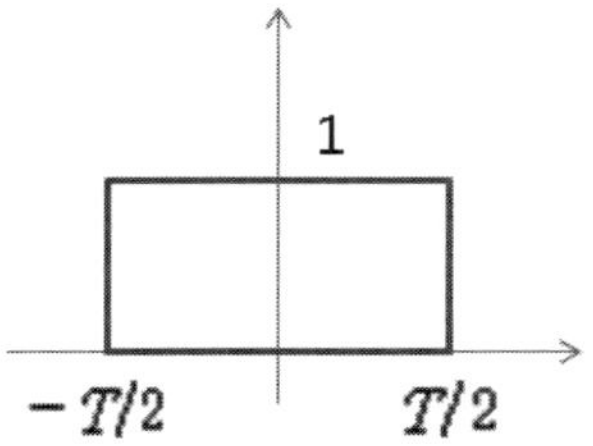

(a) $f(t)$

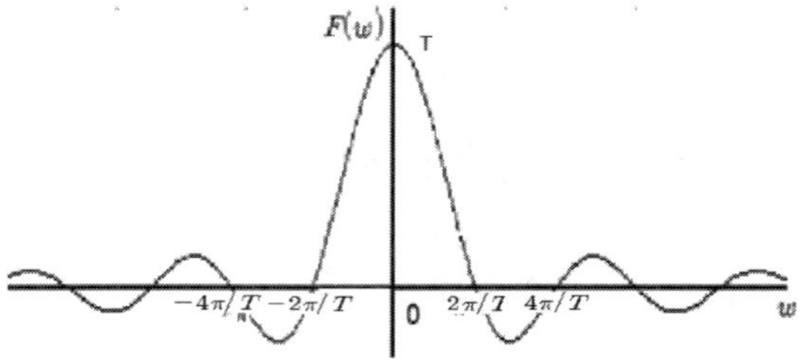

(b) $F(w)$

그림 8-53 방형파와 푸리에 변환

식 (8.71)의 역 푸리에 변환은

$$Rect_T(t) = \frac{1}{2\pi}\int_{-\infty}^{\infty} F(w) \cdot e^{jwt}dw = \frac{1}{2\pi}\int_{-\infty}^{\infty} T\frac{\sin(wT/2)}{wT/2} \cdot e^{jwt}dw$$

로 되는데, $T=2$ 및 $t=0$를 대입하면,

$$Rect_{T=2}(0) = \frac{1}{\pi}\int_{-\infty}^{\infty} \frac{\sin(w)}{w}dw = 1 \qquad (8.158)$$

로 되므로,

$$\int_{-\infty}^{\infty} \frac{\sin(w)}{w}dw = \pi \qquad (8.159)$$

임을 알 수 있다. 또한, $\sin(w)$는 우함수이므로

$$\int_{0}^{\infty} \frac{\sin(w)}{w}dw = \frac{\pi}{2} \qquad (8.160)$$

$$\int_{-\infty}^{0} \frac{\sin(w)}{w}dw = \frac{\pi}{2} \qquad (8.161)$$

임도 알 수 있다.

예제 30

그림 8-54와 같은 파형의 함수 $x(t)$에 대한 푸리에 변환을 구하라.

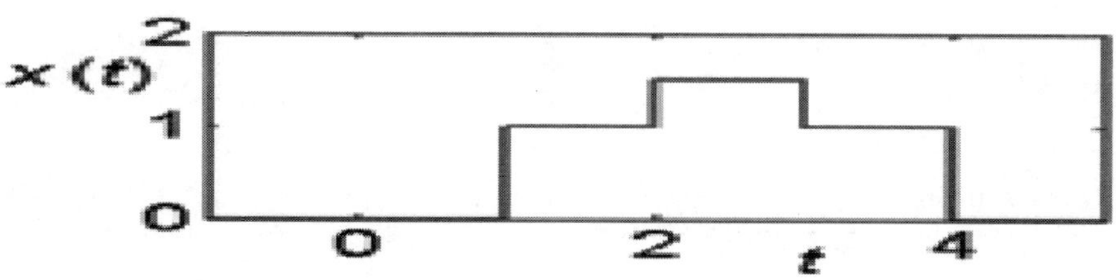

그림 8-54 예제 30의 펄스

[풀이] 주어진 파형의 함수는 그림 8-55과 같이 두 개의 함수 $x_1(t)$와 $x_2(t)$를 적절히 조합한 합으로 표현할 수 있으므로, 각각의 함수에 대한 푸리에 변환을 구하여

합하면 될 것이다.

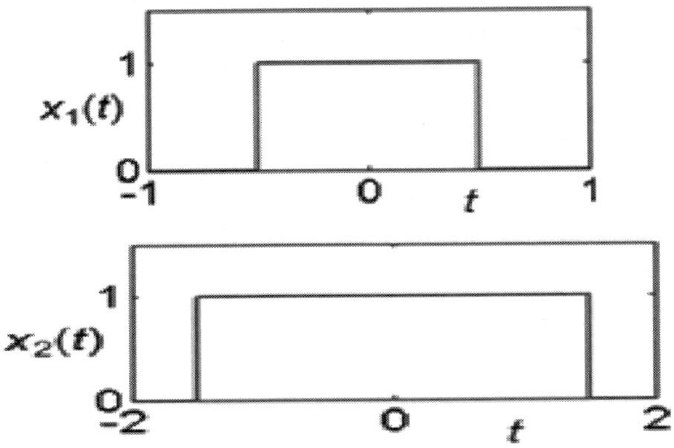

그림 8-55 예제 30의 펄스를 두 개의 펄스로 분해한 결과

즉, $x(t)$는

$$x(t) = 0.5x_1(t-2.5) + x_2(t-2.5)$$

로 쓸 수 있으므로, 이의 푸리에 변환을 구하여 정리하면

$$X(w) = \frac{\sin(w/2) + 2\sin(3w/2)}{w} e^{-j5w/2}$$

로 된다.

---

(7) Sinc 함수

sinc 함수 $g(t)$

$$g(t) = \text{sinc}(w_o t/2) = \frac{\sin(w_o t/2)}{w_o t/2} \tag{8.162}$$

의 푸리에 변환 $G(w)$는

$$G(w) = 2\pi Rect_{w_o/2}(w) \tag{8.163}$$

이다.

[증명] 푸리에 변환 공식에 대입해서, 주어진 sinc 함수 $g(t)$에 대한 푸리에 변환

$$G(w) = \int_{-\infty}^{\infty} \frac{\sin(w_o t/2)}{w_o t/2} \cdot e^{-jwt} dt$$

을 구하는 과정은 다소 어려울 것이다. 따라서 쌍대성을 고려해서, 그림 8-56과 같은 이상적인 저역필터(LPF : Low Pass Filter)의 특성을 나타내는 함수 $G_1(w) = rect_{w_o}(w)$를 고려하자.

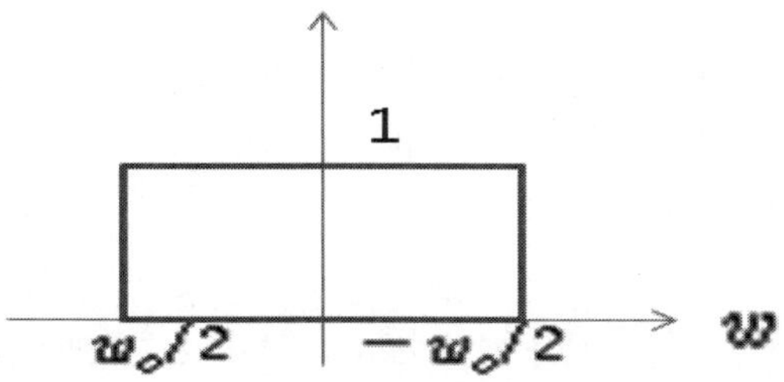

그림 8-56 이상적인 저역 필터 특성을 갖는 함수 $G_1(w) = rect_{w_o}(w)$

쌍대성을 이용하여 이 함수 $G_1(w)$를 역 푸리에 변환해서 얻어지는 결과로부터, sinc 함수 $g(t)$의 푸리에 변환을 추정하는 것이 훨씬 쉬울 것이다. 즉,

$$\begin{aligned} F^{-1}[G_1(w)] &= \frac{1}{2\pi} \int_{-\infty}^{\infty} G_1(w) e^{jwt} dw \\ &= \frac{1}{2\pi} \int_{-w_o/2\infty}^{w_o/2} 1 \cdot e^{jwt} dw \\ &= \frac{1}{j2\pi w_o} [e^{jw_o t/2} - e^{-jw_o t/2}] \\ &= \frac{1}{2\pi} \frac{\sin(w_o t/2)}{w_o t/2} \end{aligned} \tag{8.164}$$

로 된다. 따라서

$$\begin{aligned} G(w) &= \int_{-\infty}^{\infty} \frac{\sin(w_o t/2)}{w_o t/2} e^{-jwt} dt \\ &= 2\pi G_1(w) = 2\pi Rect_{w_o}(w) \end{aligned} \tag{8.165}$$

로 됨을 알 수 있다.

(8) 삼각파 펄스

다음과 같이 정의되는 삼각파 펄스

$$Tri_T(t) = \begin{cases} 1 - \dfrac{|t|}{T} & t \leqq T \\ 0 & |t| > T \end{cases} \tag{8.166}$$

에 대한 푸리에 변환은

$$\int_{-\infty}^{\infty} Tri_T(t) e^{-jwt} dt = 2\int_0^T [1 - t/T] \cos wt \, dt$$

로 되는데, 이를 부분 적분하면

$$\begin{aligned} F[Tri_T(t)] &= 2(1-t/T)\frac{\sin wt}{w} \Big|_0^T + 2\int_0^T 1/T \cdot \frac{\sin wt}{w} dt \\ &= \frac{4}{Tw^2}\sin^2(wT/2) \end{aligned} \tag{8.167}$$

로 된다.

(9) 유한 주기 T의 삼각함수

유한 주기 T의 삼각함수는 방형파와의 곱으로 표현하면 된다.

1) 유한 주기 T의 여현함수

$$f_c(t) = Rect_T(t) \cdot \cos w_o t \tag{8.168}$$

에서 $T = \pi/2w_o$로 주어질 경우, 주어진 함수는

$$Rect_T(t) \cdot \cos w_o t = \frac{1}{2} Rect_T(t) \cdot [e^{jw_o t} + e^{-jw_o t}]$$

로 쓸 수 있으므로, 이의 푸리에 변환은 앞에서 얻어진 방형파에 대한 푸리에 변환으로부터 주파수가 w_o만큼 추이된 경우와 같으므로

$$F[f_c(t)] = \frac{1}{2}\left[\frac{2\sin(w-w_o)T}{w-w_o} + \frac{2\sin(w+w_o)T}{w+w_o}\right] \\ = \left[\frac{\sin(w-w_o)T}{w-w_o} + \frac{\sin(w+w_o)T}{w+w_o}\right] \tag{8.169}$$

로 된다.

2) 유한 주기 T의 정현함수

$$f_s(t) = Rect_T(t) \cdot \sin w_o t \tag{8.170}$$

에서 $T = \pi/2w_o$ 일 경우, 주어진 함수는

$$Rect_T(t) \cdot \sin w_o t = \frac{1}{2j} Rect_T(t) \cdot [e^{jw_o t} - e^{-jw_o t}]$$

로 쓸 수 있으므로, 이의 푸리에 변환은 앞에서 얻어진 유한 주기의 여현파에 대한 푸리에 변환으로부터

$$F[f_s(t)] = \frac{1}{2j}\left[\frac{2\sin(w-w_o)T}{w-w_o} - \frac{2\sin(w+w_o)T}{w+w_o}\right] \\ = j\left[\frac{\sin(w+w_o)T}{w+w_o} - \frac{\sin(w-w_o)T}{w-w_o}\right] \tag{8.171}$$

로 된다.

[10] 푸리에 변환의 성질

특성 : (1) 선형성

$$F[af_1(t) \pm bf_2(t)] = F[af_1(t) \pm F[bf_2(t)] = aF[f_1(t)] \pm bF[f_2(t)] \\ = aF_1(w) \pm bF_2(w) \tag{8.172}$$

예제 31

선형성을 이용하며 $x(t)+y(t)=K+A\cos 2\pi f_0 t$의 푸리에 변환을 구하라.

[풀이] $x(t)=K \Leftrightarrow X(w)=K\delta(w)$ (8.173)

및 $w_o=2\pi f$로부터

$$y(t)=A\cos 2\pi f_o t \Leftrightarrow Y(w)=\frac{A}{2}\delta(w-w_0)+\frac{A}{2}\delta(w+w_0) \tag{8.174}$$

로 두면

$$x(t)+y(t)=K+A\cos 2\pi f_0 t \Leftrightarrow$$

$$X(w)+Y(w)=K\delta(w)+\frac{A}{2}\delta(w-w_0)+\frac{A}{2}\delta(w+w_0)$$

로 된다.

특성 : (2) 시간관련 특성

1) 시간 반전 : $f(-t)\rightarrow F(-w)$

$\tau=-t$로 두면 $dt=-d\tau$로 되므로

$$\begin{aligned} F[f(-t)] &= \int_{-\infty}^{\infty} f(-t)e^{-jwt}dt = -\int_{-\infty}^{\infty} f(\tau)e^{-j(-w)\tau}d\tau \\ &= \int_{\infty}^{-\infty} f(\tau)e^{-j(-w)\tau}d\tau = F(-w) \end{aligned} \tag{8.175}$$

를 얻는다.

2) 시간 추이

추이 정리는 시간 추이 정리와 주파수 추이 정리가 있다. 그림 8-57과 같이 시간 추이 정리는 $h(t)$를 시간축 상에서 t_0만큼 이동시킨 경우의 푸리에 변환은 다음의 식으로 주어진다.

$$f(t-t_o)\rightarrow F(w)e^{-jwt_o} \tag{8.176}$$

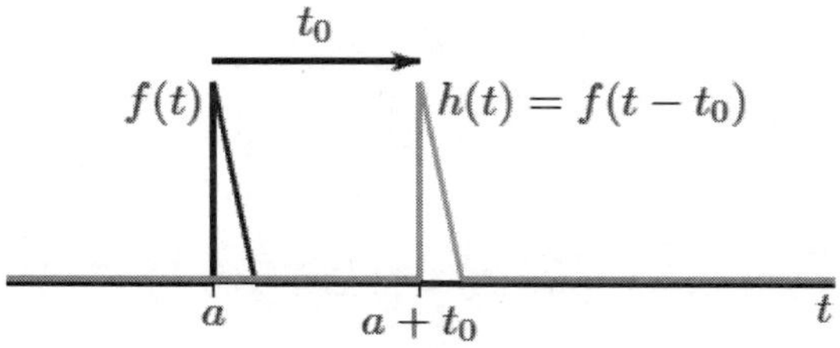

그림 8-57 시간 추이된 함수

$\tau = t - t_o$로 두면 $t = \tau + t_o$, $dt = d\tau$로 되므로

$$F[f(t-t_o)] = \int_{-\infty}^{\infty} f(t-t_o)e^{-jwt}dt = \int_{-\infty}^{\infty} f(\tau)e^{-jw(\tau+t_o)}d\tau \tag{8.177}$$
$$= \int_{\infty}^{-\infty} f(\tau)e^{-jw\tau}d\tau e^{-jwt_o} = F(w)e^{-jwt_o}$$

를 얻는다. 따라서

$$f(t-t_0) \Longleftrightarrow F(w)e^{-jwt_0} \tag{8.178}$$

와 같은 푸리에 변환쌍이 얻어진다. 시간추이의 효과를 그림 8-58에 나타내고 있다.

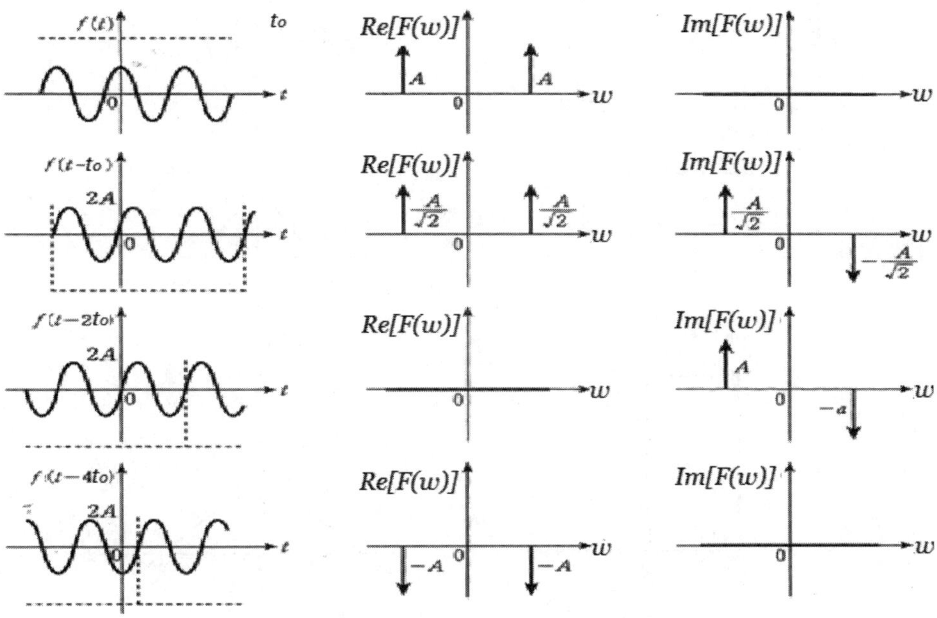

그림 8-58 시간 추이의 효과

3) 시간 스케일 :

$$f(at) \rightarrow \frac{1}{|a|}F\left(\frac{w}{a}\right) \tag{8.179}$$

$\tau = t - t_o$로 두면 $t = \tau + t_o$, $dt = d\tau$로 되므로

$$F[f(at)] = \int_{-\infty}^{\infty} f(at)e^{-jwt}dt = \int_{-\infty}^{\infty} \frac{1}{a} f(\tau)e^{-jw(\tau/a)}d\tau \ [\text{for } a > 0]$$
$$= \frac{1}{a}\int_{\infty}^{-\infty} f(\tau)e^{-j(w/a)\tau}d\tau$$
$$= \frac{1}{|a|}F(w/a)$$

를 얻는다.

예제 32

방형파에 시간 스케일 정리를 적용하여 임펄스 함수의 푸리에 변환이 일정 진폭의 파형으로 주어지게 됨을 고찰하라.

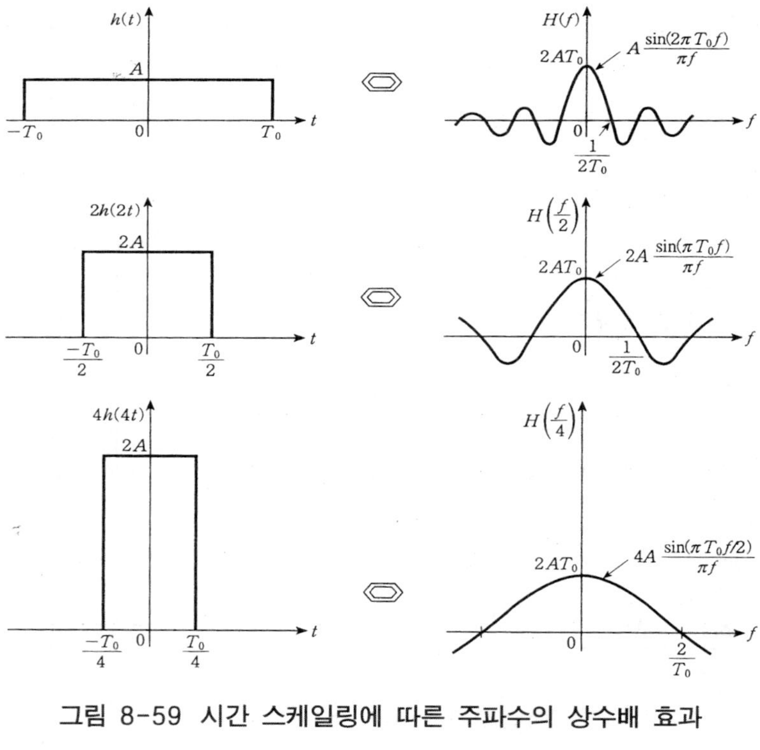

그림 8-59 시간 스케일링에 따른 주파수의 상수배 효과

[풀이] 그림 8-59는 방형파 $h(t)$의 면적은 동일하게 유지하고, a를 2배 및 4배로 스케일링하였을 때의 주파수는 그 상수의 역수배로 주파수가 느려진다는 효과를 도시한 것이다.

그리고 마침내 그림 8-59로부터 a를 무한대의 값까지로 하여 시간을 스케일링하면, 좌측의 파형은 임펄스 함수로 될 것이고, 이의 푸리에 변환은 일정 진폭 $2AT_o$를 갖는 직류파형으로 될 것임도 쉽게 유추할 수 있다.

예제 33

$F[f(t)] = F(w)$일 때, $a = 1/2$인 $f(t/2)$의 푸리에 변환을 구하고 결과를 도시하라.

[풀이]

$$F[f(t/2)] = \int_{-\infty}^{\infty} f(t/2)e^{-jwt}dt = \int_{-\infty}^{\infty} \frac{1}{1/2} f(\tau)e^{-jw(2\tau)}d\tau \ [\text{for } a = 1/2 > 0]$$

$$= 2\int_{\infty}^{-\infty} f(\tau)e^{-j(2w)\tau}d\tau$$

$$= 2F(2w)$$

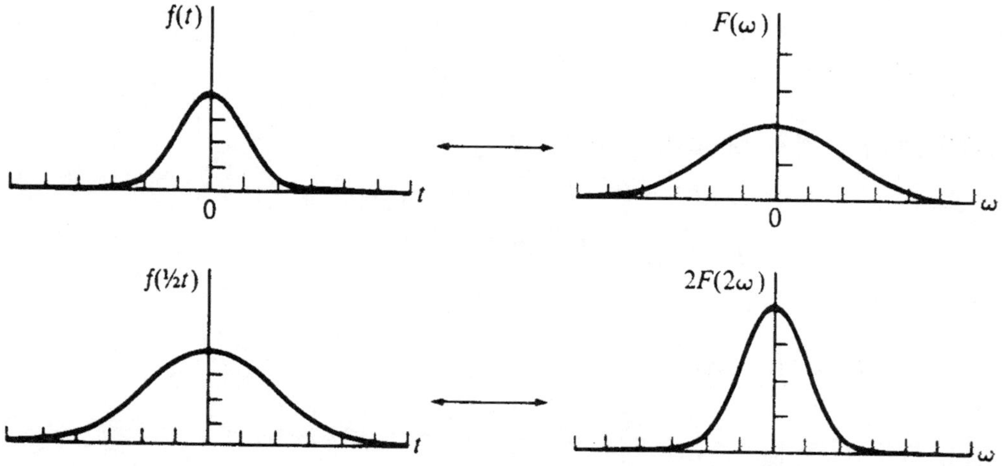

그림 8-60 시간 스케일 정리 결과의 도시

예제 34

함수 $f(t) = 5e^{-a|t|}\,[a > 0]$의 푸리에 변환을 구하라.

[풀이] 주어진 함수는

$$f(t) = f_1(t) + f_2(t) = 5e^{-at}u_s(t) + 5e^{at}u_s(-t)$$

로 표현되므로, 시간 반전 정리와 시간 스케일 정리를 이용하면 된다.

$$F[f_1(t)] = \frac{1}{a}\frac{5}{1+jw/a} = \frac{5}{a+jw}$$

$$F[f_2(t)] = \frac{1}{a}\frac{5}{1-jw/a} = \frac{5}{a-jw}$$

따라서,

$$F(w) = F[f(t)] = \frac{5}{a^2 + w^2}$$

를 얻는다.

특성 : (4) 쌍대성 (Duality)

$$F[F(t)] = 2\pi f(-w) \tag{8.180}$$

[증명] $F(w)$에 대한 역 푸리에 변환

$$F^{-1}[F(w)] = \frac{1}{2\pi}\int_{-\infty}^{\infty} F(w)\, e^{jwt} dw = f(t)$$

로부터

$$2\pi f(t) = \int_{-\infty}^{\infty} F(w) e^{jwt} dw$$

를 얻고, $t \to -t$로 대입하면,

$$2\pi f(-t) = \int_{-\infty}^{\infty} F(w) e^{-jwt} dw$$

로 되고, $w \leftrightarrow t$로 두면

$$2\pi f(-w)=\int_{-\infty}^{\infty}F(t)e^{-jwt}dt$$

로 됨을 알 수 있다.

예제 35

예제 35에 대해 푸리에 역변환 $h(t)=\mathcal{F}^{-1}[H(f)]$를 구하라.

$$H(f)=\frac{\beta}{\alpha+j2\pi f}=\frac{\beta\alpha}{\alpha^2+(2\pi f)^2}-j\frac{2\pi f\beta}{\alpha^2+(2\pi f)^2}$$

[풀이] 식 (8.188)에서

$$h(t)=\int_{-\infty}^{\infty}\left[\frac{\beta\alpha}{\alpha^2+(2\pi f)^2}-j\frac{2\pi f\beta}{\alpha^2+(2\pi f)^2}\right]e^{j2\pi ft}df \tag{8.181}$$

로 되며, $e^{j2\pi ft}=\cos(2\pi ft)+j\sin(2\pi ft)$이므로

$$h(t)=\int_{-\infty}^{\infty}\left[\frac{\beta\alpha\cos(2\pi ft)}{\alpha^2+(2\pi f)^2}+\frac{2\pi f\beta\sin(2\pi ft)}{\alpha^2+(2\pi f)^2}\right]df$$

$$+j\int_{-\infty}^{\infty}\left[\frac{\beta\alpha\sin(2\pi ft)}{\alpha^2+(2\pi f)^2}-\frac{2\pi f\beta\cos(2\pi ft)}{\alpha^2+(2\pi f)^2}\right]df$$

가 얻어진다.

이 식의 각 항은 그림 8-61과 같이 표시되므로 식 (8.189)는 제 2 항이 0이 되어

$$h(t)=\frac{\beta\alpha}{(2\pi)^2}\int_{-\infty}^{\infty}\frac{\cos(2\pi tf)}{(\alpha/2\pi)^2+f^2}df$$

$$+\frac{2\pi\beta}{(2\pi)^2}\int_{-\infty}^{\infty}\frac{f\sin(2\pi ft)}{(\alpha/2\pi)^2+f^2}df \tag{8.182}$$

로 된다.

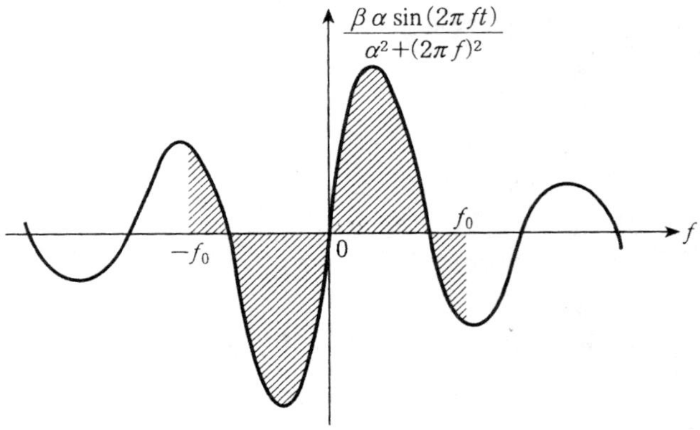

그림 8-61 각 항의 적분형태

한편, 적분공식

$$\int_{-\infty}^{\infty}\frac{\cos ax}{b^2+x^2}dx=\frac{\pi}{b}e^{-ab}\qquad(a>0)$$

$$\int_{-\infty}^{\infty}\frac{x\sin ax}{b^2+x^2}dx=\pi e^{-ab}\qquad(a>0)\tag{8.183}$$

이므로 식 (8.63)은

$$h(t)=\frac{\beta\alpha}{(2\pi)^2}\left[\frac{\pi}{(\alpha/2\pi)}e^{-(2\pi t)(\alpha/2\pi)}\right]+\frac{2\pi\beta}{(2\pi)^2}\left[\pi e^{-(2\pi t)(\alpha/2\pi)}\right]$$

$$=\frac{\beta}{e^{-\alpha t}}+\frac{\beta}{2}e^{-\alpha t}=\beta e^{-\alpha t}\qquad(t>0)\tag{8.184}$$

가 얻어진다. 따라서 시간함수

$$h(t)=\beta e^{-\alpha t}\quad(t>0)\tag{8.185}$$

와 주파수함수

$$H(f)=\frac{\beta}{\alpha+j(2\pi f)}\tag{8.186}$$

는 푸리에 변환쌍을 이루게 된다.

$$\beta e^{-\alpha t} \quad (t > 0) \;\Leftrightarrow\; \frac{\beta}{\alpha + j(2\pi f)} \tag{8.187}$$

예제 36

다음과 같이 정의되는 방형파

$$f(t) = Rect_1(t) = \begin{cases} 1 & |t| < 1/2 \\ 0 & |t| > 1/2 \end{cases}$$

에 대한 푸리에 변환은

$$F(w) = \frac{\sin(w/2)}{w/2}$$

와 같다. 쌍대성에 의해 sinc 함수

$$F(t) = \frac{\sin(t/2)}{t/2}$$

의 푸리에 변환을 구하라.

[풀이] $F(w)$에 대한 역 푸리에 변환은

$$f(t) = \frac{1}{2\pi}\int_{-\infty}^{\infty} \frac{\sin(w/2)}{w/2} \cdot e^{jwt} dw$$

로 되므로,

$$2\pi f(t) = \int_{-\infty}^{\infty} \frac{\sin(w/2)}{w/2} \cdot e^{jwt} dw$$

을 얻게 될 것이다. $t \to -t$로 대입하면,

$$2\pi f(-t) = \int_{-\infty}^{\infty} \frac{\sin(w/2)}{w/2} \cdot e^{-jwt} dw$$

로 되고, $w \leftrightarrow t$로 두면

$$2\pi f(-w) = \int_{-\infty}^{\infty} \frac{\sin(t/2)}{t/2} \cdot e^{-jwt} dt$$

로 된다. 따라서, sinc 함수 $F(t)$의 푸리에 변환은

$$2\pi f(-w) = 2\pi f(w) = 2\pi \cdot Rect_1(w) = \begin{cases} 2\pi & |w| < 1/2 \\ 0 & |w| > 1/2 \end{cases}$$

로 됨을 알 수 있고, 이 결과들을 도시하면 그림 8-62와 같다.

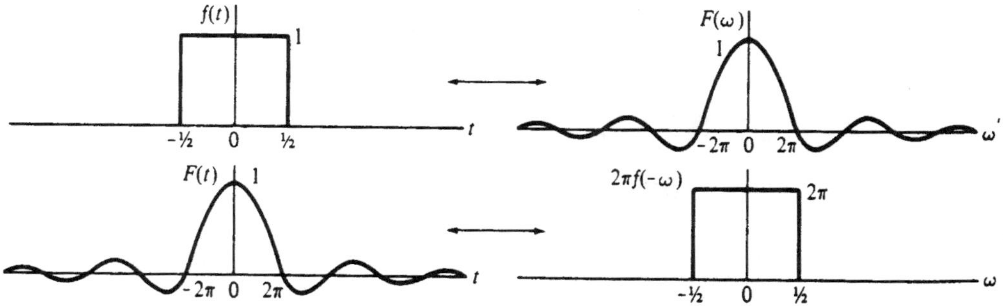

그림 8-62 방형파 함수와 sinc 함수의 푸리에 변환쌍

특성 : (5) 주파수 추이 특성

$$f(t)e^{\pm jw_o t} \Leftrightarrow F(w \mp w_o) \tag{8.188}$$

$F[f(t)] = F(w)$일 때, $f(t)e^{\pm jw_o t}$의 푸리에 변환은

$$\begin{aligned} F[f(t)e^{\pm jw_o t}] &= \int_{-\infty}^{\infty} f(t)e^{\pm jw_o t}e^{-jwt}dt \\ &= \int_{-\infty}^{\infty} f(t)e^{-j(w \mp w_o)t}dt \\ &= \int_{-\infty}^{\infty} f(t)e^{-j(w \mp w_o)t}dt \\ &= F(w \mp w_o) \end{aligned}$$

로 됨을 알 수 있다. 식 (8.196)의 푸리에 변환쌍으로부터 $F(w)$가 w_0만큼 추이된 경우, 역 푸리에 변환은 $e^{jw_0 t}$ 배로 된다. 즉,

$$f(t)e^{jw_0 t} \Leftrightarrow F(w - w_0) \tag{8.189}$$

로 된다. 이의 증명은

$$\frac{1}{2\pi}\int_{-\infty}^{\infty}F(w-w_0)e^{jwt}dw=\frac{1}{2\pi}\int_{-\infty}^{\infty}F(w_1)e^{j(w_1+w_0)t}dw_1 \tag{8.190}$$

$$=\frac{e^{jw_0t}}{2\pi}\int_{-\infty}^{\infty}F(w_1)e^{jw_1t}dw_1$$

$$=f(t)e^{jw_0t}$$

와 같으며 w_o 및 $2w_o$ 만큼의 주파수 추이된 결과를 그림 8-63에 나타내었다.

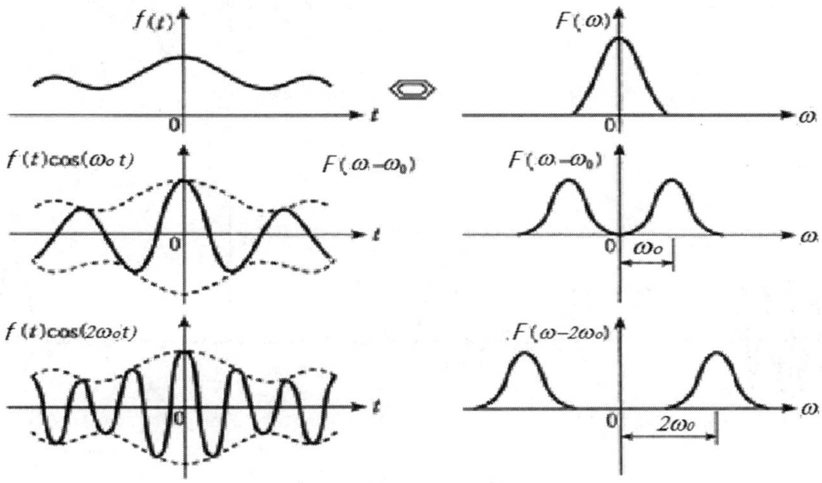

그림 8-63 주파수 추이의 효과

예제 37

$f(t)=A\,Rect_\tau(t)$일 때, 복소추이 정리를 이용하여 $f(t)\cos w_o t$의 푸리에 변환을 구하라.

[풀이] 먼저 오일러 공식을 이용하여

$$f(t)\cos w_o t=\frac{1}{2}f(t)[e^{jw_ot}+e^{-jw_ot}]$$

로 쓰고, 푸리에 변환을 시행하면

$$F[f(t)\cos w_o t] = \frac{1}{2}F[f(t)e^{jw_o t}] + \frac{1}{2}F[f(t)e^{-jw_o t}]$$
$$= \frac{1}{2}F(w - w_o) + \frac{1}{2}F(w + w_o)$$

로 되고, 이 결과를 도시하면 그림 8-64와 같다.

(a) $f(t) = A\,rect_\tau(t)$와 이의 푸리에 변환

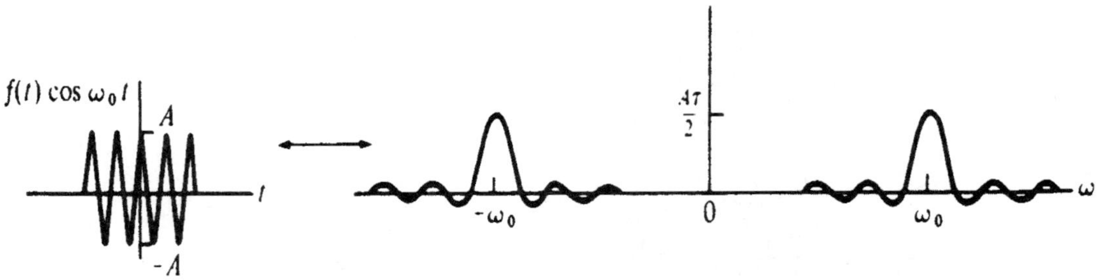

(b) $f(t)\cos w_o t$와 이의 푸리에 변환

그림 8-64 복소추이 정리의 결과

예제 38

다음의 신호 $g(t)$에 대한 푸리에 변환을 구하라.

$$g(t) = g_c(t)\cos[2\pi f_o t] + g_s(t)\sin[2\pi f_o t]$$

[풀이] 주어진 신호를 간략하게 정리하면

$$g(t) = g_c(t)\cos[2\pi f_o t] + g_s(t)\sin[2\pi f_o t]$$
$$= M(t)\cos[w_o t + \phi]$$

와 같이 쓸 수 있다. 단,

$$M(t) = \sqrt{g_c^2(t) + g_s^2(t)}$$

$$\phi(t) = -\tan\frac{g_s(t)}{g_c(t)}$$

이다. 따라서, 신호 $g(t)$에 대한 푸리에 변환 $G(w)$는

$$G(w) = M(w) * F[\cos(w_o t + \phi)]$$

로 주어지므로, 이 결과를 도시하면 그림 8-65와 같다. 이는 마치 대역 필터와 같이 동작한다.

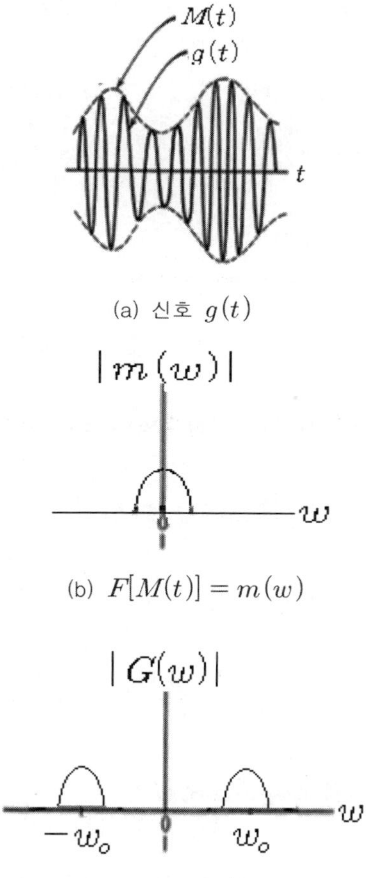

(a) 신호 $g(t)$

(b) $F[M(t)] = m(w)$

(c) $G(w)$

그림 8-65 신호 $g(t)$에 대한 푸리에 변환 $G(w)$

특성 : (6) 우함수와 기함수의 특성

기함수 $h_0(-t)=-h_0(t)$ 의 푸리에 변환은

$$H(f)=\int_{\infty}^{\infty} h_0(t)e^{-j2\pi ft}dt$$

$$=\int_{\infty}^{\infty} h_0(t)\cos(2\pi ft)dt-j\int -\infty^{\infty} h_0(t)\sin(2\pi ft)dt$$

$$=-j\int_{\infty}^{\infty} h_0(t)\sin(2\pi ft)dt=jI_0(f) \qquad (8.191)$$

과 같이 허수로만 주어지며 이를 나타내면 그림 8-66과 같다.

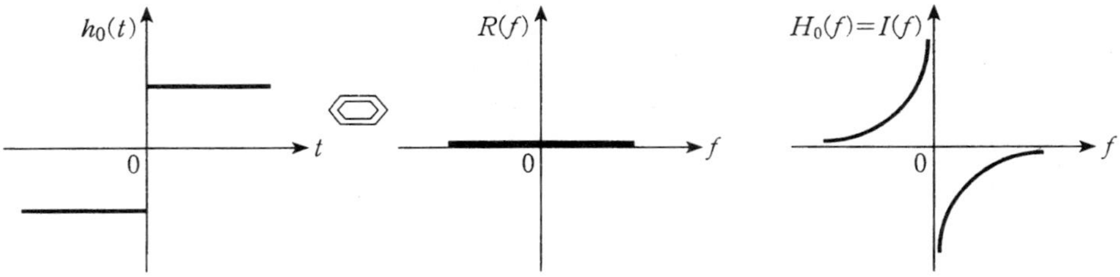

그림 8-66 기함수의 푸리에 변환

한편, 우함수 $h_e(-t)=h_e(t)$의 푸리에 변환은

$$H(f)=\int_{\infty}^{\infty} h_e(t)e^{-j2\pi ft}dt$$

$$=\int_{\infty}^{\infty} h_e(t)\cos(2\pi ft)dt-j\int -\infty^{\infty} h_e(t)\sin(2\pi ft)dt$$

$$=\int_{\infty}^{\infty} h_e(t)\cos(2\pi ft)dt=R_e(f) \qquad (8.192)$$

과 같이 실수로 주어지며, 이를 나타내면 그림 8-67과 같다.

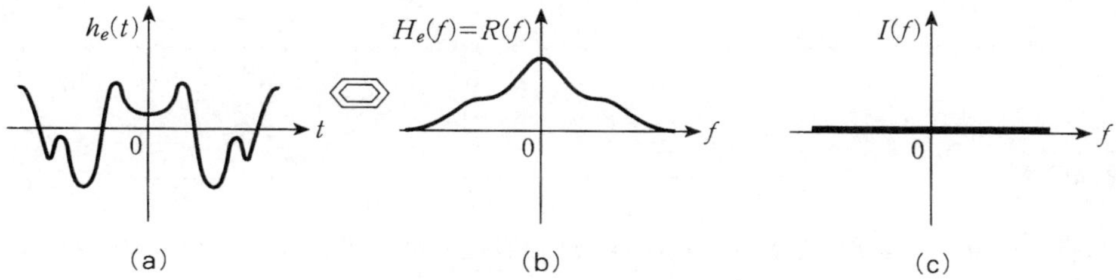

그림 8-67 우함수의 푸리에 변환

그리고 임의의 함수 $h(t)$는 우함수와 기함수를 분해할 수 있다. 즉

$$
\begin{aligned}
h(t) &= \frac{h(t)}{2} + \frac{h(t)}{2} = \left[\frac{h(t)}{2} + \frac{h(-t)}{2}\right] + \left[\frac{h(t)}{2} - \frac{h(-t)}{2}\right] \\
&= h_e(t) + h_0(t) \qquad (8.193)
\end{aligned}
$$

로 쓰는 것이 가능하다. [ ] 내의 항은 각각 우함수와 기함수의 정의를 만족한다. 이 식을 푸리에 변환하면

$$
H(f) = Re[H(f)] + jIm[H(f)] = H_e(f) + H_0(f) \qquad (8.194)
$$

로 된다.

예제 39

$h(t) = e^{-at} \cdot u(t)$의 파형을 분해하라.

[풀이] 식 (8.193)으로부터

$$
\begin{aligned}
h(t) &= \left[\frac{e^{-at}}{2}\right] + \left[\frac{e^{-at}}{2}\right] \\
&= \left\{\left[\frac{e^{-at}}{2}\right]_{t \geqq 0} + \left[\frac{e^{at}}{2}\right]_{t \leqq 0}\right\} + \left\{\left[\frac{e^{-at}}{2}\right]_{t \geqq 0} - \left[\frac{e^{at}}{2}\right]_{t \leqq 0}\right\} \\
&= \frac{e^{-a|t|}}{2} + \left\{\left[\frac{e^{-at}}{2}\right]_{t \geqq 0} - \left[\frac{e^{at}}{2}\right]_{t \leqq 0}\right\} \\
&= \{h_e(t) + h_0(t)\}
\end{aligned}
$$

가 얻어진다.

예제 40

그림 8-68와 같은 우함수 $x_a(t) = Rect(t/2)$ 및 기함수 $x_b(t) = Rect(t+1/2) - Rect(t-1/2)$의 푸리에 변환을 구하라.

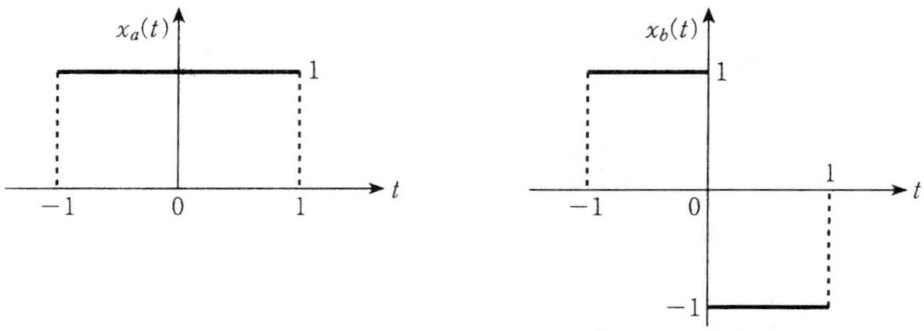

그림 8-68 $x_a(t) = Rect(t/2)$**및** $x_b(t) = Rect(t+1/2) - Rect(t-1/2)$**의 파형**

[풀이] $x_a(t)$는 $-1 \le a \le 1$에서 $Rect(t/2)$의 값을 가지므로

$$X_a(f) = \int_{-1}^{1} e^{-j2\pi ft}\,dt = -\left.\frac{e^{-j2\pi ft}}{j2\pi f}\right|_{-1}^{1} \tag{8.195}$$
$$= 2\frac{\sin 2\pi f}{2\pi f} = 2\mathrm{sinc}\,2\pi f$$

의 실수인 우함수로 주어진다. 한편 $X_b(t)$ 푸리에 변환은

$$X_b(t) = \int_{-1}^{0} e^{-j2\pi ft}\,dt - \int_{0}^{1} e^{-j2\pi ft}\,dt$$

$$= -\frac{1}{j2\pi f}\left[e^{-j2\pi ft}\Big|_{-1}^{0} - e^{-j2\pi ft}\Big|_{0}^{1} \right]$$

$$= \frac{j}{2\pi f}(2 - 2\cos 2\pi f) = j2\frac{\sin^2 \pi f}{\pi f} = j2\pi f\,\mathrm{sinc}^2 f \tag{8.196}$$

로 된다. 식 (8.195) 및 (8.196)에 대한 결과를 나타내면 그림 8-69와 같다.

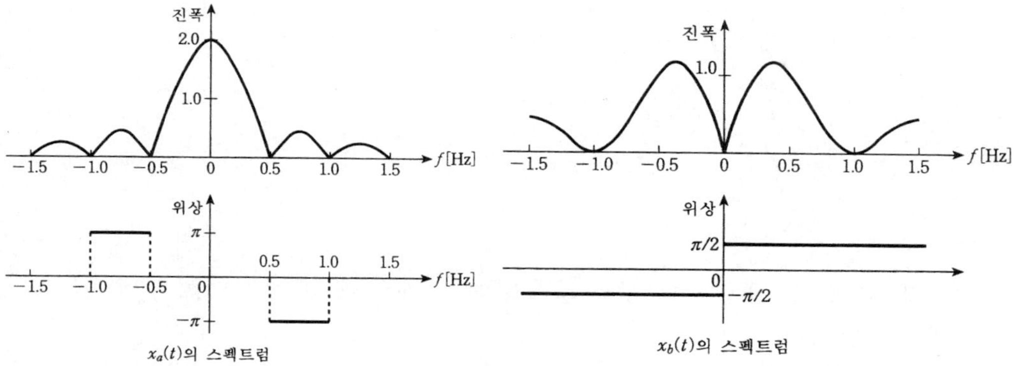

그림 8-69 예제 40의 결과

특성 : (7) 미분 특성

1) 시간 미분특성

$$\frac{df(t)}{dt} \Leftrightarrow jw\,F(w)\ ,\quad \frac{d^n f(t)}{dt^2} \Leftrightarrow (jw)^n\,F(w) \tag{8.197}$$

[증명]

$$F[f'(t)] = \int_{-\infty}^{\infty} f'(t)e^{-jwt}dt$$

$$= f(t)e^{-jwt}\Big|_{-\infty}^{\infty} - (-jw)\int_{-\infty}^{\infty} f(t)e^{-jwt}dt$$

$$= jwF(w)$$

2) 주파수 미분특성

$$\frac{dF(w)}{dw} \Leftrightarrow (-jt)f(t),\ \frac{d^n F(w)}{dw^n} \Leftrightarrow (-jt)^n f(t) \tag{8.198}$$

[증명]

$$F(w) = \int_{-\infty}^{\infty} f(t)e^{-jwt}\,dt$$

이므로, d/dw를 구하면 $\dfrac{d^n F(w)}{dw^n}$

$$\begin{aligned}\frac{d}{dw}F(w) &= \frac{d}{dw}\int_{-\infty}^{\infty} f(t)e^{-jwt}\,dt \\ &= \int_{-\infty}^{\infty} f(t)[\frac{d}{dw}e^{-jwt}]\,dt \\ &= \int_{-\infty}^{\infty} (-jt)f(t)e^{-jwt}]\,dt \\ &= F[-jt\,f(t)]\end{aligned}$$

로 됨을 알 수 있다. 또한 이로부터 유추하여, n계의 도함수에 대해서는

$$\frac{d^n F(w)}{dw^n} = \int_{-\infty}^{\infty} (-jt)^n f(t)\,e^{-jwt}\,dt = (-jt)^n F(w)$$

로 됨을 쉽게 알 수 있고, $w=0$이면,

$$\frac{d^n F(w)}{dw^n}\,|_{\,w=0} = F^{(n)}(0) = \int_{-\infty}^{\infty} (-jt)^n f(t)\,e^{-j0t}\,dt = (-j)^n \int_{-\infty}^{\infty} t^n f(t)dt$$

로 되며, 모멘트의 정리라고 하는

$$\int_{-\infty}^{\infty} t^n f(t)dt = \frac{F^{(n)}(0)}{(-j)^n} \tag{8.199}$$

가 얻어짐도 알 수 있다.

예제 41

미분 특성을 이용해서 진폭이 1이고 $T=1$인 그림 8-68과 같은 방형파의 푸리에 변환을 구하라.

[풀이] 먼저 주어진 방형파를 미분하면

$$f'(t) = \delta(t+1/2) - \delta(t-1/2)$$

로 되고, 푸리에 변환하면

$$jw\,F(w) = e^{jw/2} - e^{-jw/2}$$

$$F(w) = \frac{e^{jw/2} - e^{-jw/2}}{jw} = \text{sinc}(w/2)$$

가 얻어진다.

예제 42

미분 특성을 이용해서 다음 그림 8-70과 같은 제형파의 푸리에 변환을 구하라.

[풀이] 주어진 파형을 2회 미분하면,

$$f''(t)= \frac{A}{\tau}\delta(t+2\tau)+\frac{A}{\tau}\delta(t+\tau)+\frac{A}{\tau}\delta(t-\tau)+\frac{A}{\tau}\delta(t-2\tau)$$

로 되며, 그림 8-72 (c)와 같이 표현되고, 이를 푸리에 변환하면,

$$\begin{aligned} F[f''(t)] &= (jw)^2F(w) \\ &= \frac{A}{\tau}F[\delta(t+2\tau)-\delta(t+\tau)-\delta(t-\tau)+\delta(t-2\tau)] \\ &= \frac{A}{\tau}[e^{j2w\tau}-e^{jw\tau}-e^{-jw\tau}+e^{-j2w\tau}] \end{aligned}$$

로 된다. 따라서

$$\begin{aligned} F[f(t)] &= F(w) \\ &=-\frac{A}{w^2\tau}[e^{j2w\tau}-e^{jw\tau}-e^{-jw\tau}+e^{-j2w\tau}] \\ &= \frac{2A}{w^2\tau}[\cos w\tau-\cos 2w\tau] \end{aligned}$$

를 얻게 된다.

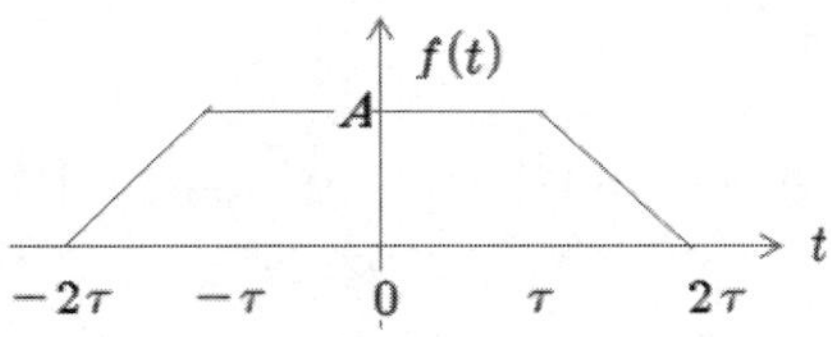

(a) 제 형 파

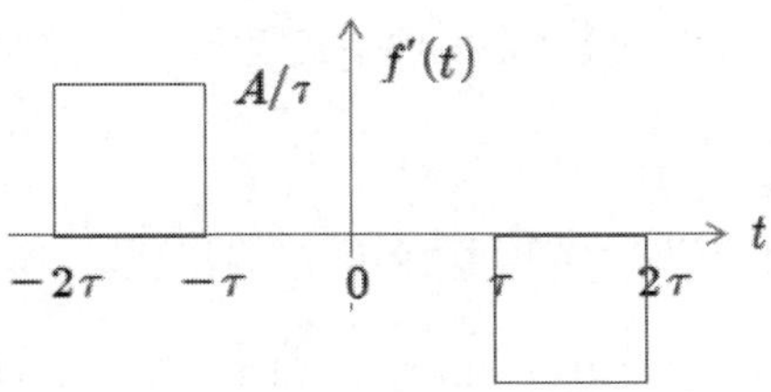

(b) 1계 도함수

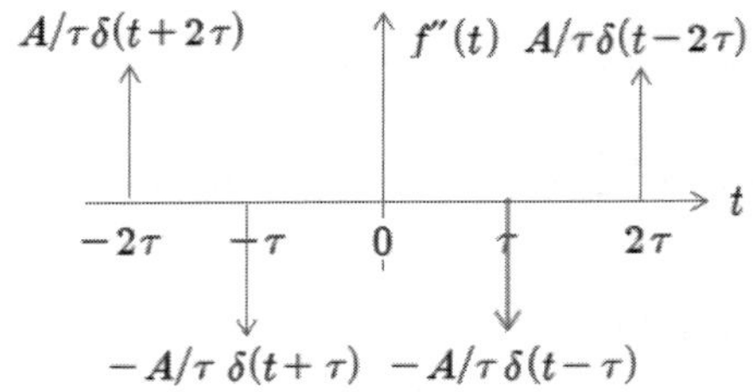

(C) 2계 도함수

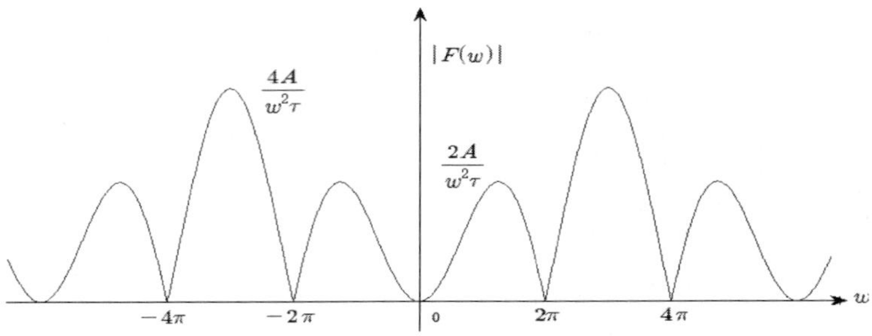

(d) 푸리에 변환

그림 8-70 미분특성을 이용한 제형파의 푸리에 변환

예제 43

미분특성을 이용하여 그림 8-71 (a)와 같이 정의되는 삼각파 펄스의 푸리에 변환을 구하라.

[풀이] 삼각펄스의 푸리에 변환은 적분을 이용하는 것보다는 미분특성을 이용하여, 임펄스 함수를 얻어 푸리에 변환하는 것이 매우 편리하다. 주어진 삼각펄스를 2회 미분하면

$$\frac{d^2 g(t)}{dt^2} = \frac{2}{\tau}[\delta(t+\tau/2) - 2\delta(t) + \delta(t-\tau/2)]$$

와 같이 임펄스 함수가 얻어진다. 따라서 이를 푸리에 변환하면

$$\begin{aligned}(j2\pi f)^2 G(f) &= \frac{2}{\tau}[e^{j\pi f\tau} - 2 + e^{j\pi f\tau}] \\ &= \frac{4}{\tau}[\cos \pi f\tau - 1]\end{aligned}$$

$$= -\frac{8}{\tau}\sin^2(\pi f\tau/2)$$

가 얻어지고, 이로부터

$$G(f) = \frac{8}{(2\pi f)^2\tau}\sin^2(\pi f\tau/2) = \frac{\tau}{2}\left[\frac{\sin(\pi f\tau/2)}{\pi f\tau/2}\right]$$
$$= \frac{\tau}{2}\operatorname{sinc}^2(\pi f\tau/2)$$

를 얻게 된다. 이 결과들을 도시하면 그림 8-71 (d)와 같다.

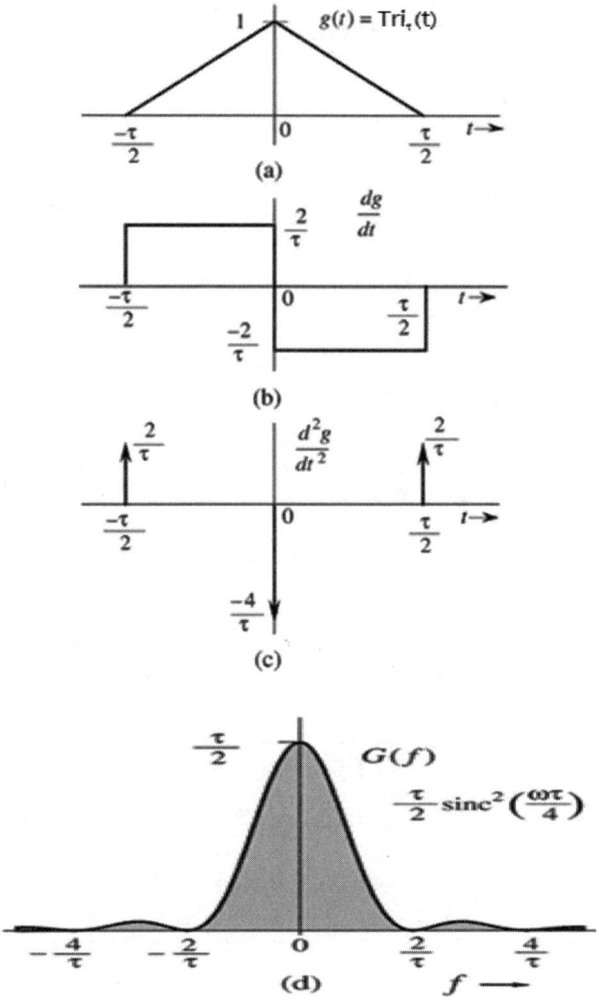

그림 8-71 미분특성을 이용한 삼각파 펄스의 푸리에 변환

특성 : (8) 복수개의 펄스

1) 두 개의 방형파 펄스 함수

$$f(t) = Rect_T(t - t_o) + Rect_T(t + t_o)\ [t_o = 2T \text{ 및 } 5T] \tag{8.200}$$

그림 8-72 (a)와 같은 방형파 펄스에 시간 추이 정리를 적용하면

$$\begin{aligned} F(w) &= \frac{2\sin wT}{w}e^{-jwt_o} + \frac{2\sin wT}{w}e^{jwt_o} \\ &= \frac{2\sin wT}{w}[e^{jwt_o} + e^{-jwt_o}] = \frac{4\sin wT}{w}\cos wt_o \end{aligned} \tag{8.201}$$

로 된다. 이 결과를 도시하면 그림 8-72(c) 및 (d)는 $t_o = 3T$ 및 $t_o = 5T\,[T = 1]$일 때의 $F(w)$를 도시한 것이다.

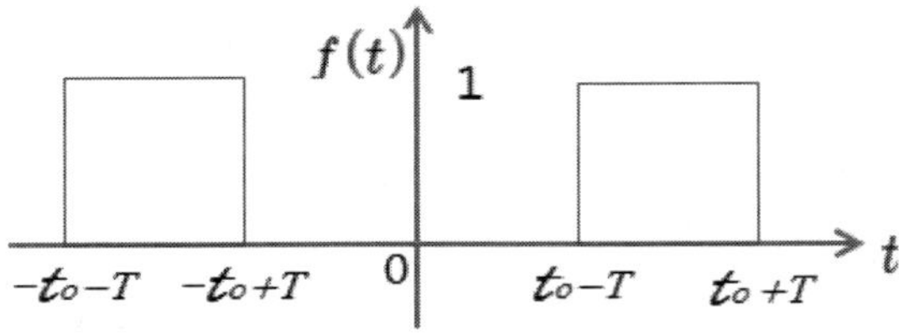

(a) 두 개의 방형파 펄스 $f(t)$

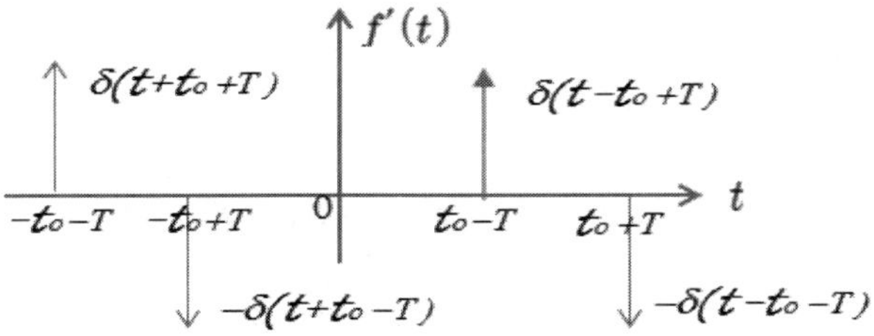

(b) 방형파 펄스의 미분 $f'(t)$

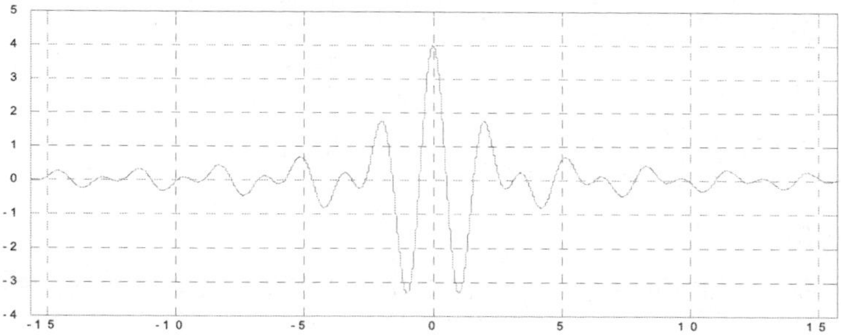

(c) 푸리에 변환 $F(w)$: $t_o = 3T$

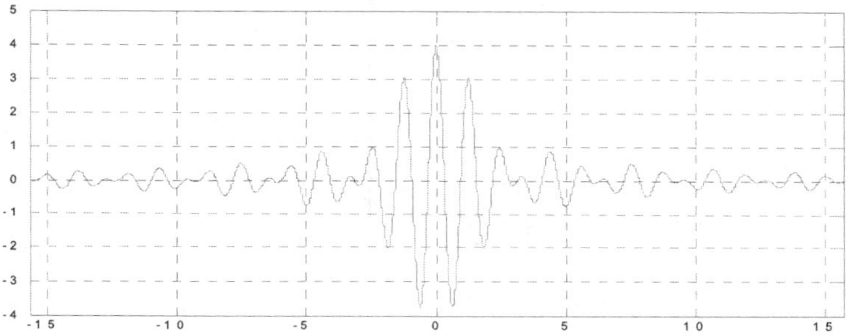

(d) 푸리에 변환 $F(w)$: $t_o = 5T$

그림 8-72 두 개의 방형파 펄스 $f(t)$에 대한 푸리에 변환

2) 세 개의 방형파 펄스 함수

$$f(t) = Rect_T(t - t_o) + 2\,Rect_T(t) + Rect_T(t + t_o) \quad [t_o = 2T \text{ 및 } 5T] \tag{8.202}$$

그림 8-73 (a)와 같은 세 개의 방형파 펄스에 미분 특성을 적용하여 푸리에 변환을 구하면 용이할 것이다. 따라서 그림 8-73 (b)의 $f'(t)$에 대한 푸리에 변환은

$$\begin{aligned} jwF(w) &= e^{-jw(-t_o - T)} - e^{-jw(-t_o + T)} + e^{-jw(t_o - T)} - e^{-jw(t_o + T)} \\ &= e^{jw(t_o + T)} - e^{jw(t_o - T)} + e^{-jw(t_o - T)} - e^{-jw(t_o + T)} \\ &= [e^{jw(t_o + T)} - e^{-jw(t_o + T)}] - [e^{jw(t_o - T)} - e^{-jw(t_o - T)}] \\ &= j2[\sin w(t_o + T) - \sin w(t_o - T)] \end{aligned}$$

로 되므로 앞에서의 결과를 확장하면

$$\begin{aligned} F(w) &= \frac{2\sin wT}{w}e^{-jwt_o} + \frac{4\sin wT}{w} + \frac{2\sin wT}{w}e^{jwt_o} \\ &= \frac{2\sin wT}{w}[e^{jwt_o} + 2 + e^{-jwt_o}] = \frac{2\sin wT}{w}[e^{jwt_o/2} + e^{-jwt_o/2}]^2 \\ &= \frac{8\sin wT}{w}\cos^2(wt_o/2) \end{aligned}$$

(8.203)

로 되며, 그림 8-73 (c) 및 (d)는 $t_o = T$ 및 $t_o = 3T$, $t_o = 10T$ $[T=1]$일 때의 $F(w)$를 도시한 것이다.

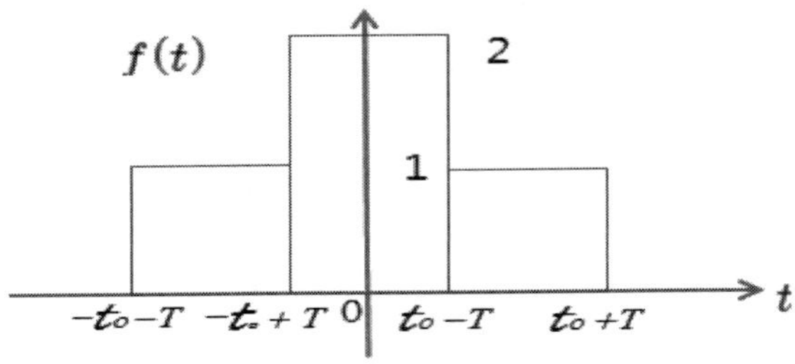

(a) 세 개의 방형파 펄스 $f(t)$: $t_o = T$

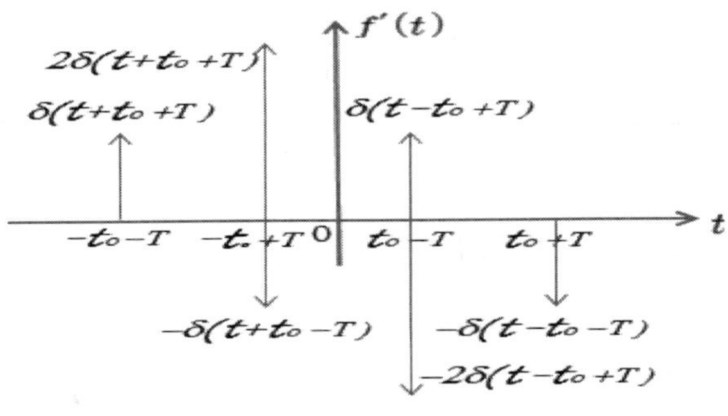

(b) 방형파 펄스의 미분 $f'(t)$

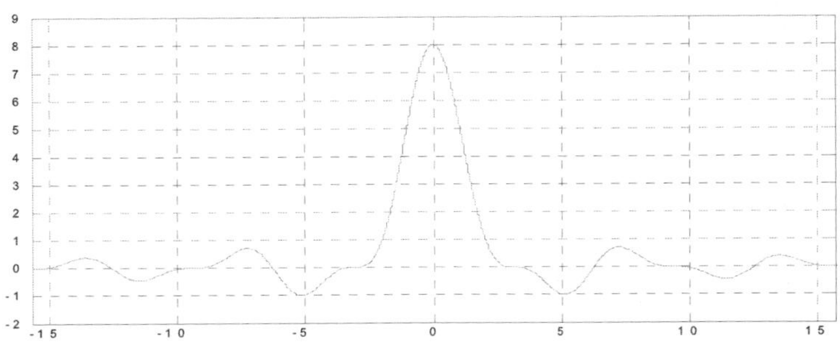

(c) 푸리에 변환 $F(w)$: $t_o = T$

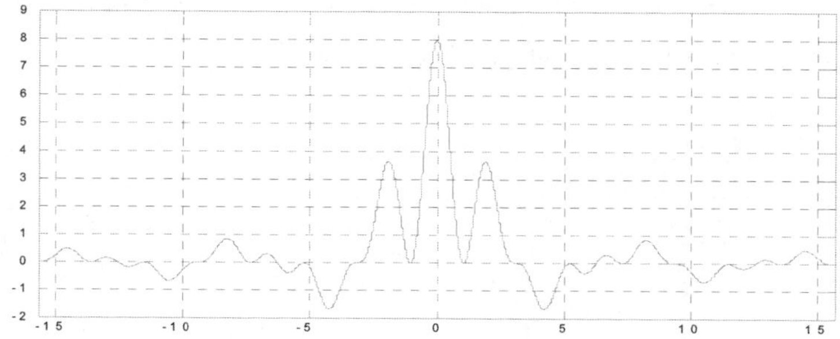

(d) 푸리에 변환 $F(w)$: $t_o = 3T$

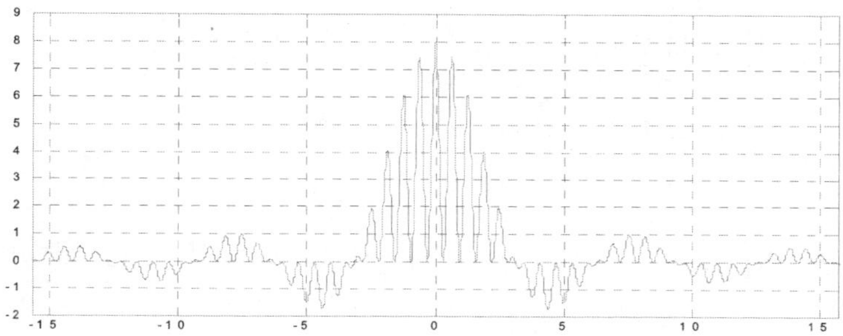

(e) 푸리에 변환 $F(w)$: $t_o = 10T$

그림 8-73 세 개의 방형파 펄스 함수 $f(t)$에 대한 푸리에 변환

3) 두 개의 삼각파 펄스 함수

$$f(t) = Tri_T(t - t_o) + Tri_T(t + t_o) \ [t_o = 2T] \tag{8.204}$$

시간 추이정리와 삼각파 펄스의 푸리에 변환으로부터

$$F(w) = \frac{4\sin^2[wT/2]}{w^2 T}[e^{-jwt_o} + e^{jwt_o}] = \frac{2\sin^2[wT/2]}{w^2 T}\cos(wt_o) \tag{8.205}$$

로 구할 수 있다.

4) 세 개의 삼각파 펄스 함수

$$f(t) = Tri_T(t - t_o) + Tri_T(t) + Tri_T(t + t_o) \tag{8.205}$$

그림 8-74(a)와 같은 세 개의 삼각파 펄스 함수 $f(t)$에 대한 푸리에 변환은 식 (8-188)의 결과를 이용해서 푸리에 변환을 시도하면

$$F(w)=\frac{4\sin^2\frac{wT}{2}}{w^2 T}[e^{-jwt_o}+1+e^{jwt_o}]$$

로 된다. 이를 정리하면,

$$\begin{aligned} F(w) &= \frac{4\sin^2[wT/2]}{w^2T}\frac{e^{j2wt_o}-e^{-jwt_o}}{e^{jwt_o}-1} \\ &= \frac{4\sin^2[wT/2]}{w^2T}\frac{e^{jwt_o/2}[e^{j3wt_o/2}-e^{-j3wt_o/2}]}{e^{jwt_o/2}[e^{jwt_o/2}-e^{jwt_o/2}]} \\ &= \frac{4\sin^2[wT/2]}{w^2T}\frac{\sin[3wt_o/2]}{\sin[wt_o/2]} \end{aligned} \tag{8.206}$$

로 구할 수 있으며, 그림 8-74의 (b)~(e)는 $t_o=T$ 및 $t_o=2T$, $t_o=5T$, $t_o=10T$ $[T=1]$일 때의 $F(w)$를 도시한 것이다.

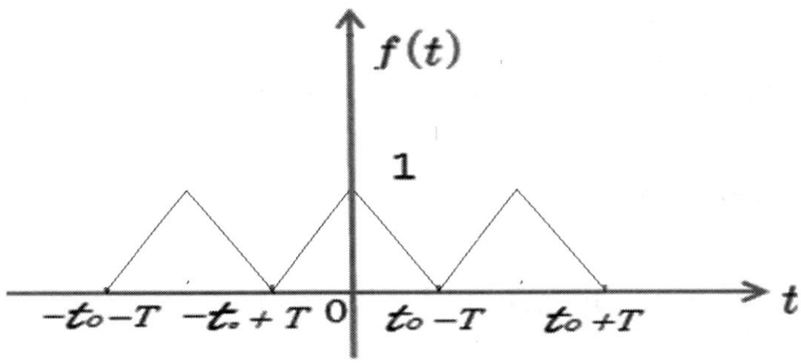

(a) 세 개의 삼각파 펄스 $f(t)$:

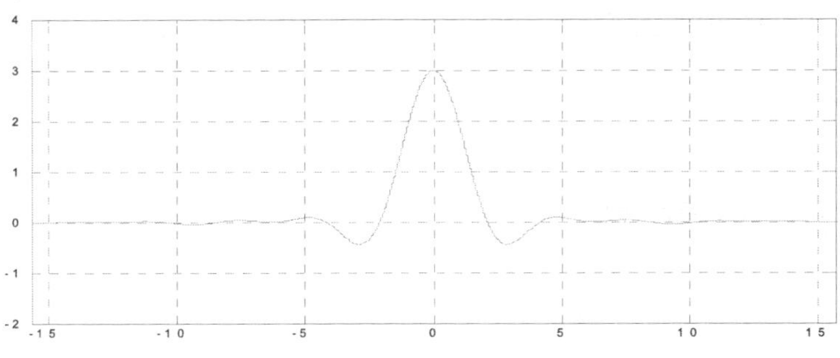

(b) 푸리에 변환 $F(w)$: $t_o = T$

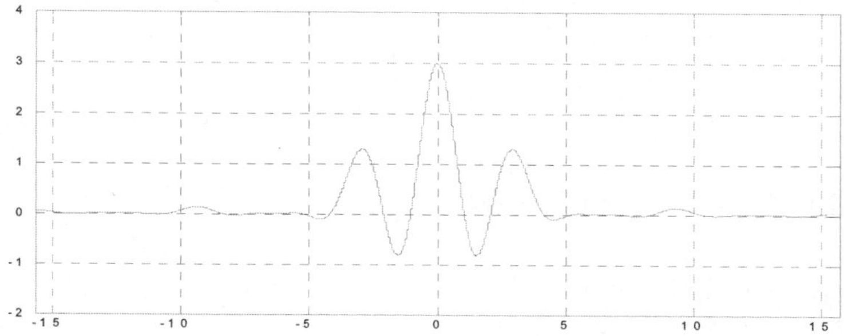

(c) 푸리에 변환 $F(w)$:$t_o = 2T$

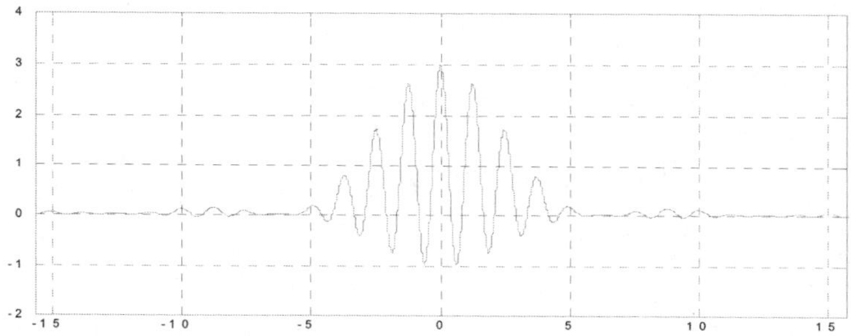

(d) 푸리에 변환 $F(w)$: $t_o = 5T$

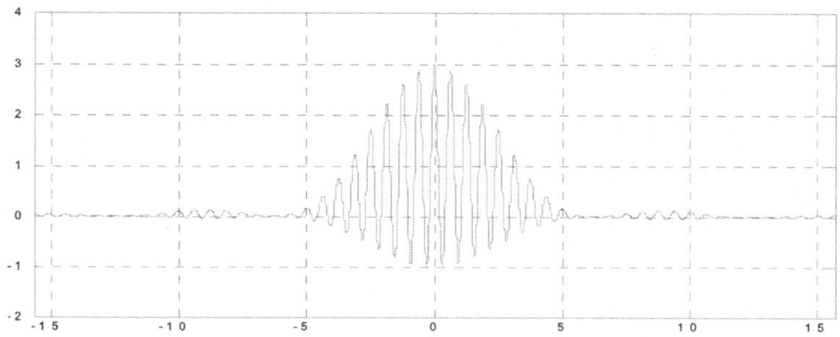

(e) 푸리에 변환 $F(w)$: $t_o = 10T$

그림 8-74 세 개의 삼각파 펄스 함수 $f(t)$에 대한 푸리에 변환 $F(w)$

특성 : (9) 적분 특성

$$\int_{-\infty}^{t} f(t)\,dt \Leftrightarrow \frac{1}{jw} F(w) \ [\text{단}, \int_{-\infty}^{\infty} f(t)\,dt = 0] \tag{8.207}$$

[증명] 임의 함수 $f(t)$의 적분은 단위 계단 함수와의 합성적분 곧

$$g(t) = \int_{-\infty}^{t} f(\tau)\,d\tau = f(t) * u_s(t) \tag{8.208}$$

로 쓸 수 있으므로, 이의 푸리에 변환은

$$\begin{aligned} F[g(t)] &= U_s(w) \cdot F(w) = [1/(jw) + \pi\delta(w)]F(w) \\ &= \frac{F(w)}{jw} + \pi F(0)\delta(w) \end{aligned} \tag{8.209}$$

로 된다.

$$F(0) = F(\omega)\,|_{0} = \int_{-\infty}^{\infty} f(t)\,dt \tag{8.210}$$

로 정의되는 $F(0) = 0$이면, 식 (8.207)로 된다.

예제 44

적분정리를 이용하여 방형파 $f(t) = A\,rect_T(t)$의 적분함수인

$$g(t) = \int_{-\infty}^{t} f(\tau)\,d\tau$$

의 푸리에 변환을 구하라.

[풀이] 방형파의 푸리에 변환

$$F(w) = AT\frac{\sin(wT/2)}{wT/2}$$

으로부터, 식 (8.207)의 적분정리를 이용하며

$$\begin{aligned} F[g(t)] &= G(w) = U_s(w) \cdot F(w) \\ &= [1/(jw) + \pi\delta(w)] \cdot AT\frac{\sin(wT/2)}{wT/2} \\ &= -jAT\frac{\sin(wT/2)}{w^2T/2} + AT\pi\delta(w) \end{aligned}$$

를 얻게 된다.

특성 : (10) 공액특성

시간함수 $f(t)$가 복소함수일 경우, 이의 공액함수 $f^*(t)$에 대한 푸리에 변환은

$$F[f^*(t)] = F^*(-w) \tag{8.211}$$

와 같다.

[증명]

$$F(w) = \int_{-\infty}^{\infty} f(t)e^{-jwt}dt$$

이므로, 이의 공액을 취하면

$$F^*(w) = \int_{-\infty}^{\infty} f^*(t)e^{jwt}dt \tag{8.212}$$

로 되므로, $w \to -w$로 대입하면

$$F^*(-w) = \int_{-\infty}^{\infty} f^*(t)e^{-jwt}dt = F[f^*(t)]$$

로 된다.

특성 : (11) 합성적분[convolution]

1) 시간 합성적분

가) 물리적인 의미

두 함수 $h(t)$ 및 $x(t)$의 시간 합성적분은 일명 "Borel의 정리"라고도 하며,

$$y(t) = \int_{-\infty}^{\infty} x(\tau)h(t-\tau)d\tau = h(t)*x(t) \tag{8.213}$$

와 같이 정의된다. 이것의 물리적 의미는 다음의 4단계로 요약될 수 있다. 그림 8-75를 참조하기 바란다.

① 단계 1 : $h(t)$를 직축에 대해 대칭인 $h(-t)$로 변환하고, 횡축을 τ로 대치한 다음 $h(-\tau)$와 $x(\tau)$를 겹치게 한다(그림 8-75 (a)).

② 단계 2 : $h(-\tau)$를 t 만큼 추이시켜 $h(t-\tau)$를 얻는다(그림 8-75 (b)).

③ 단계 3 : 추이된 $h(t-\tau)$에 $x(\tau)$를 곱한다(그림 8-75 (c)).

④ 단계 4 : $h(t-\tau)\,x(\tau)$ 하에 있는 면적을 구하면 두 함수의 시각 t에서의 합성적분이 된다(그림 8-75 (d)).

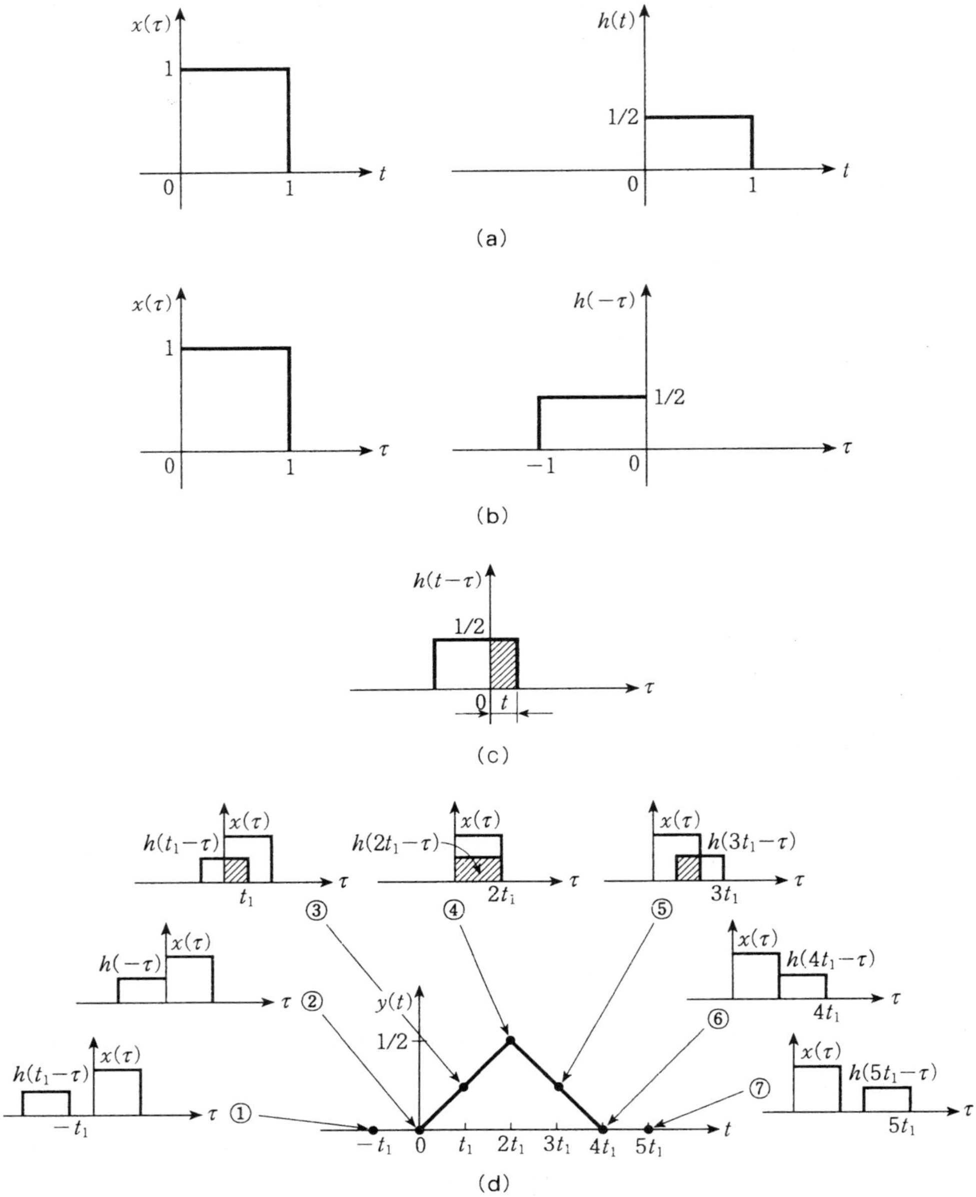

그림 8-75 합성적분의 물리적 의미

나) 푸리에 변환

푸리에 변환에서의 함수 $x(t)$와 $h(t)$의 합성적분은 라플라스 변환에서의 합성적분과 유사하다. 즉,

$$F[x(t)*h(t)] = \int_{-\infty}^{\infty}\int_{-\infty}^{\infty} x(\tau)h(t-\tau)d\tau e^{-jwt}dt \tag{8.214}$$

$$= \int_{-\infty}^{\infty} x(\tau)e^{-jw\tau}d\tau \int_{-\infty}^{\infty} h(\tau_1)e^{-jw\tau_1}d\tau_1$$

$$[\because \tau_1 = t-\tau, t = \tau+\tau_1, dt = d\tau_1]$$

$$= F[x(t) \cdot F[h(t)$$

$$= X(w)H(w)$$

가 얻어진다. 그리고 합성적분에 대한 쌍대성은

$$x(t)*h(t) \to X(w)H(w) \tag{8.215}$$

$$X(t)H(t) \to 2\pi x(-w)*h(-w) \tag{8.216}$$

로 될 것이다.

예제 45

그림 8-76(a)와 같은 두 개의 방형파 펄스의 합성적분에 대한 푸리에 변환을 구하라.

[풀이] 두 함수의 합성적분 $f(t)*g(t)$에 의해

$$f(t)*g(t) = \int_{-\infty}^{\infty} f(\tau)g(t-\tau)d\tau$$

$$= \begin{cases} \int_{-2T_o}^{t+T_o} A\cdot Ad\tau & -2T_o \leq t < 0 \\ \int_{t-T_o}^{2T_0} A\cdot Ad\tau & 0 \leq t < 2T_o \end{cases}$$

$$= \begin{cases} A^2(t+2T_o) & -2T_o \leq t < 0 \\ A^2(2T_o - t) & 0 \leq t < 2T_o \\ 0 & |t| > 2T_o \end{cases} \tag{8.217}$$

로 되며, 이는 그림 8-76(b)과 같은 삼각파 펄스로 된다. 따라서 방형파 펄스 $f(t)$의 푸리에 변환의 결과인 $F(w) = 2AT_o\text{sinc}(T_ow)$를 이용하여

$$[F(w)]^2 = \frac{[2AT_0\sin(T_0w)]^2}{[T_0w]^2} = 4A^2T_o^2\text{sinc}^2(T_ow) \tag{8.218}$$

가 얻어지고 이의 결과를 도시하면 그림 8-76(c)와 같다.

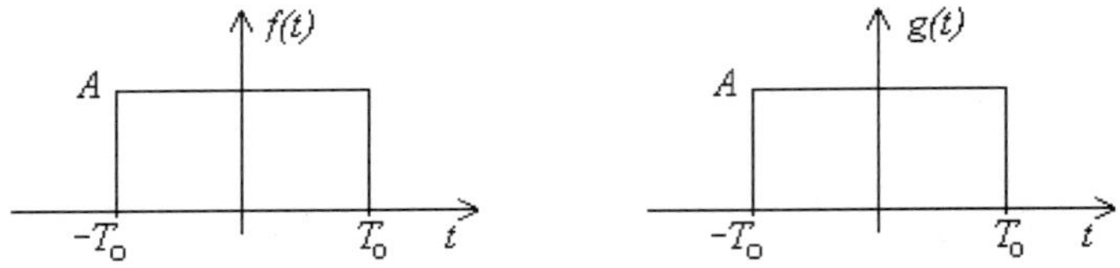

(a) 두 개의 방형파 펄스

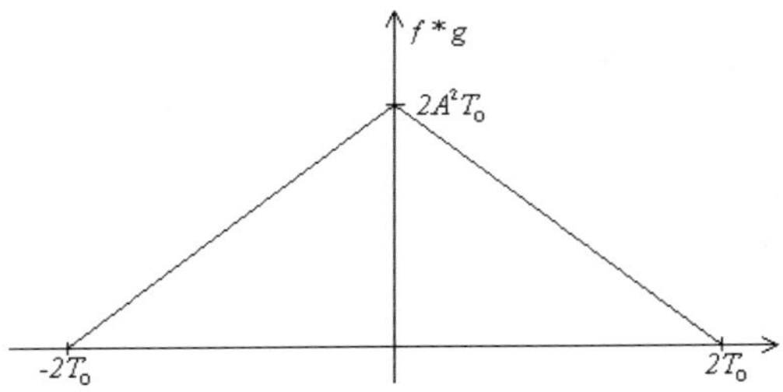

(b) 합성적분의 결과

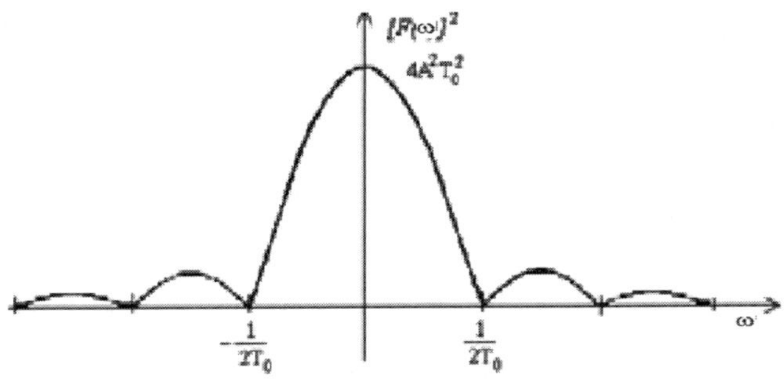

(c) 합성적분(삼각파 펄스)의 푸리에 변환

그림 8-76 두 개의 방형파 펄스의 합성적분과 푸리에 변환

이 과정을 요약 정리해서 표현하면 그림 8-77과 같다.

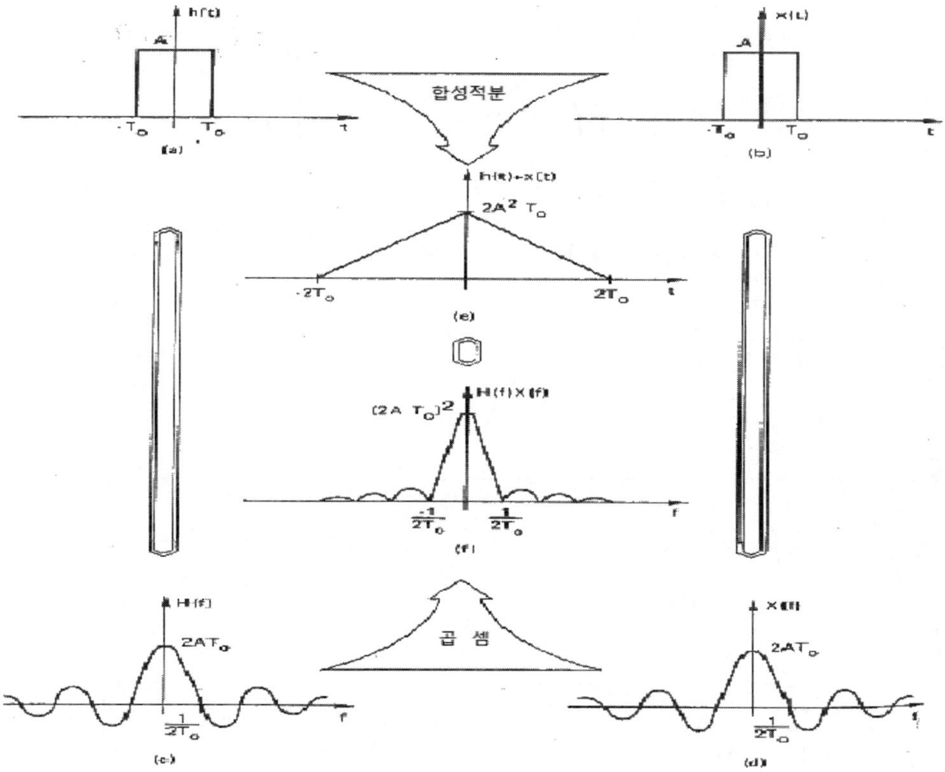

그림 8-77 시간 합성적분의 도시

2) 주파수 합성적분

$$
\begin{aligned}
F_1(w) * F_2(w) &= F[f_1(t)] * F[f_2(t)] \\
&= 2\pi \int_{-\infty}^{\infty} F_1(\nu) F_2(w-\nu) d\nu \\
&= 2\pi F[f_1(t) \cdot f_2(t)]
\end{aligned}
\tag{8.219}
$$

[증명] 먼저 $g(t) = f_1(t) * f_2(t)$로 두고, $F_2(w)$의 역푸리에 변환을 이용해서

$$
g(t) = f_1(t) \cdot \frac{1}{2\pi} \int_{-\infty}^{\infty} F_2(w) e^{jwt} dw = \frac{1}{2\pi} \int_{-\infty}^{\infty} F_2(w) \cdot f_1(t) \cdot e^{jwt} dw
$$

로 쓸 수 있다. 이를 다시 푸리에 변환하면

$$G(w)=\int_{-\infty}^{\infty}\left[\frac{1}{2\pi}\int_{-\infty}^{\infty}F_2(w)\cdot f_1(t)\cdot e^{jwt}dw\right]e^{-jwt}dt$$

$$=\frac{1}{2\pi}\int_{-\infty}^{\infty}F_2(\nu)\left[\int_{-\infty}^{\infty}f_1(t)\cdot e^{j\nu t}e^{-jwt}dt\right]d\nu \qquad (8.220)$$

$$=\frac{1}{2\pi}\int_{-\infty}^{\infty}F_2(\nu)F_1(\nu-w)\,d\nu$$

$$=\frac{1}{2\pi}F_1(w)*F_2(w)$$

가 됨을 알 수 있다.

예제 46

그림 8-78의 두 함수에 대한 합성적분 $f_1(t)*f_2(t)$을 도식적으로 구하라

[풀이]

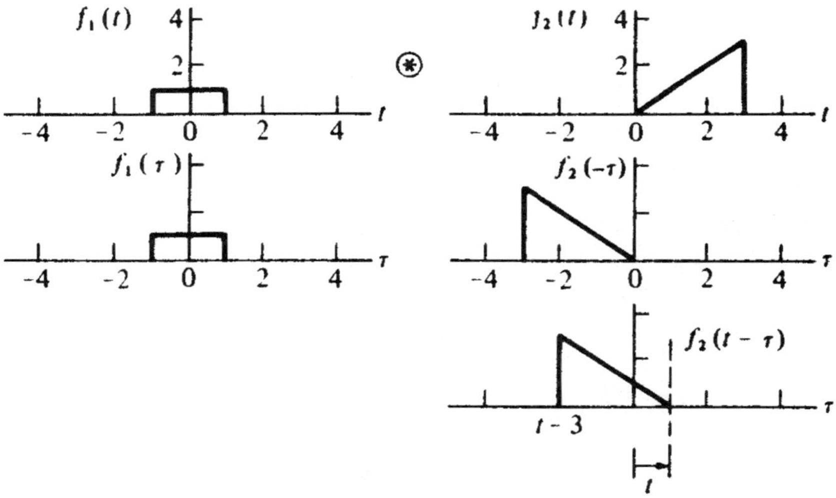

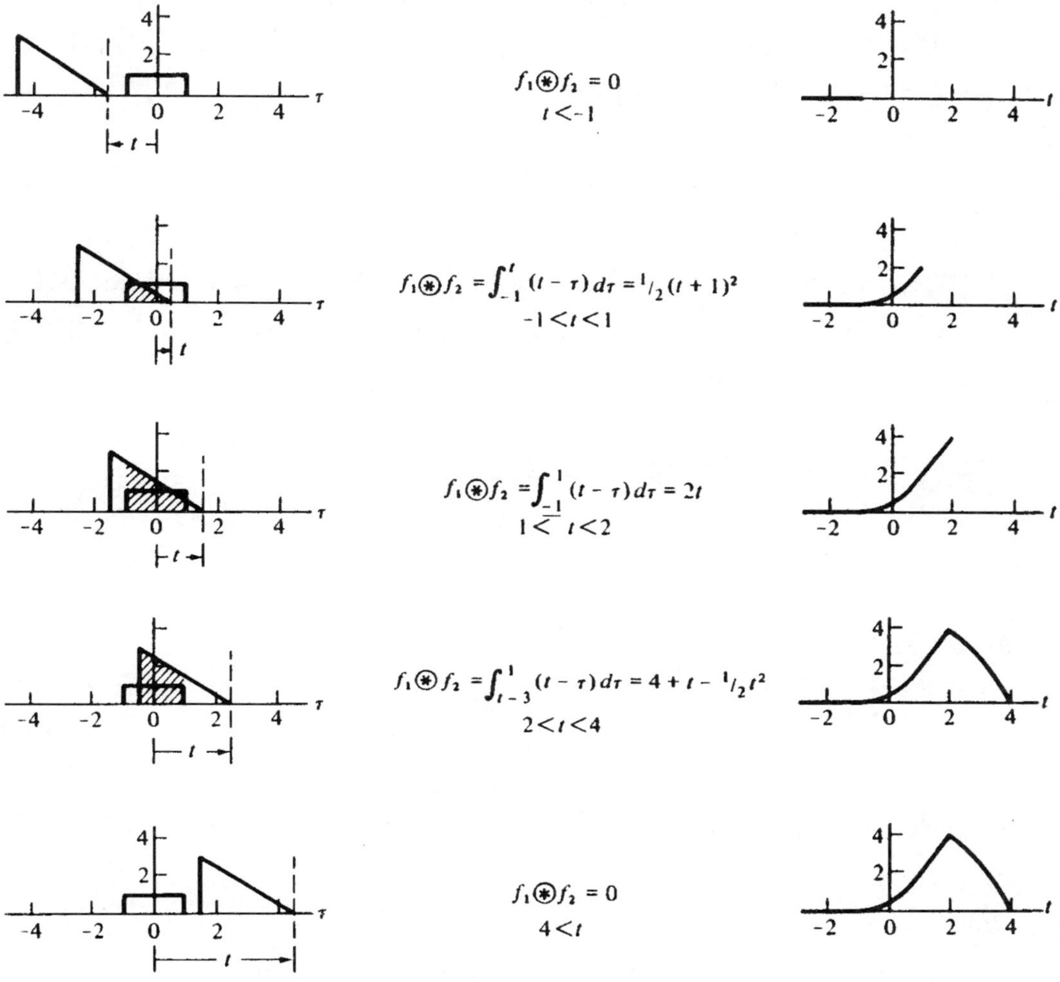

그림 8-78 합성적분의 도해

특성 : (11) PARSEVAL의 등식

푸리에 급수에서의 주기적인 신호에 대한 Parseval의 등식

$$\frac{1}{T}\int_{-T/2}^{T/2}[x(t)]^2 dt = \sum_{n=-\infty}^{\infty}|c_n|^2 \tag{8.35}$$

에서 $T \to \infty$ 및 T를 양변에 곱한 경우와 같다. 따라서 푸리에 급수에서의 주기적인 신호에 대한 Parseval의 등식과 유사하게, 임의 함수 $x(t)$에 대한 푸리에 변환쌍, $x(t) \leftrightarrow X(\omega) = A(\omega)e^{j\theta(\omega)}$가 주어지면

$$E = \int_{-\infty}^{\infty} |x(t)|^2 dt = \frac{1}{2\pi}\int_{-\infty}^{\infty} A^2(\omega)d\omega \tag{8.221}$$

가 성립하는데, 이것을 '푸리에 변환에 대한 Parseval의 등식' 이라고 부르고, 모든 주파수에 대한 전력 스펙트럼 $A^2(\omega)$의 합과 같다는 것을 의미한다. $x(t)$가 전압[V]일 때 $A^2(w)$의 단위는 [V·s]2이며, E는 [(W·s)/Hz]=[J/Hz]로 표현된다.

[증명] 임의의 두 함수에 대한 푸리에 변환쌍은

$$x_1(t) \cdot x_2(t) \Leftrightarrow \frac{1}{2\pi}X_1(\omega) * X_2(\omega)$$

와 같으므로,

$$\therefore \int_{-\infty}^{\infty} x_1(t)x_2(t)e^{-jwt}dt = \frac{1}{2\pi}\int_{-\infty}^{\infty} X_1(y)X_2(\omega - y)dy \tag{8.222}$$

로 쓸 수 있다. 단, $x_1(t) = x(t), x_2(t) = x^*(t)$로 두면, F9 より $x^*(t) \leftrightarrow X^*(-w)$이므로 식 (8.222)는

$$\int_{-\infty}^{\infty} x(t)x^*(t)e^{-jwt}dt = \frac{1}{2\pi}\int_{-\infty}^{\infty} X(y)X^*[-(\omega - y)]dy \tag{8.223}$$

로 된다. 여기서, $w=0$로 두면

$$\int_{-\infty}^{\infty} x(t)x^*(t)dt = \frac{1}{2\pi}\int_{-\infty}^{\infty} X(y)X^*(y)dy$$

로 되고, 우변의 변수 y를 ω로 고쳐쓰면

$$\int_{-\infty}^{\infty} |x(t)|^2 dt = \frac{1}{2\pi}\int_{-\infty}^{\infty} A^2(\omega)d\omega$$

로 된다.

또한, 식 (8.223)에서 $\omega=0$으로 두면,

$$\int_{-\infty}^{\infty} x_1(t)x_2(t)dt = \frac{1}{2\pi}\int_{-\infty}^{\infty} X_1(y)X_2(-y)dy \tag{8.224}$$

로 되며, 식 (8.224)로부터 다음의 값을 계산해 본다.

$$I_1 = \int_{-\infty}^{\infty} \frac{\sin^3\omega}{\omega^3}d\omega, \quad I_2 = \int_{-\infty}^{\infty} \frac{\sin^4\omega}{\omega^4}d\omega \tag{8.225}$$

먼저, 방형파에 대한 푸리에 변환 및 삼각파 펄스에 대한 푸리에 변환으로부터 I_1을 구해보자.

$$\int_{-\infty}^{\infty} Rect_{T_1}(t) \cdot Tri_{T_2}(t)dt = \frac{1}{2\pi}\int_{-\infty}^{\infty} \frac{2\sin\omega T_1}{\omega} \cdot \frac{4}{T_2\omega^2}\sin^2\frac{\omega T_2}{2}d\omega \tag{8.226}$$

로 되는데, 식 (8.226)으로부터 $T_1=1$, $T_2=2$로 두면

$$\int_{-\infty}^{\infty} Rect_1(t) \cdot Tri_2(t)\,dt = \frac{1}{2\pi}\int_{-\infty}^{\infty} \frac{2\sin\omega}{\omega}\frac{4\sin^2\omega}{2\omega^2}d\omega$$

로 된다. 좌변은 우함수이므로

$$2\int_{-1}^{0}(1+\frac{1}{2}t)dt = \frac{2}{\pi}\int_{-\infty}^{\infty}\frac{\sin^3\omega}{\omega^3}d\omega$$

로 고쳐 쓸 수 있고,

$$\int_{-\infty}^{\infty}\frac{\sin^3\omega}{\omega^3}d\omega = \pi\int_{-1}^{0}(1+\frac{1}{2}t)dt$$

가 되므로

$$\therefore I_1 = \left[t+\frac{t^2}{4}\right]_{-1}^{0} = \frac{3}{4}\pi \tag{8.227}$$

가 구해진다. 이와 유사하게, I_2는 삼각파 펄스에 대한 푸리에 변환식으로부터

$$\int_{-\infty}^{\infty}[Tri_T(t)]^2dt = \frac{1}{2\pi}\int_{-\infty}^{\infty}\left(\frac{4}{T\omega^2}\sin^2\frac{\omega T}{2}\right)^2 d\omega$$

로 되며, $T=2$로 두면

$$\int_{-\infty}^{\infty}[Tri_2(t)]^2dt = \frac{1}{2\pi}\int_{-\infty}^{\infty}\left(\frac{2\sin^2\omega}{\omega^2}\right)^2 d\omega = \frac{2}{\pi}\int_{-\infty}^{\infty}\frac{\sin^4\omega}{\omega^4}d\omega$$

로 되므로

$$I_2 = \int_{-\infty}^{\infty}\frac{\sin^4\omega}{\omega^4}d\omega = \frac{\pi}{2}\int_{-\infty}^{\infty}[Tri_2(t)]^2dt$$

로부터

$$I_2 = \frac{\pi}{2}\cdot 2\int_{-2}^{0}(1+\frac{t}{2})^2dt = \pi\left[t+\frac{t^2}{2}+\frac{t^3}{12}\right]_{-2}^{0}$$

$$\therefore I_2 = \frac{2}{3}\pi \qquad (8.228)$$

가 얻어지게 된다.

예제 47

신호 $x(t)=e^{-at}u(t)$, $(a>0)$의 에너지 밀도를 구하라.

[풀이] $x(t)$의 푸리에 변환

$$X(w) = \frac{1}{a+jw}$$

이며, 에너지 스펙트럼 밀도는

$$G(w) = \frac{1}{a^2+w^2}$$

로 되고 $-B<w<B$인 주파수 대역 내에 포함되는 에너지는

$$E_B = \int_{-B}^{B}\frac{dw}{a^2+w^2} = \frac{2}{a}\int_{0}^{B/a}\frac{dv}{1+v^2} = \frac{2}{a}\tan^{-1}\frac{B}{a}$$

로 표현된다.

예제 48

임의의 입력신호 $g(t)$가 전달특성 $h(t)$인 시스템에 가해질 때, 출력 $y(t)$의 에너지 스펙트럼 밀도를 구하라.

[풀이] 입력신호 및 전달특성에 대한 푸리에 변환을 $F[g(t)] = G(w)$ 및 $F[h(t)] = H(w)$로 정의할 때, 출력 $y(t)$의 에너지 스펙트럼은 $F[y(t)] = Y(w) = F[g(t) * h(t)]$ 및 Parseval의 정리에 의하여

$$E = \int_{-\infty}^{\infty} |y(t)|^2 dt = \int_{-\infty}^{\infty} |Y(w)|^2 dw = |H(w)\,G(w)|^2 = |H(w)|^2 |G(w)|^2 \tag{8.229}$$

로 쓸 수 있다. 이 결과를 구하는 과정을 도시하면 그림 8-79와 같다.

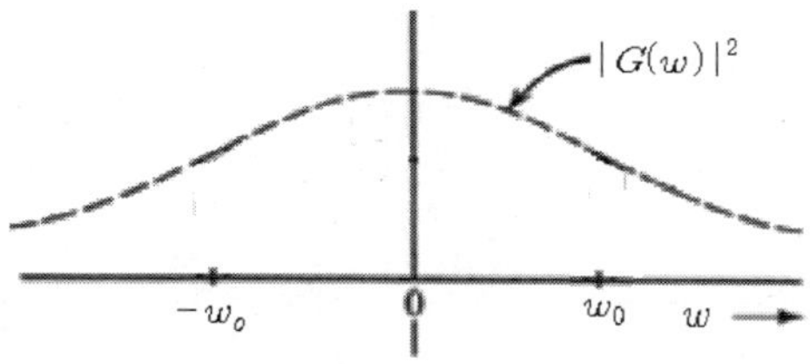

(a) $|G(w)|^2$

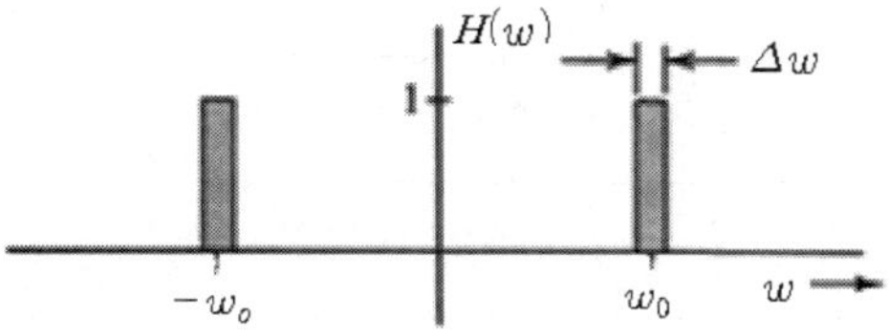

(b) $H(w)$

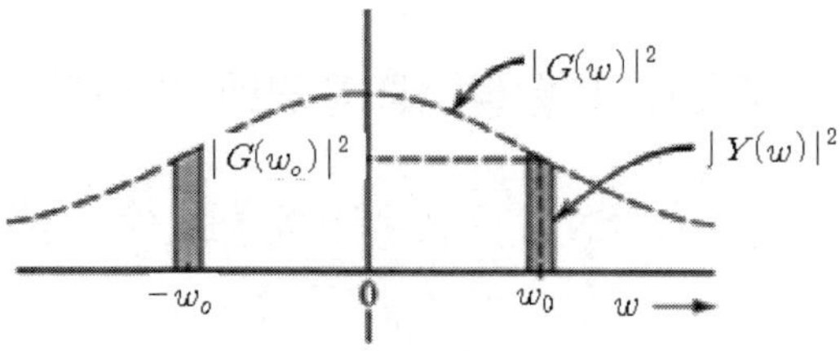

(c) $|Y(w)|^2 = |H(w)\,G(w)|^2$

그림 8-79 시스템의 출력 $y(t)$의 에너지 스펙트럼

이상에서 논의된 푸리에 변환의 주요 특성들을 요약하면 표 8-2와 같다.

표 8-2 푸리에 변환의 주요 특성 요약

특 성	시간함수	푸리에 변환	비고
선형성(중첩+스칼라배)	$af_1(t)+bf_2(t)$	$aF_1(w)+bF_2(w)$	
쌍대성	$F(t)$	$f(-w)$	
시간 스케일링	$f(at)$	$\frac{1}{\lvert a\rvert}F(w/a)$	
시간 추이	$f(t-t_o)$	$F(w)e^{-jwt_o}$	
주파수 추이	$f(t)e^{jwt_o}$	$F(w-w_o)$	
시간 합성적분	$f_1(t)*f_2(t)$	$F_1(w)\cdot F_2(w)$	
주파수 합성적분	$f_1(t)\cdot f_2(t)$	$F_1(w)*F_2(w)$	
시간 미분	$\frac{d^nf(t)}{dt^n}$	$(jw)^nF(w)$	
주파수 미분	$(-jt)^nf(t)$	$\frac{d^nF(w)}{dw^n}$	
적 분	$\int_{-\infty}^{t}f(\tau)d\tau$	$\frac{F(w)}{jw}+\frac{1}{2}F(0)\delta(w)$	
공액특성	$f^*(t)$	$F^*(-w)$	
Parseval의 등식	$\int_{-\infty}^{\infty}\lvert x(t)\rvert^2dt$	$\frac{1}{2\pi}\int_{-\infty}^{\infty}A^2(\omega)d\omega$	

[11] 주요 파형들의 푸리에 변환쌍 및 푸리에 변환표

그림 8-80은 몇 가지 중요 파형에 대한 푸리에 변환쌍을 나타낸 것이고 그림 8-81은 선형성을 도시한 것이다.

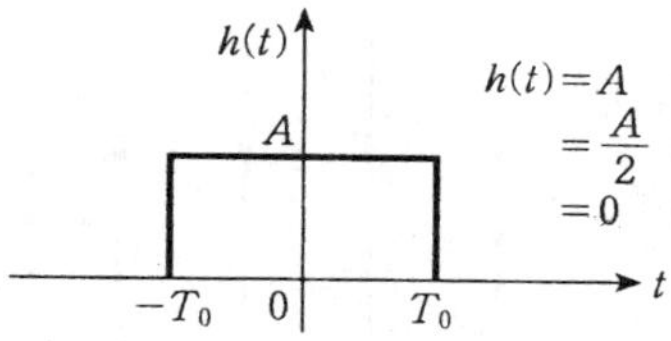

$$h(t) = A \quad |t| > T$$
$$= \frac{A}{2} \quad |t| = T_0$$
$$= 0 \quad |t| < T_0$$

⇔

$$H(f) = 2AT_0 \frac{\sin(2\pi f_0 t)}{2\pi T_0 f}$$

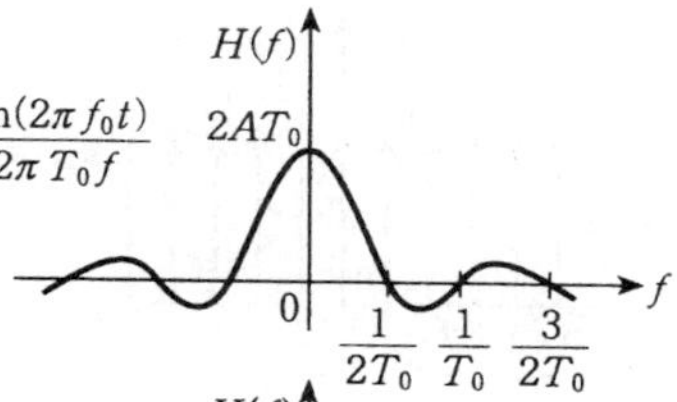

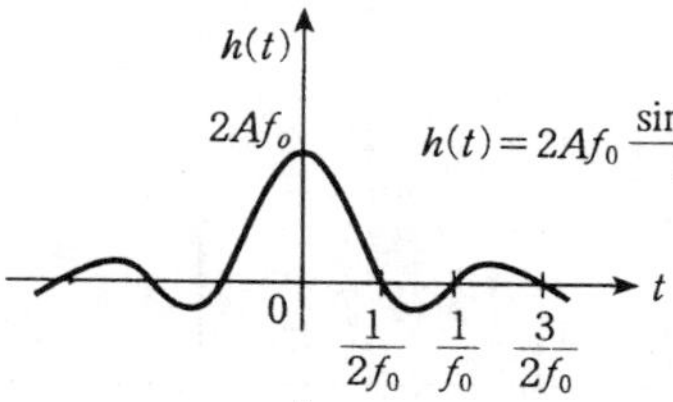

$$h(t) = 2Af_0 \frac{\sin(2\pi f_0 t)}{2\pi f_0 t}$$

⇔

$$H(f) = A \quad |f| < f_0$$
$$= \frac{A}{2} \quad |f| = f_0$$
$$= 0 \quad |f| > f_0$$

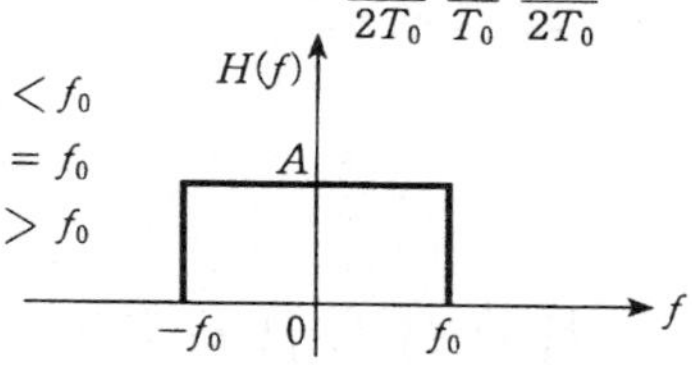

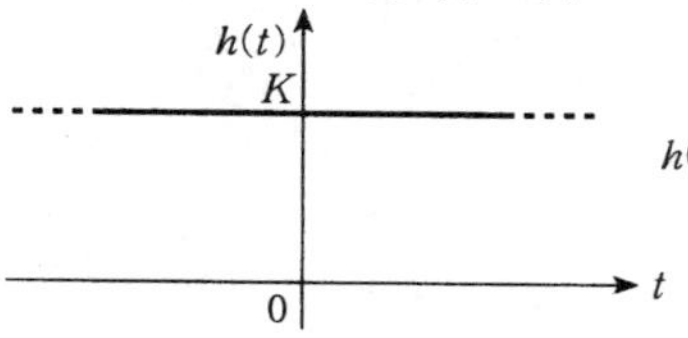

$$h(t) = K$$

⇔

$$h(t) = K\delta(f)$$

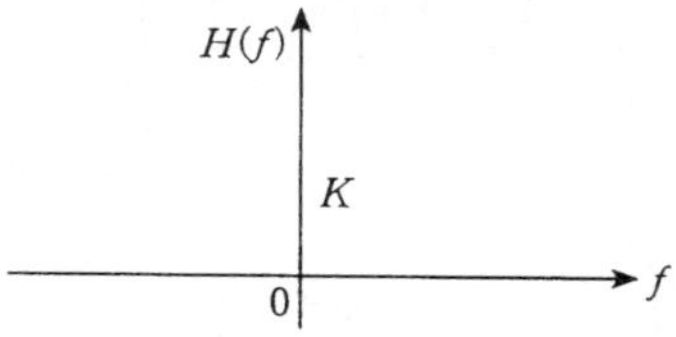

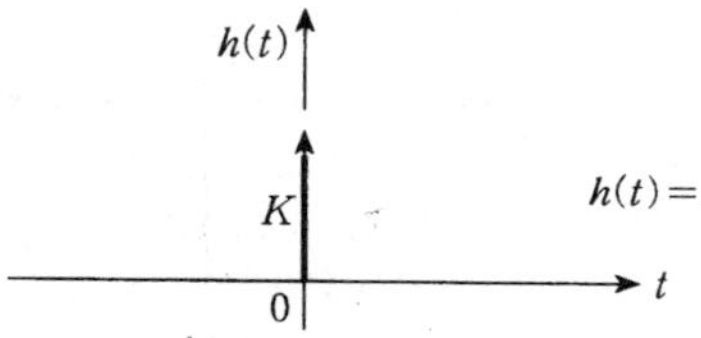

$$h(t) = K\delta(t)$$

⇔

$$H(f) = K$$

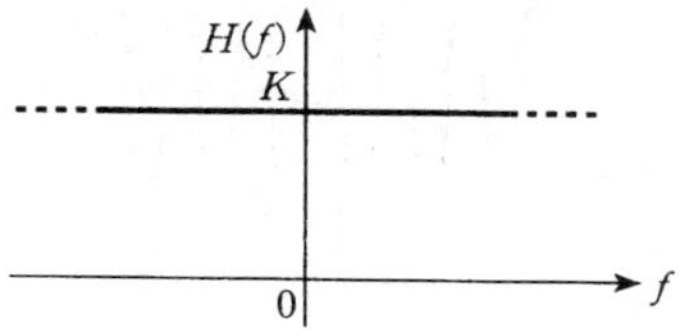

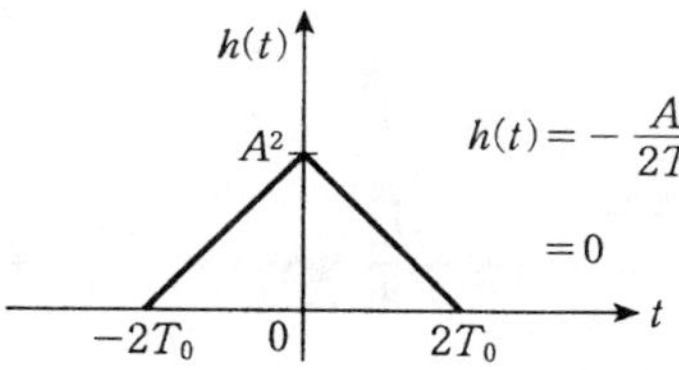

$$h(t) = -\frac{A^2}{2T_0}|t| + A^2 \quad |t| < 2T_0$$
$$= 0 \quad |t| > 2T_0$$

⇔

$$H(f) = A^2 \frac{\sin^2(2\pi T_0 f)}{(\pi f)^2}$$

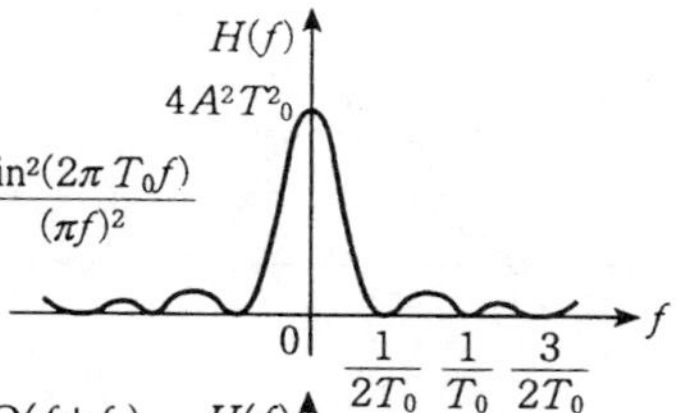

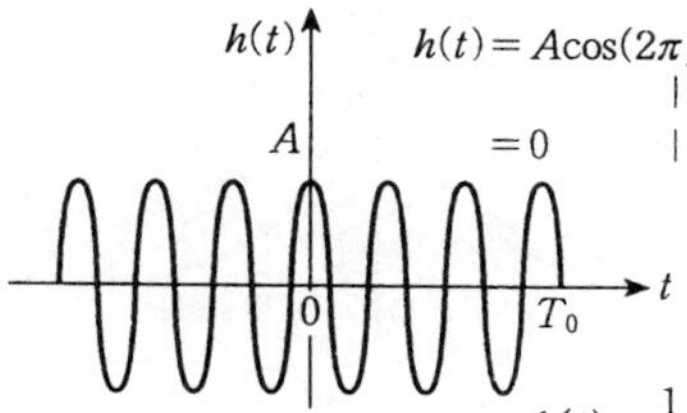

$$h(t) = A\cos(2\pi f_0 t) \quad |t| < 2T_0$$
$$= 0 \quad |t| > 2T_0$$

⇔

$$H(f) = A^2 T_0 \varepsilon \Omega(f + f_0) + \Omega(f - f_0)$$
$$\Omega(f) = \frac{\sin(2\pi T_0 f)}{2\pi T_0 f}$$

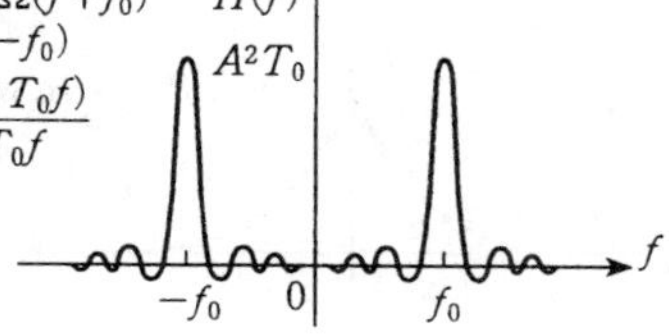

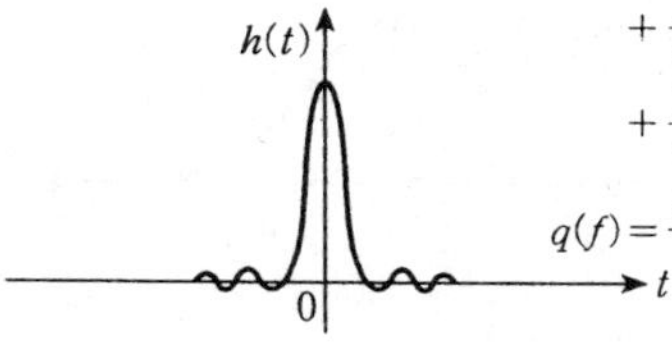

$$h(t) = \frac{1}{2} q(t) + \frac{1}{4} q\left(t + \frac{1}{2f_0}\right) + \frac{1}{4} q\left(t - \frac{1}{2f_0}\right)$$
$$q(f) = \frac{\sin(2\pi T_0 f)}{\pi t}$$

⇔

$$H(f) = \frac{1}{2} + \frac{1}{2}\cos\left(\frac{\pi f}{f_0}\right) \quad |f| \le f_0$$
$$= 0 \quad |f| > f_0$$

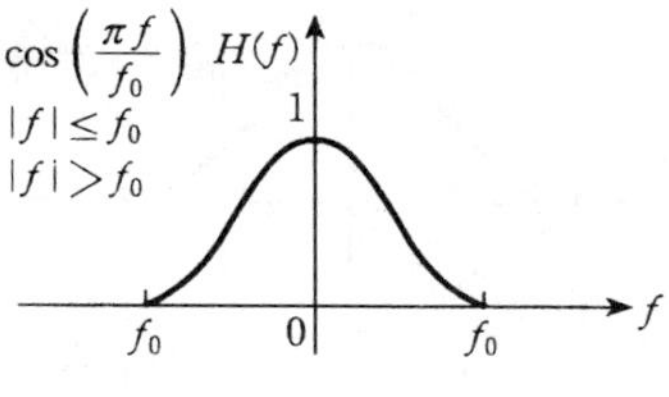

그림 8-80 (계 속)

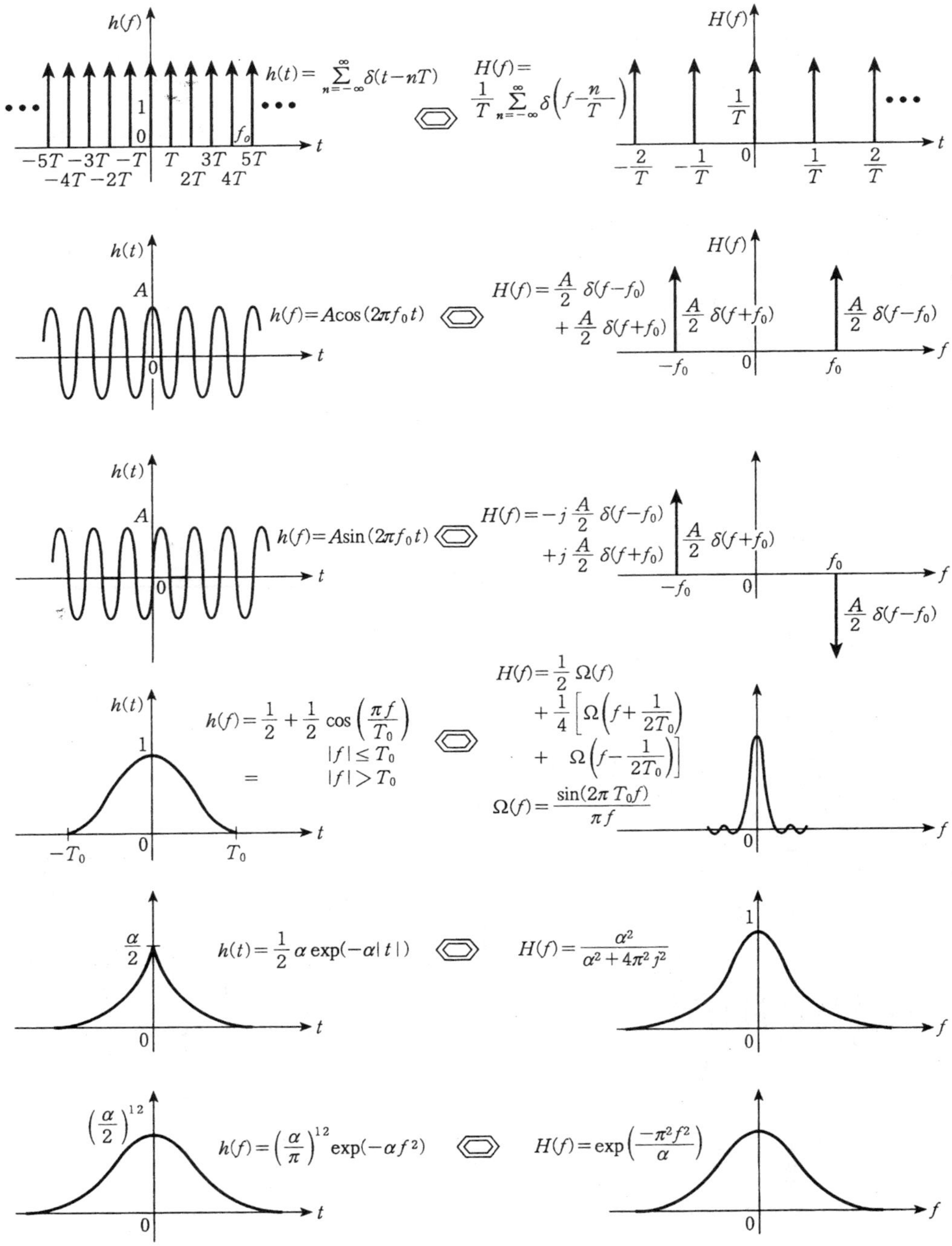

그림 8-80 일련의 중요 파형들의 푸리에 변환

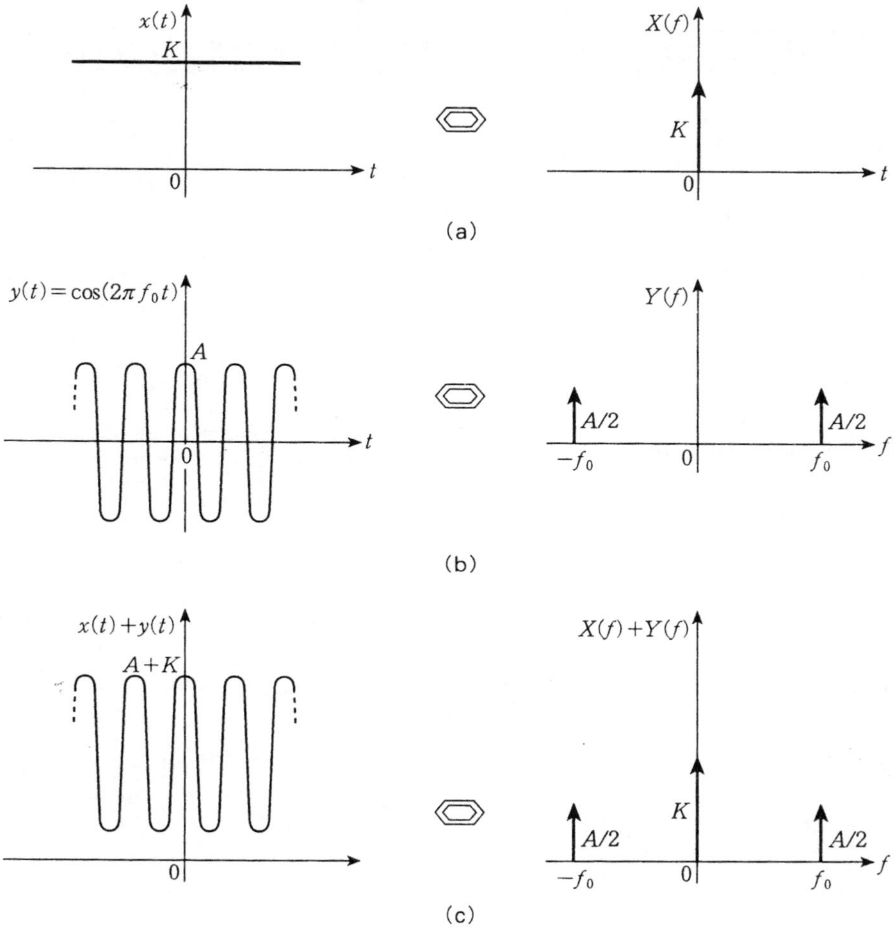

그림 8-81 선형성

다음 표 8-3은 몇 종류의 기본함수에 대한 푸리에 변환을 요약한 것이다.

표 8-3 푸리에 변환표

No. $h(t)$	$H(f)$
1. $\Pi\left(\frac{t}{\tau}\right)$	$\tau \mathrm{sinc} \tau f$
2. $2\alpha \mathrm{sinc} 2\alpha t$	$\Pi\left(\frac{f}{2\alpha}\right)$
3. $\Lambda\left(\frac{t}{\tau}\right)$	$\tau \mathrm{sinc}^2 \tau f$
4. $e^{-\alpha t}u_s(t),\ \alpha > 0$	$\frac{1}{\alpha + j2\pi f}$
5. $te^{-\alpha t}u_s(t),\ \alpha > 0$	$\frac{1}{(\alpha + j2\pi f)^2}$
6. $e^{-\alpha \lvert t \rvert}u_s(t),\ \alpha > 0$	$\frac{1}{\alpha^2 + (2\pi f)^2}$
7. $\delta(t)$	1
8. 1	$\delta(f)$
9. $\delta(t - t_0)$	$e^{-j2\pi f t_0}$
10. $e^{j2\pi f_0 t}$	$\delta(f - f_0)$
11. $\cos 2\pi f_0 t$	$\frac{1}{2}[\delta(f - f_0) + \delta(f + f_0)]$
12 $\sin 2\pi f_0 t$	$\frac{1}{2j}[\delta(f - f_0) - \delta(f + f_0)]$
13. $u_s(t)$	$\frac{1}{j2\pi f} + \frac{1}{2}\delta(f)$
14. sgn$t$	$\frac{1}{j\pi f}$
15. $\frac{1}{\pi t}$	$-j\mathrm{sgn}(f)$
16. $x(t) = \frac{1}{\pi}\int_{-\infty}^{\infty} \frac{x(\lambda)}{t - \lambda} d\lambda$	$-j\mathrm{sgn} f X(f)$
17. $\sum_{m=-\infty}^{\infty} \delta(t - mt_s)$	$f_s \sum_{m=-\infty}^{\infty} \delta(f - mft_s)$ $\quad f_s = \frac{1}{T}$
18. $h(kt)$	$\frac{1}{\lvert k \rvert} H\left(\frac{f}{k}\right)$
19. $\frac{1}{\lvert k \rvert} h\left(\frac{t}{k}\right)$	$H(kf)$
20. $h(t - t_0)$	$H(f)e^{-j2\pi f t_0}$
21. $h(t)e^{-j2\pi f_0 t}$	$H(f - f_0)$

[12] 임펄스 응답과 단위 계단 응답

제8-2-10에서 설명한 합성적분의 개념을 이용하면 시스템의 응답도 구할 수 있다. 주어진 시스템 전달함수의 역 라플라스 변환이 임펄스 응답과 같은 것임도 제 6 장에서 고찰한 바 있다. 그림 8-82와 같이 $x(t)$가 시스템의 입력으로 임펄스 함수이면 시스템의 출력 $y(t)$은 임펄스 응답 $h(t)$와 같게 된다. 즉, 입력 $x(t)$가 임펄스 함수 $\delta(t)$이면

$$Y(w) = H(w)\,X(w) = H(w) = F[h(t)] \tag{8.230}$$

$$y(t) = \int_{-\infty}^{\infty} x(\tau)h(t-\tau)d\tau = h(t) \tag{8.231}$$

로 되므로 시스템의 응답은 전달함수 $H(w)$의 역푸리에 변환과 같게 된다. $H(w)$는 일반적으로 복소량이므로

$$H(w) = |H(w)|e^{j\phi} \tag{8.232}$$

로 주어진다. 여기서, $|H(w)|$는 시스템의 진폭응답을 나타내고 ϕ는 시스템의 위상응답을 나타낸다. 그리고 입력 $x(t-\tau)$에 대한 시스템의 임펄스 응답은 선형 시스템에서는 시간의 추이에 대해 불변이므로 $y(t) = h(t-\tau)$로 된다. 이를 응용한 선형 시스템의 응답 문제를 다음의 예제를 통해 고찰한다.

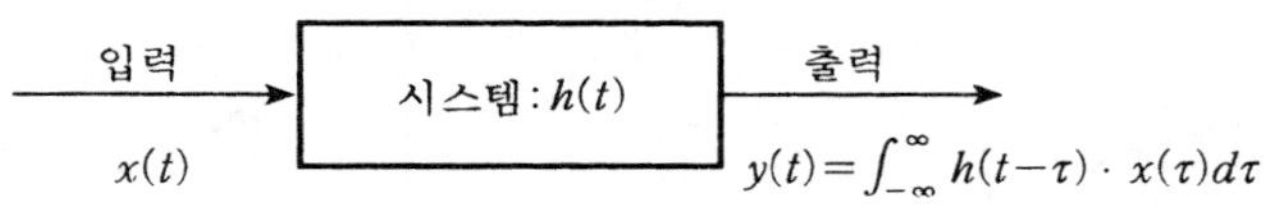

그림 8-82 시스템의 입출력 관계

예제 49

그림 8-83 (a)와 같은 시스템에서 입력이 좌편의 그림으로 정의될 때의 시스템 응답 $y(t)$를 나타내어라.

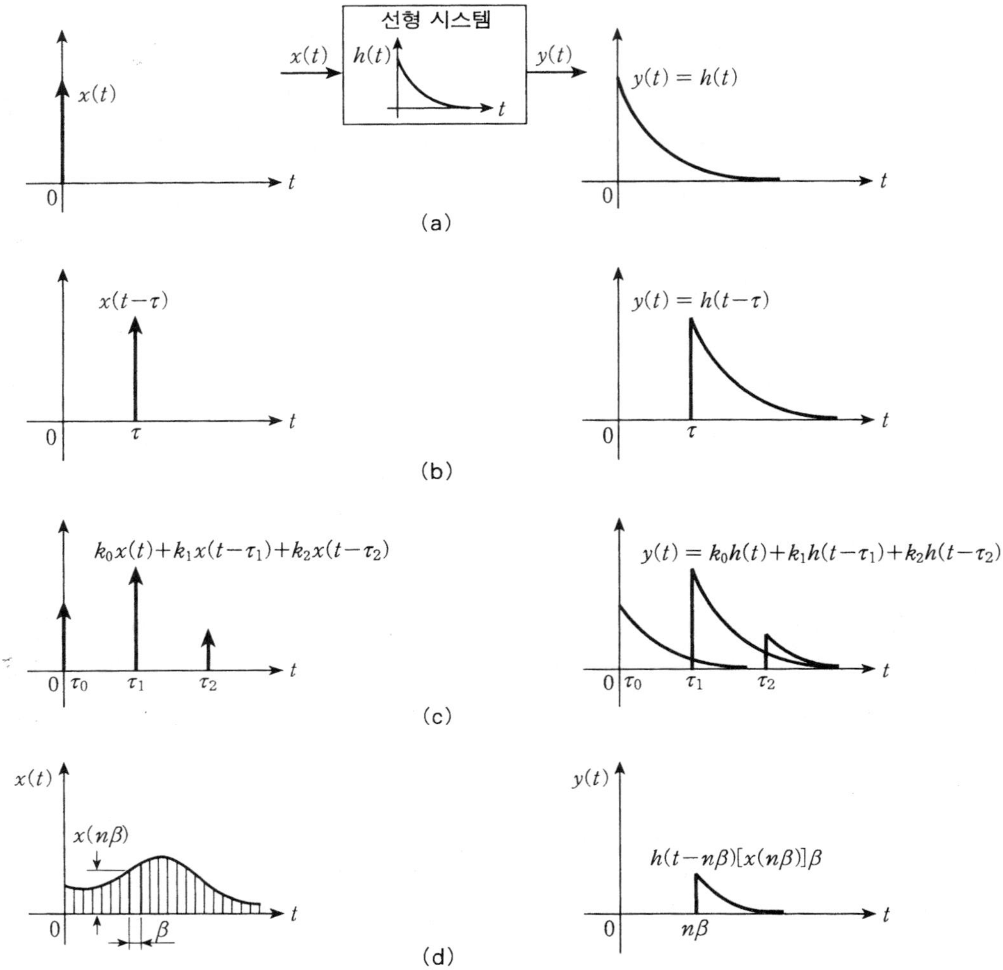

그림 8-83 시스템의 입력과 임펄스 응답

[풀이] ① 입력이 τ만큼 추이되어 있으므로 응답 또한 τ만큼 추이된다.

② 3개의 임펄스로 입력함수이고 시스템이 선형이므로 중첩의 원리를 적용할 수 있다. 즉, 입력의 k_1배이면 출력 또한 k_1배로 되고 입력 $x(t)$가

$$x(t) = k_0 x(t) + k_1 x(t-\tau_1) + k_2 x(t-\tau_2)$$

와 같이 3개의 입력으로 주어지면 출력 $y(t)$ 또한

$$y(t)=\sum_{i=0}^{2}k_i h(t-\tau_i)=k_0 h(t)+k_1 h(t-\tau_1)+k_2 h(t-\tau_2) \qquad \text{단, } \tau_0=0$$

로 된다.

③ 이 경우는 임펄스 함수가 중첩되어진 것으로 볼 수 있다. 즉, 주어진 입력 함수를 0에 가까운 미소폭 β로 분해한다면 n 번째($n=-\infty, \cdots, 0, 1, 2, \cdots, \infty$)에서의 입력은 $x(n\beta)$로 되고, 이의 면적은 $\beta \cdot x(n\beta)$로 되므로 출력 $y(n\beta)$는 $h(t-n\beta)\cdot\beta\cdot x(n\beta)$와 같다. 따라서 입력 $x(t)$에 대한 출력 $y(t)$는

$$y(t)=\sum_{n=-\infty}^{\infty}h(t-n\beta)\cdot\beta\cdot x(n\beta) \tag{8.233}$$

로 된다. 그리고 $\beta\to 0$이고 $n\to\infty$이면, $n\beta\to\tau$ 이므로 식 (8.138)은

$$y(t)=\int_{-\infty}^{\infty}h(t-\tau)\cdot x(\tau)d\tau \tag{8.234}$$

를 얻게 된다.

예제 41

그림 8-84와 같이 RC 필터가 주어질 때의 (a) 일반 응답과 (b) $x(t)=Ae^{-at}u_s(t)$ 일 때의 응답을 구하라.

[풀이] ① 회로의 미분방정식은 $-\infty < t < \infty$의 구간에서

$$RC\frac{dy}{dt}+y(t)=x(t) \tag{8.235}$$

로 주어지고, 각 항의 푸리에 변환이 존재하므로 식 (8.235)를 푸리에 변환하면

$$(jwRC+1)Y(w)=X(w) \tag{8.236}$$

로 되고,

$$H(w)=\frac{Y(w)}{X(w)}=\frac{1/(jwC)}{R+1/(jwC)}=\frac{1}{1+jwRC}=\frac{1}{1+j(w/w_o)} \tag{8.237}$$

$$=\frac{1}{\sqrt{1+(wRC)^2}}e^{-j\tan^{-1}(wRC)}=\frac{1}{\sqrt{1+(w/w_o)^2}}e^{-j\tan^{-1}(w/w_o)}$$

를 얻게 된다. 단, $w_0=1/(RC)$는 3 dB 주파수 또는 반 전력 주파수(Half Power Frequency)이다.

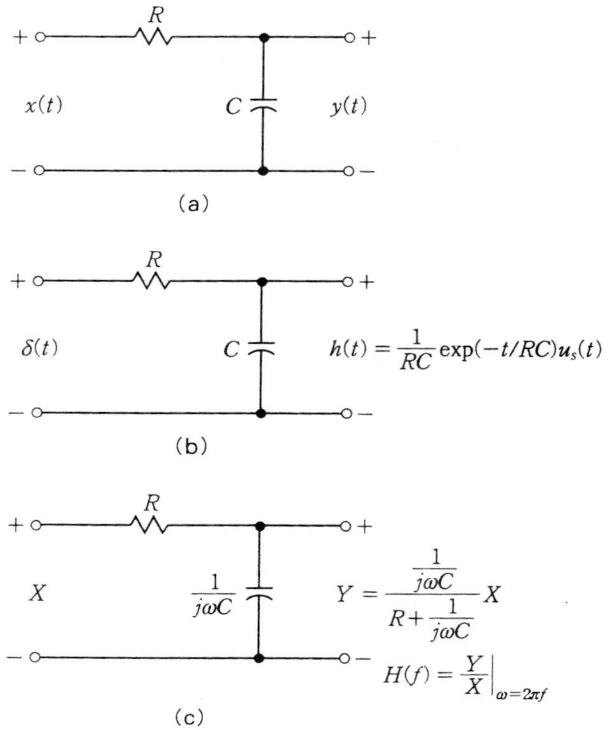

그림 8-84 RC **회로**

② $x(t) = Ae^{-at}u_s(t)$일 때, 이의 푸리에 변환 $X(w)$는

$$X(w) = \frac{A}{a+jw} \tag{8.238}$$

로 되며 출력의 푸리에 변환 $Y(w)$는

$$Y(w) = H(w)\,X(w) = \frac{1}{jwRC+1} \cdot \frac{A}{a+jw}$$

$$= \frac{A}{aRC-1}\left[\frac{1}{1/RC+jw} - \frac{1}{a+jw}\right]$$

로 된다. 여기서 $aRC \neq 1$이다. 푸리에 변환표를 이용해서 역푸리에 변환하면 출력 $y(t)$는

$$y(t) = \frac{A}{aRC-1}\left[e^{-t/RC} - e^{-at}\right]u_s(t) \tag{8.239}$$

로 되며, $aRC = 1$이면

$$y(t) = \frac{A}{RC} e^{-t/RC} u_s(t) \tag{8.240}$$

로 된다.

예제 51

그림 8-85과 같은 입력이 그림 8-82 (a)의 RC 회로에 인가될 때의 응답 $y(t)$를 구하라.

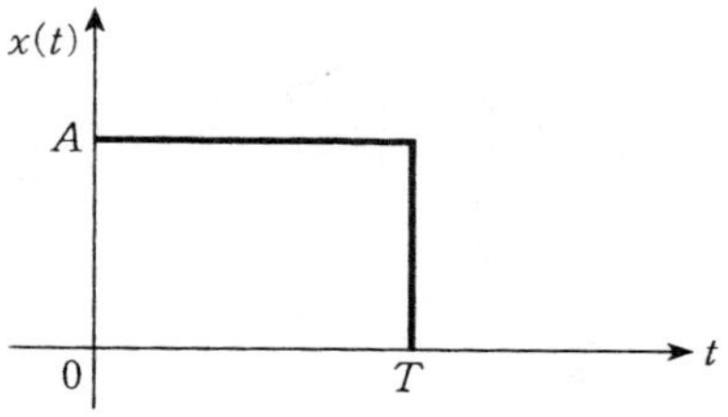

그림 8-85 $x(t) = A\Pi\left(\frac{t-T/2}{T}\right) = A[u_s(t) - u_s(t-T)]$

[풀이] 입력 $x(t)$에 대한 출력은 푸리에 역변환으로부터 구하는 것은 곤란하다. 따라서 $x(t)$가 2개의 계단 함수로 구성되므로 중첩의 원리에 의해 출력 $y(t)$는

$$y(t) = \begin{cases} 0 & t < 0 \\ A(1 - e^{-t/RC}) & 0 \leq t \leq T \\ A[e^{-(t-T)/RC} - e^{-t/RC}] & t > T \end{cases} \tag{8.241}$$

로 된다. 이의 결과를 그림 8-86 (a)에 나타내었다. 그리고 그림 8-86 (b) 및 (c)는 진폭응답 및 위상응답을 나타내고 있으며 그림 8-87은 시정수 $T = 10RC$ 및 $T = 0.5RC$의 각 경우에 대한 $X(f)$와 $H(f)$의 진폭응답을 나타낸 것이다. $T/RC = 2\pi f_0/T^{-1}$는 입력펄스의 스펙트럼 진폭(T^{-1})에 대한 필터의 3 dB 주파수 $f_0 = 1/2\pi RC$의 비에 비례한다. 그림 8-86과 같이 이 비가 커지면, 즉 RC 필터의 대역폭이 입력펄스의 스펙트럼 폭에 비해 커지게 되면 입력은 왜(歪)가 없이 통과하여 출력은 입력과 유사해진다. 반면, $2\pi f_0/T^{-1} \ll 1$로 되면 시스템은 입력 신호 스펙트럼을 왜곡시키며 출력은 입력의 형태와 전혀 달라지게 된다.

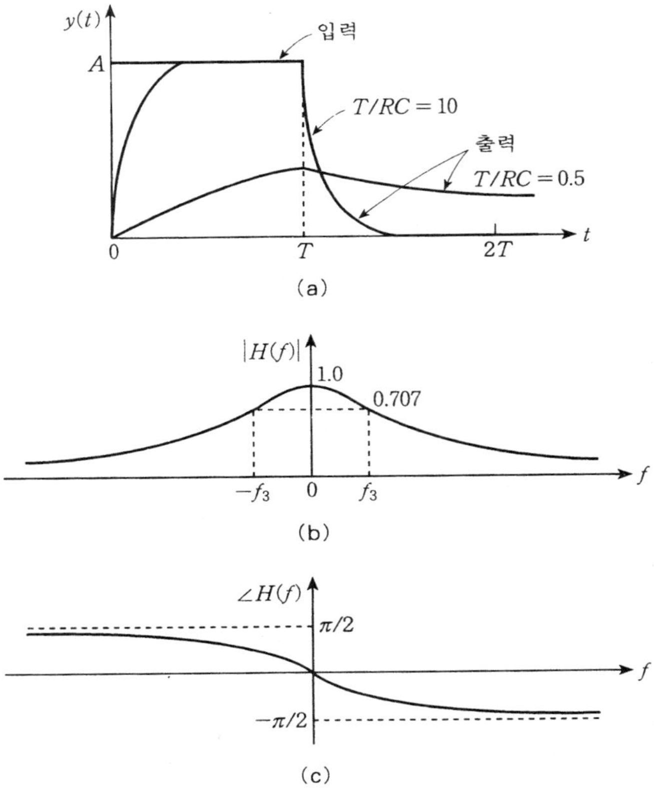

그림 8-86 RC **회로의 응답**

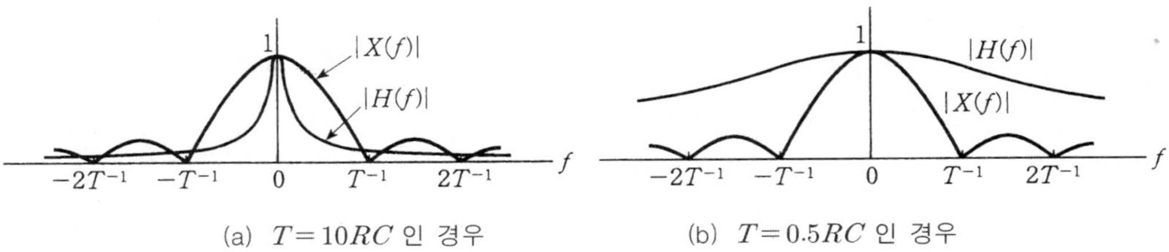

그림 8-87 RC **회로의 응답**

[13] 푸리에 변환을 응용한 정현신호 입력에 대한 정상상태 응답

주기적인 신호 $x(t)$는

$$x(t) = \sum_{-\infty}^{\infty} X_n e^{j2\pi n f_0 t} \tag{8.242}$$

와 같이 푸리에 급수로 전개되어진다. 이 식의 푸리에 변환은 변환쌍

$$e^{j2\pi n f_0 t} \Leftrightarrow \delta(f - nf_0) \tag{8.243}$$

을 이용하여

$$X(f) = \sum_{-\infty}^{\infty} \delta(f - nf_0) \tag{8.244}$$

가 얻어진다. 식 (8.244)를 시스템의 전달함수 $H(f)$와 곱해서 출력 $y(t)$를 얻는다. 즉,

$$\begin{aligned} Y(f) &= \sum_{-\infty}^{\infty} X_n H(f) \delta(f - nf_0) \\ &= \sum_{-\infty}^{\infty} X_n H(nf_0) \delta(f - nf_0) \end{aligned} \tag{8.245}$$

로부터 X_n 및 $H(nf_0)$는 각각

$$X_n = |X_n| e^{j\angle X_n} \tag{8.246}$$

$$H(nf_0) = |H(nf_0)| e^{j\angle H(nf_0)} \tag{8.247}$$

로 되므로 출력 $y(t)$는 역 푸리에 변환에 의해

$$y(t) = \sum_{-\infty}^{\infty} |X_n| |H(nf_0)| e^{j[2\pi n f_0 + \angle X_n + \angle H(nf_0)]} \tag{8.248}$$

를 얻게 된다. 여기서 n은 기본 주파수 f_0에 대한 고조파 차수를 의미하므로 X_n은 입력 $x(t)$의 n 차 고조파 성분을 의미한다. 그리고 $\angle H(nf_0)$는 $x(t)$의 n 차 고조파 입력

에 대한 위상 천이의 크기를 나타낸다.

예제 52

시스템의 진폭과 위상응답이

$$|H(f)| = K\Pi\left(\frac{f}{2B}\right) = \begin{cases} K & |f| \leq B \\ 0 & \text{기타} \end{cases}$$

$$\angle H(f) = -2\pi t_0 f$$

와 같은 이상적 저역필터에 입력 $x(t) = A\cos(2\pi f_0 t + \theta_0)$이 인가될 때의 시스템의 출력 $y(t)$를 구하라.

[풀이] 입력 $x(t)$를 푸리에 변환하면

$$X_1 = \frac{1}{2}Ae^{j\theta_0} = X_{-1}^*$$

로 되며 기타의 X_n은 0이 된다. 따라서 출력은

$$y(t) = \begin{cases} 0 & f_0 > B \\ KA\cos[2\pi f_0(t - t_0) + \theta_0] & f_0 \leq B \end{cases}$$

로 된다. 이것은 차단 주파수 B보다도 더 큰 모든 주파수에서의 스펙트럼 성분은 완전히 제거되는 것을 의미할 뿐 아니라 차단 주파수 이하의 모든 입력 스펙트럼 성분은 진폭이 K배로 되고 위상은 $-2\pi t_0 f_0$ 만큼, 또는 시간상으로는 t_0만큼 추이되어 통과된다.

예제 53

다음 그림 8-88과 같은 스프링-질량-댐퍼계를 생각해 보자. 이 시스템의 미분방정식을 유도하고 이의 해를 푸리에 변환 기법을 응용하여 구하라. 단, 힘 $f(t)$가 질량 m에 가해지고 있다.

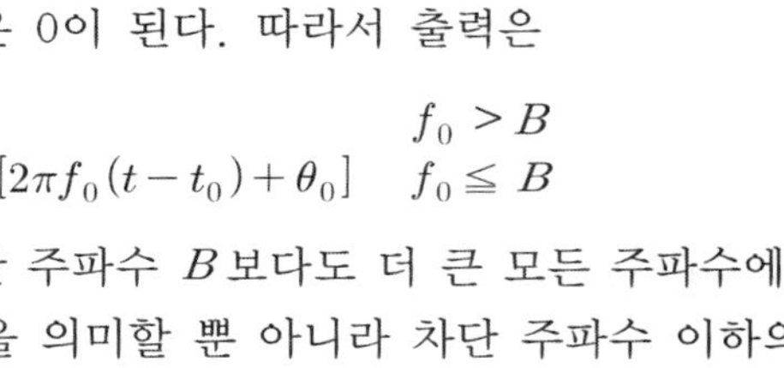

그림 8-88 스프링-질량-댐퍼계

[풀이] 변위 $x(t)$와 제동계수 β, 스프링 상수 k, 그리고 질량 m에 대한 미분방정식은

$$m\ddot{x}(t)+\beta\dot{x}(t)+kx(t)=f(t)$$

와 같다. 이를 질량 m으로 나누고 $\beta/m=2\zeta\omega_n$및 $k/m=\omega_n^2$으로 나누면

$$\ddot{x}(t)+\frac{\beta}{m}\dot{x}(t)+\frac{k}{m}x(t)=\frac{f(t)}{m}$$

$$\ddot{x}(t)+2\zeta\omega_n\dot{x}(t)+\omega_n^2x(t)=\frac{f(t)}{m}$$

로 되며, 해 $x(t)\equiv F^{-1}X(j\omega)$ 및 $F(j\omega)\equiv F[f(t)]$로 정의하면

$$(-w^2+j2\zeta\omega_n\omega+\omega_n^2)X(j\omega)=\frac{F(j\omega)}{m}$$

로 될 것이다. 이로부터 응답 $X(j\omega)$를 구하면

$$X(j\omega)=\frac{F(j\omega)}{m(-w^2+j2\zeta\omega_n\omega+\omega_n^2)}=\frac{F(j\omega)}{m\omega_n^2}\frac{1}{[1-(\omega/\omega_n)^2]+j2\zeta\omega_n/\omega}$$

로 되고 응답의 크기와 위상을 구하면

$$X(j\omega)=\frac{1/k}{[1-(\omega/\omega_n)^2]^2+[2\zeta\omega_n/\omega]^2}|F(j\omega)|\angle\phi$$

로 된다. 여기서 위상각은 다음과 같다.

$$\phi=-\tan^{-1}\frac{[2\zeta\omega_n/\omega]}{[1-(\omega/\omega_n)^2]}+\phi_{F(j\omega)}$$

Chapter

09 이산시간 계열과 Z 변환

9.1 서 론

연속시간 함수 $f(t)$ 및 연속시간 시스템을 표현하는 방정식을 취급할 때는 라플라스 변환이 유력한 수학적 도구이다. 최근 이산적인 양을 취급하는 경우가 증가되는 추세에 있다.

그것은 전후의 펄스 기술의 진전 및 컴퓨터의 발달과 더불어 IC 기술의 경이적인 진보에 근거하고 있다.

이산시간 신호, 특히 등간격으로 주어지는 함수 및 이산값 시스템을 나타내는 방정식에 대해서는 Z 변환을 적용하는 것이 훨씬 편리하다. 이는 이산시간 함수 $f^*(t)$를 라플라스 변환한 $F^*(s)$에 $z = e^{st}$인 변환을 대입하여 얻어지는 z 의 함수, 즉 연속시간 함수 $f(t)$를 T초마다 샘플링한 이산값 함수 $f^*(t)$의 Z 변환을 z 영역에서 처리하면 여러 가지 중요한 정보를 알 수 있게 된다는 것이다.

다시 말하면, 디지털 시스템의 해석과 설계에는 Z 변환이 최적의 형식이 되는 셈이다.

따라서 먼저 이 장에서는 스칼라인 등간격 이산값 계열 $\sum f_k$에 대한 Z 변환의 정의와 기본적 계산법에 대해 설명하고자 한다. 여기서 $\sum f_k$는 반드시 시간의 계열만을 의미하는 것은 아니지만 실제의 응용시 $\sum f_k$는 연속시간함수 $f(t)$를 주기 T로 샘플링함에 따라 얻어지는 이산값 시간계열인 경우가 많다. 따라서 설명의 편의상 $\sum f_k = \sum f(kT)$는 이산값 시간계열로 정의한다.

9.2 라플라스 변환과 Z 변환의 관계

이 절에서는 먼저 이산시간 신호 및 이것을 사용하는 이산시간 시스템을 라플라스 변환에서의 s 의 함수로 해석하는 것보다도 $z=e^{sT}$의 관계로 변환한 Z 의 함수로 해석하는 편이 더 유리한 이유를 기술하고, 다음에는 z의 정의 및 Z 변환의 계산법을 다룬다.

[1] 이산시간 신호

이산시간 시스템 또는 디지털 시스템에서 취급하는 신호는 연속시간 신호인 아날로그 신호와는 달리 등간격, 즉 $t=kT(k=\cdots,-2,-1,0,1,2,\cdots)$에서 정의되는 시간 계열 $\Sigma f_k=\Sigma f(kT)$이다. 단, T는 시스템에서 결정되는 특정한 값인 샘플링 주기[s]이다. 이 계열은 이산시간 신호(또는 이산신호) 또는 디지털 신호(시간간격뿐만 아니라 크기도 이산화한 신호)라 한다. 대표적인 이산신호로서 단위 펄스 계열 $\Sigma\delta_p(kT)$ 및 단위 계단 계열 $\Sigma u_s(kT)$를 식 (9.1) 및 (9.2)로 표현하며 그림 9-1과 같이 나타낸다.

$$\text{단위 펄스 계열 : } \sum\delta_p(kT)=\begin{cases}1: & k=0\\0: & k\neq 0\end{cases} \tag{9.1}$$

$$\text{단위 계단 계열 : } \sum u_s(kT)=\begin{cases}1: & k\geq 0\\0: & k<0\end{cases} \tag{9.2}$$

단위 펄스 계열 $\Sigma\delta_p(kT)$는 이산시간함수 공간에서 임펄스 함수 $\delta(t)$

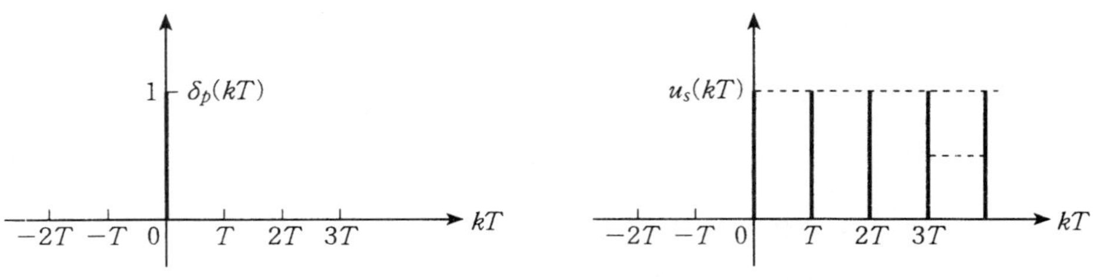

(a) 단위 펄스 계열 (b) 단위 계단 계열

그림 9-1 대표적인 이산신호

의 이산신호이므로 델타함수 $\delta(t)$와 동일하고, 샘플링 시점의 정보를 얻기 위한 것이다. 따라서 단위 계단 계열을 단위 임펄스 계열로 표시하면

$$\sum u_s(kT) = \sum_{n=0}^{\infty} \delta_p(kT - nT) \tag{9.3}$$

로 된다. 단, $\delta_p(kT-nT)$는 식 (9.4)와 같이 정의되고 그림 9-2에서와 같이 $\delta_p(kT)$를 nT 만큼 지연시킨 단위 펄스 계열이다.

$$\delta_p(kT - nT) = \begin{cases} 1 & k = n \\ 0 & k \neq n \end{cases} \tag{9.4}$$

일반적인 이산신호 계열 $[f(kT)]$는 식 (9.4)의 임펄스계열을 이용하여

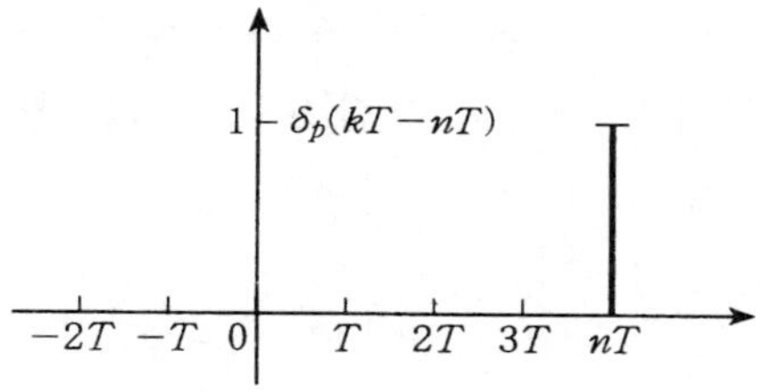

그림 9-2 지연된 단위 펄스 계열

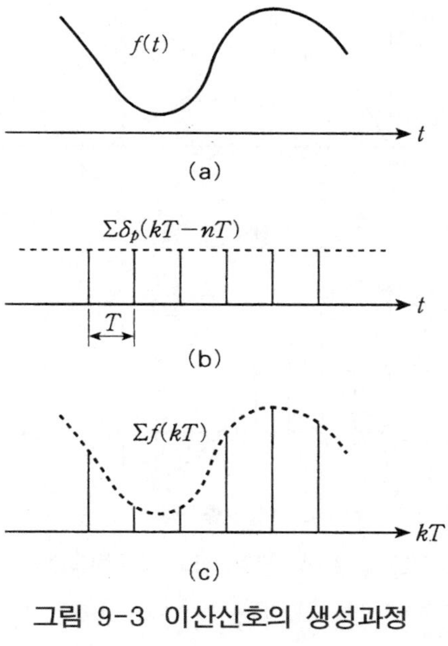

그림 9-3 이산신호의 생성과정

다음과 같이 나타낼 수 있다.

$$[f(kT)] = \sum f(kT) = \sum f(nT)\delta_p(kT - nT) \tag{9.5}$$

그리고 연속신호 $f(t)$로부터 $f^*(t)$를 얻는 과정을 나타내면 그림 9-3과 같다. 식 (9.5)는 이산시간 함수 공간에서의 이산계열의 표현식이다.

[2] 샘플링 과정

이산신호는 연속신호를 적절히 샘플링해서 얻는다. 샘플러는 아날로그 신호를 진폭 변조한 펄스열로 변환하는 장치이다. 즉, 등간격 T초마다의 연속시간 함수 $f(t)$의 순시값인 진폭신호로 구성된 일련의 이산값 계열의 신호 $\sum f(kT)$로 변환하는 장치를 "샘플러" 라고 하고, 이 과정을 "샘플링" 이라 한다.

그림 9-3 (a)와 같은 시간함수 $f(t)$를 그림 9-3 (b)의 이상 샘플러에 인가하면 $f(t)$는 T초마다 샘플링되어, 그림 9-3 (c)와 같은 이산시간 계열 신호$[f(kT)]$로 된다.

(a) 이상 샘플러

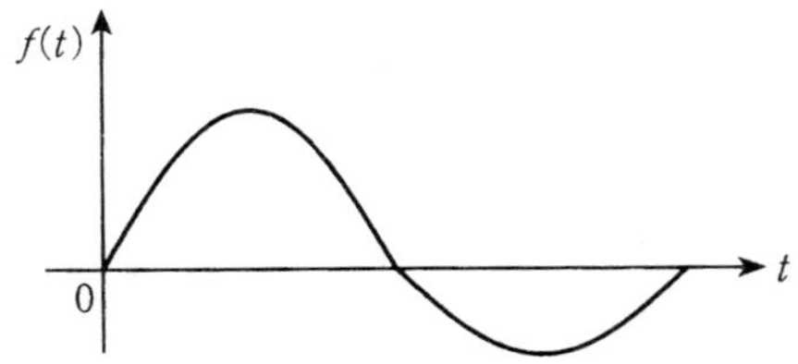

(b) 입 력

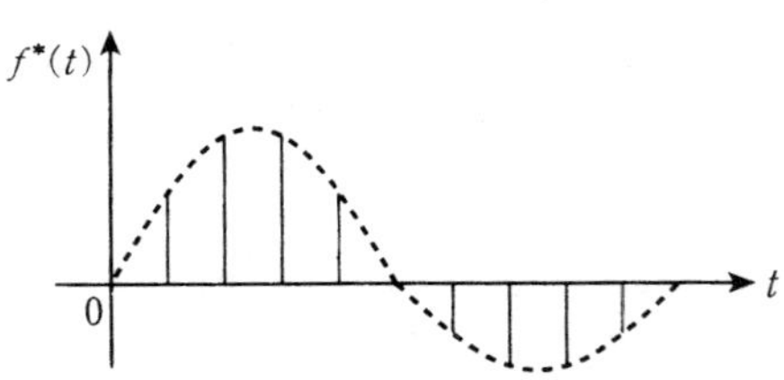

(c) 출 력

그림 9-4 샘플러의 입출력파형

여기서 이상 샘플러란 샘플링 소요시간이 영인 샘플러를 말하며, 실제의 모든 샘플러는 샘플링할 때 유한한 동작시간(기종에 따라 다르다. 보통 400 ns 정도)을 갖는다. 따라서 이상 샘플러는 T초의 주기로 순간적으로 닫혔다 열려지므로 샘플링 시점 외의 모든 출력은 0이 된다. 즉, 그림 9-4 (a)와 같이 동작해서 그림 9-4 (c)의 신호가 출력되고, 이를 수학적으로 출력하면 식 (9.5)와 같이 되는 것이다.

디지털 제어시스템 해석시 이상과 같이 가정하면 수식이 대단히 간편해진다. 그러나 여러 종류의 샘플링을 쉽게 이해하기 위해 다소 복잡하지만 우선 일반적인 경우를 취급하기로 한다. 이제 $t=kT$에서 Δ초만큼 닫혀져 있는 스위치로 생각해서 수식적으로 생각해 보자. 스위치의 출력은 그림 9-5 (a)와 같이 스위치가 닫혀져 있는 Δ초동안 연속신호 $f(t)$를 추종하게 되지만 수학적 취급이 용이하게 그림 9-5 (b)와 같이 샘플링 시점으로부터 $f(t)$의 출력이 Δ초동안 동일하게 유지되는 구형파 펄스로 가정한다.

따라서 단위 펄스열 $p(t)$는 진폭의 크기가 1로서 그림 9-6과 같이 나타나고, 이것의 수학적 표현은

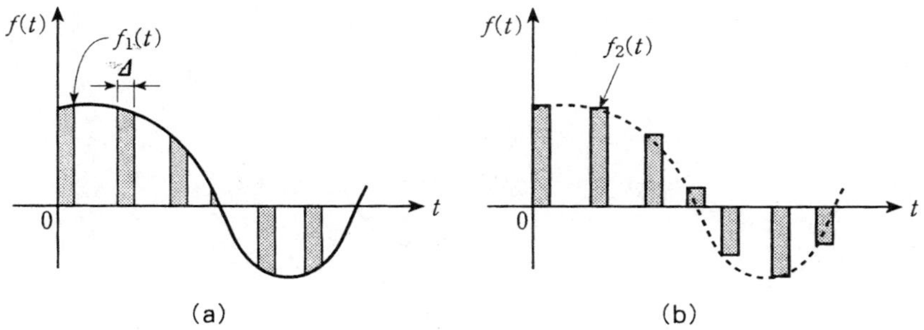

그림 9-5 샘플러의 출력파형

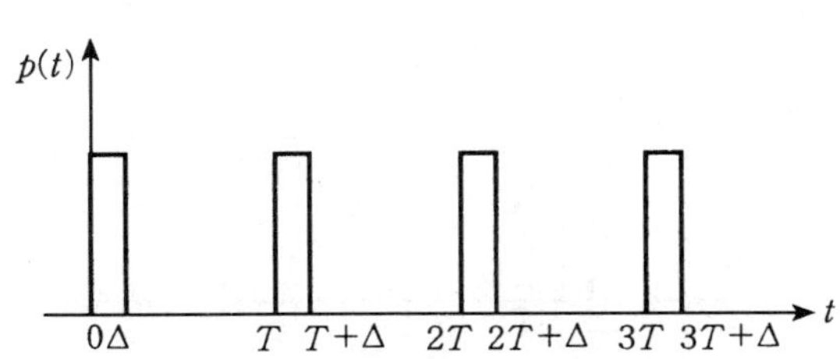

그림 9-6 단위 펄스열

$$p(t)=\sum_{k=0}^{\infty}[u(t-kT)-u(t-kT-\Delta)] \tag{9.6}$$

로 된다. 여기서 $u_s(t)$는 단위 계단 함수이다.

이렇게 유한 펄스폭이 Δ로 구형 펄스 근사화된 그림 9-5 (b)는

$$f_1(t) = f_2(t) = \sum_{k=0}^{\infty} f(kT)[u_s(t-kT) - u_s(t-kT-\Delta)] \tag{9.7}$$

로 되고, $\Delta \to 0$인 경우는 식 (9.6)의 구형 펄스는

$$f_1(t) = f(t) \cdot p(t) \tag{9.8}$$

로 근사표현이 가능하다. 즉, $\Delta \to 0$인 극한을 고려하면

$$f^*(t) = \sum_{k=0}^{\infty} f(kT)\delta(t-kT) \tag{9.9}$$

로 된다. 이 식은 연속함수 공간에서의 이산신호의 표현이다.

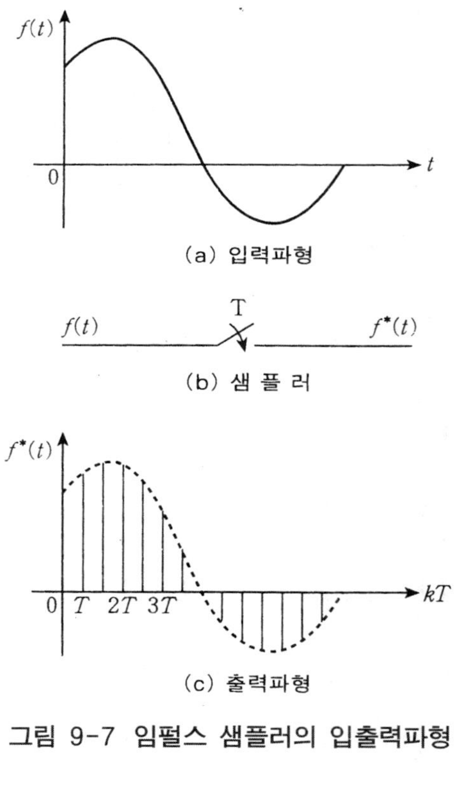

그림 9-7 임펄스 샘플러의 입출력파형

"임펄스열" 을 나타내는

$$\delta_T(t) = \sum_{k=0}^{\infty} \delta(t - kT)$$

과 같은 특성의 샘플러를 "임펄스 샘플러" 라 한다. 그리고 이의 출력에는 "*" 표를 붙여서 쓴다. 또한 이상 샘플러의 출력인 식 (9.5)와 (9.9)를 구별하기 위해 그림 9-7 (c)와 같이 화살표로 나타내는 경우가 많다.

식 (9.5)와 (9.9)의 함수공간은 상이하지만 동일한 이산값 계열의 동일한 표현식으로 생각해도 좋다. 이산값 신호를 수학적으로 취급할 때 식 (9.9)로 표현하는 쪽이 편리한 경우도 있고, 식 (9.5)를 이용하는 경우가 편리할 때도 있으므로 적절히 가려서 사용하는 것이 바람직하다. $f^*(t)$를 나타내는 임펄스의 진폭은 수학적으로는 무한대로 표현되지만 $\delta(t)$를 초함수론적으로 취급하면 $\delta(t-kT)$는 실제 $f(t)$의 위치만을 나타내고 있음을 알 수 있다. 따라서 그림 9-7 (c)에서 화살표의 길이는 샘플링 시점의 $f(t)$의 값을 나타내고 있음을 주의를 요한다.

[3] 이산신호의 라플라스 변환

$$f^*(t)\delta(t-kT) = f(kT)\delta(t-kT) \tag{9.10}$$

으로부터 식 (9.9)는 다음과 같이 쓸 수 있다.

$$f^*(t) = f(t)\sum_{k=0}^{\infty}\delta(t-kT) = f(t)\delta_T(t) \tag{9.11}$$

단, $\delta_T(t)$는

$$\delta_T(t) = \sum_{k=0}^{\infty}\delta(t-kT) \tag{9.12}$$

로 정의되는 임펄스이다. $f(t)$의 라플라스 변환을 $F(s)$로 하고 $\delta_T(t)$의 라플라스 변환은 $\Delta(s)$로 둔다. 또한 $\delta(t-kT)$의 라플라스 변환은 e^{-kTs} 이므로

$$\Delta(s) = \mathcal{L}\,\delta_T(t) = \sum_{k=0}^{\infty} e^{-kTs} \tag{9.13}$$

$$F^*(s) = \mathcal{L}\,f^*(t) = \frac{1}{2\pi j}\mathcal{L}\left[\int_{c-j\infty}^{c+j\infty} F(\xi)\Delta(s-\xi)d\xi\right] \tag{9.14}$$

로 쓸 수 있다. 단, 적분로(Bromwich integral path)를 취한다. 여기서 $|e^{-sT}|<1$인 경우, 식 (9.13)의 무한급수는

$$\Delta(s)=1+e^{-Ts}+e^{-2Ts}+\cdots=\frac{1}{1-e^{Ts}} \tag{9.15}$$

와 같은 폐형해로 구해지므로 식 (9.14)에 대입하여

$$F^*(s)=\frac{1}{2\pi j}\int_{c-j\infty}^{c+j\infty}\frac{1}{1-e^{T(s-\xi)}}d\xi \tag{9.16}$$

로 쓴다. 이 식에서 ξ는 적분변수이며 적분경로는 그림 9-8과 같다.

적분경로는 복소 ξ 평면의 $\xi=C-j\infty$에서 $C+j\infty$까지 변하는 직선이다. 따라서 식 (9.16)의 합성적분은 ξ 평면의 우반평면 또는 좌반평면을 반지름 $R=\infty$인 반원을 따라 주회적분해서 구한다. 그러나 복소수의 유수정리에 의해

$$F^*(s)=\frac{1}{2\pi j}\int_{T_2}\frac{F(\xi)}{1-e^{-T(s-x_i)}}d\xi-\frac{1}{2\pi j}\int\frac{F(\xi)}{1-e^{-T(s-x_i)}}d\xi \tag{9.17a}$$

$$F^*(s)=\frac{1}{2\pi j}\int_{T_1}\frac{F(\xi)}{1-e^{-T(s-\xi)}}d\xi-\frac{1}{2\pi j}\int\frac{F(\xi)}{1-e^{-T(s-\xi)}}d\xi \tag{9.17b}$$

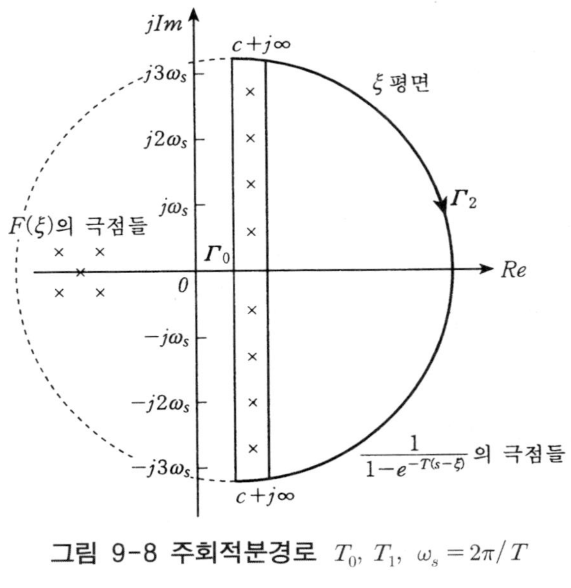

그림 9-8 주회적분경로 T_0, T_1, $\omega_s=2\pi/T$

로 쓸 수 있다. 여기서 T_1은 평면 ξ의 우반부를 둘러싸는 폐로이며, T_2는 좌반부를 둘러싸는 폐로이다. 유수정리를 사용하기 위해 $F(\xi)$의 극영점을 고찰한다. $F(\xi)$의 분모의 차수가 분자의 차수보다 최소한 1차 이상 높으면

$$\lim_{\xi \to 0} F(\xi) = 0$$

으로 되고, 그림 9-8과 같이 ξ 평면 상의 무한 반지름을 따른 적분도 0이된다. 따라서 식 (9.17a) 및 (9.17b)의 우변 제 2 항은 0이 된다. 한편, 우반면의 극점은 다음 방정식의 근이다.

$$1 - e^{-T(s-\xi)} = 0$$

또는

$$e^{-T(s-\xi)} = 1 = e^{j2\pi m}$$

로부터 $(\xi - s)T = j2\pi m$으로 된다. 단, $m = 0, \pm 1, \pm 2, \cdots$이다.

따라서 $T = 2\pi/\omega s$ 임을 고려하면

$$\xi = s + jm\omega_s \tag{9.18}$$

로 된다. 이상으로부터 주회적분은

$$F^*(s) = \frac{1}{2\pi j}\int_{T_2} \frac{F(\xi)}{1 - e^{-T(s-\xi)}} d\xi \tag{9.19}$$

로 되고, 이는 폐로 T_2로 둘러싼 $F(\xi)$의 극점들에서의 유수들의 합과 같아지므로

$$F^*(s) = \sum [F(\xi)\text{의 극점에서의 } \frac{F(\xi)}{1 - e^{-T(s-\xi)}}\text{의 유수}] \tag{9.20}$$

로 된다. 그리고 $F(\xi)$가 무한개의 단순극점을 갖는다면

$$\sum_{m=-\infty}^{\infty} \left[\frac{F(\xi)}{\frac{d}{d\xi}[1 - e^{-T(s-\xi)}]} \right]_{\xi = s + jm\omega_s}$$

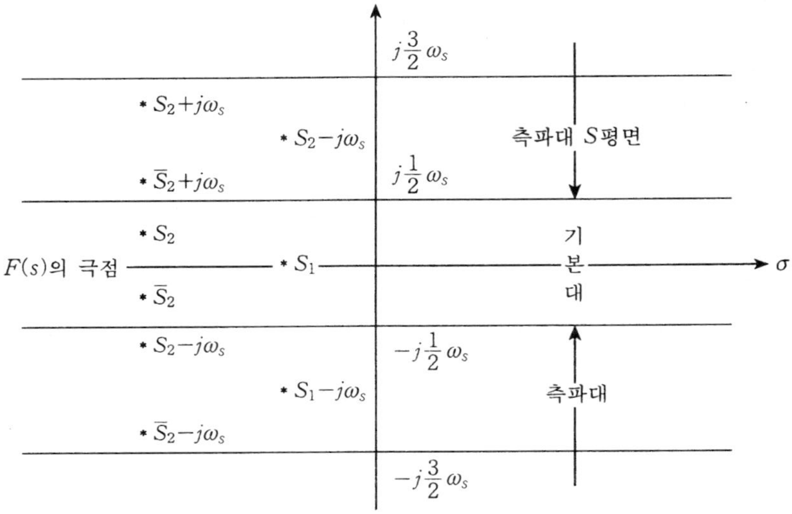

그림 9-9 $F(s)$와 $F^*(s)$의 극점배치

$$=-\sum_{m=-\infty}^{\infty}\left[\frac{F(\xi)}{-Te^{-T(s-\xi)}}\right]_{\xi=s+jm\omega_s}$$

$$=-\frac{1}{T}\sum_{m=-\infty}^{\infty}T(s+jm\omega_s) \tag{9.21}$$

여기서 − 부호는 T_0+T_1을 따르는 시계방향의 주회적분을 표시한다. 또한 ω_s는 샘플링 각주파수이다. 식 (9.21)은 $F^*(s)$는 주기 $j\omega_s$인 주기함수로 되는데, 이는

$$F^*(s+jn\omega_s)=\frac{1}{T}\sum_{m=-\infty}^{\infty}F(s+jn\omega_s+jm\omega s) \tag{9.22}$$

$$=\frac{1}{T}\sum_{k=-\infty}^{\infty}F(s+jk\omega_s)$$

$$=F^*(s)$$

로부터 알 수 있다. 단, n은 정수이며 $k=n+m$이다. 따라서 $F(s)$가 $s=s_1+jm\omega_s$인 극점들이 무한개로 됨을 그림 9-9로부터 알 수 있다.

[4] 샘플 신호의 재현과 혼성

연속신호 $f(t)$와 이산신호 $f^*(t)$의 진폭 스펙트럼을 그림 9-9에 도시하였다. 여기서 실제로 연속신호가 일단 샘플링 처리되면 이 신호로부터 원래의 연속신호를 재현시킨다는 것은 사실상 불가능하다. 따라서 신호의 재현이란 가능한한 원래의 시간함수에 충실하게 근사시키는 것을 뜻한다.

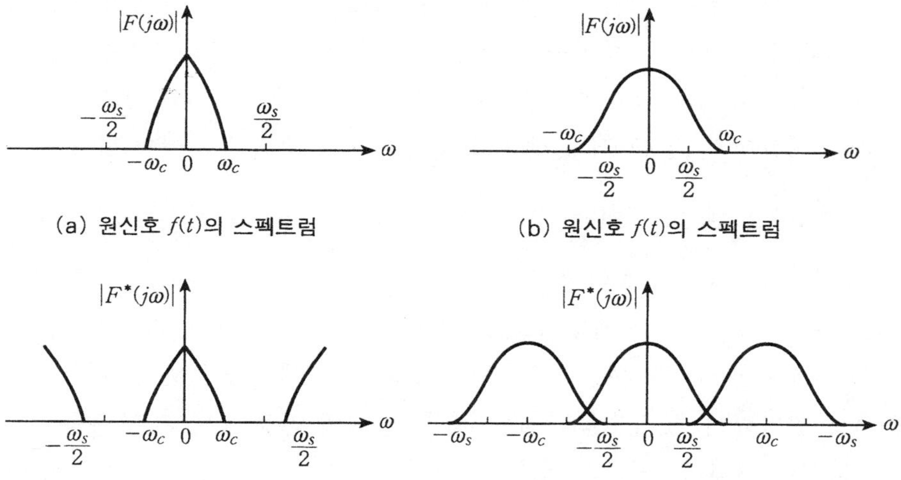

(a) 원신호 $f(t)$의 스펙트럼
(b) 원신호 $f(t)$의 스펙트럼
(c) $\omega_s > 2\omega_c$인 경우의 $f^*(t)$의 스펙트럼
(d) $\omega_s < 2\omega_c$인 경우의 $f^*(t)$의 스펙트럼

그림 9-10 $f(t)$와 $f^*(t)$의 주파수 스펙트럼

신호 $f(t)$의 스펙트럼은 $f(t)$의 라플라스 변환 $F(s)$에서 $|F(s)|s = j\omega$를 계산한 것이다. 따라서 $f^*(t)$는 $|F^*(j\omega)|$로 된다. 식 (9.21)에서 $s = j\omega$로 두면,

$$|F^*(j\omega)| = \sum_{m=-\infty}^{\infty} F(jm\omega_s) \tag{9.23}$$

와 같은 스펙트럼이 얻어진다. 가령 $|F^*(j\omega)|$가 그림 9-10 (a)의 스펙트럼을 가지면, $|F(j\omega)|$는 그림 9-10 (b)에서와 같이 $|F(j\omega)|$와 동일한 형태의 것이 각 주기대에서 반복되고 있음을 알 수 있다. 만약, 그림 9-10 (c)와 같이 $f(t)$가 $\omega_c > \omega_s/2$의 관계로 샘플링된다면, 그림 9-10 (a)의 파선과 같이 중첩되어 버린다. 이와 같은 경우 주파수의 혼성효과로 인해 원신호의 재현은 어렵게 된다. 이에 대해서는 다음의 샘플링 정리를 통해 상술하고자 한다.

• Nyguist 샘플링 정리

"연속신호를 완전히 재현시키는 데 필요한 최소 샘플링 주파수는 어느 정도로 하는 것이 좋은가?" 하는 문제에 직면하게 된다. 사실 실제 샘플러는 유한한 최대 샘플링 주파수가 있으나 이론적으로는 샘플링 주파수엔 상한이 없고, 이를 무한대로 접근시킬수록 연속신호에 가깝게 근사시킬 수 있다.

반면 샘플링 주파수의 하한은 쉽게 알 수 있다. 즉, 연속신호가 빠른 속도로 변화하고 있을 경우 너무 낮은 주파수로 샘플링하면 샘플링 시각간의 신호에 포함된 중요한 정보가 상실되어 버리거나, 주파수 중첩 또는 異名현상(aliasing)이 발생한다. 따라서 샘플링된 이산신호로부터 원신호의 재현은 불가능하게 된다. ω_c를 신호 $f(t)$에 포함된 최고 주파수 성분이라 할 때 최저 샘플링 주파수 w_s는 $2\omega_c$로 되어야 함을 알 수 있다. 이것을 "Nyguist 샘플링 정리" 라고 하고, $w_N = \dfrac{w_s}{2}$를 Nyguist 주파수라고 한다.

Nyguist 주파수 w_N이 신호의 최고 주파수 w_c보다 훨씬 높고 이상적인 필터를 사용한다면, 샘플된 신호로부터 원신호 $f(t)$를 완전히 복원시킬 수 있다. 즉, 샘플링 주기 $T = 1/2(2\pi/\omega_c)$ [s]마다 측정된 이산신호값으로부터 원래신호를 완전 복원할 수 있다고 하는 것으로 설명될 수 있다. 그러나 실제는 시스템의 안정도 및 기타 실용상의 요인으로 인해 이론적인 최소주파수보다 훨씬 높은 주파수 즉, $w_s > 2w_c$로 샘플링하여야 한다.

샘플링 정리에 있어 또 한 가지 흥미있는 사실은 샘플링 시각에서의 진폭정보와 신호의 도함수를 알면 $2\omega_c$ [rad/s]보다 낮은 주파수 ω_s로 신호를 샘플링한다 해도 그 원신호를 완전히 재현할 수 있다는 것이다. 즉, 신호가 ω_c 보다 높은 주파수 성분을 갖지 않는다면 샘플링 주기 $T = (1/2)(n+1)(2\pi/\omega_c)$ [s]의 각 시점에서 신호의 도함수 $f^{(n)}(kT)$, $f^{(n-1)}(kT)$, $\cdots$, $f^{(2)}(kT)$, $f^{(1)}(kT)$ 및 $f(kT)$의 값에 의해 완전히 재현될 수 있음이 Fogel 등에 의해 밝혀졌다. 여기서 n은 각 샘플링 시점에서 저차의 모든 도함수가 구해지는 최고차 도함수의 차수이다.

[5] 신호의 재현

신호의 재현법을 알아보기 위해 연속입력 신호를 이상 샘플러가 입력신호에 포함된 최고주파수 ω_c 보다 2배 이상인 샘플링 주파수 ω_s로 샘플링하고 있다고 가정하자. 연속신호를 재현할 때, 그림 9-11 (a)의 샘플링된 신호를 그림 9-11 (b)와 같은 진폭특성을 갖는 이상 저역 필터에 통과시키는 것이 필수적이다. 그러나 불행히도 이상 필터의

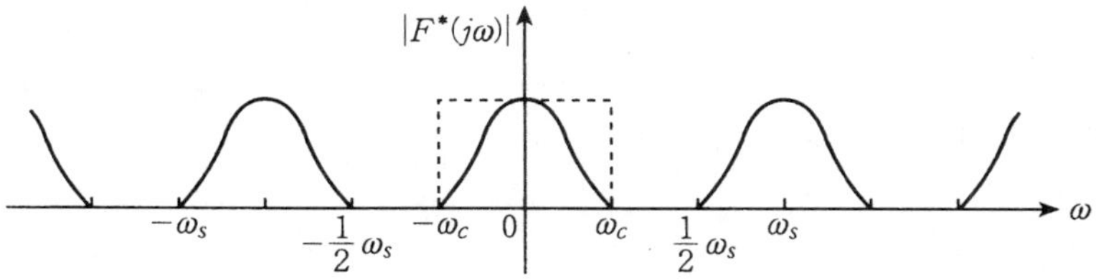

(a) 이산신호

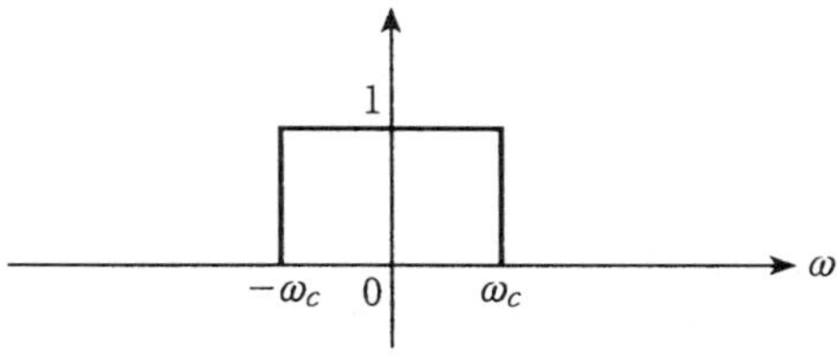

(b) 이상 저역필터

그림 9-11 이상 저역필터를 이용한 연속신호의 재현

시간응답은 입력이 인가되기 전에 시작되므로 이상 필터의 물리적 실현은 불가능하다. 더욱이 원신호와 잘 근사시키려면 긴 시간지연을 갖는 신호재현장치의 구성이 필요하게 되어 시스템의 안정도에는 악영향을 미치게 된다. 따라서 신호재현장치의 설계시 시스템의 안정도와 연속신호의 근사정밀도를 잘 조화시켜야 한다.

신호의 재현시 연속신호인 과거의 샘플링 시각에서의 정보만을 근거로 재현하기 때문에 데이터의 재현처리를 외삽처리(extrapolation processing)로 볼 수 있다. 예를 들면, 2개의 연속한 샘플링 시점 kT 및 $(k+1)T$에서의 원신호 $f(t)$는 kT 이전의 샘플링 시각 $(k-1)T$, $(k-2)T$, $\cdots$, T, 0에서의 $f(t)$의 값, 즉 $f(kT)$, $f[(k-1)T]$, $\cdots$, $f(T)$, $f(0)$을 근거로 측정된다. 이의 근사는 kT 및 $(k+1)T$ 간에서 $f(t)$를 멱급수 전개하여

$$f_k(t) = f(kT) + f'(kT)(t-kT) + \frac{f'(kT)}{2!}(t-kT)^2 + \cdots \tag{9.24}$$

로 하고 단, $kT \le t < (k+1)T$ 에서

$$f_k(t) = f(t) \tag{9.25}$$

이고

$$f'(kT) = \left.\frac{df(t)}{dt}\right|_{t=kT} \tag{9.26}$$

$$f''(kT) = \left.\frac{d^2f(t)}{dt^2}\right|_{t=kT} \tag{9.27}$$

이다. 식 (9.24)의 급수에서의 계수 $f^{(n)}(kT)$는 샘플링 시점 $t=kT$에서 구해지지 않으면 안된다. $f(t)$에 관한 유용한 정보는 샘플링 시점만에서의 $f(kT)$의 값에서 추종할 수 밖에 없다. 따라서 $f(t)$의 1차 도함수는

$$f'(kT)=\frac{1}{T}[f(kT)-f\{(k-1)T\}] \tag{9.28}$$

로 추종하고, $f(t)$의 2차 도함수는

$$f''(kT)=\frac{1}{T}[f'(kT)-f'\{(k-1)T\}] \tag{9.29}$$

로 되므로 결국 식 (9.28)로부터

$$f''(kT)=\frac{1}{T}[f(kT)-2f[(k-1)T+f\{(k-2)T\}] \tag{9.30}$$

로 추종된다. 근사된 도함수의 차수가 높아질수록 필요한 지연펄스의 수 또한 점점 증가하는 것을 알 수 있다. 실제로 $f^{(n)}(kT)$의 값을 근사화시키는데는 지연펄스의 수가 $n+1$개로 된다. 이처럼 외삽장치는 본질적으로는 시간 지연된 급수로 표현되고, 지연급수의 개수는 연속시간함수 $f(t)$의 추정정도와 관련된다. 지연시간이 피드백 시스템의 안정도에 악영향을 미치므로 보다 정확한 외삽처리를 하기 위해 $f(t)$의 고차 도함수를 사용하면 회로의 복잡성은 물론 재현의 비용이 높아지고 시스템의 안정도 유지가 어렵게 된다. 이러한 이유에서 일반적으로 식 (9.24)의 제 1 항 만을 이용하는 "외삽기" 즉, 다음 샘플링에 들어갈 때까지 샘플링 주기 T동안 앞의 샘플값을 그대로 유지하는 "홀드회로"를 채택한다.

[6] 홀드회로

그림 9-11 (b)의 이상저역 필터의 물리적 실현 불가능성으로 인해 실제로는 이에 근사한 종류의 필터인 "홀드회로"가 사용된다. 이 회로의 시간특성 근사인 샘플링 시점간의 출력형태에 따라 다음과 같이 구분된다.

① 상수 : 영차 홀드

② 직선함수 : 1차 홀드

③ 포물선함수 : 2차 홀드

④ 기타 고차 다항식 함수

고차의 홀드회로를 이용하면 출력시간 특성은 이상에 가깝지만 회로가 복잡해지므로 영차 이외의 것은 잘 사용되지 않는다.

(1) 영차 홀드회로

식 (9.24)로부터 제1항만을 취한 다항식 외삽을 영차 홀드로 정의한다. 이 경우 $kT \le t < (k+1)T$에서

$$f_k(t) = f(kT) \tag{9.31}$$

로 되며, 이는 그림 9-12와 같은 영차 홀드의 임펄스 응답과 동일하다. 이러한 샘플러와 영차 홀드장치는 그림 9-13과 같은 간단한 회로로 도시된다. 커패시터는 $t = kT$에서 순간적으로 $f(kT)$의 전압을 충전, $(k+1)T$ 시점까지 유지한다고 본다. 그러나 실제의 커패시터의 충전속도는 용량 C 및 신호원의 임피던스에 따라 각각 다르게 나타난다.

따라서 입력신호 $f(t)$가 샘플－홀드회로에 인가되면

$$f_k(t) = \sum_{k=0}^{\infty} f(kT)[u(t-kT) - u(t-kT-T)] \tag{9.32}$$

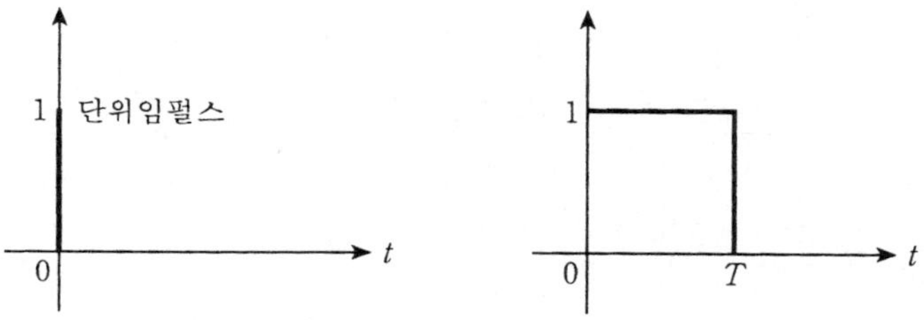

(a) 입 력　　(b) 출 력

그림 9-12 영차 홀드의 입출력 특성

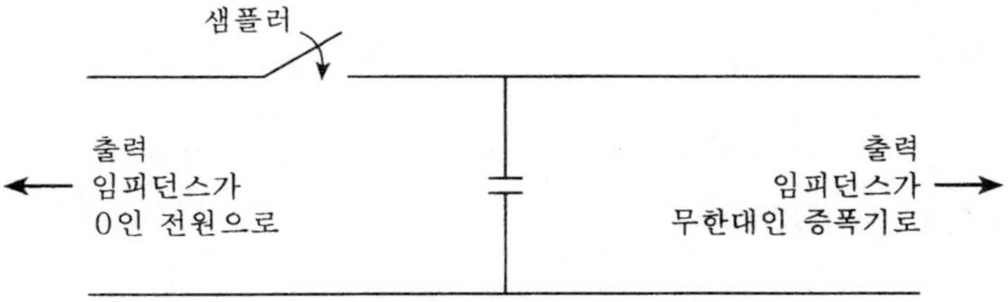

그림 9-13 간단한 샘플－홀드회로

인 출력신호가 얻어진다. 식 (9.32)를 라플라스 변환하면

$$F_k(s) = \mathcal{L} f_k(t) = \sum_{k=0}^{\infty} f(kT)\left[\frac{e^{-kTs}}{s} - \frac{e^{-(k+1)Ts}}{s}\right] \tag{9.33}$$

$$= \left[\sum_{k=0}^{\infty} f(kT)e^{-kTs}\right]\frac{1-e^{-Ts}}{s}$$

$$= F^*(s)\frac{1-e^{-Ts}}{s}$$

로 된다. $F^*(s)$는 $f^*(t)$의 라플라스 변환이고 홀드회로의 입력이다. 따라서 홀드회로의 전달함수는

$$H_0(s) = \frac{F_k(s)}{F^*(s)} = \frac{1-e^{-Ts}}{s} \tag{9.34}$$

로 되고, $s = j\omega$로 두면 영차 홀드회로의 스펙트럼 특성이 구해진다. 즉,

$$H_0(j\omega) = H_o(s)\mid_{s=j\omega} \tag{9.35}$$

$$= \frac{1-e^{-Ts}}{j\omega}$$

$$= \frac{e^{-j\omega T/2}(e^{j\omega T/2} - e^{-j\omega T/2})2}{j\omega 2}$$

$$= \frac{2\sin(\omega T/2)e^{-j\omega T/2}}{\omega}$$

$$= \frac{T\sin(\omega T/2)e^{-j\omega T/2}}{\omega T/2}$$

로 된다.

(2) m 차 홀드회로

이것은 $k, k-1, \ldots, k-m$까지의 $(m+1)$개의 샘플값을 이용해서 $kT \le t < (k+1)T$ 간의 $f(t)$를 외삽하는 장치로서

$$f_k(t) = f(kT) + \Delta f(kT)(t-kT) + \frac{1}{2}\Delta^2 f(kT)(t-kT)^2 + \cdots + \frac{1}{m!}\Delta^m f(kT)(t-kT)^m \tag{9.36}$$

로 표현된다. 단,

$$\Delta f(kT) = \frac{1}{T} f(kT) - f[(k-1)T]$$
$$\Delta^2 f(kT) = \frac{1}{T}[\Delta f(kT) - \Delta f[(k-1)T]]$$

이며 기호 Δ는 퇴행 차분연산자이다.

(3) 영차 및 1차 홀드회로의 크기 - 위상 특성

샘플러의 입력이 $f(t)$이고 1차 홀드의 출력이 $f_k(t)$인 경우를 생각해 보자. 1차 홀드 회로의 입출력 특성곡선은 그림 9-14와 같다. $kT \le t < (k+1)T$ 구간에서의 1차 홀드의 출력 $f_k(t)$는 $(k+1)T$와 kT에서의 값에 대한 외삽으로 볼 수 있는 직선의 형태로 된다. 이때 출력은

$$f_k(t) \doteq f[(k-1)T] + f'[(k-1)T]\frac{t}{T} \tag{9.37}$$
$$= f[(k-1)T] + [f[(k-1)T] - f[(k-2)T]t$$

로 표현되므로 입력 $f(t) = f(0)\delta(t)$인 단위 임펄스 함수에 대한 전달함수를 구해보자.

먼저 식 (9.37)로 주어지는 출력 $f_k(t)$는

$$f_k(t) = f(0)(1+\frac{t}{T})u_s(t) - \left[2f(0) + 2f(0)\frac{(t-T)}{T}\right]u(t-T) + \left[f(0) + f(0)\frac{(t-2T)}{T}\right]u(t-2T) \tag{9.38}$$

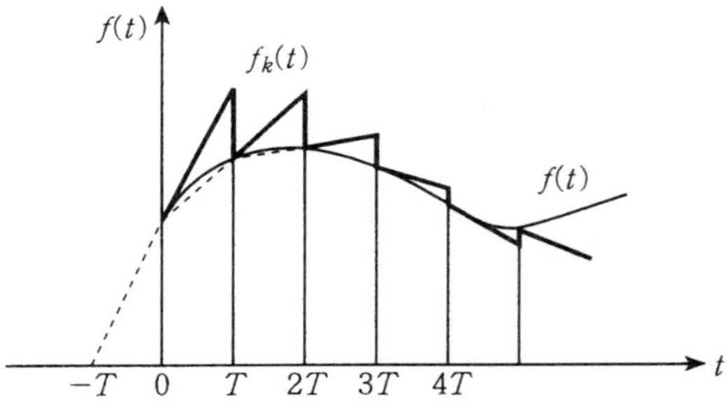

그림 9-14 1차 홀드의 입출력

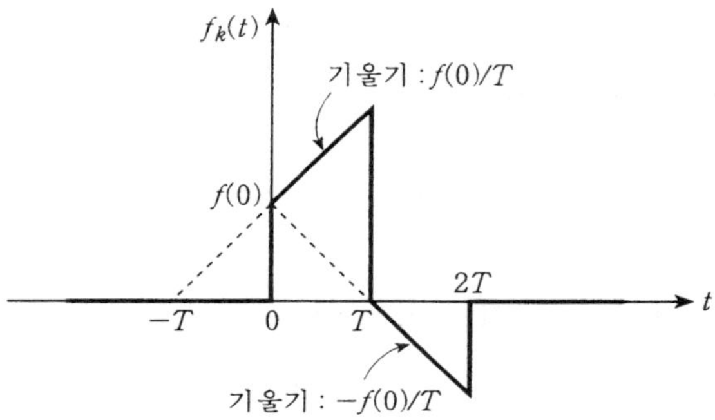

그림 9-15 단위 임펄스 입력에 대한 입출력 곡선

또는 gate 함수를 이용하여

$$m_k(t) = f(0)\left[1+\frac{t}{T}\right][u_s(t)-u(t-T)] \tag{9.39}$$

$$+f(0)\left[1-\frac{t}{T}\right][-u(t-T)+u(t-2T)]$$

를 얻을 수 있으므로 라플라스 변환하면,

$$F_k(s) = f(0)\left[\frac{1-e^{-Ts}}{s}+\frac{1-e^{-Ts}}{Ts^2}\right]$$

$$+f(0)\left[\frac{e^{-Ts}+e^{-2Ts}}{s}+\frac{-e^{-Ts}+e^{-2Ts}}{Ts^2}\right]$$

$$=f(0)\left[\frac{1-2e^{-Ts}+e^{-2Ts}}{s+Ts^2}\right]$$

$$= f(0)(1-e^{-Ts})^2 \cdot \frac{1+Ts}{Ts^2} \tag{9.40}$$

로 된다. 따라서 1차 홀드의 전달함수는

$$G_{h1}(s) = \frac{F(s)}{F_k(s)} = \frac{Ts+1}{T} \cdot \left(\frac{1-e^{-Ts}}{s}\right)^2 \tag{9.41}$$

가 구해진다.

그림 9-16은 식 (9.44)의 영차 홀드 및 식 (9.48)의 1차 홀드 전달함수의 크기 - 위상특성을 나타낸 것이다.

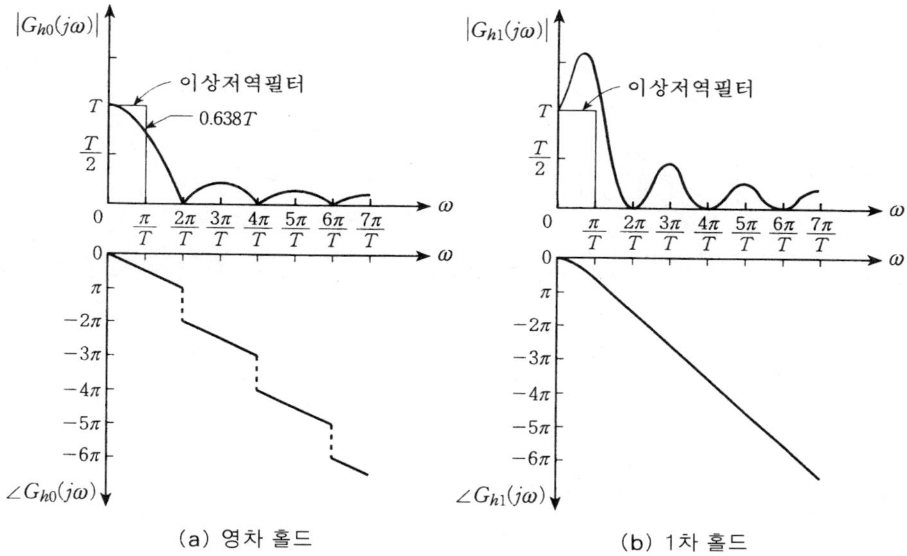

그림 9-16 영차 및 1차 홀드의 크기 - 위상 특성

영차 홀드의 전달함수

$$G_{ho}(s) = \frac{1-e^{-Ts}}{s} \tag{9.42}$$

에서 s를 $j\omega$로 치환하면

$$G_{ho}(j\omega) = \frac{1-e^{-j\omega T}}{j\omega} \tag{9.43}$$

로 되고, Euler의 공식으로부터

$$G_{ho}(j\omega)=\frac{e^{-j\omega T/2}(e^{j\omega T/2}-e^{-j\omega T/2})}{j\,2\omega} \tag{9.44}$$

$$=2\sin(\omega T/2)\frac{e^{-j\omega T/2}}{\omega}$$

$$=T\frac{\sin(\omega T/2)}{\omega}T/2e^{-j\omega T/2}$$

로 된다. 한편 $T=2\pi/\omega_s$ 이므로

$$G_{ho}(j\omega)=\frac{2\pi\sin(\omega\pi/\omega_s)}{\omega_s(\omega\pi/\omega_s)}e^{-j\omega\pi/\omega_s} \tag{9.45}$$

로 쓰여지므로

$$G_{ho}(j\omega)=\left|\frac{2\pi\sin(\omega\pi/\omega_s)}{\omega_s(\omega\pi/\omega_s)}\right|\tan\angle(-j\omega\pi/\omega_s) \tag{9.46}$$

와 같은 크기 - 위상 특성을 갖게 된다. 그리고 1차 홀드의 전달함수로부터 $s\to j\omega$로 두면

$$G_{h1}(j\omega)=\frac{j\omega T+1}{T}\left(\frac{1-e^{-j\omega T}}{j\omega}\right)^2 \tag{9.47}$$

$$=\frac{j\omega T+1}{T}\left[e^{-j\omega T/2}\left(\frac{e^{jT\omega/2}-e^{-jT\omega/2}}{j\omega}\right)\right]^2$$

$$=\frac{j\omega T+1}{T}e^{-j\omega T}\left[\frac{2j\sin(\omega T/2)}{j\omega}\right]^2$$

$$=\frac{j\omega T+1}{T}e^{-j\omega T}\frac{4\sin^2(\omega T/2)}{\omega^2}$$

로 되며, 한편 $T=2\pi/\omega_s$ 이므로 식 (9.47)은

$$G_{h1}(j\omega)=T\sqrt{1+\omega^2T^2}\left[\frac{\sin(\omega T/2)}{\omega T/2}\right]^2\angle\tan^{-1}(\omega T-\omega T) \tag{9.48}$$

와 같은 크기 - 위상 특성을 나타내는 식으로 다시 쓸 수 있다. 이상에서 살펴 본 바와

같이 이상 저역 필터는 Nyquist 샘플링 주파수 $\omega_s/2=\pi/T$에서 예리한 차단성을 가지나 영차 홀드는 $0.638T$의 크기 응답을 나타내고 1차 홀드는 $1.3362T$의 크기 응답을 나타내면서 예리하게 차단되지 못하고 있음을 알 수 있다.

[7] 이산신호의 라플라스 변환과 Z 변환

한편, 식 (9.9)의 $f^*(t)$를 라플라스 변환하면

$$F^*(s) = \mathcal{L} f^*(t) = \sum_{k=0}^{\infty} f(kT)e^{-kTs} \tag{9.49}$$

로 된다. 이 식을 이용하면 이산시간 또는 디지털 시스템의 해석이 가능해진다. $F^*(s)$는 e^{-Ts}를 포함하므로 s의 유리함수도 아니고, 역라플라스 변환도 어려워진다. 따라서 비유리함수 $F^*(s)$를 유리함수 $F(z)$로 변환시키기 위해

$$e^{sT} = z \tag{9.50}$$

로 두면 복소수 z와의 관계는

$$s = \frac{1}{T}\ln z \tag{9.51}$$

로 되므로 식 (9.19)에서

$$F(z) = F^*(s)\Big|_{s=\frac{1}{T}\ln z} = \sum_{k=0}^{\infty} f(kT)z^{-k} \tag{9.52}$$

로 된다. 이 식은 $k\to\infty$일 때 수렴한다고 가정한 것으로서 $f^*(t)$의 Z 변환식이다.

[8] s 평면과 Z 평면의 사상

$s=\sigma+j\omega$로 두면 식 (9.50)에 의해

$$Re(z) = e^{\sigma T}\cos\omega T$$

$$Im(z) = e^{\sigma T}\sin\omega T$$

$$\theta = \omega T = \angle z = \frac{\omega T}{\omega_s}2\pi \tag{9.53}$$

로 되므로 s 평면의 허축 기본대 $\omega=-\omega_s/2$에서 $\omega=\omega_s/2$까지 변화하면 Z는 $|Z|=e^{\sigma T}|_{a=0}=1$인 Z 평면의 단위원 상을 1회전하게 된다. 이러한 관계를 그림 9-17에 나타내었다.

더욱이 ω가 $-1/2\omega_s$에서 $-3/2\omega_s$, $1/2\omega_s$에서 $3/2\omega_s$까지의 측파대로 변화해도 기본대와 동일한 특성으로 Z 평면에 사상한다. 이상의 고찰로부터 모든 s 평면의 좌반면은 Z 평면의 단위원 내로 사상됨을 알 수 있으며

$$e^{(s+jn\omega_s)T}=e^{sT}e^{jn2\pi}=e^{sT}=z$$

와 같이 주기성도 갖게 됨을 알 수 있다. 따라서 이산신호 $f^*(t)$는 s 함수 $F^*(s)$로 해석하기보다는 Z 함수 $F(z)$로 변환하여 해석하는 편이 유리하다. 이는 다음의 2가지로 요약된다.

① $f(t)$의 라플라스 변환 $F(s)$의 극점배치가 그림 9-17 (a)와 같을 때, $T=2\pi/\omega_s$로 샘플링해서 얻은 임펄스열 $f^*(t)$의 라플라스 변환 $F^*(s)$의 극점은 s 평면 상에서 ω_s를 주기로 무한히 배열되고 있음을 그림 9-17 (b)로 알 수 있다. 그러나 $F^*(s)$

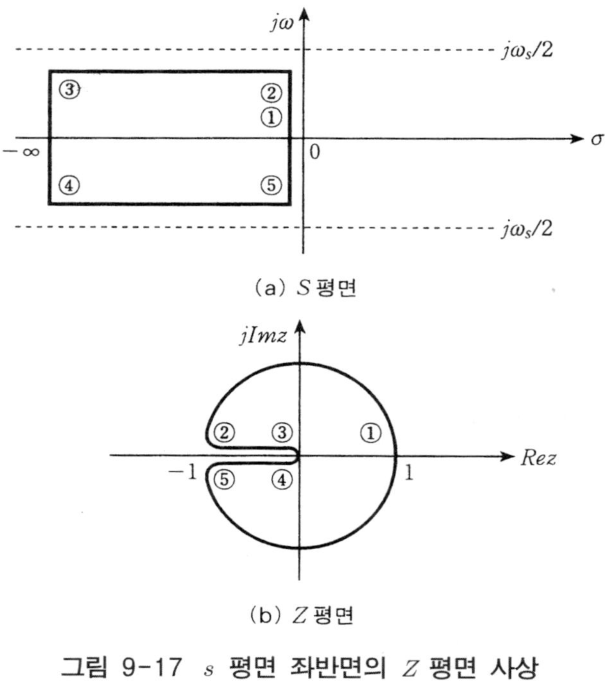

그림 9-17 s 평면 좌반면의 Z 평면 사상

를 $F(z)$로 Z 변환하면, s 의 좌반면에 무한히 존재하던 극점은 모두 Z평면의 단위원 내로 수렴하여 그림 9-15 (c)와 같이 배치된다. 따라서 $F(s)$의 극점수는 s 평면에서의 원신호의 라플라스 변환 $F(s)$의 극점수와 일치한다.

② $F^*(s)$는 일반적으로 비유리함수 e^{sT}를 포함한다. 그러나 $F(s)$는 z의 유리함수로 되고, s 의 유리함수 지식을 약간만 변형해서 z의 유리함수에 적용할 수 있기 때문에 대단히 유리하다.

[9] Z 변환의 정의 및 라플라스 변환과의 관계

앞 절에서 등간격의 이산시간 계열은 Z 변환으로 처리함이 좋다는 것을 확인하였다. 이 절에서는 그 결과를 정리하여 Z 변환을 정의하고, 라플라스 변환과 Z 변환의 관계를 살펴본다.

• Z 변환의 정의

T를 임의의 양의 실수로 할 때, 다음의 무한급수로 표현되는 식

$$F(z) = \sum_{k=0}^{\infty} f\,(kT) z^{-k} \tag{9.54}$$

를 계열 $f^*(t)$의 Z변환이라고 한다. 즉,

$$\begin{aligned} F(z) &= f^*(t) \\ &= f^*(t)\text{의 } Z \text{ 변환} \\ &= [f^*(t)\text{의 라플라스 변환}]_{s=\frac{1}{T}\ln z} \end{aligned} \tag{9.55}$$

로도 표현된다. 그런데 식 (9.54)의 z 멱급수가 수렴하지 않는 경우는 Z변환이 존재하지 않는다. 이것은 라플라스 변환에서 무한적분이 수렴하지 않으면 라플라스 변환이 존재하지 않는 것과 동일하다. 주어진 계열에 대해 식 (9.54)가 수렴하는 z값의 집합을 수렴영역이라고 한다. 일반적으로 인과성이 있는 계열의 멱급수는 상수를 이용해서 그림 9-18과 같이 Z 평면 상의 영역에서 수렴하는 것을 알 수 있다. Z 변환은 라플라스 변환과는 달리 $f(t)$와 $F(z)$ 간의 임의성은 존재하지 않는다. 따라서 $f(t)$는 달라도 그림 9-19와 같이 이산값 계열이 동일하면 Z 함수는 동일하게 된다. 반대로 $f(t)$는

동일해도 샘플링 시점이 달라 샘플링 계열이 다른 경우에는 Z 변환도 상이해진다. 이러한 변환관계를 나타내면 그림 9-19와 같다.

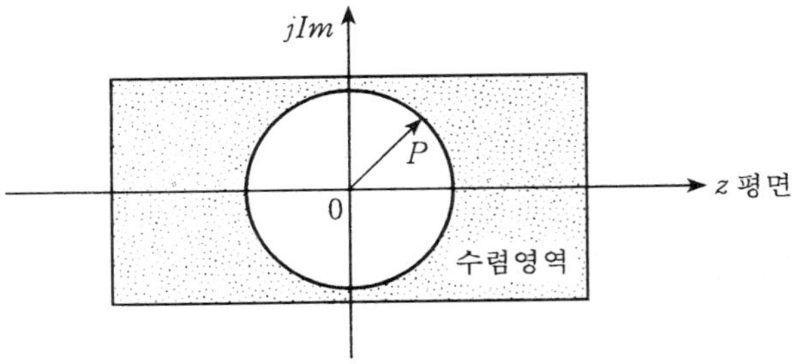

그림 9-18 $F(z)$의 수렴영역

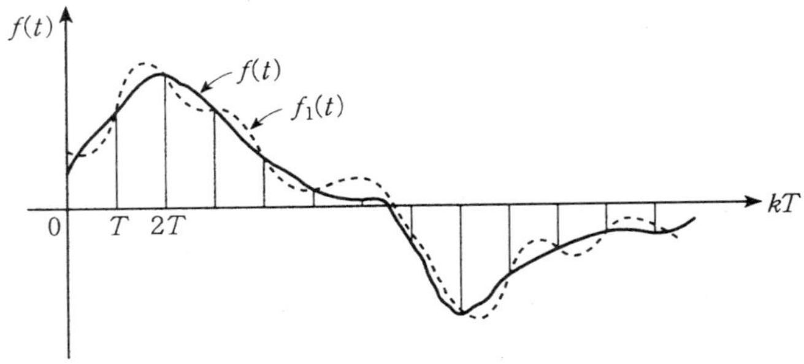

그림 9-19 시간계열이 동일하나 연속값이 상이한 신호

9.3 Z 변환

[1] 서 론

라플라스 변환은 지수위인 연속시간함수의 공간집합 C의 요소〔예 : $f(t)$〕에 대해 정의되고, Z 변환은 이산시간함수 공간집합 D의 요소〔예 : $f_1{}^*(t)$〕에 대해 정의된다. 그러나 C의 요소를 간격 T로 샘플링한 임펄스열〔예 : $f^*(t)$〕에 대해 라플라스 변환하여 $z=e^{sT}$를 대입해서 Z 함수를 구한다. 연속신호 $f(t)$의 Z 변환을 구하는 조작은 다음의 3단계로 요약된다.

① $f(t)$를 이상 샘플러로 샘플링하여 $f^*(t)$를 구한다.

② $f^*(t)$의 라플라스 변환을 구한다.

$$F^*(s) = \mathcal{L} f^*(t) = \sum_{k=0}^{\infty} f(kT)e^{-kTs} \tag{9.56}$$

③ $F^*(s)$에서의 e^{sT}를 Z로 치환해서 $F(z)$를 얻는다.

$$F(z) = \sum_{k=0}^{\infty} f(kT)z^{-k} \tag{9.57}$$

식 (9.57)은 함수 $f(t)$의 Z변환을 구할 때 편리한 식이다. 그러나 무한급수로 표현되는 결점이 있으며 등가의 폐형함수를 얻기 위해서는 부가적인 계산이 필요하다. 이러한 관계를 나타낸 것이 그림 9-20이다.

다음에는 라플라스 변환과 Z 변환의 유사점을 비교해 본다. $f(t)$의 라플라스 변환의 정의식

$$F(s) = \int_0^{\infty} f(t)e^{-st}dt = \int_0^{\infty} f(t)[e^s]^{-t}dt$$

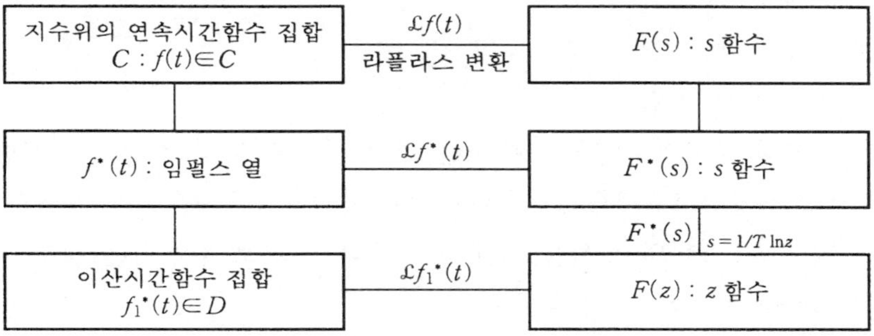

그림 9-20 라플라스 변환과 Z 변환의 관계

$$X_i = \frac{1}{(m-1)!} \cdot \frac{d^m}{dz^{m-1}} \left[\frac{B(z)(z-z_{i)}^{m})}{A(z)} \right]_{z=z_i} \tag{9.58}$$

과 식 (9.58)에서 $T=1$일 때의 다음의 Z 변환의 정의식

$$F(z) = \sum_{k=0}^{\infty} f(k)z^{-k} \tag{9.59}$$

을 비교하여, 이의 유사점을 요약하면 표 9-1과 같다.

표 9-1 라플라스 변환과 Z 변환의 유사점

변 환	대상함수	조 건		응 용	역 변 환
라플라스 변환	연속시간 함수 $f(t)$	무한적분 $f(t)=0,$ $t<0$	적분이 수렴하지 않으면 $\mathcal{L}$ 변환이 존재하지 않는다.	선형 시불변 미분방정식의 해법	$f(t)=\dfrac{1}{2\pi j}\oint_r F(s)e^{st}\,ds$
Z 변환	이산시간 함수 $f^*(t)$	무한급수 $f^*(t)=0,$ $k<0$	급수가 수렴하지 않으면 Z 변환이 존재하지 않는다.	선형 추이 불변 차분방정식 해법	$f^*(t)=\dfrac{1}{2\pi j}\oint_r F(z)z^{k-1}\,dz$

이상과 같이 라플라스 변환과 Z 변환 간에는 밀접한 관계가 있으며 변환의 성질에서도 유사점이 많다.

[2] Z 변환의 계산법

등간격 이산값 계열 $f^*(t)$의 Z 변환을 구하는 방법은 크게 다음의 세 가지로 구분된다.

① 멱급수에 의한 방법

② 부분분수 전개에 의한 방법

③ 유수정리에 의한 방법

방법 ①은 이산값 계열이 $f^*(t)$로 주어질 때 직접 Z 변환의 정의식을 사용하는 것이고 방법 ② 및 ③은 $f(t)$의 라플라스 변환 $F(s)$가 주어졌을 때 $F(s)$로부터 직접 $F(z)$를 구하는 것이다. 시스템의 해석을 위해 $F(t)$보다 $F(s)$로 주어지는 경우가 많으므로, 방법 ② 또는 ③을 이용하는 편이 유리하다.

(1) 멱급수에 의한 방법

다음의 예제는 보다 잘 알려져 있는 함수의 Z 변환 방법을 나타낸 것이다. 일반적으로 Z 변환을 실시할 때는 부록에 수록된 Z 변환표를 이용하는 것이 편리하다.

예제 1

단위 펄스 함수의 Z 변환을 구하라.

[풀이] $f(t)=\delta(t)$에 대한 단위 임펄스열은

$$f(kT)=\delta_p(kT)=\begin{cases}1 & k=0\\ 0 & k\neq 0\end{cases} \tag{9.60}$$

이므로 식 (9.57)로부터

$$F(z)=\delta_P(kT)=\sum_{k=0}^{\infty}1\cdot e^{-kTs}=1 \tag{9.61}$$

로 된다.

예제 2

단위 계단 함수의 Z 변환을 구하라.

[풀이] $f(t)=u_s(t)$의 단위 계단 계열은

$$u_s^*(t)=\sum_{k=0}^{\infty}\delta(t-kT)$$

이고, 이의 라플라스 변환은

$$U_s^*(s)=\sum_{k=0}^{\infty}e^{-kTs}=\frac{1}{1-e^{-Ts}}$$

로 되고, $z=e^{-Ts}$를 대입하면

$$U_s(z)=\mathfrak{Z}\,[u_s^*(t)]=\frac{z}{1-z^{-1}}=\frac{z}{z-1} \tag{9.62}$$

이다.

예제 3

지수함수 $f(t)=e^{-at}$의 Z 변환을 구하라.

[풀이] t 대신 kT를 대입하여 지수함수의 이산값을 구하면

$$f(kT)=e^{-akT}$$

으로 되므로

$$\begin{aligned}F(z)&=\mathfrak{Z}f^*(kT)=\sum_{k=0}^{\infty}f(kT)z^{-k}=\sum_{k=0}^{\infty}e^{-akT}z^{-k}\\&=1+e^{-aT}z^{-1}+e^{-2aT}z^{-2}+\cdots\end{aligned}$$

$$= \frac{1}{1-e^{-aT}z^{-1}} = \frac{z}{z-e^{-aT}} \tag{9.63}$$

로 된다. 단, $|z| > |e^{-aT}|$이어야 한다.

예제 4

단위 경사 함수 $f(t) = tu_s(t)$의 Z 변환을 구하라.

[풀이] 예제 3과 같은 요령에 의해

$$F(z) = [tu_s(t)] = \sum_{k=0}^{\infty} kTz^{-k} \tag{9.64}$$
$$= Tz^{-1} + 2Tz^{-2} + 2Tz^{-3} + \cdots$$

로 전개된다. 식 (9.64)의 양변에 z^{-1}을 곱해서 빼면

$$(1-z^{-1})F(z) = T(z^{-1} + z^{-2} + z^{-3} + \cdots) = T\frac{z^{-1}}{1-z^{-1}} \tag{9.65}$$

$$\therefore \ F(z) = \frac{Tz^{-1}}{(1-z^{-1})^2} = \frac{Tz}{(z-1)^2}$$

를 얻는다. 단, $|z| > 1$이다.

예제 5

$f(t) = \sin\omega t$의 Z 변환을 구하라.

[풀이] t 대신 kT를 대입하여 이산값

$$f(kT) = \sin k\omega T$$

를 구하여 Z 변환 공식에 적용하면

$$F(z) = \mathfrak{Z}\sin k\omega T = \sum_{k=0}^{\infty} \sin k\omega T \cdot z^{-k}$$

$$= \sum_{k=0}^{\infty} \frac{e^{jk\omega T} - e^{-jk\omega T}}{2j} z^{-k}$$

$$= \frac{1}{2j}[(1 + e^{j\omega T}z^{-1} + e^{j2\omega T}z^{-2} + \cdots)$$

$$-(1 + e^{-j\omega T}z^{-1} + e^{-j\omega T}z^{-2} + \cdots)]$$

$$= \frac{1}{2j}\left[\frac{1}{1-e^{j\omega T}z^{-1}} - \frac{1}{1-e^{-j\omega T}z^{-1}}\right] \tag{9.66}$$

$$= \frac{1}{2j}\left[\frac{z}{z-e^{j\omega T}} - \frac{z}{z-e^{-j\omega T}}\right]$$

$$= \frac{1}{2j}\left[\frac{(e^{j\omega T}-e^{-j\omega T})z}{z^2-(e^{j\omega T}+e^{-j\omega T})z+1}\right]$$

$$= \frac{\sin\omega Tz}{z^2-2\cos\omega Tz+1}$$

를 얻는다. 단, $|z| > |e^{\pm j\omega T}| = 1$이다.

예제 6

$f(k) = \dfrac{1}{k!}$의 Z 변환을 구하라.

[풀이] $$F(z) = \frac{z^{-1}}{k!} = \sum_{k=0}^{\infty}\frac{1}{k!}z^{-k} = \left(z^{-1} + \frac{z^{-2}}{2!} + \frac{z^{-3}}{3!} + \cdots\right) = e^{z^{-1}} = e^{1/z} \tag{9.67}$$

를 얻는다.

---

(2) 부분분수 전개에 의한 방법

회로 및 제어 시스템 등에 빈번히 나타나는 간단하고 중요한 시간함수 중의 하나는 지수함수의 합으로 표현되는 함수이다. 즉,

$$f(t) = \sum_{i=1}^{k} A_i e^{-a_i t} : \ t \geq 0 \tag{9.68}$$

이다. $\mathcal{L}\, e^{-a_i t} = \dfrac{1}{s+a_i}$이므로 $f(t)$의 라플라스 변환은

$$F(s) = \sum_{i=1}^{l} A_i \frac{1}{s+a_i} \tag{9.69}$$

로 되고, 부분분수 전개로 표현된다. 한편, 식 (9.63)으로부터

$$\mathfrak{Z}\left[e^{-a_i t}\right] = \frac{z}{z-e^{a_i T}} = \mathfrak{Z}\left[\frac{1}{s+a_i}\right]$$

인 관계를 갖고 있다. 따라서 이것을 이용하면 비교적 간단하게 $F(s)$에서 $F(z)$를 구할 수 있다. 즉,

$$F(z) = \mathfrak{Z}\, F(s) = \sum_{i=1}^{l} A_i \frac{z}{z - e^{-a_i T}} \tag{9.70}$$

의 관계를 이용한다.

예제 7

$F(s) = \dfrac{a}{s(s+a)}$인 시간함수 $f(t)$의 Z 변환을 구하라.

[풀이] $F(s) = \dfrac{1}{s} - \dfrac{1}{s+a}$로부터 $F(s)$의 역라플라스 변환은

$$f(t) = \mathcal{L}^{-1} F(s) = u_s(t) - e^{-at} \tag{9.71}$$

이다. 따라서 $f(t)$에 대한 Z 변환은 다음과 같이 된다.

$$F(z) = \mathfrak{Z}\, f(t) = \frac{z}{z-1} - \frac{z}{z - e^{-aT}} = \frac{z(1 - e^{-aT})}{(z-1)(z - e^{-aT})} \tag{9.72}$$

예제 8

$F(s) = \dfrac{\omega}{s^2 + \omega^2}$의 Z 변환을 구하라.

[풀이] $F(s)$를 부분분수로 전개하면

$$F(s) = \left[\frac{1}{s - j\omega} - \frac{1}{s + j\omega} \right] \frac{1}{2j}$$

로 되고, 식 (9.70)에 의해

$$\begin{aligned} F(z) = \mathfrak{Z}\, F(s) &= \left[\frac{z}{z - e^{j\omega T}} - \frac{z}{z - e^{-j\omega T}} \right] \frac{1}{2j} \\ &= \frac{z \sin\omega T}{z^2 - 2z\cos\omega T + 1} \end{aligned} \tag{9.73}$$

를 얻는다. 이 결과는 예제 5의 결과와 일치한다.

(3) 유리수에 의한 방법

연속시간 함수 $f(t)$와 라플라스 변환 $F(s)$ 간에는 다음의 라플라스 역변환의 관계식이 존재한다.

$$f(t) = \frac{1}{2\pi j}\int_{c-j\infty}^{c+j\infty} F(s)e^{st}ds \tag{9.74}$$

단, $f(t)$의 초기값은 영이다. 위 식에서 t 대신 kT로 두면

$$f(kT) = \frac{1}{2\pi j}\int_{c-j\infty}^{c+j\infty} F(s)e^{skT}ds$$

이 식을 Z 변환 공식인 식 (9.57)에 대입하면

$$F(z) = \sum_{k=0}^{\infty}\left[\frac{1}{2\pi j}\int_{c-j\infty}^{c+j\infty} F(s)e^{skT}ds\right]z^{-k}$$

로 되고, $f(kT)$의 Z 변환이 존재한다고 가정하면 가산과 적분의 순서는 교환이 가능하므로

$$F(z) = \frac{1}{2\pi j}\int_{c-j\infty}^{c+j\infty} F(s)\left[\sum_{k=0}^{\infty}(z^{-1}e^{sT})^{k}\right]ds$$

로 된다. 따라서 $|z^{-1es T}| < 1$이 되도록 z 를 취하면 $F(z)$는

$$F(z) = \frac{1}{2\pi j}\int_{c-j\infty}^{c+j\infty} \frac{F(s)}{1-z^{-1}e^{sT}}ds \tag{9.75}$$

로 된다. 이는 9-2 절의 식 (9.17a) 및 (9.17b)와 동일하다. 거기서는 적분경로 T_0에 우반원 T_1을 더해서 적분을 행하였기 때문에 무한개의 극점에 대한 유수를 취한 셈이다. 여기서는 그림 9-8에서와 같이 적분경로 T_0에 좌반원 T_2를 더하면, 그 폐경로 내에 포함되는 극점은 $F(s)$의 극점 뿐이므로 유한개의 극에 대한 유수를 이용하여 $F(z)$를 구할 수 있다.

$$F(z) = \frac{1}{2\pi j}\oint_{T_0+T_2} \frac{F(s)}{1-z^{-1}e^{sT}}ds \tag{9.76}$$

여기서 $F(s)=\dfrac{N(s)}{D(s)}$로 두면 극점은 $D(s)=0$의 근으로 주어진다.

이들 중 i번째 극점을 s_i로 하여 이에 대한 피적분함수의 유수를 X_i로 정의하면 유수정리로부터

$$F(z)=\sum_i X_i=[F(s)\text{의 극점에 대한 유수의 합}] \tag{9.77}$$

로 된다. 식 (9.77)은 극점이 서로 상이한 경우, 즉 단근인 경우 및 중복극점을 갖는 경우로 대별할 수 있다.

① 극점 s_i가 단근일 때 유수 X_i는

$$X_i=\left.\frac{N(s)(s-s_i)}{(1-z^{-1}e^{sT})D(s)}\right|_{s=s_i} \tag{9.77a}$$

또는

$$X_i=\frac{N(s_i)}{(1-z^{-1}e^{s_iT})\left.\dfrac{dD(s)}{ds}\right|_{s=s_i}} \tag{9.77b}$$

로 된다.

② s_i가 m 중복극점인 경우는

$$X_i=\frac{1}{(m-1)!}\frac{d^{m-1}}{ds^{m-1}}\left[\frac{N(s)(s-s_i)^m}{D(s)(1-z^{-1}e^{sT})}\right]_{s=s_i} \tag{9.78}$$

로 주어진다.

예제 9

$F(s)=\dfrac{a-b}{(s+a)(s+b)}$의 Z 변환을 구하라.

[풀이] $F(s)$의 극점은 $s_1=-a$, $s_2=-b$이므로 유수는

$$X_1=\left.\frac{(a-b)(s+a)}{(s+a)(s+b)(1-z^{-1}e^{sT})}\right|_{s=-a}$$

$$= \frac{a-b}{(-a+b)(1-z^{-1}e^{-aT})} = -\frac{z}{z-e^{-aT}}$$

$$X_2 = \left.\frac{(a-b)(s+b)}{(s+a)(s+b)(1-z^{-1}e^{sT})}\right|_{s=-b}$$

$$= \frac{a-b}{(-b+a)(1-z^{-1}e^{-bT})} = \frac{z}{z-e^{-bT}}$$

로 되므로

$$F(z) = X_1 + X_2 = \frac{z(e^{-bT} - e^{-aT})}{(z-e^{-aT})(z-e^{-bT})} \tag{9.79}$$

[단, $|z| > \max(e^{-aT},\ e^{-bT})$]

예제 10

$F(s) = \dfrac{1}{(s+a)^2}$의 Z 변환을 구하라.

[풀이] $F(s)$는 $s=-a$인 2중근을 가지므로 식 (9.78)에서 $m=2$가 되므로 유수는 Z 변환 함수인 $F(z)$, 즉

$$F(z) = \frac{1}{(2-1)!}\frac{d^{2-1}}{ds^{2-1}}\left[\frac{(s+a)^2}{(s+a)^2(1-z^{-1}e^{sT})}\right]_{s=-a} \tag{9.80}$$

$$= \left.\frac{z^{-1}e^{sT}T}{(1-z^{-1}e^{sT})^2}\right|_{s=-a} = \frac{z^{-1}Te^{-aT}}{(1-z^{-1}e^{aT})^2}$$

$$= \frac{Te^{-aT}z}{(z-e^{-aT})^2}$$

로 된다. 이는 $\mathcal{L}\, te^{-at} = \dfrac{1}{(s+a)^2}$인 관계로부터 얻은

$$F(z) = \mathfrak{Z}\,(te^{-at}) = \frac{Te^{-aT}z}{(z-e^{-aT})^2} \tag{9.81}$$

의 결과가 동일하다.

예제 11

$F(s) = \frac{s}{s^2 + \omega^2}$의 Z 변환을 구하라.

[풀이] $F(s)$의 극점은 $s_1 = j_\omega$와 $s_2 = -j_\omega$이므로 각 유수는

$$X_1 = \frac{s}{(1 - z^{-1}e^{sT})\frac{d}{ds}(s^2 + \omega^2)|_{s = j\omega}}$$

$$= \frac{j\omega}{2j\omega(1 - z^{-1}e^{j\omega T})}$$

$$X_2 = \frac{s}{(1 - z^{-1}e^{sT})\frac{d}{ds}(s^2 + \omega^2)|_{s = -j\omega}}$$

$$= \frac{-j\omega}{2j\omega(1 - z^{-1}e^{-j\omega T})}$$

로 된다. 따라서 $F(z)$는

$$F(z) = X_1 + X_2 = \frac{1}{2j}\left[\frac{1}{1 - e^{j\omega T}z^{-1}} - \frac{1}{1 - e^{-j\omega T}z^{-1}}\right] \tag{9.82}$$

$$= \frac{z^2 - z\cos\omega t}{z^2 - 2z\cos\omega T + 1}$$

로 된다.

9.4 Z 변환의 제정리

Z 변환을 유도하고 응용하고자 할 때 Z 변환 정리를 이용하면 대단히 편리할 것이다. 따라서 이 절에서는 Z 변환의 몇 가지 기본적인 정리에 대한 증명과 실례를 설명하고자 한다.

[1] 덧셈과 뺄셈

$f_1(t)$ 및 $f_2(t)$가

$$F_1(z) = \mathfrak{Z}\,[f_1(t)] = \sum_{k=0}^{\infty} f_1(kT)z^{-k} \tag{9.88}$$

$$F_2(z) = \mathfrak{Z}\,[f_2(t)] = \sum_{k=0}^{\infty} f_2(kT)z^{-k} \tag{9.99}$$

와 같이 Z 변환을 갖는다면

$$\mathfrak{Z}\,[f_1(t) \pm f_2(t)] = F_1(z) \pm F_2(z) \tag{9.100}$$

로 된다.

[증명] 정의로부터

$$\mathfrak{Z}\,[f_1(t) \pm f_2(t)] = \sum_{k=0} \infty\,[f_1(kT) \pm f_2(t)]z^{-k} \tag{9.101}$$

$$= \sum_{k=0}^{\infty} f_1(kT)z^{-k} \pm \sum_{k=0}^{\infty} f_2(kT)z^{-k}$$

$$= F_1(z) \pm F_2(z)$$

[2] 상수배

$F(z)$가 $f(t)$의 Z 변환이라면 상수 a에 대해

$$\mathfrak{Z}\,[af\,(t)] = a\,\mathfrak{Z}\,[f\,(t)] = aF(z) \tag{9.102}$$

로 된다.

[증명] 정의식으로부터

$$\mathfrak{Z}\,[af\,(t)] = \sum_{k=0}^{\infty} af\,(kT)z^{-k} = a\sum_{k=0}^{\infty} f\,(kT)z^{-k} = aF(z)$$

로 된다.

[3] 실추이정리

$F(z)$가 $f(t)$의 Z 변환이라면 양의 정수 n에 대해

$$\mathfrak{Z}\,[f\,(t-nT)] = z^{-n}F(z) \tag{9.103}$$

$$\mathfrak{Z}\,[f\,(t+nT)] = z^{n}\,[F(z) - \sum_{k=0}^{n-1} f\,(kT) z^{-k}] \tag{9.104}$$

로 된다.

[증명] 정의식으로부터

$$\mathfrak{Z}\,[f\,(t-nT)] = \sum_{k=0}^{\infty} [f\,(kT-nT)] z^{-k}$$

로 되고, 이를 고쳐 쓰면

$$\mathfrak{Z}\,[f\,(t-nT)] = z^{-n} \sum_{k=0}^{\infty}\,[f\,(kT-nT)]\,z^{-(k-n)}$$

로 되며, $t<0$ 에 대해서 $f(t)$가 0이라고 가정하고 있으므로

$$\mathfrak{Z}\,[f\,(t-nT)] = z^{-n} \sum_{k=n}^{\infty}\,[f\,(kT-nT)]\,z^{-(k-n)} = z^{-n}F(z)$$

로 된다. 한편, $t<0$ 에 대해서 $f(t)$가 0이 아니라면

$$\begin{aligned}\mathfrak{Z}\,[f\,(t-nT)] &= z^{-n} \sum_{k=n}^{\infty}\,[f\,(kT-nT)]\,z^{-(k-n)} \\ &= z^{-n}F(z) + \sum_{n=1}^{k}\,[f\,(-nT)]\,z^{-(k-n)}\end{aligned}$$

로 된다. 식 (9.104)는

$$\begin{aligned}\mathfrak{Z}\,[f\,(t+nT)] &= \sum_{k=0}^{\infty}\,[f\,(kT+nT)]\,z^{-k} \\ &= z^{n} \sum_{k=0}^{\infty}\,[f\,(kT+nT)]\,z^{-(k+n)} \\ &= z^{n}\left[F(z) - \sum_{k=0}^{n-1} f\,(kT) z^{-k}\right]\end{aligned}$$

로 된다.

예제 12

원금 P_0를 월이율 r %로 대출 받은 후, N 개월에 걸쳐서 균등상환하고자 한다. 월상환액과 총 지불액을 구하라.

[풀이] 이 문제에 대한 차분방정식은 균등상환액 u 및 k 개월 후의 잔액 $Q(k+1)$에 대해

$$Q(k+1) = (1+r)Q(k) - u$$

로 된다. 이를 실추이 정리를 이용하여 Z 변환하면

$$z[q(z) - Q(0)] = (1+r)q(z) - \frac{z}{z-1}u$$

로 되고, $q(z)$에 대해 정리하면

$$q(z) = \frac{zQ(0)}{z-(1+r)} + \frac{1}{r}[(1+r)^k - 1]u$$

로 되며, 이를 다시 역 Z 변환시키면

$$Q(k) = (1+r)^k Q(0) + \frac{1}{r}[(1+r)^k - 1]u = 0$$

로 되는데 N 개월째의 잔액은 $Q(N) = 0$이므로 월상환액은

$$u = \frac{r(1+r)^N Q(0)}{(1+r)^N - 1}$$

로 구해지고 총 상환액 S는

$$S = Nu$$

로 구해진다.

예제 13

주기 T만큼 추이된 단위 계단 함수 $u_s(t-T)$의 Z 변환을 구하라.

[풀이] $\mathfrak{Z}\, u_s(t-T) = z^{-1}\mathfrak{Z}\, u_s(t) = z^{-1}\frac{z}{z-1} = \frac{1}{z-1}$

[4] 복소추이정리

$F(z)$가 $f(t)$의 Z 변환이라면 상수 a에 대해

$$\mathfrak{z}\,[e^{\pm at}f(t)] = [F(s \mp a)]_{z=e^{Ts}} = F(Ze^{\mp aT}) \tag{9.105}$$

로 된다.

[증명] 정의식으로부터

$$\mathfrak{z}\,[e^{\pm at}f(t)] = \sum_{k=0}^{\infty}[f(kT)]\,e^{\pm akT}z^{-k}$$

에서 $z_1 = ze^{\mp aT}$로 두면

$$\mathfrak{z}\,[e^{\pm at}f(t)] = \sum_{k=0}^{\infty}[f(kT)]\,z_1^{-k} = F(z_1)$$

로 되며, 따라서

$$\mathfrak{z}\,[e^{\pm at}f(t)] = F(z_1) = F(ze^{\mp aT})$$

로 된다.

예제 14

$f(t) = te^{-at}$의 Z 변환을 복소추이정리를 이용하여 구하라.

[풀이] $\mathfrak{z}\,f_1(t) = \dfrac{Tz}{(z-1)^2}$ 이므로 복소추이정리에 의해

$$\mathfrak{z}\,f(t) = F_1(z)\,|_{z=ze^{aT}} = \frac{Tze^{aT}}{(ze^{aT}-1)^2} = \frac{Tze^{-aT}}{(z-e^{-aT})^2}$$

로 구해진다.

[5] 초기값정리

$F(z)$가 $f(t)$의 Z 변환이고, 극한 $\lim_{z\to\infty}F(z)$가 존재한다면

$$f(0) = \lim_{k \to 0} f(kT) = \lim_{z \to \infty} F(z) \tag{9.106}$$

로 된다. 이 정리에서 $t=0$ 인 근방의 이산신호 $f^*(t)$의 특성은 $z=\infty$에서의 $F(z)$의 특성에 의해 결정되어진다는 것을 설명한다.

[증명] 정의식으로부터 $F(z)$는 다음과 같다.

$$F(z) = \sum_{k=0}^{\infty} f(kT)z^{-k} = f(0) + f(T)z^{-1} + f(2T)z^{-2} + \cdots$$

이 식의 양변에 z가 ∞인 극한을 취하면

$$\lim_{z \to \infty} F(z) = f(0) = \lim_{k \to 0} f(kT)$$

[6] 최종값정리

$F(z)$가 $f(t)$의 Z 변환이고 $(1-z-1)F(z)$가 Z 평면상의 단위원 $|z|=1$ 또는 그 바깥쪽에 극점을 갖지 않는다면

$$f(\infty) = \lim_{k \to \infty} f(kT) = \lim_{z \to 1} (1-z^{-1})F(z) \tag{9.107}$$

로 된다.

[증명] 다음의 두 수열을 생각해 보자.

$$\sum_{k=0}^{n} f(kT)z^{-k} = f(0) + f(T)z^{-1} + f(2T)z^{-2} + \cdots + f(nT)z^{-n} \tag{9.108}$$

$$\sum_{k=0}^{n} f[(k-1)T]z^{-k} = f(0)z^{-1} + f(T)z^{-2} + f(2T)z^{-3} + \cdots \tag{9.109}$$

$$+ f[(n-1)T]z^{-n}$$

식 (9.109)에 나타나는 $f(-T)$의 항이 0이 되도록 모든 $t<0$에 대해 $f(t)=0$이라고 가정한다. 식 (9.108)과 식 (9.109)를 비교하면, 식 (9.109)는 식 (9.103)으로부터 다음과 같이 쓸 수 있다.

$$\sum_{k=0}^{n} f[(k-1)T]z^{-k} = z^{-1} \sum_{k=0}^{n-1} f(kT)z^{-k} \tag{9.110}$$

식 (9.108)에서 식 (9.110)을 빼서 $z \to 1$인 극한을 구하면

$$\begin{aligned}&\lim_{z\to 1}\left[\sum_{k=0}^{n} f(kT)z^{-k} - z^{-1}\sum_{k=0}^{n-1} f(kT)z^{-k}\right] \\ &= \sum_{k=0}^{n} f(kT) - z^{-1}\sum_{k=0}^{n-1} f(kT) = f(nT)\end{aligned} \tag{9.111}$$

로 되고, 이 식에서 $n \to \infty$인 극한을 취하면

$$\lim_{n\to\infty} f(nT) = \lim_{n\to\infty}\lim_{z\to 1}\left[\sum_{k=0}^{n} f(kT)z^{-k} - z^{-1}\sum_{k=0}^{n-1} f(kT)z^{-k}\right] \tag{9.112}$$

로 되며, 이 식의 우변에서 극한을 서로 교환하면

$$\lim_{n\to\infty}\left[\sum_{k=0}^{n} f(kT)z^{-k}\right] = \left[z^{-1}\sum_{k=0}^{n-1} f(kT)z^{-k}\right] = F(z)$$

이므로

$$\lim_{n\to\infty} f(nT) = \lim_{z\to 1}[1 - z^{-1}]F(z)$$

로 됨을 알 수 있다.

예제 15

$F(z) = \dfrac{z^2}{(z-1)(z-e^{-1})}$ 일 때 초기값과 최종값을 구하라.

[풀이] 초기값은

$$\begin{aligned}f(0) &= \lim_{z\to\infty} F(z) \\ &= \frac{1}{\left(1-\frac{1}{\infty}\right)\left(1-e^{-1}\frac{1}{\infty}\right)} = 1\end{aligned}$$

로 되고, 최종값은

$$f(\infty) = \lim_{z\to 1}(z-1)F(z) = \lim_{z\to 1}\frac{z^2}{z-e^{-1}} = \frac{1}{1-e^{-1}}$$

로 구해진다.

[7] 편미분정리

함수 $f(t, a)$의 Z 변환을 $F(z, a)$라고 정의하자. $f(t, a)$의 상수 a에 대한 편미분의 Z 변환은 다음과 같다.

$$\mathfrak{Z}\left[\frac{\partial}{\partial a}[f(t, a)]\right] = \frac{\partial}{\partial a}[F(z, a)] \tag{9.113}$$

[증명] 정의식으로부터 다음식이 성립한다.

$$\mathfrak{Z}\left[\frac{\partial}{\partial a}[f(t, a)]\right] = \sum_{k=0}^{\infty}\frac{\partial}{\partial a}f(kT, a)z^{-k}$$

$$= \frac{\partial}{\partial a}\sum_{k=0}^{\infty}f(kT, a)z^{-k} = \frac{\partial}{\partial a}[F(z, a)]$$

예제 16

$f(t) = te^{-at}$의 Z 변환을 편미분정리를 이용해서 구하라.

[풀이] $\mathfrak{Z}\, te^{-at} = -\frac{\partial}{\partial a}\mathfrak{Z}\, e^{-at} = -\frac{\partial}{\partial a}\left[\frac{z}{z-e^{-aT}}\right]$

$$= \frac{Tze^{-aT}}{(z-e^{-aT})^2}$$

예제 17

$f(t) = t\sin\omega t$ 의 Z 변환을 편미분정리를 이용해서 구하라.

[풀이] $\mathfrak{Z}\, t\sin\omega t = \frac{\partial}{\partial\omega}\mathfrak{Z}\,[\cos\omega t]$

$$= \frac{\partial}{\partial\omega}\left[\frac{z(z-\cos\omega T)}{z^2-2z\cos\omega T+1}\right]$$

$$= \frac{Tz\sin\omega T(z^2-1)}{z^4-4z^3\cos\omega T+4z^2\cos^2\omega T-4z\cos\omega T+1}$$

[8] 실합성정리

$f_1(t)$ 및 $f_2(t)$가 $F_1(z)$ 및 $F_2(z)$인 Z 변환을 갖고, $t<0$에 대해 $f_1(t)$ 및 $f_2(t)$가 0이라면

$$F_1(z)F_2(z) = \mathfrak{Z}\left[\sum_{n=0}^{k} f_1(kT)f_2(kT-nT)\right] \tag{9.114}$$

로 된다.

[증명] 식 (9.114)의 우변은 다음과 같다.

$$\mathfrak{Z}\left[\sum_{n=0}^{k} f_1(kT)f_2(kT-nT)\right]$$

$$= \sum_{k=0}^{\infty}\sum_{n=0}^{k} f_1(kT)f_2(kT-nT)z^{-k}$$

$$= \sum_{k=0}^{\infty}\sum_{n=0}^{\infty} f_1(kT)f_2(kT-nT)z^{-k}$$

로부터 $m=k-n$으로 두고 총합의 순서를 교환하면

$$\mathfrak{Z}\left[\sum_{n=0}^{k} f_1(kT)f_2(kT-nT)\right] = \sum_{n=0}^{\infty} f_1(nT)z^{-n}\sum_{m=-n}^{\infty} f_2(mT)z^{-m}$$

로 되는데 $t<0$에서는 $f_2(t)=0$이므로

$$\mathfrak{Z}\left[\sum_{n=0}^{k} f_1(kT)f_2(kT-nT)\right] = \sum_{n=0}^{\infty} f_1(nT)z^{-n}\sum_{m=0}^{\infty} f_2(mT)z^{-m}$$

$$= F_1(z)\,F_2(z)$$

로 된다.

[9] 복소합성정리

$f_1(t)$ 및 $f_2(t)$가 $F_1(z)$ 및 $F_2(z)$인 Z 변환을 갖는다면 두 함수의 곱의 Z 변환은

$$\mathfrak{Z}\,[f_1(t)\cdot f_2(t)] = \frac{1}{2\pi j}\oint_{\Gamma}\frac{F_1(\xi)\,F_2(z\xi^{-1})}{\xi}d\xi \tag{9.115}$$

로 되며, 여기서 Γ는 다음 식으로 표현되는 원환 내에 있는 원호이다.

$$\sigma_1 < |\xi| < \frac{|z|}{\sigma_2}$$

$$|z| > \max(\sigma_1\cdot\sigma_2,\ \sigma_1,\ \sigma_2)$$

단, σ_1은 $F_1(\xi)$의 수렴 반지름이며 σ_2는 $F_2(\xi)$의 수렴 반지름이다.

[증명] 정의식에서 $f_1(t)\cdot f_2(t)$의 Z 변환은 다음과 같다.

$$\mathfrak{Z}\,[f_1(t)\cdot f_2(t)] = \sum_{k=0}^{\infty} f_1(kT) f_2(kT) z^{-k} \tag{9.116}$$

따라서 Z 변환의 급수가 수렴하기 위해서는 z의 크기가 $\sigma1\cdot\sigma2, \sigma1, \sigma2$의 최대값보다 훨씬 큰 값이어야 한다. $f_1(kT)$를 역 Z 변환 공식인

$$f_1(kT) = \frac{1}{2}\pi j\oint_{\Gamma} F_1(\xi)\xi^{k-1}d\xi \tag{9.117}$$

여기서 Γ는 $F_1(\xi)\xi^{k-1}$의 모든 특이점을 포함하는 원이다. 따라서 $|\xi| > \sigma$이고 식 (9.117)을 식 (9.118)에 대입하면

$$\mathfrak{Z}\,[f_1(t)\cdot f_2(t)] = \frac{1}{2\pi j}\oint_{\Gamma}\frac{F_1(\xi)}{\xi}\sum_{k=0}^{\infty} f_2(kT)(z\xi^{-1})^{-k}$$

$$F_2(z\xi^{-1}) = \sum_{k=0}^{\infty} f_2(kT)(z\xi^{-1})^{-k}$$

로 되며, 이것은 $|\xi^{-1}z| > \sigma_2$ 또는 $|\xi| > |z|/\sigma_2$에 대해 절대수렴한다. 단,

$$\sigma_1 < |\xi| < \frac{|z|}{\sigma_2}$$

이다.

예제 18

$f(t) = e^{-at}\sin\omega t\, u_s(t)$의 Z 변환을 복소추이정리를 이용하여 구하라.

[풀이] $\mathfrak{Z}\,[\sin\omega T] = \dfrac{z\sin\omega T}{z^2 - 2z\cos\omega T + 1}$

로부터 복소추이정리를 이용하면

$$\mathfrak{Z}\,[e^{-at}\sin\omega t] = \left[\frac{\sin\omega Tz}{z^2 - 2z\cos\omega T + 1}\right]_{z = ze^{aT}}$$

$$= \left[\frac{\sin\omega Tze^{aT}}{ze^{2aT} - 2ze^{aT}\cos\omega T + 1}\right]_{z = ze^{aT}}$$

$$= \frac{\sin\omega Tze^{-aT}}{z^2 - 2z\cos\omega Te^{-aT} + e^{-2aT}}$$

로 된다.

예제 19

$f(t) = te^{-at}u_s(t)$인 함수의 Z 변환을 복소합성정리를 이용하여 구하라.

[풀이] $f_1(t) = t$ 및 $f_2(t) = e^{-at}$로 두면

$$F_1(z) = \frac{Tz}{(z-1)^2} \qquad |z| > 1 = \sigma_1$$

$$F_2(z) = \frac{z}{z - e^{-aT}} \qquad |z| > e^{-aT} = \sigma_2$$

로 구해지며 이를 복소합성정리의 공식인 식 (9.115)에 대입하면

$$\mathfrak{Z}\,[f_1(t)\cdot f_2(t)] = \frac{1}{2\pi j}\oint_{\Gamma}\frac{T\xi}{\xi}(\xi-1)^2\frac{z\xi^{-1}}{z\xi^{-1} - e^{-aT}}d\xi \tag{9.118}$$

로 되며, 여기서 Γ는 다음 식으로 표현되는 원환 내에 있는 원호이다.

$$1 < |\xi| < \frac{|z|}{e^{-aT}} = |z|e^{aT}$$

따라서 식 (9.118)의 적분경로는 $\xi = 1$에서의 피적분함수의 극점만을 둘러싼다. 유수정리를 적용하면

$$\mathfrak{Z}\,[f_1(t)\cdot f_2(t)] = \left[\xi = 1 \text{ 에서의 } \frac{Tz\xi^{-1}}{(\xi-1)^2(z\xi^{-1} - e^{-aT})} \text{의 유수}\right]$$

$$= \frac{\partial}{\partial \xi}\left[\frac{Tz\xi^{-1}}{(\xi-1)^2(z\xi^{-1}-e^{-aT})}\right]_{\xi=1}$$
$$= \frac{Tze^{-aT}}{(z-e^{-aT})^2}$$

로 된다.

9.5 역 Z 변환

라플라스 변환에서는 s의 함수 $F(s)$를 아는 경우 그것에 대응하는 시간함수 $f(t)$를 얻는 역변환 공식이 존재한다. Z 변환에서도 동일한 형태의 역변환 공식이 얻어진다. 그러나 Z 변환은 라플라스 변환과 달리 연속함수 $f(t)$와의 대응이 일의적이 아니므로 Z 함수에서 역변환하여 얻어지는 시간함수는 $f(t)$가 아니라 $f^*(t)$ 또는 계열$[f(kT)]$이므로 주의하여야 한다.

[1] 역 Z 변환의 정의

Z 함수 $F(z)$가 주어질 때, 이의 $F(z)$에 대응하는 계열$[f(kT)]$를 구하는 것을 역 Z 변환이라고 한다. 이러한 관계를

$$[f(kT)] = \mathfrak{Z}^{-1}F(Z) \tag{9.119}$$

로 나타낸다. 역변환의 3가지 방법은 다음과 같다.

① 멱급수 전개에 의한 방법

② 부분분수 전개에 의한 방법

③ 유수정리에 의한 방법

다음에서 이들 방법에 대해 상술하기로 한다.

방법 ① Z 변환의 정의식과 동일한 형태의 무한급수로 $F(z)$를 전개하는 방법이다. $F(z)$가 유리함수일 때는 분자를 분모 다항식으로 나누어서, $F(z)$를 z의 다항식으로 나타낼 수 있다. 이것은 비교적 용이한 방법으로 여기에 대응하는 방법은 라플라스 변환에는 없다.

방법 ② 라플라스 변환에서의 헤비사이드 전개정리와 유사하다. $F(z)/z$를 부분분수

로 전개하여 부록의 Z 변환표에서 이에 대응하는 계열을 구하는 방법이다. 공학상에서 문제되는 Z 함수의 역변환은 거의 이 방법을 이용해서 얻어진다.

방법 ③ Caushy의 적분공식을 이용하는 방법이다. $F(z)$가 유리함수이면 유리함수가 이용될 수 있다.

방법 ② 및 ③은 $f(kT)$가 일반식의 형으로 얻어지므로 편리하다.

[2] 멱급수 전개에 의한 방법

$F(z)$의 정의식을 기술하면

$$F(z) = f(0) + f(T)z^{-1} + f(2T)z^{-2} + \cdots + f(kT)z^{-n} + \cdots \tag{9.120}$$

로 된다. 따라서 주어진 $F(z)$를 식 (9.120)와 같이 z^{-1}의 멱급수로 전개될 수 있다면 곧 바로 $[f(kT)]$를 구할 수가 있다. 특히 $F(z)$가 다음과 같은 유리함수로 표현된다고 하자.

$$F(z) = \frac{b_0 + b_1 z^{-1} + \cdots + b_m z^{-m}}{1 + a_1 z^{-1} + \cdots + a_n z^{-n}}, \quad n > m \tag{9.121}$$

분자를 분모 다항식으로 나누면 다음과 같은 형의 z^{-1} 멱승전개가 얻어진다.

$$F(z) = C_O + C_1 z^{-1} + C_2 z^{-2} + \cdots + C_k z^{-k} + \cdots \tag{9.122}$$

이것은 식 (9.120)와 동일하다. 식 (9.121)과 식 (9.122)를 관련시키면 각 계수 간에는 다음의 점화식이 얻어진다.

$$\begin{aligned}
C_0 &= b_0 \\
C_1 &= b_1 - a_1 c_0 \\
C_2 &= b_2 - a_1 c_1 - a_2 c_0 \\
&\ \vdots \\
C_k &= b_k - a_1 c_{k-1} - a_2 c_{k-2} - \cdots - a_k c_0
\end{aligned}$$

단, $k > m$ 이면 $b_k = 0$로 되고, $k = n$ 이면 $a_k = 0$이다.

예제 20

$$F(z) = \frac{0.01409 + 0.02818z^{-1} + 0.01409z^{-2}}{1 - 2.7624z^{-1} + 2.5811z^{-2} - 0.8187z^{-3}}$$ 의 역변환을 구하라.

[풀이] 역 Z 변환한 시계열 $\{f(kT)\}$는 이상에서 방법에 의해 구할 수도 있으나 다음과 같은 Matlab 명령어에 의해 쉽게 계산될 수 있다. 여기에 대한 세부적인 내용은 Matlab 관련 서적을 참고하기 바란다.

```
» b=[0.01409 0.02818 0.01409 0.0];
» a=[ 1 -2.7624 2.5811 -0.8187];
» x=[1 zeros(size(1 : 70))];
» y=filter(b, a, x);
» k=0 : 70;
```

식 (9.122)의 $F(z)$의 분모 다항식 계수는 b로 입력되고, 분자 다항식의 계수는 a로 입력되었으며 결과의 시계열 $\{f(kT)\}$는 Matlab의 예약 명령어인 "filter (b, a, x)"에 의해 계산되었다. 계산된 식 (9.122)에서의 $C_k(k=0, 1, 2, \cdots, 70)$의 계수들의 값은 다음과 같다.

0.0141	0.0671	0.1631	0.2888	0.4319	0.5811	0.7268
0.8616	0.9798	1.0778	1.1537	1.2072	1.2394	1.2524
1.2488	1.2320	1.2052	1.1718	1.1348	1.0970	1.0606
1.0275	0.9989	0.9756	0.9580	0.9460	0.9392	0.9372
0.9391	0.9442	0.9516	0.9604	0.9699	0.9794	0.9884
0.9965	1.0034	1.0089	1.0130	1.0156	1.0170	1.0172
1.0165	1.0150	1.0130	1.0107	1.0083	1.0059	1.0037
1.0017	1.0000	0.9987	0.9978	0.9972	0.9970	0.9970
0.9972	0.9977	0.9982	0.9988	0.9994	1.0000	1.0006
1.0010	1.0014	1.0017	1.0019	1.0021	1.0021	1.0021
1.0020						

그리고 $F(z)$의 역 Z 변환인 시계열$\{f(kT)\}$는 다음의 Matlab 명령에 의해 그림 9-21과 같이 나타낼 수 있다.

```
» plot(k, y,  'o' )
» xlabel( 'k' )
» ylabel( '{f (kT )}' )
» title( 'Inverse Z Transform' )
```

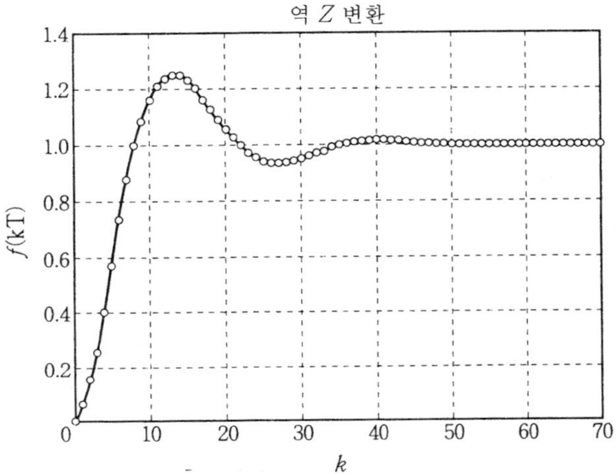

그림 9-21 멱급수 전개법에 의한 역 Z 변환 계산결과 $\{f(kT)\}$

예제 21

$F(z)=\log(1+az^{-1})$의 역변환을 구하라. 단, $|z|=a$이다.

[풀이] $\log(1+x)$의 멱급수는

$$\log(1+x)=\sum_{k=1}^{\infty}\frac{(-1)^{k+1}x^k}{k} \tag{9.123}$$

이다. 여기서 $x=az^{-1}$로 두면

$$F(z)=\sum_{k=1}^{\infty}\frac{(-1)^{k+1}a^k}{k}z^{-k}$$

를 얻는다. 따라서

$$f(kT) = \begin{cases} 0 & : k = 0 \\ (-1)^{k+1}\dfrac{a^k}{k} & : k \geq 1 \end{cases}$$

를 얻는다.

예제 22

다음의 역변환을 구하라.

$$F(z) = \frac{0.5z}{z^2 - 1.5z + 0.5}$$

[풀이] z^2으로 나누면

$$F(z) = \frac{0.5z^{-1}}{1 - 1.5z^{-1} + 0.5z^{-2}}$$

로 되므로 분자를 분모 다항식으로 나누면

$$F(z) = 0.5z^{-1} + 0.75z^{-2} + \cdots$$

로 된다. 따라서

$$f^*(t) = 0.5\delta(t - T) + 0.75\delta(t - 2T) + \cdots$$

로 된다.

이 방법은 라플라스 역변환에 대한 헤비사이드의 전개정리를 별다른 수정없이 역 Z 변환의 계산에 적용한 것이다.

$n/(s+a)$의 라플라스 변환은 ne^{-at} 이므로 이를 Z 변환하면

$$\mathfrak{Z}\left[\frac{n}{s+a}\right] = \frac{nz}{z - e^{-aT}}$$

과 같은 식이 얻어진다. 따라서 $F(z)$의 Z 분자 다항식에는 $z = 0$인 1차의 영점을 갖는 것으로 된다. 또한, 유리함수 $F(z)$를 그대로 부분분수로 전개하면

$$F(z) = \sum_i \frac{k_i}{z - z_i}$$

의 형이 되고, 분자에는 z가 존재하지 않는다. 따라서 $F(z)/z$를 부분분수 전개하여 z를 양변에 곱하면 역변환하기 쉬운 전개식이 된다. 이 방법은 분모 다항식에 고차의 인수가 포함된 경우에도 적용이 가능하다. 만약 $F(z)$가 원점, 즉 $z=0$인 n 차의 극점을 갖게 되면 먼저 이항을 취하여 $F(z)/z$를 전개하면 된다. 그리하여 $z=0$인 극점항의 역 Z 변환은

$$\mathfrak{Z}^{-1}[k_0 z^{-k}] = k_0 \delta(nT - kT) \tag{9.124}$$

로 표현된다.

[3] 부분분수 전개에 의한 방법

$F(z)=B(z)/A(z)$라고 둔다. 단, $B(z)$는 원점에 1차의 영점을 갖고 있다고 가정한다. 또 $B(z)$의 차수 m은 $A(z)$의 차수 l보다 1차 이상 낮다.

(1) $A(z)$가 모두 1차 인수인 경우

$$A(z) = (z - z_1)(z - z_2) \cdots (z - z_l) \tag{9.125}$$

이므로 $F(z)/z$는 다음과 같이 전개될 수 있다.

$$\frac{F(z)}{z} = \frac{a_1}{z - z_1} + \frac{a_2}{z - z_2} + \cdots + \frac{a_l}{z - z_l} \tag{9.126}$$

여기서 i번째의 계수 a_i는 라플라스 변환에서의 헤비사이드의 전개법으로부터

$$a_i = \frac{F(z)}{z}(z - z_i)\,|_{z = z_i}$$

를 얻게 된다. 따라서

$$F(z) = \frac{a_1 z}{z - z_1} + \frac{a_2 z}{z - z_2} + \cdots + \frac{a_l z}{z - z_l} \tag{9.127}$$

로 된다. 한편,

$$\mathfrak{Z}^{-1}\left[\frac{a_i z}{z-z_i}\right]=k_i z_i^{nT}$$

이므로 이 경우의 $F(z)$에 대한 이산시간 함수는

$$f^*(t)=\sum_{i=1}^{l} a_i\, z_i^{kT}\sum_{k=0}^{\infty}\delta(t-kT) \tag{9.128}$$

로 된다.

(2) $A(z)$에 2차인수가 있는 경우

$$A(z)=[(z-a)^2+b^2]\,C(z) \tag{9.129}$$

인 경우, 부분분수 전개하여

$$\frac{F(z)}{z}=\frac{\alpha z+\beta}{(z-a)^2+b^2}+\frac{D(z)}{z} \tag{9.130}$$

로 쓸 수 있다. 양변에 $[(z-a)^2+b^2]$ 을 곱해 $z=a+jb$에 대한 유수를 구하면, $D(z)$에는 $[(z-a)^2+b^2]$ 항이 포함되어 있지 아니하므로 제 2 항은 0이 된다. 따라서

$$\frac{F(z)}{z}[(z-a)^2+b^2]\,|_{s=a+jb}=\alpha(a+jb)+\beta=P_1+jP_2$$

로 된다. 여기서

$$\alpha=\frac{p_2}{b},\qquad \beta=\frac{P_1 b-aP_2}{b}$$

로 된다. 이를 식 (9.130)에 대입하면

$$F(z)=\frac{1}{b}\cdot\frac{z[P_2(z-a)+P_1 b]}{(z-a)^2+b^2}+D(z) \tag{9.131}$$

로 되므로

$$\mathfrak{Z}^{-1}\left[\frac{P_2}{b}\cdot\frac{(z-a)z}{(z-a)^2+b^2}\right]=\frac{P_2}{b}\sqrt{(a^2+b^2)}^{kT}\cos\omega kT$$

$$\mathfrak{Z}^{-1}\left[\frac{P_1}{b}\cdot\frac{bz}{(z-a)^2+b^2}\right]=\frac{P_1}{b}\sqrt{(a^2+b^2)}^{kT}\sin\omega kT$$

로부터

$$\omega T=\tan^{-1}\frac{b}{a} \quad \text{또는} \quad a=b\cos\omega T$$

이다. 따라서

$$f(k)=\frac{1}{b}\sqrt{a^2+b^2}^{\,n}\,[P_2\cos k\omega+P_1\sin k\omega]+\mathfrak{Z}^{-1}D(z) \tag{9.132}$$

또는

$$f^*(t)=\frac{1}{b}\sqrt{a^2+b^2}^{\,nT}\left[P_2\cos k\omega T+P_1\sin k\omega T\right]\sum_{k=0}^{\infty}\delta(t-kT) + \mathfrak{Z}^{-1}[D(z)] \tag{9.133}$$

로 된다. 특히 $a=0$인 경우 $\omega=\pi/2$로 되므로 식 (9.132)는

$$f(k)=b^{k-1}\left[P_2\cos k\frac{\pi}{2}+P_1\sin k\frac{\pi}{2}\right]+\mathfrak{Z}^{-1}[D(z)] \tag{9.134}$$

로 된다. 그러나 2차인수는 다음과 같은 서로 공액인 2개의 복소수 곱으로 표현되므로

$$(z-a)^2+b^2=(z-a+jb)(z-a-jb)$$

(1)에서와 같이 1차 인수로 취급하여 구해도 결과는 동일하지만 (2)가 훨씬 용이하다.

(3) $A(z)$에 다중인수가 있는 경우

$A(z)$가 z_0의 m 중근을 갖게 되면

$$A(z)=(z-z_0)^m C(z) \tag{9.135}$$

로 표현되며 $F(z)/z$ 는

$$\frac{F(z)}{z}=\frac{r_1}{(z-z_0)^m}+\frac{r_2}{(z-z_0)^{m-1}}+\cdots+\frac{r_m}{(z-z_0)}+\frac{D(z)}{z}$$

로 전개된다. 라플라스 역변환의 헤비사이드 정리와 동일하게 각 계수는

$$\gamma_h=\frac{1}{(h-1)!}\frac{d^{h-1}}{dz^{h-1}}\left[\frac{F(z)}{z}(z-z_0)^m\right]_{z=z_0} \tag{9.136}$$

에서 구해진다. 단, $h=1, 2, \cdots, m$ 이다. 따라서

$$F(z)=\frac{r_1 z}{(z-z_0)^m}+\frac{r_2 z}{(z-z_0)^{m-1}}+\cdots+\frac{r_m z}{(z-z_0)}+D(z)$$

이므로

$$\mathfrak{Z}^{-1}\left[\frac{z}{(z-z_0)^m}\right]=\binom{k}{m-1}z_0^{k-m+1}$$

이므로

$$f(k)=\gamma_1\binom{k}{m-1}z_0^{k-(m-1)}+\gamma_2\binom{k}{m-2}z_0^{k-(m-2)}+\cdots \tag{9.137}$$
$$+\gamma_m z_0^k+\mathfrak{Z}^{-1}[D(z)]$$

로 된다.

예제 23

$F(z)=\dfrac{0.5z}{(z-1)(z-0.5)}$ 의 역 Z 변환을 구하라.

[풀이] $\dfrac{F(z)}{z}=\dfrac{K_1}{z-1}+\dfrac{k_2}{z-0.5}$

로 전개하면, 계수 k_1 및 k_2는

$$k_1=\frac{F(z)}{z}(z-1)\mid_{z=1}=\frac{0.5}{z-0.5}\mid_{z=1}=1$$

$$k_2 = \frac{F(z)}{z}(z-0.5)\,|_{z=0.5} = \frac{0.5}{z-0.5}\,|_{z=0.5} = -1$$

로 된다. 따라서

$$\frac{F(z)}{z} = \frac{z}{z-1} + \frac{z}{z-0.5}$$

로 되므로

$$f(k) = 1 - 0.5^k \text{ 또는 } f^*(t) = \sum_{k=1}^{\infty}(1-0.5^k)\delta(t-kT)$$

로 된다. 이를 그림 9-22에 나타내었다.

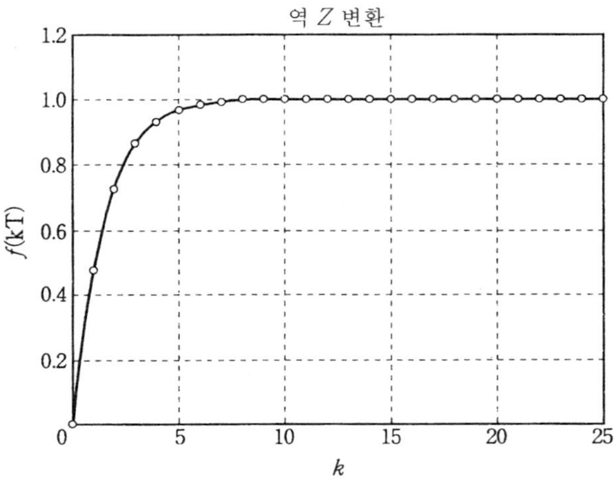

그림 9-22 역 Z 변환 계산결과 $\{f(k)\}$

예제 24

$F(z) = \dfrac{z(z+1)}{(z-1)(z^2-6z+25)}$ 의 역 Z 변환을 구하라.

[풀이] $F(z)$의 분모식에 2차인수가 포함되므로 우선

$$\frac{F(z)}{z} = \frac{\alpha z + \beta}{(z-3)^2 + 4^2} + \frac{k_1}{z-1}$$

로 전개한다.

① 2차인수의 1근이 $z=a+jb=3+j4$이므로

$$F\frac{(z)}{z}(z^2-6z+25)\;_{z=3+j4}=\frac{z+1}{z-1}\;_{z=3+j4}=1.2-j0.4=P_1+jP_2$$

로 되고 $P_1=1.2$, $P_2=-0.4$, $a=3, b=4, \alpha=-0.1$, $\beta=1.5$로 구해진다.

② $k_1=\dfrac{F(z)}{z}(z^2-6z+25)\;_{z=1}=\dfrac{z+1}{z^2-6z+25}\;_{z=1}=0.1$

따라서

$$F(z)=\frac{1}{4}\cdot\frac{z[-0.4(z-3)+1.2\times4]}{(z-3)^2+4^2}+\frac{0.1z}{z-1}$$

로 되고, $\omega=\tan^{-1}\dfrac{4}{3}$ 이므로 $T=1$일 때

$$f(k)=\frac{1}{4}5^k[-0.4\cos k\omega+1.2\sin k\omega]+0.1$$

로 된다.

예제 25

$F(z)=\dfrac{2z}{(z-1)^2(z-2)}$의 역 Z 변환을 구하라.

[풀이] $F\dfrac{(z)}{z}=\dfrac{2}{(z-1)^2(z-2)}=\dfrac{r_1}{(z-1)^2}+\dfrac{r_2}{z-1}+\dfrac{r_3}{z-2}$로 두면, 각 계수는

$$r_1=\frac{F(z)}{z}(z-1)^2{}_{z=1}=\frac{2}{z-2}\;_{z=1}=-2$$

$$r_2=\frac{d}{dz}\left[\frac{F(z)}{z}(z-1)^2\right]_{z=1}=\frac{d}{dz}\left[\frac{2}{z-2}\right]_{z=1}=-2$$

$$r_3=\frac{F(z)}{z}(z-2)\;_{z=2}=\frac{2}{(z-1)^2}\;_{z=2}=2$$

로 된다. 따라서

$$F(z)=2\left[\frac{1}{z-2}-\frac{1}{(z-1)^2}-\frac{1}{z-1}\right]$$

이 되어

$$f(k)=2(2^k-k-1)$$

로 된다.

예제 26

$F(z)=\dfrac{3z^2-1.5z+0.5}{2z^2-3z+1}$ 의 역 Z 변환을 구하라.

[풀이] $F(z)$의 부분분수 전개는

$$F\frac{(z)}{z}=\frac{k_0}{z}+\frac{k_1}{z-0.5}+\frac{k_2}{z-1} \tag{9.138}$$

로 되고, 각 계수는

$$k_0=zF(z)\ _{z=0}=0.5$$

$$k_1=(z-0.5)F(z)|_{z=0.5}=-1$$

$$k_2=(z-1)F(z)|_{z=1}=2$$

로 되므로

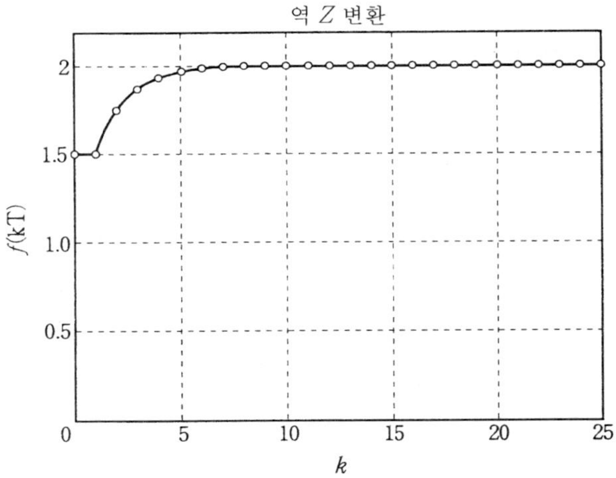

그림 9-23 역 Z 변환 계산결과 $\{f(k)\}$

$$F(z)=\frac{1}{2}-\frac{z}{z-0.5}+\frac{2z}{z-1}$$

로 된다. 따라서

$$f(k)=\frac{1}{2}\delta_p(k)-0.5^k+2u(k)$$

가 되고 이를 그림으로 나타내면 그림 9-23과 같다.

[4] Caushy의 유수정리에 의한 방법

Z 변환의 정의식인

$$F(z) = \sum_{k=0}^{\infty} f(kT)z^{-k}, \quad z > \rho \tag{9.139}$$

의 양변에 z^{n-1}을 곱해 그림 9-24와 같은 적분경로 Γ를 따라 z에 관해 적분하게 되면

$$\oint_{\Gamma} F(z)z^{n-1}dz = \oint_{\Gamma} F(z)\sum_{k=0}^{\infty} f(kT)z^{-k+n-1}dz$$

의 식이 얻어지게 된다. 단, Γ는 원점을 포락하는 $F(z)$의 수렴영역 내에 있는 폐적분 경로이다.

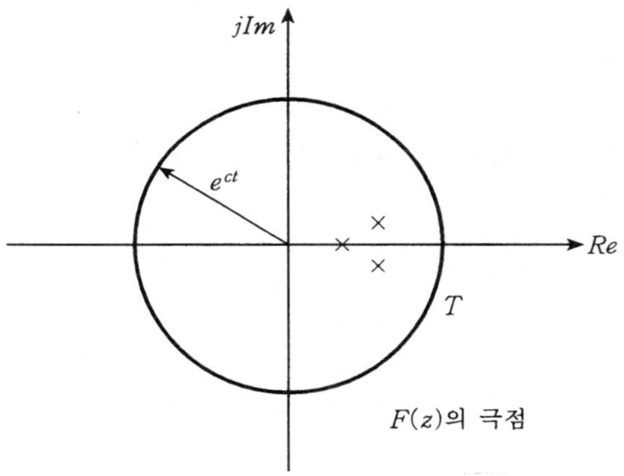

그림 9-24 적분경로

위 식의 우변의 급수가 항상 수렴한다고 가정하면 적분과 Σ의 순서는 교환될 수 있으므로

$$\oint_{\Gamma} F(z)z^{n-1}dz = \sum_{k=0}^{\infty} f(kT)\oint_{\Gamma} F(z)z^{-k+n-1}dz \tag{9.140}$$

로 된다. 여기서 다음과 같은 복소적분정리를 적용한다.

$$\oint_{c} z^{h}dz = \begin{cases} 2\pi j & h=-1 \\ 0 & h \neq -1 \end{cases} \tag{9.141}$$

단, 적분경로 C는 원점 주위를 기준방향인 반시계방향으로 회전하는 폐경로이다. 식 (9.140)의 우변은 $k=n$인 항을 제외하면 모두 0이 되므로

$$f(kT)=\frac{1}{2\pi j}\oint F(z)z^{k-1}dz \tag{9.142}$$

가 얻어진다.

Z 함수 $F(z)$가 유리함수이면, 식 (9.142)의 폐경로적분은 유수정리를 이용하여 간단히 구해진다. 즉,

$$F(z)z^{k-1}=\frac{B(z)}{A(z)} \tag{9.143}$$

로 하면 극점은 $A(z)=0$인 근들이므로 임의의 극점 z_i에 대한 피적분함수의 유수가 X_i 일 때

$$f(kT)=\sum_i X_i \tag{9.144}$$

로 된다. 단, X_i는 다음의 ① 및 ②에서 주어지는 값이다.

① 단순극점인 경우

$$X_i=\frac{B(z)(z-z_i)}{A(z)}\bigg|_{z=z_i} \tag{9.145a}$$

또는

$$X_i=\frac{B(z_i)}{\dfrac{dA(z)}{dz}}\Bigg|_{z=z_i} \tag{9.145b}$$

로 구한다.

② m 중복극점인 경우

$$X_i=\frac{1}{(m-1)!}\cdot\frac{d^m}{dz^{m-1}}\left[\frac{B(z)(z-z_i)^m}{A(z)}\right]_{z=z_i} \tag{9.146}$$

로 구한다.

예제 27

다음 식의 역 Z 변환을 구하라.

$$F(z) = \frac{0.5z}{(z-0.5)(z-1)}$$

[풀이] 식 (9.142)를 이용해서

$$f(kT) = \frac{1}{2\pi j}\oint_{\Gamma}\frac{0.5z \cdot z^{k-1}}{(z-0.5)(z-1)}dz$$

$$= \frac{1}{2\pi j}\oint_{\Gamma}\frac{0.5z^{k}}{(z-0.5)(z-1)}dz$$

$$X_1 = \left[\frac{0.5z^k}{(z-0.5)(z-1)}(z-1)\right]_{z=1} = \left[\frac{0.5z^k}{z-0.5}\right]_{z=1} = 1$$

$$X_2 = \left[\frac{0.5z^k}{(z-0.5)(z-1)}(z-0.5)\right]_{z=0.5} = \left[\frac{0.5z^k}{z-0.5}\right]_{z=0.5} = -0.5^k$$

$$f(kT) = X_1 + X_2 = 1 - 0.5^k$$

로 구해낸다.

예제 28

다음 식의 역 Z 변환을 여러 가지 방법을 이용해서 구하라.

$$F(z) = \frac{0.5z^3}{(z-0.5)(z-1)^3}$$

[풀이] ① 멱급수법에 의한 해

$$F(z) = \frac{0.5z^3}{z^4 - 3.5z^3 + 4.5z^2 - 2.5z + 0.5}$$

$$= \frac{0.5z^{-1}}{1 - 3.5z^{-1} + 4.5z^{-2} - 2.5z^{-3} + 0.5z^{-4}}$$

$$= 0.5z^{-1} + 1.75z^{-2} + 3.875z^{-3} + 6.9375z^{-4} + 10.99875z^{-5} + \cdots$$

$$= \sum_{k=1}^{\infty} f(kT)z^{-k}$$

로부터 $f(kT)$를 구할 수 있다.

② 부분분수 전개법에 의한 해

$$\frac{F(z)}{z}=\frac{0.5z^2}{(z-1)^3(z-0.5)}$$

$$=\frac{r_1}{(z-1)^3}+\frac{r_2}{(z-1)^2}+\frac{r_3}{z-1}+\frac{r_4}{z-0.5}$$

로 두면, 각 계수는

$$r_1=\frac{F(z)}{z}(z-1)^3{}_{z=1}\ =0.5\frac{z^2}{z-0.5}{}_{z=1}\ =1$$

$$r_2=\frac{d}{dz}\left[\frac{F(z)}{z}(z-1)^3\right]_{z=1}=\frac{d}{dz}\left[0.5\frac{z^2}{z-0.5}\right]_{z=1}=0$$

$$r_3=\frac{1}{2!}\frac{d^2}{dz^2}\left[\frac{F(z)}{z}(z-1)^3\right]_{z=1}=\frac{d^2}{dz^2}\left[0.5\frac{z^2}{z-0.5}\right]_{z=1}=1$$

$$r_4=\frac{F(z)}{z}(z-0.5)\ {}_{z=2}=0.5\frac{z^2}{(z-1)^3}\ {}_{z=0.5}\ =-1$$

로 구해지므로 따라서

$$F(z)=\frac{0.5z^3}{(z-1)^3(z-0.5)}=\frac{1}{(z-1)^3}-\frac{0}{(z-1)^2}+\frac{1}{z-1}-\frac{1}{z-0.5}$$

$$\mathfrak{Z}^{-1}\left[\frac{z}{(z-1)^3}\right]=\binom{k}{2}=\frac{k(k-1)}{2}$$

$$\mathfrak{Z}^{-1}\frac{z}{(z-1)}=1$$

$$\mathfrak{Z}^{-1}\left[\frac{z}{(z-0.5)}\right]=0.5^k=\frac{1}{2^k}$$

$$\therefore\ \ f(k)=\mathfrak{Z}^{-1}F(z)=\frac{1}{2}\left[k^2-k+2-\frac{2}{2^k}\right]$$

와 같이 구해진다.

③ 유수정리에 의한 방법

$$\frac{B(z)}{A(z)} = F(z)z^{k-1} = 0.5\frac{z^{k+2}}{(z-0.5)(z-1)^3}$$

$$f(k) = \mathfrak{Z}^{-1}F(z) = X_1 + X_2$$

로부터

$$X_1 = \frac{1}{2!}\frac{d^2}{dz^2}\left[\frac{B(z)}{A(z)}(z-1)^3\right]_{z=1} = \frac{1}{4}\frac{d^2}{dz^2}\left[\frac{z^{k+2}}{(z-0.5)}\right]_{z=1}$$

$$= \frac{1}{4}\left[\frac{A_1 - A_2}{(z-0.5)^2}\right]_{z=0.1} = \frac{1}{2}[k^2 - k + 2]$$

단, $A_1 = (k+2)^2 z^{k+1} - 0.5(k+2)(k+1)z^k - (k+2)z^{k+1}$

$$A_2 = [(k+2)z^{k+2} - 0.5(k+2)z^{k+1} - z^{k+2}] \cdot 2$$

이다.

$$X_2 = \left[\frac{B(z)(z-0.5)}{A(z)}\right]_{z=0.5} = \left[0.5\frac{z^{k+2}}{(z-1)^3}\right]_{z=0.5} = -\frac{1}{2^k}$$

를 얻고

$$\therefore\ f(k) = \mathfrak{Z}^{-1}F(z) = \frac{1}{2}\left[k^2 - k + 2 - \frac{2}{2^k}\right]$$

가 되고 이를 그림으로 나타내면 그림 9-25와 같다.

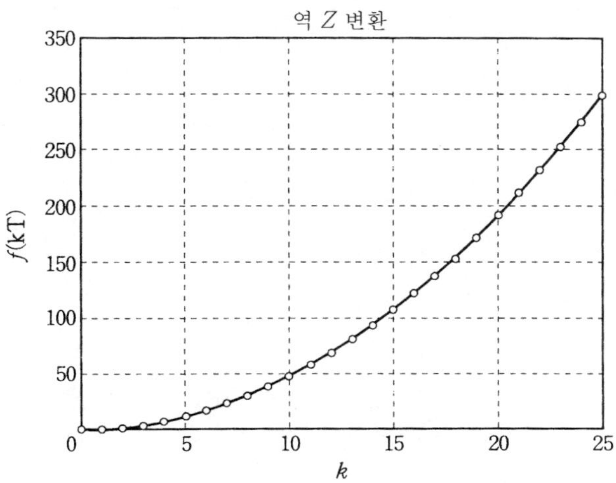

그림 9-25 역 Z 변환 계산결과 $\{f(k)\}$

Chapter

10 무한급수

10.1 함수의 급수

무한급수란 일정한 규칙과 순서로 나열된 무한히 많은 수열 또는 함수열의 항을 급수로 표현한 것이다. 멱급수와 푸리에 급수도 무한급수의 예가 된다. 주로 급수의 항들은 덧셈기호를 이용하여 표현하며, 항의 수가 유한인 것을 유한급수라고 한다. 무한급수에서는 그 항들의 합이 수렴 또는 발산하는가의 여부와, 수렴하는 경우 그 급수의 합을 구하는 것이 관건이 된다. 즉, 함수형의 무한급수가 수렴할 경우 수렴에 필요한 변수의 범위와 그 범위에 있어서의 그 급수의 합을 어떻게 표현할 것인가가 주요한 과제가 된다.

임의의 함수 $u_n(z)$에 대해 고찰해 보자. Z 평면에서 $u_1(z), u_2(z), \cdots, u_n(z), \cdots$ 인 함수의 계열을 간단히 $\{u_n(z)\}$로 나타낸다. 그리고 $n \to \infty$일 때 $u_n(z)$의 극한, 즉 $U(z)$를

$$\lim_{n\to\infty} u_n(z) = U(z)$$

로 쓸 수 있으며, 작은 양의 수 ε 가 주어지고 $n > N$일 때

$$|u_n(z) - U(z)| < \varepsilon$$

를 만족하면 계열 $\{u_n(z)\}$은 수렴하고 그렇지 않으면 발산하게 된다. 함수의 계열 $\{u_n(z)\}$을 다음과 같이 새로운 계열 $\{s_n(z)\}$로 정의하면 $s_n(z)$는 계열 $\{u_n(z)\}$를 n 항까지 합한 n 번째의 부분합이 된다.

$$s_1(z) = u_1(z) \tag{10.1}$$
$$s_2(z) = u_1(z) + u_2(z)$$
$$\vdots$$
$$s_n(z) = u_1(z) + u_2(z) + \cdots + u_n(z)$$

즉,

$$u_1(z) + u_2(z) + \cdots = \sum_{n=1}^{\infty} u_n(z) \tag{10.2}$$

를 "무한급수" 라고 하고 $\lim_{n \to \infty} s_n(z) = S(z)$이면, 급수는 수렴하게 되며 급수의 합은 $S(z)$로 되나 그렇지 않으면 "발산한다" 고 한다. 특히 급수가

$$a_0 + a_1(z-1) + a_2(z-a)^2 + \cdots = \sum_{n=0}^{\infty} a_n(z-a)^n \tag{10.3}$$

로 주어지는 경우, 식 (10.3)을 $(z-a)$항으로 표현되는 멱급수라고 한다.

10.2 Taylor의 급수

변수 z를 갖는 임의의 함수 $f(z)$가 폐곡선 C상과 C 내에서 해석적일 때, C 내의 인접한 두 점 $z=a$ 와 $z=a+h$ 에 대해 연속적이고 계속 미분 가능하다면

$$f(a+h) = f(a) + hf'(a) + \frac{h^2}{2!}f''(a) + \cdots + \frac{h^n}{n!}f^{(n)}(a) + \cdots \tag{10.4}$$

의 급수로 전개되거나 $z=a+h$ 로 두면

$$f(z) = f(a) + f'(a)(z-a) + \frac{f''(a)}{2!}(z-a)^2 + \cdots + \frac{f^{(n)}(a)}{n!}(z-a)^n + \cdots \tag{10.5}$$

로 전개된다. 이때 식 (10.4) 및 (10.5)는 $f(z+h)$와 $f(z)$에 대한 "테일러(Taylor) 급수" 로 부른다. 테일러 급수는 일반적인 비선형 시스템을 선형화시키고자 할 때 자주

응용된다.

먼저, 하나의 변수 x만을 갖는 함수 $f(x)$에 대해

$$\dot{x} = f(x) \tag{10.6}$$

인 시스템이 주어져 있고 이 시스템의 평형점이 x_o라고 가정하자. 평형점 x_o근방에서 함수 $f(x)$를 식 10.4와 같이 테일러 급수로 전개하면

$$f(x) = f(x_o) + f'(x_o)(x - x_o) + \frac{f''(x_o)}{2!}(x - x_o)^2 + \cdots + \frac{f^{(n)}(x_o)}{n!}(x - x_o)^n + \cdots \tag{10.7}$$

로 주어질 것이다. $a = f'(x_o)$로 두고 $\delta x = x - x_o$가 매우 작다고 가정해서 이를 다시 쓰면,

$$f(x) = f(x_o) + f'(x_o)(x - x_o) + \text{고차 항} \approx f(x_o) + a\delta x \tag{10.8}$$

로 될 것이다. 따라서 $x = x_o + \delta x$로부터 $\dot{x} = \delta\dot{x}$로 됨을 고려하면 비선형 시스템은

$$\delta\dot{x} = a\delta x \tag{10.9}$$

로 선형화된다.

그리고 p개의 입력들 $u_1, u_2, \cdots, u_p$과 n개의 상태들 $x_1, x_2, \cdots, x_n$을 갖는 비선형 시스템에서 i번째의 상태 $x_i[i = 1, 2, \cdots, n]$가

$$\dot{x}_i = f_i(x_1, x_2, \cdots, x_n, u_1, u_2, \cdots, u_p) \tag{10.10}$$

로 표현될 때를 고려해 보자. 이 시스템은 각 상태들의 평형점들 $x_{io}[i = 1, 2, \cdots, n]$과 이에 상응하는 입력들 $u_{jo}[j = 1, 2, \cdots, p]$에 대해서

$$f_i(x_{1o}, x_{2o}, \cdots, x_{no}, u_{1o}, u_{2o}, \cdots, u_{po}) = 0 \tag{10.11}$$

가 항상 성립한다. 따라서 평형점 $x_{io}[i = 1,2,\cdots,n]$과 $u_{jo}[j = 1,2,\cdots,p]$ 근방에서 함수 $f_i(\cdot)$를 식 10.4와 같이 테일러 급수로 전개해서 1차 항까지만을 정리하면

$$f_i(x_1, x_2, \cdots, x_n, u_1, u_2, \cdots, u_p) \approx \sum_{r=1}^{n} \left.\frac{\partial f_i}{\partial x_r}\right|_{x_r = x_{ro}} (x_r - x_{ro}) + \sum_{q=1}^{p} \left.\frac{\partial f_i}{\partial u_q}\right|_{u_q = u_{qo}} (u_q - u_{qo}) \tag{10.12}$$

로 주어질 것이다. 그리고 $x_i = x_{io} + \delta x_i$로부터 $\dot{x}_i = \delta\dot{x}_i [i = 1, 2, \cdots, n]$로 되고, $u_j = u_{jo} + \delta u_j$로부터 $\dot{u}_j = \delta\dot{u}_j [j = 1, 2, \cdots, p]$로 됨을 고려하면 비선형 시스템은 평형점들 근방에서

$$\delta\dot{x}_i = \sum_{r=1}^{n} \left.\frac{\partial f_i}{\partial x_r}\right|_{x_r = x_{ro}} \delta x_r + \sum_{q=1}^{p} \left.\frac{\partial f_i}{\partial u_q}\right|_{u_q = u_{qo}} \delta u_q \tag{10.13}$$

로 선형화된다.

10.3 McLaurin 급수

식 (10.4) 및 (10.5)에서 $a = 0$ 일 때, 즉

$$f(h) = f(0) + hf'(0) + \frac{h^2}{2!} f''(0) + \cdots \tag{10.14}$$

$$f(z) = f(0) + f'(0)z + \frac{z^2}{2!} f''(0) + \cdots \tag{10.15}$$

을 $f(h)$ 및 $f(z)$가 $a = 0$ 근방에서 전개된 Taylor 급수라고 하고, 또는 "McLaurin 급수" 라고 부른다. 다음은 몇 종류의 함수들에 대한 McLaurin 급수들이다.

1) 지수함수

$$e^x = 1 + x + \frac{x^2}{2!} + \frac{x^3}{3!} + \frac{x^4}{4!} + \cdots$$

2) 자연로그

$$\ln(1-x) = -\sum_{n=1}^{\infty}\frac{x^n}{n} \qquad |x| \leqq 1,\ x \neq 1$$

$$\ln(1+x) = \sum_{n=1}^{\infty}(-1)^{n+1}\frac{x^n}{n} \qquad |x| \leqq 1,\ x \neq -1$$

3) 유한 기하급수

$$\frac{1-x^{m+1}}{1-x} = \sum_{n=0}^{m}x^n \qquad m \in N_0 \ \text{ 및 } \ x \neq 1$$

4) 무한 기하급수

$$\frac{1}{(1-x)} = \sum_{n=0}^{\infty}x^n \qquad |x| < 1$$

$$(1+x)^p = 1 + px + \frac{p(p-1)}{2!}x^2 + \frac{p(p-1)(p-2)}{3!}x^3 + \cdots$$

5) 무한 기하급수의 변형

$$\frac{x^m}{1-x} = \sum_{n=m}^{\infty}x^n \qquad |x| < 1 \ \text{ 및 } \ m \in N_0$$

$$\frac{x}{(1-x)^2} = \sum_{n=1}^{\infty}nx^n \qquad |x| < 1$$

6) 제곱근

$$\sqrt{1+x} = \sum_{n=0}^{\infty}\frac{(-1)^n(2n)!}{(1-2n)4^n}x^n = 1 + \frac{1}{2}x - \frac{1}{8}x^2 + \frac{1}{16}x^3 - \frac{5}{128}x^4 + \cdots \qquad |x| < 1$$

7) 이항 급수($\alpha = 1/2$일 때의 제곱근과 $\alpha = -1$일 때의 무한 기하급수를 포함한다.)

$$(1+x)^\alpha = \sum_{n=0}^{\infty}\binom{\alpha}{n}x^n \qquad |x| < 1, \quad \alpha : \text{복소수}$$

8) 일반화된 이항 계수

$$\binom{\alpha}{n} = \prod_{k=1}^{n} \frac{\alpha - k + 1}{k} = \frac{\alpha(\alpha-1)\cdots(\alpha-n+1)}{n!}$$

9) 삼각함수

$$\sin(x) = \sum_{n=0}^{\infty} \frac{(-1)^n}{(2n+1)!} x^{2n+1} = x - \frac{x^3}{3} + \frac{x^5}{5!} - \cdots \qquad : \text{모든 } x\text{에 대해}$$

$$\cos(x) = \sum_{n=0}^{\infty} \frac{(-1)^n}{(2n)!} x^{2n} = 1 - \frac{x^2}{2!} + \frac{x^4}{4!} - \cdots \qquad : \text{모든 } x\text{에 대해}$$

$$\tan(x) = \sum_{n=1}^{\infty} \frac{B_{2n}(-4)^n(1-4^n)}{(2n)!} x^{2n-1} = x + \frac{1}{3}x^3 + \frac{2}{15}x^5 + \frac{17}{315}x^7 + \cdots \qquad |x| < \frac{\pi}{2}$$

$$\sec(x) = \sum_{n=0}^{\infty} \frac{(-1)^n E_{2n}}{(2n)!} x^{2n} \qquad : |x| < \frac{\pi}{2}$$

$$\sin^{-1}(x) = \sum_{n=0}^{\infty} \frac{(2n)!}{4^n (n!)^2 (2n+1)} x^{2n+1} \qquad : |x| \leqq 1$$

$$\tan^{-1}(x) = \sum_{n=0}^{\infty} \frac{(-1)^n}{2n+1} x^{2n+1} \qquad : |x| \leqq 1$$

10) 쌍곡선함수

$$\sinh(x) = \sum_{n=0}^{\infty} \frac{x^{2n+1}}{(2n+1)!} = x + \frac{x^3}{3} + \frac{x^5}{5!} + \cdots \qquad : \text{모든 } x\text{에 대해}$$

$$\cosh(x) = \sum_{n=0}^{\infty} \frac{x^{2n}}{(2n)!} = 1 + \frac{x^2}{2!} + \frac{x^4}{4!} + \cdots \qquad : \text{모든 } x\text{에 대해}$$

$$\tanh(x) = \sum_{n=1}^{\infty} \frac{B_{2n} 4^n (4^n - 1)}{(2n)!} x^{2n-1} = x - \frac{1}{3}x^3 + \frac{2}{15}x^5 - \frac{17}{315}x^7 + \cdots \qquad : |x| < \frac{\pi}{2}$$

$$\sinh^{-1}(x) = \sum_{n=0}^{\infty} \frac{(-1)^n (2n)!}{4^n (n!)^2 (2n+1)} x^{2n+1} \qquad : |x| \leqq 1$$

$$\tanh^{-1}(x) = \sum_{n=0}^{\infty} \frac{x^{2n+1}}{2n+1} \qquad : |x| < 1$$

11) 람베르트의 W 함수(Lambert's W function)

$$W_0(x) = \sum_{n=1}^{\infty} \frac{(-n)^{n-1}}{n!} x^n \qquad : |x| < \frac{1}{e}$$

위의 식들 중 $\tan(x)$ 및 $\tanh(x)$의 전개 시에 나타나는 B_k는 베르누이 수(Bernoulli numbers)이며, $\sec(x)$의 전개 시에 나타나는 E_k는 오일러 수(Euler numbers)이다.

예제 1

다음 함수를 7차 항까지의 McLaurin 급수로 전개하라.

$f(x) = \ln\cos x$ 단, $x \in (-\pi/2, \pi/2)$이다.

[풀이] 먼저, 함수를

$$f(x) = \ln(1 + (\cos x - 1))$$

로 변형시켜 보자. 나머지 항을 $R(x)$로 표현하면

$$\ln(1+x) = x - \frac{x^2}{2} + \frac{x^3}{3} + R(x^4)$$

로 되고 cos 함수는

$$\cos x - 1 = -\frac{x^2}{2} + \frac{x^4}{24} - \frac{x^6}{720} + R(x^8)$$

로 된다. 7차항 이후는 나머지 항들의 합인 $R(x)$로 표현하자.

$$f(x) = \ln[1 + (\cos x - 1)]$$

$$= (\cos x - 1) - \frac{1}{2}(\cos x - 1)^2 + \frac{1}{3}(\cos x - 1)^3 + R([(\cos x - 1)^4$$

$$= \left[-\frac{x^2}{2} + \frac{x^4}{24} - \frac{x^6}{720} + R(x^8)\right] - \frac{1}{2}\left[-\frac{x^2}{2} + \frac{x^4}{24} - \frac{x^6}{720} + R(x^6)\right]^2$$

$$+ \frac{1}{3}\left[-\frac{x^2}{2} + R(x^4)\right]^3 + R(x^8)$$

$$= -\frac{x^2}{2} + \frac{x^4}{24} - \frac{x^6}{720} - \frac{x^4}{8} + \frac{x^6}{48} - \frac{x^6}{24} + R(x^8)$$

$$= -\frac{x^2}{2} - \frac{x^4}{12} - \frac{x^6}{45} + R(x^8)$$

여기서 cos 함수는 우함수이므로 모든 홀수 멱승들 x, x^3, x^5, $\cdots$의 홀수 계수들은 모두 0이 된다.

예제 2

다음 함수를 McLaurin 급수로 전개하라.

$$g(x) = \frac{e^x}{\cos x}$$

[풀이] 지수함수에 대한 급수는

$$e^x = \sum_{n=0}^{\infty} \frac{x^n}{n!} = 1 + x + \frac{x^2}{2!} + \frac{x^3}{3!} + \cdots$$

와 같으며 cos 함수는

$$\cos x = 1 - \frac{x^2}{2} + \frac{x^4}{4!} - \cdots$$

로 전개되므로 주어진 함수에 대한 멱급수가

$$\frac{e^x}{\cos x} = c_0 + c_1 x + c_2 x^2 + c_3 x^3 + \cdots$$

와 같다고 가정하자. 양변에 $\cos x$를 곱하면

$$\begin{aligned} e^x &= (c_0 + c_1 x + c_2 x^2 + c_3 x^3 + \cdots)\cos x \\ &= (c_0 + c_1 x + c_2 x^2 + c_3 x^3 + \cdots)\left(1 - \frac{x^2}{2!}\frac{+x^4}{4} - \cdots\right) \\ &= c_0 - \frac{c_0}{2}x^2 + \frac{c_0}{4!}x^4 + c_1 x - \frac{c_1}{2}x^3 + \frac{c_1}{4!}x^5 + c_2 x^2 \\ &\quad - \frac{c_2}{2}x^4 + \frac{c_2}{4!}x^6 + c_3 x^3 - \frac{c_3}{2}x^5 + \frac{c_3}{4!}x^7 + \cdots \end{aligned}$$

로 될 것이다. 이들을 제4항까지 모으면

$$e^x = c_0 + c_1 x + \left(c_2 - \frac{c_0}{2}\right)x^2 + \left(c_3 - \frac{c_1}{2}\right)x^3 + \left(c_4 + \frac{c_0}{4!} - \frac{c_2}{2}\right)x^4 + \cdots$$

로 된다. 이것으로부터 지수함수에 대한 각 계수들과 비교하면 다음을 얻게 된다.

$$\frac{e^x}{\cos x} = 1 + x + x^2 + \frac{2x^3}{3} + \frac{x^4}{2} + \cdots$$

10.4 Laurent 정리

그림 10-1과 같이 C_1과 C_2를 중심이 a이고 반지름이 R_2인 동심원으로 가정하자. 또 C_1과 C_2 사이에 있는 환형상의 영역 R과 C_1과 C_2 상에서 $f(z)$가 1개의 값을 가지며 해석적이라고 가정하면, 영역 R 내의 한 점 $a+h$에서 Laurent 정리는

$$f(a+h) = a_0 + a_1 h + a_2 h^2 + \cdots + \frac{a-1}{h} + \frac{a-2}{h^2} + \cdots \tag{10.16}$$
$$= \sum_{n=0}^{\infty} a_n (z-a)^n + \sum_{n=1}^{n} \frac{a-h}{(z-a)^n}$$

로 표현된다. 단, 식 (10.16)에 대해 Caushy의 적분공식으로부터

$$a_n = \frac{1}{2\pi j}\oint_{c_1} \frac{f(z)}{(z-a)^{n+1}} dz, \qquad n = 0, 1, 2, 3, 4, \cdots\cdot$$

$$a_{-n} = \frac{1}{2\pi j}\oint_{c_2} \frac{f(z)}{(z-a)^{n+1}} f(z) dz, \qquad n = 0, 1, 2, 3, \cdots$$

이다.

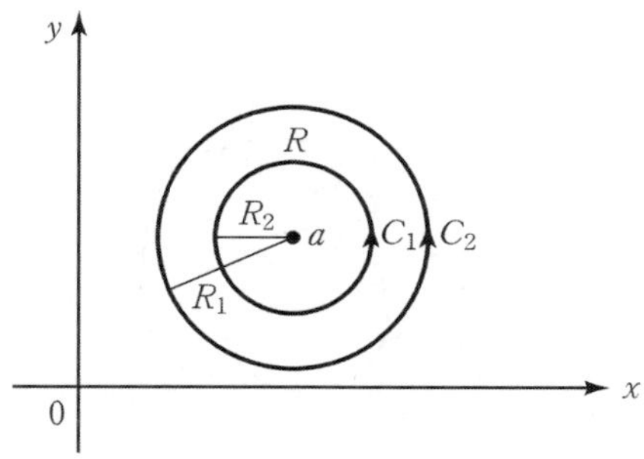

그림 10-1

- Caushy의 적분공식

$f(z)$가 폐곡선 C 내에서 해석적이고 그림 10-2와 같이 a가 C 내부의 한 점이라면

$$f(a) = \frac{1}{2\pi j}\oint \frac{f(z)}{z-a} dz \tag{10.17}$$

로 되고, $z-a$ 에서의 $f(z)$의 n차 도함수는

$$f^{(n)}(a)=\frac{n!}{2\pi j}\oint_{c} f\,\frac{(z)}{(z-a)^{n+1}}dz \tag{10.18}$$

로 된다.

[증명] 함수 $f(z)/(z-a)$가 그림 10-3과 같이 $z=0$ 점을 제외한 곡선 C상 및 내부에서 해석적이면

$$\oint_{c} f(z)dz=\oint_{\Gamma} f(z)dz$$

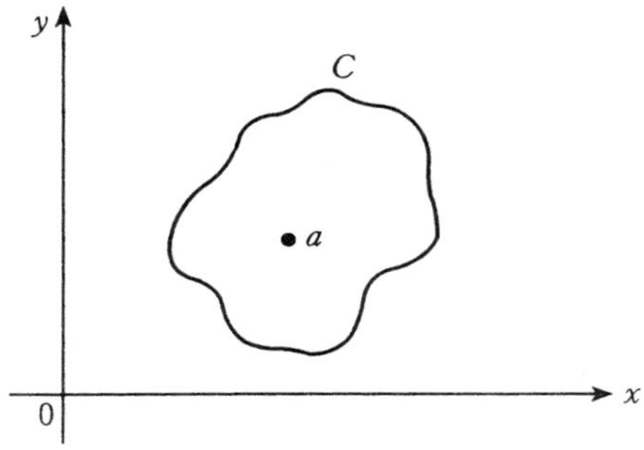

그림 10-2 $f(z)$가 C 내에서 해석적일 때

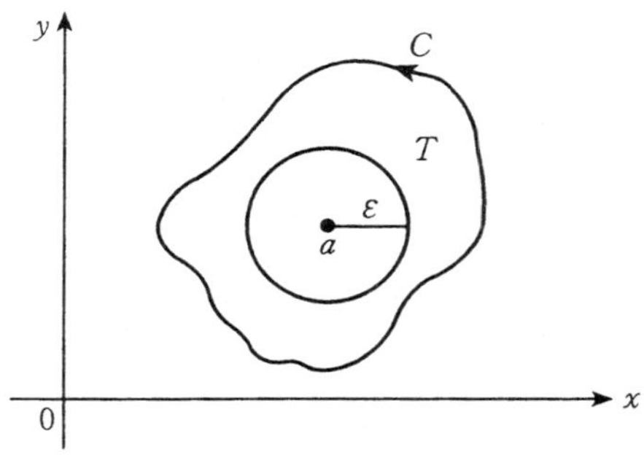

그림 10-3 $f(z)/z-a$가 C 상 및 내부에서 해석적일 때

인 Caushy의 적분정리로부터

$$\oint_{c}\frac{f(z)}{z-a}dz=\oint_{\Gamma}\frac{f(z)}{z-a}dz \tag{10.19}$$

로 되며, 여기서 중심이 a이고 반지름이 e인 원 Γ를 가정하면 $|z-a|=\varepsilon\to 0$ 또는 $z-a=\varepsilon\cdot e^{j\theta}$로 되므로 식 (10.19)의 적분은 $dz=j\varepsilon e^{j\theta}$로부터

$$\oint_{\Gamma}\frac{f(z)}{z-a}dz=\lim_{\epsilon\to 0}\int_{-0}^{2\pi}\frac{f(a+\varepsilon e^{j\theta})j\varepsilon e^{j\theta}}{\varepsilon e^{j\theta}}d\theta$$

$$=\lim_{\epsilon\to 0}j\int_{0}^{2\pi}f(a+\varepsilon e^{j\theta})d\theta$$

$$=j\int_{0}^{2\pi}f(a)d\theta=2\pi f(a)$$

로 되고

$$f(a)=\frac{1}{2\pi j}\oint_{C}\frac{f(z)}{z-a}dz \tag{10.20}$$

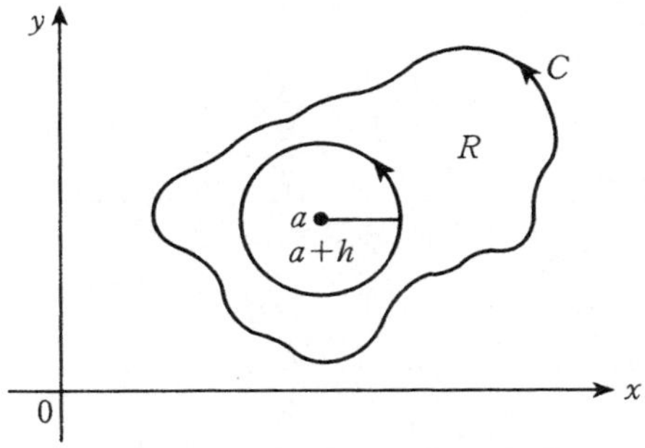

그림 10-4 ε 내에 $a+h$가 위치한 경우

로 구해진다. 한편, 그림 10-4와 같이 반지름 ε 내에 $a+h$의 점이 위치해 있는 경우 식 (10.10)으로부터

$$\frac{f(a+h)-f(a)}{h}=\frac{1}{h}[f(a+h)-f(a)]$$

$$=\frac{1}{h}\left[\frac{1}{2\pi j}\oint_{C}\frac{f(z)}{z-(a+h)}-\frac{1}{2\pi j}\oint_{C}\frac{f(z)dz}{z-a}\right]$$

$$=\frac{1}{2\pi j}\oint_{C}\frac{1}{h}\left(\frac{1}{z-a-h}-\frac{1}{z-a}\right)f(z)dz$$

$$=\frac{1}{2\pi j}\oint_{C}\frac{f(z)dz}{(z-a-h)(z-a)}=\frac{1}{2\pi j}\oint_{C}\frac{(z-a)f(z)dz}{(z-a-h)(z-a)^2}$$

$$= \frac{1}{2\pi j}\oint_C \frac{(z-a-h)+h}{(z-a-h)(z-a)} = \frac{1}{2\pi j}\oint_C \frac{hf(z)dz}{(z-a-h)(z-a)^2}$$

로 쓸 수 있다.

그런데 우변의 두 번째 항은 $|h| < \frac{\varepsilon}{2}$이고 $|z-a| = \varepsilon$로부터

$$|z-a-h| \geqq |z-a| - |h| > \varepsilon - \frac{\varepsilon}{2} = \frac{\varepsilon}{2}$$

이므로

$$\frac{h}{2\pi j}\oint_C (z)\frac{dz}{(z-a-h)(z-a)^2} = \frac{h}{2\pi j}\oint_\Gamma \frac{f(a)dz}{(z-a-h)(z-a)^2}$$

로 되고, 또한 Γ의 길이가 $2\pi\varepsilon$이므로 $|f(z)| < M$인 경우

$$\left|\frac{h}{2\pi j}\oint_\Gamma \frac{f(z)dz}{(z-a-h)(z-a)^2}\right| \leqq \frac{|h|}{2\pi}\frac{M(2\pi\varepsilon)}{\varepsilon/2\cdot\varepsilon^2} = \frac{2|h|M}{\varepsilon^2}$$

로 된다. 따라서 $h \to 0$인 경우 이 식의 좌변이 0이 됨을 알 수 있다.

$$\lim_{h\to 0}\frac{f(a+h)-f(a)}{h} = f'(a) = \frac{1}{2\pi j}\oint_C \frac{f(z)}{(z-a)^2}dz$$

$$f'(a) = \frac{d}{da}\left\{\frac{1}{2\pi j}\oint_C \frac{f(z)}{z-a}dz\right\} = \frac{1}{2\pi j}\oint_C \frac{\partial}{\partial}a\left(\frac{f(z)}{z-a}\right)dz$$

$$f^{(n)}(a) = \frac{d^2}{da^n}f(a) = \frac{d^n}{da^n}\left\{\frac{1}{2\pi j}\oint_C \frac{f(z)}{z-a}dz\right\}$$

$$= \frac{1}{2\pi j}\oint_C \frac{\partial^n}{\partial}a^n\left\{\frac{f(z)}{z-a}\right\}dz$$

$$= \frac{n!}{2\pi j}\oint_C f(z)\frac{dz}{(z-a)^{(n+1)}}$$

단, $n = 0, 1, 2, 3\cdots$ 이다.

로 유도된다.

예제 3

다음을 계산하라.

① $\oint_C \frac{\sin\pi z^2 + \cos\pi z^2}{(z-1)(z-2)}dz$

② $\oint_C \frac{e^{2z}}{(z+1)^4}dz$: 곡선 C는 $|z|=3$인 원

[풀이] ① $\oint_C \frac{\sin\pi z^2+\cos\pi z^2}{(z-1)(z-2)}dz$

$$= \oint_C \left[\frac{\sin\pi z^2+\cos\pi z^2}{z-2} - \frac{\sin\pi z^2+\cos\pi z^2}{z-1}\right]dz$$

$a=2$ 및 $a=1$인 경우의 Caushy 적분공식으로부터

$$f(a)|_{a=2} = \oint_C \frac{\sin\pi z^2+\cos\pi z^2}{(z-2)}dz$$

$$= 2\pi j[\sin\pi(2)^2+\cos\pi(2)^2] = 2\pi j$$

$$f(a)|_{a=1} = \oint_C \frac{\sin\pi z^2+\cos\pi z^2}{(z-1)}dz$$

$$= 2\pi j[\sin\pi(1)^2+\cos\pi(1)^2] = -2\pi j$$

$$\therefore \oint_C \frac{\sin\pi z^2+\cos\pi z^2}{(z-1)(z-2)}dz = f(2)-f(1) = 2\pi j-(-2\pi j)$$
$$= j4\pi$$

가 얻어진다.

② $f(z)=e^{2z}$로 두고 $a=-1$일 때 Caushy 적분공식은

$$f^{(n)}(a)|_{n=3,\ a=-3} = \frac{n!}{2\pi j}\oint_C \frac{f(z)}{(z-a)^{n+1}}dz\ \Bigg|_{n=3,\ a=-3}$$

로 되므로 다음과 같이 구해진다.

$$f^{(n)}(-1) = 8e^{-2} = \frac{3!}{2\pi j}\oint_C \frac{e^{2z}}{(z+1)^4}dz$$

$$\oint_C \frac{e^{2z}}{(z+1)^4} = \frac{8\pi je^{-2}}{3}$$

예제 4

테일러(Taylor)의 정리를 증명하라. 단, $f(z)$는 그림 10-5와 같이 중심이 a인 원 C 내부에서 해석적이면 C 내의 모든 z에 대해

$$f(z)=f(a)+f'(a)+f'(a)(z-a)+\frac{f''(a)}{2!}(z-a)^2+\cdots$$

로 된다.

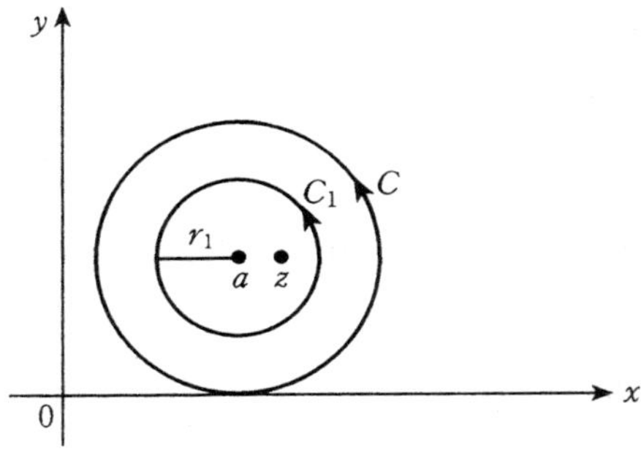

그림 10-5 중심이 a인 원 C 내부에서 해석적일 때

[풀이] z는 C 내에 있는 점이고 또한 중심이 a이며, z를 둘러싸고 있는 원 C_1을 정의한다. Caushy의 적분공식에 의해

$$f(z)=\frac{1}{2\pi j}\oint_{C_1}\frac{f(\omega)}{\omega-z}d\omega \tag{10.21}$$

로 표현되며

$$\frac{1}{\omega-a}=\frac{1}{(\omega-a)-(z-a)}=\frac{1}{\omega-1}\left\{\frac{1}{1-(z-a)/(\omega-a)}\right\}$$

$$=\frac{1}{\omega-a}\left\{1+(\frac{z-a}{\omega-a})+(\frac{z-a}{\omega-a})^2+\cdots+(\frac{z-a}{\omega-a})^{n-1}+\left(\frac{z-a}{\omega-a}\right)^n\frac{1}{1-(z-a)/(\omega-a)}\right\}$$

또는

$$\frac{1}{\omega-z}=\frac{1}{\omega-a}+\frac{z-a}{(\omega-a)^2}+\frac{(z-a)^2}{(\omega-a)^3}+\cdots \tag{10.22}$$

$$+\frac{(z-a)^{n-1}}{(\omega-a)^n}\frac{1}{\omega-z}$$

로 됨을 알 수 있다. 식 (10.22)의 양변에 $f(w)$를 곱하고 식 (10.21)에 의해

$$f(z)=\frac{1}{2\pi j}\oint_{C_1}\frac{f(\omega)}{\omega-a}d\omega+\frac{z-a}{2\pi j}\oint_{C}\frac{f(\omega)}{(\omega-a)^2}d\omega+\cdots \tag{10.23}$$

$$+\frac{(z-a)^{n-1}}{2\pi j}\oint_{C_1}\frac{f(\omega)}{(\omega-a)^n}d\omega+U_n$$

$$U_n = \frac{1}{2\pi j}\oint_{C_1}(\frac{z-a}{\omega-a})^n \frac{f(\omega)}{\omega-z}d\omega$$

로 되며, Caushy의 적분공식으로부터

$$f^{(n)}(a) = \frac{n!}{2\pi j}\oint_{C_1}\frac{f(\omega)}{(\omega-a)^{n+1}}d\omega \qquad n=0,\ 1,\ 2,\ 3,\cdots$$

이므로 식 (10.23)은

$$f(z) = f(a) + f'(a)(z-a) + \frac{f''(a)}{2!}(z-a)^2 + \cdots + \frac{f^{(n-1)}(a)}{(n-1)!}(z-a)^{n-1} + U_n \tag{10.24}$$

로 된다. 그런데 식 (10.24)의 마지막 항 U_n이 $n\to\infty$일 때 0이 됨을 입증해야 한다. w가 원 C_1 상에 있으므로

$$\left|\frac{z-a}{\omega-a}\right| = \gamma < 1$$

로 되며 M이 $|f(\omega)|$의 상한으로 $|f(\omega)| < M$일 때

$$|\omega - z| = |(\omega-a)-(z-a)| \geqq \gamma_1 - |z-a|$$

로 된다. 여기서 γ_1은 C_1의 반지름이다. 따라서 L이 C_1의 원호라면

$$\left|\oint_{C_1} f(\omega)d\omega\right| \leqq ML$$

인 정리가 성립하므로

$$|U_n| = \frac{1}{2\pi}\left|\oint_{C_1}\left(\frac{z-a}{\omega-a}\right)^n \frac{f(\omega)}{\omega-z}d\omega\right|$$

$$\leqq \frac{1}{2\pi}\frac{\gamma^n M}{r_1 - |z-a|}\cdot 2\pi r_1 = \frac{\gamma^n M r_1}{r_1 - |z-a|}$$

로 되며, 이는 $n\to\infty$일 때 $\gamma^n \to 0$로 되어 $U_n \to 0$가 됨을 알 수 있다.

예제 5

다음 식을 $z=0$ 근방에서의 테일러(Taylor) 급수로 전개하라.

① $f_1(z) = \ln(1+z)$ ② $f_2(z) = \ln(\frac{1+z}{1-z})$

[풀이] ① $f_1(z) = \ln(1+z)$ $\qquad f(0) = 0$

$$f'_1(z) = \frac{1}{1+z} = (1+z)^{-1} f'_1(0) = 1$$

$$f''(z) = -(1+z)^{-2} f''(0) = -1$$

$$f^{(3)}(z) = (-1)(-2)(1+z)^{-3} f^{(3)}(0) = 2!$$

$$\vdots \qquad \vdots$$

$$f^{(n+1)}(z) = (-1)^n n!(1+z)^{-(n+1)} \qquad f^{(n+1)}(0) = (-1)^n n!$$

$$\therefore f(z) = \ln(1+z) = f(0) + f'(0)z + \frac{f''(0)}{2}z^2 + \cdots$$

$$\neq z - \frac{z^2}{2} + \frac{z^3}{3} - \frac{z^4}{4} + \cdots$$

[별해] $|z| < 1$이면

$$\frac{1}{(1+z)} = 1 - z + z^2 - z^3 + \cdots$$

이므로, 이를 적분하면

$$\int \frac{dz}{1+z} = \ln z = \int (1 - z + z^2 - z^3 + \cdots)dz$$
$$= z - \frac{1}{2}z^2 + \frac{1}{3}z^3 - \frac{1}{4}z^4 + \cdots$$

가 구해진다.

② $\ln(1+z) = z - \frac{1}{2}z^2 + \frac{1}{3}z^3 - \frac{1}{4}z^4 + \cdots$

$$\ln(1-z) = -z - \frac{z^2}{2} - \frac{z^3}{3} - \frac{z^4}{4} + \cdots$$

$$\therefore \ln\left(\frac{1+z}{1-z}\right) = \ln(1+z) - \ln(1-z)$$

$$= 2\left(z + \frac{z^3}{3} + \frac{z^5}{5} + \cdots\right) = \sum_{n=0}^{\infty} \frac{2z^{2n+1}}{2n+1}$$

예제 6

$f(z)=\sin z$를 $z=\pi/4$ 근방에서의 테일러 급수로 전개하라.

[풀이] $f(z)=\sin z \qquad f\left(\frac{\pi}{4}\right)=\frac{\sqrt{2}}{2}$

$$f'(z)=\cos z \qquad f'\left(\frac{\pi}{4}\right)=\frac{\sqrt{2}}{2}$$

$$f''(z)=-\sin z \qquad f''\left(\frac{\pi}{4}\right)=-\frac{\sqrt{2}}{2}$$

$$\vdots \qquad \vdots$$

$$f(z)=f\left(\frac{\pi}{4}\right)+f'\left(\frac{\pi}{4}\right)\left(z-\frac{\pi}{4}\right)+\frac{f''\left(\frac{\pi}{4}\right)\left(\frac{z-\pi}{4}\right)^2}{2!}+\frac{f^{(3)}\left(\frac{\pi}{4}\right)\left(\frac{z-\pi}{4}\right)^3}{3!}+\cdots$$

$$=\left(1+\left(z-\frac{\pi}{4}\right)-\frac{\left(z-\frac{\pi}{4}\right)^2}{2!}-\frac{\left(z-\frac{\pi}{4}\right)^3}{3!}+\cdots\right)\cdots$$

$$=\frac{\sqrt{2}}{2}$$

예제 7

그림 10-6과 같이 $f(z)$가 중심이 a 이고 반지름이 r_1 및 $r_2(r_1>r_2)$인 2개의 동심 원 C_1과 C_2로 구성된 환상의 경계상 및 내측에서 해석적이면 모든 z에 대해

$$f(z)=\sum_{n=0}^{\infty}a_n(z-a)^n+\sum_{n=1}^{\infty}\frac{a_{-n}}{(z-a)^n}$$

$$a_n=\frac{1}{2\pi j}\oint_{C_1}\frac{f(\omega)}{(\omega-a)^{n+1}}d\omega \qquad n=0,1,2,\cdots$$

$$a_{-n}=\frac{1}{2\pi j}\oint_{C_2}\frac{f(\omega)}{(\omega-a)^{-n+1}}d\omega \qquad n=1,2,3,\cdots$$

로 되는 "Laurent의 정리"를 증명하라.

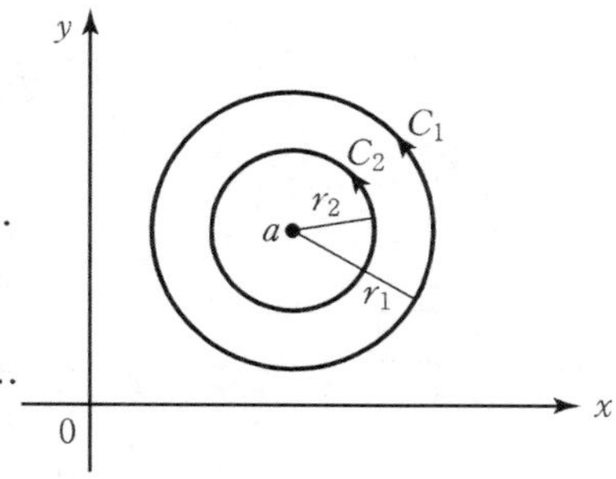

그림 10-6 예제 7의 그림

[풀이] 그림 10-6과 같은 경우 Caushy의 적분공식은

$$f(z)=\frac{1}{2\pi j}\oint_{C_1}\frac{f(\omega)}{(\omega-z)}d\omega-\frac{1}{2\pi j}\oint_{C_2}\frac{f(\omega)}{(\omega-z)}d\omega \tag{10.25}$$

와 같다. 그런데 식 (10.25)의 우변 제 1 항은 예제 4의 결과와 같다. 즉,

$$\frac{1}{2\pi j}\oint_{C_1}\frac{f(\omega)}{(\omega-z)}d\omega=\frac{1}{2\pi j}\oint_{C_1}\frac{f(\omega)}{\omega-a}d\omega+\frac{z-a}{2\pi j}\oint_{C_1}\frac{f(\omega)}{(\omega-a)^2}d\omega+\cdots$$

$$+\frac{(z-a)^{n-1}}{2\pi j}\oint_{C_1}\frac{f(\omega)}{(\omega-a)^n}d\omega$$

$$=f(a)+f'(a)(z-a)+\frac{f''(a)}{2!}(z-a)^2+\cdots$$

$$=a_0+a_1(z-a)+a_2(z-a)^2+\cdots$$

로 되며, 식 (10.25)의 우변 제 2 항은

$$-\frac{1}{\omega-z}=\frac{1}{(z-a)(1-(\omega-a)/(z-a))}$$

$$=\frac{1}{z-a}+\frac{\omega-a}{(z-a)^2}+\cdots$$

$$+\frac{(\omega-a)^{n-1}}{(z-a)^n}+(\frac{w-a}{z-a})^n\frac{1}{z-\omega}$$

로 되며, 예제 4에서와 같이

$$-\frac{1}{2\pi j}\oint_{C_2}\frac{f(\omega)}{(\omega-z)}d\omega=\frac{1}{2\pi j}\oint_{C_2}\frac{f(\omega)}{z-a}d\omega$$

$$+\frac{1}{2\pi j}\oint_{C_2}\frac{(\omega-a)}{(z-a)^2}f(\omega)d\omega+\cdots$$

$$+\frac{1}{2\pi j}\oint_{C_2}\frac{(\omega-a)^{n-1}}{(z-a)^n}f(\omega)d\omega+V_n$$

$$=\frac{a_{-1}}{z-a}+\frac{a_{-2}}{(z-a)^2}+\frac{a_{-3}}{(z-a)^3}+\cdots+\frac{a_{-n}}{(z-a)^n}+V_n$$

로 쓸 수 있다. 단, 각 계수는

$$a_{-1}=\frac{1}{2\pi j}\oint_{C_2}f(\omega)d\omega$$

$$a_{-2}=\frac{1}{2\pi j}\oint_{C_2}f(\omega-a)d\omega$$

$$\vdots$$

$$a_{-n} = \frac{1}{2\pi j}\oint_{C_2}(\omega - a)^{n-1}f(\omega)d\omega$$

$$V_n = \frac{1}{2\pi j}\oint_{C_2}\left(\frac{\omega - a}{z-a}\right)^n \frac{f(\omega)}{f(z-\omega)}d\omega$$

와 같다. 그런데 $n\to\infty$ 일 때, $V_n\to 0$으로 되는 것은 예제 2에서 $U_n\to 0$으로 되는 증명과 유사하다. 따라서 $f(z)$의 $z=a$에서의 Laurent 급수전개는

$$\begin{aligned} f(z) &= a_0 + a_1(z-a) + a_2(z-a)^2 + \cdots \\ &\quad + \frac{a-1}{z-a} + \frac{a-2}{(z-a)^2} + \frac{a-3}{(z-a)^3} + \cdots \\ &= \sum_{n=0}^{\infty} a_n(z-a)^n + \sum_{n=1}^{\infty} a_{-n}(z-a)^{-n} \end{aligned}$$

로 된다.

예제 8

다음을 Laurent 급수로 전개하여라.

① $\dfrac{e^{2z}}{(z-1)^3}$; $z=1$

② $(z-3)\sin\dfrac{1}{z+2}$; $z=-2$

③ $\dfrac{z-\sin z}{z^3}$; $z=0$

④ $\dfrac{z}{(z+1)(z+2)}$; $z=-2$

[풀이] ① $\left.\dfrac{e^{2z}}{(z-1)^3}\right|_{z-1=u}$

$$= \frac{e^2 \cdot e^{2u}}{u^3} = \frac{e^2}{u^3}\left(1 + 2u + \frac{(2u)^2}{2!} + \frac{(2u)^3}{3!} + \cdots\right)$$

$$= \frac{e^2}{(z-1)^3} + \frac{2e^2}{(z-1)^2} + \frac{2e^2}{z-1} + \frac{4e^2}{3} + \frac{2e^2}{3}(z-1) + \cdots$$

② $(z-3)\sin\frac{1}{z+2}\Big|_{z+2=-2}$

$=(u-5)\sin\frac{1}{u}$

$=(u-5)\left\{\frac{1}{u}-\frac{1}{3!u^3}+\frac{1}{5!u^5}-\cdots\right\}$

$=1-\frac{5}{u}-\frac{1}{3!u^2}+\frac{5}{3!u^3}+\frac{1}{5!u^4}-\cdots$

$=1-\frac{5}{z+2}-\frac{1}{3!(z+2)^2}+\frac{5}{3!(z+2)^3}+\frac{1}{5!(z+2)^4}+\cdots$

③ $\frac{z-\sin z}{z^3}=\frac{1}{z^3}\left\{z-\left(z-\frac{z^3}{3!}+\frac{z^5}{5!}+\frac{z^7}{7!}+\cdots\right)\right\}$

$=\frac{1}{3!}-\frac{z^2}{5!}+\frac{z^4}{7!}-\cdots$

④ $\frac{z}{(z+1)(z+2)}\Big|_{z-2=u}=\frac{u-2}{(u-1)u}$

$=\frac{2-u}{u}\cdot\frac{1}{1-u}=\frac{2-u}{u}(1+u+u^2+u^3+\cdots)$

$=\frac{2}{u}+1+u+u^2+\cdots$

$=\frac{2}{z+2}+1+(z+2)+(z+2)^2+\cdots$

최신판
전기·전자·통신·제어공학도를 위한
전기전자수학

초 판 발 행 | 2015년 8월 28일
초판6쇄발행 | 2021년 2월 10일

지 은 이 | 이준탁
발 행 인 | 이성범
발 행 처 | 문운당
주 소 | 서울시 종로구 혜화로5길 16 (명륜1가 45-3)
전 화 | (02)762-6010
팩 스 | 영업 (02)745-0265 / 편집 (02)762-8758
이 메 일 | 영업 munun2@chol.com
편집 munundang@naver.com
홈페이지 | http://munundang.co.kr

ISBN 979-11-5692-150-9 93560

정가 36,000원